합격이 보인다!

전공영양
핵심이론

영양교사 임용시험 대비

합격이 보인다!

**전공영양
핵심이론**

영양교사 임용시험 대비

NUTRITION
TEACHER

영양교사
임용시험 1차
필수 기본서

1권

합격이 보인다!

전공영양 핵심이론

영양교사 임용시험 대비

서윤석 지음

BM 주식회사 성안당
도서출판
www.cyber.co.kr

서윤석

- 충남대학교 대학원 식품영양학과 영양학 박사
- 현 | 일등고시학원 전공영양 전임교수
  대전광역시 중구청 건강생활실천협의회 자문위원
- 전 | 충남대학교 교육대학원 영양교육 초빙교수
  중부대학교 대학원 영양교육 시간강사
  한국교원대학교 시간강사
  충남대학교 시간강사
  중부대학교 시간강사
  배재대학교 시간강사
  한국방송통신대학교 대전 시간강사
  대전보건대학교 겸임교원
  대전소년원 급식관리위원회 외부위원
  대전광역시 동구청 통합건강증진 자문위원

2006년부터 초·중등교육법에 영양교사 관련 법안이 신설되어 학교에 영양교사를 두는 법적 기준이 마련되었고, 2007년 1월 처음으로 일정 교육과정을 이수하고 중등 임용시험에 합격한 기존 식품위생직 영양사가 영양교사로 전환되어 학교에 배치되었습니다. 또한 학교급식법은 학교급식의 시설과 설비를 갖춘 모든 학교에 영양교사를 채용하도록 의무화하고 있으며, 여성들의 사회 참여가 가속화되면서 학교급식의 요구도가 점차 커지고 있습니다. 이에 따라 초등학교, 중학교, 고등학교에 이르기까지 학교급식이 확대 실시되면서 앞으로 영양교사의 수요는 늘어날 전망입니다.

영양교사는 학생들의 영양과 건강 관리를 위한 식사 제공과 올바른 식습관 형성을 위한 체계적인 식생활 지도와 정보 제공, 영양상담을 하는 선생님입니다. 내가 만든 한끼가 학생들에게는 하루를 힘차게 보낼 수 있는 활력소가 되는 보람된 직업이기도 합니다.

아울러 근무기간이 길수록 늘어나는 복지와 연금은 물론이며 결혼, 출산, 각종 휴직과 휴가를 자유롭게 쓸 수 있고, 또 무엇보다 안정적인 일자리라는 점에서 영양교사는 충분히 매력적인 직업입니다. 이 때문에 사람들의 관심과 선호도가 점차 높아지는 것이겠지요.

사람들의 관심과 선호도가 높은 만큼 합격의 문턱도 그리 낮지만은 않습니다. 하지만 도전을 포기할 만큼 그리 높지도 않습니다. 체계적인 플랜을 가지고 꾸준하고 반복적인 이론 학습, 예상문제와 기출문제 풀이, 그리고 합격하고자 하는 의지를 가지고 있다면 영양교사의 꿈도 멀리 있지 않다고 생각합니다.

수험생 여러분이 1차 시험의 관문을 통과하 데 도움이 되고자 이 책을 만들게 되었습니다. 이 책은 기본부터 심화까지, 시험에 나오는 과목별 핵심이론을 효율적인 방법으로 학습할 수 있도록 구성하였습니다.

아무쪼록 영양교사가 되고자 하는 분들의 꿈이 꼭 이루어지기를 바라며, 이 책을 출판할 수 있도록 도움을 주신 성안당 관계자 분들에게 감사를 드립니다.

서윤석

시험안내

◆ 영양교사의 뜻과 하는 일

영양교사는 학생들이 균형 잡힌 식사를 할 수 있도록 식단을 계획하고 조리 및 식재료 공급 등을 감독하는 선생님이다. 영양교사의 주된 업무는 식단 작성, 식재료의 선정 및 검수, 위생·안전·작업 관리 및 검식, 식생활 지도, 정보 제공, 영양상담, 조리실 종사자의 지도 감독, 그 밖에 학교급식에 관한 업무를 총괄한다.

◆ 중등교사 임용시험의 개요

1. 시험명

- 공립(국, 사립) 중등학교 교사 임용후보자 선정경쟁시험

2. 응시자격(영양교사)

- 영양사 면허 취득자
- 영양교사 자격증(1, 2급) 소지자[다음 해 2월 해당 과목 교원자격증 취득 예정자 포함]
- 한국사능력검정시험 3급 이상 자격증 소지자

3. 출제원칙

- 중등학교(특수학교 포함) 교사에게 필요한 전문 지식과 자질을 종합적으로 평가
- 학교 교육 현장에서 실제적으로 적용할 수 있는 지식, 기능, 소양을 종합적으로 평가
- 지식, 이해, 적용, 분석, 종합, 평가, 문제해결, 창의, 비판, 논리적 기술 등을 종합적으로 평가하기 위해 다양한 문항유형으로 출제
- 중등학교 교사 양성기관의 교육과정을 충실히 이수한 자면 풀 수 있는 문항 출제
- '중등교사 신규임용 시도공동관리위원회'가 발표한 『표시과목별 교사 자격 기준과 평가 영역 및 평가 내용 요소』를 참고하여 출제

4. 시험관리기관

- 시·도교육청 : 시행 공고, 원서 교부·접수, 문답지 운송, 시험 실시, 합격자 발표
- 한국교육과정평가원 : 1차 시험 출제 및 채점, 2차 시험 출제

5. 시험일정

- 매년 11~12월경 실시(전국 동시 실시하나 시·도교육청별로 다른 경우가 있음)
- 각 시·도교육청 홈페이지의 공고문 참조

6. 시험과목 / 시험시간 / 문항유형

• 1차 시험 : 전공영양학(80점)은 서답형, 교육학(20점)은 논술형으로 출제

시험과목		교시 및 시험시간		문항유형	문항수	배점	
교육학		1교시	60분 (09:00~10:00)	논술형	1문항	20점	20점
전공	전공 A	2교시	90분 (10:40~12:10)	기입형	4문항	2점	40점
				서술형	8문항	4점	
	전공 B	3교시	90분 (12:50~14:20)	기입형	2문항	2점	40점
				서술형	9문항	4점	
계					24문항	100점	

※ 전공 시험 과목 : 영양학, 생애주기영양학, 영양판정 및 실습, 식사요법 및 실습, 영양교육 및 상담 실습, 식품학, 조리원리 및 실습, 식품위생학, 단체급식 및 실습

• 2차 시험 : 심층면접으로 실시, 지역별로 추가되는 면접유형이 있을 수 있음

• 자세한 사항은 '한국교육과정평가원 홈페이지(www.kice.re.kr) – 열린마당 - 자주하는 질문 - 중등교사임용시험' 확인

7. 기타사항

• 1차 시험 합격자 : 1차 시험 성적으로 선발 예정 인원의 1.5배 이상 선발

• 2차 시험 합격자 : 1차 시험 합격자를 대상으로 면접평가 실시, 1차 성적과 2차 면접평가 성적을 합산하여 최종 합격자 발표

• 중등교사 임용시험은 1년에 한 번 진행되며, 1차 시험 합격 시 2차 시험 응시 가능

CONTENTS

영양학

탄수화물 carbohydrate

탄수화물은 곡류 및 서류 등의 주성분인 전분으로 이뤄져 있으며 전 세계적으로 많이 생산되어 가장 값싸고 쉽게 얻을 수 있는 열량원이다. 오랜 기간 간편하게 저장이 가능하고 생산비가 적게 든다. 탄수화물은 구성원소인 탄소 : 수소 : 산소가 1 : 2 : 1$(CH_2O)n$의 비율로 조성된 물질로서, 에너지 공급원으로 매우 중요하며 소화도 쉽고 체내에서 독성물질을 만드는 일도 낮다.

01 탄수화물의 분류

1 단당류 monosaccharides

(1) 육탄당(hexose)

① 포도당 glucose

  ㉠ 분자식이 $C_6H_{12}O_6$이며 알데히드기를 가지는 알도오스 aldose 형태임

  ㉡ 체내 당 대사의 중심물질로서 세포와 조직의 주된 에너지원이며 혈당의 급원임

  ㉢ 다당류인 전분의 가수분해 산물임

② 과당 fructose

  ㉠ 케톤기가 있는 케토오스 ketose 형태임

  ㉡ 과일, 꿀, 고과당 옥수수시럽 등에 다량 함유되어 있으며 당류 중 단맛이 가장 강함

③ 갈락토오스galactose

　㉠ 알데히드기를 가지는 알도오스aldose 형태임

　㉡ 유즙에 함유되어 있는 유당의 구성성분이며 갈락토오스 자체로는 존재하지
　　않음

　㉢ 동물의 뇌 성장에 필수적인 물질인 당단백질과 당지질의 성분임

④ 만노오스mannose : 포도당과 결합하여 만난이라는 다당류의 형태가 됨

(2) 오탄당(pentose)

① 리보오스ribose : 핵산RNA의 기본물질

② 디옥시리보오스deoxyribose : 핵산DNA의 기본물질

③ 아라비노오스arabinose, 자일로오스xylose : 대부분 다당류 형태로 식물의 줄기,
　잎, 과피 등의 세포막을 구성함

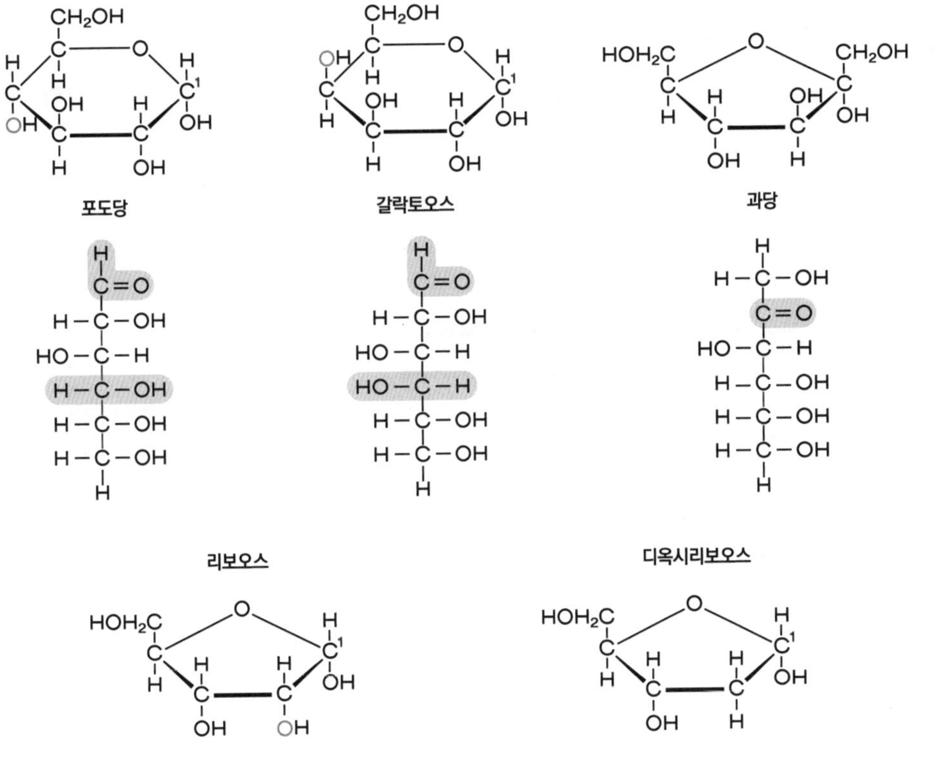

[**그림 01**] 단당류의 구조

2 이당류 disaccharides

(1) 서당(sucrose)

① 효소 sucrase에 의해 포도당과 과당으로 분해되어 흡수됨

② 포도당과 과당의 α-1,2 글리코시드결합 glycosidic bond을 통해 만들어진 비환원당

③ 설탕, 시럽 등에 함유됨

(2) 맥아당(maltose)

① 포도당과 포도당의 α-1,4 글리코시드결합 glycosidic bond을 통해 만들어진 환원당

② 체내에서 전분의 분해와 소화과정의 중간 가수분해 산물이며 식혜, 옥수수시럽 등에 함유됨

(3) 유당(lactose)

① 포도당과 갈락토오스의 β-1,4 글리코시드결합 glycosidic bond을 통해 만들어진 환원당

② 락타아제 lactase가 부족하면 유당불내증 lactose intolerance에 걸림

③ 포유동물의 유즙에 함유되어 있으며 유산균의 발육을 왕성하게 하여 정장작용을 함

> **Key Point** 유당불내증 lactose intolerance
>
> ✔ **원인** 유당 분해효소인 락타아제(lactase)가 부족하여 유당이 소장에서 포도당과 갈락토오스로 분해되지 못하면 체내로 흡수되지 못하고 대장에서 박테리아에 의해 발효되어 산과 함께 가스를 생성한다.
>
> ✔ **증상** 복부팽만, 경련, 복통, 설사 등
>
> ✔ **식이 원칙** 유당이 다량 함유된 식품은 심한 경우에는 제한한다. 심하지 않은 경우에는 첫째, 소량의 유제품을 다른 식품과 같이 섭취하여 천천히 소화되도록 하고, 둘째, 유당이 많이 분해되었고 활성 박테리아가 있는 유제품을 섭취한다. 셋째, 유당 분해효소를 첨가한 저락토오스 우유를 섭취한다.

(4) 셀로비오스(cellobiose)

① β-D-포도당 두 분자가 β-1,4 결합한 것

② 유리상태로는 존재하지 않으며 단맛이 없음

③ 섬유소 cellulose의 구성성분

(5) 루티노오스(rutinose)

① β-람노스와 β-포도당이 β-1,6 결합한 것

② 배당체인 메밀의 루틴, 감귤류의 헤스페리딘, 나린진의 구성 당임

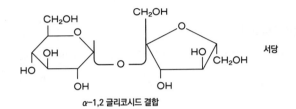

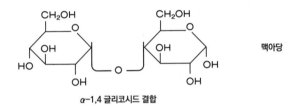

[그림 02] 이당류의 구조

3 올리고당oligosaccharide

3~10개의 단당류로 구성되며 점성이 있다.

(1) 라피노스(raffinose)

갈락토오스-포도당-과당으로 구성되어 있음

(2) 스타키오스(stachyose)

갈락토오스-갈락토오스-포도당-과당으로 구성되어 있음

> **Key Point** 올리고당oligosaccharide의 기능
>
> ✔ 사람의 소화효소로는 소화되지 않으며 대장 내 유산균과 비피더스균에 의해 발효된다.
> ✔ 세포막의 당단백질이나 당지질의 구성성분이다.
> ✔ 설탕보다 감미도가 적다.
> ✔ 인슐린의 분비를 촉진하지 않아 혈당치 개선에 도움이 된다.

4 다당류 polysaccharide

수천 개의 단당류가 직선 또는 가지로 연결되며 대부분 한 종류의 단당류가 결합된 형태이다. 단맛이 없고 물에 잘 녹지 않는다.

(1) 전분(starch)

① 전분은 포도당이 α-1,4 결합인 직선으로 연결된 아밀로오스 amylose 와 포도당이 α-1,4 결합과 α-1,6 결합이 가지로 연결된 아밀로펙틴 amylopectin 의 구조로 이루어짐

② 곡류와 가공품, 서류, 콩류에 많이 함유되어 있으며 아밀로오스와 아밀로펙틴은 대략 1 : 4의 비율로 들어 있음

(2) 글리코겐(glycogen)

① 동물의 간과 근육에 저장된 다당류

② 아밀로펙틴과 유사한 구조이나 가지가 더 많기 때문에 글리코겐은 더 쉽게 체내 필요에 따라 포도당으로 전환될 수 있음

(3) 식이섬유(dietary fiber)

① 수용성 식이섬유 soluble dietary fiber
- ㉠ 물에 용해되거나 팽윤되어 겔을 형성함
- ㉡ 펙틴 pectin, 검 gum
- ㉢ 펙틴은 갈락투론산 galacturonic acid 이 α-1, 4 결합으로 연결된 직쇄상 다당류
- ㉣ 위장 통과 시간을 지연시키고 혈당 수준을 낮추며 혈청콜레스테롤 수준을 정상화하는 데 도움을 줌

② 불용성 식이섬유 insoluble dietary fiber
- ㉠ 물에 용해되지 않으며 겔형성력이 낮고 대장에서 박테리아에 의해 분해되지 않음
- ㉡ 장 내용물의 통과시간을 단축시키고 변의 부피와 배변의 빈도를 증가시킴
- ㉢ 셀룰로오스 cellulose, 섬유소, 리그닌

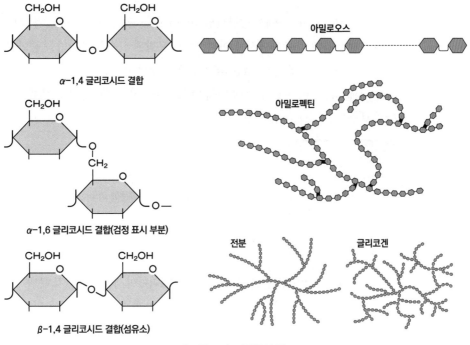

[그림 03] 다당류의 구조

02 탄수화물의 소화와 흡수

탄수화물의 소화는 첫 단계로 구강에서 일어나며 위를 거쳐 소장에서 마무리되어 모두 단당류(포도당, 과당, 갈락토오스)로 분해된다.

(1) 탄수화물의 소화

① 구강

ㄱ 타액선에서 α-amylasesalivary α-amylase가 분비

ㄴ α-amylase는 전분, 글리코겐 등의 α-1,4-글리코시드결합에만 작용하여 덱스트린dextrin을 거쳐 맥아당으로 분해

② 위

ㄱ 하루에 2~3L 정도 분비되는 위액은 단백질 분해효소인 펩신pepsin과, 염산HCl, 뮤신mucin, 내적인자intrinsic factor, 레닌rennin, 리파아제lipase, 호르몬인 가스트린gastrin 등을 함유하며 무색 투명하고 강산성pH1.5~2임

ㄴ 위산에 의해 음식물의 pH가 저하되므로 α-amylase의 작용이 멈춤

③ 십이지장

　　㉠ 췌장액약알칼리성 pH7~8에서 중탄산염, α-amylase pancreatic α-amylase가 분비
　　　되며 중탄산염에 의해 위에서 십이지장으로 운반된 산성의 유미즙을 중화시
　　　켜 소화효소들이 작용할 수 있는 최적의 pH5~7를 유지함

　　㉡ α-amylase pancreatic α-amylase에 의해 덱스트린을 거쳐 맥아당으로 분해

　　㉢ 한계 덱스트린 limit dextrin 생성

> **Key Point** 　한계 덱스트린
>
> ✓ 한계 덱스트린은 3~4분자의 포도당이 아밀로펙틴처럼 α-1,6 결합을 지니고 있는 형태를 가
> 　리키는 용어이며, α-amylase는 α-1,4 결합만을 가수분해하기 때문에 아밀로펙틴이 가수분
> 　해될 때 '한계 덱스트린(limit dextrin)'이 생성된다.

④ 소장

　　㉠ 소장점막세포에서 이당류 분해효소, α-덱스트리나아제 dextrinase가 분비

　　㉡ 수크라아제는 서당을 포도당과 과당으로, 말타아제는 맥아당을 포도당과 포
　　　도당으로, 락타아제는 유당을 포도당과 갈락토오스로 분해

　　㉢ α-덱스트리나아제 dextrinase는 한계 덱스트린의 α-1,6 결합을 분해

　　㉣ 사람은 셀룰로오스 분해효소가 없어 셀룰로오스를 이용할 수 없으나 셀룰로
　　　오스를 구성하는 포도당 β-1,4 결합을 분해하는 효소가 결여되고 음식물에서
　　　소화되지 않는 셀룰로오스의 찌꺼기는 소화물에 부피를 증가시켜 장벽을 자
　　　극하여 배변운동을 함

　　㉤ 대장에서는 탄수화물의 소화작용은 거의 없고 소장에서 분해되지 않은 펙
　　　틴, 검 등의 수용성 섬유소는 대장 내 박테리아에 의해 발효, 부패가 일어남

> **Key Point** 　소장에서 분비되는 소화 호르몬
>
> ✓ 세크레틴(secretin)은 췌장에서 합성되어 십이지장으로 분비되는 호르몬으로 중탄산염의 분
> 　비를 촉진시켜 위의 염산을 중화시키고 위와 장의 운동을 저하시킨다.
> ✓ 콜레시스토키닌(cholecystokinin, CCK)은 췌액의 소화효소의 분비를 촉진시키고 담낭을 수
> 　축시켜 담즙을 분비하고 위액 분비와 위 운동을 억제시킨다.
> ✓ GIP(gastrin inhibitory peptide, 가스트린 억제 펩티드)는 위 내용물의 십이지장 유입을 지연
> 　시키고 인슐린 분비를 촉진한다.

(2) 탄수화물의 흡수

① 단당류의 형태로 소장에서 흡수

② 단당류의 흡수속도는 6탄당이 5탄당보다 빠르며 포도당의 흡수속도를 100으로 볼 때 갈락토오스 110, 과당 43, 만노오스 19, 자일로오스 15, 아라비노오스 9로 나타남

③ 포도당과 갈락토오스는 Na+과 함께 융모의 흡수세포에서 능동수송되고 과당은 촉진 확산으로 흡수됨

④ 단당류포도당, 과당, 갈락토오스는 소장의 융모로 들어간 후 간문맥을 통해 간으로 가서 에너지로 사용되거나 혈액으로 직접 방출되며, 일부는 글리코겐 생성과 지방 합성에 쓰이고 간에서 과당과 갈락토오스는 포도당으로 전환

⑤ 탄수화물 흡수에는 갑상선 호르몬, 뇌하수체 호르몬, 부신피질 호르몬, 인슐린 등이 관여

⑥ 소화·흡수율은 98%

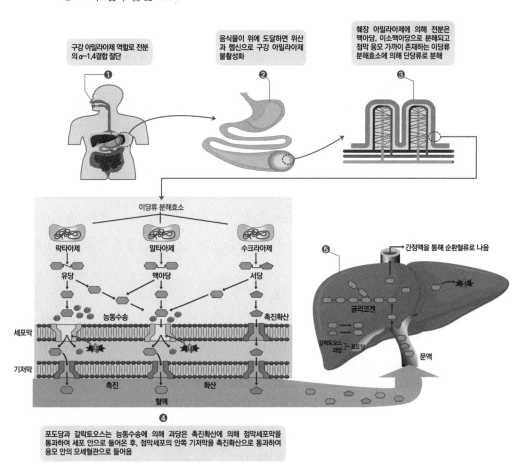

[그림 04] 탄수화물의 소화·흡수와 운반경로

03 탄수화물의 기능

(1) 에너지 공급

① 1g당 4kcal의 에너지를 공급하고 적혈구, 뇌세포, 신경세포는 포도당을 에너지 원으로 이용

② 혈당을 일정 수준으로 유지, 식후 30분~1시간 내 혈당은 최고치에 이르며 2~3시간 경과하면 원래의 혈당 수준을 유지

③ 글리코겐은 탄수화물의 이상적인 저장형태간, 근육이고 신체가 신속하게 혈당을 필요로 할 때 글리코겐은 여러 개의 가지 끝에서 한꺼번에 많은 양의 당을 분해 할 수 있음

(2) 단백질 절약작용 protein sparing action

① 탄수화물 섭취가 부족한 경우 단백질은 신체 구성과 보수에 사용되는 대신에 에 너지 급원으로 이용

② 탄수화물을 충분히 섭취하는 경우에는 체내 단백질이 포도당 합성에 쓰이지 않 으므로 단백질을 저장할 수 있음

(3) 케톤증 예방

① 저탄수화물 식사로 인슐린 분비가 감소하면 지방 분해과정에서 생성된 acetyl CoA 가 다량 생성되나 oxaloacetate가 없으므로 케톤체가 생성되어 케톤증을 일으킴

② 정상인의 케톤체는 소변 배설량 125mg/24시간 이하, 혈중 농도 3mg/100mL 미만이어야 함

③ 하루에 50~100g의 탄수화물 섭취가 필요

④ 기아상태 시에는 뇌와 심장 등 일부 조직은 케톤체를 에너지원으로 사용하여 생 체단백질 손실을 1/3가량 줄여줌

> **Key Point** 케톤체ketone body 생성과정
>
> ✓ **1단계** 체조직의 단백질이 분해되면서 아미노산이 포도당 신생합성에 쓰인다. 이때 생성된 포 도당은 뇌 등의 조직에서 에너지원으로 쓰이고 이 과정이 지속되면 체내 단백질 손실이 크다.
>
> ✓ **2단계** 체지방의 분해가 증가되면 옥살로아세트산이 급격히 감소하여 TCA 회로를 통한 대사 가 감소하면 지방분해에 의해 생성된 아세틸 CoA는 케톤체(ketone body)를 합성한다.
>
> ✓ **3단계** 케톤체 형성은 간의 미토콘드리아에서 일어나며 두 분자의 아세틸 CoA가 축합하여 아 세토아세틸 CoA를 형성하고 3~4개의 탄소로 구성된 아세톤, 아세토아세트산 및 β-히드록 시부티르산이 있다.

Key Point 케톤증 ketosis

✓ 혈액과 조직에 케톤체가 다량 축적되어 pH가 산성으로 기울어져 산혈증(acidosis)이 발생한다.

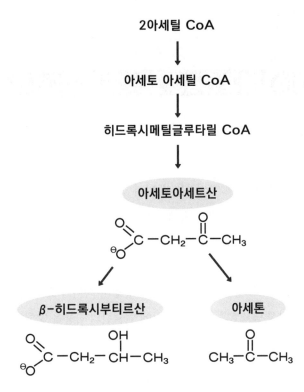

2아세틸 CoA

아세토 아세틸 CoA

히드록시메틸글루타릴 CoA

아세토아세트산

β-히드록시부티르산

아세톤

[그림 05] 케톤체 생성과정

(4) 식이섬유의 공급

① 연동운동을 촉진시켜 배변작용에 도움을 줌

② 각종 암을 예방함

③ 혈중 콜레스테롤 농도, 혈당 등을 저하시킴

(5) 식품에 단맛과 향미 제공

① 당은 독특한 단맛과 향미를 지니고 있어 식품에 대한 수용도를 높임

② 감미도 : 서당 100, 과당 170, 전화당 130, 포도당 74, 맥아당 33, 유당 16

③ 대체감미료아스파탐, 사카린가 개발되어 이용

(6) 기타

① 리보오스5탄당 : 유전정보와 단백질 합성을 주도하는 RNA와 DNA의 구성물질

② 유당 : 칼슘의 흡수를 증진시키며 장에 오래 머물러 유익한 장내세균의 성장을
촉진

③ 글루쿠론산glucuronic acid : 간에서 화학물질이나 독성물질과 결합하여 배설시
키는 작용

04 탄수화물과 건강

(1) 당뇨병

① 췌장에서 분비되는 혈당 조절 호르몬인 인슐린의 분비가 감소되었거나 인슐린
의 작용에 문제가 생겼을 때 나타남

② 당뇨병은 제1형 당뇨병, 제2형 당뇨병과 임신성 당뇨병으로 분류

③ 제1형 당뇨병소아당뇨병은 주로 20세 미만의 소아 연령층에서 발병하며 주로 췌장
의 인슐린 생성장애로 생김

④ 제2형 당뇨병성인당뇨병은 비만과 운동 부족이 주요 원인

⑤ 임신성 당뇨병은 임신 후반기에 인슐린의 작용을 방해하는 호르몬에 의해 발생

(2) 유전적 탄수화물 대사 이상

① 글리코겐 축적병glycogen storage disease, GSD

　㉠ 간에 저장된 글리코겐을 포도당으로 대사할 수 없는 질환

　㉡ 주요 증상 : 신체 성장장애, 저혈당증, 간 비대, 이상지질혈증 등

　㉢ 유형

　　■ 글리코겐 축적병 I형 : 포도당 6인산 분해효소의 결손으로 당 신생과정과 글
리코겐 분해과정이 손상되어, 간에 축적된 글리코겐을 대사할 수 없으므로
심각한 저혈당증이 나타남

　　■ 글리코겐 축적병 III형 : 아밀로-1,6-글루코시다아제 결결손으로 가지점에
서 글리코겐을 분해할 수 없음. 글리코겐 분해과정이 비효율적인 GSD I
형과 유사하지만 당 신생과정이 증가하여 포도당 생성을 유지하는 데 도
움이 됨

　㉣ 식사요법 : 혈장포도당 농도를 안전한 범위로 유지하고 저혈당증을 예방하기
위하여 생옥수수 전분가루를 약 2g/kg 용량으로 50% 용액을 만들어 6시간마
다 섭취함. 또한 옥수수전분이 철 흡수를 방해하기 때문에 철 보충이 필요함

② 갈락토오스혈증galactosemia
　㉠ 효소의 결핍으로 체내의 갈락토오스와 그 대사산물이 축적되어 나타나는 유전적인 대사장애임
　㉡ 주요 증상 : 발육 부진, 구토, 황달, 설사 등 치료하지 않으면 백내장, 정신지체
　㉢ 식사요법 : 우유 및 유제품은 엄격히 제한하고 갈락토오스가 함유되지 않은 분유 및 음식을 섭취하며 두유를 활용하면 좋음
③ 유전성 과당 대사장애
　㉠ 과당 및 과당 대사산물이 생체 내 비정상적으로 축적
　㉡ 주요 증상 : 심한 복통, 구토, 저혈당증세가 나타나며 과당을 계속 섭취하게 되면 성장장애, 황달, 간 비대, 간경화 등이 나타남
　㉢ 식이요법 : 엄격한 무과당 식사fructose-free diet
　㉣ 유전성 과당불내증 환자들은 단 음식과 과일을 아주 싫어하는 경향을 보임
④ 설탕의 과잉 섭취 문제
　㉠ 과잉행동장애주의력결핍성 과잉행동장애
　㉡ 충치
　　▪ 당류가 입안에서 박테리아스트렙토쿠스무탕에 의해 발효되면서 산을 생성하여 pH를 낮추어 치아의 에나멜층을 녹여 하부구조를 파괴함
　　▪ 캐러멜, 설탕, 꿀, 단 음식 등이 치아에 오랫동안 부착된 경우 산이 발생되므로 충치 발생에 기여

05 탄수화물과 식이섬유의 섭취기준

(1) 탄수화물

① 2015년 한국인 영양소 섭취기준에 의하면 탄수화물 섭취 적정 비율은 총 에너지 섭취량의 55~65%, 1일 총 당류 섭취량은 총 에너지 섭취량의 10~20%로 제한하도록 하며, 특히 첨가당은 총 에너지 섭취량의 10% 이내로 섭취하도록 권고
② 탄수화물 급원식품은 곡류, 감자류 등이며 밥 한 공기210g에는 65.5g, 감자 1개150g에는 27.7g의 탄수화물이 들어있음

(2) 식이섬유

① 식이섬유의 충분섭취량은 12g/1,000kcal로서 1일 충분섭취량은 12세 이상 남자는 25g, 여자는 20g

② 식이섬유소는 해조류, 채소·과일류에 풍부하게 들어있으며 주요 식품 가식부 100g 당 마른 김 34.7g, 미역생 4.8g, 당근 3.1g, 양배추 2.2g, 사과 2.5g이 들어 있음

2018년 기출문제 A형

다음은 첨가당에 관한 내용이다. 〈작성 방법〉에 따라 서술하시오. 【4점】

첨가당을 과잉 섭취하면 비만, 충치 등과 같은 건강문제가 나타날 수 있다. 그래서 보건복지부(2015 한국인 영양소 섭취기준) 및 세계보건기구는 1일 총 에너지 섭취량의 일정 비율 이내로 첨가당을 섭취할 것을 권고하고 있다.

🖊 **작성 방법**

- 위 내용을 참고하여 1일 총 에너지 섭취량이 1,800kcal일 때 첨가당은 1일 몇 g 이내로 섭취하여야 하는지 산출과정과 값을 쓸 것
- 당류로 인한 충치 발생의 기전을 서술할 것
- 충치에 대한 예방 효과는 있으나 과잉 섭취 시 뼈나 치아에 침착되는 미량 무기질의 명칭을 쓸 것

---

06 탄수화물 대사

탄수화물은 주로 포도당의 형태로 세포 내로 이동되어 해당과정과 TCA 회로를 거쳐 조직에 필요한 에너지를 공급한다.

1 포도당의 대사

(1) 해당과정(glycolysis)

① 세포질에서 일어나며 산소가 없어도 이루어지는 혐기성 과정

② 10단계의 반응경로를 통해 포도당에서 피루브산pyruvic acid, pyruvate 2분자, ATP 2분자와 NADH 2분자 생성으로 8ATP가 생성됨

③ 1포도당 + 2NAD + 2ADP → 2피루브산 + 2NADH + 2ATP

④ 혐기적 상태에서는 피르부산이 TCA 회로로 들어가지 못하고 젖산으로 환원됨

⑤ 생성된 젖산은 혈액으로 방출되어 간으로 운반되고 간에서 포도당으로 전환되어 조직으로 운반되어 이용되는데, 이것을 코리Cori 회로라고 함

⑥ 호기적 상태에서는 피르부산이 미토콘드리아로 운반되어 아세틸 CoA로 되어 TCA 회로를 통해 완전히 산화됨

⑦ 해당과정의 속도 조절은 hexokinase, phosphofructokinasePFK-1 및 pyruva tekinase를 통해 이루어짐

⑧ 효모와 일부 박테리아에서는 해당과정의 결과로 생긴 피루브산의 알코올 발효가 일어남

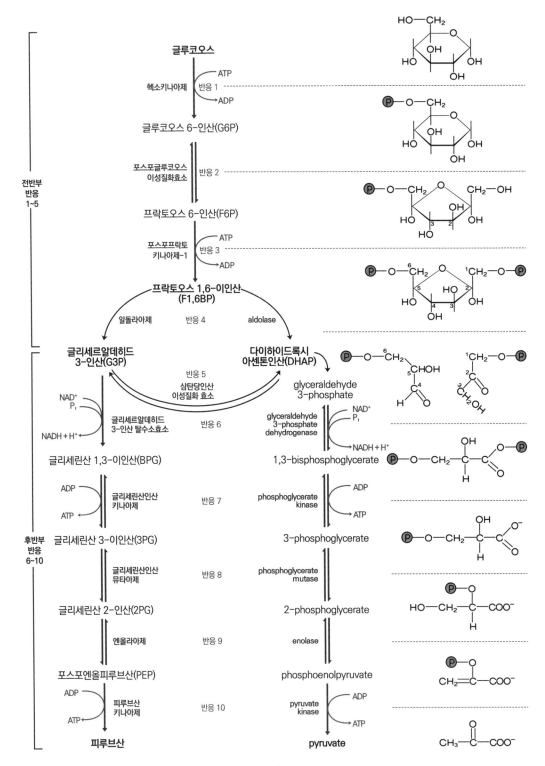

[그림 06] 해당과정

(2) TCA(tricarboxylic acid cycle) 회로 및 전자전달계

아세틸 CoA acetyl CoA의 아세틸 부분을 이산화탄소 CO_2로 산화하고, 이때 조효소인 NAD^+와 FAD를 각각 NADH와 $FADH_2$로 환원시켜 에너지를 저장함

① TCA 회로의 개요

    ㉠ 포도당 및 당류가 세포질에서 해당과정을 거치면서 생성된 피루브산은 구연산 회로에 들어가기 위해 미토콘드리아로 들어와 아세틸 CoA와 CO_2로 전환됨

       ■ 2 피루브산 + 2NAD + 2CoA → 2아세틸 CoA + 2NADH + $2CO_2$

    ㉡ 아세틸 CoA는 옥살로아세트산 oxaloacetic acid, OAA과 함께 시트르산을 생성하며 TCA 회로 과정에서 NAD nicotinamide adenine dinucleotide, TPP thiamine pyrophosphate, FAD flavin adenine dinucleotide 등 조효소를 필요로 함

    ㉢ 1분자의 피루브산이 TCA 회로를 거쳐 $3CO_2$로 연소되는 과정에서 3분자의 NADH, 1분자의 $FADH_2$, 1분자의 GTP guanosine triphosphate 가 생성됨

       ■ Acetyl CoA + $3NAD^+$ + FAD + GDP ADP + H_3PO_4 + $3H_2O$ → $2CO_2$ + 3 NADH + $3H^+$ + $FADH_2$ + GTP ATP + CoASH

    ㉣ 생성된 NADH, $FADH_2$는 최종 에너지 생성단계인 전자전달계를 통하여 산화적 인산화가 일어나면 하나의 NADH는 2.5ATP를 $FADH_2$는 1.5ATP를 생성

    ㉤ 포도당 1분자로부터 생성된 2분자의 피루브산은 해당과정과 TCA 회로 및 전자전달계를 거치면서 30~32개의 ATP를 생성함

       ■ $C_6H_{12}O_6$ + $6O_2$ → $6CO_2$ + $6H_2O$ + 30~32ATP

② TCA 회로의 과정

    ㉠ 1단계 : 시트르산 생성

       ■ 시트르산합성효소 citrate synthase에 의해 아세틸 CoA와 옥살로아세트산 OAA의 축합반응에 의해 시트르산 생성

       ■ 아세틸 CoA + 옥살로아세트산 + H_2O → 구연산 + CoASH

    ㉡ 2단계 : 이소구연산 생성

       ■ 아코니타아제에 의한 구연산의 이성질화

    ㉢ 3단계 : α-케토글루타르산 생성

       ■ 이소구연산의 탈수소효소에 의한 이소구연산의 산화

    ㉣ 4단계 : 숙시닐 CoA

       ■ α-케토글루타르산 탈수소효소 복합체에 의한 α-케토글루타르산의 산화

ⓜ 5단계 : 숙신산 생성

■ 숙시닐 CoA 합성효소에 의한 숙시닐 CoA의 분해

ⓗ 6단계 : 푸마르산 생성

■ 숙신산 탈수소효소에 의한 숙신산의 산화

ⓢ 7단계 : 말산 생성

■ 푸마르산 수화효소에 의한 푸마르산의 수화

ⓞ 8단계 : 옥살로아세트산 생성

■ 말산 탈수소효소에 의한 말산의 산화

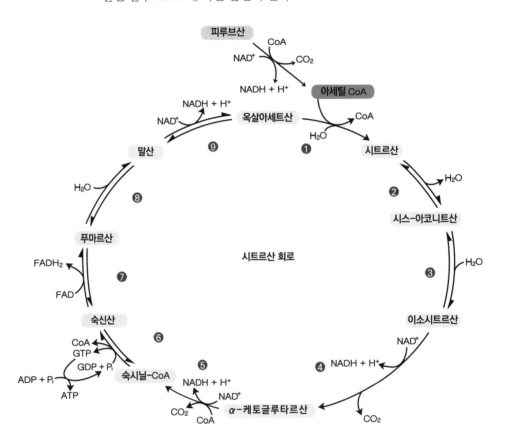

[**그림 07**] TCA 회로

Key Point 옥살로아세트산의 생성과정

✔ 피루브산이 피루브산 카르복실화효소(pyruvate carboxylase)에 의해 옥살로아세트산으로 전환된다.

$$CO_2 + \begin{array}{c} COOH \\ | \\ C=O \\ | \\ CH_3 \end{array} + ATP + H_2O \xrightleftharpoons[\text{아세틸 CoA}]{Mg^{2+}, \text{비오틴,}} \begin{array}{c} COOH \\ | \\ C=O \\ | \\ CH_2 \\ | \\ COOH \end{array} + ADP + H_3PO_4$$

피루브산   옥살로아세트산

- 포유동물에서 일어나는 가장 중요한 보충반응이다.
- 피루브산 카르복실화효소는 간과 신장의 미토콘드리아에 존재한다.

✔ 포스포엔올피루브산이 포스포엔올피루브산 카르복실화효소(phosphoenolpyruvate carboxykinase, PEPCK)에 의해 옥살로아세트산으로 전환된다.

$$CO_2 + \begin{array}{c} COOH \\ | \\ C-OPO_3H_2 \\ || \\ CH_2 \end{array} + GDP \xrightleftharpoons{} \begin{array}{c} COOH \\ | \\ C=O \\ | \\ CH_2 \\ | \\ COOH \end{array} + GTP$$

포스포엔올피루브산   옥살로아세트산(OAA)

(3) 포도당 신생합성과정(gluconeogenesis)

① 아미노산, 글리세롤, 피루브산, 젖산 등 당질 이외의 물질로부터 glucose를 합성하는 것을 의미

② 당신생경로는 주로 간에서 일어나지만 신장과 소장에서도 소량 발생하며 당신생경로의 대부분 효소들은 세포질에 존재

③ 저혈당 시 뇌, 적혈구, 신경계 등의 조직에서는 혈액을 통해 공급되는 glucose가 유일한 에너지원이거나 주된 에너지원

④ 당신생경로의 조절효소는 피루브산 카르복실화효소pyruvate carboxylase, PEP 카르복시키나아제phosphoenolpyruvate carboxykinase, F1,6BPasefructose-1,6-bisphosphatase 및 G6Paseglucose-6-phosphatase임

Key Point 포도당 신생경로의 비가역반응

① 피루브산 → 포스포에놀피루브산(phosphoenolpyruvate) → 과당 1,6-이인산 → 과당 6-인산 → 포도당 6-인산 → 포도당

  ㉠ 피루브산 → 포스포에놀피루브산(phosphoenolpyruvate, PEP)

  ㉡ 과당 1,6-이인산(fructose 1,6-bisphosphate, F1,6BP) → 과당 6-인산(F6P)

  ㉢ 글루코오스-6-인산(glucose-6-phosphate, G6P) → 글루코오스 : 헥소키나아제가 촉매하는 글루코오스 인산화반응의 우회반응, 간과 신장에만 존재하는 글루코오스-6-인산가수분해효소(glucose-6-phosphatase, G6Pase)에 의해 촉매되며 그 결과 생성된 글루코오스는 혈액으로 방출

② 글리세롤 인산을 거쳐(글리세롤 키나아제의 작용) 다이하이드록시아세톤 인산(dihydroxyacetone phosphate, DHAP)을 생성(글리세롤 인산 탈수소효소의 작용)하며 당신생경로의 기질

③ 대부분의 아미노산은 해당과정이나 구연산 회로에서 탄소 수가 3개 이상인 중간대사물을 공급할 수 있는 아미노산들은 당신생경로의 기질 → 혈당 유지에 사용되며 이들 아미노산들은 분해되어서 피루브산이나 구연산 회로의 중간대사물인 α-케토글루타르산, 숙시닐 CoA, 푸마르산 혹은 OAA를 생성

④ 코리 회로와 알라닌 회로(alanine cycle)

  ㉠ 코리 회로 : 적혈구에서 포도당은 해당과정을 통하여 에너지를 내며 남은 피루브산은 산소가 없으므로 젖산은 혈액으로 방출되어 간으로 운반되고 간에서 간으로 이동하여 포도당 신생합성에 들어가며 이것을 코리(Cori) 회로라고 함

  ㉡ 알라닌 회로 : 근육에서 피루브산은 아미노산 대사를 통해 배출된 아미노기(-NH₂)와 결합하여 알라닌을 형성하여 혈액을 통해 간으로 이동되고, 탈아미노반응에 의해 피루브산이 되어 포도당을 생성하며 이 반응을 알라닌 회로라고 함

제1과목

영양학

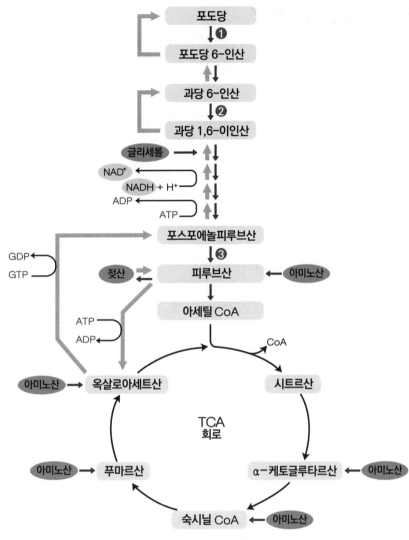

[그림 08] 포도당 신생과정

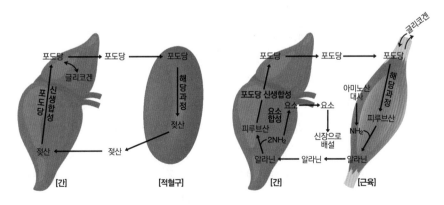

[그림 09] 코리 회로(왼쪽)와 알라닌 회로(오른쪽)

다음은 공복 시 포도당 생성에 관한 내용이다. 〈작성 방법〉에 따라 순서대로 서술하시오. [4점]

> 장시간(10~18시간) 음식을 통한 에너지의 공급이 이루어지지 못하게 되면, ㉠ 근육에 저장된 (㉡)은/는 포도당을 직접 제공하지 못하지만, 대사되어 젖산이나 알라닌 형태로 간으로 보내져 포도당 생성에 기여한다. 또한 ㉢ 중성지질 분해산물인 (㉣)도 간으로 보내져 포도당 생성에 기여한다.

✎ **작성 방법**

- ㉡, ㉣에 해당하는 명칭을 순서대로 쓸 것
- 밑줄 친 ㉠의 이유를 효소와 연관지어 서술할 것
- 밑줄 친 ㉢의 포도당 생성에 기여하는 과정을 서술할 것

----

(4) 글리코겐 대사

① 글리코겐 합성glycogenesis

  ㉠ 식후에는 호르몬인 인슐린은 증가하고 글루카곤은 감소, 효소인 글리코겐 합성효는 증가하고 글루카곤 가인산분해효소는 감소하여 에너지를 생성하고 남은 여분의 포도당은 글리코겐으로 전환되어 간과 근육에서 저장

  ㉡ 간 무게의 4~6%100g, 근육무게의 1%250g 정도 합성

  ㉢ 포도당 → 포도당-6-인산 → 포도당-1-인산이 되고 UTPuridine triphosphate에 반응하여 활성형인 UDPuridine diphosphate-포도당이 되어 이미 존재하던 글리코겐과 결합되고 글리코겐 합성효소glycogen synthase에 의해 촉매

② 글리코겐 분해glycogeneolysis

  ㉠ 간과 근육에서 일어나는 글리코겐 분해는 글루카곤, 에피네프린, 노르에피네프린 등의 영향을 받음

  ㉡ 공복 시 간에서는 호르몬인 인슐린은 감소하고 글루카곤은 증가, 효소인 글리코겐 합성효소는 감소하는 반면에 글리코겐 가인산분해효소는 증가하여 글리코겐을 분해하여 포도당을 생성

  ㉢ 글리코겐이 인산분해효소phosphorylase에 의해 포도당-1-인산이 된 후 포도당-6-인산을 거쳐 포도당-6-인산분해효소glucose-6-phosphatase에 의해 포도당이 됨

Key Point 글리코겐

✓ 글리코겐은 체내에서 효소에 의해 글루코오스 1-인산이 만들어지고 글루코오스 6-인산으로 전환되어 포도당이 된다. 간에는 글루코오스 6-인산분해효소를 가지고 있으므로 글루코오스 6-인산을 포도당으로 전환시켜 혈당을 높일 수 있지만, 근육에는 이 효소가 없으므로 혈당조절기능은 하지 못하고 글루코오스 6-인산을 근육세포의 에너지원으로 사용한다.

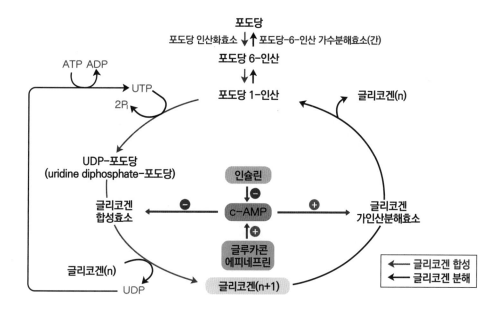

[그림 10] 글리코겐의 합성과 분해

(5) 펜토오스 인산경로(Pentose Phosphate Pathway, PPP)

① 세포질에서 일어나며 6탄당을 5탄당으로 전환

② 포도당의 또 다른 산화반응의 하나로 ATP 생성이 안 됨

③ NADPH 생성과 리보오스ribose-5-phosphate를 합성

④ 지방합성이 활발하게 일어나는 곳이나 스테로이드 호르몬 합성이 왕성한 곳, 세포분열이 왕성한 곳에서 중요한 역할을 함

⑤ 산화적 단계와 비산화적 단계로 구성

　㉠ 오탄당인산경로의 전반부 : 글루코오스 6-인산 탈수소효소glucose 6-phosphate dehydrogenase와6- 포스포글루콘산 탈수소효소6-phosphogluconate dehydrogenase 반응은 NADPH의 생성을 초래하는 두 개의 비가역 반응이며 산화적 탈카르복실화 반응은 오탄당인 리불로오스 5-인산ribulose 5-phosphate을 생성

ⓛ 오탄당인산경로의 후반부 : 리불로오스 5-인산을 리보오스 5-인산으로 전환

시키는 이성질화효소isomerase 반응의 작용과 크실룰로오스 5-인산xylulose

5-phosphate으로 전환시키는 에피모화효소epimerase 반응의 작용으로 시작

ⓒ 오탄당인산경로와 해당과정의 중간대사물 공유 : 오탄당보다 NADPH의 요

구량이 더 큰 세포에서는 오탄당인산회로의 비산화적 단계 대사물질들이 해

당과정의 중간대사물로 전환됨

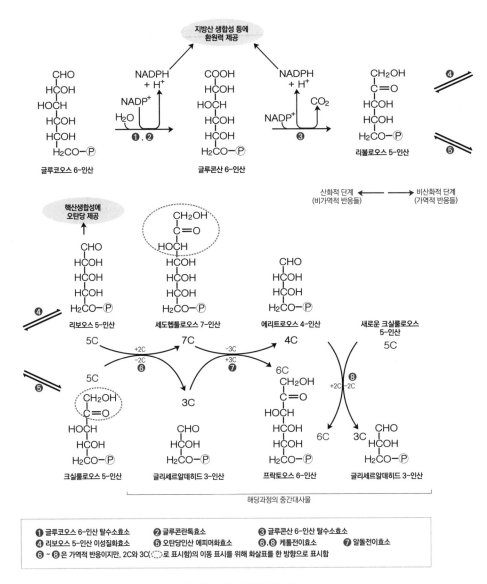

[그림 11] 오탄당 인산경로

(6) 글루쿠론산 회로

　① 포도당 → 포도당-6-인산 → 포도당-1-인산 → 글루쿠론산glucuronic acid이 생성

　② 글루쿠론산glucuronic acid은 간에서 독성물질을 해독함

2 다른 단당류의 대사

(1) 과당 대사

　① 섭취한 프락토오스는 주로 간에서 대사

　② 간에서 프락토키나아제fructokinase에 의해 프락토오스1-인산fructose 1-phosphate, F1P으로 전환되어 알돌라아제에 의해 디히드록시아세톤 인산dihydroxyacetone phosphate, DHAP와 글리세르 알데히드로 됨

　③ 포도당 섭취 부족 시에는 과당은 과당 1-인산을 거쳐 과당 6-인산이 된 뒤 포도당이 되고 포도당 섭취 충분 시에는 과당은 지방산이나 중성지방을 합성

　④ 과당이 세포 내로 이동되는 것은 인슐린 의존형이 아니지만 과당도 결국 포도당으로 전환되므로 과량을 섭취할 경우 혈당을 높일 수 있음

> **Key Point**
>
> ✓ 과당은 해당과정에서 속도조절 단계인 PFK-1(phosphofructokinase)의 반응을 거치지 않고 중간단계인 디히드록시아세톤 인산의 형태로 들어가므로 아세틸 CoA 전환속도가 증가하여 지방산 합성속도가 증가한다. 따라서 혈중 중성지질의 농도를 높일 수 있으므로 특히 인슐린 비의존성 당뇨병 환자들은 주의해야 한다.

2020년 기출문제 A형

다음은 과당의 대사과정에 관한 내용이다. 괄호 안의 ㉠, ㉡에 해당하는 효소의 명칭을 순서대로 쓰시오. 【2점】

> 과당은 포도당 섭취 부족 시 당신생경로를 통해 포도당으로 전환되어 이용되지만, 적절한 포도당과 함께 간으로 들어왔을 때에는 해당과정을 통하여 대사된다. (㉠)은/는 ATP를 사용하여 과당을 과당 1-인산으로 전환시킨다. 이후, 과당 1-인산은 해당과정의 중간 대사물질인 디히드록시아세톤인산과 글리세르알데히드 3-인산으로 전환되어 해당과정으로 합류한다. 과당은 해당과정에서 속도 조절 단계의 효소인 헥소키나아제와 (㉡)에 의해 촉매되는 반응을 거치지 않고 대사되기 때문에 포도당보다 아세틸-CoA로 더 빨리 전환된다.

(2) 갈락토오스 대사

① 간에서 갈락토오스는 유리딘 이인산 글루코오스UDP-glucose로 전환되어 글리코
   겐이 되거나 포도당-1-인산을 거쳐 포도당-6-인산이 되어 해당과정으로 대사됨
② 갈락토오스-1-인산 유리딜기전달효소galactose-1-phosphate uridyltransferase가 결
   핍된 영아는 갈락토오스가 혈액에 축적galactosemia됨

2제 장 지질 lipid

지질은 탄소, 수소, 산소로 이루어진 유기화합물로서 물에 녹지 않고 유기용매에 녹는다. 식품과 체내에 있는 지질은 지방산과 글리세롤이 결합된 중성지질이 대부분이며 형태에 따라 상온에서 고체인 지방(fat)과 액체상태인 기름(oil)으로 구분된다.

01 지질의 분류

(1) 단순지질(simple lipid)

글리세롤과 지방산이 결합된 것으로 식품이나 체내 지질의 98~99%를 차지함

① 중성지질 triglyceride

㉠ 식품이나 체내 지방산의 95%는 중성지질의 형태로 존재하며 글리세롤 1번과 3번 위치에는 포화지방산이, 2번 위치에는 불포화지방산이 결합함

㉡ 물보다 비중이 낮으며 비극성 용매에 녹음

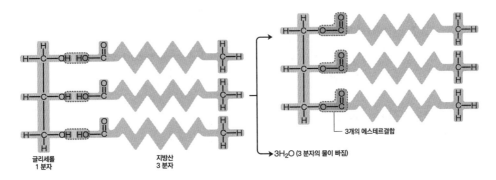

[**그림 01**] 중성지방의 구조

② 왁스wax : 긴사슬지방산에 글리세롤 대신 알코올이 결합된 물질이며 영양적 가
치는 없으나 동물의 피부나 털, 식물의 줄기나 잎, 사과껍질 등에서 방수작용을
하여 보호함

(2) 복합지질(compound lipid)

글리세롤과 지방산 외에 인산, 염기, 스핑고신, 당 등 비지질 분자단이 결합된 것

① 인지질phospholipid
  ㉠ 글리세롤의 첫 번째와 두 번째 수산기에 지방산이 결합하고 세 번째에는 인
    산기PO_4^-와 염기가 결합되어 있는 형태로 주로 세포막을 구성하고 유화작용
    을 함
  ㉡ 종류 : 레시틴, 세팔린, 스핑고미엘린

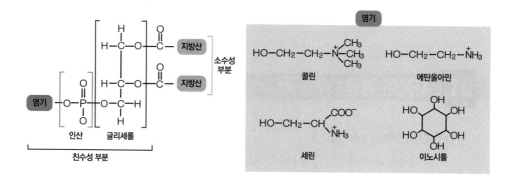

[그림 02] 인지질의 구조

② 스핑고지질sphingolipid
  ㉠ 글리세롤 대신 스핑고신sphingosine이 지방산과 아미드결합하여 세라미드를
    이루는 유도체를 말함
  ㉡ 종류 : 세레브로시드cerebroside, 강글리오시드ganglioside는 인산과 염기 대신
    에 당류가 결합된 것으로 뇌와 신경조직의 구성성분임

(3) 유도지질(derived lipid)

단순지질과 복합지질의 분해산물 중 지용성 물질 또는 단순지질과 복합지질에 포
함되지 않는 지용성 물질을 포괄함

① 콜레스테롤
  ㉠ 분자식은 $C_{27}H_{45}OH$이며, 탄소가 네 개인 고리구조를 이루고 있음

ⓛ 체내 콜레스테롤의 약 40%는 식이로 오고 나머지는 대부분 간에서 합성됨

ⓒ 소수성을 가진 대표적인 스테롤이며 동물성 식품에만 함유

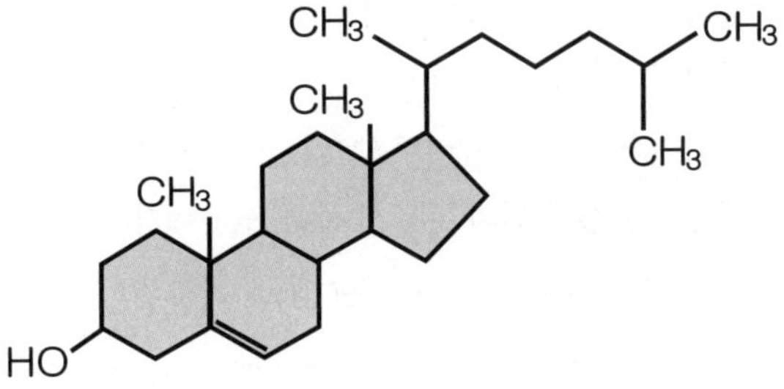

[**그림 03**] 콜레스테롤의 구조

② 에르고스테롤 : 생체 내에서 콜레스테롤로 전환되어 작용하고 버섯류나 말린 어류에 많음

02 지방산의 분류

지방산은 카르복실기(-COOH)와 메틸기(-CH₃)가 있고 탄소사슬에 수소가 결합한 탄화수소(R) 구조이며, 자연계에 존재하는 지방산은 탄소 수가 4~22개인 짝수이다.

(1) 탄소 수에 따른 분류

① 짧은사슬지방산short chain fatty acid

ㄱ 탄소 수가 4~6개로 이루어짐

ㄴ butyric acid, caproic acid

② 중간사슬지방산medium chain fatty acid

ㄱ 탄소 수가 8~12개로 이루어짐

ㄴ caprylic acid, capric acid, lauric acid

③ 긴사슬지방산long chain fatty acid

ㄱ 탄소 수가 14~20개로 이루어짐

ㄴ 포화지방산 : myristic acid, palmitic acid, stearic acid

ㄷ 단일불포화지방산 : oleic acid올리브유

ㄹ 다불포화지방산 : linoeic acid, α-linolenic acid, arachidonic acid, EPA, DHA

(2) 이중결합 유무에 따른 분류

① 포화지방산saturated fatty acid, SFA

⟡ 지방산 사슬 내의 탄소와 탄소 사이에 이중결합 없이 단일결합-C-C-만으로 이루어진 지방산

⟡ 대표적인 지방산은 팔미트산$C_{16:0}$, 스테아르산$C_{18:0}$임

⟡ 체내에서 합성이 되며 동물성 식품, 코코넛유, 마가린 등에 다량 함유되어 있음

② 불포화지방산unsaturated fatty acid, SFA : 이중결합이 존재하는 지방산

⟡ 단일불포화지방산monounsaturated fatty acid, MUFA

- 이중결합이 1개인 지방산
- 올레산이 가장 대표적이며 체내 합성이 가능함

⟡ 다가불포화지방산 polyunsaturated fatty acid, PUFA

- 이중결합이 2개 이상인 지방산
- 대표적인 지방산은 리놀레산
- 옥수수기름, 콩기름, 홍화기름, 참기름 등에 존재

(3) 이중결합의 위치에 의한 분류

① ω-3n-3지방산 : 알파리놀렌산α-linolenic acid, 18:3

② ω-6n-6지방산 : 리놀레산linoleic acid, 18:2

③ ω-9n-9지방산 : 올레산oleic acid, 18:1

(4) 지방산의 구조에 의한 분류

① 시스cis형 지방산 : 이중결합을 이루는 탄소 2개에 결합된 수소원자 2개가 같은 방향에 있어서 구부러진 모양임

② 트랜스trans형 지방산

⟡ 이중결합을 이루는 탄소 2개에 결합된 수소원자 2개가 서로 다른 반대 방향에 있어서 구부러짐 없이 반듯한 모양을 이루는 것

⟡ 마가린, 쇼트닝

⟡ 포화지방산의 특성과 유사함

[그림 04] 시스형(왼쪽)과 트랜스형(오른쪽) 지방산

(5) 필수지방산(essential fatty acid)

① 생체 내에서 합성되지 않거나 합성되는 양이 적어 반드시 식사로 섭취해야 하는 지방산

② 리놀레산, 리놀렌산, 아라키돈산 등이 있음

03 지질의 소화와 흡수

(1) 구강과 위(유아기)

① 구강과 위에서 분비되는 리파아제lipase는 중성지방을 유리지방산과 디글리세롤로 분해함

② 구강에서 분비되는 리파아제는 위 내의 산성 환경에서도 계속 작용하여 중성지방을 분해함

③ 짧은사슬지방산과 중간사슬지방산에 작용하여 위에서도 지방산의 흡수를 가능하게 함

> **Key Point**
>
> ✓ 신생아는 췌장 리파아제 활성이 낮은 대신 혀와 위에서 분비되는 리파아제가 우유지방을 구성하는 짧은사슬지방산과 중간사슬지방산을 가수분해한다.

(2) 긴사슬지방산의 소화 및 흡수

① 중성지질은 대부분 소장에서 담즙에 의해 유화되어 리파아제에 의해 분해됨

② 콜레시스토키닌cholecystokinin, CCK은 담낭을 수축시켜서 담즙을 분비시키고 췌장으로부터 지질분해효소를 분비시킴

③ 췌액의 리파아제는 중성지질을 모노글리세리드와 지방산으로 분해함

④ 모노글리세리드와 지방산은 담즙산염, 인산, 콜레스테롤과 함께 미셀micelle을 형성하여 장벽으로 이동함

⑤ 미셀의 모노글리세리드와 지방산은 소장점막으로 확산에 의해 흡수되고 담즙의 일부는 회장에서 재흡수되어 간으로 이동하여 담즙 형성에 다시 이용됨

⑥ 소장점막 내에서 흡수된 모노글리세리드와 지방산은 중성지질을 형성하여 인지질, 아포단백질, 콜레스테롤 에스테르와 결합하여 카일로미크론chylomicron을 형성함

⑦ 카일로미크론은 림프관을 거쳐 간으로 운반되어 혈액을 통해 지방조직이나 근육조직 등에 지방산을 공급함

⑧ 소화·흡수율은 95%임

Key Point 담즙

✓ 담즙은 콜레스테롤, 인지질, 담즙산, 빌리루빈 등으로 구성된 약알칼리성의 황록색 액체이다. 담즙산은 중성지질을 작은 지방구로 나누어 소화효소가 작용하도록 표면적을 넓혀주며 글리신(glycine)이나 타우린(taurine)과 결합하여 글리코골산(glycocholic acid), 타우로콜산(taurocholic acid) 등 담즙산염의 형태로 운반된다.

(3) 중간사슬지방산의 소화 및 흡수

① 중간사슬지방산은 물과 잘 섞이므로 담즙을 필요로 하지 않고 지방산으로 분해되어 모세혈관을 통해 문맥으로 흡수되어 간으로 운반됨

② 중간사슬지방산은 체내 저장되지 않고 거의 에너지원으로 쓰임

③ 간과 췌장에 질환이 있는 경우에 중간사슬지방산을 식사요법에 이용함

(4) 콜레스테롤의 소화 및 흡수

① 콜레스테롤 에스테르는 췌장에서 분비된 콜레스테롤 에스터라아제esterase에 의해 유리형 콜레스테롤이 됨

② 유리형 콜레스테롤은 담즙산염과 미셀을 형성하여 장점막으로 흡수됨

③ 장점막 내에서 콜레스테롤 에스테르로 재합성되어 카일로미크론을 형성하여 림프관을 통해 간으로 이동됨

(5) 인지질의 소화 및 흡수

① 췌장액의 포스포리파아제phospholipase에 의해 라이소인지질lysophospholipid과 지방산으로 분해됨

② 분해산물이 점막 내에서 통과한 다음 인지질로 재합성되어 카일로미크론을 구성한 후 림프관을 통해 간으로 운반됨

04 지질의 기능

(1) 중성지질의 기능

① 효율적인 에너지 저장고

② 농축된 에너지 급원 : 탄수화물과 단백질보다 탄소에 비해 산소의 비율이 낮아 더 많은 산화과정을 거치게 됨

③ 지용성 비타민의 흡수 촉진 : 지용성 비타민은 지질에 용해상태로 소화되어 흡수됨

④ 체온 조절 및 장기 보호 기능 : 지방은 열전도율이 낮아 추위에도 체온 변동을 적게 해주고 장기를 보호함

⑤ 맛, 향미 제공 및 포만감 : 지질은 탄수화물이나 단백질보다 위장관의 통과시간이 느리므로 포만감을 줌

(2) 인지질의 기능

① 유화작용

　㉠ 인지질의 지방산은 비극성이며 소수성이나 인산과 염기성 부분은 친수성이므로 양극성이 있어 유화작용을 함

　㉡ 지단백질 형성 시 지질의 운반을 도움

② 세포막의 구성성분

　㉠ 콜레스테롤과 함께 세포막의 주성분임

　㉡ 포스파티딜이노시톨은 세포 신호전달체계의 중요한 역할을 함

　㉢ 세포막 인지질의 특정 지방산은 프로스타글라딘, 루코트리엔, 트롬복산 등의 아이코사노이드 합성에서 전구체로 이용됨

(3) 콜레스테롤의 기능

① 세포막의 구성성분 : 인지질과 함께 세포막을 구성하는 지질임

② 호르몬과 담즙산의 전구체

　㉠ 스테로이드 호르몬의 전구체임

　㉡ 담즙을 생성

③ 비타민 D 합성 : 7-디히드로 콜레스테롤은 자외선에 의해 비타민 D로 전환됨

(4) 필수지방산의 기능

① 세포막의 구조적 완전성 유지
  ㉠ 인지질의 2번째 탄소에 존재하여 세포막의 유연성 유지에 중요하게 작용함
  ㉡ 생체막에 적절한 유동성을 유지시킴
② 혈청콜레스테롤 감소
  ㉠ 혈청콜레스테롤과 결합하여 간으로 이동된 후 담즙산으로 전환됨
  ㉡ 담즙산이 소장으로 분비되어 분변으로 배설되어 혈청콜레스테롤을 저하시킴
③ 두뇌 발달과 시각기능 유지
  ㉠ 대뇌피질의 막지질 구성에 DHA가 관여하므로 두뇌 발달에 기여함
  ㉡ 망막의 광수용체 바깥쪽 막인지질에 DHA가 많으므로 시각기능 유지에 관여함
  ㉢ 성장 발달기간 동안 n-3계 지방산이 장기간 부족하면 인지기능과 학습능력, 시각기능이 저하될 수 있음

05 지질의 운반

(1) 지단백질의 종류와 역할

종류	화학조성(%)*					주된 생성 장소	역할
	TG	CE	PL	APO	C		
chylo-micron	84	5	8	2	2	소장	■ 식이중성지질(외인성)을 림프관을 통해 운반하는 지단백으로 중성지방이 가장 많음 ■ 지질 섭취 시 증가 ■ 밀도가 가장 낮으며 분해속도가 빠름

(표 계속)

VLDL	50	15	18	10	6	간	■ 간에서 합성되는 중성지질을 조직으로 운반 ■ 밀도가 카일로미크론 다음으로 낮음
LDL	8	35	25	25	7	혈액	■ 주요 지질은 음식으로 섭취하거나 간에서 합성된 콜레스테롤 에스테르(CE)가 가장 많은 지단백임 ■ LCAT 작용에 의해 HDL로부터 CE를 받아서 조직으로 운반
HDL	6	17	28	28	5	간	■ 아포 B가 없는 유일한 지단백이며 주요 지질은 각 조직에서 사용하고 남은 콜레스테롤 에스테르임 ■ 콜레스테롤을 말초조직에서 간으로 운반하는 항동맥경화성 지단백임

* TG : 중성지방, CE : 콜레스테롤 에스테르, PL : 인지질, APO : 아포단백질, C : 콜레스테롤

(2) 지단백질의 대사

① 카일로마이크론의 대사

　㉠ 카일로마이크론은 지단백질 중에서 밀도가 가장 작으며 중성지방이 많은 것으로 소장에서 만들어짐

　㉡ 공복 시에는 존재하지 않고 지질 섭취 시 증가함

　㉢ 카일로마이크론은 LPLlipoprotein lipase의 작용에 의해 내부에 있던 중성지방이 가수분해되어 근육과 지방조직에 지방산과 다이아실글리세롤을 공급해 줌

② VLDL의 대사

　㉠ VLDL은 간에서 생성되는데, 체내에서 합성된 중성지방을 조직으로 운반하는 역할을 함

　㉡ 간의 골지체에서 생성된 VLDL은 apoB100을 가지고 있고 약간의 apoC도 가지고 있으며, 간에서 나와 혈중으로 들어온 VLDL은 HDL로부터 apoC와 apoE를 전달받게 됨

ⓒ VLDL은 LPL의 작용에 의해 내부에 있던 중성지방이 가수분해되어 근육과 지방조직에 지방산과 다이아실글리세롤을 공급해 줌

ⓔ 중성지방이 분해되면서 VLDL의 크기가 작아지면 apoC가 떨어져 나가게 되는데, LPL의 활성을 위해서는 apoC가 필요하기 때문에 결과적으로 LPL의 작용이 감소함

ⓜ 중성지방의 양이 줄어든 VLDL의 일부는 간에서 LDL 수용체에 의해 제거되고, 일부는 LPL에 의해 중성지방이 더 감소되어 중성지방의 함량은 낮고 콜레스테롤과 콜레스테롤 에스테르가 주요 지질인 LDL로 전환됨

③ LDL의 대사

ⓐ LDL은 혈중 콜레스테롤의 약 60%가 결합된 콜레스테롤의 주요 운반체이며 LDL은 간에서 만들어진 VLDL이 말초조직에서 지단백질 리파아제 lipoprotein lipase, LPL에 의해 주요 성분인 중성지질이 제거된 후 전환된 것임

ⓑ 중성지질의 함량은 적고 콜레스테롤과 콜레스테롤 에스테르가 주요 성분이며 apoB100을 주요 아포지단백질로 가지고 있어 apoB100을 인지하는 세포막 LDL 수용체가 있는 간외 조직으로 콜레스테롤을 운반함

ⓒ 간세포도 LDL 수용체를 가지고 있지만 혈액에서 LDL을 효과적으로 제거하지 못하므로 그 영향은 크지 않음

④ HDL 대사 : HDL은 콜레스테롤을 조직에서 간으로 이동시켜 담즙산으로 전환하여 배출할 수 있게 하므로 조직 내의 과다한 콜레스테롤 축적을 막을 수 있음

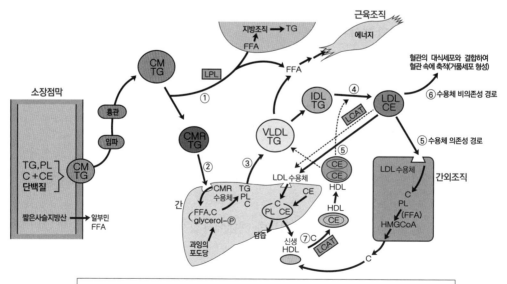

CM : 카일로미크론, CMR : 카일로미크론 잔존물, LPL : 지단백 지방분해효소, LCAT : 레시틴콜레스테롤 아실전이효소,
TG : 중성지질, FFA : 유리지방산, C : 콜레스테롤, CE : 콜레스테롤에스테르, PL : 인지질

[그림 05] 혈청지단백질의 대사

06 지질과 건강

(1) 동맥경화
① 동맥의 내벽에 지질, 섬유조직, 기타 성분들이 축적되어 혈관 중막층에 변화가 나타나 혈관벽이 굳어지고 탄력성이 없어짐
② LDL-콜레스테롤과 중성지질이 혈중에 높은 경우에 많이 발생함

(2) 이상지질혈증
① 혈중에 중성지질이나 콜레스테롤이 비정상적으로 증가된 상태임
② 지단백질 분해효소 결핍, 아포지단백질 결손 등에 의해 발생됨

(3) 암
① 고지방식이 시 유방암, 피부암, 결장암, 췌장암, 전립선암 등이 증가함
② 포화지방산, n-6계 지방산 및 트랜스지방산의 섭취가 많으면 암 발생률이 높아짐
③ n-3계 지방산의 섭취가 높으면 암 발생이 억제됨

(4) 과산화지질의 섭취
① 다가불포화지방산은 공기 중 산소에 의해 산화되어 과산화물질을 형성하며 과산화지방을 오랫동안 섭취할 경우 설사, 구토, 복통 등이 나타남
② 체내 세포막에서 생성된 지질과산화물과 말론디알데히드는 단백질이나 핵산 등에 반응하여 세포막을 손상하거나 유전자를 산화시켜 노화를 촉진하고 세포기능 저하, 효소 활성 저하, 암, 지방간 등을 유발시킴

07 지질의 섭취기준

■ 지질의 1일 섭취 권장량은 없으나 필수지방산을 공급받기 위해서는 식물성 기름을 총 에너지 섭취의 1~2% 정도로 함
■ 한국의 지질 섭취량은 1~2세는 총열량의 20~35%로, 3세 이후 모든 연령에서는 15~30%로 권장하고 n-6계 지방산의 섭취 비율은 4~10%, n-3계 지방산은 1%로 내외임
■ 19세 이상 성인의 콜레스테롤 섭취량은 1일 300mg 이하로 섭취할 것을 권장함

■ 식이지질은 섭취량뿐만 아니라 지방산의 조성을 균형 있게 섭취하도록 한국에서는 다가
불포화지방산 : 단일불포화지방산 : 포화지방산 = 1 : 1.0~1.5 : 1로 권장함

2018년 기출문제 B형

생애주기별 연령구분(1~2세, 3~18세, 19세 이상)에 따른 지방의 에너지적정섭취비
율(AMDR : Acceptable Macronutrient Distribution Ranges)을 각각 순서대로 쓰
고, 특정 연령구간에서 지방의 에너지적정섭취비율이 다르게 설정된 이유를 1가지 서
술하시오(2015 한국인 영양소 섭취기준 적용). 【4점】

08 지질 대사

(1) 지방산의 산화(β-oxidation)

지방세포에 저장되어 있던 중성지방에 호르몬 민감성 리파아제(hormone sensitive lipase, HSL)가 작용하여 중성지방의 1 또는 3번 탄소에 붙어 있던 지방산을 가수분해하여 유리지방산의 형태로 떨어져 나옴

⇩

유리지방산이 혈액 내의 알부민과 결합하여 조직으로 이동함

⇩

세포 내로 들어온 지방산은 세포질에서 아실 CoA 합성효소(Acyl-CoAsynthetase)의 작용으로 지방산의 카르복실기와 조효소 A(CoA)의 황화수소기(thiol group) 사이에 티오에스테르(thioester)결합이 형성되어 아실 CoA 형태의 활성화된 지방산이 됨

⇩

활성화된 지방산은 카르니틴과 결합하여 미토콘드리아 내로 이동되어 카르니틴을 떼어내고 다시 지방산 아실 CoA로 전환된 후 β-산화가 이루어짐

⇩

β-산화는 지방산 분해 시 β 위치에 있는 탄소에서 탈수소반응, 수화반응, 티올분해반응에 의해 처음의 아실 CoA보다 탄소 수가 2개 적은 지방산 아실 CoA와 아세틸 CoA가 생성되며 이 과정의 반복에 의해 여러 개의 아세틸 CoA가 생성됨

① 포화지방산의 β-산화 : 4개의 반응을 통해 지방산 아실 CoA의 카르복실기 끝으로부터 탄소 2개가 아세틸 CoA의 형태로 떨어져 나가고, 탄소 2개만큼 짧아진 지방산 아실 CoA가 다시 β-산화과정을 거침

ⓐ 아실 CoA 탈수소효소의 작용에 의하여 트랜스 α,β 이중결합이 생성
ⓑ 에노일 CoA 수화효소의 작용에 의하여 β-하이드록시아실 CoA를 생성
ⓒ L-하이드록시아실 CoA 탈수소효소의 작용에 의한 β-케토아실 CoA의 생성
ⓓ 티올라아제의 작용에 의한 아세틸 CoA와 탄소 2개가 짧아진 지방산 아실 CoA 생성

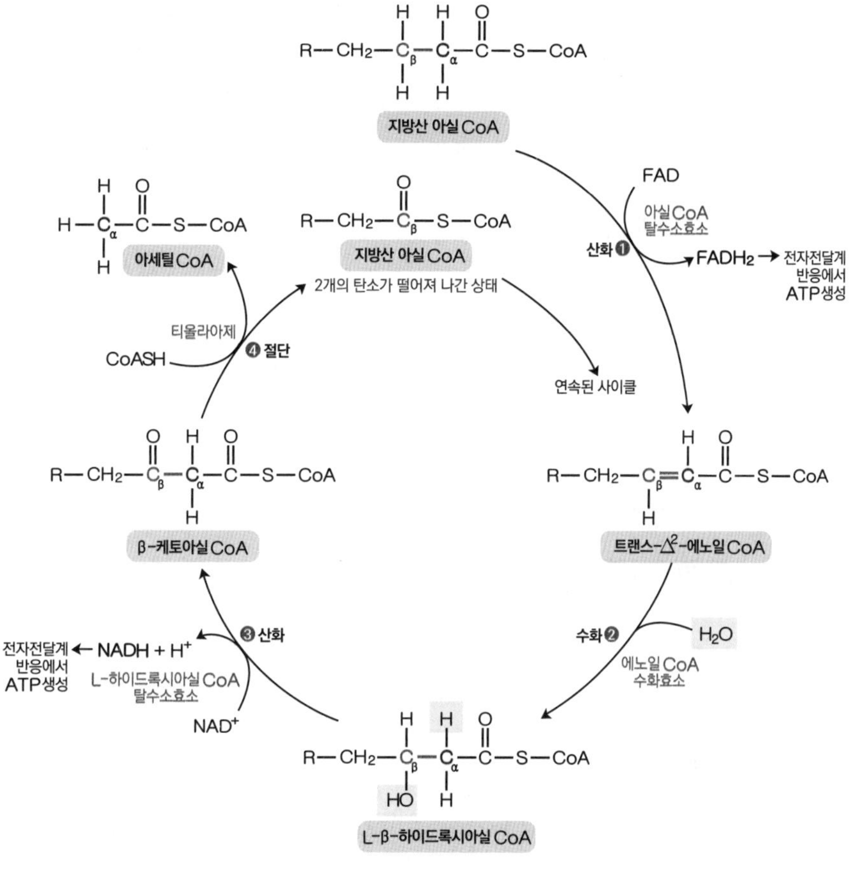

[그림 06] 지방산의 β-산화과정

② 불포화지방산의 β-산화

ⓐ 불포화지방산의 산화과정에서는 시스형태의 이중결합과 이중결합의 위치 때문에 β-산화과정에서 작용하는 에노일 CoA 수화효소enoyl-CoA hydratase 가 작용하지 못하므로 이중결합의 수만큼 FADH₂의 생성이 줄어 포화지방산에 비해 적은 수의 ATP가 생성

ⓛ 에노일 CoA 이성질화효소enoyl-CoA isomerase와 2,4 다이에노일 CoA 환원
효소2,4-dienoyl-CoA reductase의 도움을 받아 반응을 진행

ⓒ 한 개의 아세틸 CoA는 TCA 회로를 통해 완전 산화되어 12개의 ATP를 발생

ⓔ 탄수화물이 공급되지 않는 오랜 기간의 공복 시에는 아세틸 CoA의 다량 생
산으로 인해 케톤체를 형성ketosis함

③ 지방산 산화의 조절

ⓝ 지방세포에서 cAMP의 농도가 증가되면 단백질 키나아제 Aprotein kinase A
에 의해 호르몬 민감성 리파아제의 인산화가 일어남

ⓛ 인산화에 의해 호르몬 민감성 리파아제의 활성이 증가하여 호르몬 민감성 리
파아제의 작용으로 지방조직으로부터의 지방산의 유리가 증가하여 혈중 유
리지방산이 증가하고 간과 근육조직에서 β-산화 증가

ⓒ 간에서 β-산화과정이 과다하게 생성되면 아세틸 CoA는 케톤체를 생성함

(2) 지방산의 합성

에너지를 과잉으로 섭취할 경우 간과 지방조직의 세포질에서는 지질이 합성되어
지방조직에 저장됨

① 미토콘드리아에서 세포질로 아세틸 CoA의 이동

② 아세틸 CoA 카르복실화효소의 작용에 의한 아세틸 CoA로부터 말로닐
CoA의 생성

③지방산 합성효소의 작용fatty acid synthase에 의한 지방산 합성

Key Point 아실 운반단백질 ACP

✓ 유지방산 합성효소에 함유되어 있는 지방산 운반단백질이다.

✓ 지방산 합성과정에서 지방산 말단에 붙어 지방산 사슬을 증가시키는 작용을 한다.

Key Point NADPH의 공급원

✓ 지방산 합성과정에서 에너지원으로 사용된다. NADPH는 오탄당 인산화 회로에서 공급되거
나 말산이 피루브산으로 전환되는 과정에서 생성된다.

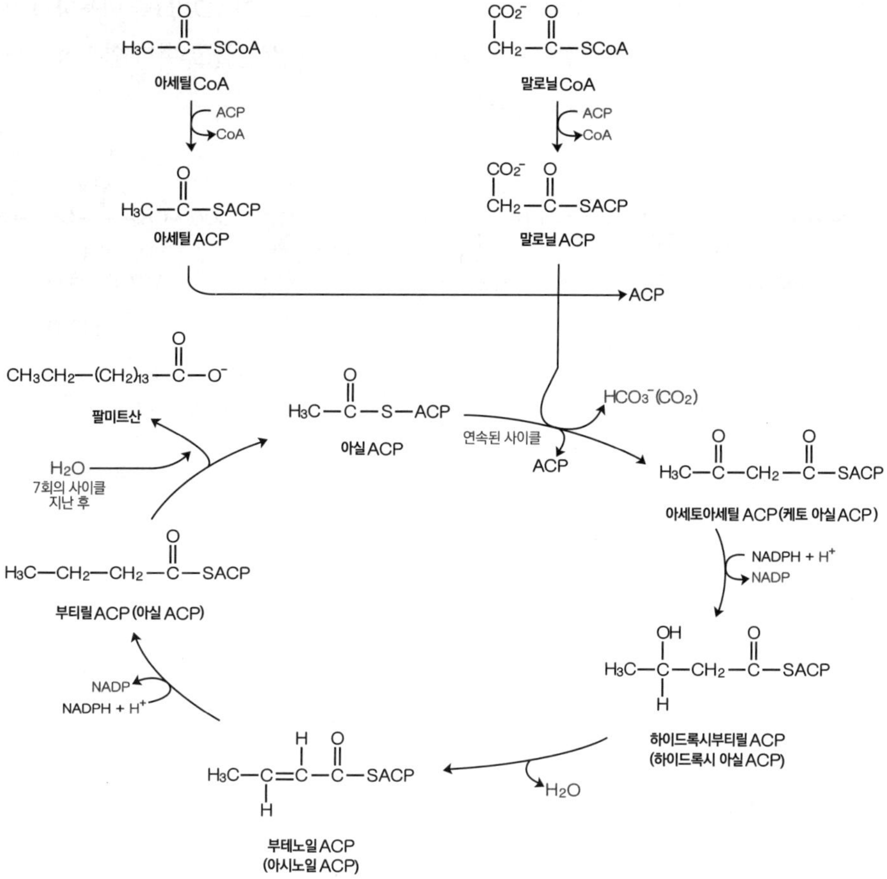

[그림 07] 지방산의 합성

(3) 콜레스테롤 대사

① 콜레스테롤 합성

⊙ 1단계 HMG CoAβ-hydroxy-β-methyl glutaryl CoA의 합성 : 피루브산이나 지방
산 산화에 의해 생성된 아세틸 CoA 세 분자가 티올라아제thiolase와 HMG
CoA합성효소HMG-CoA synthase의 작용에 의해 순차적으로 축합하여 HMG
CoA를 합성함

ⓒ 2단계 메발론산mevalonate의 합성 : HMG CoA 환원효소에 의해 두 분자의
NADPH가 이용되면서 HMG CoA가 메발론산으로 환원됨

ⓒ 3단계 활성화된 이소프렌단위로의 전환 : 세 개의 ATP가 투입되어 탈탄산반응
과 인산기 전이에 의해 메발론산을 두 종류의 활성화된 이소프렌단위로 전환함

ⓔ 4단계 스쿠알렌의 합성 : 활성화된 이소프렌단위 6개가 축합한 스쿠알렌C_{30}
을 합성함

◎ 5단계 콜레스테롤의 합성 : 스쿠알렌은 산소와 NADPH를 이용하여 고리화
된 첫 스테롤화합물인 라노스테롤lanosterol을 만들고 여러 연속적인 단계를
거쳐 콜레스테롤로 전환함

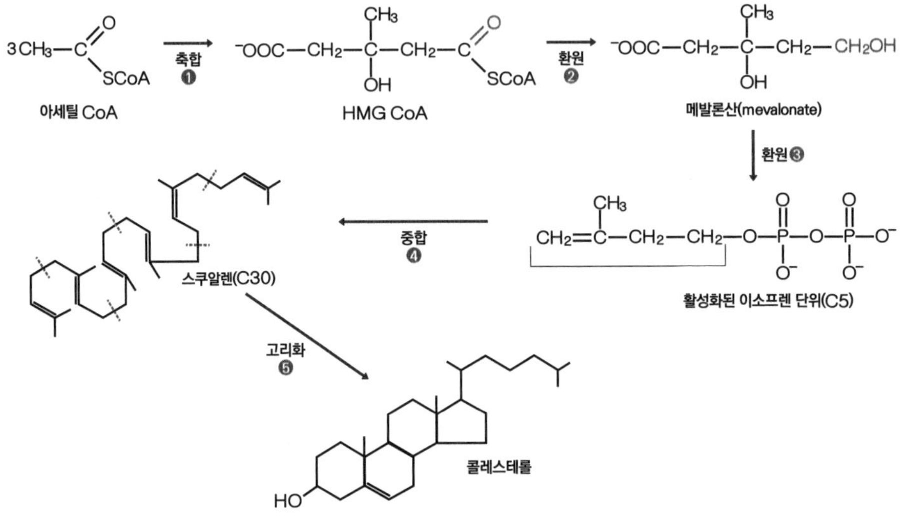

[**그림 08**] 콜레스테롤 생합성경로

Key Point 콜레스테롤의 체내 합성

✓ 콜레스테롤의 체내 합성은 음성 되먹이 저해기전에 의해 조절된다. 즉, 식이성 콜레스테롤의
양을 증가시키면 음성 되먹이기전에 의해 HMG CoA 환원효소의 활성이 감소하고 간에 존재
하는 LDL 수용체 유전자의 전사가 감소되어 세포막의 수용체 수를 감소시켜 간세포 내로 함
입되는 콜레스테롤 양을 감소시킨다.

② 담즙산과 담즙산염의 합성

  ㉠ 담즙산의 합성 : 콜레스테롤의 분해와 제거에서 가장 중요한 반응으로 간에서
    진행

  ㉡ 생성된 담즙산은 간에서 글리신glycine 또는 타우린taurine과 결합하여 담즙산
    염을 생성함

  ㉢ 글리신의 카르복실기나 타우린의 황산기SO_4^-가 생리적 pH에 이온화하여 양
    쪽성이 더욱 커져 담즙에서 유화제로 작용함

2020년 기출문제 B형

다음은 콜레스테롤 생합성과 운반에 관한 내용이다. 〈작성 방법〉에 따라 서술하시오. 【4점】

> 간에서의 콜레스테롤 생합성은 음식으로 섭취한 콜레스테롤 양에 따라 조절된다. ㉠ 콜레스테롤 섭취량이 증가하면 체내 콜레스테롤 생합성이 감소된다. 체내 콜레스테롤은 지단백질 형태로 수송이 이루어지며 지단백질 중 ㉡ 저밀도 지단백질(LDL)에 의해 조직으로 운반된다. 이와 달리, ㉢ 고밀도 지단백질(HDL)은 조직에서 간으로 콜레스테롤을 역수송한다.

✏ **작성 방법**

- 밑줄 친 ㉠의 대사과정에서 콜레스테롤 생합성 속도 조절 효소의 명칭을 제시하고, 반응 생성물의 변화를 설명할 것
- 밑줄 친 ㉡에서 LDL이 세포 안으로 들어가는 과정을 관련된 아포지단백질의 명칭을 포함하여 설명할 것
- 밑줄 친 ㉢ 과정에서 방출된 콜레스테롤을 에스테르화시키는 효소의 명칭을 제시할 것

(4) 필수지방산

① 필수지방산의 대사

㉠ n-9계 지방산은 생체에서 합성이 가능하나 n-6계 지방산인 리놀레산과 n-3계 지방산인 리놀렌산은 9번 탄소와 오메가 탄소 사이에 이중결합을 생기게 하는 불포화효소가 없어 식품에서 꼭 섭취해야 함

㉡ 리놀레산은 생체 내에서 감마리놀렌산 → 디호모감마리놀렌산 → 아라키돈산으로 전환

㉢ 리놀렌산은 아이코사펜타에노산EPA, 도코사헥사에노산DHA로 전환

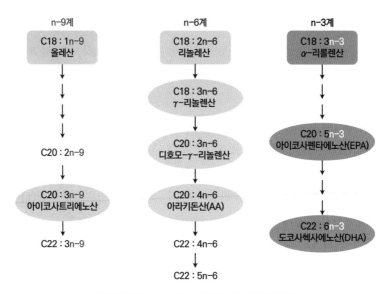

[그림 09] n-9, n-6, n-3계 지방산의 대사경로

② 아이코사노이드eicosanoids의 합성

　㉠ 아이코사노이드는 호르몬과 유사한 물질로서 탄소 수 20개 지방산인 아라키
　　돈산$C_{20:4}$ $\omega 6$ 또는 EPA$C_{20:5}$ $\omega 3$ 등이 산화되어 생성하는 물질의 총칭

　㉡ 세포막을 구성하는 인지질의 2번에 위치하는 C_{20} 지방산이 특정한 자극에 의
　　해 유리됨

　㉢ 지방산고리효소cyclooxygenase의 작용으로 프로스타글라딘prostaglandin, PG,
　　프로스타사이클린prostacyclin, PGI, 트롬복산thromboxane, TXA 등이 생성 : 아
　　라키돈산에서는 2계열TXA₂, EPA로부터는 3계열TXA₃ 생성

　㉣ 지방산화효소lipoxygenase의 작용을 받아 루코트리엔leukotriene, LT 생성

　㉤ n-3계 지방산으로부터 만들어진 아이코사노이드는 혈액응고를 억제하고 혈
　　압 및 염증반응을 감소시키는 반면, n-6계 지방산으로부터 만들어진 아이코
　　사노이드는 혈액응고를 촉진시킴

　　　■ 프로스타글라딘의 기능 : 필수지방산으로부터 체내에서 형성되는 호르몬
　　　　유사물질로 위궤양의 예방 및 치료, 염증, 혈압, 천식과 비염의 치료에 이용

　　　■ 루코트리엔의 기능 : 백혈구, 혈소판, 대식세포에서 형성되고 염증과 알레
　　　　르기 반응에 관여, 평활근 수축, 소장운동 항진 등

　　　■ 트롬복산의 기능 : 혈소판에서 합성되고 혈소판의 응집과 혈전 형성을 촉진
　　　　시키며 혈관을 수축시킴

　　　■ 프로스타사이클린의 기능 : 혈관 벽의 내피세포에서 형성되며 혈소판의 응
　　　　집을 억제하고 혈관을 이완시킴

(5) 인지질 대사

① 인지질

ㄱ 인을 가지고 있는 양성amphipathic의 물질

ㄴ 세포막 및 지단백질의 구성성분

ㄷ 지방산의 혈중 운반에 관여하며 유화제로 작용

ㄹ 콜레스테롤 합성에 관여함

ㅁ 레시틴은 항지방간인자임

② 인지질의 합성

ㄱ 간에서 합성이 가능함

ㄴ 활면소포체SER와 세포질의 경계면에서 합성된 후 지방산의 조정을 거쳐 재구성

ㄷ CDP-디아실글리세롤과 극성의 알코올로부터 합성

ㄹ 극성인 머리 부분은 아미노알코올 또는 당알코올에서 합성

단백질 protein

단백질은 탄소, 수소, 산소 외에 질소(N)를 16% 함유하고 있으며 아미노산이 펩티드결합에 의해 이루어진 고분자화합물로 신체의 기본적 구성성분이며 생명유지에 필수적이고 효소, 호르몬, 항체 등의 주요 생체기능을 수행하는 중요한 열량영양소이다.

01 단백질의 분류

(1) 화학적인 분류

① 단순단백질
  ㉠ 아미노산 외에 다른 화학성분을 함유하지 않는 단백질
  ㉡ 알부민, 글로불린, 글루텔린, 프롤라민, 알부미노이드, 히스톤, 프로타민 등

② 복합단백질
  ㉠ 단순단백질 이외의 화학성분이 결합된 단백질
  ㉡ 당단백질, 인단백질, 헴단백질, 지단백질, 금속단백질

③ 유도단백질
  ㉠ 단순단백질 또는 복합단백질이 산, 알칼리, 효소의 작용이나 가열 등에 의하여 변성된 것임
  ㉡ 프로테오스, 펩톤, 펩티드 등

(2) 영양학적인 분류

① 완전단백질 complete protein
  ㉠ 정상적인 성장을 돕고 체중을 증가시키며 생리적 기능을 도와줌
  ㉡ 우유의 카세인과 락트알부민, 달걀의 오브알부민, 콩의 글리시닌 등

② 부분적으로 불완전한 단백질

　⊙ 성장을 돕지는 못하지만 체중을 유지시킴

　ⓒ 필수아미노산 중 몇 종류의 양이 불충분한 제한아미노산limiting amino acid이 있음

③ 불완전단백질incomplete protein

　⊙ 성장 지연, 체중 감소를 초래

　ⓒ 옥수수의 제인, 동물성의 젤라틴 등

　ⓒ 불완전단백질에 다른 단백질을 보충하면 단백질 질의 보충효과를 높일 수 있음

Key Point 제한아미노산

✓ 제한아미노산은 기준 단백질의 필수아미노산 조성과 비교하여 가장 부족한 필수아미노산을 의미하며, 이는 필수아미노산 중 하나라도 부족하면 단백질 합성이 중단되어 나머지 아미노산도 이용되지 못한다.

■ 표 1. 식물성 식품의 제한아미노산

식품	제한아미노산	단백질 질의 보충 효과
대두	메티오닌	두류, 쌀밥
쌀	라이신, 트레오닌	콩밥, 팥밥
견과 및 종실류	라이신	콩과 참깨가루를 섞어 만든 미소된장, 땅콩과 완두 등의 콩을 섞은 샐러드
채소	메티오닌	나물과 쌀밥, 채소와 견과류를 섞은 샐러드
옥수수	트립토판, 라이신	옥수수와 달걀을 섞은 볶음밥

(3) 생리적 기능에 따른 분류

① 효소단백질

　⊙ 소화효소펩신, 트립신, 펩티다아제, 리파아제, 아밀라아제

　ⓒ 대사효소포도당 인산화 효소, 아미노기 전이효소, 지방산 합성효소

② 운반단백질 : 지단백질지질운반, 헤모글로빈산소운반, 세포막 운반단백질포도당, 아

마노산 등 운반

③ 구조단백질 : 콜라겐결합조직, 엘라스틴인대, 케라틴모발, 손톱

④ 방어단백질 : 면역글로불린, 항체면역작용, 피브리노겐, 트롬빈혈액응고

⑤ 조절단백질 : 호르몬인슐린, 성장 호르몬, 글루카곤

⑥ 운동단백질 : 액틴, 미오신수축운동

⑦ 영양단백질 : 우유카제인, 달걀알부민, 철저장단백질페리틴

02 아미노산(amino acid)

단백질이 산, 알칼리, 효소 등에 의해 분해되어 생성된 물질로 20개의 아미노산이 단백질을 구성한다. 아미노산은 탄소, 수소, 산소, 질소로 구성되며 일부 아미노산은 황을 함유하고 있다.

(1) 아미노산의 구조
① 탄소에 1개의 산성을 나타내는 카르복실 -COOH와 1개의 염기성인 아미노기 -NH₂가 결합된 양성화합물임
② 천연에 존재하는 아미노산은 거의 L-형에 α-아미노산

(2) 아미노산의 분류
① 곁가지인 R부분에 따른 분류
　㉠ 산성아미노산 : 아스파르트산, 글루탐산
　㉡ 염기성아미노산 : 라이신, 아르기닌, 히스티딘
　㉢ 중성아미노산
　　■ 비극성아미노산 : 글리신, 알라닌, 프롤린
　　■ 방향족아미노산 : 페닐알라닌, 티로신, 트립토판
　　■ 곁가지아미노산 : 류신, 이소류신, 발린
　　■ 극성아미노산 : 세린, 트레오닌, 시스테인, 메티오닌, 아스파라긴, 글루타민
② 영양적 분류
　㉠ 필수아미노산
　　■ 체내에서 합성되지 않거나 충분한 양이 합성되지 않으므로 식사로 반드시 섭취해야 하는 아미노산
　　■ 부족 시 : 성장 지연, 성인기에는 체중 감소
　　■ 히스티딘, 이소류신, 류신, 라이신, 메티오닌, 페닐알라닌, 트레오닌, 트립토판, 발린 총 9개
　　■ 필수아미노산이 공급되지 않으면 체내에서 단백질 분해가 합성을 능가하여 건강이 나빠짐
　㉡ 비필수아미노산 총 11개 : 포도당 대사 중간대사물질의 탄소골격과 아미노기를 활용해서 체내에서 합성이 가능

03 단백질의 구조

(1) 펩티드결합

① 한 아미노산의 카르복실기 -COOH와 다른 아미노산의 아미노기 -NH₂가 물 H₂O 한 분자를 떼어내고 결합 CO-NH한 형태

② 아미노산이 펩티드결합으로 연결되어 단백질을 형성

(2) 단백질의 구조

① 1차 구조 : 아미노산이 펩티드결합으로 연결된 사슬

② 2차 구조 : 폴리펩티드 사슬 간에 수소결합이나 이황화결합에 의해 α-나선구조를 형성하는 것

③ 3차 구조 : 곁가지 R기 사이에 약한 결합으로 형성된 3차원적 입체 구조

④ 4차 구조 : 3차 구조의 폴리펩티드 두 개 이상이 중합되어 이룬 것 📌 헤모글로빈

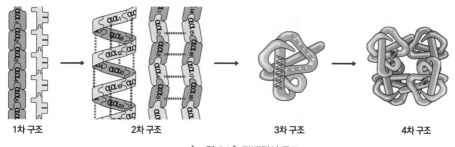

| 1차 구조 | 2차 구조 | 3차 구조 | 4차 구조 |

[그림 01] 단백질의 구조

04 단백질의 소화와 흡수

(1) 단백질의 소화(위에서 시작됨)

① 위 : 위산, 펩신, 호르몬 가스트린

㉠ 가스트린에 의해 위의 주세포에서 펩시노겐 pepsinogen의 분비가 촉진되어 염산 HCl에 의해 펩신 pepsin으로 활성화됨

㉡ 펩신에 의해 단백질이 프로테오스 proteose와 펩톤 peptone으로 분해됨

Key Point 유아의 위

✔ 유아의 위에서는 레닌(rennin)이 분비되어 카세인(casein)을 파라카세인(paracasein)으로 만들고 칼슘 존재하에 파라카제네이트(paracasenate)가 되어 펩신의 작용을 받게된다.

② 소장

　㉠ 췌장 : 트립신, 키모트립신, 카르복실말단 분해효소, 세크레틴 호르몬 분비

　㉡ 세크레틴secretin은 췌장을 자극하여 중탄산이온을 분비하여 위의 염산을 중화하고 위와 장의 운동을 감소시킴

　㉢ 콜레시스토키닌cholecystokinin이 분비되어 불활성형인 트립시노겐trypsinogen과 키모트립시노겐chymotrypsinogen이 분비됨

　㉣ 엔테로키나제enterokinase의 자극으로 트립시노겐이 트립신trypsin으로 활성화됨

　㉤ 트립신에 의해 키모트립시노겐이 키모트립신으로, 프로카복시펩티다아제procarboxypeptidas-e가 카르복시펩티다아제carboxypeptidase로 활성화됨

　㉥ 트립신은 아르기닌, 리신 잔기의 카르복실기 펩티드를 자름

　㉦ 키모트립신은 방향족아미노산 인접 부위의 펩티드결합을 가수분해함

　㉧ 카르복시펩티드다아제는 카르복실 말단 잔기를 자름

　㉨ 트립신, 키모트립신 및 카르복시펩티드다아제는 단백질, 긴 폴리펩티드 등을 짧은 폴리펩티드, 디펩티드dipeptide로 분해시킴

　㉩ 엔도펩티다제endopeptidase는 단백질 내부의 아미노산에 작용하며 펩신, 트립신 및 키모트립신이 있음

　㉪ 엑소펩티다아제exopeptidase는 췌장에서 분비되는 카르복시펩티다아제카르복실말단 분해효소와 소장에서 분비되는 아미노펩티다아제아미노산말단 분해효소 및 디펩티드 분해효소의 작용에 의해 단백질을 아미노산으로 분해함

(2) 단백질의 흡수

① 아미노산 형태로 흡수되나 일부 디펩티드가 흡수되어 소장점막 내에서 아미노산으로 분해

② 소장점막을 통해 능동수송에 의해 흡수됨

③ 흡수된 아미노산은 모세혈관을 통해 문맥을 거쳐 간으로 이동함

④ 단백질의 소화·흡수율은 92%임

05 단백질의 기능

(1) 체조직의 합성과 보수
① 근육, 결체조직, 뼈 속의 지지체, 혈액응고인자, 혈중 운반단백질, 시각색소의 체구성물질
② 영양소 흡수를 위한 수용체, 호르몬의 수용체, 세포 안팎의 이온균형을 유지시켜주는 세포막의 성분

(2) 수분평형 조절
① 단백질은 혈액 내의 교질삼투압을 형성하여 조직 내의 삼투압과 수분평형을 조절함
② 혈중 단백질이 부족하면 혈액과 교질삼투압이 저하되어 조직액의 수분이 혈액으로 이동하지 못하고 조직액에 수분이 축적되어 부종이 생김
③ 혈장단백질인 알부민과 글로불린 등은 체내 수분평형 유지를 돕는 작용을 함

(3) 산염기평형 조절
① 아미노산은 분자 내에 수소이온H^+을 받아들이거나 내어줌으로써 완충제로 작용함. 산성이 되면 수소이온을 받아들이고 염기성이 되면 내어놓아 일정한 pH를 유지함
② 체액의 정상산도pH7.4를 유지함

(4) 면역기능(항체 형성)
① 바이러스, 박테리아 등 유해물질이 체내 침입하면 생체는 자기방어를 위해 이 유해물질에 선택적으로 결합하는 물질인 항체antibody를 형성함
② γ-글로불린은 항체로 병균을 방어함

(5) 효소, 호르몬, 신경전달물질 및 글루타티온 형성
① 효소는 순수단백질로 작용하거나 조효소, 보결분자단이 결합하여 작용함
② 폴리펩타이드계 호르몬인슐린, 아미노산 유도체갑상선 호르몬, 부신수질 호르몬를 생성하여 대사속도나 생리기능을 조절함
③ 세로토닌트립토판이 전구체, 카테콜아민티로신이 전구체의 신경전달물질을 생성함
④ 글루타티온glutathione은 글루탐산·시스테인·글리신으로 구성된 트리펩티드로서 유해한 과산화물질을 제거하기 위해 생체 방어물질로 작용함

(6) 포도당 생성 및 에너지원으로 이용

① 당질 섭취 부족 시 혈당이 저하되면 간에서 아미노산으로부터 포도당을 생성함

② 1g당 4kcal를 발생함

③ 단백질은 체내에서 사용되는 에너지의 2~5%를 제공함

④ 단백질은 비효율적인 에너지원으로서 간·신장에서 암모니아 배설을 위해 요소를 합성하는 과정에서 에너지를 소모함

2020년 기출문제 A형

다음은 식사 단백질의 질 향상과 단백질 섭취 불균형에 따른 증상에 관한 내용이다. 〈작성 방법〉에 따라 서술하시오.【4점】

> 우리 몸에 필요한 단백질을 식사로부터 적절히 공급받기 위해서는 식품 단백질의 질과 양을 고려해야 한다. 예를 들어, 흰쌀밥보다는 검정콩을 섞은 밥을 섭취하면 ㉠ 쌀 단백질의 질을 높일 수 있다. 단백질은 체내에서 체액 균형 유지에 중요한 작용을 하기 때문에 섭취량이 불충분할 경우 ㉡ 혈장알부민의 농도가 감소하여 부종이 발생한다. 그러나 단백질을 과잉 섭취하면 (㉢)의 생성량이 증가하여 신장에 부담을 주고, ㉣ 탈수 현상이 나타날 수도 있다.

🖉 작성 방법

- 밑줄 친 ㉠에서 보완되는 아미노산의 명칭을 제시할 것
- 밑줄 친 ㉡의 이유를 제시할 것
- 괄호 안의 ㉢에 들어갈 물질의 명칭을 쓰고, 이 물질과 관련하여 밑줄 친 ㉣의 이유를 제시할 것

06 단백질의 질 평가

(1) 생물학적 방법

① 생물가biological value, BV

　㉠ 흡수된 질소량에 대한 체내 보유 질소량의 백분율

　㉡ 질소평형실험으로 평가 가능함

　㉢ 달걀이 생물가가 가장 높고 우유, 육류 등 다른 동물성 단백질의 생물가도 높
　　으나 식물성 식품인 옥수수나 땅콩단백질의 생물가는 낮음

　㉣ 생물가가 높은 단백질은 단백질 합성에 이용되지 않고 배설되는 아미노산의
　　양을 줄여줌으로 신장질환이나 간질환 환자는 양질의 단백질을 섭취해 혈중
　　요소와 암모니아 농도가 올라가는 것을 방지해야 함

② 단백질 실이용률net protein utilization, NPU

　㉠ 섭취된 질소량에 대한 체내 보유 질소량의 백분율

　㉡ 생물가는 소화흡수율을 고려하지 않았으나 단백질 실이용률은 소화흡수율
　　을 고려한 것임

　㉢ 에너지 섭취가 낮을 때나 단백질을 과다하게 섭취하면 단백질이 에너지원으
　　로 분해되어 단백질의 실이용률이 낮아지므로 적절한 표준조건하에서 단백
　　질의 실이용률을 구하는 것이 중요함

(2) 화학적인 방법

① 화학가chemical score

　㉠ 식품단백질의 제1 제한아미노산의 함량을 기준단백질의 같은 아미노산의 함
　　량으로 나눈 값의 백분율

　㉡ 달걀단백질의 필수아미노산 구성이 인체에 필요한 필수아미노산 함량과 가
　　장 가까우므로 달걀단백질을 이상적인 기준 단백질로 함

② 소화율이 고려된 아미노산가protein digestibility corrected amino acid score, PDCAAS

　㉠ 아미노산가에서 소화율이 고려된 것임

　㉡ 4세 이상이나 비임신 성인을 위한 식품에 단백질 효율 대신 사용하도록 FDA
　　에서 승인한 방법

07 단백질과 건강

(1) 결핍증(Protein Energy Malnutrition, PEM)

① 마라스무스marasmus
- ㉠ 에너지와 단백질이 모두 부족한 기아상태에서 나타남
- ㉡ 체지방과 근육이 거의 없어 힘이 없음
- ㉢ 부종은 없으며 식사는 고단백, 고열량을 공급해야 함

② 콰시오카kwashiorkor
- ㉠ 이유식기의 어린이가 에너지는 겨우 섭취하고 심한 단백질 섭취 부족상태에서 나타나는 질병
- ㉡ 마라스무스에 비해 혈청알부민 부족으로 부종이 더 심함
- ㉢ 감염, 부종, 성장장애, 허약 질병에 대한 민감도가 증가함
- ㉣ 마라스무스보다 더 심각한 형태의 영양불량증으로 전염병에 대한 저항력이 떨어짐
- ㉤ 양질의 단백질을 충분히 공급

(2) 단백질 과잉증

① 동물성 단백질로 고단백질 식사를 하면 산성의 황아미노산 대사물질이 중화되는 과정에서 소변을 통한 칼슘의 손실이 많아짐
② 결장암 : 육류 속의 단백질이나 지방은 가열 시 발암물질이 생김
③ 요소 배설을 많이 하여 신장에 부담을 줌

(3) 선천성 대사 이상

① 호모시스틴뇨증homocystinuria
- ㉠ 메티오닌으로부터 시스테인을 합성하는 과정에 있는 시스타티오닌 합성효소에 선천적인 장애로 나타나는 질병
- ㉡ 효소의 기질인 호모시스틴의 혈중 농도를 높이고 호모시스틴이 소변으로 많이 배설되는 유전적인 대사질환
- ㉢ 동맥경화증 유발
- ㉣ 메티오닌의 섭취를 줄임
- ㉤ 비타민 B_6의 섭취를 증가시키면 시스타티오닌 합성효소의 활성을 증가시킬 수 있음
- ㉥ 엽산 섭취를 증가시키면 호모시스틴 혈중 농도를 낮출 수 있음

② 페닐케톤뇨증phenylketonuria

ⓐ 페닐알라닌 대사의 선천적 장애로 나타나는 질병

ⓑ 간의 페닐알라닌 수산화효소의 유전적인 결함에 의해 페닐알라닌이 티로신으로 전환되지 못해 혈액이나 조직에 축적

ⓒ 과잉 페닐알라닌은 페닐피루브산으로 전환되어 소변으로 배설

ⓓ 영양 관리는 티로신을 식사로부터 보충해 주어야 함. 따라서 티로신을 반 필수 아미노산으로 부르기도 함

ⓔ 페닐케톤뇨증 영유아는 페닐알라닌이 적게 들어있는 식품이나 특수 분유를 사용

③ 단풍당뇨증maple syrup urine disease

ⓐ 곁가지아마노산류신, 이소류신, 발린의 산화적 탈탄산소화를 촉진시키는 효소의 유전적인 결함으로 나타나는 질병

ⓑ 케토산의 농도가 혈액이나 소변에 증가

ⓒ 곁가지아미노산을 제한한 특수 분유나 식품을 공급

ⓓ 충분한 열량과 단백질, 무기질, 비타민을 공급

④ 티로신혈증tyrosinemia

ⓐ 티로신 대사에 관여하는 효소 활성이 정상인보다 30% 이하로 저하되어 혈중 티로신의 농도가 상승하는 선천적 질환

ⓑ 간과 신장에서 티로신 대사효소의 유전적 결함으로 독성 대사물질이 축적

ⓒ 티로신과 티로신으로 전환되는 페닐알라닌 제한식이를 제공

08 단백질의 섭취기준

(1) 단백질 필요량과 질소평형(nitrogen balance)

① 질소의 섭취량과 배설량을 비교하는 방법으로 체내의 질소평형을 이루기 위해 요구되는 단백질 필요량을 산출할 수 있음

② 24시간 동안 섭취한 단백질의 양과 같은 기간 동안의 요 중 질소 배설량을 조사하여야 함

ⓐ 질소평형g = 단백질 섭취량g / 6.25 - (소변 요소질소량g + 4g)

ⓑ +4g을 하는 이유는 보통 소변의 요소질소량urinary urea nitrogen, UUN이 총 질소 배설량의 85~90%이므로 여기에 포함되지 않은 피부, 땀, 대변 등으로 배설되는 질소의 총량을 평균적으로 4g 정도로 간주한 것임

■ 표 2. 질소평형

양의 질소평형 질소 섭취량 > 질소 배설량	질소 섭취량 = 질소 배설량	음의 질소평형 질소 섭취량 < 질소 배설량
성장, 임신, 질병으로부터 회복단계, 운동의 훈련 효과로 근육 증가, 성장 호르몬, 인슐린, 남성 호르몬의 분비 증대	건강한 성인	기아, 소장의 질병, 단백질 섭취 부족, 에너지 섭취 부족, 발열, 화상, 감염, 침상에 입원, 필수아미노산 부족, 단백질 손실 증가(신장병), 갑상선 호르몬, 코르티솔 분비 증대

(2) 한국인의 단백질 섭취기준

① 한국인의 단백질섭취량은 총열량의 7~20% 수준을 유지하는 것이 바람직함

② 영양소 섭취기준 : 1일 성인 19~64세 남자 60~65g, 여자 50~55g을 권장량으로 설정하였음

09 단백질 대사

(1) 아미노산 풀(amino acid pool)

① 섭취한 단백질과 체내 단백질 분해에 의해 생성된 아미노산은 각 세포에 아미노산 풀을 형성하여 채내 대사를 조절함

② 아미노산 풀의 크기는 식사로 섭취한 단백질이 소화·흡수된 아미노산, 체조직 단백질의 분해로 생성된 아미노산, 체내에서 합성된 아미노산 등에 의해 결정됨

③ 아미노산 풀이 크면 단백질 합성에 쓰이거나 아미노기를 제거한 후 에너지나 포도당 합성에 사용

④ 아미노산 풀이 작으면 체단백이 분해됨

(2) 단백질의 전환(protein turnover)

① 단백질 분해와 합성이 이루어지면서 동적평형을 유지하는 과정을 말함

② 체내에서 단백질이 합성되고 분해되는 양은 1일 250~300g임

③ 합성·분해되는 단백질 양의 약 5/6 정도는 단백질 분해 후 재이용되기 때문에 식이에서 매일 공급해야 하는 단백질의 필요량은 하루 합성·분해되는 단백질 양의 약 1/6 정도임

(3) 아미노산의 분해 대사

① 아미노기 전이반응 transamination

ㄱ 한 아미노산에서 떼어낸 아미노기-NH₂를 다른 α-keto 산에 이동시켜 새로운 아미노산을 생성하고 자신은 α-keto 산을 형성하는 과정임

ㄴ 비타민 B₆의 활성형태인 조효소 pyridoxal phosphate, PLP를 필요로 함

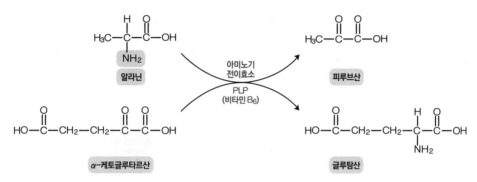

[그림 02] 아미노기 전이반응의 예

② 산화적 탈아미노반응 deamination

ㄱ 아미노기 전이반응에 의해 생성된 글루탐산은 세포질에서 미토콘드리아로 운반하여 글루탐산 탈수소효소 glutamate dehydrogenase에 의해 산화적 탈아미노반응이 일어남

ㄴ 이 탈아미노기반응은 글루탐산에서만 일어나므로 대부분의 아미노산은 그들의 아미노기를 아미노기 전이반응에 의해 α-케토글루타르산에게 주어서 글루탐산로 만들면서 본인은 케토산 keto acid이 되고 생성된 글루탐산은 탈아미노기반응에 의해 아미노기를 제거함

ㄷ 글루탐산 탈수소효소 : 조효소로 NAD^+와 $NADP^+$ 이용 가능

[그림 03] 탈아미노반응의 예

③ 아미노산 탄소골격의 산화와 이용

ㄱ 아미노산은 아미노기를 제거한 후 탄소골격 α-keto acid만 남으면 이 탄소골격은 포도당 및 지방으로 전환되어 에너지를 발생함

ⓛ 아미노산 20개 중 14개는 포도당으로 전환되고 당생성아미노산, 2개는 케톤체나 지방산으로 되고 케톤생성아미노산, 나머지 4개는 포도당이나 케톤체로 전환됨

■ 표 3. 포도당 생성 및 케톤 생성 경로로 가는 아미노산

분류	아미노산 종류
케톤 생성	류신, 라이신
케톤 생성 및 포도당 생성	이소류신, 페닐알라닌, 티로신, 트립토판
포도당 생성	알라닌, 세린, 글라이신, 시스테인, 아스파르트산, 아스파라진, 글루탐산, 글루타민, 아르기닌, 히스티딘, 발린, 트레오닌, 메티오닌, 프롤린

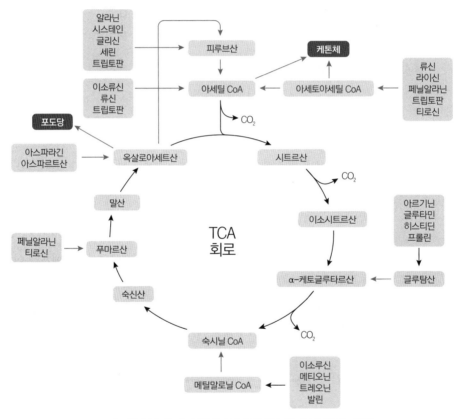

[그림 04] 아미노산의 탄소골격이 TCA 회로로 들어가는 경로

④ 요소 회로

㉠ 간에서 이루어짐

㉡ 탈아미노반응에 의해 생성된 암모니아NH₃는 간으로 이동함

㉢ 간으로 이동된 암모니아는 탄산가스와 결합한 후 오르니틴ornithine과 반응하여 시트룰린citruline이 되고 아르기닌을 거쳐 요소가 생성됨

ⓔ 생성된 요소는 신장을 통해 배설됨

ⓜ 간 기능이 손상되어 암모니아가 요소로 전환되지 못하면 암모니아가 혈중에
　축적되어 중추신경계 장애를 일으킴

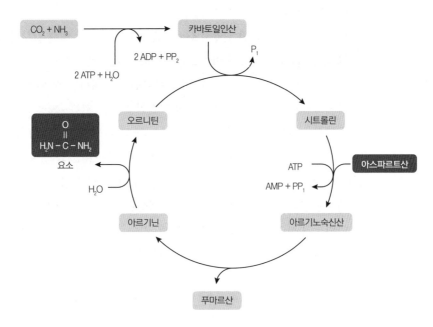

[**그림 05**] 요소 회로

Key Point 요소 회로

✓ **카바모일인산을 생성** 미토콘드리아의 기질에서 암모니아와 이산화탄소의 축합반응에 의해
카르바모일인산이 형성되면서 요소 회로가 시작된다.

✓ **시트룰린의 합성** 카르바모일인산은 카르바모일기를 오르니틴(ornithine)에 전달하여 시트룰
린(citrulline)을 형성하고 인산(Pi)을 방출한다.

✓ **아르기노숙신산의 합성** 아스파르트산의 아미노기와 시트룰린의 카르보닐 간의 축합반응에
의해 아르기니노숙신산(argininosuccinate)이 생성된다.

✓ **아르기노숙신산의 분해**
  ● 아르기니노숙신산 분해효소(argininosuccinase)에 의해 아르기닌(arginine)과 푸마르산
    (fumarate)이 생성된다.
  ● 푸마르산은 미토콘드리아의 구연산 회로의 중간산물로 반응에 관여한다.

✓ **요소의 생성**
  ● 요소 회로의 마지막 반응에서 아르기닌은 아르기닌 분해효소(arginase)에 의해 분해되어
    요소와 오르니틴을 생성한다.
  ● 오르니틴은 미토콘드리아로 운반되어 또 다른 요소 회로를 시작한다.

(4) 아미노산 합성

① α-케토글루타르산으로부터 글루탐산, 글루타민, 프롤린, 아르기닌의 생합성

    ㉠ 글루탐산은 글루탐산 합성효소박테리아와 식물와 글루탐산 탈수소효소에 의해 α-케토글루타르산으로부터 합성

    ㉡ 글루타민은 글루타민 합성효소glutamine synthetase에 의해 글루탐산의 γ-카르복실기와 암모니아가 아미드결합amide linkage을 형성함으로써 합성되고, ATP의 가수분해를 필요로 하며 글루타민을 합성하는 것 외에 뇌와 간에서 암모니아의 해독화를 위한 중요한 기전임

    ㉢ 프롤린은 글루탐산의 고리화반응cyclization과 환원반응에 의해 합성

    ㉣ 아르기닌은 오르니틴과 요소 회로를 경유 → 글루탐산으로부터 합성

② 글리세린산 3-인산으로부터 세린, 글리신, 시스테인의 합성

    ㉠ 세린은 글리세린산 3-인산의 산화로 생성된 3-포스포하이드록시피루브산의 아미노기 전이반응과 인산에스테르의 가수분해에 의해 합성

    ㉡ 글리신은 PLP를 조효소로 필요로 하는 세린 하이드록시메틸 전이효소에 의해 세린으로부터 하이드록시메틸기의 제거로 합성

    ㉢ 시스테인은 2개의 아미노산으로부터 합성되며 메티오닌은 황 원자를 제공하고 세린은 탄소골격을 제공함

③ 피루브산으로부터 알라닌의 합성 : 피루브산과 글루탐산으로부터 알라닌 아미노전이효소ALT에 의해 합성

④ 옥살로아세트산으로부터 아스파르트산과 아스파라긴의 합성

    ㉠ 옥살로아세트산과 글루탐산으로부터 아스파르트산 아미노전이효소AST에 의해 합성

    ㉡ 아스파라긴은 아스파르트산으로부터 아스파라긴 합성효소asparagine synthetase에 의해 합성

⑤ 리보오스 5-인산으로부터 히스티딘의 합성 : 5-인산리보실 1-피로인산PRPP, 5개 탄소 공급원, ATP의 퓨린고리1개 질소와 1개 탄소, 글루타민1개 질소 공급원으로부터 합성

⑥ 페닐알라닌으로부터 티로신의 합성 : 동물에서 티로신은 페닐알라닌 수산화효소에 의한 페닐알라닌의 페닐기 4번 탄소의 수산화반응을 통해 직접 합성 가능함

다음 괄호 안의 ㉠, ㉡에 해당하는 명칭을 순서대로 쓰시오. 【2점】

대부분의 아미노산이 간에서 대사되는 것과 달리 (㉠) 아미노산은 근육에서 대사된다. 이 아미노산의 이화작용이 활발히 진행되면 아미노기 전이효소에 의해 근육으로부터 다량의 (㉡)이/가 생성되어 간으로 이동한다. (㉡)은/는 다음 그림과 같이 아미노기 전이반응(transamination)에 의해서 생성된다.

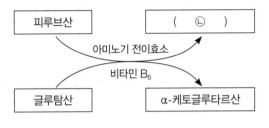

에너지 대사와 운동영양

01 · 에너지 측정

인체는 성장 및 유지, 신체활동, 체온조절 등을 위하여 식품에 포함된 열량영양소인 탄수화물, 지방 및 단백질로부터 에너지를 공급받는다. 또한 알코올 섭취로도 에너지를 공급받을 수 있다.

01 에너지 측정

(1) 식품의 에너지 측정

① 식품의 열량가
  ㉠ 봄 칼로리미터로 직접 측정함
  ㉡ 1g의 탄수화물, 지질, 단백질 및 알코올은 각각 4.15kcal, 9.45kcal, 5.65kcal 및 7.1kcal가 발생함

② 생리적 열량가
  ㉠ 애트워터계수Atwater factor라고도 함
  ㉡ 소화흡수율을 고려함
  ㉢ 단백질은 요소로 배설되는 질소화합물을 고려해야 함
  ㉣ 탄수화물 4kcal, 지질 9kcal, 단백질 4kcal, 알코올 7kcal가 발생함

(2) 인체 에너지 대사량 측정

① 직접열량 측정법 : 직접 실험 대상자의 신체에서 발생하는 열량을 칼로리메터방 calorimetery chamber을 이용하여 측정하는 방법

② 간접열량 측정법 : 열 생성량을 직접적으로 측정하는 대신 음식물의 대사와 관련된 산소 소비 및 이산화탄소 생성을 측정하여 에너지를 간접적으로 측정하는

방법임. 간접적으로 열량을 측정하는 방법에는 이중표식수법과 호흡가스분석법이 있음

㉠ 이중표식수법doubly labeled water technique : 수소2H와 산소18O의 안정 동위체를 사용하여 에너지 소비량을 측정하는 방법. 에너지 필요추정량의 기준이 되는 에너지 소비량의 측정방법으로 현재까지 일상생활의 총 에너지 소비량을 측정하는 방법 중 가장 정확한 방법으로 알려져 있음

㉡ 호흡가스분석법 : 호흡 시의 산소 소모량이나 이산화탄소 배출량을 측정하여 가스gas가 교환되는 비율로 열 발생량을 측정하는 방법

- 호흡상respiratory quotient, RQ
  - 일정한 시간에 배출한 이산화탄소량을 그 기간 동안 소모한 산소량으로 나눈 값
  - RQ = 배출된 CO_2의 용적/소모된 O_2의 용적
  - 탄수화물의 RQ 값은 1이며 지질의 RQ 값은 0.7, 단백질의 RQ 값은 0.8, 혼합식의 RQ 값은 0.85
  - 임상적으로는 RQ가 0.8보다 적으면 에너지 섭취 부족, 0.7보다 적으면 굶은 상태, 1보다 많으면 지방 합성이 이루어지는 상태임

$$C_6H_{12}O_6(포도당) + 6O_2 \rightarrow 6CO_2 + 6H_2O$$
$$호흡상(RQ) = 6/6 = 1$$

$$2(C_{57}H_{110}O_6) + 163O_2 \rightarrow 114CO_2 + 110H_2O \ (중성지방)$$
$$호흡상(RQ) = 114/163 = 0.7$$

- 0.7에 가까울수록 : 지방 산화가 많은 것을 의미. 유산소 운동, 걷기, 조깅
- 1에 가까울수록 : 탄수화물 산화가 많은 것을 의미. 무산소 운동, 역기, 근력운동
- 0.8보다 작음 : 체지방이 분해되는 경우, 유산소 운동을 하는 경우
- 0.7보다 작음 : 오랜 기간 굶은 상태, 저탄수화물 식사를 하는 경우
- 1보다 큼 : 체내에서 지방이 합성됨
- 0.85 : 일반식을 하여 대사하는 경우

- 비단백호흡상non-protein respiratory quotient, NPRQ
  - 단백질을 제외하고 탄수화물과 지방만을 산화할 때의 호흡상

$$\frac{비단백}{호흡상} = \frac{이산화탄소\ 배출량 - 단백질\ 산화로\ 배출된\ 이산화탄소\ 배출량}{산소\ 소모량 - 단백질\ 산화로\ 소모된\ 산소\ 소모량}$$

- 주로 운동의 종류나 운동의 경과시간에 따라 어떤 영양소가 주 에너지원
  으로 작용하는지를 조사하는 데 이용함
- 1일 에너지 소모량 산출
  - 기초대사량 = 호흡계수나 비단백호흡계수에 따른 에너지 소모량kcal/L ×
    소모된 산소량생성된 탄산가스 양/시간×24시간
  - 1일 에너지 소모량kcal = 소모된 산소량L 또는 생성된 탄산가스양L × 에
    너지 소모량kcal/L

(3) 인체의 에너지

인체에 필요한 에너지는 기초대사량, 휴식대사량, 신체활동대사량, 식사성 발열
효과 및 적응대사량으로 구성됨

① 기초대사량basal metabolic rate, BMR
  ㉠ 생명을 유지하기 위해 필요한 최소한의 에너지임심장박동, 호흡, 체온 조절 등
  ㉡ 식후 12~14시간이 지난 후 잠에서 깨어난 직후 실내온도18~20℃에서 누운
    상태로 측정함
  ㉢ 1일 총 에너지 필요량의 60~70%를 차지함. 1일 에너지 필요량을 결정짓는
    중요한 요인임
  ㉣ 기초대사량의 70~80%는 제지방량에 의존함
  ㉤ 기초대사량을 변화시키는 요인
    - 체격 : 체표면적에 비례하므로 키가 크고 체격이 큰 사람은 키가 크고 체격
      이 작은 사람보다 기초대사량이 높음
    - 신체 구성성분 : 체중과 신장이 같아도 근육량이 많고 지방조직이 적은 사
      람은 기초대사량이 높음
    - 연령 : 청소년기20세 이후에는 제지방lean body mass, LBM량이 감소하므로
      단위체중당 기초대사량이 저하되며 나이가 어릴수록 단위체중당 기초대사
      량이 큼. 생후 1~2년에 단위체중당 기초대사량이 가장 높고 30세 이후부터
      가령에 따라 10년에 2~3%씩 기초대사량이 감소함
    - 성별 : 남자는 여자보다 근육량이 많고 남성 호르몬인 테스토스테론이 분비
      되므로 에너지 소모가 많아 기초대사량이 5~10% 정도 높음
    - 기후 : 온대, 열대지방 사람이 한대지방 사람보다 기초대사율이 10~15% 낮
      음. 환경온도가 26℃일 때 대사율이 가장 낮고 이보다 높거나 낮은 온도에
      서는 대사율이 항진
    - 체온 : 체온이 1℃ 오를 때마다 기초대사량이 평균 13% 상승. 발열환자는
      에너지 필요량이 증가함

- 호르몬 : 에피네프린, 갑상선 호르몬, 테스토스테론, 성장 호르몬 등은 기초대사량을 높임. 갑상선기능항진증인 경우 기초대사율이 약 50~75% 증가, 갑상선기능 저하의 경우 약 30~50% 감소함
- 영양상태 : 영양 불량 시 기초대사량이 감소하며 열량 섭취가 증가되면 기초대사량이 증가됨
- 임신 : 임신 6~9개월에 태아와 모체 조직의 대사 증가로 기초대사량이 20% 정도 증가함
- 수면 : 수면 시에는 기초대사량이 10% 정도 감소함
- 정신상태 : 불안, 초조, 공포 등으로 근육을 긴장하거나 맥박이 빨라지면 기초대사량이 증가함
- 카페인과 니코틴 : 교감신경계의 활동을 증가시켜 기초대사량이 증가함. 니코틴은 기초대사량을 10% 정도 증가시킴

■ 표 1. 기초대사량(kcal) 추정공식

방법	성별	공식
간이법	남자	1(kcal/kg/시간)×체중(kg)×24(시간)
	여자	0.9(kcal/kg/시간)×체중(kg)×24(시간)
KDRI 채택방법	남자	204−4.0×연령(세)+450.5×신장(m)+11.69×체중(kg)
	여자	255−2.35×연령(세)+361.6×신장(m)+9.39×체중(kg)

2019년 기출문제 A형

다음은 영양교사와 학생이 나누는 대화이다. 괄호 안의 ㉠, ㉡에 해당하는 용어를 순서대로 쓰시오. 【2점】

> 학　　　생 : 열량영양소는 신체에서 어떻게 이용되나요?
>
> 영양교사 : 우리 몸은 음식으로부터 얻은 에너지를 (㉠)의 형태로 전환시키고 이를 이용하여 생명을 유지하고 신체 활동을 해요.
>
> 학　　　생 : 주로 어떻게 소비되나요?
>
> 영양교사 : 총 에너지 소비량의 약 60~70%가 주로 기초대사에 이용이 돼요.
>
> 학　　　생 : 기초대사에 남녀 차이가 있나요?
>
> 영양교사 : 나이, 신장, 체중이 같아도 여자는 남자보다 일반적으로 기초대사량이 5~10% 낮아요. 이유는 신체조성에서 (㉡)의 양이 적기 때문이에요.

② 휴식대사량resting metabolic rate, RMR

　㉠ 식후 4~6시간이 경과된 후 휴식상태에서 측정함

　㉡ 휴식대사량은 기초대사량보다 약간 크지만 그 차이가 3% 이내이므로 기초대
사량과 휴식대사량을 혼용하여 사용함

③ 신체활동대사량physical activity energy expenditure, PAEE

　㉠ 신체활동에 따르는 에너지로 노동, 운동 시 근육의 수축과 이완에 필요한 에
너지임

　㉡ 신체활동대사량은 운동에 의한 활동대사량과 운동 이외의 활동대사량 두 가
지로 나눔

　㉢ 활동의 강도와 지속시간에 따라 개인차가 큼

　㉣ 중등 정도의 활동을 하는 경우 총 에너지의 30% 정도를 차지함

④ 식사성 발열 효과thermic effect of food, TEF

　㉠ 식품의 특이동적 작용 또는 식품 이용을 위한 에너지 소모량이라고도 함

　㉡ 섭취한 음식이 소화, 흡수 및 대사에 필요한 에너지임

　㉢ 탄수화물 10~15%, 지방 3~4%, 단백질 15~30%의 대사율이 상승되며 단백
질의 경우 아미노산의 대사가 탄수화물이나 지방에 비해 복잡하기 때문에 단
백질이 가장 높음

　㉣ TEF는 혼합식 섭취 시 총 에너지 섭취량의 약 10% 정도임

⑤ 적응대사량adaptive thermogenesis, AT

　㉠ 환경변화에 적응하는데 요구되는 에너지

　㉡ 온도, 심리상태, 스트레스, 영양상태 등에 의한 호르몬 분비, 자율신경 활동
변화 등에 의해 열 발생을 위하여 소모되는 에너지로 갈색지방조직에 의한
열 발생과 관련됨

　㉢ 갈색지방세포의 미토콘드리아는 짝풀림단백질이 있어 영양소 산화로 발생
한 에너지를 ATP로 전환하지 못하고 열로 발산하여 체온이 높아져 소모됨

　㉣ 총 에너지 소비의 7% 정도임

> **Key Point** 　**짝풀림 단백질** uncoupling protein
>
> ✓ 갈색지방세포의 미토콘드리아 내막에 존재하는 단백질로 산화와 인산화의 결합을 막는 작용
> 을 한다.

⑥ 1일 총 에너지 소비량 산출

　㉠ 기초대사량에 의한 방법 : 기초대사량 + 신체활동대사량 + 식사성 발열 효과

　　　ⓒ 에너지 필요추정량 공식 이용

　　　ⓒ 24시간 신체활동 기록을 이용

(4) 에너지 균형과 체중 조절

① 에너지 균형

　㉠ 양의 에너지 균형

　　■ 에너지 섭취량 > 에너지 소모량

　　■ 체지방량의 증가로 비만, 고혈압, 당뇨, 심장질환, 임신성 고혈압, 몇몇 종류
　　　의 암 등의 위험도 증가

　㉡ 음의 에너지 균형

　　■ 에너지 섭취량 < 에너지 소모량

　　■ 체지방, 근육단백질 손실

　　■ 전반적인 영양상태 저하로 면역력 감소, 질병 등 발생. 특히 어린이의 경우
　　　신체적·지적 성장이 느려짐

② 에너지 섭취 조절

　㉠ 공복감

　　■ 시상하부의 섭식중추가 혈액 내 영양소 또는 호르몬의 농도를 감지하여 낮
　　　아지면 공복감을 느끼게 하여 음식 섭취를 유도함

　　■ 포만중추가 자극하면 만복감을 느껴 음식 섭취 중단

　　■ 공복감 관련 요인 : 두뇌, 소화기관, 지방조직, 간 등의 내적 요소, 내분비계
　　　엔돌핀, 코르코티솔, 인슐린, 신경계 히스타민, 신경펩티드Y, 세로토닌

　㉡ 식욕

　　■ 특정 음식을 먹고자 하는 심리적·사회적 충동

　　■ 주로 외적 신호에 의한 조절

　　■ 식욕을 자극하는 외적 요인 : 식사시간, 특정 장소, 좋아하는 음식을 보게 되
　　　는 것, 스트레스 및 감각적 자극 등

③ 에너지 균형 조절

　㉠ 식품 섭취의 단기적 조절

　　■ 위장 팽창으로 인한 만복감

　　■ 혈액 내 영양소 농도 : 혈액 내 특정 영양소 포도당, 아미노산, 지방산 가 뇌에 만
　　　복신호를 보냄

　　■ 위장관 호르몬 : 위장관 음식 유무에 따라 호르몬을 분비하여 뇌에서 음식
　　　섭취를 조절, CCK와 PYY는 식품 섭취를 억제하고 그렐린은 식품 섭취
　　　를 증가시킴

ⓒ 에너지 균형의 장기적 조절
- 렙틴 호르몬 : 주로 지방조직에서 생성, 체지방이 증가하면 혈중 렙틴 농도
  가 증가
- 체지방량 증가
  - 혈액의 렙틴과 인슐린 농도 증가, 뇌에서 이화성 신경펩티드 방출
  - 에너지 섭취 감소, 에너지 소비 증가 → 체중 증가 방지
- 체지방 감소
  - 혈액의 렙틴과 인슐린 농도 감소, 뇌에서 동화성 신경펩티드 방출
  - 에너지 섭취 자극, 에너지 소비 감소 → 체중 감소 방지
- 렙틴과 인슐린 신호체계의 결함은 장기적 체중 조절에 문제 유발

(5) 운동과 에너지

① 운동 중 사용하는 에너지 체계
  ㉠ ATP-크레아틴인산
  - 운동 시작 : 1초 이내의 순간에 인체가 사용하는 에너지-ATP
  - 저장된 크레아틴인산을 ATP로 전환 : 3~15초 지속
  - 산소 공급 없이도 에너지가 발생
  ㉡ 젖산
  - 운동 강도를 높이는 경우 : 1~2분 동안 포도당으로부터 ATP를 얻음 → 젖
    산 에너지 체계
  - 산소 공급 없이 에너지가 발생
  ㉢ 미토콘드리아의 유산소 반응
  - 장기간 지속 운동 : 미토콘드리아에서 유산소 반응
  - 많은 양의 ATP 생성
  - 포도당과 지방을 이용하여 에너지 발생
  - 30분이 경과하면 약 95%, 2시간이 경과하면 98% 이상 유산소 반응
② 에너지 섭취와 운동 : 운동 수행 및 근육 유지를 위해 필수적
③ 탄수화물과 운동 : 글리코겐 저장량과 지구력을 증가하기 위해 고탄수화물식, 비
  타민 B군과 철, 복합당질 권장
  ㉠ 탄수화물 부하글리코겐 부하
  - 마라톤 : 지구력 경기 시합 전에 근육 글리코겐 저장량을 최대로 하여 경기
    력을 향상함

- 시합 전에 에너지 섭취의 60~70%를 탄수화물로 섭취하고 운동 강도를 줄여 근육 글리코겐 저장량을 두 배 이상으로 증가시킴
- 근육에 1g의 글리코겐이 저장되는 경우에 3g의 물이 함께 저장
- 장시간 운동에만 적용

ⓛ 운동과정 시의 탄수화물 섭취

- 운동 시작 2~4시간 전에 탄수화물 섭취 권장 : 글리코겐 저장 보충, 지구력 향상에 도움이 됨
- 스포츠 음료를 통해 근육에 탄수화물 공급

④ 지질과 운동

　㉠ 저강도 또는 중간 강도 운동의 유산소 운동 : 지방이 주 에너지원

　㉡ 고강도의 운동 : 탄수화물이 주 에너지원

　㉢ 고에너지식을 하는 경우에는 20~35%의 에너지를 지질로 공급

⑤ 단백질과 운동

　㉠ 운동선수의 단백질 권장량

- 일반인의 단백질 권장량 : 체중 kg당 0.83g
- 마라톤과 같은 지구력 스포츠 운동선수 : 체중 kg당 1.2~1.4g
- 역도와 같이 내구력을 요하는 운동선수 : 체중 kg당 1.6~1.7g
- 극한 스포츠 운동선수 : 체중 kg당 2g

　㉡ 단백질 분말이나 아미노산 보충제보다 양질의 단백질식품 권장

　㉢ 운동 후에는 탄수화물 10g당 단백질 4g을 공급하는 것을 권장

⑥ 비타민과 운동 : 운동선수는 비타민 B군의 필요 증가

⑦ 무기질과 운동

　㉠ 저지방 유제품을 충분히 섭취하는 것이 필수적 : 지구력 스포츠 운동선수

　㉡ 용혈성 빈혈 위험 : 철 섭취 30~70% 증가

⑧ 수분 섭취와 운동

　㉠ 체중의 2%에 해당하는 수분 손실 : 피로감, 운동 수행능력 감소, 무기력증

　㉡ 운동 전후와 운동 중에는 수분과 함께 전해질 손실 발생 : 수분 보충 필요

　㉢ 운동 지속시간이 1시간 이내 : 물을 공급

　㉣ 운동 지속시간이 1시간 이상 : 당질과 전해질 공급 필요, 스포츠 음료

⑨ 운동이 신체조성과 에너지 대사에 미치는 영향

　㉠ 혼합식 섭취 시

- 운동 시작 시 RQ가 증가 : 근육이나 간의 글리코겐 사용이 증가됨
- 운동시간이 경과하면 RQ는 점차 감소 : 에너지 생성이 지방산으로 옴

ⓒ 호르몬 분비
- 운동 초기에 인슐린의 분비가 감소하고 글루카곤의 분비가 증가하여 포도 당 신생합성이 촉진됨
- 운동이 진행되면 카테콜아민의 분비가 촉진되어 지방의 분해가 촉진됨

ⓒ 제지방량 증가하고 체지방의 비율이 감소함

⑩ 운동의 에너지원

ⓒ 단시간 격렬한 운동 : 포소포크레아틴

ⓒ 지속적인 격렬한 운동 : 근육 글리코겐이 젖산으로 분해

ⓒ 지구력을 요하는 운동 : 지방과 탄수화물이 함께 사용되나 활동 강도가 커질 수록 탄수화물이 점점 더 많이 사용됨

ⓒ 운동 시 단백질은 전체 에너지 필요량의 2~5%로 단백질의 기여도는 크지 않 으며 대부분 곁가지아미노산_{발린, 류신, 이소류신}으로부터 옴

2017년 기출문제 B형

다음은 영양교사와 고등학교 남학생의 대화내용이다. 밑줄 친 (가), (나)에 대한 내용을 〈작성 방법〉에 따라 서술하시오. 【4점】

> 학   생 : 선생님! 저는 자전거를 오래 타면 너무 힘이 들어요. 체육선생님께 상의
> 드렸더니 '카르니틴'이라는 식이 보충제를 추천해 주셨어요.
> 영양교사 : 그래? (가) 운동 초기에는 (㉠)을/를 주요 에너지원으로 사용하지
> 만, 운동 시간이 지속되면 (㉡)을/를 사용하는 비율이 높아지거든.
> 이때 (나) 카르니틴이 있으면 도움이 될 수도 있어서 지구성 운동을 하
> 는 운동선수들이 보충제로 사용하기도 해. 그렇지만 카르니틴은 체내
> 에서도 합성될 수도 있고, 육류나 우유 등에 들어 있으니 음식으로 먹
> 는 것이 더 바람직할 거야.

✎ 작성 방법

- (가) : 혼합식이를 섭취한 사람의 운동 시간 경과에 따른 호흡상(호흡계수) 변화와 그 이유 를 ㉠, ㉡에 해당하는 영양소 명칭을 포함하여 서술할 것
- (나) : 카르니틴이 관여하는 지질 대사기전을 관련된 세포소기관의 명칭을 포함하여 서술 할 것

비타민

01 · 지용성 비타민
02 · 수용성 비타민

비타민은 생명을 유지하는 데 필수적인 영양소이며 열량영양소들로부터 에너지를 생산하는 효소와 세포의 증식을 돕는다. 인체는 비타민의 흡수를 위한 특별한 기전을 가지며 대부분의 비타민들은 특수한 단백질 운반체와 함께 혈액으로 이동하고 인체의 특정 효소에 의해 활성형으로 전환된다. 비타민은 신체에서 미량 필요하고 섭취가 부족할 경우에는 각각 독특한 결핍증상이 나타나며 구조는 하나의 단일분자로 작용한다.

01 지용성 비타민(fat-soluble vitamin)

지용성 비타민은 소장에서 식사에 포함된 지방과 함께 흡수되며, 지단백인 카일로마이크론에 의해 림프관에 들어간 후 혈액을 통해 간으로 이동한다. 또한 지용성 비타민의 과잉섭취 시에는 간과 지방조직에 축적되어 독성을 나타낼 수 있다.

(1) 비타민 A

비타민 A는 활성형인 레티노이드retinoid와 불활성형인 카로티노이드carotenoid를 모두 총칭함. 레티노이드는 동물성 식품에 들어있는 레티놀retinol, 레티날retinal, 레티노산retinoic acid을 총칭하고, 카로티노이드는 식물성 식품에 들어있는 황색 내지 적황색 색소성분을 가리키는 명칭임. 카로티노이드 중 가장 활성이 높고 양적으로 우세한 것은 β-카로틴으로서 다른 카로티노이드들에 비해 비타민 A의 활성이 두 배 이상임

① 생리적 기능
　㉠ 시각 관련 기능 : 간상세포에서 비타민 A의 11-cis 레티날retinal이 옵신opsin 단백질과 결합하여 로돕신rhodopsin을 형성하여 어두운 곳에서 볼 수 있도록 함

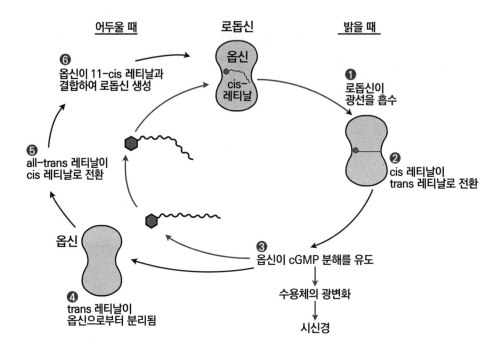

[그림 01] 비타민 A의 시각 회로

   ⓒ 세포분화 관련 기능

- 비타민 A는 레티노산의 형태로 정상적인 세포분화에 관여하며 레티노산이 관여하는 세포분화과정은 상피세포에서 주로 나타나므로 상피세포를 건강하게 유지함
- 임신 후 첫 2~3개월인 배아기에서 중요함
- 점액분비세포와 뮤코다당류의 합성에 매우 중요하여 비타민 A 부족 시 점액 분비 저하로 각막의 상피세포, 폐, 피부, 장점막 등의 각질화 발생

   ⓒ 항암작용 및 항산화작용 : β-카로틴 함유 식물성 식품의 항산화 효과로 보임

   ⓔ 골격 건강에 관한 기능 : 비타민 A는 골격의 성장에 관여함. 반면에 지나치게 많은 비타민 A 섭취는 노인의 골절 위험을 증가시킬 수 있음

   ⓜ 면역기능

- T림프구의 생성을 도와 외부 감염에 대항하는 면역시스템을 증진
- 카로티노이드는 세포막의 유동성 조절, 세포 간의 소통에 영향을 주어 면역 기능에 도움

② 흡수 및 대사

   ㉠ 비타민 A는 동물성 식품 내 레티닐 에스테르 형태로 존재함

ⓛ 담즙과 췌장효소에 의해 레티닐 에스테르로는 지방산과 레티놀로 가수분해
된 후 소장에서 흡수됨

ⓒ 소장점막 내로 흡수되어 다시 에스테르화되어 카일로미크론과 함께 림프관
을 통해 간으로 운반됨

ⓔ 카로티노이드의 흡수율은 비타민 A의 반 정도로 식이 내 카로티노이드 함량
이 증가하면 그 흡수율은 상대적으로 감소함

ⓜ 비타민 A는 간에서 혈류로 나갈 때 간에서 만든 레티놀 결합단백질retinol
binding protein, RBP과 결합하여 조직으로, 카로티노이드는 VLDL에 의해 전
체 조직으로 운반됨

ⓗ 비타민 A는 쉽게 배설되지 않으나 일부 비타민 A가 요로 배설되므로 신장질
환이 있는 경우 독증세의 발생 위험이 증가함

ⓢ β-카로틴은 소장점막 내에서 레티놀로 전환

③ 결핍증 : 알코올 중독이나 간질환 환자의 경우 지질 흡수에 영향을 주는 약물의
영향

㉠ 야맹증 : 비타민 A 결핍의 초기증상. 빛이 망막에 닿을 때마다 trans-레티날이
cis-레티날로 바뀐 후 옵신과 재결합하여 로돕신으로 되어야 하는데, trans-레
티날의 일부는 레티노익산으로 바뀌어서 로돕신을 형성하는 데 사용될 수 없
기 때문임

㉡ 비토반점, 안구건조증, 각막연화증 : 각막이 나빠지면 나타나는 증상

㉢ 피부각질화 : 비타민 A가 부족하면 성숙한 상피세포로 분화되는 데 필요한 단
백질을 만드는 유전자 활성이 잘 이루어지지 않기 때문임

㉣ 성장 지연 : 비타민 A가 부족하면 적혈구 생성의 변이 및 철 대사 변이로 철
결핍성 빈혈을 초래함

㉤ 면역체계 손상 : 비타민 A는 레티노익산의 형태로 면역반응에 관여하므로 T
림프구의 숫자를 감소하기 때문

④ 과잉증

㉠ 급성 과잉증

- 1단계 : 오심, 구토, 두통, 현기증, 시력 불선명, 천문융기영아
- 2단계 : 졸음, 권태감, 무력감, 의욕상실, 가려움증, 피부박리

㉡ 만성 과잉증 : 두통, 탈모증, 입술의 균열, 피부건조 및 가려움증, 간장비대,
골 관절 통증

ⓒ 섭취를 중단해도 간이나 뼈, 시력의 손상 및 근육통이 영구적으로 남기도 함

ⓔ 기형 발생 : 사산, 기형, 출산아의 영구적 학습장애

ⓜ 카로티노이드를 과잉 섭취 시 고카로틴혈증hypercarotenemia

⑤ 급원식품

ⓐ 2015년 한국인 영양소 섭취기준에서 비타민 A의 단위를 RE retinol equivalents 에서 RAE retinol activity equivalents, 레티놀 활성당량로 채택함

ⓑ 레티놀 활성당량은 식품의 비타민 A와 프로비타민 카로티노이드의 활성을 합친 측정단위. 약 12μg의 베타카로틴이나 1μg의 레티놀이 1RAE임

ⓒ 동물성 식품 : 간, 우유, 달걀, 지방이 많은 생선, 강화마가린

ⓓ 식물성 식품 : 녹황색 채소, 옥수수, 토마토, 오렌지, 귤 및 김

ⓔ 한국인은 카로티노이드 함량이 많은 식물성 식품당근, 시금치, 과일으로부터 비타민 A를 섭취하므로 새로운 단위RAE를 적용하면 비타민 A의 섭취실태가 현재보다 매우 불량할 수 있음

✓ **1 레티놀 활성당량(retinol activity equivalent)(μgRAE)**

= 1μg (트랜스)레티놀(all-trans-retinol)

= 2μg (트랜스)베타카로틴 보충제(supplemental all-trans-β-carotene)

= 12μg 식이(트랜스)베타카로틴(dietary all-trans-β-carotene)

= 24μg 기타 식이 비타민 A 전구체 카로티노이드(other dietary provitamin A carotenoids)

---

⑥ 영양상태 평가 및 섭취기준

ⓐ 영양상태 평가

- 혈청레티놀 : 10μg/dL 이하 시 비타민 A 결핍

- 상대적 투여반응relative dose response, RDR : 레니닐에스테르 경구투여 5시간 후 혈청 농도 상승분에 대한 경구투여 전 혈청 농도의 비율20~50% : 한계 수준, 50% 이상 : 급성 결핍

ⓑ 비타민 A 1일 권장섭취량

- 성인 남자 : 19~29세 800μg RAE, 30~49세 750μg RAE

- 성인 여자 : 19~29세, 30~49세 650μg RAE

- 상한섭취량은 성인 남녀 모두 3,000μg RAE

(2) 비타민 D

비타민 D 또는 칼시페롤calciferol은 지용성 세코스테롤seco-sterol에 속하며 프로호르몬으로 작용함. 비타민 D의 활성을 가진 화합물들의 총칭으로 식물성 급원의 비타민 D$_2$에르고칼시페롤와 동물성 급원의 비타민 D$_3$콜레칼시페롤가 대표적임. 비타민 D$_3$는 피부에서 7-디하이드로콜레스테롤7-dehydrocholesterol로부터 자외선에 의해 합성되므로 햇빛을 충분히 받지 못하는 경우에는 비타민 D가 많이 함유된 식품이나 보충제를 섭취해야 함

① 생리적 기능

  ㉠ 골격 형성 및 혈중 칼슘의 항상성 유지

    ■ 혈액의 칼슘 농도가 감소하면 부갑상선 호르몬parathyroid hormone, PTH에 의해 25-OH-비타민 D$_3$칼시디올은 신장에서 비타민 D의 활성화 형태인 1,25-(OH)-비타민 D$_3$칼시트리올로 전환됨

    ■ 활성형 비타민 D의 작용은 소장점막세포에서 칼슘 운반단백질을 생성하여 칼슘과 인의 흡수 촉진, 파골세포에서 뼈의 칼슘이 혈액으로 용해되어 나오는 것을 촉진하여 혈중 칼슘의 항상성을 유지, 신장에서 칼슘의 배설은 감소시키고 인의 배설은 촉진

  ㉡ 근골격계 건강 유지 : 비타민 D 부족 시 골격의 무기질화 장애가 유발됨

  ㉢ 세포의 증식과 분화 : 면역조절세포, 상피세포, 악성종양세포 등 여러 세포의 증식과 분화 조절에 관여함

  ㉣ 비타민 D의 다른 기능 : 비만 및 당뇨병, 알레르기 질환 예방

② 흡수 및 대사

  ㉠ 비타민 D가 흡수되기 위해서는 담즙산이 필요하며 주로 소장의 공장과 회장에서 흡수됨

  ㉡ 소장에서 흡수된 비타민 D는 카일로미크론의 형태로 림프관을 통해 혈액으로 이동되어 비타민 D 결합단백질과 결합하여 간으로 이동

  ㉢ 비타민 D$_3$는 간에서 수산화반응을 통해 25-OH-비타민 D$_3$로 전환하여 신장에서 효소1-hydroxylase에 의해 히드록시화되어 1,25-(OH)$_2$-D$_3$로 전환되어 스테로이드 호르몬으로 작용함

  ㉣ 25-OH-D$_3$는 α-글로불린이 결합되어 운반됨

  ㉤ 활성화된 비타민 D는 체내에서 이용된 후 대부분은 담즙의 형태로 배설되고 3% 정도는 소변으로 배설됨

③ 결핍증

　　㉠ 구루병, 골연화증 및 골다공증, 칼슘 농도가 감소하여 근육 경련

　　㉡ 최근에는 암, 심혈관계 질환, 고혈압, 당뇨, 대사증후군 등과 관련되었을 가능성이 있는 것으로 알려짐

④ 과잉증 : 고칼슘혈증, 과잉의 칼슘은 혈관 벽에 침착되어 혈관경화를 일으키거나 신장에서 신장결석을 형성

⑤ 급원식품

　　㉠ 동물성 식품 : 생선청어, 갈치, 연어, 고등어, 정어리, 참치 등, 간, 난황, 치즈, 비타민 D 강화우유와 마가린

　　㉡ 식물성 식품 : 버섯, 효모

⑥ 비타민 D의 단위와 전환

　　㉠ IUinternational unit : 비타민 D의 생물학적 활성도를 나타내는 국제단위

　　㉡ 비타민 D_3 $1\mu g$ = 40IU

　　㉢ 1IU = $0.025\mu g$ 비타민 D_3

　　㉣ 혈중 농도 5nmℓ/L = 1ng/mL

⑦ 영양상태 평가 및 섭취기준

　　㉠ 혈청 25-OH-비타민 D_3의 농도가 0~10ng/mL 이하는 임상적 비타민 D의 결핍, 10~30ng/mL는 경계 정상치, 30ng/mL 이상이면 충분

　　㉡ 1일 충분섭취량으로 성인 남녀 모두 $10\mu g$ 권장, 상한섭취량 $100\mu g$

(3) 비타민 E(tocopherol)

우리가 섭취하는 식물성 식품에 함유된 비타민 E는 서로 다른 생물학적 활성을 갖는 네 개의 토코페롤α-, β-, ɣ-, δ-tocopherol과 네 개의 토코트리에놀α-, β-, ɣ-, δ-tocotrienol을 총칭하는 비타민으로 가장 활성이 큰 것은 α-토코페롤임

① 생리적 기능

　　㉠ 항산화기능

　　　　▪ 비타민 E는 지용성이므로 세포막의 인지질에 존재하는 다불포화지방산을 산화작용으로부터 보호함

　　　　▪ 비타민 C에 의해 환원되어 재사용할 수 있음

　　　　▪ 글루타티온과 같은 다른 항산화제와 함께 세포막의 과산화반응을 억제

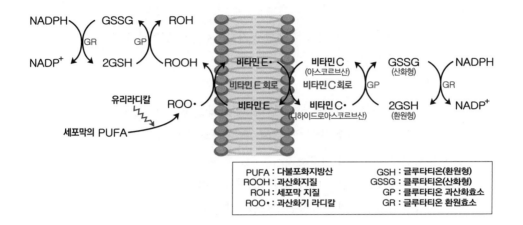

[그림 02] 글루타티온, 비타미 E, 비타민 C의 항산화 상호관계

  ⓛ 지용성 영양소의 보호 : 식이로 섭취한 불포화지방산과 비타민 A의 산화를 방지하는 역할을 함

  ⓒ 백혈구와 적혈구를 보호 면역 방어작용 : 비타민 E가 부족할 경우 적혈구막이 쉽게 파괴되어 용혈성 빈혈을 발생함

  ⓔ 만성질환 예방심혈관 질환, 당뇨병 : 프로스타글라딘의 생성을 촉진 또는 억제하여 혈소판의 응집을 감소시키고 혈관을 이완시킴으로써 심장혈관계 질환의 발병을 억제하며 당뇨병의 합병증 발생을 줄임

  ⓜ 신경과 근육의 기능 유지 및 운동능력의 개선

② 흡수 및 대사

  ㉠ 담즙을 필요로 하며 카일로미크론에 실려서 소장점막을 통해 흡수되며 림프관을 통해 간으로 이동됨

  ⓛ 간에서 만들어지는 VLDL에 포함되어 다른 조직으로 운반함

  ⓒ 비타민 E는 다른 지용성 비타민에 비해 몸 전체에 고루 분포하고 있으며, 특히 혈장, 간, 지방조직에 다량 존재함

  ⓔ 비타민 E는 퀴논으로 산화되어 담즙과 소변으로 배설됨

③ 결핍증

  ㉠ 미숙아 : 용혈성 빈혈

  ⓛ 흡연자 : 폐 속의 비타민 E를 파괴시키므로 결핍이 쉽게 일어남

  ⓒ 저지방 식사를 하는 사람, 지방 흡수가 불량한 사람, 유전적으로 지단백 합성에 이상이 있는 경우낭포성 섬유증, 만성 췌장염 → 지방 흡수 불량 → 신경장애

④ 과잉증

　　㉠ 면역계의 기능, 특히 일부 백혈구 기능의 손상이 일어날 수 있음

　　㉡ 혈소판 응집 감소

⑤ 급원식품

　　㉠ 식물성 기름, 견과 종실류, 마가린, 마요네즈 등

　　㉡ 비타민 E는 산소, 빛, 열에 의해 산화되므로 조리 시 주의

⑥ 영양상태 평가 및 섭취기준

　　㉠ 한국인 1일 성인 남녀의 비타민 E 충분섭취량은 남녀 12mgα-TE

　　㉡ 1일 성인 남녀의 비타민 E 상한섭취량은 540mgα-TE

2015년 기출문제 A형

다음 그림은 체내에서 비타민이 관여하는 반응을 나타낸 것이다. ㉠은 세포막에, ㉡은 세포질에 주로 존재하며 ㉡은 ㉠을 재생시킴으로써 ㉠을 절약해 준다. 이 반응의 명칭과 ㉠에 해당하는 비타민의 명칭을 순서대로 쓰시오. 【2점】

(4) 비타민 K

비타민 K는 간에서 불활성형의 프로트롬빈인자Ⅱ은 비타민 K의 작용으로 γ-카르복실화반응이 일어나 프로트롬빈으로 전환됨. 활성형 비타민 K의 형태로 필로퀴논비타민 K₁과 메나퀴논비타민 K₂이 있으며, 비타민 K의 주요 급원형태는 필로퀴논으로 주로 식물에서 합성되고 메나퀴논은 장내 미생물에 의해 합성됨

① 생리적 기능
  ㉠ 혈액 응고
    ▪ 간에서 불활성형의 프로트롬빈은 비타민 K의 작용으로 감마 카르복실 글
      루탐산γ-carboxyl glutamic acid 반응이 일어나 프로트롬빈으로 전환
    ▪ 간기능이 정상적이지 못하면 비타민 K의 흡수가 저해되고 혈액응고인자가
      형성되지 못하므로 비타민 K의 작용이 줄어들어 혈액 중 프로트롬빈의 수
      준이 저하되어 출혈이 발생함

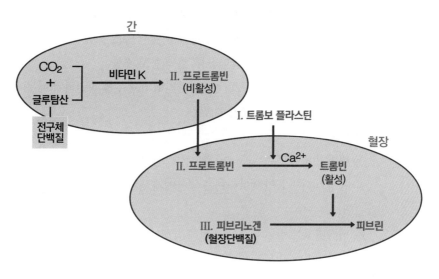

[그림 03] 비타민 K의 기능

  ㉡ 골격 형성
    ▪ 비타민 K는 오스테오칼신osteocalcin을 카르복실화하여 골격에서 칼슘과
      결합하여 골격의 발달에 관여함
    ▪ 장벽세포에서 칼슘의 운반을 돕는 칼슘 결합단백질의 형성에 관여하여 활
      성 비타민 D인 $1,25\text{-}(OH)_2\text{-}D_3$와 함께 뼈의 형성에 관여함
  ㉢ 기타
    ▪ 인슐린의 감수성을 개선하여 제2형 당뇨병의 위험을 낮춤
    ▪ 비타민 K_2가 암과 관상동맥질환의 위험을 낮춤
② 흡수 및 대사
  ㉠ 지방과 담즙의 도움으로 소장에서 흡수되어 카이로미크론에 포함되어 림프
    관을 통해 간으로 이동
  ㉡ 간에서 다른 지단백에 포함되어 다른 조직으로 이동

ⓒ 대장 박테리아에 의해 합성된 비타민 K는 단순확산에 의해 상피세포에 전달되어 혈액에서 간으로 이동

ⓔ 비타민 K와 그 산화대사물은 주로 담즙으로 배설되나 일부는 소변으로 배설됨

ⓜ 미네랄 오일이나 흡수되지 않은 지방은 비타민 K의 흡수를 방해하므로 식후 바로 섭취하는 것은 좋지 않음

③ 결핍증 : 신생아, 흡수불량증 환자, 항생제와 같은 약을 장기간 복용하는 경우가 아니면 쉽게 결핍증이 발생하지 않음

ⓐ 혈액 응고 지연멍 듦, 코피, 잇몸출혈, 혈뇨, 혈변, 생리혈 증가

ⓑ 장기간 결핍 시 골절, 골다공증, 혈액 응고 결함

ⓒ 여성 호르몬인 에스트로겐이 비타민 K의 흡수를 촉진하기 때문에 남성이 여성보다 비타민 K 결핍증에 민감

④ 과잉증

ⓐ 비티민 K 필로퀴논과 메나퀴논은 독성이 없음

ⓑ 합성 비타민 K인 메나디온은 영아에게 황달과 출혈성 빈혈증상을 보임

⑤ 급원식품

ⓐ 비타민 K는 장내 미생물에 의해 합성됨

ⓑ 비타민 K는 대부분 필로퀴논 형태이며 녹색채소, 김치, 낫토, 녹차 등에 풍부하게 함유됨

⑥ 영양상태 평가 및 섭취기준 : 1일 충분섭취량은 성인 남자의 경우 75 μg, 여자는 65 μg임

02 수용성 비타민

수용성 비타민은 혈관으로 흡수되며 체내에서 특정 효소가 작용할 수 있도록 도움을 주는 조효소로 작용하고 필요량 이상의 수용성 비타민은 신장을 통해 배설된다.

(1) 비타민 B₁(thiamin)

비타민 B₁은 80%가 인산 형태인 티아민 피로인산thiamin pyrophosphate, TPP으로 체내에 존재하면서 탄수화물 대사에 직접적으로 관여하고 탄수화물, 단백질 및 지질의 대사적 연결작용을 하며 티아민의 필요량은 에너지 소모량과 큰 관련이 있음

① 생리적 기능

ㄱ 탈탄산효소의 조효소인 TPPthiamin pyrophosphate

- 피루브산 탈탄산효소의 조효소 : 해당과정에서 TCA 회로를 들어가기 전 피루브산을 아세틸 CoA로 전환시킴. 이 단계에서 판토텐산, 나이아신, 리보플라빈 등 모두 비타민 B군을 함유하는 다른 여러 조효소가 관여함
- TCA 회로 중간대사산물인 α-케토글루타르산을 숙시닐 CoA로 전환시킴
- 신경전달물질의 생성 : 신경자극전달물질인 아세틸콜린의 합성과정 중 탈탄산반응의 조효소로 작용함. 신경자극의 전달을 조절
- 곁가지아미노산의 α-케토산의 탈탄산반응을 촉진

ㄴ 케톨기전이효소transketolase의 조효소

- 오탄당 인산 회로에서 5탄당인 리보오스와 지방산 합성에 필수적인 NADPH를 생성함
- 적혈구세포에서 케톨기 전이효소 활성도는 티아민 상태를 판정해 주는 기능적 검사항목임

> **Key Point**
>
> ✓ α-케토산(피루브산, α-케토글루타르산)으로부터 카르복실기를 CO_2 형태로 제거하는 탈탄산 반응, 탄소 세 개의 피루브산을 탄소 한 개를 떼어 탄소 두 개의 아세틸 CoA로 전환시킨다.

② 흡수 및 대사

ㄱ 소장상부인 공장에서 주로 흡수되며 농도가 낮을 때는 능동적 수송에 의해 흡수되나 다량 섭취 시 일부는 수동적 확산에 의함

ㄴ 장점막세포에서 인산기가 첨가되어 활성형인 TPP로 전환되어 이용함

ㄷ 심장, 간, 뇌, 신장 등에 소량 저장되고 과잉분은 요로 배설됨

③ 결핍증

ㄱ 각기병beriberi : 건성각기병, 습성각기병

ㄴ 신경계 : 건성각기의 증세는 말초신경계의 마비로 인해 발생. 사지의 감각, 운동 및 반사기능 장애, 심리적 장애증세인 초조, 두통, 피로, 우울증, 허약감 등의 결핍증세가 나타남

ㄷ 심혈관계 : 습성각기 환자는 심부전증으로 심장비대 및 심한 전신부종이 나타남

ㄹ 소화계 : 식욕 부진, 소화 불량, 심한 변비, 위산 분비 저하 및 위무력증

ㅁ 베르니케-코르사코프증세 : 알코올 중독자에게 티아민 부족으로 나타나며 안근 마비, 비틀거림, 정신 혼란 등

④ 급원식품 : 돼지고기, 등심, 참치, 두류, 해바라기 씨앗, 전곡, 강화곡류, 깍지콩, 내장육, 땅콩, 종실류 등

⑤ 영양상태 평가 및 섭취기준

　㉠ 적혈구 케톨기전이효소 활성과 TPP 첨가 시 증가된 적혈구 케톨기전이효소 활성의 백분율에 의해 티아민 영양상태 평가. 활성계수가 클수록 티아민의 결핍을 의미함. 1.15 이하 정상, 1.15~1.24 경계, 1.25 이상 결핍

　㉡ 19세 이상 성인 남녀의 티아민 권장량은 각각 1.2mg, 1.1mg

(2) 비타민 B_2(riboflavin, 리보플라빈)

세 개의 육각고리가 연결되어 있는 구조로 가운데 고리에는 당 알코올이 부착된 형태로 존재함. 리보플라빈은 흡수되어 혈장알부민, 면역글로불린과 결합되어 운반되며 조직 내에서 대부분 플라빈 모노뉴클레오티드FMN와 플라빈 아데닌 디뉴클레오티드FAD의 조효소 형태로 여러 가지 산화·환원반응의 촉매 역할을 하며, 리보플라빈은 수용성이기는 하지만 물에 쉽게 녹지 않으며 열에 안정성은 있으나 자외선에 쉽게 파괴됨

① 생리적 기능

　㉠ FAD와 FMN은 TCA 회로, 전자전달계에서 산화·환원반응의 조효소로 작용

　　▪ 에너지를 발생하는 TCA 회로와 지방산의 β-산화과정에서 FAD는 전자수소수용체로 작용하여 $FADH_2$로 환원

　　▪ 숙신산이 푸르마산으로 산화될 때 FAD가 산화반응의 조효소로 작용하여 $FADH_2$로 되어 미토콘드리아의 전자전달계에 수소를 전달함

　㉡ 글루타티온환원효소glutathione reductase의 조효소 : 글루타티온을 환원상태로 유지하여 항산화 기능을 수행함

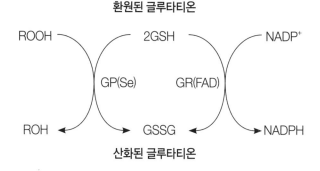

환원된 글루타티온

ROOH　　　2GSH　　　$NADP^+$

GP(Se)　　　GR(FAD)

ROH　　　GSSG　　　NADPH

산화된 글루타티온

[그림 04] 글루타티온의 항산화작용

ⓒ 니아신의 합성 및 기타 작용

- FAD는 트립토판을 니아신으로 전환, 비타민 A와 엽산을 활성형으로 전환, 비타민 B_6와 비타민 K 형성하는 과정에 필요함
- FMN은 비타민 B_6를 활성화함
- Superoxide dismutase SOD와 Catalase를 활성화함

② 흡수 및 대사

ⓐ 리보플라빈은 흡수되기 전에 유리형태로 전환시킴 위산과 소장의 효소에 의하여 유리됨

ⓑ 소장상부에서 능동수송과 촉진 확산에 의해 흡수되고 섭취량에 따라 흡수량이 조절됨

ⓒ 장점막세포에서 FMN으로 인산화되어 문맥혈로 들어가 알부민과 결합하여 간으로 이동

ⓓ 간으로 운반된 FMN은 ADP adenosin diphosphate가 첨가하여 FAD로 전환되어 이용됨

ⓔ 과잉의 리보플라빈은 FMN, FAD 형태로 소량 저장되고 소변을 통해서 배설됨

③ 결핍증

ⓐ 설염, 구각염, 지루성 피부염, 구내염, 인두염, 안질 및 신경계의 질병, 정신착란

ⓑ 설염은 리보플라빈, 나이아신, 비타민 B_6, 엽산 또는 비타민 B_{12}가 결핍되었을 때 나타남

④ 급원식품

ⓐ 우유 및 유제품, 치즈, 달걀, 강화곡류, 육류, 간, 버섯, 시금치 및 엽채류, 브로콜리, 아스파라거스, 저지방유, 탈지유

ⓑ 리보플라빈은 자외선에 파괴되기 쉬우므로 우유와 유제품, 영양강화 콘플레이크 등은 종이나 불투명 재질로 포장해야 함

⑤ 영양상태 평가 및 섭취기준

ⓐ 적혈구 글루타티온환원효소의 활성도를 가장 많이 사용

ⓑ 19세 이상 성인의 권장섭취량은 남자 1.5mg, 여자 1.2mg

(3) 니아신(niacin, 비타민 B_3)

니아신은 니코틴산 nicotinic acid과 니코틴아미드 nicotinic acid amide 및 그 유도체 중 니코틴아미드 생리 활성을 나타내는 화합물을 총칭함. 아미노산의 한 종류인 트립

토판은 체내에서 니아신으로 전환되며, 니아신의 조효소 형태인 니코틴아미드 아데 닌 디뉴클레오티드NAD와 니코틴아미드 아데닌 디뉴클레오티드 인산NADP은 체내 에서 산화·환원에 관여함

① 생리적 기능

ⓐ 탈수소효소의 조효소인 NAD, NADP는 체내에서 산화·환원반응에 관여함

ⓑ NAD는 해당과정이나 TCA 회로, 지방산 대사, 알코올 대사과정에서 NADH 로 환원되고 환원된 NADH는 전자전달계를 통해 ATP를 생성

- 혐기성 상태에서는 환원된 형태의 NADH가 피루브산에서 젖산으로 변화 되는 과정에 조효소로 관여하면서 자신은 NAD로 산화함
- 호기성 상태에서 NADH는 미토콘드리아 전자전달계에서 전자수용체에 수소 또는 전자를 전달하는 역할을 함
- NAD가 관여하는 대표적인 효소는 알코올 탈수소효소가 있음
- NADH가 증가하면 지방합성을 증가시키고 지방산의 산화와 구연산 회로 의 진행을 감소시킴

ⓒ NADP는 지방산 합성 및 스테로이드 합성과정의 환원반응, 5탄당 인산 회로 와 피루브산/말산 회로에 관여함

- 세포 내의 환원과정에서 주로 NADP의 환원형인 NADPH가 관여함
- NADPH는 5탄당 회로에서 리보오스와 함께 생성되며 환원형으로 지방산 과 콜레스테롤 합성에 관여함

ⓓ 약리작용

- 심장병 환자들의 혈청콜레스테롤을 낮춤
- 혈관확장제로 이용됨

Key Point

✓ 니아신이 지방조직 내의 cAMP(cyclic AMP)를 감소시켜 지방산이 지방조직으로부터 동원되 는 것을 감소시키며, 간조직에서 지단백이 합성되는 것을 저하시키기 때문에 약리작용이 있다.

② 흡수 및 대사

ⓐ 니코틴산과 니코틴아미드는 위에서 빠르게 흡수되기도 하나 대부분 소장상 부에서 단순확산과 능동적 운반에 의해 흡수됨

ⓑ 간에서 조효소 형태인 NAD, NADP로 변환되어 각 조직으로 이동함

ⓒ NAD는 소장의 점막세포에서 가수분해되어 니코틴아미드 형태로 혈액에 들 어가 순환함

    ㉣ 니코틴아미드는 배설되기 전에 N'-메틸 니코틴아미드 형태로 소변으로 배설됨

    ㉤ 간과 신장에서 아미노산인 트립토판 60mg은 나이아신 1mg으로 전환되며 이때 비타민 B_2, 비타민 B_6가 조효소로 작용

  ③ 결핍증

    ㉠ 니아신이 부족하면 필수아미노산인 트립토판이 니아신으로 전환되어 충당할 수 있으므로 니아신 자체만이 아닌 동물성 단백질이 함께 부족함

    ㉡ 초기증상 : 피로감, 허약함, 소화 불량, 식욕 부진 등

    ㉢ 펠라그라pellagra의 3Ds 증상

      ■ 치매dementia, 설사diarrhea, 피부염dermatitis

      ■ 조기에 치료하지 않으면 죽음death까지 이르러서 4Ds가 됨

  ④ 과잉증 : 니코틴 아미드의 메틸화로 인해 메티오닌 결핍을 일으켜서 피부홍조, 가려움증, 메스꺼움, 간기능 이상, 혈청요산 증가, 혈당 증가 등의 부작용이 나타남

  ⑤ 급원식품

    ㉠ 육류와 가금류, 특히 내장육, 달걀, 우유

    ㉡ 버섯, 밀겨통곡식품, 땅콩, 맥주효모

    ㉢ 옥수수의 함유된 니아신은 단백질과 단단하게 결합된 형태로 존재하여 이용률이 매우 떨어져 결핍증이 잘 나타남

    ㉣ 달걀과 우유는 니아신 함량이 적지만 트립토판의 조성은 우수하므로 좋은 니아신의 급원임

    ㉤ 니아신의 섭취기준단위로는 니아신 당량mgNE(niacin equivalent)을 사용함. 1mgNE는 1mg 니아신 또는 60mg 트립토판에 해당됨

  ⑥ 영양상태 평가 및 섭취기준

    ㉠ 소변으로 배설되는 N-메틸니코틴아미드MNA 및 N-메틸-2-피리돈의 양을 측정하여 평가

    ㉡ 섭취량단위는 니아신 등가NE, 1NE는 니아신 1mg이나 트립토판 60mg에 해당

    ㉢ 성인 1일 권장섭취량은 남성 16mgNE, 여성 14mgNE

    ㉣ 니아신 1일 상한섭취량은 니코틴산은 35mg, 니코틴아미드는 1,000mg

다음은 에너지를 생성하는 영양소 대사의 일부이다. 괄호 안의 ㉠, ㉡에 해당하는 조효소의 구성성분이 되는 비타민의 명칭을 순서대로 쓰시오. 【2점】

숙신산(succinic acid) $\xrightarrow{(\ ㉠\ )}$ 푸마르산(fumaric acid)

L-β-하이드록시아실 CoA $\xrightarrow{(\ ㉡\ )}$ β-케토아실 CoA
(L-β-hydroxyacylCoA) (β-ketoacylCoA)

(4) 비타민 B_6

비타민 B_6는 활성을 갖는 피리독살pyridoxal, PL, 피리독신pyridoxine, PN 및 피리독사민pyridoxamine, PM과 각각의 인산화 형태인 피리독신인산PNP, 피리독살인산 PLP, 피리독사민인산PMP 등 6종의 유도체로 구성되어 있음. 비타민 B_6 유도체 대부분은 간에서 인산화 과정을 거쳐 피리독살인산pyridoxal phosphate, PLP이라는 조효소 형태가 됨

① 생리적 기능

㉠ 조효소인 PLP는 아미노산의 아미노기 전이반응, 탈아미노반응, 탈탄산반응과 같은 모든 아미노산의 대사과정에 작용

■ 아미노기 전이반응transamination : 아미노기를 α-케토산에 전달하여 새로운 아미노산을 합성하는 반응 ᅦ α-케토글루타르산 또는 피루브산을 글루타메이트나 알라닌으로 전환

■ 세린, 트레오닌으로부터 아미노기를 제거하는 탈아미노반응

■ 탈탄산반응의 조효소로서 호르몬, 에피네프린, 세로토닌, 도파민 등의 신경 전달물질 합성에 관여함비타민 B_6가 결핍되면 탈탄산효소의 활성이 감소하고 비정상적인 트립토판 대사물이 축적되어 경련 및 뇌파계 이상증상이 나타남

㉡ 혈구세포의 합성

■ 적혈구에서 PLP는 헤모글로빈의 헴 합성에 관여함 : 비타민 B_6가 결핍되면 소구성 저혈색소 빈혈을 일으킴적혈구의 크기가 작아지고 산소 운반에 필요한 헤모글로빈 농도가 낮아지는 '소혈구저색소성 빈혈'이 나타남

■ 면역기능에 중요한 백혈구 생성에도 필요함

    ⓒ 탄수화물 대사 : 글리코겐 분해대사에 관여하는 효소의 조효소. 아미노산에서
      탈아미노반응으로 생긴 케토산은 포도당 신생합성에 관여함

    ⓔ 지질 대사

- 필수지방산인 리놀레산으로부터 아라키돈산으로 만드는 데 관여함
- 신경계를 덮어 절연제 역할을 하는 미엘린을 만드는 데 사용함

    ⓜ 신경전달물질 합성

- PLP는 탈탄산효소의 조효소로 작용하여 트립토판으로부터 세로토닌을 생성하고 티로신으로부터 도파민과 노르에피네프린, 히스티딘으로부터 히스타민, 글루탐산으로부터 γ-아미노부티르산 등 신경전달물질 합성에 관여함
- 비타민 B_6가 신경전달물질 합성에 관여한다는 사실로부터 비타민 B_6을 보충해 주면 월경전증후군을 치료하는 데 도움이 될 수 있다고 생각함

    ⓗ 비타민 형성 : 아미노산이 트립토판이 비타민인 니아신으로 전환되는 데 관여함

② 흡수 및 대사

    ㉠ 주로 공장에서 단순확산으로 흡수됨

    ㉡ 흡수된 후 간에서 다시 인산과 결합하여 조효소인 PLP가 되어 조직으로 감

    ㉢ 과량 섭취 시 신장을 통해 배설되므로 인체의 비타민 B_6 상태를 평가하는 주요 지표가 됨

③ 결핍증

    ㉠ 지루성 피부염, 빈혈, 경련, 우울증, 정신착란

    ㉡ 소구성 저색소성 빈혈

    ㉢ 뇌에 트립토판의 비정상적인 대사물이 축적되거나 신경전달물질이 부족하여 경련이 일어남

    ㉣ 면역기능 약화

    ㉤ 일부 노인에서 면역력 약화나 혈중 호모시스테인 농도의 증가 등이 나타남

    ㉥ 경구피임약 복용자, 만성 알코올 중독자, 고단백 식사를 하는 사람도 결핍될 우려가 있음

④ 과잉증 : 생리전증후군, 천식, 손목관증후군, 겸상적혈구병 등 질병 치료를 목적으로 다량의 약제를 장기간 복용할 때 감각성 신경병증, 피부병변이 발생함

⑤ 급원식품

    ㉠ 연령과 성별이 같다 하더라도 생리적으로 단백질 필요량이 증가할 때 비타민 B_6의 필요량이 증가될 수 있음

    ㉡ 돼지고기, 고등어, 달걀, 쌀, 감자, 양파, 마늘

⑥ 영양상태 평가 및 섭취기준

㉠ 혈장 PLP를 측정하는 방법이 가장 많이 사용

㉡ 한국인 성인의 1일 비타민 B_6 권장섭취량은 남자 1.5mg, 여자 1.4mg

(5) 엽산(folate, folic acid)

엽산의 기본 구조는 프테리딘pteridine, 파라아미노벤조산para-aminobenzoic acid, PABA, 글루탐산glutamate이 결합된 프테로일글루탐산임. 엽산의 활성화된 조효소 형태는 수소가 4개 결합된 테트라하이드로엽산tetrahydrofolate, THF이다.

① 생리적 기능

㉠ 핵산 대사와 아미노산 대사에서 단일탄소 전이반응에 조효소 역할을 함

㉡ 테트라하이드로엽산은 메틸기, 포르밀기, 메틸렌기 등의 단일탄소와 결합하여 5-메틸-THF, 10-포르밀-THF, 5,10-메틸렌기-THF 등의 형태로 단일탄소 운반체의 역할을 담당

㉢ 퓨린과 피리미딘 염기의 합성 : DNA와 RNA를 구성하는 퓨린과 피리미딘 염기를 합성하는 단일탄소 운반반응에 관여함

㉣ 메티오닌을 합성

■ 5-메틸-THF5-methyl-tetrahydrofolate의 메틸기를 비타민 B_{12}로 운반되고 비타민 B_{12}가 이 메틸기를 호모시스테인에게 전달함으로써 메티오닌이 생성

■ 호모시스테인 농도의 상승은 심장병의 위험 증가와 관련

㉤ 페닐알라닌으로부터 티로신을 합성함

㉥ 글리신과 세린의 상호 전환에 관여함

② 흡수 및 대사

㉠ 소장점막세포에 있는 γ-글루타밀 카르복실펩티다아제엽산접합효소에 의해 폴리글루탐산을 모노글루탐산 형태로 가수분해되어 흡수된 후 5-메틸-테트라히드로엽산THF으로 전환되어 혈액으로 방출됨. 아연 결핍이나 만성적인 알코올 과다 섭취는 γ-글루타밀 카르복실펩티다아제 활성을 저하시켜 엽산의 소화, 흡수를 저해함

㉡ 혈청엽산의 주된 형태는 5-메틸-THF임

㉢ 엽산은 담즙과 소변으로 배출되고 장간순환에 의해 재흡수됨

㉣ 알코올은 엽산 접합효소의 작용을 저해함으로서 엽산의 흡수와 장간순환을 방해함

㉤ 폴리글루탐산의 형태로 간에 50%가 저장됨

③ 결핍증

　　㉠ 거대적아구성 빈혈

　　　■ DNA와 RNA의 합성에 필요한 퓨린과 피리미딘 형성에 필수적인 효소임

　　　■ 적혈구 등의 세포들이 DNA를 합성할 수 없기 때문에 적혈구가 비정상적으로 크면서도 미성숙한 상태

　　　■ 정상 적혈구 수가 감소하여 산소 운반능력이 저하됨

　　㉡ 신경관 손상

　　　■ 임산부의 엽산 결핍은 태아의 신경관 손상과 척추 파열을 초래함

　　　■ 신경장애가 일어나서 다리의 마비나 감각이상이 오며 집중력과 기억력 상실, 치매 등 정신질환도 보임

　　㉢ 심혈관계 질환 : 호모시스테인의 농도 상승

④ 과잉증 : 엽산의 과잉 섭취 시 비타민 B_{12} 결핍으로 인한 신경계 손상을 촉진 또는 악화시킬 수 있기 때문에 특히 임산부들의 과다한 엽산 보충제 섭취는 주의해야 함

⑤ 급원식품

　　㉠ 시금치, 브로콜리, 양상추, 아스파라거스, 오렌지주스, 밀 배아, 간, 해바라기씨, 콜리플라워, 양배추, 대두, 녹두 등의 콩류, 마른 김, 말린 다시마 등의 해조류, 딸기, 참외

　　㉡ 식품 속의 비타민 C는 엽산이 산화되지 않게 보호함

⑥ 영양상태 평가 및 섭취기준

　　㉠ 엽산의 영양상태는 혈청엽산 농도나 적혈구 엽산 농도를 측정하여 평가

　　㉡ 성인 남녀의 1일 평균필요량은 320㎍DFE이며, 1일 권장섭취량은 400㎍ DFE

　　㉢ 상한섭취량은 성인 기준 1일 1000㎍DFE임

(6) 비타민 B_{12}

비타민 B_{12}는 박테리아 같은 미생물에서만 합성되며 동물성 식품에만 함유되어 있고 코린고리의 중앙에 코발트를 함유하고 있는 구조로서 코발라민이라고 함. 비타민 B_{12}의 활성형 조효소 형태는 메틸코발라민methylcobalamin과 5-데옥시아데노실코발라민deoxyadenocobalamin임

① 생리적 기능

　　㉠ 메티오닌 합성 : 엽산과 함께 호모시스테인이 메티오닌으로 전환하는데 관여

　　㉡ 신경세포의 수초 유지

- 비타민 B_{12}는 신경수초myelin의 합성에 관여함
- 비타민 B_{12} 결핍 환자들은 미엘린 수초가 파괴되어 신경계 마비를 일으키고 심한 경우 사망에 이를 수 있음

© 메틸 전이반응 : 메틸말로닐 CoA를 숙시닐 CoA로 전환시키는 메틸 전이반응의 조효소로 작용하여 말로닐 CoA가 TCA 회로로 대사될 수 있도록 도와 줌

② 퓨린과 피리미딘의 합성

- 엽산 조효소와 함께 퓨린과 피리미딘 합성에 관여하는 데 비타민 B_{12}가 부족하면 엽산 조효소THF가 작용하지 못해 DNA 합성이 방해 받음
- 혈구의 세포분열이 정상적으로 이뤄지지 못하면 거대적아구성 빈혈

② 흡수 및 대사

㉠ 식품에 단백질과 결합된 비타민 B_{12}는 위의 펩신과 위산에 의해 분리됨

㉡ 유리된 비타민 B_{12}는 침샘에서 분비된 R-단백질과 결합함

㉢ 소장에서 췌액의 트립신에 의해 R-단백질이 제거된 당단백질인 내적인자 intrinsic factor, IF와 결합하여 비타민 B_{12} 내적인자 결합체의 형태로 소장하부인 회장에서 흡수됨

㉣ 흡수과정에서 칼슘과 담즙성분이 필요함

㉤ 흡수된 비타민 B_{12}-IF는 혈류에서 트랜스코발라민Ⅱ와 결합하여 혈액을 따라 순환하면서 간, 골수 등의 조직으로 운반됨

③ 결핍증

㉠ 악성빈혈 : 내인성인자와 외인성인자인 비타민 B_{12}의 부족으로 옴

㉡ 신경장애가 일어나서 다리의 마비나 감각 이상이 오며 집중력과 기억력 상실, 치매 등 정신질환도 나타남

㉢ 완전 채식주의자나 이들의 모유로 키워진 신생아들은 빈혈, 두뇌성장 지연, 척수의 퇴화, 지능발달 저조 등의 결핍증상이 나타남

④ 급원식품

㉠ 육류, 가금류, 어패류, 내장고기, 달걀, 우유

㉡ 1인 1회 섭취분량당 비타민 B_{12}함량이 높은 식품 : 오징어, 굴, 꽁치, 건멸치, 고등어, 생파래, 김, 쇠고기, 우유, 돼지고기

⑤ 영양상태 평가 및 섭취기준

㉠ 수용성 비타민 중에서 유일하게 체내 저장이 가능한 수용성 비타민으로 주로 간에 저장 가능

㉡ 성인 남녀의 1일 권장섭취량은 24μg

다음은 메티오닌 재생에 관한 대사과정의 일부이다. ㉠, ㉡에 해당하는 물질의 명칭을 순서대로 쓰시오. 【2점】

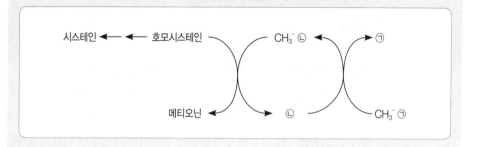

다음은 영양교사와 학생의 대화내용이다. 〈작성 방법〉에 따라 서술하시오. 【4점】

학   생 : 선생님, 역대 노벨상 수상 내역을 검색하다가 비타민 B_{12} 연구로 노벨상이 수여되었다는 것을 알게 되었어요. 그래서 비타민 B_{12}의 구조가 궁금해졌어요.

영양교사 : 비타민 B_{12}는 코린 고리의 중앙에 (㉠)을/를 가지고 있는 복잡한 구조로 되어 있어요.

학   생 : 그러면 우리가 식품으로 섭취한 비타민 B_{12}는 소화관에서 어떤 과정을 거치나요?

영양교사 : 식품 중의 비타민 B_{12}는 단백질과 결합된 형태로 존재하는데, 섭취 후 ㉡ 위에서 단백질로부터 분리되어요. 이후, 비타민 B_{12}는 침샘에서 분비되는 물질과 결합하여 ㉢ 십이지장에 들어온 후 회장에 도달하여 흡수되지요.

✎ 작성 방법

• 괄호 안의 ㉠에 들어갈 무기질의 명칭을 제세할 것
• 밑줄 친 ㉡의 분리기전을 설명할 것
• 밑줄 친 ㉢의 기전을 비타민 B_{12}의 분리, 결합과정을 포함하여 설명할 것

(7) 비타민 C

비타민 C는 항산화제로 작용하고 여러 화학반응의 보조인자로 기능하는 수용성 영양소임. 체내에서 비타민 C 활성을 지니는 물질로는 환원형인 L-아스코르브산과 산화형인 L-디히드로아스코르브산이 있음

① 생리적 기능

　㉠ 콜라겐 합성

- 결합조직을 구성하는 단백질인 콜라겐의 합성에 필수적임
- 비타민 C는 콜라겐 합성에 필요한 효소인 수산화효소를 활성화시킴
- 프롤린과 라이신의 수산화되어 하이드록시프롤린과 하이드록시라이신 형성
- 비타민 C는 콜라겐 합성에서 프롤린에 수산기를 전해주는 히드록실라아제의 철분을 환원형인 Fe^{2+}으로 유지시키는 역할을 함

Key Point | 콜라겐 합성과정

✔ 아미노산인 프롤린과 리신이 수산화되어서 히드록시프롤린(콜라겐 세 개의 나선구조 안정화), 히드록시리신(콜라겐 섬유를 안정화시키는 상호 결합 형성)을 형성하는데, 이 과정에 비타민 C가 결핍되면 수산화반응이 일어나지 못해 콜라겐 형성이 되지 못한다.

　㉡ 항산화작용

- 수용성 항산화제로 비타민 E와 함께 유리라디칼 제거제로 중요한 역할을 함
- 지질과 산화를 방지하므로 비타민 E의 절약작용에 관여함
- 엽산THF을 환원상태로 유지시켜서 엽산이 산화, 분해되는 것을 막아줌

　㉢ 철, 칼슘 등의 생체 이용률 향상

- 무기질을 환원상태로 만들어 흡수율을 높임
- 비타민 C는 3가 철이온ferric iron을 2가 철ferrous iron로 환원시킴으로써 철의 흡수를 도움
- 장내에서 칼슘이 불용성염을 형성하는 것을 방지함으로써 칼슘의 흡수를 도움

　㉣ 면역기능

　㉤ 카르니틴 합성 : 트리메틸리신trimethyllysine이 수산화반응에 의해 카르니틴을 전환될 때 비타민 C가 관여함

　㉥ 신경전달물질 및 세포구성물질의 합성

- 도파민으로부터 노르에피네프린이 생성
- 트립토판으로부터 세로토닌이 생성될 때 필요한 수산화효소의 작용을 도움

　　　　ⓐ 기타 작용
　　　　　▪ 감기나 호흡기계 질환의 증상들은 혈중 히스타민의 상승에 대한 반응으로 일어나는데, 비타민 C의 다량 복용 시 혈중 히스타민 농도가 감소됨으로써 항히스타민제 복용 효과를 내어 증세를 완화시킬 수 있다고 함
　　　　　▪ 일부 암의 예방과 치료에 관련한 연구 보고도 있음

　② 흡수 및 대사
　　ⓐ 비타민 C의 70~80%는 환원형인 아스코르브산으로, 나머지는 산화형인 디하이드로아스코르브산 형태로 존재함
　　ⓑ 흡수는 소장하부에서 능동수송에 의해 흡수되며 고농도에서는 수동적 확산이 일어남
　　ⓒ 과잉 섭취된 여분의 비타민 C는 대사되지 않고 그대로 소변으로 배설
　　ⓓ 펙틴, 아연, 구리, 철 함량이 높은 식품 중의 비타민 C는 흡수율이 낮음

　③ 결핍증
　　ⓐ 콜라겐 합성 방해로 연골과 근육조직이 변형되고 성장이 지연됨
　　ⓑ 잇몸에 출혈, 피하 모세혈관의 출혈
　　ⓒ 괴혈병

　④ 과잉증
　　ⓐ 식품을 통한 섭취량 수준에서는 유해영향이 나타나지 않지만 강화식품이나 보충제로 과량의 비타민 C를 섭취할 경우 오심, 구토, 복부팽만감, 복통, 설사 등의 위장관증세를 유발
　　ⓑ 수산 배설, 신결석, 요산 배설량 증가, 과도한 철 흡수, 비타민 B_{12} 수준 저하
　　ⓒ 한국 성인 비타민 C 상한섭취량은 2,000mg/일

　⑤ 급원식품 : 감귤류, 녹색채소, 오렌지, 자몽, 귤, 토마토, 토마토 주스, 강화된 과일주스, 레몬

　⑥ 영양상태 평가 및 섭취기준
　　ⓐ 혈청과 백혈구의 비타민 농도를 측정하여 판정
　　ⓑ 비타민 C의 성인 남녀 1일 평균필요량은 75mg, 권장섭취량은 100mg
　　ⓒ 비타민 C의 상한섭취량은 1일 2,000mg으로 설정

2019년 기출문제 B형

다음은 영양교사와 학생과의 대화이다. 〈작성 방법〉에 따라 순서대로 서술하시오. [4점]

> 학   생 : 선생님! 비타민 C가 결핍되면 우리 몸의 콜라겐 합성에 문제가 생기나요?
>
> 영양교사 : 맞아요. 콜라겐 안에는 ㉠ 결합조직에만 발견되는 2가지 아미노산 유도
> 체가 있어요. 이들은 콜라겐 구조를 안정화시키는 데 핵심적인 역할을
> 하며, 비타민 C가 부족하면 합성장애가 발생해요.
>
> 학   생 : 참! 지난번 빈혈로 병원에 갔더니 의사 선생님이 철분제를 먹으라고 했
> 는데, 철분제와 비타민 C를 함께 먹어도 좋은가요?
>
> 영양교사 : 그럼요. ㉡ 철분제와 비타민 C를 함께 먹으면 도움이 돼요.

✎ **작성 방법**

- 밑줄 친 ㉠에 해당하는 2가지를 제시할 것
- 밑줄 친 ㉡의 이유를 비타민 C의 기능과 연관지어 서술할 것

(8) 판토텐산(pantothenic acid, 비타민 B$_5$)

판토텐산은 코엔자임 A CoA와 ACP acyl carrier protein, 아실기 운반단백질의 구성성분
으로 에너지 영양소의 산화과정과 지방산, 콜레스테롤, 스테로이드 호르몬의 합성
에 관여하고 신경전달물질과 헴의 합성에도 관여함. 판토텐산은 장내 미생물균에 의
해 합성되며 비타민 B-복합체 영양소 중 하나임

① 생리적 기능

㉠ CoA와 ACP의 구성성분으로 에너지 영양소의 대사과정에서 아실기 운반
에 관여함

- CoA는 피루브산 또는 아세트산과 결합하여 아세틸 CoA를 형성하여
TCA 회로로 들어가 에너지를 생성함
- 지방산 분해과정에서는 CoA가 아실기 운반을 하는 반면에 지방산 합성과
정에서는 ACP가 아실기를 운반함

㉡ 지방산의 합성 : 아세틸 CoA는 이산화탄소와 결합하여 말로닐 CoA malonyl
CoA를 형성하여 지방산을 합성함

㉢ 아미노산의 아세틸화반응 : 케톤 생성 아미노산의 분해과정에서 아세토아세
틸 CoA를 거쳐 아세틸 CoA로 분해된 후 TCA 회로로 들어감

  ⓔ 콜레스테롤, 스테로이드 호르몬의 합성 : 아세틸 CoA의 아세틸기는 콜레스테롤과 스테로이드 호르몬의 합성과정에서 탄소분자를 제공하며 CO_2로 완전 산화되는 과정에서는 ATP를 생성함

  ⓜ 헴heme의 합성 : 헴의 구성성분인 프로토포르피린은 숙시닐 CoA와 글리신의 결합으로 생성됨

 ② 흡수 및 대사

  ㉠ 소장점막에서 쉽게 흡수된 판토텐산은 혈액을 통해 간으로 운반된 후 조직으로 이동되어 코엔자임 A를 형성함

  ㉡ 세포에 존재하는 소량의 판토텐산은 단백질과 결합하여 아실기 운반단백질 ACP을 형성함

  ㉢ 적혈구 속에 CoA 형태로 존재하며 혈장에는 유리형태인 판토텐산으로 존재함

  ㉣ 모든 조직에 존재하며, 특히 간과 신장에 많고 과잉 시에는 소변을 통해 배설함

 ③ 결핍증 : 작열각 증후군burning feet syndrome, 발의 통증, 피로, 위장장애

 ④ 과잉증 : 메스꺼움, 설사, 과잉 섭취에 따른 독성 효과 발현 사례에 대한 보고가 부족하여 상한섭취량은 제정하지 않음

 ⑤ 급원식품

  ㉠ 곡류 : 현미, 호밀, 수수, 귀리

  ㉡ 채소류 : 버섯, 콜리플라워, 브로콜리 같은 화채류

  ㉢ 육류 : 돼지고기, 닭, 오리, 꿩

  ㉣ 과일류와 우유 및 유제품을 제외한 모든 식품이 판토텐산의 급원이라 할 수 있음

 ⑥ 영양상태 평가 및 섭취기준 : 1일 충분섭취량 성인 기준 남녀 5mg

(9) 비오틴(biotin, 비타민 B_7)

비오틴은 황을 함유한 수용성 비타민으로서 포도당 합성, 지방산 합성, 측쇄 아미노산 대사에서 작용하는 4가지 카르복실라아제carboxylase의 조효소로서, 카르복실라아제 리신lysine 잔기의 ε-아미노기와 아미드amide 결합을 형성함. 비오틴은 식사와 대장의 박테리아를 통해 공급됨

 ① 생리적 기능

  ㉠ 포도당, 아미노산, 지방산 대사의 주요 단계에서 이산화탄소를 첨가하는 카르복실화반응에 작용함

- 지방산 생합성의 첫 단계로 아세틸 CoA에서 말로닐 CoA로 전환될 때 탄소기를 붙여 주는 과정에서 카르복실라아제의 조효소로 작용함
- TCA 회로로 들어갈 때 피루브산에서 옥살로아세트산으로의 전환반응에 작용하며 포도당 신생단계의 초기단계임
- 류신, 트레오닌, 메티오닌 및 이소류신을 분해하여 탄소골격이 TCA 회로로 들어가는 반응에 작용함

ⓒ 카르복실기 전이효소인 메틸말로닐 CoA 카르복실기 전이효소, 탈탄산효소인 옥살로아세트산 탈탄산효소의 조효소로도 작용함

ⓒ 세포 성장과 발달에 관여하는 유전자의 발현에 관여함

② 흡수 및 대사

ⓐ 비오틴은 소장세포로 흡수되어 혈액을 통해 간으로 이동

ⓑ 대장에 있는 박테리아에 의해서 합성되어 공급되기도 함

ⓒ 합성량은 장내에서 흡수되고도 남을 만큼 많기 때문에 건강한 사람은 음식에서 섭취한 비오틴 3~6배의 양이 대변으로 배설됨

ⓓ 일단 체내에서 사용되었던 비오틴은 소변과 대변을 통하여 배설됨

ⓔ 아비딘이라는 단백질을 포함하고 있는 식품과 함께 섭취하면 비오틴의 생체이용률이 매우 감소함

ⓕ 열은 아비딘을 파괴하고 알코올은 비오틴의 흡수를 감소시키며 매우 높은 온도는 식품에 함유된 비오틴을 파괴함

③ 결핍증

ⓐ 유아 : 피부발진, 탈모증, 발달 지체

ⓑ 염증성 장질환, 우울증, 환각, 피부과민, 감염, 근육 조절 상실, 발작

④ 급원식품 : 대두, 난황, 간, 견과류, 효모, 버섯

⑤ 영양상태 평가 및 섭취기준 : 사람의 경우 결핍증이 드물기 때문에 성인 남녀 1일 충분섭취량은 30μg

무기질

01 · 다량무기질
02 · 미량무기질

01 다량무기질

체내의 여러 생리기능을 조절·유지하는 데 중요한 역할을 하는 무기질은 그 필요량에 따라 다량무기질과 미량무기질로 분류된다. 다량무기질은 체중의 0.05% 이상이거나 하루 필요량 100mg 이상 섭취해야 하는 칼슘(Ca), 인(P), 마그네슘(Mg), 나트륨(Na), 칼륨(K), 염소(Cl), 황(S)이 있다.

(1) 칼슘(calcium)

① 생리적 기능
  ㉠ 골격과 치아의 구성
    - 칼슘은 수산화인회석 hydroxyapatite 의 구성성분임
    - 하이드록시아파타이트 수산화인회석 는 인산칼슘염과 수산화칼슘염의 복합염으로 뼈의 강도와 경도를 높임
  ㉡ 혈액 응고
    - 혈액 중의 혈소판이 트롬보플라스틴을 방출하여 Ca^{2+}와 함께 불활성형의 프로트롬빈을 활성형인 트롬빈으로 전환하고 트롬빈은 피브리노겐을 피브린으로 전환함
    - 피브린은 주변 물질과 중합체를 이루어 불용성이 되어 혈액이 응고됨
  ㉢ 신경전달 : 신경전달물질의 방출을 촉진시키며 신경을 흥분시킴
  ㉣ 근육 수축 및 이완 : 근육의 수축신호가 오면 칼슘이 방출되어 액틴과 미오신이 액토미오신을 형성함

ⓜ 세포 대사

- 칼슘은 칼모듈린calmodulin과 결합하여 칼모듈린-칼슘복합체calmodulin-calcium complex를 형성하고 이 복합체는 세포 내 다른 단백질들의 활성을 변화시킴
- 글리코겐 합성효소를 비롯한 여러 효소의 활성을 조절
- 칼모듈린은 염증, 대사작용, 세포자살, 평활근 수축, 면역반응 등 중요한 작용에 필요

ⓑ 기타 : 유리지방산이나 담즙산과 결합함으로서 대장암을 예방하며 혈압과 LDL 수치를 낮춤

② 흡수 및 대사

㉠ 위에서 가용화되어 소장상부에서 대부분 능동적 수송에 의하여 이루어지고 소량은 확산에 의하여 흡수됨

㉡ 소장상부에서의 능동수송에는 비타민 D가 중요한 역할, 칼슘 결합단백질인 칼빈딘calbindin의 합성을 촉진하여 칼슘의 흡수를 도움

㉢ 칼슘 중 4%가량은 대장에서 흡수

㉣ 칼슘의 흡수에 영향을 주는 인자

흡수를 증진하는 인자	■ 성장기 어린이, 임신기, 수유기 등 체내 요구도가 높으면 흡수율이 증진됨 ■ 혈중 칼슘이온의 농도가 낮으면 칼슘 흡수를 증진시킴 ■ 유당은 젖산 생성의 장내 산도를 낮춰 칼슘 흡수를 증가시킴 ■ 단백질 섭취량이 충분하면 칼슘 흡수율이 높아짐 ■ 산도가 증가하면 칼슘 흡수를 증가시킴 ■ 비타민 D는 칼슘 결합단백질의 합성을 촉진함 ■ 비타민 C가 많으면 칼슘 흡수가 증가됨 ■ 칼슘과 인의 비율이 1:1일 때 흡수율이 최대에 달함 ■ 부갑상선 호르몬과 에스트로겐은 비타민 D의 활성과 효력을 증가시켜 칼슘의 흡수를 증진
흡수를 방해하는 인자	■ 비타민 D는 칼슘 흡수에 필수적이므로 부족 시 칼슘 흡수가 저하 ■ 과량의 지방 섭취는 장내에 유리지방산이 많아져 칼슘과 결합함으로서 불용성 칼슘염을 형성하여 칼슘 흡수가 방해됨 ■ 과량의 인 섭취 ■ 과량의 식이섬유소는 칼슘과 결합함으로서 칼슘 흡수를 방해하고, 녹색야채에 함유된 수산과 곡류외피의 피틴산은 칼슘과 결합하여 각각 불용성 수산칼슘염과 피틴산칼슘을 형성함으로서 칼슘 흡수를 방해함 ■ 장내 염기도가 증가하면 불용성이 되어 흡수를 방해함 ■ 탄닌, 노령, 폐경, 운동 부족, 스트레스 등도 칼슘의 흡수를 저하시킴

ⓓ 칼슘의 항상성 : 혈중 칼슘은 항상 일정한 농도9~11mg/dL를 유지해야 하며 부갑상선 호르몬, 칼시토닌 및 비타민 D에 의해 일정하게 조절됨

부갑상선 호르몬 (parathyroid hormone, PTH)	■ 혈중 칼슘 농도가 저하될 경우 분비됨 ■ 신장에서 칼슘의 재흡수 촉진과 골격에서 칼슘을 용출시켜 혈중 칼슘 농도를 증가시킴 ■ 소변을 통한 인의 배설은 증가시킴 ■ 활성 비타민 D(1,25-(OH)$_2$-D)의 합성을 촉진함
칼시토닌 (calcitonin)	■ 갑상선의 C세포에서 합성되는 호르몬 ■ 혈중 칼슘 농도가 높을 경우 분비됨 ■ 부갑상선 호르몬의 작용을 억제하고 뼈의 칼슘과 인의 방출을 억제함
비타민 D	■ 혈중 칼슘 농도 저하 시 분비됨 ■ 소장에서 칼슘 흡수를 자극함 ■ 신장에서 칼슘의 재흡수를 촉진함 ■ 부갑상선 호르몬에 의한 뼈의 칼슘 방출을 도움
기타 호르몬	■ 글루코코르티코이드 : 조골세포의 활성을 저하시켜 뼈 손실을 가져오고 소장에서 칼슘의 능동 또는 수동수송에 장애를 주기도 함 ■ 갑상선 호르몬 : 뼈의 분해를 촉진함. 갑상선기능항진의 경우 골질량 감소, 갑상선기능부전인 경우 부갑상선 호르몬의 작용인 뼈 분해가 손상을 입어서 이차적인 부갑상선기능항진을 초래함 ■ 성장 호르몬 : 골격의 성장을 촉진하고 활성형 비타민 D의 농도를 높이며 소장 내의 칼슘 이용을 향상시킴 ■ 에스트로겐 : 정상적인 골격 대사의 균형을 이룸

③ 결핍증

　㉠ 아동의 결핍증 : 성장 저지, 뼈와 치아 질의 저하, 뼈의 기형

　㉡ 성인의 결핍증 : 골감소증, 골다공증

　㉢ 근육 경련

　㉣ 비타민 D 결핍

④ 과잉증

　㉠ 신장결석

　㉡ 고칼슘 섭취는 칼슘의 이용효율을 저하시키고 철분과 아연 등 미량무기질의 흡수를 저해함

⑤ 급원식품 : 우유, 치즈, 요구르트, 뼈째 먹는 생선류, 해조류, 채소 및 두부, 콩

⑥ 영양상태 평가 및 섭취기준

　㉠ 칼슘의 1일 권장섭취량은 남성의 경우 19~49세 800mg에서 50~64세 750mg을 거쳐 65세 이상에는 700mg으로 감소

ⓒ 여성의 경우 19~49세에는 700mg이었다가 50세 이상에서는 800mg으로 증가

ⓒ 남녀 성인 50세 미만의 상한섭취량은 2,500mg이고 50세 이상에서는 2,000mg임

2019년 기출문제 A형

다음은 칼슘 흡수에 관한 영양교사와 민수의 대화내용이다. 괄호 안의 ㉠, ㉡에 해당하는 영양소의 명칭을 순서대로 쓰시오. 【2점】

> 영양교사 : 민수 학생은 또 콜라를 마시네요.
>
> 민 수 : 네. 매일 한 캔은 마셔요.
>
> 영양교사 : 골격이 성장하는 시기에 탄산음료나 가공식품을 자주 섭취하는 것은 좋지 않은 식습관이에요. 그런 식품에는 (㉠)이/가 많이 함유되어 있어서 칼슘 흡수를 방해하기 때문이에요.
>
> 민 수 : 그럼 어떤 영양소가 칼슘 흡수에 도움이 될까요?
>
> 영양교사 : (㉡)은/는 칼슘의 흡수를 증가시키고 배설을 감소시켜 뼈에 칼슘을 축적시켜요. 그뿐만 아니라 이 영양소는 인슐린의 분비와 관련이 있어 혈당 조절에도 관여하는 것으로 알려져 있어요.

(2) 인(phosphorus)

① 생리적 기능

㉠ 골격과 치아의 구성

- 인산칼슘과 수산화칼슘의 혼합체인 인산칼슘복염으로 석회화됨
- 골격 무기질 내의 인과 칼슘의 비는 1 : 2를 이루고 있음

㉡ 완충작용 : 혈액과 세포 내에서 인산과 인산염의 형태로 체액이 산성화되면 수소이온과 결합하고, 체액이 알칼리화되면 수소이온을 방출하여 산·알칼리 균형을 유지

㉢ 신체의 구성성분 : 세포막과 지단백질을 구성

㉣ 비타민과 효소의 활성화 : 티아민의 조효소인 TPP, 니아신의 조효소인 NAD, NADP로 활성화, 세포질에서 에너지 대사에 관여하는 효소의 인산화와 탈인산화로 인한 효소 활성을 조절함

㉤ 에너지 대사에 관여 : 에너지원인 ATP, 크레아틴인산, 포스포에놀피루브산 등에서 고에너지 인산결합 형태로 존재함

② 흡수 및 대사

　㉠ 인산을 함유하는 유기인산염은 장에서 소화되어 무기인으로 유리된 후 장내
　　세포로 이동함

　㉡ 알칼리조건에서 인산염은 불용성이므로 산성인 위와 소장상부가 인의 흡수
　　과정에 중요한 역할임

　㉢ 인의 흡수율은 필요량이 많은 성장기, 임신기, 수유기 때에 증가함

　㉣ 인은 신장을 통해 배설되며 배설량은 섭취량에 비례함

　㉤ 신장은 인의 재흡수율을 조절하며 인의 항상성을 유지하는 주요 기관으로 활
　　성형 비타민 D와 부갑상선 호르몬이 관여함

　㉥ 산독증과 이뇨제 사용 시 인 배설량은 증가하고 인슐린, 갑상선 호르몬, 성장
　　호르몬, 알칼리혈증, 저칼륨혈증일 때 감소함

③ 결핍증

　㉠ 식욕 부진, 근육 약화, 뼈의 약화, 통증

　㉡ 조산아인 경우 구루병

　㉢ 당뇨병, 알코올 중독, 신장병 등이 있거나 제산제 장기 복용 시 저인산혈증이
　　나타날 수 있음

④ 과잉증

　㉠ 미숙아에게 골격 성장을 위해 다량의 인 공급 시 마그네슘과 납의 흡수를 저
　　해시킴

　㉡ 식사 때 인의 섭취량이 칼슘보다 2배 이상으로 장기간 지속되면 저칼슘혈증
　　과 골격이 손실됨

　㉢ 유아기에 인의 함량이 높은 조제분유를 사용할 경우 저칼슘혈증 및 테타니
　　가 발병함

⑤ 급원식품

　㉠ 단백질 식품 : 어육류, 달걀, 우유

　㉡ 식물성 식품 : 견과류, 채소, 곡류, 두부

　㉢ 가공식품과 탄산음료

⑥ 영양상태 평가 및 섭취기준

　㉠ 부갑상선 호르몬, 성장 호르몬 등과 일시적 근육골격의 이화작용에 의해 영
　　향을 받기 때문에 실제로는 혈중 인 함량을 적절한 평가 지표라고 할 수 없음

　㉡ 소변 중 인 함량도 식이의 영향을 많이 받아 지표로 사용하기 어려움

ⓒ 혈중 알칼리성 탈인산화효소의 활성 증가도 체내 인 보유량을 정확히 반영
하지는 않음

ⓔ 성인 남녀의 1일 권장량 700mg, 상한섭취량 3,500mg

(3) 마그네슘(Mg)

① 생리적 기능

ⓐ 골격과 치아의 구성성분 : 체내에 있는 마그네슘의 60%는 칼슘이나 인과 복
합체를 형성하여 골격과 치아를 구성

ⓑ 여러 효소의 보조인자나 활성제로 작용

- 인산기 전이반응을 촉매하는 효소

- 핵소오스인산화효소, 포스포프락토오스인산효소, 아데닐산인산화효소 보
조인자로 작용

- 인산분해효소와 피로인산분해효소의 활성제

ⓒ ATP의 구조적인 안정 유지 및 에너지 대사에 관여 : ATP에 의존하는 인산
화반응에서 ATP-Mg 복합체를 형성하여 ATP를 안정화시켜 에너지 대사반
응에 관여함

ⓓ cAMP 생성에 관여 : cAMP는 세포 밖의 메시지를 세포 내에 전달하여 대사
나 세포 내 반응이 일어나게 하는 2차 전령자임

ⓔ 신경자극의 전달과 근육의 긴장 및 이완작용을 조절

- 칼슘, 칼륨, 나트륨과 함께 신경자극 전달과 근육의 수축 및 이완작용을 조
절함

- 칼슘과 신경을 흥분시키고 근육을 긴장시키는 반면, 마그네슘은 신경전달
물질인 아세틸콜린의 분비를 감소시키고 분해를 촉진하여 신경을 안정시
키고 근육의 긴장을 이완시킴

- 마취제나 항경련제 성분으로 이용됨

② 흡수 및 대사

ⓐ 소장에서 흡수

ⓑ 알도스테론은 신장에서 마그네슘 배설을 촉진하며 알코올, 카페인, 이뇨제도
마그네슘 배설을 촉진

③ 결핍증

ⓐ 떨림

ⓑ 심부전

ⓒ 허약, 근육통, 발작, 심장 마비

ⓔ 알코올 중독자의 경우 테타니증세가 나타남

④ 과잉증

　ⓐ 고마그네슘혈증은 허역, 구역질, 불쾌감, 혼수상태

　ⓑ 노인의 경우 고마그네슘혈증은 신장기능장애가 옴

⑤ 급원식품

　ⓐ 녹색채소에 다량 함유

　ⓑ 견과류, 대두, 전곡, 코코아

⑥ 영양상태 평가 및 섭취기준

　ⓐ 마그네슘을 정맥주사로 일정량 주입한 후 소변 중의 마그네슘 함량을 측정하여 배설량이 감소하면 세포 내 결핍을 의미

　ⓑ 림프구 내 마그네슘 양을 측정하여 직접 세포 내 마그네슘 함량을 측정할 수 있음

　ⓒ 마그네슘 권장량은 성인 남자 19~29세의 경우 350mg, 30세 이상은 370mg, 성인 여자 19세 이상은 280mg

(4) 칼륨(potassium, K)

① 생리적 기능

　ⓐ 수분평형과 산·염기의 평형 유지 : 칼륨은 나트륨과 함께 세포 안팎의 농도차이로 생성되는 삼투압에 의해 수분평형을 조절, 산·염기평형을 조절함

　ⓑ 혈압 저하 : 칼륨 섭취를 충분히 하면 혈압을 낮추고 뇌졸중과 심근경색을 예방, 칼륨은 과잉 섭취한 나트륨 배설을 촉진함

　ⓒ 신경자극 전달과 근육의 수축 및 이완작용에 관여 : 나트륨과 함께 세포 내외의 농도전위차를 형성하여 신경자극을 전달, 근육과 심장의 수축·이완에 관여하여 기능 유지에 중요한 역할을 함

　ⓓ 당질 대사에 관여 : 글리코겐 합성에 관여함. 글리코겐이 빠른 속도로 생성되고 저장될 때 적절한 칼륨을 공급하지 않으면 저칼륨혈증을 초래함

　ⓔ 단백질 합성에 관여 : 단백질에 질소를 저장하는 데 칼륨이 필요함

② 흡수 및 대사

　ⓐ 섭취된 칼륨의 약 85% 이상은 소장에서 단순확산에 의해 흡수되고 신장에서 대부분 재흡수

　ⓑ 알도스테론은 신장에서 칼륨 배설을 자극함

　ⓒ 이뇨제, 알코올, 커피 및 설탕의 과다 섭취는 칼륨 배설을 촉진함

③ 결핍증

　㉠ 정상식사에서는 칼륨 결핍이 거의 일어나지 않음

　㉡ 지속적인 구토나 설사 시, 계속적으로 칼륨이 제한된 식사를 할 때, 알코올 중독증, 고혈압치료제로 이뇨제티아지드, 푸로세미드가 오래 사용된 경우, 신경성 식욕 감퇴거식증 혹은 신경성 식욕 증진대식증, 열량 섭취량이 극히 적은 식사를 하는 경우, 강도 높은 운동을 수행하는 운동선수에게는 칼륨결핍증이 발생함

　㉢ 저칼륨혈증 : 식욕 감퇴, 근육 경련, 어지러움, 무감각, 변비 등

④ 과잉증

　㉠ 신장기능이 약한 경우 고칼륨혈증이 나타남

　㉡ 혼수, 호흡 곤란, 근육 과민, 사지 마비, 심장박동 정지 등

⑤ 급원식품 : 칼륨은 동식물성 식품에 널리 분포되어 있고 녹엽채소, 단호박, 오렌지, 오렌지주스, 고구마, 감자, 토마토, 콩류, 우유, 전곡류, 바나나, 육류 등

⑥ 영양상태 평가 및 섭취기준

　㉠ 충분섭취량은 남녀 동일하게 1일 3,500mg

　㉡ 수유부의 경우에는 6개월간 모유를 통해 분비되는 칼륨의 함량400mg/일과 식사를 통해 섭취한 칼륨의 모유 전환율100%을 고려하여 성인 여성의 충분섭취량보다 400mg이 많음

(5) 나트륨(sodium, Na)

① 생리적 기능

　㉠ 체액의 삼투압 조절

　　▪ 세포외액에는 나트륨 : 칼륨이온이 28 : 1로 유지

　　▪ 세포내액에는 나트륨 : 칼륨이온이 1 : 10로 유지

　㉡ 산과 염기의 평형 유지 : 염소이온과 중탄산이온HCO_3과 함께 산과 알칼리 균형에 관여함

　㉢ 정상적인 근육의 자극반응을 조절 : 신경을 자극하고 신경의 충격을 근육에 전하여 근섬유를 수축시킴

　㉣ 신경자극의 전달 : 나트륨이온과 칼륨이온은 신경세포 내$K^+>Na^+$와 신경세포 외$K^+<Na^+$에서의 농도가 정상적으로 유지

　㉤ 다른 영양소의 흡수에 관여 : 탄수화물포도당, 아미노산은 흡수 시 능동수송 Na^+ 펌프에 관여함

② 흡수와 대사

　㉠ 소장에서 능동수송에 의해 흡수됨

　㉡ 흡수된 나트륨은 혈액을 통해 조직으로 이동하고 혈액에 과량의 나트륨이 있
　　으면 신장에서 레닌-안지오텐신 시스템에 의해 혈액의 나트륨 농도를 정상으
　　로 유지시킬 만큼만 재흡수하고 나머지 섭취량의 약 90% 정도는 소변으로 배설함

　㉢ 나트륨의 주된 배설은 신장으로, 소량은 대변과 땀을 통하여 배설

③ 결핍증

　㉠ 정상생활인은 나트륨 결핍이 거의 나타나지 않음

　㉡ 나트륨 결핍은 보통 구토 또는 설사와 같은 소화기관의 장애로 오고 땀을 많
　　이 흘렸을 경우에 나타남

　㉢ 성장 감소, 식욕 부진, 모유 분비의 감소, 근육 경련, 메스꺼움, 설사, 두통

④ 과잉증

　㉠ 고혈압과 부종 : 나트륨 증가로 수분이 보유되면 혈액이 증가되며 Na^+-K^+ 펌
　　프의 활성 저하로 세포내액의 나트륨 농도가 높아져 심근수축과 혈관의 저항
　　이 증가함으로써 고혈압이 발생함

　㉡ 위암 및 위궤양

⑤ 급원식품

　㉠ 소금을 함유한 식품, 육류에는 채소류, 과일류, 콩류에 비해 많은 나트륨이
　　함유됨

　㉡ 가공식품 간장, 김치, 젓갈, 각종 장아찌, 감자칩 등은 나트륨 함량이 높음

　㉢ 발색제 아질산나트륨, 보존제 벤조산나트륨 등과 첨가물이 들어있는 식품

　㉣ 진통제 예 살리실산염, 감기약 예 시트르산염, 항생제, 안정제 등의 나트륨을 함유
　　한 약품

⑥ 영양상태 평가 및 섭취기준 : 성인의 1일 나트륨 충분섭취량은 1,500mg, 목표
　량은 2,000mg

(6) 염소(chloride, Cl)

① 생리적 기능

　㉠ 세포외액의 중요한 음이온으로 체액과 전해질의 균형을 유지함

　㉡ 위산의 구성성분 HCl이며 타액 아밀라아제를 활성화시킴

　㉢ 산과 염기의 평형 유지

　㉣ 면역반응과 신경자극 전달에 관여함

② 흡수 및 대사

㉠ 나트륨이나 칼륨과 함께 소장에서 흡수됨

㉡ 과잉 염소는 신장을 통해 소변으로 배설

㉢ 알도스테론의 영향을 받아 나트륨과 같이 조절되며 땀, 구토, 설사 등에 의해 소실

③ 결핍증

㉠ 과량의 소금 섭취로 염화이온의 결핍은 보통 일어나지 않음

㉡ 결핍 시 극심한 경련과 성장 지연이 발생함

④ 과잉증 : 고혈압

⑤ 영양상태 평가 및 섭취기준 : 성인의 1일 충분섭취량 2.3g

(7) 황(sulfur, S)

체내에 존재하는 대부분의 황은 비타민이나 아미노산의 구성성분으로 존재함

① 생리적 기능

㉠ 체조직 및 생체내 주요 물질의 구성성분

▪ 황아미노산인 메티오닌, 시스테인, 시스틴의 구성성분임

▪ 티아민, 비오틴, 판토텐산의 구성성분임

▪ 글루타티온의 구성성분 : 산화·환원반응에 관여함

▪ 헤파린의 구성성분임

㉡ 산·염기평형에 관여

㉢ 해독작용 : 페놀류, 크레졸류 등의 독성물질과 결합하여 비독성 물질로 전환시켜 소변으로 배설시킴

㉣ 콘드로이틴황하물chondroitin sulfate의 구성성분임

② 흡수 및 대사

㉠ 대사산물로 황산 음이온을 생성하는데, 신장에서 칼슘의 재흡수를 낮춤

㉡ 황을 함유한 아미노산이 많은 동물성 단백질을 과잉 섭취하면 소변으로 칼슘배설이 증가

③ 결핍증 및 급원식품

㉠ 단백질 합성과 관계가 있으므로 부족 시 성장 지연이 발생함

㉡ 급원식품 : 치즈, 생선, 달걀, 육류, 콩류, 땅콩 등

④ 영양상태 평가 및 섭취기준

   ⊙ 황을 함유한 메티오닌과 시스테인이 풍부한 식사를 할 경우 결핍증은 잘 일어나지 않으나 결핍 시에는 성장 지연이 나타남

   ⓒ 권장섭취량은 정해지지 않았고 메티오닌과 시스틴의 섭취가 적절한 경우 황은 충분히 공급함

02 미량무기질

미량무기질은 체중의 0.05% 이하이거나 하루 필요량이 100mg 이하이며 체내에 존재하는 전체 무기질 중에서 1% 이하로 존재하는 인체의 생명 유지에 필수적인 무기질로 철(Fe), 아연(Zn), 구리 (Cu), 요오드(I), 망간(Mn), 불소(F), 셀레늄(Se), 몰리브덴(Mo), 크롬(Cr), 코발트(Co)가 있다.

(1) 철(iron, Fe)

① 체내 분포

   ⊙ 헤모글로빈의 철 : 헴을 구성함

   ⓒ 조직의 철 : 미오글로빈에 함유됨

   ⓒ 저장 철 : 페리틴ferritin과 헤모시데린hemosiderin 형태로 저장됨

   ⓔ 이동 철 : 트랜스페린transferrin과 결합하여 운반됨

   ⓜ 철 함유 효소 : 시토크롬cytochrome에 함유됨

② 생리적 기능

   ⊙ 산소의 이동과 저장에 관여

     ■ 헤모글로빈의 철 : 산소 운반에 관여함

     ■ 미오글로빈의 철 : 산소 저장에 관여함

   ⓒ 효소의 보조인자로 작용

     ■ 시토크롬 효소의 구성성분으로 에너지 대사에 필요함. 이 효소는 미토콘드리아 내에서 산화·환원작용이 일어나도록 촉매하는 효소임

     ■ 철은 카탈라아제catalase, 과산화효소peroxidase, NADH 탈수소효소, 숙신산 탈수소효소 등의 보조인자

     ■ 라이신과 메티오닌의 수산화반응을 통한 카르니틴·라이신·프롤린의 수산화반응으로 콜라겐 합성에 필요한 수산화효소도 철을 함유

    ⓒ 적혈구의 구성성분

      ■ 적혈구 헤모글로빈의 구성성분임

      ■ 골수에서 에리트로포이에틴의 자극에 의해 적혈구를 생성함

      ■ 에리트로포이에틴erythropoietin은 신장에서 생산되며 골수에서 적혈구 합성과 분리를 촉진시키는 조혈작용을 하는 호르몬임

    ⓔ 면역기능 유지 : 트랜스페린과 락토페린은 미생물 성장에 필요한 철과 결합하여 감염 발생을 막아 주고, 철 결핍 시에는 T세포 수와 자연살상세포의 활성이 감소

    ⓜ 뇌기능 유지

      ■ 수초 형성에 관여하여 최상의 뇌신경계 발달과 기능에 필수

      ■ 도파민, 에피네프린, 노르에피네프린, 세로토닌 등의 신경전달물질 합성에 관여하는 수산화효소의 보조인자로 정상적인 뇌기능에 필요함

      ■ 세로토닌 합성에 필요한 트립토판 수산화효소는 철함유효소로 철 결핍 시 세로토닌 합성과 신경 발달이 저하되어 이상행동이 나타남

③ 흡수와 대사

    ㉠ 섭취한 철분의 10~15% 정도 흡수함

      ■ 헴철은 제1철 Fe^{2+}ferrous iron이 함유되어 있고 동물성 식품의 40%를 차지하고 쉽게 흡수가 잘됨

      ■ 비헴철은 제2철 Fe^{3+}ferric iron이 함유되어 있고 식물성 식품에 많으며 흡수율이 낮음

    ㉡ 십이지장과 소장의 상부에서 주로 흡수되고 사용했던 철분은 재흡수되어 사용됨

    ㉢ 소장에서 흡수된 철분은 인체의 철분 요구량이 많으면 소장 벽 세포에서 혈액으로 이동되고 요구량이 적으면 소장의 흡수세포에 페리틴의 형태로 남음

④ 철의 흡수에 영향을 주는 인자

| 흡수를
증진시키는
인자 | ■ 헴철
■ 체내 요구량 증가 및 저장 철의 저하
  - 어린이나 여성에서 철의 요구량이 높음(임신, 수유, 성장기)
  - 철 영양상태가 불량한 경우에 저장 철의 양이 줄어들고 흡수율이 높음
■ 유기산
  - 비타민 C는 3가의 철이온(제이철)을 2가의 철이온(제일철)으로 환원시켜 철의 흡수율을 높임
  - 시트르산은 철과 킬레이트를 형성함으로서 흡수율을 증가시킴 |

(표 계속)

흡수를 증진시키는 인자	■ 위산 - 철이온이 쉽게 용해됨 - 2가의 철이온을 안정화시켜 불용성의 3가 철이온이 되는 것을 막고 3가의 철이온을 2가 이온으로 전환시킴
흡수를 저해하는 인자	■ 불용성 분자를 형성하는 식이성분 : 인산염, 콩류와 곡류에 많이 함유된 피틴산, 시금치에 많이 함유된 옥살산, 식이섬유, 탄닌 ■ 다른 무기질 : 소장 내에 존재하는 2가의 양이온 Ca^{2+}, Zn^{2+}, Mn^{2+} 등의 함량이 높으면 철 흡수가 저해됨 ■ 저장 철의 양이 높은 상태 : 남성이나 폐경기 이후의 여성은 철의 소모가 적거나 상대적으로 체내 저장량이 높아서 철의 흡수가 낮음 ■ 위산 분비의 저하 : 2가 철이온으로 전환되지 못해 흡수율이 낮음 ■ 감염 및 위장질환 : 감염상태나 설사, 지방변 등 흡수 불량의 상태에서 철의 흡수가 저해됨

⑤ 결핍증 : 철결핍성 빈혈
　㉠ 적혈구의 헤모글로빈 농도의 감소, 소적혈구성 저색소성 빈혈이 나타남
　㉡ 피곤, 창백, 호흡곤란, 면역기능 손상, 일 수행능력 감소, 학습능력 감소, 주의력 결핍, 성장장애 등
⑥ 과잉증
　㉠ 영양 보충제나 철분제를 과잉 복용할 때, 알코올 섭취로 인한 간 손상인 경우 저장능력보다 초과될 때 체내에 철분이 축적되어 나타남
　㉡ 변비, 메스꺼움, 구토, 설사 등의 위장장애를 나타냄
　㉢ 수혈을 자주 받으면 과잉의 철이 간에 축적된 헤모시데린 침착증이 발생할 가능성 있음
⑦ 급원식품
　㉠ 육류, 어패류, 가금류
　㉡ 곡류나 곡류로 만든 가공식품빵, 면류
　㉢ 철 함량과 흡수율이 낮은 식품 : 우유와 유제품의 칼슘은 장내에서 철 흡수를 저해함
⑧ 영양상태 평가 및 섭취기준 : 1일 권장섭취량은 19~49세 성인 남자 10mg, 성인 여자 14mg으로 성인 여자가 성인 남자보다 권장량이 많은 유일한 영양소임

(2) 아연(zinc, Zn)

① 생리적 기능
　㉠ 생체 내 여러 금속효소의 구성성분 : 탄산 탈수효소, 말단카르복실기 분해효

소, 젖산 탈수소효소, 수퍼옥사이드스뮤테이즈 등 200여 종의 금속효소의 구성성분임

ⓛ 생체막의 구조와 기능에 관여 : 부족하면 생체막이 산화적 손상을 입으며 특정 물질의 수용체나 물질 운반에 장애기 생김

ⓒ 면역기능과 생식기능에 관여
- T세포의 발달, T세포의 의존성 B세포 기능 유지, 림프세포의 분화에 관여하여 면역기능을 증진하고 상처와 화상의 회복을 도와줌
- 정자 생성, 생식기관의 발달에도 관여함

ⓔ 기타 작용
- 핵산 합성에 관여함으로서 단백질 대사와 단백질 합성을 조절함
- 인슐린과 복합체를 이뤄 인슐린 기능을 증가시킴

ⓜ 식욕, 미각 등에 관여함

② 흡수와 대사
ㄱ 아연의 흡수율은 20~30%로 동물성 단백질에 의해 흡수가 증진되고 피틴산, 식이섬유질에 의해 흡수가 방해됨

ㄴ 아연이 장점막 내로 흡수될 때 장세포 내에서 메탈로티오네인metallothionein 과 결합하여 혈액 쪽으로 이동함

ㄷ 혈액에서는 알부민이나 α-2-마크로글로불린과 결합하여 간이나 다른 곳으로 이동되어 이용됨

Key Point 메탈로티오네인

✔ 황 함유 단백질로서 소장점막세포 내에 존재하며 아연·구리와 결합하여 흡수를 조절한다. 다량의 아연을 섭취하면 메탈로티오네인에 구리와 아연이 경쟁적으로 결합하여 구리의 흡수율이 감소한다.

③ 결핍증
ㄱ 성장기 어린이와 가임기 여성 및 회복기의 환자는 아연 영양이 저조해지기 쉬움

ㄴ 성장 지연, 식욕 감퇴, 설사, 염증, 면역능력 감소, 탈모, 신경장애

④ 과잉증
ㄱ 다른 무기질, 즉 철분이나 구리의 흡수가 저하되어 빈혈증세가 나타날 수 있음

ㄴ HDL-콜레스테롤이 낮아짐

⑤ 급원식품 : 패류굴, 게, 새우, 육류, 간, 전곡류, 콩류

⑥ 영양상태 평가 및 섭취기준

　　㉠ 성인 남자 10mg, 성인 여자 8mg 권장

　　㉡ 상한섭취량 35mg

　　㉢ 굴, 조개류, 육류, 간과 같은 고단백질 식품에 다량 함유

2018년 기출문제 A형

다음은 영양교사와 학생의 대화이다. 괄호 안의 ㉠에 공통으로 해당하는 무기질의 명칭과 ㉡에 해당하는 내용을 순서대로 쓰시오.【2점】

영양교사 : 지원이는 굴과 새우를 많이 남겼네요.

지　　원 : 네, 선생님. 하지만 밥과 채소 반찬은 모두 먹었으니 괜찮죠? 저는 해산물을 좋아하지 않아서요.

영양교사 : 굴이나 새우 같은 해산물은 (㉠)을/를 풍부하게 함유하고 있어서 적당한 양을 섭취하는 것이 좋아요. 이 영양소는 곡류와 채소에도 들어 있지만 해산물에 비해 체내 이용률이 낮거든요.

지　　원 : 아, 그렇군요. 그 영양소가 우리 몸에 중요한가요?

영양교사 : (㉠)은/는 체내 여러 효소와 생체막의 구성성분이 되고 면역기능에 관여하기 때문에 우리 몸에 꼭 필요해요.

지　　원 : 아, 그래요. 만약에 이 영양소를 필요한 양만큼 섭취하지 않으면 어떻게 되나요?

영양교사 : 부족하게 섭취하면 성장 지연, 설사, 면역 기능 저하가 나타나고 과잉으로 섭취하면 철이나 구리 등 다른 무기질의 (㉡)이/가 일어나요.

(3) 구리(copper, Cu)

① 생리적 기능

　㉠ 철의 흡수 및 이용을 돕는 작용

　　■ 구리 함유 효소인 세룰로플라스민은 피로옥시데이즈ferroxidase 라고도 불리며 2가의 철을 3가의 철로 전환시켜 철의 흡수와 이동을 도움

　　■ 세룰로플라스민은 흡수된 철이 체내 철 결합단백질과 결합하기 위해서 3가의 철로 산화시키는 작용을 함

    ⓛ 결합조직의 건강에 관여 : 결합조직단백질인 콜라겐과 엘라스틴이 교차결합
    하는 데 작용하는 효소의 일부분임
    ⓒ 여러 금속효소의 구성성분
      ■ 시토크롬 산화효소의 구성성분으로 에너지 방출에 관여함
      ■ 신경전달물질인 도파민, 노르에피네프린 합성에 관여하는 효소의 보조인
      자임
      ■ 항산화효소인 SOD superoxide dismutase 의 구성성분으로 세포의 산화적 손
      상을 방지함
    ⓔ 기타 : 면역체계의 일부로 작용하며 혈액 응고와 콜레스테롤 대사에 관여함
 ② 흡수 및 대사
    ㉠ 섭취량이 적을 경우에는 능동적으로, 많을 경우에는 확산에 의해 흡수
    ⓛ 소장점막세포 내에서 메탈로티오네인에 결합하여 소장에서 흡수되어 문맥으
    로 이동하고 흡수 후에는 알부민과 결합하여 간으로 이동됨
    ⓒ 간에서 α-글로불린과 결합하여 세룰로플라스민 ceruloplasmin 을 합성하여 혈
    액으로 방출됨
    ⓔ 칼슘, 철, 카드뮴, 몰리브덴, 아연, 유황 등의 섭취가 많으면 구리 이용률이 저
    하됨
    ⓜ 사용되고 남은 구리는 다시 간으로 되돌아와 담즙을 통해 대변으로 배설되고
    소량은 소변과 땀으로 배설됨
 ③ 결핍증
    ㉠ 세룰로플라스민이 감소하므로 철의 이동이 저해되어 빈혈이 나타날 수 있고
    멜라닌을 합성하는 티로시나아제가 구리 함유 효소여서 구리 결핍 시에는 탈
    색증이 나타남
    ⓛ 성장장애, 심장순환계의 기능장애, 백혈구 감소, 뼈 손실, 피부 탈색, 빈혈, 골
    격기형, 수초 형성 부진, 생식능력 저하, 신경계 퇴화 등의 증상이 있음
 ④ 과잉증 : 윌슨병 Wilson's disease 은 세룰로플라스민을 형성하기 위하여 구리가 아
   포단백질과 결합하는 과정에서 퇴행성 결함이 오는 질환으로 구리가 이동되지
   못하고 간, 뇌, 신장, 각막에 침착하는 유전적 질환
 ⑤ 급원식품 : 구리는 조개류, 견과류, 두류, 간 등에 풍부하게 함유
 ⑥ 영양상태 평가 및 섭취기준 : 1일 성인 남녀 권장량 800㎍, 상한섭취량 10,000㎍

2015년 기출문제 A형

다음 괄호 안의 ㉠, ㉡에 해당하는 명칭을 순서대로 쓰시오. 【2점】

> 섭취한 구리는 대부분 소장에서 흡수되며 사용되고 남은 구리는 주로 (㉠)을/를 통해 대변으로 배설된다. 그런데 유전적으로 구리의 대사와 배설이 정상적으로 일 어나지 않으면 간, 뇌, 신장, 각막 등에 구리가 축적되어 (㉡)이/가 발병할 수 있다.

(4) 요오드(iodine, I_2)

① 생리적 기능

　㉠ 요오드는 트리요오드티로닌T_3과 티록신T_4의 필수 구성성분

　　■ 트리요오드티로닌triiodothyronine, T_3과 테트라요오드티로닌tetraiodothyronine, T_4을 합성함

　　■ 갑상선 호르몬이 분비될 때 티록신이 95%이고 트리요오드티로닌은 5%에 불과하지만 트리요오드티로닌이 티록신보다 약 4배 더 강력함

　㉡ 갑상선 호르몬의 작용

　　■ 기초대사를 조절하며, 성장, 지능 발달에 관여함

　　■ 카로틴을 비타민 A로 전환시키며 단백질 합성과 탄수화물의 흡수에 관 여함

　　■ 동물의 생식에 필수적임

② 흡수와 대사

　㉠ 위와 소장에서 요오드이온 형태로 흡수되어 갑상선과 신장으로 이동함

　㉡ 갑상선으로 들어온 요오드이온은 당단백질인 티로글로불린갑상선글로불린의 티로신기에 결합하여 갑상선 호르몬을 합성하는 데 사용

　㉢ 갑상선 자극 호르몬은 갑상선 호르몬 저하 시 갑상선 세포에서 요오드를 받아 들이게 하여 갑상선 호르몬의 합성을 촉진함

　㉣ 건강한 성인은 요오드를 섭취하지 않아도 2개월간 정상상태를 유지할 수 있 는 티록신을 형성한 티로글로불린을 저장하고 있음

　㉤ 요오드의 주된 배설경로는 신장이며 소량의 요오드가 소변으로 배설되고 담 즙을 통해 대변으로 소량 배설됨

Key Point

✓ 티로글로불린은 한 분자 내에 아미노산인 티로신을 100여 개 가지고 있는데, 이 아미노산에 요오드가 결합된 후 트리요오드티로닌과 테트라요오드티로닌을 형성 → 이 두 물질은 갑상선 호르몬으로 작용한다.

✓ 호르몬인 티록신(T_4)을 활성이 더욱 강한 트리요오드티로닌(T_3)으로 변환시키는 효소가 셀레늄에 의존하므로 셀레늄 결핍은 요오드를 비효율적으로 사용한다.

③ 결핍증

    ㉠ 경증이나 중등도의 결핍 시 갑상선 기능이 저하되며 만성적으로 결핍된 상태에서는 단순갑상선종이 발생

    ㉡ 임신기간 중 산모의 요오드 섭취가 부족하면 태아의 뇌가 제대로 발달하지 못하고 출생 후 정신 박약, 성장 지연, 왜소증 등의 크레틴증에 걸릴 수 있음. 크레틴증은 임신 중 요오드 섭취 부족으로 발생되며 유아기 및 그 이후 성장과 정신적 발달이 지연됨

④ 과잉증

    ㉠ 보충제 등을 이용하여 요오드를 과다하게 복용하면 갑상선기능항진증이나 바세도우씨병 갑상선중독증이 발생되며 기초대사율이 증가함

    ㉡ 갑상선기능항진증은 40세 이상의 연령층에서 발생

⑤ 급원식품 : 미역, 김, 다시마, 파래 등의 해조류, 고등어

⑥ 영양상태 평가 및 섭취기준 : 성인의 1일 권장섭취량은 150μg, 상한섭취량은 2,400μg

(5) 불소(fluoride, F)

불소의 이온형태는 Fluoride F⁻로서 토양의 전체 구성원소 중 13번째로 많이 존재하며 칼슘과 친화력이 높아 체내에서 95%는 뼈와 치아에 존재함. 뼈에 함유된 불소의 농도는 연령 및 섭취량에 따라 증가함

① 생리적 기능

    ㉠ 충치 예방 및 억제

        ■ 산에 대한 저항이 큰 플루오르아파타이트 fluorapaite 결정을 형성하여 충치를 예방함

        ■ 충치를 발생시키는 박테리아의 성장과 대사를 억제함

        ■ 플루오르아파타이트는 뼈나 치아가 발달하는 과정에서 칼슘과 인이 결핍해서 생긴 히드록시아파타이트 결정에 수산기 대신 불소가 결합하여 결정이 형성된 것

ⓒ 골다공증과의 관계 : 뼈 생성을 자극하고 뼈에 무기질이 축적되는 것을 돕는 기능이 있고 불소가 높은 경우 골다공증 발생이 낮음

② 흡수와 대사

　　㉠ 소장에서 흡수, 섭취된 불소의 80~90%가 흡수

　　ⓒ 흡수된 불소 중 골격과 치아에 의해 이용되지 않은 불소는 소변을 통해 배설되고 연령이 증가함에 따라 배설량이 많아짐

③ 결핍증 : 충치 발생률이 증가하고 노인이나 폐경기 여성의 경우 골다공증의 위험이 높아짐

④ 과잉증

　　㉠ 유아와 어린이 : 치아불소증. 영구치가 나기 전에 불소를 과잉 섭취했을 때 가장 민감하게 나타나고 치아 발달이 끝난 9세부터는 치아불소증 위험은 거의 없음

　　ⓒ 성인 : 골격불소증

　　ⓒ 생식기계 기능 교란, 신경독성 및 지능 저하, 내분비계 이상, 발암 가능성이 제시되고 있음

⑤ 급원식품

　　㉠ 불소 함량이 높은 식품 : 차 및 음료, 곡류, 서류, 콩류, 어육류 및 가금류, 잎채소

　　ⓒ 불소의 섭취 : 음용수와 음료수, 구강용품, 보충제

⑥ 영양상태 평가 및 섭취기준

　　㉠ 권장량은 설정되어 있지 않음

　　ⓒ 충분 섭취 범위 : 성인 남자 19~29세 3.5mg, 30세 이상 3.0mg, 성인 여자 19~29세 3.0mg, 30세 이상 2.5mg, 상한섭취량: 100mg

(6) 셀레늄(selenium, Se)

① 생리적 기능

　　㉠ 글루타티온 과산화효소의 성분으로 항산화작용

　　　■ 글루타티온 과산화효소는 항산화효소로 세포막을 파괴하고 세포를 손상시키는 과산화물질을 독성이 약한 알코올 유도체와 물로 전환시켜 세포의 산화적 손상을 보호함

　　　■ 비타민 A, C, E가 있을 때 환원된 글루타티온은 셀레늄의 흡수를 증가시키고 피틴산과 중금속 중 수은은 셀레늄의 생체 이용성을 방해함

   ⓒ 비타민 E 절약작용 : 비타민 E는 이미 생성된 유리라디칼이 작용을 못 하도록

    항산화 역할을 하고, 셀레늄은 세포 내 과산화물의 농도를 낮추어 유리라디칼

    의 생성을 방지하여 항산화 역할을 함으로서 서로 돕는 역할을 함

   ⓒ 기타 기능 : 암 예방, 갑상선 호르몬을 활성화시킴

  ② 흡수와 대사

   ㉠ 전체 섭취량의 80%가 소장에서 흡수

   ⓒ 식품 속의 셀레늄은 메티오닌과 시스테인 유도체와 결합되어 있으며 체내에

    서 쉽게 흡수되고 특히 셀레노메티오닌의 경우 모두 흡수

   ⓒ 배설량의 60%는 소변으로 배설

  ③ 결핍증

   ㉠ 근육이 소실되거나 약해지고 성장 저하, 심근장애가 발생함

   ⓒ 풍토병인 카신벡병과 케산병은 셀레늄의 결핍에 의한 질병으로 어린이나 가

    임기의 젊은 여성에서 발생하는 심근 비대, 골관절 이상이 알려져 있음

  ④ 과잉증 : 우울증, 피로감, 성장장애, 탈모, 신경증, 손톱 변형, 알칼리병

  ⑤ 급원식품 : 육류의 내장, 생선류 및 난류, 육류의 살코기, 밀, 마늘, 브로콜리

  ⑥ 영양상태 평가 및 섭취기준 : 성인 남녀의 권장섭취량 60㎍, 상한섭취량 400㎍

(7) 망간(manganese, Mn)

  ① 생리적 기능

   ㉠ 금속효소의 구성요소 : 피루브산카르복실화효소, 아르기닌분해효소, 글루타

    민 합성효소와 SOD의 보조인자로 작용함

   ⓒ 여러 효소를 활성화시키는 기능

    ■ 가수분해효소, 인산화효소, 탈카르복실화효소 및 전이효소 등을 활성화시킴

    ■ 당질, 지방, 단백질 대사에 관여하고 뼈나 연골조직의 형성에 기여함

    ■ 망간에 의해 활성화되는 효소는 마그네슘에 의해서도 활성화됨

  ② 흡수와 대사

   ㉠ 흡수율이 매우 낮아 1~5%가 소장을 통해 흡수

   ⓒ 흡수 시 철이나 코발트 같은 다른 금속과 경쟁적으로 흡수됨

   ⓒ 흡수된 망간은 α-2-마크로글로불린과 결합하여 문맥을 거쳐 간으로 이동함

   ⓔ 망간은 3가 이온으로 산화되어 트랜스페린이나 트랜스망가민과 결합하여 간

    이외의 다른 조직으로 이동함

   ⓜ 체내에서 일단 사용되었던 망간은 담즙에 섞어 소장으로 들어가 주로 대변

    을 통하여 배설됨

③ 결핍증

    ㉠ 체중 감소, 머리카락이나 손톱 및 발톱이 잘 자라지 않으며 피부염이나 저콜레스테롤혈증이 관찰됨

    ㉡ 뼈가 약해지거나 골다공증, 관절질환 등 골격계 질환이 발생함

④ 과잉증

    ㉠ 탄광에서 일하는 근로자나 망간에 장기간 노출된 인부에서 관찰됨

    ㉡ 심한 정신적 장애, 환상, 과행동증, 근육 조절의 이상

⑤ 급원식품

    ㉠ 식물성 식품에 많이 함유됨

    ㉡ 호두, 땅콩 등의 견과류, 귀리, 전곡류, 도정하지 않은 곡류로 만든 시리얼, 콩류

    ㉢ 도정한 곡류, 어류나 육류, 유제품에는 소량만이 함유됨

⑥ 영양상태 평가 및 섭취기준

    ㉠ 충분섭취량은 성인 남녀 각각 4.0mg, 3.5mg, 상한섭취량 11mg

    ㉡ 급원식품 : 식물성 식품에 많이 함유 녹색채소, 과일류 등

(8) 크롬(chromium, Cr)

① 생리적 기능

    ㉠ 당내성인자glucose tolerence factor, GTF의 필수 성분으로 당질 대사에 관여

        ■ 인슐린과 인슐린 수용체 사이에 복합체를 형성하여 인슐린작용을 원활하게 하여 탄수화물, 지질, 단백질 대사에 관여함

        ■ 인슐린의 작용을 강화하여 세포 내로 포도당이 유입되게 도와줌

    ㉡ 지질 대사에 관여 : 크롬 보충 시 혈청콜레스테롤이 감소하고 HDL-콜레스테롤이 증가함

    ㉢ 핵산 구조 안정화 : DNA와 RNA 같은 핵산의 안정성에 도움을 주고 암의 발생을 낮추는 역할이 있음

② 흡수와 대사

    ㉠ 식사를 통하여 공급된 크롬은 거의 흡수되지 않고 98%가 변으로 배설되어 흡수율이 약 2% 정도

    ㉡ 크롬은 혈청트랜스페린이나 알부민과 결합하여 이동하는데, 주로 트랜스페린과 결합함

    ㉢ 흡수된 크롬은 혈액에서 간으로 전달되고 여분은 신장을 통해 소변으로 배설되며 소량만이 머리카락, 땀, 담즙의 형태로 배설됨

   ⓔ 단순당을 많이 섭취하면 소변으로 크롬 배설량이 증가함

   ⓜ 아연과 상호 경쟁관계로 흡수되고 비타민 C는 크롬의 흡수를 높임

  ③ 결핍증

   ㉠ 성장장애, 지질 대사에 이상이 옴

   ㉡ 혈중 콜레스테롤과 중성지질 수준이 증가, 동맥에 혈전이 생김

  ④ 과잉증

   ㉠ 크롬에 많이 노출된 근로자나 페인트공에서 나타남

   ㉡ 알레르기성 피부염, 피부궤양증, 기관지암

  ⑤ 급원식품

   ㉠ 풍부한 식품 : 간, 달걀, 전밀, 밀겨, 밀배아 등 도정하지 않은 곡류, 육류, 이스트

   ㉡ 크롬 함량이 적은 식품 : 과일과 채소, 여러 해산물, 유제품, 가공식품

  ⑥ 영양상태 평가 및 섭취기준

   ㉠ 충분섭취량은 성인 남녀 각각 $35\mu g$, $25\mu g$

   ㉡ 전곡류는 도정된 곡류에 비하여 크롬 함량이 많으며 육류의 가공 중 크롬이 유입되기도 하여 신선한 육류보다 가공육의 크롬 함량이 높음. 스테인리스스틸 제품이 산에 노출되었을 때 크롬이 용출

(9) 몰리브덴(molybdenum, Mo)

  ① 생리적 기능

   ㉠ 잔틴 탈수소효소나 잔틴 산화효소, 알데히드 산화효소 등 여러 효소의 보조인자로서 대사작용에 관여함

    ▪ 잔틴 산화효소에 관여하여 잔틴을 요산으로 전환시킴

    ▪ 알데히드 산화효소에 관여하여 피리미딘과 퓨린 등의 화합물의 산화를 억제함

   ㉡ 간의 약제 해독에 관여하는 효소에도 들어 있음

  ② 흡수와 대사

   ㉠ 식이로 섭취한 몰리브덴은 25~80% 정도 흡수됨

   ㉡ 몰리브덴은 철과 구리 등의 무기질과 상호 작용이 크며, 특히 구리와 경쟁적으로 흡수됨

  ③ 결핍증

   ㉠ 정맥영양을 공급받는 환자들에게는 결핍증세가 나타남

   ㉡ 심장박동의 증가, 호흡 곤란, 부종, 허약증세, 혼수

④ 과잉증 : 혈액 내 요산 증가, 통풍

⑤ 급원식품

  ㉠ 밀배아, 전곡류, 말린 콩, 내장육, 우유 및 유제품은 풍부함

  ㉡ 어류, 채소 및 과일, 당류, 유지류에는 몰리브덴 함량이 적음

⑥ 영양상태 평가 및 섭취기준

  ㉠ 권장섭취량 : 성인 남자 19~29세 30μg, 30세 이상 성인 남자와 성인 여자는
    25μg

  ㉡ 상한섭취량 : 성인 남자 550μg, 성인 여자 450μg

(10) 코발트(cobalt, Co)

코발트는 비타민 B_{12}의 구성성분으로 중요한 생물학적 기능을 담당하고 있음

① 생리적 기능

  ㉠ 적혈구 형성인자인 에리트로포이에틴 생성을 증가시킴

  ㉡ 비타민 B_{12}의 구성성분, 결핍 시 비타민 B_{12} 부족에 의한 성장 부진이나 악성
    빈혈 등과 관련

② 흡수 및 대사 : 코발트는 소장에서 흡수되어 간과 신장에 저장되고 대부분 소변
  으로 배설

③ 결핍증 : 악성빈혈

④ 급원식품 : 주로 동물의 간과 신장, 달걀, 우유, 굴, 콩, 녹색채소 등

수분

수분은 신체의 약 60%를 차지하는 주요 구성성분이며 영양소를 운반하고 노폐물을 배출시켜 준다. 또한 체온 조절, 타액, 소화액, 점액 등의 성분으로 윤활작용을 하고 인체를 충격으로부터 보호해준다. 물이 세포막을 통과하는 이동은 삼투압에 의해 조절되고 다양한 전해질의 능동수송을 통해 이루어진다.

01 체내 수분의 분포

- 수분은 체중에 대해 신생아는 75%, 성인 남녀는 60~65%, 노인 남녀는 45~50%를 차지함
- 체내 총 수분량의 약 65%가 세포내액에 존재하며 나머지 35%는 세포외액에 존재함
- 조직에 따라 수분 함유량의 차이를 보이는데, 근육은 수분 함량이 높으며 체지방은 수분 함량이 낮음

02 체내 수분의 작용

(1) 영양소와 노폐물의 운반

① 흡수된 각종 영양소를 혈액이나 림프액을 통해 필요한 조직으로 운반, 저장함

② 노폐물은 혈액을 통해 신장이나 폐로 운반되어 소변과 호흡을 통해 체외로 배출됨

(2) 영양소의 용매작용과 체내 대사과정에 관여

① 물분자 내의 산소 쪽은 약한 음전하δ-를, 수소 쪽은 약한 양전하δ+를 띠는 극성 물질

② 여러 물질을 쉽게 용해시키는 용매로 작용하고 세포질의 주요 구성성분이며 탄수화물, 지질, 단백질의 가수분해 등 화학반응에 관여함

(3) 체온 조절작용

① 신체 내 많은 수분의 보유로 체온은 신체 내외의 온도 변화에 크게 영향을 받지 않음

② 체조직 세포에서 열에너지 생성이 많으며 주위 조직에 있는 물이 과량의 열에너지를 흡수하여 땀으로 배출하여 증발시킴

③ 수분의 증발작용으로 열에너지를 많이 제거하여 체온의 상승을 막아줌

④ 수분은 좋은 열전도체이므로 피부와 폐를 통해 열이 발산되며 그 양은 하루에 350~700mL임

(4) 윤활 및 신체 보호작용

① 안구, 척추, 관절에 존재함

② 관절액은 관절의 움직임을 원활하게 해주고 연골과 뼈의 마모를 완화시킴

③ 척수의 주변은 척수액, 임신 시 양수는 태아의 외부 충격으로부터 보호하는 역할을 함

(5) 전해질평형 및 산·염기평형 유지

① 수분 전해질 농도, 삼투압과 pH를 일정하게 유지

② 세포 내외에 존재하는 전해질의 농도에 따라 세포의 안과 밖으로 빠르게 이동함으로써 전해질의 평형을 조절

03 체내 수분평형 조절

(1) 수분 섭취 조절

① 갈증과 포만감이 수분의 섭취 조절 : 입, 시상하부, 신경계에서 감지함

② 혈액이 농축되고 용질이 수분을 침샘으로부터 끌어당겨 흡착되어 입이 마름

③ 시상하부가 감지하여 물을 마시며 위에 있는 팽창수용체가 제지하는 신호를 보낼 때까지 물을 마심

(2) 수분 배설 조절

수분 배설 억제기전 : 항이뇨 호르몬antidiuretic hormone, ADH, 레닌, 안지오텐신, 알도스테론 등의 작용에 의해 소변 배설량을 줄임. 혈액량을 유지하는 데 매우 중요함

① 항이뇨 호르몬antidiuretic hormone, ADH

　㉠ 혈액 농축 시, 혈액량 감소 및 혈압 저하 시 시상하부가 뇌하수체를 자극하여 ADH를 분비시킴

　㉡ ADH는 신장에서 물의 재흡수를 촉진하여 소변의 배설량을 줄여서 혈액량을 늘림

② 레닌, 안지오텐신, 알도스테론에 의한 나트륨과 물의 보유

　㉠ 신장세포는 혈압이 저하되면 레닌효소를 분비함. 레닌은 단백질인 안지오텐시노겐angiotensinogen을 안지오텐신강한 혈관수축제으로 활성시킴

　㉡ 안지오텐신은 부신피질에서 알도스테론이라는 호르몬을 분비시키고 혈관을 수축시켜 혈압을 상승시킴. 알도스테론은 신장에서 나트륨의 재흡수를 촉진시켜 물의 저류를 초래함

(3) 수분의 결핍 또는 과다로 인한 불균형 상태

① 수분결핍증

　㉠ 발한, 설사, 출혈, 화상, 구토 등 체수분 저하 시

　　▪ 혈액량의 감소로 뇌와 조직으로 산소와 영양소의 전달 불충분, 세포의 탈수를 발생시키면 시상하부에 있는 갈증중추가 자극되어 물을 섭취하게 함

　　▪ 뇌하수체가 자극되어 항이뇨 호르몬ADH을 분비하여 요를 통한 수분 배설이 감소하여 탈수를 방지함

　㉡ 정상체중의 1~2%의 수분 손실 시 갈증을 일으키고 25% 수분 손실 시 사망에 이름

② 수분중독증 : 전해질 섭취 없이 과도한 수분 섭취는 수분중독증을 발생시켜 근육경련, 착란, 사망까지 이름

③ 부종edema

　㉠ 단백질 결핍에 의한 부종 : 혈장단백질 저하 시 교질삼투압 저하로 혈관 내 수분이 조직간액으로 누출되어 부종이 옴

　㉡ 나트륨 보유에 의한 부종

　　▪ 나트륨은 세포외액의 중요한 전해질로 나트륨이 과잉 보유되면 삼투압이 상승함

■ 삼투압을 저하시키기 위하여 뇌하수체 후엽에서는 항이뇨 호르몬이 분비되어 이뇨작용을 방해하여 조직간액의 수분이 배설되지 않고 축적되어 부종이 발생함

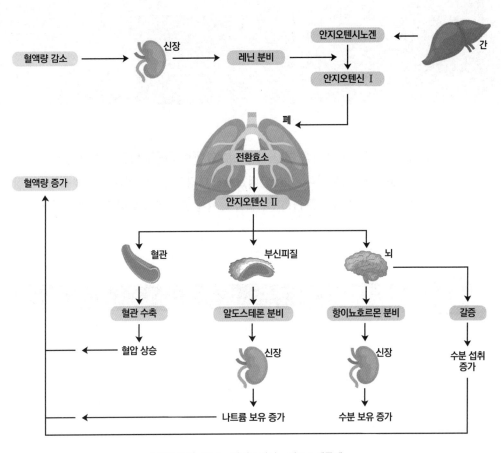

[**그림 01**] 레닌 – 안지오텐신 – 알도스테론계

제8장 알코올과 영양

알코올은 1g당 7kcal의 높은 열량을 지닌 식품으로 열량 이외에는 다른 어떤 영양소도 공급할 수 없다는 점에서 탄수화물이나 지방, 단백질처럼 다량영양소의 하나라고 볼 수 있다. 적당량의 알코올 섭취는 지단백질 중 HDL 수준을 높여 심장병 발생 위험을 줄이는 것으로 알려져 있다.

01 알코올 대사

(1) 흡수
① 알코올은 위와 소장에서 흡수되어 간으로 옮겨져 대사됨
② 일부는 흡수되기 전에 이미 위장에서 대사됨으로 뇌에 도달하는 알코올의 농도를 낮추게 됨

(2) 대사경로
① 알코올 탈수소효소alcohol dehydrogenase, ADH 경로 : 간에서 알코올을 화학적으로 분해하는 주요 대사경로
    ㉠ 세포질에서 알코올 탈수소효소alcohol dehydrogenase, ADH에 의해 아세트알데히드acetalde-hyde로 전환시키고 $NADH+H^+$를 생산함
    ㉡ 미토콘드리아에서 알데히드 탈수소효소aldehyde dehydrogenase, ALDH에 의해 아세트알데히드를 아세트산acetate으로 전환시킴. 이 반응에는 수소이온을 이동시키기 위한 NAD^+가 필요하며, 이것은 $NADH+H^+$를 형성함
    ㉢ 아세트산은 코엔자임 ACoA와 결합하여 아세틸 CoA를 형성함. 이 단계에서는 아세틸 합성효소acetyl CoA synthase가 필요함

ⓔ 아세틸 CoA는 TCA 회로로 들어가 대사됨. 한 분자의 알코올이 아세트산으로 대사되면서 약 6ATP가 발생함

Key Point

✔ 아세트알데히드는 독성물질이므로 빠르게 대사되어야 한다. 아세트알데히드가 축적되면 일부는 간에서 혈액으로 이동하여 숙취라고 하는 두통, 메스꺼움, 구토와 같은 불쾌한 부작용을 야기시킨다.

✔ 유전적으로 ALDH의 효소 활성이 낮은 사람이 알코올을 섭취하였을 때에 아세트알데히드 농도가 빠르게 증가하고 혈관이 확장되며 두통과 안면홍조가 나타난다. 또한 여성은 남성에 비해 위에 있는 ADH의 활성이 낮아서 알코올을 대사시키기 어려워 여성이 남성에 비해 알코올과 관련된 건강문제가 더 쉽게 발생하는 원인이다.

② 미소체의 에탄올 산화 시스템The Microsomal Ethanol-Oxidizing System, MEOS

　㉠ 과량으로 섭취하였을 때 미소체 안에서 알코올 대사에 사용되는 경로임

　㉡ MEOS는 산소를 이용하고 조효소인 $NADPH+H^+$가 알코올을 아세트알데히드로 전환시키도록 사용함. 즉, MEOS 경로에서는 실제로 에너지를 사용하고 ADH 경로에서는 $NADH + H^+$를 생산함

　㉢ 알코올 중독자는 MEOS를 통해 알코올을 대사하므로 체중이 증가하지 않음

　㉣ 알코올과 항생제 등에 대한 내성 증가

　㉤ 과량의 알코올 섭취는 NAD^+ 수준을 고갈시키고 피루브산이 아세틸 CoA로 전환되는 것을 억제함

　㉥ 간은 피루브산을 아세틸 CoA로 전환시키는 대신에 젖산으로 전환시키며 NAD^+를 생성함

　㉦ 알코올 탈수소효소에 의해 부산물로 NADH가 생성되어 $NADH/NAD^+$ 비가 증가되어 젖산이 피루브산으로 전환들 때 NAD^+를 이용해야 하나 알코올 산화시 NAD^+가 이용되므로 젖산이 축적되어 혈액의 pH를 저하시키고 NAD^+ 생성을 위해 피루브산을 젖산으로, 옥살로아세트산을 말산으로 전화시키므로 포도당 신생에 저해를 가져와 저혈당이 초래됨

　㉧ 알코올 섭취 시에는 알코올이 초산으로 산화되어 우선적인 에너지원으로 사용되므로 지방은 완전 산화되지 못하고 케톤체를 생성함

다음은 알코올 대사에 관한 내용이다. 〈작성 방법〉에 따라 순서대로 서술하시오.【4점】

> 과도한 음주 시 알코올은 탈수소화과정을 통해 아세트알데히드를 거쳐 아세틸 CoA로 산화되면서 환원물질인 (㉠)을/를 대량 생성한다. 이로 인해 알코올 대사가 진행될수록 아세틸 CoA는 TCA 회로를 통한 사용이 억제되고, 대신에 ㉡ <u>세포질로 운반된</u> 후 지방산 합성의 기질로 제공되어 간에 지방으로 축적된다. 또한 (㉠)(으)로 인해 피루브산으로부터 (㉢)이/가 많이 생성되어 체액의 pH가 낮아질 수 있다.

✏️ **작성 방법**

- ㉠에 해당하는 물질의 명칭을 제시할 것
- 밑줄 친 ㉡에서 아세틸 CoA가 미토콘드리아에서 세포질로 운반되는 과정을 서술할 것
- ㉢에 해당하는 물질의 명칭을 제시할 것

02 알코올과 영양

영양 불량, 영양소 흡수장애, 알코올의 독성으로 인한 영양소 대사를 변화시킨다.

(1) 알코올과 열량영양소

① 탄수화물 : 굶은 상태에서 알코올 과다 섭취 시 포도당 신생작용이 억제되어 저혈당hypoglycemia을 초래

② 지방

㉠ 케톤체를 형성함

㉡ 지방 합성을 촉진하여 지방간을 초래함

㉢ 지방산 산화 감소로 인한 중성지방 합성 증가, 지단백질 지방분해효소 lipoprotein lipase 활성 감소로 인한 VLDL 제거 감소, 중성지방 수치 증가함

③ 단백질 : 장기적으로 알코올을 섭취하면 콜라겐의 합성이 증가되고 단백질의 유출을 저해해 간세포 내에 단백질의 축적을 초래하여 간이 비대해짐

(2) 알코올과 에너지

① 알코올은 1g당 7.1kcal의 열량을 내는 열량 밀도가 높은 식품이므로 알코올의 섭취와 비만 유발을 관련시켜 생각할 수 있음

② 알코올 중독자는 미크로좀 에탄올 산화계MEOS가 상당량 열로 발산하여 체중이 증가하지 않음

(3) 알코올과 지용성 비타민

① 알코올성 간질환 시 간의 비타민 A 저장량이 감소함

② 만성 알코올 중독 시 혈장 25-(OH)-D_3 농도가 낮아진다는 보고가 있음

③ 알코올 중독자의 혈장비타민 E 수준이 낮음

(4) 알코올과 수용성 비타민

① 알코올 중독자의 경우 비타민 B군의 결핍증이 발생, 엽산, 비타민 B_{12} 흡수장애

② 비타민 B_1 결핍으로 베르니게-코르사코프가 나타나 정신 혼란, 기억 상실, 팔과 다리의 협동이 잘 이루어지지 않는 등의 증상이 나타남뇌 손상과 신경염, 심근염

③ 리보플라빈, 비타민 B_6 대사장애가 나타남

④ 엽산결핍증이 나타남

⑤ 혈중 비타민 C 수준이 낮아짐

⑥ 리보플라빈, 비타민 B_6, 엽산 부족, 혈장호모시스테인 농도 증가, 거대적아구성 빈혈megaloblastic anemia, 대장암colon cancer 발생 증가

(5) 알코올과 칼슘

알코올은 일시적으로 부갑상선 호르몬의 결핍이 나타나 칼슘 배설을 촉진시켜 골절의 위험도를 높이고 골다공증 위험율을 높임

(6) 알코올과 기타 영양물질

① 알코올성 간질환의 진전에 따라 혈청과 간의 아연 수준이 떨어지는데, 그 원인으로 아연 섭취 불량과 장내 흡수 불량 및 소변 내 배설량 증가 등을 들 수 있음

② 마그네슘, 칼슘, 철분 등의 결핍증도 있음

03 알코올과 건강

(1) 알코올과 간질환

① 다량의 알코올 섭취 시 지방간, 간염, 간경화 등이 발생

② 알코올은 지방 분해를 저해시켜 지방이 완전 산화되지 못해 간조직 내에 축적되어 지방간이 발생함

(2) 알코올과 심순환계질환

① 소량의 알코올 섭취는 HDL을 상승시킴

② 다량의 알코올 섭취는 고지혈증을 유발하고 관상동맥을 수축시키며 체내 지질 산화를 일으켜 심혈관계질환을 발생시킴

(3) 뇌와 신경계

① 알코올은 뇌와 신경 간에 소통작용을 저하, 신경전달물질인 세로토닌과 엔도르핀의 합성, 이 물질들 작용의 균형을 잃게 하여 수면을 유도하기도 하고 판단과 정서능력을 저하

② 공복이나 오랜 기아 후에 갑자기 많은 양의 알코올을 섭취, 급성으로 저혈당 혼수상태, 사망

③ 다발성 신경 multiple neuritis은 다양한 정신장애를 보임

(4) 소화기계

① 알데히드가 소화기계에 노출되어 소화기 점막이 손상되면 식도염, 식도 폐쇄, 연하곤란증 등의 식도장애와 위염

② 흡수장애, 영양불량증 초래

③ 소화기계 손상으로 인해 잦은 설사와 흡수 불량 보임

④ 소화기계통 암의 발생 증가

(5) 알코올과 태내 알코올 증후군(Fetal Alcohol Syndrome, FAS)

① 알코올 중독 임산부가 출산한 아이에게서 나타나는 현상을 '태내 알코올 증후군'이라고 함

② 태내 알코올 증후군은 임신기간 중 모체의 음주로 인해 태아가 알코올 또는 그 1차 산화물인 아세트알데히드에 노출되어 출생 후 아기에게 나타나는 여러 가지 정신적, 형태적 장애를 말함

③ 발생기전은 아세트알데히드의 배아독성, 태반의 기능 부전과 영양 결핍, 태내 저산소증 및 프로스글라딘의 균형이 깨져 태아의 성장과 발육에 영향을 미치게 됨

④ 주로 임신 중 알코올 섭취로 영양불량에서 기인됨

⑤ 출생 전과 후 성장 부진, 신경계 이상, 지능장애, 행동적 기능장애, 두뇌의 기형, 안검열의 위축, 얇은 윗입술, 안면의 입체감 감소, 주의 집중력 부족, 수족협조기능 불량, 청각기능장애, 학습능력장애 등이 나타남

(6) 체중

① 알코올 섭취, 단순 열량이 높은 음식을 먹는 경향

② 체지방이 증가하여 체중이 증가

참고문헌

1. 고급영양학. 구재옥 외 6인. 파워북. 2017
2. 고급영양학. 변기원 외 4인. 교문사. 2017
3. 기초영양학. 장유경 외 4인. 교문사. 2016
4. 대사를 중심으로 한 생화학. 이주희 외 5인. 교문사. 2013
5. 이해하기 쉬운 생화학. 변기원 외 5인. 파워북. 2015
6. 21세기 영양학. 최혜미 외 18인. 교문사. 2016
7. 21세기 영양학원리. 최혜미 외 8인. 교문사. 2016

제 **2** 과목

생애주기
영양학

제 1 장 성장과 발달

01 생애주기영양학의 의의

생활주기의 각 단계 임신기, 수유기, 영아기, 유아기, 아동기, 청소년기, 성인기와 노인기의 생리적 특성과 영양소 대사 및 영양문제 등을 이해하고 영양 관리를 할 수 있는 능력을 기르는 것이 목적이다.

02 성장과 발달

(1) 성장(growth)

① 신체가 형태적으로 커지는 과정

② 신장, 체중

(2) 발달(development)

① 신체의 기능면이 점점 복잡해지면서 성숙되는 과정

② 호흡기능, 소화기능, 운동기능 등

(3) 성장 및 발달의 특성

① 성장 및 발달은 유전에 의해 정해진 일정한 순서대로 질서 있게 진행됨

② 성장 및 발달은 연속적으로 진행되며 항상 균일하지 않음

ㄱ 태아기와 영아기, 청소년기에는 급성장이 일어남

  © 유아기와 아동기에는 완만한 성장이 계속되면서 장기와 조직이 커지고 기능
   이 충실해지며 골격이 발달됨

  © 여아의 성장과 성숙이 남아보다 2~3년 빠름

 ③ 성장 및 발달은 수직적이며 개인차가 커서 각자 자신의 성장패턴을 가지며 체내
  어느 기관이나 기능의 성장 및 발달을 결정하는 시기가 다름

(4) Scammon의 성장곡선

 20세를 100으로 하고 출생 시를 0으로 하여 신체 중요 기관의 성장률을 조사하여
연령에 따라 일반형, 림프형, 신경계형, 생식기형으로 분류하여 나타낸 기관과 조직
발달의 성장곡선임

 ① 일반형 : S자형 곡선

  &#12類; 키, 체중 등 신체 성장, 심장, 신장, 폐 등의 성장을 나타냄

  © 성장패턴은 급성장단계출생~생후 1년, 완만한 성장단계유아~만 12세, 빠른 성장
   단계청소년기, 성장완료단계성인기로 구분

 ② 림프형 : 아동기10~12세경에 현저히 발육하여 성인의 2배에 달했다가 그 후 감소
  하고 흉선, 편도선, 림프절 등의 성장을 나타냄

 ③ 신경계형 : 생후 2~3년간 급속히 성장하며 10세 정도에 성인과 유사하고 뇌, 척
  추, 시신경 등의 성장을 나타냄

 ④ 생식기형 : 사춘기12세 이후 급격히 성장하고 고환, 난소, 부고환, 자궁 등의 성
  장을 나타냄

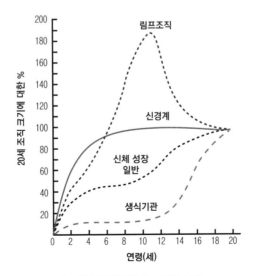

[그림 01] 연령별 각 조직의 성장

03 세포의 성장

(1) 세포증식기(hyperplasia)

세포분열에 의해 세포 수와 DNA 함량이 증가함

(2) 세포증식기 및 비대기(hyperplasia & hypertrophy)

① 세포 수와 세포 크기의 증가가 동시에 발생함

② 세포분열로 인한 세포 수의 증가로 DNA 양도 증가하고 증가한 세포에 필요한 여러 기관과 효소에 기인한 단백질 양이 증가함

(3) 세포비대기(hypertrophy)

세포분열이 끝나고 세포의 크기만 증가하여 조직의 무게가 증가하고 DNA 양은 일정하게 유지하고 단백질 양은 증가함

(4) 성숙기

세포 성장은 정지되고 효소구조가 정교해지며 세포의 기능이 통합되는 시기임

04 성장·발달과 호르몬

성장은 유전, 영양, 환경적인 요인에 의해 영향을 받으며 이들의 변화를 직접적으로 조절하는 물질이 호르몬이다.

(1) 성장 호르몬(growth hormone)

① 2세에 증가해서 10세까지 유지하고 그 후 감소함

② 조직과 기관에서 단백질 합성과 세포를 증식시키고 뼈와 각 조직의 성장을 촉진함

③ 성장을 위해 영유아기와 학동기에는 충분한 수면이 필요

(2) 갑상선 호르몬(thyroxine)

① 1세에 가장 많이 분비되어 6세까지는 최대가 됨

② 연골의 골화와 치아의 성장, 안면의 윤곽과 신체 비율 등에 영향을 미침

(3) 안드로겐과 성 호르몬

① 9세부터 서서히 분비하기 시작하여 15세에 최대가 되고 그 후 감소함

② 청소년기의 성장과 성기관의 발달을 주도하며 성장과 성숙을 완성함

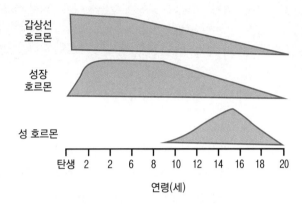

[**그림 02**] 연령별 성장에 영향을 주는 호르몬

제2장 임신부 영양

01 · 여성의 월경주기와 생식기능
02 · 임신부와 태아영양
03 · 임신부의 영양소 섭취기준
04 · 임신 결과에 영향을 주는 식습관과 생활습관요인
05 · 고위험 임신과 영양 관리

임신기의 영양상태가 모체 자신의 건강과 태아의 발달 및 출생 후 아기의 건강뿐만 아니라 성인기 질병의 발병에 영향을 주므로 여성의 신체적 특성과 태아 성장에 따른 임신기의 생리적 변화 및 영양 필요량 등 식생활 전반에 관한 정보를 알아야 한다.

01 여성의 월경주기와 생식기능

월경주기는 뇌의 시상하부, 뇌하수체 전엽과 난소에서 분비되는 여성 호르몬의 상호작용에 의해서 나타난다.

(1) 월경주기 호르몬의 분비와 작용

■ 표 1. 생식기능과 관련된 호르몬

호르몬	분비장소	작용
생식인자 방출 호르몬 (GnRH)	시상하부	■ FSH(follicle stimulating hormone), LH(luteinizing hormone) 분비 촉진
난포 자극 호르몬(FSH)	뇌하수체 전엽	■ 난자(난포의 성숙)와 정자의 성숙 촉진
황체 호르몬 (LH)	뇌하수체 전엽	■ 에스트로겐, 프로게스테론, 테스토스테론의 분비를 자극 ■ 난포를 자극하여 배란 촉진, 황체 형성
에스트로겐	난소, 고환, 지방세포, 황체, 태반	■ 난포기에 GnRH 분비 자극 ■ 황체기에 GnRH 분비 억제 ■ 월경주기 중 자궁벽의 두께 증가

(표 계속)

| 프로게스테론 | 난소, 태반 | ■ 수정란을 위한 자궁의 착상 준비
■ 임신 유지, 월경주기 중 자궁내벽의 증가
■ 수정란의 세포분열 자극, 테스토테론의 작용 억제
■ 배란 후 또는 임신 시의 기초체온이 상승
■ 위장운동 감소, 나트륨 배설 증가 |
| 테스토테론 | 고환 | ■ 남성 생식기관의 성숙을 자극, 정자 생성을 자극
■ 근육 생성을 자극 |

(2) 배란 및 월경(menstruation)

초경은 체지방 비율이 체중의 17~22%를 차지할 때, 보통 체중이 47kg 내외에 달했을 때 시작하고 월경주기는 28~30일임

① 난포기 follicular phase : 생리주기 전반부

　㉠ 에스트로겐은 시상하부를 자극해 생식인자 방출 호르몬 gonadotropinreleasing hormone, GnRH을 분비하여 난포 자극 호르몬 FSH과 황체 호르몬 LH의 분비를 자극함

　㉡ 황체 호르몬 LH과 난포 자극 호르몬 FSH의 생성과 분비가 크게 증가하는 28일 생리주기 중 14일경에 난포가 팽대되면서 성숙된 난자로 방출되는 배란이 일어나는 것임

② 황체기 luteal phase

　㉠ 배란 후 난포는 황체로 발전, 다량의 프로게스테론과 에스트로겐을 분비하여 생식인자 방출 호르몬 GnRH, 난포 자극 호르몬 FSH과 황체 호르몬 LH의 분비를 방해함

　㉡ 에스트로겐과 프로게스테론은 자궁내막의 분화를 촉진하여 수정된 난자가 자궁 내에서 잘 자리잡고 성장할 수 있도록 도와주는 역할을 함

③ 월경기 : 수정이 안 되면 생리주기 중 23일경 에스트로겐과 프로게스테론의 수준이 급격히 저하되면서 자궁내막의 축소와 자궁근의 수축으로 탈락된 상피조직들이 체외로 분비

(3) 수정과 착상

① 임신가능기간은 월경 시작일부터 12~16일, 정자의 생존기간 3일을 합하여 8일 정도

② 착상 implantation은 난자가 수정되면 8~10일 이내에 일어나며 수정란이 자궁내막에서 모체로부터 영양물질을 흡수하기 시작하는 단계임

(4) 가임기 여성의 영양 관리

① 가임기 여성에게 강조되는 영양소

㉠ 무기질 : 철, 칼슘, 아연

㉡ 비타민 : 엽산, 비타민 B_6, 비타민 B_{12}

② 가임기 여성의 식사 계획

㉠ 건강한 체중을 유지함

㉡ 체중을 조절할 경우에는 0.5~1kg 정도로 점진적인 감량을 실행함

㉢ 술이나 알코올 함유 음료를 섭취하지 않음

㉣ 임상의가 처방한 약물 이외에는 의약품 및 영양 보충제를 삼가함

㉤ 흡연을 삼가고 마약 등 약물을 복용하지 않음

③ 여성의 임신 장애요인

㉠ 질병 : 성 접촉에 의한 감염, 자궁내막염

㉡ 영양 부족 : 생식기능의 저하로 여성은 월경생리의 조절이 불안정해질 수 있어 임신력이 현저하게 감소함

㉢ 저체중과 비만 및 체중 감량

- 비만 여성은 혈중 에스트로겐, 안드로젠 및 렙틴 수준이 증가되어 월경생리 주기가 불규칙하고 배란장애, 무배란 월경주기나 무월경을 나타냄
- 비만 남성의 경우 테스토스테론 함량이 감소하고 에스트로겐과 렙틴의 수준이 높아 정자 생성이 감소됨
- 저체중은 에스트로겐의 이용성이 떨어짐

㉣ 심한 운동 : 강도 높은 운동은 호르몬의 변화로 정상적인 월경주기를 지연시키거나 방해함

㉤ 카페인과 알코올 및 채식

㉥ 경구피임약

(5) 남성 불임의 요인

① 아연 섭취 부족 : 정액 내 아연은 테스토스테론 생성, DNA 복제, 단백질 합성, 세포분열에 관여하는 효소의 활성에 필수적임

② 항산화 영양소 부족

㉠ 정자는 고도 불포화지방산 함량이 높아서 산화적 손상을 받기 쉬움

㉡ 셀레늄, 비타민 C, E, β-카로틴 등의 항산화 영양소들은 정자의 DNA를 보호해 주며 정상적인 정자의 운동성과 기능을 유지해줌

③ 알코올 섭취

④ 중금속 이온 : 납, 수은 등의 중금속 이온에 노출되면 정자 생성이 감소함

⑤ 체온 상승 또는 열 : 정낭이나 고환의 체온이 상승하면 정자 수가 감소됨

⑥ 질병 : 고혈압, 당뇨병, 암, 동맥경화증 등 내분비질환을 치료하는 의약품들이 테스토테론의 생성을 방해함

⑦ 체중 감소 : 정상체중의 25% 이상 체중이 감소했을 때에는 정자 생성이 거의 중단될 수 있음

(6) 월경전증후군

월경주기의 황체기에서 시작되어 월경이 시작되면 사라짐

① 진단법 : 신체적 증상이나 심리적 증후 중 일 또는 사회생활을 방해하는 적어도 5개의 증상이나 징후가 3번 연속적으로 황체기 동안에 나타날 때 월경전증후군으로 진단함

② 치료방법

    ㉠ 카페인 섭취 감소

    ㉡ 신체활동 증가

    ㉢ 스트레스요인의 감소

    ㉣ 마그네슘, 칼슘, 비타민 B_6 보충제 섭취

02 임신부와 태아영양

(1) 임신 시 모체의 변화

① 호르몬 분비의 변화

    ㉠ 임신부는 재태기간 동안 체내 내분비선에서 아미노산과 콜레스테롤에 의해 합성된 펩티드 호르몬이나 스테로이드 호르몬 등 약 30여 가지가 분비됨

    ㉡ 임신 초기에 생식선 자극 호르몬이 급격히 증가한 후 2~3개월 후에 감소하고 그 후 에스트로겐과 프로게스테론이 임신 말기까지 계속 증가함

      ■ 에스트로겐은 자궁과 태반 및 유방의 발육에 관여하며 뼈에서 칼슘의 방출을 억제하는 반면에 체내 수분 보유를 촉진하여 부종을 초래함

      ■ 프로게스테론은 자궁의 평활근을 이완시켜 태아가 성장함에 따라 자궁을 확장시키고 자궁 수축을 억제함으로써 태아의 조기 출산을 방지하며, 모체 내 지방을 축적시키고 신장에서는 나트륨 배설을 증가시킴

ⓒ 태반은 중요한 내분비기관으로 임신이 진행됨에 따라 융모성 고나도트로핀, 태반락토겐, 에스트로겐, 프로게스테론, 안드로겐, 코르티코이드 등을 합성 분비함

ⓐ 기타

■ 뇌하수체 전엽에서 분비되는 프로락틴은 유즙의 합성을 돕고 노하수체 후엽에서 분비되는 옥시토신은 유즙 사출을 촉진

■ 임신 중에 증가하는 기초대사율과 산소 소비량 증가에 대비하여 갑상선이 비대해지면서 분비량 증가함

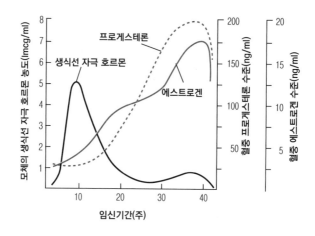

[**그림 01**] 임신 시 호르몬의 변화

② 생리기능의 변화

㉠ 임신 중 체중 증가량은 개인차가 커서 초산이고 나이가 어린 임신부는 임신경험이 많고 나이가 많은 임신부에 비해 체중 증가량이 많음

■ 임신단계별 체중 증가 정도

- 제1기 : 모체조직의 형성으로 인한 약간의 체중 증가

- 제2기 : 모체조직의 증가가 대부분이며 적은 양의 태아조직 증가

- 제3기 : 대부분 태아의 조직 증대로 인한 뚜렷한 체중 증가

■ 총 체중 증가량

- 임신 전 정상체중의 임산부는 10~12kg, 이중 약 1/3은 태아와 그 부속물, 2/3는 체조직과 체액의 증가임

- 임신 전 저체중의 임신부는 12.5~18kg, 정상체중보다 더 많은 체중 증가가 필요함

- 임신 전 과체중 임신부는 7~11kg, 비만인 임신부는 7kg 정도의 체중 증가가 필요함

- 쌍둥이 임신부는 6~20.5kg의 체중 증가가 필요함

■ 체중 증가 성분은 수분이 62%, 지질이 30%, 단백질이 8% 순으로 나타남

- 단백질의 2/3가 태아와 태반에 존재함

- 지질의 90%는 모체의 지방조직에 저장되며 임신 후기에 에너지 보유와 수유를 위해 저장됨

ⓛ 혈액량과 혈액 구성성분의 변화

■ 혈액량 : 전혈액량의 20~30% 증가

■ 혈장량 : 혈장량은 45% 증가하고 임신 초기부터 시작되어 24~36주에 최고에 달함

■ 총 적혈구량 : 총 적혈구의 양은 분만일까지 17~40%의 꾸준한 증가를 보이지만 혈장량만큼 증가하지 못하여 헤마토크릿치는 저하됨

■ 헤모글로빈, 헤마토크릿, 총철결합력 : 임신기 여성의 헤모글로빈 농도와 헤마토크릿은 각각 10~11g/dL, 29~31%로 감소함. 반면에 총철결합력 total iron binding capacity은 증가함

■ 혈중 총 단백질, 알부민, 알부민/글로불린비, 철, 페리틴, 엽산, 비타민 B_{12} 등은 저하됨

■ 지질 : 혈중 총 지질이 증가하고 에스트로겐과 코르티솔이 혈장콜레스테롤과 인지질을 약간 상승시킬 수 있음

■ 무기질 Na, K, Cl, P은 거의 변화 없음

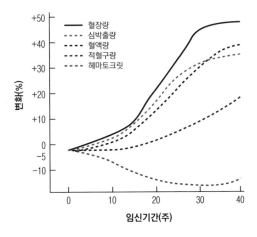

[**그림 02**] 임신 여성의 혈액성분 변화

    © 소화기계의 변화

- 임신 초기 2~3개월경에는 입덧, 식욕 부진, 오조, 기호의 변화가 나타남
- 프로게스테론과 에스트로겐의 분비가 상승하면 위장관을 이루는 평활근이 이완되어 위 배출속도 지연, 소화기능 저하, 포만감, 복부팽만감이 유발되어 식욕 저하가 나타남
- 식도하부 괄약근의 기능 저하로 위에 있던 음식물과 위산이 식도하부로 역류하여 가슴앓이 heartburn 증상이 나타남
- 임신 후기에는 자궁 증대에 따라 자궁압력이 하복부에 가해져서 트림과 변비가 생기기 쉬움

    ② 순환계의 변화

- 심장이 비대해지고 1분간의 심박출량이 30~50% 증가함
- 혈액순환장애로 하체에 정맥류 발생 가능이 큼

    ⑩ 비뇨기계의 변화

- 임신기간 중 레닌과 알도스테론의 작용의 활성이 증가하여 혈액량과 세포외액량을 증가시켜 신장으로 관류되는 혈액량이 임신하기 전보다 50~85% 정도 증가함
- 사구체 여과율 증가로 태아와 모체의 대사산물인 크레아티닌, 요소 및 다른 노폐물들의 배설이 용이함
- 포도당, 아미노산, 엽산 등의 영양소도 사구체를 통하여 다량 여과되고 세뇨관에서 이를 전부 재흡수하지 못한 채 소변으로 배설시킴
- 임신 초기에는 소변량이 증가하고 임신 개월 수가 증가함에 따라 방광이 압박되어 빈뇨가 나타나며 방광염, 신우염의 발생 위험이 증가함
- 단백뇨는 임신중독증의 중요한 지표임

③ 태반의 형성과 자궁 발달

    ㉠ 태반의 형성

- 임신 12~16주경에 완성되는 태반은 태아의 성장에 따른 영양 필요량의 증가로 계속 성장하여 출생 시 태반의 무게는 0.5~1.0kg 정도
- 모체와 태아 사이의 물질 수송기전으로 태아의 생명 유지를 위해 임시로 모체에 생기는 필수 장기임

    ㉡ 태반의 기능

- 영양학적 완충 조절 작용 : 모체가 영양소를 다량 섭취하여 혈액 농도가 높아져도 태반에 일시 저장하여 태아에게 직접 다량으로 이동되지 않도록 완충 조절함

- 물질통로 : 태반은 여러 가지 물질을 선택적으로 이동시키고 일부 물질을 대사시키며 태아를 위해 노폐물을 모체로 운반하는 통로 역할을 함
- 내분비기능 : 태반에서 분비되는 호르몬은 태아와 모체에게 필요한 영양소의 합성과 대사에 영향을 주어 임신 유지 등에 관여함
- 태아를 세균 등에 의한 감염으로부터 보호함

(2) 태아의 성장과 발달

① 태아의 발달

㉠ 배아기
- 세포분열과 분화로 신체기관 형성 : 임신 지속을 위한 매우 중요한 시기
- 균형 잡힌 영양 공급 중요 : 결핍 시 기형 및 태아의 성장 발달 저해 위험

㉡ 태아기
- 아직 사람의 형태를 갖추고 있지 않음 : 9~10주형 태아의 무게는 6g 정도
- 성장속도가 일생 중 가장 빠름 : 태아의 무게는 3,000g 이상으로 증가
- 주요 기관이 모두 형성되어 있으며 심장박동이 시작되고 사지가 움직임
- 영양 결핍 시 태아의 성장장애

② 평균 임신기간 : 40주

03 임신부의 영양소 섭취기준

(1) 에너지

① 임신 시 에너지 섭취의 중요성

㉠ 기초대사량 증가 : 임신 초기에는 별 차이는 없으나 임신 후반기 및 말기에는 갑상선기능이 항진되어 기초대사가 증가함

㉡ 태아의 성장과 모체의 생리적 변화로 에너지 필요량이 증가함

② 에너지 필요추정량

㉠ 임신부의 에너지 필요량은 비임신 여성의 에너지 필요량에 추가로 임신에 따른 에너지 소비량 증가분과 모체조직의 성장에 필요한 에너지 축적량을 더하여 산출함

㉡ 임신부의 에너지 섭취기준은 임신 1/3분기에는 추가량을 설정하지 않았으며 2/3분기와 3/3분기에는 각각 340kcal와 450kcal로 설정함

ⓒ 300kcal의 에너지를 섭취하기 위해서는 하루 두 컵 정도의 우유와 바나나 또는 사과 한 개 정도의 섭취가 가능함

Key Point 다태아 임신부의 에너지 필요추정량

✓ 쌍둥이 임신부의 에너지 필요추정량은 체중 증가량을 근거로 18.2kg의 체중 증가 또는 단독 태아 임신보다 약 4.5kg 이상의 체중 증가가 일어난다.

✓ 에너지 필요추정량은 단독 태아 임신의 경우보다 매일 약 150kcal을 더 섭취하거나 임신 전보다 평균 450kcal을 더 섭취해야 한다.

✓ 필수지방산의 필요량(리놀레산과 리놀렌산)은 다태아 임신의 경우 증가한다. 필수지방산 결핍 상태는 다태아의 신경계의 기형과 시각장애에 이상을 초래할 수 있다.

(2) 탄수화물

① 탄수화물 대사

ⓐ 임신 전반기 : 태아의 포도당 요구가 적은 편이기 때문에 글리코겐이나 지방으로 전환되어 모체 지방조직에 축적됨

ⓑ 임신 후반기 : 태아에게 많은 포도당이 전달되기 때문에 공복혈당은 비임신 여성보다 10~20% 낮음

② 탄수화물 섭취량

ⓐ 태아에게는 포도당이 가장 중요한 에너지원으로 1일 필요량의 80%를 포도당의 산화로부터 섭취함

ⓑ 임산부는 총 에너지 섭취량 중 55~65%을 탄수화물로부터 공급받아야 함

ⓒ 태아의 뇌조직이 사용하는 포도당을 충족하려면 최소한 하루에 175g의 탄수화물을 섭취해야 함

ⓓ 섬유소가 많은 식품을 섭취하여 변비를 예방함

(3) 지방

① 지방 대사

ⓐ 임신 전반기 : 식사로 섭취한 지방산은 빠르게 중성지방으로 합성하는 반면에 중성지방의 분해는 느려 모체의 지방 저장량이 증가함

ⓑ 임신 후반기 : 모체는 체지방을 분해하여 에너지원으로 사용하며 포도당을 태아에게 수송하기 위해 이로 인하여 모체혈의 케톤체 농도 증가, 콜레스테롤 합성 증가와 분해 저하로 혈중 콜레스테롤 농도가 상승함

② 지방 섭취량

    ㉠ 총 에너지 섭취량 중 15~30%을 지방으로부터 공급받아야 함

    ㉡ 태아는 필수지방산인 리놀레산 및 리놀렌산과 함께 EPA와 DHA와 같은 ω-3지방산은 태아 성장과 자궁 수축을 방지하여 조산을 예방함

    ㉢ 임신 35주 이후에는 태아조직 내 지방 축적이 매우 빠르게 진행됨

(4) 아미노산과 단백질

① 단백질 대사

    ㉠ 임신 전반기 : 단백질 합성이 증가되며 합성된 단백질은 모체조직 형성에 이용

    ㉡ 임신 후반기 : 식후 흡수된 아미노산들은 태아로 이동되어 태반과 태아조직의 단백질 합성에 먼저 사용되고 공복 시에는 태아에게 더 많은 아미노산을 제공하기 위해 모체의 단백질이 분해되기 때문에 모체의 혈중 아미노산 농도는 낮아짐

② 아미노산

    ㉠ 임신 초기 3개월 동안 태아의 간조직은 비필수 아미노산을 합성할 수 없으므로 모든 아미노산들은 임신 초기의 태아에게 필수임

    ㉡ 임신 20주 이후 태아조직은 성인에서와 같이 비필수 아미노산들을 합성할 수 있으나 아르기닌과 시스틴은 충분히 합성할 수 없어 필수아미노산으로 간주함

③ 단백질 권장량

    ㉠ 태아, 태반, 모체조직의 합성과 유지를 위하여 식사로부터 충분한 단백질 섭취가 필요함. 임신 초기에는 단백질 필요량이 매우 적지만 후반기에는 크게 증가하여 태아는 하루에 2g/kg의 단백질을 필요함

    ㉡ 총 에너지 섭취량 중 7~20%을 단백질로부터 공급받아야 함

    ㉢ 권장섭취량 : +0 1/3분기, +15g 2/3분기, +30g 3/3분기

    ㉣ 급원식품 : 우유, 육류, 가금류, 생선, 달걀, 콩류 등

2019년 기출문제 A형

다음은 임신 후반기 태아에게 필요한 조건적 필수아미노산을 설명한 내용이다. 괄호 안의 ㉠, ㉡에 해당하는 아미노산의 명칭을 순서대로 쓰시오. [2점]

> 임신 후반기의 여성은 단백질 필요량이 크게 증가한다. 그 이유는 태아가 단백질 합성에 필요한 아미노산을 대부분 모체를 통해서 얻기 때문이다. 임신 20주 이후 태아는 성인과 같이 비필수아미노산들을 합성할 수 있으나, (㉠)와/과 (㉡)은/는 충분히 합성할 수 없으므로 이 아미노산들을 모체로부터 지속적으로 공급받아야 한다. 이들 중 요소 회로의 구성물질인 (㉠)은/는 일산화질소의 전구체이고, 메티오닌에서 합성되는 황 함유 아미노산인 (㉡)은/는 타우린의 전구체이다.

(5) 무기질

① 칼슘과 인

㉠ 임신 시 섭취의 중요성

- 태아의 신체구성 : 임신 제3기에 대부분의 칼슘이 태아에 축적되어 골격과 치아를 형성함
- 출생 후 모체의 수유에 대비한 모체 내 칼슘을 보유함

㉡ 임신기간 동안 증가한 칼슘 요구량에 대한 칼슘 조절기전 : 임신기간 중 에스트로겐과 혈중 비타민 D 농도의 증가로 인해 식품으로부터 섭취한 칼슘의 흡수율이 증가함

㉢ 태아의 성장 및 모체의 조직 증가로 인한 체내 칼슘 필요량의 증가에 대해서 생리적인 적응반응이 일어나 추가 섭취의 건강상 이익을 제시한 근거가 없어 추가량을 제시하지 않음

㉣ 칼슘의 권장섭취량 : 19~49세 700mg+0mg, 상한섭취량 2,500mg

㉤ 급원 : 하루 3~4컵 정도의 우유 섭취

㉥ 인의 권장섭취량 19~49세 700mg+0mg, 상한섭취량 3,000mg

② 철 Fe

㉠ 임신기간에는 모체와 태아의 혈액이나 조직에 헤모글로빈과 마이오글로빈 등 철 함유 단백질의 합성을 위해 철 필요량이 증가하므로 임신 시 철분의 섭취는 중요함

㉡ 임신 중 철분의 균형은 철의 흡수율은 증가하고 월경 중지로 인한 철분의 손실 방지로 이루어짐

　　　ⓒ 권장섭취량 : 19~49세의 철 권장섭취량 14mg+10mg , 상한섭취량 45mg

　　　ⓔ 급원

　　　　　▪ 간, 육류, 계란, 전곡, 빵, 녹색채소

　　　　　▪ 식품을 통한 섭취만으로 부족한 경우 철분 영양제로 보충

　　③ 아연Zn

　　　　ⓖ 기능 : DNA와 RNA 합성, 단백질 합성을 포함한 많은 효소의 보조인자로 작용하여 성장과 발달에 매우 중요

　　　　ⓛ 결핍증 : 태아기형, 저체중아

　　　　ⓒ 권장섭취량 19~49세 8mg+2.5mg , 상한섭취량 35mg

　　④ 요오드I

　　　　ⓖ 의의 : 임신 시 기초대사량 항진으로 필요량 증가

　　　　ⓛ 결핍증 : 갑상선종모체, 크레틴병영아

　　　　ⓒ 권장섭취량 : 19~49세 150㎍+90㎍

　　　　ⓔ 상한섭취량 : 임신 시에는 없음

　　⑤ 마그네슘Mg : 권장섭취량 19~49세 280mg+40mg, 상한섭취량 350mg

　　⑥ 칼륨K

　　　　ⓖ 충분섭취량 : 19~49세 3,500mg+0mg

　　　　ⓛ 임신기간 동안 칼륨의 축적량이 비교적 적은 양이고 소변을 통한 칼륨의 배설이 감소하기 때문에 성인의 충분섭취량과 동일함

　　⑦ 구리Cu : 임신부 권장섭취량 19~49세 800㎍+130㎍, 상한섭취량 10,000㎍

　　⑧ 셀레늄Se : 권장섭취량 19~49세 60㎍+4㎍, 상한섭취량 400㎍

(6) 지용성 비타민

　　① 비타민 A

　　　　ⓖ 기능 : 세포분화, 정상적인 태아의 성장 및 발달

　　　　ⓛ 과잉증 : 기형아

　　　　ⓒ 권장섭취량 : 19~49세 650㎍RAE+70㎍RAE, 상한섭취량 3,000㎍RAE

　　　　ⓔ 급원 : 우유, 버터, 난황, 간유, 녹황색 야채

　　② 비타민 D

　　　　ⓖ 기능 : 칼슘의 흡수 및 이용 촉진

　　　　ⓛ 충분섭취량 19~49세 10㎍+0㎍, 상한섭취량 100㎍

ⓒ 비타민 D는 햇빛을 충분히 쬘 경우 피부에서 합성되나 햇빛 노출에 제한을 받고 식품으로부터도 비타민 D를 충분히 섭취하지 못할 경우에는 비타민 D를 추가로 공급받을 것

ⓐ 급원 : 생선간유, 강화우유, 일광욕

③ 비타민 E

ⓐ 기능 : 세포막 지질PUFA의 산화 방지, 동물의 생식기능 유지

ⓑ 충분섭취량 : 19~49세 12mgα-TE, 임신 시 추가 섭취량 없음

ⓒ 임신기간 동안에 혈중 지질 농도 증가로 α-토코페롤의 농도가 상승하지만 태반을 통한 비타민 E의 이동은 큰 변화가 없고 한국인 임산부의 비타민 E 섭취량이 충분하기 때문에 추가 섭취량이 없음

④ 비타민 K

ⓐ 혈액 응고작용프로트롬빈 생성 : 분만 시 및 신생아의 출혈 예방

ⓑ 충분섭취량 19~49세 65μg

ⓒ 임신 시 추가 섭취량과 상한섭취량도 없음

ⓐ 임신으로 인해 체내 비타민 K 필요량이 증가한다거나 혈중 비타민 K 농도가 변화한다는 객관적 근거가 미비하고 임신부의 비타민 K 결핍에 대한 문헌도 보고되지 않았기 때문 성인 여성과 동일함

ⓔ 성인 여성, 임신부, 수유부의 비타민 K 섭취량 및 체내 보유 수준은 서로 다르지 않은 것으로 보고되고 있으며, 수유부의 비타민 K 섭취 수준은 모유의 비타민 K 농도와 관련성이 없고 모유에 포함된 비타민 K 농도는 아주 미미한 수준임. 수유부도 추가 섭취량을 설정하지 않았음

(7) 수용성 비타민

① 티아민비타민 B₁, 리보플라빈비타민 B₂, 니아신niacin : 임신부의 에너지 필요추정량 증가에 따라 권장섭취량이 증가함

ⓐ 티아민 권장섭취량 : 19~49세 1.1mg+0.4mg

ⓑ 리보플라빈 권장섭취량 : 19~49세 1.2mg+0.4mg

ⓒ 니아신 권장섭취량 : 19~49세 14mgNE+4mgNE, 상한섭취량 35mgNE

② 비타민 B₆

ⓐ 단백질 대사에 관여

ⓑ 권장섭취량 : 19~49세 1.4mg+0.8mg, 상한섭취량 100mg

③ 비타민 C

　　㉠ 기능 : 콜라겐 합성에 관여하여 뼈, 결체조직 형성에 중요함

　　㉡ 권장섭취량 : 19~49세 100mg+10mg, 상한섭취량 2,000mg

④ 엽산

　　㉠ 기능

　　　　■ 핵산 합성과 아미노산 대사에 필수적인 역할을 하므로 세포분열에 관여함

　　　　■ 임신 중에는 태반 형성을 위한 세포의 증식과 혈액량 증가에 필요한 적혈구의 생성 및 태아 성장 등을 지지하기 위해 많은 양의 엽산이 추가로 요구됨

　　　　■ 수정란이 착상한 이후 21~27일 사이에 엽산영양이 불량하면 세포분열에 장애가 생겨 태아의 신경관 손상 유발률이 증가함

　　㉡ 결핍증 : 거대적아구성 빈혈, 기형아신경관 손상

　　㉢ 권장섭취량 : 19~49세 $400\mu gDFE + 220\mu gDFE$, 상한섭취량 $1,000\mu gDFE$

　　㉣ 급원 : 오렌지주스, 녹색채소, 내장육 등

⑤ 비타민 B_{12}

　　㉠ 기능 : 엽산이 활성형으로 전환되는 데 필요함

　　㉡ 결핍증 : 악성빈혈

　　㉢ 권장섭취량 : 19~49세 $2.4\mu g + 0.2\mu g$

　　㉣ 급원식품 : 동물성 식품

　　㉤ 채식 위주의 식사를 했던 산모에게서 태어난 영아는 비타민 B_{12} 결핍을 보일 수 있음

2020년 기출문제 A형

다음은 임신기의 영양소 섭취에 관한 내용이다. 괄호 안의 ㉠, ㉡에 해당하는 비타민의 명칭을 순서대로 쓰시오. 【2점】

임신부가 (㉠)을/를 보충제로 상한섭취량 이상 장기간 섭취하면 독성에 의해 태아의 안면 기형과 심장, 중추신경계 이상 등의 기형 발생 위험이 증가한다. 따라서 임신기 (㉠) 상한섭취량은 태아 기형 발생을 독성 종말점으로 하여 설정되었다. (㉡)은/는 근육의 필수 성분으로 임신기간에 태아의 조직 발달을 위하여 요구량이 증가되고, 조효소로 작용하여 글루타티온 환원효소의 활성을 유지하는 과정에 관여한다. 현재까지는 임신부를 대상으로 다량의 (㉡) 보충이 건강에 유해하다는 근거가 부족하므로 상한섭취량은 설정되지 않았다.

(8) 물

① 기능 : 모체와 태아조직에서 생성된 노폐물의 배설을 돕고 변비를 예방하는 효과가 있음

② 충분섭취량 : 19~49세 2,100mL+200mL

③ 임신부의 하루 수분 섭취량은 음용수 8~10컵 정도가 바람직함

성인 여성(연령 : 19~29세, 신장 : 160.0cm, 체중 : 56.3kg)의 1일 에너지 필요추정량은 **2,100kcal**이다. 임신기에 추가되는 에너지 필요추정량을 3개의 분기로 나누어 제시하고, 추가되는 에너지를 충족시키려면 어떤 식품은 얼마나 더 섭취해야 하는지 〈보기〉에 제시된 식품을 조합하여 분기마다 1가지를 〈작성 방법〉에 따라 쓰시오.【4점】

〈보 기〉

[조합할 식품 목록]

○ 우유 1컵(200g) ·· 125kcal

○ 두부 1조각(80g) ·· 75kcal

○ 굴 1개(120g) ·· 50kcal

자료 : 대한영양사협회, 「식사계획을 위한 식품교환표」, 2010

✎ **작성 방법**

• 에너지 필요추정량은 한국인 영양섭취기준(2010)을 적용할 것

• 식품 섭취로부터 계산되는 에너지의 오차범위는 ±10kcal 이내로 할 것

---

04 임신 결과에 영향을 주는 식습관과 생활습관요인

(1) 알코올

① 태아알코올증후군fetal alcohol syndrome, FAS

㉠ 발생기전 : 태아의 혈액 중에 에탄올 대사산물인 아세트알데하이드가 축적되어 기형아가 될 수도 있으며 이 외에 영양 결핍과 태내 저산소증, 프로스타그린딘의 감소 등이 원인임

ⓒ 증상
- 성장 지연 : 출생 전과 출생 후 신장, 체중, 머리둘레 성장 부진
- 중추신경계 장애 : 사고력 저하, 지능 저하, 주의력 산만, 학습장애, 운동실조
- 안면의 기형

② 모체에 대한 영향
　ⓐ 알코올은 또한 소화관 내에서 미량영양소의 흡수장애를 유발하여 과음 습관이 있는 경우 아연과 엽산을 비롯한 비타민 B군의 결핍이 발생함
　ⓑ 만성 알코올 중독자인 임신부의 아연 결핍은 기형아 출산과 관련이 있음

(2) 카페인

① 카페인 함유 식품 : 커피, 콜라, 홍차, 녹차, 코코아, 초콜릿 등
② 카페인과 태아
　ⓐ 카페인은 쉽게 흡수되어 태반을 빠르게 통과하여 태아에게 수송함
　ⓑ 태아조직에는 카페인 분해효소의 활성이 매우 낮아 혈액 내 카페인 농도가 아주 낮아도 태반의 혈관을 수축시켜 태반의 혈류속도를 떨어뜨려 태아에게 공급되는 산소와 영양소의 양을 감소시킴
③ 카페인과 모체 : 비임신 시에 2~6시간이던 반감기가 임신 시에는 7~11시간으로 증가함

(3) 흡연

① 흡연이 태아에 미치는 유해작용 : 담배의 니코틴과 일산화탄소는 태반과 태아의 저산소증을 초래하여 영양소 공급을 저해함
② 영향 : 유산, 저체중아, 미숙아, 신생아 사망률 증가

(4) 운동

① 임신부는 심한 육체적 활동을 삼가야 함
② 모체의 혈당은 태아의 주된 에너지원이므로 운동으로 인한 모체의 혈당 감소는 태아의 포도당 부족을 초래할 수 있음
③ 자궁이나 태반으로의 혈류량이 감소함
④ 임신 시에는 프로게스테론 분비가 상승하면서 결체조직의 이완이 현저하게 나타나며, 지나친 운동을 하게 되면 근육과 골격의 긴장이 증가되고 신체조직의 스트레스가 커지면서 조기분만의 위험이 높아짐

05 고위험 임신과 영양 관리

(1) 10대 임신

① 10대 임신부는 자신도 아직 성장단계에 있는데 태아와 임신 부속기관이 발달하므로 영양적 요구가 크게 증가함

② 다이어트 실행이나 불규칙한 섭식으로 영양 필요량을 충족하기 어려운 상황에 놓인 경우가 많고, 15세 미만에 임신을 하면 모체 골격의 무기질화가 제대로 이루어지지 않아 골밀도가 낮고 향후 골다공증에 민감해짐

(2) 다태아 임신

① 다태아 임신 여성의 경우 '적절한 영양'을 공급받는 것이 산전 관리의 핵심이며 임신 중 체중 증가량이 16~20kg 정도가 되도록 세심한 영양 관리가 필요함

② 쌍둥이 임신에서의 체중 증가량은 평균 18.2kg이므로 단태아 임신부보다 매일 약 150kcal를 더 섭취하거나 임신 전보다 평균 450kcal를 더 섭취함

(3) 임신성 고혈압

① 임신성 고혈압은 일반적으로 임신 20주 후에 진단함

② 혈청인슐린 수치가 상승하지 않으며 단백뇨가 없음

③ 임신성 고혈압을 경험한 여성에게는 향후 만성 고혈압이나 뇌졸중의 위험이 따를 수도 있음

(4) 임신성 당뇨

① 진단 : 모든 임산부를 대상으로 임신 24~28주에 시행한 2시간 75g 경구포도당 부하 검사 결과, 공복 혈당 92mg/dL 이상, 포도당 부하 1시간 후 혈당 180mg/dL 이상, 포도당 부하 2시간 후 혈당 153mg/dL 이상 중 하나 이상을 만족하는 경우 임신성 당뇨병으로 진단함

② 원인 : 임신 시에는 에스트로겐, 프로게스테론, 태반락토겐, 프로락틴, 코티솔 등 여러 가지 호르몬 분비가 상승하면서 인슐린의 혈당 조절작용이 감소하여 인슐린 저항성이 발생. 대부분의 임신부들은 인슐린을 더 많이 분비하여 혈당을 잘 조절하나 3~5%의 임신부에게서 혈당 조절이 어려운 경우가 있음

③ 증상

ㄱ 임신 초기 : 기형아 발생률 증가

ㄴ 임신 말기 : 태아의 저혈당 및 호흡 곤란, 거대아 출산율 증가

④ 식사요법

ㄱ 에너지

- 임신기간 동안 비만도의 수준에 따라 8~12kg 정도의 체중이 증가되도록 에너지 공급량을 조절함
- 태아의 성장에 충분하면서도 케톤산증의 발생이 없고, 혈당 조절이 잘 되도록 하는 수준의 에너지 제한이 필요함

ㄴ 탄수화물 : 총 에너지의 45~50%로 제한하고 아침식사의 탄수화물은 15~30g으로 제한함

ㄷ 단백질 : 임신 2분기부터 표준체중 kg당 1.1g/일 수준으로 25g/일의 단백질을 추가 공급함

ㄹ 지방 : 임산부의 체중이나 혈중 지질 농도에 따라 공급량을 조정함

제3장 수유부 영양

수유는 여성에 의해 수행되는 독특한 생리과정이다. 수유기의 생리적 변화와 모유 생성과 관련된 모체의 대사, 수유부의 영양 섭취기준 및 모유 수유 실제에 대해 이해한다.

01 모유 분비의 생리

(1) 유방의 발달과 성숙

① 태아기 : 유방과 유선의 발달은 태아기에 시작, 출생 후부터 아동기까지는 변화 없음

② 사춘기 : 사춘기에 급격히 발달, 에스트로겐, 프로게스테론의 작용으로 유선 발육이 촉진되어 유방이 성장함

③ 임신기 : 난소와 태반에서 분비되는 에스트로겐, 프로게스테론 및 프로락틴, 태반성락토겐 등의 작용으로 유선조직이 급속히 발달하여 유방이 더욱 팽만해짐

Key Point

✓ 태반에서 생성되는 에스트로겐과 프로게스테론이 프로락틴의 방출을 느리게 함으로서 모유 분비를 억제하기 때문에 임신기간에 모유 분비가 발생하지 않는다.

(2) 모유 분비 관련 호르몬

① 프로락틴prolactin : 영아의 흡유 자극 시 뇌하수체 전엽에서 분비되어 모유를 생성함

② 옥시토신oxytocin : 영아의 흡유 자극 시 뇌하수체 후엽에서 분비되어 생성된 모유의 방출과 자궁 수축작용이 있음

③ 분만 후 2~3일부터 초유가 소량 분비됨. 모유 분비 억제 호르몬인 에스트로겐
과 프로게스테론이 완전히 감소하기까지는 분만 후 4~5일이 걸리므로 모유 분
비는 충분하지 않음

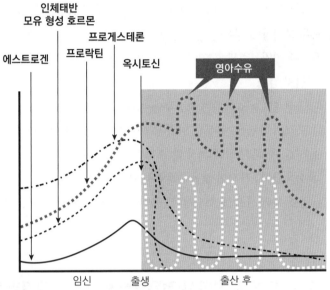

[그림 01] 임신·출산·수유 시의 호르몬 변화

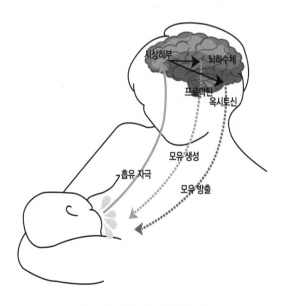

[그림 02] 모유의 생성 및 방출과정

(3) 모유 분비량 및 분비량에 영향을 미치는 요인

① 모유 분비량

㉠ 출생 후 첫 24시간 이내 : 50mL 내외

㉡ 1주일경 : 1일 500mL 내외로 증가

㉢ 10~14일경 : 800~1,000mL _{평균 750mL}로 충분량을 분비

② 모유 분비량에 영향을 미치는 요인

㉠ 수유기간 : 출생 후 영아의 흡유량에 따라 증가하다가 최고 유량에 도달한 후 점차 감소

㉡ 출산 횟수 : 초산부는 경산부에 비해 모유 분비량이 적음

㉢ 모체의 연령 : 수유부의 연령 증가에 따라 분비량이 감소하며 질소량도 저하됨

㉣ 시간 : 이른 아침에 가장 많고 저녁으로 갈수록 감소

㉤ 수유간격 : 간격이 짧을수록 분비량 감소

㉥ 수유부의 신체 및 정신상황 : 불안, 스트레스, 피로, 음주, 흡연 시 분비량 감소

02 모유 수유의 장점

(1) 모유의 영양성분

모유는 영아의 성장에 가장 알맞은 양과 성분의 영양소를 함유하고 있음

① 유청단백질의 형태로 존재하여 소화가 잘됨

② 시스틴과 타우린이 풍부하여 뇌의 발달을 도움

③ 리놀레산과 DHA가 풍부하여 영아의 성장과 두뇌 발달에 도움

④ 콜레스테롤 풍부하여 호르몬 합성이나 중추신경계 발달에 유용함

⑤ 불포화지방산이 많이 들어 있어서 흡수율이 85~90%로 높음

⑥ 유당은 뇌의 발달을 돕고 장내 비피더스균의 성장을 촉진하여 장질환을 예방함

⑦ 락토페린은 유즙에서 철을 운반하는 철 결합단백질로서 체내 철의 이용성을 증가시킴

⑧ 모유 내 비타민 D 함량은 매우 낮으나 25-OH-비타민 D의 형태로 존재함

⑨ 엽산의 흡수율이 높고 모유 내 여러 소화효소가 분비됨

(2) 항감염인자 함유

항감염인자는 모유 중에서도 특히 초유에 함유되어 있음

① 면역항체 : SIgA분비형 면역글로불린 A, IgG, IgM, IgE 등, 세균의 장점막 침입과 소화관 내 증식 방지

② 락토페린lactoferrin : 박테리아의 증식에 필요한 철과 결합함으로써 인체에 유해한 세균의 성장 저해

③ 리소자임lysozyme : 세포 벽의 파괴를 통하여 박테리아 용해

④ 림프구lymphocyte : SIgA 합성

⑤ 대식세포macrophage : 식균작용을 하며 보체, 락토페린, 리소자임 등 생성

⑥ 비피더스bifidus 인자 : 비피더스균의 성장을 유리하게 하여 장내 병균 유기체의 침입에 저항 역할

⑦ 보체complement, C3, C1 : 식균작용 촉진

⑧ 락토퍼옥시다아제lactoperoxidase : 연쇄상구균과 장내세균 살균

⑨ 항포도상구균성antistaphylococal 인자 : 포도상 구균 감염 저해

(3) 항알레르기인자 함유

모유에는 알레르기를 유발하는 물질에 대한 방어인자SIgA 등가 함유되어 있어 알레르기 발생을 억제함

(4) 모체의 생리에 미치는 영향

① 배란을 억제하여 자연적 피임 효과

② 빠른 산후 회복 : 옥시토신의 작용으로 자궁수축 촉진

③ 산후우울증을 줄이며 유방암, 난소암, 골다공증을 예방함

④ 출산 후의 체중 감소에 효과적

(5) 사회·경제적 측면

인공영양에 비해 경제적이고 간편함조제유 비용의 1/10 정도

(6) 심리적 영향

모자 간의 친밀감을 형성하고 영아의 정신 발달, 성격과 인격 형성에 유리함

(7) 위생적 측면

영아에게 직접 수유되므로 청결하고 위생적임

03 수유부 영양과 모유 분비

(1) 수유부 영양과 모유 분비량

① 에너지 및 영양소의 섭취량이 달라도 모유 분비량을 일반적으로 일정하게 유지
② 식품 섭취 제한이나 영양 불량이 심한 경우에는 모유 분비량이 감소

(2) 수유부 영양과 모유 조성

① 에너지, 단백질, 탄수화물, 무기질칼슘, 인, 철, 구리, 콜레스테롤, 엽산, 수분은 모체의 식사 섭취에 영향을 받지 않고 모유 내에 일정한 농도로 유지함
② 요오드, 셀레늄, 지용성·수용성 비타민, 지질, 불소약간 영향을 미침는 식사 섭취에 현저한 영향을 받아 모유 농도에 영향을 줌
③ 저지방식을 섭취한 수유부의 모유 내 지질 함량은 낮으며 지방산 조성은 수유부가 섭취하는 식사의 성질 및 조성에 의해 영향을 받음
　㉠ 채식주의자 : 리놀레산 다량 함유
　㉡ 비채식주의자 : 팔미트산, 스테아르산이 다량 함유
④ 엽산은 모체가 결핍상태에 있어도 모유 중에 적절한 수준을 유지함

04 모유 분비의 부족과 대책

(1) 모유 분비 부족 진단

① 체중 증가가 적음
② 출생 후 3주가 되어도 출생 체중에 못 미침
③ 체중증가곡선을 적절하게 따라가지 못함
④ 30분 이상 젖꼭지를 물고 놓지 않으려 하며 젖꼭지를 빼면 움
⑤ 에너지 보존을 위해 잠을 길게 잠
⑥ 기운이 없어 보이며 약하고 높은 소리를 내면서 움
⑦ 피부에 주름이 잡힘
⑧ 소변이나 대변 횟수가 적음

(2) 모유 분비 부족의 원인

① 유방을 완전히 비우지 않았을 경우

　　㉠ 영아의 흡유력이 불완전한 경우 : 정신 박약, 분만장애, 코 막힘, 구개 파열 등

　　㉡ 엄마의 유두 모양의 유방 발달이 나쁜 경우

② 신생아기에 너무 일찍 혼합영양을 한 경우

③ 유방별 수유간격이 너무 긴 경우 : 자율수유인 경우 영아의 요구 횟수가 하루에 3~4회일 때에는 수유간격이 너무 길어 유즙 분비를 감퇴시키므로 주의해야 함

④ 수유부의 정신적, 육체적 피로

⑤ 모체의 약물복용, 음주, 흡연 및 카페인 섭취

(3) 모유 부족 대책 및 모유 분비 촉진방안

① 모체의 육체적, 정신적 과로를 피하고 마음의 평안을 유지함

② 자신의 유즙분비능력에 대한 자신감을 가짐

③ 에너지, 단백질 및 수분을 충분히 섭취함

④ 수유 후 유방을 완전히 비움

⑤ 온습포, 착유기 등을 이용하여 유방을 자극함

⑥ 금연하고 음주를 자제함

⑦ 오염물질에 노출되지 않도록 함

05 수유부의 영양소 섭취기준

(1) 수유부의 영양소 대사

① 에너지 대사

　　㉠ 모유 생산에 필요한 에너지를 확보하기 위해 비수유 여성보다 에너지 소비를 절약하는 대사적 적응현상을 나타냄

　　㉡ 수유 여성의 기초대사량은 비임신이나 비수유 여성보다 낮음

　　㉢ 식사성 발열 효과도 감소함

　　㉣ 신체활동의 제한으로 활동 대사량이 감소함

② 지질 대사

　　㉠ 모유 수유 시 유선조직의 지방 대사가 항진 : 프로락틴은 유선조직에서 지단백 분해효소lipoprotein lipase의 활성 증가와 인슐린 예민도를 높여 중성지방 합성을 촉진함

     ⓛ 인슐린 예민도를 높이면 유선조직에 포도당 유입을 유도함으로써 역시 지방
       합성이 항진됨
  ③ 단백질 대사
     ㉠ 유선조직에서의 단백질 대사는 항진되며 골격근에서의 단백질 대사는 저하됨
     ⓛ 모유의 단백질 함량은 거의 영향을 받지 않음
     ⓒ 단백질 영양 불량상태에서는 모유의 단백질 농도가 정상 미만으로 저하되거
       나 리신이나 메티오닌의 함량이 감소함
  ④ 미량영양소 대사
     ㉠ 일부 무기질에 있어서는 보상기전이 작용하여 칼슘 등 무기질의 흡수율이 증
       가하고 수유기간 중 무월경으로 철 손실이 감소함
     ⓛ 모유의 엽산 함량이 일정하게 유지됨
     ⓒ 모유 무기질 함량의 항상성 : 주요 무기질칼슘, 마그네슘, 인, 철, 구리, 망간, 아연 등
       은 일정하게 유지됨
     ⓔ 수유단계에 따른 변화 : 수유기간이 경과하면서 칼슘, 마그네슘, 아연 등 주요
       무기질 함량이 모두 감소하는 추세를 보임
     ⓜ 모유의 요오드와 셀레늄 함량은 모체의 식사 섭취량에 비례해 증감하고 불소
       를 일정 수준 이상으로 과다하게 섭취하면 모유의 불소 함량 증가

(2) 수유부의 영양소 섭취기준

  ① 에너지
     ㉠ 모유로 방출되는 에너지에너지 소비량 증가분 510kcal/일780mL × 65kcal/100mL
     ⓛ 저장 지방조직으로부터 동원되는 잉여 에너지170kcal/일를 빼서 산출함
     ⓒ 수유부 에너지 필요 추정량 : +340kcal

> ✓ **수유부 에너지 추가량 = (780mL/일 × 65kcal/100mL) − 170kcal**
>   **= 340kcal/일**

2020년 기출문제 B형

다음은 수유부의 에너지 필요추정량과 모유 수유에 관한 내용이다. 〈작성 방법〉에 따라 서술하시오. 【4점】

> 수유부의 영양필요량은 가임기 여성의 에너지 필요추정량보다 높다. 수유부의 에너지 필요추정량은 가임기 여성의 하루 에너지 필요추정량에 ㉠ 490kcal를 더하고 ㉡ 170kcal를 뺀 값인 320kcal를 추가하여 설정되었다(2015 한국인 영양소 섭취기준). 모유는 아기의 성장과 면역기능에 가장 적합하다. 하지만 수유부 또는 아기에게 건강문제가 있으면 모유 수유가 어려운 경우가 있을 수 있다. 예를 들어, ㉢ 생후 2~3일경 아기의 얼굴, 눈의 흰자위, 가슴, 피부에 노란색을 띄는 증상이 나타나면 모유 수유를 하는 데 어려움이 있을 수 있다.

✏️ **작성 방법**

- 밑줄 친 ㉠, ㉡에 해당하는 이유를 각각 1가지씩 제시할 것
- 밑줄 친 ㉢ 증상의 명칭을 쓰고, 발생 이유 1가지를 제시할 것

　　　　㉣ 식이섬유 +5g/일
　　② 단백질
　　　　㉠ 하루에 모유로 분비되는 단백질 함량 9.5g
　　　　㉡ 순단백질 이용율 47%로 추산하여 20g/일로 산출
　　　　㉢ 개인변이 계수 12.5% 적용
　　　　㉣ 단백질 추가 섭취량 : 25g/일

> ✓ **수유부 단백질 추가량 = 9.45g/0.47 × 1.25 = 25g/일**

　　③ 비타민 : 비타민 A, E, C, 비타민 B_2, 비타민 B_{12}, 판토텐산의 추가량이 임신부보다 많은 편임
　　　　㉠ 비타민 A : 수유부 권장섭취량 +490μgRAE
　　　　㉡ 비타민 E : 수유부 권장섭취량 +3mgα-TE. 임신기에는 추가하지 않았지만 수유기에는 모유로 분비되는 비타민 E의 양이 평균 약 3.0mgα-TE 2.3~4.0mg/일 이 되므로 수유부의 1일 비타민 E 충분섭취량은 비수유 여성의 충분섭취량에 3.0mgα-TE을 가산함

ⓒ 비타민 C : 수유부 권장섭취량 +40mg

ⓔ 비타민 B₂ : 수유부 권장섭취량 +0.5mg

ⓜ 비타민 B₁₂ : 수유부 권장섭취량 +0.4μg

ⓗ 판토텐산 : 수유부 권장섭취량 +2mg

④ 구리Cu : 수유부 권장섭취량 +480μg, 상한섭취량 10,000μg

⑤ 요오드I : 권장섭취량 19~49세 150μg + 190μg

⑥ 마그네슘Mg : 수유 시 추가 섭취량이 없음

⑦ 칼륨K : 수유 시 +400mg , 임신부에서는 없었음

⑧ 셀레늄Se : 권장섭취량 19~49세 60μg + 10μg, 상한섭취량 400μg

⑨ 수분

　㉠ 수유부의 수분 섭취는 모유를 통한 수분 손실량을 고려해야 함

　㉡ 모유를 통한 수분 손실량은 약 700mL/일로 추정함

　㉢ 수유기의 수분 충분섭취량은 비수유기 20대 여자의 수분 충분섭취량 2,100mL/일에 700mL/일을 추가한 2,800mL/일로 설정되었음

■ 표 1. 임신부 및 수유부의 영양소 권장섭취량

연령 (세)	에너지[1] (kcal)	단백질 (g)	비타민 A (μgRAE)	비타민 D[2] (μg)	비타민 E[2] (mgα-TE)	비타민 C (mg)	티아민 (mg)	비타민 B₂ (mg)	니아신 (mgNE)
19~29	2,100	55	650	10	12	100	1.1	1.2	14
30~49	1,900	50	650	10	12	100	1.1	1.2	14
임신부	+0/340/450[3]	+0/15/30	+70 (3,000)	+0 (100)	+0 (540)	+10 (2,000)	+0.4	+0.4	+4 (1,000)
수유부	+340	+25	+490 (3,000)	+0 (100)	+3 (540)	+40 (2,000)	+0.4	+0.5	+3 (1,000)

구분	비타민 B₆ (mg)	엽산 (μgDFE)	비타민 B₁₂ (μg)	판토텐산 (mg)	칼슘 (mg)	인 (mg)	철 (mg)	아연 (mg)	수분 (mL)
19~29	14	400	24	5	700	700	14	8	2,100

(표 계속)

30 ~ 49	14	400	24	5	700	700	14	8	2,000
임신부	+0.8 (100)	+220 (1,000)	+0.2	+1	+0 (2,500)	+0 (3,500)	+10 (45)	+2.5 (35)	+200
수유부	+0.8 (100)	+150 (1,000)	+0.4	+2	+0 (2,500)	+0 (3,500)	+0 (45)	+5.0 (35)	+700

1) 필요추정량, 2) 충분섭취량, 3) 임신 3분기별 영양소 섭취기준, (　) 상한섭취량

06 수유부의 영양과 건강문제

(1) 산후 비만
① 산후 비만은 출산 후 6개월이 지나도록 본래의 체중으로 돌아오지 않고 3kg 이상 체중이 증가한 상태를 보이는 경우를 말함
② 산후 비만의 원인은 산후조리기간 동안 산후풍을 우려하여 활동량은 적으면서 아기와 산모 건강을 생각해 열량이 높은 음식을 과식함으로써 체지방이 축적되기 때문
③ 출산 후 산후 비만을 예방하기 위해서는 모유 수유를 하고 가능한 한 몸을 많이 움직여 신체활동을 하는 것
④ 모유를 먹이면 500~1,000kcal 정도의 열량이 매일 추가로 소모되며 이 열량의 일부는 산모에게 축적되어 있던 지방이 분해되어 사용됨
⑤ 모유를 먹이면 유두 자극으로 옥시토신이 분비되어 자궁을 수축시키고 복부근력의 탄력 회복에 도움이 되므로 최소한 6개월은 모유를 수유함
⑥ 산후 우울증도 산후 비만의 원인

(2) 수유부의 카페인 섭취
① 수유부가 과량의 카페인을 섭취할 경우 카페인은 모유로 이행되어 모유 내 카페인 농도는 모체의 혈장 농도의 50~80% 정도가 됨
② 커피 6~8잔을 마실 경우 영아는 흥분과 각성 등 과민반응을 보이므로 수유 여성은 카페인의 과량 섭취를 삼가해야 함

(3) 수유부의 알코올 섭취

① 수유부가 알코올 섭취 시 옥시토신 분비는 감소하고 프로락틴 분비는 증가하여 호르몬의 작용의 교란이 옴

② 에탄올은 유선조직의 분비세포를 신속하게 통과해 모유에 나타남

③ 모유를 통해 알코올에 노출된 아기는 기면증, 신경계의 발달 저해, 성장발육 저하, 모유의 알코올 농도가 높은 경우 가성 쿠싱증후군의 증상이 발생함

(4) 수유부와 흡연

① 수유부의 흡연은 프로락틴 감소로 모유 분비량을 감소시킴

② 혈중 에피네프린 농도는 높아서 유선 내 혈관의 수축이 유발되어 모유 사출이 억제됨

(5) 수유부와 운동

① 운동이 모유 분비를 방해하거나 영아의 성장을 저해하지 않음

② 에너지 소비가 증가하여 체중 감량 효과가 있음

2018년 기출문제 A형

다음은 수유부의 식품 섭취와 관련된 내용이다. 괄호 안의 ㉠에 들어갈 비타민의 명칭과 ㉡에 해당하는 성분의 명칭을 순서대로 쓰시오. 【2점】

> 장내세균에 의해 합성되는 수용성 비타민인 (㉠)은/는 수유기에 필요량이 증가하므로 브로콜리, 푸른 잎채소, 동물의 간 등을 섭취하여 보충하는 것이 좋다. 그러나 커피, 콜라, 녹차 속에 함유된 (㉡)은/는 모유를 통해 분비될 수 있으므로 가능한 한 먹지 않는 것이 바람직하다.

---

07 수유부의 식생활 관리

수유부는 일반 식사 형태의 증가보다는 식사에 지장이 없는 범위 내에서 우유나 과일 등의 간식을 통해 식사만으로는 부족하기 쉬운 비타민, 무기질, 단백질, 수분 등을 보충하는 것이 좋다.

(1) 식사지침

① 칼슘의 섭취를 위해 우유를 매일 3컵 이상 마시며 요구르트, 치즈, 뼈째 먹는 생선 등을 자주 섭취

② 양질의 단백질 섭취를 위해 살코기, 콩 제품, 달걀, 생선, 특히 등 푸른 생선 등을 자주 섭취

③ 다양한 채소와 과일을 섭취

④ 수분을 충분히 섭취

⑤ 커피, 콜라, 녹차, 홍차, 초콜릿 등 카페인 함유 식품을 적게 섭취

⑥ 술은 절대로 마시지 않음

⑦ 자극적인 음식은 피하고 싱겁게 섭취

(2) 모유 분비 촉진방안

① 모체의 육체적, 정신적 과로를 피하고 마음의 평안을 유지함

② 자신의 유즙분비능력에 대한 자신감을 가짐

③ 에너지, 단백질 및 수분을 충분히 섭취함

④ 수유 후 유방을 완전히 비우고 양쪽 유방을 번갈아 사용함

⑤ 온습포, 착유기 등을 이용하여 유방을 자극함

(3) 과체중 수유부의 지도

① 한 달에 2kg 정도까지의 체중 감량은 부작용을 나타나지 않으나 그 이상이면 모유 생산에 장애를 줄 수 있음

② 모유 수유 기간에 하루 1,500kcal 미만을 섭취하는 것은 피함

③ 에너지를 제한하되 단백질과 미량영양소의 섭취가 줄어들지 않도록 식사의 질에 신경을 씀

④ 체중 감량을 위한 약제 사용은 피함

(4) 모유 생성에 부가되는 영양소 필요량의 섭취

① 에너지 340kcal와 단백질 25g을 추가 섭취함

② 유제품을 2~3단위를 추가 섭취함

③ 어육류 2~3단위를 추가 섭취함

④ 비타민 C와 엽산 필요량은 우유만으로는 불충분하므로 과일류나 녹색채소류 및 식물성 유지류나 두류 또는 견과류의 섭취로 보충함

⑤ 수분 추가량인 700mL를 충족하기 위해 우유 섭취를 늘리거나 과일주스나 여러
종류의 차 또는 음용수 섭취를 증가함

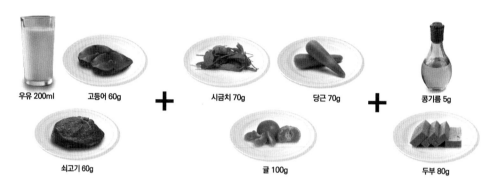

우유 200ml 고등어 60g 시금치 70g 당근 70g 콩기름 5g

쇠고기 60g 귤 100g 두부 80g

2~3단위 우유, 유제품 또는 어육류 + 2~3단위 채소류 또는 과일류 + 2단위 식물성유, 두류 또는 견과류

[그림 03] 수유부 여성이 추가로 섭취해야 할 식품

영아기 영양

영아기는 신체적 성장률이 가장 높고 체조성도 변화하며 발육면에서도 가장 큰 변화가 일어나는 시기이므로 영아의 정상적 성장상태와 기관과 조직의 생리적 발달을 이해하고, 영아의 영양소 작용과 영양 필요량을 파악하여 영양 관리를 할 수 있도록 한다.

01 영아기의 특성

전반기(0~5개월) 유즙영아기, 후반기(6~11개월) 이유기로 구분한다. 일생 중 가장 성장이 왕성한 시기로 특히 뇌의 성장이 현저하다. 소화·흡수기능과 면역능력이 미숙하다. 성장 및 발달은 개인차가 크게 발생한다.

02 성장과 발달

(1) 신체적 성장

① 신장

㉠ 출생 시 신장 : 남아 50.1cm, 여아 49.4cm

㉡ 신장 증가량

- 3개월 : 약 10cm가량 성장
- 1년 : 출생 시의 약 1.5배, 즉 평균 25cm 증가
- 4세 : 출생 시의 약 2배

㉢ 신장 증가율은 체중 증가율에 비해 상당히 낮은 증가율을 보이며, 즉 체중보다 영양이나 질병의 영향을 적게 받음

② 체중

　　㉠ 출생 시 체중 : 남아 3.4kg, 여아 3.3kg

　　㉡ 출생 시 체중에 영향을 미치는 요인 : 모체의 신장, 골반구조, 임신 전 체중, 임신기간 동안의 체중 증가량, 임신기간, 분만 횟수, 임신 중 모체의 건강, 흡연 등

　　㉢ 신생아의 생리적 체중 감소

　　　■ 생후 3~5일에 일시적으로 체중이 감소5~10%하는 현상

　　　■ 출생 후 태변, 뇨, 폐 및 피부로부터의 수분 상실 등이 발생하나 아직 이를 보충할 만한 충분한 모유 분비가 안되기 때문임

　　　■ 정상아는 모유를 수유함에 따라 곧 회복7~10일경되나 미숙아는 생리적 체중 감소 심하며 회복도 느림

　　㉣ 체중 증가량

　　　■ 3개월 : 출생 시의 약 2배

　　　■ 1년 : 출생 시의 약 3배

　　㉤ 성장척도 및 영양상태의 평가 지표로 이용 : 체중의 대소보다 체중 증가의 정도가 중요

③ 두위

　　㉠ 출생 시 : 약 34cm

　　㉡ 남아가 여아보다 크고 앉은키와 비슷하고 가슴둘레보다 큼

　　㉢ 생후 6개월이 되면 두뇌의 전 세포 수가 최대에 이르고 4세가 되면 왕성한 수초 형성 등의 세포 성숙과정을 거쳐 두뇌의 75%가 형성됨

　　㉣ 생후 1년 동안 12cm 정도 커지며 생후 1년이 되면 머리둘레와 가슴둘레는 비슷해짐

④ 흉위

　　㉠ 출생 시 약 33cm

　　㉡ 1세 : 두위46cm와 흉위46cm가 같음

　　㉢ 1세 이후 : 두위보다 흉위가 큼

　　㉣ 가슴둘레의 증가는 체중과 거의 비례함

⑤ 신체 비율의 변화

　　㉠ 신생아는 4등신, 2세가 되면 5등신, 6세에 6등신이 됨

　　㉡ 다리 길이는 신생아기에 1/3보다 약간 긴 정도이나 성인이 되면 약 1/2을 차지함

　　㉢ 신장의 증가는 주로 앉은키좌고의 발육에 의함

⑥ 치아

　　㉠ 태아기에 기초 완성

　　㉡ 유치젖니 : 생후 6~7개월에 아랫니 가운데 앞니부터 나오기 시작하여 2~2.5세에 20개가 됨

　　㉢ 영구치 : 6세를 전후하여 나오기 시작하여 12~13세가 되면 사랑니를 제외한 28개가 됨

　　㉣ 사랑니 : 16~40세경에 나와 영구치가 32개가 됨

⑦ 신체 구성성분의 변화

　　㉠ 수분량의 감소 : 출생 시 체중의 74%에서 1년 후 약 60%로 감소하며 주로 세포외액의 감소에 기인하여 42%에서 32%로 감소함

　　㉡ 단백질의 증가 : 출생 시의 약 12%에서 1년 후 약 15%로 증가하고 남아가 여아보다 증가율이 큼

　　㉢ 지방의 증가

　　　■ 출생 시의 약 12%에서 1년 후 약 23%로 크게 증가하고 생후 4~5개월경에 급격히 증가함

　　　■ 여아가 남아보다 체지방 함량이 약간 높음

　　㉣ 무기질 : 2%로 아동기까지 일정하게 유지되다가 사춘기에 증가

　　㉤ 미숙아 : 수분량은 80%, 지방량은 6%, 단백질량은 12%, 무기질량은 2%로 구성됨

(2) 발육 및 영양상태의 평가

① 신체발육표준치의 백분위수percentile에 의한 평가

　　㉠ 소아의 성별에 따른 체중, 신장, 두위, 흉위 등 신체 발육에 관한 표준치를 발표함

　　㉡ 3, 10, 25, 50, 75, 90, 97 퍼센타일치가 나열되어 있음

　　㉢ 평가

　　　■ 10~90 백분위수 : 정상

　　　■ 10 백분위수 이하 수척, 90 백분위수 이상은 비만으로 간주함

　　　■ 3 백분위수 이하, 97 백분위수 이상 : 정밀 검사의 선출기준

　　　■ 영아가 10 백분위수 이하라 해도 그 이후에 퍼센타일치가 유지 또는 상향하면 문제없으나 반대로 퍼센타일치가 내려가서 발육곡선이 점점 하향하면 발육에 문제가 있는 것으로 봄

② 지수에 의한 평가 : 신장, 체중, 앉은키, 가슴둘레 등의 계측치를 이용함

    ㉠ 카우프지수 : 체중g/신장cm² × 10

        ■ 3개월~3세 영유아의 발육상태 평가

        ■ 평가기준 : 13 이하심한 여윔, 13~15체중 부족, 15~18정상, 18~20과체중, 20 이상비만

    ㉡ 비체중 : 체중g/신장cm

③ 종합적 평가 : 형태적 크기만으로 어린이의 발육상태를 평가할 수 없으며 운동기능, 정신 발달 및 신체적 이상, 질병의 유무에 대해서도 종합적으로 평가해야 함

(3) 생리 발달

① 소화·흡수기능

    ㉠ 구강

        ■ 신생아 침 분비 적음, 산성

        ■ 침의 양이 증가하면서 중성 또는 약알칼리성pH6.80을 띰

        ■ 생후 1년 : 1일 타액 분비량 50~150mL

        ■ 아밀라아제amylase와 구강 리파아제lipase 등 함유

        ■ 생후 4개월경 스푼을 이용해 미음을 먹을 수 있고, 7개월경부터는 입 안의 음식을 씹을 수 있음

        ■ 9개월이 되면 컵을 이용하여 액체를 마실 수 있음

    ㉡ 위

        ■ 성인보다 만곡이 적고 분문기능이 미발달되었고 출생 직후 pH는 약알칼리성, 24시간 후 위산 분비가 시작되어 강산성을 나타냄

        ■ 위의 용량은 신생아 10~20mL, 생후 1년 200~250mL, 2세에 600~700mL 정도로 증가하고 위의 기능도 점차 성숙하게 됨

        ■ 펩신, 리파아제, HCl, 응유효소 등 함유

        ■ 음식이 위에 머무르는 시간은 모유의 경우 2~3시간, 우유는 3~4시간, 죽은 약 4시간, 채소는 4~5시간 정도 걸림

    ㉢ 소장

        ■ 길이 : 3~5m신장의 6배, 소아의 소화기관은 아직 미숙한 상태임

        ■ 리파아제 : 담즙산염-자극 리파아제는 영아 지질소화에 관여

        ■ 아밀라아제 : 소장에서 올리고당의 소화를 도움

        ■ 프로테아제 : 소장에서 영아의 단백질 소화

　　　　■ 지방 분해효소 및 담즙산 소량 분비로 인하여 지용성 비타민의 흡수율이 낮음, 포화지방산보다는 불포화지방산의 소화·흡수가 더 용이함
　　　　■ 칼슘과 철은 능동수송 방법에 의해 흡수되므로 흡수율이 높음
　　　　■ 장점막의 미숙으로 식품단백이 그대로 체내로 유입되어 알레르기반응을 일으킬 가능성이 높음

② 섭식기능

　　㉠ 신생아 : 젖 찾기 반사rooting reflex, 흡인반사sucking reflex로 인해 아기는 필요한 영양분을 섭취

　　㉡ 4~8개월
　　　　■ 4개월이 되면 혀의 움직임과 머리를 잘 가눌 수 있고 손으로 젖병이나 엄마의 젖을 잡을 수 있음
　　　　■ 6개월이 되면 눈에 보이는 물체를 쫓아 손바닥으로 잡음
　　　　■ 7~9개월경에는 저작에 필요한 턱의 움직임이 발달
　　　　■ 8개월쯤 되면 물이나 우유를 마실 수 있는 능력이 생김

　　㉢ 9~12개월
　　　　■ 10개월부터는 엄지와 검지로 물체를 집을 수 있고 깨물거나 씹는 운동을 함
　　　　■ 엄마의 젖을 거부하기 시작하며 여러 종류의 음식을 접함
　　　　■ 12개월쯤에는 저작기능이 충분히 발달

③ 간기능

　　㉠ 간기능 미숙으로 해독작용이 불완전하여 중독증상이 자주 발생

　　㉡ 신생아의 생리적 황달
　　　　■ 출생 시 여분의 적혈구가 파괴되면서 빌리루빈이 형성되나 간기능 미숙으로 빌리루빈이 혈액 중에 증가하여 피부가 노랗게 변하는 현상
　　　　■ 생후 2~3일경에 나타나고 7~10일경에 없어짐

④ 신장기능

　　㉠ 신생아의 신장은 성인에 비해 크기가 작고 기능도 미숙

　　㉡ 항이뇨 호르몬의 분비량 적어 사구체 여과율이 낮고 요농축능력도 낮음

　　㉢ 크레아티닌 제거율 : 25~30mL/분조산아의 경우 20mL/분 정도

　　㉣ 약간의 수분 섭취 제한이나 구토, 설사, 발한 등의 상황에서 쉽게 수분 불균형 발생

　　㉤ 1년 6개월~2년쯤에는 자신의 의사에 의해 배뇨를 할 수 있으며 4세 이후에는 대부분 야뇨 현상이 없어짐

　　㉥ 신장에 부담을 주는 영양소단백질, 나트륨, 칼륨, 염소, 인를 줄 때는 주의

(4) 체온과 혈압, 맥박

① 체온과 호흡

㉠ 생후 50일 경부터 체온 조절이 순조로워짐

㉡ 호흡 : 신생아 호흡 수 40~50회로 성인의 2배, 영아기의 호흡은 복식호흡으로 30~40회/분 정도

② 혈압과 맥박

㉠ 혈압 : 영아는 심장과 대혈관의 지름이 신체에 비해서 크고 혈관도 탄력성이 커서 저항이 작아 혈압이 낮음

㉡ 맥박 : 출생 시 1분간 140~180회, 영아기 100~140회, 유아기 90~120회

(5) 혈액

① 적혈구

㉠ 헤모글로빈의 1/2은 태아형 소소결합력 큼, 나머지는 성인형

㉡ 적혈구 수 : 600만 개

㉢ 헤모글로빈 양 : 20g/dL

▪ 생후 3~4개월경 태아형 헤모글로빈 감소

▪ 영아의 생리적 빈혈 생후 2~4개월

② 백혈구와 림프조직

㉠ 백혈구

▪ 출생 시 백혈구 수 : 15,000~20,000개

▪ 2~3일 후 : 10,000개

▪ 4~6세에 약 9,000개, 10세에 약 8,000개가 됨

㉡ 림프조직

▪ 림프구와 면역항체가 생기는 곳

▪ 출생 후 서서히 발육, 2~3세경부터 급속하게 증가

(6) 미숙아

① 정의 : 출생 시 체중이 2.5kg 이하인 저체중이나 재태기간 38주 미만의 조산아를 통칭

② 신체적 특징

㉠ 몸통에 비해 머리가 크며 피부는 얇고 붉은 기가 강함

㉡ 체수분 특히 세포외액의 비율이 크며 신생아의 생리적 체중 감소 폭도 큼

㉢ 체내 영양소의 저장량 제한 : 체지방량의 약 1% 성숙아 12%

㉣ 섭식기능 발달 미숙, 소화 및 흡수기능 미숙

③ 생리적 특징

    ㉠ 체온 조절 미숙, 면역기능 불완전, 호흡장애 발생 위험

    ㉡ 뇌성 마비, 지능 저하 등의 신경학적 후유증이 발생함

④ 영양소 필요량

    ㉠ 정상아에 비해 더 많은 에너지와 영양소 필요

    ㉡ 에너지 : 약 120kcal/kg

    ㉢ 단백질 : 3.5~4.0g/kg, 모든 필수아미노산과 타우린 및 시스틴 공급

    ㉣ 지질

        ■ 리놀레산, 리놀렌산, 아라키돈산, DHA 등 중요

        ■ 지질의 소화·흡수기능 저하 : 미숙아용 조제유에 중간사슬지방MCT 첨가

    ㉤ 무기질

        ■ 골격 내 칼슘 축적이 제한되어 골감소증, 구루병의 발생 위험이 있으므로 칼슘과 인 보충

        ■ 체내 철저장량이 제한되어 있으므로 철 보충 필요

        ■ 다가불포화지방산 함량이 높은 조제유를 공급하는 경우 비타민 E의 필요량이 증가함

⑤ 미숙아의 영양 공급

    ㉠ 영양 지원 : 미숙아의 생리상태 및 재태기간에 따라 정맥영양, 경장영양 등을 실시

    ㉡ 모유 : 미숙아에게 우수한 영양원이나 모유만으로는 성장·발달에 지장이 올 수 있으므로 모유 강화제 첨가

    ㉢ 조제유 : 미숙아를 위한 시판 조제유

03 영아의 영양소 섭취기준

영아는 체격에 비해 체표면적이 넓어 열 손실이 크기 때문에 단위체중 당 영양소의 필요량이 성인보다 크고 새로운 조직의 합성과 체액의 부피가 증가하므로 수분 필요량이 증가한다. 영아기의 영양섭취기준은 충분섭취량으로 설정하였고 0~5개월에는 모유섭취량(780mL/일)에 모유의 영양소 함량을 곱하여 설정하였고 6~11개월에는 모유섭취량(600mL/일)과 이유보충식 섭취량을 더하여 설정한다.

(1) 에너지

① 단위체중 당 에너지 필요량이 일생 중 가장 높은 이유

ㄱ 체중에 비해 체표면적의 비율이 상대적으로 높아서 열 손실이 상대적으로 큼

ㄴ 성장을 위한 에너지 필요량이 높음

ㄷ 대사율과 활동량이 많아 에너지 소비량이 큼

② 에너지 필요추정량과 산출과정

ㄱ 0~5개월은 550kcal

ㄴ 6~11개월은 700kcal

■ 표 1. 영아의 1일 에너지 필요추정량과 산출과정

연령 (개월)	설정기준		최종 결정값 (kcal/일)
	영아의 에너지 소비량	성장에 따른 축적량(추가 필요량)	
0~5	89kcal/kg/일 × 6.2kg − 100kcal/일	115.5kcal/일	550
6~11	89kcal/kg/일 × 8.9kg − 100kcal/일	22kcal/일	700

(2) 탄수화물

① 영아의 체중 당 포도당 요구량은 성인보다 4배 정도 큼

② 모유에 함유된 탄수화물은 주로 유당이며 유당의 역할은 장내 이로운 미생물인 산을 생성하는 박테리아의 성장을 촉진하고, 장내 해로운 세균의 성장을 억제하며 신경조직 합성에 필요한 갈락토스를 공급함

③ 탄수화물 충분섭취량g, 모유 내 유당 함량 74g/L

ㄱ 0~5개월 : 74 × 0.78 = 57.72 ≒ 60g

ㄴ 6~11개월 : 74 × 0.60 = 44.4 + 45 이유보충식의 탄수화물 섭취량 추정치 = 90g

(3) 지방

① 영아의 총 지방 및 필수지방산의 충분섭취기준은 전반기는 모유로부터 섭취하는 총 지방과 필수지방산으로, 후반기에는 모유와 이유식으로 섭취하는 총 지방 및 필수지방산의 양을 근거로 설정함

② 총 지방 충분섭취량g, 모유 내 지방 함량 32g/L

ㄱ 0~5개월 : 32 × 0.78 = 24.9 ≒ 25g

ㄴ 6~11개월 : 32 × 0.6 + 5.6 이유식 총 지방 ≒ 25g

■ 표 2. 영아의 지방, n-6 지방산과 n-3 지방산

연령 (개월)	충분섭취량(g/일)		
	지방	n-6 지방산	n-3 지방산
0~5	25	2.0	0.3
6~11	25	4.5	0.8

(4) 단백질

① 단위체중 당 필요량이 일생 중 가장 높음

② 이 시기의 단백질 필요량은 신체조직 형성 및 성장속도의 직접적인 영향을 받음.
단백질 섭취가 부족하면 뇌 성장의 지표인 머리둘레 증가에 영향을 미침

③ 필수아미노산 리신, 루신, 이소루신, 트레오닌, 트립토판, 발린, 메티오닌, 페닐
알라닌, 히스티딘 외에 시스테인, 타우린, 아르기닌 및 카르니틴 등이 조건적 필
수아미노산 임

④ 타우린은 담즙산 대사 및 중추신경계에 작용하고 카르니틴은 지질 대사에 관여함

⑤ 0~5개월 영아의 충분섭취량 : 10g

  ㉠ 1일 평균 모유 분비량 × 모유의 단백질 함량

  ㉡ 1.22g/dL × 0.78L/일 = 9.5g ≒ 10g/일

⑥ 6~11개월 영아의 권장섭취량 : 15g

  ㉠ 평균필요량 : 질소평형을 위한 단백질 필요량 + 단백질 축적을 위한 필요
  량 × 평균체중

  ㉡ 688mg/kg/일 + 242mg/kg/일/0.58 × 8.9kg = 9.8g/일

  ㉢ 권장섭취량 : 평균필요량 × 1.25 = 12.3g/일 ≒ 15g/일

(5) 무기질

① 칼슘

  ㉠ 골격의 빠른 성장을 위해 중요

  ㉡ 모유 내 칼슘은 이용률이 높아 70%에 달하고 우유 칼슘의 체내 보유율은 25~
  30%로 낮음

  ㉢ 칼슘이 잘 이용되려면 칼슘과 인의 비율을 최적 비율인 2 : 1이나 1 : 1로 유지
  하는 것이 바람직 Ca : P = 2 : 1모유, 1.5 : 1조제유

  ㉣ 칼슘 충분섭취량 : 0~5개월 210mg, 6~11개월 300mg

② 철

　㉠ 출생 시의 저장 철은 생후 4~6개월에는 고갈되므로 철 공급 필요. 특히 이유식의 식품 선택에 주의함

　㉡ 모유의 철 함량은 소량0.4~1.0mg/L이지만 흡수율이 49% 정도로 비교적 높음

　　우유와 조제유의 철 흡수율은 각각 10%, 4%로 매우 낮은 편임

　㉢ 0~5개월 충분섭취량 0.3mg, 6~11개월 권장섭취량 6mg

③ 아연

　㉠ 단백질 합성과정에 필요한 효소의 성분으로 작용하여 성장 및 발달에 중요

　㉡ 대두 조제유의 아연 이용률이 가장 낮으며 이는 콩에 피트산이 함유되어 있기 때문

　㉢ 0~5개월 충분섭취량 2mg, 6~11개월 권장섭취량 3mg

④ 구리 : 충분섭취량 0~5개월 240μg, 6~11개월 310μg

⑤ 불소

　㉠ 모유에는 불소 함량이 낮기 때문에 충치 예방을 위해 충분한 섭취

　㉡ 충분섭취량 0~5개월 0.01mg, 6~11개월 0.5mg

⑥ 요오드 : 충분섭취량 0~5개월 130μg, 6~11개월 170μg

(6) 비타민

① 비타민 D

　㉠ 칼슘과 인의 흡수, 골격의 석회화에 필요. 결핍 시 구루병 발생

　㉡ 모유와 우유 내 함량은 매우 적으며 피부를 통해 합성이 가능하므로 일광욕 필요

② 비타민 K : 신생아는 출생 시 장이 무균상태여서 장내세균에 의해 비타민 K의 합성이 일어나지 않아 출혈성 질환의 위험이 증가하므로 출생 후 비타민 K를 근육주사나 경구투여할 것을 권장

③ 수용성 비타민 충분섭취량

　㉠ 비타민 B_1 : 0~5개월 0.2mg, 6~11개월 0.3mg

　㉡ 리보플라빈 : 0~5개월 0.3mg, 6~11개월 0.4mg

　㉢ 비타민 B_6 : 0~5개월 0.1mg, 6~11개월 0.3mg

　㉣ 엽산 : 0~5개월 65mg, 6~11개월 80mg

　㉤ 비타민 B_{12} : 0~5개월 0.3mg, 6~11개월 0.5mg

　㉥ 비타민 C : 0~5개월 35mg, 6~11개월 45mg

(7) 수분

① 체표면적이 큰 영아는 체표면으로 증발하는 수분의 양이 많기 때문에 수분이 많이 필요함

② 영아의 불감수분 손실이 60%로 성인의 40~50%보다 높은 수치임

③ 불감수분 손실은 피부와 호흡기로 상실되는 수분으로 외부 기온이 높을 때, 체온이 높을 때 증가함

④ 단위체중 당 체표면적이 성인보다 넓으며 피부와 폐를 통한 불감수분 손실량이 많으므로 여름, 발열, 설사 시 탈수증이 쉽게 발병함

⑤ 영아의 수분 충분섭취량 : 0~5개월의 경우 700mL, 6~11개월의 경우 800mL

> **Key Point** 영아의 수분 필요량이 성인보다 높은 이유
>
> ✓ 체표면적으로 증발되는 수분의 양이 많기 때문에 수분을 많이 요구한다.
> ✓ 성인에 비해 호흡수가 많아 영아가 호흡을 통해 상실되는 수분의 양이 많다.
> ✓ 새로운 조직 합성과 체액의 부피 증가 때문에 수분이 필요하다.

■ 표 3. 영아의 비타민과 수분의 충분섭취량

연령 (개월)	비타민 A (µgRAE)	비타민 D (µg)	비타민 E (mgα-TE)	비타민 K (µg)	비타민 C (mg)	티아민 (mg)
0~5	350	5	3	4	35	0.2
6~11	450	5	4	7	45	0.3

연령 (개월)	리보플라빈 (mg)	니아신 (mgNE)	비타민 B_6 (mg)	엽산 (µgDFE)	비타민 B_{12} (µg)	수분 (mL)
0~5	0.3	2	0.1	65	0.3	700
6~11	0.4	3	0.3	80	0.8	800

04 모유영양과 인공영양

출생 후 적어도 6개월까지는 아기의 성장 및 발달을 위해 가장 완전한 유즙인 모유를 먹이는 것이 바람직하며 조제유는 조유 지시에 따라 위생적으로 조유해야 한다.

(1) 모유영양

모유는 유당, 단백질, 지방, 비타민, 무기질 및 다양한 생리기능을 지닌 물질들을 함유한 가장 완전한 유즙이며, 영양소 및 기타 성분 등은 수유가 진행됨에 따라 그 함량이 변함

① 초유
  ⊙ 분만 후 처음 며칠간 1~5일 분비되는 유즙
  ⓒ 성숙유에 비해 지방과 유당의 함량이 적어 에너지 함량은 낮은 반면에 수분과 단백질, 나트륨, 칼륨, 염소, 인 등 무기질과 베타카로틴 등 비타민 함량은 높음
  ⓒ 각종 면역물질 함유로 감염 예방 효과 대식세포나 면역글로불린 등의 면역물질이 다량 함유
  ② 태변 배설을 도와주고 영아의 장을 튼튼하게 해주는 성분 함유

② 성숙유 : 출산 후 한 달 정도가 지나면 영양소의 조성이 일정해지는 성숙유를 분비함
  ⊙ 에너지 : 65kcal/dL
  ⓒ 단백질 : 수유부의 영양상태나 단백질 섭취량과 무관하게 일정한 수준으로 유지
    ▪ 모유의 단백질 함량은 8~9g/L
    ▪ 카세인 함량이 10~50%로 낮고 유청단백질인 락트알부민이 50~90%로 높으며 락트알부민은 영아의 위 속에서 부드럽게 응고되어 소화를 용이하게 함
    ▪ 락토페린, 락토글로불린, 당단백질을 소량 함유함
    ▪ 아미노산 조성의 특징은 타우린의 함량이 높고 페닐알라닌과 메티오닌 함량이 낮으며 타이로신과 시스테인 함량이 높음
  ⓒ 당질
    ▪ 포도당, 갈락토스, 올리고당, 아미노당도 소량 함유하며 유당 함량이 7g/100mL임 우유 4.8g
    ▪ 당도와 용해도가 낮은 유당은 아기의 소장에서 천천히 흡수되며 인슐린 요구량이 낮다는 점과 모유의 삼투압을 낮게 유지한다는 이점이 있음
    ▪ 올리고당은 소장에 있는 병원성 미생물이 표적세포의 수용체와 결합하는 것을 방지하고, 병원균이 소장 상피세포에 침투하지 못하게 하여 각종 질병으로부터 영아를 보호하는 역할을 함

　ⓔ 지질 : 총 지질 함량은 3.5%로 정도로 우유와 차이가 없으나 지방산 조성이 다름
　　▪ 주로 소화가 잘되는 β-팔미트산 함량이 높은 중성지방95% 이상이며 그 외에 인지질, 콜레스테롤, 모노글리세라이드, 다이글리세라이드, 당지질, 유리지방산도 소량 함유
　　▪ ω-6 계열의 리놀레산과 ω-3 계열의 EPA, DHA 등의 고급불포화지방산 함량이 높음
　　▪ 채식을 하는 수유부의 모유에는 리놀레산과 리놀레닌산 다량 함유하고 생선을 많이 먹는 경우 모유 내 ω-3 계열의 지방산 함량 높음
　　▪ 콜레스테롤 다량 함유 : 중추신경계의 미엘린, 세포막, 스테로이드 합성에 중요한 역할
　　▪ 지방분해효소인 지단백라이페이스와 담즙염자극 라이페이스 등이 포함
　ⓜ 무기질
　　▪ 초유에서 성숙유로 갈수록 함량 감소
　　▪ 철, 구리, 아연, 망간 등 미량무기질의 함량이 낮음총 무기질 함량은 우유가 모유보다 3배 정도 많음
　　▪ 모유의 미량무기질은 흡수가 잘 되는 형태로 체내 이용률이 우유보다 높은 편
　ⓗ 비타민
　　▪ 비타민 A와 베타카로틴이 다량 함유
　　▪ 비타민 D : 모유 내 매우 소량 함유되어 있으며 수유부의 비타민 D 섭취량 및 햇빛 노출 정도에 따라 달라짐
　　▪ 비타민 E : 초유에서 성숙유로 갈수록 함량이 감소하며 신생아기의 항산화 효과를 나타냄
　　▪ 수용성 비타민 : 초유에서 성숙유로 갈수록 함량 증가
　ⓢ 기타 성분방어물질
　　▪ 비피더스인자/락토페린/인터페론
　　▪ 수유부의 영양상태나 건강상태에 따라 크게 다름
　　▪ 호르몬, 성장인자, 위와 장 조절 펩타이드, 소화효소, 운반단백질 등 다양한 성분을 함유함

2019년 기출문제 A형

다음은 모유의 성분에 대한 설명이다. 괄호 안의 ㉠, ㉡에 해당하는 영양성분의 명칭을 순서대로 쓰시오. [2점]

> 모유 내 단백질은 크게 카제인과 (㉠)(으)로 구분된다. 이 중 (㉠)에는 락트알부민, 라토페린, 면역글로불린 등 면역기능을 가진 성분이 포함되어 있으며 수유기간이 증가함에 따라 그 함량이 점점 감소된다. 모유단백질의 아미노산 조성의 특징은 우유에 비해 (㉡)의 함량이 낮다는 것이다. 선천성 대사장애가 있는 영아의 경우 (㉡)이/가 티로신으로 대사되지 못해 체내에 쌓임으로써 중추신경계에 영향을 미쳐 정신질환을 유발할 수도 있다.

③ 조산유
   ㉠ 단백질과 비단백태 질소 함량뿐만 아니라 면역글로불린과 무기질 함량이 매우 높음
   ㉡ 조산아가 소화시키기에 좀 더 쉬운 중쇄지방산 함량이 높음
   ㉢ 유당 함량은 낮은 편임
   ㉣ 조산아에게 조산유를 수유하면 성장 및 발육을 촉진함

(2) 조제유

조제유의 체내 낮은 이용률을 보상하기 위해 일반적으로 모유보다 여러 가지 영양소가 고농도로 함유되어 있음

① 우유 조제유 : 전지분유를 모유의 성분에 유사하게 만듦
   ㉠ 단백질 : 카세인 감소, 알부민과 글로불린 증가
   ㉡ 지질 : 포화지방산 제거, 불포화지방산 첨가
   ㉢ 당질 : 유당 첨가
   ㉣ 무기질 : 다량무기질칼슘, 인, 나트륨, 염소 등 감소, 미량무기질철, 아연, 구리 등 강화
   ㉤ 비타민 : 비타민 C, D, 니아산 등의 여러 비타민 강화
   ㉥ 기타 DHA, 면역성분락토페린 등 등 첨가
② 대두 조제유 : 영아가 우유단백질에 대해 알레르기를 나타내는 경우 이용함
③ 단백질 가수분해물 조제유 : 우유와 두유 모두에 알레르기가 있는 아기는 단백질을 아미노산으로 가수분해시켜 만든 조제유의 섭취가 필요함

④ 저항원성 조제유 : 우유단백질 알레르기로 인해 우유 조제유나 모유를 섭취할 수 없는 아기를 위한 것임

⑤ 페닐케톤뇨증 조제유

   ㉠ 페닐알라닌을 티로신으로 전환하는 효소의 활성이 낮거나 결핍된 경우에 페닐케톤뇨증phenylketonuria, PKU이 발생함

   ㉡ 페닐알라닌을 함유하지 않도록 제조된 조제유를 이용함

⑥ 단풍당뇨증 조제유 : 측쇄branched chain 아미노산인 아이소루신, 루신 및 발린을 대사하지 못하는 질환인 단풍당뇨증이 있는 아기를 위하여 이들 아미노산을 함유하지 않도록 제조된 조제유

⑦ 갈락토오스혈증용 조제유 : 갈락토오스를 대사시키지 못하므로 유당을 제거하여 식물성 당분으로 대체한 조제유

(3) 수유방법

① 수유 횟수와 수유량

   ㉠ 수유시간 : 15~20분

   ㉡ 모유 수유 횟수는 초기에는 하루 평균 8회에서 차츰 감소하여 5개월이 되면 4~6회 정도를 유지함

   ㉢ 1회 수유량 : 영아 초기에는 60~120mL 정도였다가 5개월에는 약 150~180mL로 증가시킴

   ㉣ 수유방법

      ■ 하루 2~4시간 간격으로 젖을 한 번에 60~90mL씩 먹임

      ■ 6개월쯤 경과하면 세 차례의 이유식과 함께 젖 먹는 횟수를 하루 4번 정도로 줄임

      ■ 젖을 다 먹인 후에는 아기를 어깨에 대고 똑바로 세운 후 등을 쓸어주거나 가볍게 두드려 트림을 유도함

② 인공영양의 조유법

   ㉠ 우리나라의 시판 조제유는 모두 분유형태이므로 물로 희석하여 13%의 용액으로 조유함

   ㉡ 조제유의 농도를 정확하게 맞추는 것이 중요함

      ■ 농도가 너무 진하면 탈수 및 대사성 산혈증의 발생 위험이 있음

      ■ 농도가 너무 연하면 영양상태와 성장 부진이 발생함

05 이유기 영양

(1) 이유의 목적

① 영양소의 공급 : 영아가 성장함에 따라 유즙만으로는 영아에게 필요한 영양철, 구리 등을 충족시키지 못함

② 소화기능 발달 : 소화기관을 자극하여 발달 촉진

③ 섭식능력 습득 : 음식을 씹어 삼키는 능력 습득

④ 지적·정서적 발달 도모 : 음식에 대한 관심 표명이 증가하여 이러한 욕구 만족을 통해 정신 발달

⑤ 올바른 식습관 확립 : 음식에 대한 첫인상 형성

(2) 이유시기

① 생후 4~6개월로서 출생 시 체중의 약 2배, 즉 7kg 정도일 때 시작

② 4개월 이전의 너무 빠른 이유

　　㉠ 모유 분비량 감소

　　㉡ 소화기능의 미숙에 의한 설사

　　㉢ 장벽의 미성숙에 의한 알레르기 질환

　　㉣ 삼킴운동 미숙과 위·식도 역류에 의한 호흡기증상

　　㉤ 지방세포 수 증가에 의한 비만

③ 6개월 이후의 너무 늦은 이유

　　㉠ 성장 부진

　　㉡ 면역기능 저하

　　㉢ 영양 결핍 : 미량영양소의 부족

　　㉣ 편식

(3) 이유의 원칙

① 이유 준비 : 생후 3개월부터 과즙, 야채즙, 미음 등의 유동식을 숟가락으로 먹이면서 습관을 들임관찰기간

② 시간 : 일정한 시간에 이유식을 주되 공복 시에 먼저 이유식을 주고 그 후 모유나 우유 공급, 수유는 4시간 간격으로 하루 4~5회 실시

③ 식품의 종류 및 분량 : 하루에 한 가지 식품을 한 숟가락 정도 주고 양을 차츰 늘려가면서 1주일 정도 같은 식품을 주어 식품에 대한 거부 또는 알레르기 반응 여부를 관찰함. 하루에 두 종류 이상의 새로운 식품을 주지 않음

④ 조리형태 : 반유동식 → 반고형식 → 고형식

⑤ 양념 : 염분, 설탕, 향신료, 합성조미료의 사용 제한

⑥ 안전과 위생 : 식품의 위생적 보관과 조리, 조리용기의 소독

(4) 이유의 실제

① 이유 초기4~6개월

　㉠ 1일 1회, 오전 10시경, 공복 시 수유에 앞서 공급매일 일정한 시간

　㉡ 모유 또는 조제유는 정해진 시간에 규칙적으로 공급4~5회/일. 이유식을 준 다음 모유나 조제유는 영아가 원하는 대로 공급

　㉢ 이유식 : 반유동식, 묽은 죽, 삶아서 으깨거나 곱게 간 과일, 채소, 흰살생선조기, 가재미, 광어, 민어, 육류쇠고기, 닭고기, 간, 난황 등

　㉣ 영아의 발육상태, 배변, 식욕, 기분 등에 주의하면서 진행

② 이유 중기7~9개월

　㉠ 1일 2회오전, 오후 : 처음에는 오전의 1/2 공급 실시

　㉡ 식품의 종류, 분량을 천천히 늘림

　㉢ 이유식 : 반고형식으로 으깨지 않은 부드러운 죽, 흰살생선 및 육류 다진 것, 난백, 야채 삶아 으깬 것, 과일은 긁거나 얇게 저며서 공급

　㉣ 이가 나기 시작하므로 비스킷, 토스트로 연습시킴

③ 이유 후기10~12개월

　㉠ 1일 3회 공급 : 영양의 주체가 유즙에서 이유식으로 바뀜

　㉡ 이유식 : 고형식으로 된죽, 진밥, 두부, 달걀, 잘게 썬 고기 등을 부드럽게 익혀서 공급

　㉢ 음식, 음료를 컵이나 손으로 잡고 먹는 연습시킴

④ 이유 완료기1세 이후

　㉠ 1일 3회 식사로 성인과 유사한 음식 공급

　㉡ 간식 : 1일 1~2회로 우유, 과실, 비스킷 등 공급

　㉢ 모유, 조제유 : 더 이상 공급 안 함

　㉣ 생우유 : 생후 1년 이후에 공급

　㉤ 알레르기 위험 식품 : 등 푸른 생선, 새우, 돼지고기, 토마토 등은 1년 이후에 공급

　㉥ 꿀, 콘시럽 : 내열성이 강한 클로스트리디움 보툴리누스 포자로 인해 독성문제를 유발할 위험이 있으므로 1년 이후에 공급

06 영양문제

(1) 성장장애

① 진단 : 신장, 체중이 5 백분위수 미만

② 원인 : 영양 결핍 에너지, 단백질, 철, 아연 등

(2) 빈혈

① 원인 : 철 필요량의 급증, 불충분한 식품 섭취, 출혈 및 혈액 손실

② 증상 : 식욕 감소, 세균감염에 대한 저항력 약화, 집중력 감소, 학습능력 저하, 성장·발달 저해

③ 예방 : 이유기의 영아에게 철 함유 식품 육류, 생선, 녹색채소 등 공급 필요

(3) 치아우식증(충치)

① 법랑질 또는 에나멜질 치아의 머리 부분 표면을 덮어 상아질을 보호 이 산에 의해 손상됨

② 원인 : 젖병으로 주스, 우유 또는 조제유를 먹는 아이에게 흔히 발생하며 치아우식세균이 설탕을 발효시켜 산을 형성하여 빠르게 치아를 손상시킴

③ 예방

ㄱ 취침시간에 젖, 조제유, 과즙 등을 먹이는 것은 구강건강에 좋지 않으므로 먹인 후에는 반드시 젖병을 빼고 물로 입을 씻은 다음 재움

ㄴ 유즙 대신 물을 채운 젖병을 주는 것도 젖병 치아우식증을 예방하는 좋은 방법임

(4) 식품 알레르기

① 원인

ㄱ 식품

- 우유가 가장 흔함, 그 외 달걀, 땅콩, 밀, 대두, 생선, 토마토, 감귤류, 복숭아 등
- 수유부가 섭취하는 식품성분이 모유로 분비되어 알레르기 유발 가능

ㄴ 이유식을 너무 일찍 시작한 경우에도 발생 가능

② 증상 : 습진, 비염, 두드러기, 호흡 곤란, 기침, 구토, 설사 등

③ 대책

ㄱ 원인식품 일단 제한 : 일정 시간 경과 후 조금씩 첨가하면서 경과 관찰

ㄴ 위생적인 식품 관리

07 영아의 식생활 관리

(1) 식사지도

① 의자에 앉아서 식사하도록 지도한다.

② 영아가 음식에 대한 호기심을 가지고 즐기게 한다.

③ 영아에게 음식을 강요하지 않는다.

④ 영양가 있는 음식을 주되 어떤 음식을 얼마만큼 먹든지 상관하지 않는다.

⑤ 단것을 제한한다.

⑥ 즐거운 분위기에서 식사하는 방법과 식습관을 가르친다.

(2) 영유아를 위한 식생활 지침

① 생후 6개월까지는 반드시 모유를 먹인다.

 ㉠ 초유는 꼭 먹이도록 한다.

 ㉡ 생후 2년까지 모유를 먹이면 더욱 좋다.

 ㉢ 모유를 먹일 수 없는 경우에만 조제유를 먹인다.

 ㉣ 조제유는 정해진 양 대로 물에 타서 먹인다.

 ㉤ 수유 시에는 아기를 안고 먹이며 수유 후에는 꼭 트림을 시킨다.

 ㉥ 자는 동안에는 젖병을 물리지 않는다.

② 이유보충식은 성장단계에 맞춰 먹인다.

 ㉠ 이유보충식은 생후 만 4개월 이후 6개월 사이에 시작한다.

 ㉡ 이유보충식은 여러 식품을 섞지 말고 한 가지씩 시작한다.

 ㉢ 이유보충식은 신선한 재료를 사용하여 간을 하지 않고 조리해서 먹인다.

 ㉣ 이유보충식은 숟가락으로 떠먹인다.

 ㉤ 과일주스를 먹일 때는 컵에 담아 먹인다.

③ 유아의 성장과 식욕에 따라 알맞게 먹인다.

 ㉠ 일정한 장소에서 먹인다.

 ㉡ 쫓아다니며 억지로 먹이지 않는다.

 ㉢ 한꺼번에 많이 먹이지 않는다.

④ 곡류, 과일, 채소, 생선, 고기, 유제품 등 다양한 식품을 먹인다.

 ㉠ 과일, 채소, 우유 및 유제품 등의 간식을 매일 2~3회 규칙적으로 먹인다.

 ㉡ 유아 음식은 싱겁고 담백하게 조리한다.

 ㉢ 유아 음식은 씹을 수 있는 크기와 형태로 조리한다.

제5장 유아기 영양

유아기는 1~2세의 유아 전기(toddlers)와 3~5세의 유아 후기(late childhood) 또는 미취학 아동기(preschoolers)로 나누기도 한다. 이 시기는 성장속도는 비교적 느리고 완만하지만 신체기능의 조절능력과 운동능력, 사회인지적 능력, 지능 및 정서면에서 보다 복잡하게 발달하는 중요한 때이다.

01 유아기의 특성

- 유아기에도 성장은 지속되나 영아기에 비해 성장속도(growth velocity)는 감소하고 체중보다는 신장의 성장속도가 빠름
- 영양소의 필요량이 증가함
- 소화기관의 용량이 커지고 소화기능도 상당히 발달함
- 두뇌 완성, 운동기술의 발달로 활동성이 증가하고 사회 인지능력 발달과 자기 의사표현이 가능함
- 음식에 대한 기호, 식사예절, 위생습관 등 식습관이 형성됨
- 부모가 식품 섭취상태에 큰 영향을 미치며 식욕 부진, 편식, 유아 비만, 충치 등의 식생활 관련 영양문제도 초래될 수 있음

02 성장과 발달

(1) 신체적 성장

① 성장속도 : 영아기 후반기에서부터 점차 완만해짐

　　　㉠ 신장

　　　　　▪ 12개월과 24개월 사이 평균 10cm 증가

　　　　　▪ 4세 신장은 출생 시의 2배

　　　㉡ 체중 : 2~5세에는 1년에 약 2kg 증가

　　　㉢ 6세부터는 체격에서 성별의 차이가 남남아가 여아보다 약간 더 크고 무거움

　　② 신체구성 : 영아기에 22~25% 차지하던 체지방 비율이 유아기에는 14~18% 정도로 감소하고 제지방lean body mass 조직은 증가함

(2) 기능적 발달

　① 두뇌 발달

　　㉠ 2세에 성인의 50%, 4세 75%, 6세 90% 정도로 빠르게 성장하며 8~10세경에는 성인과 거의 비슷하게 완성

　　㉡ 림프조직들은 학령기에 빨리 발달하고 사춘기에 퇴화하기 시작하며 생식기관들은 사춘기에 빠른 성장을 함

　② 소화기계 발달

　　㉠ 소화기계는 초기에 빨리 발달하여 성장에 필요한 영양소 필요량의 충족이 가능하고 침샘은 2세에 완전히 제 기능을 하며 췌장과 소장의 효소도 성인 수준이며 위의 용량도 증가함

　　㉡ 혈당조절능력이 발달하고 2세경에 배변시간의 규칙성과 배변을 조절하고 배변훈련에 익숙해짐

　③ 비뇨기계 발달 : 2~3세에는 소변의 농축 및 희석이 가능하고 수분을 조절하는 능력이 커지므로 탈수에 덜 민감해짐

　④ 호흡기계 : 유아기의 호흡수는 20~30회/분, 흉식호흡을 많이 함

　⑤ 유치 생성 완료, 턱 발달

　⑥ 정신적 발달 : 지능, 정서 발달 및 사회성 발달

　⑦ 식행동, 식사기술 발달

03 유아의 영양소 섭취기준

체격, 성장속도, 활동량, 기초대사량, 영아기의 영양상태 등 많은 요소에 의해서 영양소 필요량이 결정되며 개인차가 존재한다.

(1) 에너지

① 연령, 신체 크기, 성장, 기초·휴식대사량basal/resting energy expenditure, REE, 활동대사량, 그리고 식사성 발열 효과와 배설에 의한 손실 등에 근거하여 결정함

② 에너지 소비량과 성장에 필요한 에너지를 합산하여 산출함

③ 1~2세는 남녀 구분과 신체활동 수준을 적용하지 않았음

④ 유아1~2세 : [(89 × 체중kg-100)+20성장에너지]kcal/일

⑤ 유아3~5세

ㄱ 남아 : [88.5-61.9 × 연령세+PA(26.7 × 체중kg+903 × 신장m)+20성장에너지]kcal/일

- PA=1.0비활동적, 1.13저활동적, 1.26활동적, 1.42매우 활동적

ㄴ 여아 : [135.3-30.8 × 연령세+PA(10 × 체중kg +934 × 신장m)+20성장에너지]kcal/일

- PA=1.0비활동적, 1.16저활동적, 1.31활동적, 1.56매우 활동적

⑥ 에너지 필요추정량은 1~2세에 1,000kcal, 3~5세에 1,400kcal로 설정

⑦ 유아의 에너지 필요량을 충족시키기 위해서는 에너지 밀도가 높은 식품의 선택이 필요하므로 충분한 지질의 섭취를 권장함

ㄱ 에너지원 : 탄수화물 55~65%, 단백질 7~20%, 지질 1~2세 20~35%, 3~5세 15~30%

ㄴ 필수지방산인 n-6 지방산과 n-3 지방산의 에너지적정섭취비율은 1~2세와 3~5세 모두 각각 4~10%와 1% 내외로 설정함

> **Key Point** 유아기에 지방량이 높은 이유
>
> ✓ 유아기에 지방량이 높은 이유는 신경계의 발달과 소량의 식품으로 성장에 필요한 에너지를 충분히 공급하기 위해서 필요하다. 특히 소식하거나 식욕 부진을 보이는 유아의 경우, 농축된 에너지 공급원으로서 지방의 섭취가 매우 중요하다.

(2) 단백질

① 조직단백질의 유지, 새로운 조직의 합성 및 성장을 위해서 충분한 단백질 섭취가 필요함

② 필요량은 신체 크기, 체구성성분의 변화 및 성장에 필요한 단백질량에 근거하여 추정함

③ 권장섭취량 : 1~2세에서는 하루 15g체중 kg당 1.2g, 3~5세에서는 하루 20g체중 kg당 1.1g으로 설정

④ 아미노산 필요량의 설정 : 양+의 질소평형을 유지하는 데 필요한 양을 근거로 단백질의 질이 중요함

　　㉠ 1~3세 : 동물성 단백질은 총 단백질의 4/5~2/3 섭취

　　㉡ 4세 이상 : 동물성 단백질은 총 단백질의 1/2~2/3 섭취

⑤ 체중당 필수아미노산의 필요량을 보면 1일 200~250mg/kg으로, 성인에 비해 1.2~1.5배 정도 높음

(3) 무기질

① 칼슘

　　㉠ 권장섭취량: 1~2세에서 500mg, 3~5세에서 600mg으로 설정함

　　㉡ 식품의 종류에 따라서 소장 내 칼슘의 흡수율은 다르게 평가되고 우유 및 유제품에 함유되어 있는 칼슘의 체내 이용률이 가장 높이 평가됨

　　㉢ 칼슘과 인의 양적 균형은 1:1의 비율이 적당함

② 철

　　㉠ 1일 철 권장섭취량이 유아기 전 기간 동안 하루 6mg으로 설정함

　　㉡ 유아에게 좋은 철 급원식품 : 철 강화 곡물과 시리얼, 건포도, 달걀, 살코기 등

　　㉢ 육류에 포함되어 있는 헴철은 식물성 식품에 포함되어 있는 비헴철에 비해 흡수율이 높음

③ 아연

　　㉠ 단백질 합성과 성장을 위한 필수원소임

　　㉡ 권장섭취량 : 1~2세에서 3mg, 3~5세에서 4mg으로 설정함

　　㉢ 육류와 해산물은 아연의 좋은 급원이며 곡류에 들어 있는 아연은 이용률이 낮음

(4) 비타민

① 비타민 A : 세포의 성장과 분화에 중요한 역할을 함

② 비타민 D

　　㉠ 골격 성장을 위해 꼭 필요하므로 성장기 동안 충분히 섭취해야 함

　　㉡ 비타민 D 섭취량과 혈중 25-하이드록시 비타민 D 농도는 성별 및 연령에 따른 차이가 없어 동일한 용량-반응관계를 보임. 그러나 아동 및 청소년의 상한섭취량 설정 시에는 신체기관의 성숙에 따른 차이를 고려하여 단계적으로 용량을 조정하였기 때문에 1~5세 유아는 신체기관의 성숙에 따른 차이 및 요구량의 증가를 고려하여 12개월 미만 영아의 상한섭취량인 25μg/일을 기준으로 1~2세는 5μg/일, 3~5세는 10μg/일을 각각 추가하였기 때문에 다름

③ 비타민 B군 : 에너지 대사 및 단백질 대사에 중추적인 역할을 하므로 성장 및 발육이 왕성한 유아기에 매우 중요

④ 비타민 C : 연골, 뼈, 피부, 혈관 등의 지지조직에 많이 포함되어 있는 콜라겐의 합성에 필수인자이므로 성장기에 반드시 필요함

■ 표 1. 유아의 영양소 권장섭취량

연령 (세)	에너지 (kcal)	단백질 (g)	식이섬유[1] (g)	수분[1] (mL)	비타민 A (μgRAE)	비타민 D[1] (μg)	비타민 E[1] (mgα-TE)	비타민 K[1] (μg)
1~2	1,000	15	10	1,100	300 (600)	5 (30)	5 (200)	25
3~5	1,400	20	15	1,500	350 (700)	5 (35)	6 (250)	30

연령 (세)	비타민 C (mg)	티아민 (mg)	리보플라빈 (mg)	니아신 (mgNE)	비타민 B_6 (mg)	엽산 (μgDFE)	비타민 B_{12}	칼슘 (mg)
1~2	35 (350)	0.5	0.5	6	0.6 (25)	150 (300)	0.9	500 (2,500)
3~5	40 (500)	0.5	0.6	7	0.7 (35)	180 (400)	1.1	600 (2,500)

연령 (세)	인 (mg)	철 (mg)	나트륨 (mg)	칼륨[1] (mg)	마그네슘 (mg)	아연 (mg)	구리 (μg)	요오드 (μg)
1~2	450 (3,000)	6 (40)	900 (3,000)	2,000	80	3 (6)	280 (1,500)	80 (300)
3~5	550 (3,000)	6 (40)	1,000 (3,000)	2,300	100	4 (9)	320 (2,000)	90 (300)

1) 충분섭취량, ( ) 상한섭취량

04 유아의 식행동과 식사문제

(1) 식욕 부진

① 원인

㉠ 성장속도 저하 및 자아 발달로 인한 생리적, 일시적 현상

㉡ 잘못된 이유식, 불규칙적인 과량의 간식, 단 음식 및 단 음료의 과식, 영양 결핍

㉢ 지나친 운동으로 인한 피로, 수면 부족, 운동 부족

　　　ⓔ 부모의 지나친 관심 또는 무관심, 과잉 보호, 어린이의 요구 불만, 신경질

　　　ⓜ 만성 질환결핵, 빈혈, 열성질환, 기생충감염, 신경장애, 충치 등

　② 대책

　　　㉠ 식욕 부진에 대한 원인을 파악하고 대책 수립

　　　ⓛ 유아의 정서 발달을 잘 이해하고 즐겁고 편안한 식사 분위기 배려

　　　ⓒ 식사기간 : 먹거나 안 먹거나 20~30분으로 끝냄

　　　ⓔ 적당한 공복감의 유발을 위해 간식은 많이 주지 않음

　　　ⓜ 집 밖에서의 충분한 운동을 하게 함

　　　ⓗ 식사의 개선 : 식단의 다양화, 식품재료의 선택, 조리방법, 그릇 담기 등에 변화

　　　ⓢ 외식, 친구와의 회식 등을 실시

(2) 식품기호

　① 시기

　　　㉠ 3~5세자아의식이 발달되어 심리적으로 변동이 많은 시기

　　　ⓛ 여아에게 많이 나타나며 부모의 과잉 보호를 받는 신경질적인 어린이에게서 많이 나타남

　② 특징 : 매우 유동적좋아하던 음식이 싫어지거나 싫어하던 음식을 좋아하게 됨

　③ 대책

　　　㉠ 다양한 식품을 경험하게 함

　　　ⓛ 각 식품의 고유한 맛, 냄새, 질감을 느끼게 함

　　　ⓒ 새로운 식품의 소개는 소량씩 이미 친숙한 식품과 함께 제공함

　　　ⓔ 이때 긍정적 경험을 지니도록 좋은 분위기를 마련함

　　　ⓜ 첫 소개 시에 먹지 않아도 보고, 냄새를 맡고, 만져보는 경험도 의미가 있음

(3) 편식

　① 정의 : 음식을 좋아하고 싫어하는 감정이 강하고 그에 따라 식사내용이 영양적으로 불균형하며 발육, 성장 및 영양상태가 뒤떨어지는 상태임

　② 원인

　　　㉠ 이유기에 경험한 미각·촉각적 이유 : 이유식의 지연, 이유식품의 선택 및 조리법의 단조로움, 미각 및 촉각에 대한 훈련 부족

　　　ⓛ 생리적·심리적 원인 : 가족, 특히 모친의 편식, 친구의 식품기호, 식품에 대한 불쾌한 경험, 유아기의 반항 등

ⓒ 사회적·경제적 요인 : 식품 선택의 기회, 식품 구매의 제한 등

ⓔ 가정의 식사환경

③ 예방 및 교정

　ⓐ 이유기 때부터 다양한 식품 선택과 조리법 이용

　ⓑ 가족 모두 편식하지 않도록 함

　ⓒ 싫어하는 식품의 맛, 냄새, 형태 등이 눈에 띄지 않게 조리방법 개선

　ⓓ 식사환경 변화 : 즐거운 분위기에서 주변 사람들, 특히 또래 친구와 식사하게 함

　ⓔ 싫어하는 음식을 강요하지 않음

　ⓕ 적당한 운동으로 공복감 유발

05 영양문제

(1) 유아 빈혈

① 특징

　ⓐ 가장 흔한 유아기의 영양 결핍증상으로 지속적인 철분 섭취 부족 시 발생

　ⓑ 4개월부터 2세에 흔히 발생

② 증상 : 유아의 학습능력, 지적수행능력, 체력, 질병에 대한 저항력 감소 등

③ 예방 : 살코기, 쇠간, 달걀노른자, 굴, 대합, 콩 등의 규칙적인 공급

(2) 비만

① 특징 : 지방세포의 크기뿐 아니라 세포의 수도 증가함

② 원인

　ⓐ 유전적

　ⓑ 대사적 : 지방 합성 촉진, ATPase 활성 저하

　ⓒ 외부적 : 부모 관심 부족, 심리적 충격, 음식의 상벌 이용, 이른 이유식

③ 관리 : 부모 사랑 증대, 심리적 안정 도모, 에너지 섭취 제한, 신체 활동량 증가

④ 유아기 비만의 영향

　ⓐ 지방조직 세포 수 증가 → 성인 비만 발생 성향

　ⓑ 성인병 발생 위험 증가

　ⓒ 또래집단에서 소외

(3) 충치

당류가 입 안에서 박테리아스트렙토코쿠스무탕에 의해 발효되면서 산을 생성하여 pH 를 낮추어 치아의 에나멜층을 녹여 하부구조를 파괴함

① 원인
- ㉠ 단순당의 섭취량과 섭취빈도가 높은 경우
- ㉡ 양치질이 불완전한 경우
- ㉢ 수면시간이 긴 경우

② 예방
- ㉠ 단순당의 섭취량과 빈도 감소
- ㉡ 후식으로 우유나 치즈를 활용
- ㉢ 지질은 박테리아에 의해 대사 되지 않고 치아를 감쌈
- ㉣ 단백질은 박테리아에 의해 대사되지 않고 타액을 중화
- ㉤ 식후 양치질, 식수에 적정량의 불소가 함유되어 있으면 충치 예방 효과가 탁월
- ㉥ 충분한 단백질, 칼슘, 인, 비타민 D, 비타민 C가 치아건강에 중요

06 유아의 식생활 관리

(1) 식사 횟수와 방법
하루 세끼 식사와 간식

(2) 간식

① 의의
- ㉠ 영양적 측면 : 세끼 식사로 모자라는 영양소 보충
- ㉡ 정서적 측면 : 기분 전환, 신체피로 회복, 정서 풍부

② 양 : 전체 에너지 필요량의 10~15%가 적당하며 너무 많이 주어 세끼 식사에 영향을 미치지 않도록 할 것

③ 횟수
- ㉠ 1~2세 : 1일 2회오전 10시, 오후 3시
- ㉡ 3~5세 : 1일 1회오후 3시

④ 내용 : 세끼 식사에 부족하기 쉬운 영양소를 중심으로 한 식품 선택

ⓐ 에너지원 : 곡류 및 감자류빵, 샌드위치, 비스킷, 과자, 떡, 감자, 고구마

ⓑ 단백질, 칼슘원 : 우유 및 유제품, 달걀, 콩 미숫가루, 푸딩, 콩 과자

ⓒ 비타민원 : 신선한 과일 및 주스

ⓓ 식품 선택 : 아이들이 좋아하는 것, 소화가 잘 되는 것, 일상 끼니에서 먹지 않는 것, 계절적인 것

ⓔ 삼가 식품 : 설탕 농축 식품엿, 쨈, 양갱, 사탕, 지방 농축 식품, 강한 향신료, 비위생적인 것인공색소

⑤ 요령

ⓐ 식사에 부담이 되지 않도록 공급 : 다음 식사시간까지는 2시간의 간격 두기

ⓑ 아침 식전, 취침 직전의 간식은 피함

ⓒ 규칙적으로 공급

ⓓ 즐거운 분위기를 조성하며 보상의 수단으로 주지 말 것

(3) 식사구성

■ 표 2. 유아의 권장식사패턴

연령 (세)	곡류	고기·생선· 달걀·콩류	채소류	과일류	우유· 유제품류	유지·당류
1~2	1	1.5	4	1	2	3
3~5	2	2	6	1	2	4

07 유아의 식생활 지침

(1) 유아의 성장과 식욕에 따라 알맞게 먹인다.

① 일정한 장소에서 먹인다.

② 쫓아다니며 억지로 먹이지 않는다.

③ 한꺼번에 많이 먹이지 않는다.

(2) 곡류, 과일, 채소, 고기, 유제품 등 다양한 식품을 먹인다.

① 곡류, 과일, 채소, 고기, 유제품 등의 간식을 매일 2~3회 규칙적으로 먹인다.

② 유아 음식은 싱겁고 담백하게 조리한다.

③ 유아 음식은 씹을 수 있는 크기와 형태로 조리한다.

제6장 아동기 영양

아동기는 만 6세부터 11세까지의 초등학교 학령기에 해당하며 신체적 성장속도가 지속적이지만 느린 편이며 성장속도, 활동양상, 영양소 요구량, 성격 발달, 식품 섭취 등의 개별적 특성이 더욱 두드러지게 된다.

01 아동기의 특성

- 비교적 성장이 완만한 시기로 성장기 중 성장속도가 가장 낮은 시기임
- 여아가 남아보다 2~3년 일찍 성장의 정점에 이르며 성장도 일찍 완료
- 제2의 급성장과 성적 성숙을 준비하는 단계
- 영구치의 발생으로 치아와 관련된 영양소의 고른 섭취 필요
- 6세 이후부터 영양소 섭취기준에 남·여 차이 존재, 개인차가 심함
- 부모 외에 친구, 선생님의 중요성 자각
- 지적, 정서적 능력 향상으로 영양교육을 통한 좋은 식습관 형성 가능
- 아동기의 식생활 문제는 단순당의 함량이 높은 음료, 고지방 식품, 인스턴트식품의 과잉 섭취와 채소류의 섭취 부족으로 소아 비만, 빈혈 등의 질환 발생

02 성장과 발달

(1) 신체적 성장
① 신장 : 연 4~6cm 증가
ㄱ) 남자는 12~14세에 가장 많이 성장

    ⓒ 여자는 남자보다 2~3년 정도 빠르게 성장함

    ⓒ 10~12세 여자의 신장은 남자를 상회하나 그 후에는 남자가 우위이며 15세경 부터 남녀의 차이가 크게 나타남

② 체중 : 연간 3~5kg 증가

    ㉠ 최대 성장시기 : 남자 14~16세, 여자 11~12세

    ⓒ 대체로 신장이 증가한 1년 후에 체중이 증가하며 10~13세 여자의 체중은 남자를 상회하나 그 후에는 남자가 여자를 상회함

(2) 신체구성

① 체지방률은 여아 16%, 남아 13%

② 근육의 성장은 성장 호르몬과 갑상선 호르몬 및 인슐린의 영향을 받아 아동기에 꾸준히 증가

③ 지방조직은 6세부터 사춘기 전까지 남녀 모두에서 서서히 증가

(3) 기관과 조직

① 아동기에 신장은 성인의 60%, 심장과 간은 성인의 30%, 폐는 성인의 22% 정도 발달하고 기능면에서도 크게 성숙됨

② 림프조직의 경우 아동기에 성인의 두 배 정도 성장하고 그 후 점차 감소

③ 생식기관은 사춘기 이후에 급격히 성장

(4) 골격

① 뼈 장골 길이가 성장하여 다리가 길게 되며 날씬해지고 우아해짐

② 뼈 생성량이 뼈 용해량에 비해 훨씬 많아 골 질량이 직선으로 증가칼슘량도 비례적으로 증가

③ 골 질량 : 뼈 무기질량bone mineral content, BMC은 여아는 90% 정도가 16.9±1.3세에, 남아는 99% 정도가 26.2±3.7세에 형성됨

(5) 내분비계

아동기는 영유아기와 마찬가지로 성장 호르몬의 분비량이 많은 시기

① 성장 호르몬 : 모든 기관과 조직에서 단백질 합성을 촉진하고 세포를 증식시켜 성장을 촉진함

② 갑상선 호르몬 : 에너지 생산과 단백질 합성에 관여하여 성장과 신체 발달을 촉진함

③ 인슐린 : 에너지 대사에 관여하고 정상적인 성장에 필수적임

④ 아동 후반기에 여아의 경우 초경을 경험하게 되며 제2차 성징을 나타냄. 초경을 시작하기 위해서는 결정적 체중critical body weight과 체지방이 17~22%가 필요함

(6) 인지 발달

① 본인의 가족, 학교 및 사회에서의 역할을 인지

② 또래 친구와의 관계 형성

③ 자기효능감이 형성하는 시기

④ 읽기, 쓰기 능력과 이성적으로 어떤 일의 원인과 결과를 규명하려는 능력 및 합리적으로 일을 체계화할 수 있는 능력도 향상됨

03 아동의 영양소 섭취기준

(1) 에너지

① 동일한 연령이라도 체격과 활동량에 따라 개인차가 큼

② 학령기 아동의 에너지 필요추정량은 에너지 소비량에 성장을 위한 에너지를 추가하여 산출

③ 성장에 소요되는 에너지는 미국의 자료에 근거하여 6~8세는 20kcal/일을 부가, 9~11세 아동은 25kcal/일을 부가하여 설정

④ 에너지 필요추정량 : 6~8세 남아 1,700kcal, 여아 1,500kcal. 9~11세 남아 2,100kcal, 여아 1,800kcal

---

✓ **유아(3~5세) 및 아동(6~8세)**

(남) 88.5 − 61.9 × 연령(세)＋PA[26.7 × 체중(kg)＋903 × 신장(m)]＋20kcal/일
　PA = 1.0(비활동적), 1.13(저활동적), 1.26(활동적), 1.42(매우 활동적)

(여) 135.3 − 30.8 × 연령(세)＋PA[10.0 × 체중(kg)＋934 × 신장(m)]＋20kcal/일
　PA = 1.0(비활동적), 1.16(저활동적), 1.31(활동적), 1.56(매우 활동적)

✓ **아동(9~11세)**

(남) 88.5 − 61.9 × 연령(세)＋PA[26.7 × 체중(kg)＋903 × 신장(m)]＋25kcal/일
　PA = 1.0(비활동적), 1.13(저활동적), 1.26(활동적), 1.42(매우 활동적)

(여) 135.3 − 30.8 × 연령(세)＋PA[10.0 × 체중(kg)＋934 × 신장(m)]＋25kcal/일
　PA = 1.0(비활동적), 1.16(저활동적), 1.31(활동적), 1.56(매우 활동적)

(2) 단백질

① 학령기 아동의 성장과 호르몬의 변화, 체구성성분의 변화, 즉 근육량·미오글로빈·적혈구 등의 증가로 인해 단백질 필요량이 증가

② 단백질의 체내 이용성은 성장속도, 에너지 섭취량, 섭취한 단백질의 질, 비타민과 무기질의 적정 섭취 여부 등에 의해 영향 받음

③ 단백질 필요량의 1/2~2/3를 동물성 단백질로 공급하는 것이 바람직

④ 단백질 권장섭취량 : 6~8세 남아 30g, 여아 25g, 9~11세 남아 40g, 여아 40g

(3) 지질

① 유아기에 들어서면서 14~18%로 감소한 체지방률이 아동 전반기까지 유지되며, 아동기 후반에 들어서면 사춘기의 급성장을 준비하기 위해 체지방률이 점차 증가하여 지방조직의 만회가 일어남

② 지질은 당질과 마찬가지로 중요한 에너지원으로 g당 에너지 발생량이 많아서 효율적인 에너지 급원이 되며 체세포의 구성성분으로서도 중요한 역할을 함

③ 에너지 섭취량이 높은데 비해 한 번에 섭취하는 식사량이 적기 때문에 적정량의 지방 섭취가 필요함

④ 동물성 지방의 섭취는 어느 정도 제한하는 것이 바람직함

⑤ 지방에너지비 : 15~30%

⑥ 포화지방산과 트랜스지방산 : 8% 이하, 1% 이하

(4) 무기질

① 칼슘

㉠ 골격의 형성, 치아의 영구치로의 전환 등으로 칼슘 필요량이 성인에 비하여 매우 높음

㉡ 칼슘의 흡수율은 20~40%이나 단백질, 유당, 비타민 D 등과 함께 섭취하면 흡수율을 높임

㉢ 칼슘의 권장섭취량 : 6~8세남, 여아 700mg, 9~11세남, 여아 800mg

② 철

㉠ 혈액의 헤모글로빈 성분이며 근육색소와 시토크롬계 효소 합성 등에 필요함

㉡ 헤모글로빈의 생성속도가 빠르고 근육 증가로 성인보다 많은 양의 철이 필요함

㉢ 철의 흡수율 30~50%성인 10~15%

㉣ 권장섭취량 : 6~8세 남아 9mg, 여아 8mg, 9~11세남, 여아 10mg

③ 아연

 ㉠ 정상적인 단백질 합성과 성장에 필수적이며 신체에 저장된 아연이 고갈 시 혈장의 아연 농도는 감소함

 ㉡ 성장기 아연 결핍 시 : 성장 부진, 왜소증, 생식기의 부전증, 면역기능 저하

 ㉢ 권장섭취량 : 6~8세 남아 6mg, 여아 5mg, 9~11세남, 여아 8mg

④ 요오드

 ㉠ 성장에 중요한 갑상선 호르몬의 구성성분임

 ㉡ 생후 3~4개월 후에 결핍될 경우 크렌틴병에 걸림

 ㉢ 권장섭취량 : 6~8세 남아와 여아 100μg, 9~11세 남아와 여아 110μg,

(5) 비타민

① 비타민 A

 ㉠ 세포 분화와 증식에 중요하며 정상적인 성장에 필수적 영양소

 ㉡ 권장섭취량은 6~8세 남아는 450μgRAE, 여아는 400μgRAE, 9~11세 남아는 600μgRAE, 여아는 550μgRAE

② 비타민 B_1

 ㉠ 당질 대사에 필요한 비타민

 ㉡ 쌀을 주식으로 하는 사람에게는 비타민 B_1의 부족이 일어나기 쉬움

 ㉢ 비타민 B_1이 부족하게 되면 각기병에 걸리고 피로가 쉽게 오며 의욕이 상실됨

 ㉣ 권장섭취량은 6~8세는 0.7mg, 9~11세는 0.9mg

③ 비타민 C

 ㉠ 뼈, 연골, 결합조직에 많은 콜라겐의 형성을 도와주므로 성장기에 필요량이 증가함

 ㉡ 트립토판과 티로신의 대사에 관여함

 ㉢ 철의 흡수를 돕고 지질 대사와 엽산의 대사를 도움

 ㉣ 저항력을 증가시키므로 스트레스를 견디기 위해서는 비타민 C 필요량보다 많은 양을 섭취할 것을 권장함

 ㉤ 권장섭취량 : 6~8세 남아 55mg, 여아 60mg, 9~11세 남아 70mg, 여아 80mg

04 아동의 식행동

(1) 식행동에 영향을 미치는 환경요인

① 대중 매체

② 또래 친구

③ 가족

④ 신체상

(2) 식행동문제

① 아침 결식

   ㉠ 원인

      ■ 식욕이 없고 반찬이 맛이 없음

      ■ 시간이 없음

      ■ 늦잠을 잤음

   ㉡ 문제점

      ■ 전체적인 식사의 질 저하 : 아침식사는 1일 권장량의 1/4~1/3에 해당되는 양

      ■ 뇌의 활동에 중요한 에너지원을 충분히 공급하지 못함

      ■ 주의력과 기억력을 분산시킴 : 밤사이에 포도당이 고갈됨

      ■ 지속적인 아침 결식은 만성적인 영양 불량상태 유발, 필수 아미노산과 무기질, 특히 철분이 결핍되어 빈혈을 초래함 → 학습능력에 역효과

      ■ 간식을 하게 되거나 다음 끼니에 더 많은 양의 음식을 먹게 되어 과식과 체중 증가를 유도함

   ㉢ 해결방안

      ■ 충분한 수면아침에 일찍 일어나기

      ■ 야식 먹지 않기

      ■ 가벼운 아침 운동

      ■ 식전에 냉수 마시기

② 패스트푸드 위주의 매식

   ㉠ 에너지지 밀도가 높고 포화지방산, 나트륨 함량이 높으며 과일, 채소가 적기 때문에 칼슘, 티아민, 리보플라빈, 철이 부족하기 쉬움

   ㉡ 식품 안전성이 문제시되고 있음

ⓒ 영양 불균형과 성인병 유병율 증가함

③ 탄산음료 소비 증가 : 우유의 섭취량 감소와 당류의 과다 섭취 문제가 제기됨

05 아동의 영양문제

(1) 영양성 빈혈

① 원인 : 철, 단백질, 비타민 B_{12}, 비타민 B_6, 엽산, 비타민 C 등의 부족에 의한 복합적인 질환

② 증상

　ㄱ 식욕이 저하되고 감염될 확률이 높음

　ㄴ 성장 지연

　ㄷ 성격적으로 참을성이 부족하고 소극적이며 심한 경우 지적 발달도 저해 될 수 있음

③ 예방 : 철이 강화된 아침 식사용 시리얼, 녹색채소, 살코기 등의 식품을 규칙적으로 섭취하게 함

(2) 아동 비만

① 원인 : 유전, 식이 섭취의 과잉, 식습관, 신체활동의 부족, 심리적 원인 등

② 치료 및 방법 : 식사요법, 운동요법, 행동수정요법

(3) 과잉행동증(Attention Deficient Hyperactivity Disorder, ADHD)

① 원인

　ㄱ 식품첨가물인공향 색소

　ㄴ 살리실산염

　ㄷ 설탕, 카페인 등

② 발생률 : 5~10%의 학동기 아동에서 발생남아 > 여아

③ 특징

　ㄱ 집중력 부족

　ㄴ 과격한 행동

　ㄷ 충동적, 참을성이 없음

　ㄹ 지능은 정상

④ 치료

    ㉠ 약제를 사용한 전문가의 치료가 최선

    ㉡ ADHD 치료 약제의 부작용은 식욕 저하이므로 정상적인 성장을 위하여 저녁시간에 충분한 간식을 제공하여 영양 섭취 부족을 예방함

(4) 심혈관질환

① 아동기의 혈압 증가는 과도한 체지방, 운동량의 감소, 나트륨 과다 섭취와 관련이 있음

② 치료 : 식사요법과 운동요법을 시행함

③ 고혈압 위험군 : 수축기/이완기 혈압 90~95 백분위수 또는 연령별 백분위수 분포와 무관하게 130/80mmHg 이상인 경우

④ 고혈압 : 수축기/이완기 혈압 95 백분위수 초과

06 아동의 식생활 관리

(1) 식사 횟수와 방법

① 세끼 식사와 소량의 간식을 포함

② 칼슘을 보충할 수 있는 우유·유제품류의 간식 섭취를 권장함

(2) 식사구성

① 탄수화물은 최소 1일 100g 이상 섭취하도록 하며 탄수화물 대사에 관여하는 비타민 B군의 섭취도 부족하지 않도록 함

② 영양밀도가 낮은 후식이나 간식이 포함되지 않도록 하며 단 음식, 짠 음식, 자극성이 강한 음식은 아동의 미각 발달을 저해하므로 제한함

③ 식이섬유가 풍부한 채소, 과일, 해조류를 충분히 섭취함

④ 고지방 식품과 튀김음식은 제한함

■ 표 1. 아동(6~11세)의 권장식사패턴

연령(세)	곡류	고기·생선·달걀·콩류	채소류	과일류	우유·유제품류	유지·당류
1,900kcal A타입(남아)	3	3.5	7	1	2	5
1,700kcal A타입(여아)	2.5	3	6	1	2	5

(3) 어린이를 위한 식생활 지침

① 음식은 다양하게 골고루 먹자.

　㉠ 편식하지 않고 골고루 먹는다.

　㉡ 끼니마다 다양한 채소 반찬을 먹는다.

　㉢ 생선, 살코기, 콩 제품, 달걀 등 단백질식품을 매일 한 번 이상 먹는다.

　㉣ 우유를 매일 두 컵씩 마신다.

② 많이 움직이고 먹는 양을 알맞게 먹자.

　㉠ 매일 한 시간 이상 신체활동을 적극적으로 한다.

　㉡ 나이에 맞는 키와 몸무게를 알아서 표준체형을 유지한다.

　㉢ TV 시청과 컴퓨터 게임 등을 모두 합해서 하루에 두 시간 이내로 제한한다.

　㉣ 식사와 간식은 적당한 양을 규칙적으로 먹는다.

③ 식사는 제때에, 싱겁게 먹자.

　㉠ 아침식사는 꼭 먹는다.

　㉡ 음식은 천천히 꼭꼭 씹어 먹는다.

　㉢ 짠 음식, 단 음식, 기름진 음식은 적게 먹는다.

④ 간식은 안전하고 슬기롭게 먹자.

　㉠ 간식으로는 신선한 과일과 우유 등을 먹는다.

　㉡ 과자나 탄산음료, 패스트푸드를 자주 먹지 않는다.

　㉢ 불량식품을 구별 할 줄 알고 먹지 않으려고 노력한다.

　㉣ 식품의 영양표시와 유통기한을 확인하고 선택한다.

⑤ 식사는 가족과 함께 예의바르게 먹자.

　㉠ 가족과 함께 식사하도록 노력한다.

　㉡ 음식을 먹기 전에 반드시 손을 씻는다.

　㉢ 음식은 바른 자세로 앉아서 감사한 마음으로 먹는다.

　㉣ 음식은 먹을 만큼 담아서 먹고 남기지 않는다.

제7장 청소년기 영양

청소년기에는 신체적·정신적·성적 성숙으로 발육이 활발하게 일어나고 신체 발육이 왕성한 시기이므로 영양소 필요량이 생애주기 어느 때보다도 높다.

01 청소년기의 특성

- 청소년기는 학령기에서 성인기로 이행하는 시기, 혹은 사춘기 시작으로부터 성숙할 때까지의 시기임
- 제2의 급성장기, 성적 성숙, 심리 발달
- 신체 발육이 왕성하여 영양소 필요량이 높음
- 불규칙한 생활, 과도한 학업 등으로 인해 식사를 소홀히 하기 쉬움

02 성장과 성숙

(1) 신체적 성장

① 신장과 체중
  ㉠ 여자가 남자보다 신체 크기의 성장이 먼저 일어나며 성장 정도는 남자보다 작음
  ㉡ 성장의 시작은 늦으나 오래 지속됨

② 가슴둘레
  ㉠ 신장보다 1년쯤 늦게 진행
  ㉡ 남자는 16세 이후에 발육이 급격히 증가

ⓒ 여자는 11세 이후 16세까지 급격히 증가

③ 앉은키

ⓐ 청소년기에 급성장

ⓑ 남자는 13세 이후, 여자는 15세 이후에 다소 증가함

ⓒ 11세 이후 남자가 여자보다 다리가 길어져서 키에 대한 앉은키 비율이 낮음

(2) 기관과 조직의 발달

① 신장성인의 50~55%, 간성인의 94%, 폐성인의 34%로 아주 느리게 발달

② 골질량의 증가

ⓐ 남녀 간 골질량의 차이는 14세경에 나타나고 남자는 16세 이후에 테스토스테론의 영향으로 여성에 비해 뼈가 더 굵어지며 총 골질량도 증가

ⓑ 남자는 골격의 급격한 발달특히 어깨, 여자는 골반 횡경 현저히 증가정상적인 임신과 분만에 중요

③ 근육

ⓐ 남자 : 근육량은 성인이 될 때까지 증가하며 상완둘레와 근력, 악력도 증가함

ⓑ 여자 : 16세 이후 일정함

④ 체지방

ⓐ 여자는 체지방량이 16%에서 17세경에 28%로 현저히 증가함

ⓑ 남자는 12세경에 20% 정도로 가장 높았다가 이후 12% 정도로 감소함

ⓒ 남자는 골격과 근육의 발달로 우람해지고 여자는 지방의 축적과 유방의 발달로 곡선미를 갖춘 모습

(3) 성적 성숙

① 남자

ⓐ 변성, 음성 및 고환의 급격한 성장, 음모 발생, 겨드랑이 털, 수염, 목의 복숭아뼈 발달, 음경 커짐, 사정현상 등

ⓑ 고환은 11세 이후 급격 성장, 20세까지 계속 성장, 전립선은 12~13세경 발육 증대 시작

② 여자 : 유방 발달젖멍울, 음모 발생, 초경 발생, 히프 커짐

ⓐ 여성의 자궁은 10세 이후 급격히 발육하고 20세까지 계속

ⓑ 임신 가능 : 초경 후 8~13개월 이후 배란

③ 특징 : 성의 성숙은 대체로 순서에 따라 일어나지만 그 시기는 개인차기 크며 영양, 사회, 심리적 요인 관여

(4) 성적·성숙에 적응하는 호르몬

① 남성 호르몬

    ㉠ 테스토테론 : 고환에서 분비

        ■ 남성의 14세경에 분비되고 2차 성징 발현

        ■ 기초대사율 증가5~15%

        ■ 골격기질과 단백질 함량을 증가시켜 성장작용

        ■ 질소, 나트륨, 칼륨을 체내에 잔류시킴

    ㉡ 안드로겐androgen

        ■ 부신피질에서 분비남 > 여

        ■ 동화작용 촉진 : 체내 많은 기관에서 단백질 합성을 증가시키며 근육량을 증가시킴

② 여성 호르몬

    ㉠ 에스트로겐

        ■ 여성 생식기의 발육을 촉진하며 유방, 체형 등 여성의 성징 발현에 관여함

        ■ 뼈의 골아세포의 증가 및 골반 크기의 성장에 관여함

        ■ 장골간과 골단을 통합하여 골격의 성장을 중지함

        ■ 총체단백 증가, 지방을 피하에 축적함

        ■ 콩팥에 작용하여 나트륨과 물의 저류현상이 나타남

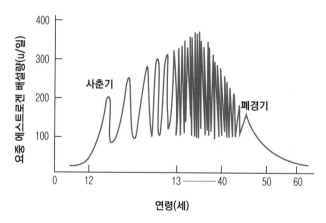

[**그림 01**] 여성의 연령별 에스트로겐 분비량 변화

    ㉡ 프로게스테론

        ■ 성적 성숙에 관여하나 효과는 적음

        ■ 유방, 난관, 자궁 연조직에 영향을 미침

        ■ 질의 상피세포 형성과 자궁내막의 변화에 가장 큰 영향을 미침

03 청소년의 영양소 섭취기준

(1) 에너지

① 각 기관의 성장과 신장·체중의 증가에 따른 기초대사량과 성장에 따라 식품 섭취가 증가하므로 열 생산작용도 증가함

② 성장에 소요되는 에너지를 25kcal/일로 보고 저활동적 신체활동 수준을 적용하여 산출한 값

③ 에너지 필요추정량 : 12~14세 남자 2,500kcal, 여아 2,000kcal, 15~18세 남아 2,700kcal, 여아 2,000kcal

> ✓ **청소년(12~19세)**
> (남) 88.5 − 61.9 × PA[26.7 × 체중(kg) + 903 × 신장(m)] + 25kcal/일
> 　　PA = 1.0(비활동적), 1.13(저활동적), 1.26(활동적), 1.42(매우 활동적)
> (여) 135.3 − 30.8 × PA[10.0 × 체중(kg) + 934 × 신장(m)] + 25kcal/일
> 　　PA = 1.0(비활동적), 1.16(저활동적), 1.31(활동적), 1.56(매우 활동적)

(2) 단백질

① 골격의 성장, 장기조직의 발달 및 성숙에 작용하는 호르몬, 효소의 성분으로 충분한 단백질 섭취 필요

② 1일 단백질 권장섭취량은 성장에 따른 체중 증가의 차이로 남자는 12~14세와 15~18세 각각 55g과 65g이고 여자는 12~18세 모두 50g

(3) 탄수화물

① 청소년의 경우 성인과 마찬가지로 탄수화물의 에너지적정섭취비율은 55~65%

② 식이섬유의 1일 충분섭취량은 남자 25g, 여자 20g

(4) 지질

청소년기 지방의 에너지적정섭취비율은 15~30%이며, n-6계와 n-3계 필수지방산의 섭취기준은 에너지의 4~8%와 1% 내외

(5) 무기질

① 칼슘

㉠ 신속한 골격 성장으로 필요량이 매우 증가

        ⓛ 청소년기에 뼈 성장의 1/2이 이루어지고 칼슘 보유량이 증가하며 칼슘 축적

          량은 여자 13세, 남자 14.5세 정도에 최대에 도달함

        ⓒ 권장섭취량 : 12~14세 남자 1,000mg, 여자 900mg, 15~18세 남자 900mg,

          여자 800mg

  ② 철

        ㉠ 혈액량이 급격히 증가함

        ⓛ 적혈구의 생성이 많아지고 근육에 미오글로빈이 증가하므로 많은 양의 철

          이 필요함

        ⓒ 근육량과 혈액부피, 헤모글로빈, 적혈구량은 여성보다 남성이 더 많으나 여성

          은 월경으로 인한 철 손실이 많아서 권장량을 남성과 같게 책정

        ⓔ 철 권장섭취량은 12~14세에 남녀 각각 14mg과 16mg, 15~18세에 남녀

          14mg

  ③ 아연

        ㉠ 단백질 합성에 관여하며 성장과 성적 성숙에 필수적임

        ⓛ 근육과 골격에 저장됨

        ⓒ 권장섭취량은 12~14세에 남녀 8mg, 15~18세에 각각 10mg과 9mg

(6) 비타민

  ① 비타민 A

        ㉠ 세포 분화와 증식에 중요한 역할을 하므로 정상적인 성장에 필수적이며 시력,

          생식, 면역능력 등에 반드시 필요

        ⓛ 권장섭취량은 12~14세 남자 $750\mu g$RAE, 여자 $650\mu g$RAE, 15~18세 남자

          $850\mu g$RAE, 여자 $600\mu g$RAE

  ② 비타민 D

        ㉠ 골격의 석회질화와 관련하여 칼슘과 인의 항상성 유지에 관여하므로 골격이

          빠르게 성장하는 청소년기에 그 요구량이 증가

        ⓛ 충분섭취량은 12~18세 남녀 모두 $10\mu g$

  ③ 수용성 비타민

        ㉠ 청소년기에는 에너지 필요량이 매우 높기 때문에 비타민 B_1, B_2, 니아신 필요

          량이 증가함

        ⓛ 아미노산과 핵산의 합성에 필수적인 엽산과 비타민 B_{12}는 세포분열과 성장에

          중요한 영양소이므로 충분히 섭취함

ⓒ 비타민 B_6는 단백질 섭취량이 증가할수록 요구량이 증가하므로 혈장단백질, 결합조직 및 근육량이 급격하게 증가되는 청소년들에게 충분히 공급함

ⓔ 비타민 C는 콜라겐 합성에 관여하므로 청소년의 성장에 필요하고 흡연자의 경우 비타민 C 요구량이 비흡연자에 비해 높으므로 흡연하는 청소년은 비타민 C를 더 많이 섭취할 것

04 영양문제

(1) 결식과 불규칙한 식사

기력 약화, 정신기능 약화를 초래함

(2) 빈혈

충분한 철, 단백질, 동물성 식품, 비타민 C 등의 섭취가 필요함

(3) 비만

사회적 고립, 자신감 상실, 수명 단축 및 고혈압, 당뇨, 심장병 등의 발병 위험이 증가함

(4) 섭식장애

① 신경성 식욕 부진 : 심리적·내과적 증상이 복합적으로 나타나므로 입원 치료뿐만 아니라 개인 및 가족 치료, 정신 및 행동 치료가 포함된 포괄적인 치료를 필요로 함

ⓐ 정의 : 정신적 요인으로 인한 음식 섭취량의 감소 및 음식에 대한 거부반응거식증은 주로 청소년기 여자에게 나타나며 체중이 늘어날까 봐 두려워하여 먹기를 거부하다가 정도가 지나치면 사망에까지 이름

ⓑ 증상 : 체중 감소, 무월경, 빈혈, 골다공증 등

② 폭식증탐식증 : 날씬해지려고 음식을 거부하다가 더 이상 거부를 하지 못하고 엄청나게 많은 양의 음식을 한꺼번에 먹고는 죄의식에 사로잡혀 토하거나 하제, 이뇨제의 복용을 반복하는 섭식장애. 스트레스가 있을 때 음식을 거부하는 거식증과는 매우 대조적이며 자신의 행동이 비정상적이라고 자각하는 점도 거식증과 다름

ⓐ 정의 : 폭식 후 구토, 설사하제 이용, 과다한 운동 등을 반복하는 증상

ⓛ 증상

- 계속되는 구토로 식도와 위의 파열 및 입, 식도, 후두의 점막 부식
- 남녀 비율에 있어서는 1 : 15로 여성에게 많이 나타나고 젊은 여성 12~35세 에게 많이 발병함
- 신경성 식욕부진증보다 흔하게 나타나는 편임

(5) 고혈압, 고지혈증

① 원인 : 가족력, 비만, 고지방식, 음주, 흡연, 운동 부족 등

② 관리 : 정상체중 유지, 규칙적인 운동, 저열량식, 저지방식, 저염식, 음주 절제 및 금연

(6) 흡연과 음주

① 흡연 : 폐 성장 저해, 폐기능 약화로 폐결핵, 폐포의 섬유질화, 폐암 등의 발병 위 험 증가

② 음주 : 영양 불균형이나 영양 불량의 위험 증가, 위장질환 유발

05 청소년의 식생활 관리

(1) 식사구성

■ 표 1. 청소년(12~18세)의 권장식사패턴

연령(세)	곡류	고기·생선·달걀·콩류	채소류	과일류	우유·유제품류	유지·당류
2,600kcal A타입(남아)	3.5	5.5	8	4	2	8
2,000kcal A타입(여아)	3	3.5	7	2	2	6

(2) 청소년을 위한 영양지도 내용

① 모든 영양소를 충분히 섭취하기 위해 균형 있는 다양한 식품을 섭취한다.

② 정상체중 유지를 위해 에너지 섭취를 조절하고 규칙적인 운동을 한다.

③ 대부분 에너지는 복합당질의 형태에서 얻도록 한다. 매일 4~5회 이상의 쌀, 잡 곡, 시리얼, 국수를 섭취함으로써 전분과 복합당질의 섭취를 늘리며 도정이 덜 된 곡류를 섭취하도록 한다.

④ 칼슘과 철이 풍부한 식품을 충분히 섭취한다.

⑤ 매일 5회 이상 다양한 과일과 채소를 섭취한다.

⑥ 간식이나 지질, 염분, 설탕 함량이 높은 식품은 제한한다.

⑦ 음주와 흡연은 피하도록 한다.

(3) 청소년을 위한 식생활 지침

① 각 식품군을 매일 골고루 먹자.

　　㉠ 밥과 다양한 채소, 생선, 육류를 포함하는 반찬을 골고루 매일 먹는다.

　　㉡ 간식으로는 신선한 과일을 주로 먹는다.

　　㉢ 우유를 매일 2컵 이상 마신다.

② 짠 음식과 기름진 음식을 적게 먹자.

　　㉠ 짠 음식, 짠 국물을 적게 먹는다.

　　㉡ 인스턴트 음식을 적게 먹는다.

　　㉢ 튀긴 음식과 패스트푸드를 적게 먹는다.

③ 건강 체중을 바로 알고 알맞게 먹자.

　　㉠ 내 키에 따른 건강 체중을 안다.

　　㉡ 매일 한 시간 이상 적극적으로 신체활동을 한다.

　　㉢ 무리한 다이어트를 하지 않는다.

　　㉣ TV 시청과 컴퓨터 게임을 모두 합해서 하루에 두 시간 이내로 제한한다.

④ 물이 아닌 음료를 적게 마시자.

　　㉠ 물을 자주 충분히 마신다.

　　㉡ 탄산음료, 가당음료를 적게 마신다.

　　㉢ 술을 절대 마시지 않는다.

⑤ 식사를 거르거나 과식하지 말자.

　　㉠ 아침식사를 거르지 않는다.

　　㉡ 식사는 제 시간에 천천히 먹는다.

　　㉢ 배가 고프더라도 한꺼번에 많이 먹지 않는다.

⑥ 위생적인 음식을 선택하자.

　　㉠ 불량식품을 먹지 않는다.

　　㉡ 식품의 영양표시와 유통기한을 확인하고 선택한다.

제8장 성인기 영양

성인기는 성장은 거의 멈추게 되나 성숙과정은 계속 진행된다. 따라서 성인기의 영양 필요량은 유지에 요구되는 양만 필요하므로 성장기에 있는 청소년기보다 적다.

01 성인기의 특성

(1) 생리적 측면

　　① 신체적 변화 : 일생 중 가장 안정한 시기로 신체적 변화 적음

　　② 체조성 변화

　　　　㉠ 제지방량 감소2~3%/10년, 체지방량 증가

　　　　㉡ 기초대사량 감소

　　③ 폐경기여성 경험 : 골다공증 및 심혈관계 질환 위험 증가

(2) 사회심리적 측면

　　가정과 사회에서 중추적인 역할을 하는 시기이나 정신적, 신체적으로는 많은 스트레스를 받음

(3) 생활습관 측면

　　운동 부족, 과다한 음주 및 외식

02 성인의 영양소 섭취기준

성인기에는 더 이상의 성장이 일어나지 않으므로 에너지나 단백질 및 기타 영양소의 필요량은 신체의 유지에 소요되는 양과 유사하고, 한국인의 영양소 섭취기준은 성인기를 남녀 각각 19~29세, 30~49세 및 50~64세의 세 연령층으로 구분한다.

(1) 에너지

① 성인기에는 더 이상 성장을 위한 에너지는 필요하지 않으나 원활한 신진대사와 신체적·정신적 활동을 위해 에너지가 필요

② 남녀 각각 연령과 체중, 신장 및 신체활동 수준을 고려하여 산정함. 신체활동 수준 단계는 4가지 비활동적, 저활동적, 활동적, 매우 활동적로 구분함

③ 에너지 필요추정량은 19~29세, 30~49세 및 50~64세 남자의 경우 각각 2,600 kcal, 2,400kcal, 2,200kcal이고, 여자의 경우에는 각각 2,100kcal, 1,900kcal, 1,800kcal임

④ 성인기 만성질환의 예방을 위한 에너지적정섭취비율은 탄수화물 55~65%, 지질 15~30%, 단백질 7~20%임

> ✓ **성인 남성**
> 662 − 9.53 × 연령(세) + PA[15.91 × 체중(kg) + 539.6 × 신장(m)]
> PA = 1.0(비활동적), 1.11(저활동적), 1.25(활동적), 1.48(매우 활동적)

> ✓ **성인 여성**
> 354 − 6.91 × 연령(세) + PA[9.36 × 체중(kg) + 726 × 신장(m)]
> PA = 1.0(비활동적), 1.12(저활동적), 1.27(활동적), 1.45(매우 활동적)

다음은 성인의 에너지 필요추정량 설정에 대한 설명과 공식이다. 〈작성 방법〉에 따라 순서대로 서술하시오.【4점】

> 2015년 한국인 영양소 섭취기준에서 성인의 에너지 필요추정량은 현재까지 가장 정확한 총 에너지 소비량 측정방법으로 알려져 있는 이중표식수법(double labeled water technique)을 근거로 산출한 공식을 이용하여 구하였다. 이 방법은 영양 상담에 활용할 수 있는 개인별 에너지 필요추정량을 쉽게 구할 수 있는 장점이 있다.
>
> [성인 남자] 에너지 필요추정량 = $662 - 9.53 \times A + PA(15.91 \times B + 539.6 \times C)$
>
> [성인 여자] 에너지 필요추정량 = $354 - 6.91 \times A + PA(9.36 \times B + 726.0 \times C)$

✎ 작성 방법

- 에너지 필요추정량 계산공식에서 A와 C가 무엇인지 순서대로 쓸 것
- PA가 무엇이며 어떻게 적용하는지 설명할 것

----

(2) 단백질

① 성인기에는 새로운 조직이 합성되지 않으므로 기존 조직을 유지하기 위한 정도만 유지

② 성인의 경우 단백질의 평균필요량은 0.66g/kg/일

③ 권장섭취량 : 19~29세 남자 65g, 여자 55g, 30~64세 남자 60g, 여자 50g

(3) 탄수화물

① 탄수화물의 필요량 설정은 케토시스ketosis를 예방하고 체내에 필요한 최소한의 포도당을 공급하는 양을 기준으로 함

② 케톤증을 예방하기 위해서는 하루에 50~100g의 탄수화물은 섭취해야 함

③ 성인의 경우 탄수화물의 에너지적정섭취비율은 55~65%

④ 총 당류의 섭취기준은 총 에너지 섭취의 10~20%

⑤ 식이섬유의 충분섭취량은 12g/1,000kcal를 설정 근거로 하여 성인 남자의 경우 25g, 성인 여자는 20g으로 설정

(4) 지질

① 지방은 에너지 밀도가 높기 때문에 소화기 부담의 경감, 지용성 비타민의 섭취 및 흡수 촉진, 필수지방산의 공급, 비타민 B_1의 절약, 세포막 및 뇌, 신경기능의 유지 등에 있어 매우 중요

② 성인기에 지방의 에너지적정섭취비율은 15~30%

③ 콜레스테롤은 남녀 모두 1일 300mg 미만을 섭취하는 것이 바람직

④ 포화지방산 7% 미만, 트랜스지방산 1% 미만

(5) 비타민

① 비타민 A

　㉠ 체내 항산화 역할

　㉡ β-카로틴은 보충제의 형태보다는 시금치, 당근, 토마토, 감, 귤, 푸른잎채소 등 과 같은 식품으로 섭취하는 것이 바람직

　㉢ 권장섭취량 남자는 19~29세 800μgRAE, 30~64세 750μgRAE, 여자는 19~49세 650μgRAE, 50~64세 600μgRAE

② 비타민 D : 햇빛과 식사를 통해 공급되어 체내 골격과 칼슘 대사에 중요한 역할을 함

③ 비타민 E

　㉠ 항산화작용을 통해 세포막의 불포화지방산들이 과산화상태로 진전되는 것을 막아주므로 적혈구의 용혈이나 근육 및 신경세포의 손상을 억제

　㉡ 충분섭취량 : 성인 남자와 여자 모두 12mgα-TE

④ 수용성 비타민

　㉠ 비타민 B_1, B_2, 니아신은 에너지 대사에 중요한 역할을 담당

　㉡ 비타민 B_1은 남자의 경우 1일 1.2mg, 여자의 경우는 1.1mg을 섭취하도록 하며 열량섭취량이 감소하여도 1일 1.0mg 이상 섭취하도록 함

(6) 무기질

① 칼슘

　㉠ 칼슘은 35세까지는 골격 형성을 위하여, 35세 이후에는 골격 유지를 위하여 지속적으로 요구됨

　㉡ 칼슘의 권장섭취량은 남자의 경우 19~49세 800mg, 50~64세 750mg이며, 여자의 경우에는 19~49세 700mg, 50~64세 800mg임

② 철 : 권장섭취량은 남자의 경우 19~64세 10mg이며, 여자의 경우에는 19~49세 14mg, 50~64세 8mg임

(7) 수분

① 신생아의 경우 체중의 75%, 성인 남녀는 50~60%, 노인은 45~50% 정도를 차지하는 주요한 신체 구성성분

② 체수분량은 12세까지는 남녀가 유사하나 그 이후에는 여성과 노인은 근육 감소, 체지방 증가로 인하여 감소함

03 성인의 건강과 식생활 관리

(1) 식사구성

■ 표 1. 성인(19~64세)의 권장식사패턴

연령(세)	곡류	고기·생선·달걀·콩류	채소류	과일류	우유·유제품류	유지·당류
2,400kcal B타입(남자)	4	5	8	3	1	6
1,900kcal B타입(여자)	3	4	8	2	1	4

(2) 성인을 위한 식생활 지침

① 각 식품군을 매일 골고루 먹자.

㉠ 곡류는 다양하게 먹고 전곡을 많이 먹는다.

㉡ 여러 가지 색깔의 채소를 매일 먹는다.

㉢ 다양한 제철과일을 매일 먹는다.

㉣ 간식으로 우유, 요구르트, 치즈와 같은 유제품을 먹는다.

㉤ 가임기 여성은 기름기 적은 붉은 살코기를 적절히 먹는다.

② 활동량을 늘리고 건강 체중을 유지하자.

㉠ 일상생활에서 많이 움직인다.

㉡ 매일 30분 이상 운동을 한다.

㉢ 건강 체중을 유지한다.

㉣ 활동량에 맞추어 에너지 섭취량을 조절한다.

③ 청결한 음식을 알맞게 먹자.

   ⊙ 식품을 구매하거나 외식을 할 때 청결한 것으로 선택한다.

   ⓒ 음식은 먹을 만큼만 만들고 먹을 만큼만 주문한다.

   ⓒ 음식을 만들 때는 위생적으로 한다.

   ⓔ 매일 세끼 식사를 규칙적으로 한다.

   ⓜ 밥과 다양한 반찬으로 균형 잡힌 식생활을 한다.

④ 짠 음식을 피하고 싱겁게 먹자.

   ⊙ 음식을 만들 때는 소금, 간장을 보다 적게 사용한다.

   ⓒ 국물을 짜지 않게 만들고 적게 먹는다.

   ⓒ 음식을 먹을 때 소금, 간장을 더 넣지 않는다.

   ⓔ 김치는 덜 짜게 만들어 먹는다.

⑤ 지방이 많고 고기나 튀긴 음식을 적게 먹자.

   ⊙ 고기는 기름을 떼어내고 먹는다.

   ⓒ 튀긴 음식을 적게 먹는다.

   ⓒ 음식을 만들 때 기름을 적게 사용한다.

⑥ 술을 마실 때는 그 양을 적게 사용한다.

   ⊙ 남자는 하루 2잔, 여자는 1잔 이상 마시지 않는다.

   ⓒ 임신부는 절대로 술을 마시지 않는다.

제9장 노인기 영양

노인기에는 생리적 기능의 감소, 잦은 질병, 사회경제적 위축 등으로 영양에 취약하기 쉬우므로 건강한 장수를 위해서 영양 및 식사습관의 적절한 관리가 필요하다.

01 노인기의 생리적 변화

(1) 신체조직의 변화

① 세포수의 감소 : 노화에 수반되는 생리기능의 저하로 이어짐

② 신체조성의 변화

　㉠ 체수분, 특히 세포내액의 현저한 감소

　㉡ 제지방조직의 감소 : 근육량 감소, 골 손실 발생

　㉢ 체지방량 증가 : 만성 퇴행성질환의 위험 증가

　㉣ 골세포 수가 감소하고 뼈 망상구조를 이루는 콜라겐 합성과 무기질 침착이 부족하게 되어 긴뼈의 두께가 얇아지고 골수강이 넓어짐

(2) 생리적 변화

① 기초대사량의 감소 : 노화에 따른 세포 수의 감소, 특히 근육세포 수의 감소 때문

② 혈액성분의 변화

　㉠ 조혈작용의 감소로 적혈구의 양이 감소하고 헤모글로빈 농도는 30~60세까지는 일정하나 65세 이상에서는 점차 감소함

　㉡ 혈액 내 지방을 제거하는 능력이 감소되어 혈중 중성지방 농도가 증가함

③ 심혈관 순환계 기능의 변화

　㉠ 심박출량이 80세에는 30세에 비해 약 30% 감소함

ⓛ 혈압은 특히 수축기 혈압이 증가하여 심장활동에 부담을 줌

ⓒ 혈관 변화 : 동맥벽에 칼슘, 콜레스테롤, 콜라겐 등이 축적되어 혈관 벽의 탄력성이 감소하여 동맥경화로 인한 협심증, 심근경색의 위험 증가

④ 폐기능의 감소

ⓐ 총 폐용량 및 폐활량이 연령 증가에 따라 감소고령에서는 각각 40%, 50%까지 저하됨. 폐는 신장과 함께 기능의 감소율이 가장 큼

ⓛ 폐조직의 신축성 감소 : 탄력섬유 소실, 결합조직 생성

ⓒ 장기간의 흡연은 폐기능 감퇴에 큰 영향

⑤ 신장기능의 감소

ⓐ 네프론 수 감소로 약화

ⓛ 신혈류량, 사구체 여과율, 포도당 재흡수 등이 80~90세가 되면 30세 때의 50~60%가 저하됨

ⓒ 뇨의 희석 또는 농축능력 감소

ⓔ 소변량 감소 → 총 체수분량의 감소 → 노인의 수분 필요량이 줄어듦

⑥ 간기능 : 간기능 감소로 간에서의 영양소 대사, 약물 및 알코올의 분해능력 감소

⑦ 소화기계

ⓐ 타액, 위액 등 소화액의 분비 감소로 소화율 감소

ⓛ 장점막의 위축 등으로 일부 영양소의 흡수율 저하

ⓒ 위액 분비 부족으로 총 산도가 감소저산증하여 위축성 위염이 발생하고 칼슘과 철의 흡수가 감소함

ⓔ 내적인자의 분비 저하로 비타민 B_{12}의 흡수를 감소

ⓜ 췌장액의 지질 분해효소의 활성이 저하되고 담즙의 분비도 감소하므로 지질의 소화와 흡수가 당질이나 단백질에 비해 저하됨

ⓗ 소장에서 분비되는 락타아제의 양과 활성이 감소하므로 유당을 함유한 우유 등의 식품 섭취에 주의해야 함

ⓢ 결장의 운동성과 탄력성 감소로 변비를 초래함

⑧ 뇌·신경계

ⓐ 뇌 중량 감소, 뇌세포 수 감소80세는 20세의 70%

ⓛ 신경의 자극 전달속도 감소

ⓒ 운동기능 저하

ⓔ 감각기관의 기능 저하

　▪ 시력 및 청력 저하

- 미각의 민감성 저하 : 맛에 대한 역치가 단맛 2배, 짠맛 3.5배, 신맛 1.5배, 쓴맛 3배 증가
- 냄새, 고통, 갈증에 대한 감각 저하

⑨ 내분비계
　㉠ 인슐린 분비 감소로 포도당 내성이 저하됨
　㉡ 성 호르몬, 알도스테론, 항이뇨 호르몬 등의 혈중 농도 감소함
　㉢ 갑상선 호르몬의 분비량은 변동이 없으나, 부갑상선 호르몬은 약간 감소함

⑩ 기타
　㉠ 피부
- 피하지방조직 감퇴, 피지선 및 땀샘의 위축으로 인해 피부에 탄력이 없고 굵은 주름이 생기며 건조하고 광택 없음
- 표피색소의 침착, 탈색에 따라 백색 반점, 검은색 반점 발생

　㉡ 모발 : 모발 수 감소, 모발색소멜라닌 침착으로 대머리, 백발 발생
　㉢ 치아 : 치근육의 위축으로 치아 탈락

02 노인의 영양소 섭취기준

(1) 에너지
① 근육량 감소로 인해 기초대사율이 감소하고 신체활동량도 줄어들기 때문에 노년기의 에너지 필요량은 성인기에 비해 감소함
② 에너지 필요추정량 : 남자 노인 2,000kcal, 여자 노인 1,600kcal

(2) 단백질
① 노인의 단백질 필요량은 성인 값과 동일하게 적용하여 평균필요량 0.73g/kg/일, 권장필요량 0.91g/kg/일로 산정 노화로 인해 단백질 필요량은 감소되지 않음
② 권장섭취량 : 남자 노인 55g, 여자노인 45g

(3) 탄수화물
① 노인들은 저작 불편 등의 이유로 채소·과일을 기피하는 경향이 있지만 치아상태, 소화능력을 고려하여 가급적 신선한 과일, 채소, 해조류, 두류를 많이 섭취하도록 함
② 노인의 경우 식이섬유를 하루에 남자 25g, 여자 20g 섭취할 것을 권장

(4) 지질

　① 총 에너지 섭취량의 15~30% 정도의 지질 섭취를 권장

　② 적절한 지질 섭취는 소화기에 대한 부담을 덜어주고 지용성 비타민과 필수지방
　　산의 공급을 위하여 필요

(5) 비타민

　① 지용성 비타민

　　㉠ 65세 이상에서 미량영양소 부족이 올 수도 있으므로 50~64세의 비타민 A 권
　　　장섭취량과 같게 남자 700μgRAE, 여자 550μgRAE로 책정

　　㉡ 노화는 피부에서의 비타민 D 전구체 합성률이나 신장에서의 활성형 비타민
　　　D로의 전환율을 저하시키기 때문에 비타민 D 섭취 부족 시 골다공증 위험 증
　　　가자외선에 대한 노출기회 감소로 인해 피부에서의 비타민 D 합성능력 감소

2020년 기출문제 A형

다음은 노인기의 영양소 섭취기준에 관한 내용이다. 〈작성 방법〉에 따라 서술하시오.
【4점】

> 노인기에는 성인기에 비하여 대부분의 영양소 필요량이 감소한다. 그러나 (㉠)
> 은/는 성인기보다 필요량이 증가하는 미량영양소로 ㉡ 노인기의 충분섭취량이 성
> 인기보다 높다. 노인기에는 생리적 기능이 저하되고 식사섭취량이 줄어들어 영양
> 불량이 나타나기 쉽다. 따라서 노인기에는 미량영양소의 섭취량이 권장 수준에 미
> 달되지 않도록 하고, 보충제 섭취 시 상한섭취량 이상 섭취하지 않도록 권고한다.

✏️ 작성 방법

● 괄호 안의 ㉠에 들어갈 영양소의 명칭을 쓰고, 이 영양소의 노인기 충분섭취량을 단위와
함께 제시할 것(단, 2015 한국인 영양소 섭취기준에 근거함)
● 밑줄 친 ㉡의 이유 2가지를 제시할 것(단, 식사량, 골격건강 및 질병은 고려하지 않음)

---

　② 수용성 비타민

　　㉠ 비타민 B$_1$, 비타민 B$_2$, 니아신의 권장섭취량은 성인과 동일하게 설정

　　㉡ 노년기에 가장 문제가 되는 비타민 B$_{12}$로, 혈액의 비타민 B$_{12}$ 농도가 감소하고
　　　식사량의 감소와 흡수율의 감소도 노인의 비타민 B$_{12}$ 결핍의 원인임

ⓒ 30%가량은 위축성 위염을 갖고 있기 때문에 염증과 위산과 펩신 분비 감소로 인한 내인적 요소의 저하가 비타민 B_{12}의 흡수 불량을 악화시킴

ⓔ 비타민 B_{12}는 호모시스테인 대사와 관련되며 내인성인자의 분비 감소로 흡수가 저해되므로 충분한 섭취가 필요함

(6) 무기질

① 칼슘

ⓐ 노인은 성인에 비해 칼슘이 소변으로 손실되는 양이 증가하고 흡수율이 감소하며 옥외 신체활동 부족으로 칼슘이 부족하기 쉬움

ⓑ 최근 칼슘 등의 영양제 복용이 빈번하여 과잉 섭취할 경우가 있음

ⓒ 다른 무기질 섭취를 부족하게 하는 노인이 칼슘을 과잉 섭취할 경우 특히 철, 아연, 마그네슘 등의 흡수와 이용에 영향을 줄 수 있어 칼슘의 상한섭취량을 2,000mg으로 정함

ⓓ 노인의 칼슘 흡수율이 감소하는 이유
- 신장 네프론 수 감소에 의해 25-OH-비타민 D_3의 활성화가 감소하기 때문
- 위산 분비 감소
- 옥외 신체활동 부족, 칼슘 섭취 감소에 대한 적응력 저하 등도 칼슘평형을 음(-)으로 만듦

ⓔ 소변으로의 손실 증가 : 신장기능 저하로 칼슘의 재흡수 감소

ⓕ 골격 내 칼슘 함량 감소로 골다공증과 골절 위험 증가

② 철 : 노인은 철분 급원식품을 적게 섭취함. 또한 나이가 들어감에 따라 위산 분비가 감소되어 헴철의 흡수율은 감소하지 않으나 비헴철은 흡수율이 저하철 손실량은 성인에 비해 낮은 반면 철 흡수율과 이용률은 감소함

③ 나트륨

ⓐ 미각의 둔화에 따라 짜게 먹는 경향 증가

ⓑ 과잉 섭취 시 부종 및 심장 부담, 고혈압, 동맥경화의 위험 증가

ⓒ 충분섭취량 : 65~74세 남녀 노인 1,300mg, 75세 이상 남녀 노인 1,100mg

(7) 수분

① 체내 수분 함량은 점차 감소

② 갈증반응 둔화로 수분 섭취량이 적어져 탈수가 생길 수 있음

③ 신장에서의 수분 보유효율이 감소하고 당뇨나 설사, 구토를 수반하는 질병을 갖고 있는 환자들의 수분 손실 위험이 높음

④ 충분섭취량 : 노인 남자 2,100mL, 여자 1,800mL

03 노인의 식생활 관리

(1) 식사구성

■ 표 1. 노인(65세 이상)의 권장식사패턴

연령(세)	곡류	고기·생선·달걀·콩류	채소류	과일류	우유·유제품류	유지·당류
2,000kcal B타입(남자)	3.5	4	8	2	1	4
1,600kcal B타입(여자)	3	2.5	6	1	1	4

(2) 식사 관리

① 규칙적으로 적은 양을 자주 먹는다.

② 한꺼번에 많은 양을 먹지 못하므로 식사 때마다 영양소 밀도가 높은 음식을 포함한다육류, 우유, 치즈, 달걀, 두부 등.

③ 노인의 기호, 치아상태, 소화능력을 고려하여 식품의 선택과 조리방법에 세심한 배려가 필요하다.

④ 색, 풍미, 형태가 다양한 음식을 차려 밝고 환한 곳에서 식사를 한다.

⑤ 단맛의 역치가 증가하여 단맛이 강한 연질음식이나 음료를 좋아하게 되므로 케이크, 과자류, 사탕, 초콜릿, 탄산음료를 과잉 섭취하지 않도록 주의한다.

⑥ 신선한 과일, 채소, 해조류, 두류를 많이 섭취하도록 한다.

⑦ 칼슘 보충을 위해 우유 및 유제품, 뼈째 먹는 생선, 뼈 곰국 등을 많이 섭취토록 한다.

⑧ 싱겁게 먹고 가공식품의 섭취를 감소시켜 나트륨 섭취를 줄이도록 한다.

⑨ 편의식품을 준비해 두고 조리 작업량을 줄일 수 있는 조리기구를 마련한다.

⑩ 가급적이면 친구나 친지 혹은 다른 사람들과 함께 식사를 하도록 한다.

(3) 어르신을 위한 식생활 지침

① 각 식품군을 매일 골고루 먹자.

　㉠ 고기, 생선, 계란, 콩 등의 반찬을 매일 먹는다.

　㉡ 다양한 채소 반찬을 매끼 먹는다.

　㉢ 다양한 우유제품이나 두유를 매일 먹는다.

　㉣ 신선한 제철과일을 매일 먹는다.

② 짠 음식을 피하고 싱겁게 먹자.

　㉠ 음식을 싱겁게 먹는다.

　㉡ 국과 찌개의 국물을 적게 먹는다.

　㉢ 식사할 때 소금이나 간장을 더 넣지 않는다.

③ 식사는 규칙적이고 안전하게 하자.

　㉠ 세끼 식사를 꼭 한다.

　㉡ 외식할 때는 영양과 위생을 고려하여 선택합니다.

　㉢ 오래된 음식은 먹지 않고 신선하고 청결한 음식을 먹는다.

　㉣ 식사로 건강을 지키고 식이 보충제가 필요한 경우는 신중히 선택한다.

④ 물은 많이 마시고 술은 적게 마시자.

　㉠ 목이 마르지 않더라도 물을 자주 충분히 마신다.

　㉡ 술은 하루 1잔을 넘기지 않는다.

　㉢ 술을 마실 때에는 반드시 다른 음식과 같이 먹는다.

⑤ 활동량을 늘리고 건강한 체중을 갖자.

　㉠ 앉아 있는 시간을 줄이고 가능한 한 많이 움직인다.

　㉡ 나를 위한 건강 체중을 알고 이를 갖도록 노력한다.

　㉢ 매일 최소 30분 이상 숨이 찰 정도로 유산소운동을 한다.

　㉣ 일주일에 최소 2회, 20분 이상 힘이 들 정도로 근육운동을 한다.

참고문헌

1. 생애주기영양학. 구재옥 외 6인. 파워북. 2016
2. 생애주기영양학. 이연숙 외 6인. 교문사. 2017
3. 생애주기영양학. 이현옥 외 4인. 교문사. 2016
4. 2015 한국인 영양소 섭취기준. 보건복지부. 2015

MEMO

영양판정 및 실습

영양판정의 개요

01 영양판정의 의의

각종 영양사업의 일차적인 단계는 개인 또는 집단을 대상으로 영양판정을 하여 영양적 위험을 조기에 발견하여 중재 프로그램(intervention program)을 통해 질병을 예방하고 건강을 유지하도록 한다.

(1) 영양판정(nutritional assessment)

개인이나 집단의 식품 및 영양소의 섭취실태를 조사하고 영양과 관련된 건강 지표 측정값을 해석하여 영양상태를 평가하고 진단하는 과정임

(2) 영양판정의 목적과 목표

영양판정의 목적은 영양상태를 향상시켜 건강 증진을 도모하는 것

① 현재의 영양상태를 파악하여 영양문제를 발견하여 영양적 위험에 처한 사람들을 분류함

② 영양문제를 해결하기 위한 영양중재의 기초자료로 사용함

③ 영양중재의 시행과 효과를 평가하여 지속적인 관리를 함

④ 영양서비스 또는 건강 관리 체계의 효율성을 증대시켜 비용을 절감함

(3) 영양판정의 활용범위

① 국가적 차원 : 국민의 영양상태를 파악하여 영양정책과 사업 계획 수립에 중요한 근거자료로 활용함

② 지역사회

㉠ 지역사회 영양사업의 계획, 실행 및 효과 평가에 이용함

㉡ 대상 : 보건소주민, 학교학생, 산업체근로자

③ 병원

      ㉠ 입원환자의 영양불량 여부 및 그 정도를 파악하여 적절한 영양 관리를 함

      ㉡ 영양판정의 소홀은 입원환자의 영양결핍을 초래하고 질병 회복을 지연시킬 수 있음

④ 재택 의료사업 : 재택 만성질환자 가정 방문 시 영양판정 후 영양교육과 상담으로 연결됨

(4) 영양상태에 영향을 주는 요인

개인이나 집단의 영양상태는 주변 환경의 생태학적 요인에 의한 영향을 받음

① 인구구조자료 : 성별, 연령, 결혼상태, 출생순위, 출산율, 가족관계

② 사회경제적 상태 : 수입, 직업, 교육 , 종교, 생활 수준, 문화적 배경

③ 건강위생상태 : 가족력, 질병원인 사망 원인, 운동량, 예방접종, 위생, 상하수도

④ 식행동자료 : 식습관, 식행동, 금기식품, 시장, 분배, 저장, 조리시설, 수유방법

■ 표 1. 영양상태에 영향을 주는 신체적 요인

영양소의 불충분한 섭취	■ 열량과 단백질 섭취 부족 ■ 식욕 부진 또는 위장질환 ■ 섭식행동에 제한을 받는 경우(예 거동장애, 치아 손상) ■ 식품에 대한 알레르기증상이 있을 때 ■ 질병의 치료를 목적으로 영양소 섭취에 장애가 되는 약물을 복용하거나 특수치료를 할 때
흡수장애	■ 장내 국소 부위에 염증이 있을 때 ■ 약물 치료로 인한 부작용 시 ■ 장내 기생충감염이나 소아 지방변증이 있을 때 ■ 수술로 인하여 장관의 일부가 절제되었을 때 ■ 만성 소화기계 장애
체내 이용장애	■ 기관의 기능 저하와 같은 대사장애가 있을 때 ■ 선천적인 대사장애 ■ 간기능의 약화 ■ 신세뇨관기능 이상으로 인한 산증 발생 시 ■ 특정 약물에 의한 영양소의 이용 저하 시
배설의 증가	■ 구토, 설사 ■ 장관 체류시간의 감소 ■ 과민성 대장증상이 있을 때 ■ 수종이나 종양으로 인한 유출
체내 필요량 증가	■ 발열, 감염, 외상, 임신이나 성장기, 스트레스 증가, 화상 ■ 패혈증, 갑상선기능 항진, 종양, 수술

02 영양불량의 분류

(1) Jelliffe의 분류

영양공급의 정도와 기간에 따라 4가지로 분류함

① 영양부족undernutrition : 장기간에 걸쳐 여러 가지 영양소가 충분히 섭취되지 않거나 체내에서 이용되지 못함으로써 발생하는 영양불량상태

② 영양과잉overnutrition : 장기간 동안 영양소를 과잉으로 섭취하면서 나타나는 영양불량

③ 결핍증specific nutrient deficiency : 특정 영양소의 섭취 부족과 체내 이용률 감소로 발생하는 영양불량

④ 영양불균형nutritional imbalance : 두 가지 이상의 영양소 섭취가 양과 질적인 면에서 체내 필요량과 비교했을 때 서로 균형적이지 못함으로써 나타나는 영양불량

(2) 일차적 또는 이차적 영양불량

영양소 공급과 생리적 원인에 따른 분류

① 일차적 영양불량primary malnutrition : 식사를 통한 영양소 공급이 양적 또는 질적으로 신체의 요구량에 충족되지 못하여 발생하는 영양불량임

② 이차적 영양불량secondary malnutrition

㉠ 질병이나 임신, 수유, 흡연, 음주, 약물 복용, 유전적 결함 등이 있는 경우 체내의 이용장애로 인하여 발생되는 영양불량 현상

㉡ 영양불량의 직접적인 원인을 제거하거나 영양소를 충분히 보충하여 이차적 영양결핍을 치료할 수 있음

㉢ 영양판정 시 영양소 섭취상태뿐만 아니라 체내 생리상태, 질병 여부 등도 함께 조사되어야 판정 결과가 정확해짐

03 영양판정의 체계

(1) 영양조사(nutrition survey)

① 인구집단의 영양상태를 횡단적으로 조사하여 평가하는 것

② 만성적 영양불량 위험집단의 확인을 통해 영양문제를 파악하고 영양상태 개선을 위한 정책에 반영함

(2) 영양모니터링(nutrition monitoring)과 영양감시(nutrition surveillance)

① 특정 집단의 영양상태를 종단적으로 일정 기간 계속해서 조사, 분석함으로써 영양불량의 원인을 파악함

② 특정 집단의 영양상태를 지속적으로 모니터할 수 있고 종단적 조사로 원인 규명이 가능하기 때문에 영양중재활동 프로그램과 연계시킬 수 있음

③ 영양위험이 높은 개인에게 적용될 경우에는 영양감시체계라는 용어보다는 영양모니터링이라는 용어가 사용됨

(3) 영양스크리닝(nutrition screening, 영양선별검사)

① 영양문제와 관련된 특징을 검사하거나 영양상태를 간략하게 평가하는 것

② 영양 관리가 필요한 대상을 선별하기 위하여 초기에 수행되며 그 후에 더 세밀하고 포괄적인 영양판정을 진행하기 위한 전 단계 과정임

③ 목적 : 병원이나 보건소 등의 영양서비스 현장에서 영양적 위험에 있는 개인을 선별해 영양중재를 우선적으로 실시하는 데 있음. 측정이 간단하고 비용이 적게 들며 대규모로 적용이 가능한 지표들을 이용하여 실시함

(4) 영양중재(nutrition intervention)

영양검색 결과로 선별된 중재 대상에게 영양치료를 함으로써 영양상태의 향상을 도모하는 과정임

Key Point 횡단적 조사 cross-sectional survey

✔ 한 시점에서 집단의 영양상태에 관한 정보를 얻기 위해 무작위로 추출한 표본을 대상으로 조사는 것이다.

✔ 단순한 영양조사 설계, 즉 영양정책이나 영양사업을 계획하는 단계에서 기초자료 수집을 위해 주로 사용된다.

✔ 급성 영양불량이나 영양불량의 원인을 찾아내기는 힘들다(만성 유병율 조사).

✔ 표본이 크지 않으면 유효한 자료를 얻기 어렵다.

Key Point 종단적 조사

✔ 장기간 동안 일정한 간격을 두고 자료를 수집·분석하는 것으로 시기적 변화를 관찰할 수 있는 방법이며 전향적(prospective) 조사이다.

✔ **종류** 코오트연구(cohort study)는 동일한 특성을 갖는 집단, 즉 코오트를 지속적으로 조사하는 것이다.

> **Key Point** 3가지 영양판정 단계
>
> ✓ 입원환자의 영양 관리나 영양적 취약집단을 위한 지역사회의 영양사업에서 단계적으로 이용되고 있다.
>
> ① **영양스크리닝** 영양중재를 우선적으로 필요로 하는 환자나 지역주민을 알아낸다.
>
> ② **영양조사** 영양위험군으로 분류된 개인이나 집단에게 구체적이고 포괄적인 영양조사를 하여 영양불량 종류와 정도를 파악한다.
>
> ③ **영양모니터링이나 영양감시체계** 영양중재를 시행하고 효과 평가를 위해 영양모니터링이나 영양감시체계를 구축한다.

04 영양판정의 방법

(1) 직접 평가

① 신체계측법 anthropometry

 ㉠ 체격 크기와 신체 조성을 측정하여 신체지수를 산출하여 기준치와 비교·평가하는 것

 ㉡ 성장기 아동뿐만 아니라 성인의 영양상태 판정에도 유용함

 ㉢ 체중, 신장, 상완위, 피부두겹두께, 체지방 등이 주로 측정됨

 ㉣ 장기간에 걸친, 때로는 한 세대에 걸친 영양상태를 반영하는 신뢰성 있는 정보를 제공함

② 생화학적 검사 biochemical test

 ㉠ 혈액, 소변 또는 조직을 채취하여 영양소나 대사물의 농도, 영양소에 의존적인 효소 활성이나 면역기능 등을 분석하고 정상치와 비교·평가하는 것

 ㉡ 가장 객관적이고 정량적인 영양판정 방법

 ㉢ 근래의 영양소 섭취 수준을 반영하는 유용한 지표임

③ 임상 조사 clinical observation

 ㉠ 영양불량과 관련되어 나타나는 임상 징후를 시각적으로 진단하는 것

 ㉡ 영양불량의 초기단계는 알아내지 못하는 예민하지 않은 방법

 ㉢ 다른 영양판정 방법과 함께 이용되는 것이 바람직함

④ 식사 조사 Dietary survey

 ㉠ 섭취한 식품의 종류와 양을 조사하고 영양소 함량을 산출함으로써 식품의 섭취 양상이나 영양소 섭취상태를 판정하는 것

ⓒ 영양불량 진행의 초기단계를 평가할 수 있는 방법으로서 영양판정 방법의 중심이 됨

(2) 간접 평가

① 보건통계 조사

㉠ 인구동태자료 : 인구의 연령 및 성별 구성, 인구밀도, 출생률, 사망률

ⓒ 건강의학 통계 및 보건시설 : 질병통계, 영유아 사망률, 병원이나 보건소 시설, 민간치료법

② 식품 공급상황 : 식품 수급실태, 식품 가격과 계절 변동, 식품 구매 여건, 식품 광고, 식품 강화, 식품 구매 지원 및 급식 프로그램

③ 식생태 조사

㉠ 사회경제적 자료 : 소득 수준, 교육, 주거환경, 교통, 사회보장제도

ⓒ 사회적 및 문화적 자료 : 생활양식, 지역사회의 공동생활방식, 관습, 종교, 전통적인 식습관, 식품 금기, 식행동과 식품에 대한 신념 등

ⓒ 지리적 조건 : 식량 생산과 관련된 모든 자연환경실태

05 영양판정의 기준치

(1) 참고치 분포(reference distribution)

① 표준치와 비교하여 정상범위에 포함되는지를 조사함

② 참고치의 분포도를 말하며 보통 백분위값으로 나타냄

③ 신장, 체중 등 성장에 관한 계측치 등에서 이용

(2) 참고치 경계(reference limits)

① 참고치 분포에서 보통 2곳을 정하여 3개의 참고치 간격을 만들어 판정 기준치로 사용

② 5 백분위값과 95 백분위값의 2곳을 참고치 경계로 정하고 개인의 측정값과 비교함

③ 개인의 측정값이 5 백분위값보다 낮으면 '매우 낮음', 5 백분위값과 95 백분위값 사이면 '보통', 95 백분위값보다 높으면 '매우 높음'으로 판정함

(3) 한계치(cutoff-points)

① 영양상태 판정 지표와 체내 저장 영양소의 고갈, 손상된 기능 및 영양결핍증상 간의 관계를 예측해 주는 수준을 의미함

② 주로 생화학적 조사 판정에 이용

③ 한 영양 평가 지표에서 한계치가 1개 설정되어 그 이상이면 양호, 그 미만이면 불량으로 분류

④ 2개의 한계치에 3개의 간격일 때는 결핍deficient, 경계 수준marginal, 양호 또는 결핍 위험의 개념에서 매우 위험, 약간 위험, 양호로 분류

신체 계측

신체 계측은 신장, 흉위 등 신체 특정 부위의 크기 및 체중을 측정하는 체위 측정과 체지방 (body fat)과 제지방(lean body mass)으로 구성된 신체조성을 측정하여 성장·발달 및 장기적인 영양상태를 판정하는 방법이다.

01 신체 계측의 의의

(1) 신체 계측의 종류

① 체위의 측정 성장의 측정 : 신장, 체중, 흉위, 두위, 팔꿈치 너비, 팔목둘레, 비만도, 비체중, 체질량지수, 폰더럴지수, 뢰러지수, 카우프지수

② 신체조성의 측정 : 상완둘레, 장딴지둘레, 허벅지둘레, 상완근육둘레, 상완근육 면적, 상완지방면적, 허리-엉덩이 둘레비, 피부두겹두께, 밀도법, 총 체수분량 측정법, 총 칼륨량 측정법, 중성자 활성분법, 요중 크레아틴량 측정법, 3-메틸히스 티딘량 측정법, 전기전도법, 적외선 간섭법, 초음파, 단층촬영법, 자기공명영상 장치법, 이중에너지 X-선 흡광법

(2) 신체 계측의 장단점

① 장점

㉠ 계측방법이 간단하고 안전하여 조사 대상자에게 주는 부담이 적음

㉡ 계측장비의 가격이 비싸지 않고 이동하기가 쉬우며 견고함

㉢ 표준화된 측정방법을 지키기만 하면 정확하고 재현성이 높음

㉣ 계측방법에 대한 훈련이 쉬움

㉤ 과거의 장기간에 걸친 영양상태에 관한 정보를 얻을 수 있음

㉥ 중등도 이상의 심한 영양불량상태를 판정하는 데 유용함

ⓐ 영양불량의 위험도가 높은 대상자를 찾아내기 위한 선별 검사방법으로 적합함

② 단점

　ⓐ 단기간의 영양상태를 판정하기가 어려움

　ⓑ 어떤 특정 영양소의 결핍을 규명하기는 어려움

　ⓒ 비영양적 요소질병, 유전, 생리상태, 에너지 소비량 감소 등에 의해 신체 계측 조사의 민감성이 낮아질 수 있음

02 체위의 측정

신체 계측은 빠르고 간단하게 행할 수 있고 주의만 하면 정확하게 측정할 수 있기 때문에 영양판정에서 가장 먼저 널리 쓰이는 방법으로 신장과 체중을 가장 많이 측정한다. 출생~1년까지는 매월, 그 후 생후 2년까지는 3개월 간격으로, 그 후에는 6개월 간격으로 제시하며 연령별로 한국 소아 발육 표준치와 한국인 체위 기준치와 비교(출생 후부터 36개월과 2세부터 18세까지의 백분위수)한다. 백분위수 곡선(percentile curve)은 9개(3, 5, 10, 25, 50, 75, 90, 95, 97)이고 50th 백분위수가 그 집단의 중앙치(median) 또는 평균이다. 정상은 5 백분위수와 95 백분위수 사이이고 5 백분위수 이하이거나 95 백분위수 이상이면 주의할 필요가 있다고 판정한다. 일정 기간 동안에 급격한 변화(백분위수 곡선이 두 급간 이상 변했을 때)가 오면 그 변화의 원인을 규명해야 한다.

■표 1. WHO에서 권장하는 연령별 신체 계측 부위

나이(세)	일반적인 영양 조사	정밀한 영양 조사
0~1	체중, 신장	앉은키, 머리둘레, 가슴둘레, 뼈 너비(어깨, 엉덩이), 피부두겹두께(삼두근, 견갑골하부, 가슴)
1~5	체중, 신장, 이두근 피부두겹두께, 삼두근 피부두겹두께, 상완둘레	앉은키, 머리둘레, 가슴둘레, 뼈 너비(어깨, 엉덩이), 피부두겹두께(견갑골하부, 가슴), 장딴지둘레, 손과 손목의 X-선 촬영
5~20	체중, 신장, 삼두근 피부두겹두께	앉은키, 뼈 너비(어깨, 엉덩이), 피부두겹두께(삼두근 이외의 부위들), 상완둘레, 장딴지둘레, 손과 손목의 X-선 촬영
20 이상	체중, 신장, 삼두근 피부두겹두께	피부두겹두께(삼두근 이외의 부위들), 상완둘레, 장딴지둘레

(1) 체위계측법

① 머리둘레head circumference, 두위

ㄱ 두뇌의 정상적인 성장상태 평가특히 생후 1년

ㄴ 출생 후 2세까지의 단백질-에너지 영양상태의 지표

ㄷ 뇌의 성장이 거의 완성되는 2세 이후에는 큰 의미가 없음

ㄹ 측정 : 머리를 똑바로 세워 줄자를 눈썹 바로 위의 이마 중간 부위를 돌아 수평이 되게 놓은 후, 가볍게 잡아당겨서 머리둘레가 최대가 되는 지점에서 눈금을 mm 단위까지 읽음

② 신장height, stature

ㄱ 골격 발달 반영

ㄴ 2세 미만은 누운 키를 재며 2세 이상의 아동과 어른의 신장은 선 자세에서 측정

ㄷ 신장계의 사용이 불가능한 노인, 걸을 수 없는 사람, 심한 척추만곡증이 있는 사람은 무릎 높이로 신장을 계산함

- 남자의 신장cm = $(2.02 \times$ 무릎 높이cm$) - (0.04 \times$ 연령세$) + 64.19$
- 여자의 신장cm = $(1.83 \times$ 무릎 높이cm$) - (0.24 \times$ 연령세$) + 84.88$

ㄹ 측정 : 옷을 최소한으로 입고 신발을 벗은 다음 머리는 정면을 보고 머리 뒷부분, 어깨 끝, 엉덩이, 발뒤꿈치가 신장계에 닿은 상태로 측정, 측정자의 눈높이는 머리 판에 맞출 것

③ 체중weight

ㄱ 어린이 영양판정에 가장 많이 이용

ㄴ 단백질, 지방, 수분과 뼈의 무기질량의 합에 의한 결과를 반영하는 지표로 영양상태 평가 시 가장 중요한 지표

ㄷ 연령, 신장을 함께 고려하여 판정하는 것이 바람직

ㄹ 거동이 불편한 사람의 체중 측정법

- KN : 무릎 높이cm, AC : 상완둘레cm, CC : 장딴지둘레cm, SSF : 견갑골 하부 피부두겹두께mm
- 남자kg = $0.98AC + 1.27CC + 0.4SSF + 0.87KN - 62.35$
- 여자kg = $1.73AC + 0.98CC + 0.37SSF + 1.16KN - 81.69$

④ 체격 크기frame size

ㄱ 팔꿈치 너비elbow breadth

- 재현성이 높음
- 똑바로 선 상태에서 오른팔의 앞쪽 팔을 몸과 수직이 되도록 들어 올리게 한 후 캘리퍼로 팔꿈치의 가장 넓은 뼈 너비를 측정함

제3과목
영양판정 및 실습

- 측정치는 메트로폴리탄 생명보험회사에서 만든 신장에 따른 분류표와 비교하거나 또는 신장과의 비를 계산한 체격지수Frame index 2를 구하여 NCHS 데이터를 이용하여 만들어진 성별, 신장별 백분위수 기준표와 비교
- Frame index 2 = Elbow breadthmm / Heightcm × 100

ⓛ 손목둘레wrist circumference
- 신장을 손목둘레로 나누어r 값 기준치와 비교하여 체형을 구분함
- r = 신장H / 손목둘레C

■ 표 3. 신장과 손목둘레비(r)에 의한 체격 크기의 분류

체격 크기	r 값	
	여자	남자
작은 체격	>10.9	10.4
중간 체격	10.9~9.9	10.4~9.6
큰 체격	<9.9	<9.6

(2) 판정지수

한 가지 신체계측치보다는 몇 가지 계측치를 복합하여 사용하는 것이 유리함

① 비만도
ㄱ 비만지수obesity rate = (실제체중−표준체중) / 표준체중 × 100
- 실제체중과 표준체중과의 차를 표준체중과 비교한 백분율로 나타냄
- 20% 이상이면 비만임
ㄴ 상대체중relative weight, percent of ideal body weight, PIBW
- 실제체중을 표준체중과 비교한 백분율을 말함
- 90~110% 미만이면 정상으로 판정함

■ 표 4. 비만도에 의한 판정

비만지수	상대체중(PIBW)	구분
-20<	<80	매우 마름
-20~<-10	80~<90	마름, 체중 부족
-10~<+10	90~<110	바람직한 체중
+10~<+20	110~<120	체중 과다
≥+20	≥120	비만

② 표준체중 구하는 법
 ㉠ Broca 변법 1
  ■ 표준체중kg = (신장cm − 100) × 0.9
 ㉡ Broca 변법 2
  ■ 160cm 이상인 경우 : 표준체중kg = (신장cm − 100) × 0.9
  ■ 160~150cm인 경우 : 표준체중kg = (신장cm − 150)/2 + 50 또는 (신장cm − 150) × 0.5 + 50
  ■ 150cm 미만인 경우 : 표준체중kg = (신장cm − 100)
 ㉢ 대한당뇨병학회
  ■ 남자 : 표준체중kg = 키m의 제곱 × 22
  ■ 여자 : 표준체중kg = 키m의 제곱 × 21

③ 비체중weight/height ratio
 ㉠ 체중의 신장에 대한 백분율로서 성장기 어린이의 영양 평가에 유용
 ㉡ 비체중과 신장과의 분포도를 작성하면 집단의 발육상태를 파악하기 쉬움
 ㉢ 비체중 = 체중kg / 신장cm × 100

④ 체질량지수Quetlet's index, body mass index, BMI
 ㉠ 가장 널리 사용되고 있는 신장과 체중을 이용한 판정지수로서 체지방과 상관관계가 높고 신장의 영향을 적게 받음
 ㉡ 단점은 근육이 많은 경우나 키가 작은 경우에 체지방량에 비해 값이 높고 남녀 간의 차이가 없음
 ㉢ 영유아기 : 비만이라는 용어는 잘 사용하지 않고 체질량지수 95 백분위수 이상이면 과체중으로 판정

■ 표 5. 체질량지수(BMI)에 의한 성인의 비만판정

BMI[1](kg/m^2)	구분	BMI[2](kg/m^2)	구분
18.5~24.9	정상	18.5~22.9	정상
25.0~29.9	과체중	23.0~24.9	과체중
30.0~34.9	경도비만	25.0~29.9	경도비만
35.0~39.9	중등도비만	30.0~34.9	중등도비만
≥40	고도비만	≥35	고도비만

1) WHO, 1998, 2) 대한비만학회, 2000

■ 표 6. 소아·청소년의 비만판정

BMI(kg/m²) 기준[1]	구분	상대체중 기준 비만도(%)[2]	구분
5 백분위수 미만	저체중	20% 미만	정상
5~85 백분위수 미만	정상	20~30% 미만	경도비만
85~95 백분위수 미만	과체중	30~50% 미만	중등도비만
95 백분위수 이상	비만	50% 이상	고도비만

1) 「2017년 한국 소아·청소년 성장도표」 기준 성별·연령별 체질량지수의 백분위수
2) 상대체중 기준 비만도(%)=(측정체중−표준체중)/표준체중×100

2014년 기출문제 A형

연수(여, 10세)의 신장은 **150cm**이고 체중은 **48kg**이다. 연수의 체질량지수(**body mass index, BMI**)를 구하시오. 그리고 제시된 연령별 체질량지수 성장도표를 참고하여 비만을 판정하고 그 근거를 제시하시오(단, 체질량지수는 소수점 이하 둘째 자리에서 반올림할 것).【4점】

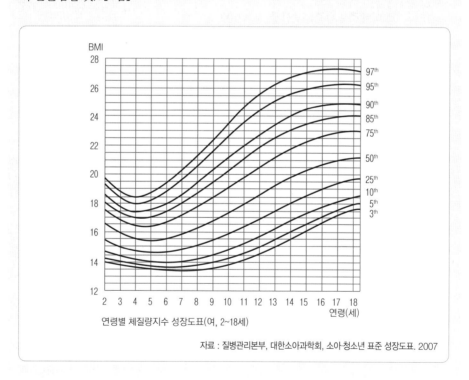

연령별 체질량지수 성장도표(여, 2~18세)

자료 : 질병관리본부, 대한소아과학회, 소아·청소년 표준 성장도표. 2007

⑤ 폰더럴지수Ponderal index : 신장inch / 체중lb 1/3, 신장inch을 체중1/3lb으로 나눈 것으로, 수치가 높을수록 마른 것이며 12 이하는 심장순환계 질환의 위험도가 높은 것으로 판정

⑥ 뢰러지수 : 체중kg / 신장cm^3 × 10^7

   ⊙ 학동기의 영양상태를 나타내는 신체충실지수

   ⓒ 156 이상은 고도비만, 156~140은 비만, 140~110은 정상, 109~92는 마름, 92 이하는 매우 마름

   ⓒ 신장 110~129cm에서는 180 이상, 130~149cm에서는 170 이상, 150cm에서는 160 이상을 비만으로 판정

⑦ 카우프지수 : 체중g / 신장cm^2 × 10, 영유아 특히 2세 미만의 비만판정에 많이 쓰임

■ 표 7. 카우프지수에 의한 영유아의 영양판정

1세 미만	판정	1~2세
15 이하	영양불량	14 이하
15~18	정상	14~17
18~20	비만경향	17~18.5
20 이상	비만	18.5 이상

⑧ 체중 변화%weight change

   ⊙ 체중변화율% = 평소체중 - 현재체중/평소체중×100

   ⓒ 체중감소율이 클수록, 감소된 기간이 짧을수록 영양 결핍 정도가 심한 것으로 평가

   ⓒ 감염이 없으면서 2주 이내에 10% 이상의 체중 감소가 있다면 이는 수분 손실이 있음을 의미함

   ⓔ 6개월 내에 10% 이상의 체중 감소, 3개월 내에 7.5% 이상, 1개월 내에 5% 이상, 1주 내에 2% 이상의 체중 감소가 나타나면 체중 손실이 심한 것으로 판정

■ 표 8. 체중 변화의 평가기준

기간	약간의 체중 감소	심한 체중 감소
1주	1~2%	>2%
1개월	5%	>5%
3개월	7.5%	>7.5%
6개월	10%	>10%

⑨ 평소체중 백분율%usual body weight, %UBW

　　㉠ 평소체중 백분율=실제체중/평소체중×100

　　㉡ 판정 : 85~ 90%이면 경미한 고갈상태, 75~84%이면 중등도의 고갈상태, 75% 미만이면 심한 고갈상태

03 신체조성의 측정

신체조성을 판정하기 위한 신체 계측은 인체가 지방조직(fat)과 제지방조직(lean body mass)으로 구성되어 있다는 데에 근거한 것이다. 영양상태 판정에서 제지방조직량은 체단백질의 보유 상태를 알 수 있는 지표가 되고, 체지방량은 열량 섭취의 과소를 평가할 수 있는 지표가 된다.

1 제지방량Fat Free Mass, FFM 측정을 위한 체위 계측

제지방량은 수분, 단백질, 무기질로 구성되며 제지방조직은 주로 근육을 말한다.

(1) 상완둘레(Mid-Upper Arm Ccircumference, MAC, 상완위)

① 팔은 근육, 피하지방, 골격으로 구성되고 골격은 비교적 일정하게 유지되므로 상완둘레가 감소한다는 것은 근육량이나 피하지방 혹은 두 가지 모두 감소함을 의미함

② 단백질-에너지 영양불량, 영양실조, 기아상태 등의 진단에 이용함

③ 영양 보충에 의한 효과를 측정할 때도 이용함

④ 상완근육둘레와 면적 등을 계산할 때 사용함

(2) 장딴지둘레(calf circumference)

장딴지 피부두겹두께와 함께 장딴지 근육면적이나 지방면적을 계산하는 데 쓰임

(3) 허벅지둘레(thigh circumference)

허벅지 근육면적이나 지방면적, 허리-허벅지 둘레비를 계산함

(4) 상완근육둘레(Mmid-Upper Arm Muscle Circumference, MAMC)

① 직접 측정하기가 힘들기 때문에 상완둘레와 삼두근 피부두겹두께 triceps skinfold thickness, TSF의 측정치를 이용하여 구함

② 상완근육둘레는 신체 총 근육량을 추정할 수 있음

③ 체단백질량의 변화를 반영하므로 영양조사에서 자주 쓰임

④ $MAMC = MAC_{cm} - \pi \times TSF_{cm}$

⑤ 영양판정

　　㉠ 나이와 성별에 따른 중앙치와 비교, 기준치와 백분위수와 비교함

　　㉡ 90% 초과 시 정상, 81~90%이면 경도 결핍, 70~80%이면 중등도 결핍, 70%
　　　미만일 경우 심한 결핍상태임

(5) 상완근육면적(mid-upper arm muscle area, AMA)

① 상완둘레와 삼두근 피부두겹두께에 의해 구함

② 상완근육둘레보다 근육량의 변화 정도를 더 정확히 나타냄

③ 상완근육면적의 계산법은 상완의 단면이 원이고 삼두근 피부두겹두께가 평균
　지방층 두께의 2배이고, 단백질-에너지 영양불량 시 뼈의 위축이 근육 소모량
　과 비례하며, 신경혈관조직이나 상완골의 단면적이 상대적으로 적어 무시할만
　하다는 전제를 하고 사용함

④ 비만인 사람이나 85th percentile 이상인 사람의 근육량은 과대 평가될 수 있음

⑤ $AMA = [MAC - (\pi \times TSF)]^2 / 4\pi$

　　㉠ 이 계산은 실제보다 20~25% 정도 과다하게 산정되므로 근육 위축의 경우에
　　　는 너무 적게 판정되는 경향이 있음

　　㉡ 뼈를 보정한골격을 제외한 상완근육면적corrected arm muscle area, cAMA 계산법
　　　이 만들어졌고, 이 방법은 상완근육면적의 평균 오차를 7~8%로 감소시킴

⑥ cAMA

　　㉠ 남자 : $cAMA_{cm^2} = [MAC - (\pi \times TSF)]^2 / 4\pi - 10.0$

　　㉡ 여자 : $cAMA_{cm^2} = [MAC - (\pi \times TSF)]^2 / 4\pi - 6.5$

⑦ Heymsfield 등1982년은 체질량을 신장과 보정한 상완근육면적을 예측하는 공
　식을 만들었음

　　㉠ 오차범위는 5~9%

　　㉡ 근육량kg = 신장cm × $[0.0264 + (0.0029 \times cAMA)]$

2 체지방량 측정을 위한 체위 계측

　　체지방을 측정하는 방법은 피부두겹두께 및 신체 여러 부위의 둘레를 측정한 다음
이들 측정치를 이용한 계산식으로 산정하는 신체계측법과 측정기기를 이용하여 신체의
각 구성성분의 양을 산정하는 방법이 있다. % 체지방량은 영양불량을 판정하는 일상적
인 지표로 사용되지 않으나 비만 치료 시 중요한 자료이다.

(1) 바람직한 체지방의 양

① 체지방 비율의 정상치 : 남성의 경우 15~18%, 여성의 경우 20~25%

② 다음 식에 의해 체지방량, 제지방조직량, 목표체중을 구할 수 있음

> ✓ 총 체지방량(kg) = 체중 × %체지방량 / 100
> ✓ 제지방조직량(kg) = 체중 − 체지방량(kg)
> ✓ 목표체중(kg) = 제지방조직량 / (100 − 바람직한 %체지방량)

■ 표 9. 성인의 % 체지방량 기준표

구분	남자	여자
마름	<8%	<13%
정상	8~15%	13~23%
약간 체중 과다	16~20%	24~27%
체중 과다	21~24%	28~32%
비만	≥25%	≥33%

(2) 피부두겹두께(skinfold thickness)

① 측정방법

ㄱ 어느 한쪽을 일관되게 측정함

ㄴ 엄지와 검지로 측정하고자 하는 부위의 1cm 정도 위쪽 피부를 단단하게 잡고 잡아당김. 잡힌 조직의 양이 대략 일정하게 평행하게 접히게 함

ㄷ 캘리퍼의 숫자판이 위로 오게 하고 접힌 피부의 긴 축과 직각이 되도록 캘리퍼를 잡음

ㄹ 실제 피부의 두겹을 측정할 수 있는 위치에 캘리퍼의 끝을 놓아야 함

ㅁ 캘리퍼의 끝을 측정점에 놓은 후 약 4초 뒤에 오차가 생기지 않도록 숫자판을 mm 단위까지 읽음

ㅂ 동일한 측정점에서 적어도 15초 이상의 간격으로 2번 측정하고 그 측정치의 차이가 1mm 이하여야 함

ㅅ 측정자는 측정 동안에 피부를 잡은 엄지와 검지의 힘이 일정해야 함

ㅇ 비만자를 측정할 때, 특히 복부를 측정할 때는 평행으로 피부를 들어 올릴 수가 없으므로 두손으로 피부를 들어 올리고 다른 사람이 피부두겹두께를 측정함

ㅈ 운동 직후나 너무 열이 나는 사람은 체액이 피부 쪽으로 이동하여 평상시보다 두껍게 측정되므로 피하는 것이 좋음

⊛ 익숙하지 않은 조사자는 반드시 측정 부위를 표시한 후 측정함

㋖ 매번 같은 위치에서 일정하게 피부를 잡는 연습을 반복하여 정확성을 높임

② 측정 부위들

　㉠ 가슴 피부두겹두께 chest or pectoral skinfold thickness

　㉡ 삼두근 피부두겹두께 triceps skinfold thickness

　㉢ 이두근 피부두겹두께 biceps skinfold thickness

　㉣ 견갑골하부 피부두겹두께 subscapular skinfold thickness

　㉤ 장골상부 피부두겹두께 suprailiac skinfold thickness

　㉥ 옆중심선부분 피부두겹두께 midaxillary skinfold thickness

　㉦ 복부 피부두겹두께 abdomen skinfold thickness

　㉧ 허벅지 피부두겹두께 thigh skinfold thickness

　㉨ 장딴지 피부두겹두께 medial skinfold thickness

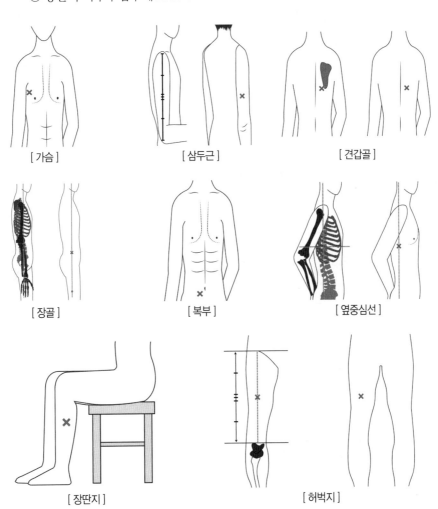

[가슴]　　[삼두근]　　[견갑골]

[장골]　　[복부]　　[옆중심선]

[장딴지]　　[허벅지]

제3과목

영양판정 및 실습

259

(3) 신체계측치를 이용한 체지방량의 산정

① 피부두겹두께에 의한 체지방량의 산정

　㉠ 한 부위의 피부두겹두께에 의한 체지방량의 비교

- 삼두근triceps skinfold thickness, TSF
- 판정 : 측정치가 표준치의 90 백분위수 이상이면 정상, 51~90 백분위수면 가벼운 결핍, 30~50 백분위수면 중등도의 결핍, 30 백분위수 미만일 경우 심한 결핍상태임

　㉡ 두 부위의 피부두겹두께에 의한 체지방량의 비교

- 삼두근과 견갑골하부의 피부두겹두께의 합을 이용하여 6~17세의 체조성을 산정하는 방법임
- 삼두근과 장딴지의 피부두겹두께의 합을 이용한 기준이 개발됨

　㉢ 여러 부위의 피부두겹두께에 의한 체지방량의 비교 : 여러 부위의 피부두겹두께와 신체밀도수중 측정법을 통한의 데이터를 이용하여 구한 회귀방정식이 % 체지방량을 산정하는 방법으로 사용함

- 나이, 성별, 인구집단에 적합한 부위를 선정해서 피부두겹두께를 측정함
- 적절한 방정식을 이용하여 신체밀도를 계산함
- 신체밀도로부터 다음의 Brozek 계산식이나 Siri 계산식을 이용하여 체지방률을 구함

✓ **Brozek 계산식 : 체지방률(%) = (457 / 신체밀도) − 414**

✓ **Siri 계산식 : 체지방률(%) = (495 / 신체밀도) − 450**

신체밀도	남자	신체밀도 = $1.10938 - 0.0008267(X_1) + 0.0000016(X_2)^2 - 0.0002574(A)$
	여자	신체밀도 = $1.0994921 - 0.0009929(X_1) + 0.0000023(X_2)^2 - 0.0001392(A)$
체지방률	남자	% 체지방 = $0.465 + 0.180(X_3) - 0.0002406(X_3)^2 + 0.06619(A)$
	여자	% 체지방 = $-6.40665 + 0.41946(X_4) - 0.00126(X_4)^2 + 0.12515(W)$ $+ 0.06473(A)$

A : 연령, W : 허리둘레(cm)
X_1 : 가슴, 복부, 허벅지 피부두겹두께(mm)의 합
X_2 : 삼두근, 허벅지, 장골상부 피부두겹두께(mm)의 합
X_3 : 가슴, 옆중심선, 삼두근, 허벅지, 견갑골, 장골상부, 복부 피부두겹두께(mm)의 합
X_4 : 삼두근, 장골상부, 허벅지 피부두겹두께(mm)의 합

Key Point 총 체지방량 total body fat

✓ 여러 부위의 피부두겹두께를 측정한 결과를 이용하여 체내 총 체지방량을 계산할 수 있는데, 그 방법은 다음과 같다.

① 남자 체지방량

㉠ 체지방량=$0.29288(X_1)-0.00050(X_1)^2+0.15845(A)-5.76377$

㉡ 체지방량=$0.39287(X_2)-0.00105(X_2)^2+0.15772(A)-5.18845$

② 여자 체지방량

㉠ 체지방량=$0.29699(X_1)-0.00043(X_1)^2+0.02963(A)+1.4072$

㉡ 체지방량=$0.41563(X_2)-0.00112(X_2)^2+0.03661(A)+4.03653$

A : 연령
X_1 : 복부, 견갑골하부, 삼두근, 허벅지 피부두겹두께(mm)의 합
X_2 : 복부, 견갑골하부, 삼두근 피부두겹두께(mm)의 합

② 상완지방면적arm fat area, AFA

㉠ 상완둘레와 삼두근 피부두겹두께로 구함

㉡ $AFAcm^2 = MACcm \times TSFcm / 2 - \pi \times TSF^2 / 4$

③ 허리둘레 및 허리-엉덩이 둘레비waist circumference/waist-hip ratio, WHR

㉠ 체지방의 분포, 특히 피하지방과 복강 내 지방의 분포를 잘 반영함

㉡ 최근에는 허리-엉덩이 둘레비보다 허리둘레를 더 유용하게 사용함

㉢ 허리둘레 : 남자 90cm 이상, 여자 85cm 이상이면 복부비만

㉣ 허리-엉덩이 둘레비 : 남자 0.95 이상, 여자 0.85 이상이면 복부비만

■표 10. 허리둘레를 이용한 복부비만 판정기준

구분	WHO	아시아-태평양 지침	대한비만학회
남성	102cm 이상	90cm 이상	90cm 이상
여성	88cm 이상	80cm 이상	85cm 이상

3 기기를 이용한 신체조성 측정법

(1) 밀도법(densitometry)

몸 전체의 밀도를 측정하여 신체조성을 판정하는 방법으로 신체밀도로부터 체지방의 비율을 계산함

① 수중체중 측정법 : 신체밀도를 측정하는 방법 중 가장 널리 쓰는 방법으로 아르키메데스의 원리에 근거를 두며 신체의 질량과 부피를 알면 신체밀도를 계산할 수 있는 원리를 이용하는 방법

② 용적 측정법 : 물에 잠긴 몸의 부피만큼의 물의 증가량과 머리에 의해 대체된 공기의 부피를 합하여 전체 몸의 부피를 구함

(2) 총 체수분량 측정(Total Body Water, TBW)

신체 내 수분은 제지방조직에만 존재하므로 총 체수분량으로 제지방조직을 알 수 있어서 체지방률을 계산할 수 있음

(3) 총 칼륨량 측정(Total Body Potassium, TBP)

① 신체 총 칼륨의 90% 이상이 제지방조직에 존재하므로 신체 총 칼륨 함량을 측정하면 제지방조직을 계산할 수 있음

② 단점 : 비용이 많이 들며 방법상의 여러 제한점이 있음

(4) 전기전도법(electrical conductance)

① 생체전기저항전도법 bioelectrical impedance analysis, BIA : 인체에 전류를 통과시키면 물에 전해질이 녹아 있는 조직은 전류를 전도하나, 지방이나 세포막 같은 비전도성 조직에 의해서는 저항이 나타나는 것을 이용한 것임

② 전신전기전도성 측정법 total body electrical conductivity, TOBEC : 전해질이 존재하는 제지방조직은 전기를 전도할 것이므로 인체를 전자기장 electromagnetic field, EMF에 놓으면 이 전자기장을 방해할 것이고, 이 방해하는 정도는 제지방조직량과 비례할 것을 이용한 것임

(5) 단층촬영법(Computed Tomography, CT)

① CT는 특히 피하지방과 복강 내 지방의 상대적인 축적을 알아내는 데 유용하게 쓰임

② 장비가 비싸고 비용이 많이 들 뿐만 아니라 방사능에 노출되므로 몸 전체를 촬영하거나 같은 사람을 여러 번 촬영하는 것과 어린이나 임신부에게는 실시하지 않아야 함

(6) 골밀도 측정법

① 이중에너지방사선흡수계측법 dual-energy x-ray absorptiometry, DEXA을 가장 많이 사용

② 일반적으로 골다공증 진단에 가장 많이 이용되는 방법

③ 방사선으로 요추와 대퇴골을 촬영하여 단위면적당 무기질 양 g/cm^2 으로 골밀도를 계산한 후, 건강한 성인 표준집단의 평균 골밀도와 비교하여 T-score를 계산하여 진단

④ 판정 : 정상 골밀도 -1.0 이상, 골감소증 -1.0~-2.5 미만, 골다공증 -2.5 이하

(7) 초음파 진단법

① 초음파 진단ultrasound은 의학에서 널리 쓰고 있는 방법

② 무섭지 않고 방사능이 없으며 안전하고 운반하기가 매우 용이함

③ 비용이 많이 들고 측정기술과 해석에 있어서 숙련을 요구함

(8) 적외선 간섭법(infrared interactance, near-infrared interactance, 근 적외선 간섭법)

① 적외선을 쪼였을 때 그 물질의 특성에 따라 적외선이 흡수, 굴절, 분산되는 것을 이용한 방법

② 마른 사람은 체지방량이 너무 산정되고 비만자는 너무 적게 산정되는 경향이 있어 최근에는 쓰지 않는 추세임

4 기타 신체조성 측정법

(1) 요중 크레아티닌량 측정법(creatinine excretion)

24시간 요중으로 배설되는 크레아티닌의 양을 측정하면 인체의 근육량을 산정할 수 있음

(2) 3-메틸히스티딘량 측정법(3-methylhistidine)

요중 3-메틸히스티딘의 양은 근육의 양과 비례할 것임

> **2017년 기출문제 B형**
>
> 다음은 근육량을 평가하기 위한 상완근육면적 계산 보정식이다. ㉠, ㉡에 해당하는 신체계측치의 명칭을 순서대로 쓰시오. 그리고 근육량을 평가하기 위한 생화학적 판정 지표 1가지를 제시하고, 제시한 생화학적 판정 지표로 근육량을 평가할 수 있는 이유를 서술하시오.【5점】
>
> ○ 남자 : 보정한 상완근육면적(cm²) = $\dfrac{(㉠-\pi \times ㉡)^2}{4\pi}-10.0$
>
> ○ 여자 : 보정한 상완근육면적(cm²) = $\dfrac{(㉠-\pi \times ㉡)^2}{4\pi}-6.5$

제3장 식사 섭취 조사

01 · 식사 섭취 조사목적
02 · 식사 섭취 조사방법
03 · 우리나라의 국민건강영양조사

영양판정을 위한 가장 기본적인 조사방법인 식사 섭취 조사는 평상시의 식사섭취량을 조사한다. 식사 섭취 조사의 판정 결과는 신체 계측 조사, 생화학적 조사, 임상 조사의 결과와 비교하여 해석하면 더 정확한 영양상태를 판정할 수 있다.

01 식사 섭취 조사목적

- 국가단위의 식품 수급상태와 집단과 개인의 식품 및 영양소 섭취실태를 파악하기 위함
- 식사와 건강과의 관계를 규명할 수 있고 영양 위험집단 선별 및 집중적인 영양교육을 통한 질병을 예방하기 위함
- 개인이나 국가 차원에서 식습관 개선방안의 기초자료로 활용하기 위함
- 식품 섭취의 소비경향을 파악하여 상업적으로 이용하기 위함

02 식사 섭취 조사방법

1 개인별 식사 조사

개인별 식사 조사에서 가장 중요한 것은 개인의 평상시 섭취량에 가까운 식품섭취량을 구하는 것이다.

(1) 24시간 회상법(24-hour recall method)

조사 전날 하루 동안 섭취한 식품의 종류와 양을 기억해 내도록 하여 섭취량을 추정하는 방법으로 인터뷰방식으로 실시됨. 조사내용은 섭취한 모든 종류의 음식, 음

료수, 간식, 영양 보충제 등의 재료, 조리방법, 섭취량, 상표명, 섭취장소 및 시간이며 조사시간은 15~30분 정도임

① 조사방법

　㉠ 1단계 : 섭취된 음식과 음료수, 간식 등 섭취 음식의 목록을 먼저 조사. 이때 섭취한 시간, 장소, 활동 등도 같이 질문

　㉡ 2단계

　　■ 식품 재료와 섭취한 식품에 대한 자세한 묘사를 하게 함. 즉 조리방법, 레시피, 섭취량 등에 대해 자세히 회상하도록 하여 조사

　　■ 분량을 조사할 때는 가정에서 쓰는 단위로 기록하는 것이 좋음밥은 공기, 국은 대접, 생선은 토막, 나물은 접시 혹은 젓가락, 고기는 1점, 쪽 등으로 조사

　　■ 조사 시 보조도구계량컵, 계량스푼, 모형, 사진, 실물 크기 등을 이용하면 도움이 됨

　㉢ 3단계 : 면담내용 재검토모든 섭취한 식품 종류가 기록되었는지를 확인하기 위해 회상한 것을 다시 한 번 검토

　㉣ 마지막 단계

　　■ 조사원은 비타민, 무기질 보충제, 단백질 음료, 다이어트 음료, 알코올 섭취 등 빠진 것이 없는지 확인

　　■ 인터뷰를 시행한 날이 평소의 식사 섭취와 비슷한 날인지, 아니면 특별한 날인지 확인

　　■ 감사 인사하기

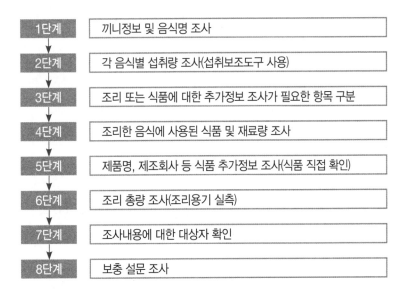

1단계	끼니정보 및 음식명 조사
2단계	각 음식별 섭취량 조사(섭취보조도구 사용)
3단계	조리 또는 식품에 대한 추가정보 조사가 필요한 항목 구분
4단계	조리한 음식에 사용된 식품 및 재료량 조사
5단계	제품명, 제조회사 등 식품 추가정보 조사(식품 직접 확인)
6단계	조리 총량 조사(조리용기 실측)
7단계	조사내용에 대한 대상자 확인
8단계	보충 설문 조사

[그림 01] 국민건강영양조사 전자조사표를 이용한 식품 섭취 조사 순서(2015)

② 24시간 회상법 이용 시의 유의사항

　　㉠ 회상방법

　　　　■ 현시점에서부터 과거로 회상하도록 하는 방법

　　　　■ 24시간 전부터 시작하여 현재까지의 식품섭취량을 회상하도록 하는 방법

　　　　■ 섭취한 식품의 회상순서는 아침부터 저녁순으로 함

　　㉡ 활동과 함께 질문

　　　　■ 세끼 식사섭취량만 질문하기보다는 시간을 따라 대상자가 어떤 활동을 하였는지 같이 질문하는 것이 좋음

　　　　■ 활동 시에 섭취했던 음료수, 스낵 등도 회상할 수 있음

　　㉢ 밥의 섭취량 회상 : 크기별 밥공기 모델을 보여주거나 가구를 방문해서 직접 밥공기를 보여 달라고 하여 정확히 추정

　　㉣ 친밀한 관계 형성

　　　　■ 조사자는 대상자와 대담을 시작하기 전에 친밀한 관계rapport를 형성해야 함

　　　　■ 조사자는 대상자가 대답하는 모든 내용이 비밀 유지가 된다는 것을 강조해야 하며 대상자의 대답에 놀라거나 칭찬하는 등의 반응을 보이지 않아야 함

　　㉤ 측정일수

　　　　■ 일주일의 모든 요일이 고르게 포함되도록 하는 것이 좋음

　　　　■ 보통 2~3일2일의 경우 무작위로 요일을 정하여 조사, 3일을 조사하는 경우 주중 이틀, 주말 하루를 포함

　　㉥ 대상이 노인일 경우

　　　　■ 노인 등 섭취 식품의 회상이 어려운 경우 24시간 회상법을 사용하지 않는 것이 좋음

　　　　■ 불가피하게 24시간 회상법을 할 경우에는 식구나 보호자의 도움을 받는 것이 좋음

③ 24시간 회상법의 장단점

　　㉠ 장점

　　　　■ 조사시간이 짧아 대상자의 부담이 적음

　　　　■ 비교적 예산이 적게 듦

　　　　■ 읽고 쓰기 불편한 사람의 식품섭취량도 조사할 수 있음

　　　　■ 특별한 예고 없이 인터뷰를 하므로 대상자는 식생활을 거의 바꾸지 않음

　　㉡ 단점

　　　　■ 기억에 의존하므로 섭취한 음식을 빠뜨리기 쉬워 특히 어린이나 노인에게는 적합하지 않음

- 대상자가 일회분 섭취량을 회상하는 데 오류를 범하기 쉬움
- 숙련된 조사원이 필요함
- 하루의 조사로는 개인의 일상적인 식품 섭취 자료를 얻기 힘듦
- 기울기 수평화 현상이 나타날 수 있음

2014년 기출문제 A형

다음은 식사 섭취 조사의 신뢰도를 높이기 위하여 조사원 훈련에 사용된 지침의 일부이다. 어떤 식사 섭취 조사방법을 위한 지침인지 쓰시오.【2점】

> **조사원 지침**
> ✓ 주중 2일, 주말 1일을 포함할 것(총 3일)
> ✓ 특별한 예고 없이 시행할 것
> ✓ 주식 → 부식 → 후식의 순서로 질문할 것
> ✓ 가공식품은 상표명도 기록할 것
> ✓ 식품 모형과 사진 책자 등 보조도구를 활용할 것
> ✓ 섭취한 음식명, 재료, 양념의 양을 기록할 것

(2) 식사기록법(food record)

일정 기간 동안의 식품섭취량을 대상자 스스로가 기록하게 하는 방법으로, 조사일은 3일, 5일, 7일로 비연속적인 날짜를 선택하는 것이 좋음

① 조사방법

　㉠ 정해진 시간에 섭취된 모든 음식, 음료수를 기록

　㉡ 각 페이지 위쪽에는 날짜를 기록하며 새로운 날의 기록을 시작할 때는 반드시 새로운 페이지에 시작

　㉢ 음식의 구성식품을 적을 때는 한 줄에 한 구성식품만 쓰며 음식을 섭취한 장소, 시간을 기록

　㉣ 비타민, 무기질 보충제를 섭취하였다면 하루에 섭취한 양, 상표, 라벨에 나타나 있는 정보를 기록

　㉤ 음식을 기록할 때는 조리방법을 같이 기록

　㉥ 음식을 구성하는 구성식품들의 종류와 조리상태 등을 기록

　㉦ 사용 전 식품에 상표명이 있으면 상표명을 같이 적어둠

　㉧ 조리에 사용된 양념류, 소스 종류, 향신료 등을 자세히 기록

        ⓩ 일품요리의 레시피를 이용하는 경우에는 레시피를 함께 기록

        ⓩ 정확한 기록을 위해 가능한 한 식사 직후에 기록하는 것이 좋음

    ② 종류

        ㉠ 실측량 기록법 weighed record

          ■ 모든 음식과 음료의 양을 저울로 실측하여 기록

          ■ 식후에 잔반이 있을 때는 식전 무게에서 뺀 다음 실제 섭취량만 기록함

        ㉡ 추정량 기록법 estimated record 혹은 household measures : 눈대중으로 추정하여 기록

    ③ 장단점

        ㉠ 장점

          ■ 기억에 의존하지 않으므로 식사한 것을 빠뜨릴 염려가 없음

          ■ 비교적 상세하고 정확한 식이 섭취자료를 얻을 수 있음

          ■ 조사 대상 본인이 기록하므로 많은 수의 조사원이 필요 없음

        ㉡ 단점

          ■ 대상자의 교육 수준이 높고 협력이 되어야 함

          ■ 측정과 기록과정이 식품 섭취에 영향을 미칠 수 있음

          ■ 시간이 많이 소요됨

          ■ 조사 대상자에게 부담을 줌

(3) 식품섭취빈도법(food frequency questionnaire)

    개인의 주요 상용식품들을 얼마나 자주 섭취하고 있는지를 조사하는 방법으로, 과거 장기간에 걸친 평소의 식품이나 영양소 섭취패턴을 추정하는 방법임. 대규모집단을 대상으로 질병과 식사와의 관계를 평가함

    ① 조사방법

        ㉠ 조사지를 이용해 조사 대상자가 설문지에 직접 기록하거나 조사자가 면담으로 기록함

        ㉡ 1회 섭취분량이 제시되는 경우 식품 모델, 사진, 크기 모델 등을 제시하여 기억에 도움을 줌

    ② 식품섭취빈도 조사지의 구성

        ㉠ 식품목록

          ■ 100개 전후 : 지역주민의 에너지 및 영양소 섭취의 주요 급원이 되는 식품

          ■ 15~30개 : 어느 특정 영양소의 섭취 평가가 목적일 때. 암, 관상심장질환, 골다공증 등과 관련된 식이 관련 위험 여부를 평가할 때 비타민 A, 지질, 칼슘 등의 주요 급원으로 구성된 간단한 식품목록의 빈도법으로 조사

  ㅅ 섭취빈도

   ▪ 하루, 일주일, 한 달, 1년의 섭취 횟수

   ▪ 단계 : 5~10단계

  ㅆ 1회 섭취분량

   ▪ 식품의 1회 섭취분량을 제시하지 않거나, 1회 섭취분량을 제시하거나, 1회 섭취분량의 크기를 3단계대, 중, 소로 나누어 제시하기도 함

   ▪ 종류

    - 단순비정량 식품섭취빈도법simple, non-qualitative FFQ : 제시한 식품목록에 대하여 섭취빈도만을 조사하는 방법

    - 반정량 식품섭취빈도법semi-quantitative FFQ : 제시한 식품목록의 1회 섭취분량을 제시하고 섭취빈도를 조사하는 방법

    - 정량적 식품섭취빈도법quantitative FFQ : 1회 섭취분량을 표준분량기준으로 대·중·소로 구분하여 제시하고 섭취빈도를 파악하여 섭취량을 계산하는 방법

 ③ 장단점

  ㅁ 장점

   ▪ 조사 대상자가 직접 기록할 수 있음

   ▪ 조사 대상자의 시간이나 노력에 큰 부담이 없음

   ▪ 쉽고 빠른 시간에 큰 인구집단에 대해 저렴한 비용으로 실시할 수 있음

   ▪ 장기간에 걸친 평소의 식품과 영양소 섭취패턴을 파악할 수 있음

   ▪ 영양상담이나 실험군-대조군연구, 코호트연구 및 대규모 역학연구에서 만성 질병과 식이요인의 관련성 연구에 유용하게 쓰일 수 있음

   ▪ 양적 평가방법과 병행 시 근래 식이 변화도 감지할 수 있음

   ▪ 컴퓨터를 이용하여 식품 및 영양소 섭취량으로 신속한 분석이 가능함

  ㅂ 단점

   ▪ 한정된 식품목록과 1회 섭취분량으로 조사 대상자의 평소 식품 섭취패턴을 제대로 반영하지 못할 수도 있음

   ▪ 대상집단의 다소비 식품에 대한 자료가 있어야 함

   ▪ 설문목록에 대한 타당성 검증이 있어야 함

   ▪ 식품의 섭취빈도 이외에는 조리상태, 레시피 등 다른 상세한 정보를 전혀 얻지 못함

   ▪ 식품목록의 수가 많을수록 추산된 영양소 섭취량이 높고 식품목록의 수가 적으면 섭취량이 낮은 경향이 있음

(4) 식사력조사법(diet history)

개인의 지난 1개월 또는 1년 등 오랫동안의 과거 식사상태를 조사하는 것으로, 다양한 식품의 섭취빈도와 함께 조리상태, 레시피, 식단 등 끼니내용에 관한 정보를 수집하며 역학연구에 많이 이용됨

① 조사방법
  ㉠ 피조사자의 건강 습관, 즉 식사의 규칙성, 식욕, 식품기호도, 구역질 여부, 영양 보충제 복용, 흡연, 수면, 휴식, 활동 등에 관한 정보를 얻음
  ㉡ 24시간 회상법을 이용하여 평소의 식사섭취량과 패턴을 상세한 면접으로 조사
  ㉢ 면접 결과의 교차점검을 위해 특정 식품의 섭취빈도를 등을 면접 조사
  ㉣ 3일간 식이 기록
② 장단점
  ㉠ 장점
    ▪ 다른 식사 조사법보다 장기간의 평소 식사섭취량을 조사할 수 있음
    ▪ 모든 영양소에 관한 자료를 얻을 수 있음
    ▪ 계절에 따른 변화도 파악할 수 있음
    ▪ 생화학적 측정치와 상관성이 높음
  ㉡ 단점
    ▪ 면접과정이 1~2시간으로 긺
    ▪ 조사 대상자가 판단해야 할 내용이 많아 인내와 협조가 요구됨
    ▪ 잘 훈련된 면접기술이 필요
    ▪ 자료 정리와 분석이 어려움
    ▪ 영양소 섭취량이 높게 추산되는 경향이 있음

(5) 간이식사조사법

① 식사 섭취의 자세한 양적 평가를 필요로 하지 않을 경우 이용
② 보통 단순화된 식품섭취빈도법이거나 식행동 조사에 초점을 둠
③ 유의할 점
  ㉠ 특정 지역사회 주민의 식이패턴에 근거해 개발되어야 하고 검증절차를 반드시 거쳐야 함
  ㉡ 생활환경 등이 전혀 다른 지역 주민에게 그대로 적용되어서는 곤란함

2 집단별 식품소비량 조사

(1) 식품수급표(국가단위)

일정 기간 한 국가에서 소비한 식품의 양을 간접적으로 조사하여 국민에게 공급되는 식품의 수급 상황과 1인 1일당 식품공급량 및 영양공급량을 제시해 주는 자료임

① 장점

    ㉠ 국가별 식품 소비실태 비교에 사용

    ㉡ 국가의 식품 섭취 추이, 식습관 변화 추정에 사용

    ㉢ 국가의 식품 공급현황을 볼 수 있음

② 단점

    ㉠ 섭취량 측면에서 데이터의 정확성이 떨어짐

    ㉡ 실제로 소비된 양을 반영하지 않음

    ㉢ 식품 폐기량을 고려하지 않음

③ 담당 : 한국농촌경제연구원

④ 조사대상기간 : 1월 1일부터 12월 31일양곡은 미곡이 생산된 년도, 즉 전년도를 기준으로 함

⑤ 조사범위 : 국민의 1인 1일당 식품공급량을 조사하여 국민 1일당 에너지, 단백질, 지방, 무기질 및 비타민 등 영양공급량을 산출

⑥ 조사항목 : 생산량, 수입량, 이입량, 수출량, 사료용, 종자용, 감모량, 식용 가공량, 비식용 가공량, 폐기분 등을 조사하여 식용 공급량을 구함

    ㉠ 총 공급량 : 생산량+수입량+이입량재고량

    ㉡ 식용공급량 : 총 공급량－(이월량+수출량+사료용+종자용+감모량+식용 가공량+비식용 가공량)

    ㉢ 순식용 공급량 : 식용공급량－폐기분

    ㉣ 1인 1년당 공급량 : 품목별 순식용 공급량 ÷ 조사년도의 인구

    ㉤ 1인 1일당 식품공급량 : 1인 1년당 공급량 ÷ 365

    ㉥ 1인 1일당 영양공급량 : 1인 1일당 공급량 × 식품의 영양성분

Key Point

✓ **식품수급표가 인구집단의 영양판정 지표로 활용하기에는 적합하지 않은 이유는?**

1인 1일당 영양공급량은 실제 영양섭취량과는 차이가 있다. 즉, 취사, 조리, 폐기 등의 과정을 통해 유실되는 식품의 양과 국가 내에서 일어나는 식품의 분배, 개인 간의 차이는 고려되지 않았기 때문이다.

영양공급량과 영양섭취량의 개념을 정확히 알아 둘 필요를 느낀 영양교사는 2013년 식품수급표에서 1인 1일당 영양공급량의 산출방법을 찾고, 2013년 국민건강통계(국민건강영양조사)에서 1인 1일당 영양섭취량 산출방법을 찾았다. 영양교사가 찾은 1인 1일당 영양공급량과 1인 1일당 영양섭취량의 산출방법을 각각 서술하고, 식품수급표는 국가 차원에서 어떻게 활용될 수 있는지 1가지를 기술하시오. 【5점】

(2) 가구단위

가구 내 구성원 개개인의 섭취를 따로 조사하지 않고 가구 전체의 식품 소비실태를 파악하는 방식으로, 소득 수준, 가족 수, 지역별로 1인당 식품소비량을 구하여 영양소 섭취량도 계산할 수 있게 됨

① 식품계정조사 food account method
　㉠ 일정 기간 보통 7일간 동안 구매했거나 선물로 받은 음식, 그 가구에서 생산한 식품의 종류와 양을 매일 기록하는 것
　㉡ 집 밖에서 섭취한 음식, 잔반, 상해서 버린 음식, 애완동물에게 준 식품 등은 기록하지 않음
　㉢ 장점
　　▪ 조사 대상자의 부담이 적고 비용이 별로 들지 않음
　　▪ 조사로 인해 식생활이 별로 바뀌지 않으며 응답률이 높음
　㉣ 단점
　　▪ 식품이 폐기되는 양에 대한 조사가 부정확함
　　▪ 개개인이 실제로 섭취한 양에 관해서는 알 수 없고 응답자가 특정 사회계층에 국한되는 경향이 있음

② 식품재고조사 food inventory method
　㉠ 조사기간 동안 식품의 구입과 재고의 변화를 기록하는 것
　㉡ 가구에서 소비된 식품의 양 = 시작 재고량 + 들어온 **양 - (마지막 남은 양 + 폐기량** 일률적으로 10%로 설정**)**
　㉢ 장점 : 가구단위 조사방법 중 가장 정확함
　㉣ 단점
　　▪ 조사 대상자에게 부담이 크므로 반응률이 낮고 비용이 많이 듦
　　▪ 일상적인 섭취량에 대해 알기 어려움
　　▪ 개개인이 실제로 섭취한 양에 관해서는 알 수 없음

③ 식품목록회상법 food list-recall method

㉠ 조사자가 가구주로 하여금 특정 기간 동안에 가구당 구입된 모든 식품의 양,
가격을 회상하게 하여 자료를 수집하는 방법

㉡ 조사 전 1일에서 7일 동안을 기준으로 조사

㉢ 장점 : 조사비용이 적게 들며 응답률이 높음

㉣ 단점 : 훈련된 조사자 필요

03 우리나라의 국민건강영양조사

국민건강영양조사는 '국민영양조사'(1969년 도입)와 '국민건강 및 보건의식행태조사'(1971년 도입)를 통합하여 1998년부터 시작하였고, 제1기(1998), 제2기(2001), 제3기(2005), 제4기(2007~2009), 제5기(2010~2012), 제6기(2013~2015) 조사가 실시되었으며 현재 제7기(2016~2018) 조사가 진행 중이다.

(1) 조사목적

국민의 건강 및 영양상태에 관한 현황 및 추이를 파악하여 정책적 우선순위를 두어야 할 건강 취약집단을 선별하고, 보건정책과 사업이 효과적으로 전달되고 있는지를 평가하는 데 필요한 통계를 산출하기 위함임

(2) 세부목표

① 국민건강증진종합계획의 목표 지표 설정 및 평가 근거자료의 산출

② 흡연, 음주, 영양소 섭취, 신체활동 등 건강위험행태의 모니터링

③ 주요 만성질환의 유병률 및 관리현황 인지율, 치료율, 조절률 등을 모니터링

④ 질병 및 장애에 따른 삶의 질, 활동 제한, 의료 이용의 현황 분석

⑤ 국가 간 비교 가능한 건강 지표의 산출

(3) 조사내용

① 조사대상 : 국민건강영양조사는 매년 192개 지역의 23가구를 확률표본으로 추출하여 만 1세 이상 가구원 약 1만 명을 대상으로 조사함. 대상자의 생애주기별 특성에 따라 소아 1~11세, 청소년 12~18세, 성인 19세 이상으로 분류하여 각기 특성에 맞는 조사항목을 적용함

② 조사내용 : 건강설문조사, 영양조사, 검진조사로 구성

■ 표 1. 제7기 1차 년도(2016) 건강설문조사 항목

조사영역	대상연령	조사항목
가구조사	만 19세 이상	성별, 연령, 결혼상태, 가구원 수, 세대유형, 가구소득, 건강보험 가입, 민간보험 가입, 출생 시/현재 국적, 치매 진단
교육	만 1세 이상	학력, 졸업 여부
	만 19세 이상	부모 학력
경제활동	만 15세 이상	경제활동 여부, 미취업 사유, 취업형태, 종사상 지위, 근로시간 형태, 직업, 직장 내 지위
	만 19세 이상	최장 직업
이환	만 1세 이상	최근 2주간 이환, 만성질환별(성인 27개, 소아청소년 10개) 이환
의료이용	만 1세 이상	미치료 경험, 외래 이용, 입원 이용
건강검진	만 19세 이상	건강검진 수진, 암검진 수진
예방접종	만 1세 이상	인플루엔자 예방접종 여부·횟수·시기·장소
활동제한	만 1세 이상	활동제한 여부·이유, 와병 경험, 결근결석 경험
삶의 질	만 19세 이상	주관적 건강 인지, 건강 관련 삶의 질 측정도구(Euro Qol-5 Dimension, EQ-5D : 운동능력, 자기관리, 일상활동, 통증·불편, 불안·우울)
손상	만 1세 이상	손상 경험·발생기전·치료처, 손상으로 인한 와병·결근결석
흡연	만 6~11세	가정·공공장소 실내 간접흡연
	만 12~18세	평생흡연, 현재흡연, 흡연량, 가정·공공장소 실내 간접흡연
	만 19세 이상	평생흡연, 현재흡연, 과거흡연, 처음 흡연시작 연령, 흡연량, 금연시도, 금연계획, 금연기간, 금연방법, 가정·직장·공공장소 실내 간접흡연, 니코틴 의존, 전자담배·담배종류별 사용, 전자담배 사용이유, 니코틴 대체용품 사용
음주	만 12세 이상	평생음주, 음주시작 연령, 음주빈도, 음주량, 폭음빈도, 간접폐해
신체활동	만 12세 이상	국제신체활동설문(Global Physical Activity Questionnaire, GPAQ : 일/여가 고강도·중강도 신체활동, 이동 시 활동, 앉아서 보내는 시간), 걷기, 근력운동

(표 계속)

신체활동	만 19~64세	가속도계 측정
정신건강	만 12~18세	주중·주말 잠든 시각, 일어난 시각, 스트레스 인지, 우울감 경험, 자살생각·계획·시도, 정신문제 상담 경험
	만 19세 이상	주중·주말 잠든 시각, 일어난 시각, 스트레스 인지, 우울증 선별도구(Patient Health Questionnaire-9, PHQ-9), 자살계획·시도, 정신문제 상담 경험
안전의식	만 1~5세	자동차 보호장구 착용
	만 1~11세	자전거 헬멧 착용
	만 12세 이상	동승차량 자동차 안전벨트 착용, 자전거·오토바이 헬멧 착용
	만 19세 이상	자동차·오토바이·자전거 음주운전 경험, 음주운전 차량 동승
비만 및 체중조절	만 6세 이상	주관적 체형 인지, 체중변화·조절
여성건강	만 10세 이상	현재 월경 여부, 초경 연령
	만 15세 이상	임신 경험, 출산 경험
	만 19세 이상	모유수유 경험·자녀 수·기간, 폐경 연령, 경구피임약 복용 경험
구강건강	만 1세 이상	칫솔질 여부, 치아 손상, 구강검진, 치과 이용, 치과 미치료 경험/이유
	만 12세 이상	구강용품 사용
	만 19세 이상	저작 불편, 발음 불편

■ 표 2. 제7기 1차 년도(2016) 영양조사 항목

조사영역	대상연령	조사항목
식생활조사	만 1세 이상	끼니별 식사빈도, 끼니별 동반식사 여부·대상, 외식빈도, 식이 보충제 복용 경험
	초등학생 이상	영양표시 인지·이용·영향 여부·관심항목, 영양교육 및 상담 경험
	만 1~3세	출생체중, 수유방법·기간, 이유식, 일반우유, 영아기 식이 보충제 섭취정보
식품안정성조사	식생활관리자	가구의 식품안정성 확보

(표 계속)

식품섭취빈도조사	만 19~64세	112개 음식항목의 섭취빈도와 1회 섭취량
식품섭취조사	만 1세 이상	조사 1일 전 섭취음식(식이 보충제 포함)의 종류 및 섭취량
	조리자	조사 1일 전 섭취음식 중 직접 조리한 음식의 식품재료 및 재료량, 음식 총량

■ 표 3. 제7기 1차 년도(2016) 검진조사 항목

조사영역	대상연령	조사항목
신체계측	만 1세 이상	신장, 체중, 허리둘레
혈압 및 맥박	만 10세 이상	수축기혈압, 이완기혈압, 맥박 수
혈액검사	만 10세 이상	(혈당) 공복혈당, 당화혈색소
		(지질) 총 콜레스테롤, 중성지방, HDL-콜레스테롤, LDL-콜레스테롤
		(신장) 혈중 요소질소, 크레아티닌
		(간염) B형간염표면항원, ALT, AST, C형간염항체
		(빈혈) 헤모글로빈, 헤마토크릿, 적혈구 수, 백혈구 수
		(기타) 고감도C반응단백, 요산
		(중금속) 납, 수은, 카드뮴(1/2표본)
		(비타민) 비타민 A, E, 엽산(1/2표본)
소변검사	만 6세 이상	크레아티닌, 코티닌(전수), NNAL*(1/2표본) *4-(methylnitrosamino)-1-(3-pyridyl)-1-butanol
	만 10세 이상	단백, 당, 잠혈, 비중, 산도, 유로빌리노겐, 케톤, 빌리루빈, 아질산염, 나트륨, 요칼륨
구강검사	만 1세 이상	치아상태, 치료 필요, 보철물상태·필요, 치주조직상태, 치아반점도, 주관적 구강건강상태, 치아통증 경험, 교정치료 경험
폐기능검사	만 40세 이상	노력성 폐활량, 1초간 노력성 호기량
안검사	만 5~18세	시력 및 굴절 이상
악력검사	만 10세 이상	악력
이비인후검사	만 40세 이상	소음노출 설문
가족력	만 10세이상	만성질환 가족력(부·모·형제)

(4) 결과 활용

① 국민건강증진종합계획 수립 및 평가

② 국제기구OECD, WHO 등가 요구하는 건강 지표 통계 산출과 국가 간 비교

③ 소아·청소년 표준성장도표 개발

④ 영양섭취기준의 제정

⑤ 건강 및 영양 취약계층 파악

⑥ 프로그램 개발, 예방 및 관리방안 수립

다음은 국민건강영양조사 중 영양조사에 관한 내용이다. 〈작성 방법〉에 따라 서술하시오.【4점】

- (가)는 만 1세 이상 가구 구성원 모두를 대상으로 식품섭취조사를 수행할 때 사용하는 조사표의 일부이다.
- (나)는 가구 구성원 중 일부를 대상으로 식품섭취조사를 수행할 때 사용하는 조사표의 일부이다.

(가)

식사 구분	식사 시간	식사 장소	매식 여부	타인 동반 여부	음식명	조리총량			음식섭취량			식품 재료명 (상품명)	가공 여부
						눈대중 분량	부피	중량	눈대중 분량	부피	중량		

(나)

식사 구분	음식명	조리총량			식품 재료명 (상품명)	가공 여부	식품 상태	식품재료명		
		눈대중 분량	부피	중량				눈대중 분량	부피	중량

(다)

1. 다음 중 최근 1년 동안 귀댁의 식생활 형편을 가장 잘 나타낸 것은 어느 것입니까?
   ① 우리 가족 모두가 원하는 만큼의 충분한 양과 다양한 종류의 음식을 먹을 수 있었다.
   ② 우리 가족 모두가 충분한 양의 음식을 먹을 수 있었으나, 다양한 종류의 음식은 먹지 못했다.
   ③ 경제적으로 어려워서 가끔 먹을 것이 부족했다.
   ④ 경제적으로 어려워서 자주 먹을 것이 부족했다.

✏️ 작성 방법

- (가)를 사용하여 수행하는 식품섭취조사방법을 제시할 것
- (나)의 조사 대상자를 제시하고, 조사내용을 바탕으로 파악할 수 있는 정보를 제시할 것
- (다) 문항을 사용하는 조사항목의 명칭을 제시할 것

제 4 장 식사 평가

01 • 식사 평가
02 • 식생활 평가

식사 조사 방법을 어떤 방법으로 택할 것인가? 하는 것은 얻은 데이터를 어떤 목적으로 쓸 것인가? 참가자들의 응답능력과 참가도는 어느 정도인가? 데이터를 모으고 분석할 수 있는 자료는 충분한가? 등에 의하여 좌우된다.

01 식사 평가

식사 평가로 영양소 섭취의 적절성을 평가할 수도 있고 식품군별 섭취의 적절성, 식품 섭취의 다양성, 식습관 등 다양한 측면에서 평가할 수 있다.

(1) 영양소 섭취량의 판정

① 한국인 영양소 섭취기준의 제정 : 2005년 12월 한국영양학회에 의해 한국인 영양섭취기준Dietary Reference Intakes for Koreans이 새롭게 제정되어 영양 섭취량의 판정방법에 변화를 가져왔으며, 5년마다 개정이 되어 2010년과 2015년에 개정판이 발표되었고 2015년 개정판은 한국인 영양소 섭취기준으로 명칭이 변경되었음. 건강한 개인 및 집단이 건강 증진 및 생활습관 관련 질환을 예방하고 최적의 건강상태를 유지하기 위해 권장하는 에너지 및 각 영양소 섭취량에 대한 기준이며, 영양소 섭취기준의 설정 목적은 영양소 섭취 부족과 과다 섭취로 인한 건강 위해를 예방하는 것으로 영양소의 결핍 방지뿐만 아니라 만성질환, 영양소 과다 섭취 예방까지 고려하여 평균필요량, 권장섭취량, 충분섭취량, 상한섭취량 등의 영양소 섭취기준을 설정함

○ 평균필요량estimated average requirement, EAR

- 대상집단을 구성하는 사람들의 50%에 해당하는 사람들의 1일 필요량을 충족시키는 값으로서 평균 생리적 요구량에 해당함
- 개인의 경우에는 부족할 확률이 50%, 집단의 경우에는 절반의 대상자에서 부족이 발생할 수 있도록 설정한 영양소 섭취기준임
- 에너지 필요추정량estimated energy requirement, EER은 개인의 에너지 필요량을 정확하게 측정하기 어렵기 때문에 에너지는 평균필요량 대신 '필요추정량'이라는 용어를 사용함

○ 권장섭취량recommended nutrient intake, RNI

- 건강한 사람들의 영양소 필요량을 충족시키기 위해 권장97~98% 되는 영양소 섭취량을 연령과 성별로 나누어 놓은 것임
- 권장섭취량RNI = 평균필요량EAR + 2SD
- 개인의 경우에는 부족할 확률이 거의 없도록 설정한 섭취기준임

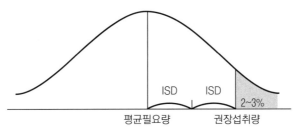

권장섭취량 = 평균필요량 + 표준편차 2배

[**그림 01**] 권장섭취량

○ 충분섭취량adequate intake, AI : 건강한 인구집단의 평균적인 영양소 섭취량을 실험적으로 추정하거나 관찰에 의해 구한 것임

○ 상한섭취량tolerable upper intake level, UL

- 상한섭취량은 특정 인구집단에 속한 거의 대부분의 사람들에게 위험을 가져오지 않는 영양소 섭취의 상한선으로서 인체 건강에 유해한 영향이 나타나지 않는 최대 영양소 섭취 수준을 말함
- 상한섭취량 = 최대무독성량또는 최저독성량 / 불확실 계수

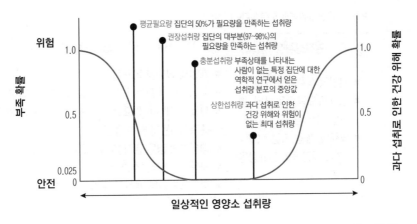

※자료 : 보건복지부·한국영양학회, 2015. 한국인 영양소 섭취기준, 2015

[그림 02] 2015 영양소 섭취기준 지표의 개념도(평균필요량, 권장섭취량, 충분섭취량, 상한섭취량)

Key Point 에너지 필요추정량

✓ 에너지는 평균필요량에 해당하는 에너지 필요추정량으로 제시되며 권장섭취량이나 상한섭취량의 개념이 적용되지 않는다. 그 이유는 권장섭취량은 건강한 대다수 국민 등의 필요량을 충족시키는 양(97~98%)을 말하며, 평균필요량에 여유분을 추가하여 결정되기 때문에 많은 사람들에게는 필요량을 초과하는 양이 되기 때문이다.

개인의 식사 계획 시

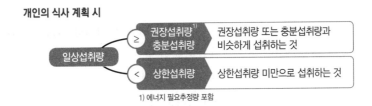

1) 에너지 필요추정량 포함

집단의 식사 계획 시

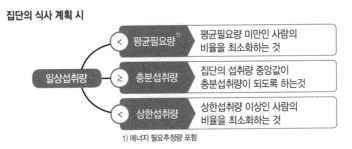

1) 에너지 필요추정량 포함

※자료 : 보건복지부·한국영양학회, 2015. 한국인 영양소 섭취기준, 2015

[그림 03] 개인 및 집단의 식사 계획 시 영양소 섭취기준의 활용

■ 표 1. 권장섭취량과 충분섭취량의 비교

권장섭취량	충분섭취량
■ 개인의 섭취량 목표치 ■ 평균필요량으로부터 편차를 통해 얻음 ■ 확률의 개념 도입 : 97 ~ 98% 사람들의 필요량을 충족시키는 양	■ 개인의 섭취량 목표치 ■ 실험적인 추정치나 관찰된 데이터로부터 얻음 ■ 확률의 개념이 없으므로 몇 %의 사람들에 대해 필요량을 충족시키는지 알 수 없음 ■ 대부분의 경우 권장섭취량보다 높음(특히 선진국) ■ 사용 시 권장섭취량보다 더 조심스러워야 함 ■ 평균필요량을 계산할 수 없을 때 권장섭취량 대신 사용

(2) 개인의 식사 평가

① 평균필요량과 비교

ㄱ 영양소 섭취량을 구한 후 결핍이 될 확률은 평균필요량 미만일 경우 부족할 확률 50% 이상, 평균필요량과 권장량 사이일 경우 부족할 확률 ≥2~3% ~ < 50%, 권장섭취량 이상일 때는 < 2~3% 미만임

ㄴ 영양소 섭취의 개인 내 변이가 60~70% 이상일 때는 개인의 평상시 섭취량을 알 수가 없으므로 평가하기는 힘듦

ㄷ Z 값으로 부족할 확률 구하기 : 개인의 영양소 섭취의 집단 내 분포를 평가하는 방법

- 표준편차점수z-score = (개인의 영양소 섭취량 – 집단의 평균섭취량)/특정 영양소에 대한 집단의 표준편차
- 영양섭취기준을 사용하지 않는 방법
- 표준편차를 계산하기 어려운 경우에는 평균필요량의 10%로 정함

② 충분섭취량 평가기준 이용

ㄱ 개인의 일상적인 섭취량이 충분섭취량 수준 이상이면 섭취 수준이 적절할 가능성이 높다고 판정함

ㄴ 개인 내 변이가 60~70% 이상이면 질적 평가만이 가능함

③ 상한섭취량 평가기준 이용

ㄱ 특정 영양소 섭취량이 상한섭취량 이상일 때는 과잉 섭취로 인한 건강 위해증상이 일어날 수 있다고 판정함

ㄴ 개인 내 변이가 60~70% 이상이면 질적 평가만이 가능함

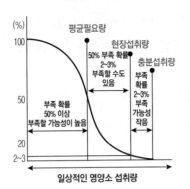

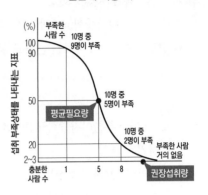

※자료 : 보건복지부·한국영양학회, 2015. 한국인 영양소 섭취기준, 2015

[그림 04] 식사 평가

(3) 집단의 식사 평가

① 섭취분포의 조정 : 비연속적으로 2일 혹은 3일간의 섭취량을 조사해서 통계적으로 조정하는 방법임

ㄱ 섭취량 분포를 정규분포로 만듦

ㄴ 날짜에 따른 개인 내 변이를 조절하여 평소 섭취량을 구함

② 평균필요량을 사용하는 경우 : 영양 섭취 부족인 사람들의 비율을 구함

③ 상한섭취량을 사용하는 경우 : 과잉 섭취 위험인 사람들의 비율을 구함

2018년 기출문제 B형

다음은 푸른여자중학교 2학년의 〈식사 섭취 조사 결과〉와 12~14세 여자의 〈비타민 A 섭취기준〉이다. 자료를 근거로 〈작성 방법〉에 따라 서술하시오. 【4점】

〈식사 섭취 조사 결과〉

조사대상 : 푸른여자중학교 2학년 200명(12.9 ± 0.3세)

조사기간 : 1일

조사방법 : 24시간 회상법

조사결과 : 비타민 A 섭취량 470 ± 90μgRAE

… (하략) …

※ 이 조사 결과 푸른여자중학교 2학년 이경미(13세)의 비타민 A 섭취량은 470 μgRAE이었다.

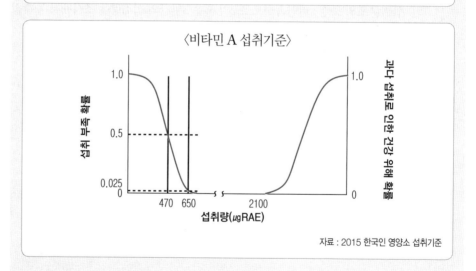

〈비타민 A 섭취기준〉

자료 : 2015 한국인 영양소 섭취기준

✏️ **작성 방법**

• 제시된 〈비타민 A 섭취기준〉에 근거하여 푸른여자중학교 2학년 200명의 비타민 A 섭취의 적절성을 평가하고, 평가 결과를 확률로 제시할 것(단, 조사 대상자 200명의 섭취량은 정규분포를 따른다고 가정할 것)

• 이경미 학생의 비타민 A 섭취의 적절성을 평가하기에 불충분한 이유를 자료에서 찾고, 이를 보완할 수 있는 식사 조사 방법 2가지를 제안할 것

(4) 지표를 이용한 영양소 섭취상태의 평가

① 영양소 적정섭취비율nutrient adequacy ratio, NAR

ㄱ 개인의 특정 영양소 섭취량을 권장섭취량에 비교한 비율로서 영양소의 적정성을 나타냄

ㄴ NAR이 1이 넘는 경우에는 최댓값을 1로 함

ㄷ MARmean adequacy ratio : NAR의 평균으로 각 개인의 식사 전반의 질을 알 수 있으나 각 영양소 섭취량의 과부족은 알 수 없음

ㄹ NAR = 대상자의 특정 영양소 섭취량/특정 영양소의 권장섭취량

ㅁ MAR = 개별 영양소의 영양소 적정섭취비의 합/영양소의 수

② 영양밀도지수index of nutritional quality, INQ

ㄱ 에너지 1000kcal에 해당하는 식이 내 특정 영양소 섭취량을 1000kcal당 그 영양소의 권장섭취량에 대한 비율을 나타낸 것임

ㄴ 에너지가 충족될 때 영양소의 섭취 가능 정도를 나타냄

ㄷ 각 영양소의 INQ가 1 이상이라는 것은 그 식사의 질이 좋다는 것을 의미함

- 만약에 INQ가 1 미만이라고 하면 에너지에 비해 영양소 섭취가 떨어진다는 것을 의미함
- 저칼로리 식사의 경우 칼로리 섭취량만 낮고 다른 영양소의 섭취량은 충분해야 하므로 1,000kcal 식사의 경우 영양밀도지수가 2 이상의 값을 나타내는 영양소로 구성된 식사여야 함

ㄹ INQ = 1,000kcal당 특정 영양소의 섭취량/1,000kcal당 특정 영양소의 권장섭취량

(5) 식품 섭취의 다양성 평가

① 식품군 섭취패턴food group intake pattern

ㄱ 하루 섭취한 중량이 각 군에서 기준량 이상을 섭취하면 1, 섭취하지 못하였으면 0으로 표시함

ㄴ 식품 섭취의 균형성과 다양성을 평가함

ㄷ GMFVDgrain, meat, fruit, vegetable, dairy product로 표시

■표 2. 식품군 섭취패턴 평가

식품군	최소기준량*
곡류 및 감자류 액체 : 과일류, 채소류, 우유 및 유제품	60g
육류 고체 : 과일류, 채소류	30g
우유 및 유제품 : 고체(치즈)	15g

*최소기준량 : kant 등, 1991

② 섭취식품의 가짓수

  ㉠ 식사의 다양성을 하루에 섭취한 식품의 가짓수로 평가함

  ㉡ Dietary variety scoreDVS, Dietary diversity scoreDDS

③ 미국의 Healthy Eating IndexHEI, 건강식생활지수 : HEI는 적절히 섭취하여야 할 것과 절제하여야 할 것으로 나누어짐

02 식행동 평가

조사 대상자의 장기적인 식사 섭취상태를 정확하게 파악하기 위해서는 평소의 식행동 조사를 병행하는 것이 필요하다.

(1) 식행동과 식습관

식행동이란 개인이 식품을 구해서 조리·가공하고 섭취하기까지의 전반적인 과정에 걸쳐서 나타나는 모든 행동을 말함

(2) 식행동 평가의 활용

식행동 평가는 영양판정의 보조자료로서뿐만 아니라 영양중재가 필요한 사람을 분류해 내는 영양스크리닝 도구로서도 유용함

(3) 식행동 평가 지표

식행동 평가 지표는 대부분 설문지로 작성하며 식행동 조사내용으로는 식사를 비롯한 일반 생활습관이 포함됨

Key Point 식행동 평가에서 사용될 수 있는 문항내용

✓ 식태도

① 현재 자신의 식사에 대한 인식 : 균형성, 편식, 섭취량의 적절성

② 음식의 모양, 냄새로 인한 특정 식품의 기피경향 여부

③ 새로운 음식의 수용태도

④ 식사에 나쁜 영향을 주는 생활습관, 문화 및 종교적 요인에 대한 인식

⑤ 자신의 식품 선택에 미치는 각종 식품 광고의 영향

⑥ 식품 광고의 영양학적인 정확성 여부에 대한 의견

⑦ 영양의 중요성에 대한 인식

⑧ 식사의 역할에 대한 인식

✓ 식행동과 식습관

① 곡류, 어육류, 채소, 지방, 우유 및 과일군의 섭취빈도

② 식사시간의 규칙성, 하루 식사 횟수, 아침 결식

③ 식사속도

④ 간식의 규칙성과 횟수

⑤ 무의식적인 군것질(음식 준비, 텔레비전을 볼 때 등)

⑥ 평상시 또는 휴일이나 외식 시의 과식

⑦ 절제를 못 하고 먹게 되는 음식이나 식품

⑧ 배고프지 않을 때도 시간이 되면 식사를 하는 편인지 여부

⑨ 외식의 빈도와 선택음식

⑩ 설탕, 케이크, 잼, 청량음료, 과자류와 같이 단당류가 많은 식품의 섭취빈도

⑪ 김치, 젓갈류, 국, 라면, 가공식품(햄, 소시지 등) 등의 염분이 많은 음식의 섭취빈도

⑫ 고열량식품, empty-calorie식품, 고지방식품을 섭취하거나 제한하는 정도

⑬ 지루하거나 화날 때, 걱정과 스트레스가 쌓일 때 먹는 것으로 해결 여부

⑭ 건강보조식품이나 영양 보충제의 복용 여부, 종류 및 그 이유

⑮ 다이어트식품 또는 인스턴트식품의 섭취빈도와 그 종류

⑯ 최근 식사량과 식사형태의 변화 여부와 정도, 그리고 변화 이유

⑰ 음식 준비와 식품 저장과 관련된 문제 유무(**예** 냉장, 냉동고 부족, 레인지 등의 조리기구 부족)

⑱ 장보기, 음식 준비, 식사 계획의 담당자

⑲ 적절한 양의 음식 준비 여부

⑳ 장보기 전 식사 계획

㉑ 식품을 살 때 영양표시 확인

㉒ 구입한 과일이나 야채의 저장기간과 평소 조리법(날것 또는 익히는 것)

✓ 생활습관

① 흡연과 음주의 빈도와 양

② 규칙적인 운동의 종류와 빈도

③ 여가시간의 주된 활동

④ 학교나 직장생활이 식생활에 영향을 미치는지 여부

⑤ 공부나 일을 하면서 먹는 습관

⑥ 하루 텔레비전 시청시간

⑦ 종교적 또는 문화적 믿음과 식생활

⑧ 식습관에 영향을 미치는 생활습관이나 개인적인 믿음

■ 표 3. 조사대상 연령에 따라 적합한 식행동 평가항목

대상연령	평가항목
영유아 및 취학 전 아동	모유영양 여부, 이유상태와 방법, 식품기호와 편식, 식사습관, 간식, 어머니의 영양 지식과 식태도, 병력
학동, 사춘기 및 청소년	도시락이나 점심식사 형태, 식품기호와 편식, 식사습관, 간식, 영양 지식, 어머니의 영양 지식과 식태도, 어머니의 직업과 보호상태, 치아상태, 음료 섭취
대학생	식품기호와 편식, 식사습관, 외식습관, 식품 구매 양상, 영양 지식, 영양 정보원, 어머니의 영양 지식과 식태도
임신, 수유부	전반적인 식행동과 식습관, 식품기호, 입덧 여부와 관리
성인	식생활 관리 양상, 영양교육, 식품과 영양 지식, 식태도, 전반적인 식행동과 식습관, 신체활동과 에너지 소비, 영양 정보원, 피로도, 건강상태, 질병 유무, 흡연과 음주, 외식태도
노인	전반적인 식행동과 식습관, 건강상태, 식사 만족도, 식품기호, 흡연과 음주, 식사환경, 외식빈도, 식사 준비 담당자, 약물 복용

생화학적 검사

01 • 생화학적 검사시료와 유형
02 • 영양소의 생화학적 판정법

영양상태를 판정하는 방법들 중 가장 객관적이고 양적인 자료를 얻을 수 있으며, 신체계측치가 변하거나 임상증세가 나타나기 훨씬 전에 영양결핍을 감지할 수 있다. 또한 특정 영양소의 부족을 예민하게 반영하므로 임상적 단계나 한계 수준의 영양결핍도를 평가할 수 있다.

01 생화학적 검사시료와 유형

(1)검사시료

① 혈액
  ㉠ 아침 식사 전 공복상태 식후 12시간 이후
  ㉡ 상완정맥, 손가락 끝, 귓불에서 채취
  ㉢ 생화학적 검사에서 가장 기본적인 시료
  ㉣ 혈액성분의 구분 : 전혈, 혈장, 혈청, 적혈구, 백혈구
② 소변
  ㉠ 24시간 요 검사
  ㉡ 신장의 기능 검사나 수용성 비타민, 일부 기질과 단백질의 영양상태를 판단
③ 대변
  ㉠ 단백질 섭취상태 조사 시 질소 배설 측정
  ㉡ 특정 무기질이나 섬유소의 섭취상태 조사 시
④ 머리카락, 타액, 정액 : 특정 무기질의 영양상태를 조사하기 위해 사용함

(2) 생화학적 검사 결과에 영향을 미치는 영양 외적 요인

① 신체적인 요인

  ㉠ 성별, 연령, 인종

  ㉡ 운동, 주야의 변화, 약물 복용, 질병 및 감염, 스트레스

  ㉢ 용혈, 체중 감소, 호르몬상태

② 방법적인 요인

  ㉠ 시료 수집방법

  ㉡ 분석방법의 타당성

  ㉢ 측정의 정확도

(3) 검사유형

① 성분 검사static test, 직접 측정

  ㉠ 체액이나 조직에서 영양소의 함량이나 저장량을 측정하는 것

  ㉡ 소변에서 영양소의 배설량이나 영양소 대사산물의 배설량을 측정

  ㉢ 장점 : 간단히 시행할 수 있음

  ㉣ 한계점 : 혈액이나 다른 체성분에 함유된 영양소 양만을 가지고 몸 전체에서의 과부족상태를 판정하기 어려운 경우가 있음

② 기능 검사functional test, 간접 측정

  ㉠ 특정 영양소의 의존효소의 활성도 측정

  ㉡ 특정 영양소 대사산물 또는 생리기능, 행동기능 등을 측정

  ㉢ 영양불량 정도를 판정하는 데 타당한 지표

  ㉣ 특정 영양소의 영양결핍증을 판정하는 데는 부적합

■ 표 1. 기능 검사의 유형

검사유형 예시	예시
혈액이나 소변의 비정상적인 대사산물 측정	■ 비타민 B_6 결핍-소변의 잔투렌산의 배설 증가
효소의 활성도 측정 및 혈액 구성성분	■ 티아민-적혈구 트랜스키톨라아제 활성도 ■ 리보플라빈-적혈구 글루타티온 환원효소 활성도 ■ 철-헤모글로빈 측정
생체 내 기능에 대한 생체 외 검사	■ 열량단백질 결핍 ■ 면역기능 검사 ■ 비타민 E 결핍-적혈구 용혈 검사 ■ 엽산 및 비타민 B_{12} 결핍-디옥시-유리딘 억제 시험

(표 계속)

부하 검사 및 반응 유도 검사	■ 비타민 B₆-트립토판 부하 검사 ■ 엽산-히스티딘 부하 검사 ■ 아연 결핍, 열량단백질 부족-피부 과민반응능력 검사
자발적인 인체의 반응 검사	■ 비타민 A 결핍 ■ 암 적응 검사 ■ 아연 결핍-맛에 대한 미뢰의 감각기능 검사
성장 및 발달 정도	■ 아연 영양상태-성적 성숙도 측정 ■ 어린이 열량, 단백질 영양-성장속도 측정

02 영양소의 생화학적 판정법

1 단백질 영양상태

(1) 근육단백질(체단백질)

① 요 크레아티닌 배설량

ㄱ 크레아티닌은 근육에 존재하는 크레아티닌인산의 대사산물임

ㄴ 매일 크레아티닌인산의 약 2%가 크레아티닌으로 전환되므로 24시간 동안 소변으로 배설되는 크레아티닌의 함량을 조사하면 근육량을 조사할 수 있음

ㄷ 정상성인의 체중당 크레아티닌 배설량 : 남자 23mg/kg 체중, 여자 18mg/kg 체중

ㄹ 크레아티닌 배설량에 영향을 미치는 요인

　■ 증가요인 : 격심한 운동, 육식 및 단백질 섭취 증가, 감염, 발열, 외상

　■ 감소요인 : 나이 증가, 월경 중과 월경 직전, 만성 신부전, 단백질 결핍

② 크레아티닌 신장지수creatinine height index, CHI

ㄱ 24시간 동안 요로 배설된 크레아티닌의 함량을 각 신장별 24시간 요 크레아티닌 배설량 기준치에 백분율로 나타낸 값

ㄴ 신장기능이 정상인 경우에만 적용 가능

$$\checkmark\ \text{CHI(\%)} = \frac{\text{24시간 요 크레아티닌 배설량 측정치(mg)}}{\text{각 신장별 24시간 요 크레아티닌 배설량 기준치(mg)}} \times 100$$

ⓒ 판정 : 60~80%이면 단백질 약간 부족, 40~60%이면 중 정도 부족, 40% 미만
이면 단백질 결핍

ⓓ 감소요인 : 나이 증가, 영양 불량, 척수 상해, 근육 위축 및 류마티스성 관절
염 등

■ 표 2. 신장에 따른 24시간 요 크레아티닌 배설량 예측치

성인 남자		성인 여자	
신장(cm)	크레아티닌(mg)	신장(cm)	크레아티닌(mg)
157.5	1,288	147.3	830
160.0	1,325	149.9	851
162.6	1,359	152.4	875
165.1	1,386	154.9	900
167.6	1,426	157.5	925
170.2	1,467	160.0	949
172.7	1,513	162.6	977
175.3	1,555	165.1	1,006
177.8	1,596	167.6	1,044
180.3	1,642	170.2	1,076
182.9	1,691	172.7	1,109
185.4	1,739	175.3	1,141
188.0	1,785	177.8	1,174
190.5	1,831	180.3	1,206
193.0	1,891	182.9	1,240

③ 3-메틸히스티딘 배설량

ⓐ 3-MH은 골격근육섬유의 액틴과 미오신에만 함유되어 있으며 액틴과 미오
신이 분해되면 3-MH이 방출되어 곧바로 소변으로 배설됨

ⓑ 식사로 섭취하는 것이 없을 때는 신체의 근육량으로 반영되어 나타냄

(2) 내장단백질

① 혈청 총 단백질 total serum protein

ⓐ 간편하고 정확한 방법

ⓑ 장기간의 영양상태를 판정하는 지표

ⓒ 정상 ≥6.5g/dL

② 혈청알부민 농도

　　㉠ 인체의 단백질 고갈상태나 식이단백질 섭취량의 부족상태를 나타내는 지표

　　㉡ 반감기가 18~20일로 길고 체내 보유량pool이 많아 단백질 부족상태 초기의 지표로는 좋은 지표가 아님

　　㉢ 콰시오카는 마라스무스에 비해 혈청알부민의 농도가 떨어져 부종을 수반하게 되므로 만성적인 단백질 결핍이나 수술 후의 합병증 발생을 예견할 수 있는 지표로서 사용 가능

　　㉣ 정상 : 3.5~5.0g/dL

③ 혈청트랜스페린 농도

　　㉠ 철을 운반하는 베타-글로불린β-globulin

　　㉡ 반감기가 8~9일로 짧아 알부민에 비해 단백질의 영양상태 변화를 더 잘 나타내는 지표

　　㉢ 정상 : 200~400mg/dL

　　㉣ 철분의 영양상태에 따라 영향을 받음

④ 혈청프리알부민

　　㉠ 티록신과 RBP의 운반단백질로 반감기가 2~3일로 짧고 체내 저장량이 매우 낮아 <10mg/kg 체중 최근의 단백질 영양상태를 반영하는 민감한 지표임

　　㉡ PEM으로 인한 초기 영양실조를 쉽게 파악 가능

　　㉢ 제한점 : 영양상태보다는 단백질 섭취를 반영할 수 있음

　　㉣ 정상치 : 20~40mg/dL

　　㉤ 증가 : 만성 신부전 환자

　　㉥ 감소 : 수술 후, 갑상선기능항진증, 장질환에 의한 단백질 손상 등

⑤ 혈청레티놀 결합단백질serum retinol binding protein

　　㉠ 프리알부민과 함께 레티놀의 운반체로 작용

　　㉡ 반감기가 10~12시간으로 짧고 체내 저장이 매우 적어 최근의 식사 섭취상태를 잘 반영함

　　㉢ 정상치 : 2.6~7.6mg/dL

　　㉣ PEM에서 즉시 감소하지만 단백질이 부족해도 열량만 충분한 경우 곧 회복 가능

　　㉤ 정확한 측정이 어렵고 기준치가 없어 보편적인 적용이 어려움

⑥ 피브로넥틴

　　㉠ 여러 세포에서 합성되는 당단백질로 상처 회복과 백혈구 활성의 기능이 있음

　　㉡ 반감기는 4~24시간, 판정 기준치는 불분명함

⑦ 인슐린유사 성장요인-1IGF-I

    ㉠ 성장 촉진 펩타이드로 동화작용을 촉진함

    ㉡ 반감기는 2~6시간, 기준치가 없어 임상적 적용은 어려움

■ 표 3. 영양판정에 사용되는 혈청단백질의 종류

혈청단백질	정상범위	반감기	기능
알부민	3.5~5.0g/dL	18~20일	혈중 삼투압 유지
트랜스페린	260~430mg/dL	8~9일	혈중 철과 결합하여 골수로 운반
프리알부민	20~40mg/dL	2~3일	티록신과 결합, 레티놀 결합단백질의 운반체
레티놀 결합단백질	2.6~7.6mg/dL	12시간	프리알부민과 비공유결합, 혈중에서 비타민 A를 운반
피브로넥틴	혈장 : 292±20mg/dL 혈청 : 182±16mg/dL	4~24시간	조직에 존재하는 당단백질로서 백혈구 활성화와 상처 회복에 관여
인슐린유사 성장요인-1	0.55~1.4IU/mL	2~6시간	인슐린유사 펩타이드의 일원으로서 지방, 근육, 연골, 세포에서 동화작용을 촉진

■ 표 4. 단백질 영양상태 판정을 위한 기준치

평가 지표	단백질 영양상태			
	정상	약간 부족	부족	결핍
총 단백질(g/dL)	≥6.5	6.0~6.4		<6.0
알부민(g/dL)	3.5~5.0	3.0~3.4	2.4~2.9	<2.4
트랜스페린(mg/dL)	>200	150~200	100~149	<100
프리알부민(mg/dL)	20~40	10~15	5~10	<5
레티놀 결합단백질(mg/dL)	2.6~7.6	–	–	–

(3) 면역기능

단백질의 결핍은 면역능력이 감퇴하여 나타나므로 면역능력을 측정하면 단백질 영양상태를 판정할 수 있음

① 총 임파구 수total lymphocyte count, TLC

    ㉠ 장점 : 저렴한 비용으로 손쉽게 영양불량 여부를 판정할 수 있고 패혈증의 지표로도 사용

ⓒ 정상 > 2,000, 결핍 800 미만

ⓒ 감소원인 : 영양 부족, 기타 암, 염증, 감염, 스트레스, 스테로이드, 항암제, 면역억제제 복용

ⓔ TLC = lymphocyte의 백분율% × WBC 수cells/mm^3 / 100

② 지연형 피부과민반응delayed cutaneous hypersensitivity, DCH

　ⓐ 소량의 항원을 피부에 주사한 후 반응을 관찰

　ⓑ 정상인 : 주사 후 24~72시간 이내에 주사 부위에 염증이 생겨 붉게 부어올라 단단해짐5mm 이상의 반응

　ⓒ 면역기전 약화 시 반응 정도가 작거나 나타나지 않음

　ⓔ PEM, 비타민 B$_6$와 A, 아연과 철 부족 시 반응 감소

2 지질 영양상태

(1) 혈청중성지질

식사로부터 들어오는 지질이나 간에서 합성되는 지질을 반영하며 혈중 지질 중 가장 많은 비중을 차지함

(2) 혈청콜레스테롤

① 혈청콜레스테롤 농도는 관상심장질환 및 동맥경화증 발생의 주요 위험요인으로 알려짐

② LDL 콜레스테롤mg/dL = 총 콜레스테롤 - HDL 콜레스테롤 - (중성지방/5)

■ 표 5. 한국인의 이상지질혈증 진단기준(2015년 개정)

분류	단위(mg/dL)
총 콜레스테롤	
높음	≥ 240
경계치	200 ~ 239
적정	< 200
중성지방	
매우 높음	≥ 500
높음	200 ~ 499
경계치	150 ~ 199
적정	< 150

HDL-콜레스테롤	
높음	≥ 60
낮음	< 40
LDL-콜레스테롤	
매우 높음	≥ 190
높음	160 ~ 189
경계치	130 ~ 159
정상	100 ~ 129
적정	< 100

※자료 : 이상지질혈증 임상진료지침 제정위원회, 2015

3 무기질의 생화학적 판정법

(1) 철

① 헤모글로빈hemoglobin, Hb

㉠ 적혈구 내의 산소 운반 혈색소로 12g/dL가 정상. 혈액 100mL당 남자 14~18g, 여자 12~16g가 정상치임

㉡ 철 결핍의 마지막 단계인 빈혈상태에서만 농도가 감소함

㉢ 단점 : 감염, 염증, 출혈, PEM 등이 있을 때 감소하는 반면 탈수, 다혈구증 등에 의해서는 증가하는 등 다른 요인에 의해 농도가 변함

② 헤마토크리트hematocrit, Hct

㉠ 전체 혈액 중 적혈구가 차지하는 용적의 비

㉡ 철이 결핍되어 Hb 생성이 저하된 후 Hct에 감소가 오므로 철 결핍의 초기상태를 판정하는 데 문제가 있음

㉢ 정상치 : 성인 남자 40~54%, 여자 36~47%

③ 적혈구지수red cell indices

㉠ 헤모글로빈, 헤마토크리트, 적혈구 수로부터 식을 이용하여 계산이 가능함

㉡ 철 결핍 시 이 지표들은 모두 낮아짐

ⓐ MCVmean corpuscular volume

▪ 평균 적혈구 용적크기 = 헤마토크리트 / 적혈구 수

▪ 성인 정상범위 : 80~100fLfemtoliter, $1fL = 10^{-12}mL$

- 엽산이나 비타민 B_{12} 결핍 시, 만성 간질환, 알코올 중독, 항암제 치료 시 증가함
- 출생 직후에는 일반적으로 크고 점차 감소함

ⓑ MCH mean corpuscular hemoglobin

- 적혈구 개개의 평균 헤모글로빈 함량 = 헤모글로빈 g/L / 적혈구 수
- 성인 정상범위 : 26~34 pg pictogram

ⓒ MCHC mean cell hemoglobin concentration

- 적혈구의 평균 헤모글로빈 농도 = 헤모글로빈 g/L / Hct
- 성인 정상범위 : 320~360 g/L
- 연령의 영향을 적게 받으며 다른 지표보다 유용성이 낮음
- 최종 철 결핍단계에서만 낮아짐
- 거대적아구성 빈혈이나 만성 빈혈에서는 정상치를 나타냄

④ 트랜스페린 포화도

ⓐ 혈청철을 총철결합력으로 나눈 값의 백분율임
ⓑ 트랜스페린 포화도 = 혈청철 μmol/L / 총철결합력 μmol/L × 100
ⓒ 정상 35%, 부족 15% 이하, 60% 이상일 때 철 축적 과잉

⑤ 총철결합력 total iron binding capacity, TIBC

ⓐ 트랜스페린에 결합한 혈청철과 트랜스페린의 철 미결합 부분에 결합할 수 있는 잠재적인 철 결합능력을 합한 것임. 즉, 혈청트랜스페린과 결합할 수 있는 철의 양임
ⓑ 총철결합력은 혈청트랜스페린에 대한 간접적 측정방법으로 체내 철 저장고가 고갈되면 총철결합력은 증가하고 철 과잉과 감염 시에 감소함
ⓒ 정상 300 ± 30, 철 고갈 360, 철 결핍성 빈혈 410, 철 과잉 300 미만

⑥ 혈청페리틴 수준

ⓐ 조직에서 철을 저장하는 대표적인 물질로 저장 철 평가시 가장 좋은 방법임
ⓑ 철 결핍의 초기상태를 판정함
ⓒ 감염, 염증반응, 외상, 철 과잉 축적, 비루스성 간염, 일부 암 등의 질환 시 증가함
ⓓ 정상농도 100 ± 60 μg/L, 철 과잉 시에는 300 μg/L 이상, 10 μg/L 이하 시 철 결핍성 빈혈임

⑦ 적혈구 프로토포피린 protoporphyrin

ⓐ 헴의 전구체로서 철이 결핍되면 적혈구 내에 축적됨

ⓛ 철 결핍 시 증가, 철 결핍 2단계의 민감한 지표로 활용

ⓒ 증가요인 : 감염, 염증, 종양 시, 납중독

⑧ 철 결핍단계

ⓐ 1단계

- 간의 철 저장량이 점차로 감소하는 단계임
- 이동 철의 양과 헤모글로빈은 정상치를 나타냄
- 혈청페리틴만 감소함

ⓑ 2단계

- 간의 저장량이 고갈, 적혈구 신생을 위한 혈장철 공급이 점차 감소함
- 헤모글로빈 수준이 감소함
- 적혈구 프로토포르피린 증가함
- 트랜스페린 포화도가 감소함

ⓒ 3단계

- 철 저장량과 순환량이 모두 감소하여 저색소성 소적혈구성 빈혈이 나타나는 단계임
- 헤모글로빈Hb 감소, 헤마토크리트Hct 감소, MCV, MCH, MCHC 감소함

⑨ 철 과잉 시에는 혈청페리틴 초과, 트랜스페린 포화도 증가

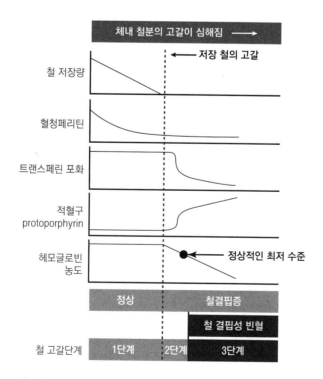

[그림 01] 철 결핍 진행단계에 따른 철 영양상태 판정 지표의 변화

다음은 철 영양판정 지표인 트랜스페린 포화도를 구하는 식이다. 철 영양판정에 관한 내용을 〈작성 방법〉에 따라 서술하시오. 【5점】

$$트랜스페린포화도(\%) = \frac{혈청철(\mu mol/dL)}{(\qquad)} \times 100$$

📝 작성 방법

- (   ) 안에 들어갈 트랜스페린 양을 간접적으로 측정하는 지표의 명칭과 측정 방법을 제시할 것
- 트랜스페린 포화도가 감소하기 시작하는 철 결핍단계를 제시할 것
- 철이 아닌 다른 영양소의 영양상태가 부적절하기 때문에 트랜스페린 포화도를 철 영양판정 지표로 사용하기 어려운 경우와 그 이유를 서술할 것

(2) 칼슘

① 정상 혈청칼슘 농도 : 9.2~11.0mg/dL 2.3~2.75mmol

② 소변의 칼슘

㉠ 식사에서의 칼슘 섭취량을 반영

㉡ 정상 : 여자 1.25~10mg/dL, 남자 1.25~12.5mg/dL

③ 골밀도 측정 T 값, 표준편차 : WHO 기준에 따라 T-score는 정상 -1.0 이상, 골감소증 osteopenia -1.0~-2.5, 골다공증 osteoporosis -2.5 이하

(3) 아연

① 혈청 혈장 아연 정상범위 : 74~130 μg/100mL

② 메탈로티오네인 metallothionein

㉠ 아연 또는 구리와 결합하는 단백질

㉡ 혈청아연과 메탈로티오네인이 모두 낮으면 아연 결핍으로 판정함

③ 머리카락의 아연 : 장기간 아연의 영양상태를 반영함

④ 소변의 아연

⑤ 기타

㉠ 효소의 활성도를 측정 : 염기성 인산분해효소 ALP

㉡ 맛의 감지능력을 검사함

다음은 아연의 생화학적 영양판정에 관한 내용이다. 〈작성 방법〉에 따라 서술하시오.【4점】

> 아연의 영양상태를 판정하기 위하여 혈청아연 농도, 메탈로티오네인 농도, ㉠ 머리카락 아연 농도, 소변 아연 농도 등을 사용할 수 있다. 그러나 혈청아연 농도는 ㉡ 아연이 약간 결핍되거나 ㉢ 스트레스, 염증, 감염 등의 급성 자극이 있을 경우 아연 영양판정에 적합한 지표가 아니다.

🖊 **작성 방법**

- 밑줄 친 ㉠을 아연의 영양판정 지표로 사용할 때 장점과 주의할 점을 각각 1가지씩 제시할 것
- 밑줄 친 ㉡인 경우 혈청아연 농도가 아연 영양판정에 적합한 지표가 아닌 이유 1가지를 제시할 것
- 밑줄 친 ㉢에 의하여 혈청아연 농도가 어떻게 변하는지 제시할 것
----

(4) 구리

① 혈청이나 혈장의 구리 농도 측정은 구리의 저장량을 판정함

② Cu/Zn의 혈청 비율을 측정하여 심혈관계 질환이나 급성 심근경색 위험도의 임상 지표임

(5) 요오드

① 소변의 요오드 배설량 측정

② 혈청티록신thyroxine, T4 : 4.5~12μg/dL

③ TSHthyroid stimulating hormone, 혈청 갑상선 자극 호르몬의 농도를 측정함

④ 혈청 내 트리요오드티로닌triiodothyronine, T3 농도를 측정함

⑤ 동위원소131I를 이용한 갑상선 요오드의 흡수율을 측정함

4 비타민의 생화학적 판정법

(1) 지용성 비타민 영양상태

① 비타민 A

  ㉠ 혈청비타민 A레티놀 및 간 저장량 : 정상 $20\mu g/dL$, 결핍 $10\mu g/dL$ 0.35μmol/L 이하

  ㉡ 암 적응능력 검사 : 시력의 기능적 변화 측정

  ㉢ 상대적 투약반응 검사relative dose response test, RDR

   ■ 간의 비타민 저장량을 조사하거나 경계 수준의 비타민 A의 결핍 정도를 감지하는 데 이용함

   ■ 일정량의 비타민 A를 경구 투여한 후 혈장 수준의 증가 정도를 보는 시험방법임

   ■ RDR = (투여 5시간 후의 혈청레티놀 농도 - 투여 당시 혈청레티놀 농도) / (투여 5시간 후의 혈청레티놀 농도) × 100

   ■ RDR% : > 50% 급성 결핍, 20~50% 경계 수준, 20% 이하 정상 수준

② 비타민 D

  ㉠ 혈청 25-hydroxy vitamin D25-OH-D₃ 농도

   ■ 혈청에 존재하는 비타민 D의 주 형태임

   ■ 간 조직의 저장 양을 잘 반영 → 영양판정의 매우 좋은 지표임

   ■ 영향요인 : 계절여름 > 겨울, 햇볕에 노출되는 기간, 나이, 비만 정도 등

   ■ 0~10ng/mL 이하는 임상적 비타민 D의 결핍, 10~30ng/mL는 경계 정상치, 30ng/mL 이상이면 충분함

  ㉡ 혈중 알칼리 포스파타아제alkaline phosphatase, ALP 활성도

   ■ 비타민 D의 결핍에 비례적으로 증가하여 20units 이상이면 결핍상태임

   ■ 단점 : 다른 질병에 의해서도 활성도가 영향을 받음

   ■ 증가 : 골연화증, 구루병, 기타 뼈질환, 비타민 D 결핍 시

  ㉢ 소변 내 비타민 D 함량이나 칼슘과 인의 함량

다음은 여고생 경희와 영양교사의 대화내용이다. 괄호 안의 ㉠에 해당하는 비타민의 명칭을 쓰고, ㉡에 공통으로 해당하는 이 비타민의 영양상태 판정 지표를 쓰시오. 【2점】

> 경   희 : 선생님, 제가 요즈음 체중이 많이 늘어나서 고민이에요. 매일 실내에 앉아서 하루 종일 공부만 하고, 입시에 대한 스트레스 때문에 피자나 햄버거를 많이 먹고 있어요.
>
> 영양교사 : 그럼, 체성분 분석기로 체질량지수와 체지방률을 알아보자. 체질량지수는 28이고, 체지방률도 39%로 나오네. 둘 다 높은 수치구나.
>
> 경   희 : 어머, 정말이에요? 요즈음 감기도 자주 걸리는 것 같아요.
>
> 영양교사 : (㉠) 영양상태가 불량하면 면역력도 떨어질 수 있으니 병원에서 혈중 (㉡) 농도를 검사해 보면 어떻겠니? 체지방 증가로 비만이 되어도 혈중 (㉡) 농도가 떨어질 수도 있어.

③ 비타민 E

　㉠ 혈청토코페롤 농도

　　▪ 가장 많이 이용하는 지표 mg/100mL

　　▪ 혈청지질당 농도 mg tocopherol/g lipid : 성인 0.8mg/g 지질 이상, 영아 0.6mg/g 지질이면 양호

　　▪ 비타민 E는 혈청에서 LDL에 의하여 이동되므로 혈청 총 지질, 콜레스테롤이 높은 경우 농도가 증가는 것을 고려함

　㉡ 적혈구 용혈 검사

　　▪ 비타민 E 영양상태 판정에 쓰이는 대표적인 기능시험법

　　▪ 용혈 비율은 혈청토코페롤 농도와 역의 상관관계를 가짐

(2) 수용성 비타민 영양상태

① 비타민 C

　㉠ 혈청비타민 C 함량

　　▪ 가장 보편적으로 사용함

　　▪ 최근의 비타민 C 섭취량 반영함

　㉡ 백혈구 비타민 C 함량

　　▪ 세포의 저장량이나 체내 저장량을 반영하는 지표

- 비타민 C 수준에 영향을 미치는 요인

  - 흡연 시 혈청과 백혈구의 비타민 C 수준이 감소함

  - 비타민 C의 섭취량이 같을 경우 여성이 남성보다 혈청이나 조직의 비타민 C의 농도가 높고 연령에 따른 차이는 없음

  - 충분 > 15mg/dL, 경계 7~15, 결핍 < 7

  ⓒ 비타민 C 포화도 검사 : 비타민 C의 고갈 정도를 판별할 수 있는 지표

② 비타민 B_1 티아민

  ㉠ 소변의 티아민 배설량

  - 티아민 필요량 설정을 위한 대사연구에 가장 널리 사용함

  - 최근의 섭취상태를 반영

  - 정상 > 66㎍/g, 경계 27~66㎍/g, 결핍 < 27㎍/g

  ㉡ 적혈구 티아민 피로인산TPP 농도 : 정상 > 90nmol/L, 경계 70~90nmol/L, 결핍 < 70nmol/L

  ㉢ 적혈구 트랜스케톨라제 활성계수TPP 효과

  - 티아민의 초기 결핍상태를 판정하는 가장 정확한 방법임

  - 기능적 검사방법

  - 활성계수가 클수록 티아민의 결핍을 의미함

  - 정상 < 1.15%, 경계 1.15~1.24%, 결핍 > 1.25%

③ 비타민 B_2 리보플라빈

  ㉠ 혈장 또는 적혈구, 소변의 리보플라빈 농도 측정

  - 미생물학적 방법이나 형광광도측정법을 이용하여 대규모집단의 영양조사에 이용함

  - 최근의 리보플라빈의 영양상태를 반영할 뿐 체내의 저장량을 반영하지 못함

  - 정상 : 소변의 리보플라빈 80~120㎍/g, 적혈구 리보플라빈 농도nmol/L > 400

  ㉡ 적혈구 글루타티온 환원효소EGR 활성계수FAD 효과

  - 기능적 방법 : 적혈구에 많이 있는 글루타티온 환원효소erythrocyte glutathione reductase, EGR는 FAD를 필요로 함

  - 환원형 글루타티온2GSH + FAD ↔ 산화형 글루타티온G-S-S-G + FADH$_2$

  - 체내 리보플라빈의 영양상태를 가장 정확하게 판정하는 방법

  - 정상 < 1.2, 경계 1.2~1.4, 결핍 > 1.4

④ 비타민 B_6

　㉠ 혈장과 적혈구 피리독살 인산pyridoxal 5-phosphate, PLP

　　■ 비타민 B_6의 생화학적 지표로 많이 측정함

　　■ PLP는 혈장에 존재하는 비타민 B_6의 70~90% 정도를 차지함

　　■ 비타민 B_6 섭취가 일정한데 단백질 섭취가 증가하면 혈장 PLP는 감소하고 천식, 관상동맥심질환, 임신, 고혈당 및 고령, 운동에서는 감소함

　　■ 충분한 수준 : 혈장 PLP > 30nmol/L, 혈장 총 비타민 B_6 > 40

　㉡ 혈장과 요의 총 비타민 B_6와 4-피리독신산 정상 : 소변 피리독신산μmol/day > 3.0, 소변의 총 비타민 B_6 μmol/day > 0.5

　㉢ 적혈구 트랜스아미나아제 활성 : 기능적 지표로 두 가지 효소 활성이 있음

　　■ 알라닌+α-케토글루타르산 ↔ 피루브산+글루탐산

　　■ 아스파틱산+α-케토글루타르산 ↔ 옥살로아세트산+글루탐산

　　　- 비타민 B_6 영양상태 판정을 위하여 적혈구 효소 활성을 측정하여 그대로 사용하기보다 적혈구의 ALT 혹은 AST 지수를 사용함

　　　- ALT와 AST 중에서 ALT가 비타민 B_6 상태 변화에 대해 훨씬 민감하여 더 많이 이용함

　㉣ 트립토판과 메티오닌 부하 시험

　　■ 트립토판이 니아신으로 전환될 때 PLP를 필요로 한다는 점에서 착안함. PLP가 없으면 트립토판의 대사에 변화가 생겨 잔투렌산xanthurenic acid이 축적됨

　　■ 메티오닌 부하 시험은 3g의 메티오닌을 경구 투여하고 소변 중의 시스타티오닌 cystathione과 시스테인설폰산cysteine sulfonic acid을 측정하는 것. 비타민 B_6 상태가 좋지 않으면 메티오닌 대사가 원활하지 못해 이 물질들의 배설량이 많아짐

⑤ 니아신 : 요의 니아신 대사산물 배설

　㉠ 건강한 성인은 섭취한 니아신의 20~30%를 N'-methyl-nicotinamide의 형태로, 40~60%를 2-pyridone의 형태로 배설함

　㉡ 정상 : N'-methyl-nicotinamide > 1.6mg/g, 2-pyridone/N'-methyl-nicotinamide ratio전 연령층 1.0~4.0

⑥ 엽산

　㉠ 혈청엽산 농도

　　■ 혈청엽산의 농도는 단기간의 식이 섭취량을 반영함

　　■ 정상 : 혈청엽산ng/mL 6.0 이상

ⓒ 적혈구 엽산 농도

- 간조직의 엽산 저장량을 반영하는 지표
- 엽산 영양상태 판정에 대한 가장 좋은 지표임
- 단점 : 조직의 엽산 저장고가 고갈되고 난 후에야 감소하므로 민감한 지표는 아님
- 정상 : 적혈구 엽산ng/mL 160ng/mL 368nmol/L 이상
- 주의점 : 비타민 B_{12} 결핍일 때도 적혈구 엽산 농도 감소. 엽산결핍증을 정확하게 판정하기 위해서는 적혈구 엽산과 혈청비타민 B_{12} 농도를 동시에 측정해야 함

ⓒ 데옥시우리딘 억제 시험

- 골수세포, DNA 합성이 잘 일어나는 세포의 배양액에 데옥시우리딘을 첨가 후 세포의 DNA 합성을 조사하는 것
- 판정 : 정상 DNA 합성 10~20% 억제, 결핍 DNA 합성 20% 이상 억제함
- 엽산 보충으로 DNA 합성 억제가 해소되지 않는 경우 비타민 B_{12} 부족으로 의심할 수 있음

ⓔ 히스티딘 부하 검사

- 엽산 부족 시 forminoglutamate FIGLU 생성이 증가하여 그 배설량이 증가하는 것을 보는 것
- 데옥시우리딘 억제 시험과 함께 대규모의 조사에는 사용하기 어려움

2019년 기출문제 A형

다음은 엽산의 생화학적 영양판정에 대한 내용이다. 괄호 안의 ⊙, ⓒ에 해당하는 명칭을 순서대로 쓰시오. 【2점】

간의 엽산 저장량을 반영하는 (⊙)의 엽산 농도는 엽산의 영양상태를 판정하는 지표로 주로 활용된다. 그러나 엽산결핍증을 정확하게 판정하기 위해서는 (⊙)의 엽산 농도와 혈청의 (ⓒ) 농도를 동시에 측정하는 것이 바람직하다. 식물성 식품에는 거의 들어있지 않는 (ⓒ)이/가 결핍되는 경우에도 (⊙)의 엽산 농도가 영향을 받을 수 있기 때문이다.

⑦ 비타민 B_{12}

　㉠ 혈청비타민 B_{12} 수준 및 결합단백질

　　■ 혈청비타민 B_{12} 농도가 일반적인 영양상태 평가 지표

　　■ 비타민 B_{12} 영양상태를 나타내 주는 대표적인 혈청단백질은 트랜스코발아민 II : TC운반단백질, holohaptocorrin holohap 임

　　■ 비타민 B_{12} 흡수가 낮으면 트랜스코발아민 II : TC운반단백질의 B_{12} % 포화도는 감소함

　　■ 체내 비타민 B_{12} 함량 부족 시 혈청 holohaptocorrin holohap의 수준은 감소함

　㉡ 쉴링 테스트

　　■ 비타민 B_{12} 결핍의 원인 규명 시 이용함

　　■ 방법 : 두 종류의 시험

시험 1	코발트 동위원소가 함유된 비타민 B_{12}를 일정 소량 복용 → 조금 후 보통 비타민 B_{12}를 근육으로 1mg 주사 → 24시간 요중 비타민 B_{12}를 측정하여 B_{12}의 흡수도를 산정 ⇨ 악성빈혈인 경우 흡수도가 5% 미만
시험 2	intrinsic factor(IF)와 결합된 비타민 B_{12}를 복용하는 것만 다를 뿐, 첫째 시험과 같은 과정으로 시행함

5 기타

(1) 혈중 요소질소(Blood Urea Nitrogen, BUN)

① 신장기능 판별 지표로 사용함

② BUN 증가 시 고질소혈증 uremia

③ 혈중 정상범위 : 4~21mg/dL

④ 8mg/dL 이하 : 단백질 섭취 부족

⑤ 간부전, 신증후군, 실리악병 celiac disease, 영양 불량, 임신 및 과수화 시 감소함

⑥ 신부전, 위장관 출혈, 울혈성 심부전, 탈수, 단백질의 과다 섭취 및 체단백 분해 증가 시 증가함

(2) 혈청크레아티닌(serum creatinine)

① 혈청크레아티닌은 근육 대사의 산물로 식사나 수분의 섭취에 영향을 받지 않음

② 정상농도 : 0.6~1.6mg/dL

③ 0.6mg/dL 이하 시 칼로리 부족에 의한 근육의 소모임

④ 신부전, 심한 탈수, 요도 폐색 시 증가함

⑤ 혈중 크레아티닌 농도는 혈중 요소질소 농도와 함께 신부전을 판정하는 데 이 용됨

제6장 입원환자의 영양판정

입원환자를 위한 영양판정이란 환자의 영양상태를 평가하고 구체적인 영양 요구량을 추산하며, 임상영양 치료 계획을 세우고 실시한 후 그 결과를 평가하는 일련의 체계적인 과정이다.

01 의의

입원환자 영양판정의 목표는 영양불량의 위험도가 높은 환자들에게 조기에 적절한 영양 치료를 제공하기 위함이며, ① 환자의 영양상태를 정확하게 밝힌다. ② 임상과 관련된 영양불량을 규정짓는다. ③ 영양지원을 하는 동안에 영양상태의 변화를 모니터하는 데 있다.

02 입원환자의 영양불량 분류

- 영양불량이란 식품을 필요한 양보다 너무 과다하거나 부족하게 섭취함으로써 영양상태가 불량해진 것을 의미
- 입원환자에게서 가장 많이 발생하는 영양불량의 유형은 ICD-10-M(International Classification of Disease, 9threvision, Clinical Modification)에 의해 콰시오카(E 40), 영양성 마라스무스(E 41), 마라스무스성 콰시오카(E 42), 비특이성 심각한 PCM(E 43), 중 정도와 가벼운 정도의 PCM(E 44), PCM에 따른 성장 지연(E 45), 비특이성 PCM(E 46)으로 분류

■ 표 1. 영양판정에 사용되는 기준 및 척도

기준	척도
체지방 축적(fat reserves)	삼두근 피부두겹두께
체단백(somatic protein)	% 표준체중 % 체중 감소 상완근육면적 CHI(creatinine height index)
내장단백(visceral protein)	알부민 트랜스페린 프리알부민
면역기능	총 임파구 수 지연형 피부반응

03 영양관리과정(Nutrition Care Process, NCP)

(1) 영양관리과정의 개요

① 질병 치료와 관리를 위해서 임상영양치료medical nutrition therapy, MNT는 필수로 수행해야 하는 과정

② 미국영양사협회에서는 2003년 초반부터 표준화된 영양관리과정nutrition care process, NCP의 모델을 채택하여 전문적인 영양 관리를 제공함. 2008년 업데이트하였음

(2) NCP 모델

영양과 관련된 문제에 대하여 심사숙고하고 의사결정을 하는데 이용되는 체계적인 문제 해결 방법으로, NCP 과정을 수행하는 동안 국제임상영양표준용어International Dietetics and Nutrition Terminology, IDNT를 사용하도록 권장하고 있음. Nutrition Assessment영양판정, Nutrition Diagnosis영양진단, Nutrition Intervention영양중재, Nutrition Monitoring and Evaluation영양모니터링 및 평가의 NCP 4단계로 구성된다.

① 영양판정nutrition assessment : 체계적인 방법으로 필요한 정보를 수집, 기록, 해석하는 과정

㉠ 식품 및 영양소 섭취와 관련된 식사력

ⓛ 신체계측자료

ⓒ 생화학적 자료 및 의학적 검사와 처치

ⓔ 영양 관련 신체검사자료

ⓜ 환자의 과거력

■ 표 2. 영양판정의 5개 영역과 세부지표의 예

영양판정 영역	세부지표
식품 및 영양소 섭취와 관련된 식사력	■ 현재 식사상태, 영양교육 경험 여부 ■ 식품과 영양소 섭취 ■ 약물과 약용식물, 보충제 사용 ■ 지식/신념/태도 ■ 행동 ■ 식품과 영양 관련 자원 이용에 영향을 주는 요인 ■ 신체활동 및 기능 ■ 영양적 측면에서 삶의 질 등
신체 계측	■ 키, 체중, 체중 변화력 ■ 체질량지수, 성장률/백분위수 등
생화학적 자료 및 의학적 검사와 처치	■ 생화학적 자료(전해질, 혈당, 지질, 알부민 등) ■ 의학적 검사(위 배출속도, 안장 시 대사율 등)
영양 관련 신체검사자료	■ 활력증후(혈압, 체온 등) ■ 신체 관찰 시의 소견 ■ 근육과 지방 소모, 부종 ■ 삼킴기능, 식욕 부진 등
환자의 과거력	■ 개인력(성별, 나이 등) ■ 의료/건강/가족력 ■ 사회력 등

② 영양진단nutrition diagnosis : 영양사가 독립적으로 치료할 책임이 있는 영양문제의 규명 및 명명, 분류하는 과정

ⓘ 영양진단의 구성요소

■ 문제problem : 영양문제는 섭취영역, 임상영역, 행동-환경영역의 3개 영역으로 구성됨

■ 병인etiology : 영양문제를 일으키는 가장 근본적인 이유

■ 징후/증상signs/symptom : 모니터링의 자료가 되며 가능한 수치화, 계량화할 수 있는 자료를 선택해야 중재과정 이후의 변화 및 효과를 측정할 수 있음

ⓒ 영양진단문 작성 PES문

■ 표 3. 영양진단의 영역 및 세부내용

영양진단 영역	세부내용
섭취영역 경구 또는 영양집중지원을 통한 에너지, 영양소, 수분, 생리활성물질의 섭취와 관련된 문제영역	■ 에너지평형 ■ 경구 또는 영양집중지원 섭취 ■ 수분 섭취 ■ 생리활성물질 ■ 영양소
임상영역 의학적/신체적 상태와 관련된 영양적인 문제영역	■ 기능적 ■ 생화학적 ■ 체중
행동-환경영역 지식, 신념/태도, 물리적 환경, 식품의 이용 또는 안전과 관련된 영양적 문제영역	■ 지식과 신념 ■ 신체활동과 기능 ■ 식품안전과 이용

③ 영양중재 nutrition intervention : 영양과 관련된 행동, 위험요인, 환경조건, 건강상태 등을 개선하기 위하여 계획되는 활동 들로 영양진단 또는 영양문제의 원인을 해결하는 과정임 계획과 중재로 구분

④ 영양모니터링 및 평가 nutrition monitoring and evaluation : 사전에 선정된 영양 관리 지표들을 과학적으로 검증된 기준과 비교하면서 평가하는 단계임

2017년 기출문제 A형

다음은 환자를 대상으로 전문적인 영양서비스를 제공하기 위하여 표준화된 절차이다. 체계적인 문제 해결 방법과 근거 중심의 업무 수행을 특징으로 하는 이 모델의 명칭과 (　) 안에 들어갈 내용을 순서대로 쓰시오. 【2점】

1단계 : 영양문제와 그 원인을 파악하기 위하여 자료를 수집하고 해석한다.
2단계 : 영양문제, 원인, 징후 및 증상을 (　　　)의 형식으로 작성한다.
3단계 : 영양문제의 우선순위를 정하여 영양중재를 계획하고 시행한다.
4단계 : 영양중재의 진척 및 목표 달성 정도를 모니터링하고 평가한다.

04 입원환자의 영양판정을 위한 정보

(1) 과거력 : 병력 조사

(2) 식품 및 영양소 섭취와 관련된 식사력

① 식품기호도, 알레르기나 내성이 있는 식품, 식사나 간식을 먹는 장소 및 시간, 식사패턴

② 식욕 부진, 연하곤란, 저작곤란, 설사, 메스꺼움, 구토 등

③ 비타민, 무기질 및 기타 영양 보충제의 사용 여부

(3) 신체 계측

① 신장, 체중, 평상시 체중, 이상체중, 체중의 변화

② 피부두겹두께삼두근, 견갑골하부, 표준과 비교한 부위별 피부두겹두께

③ 상완둘레, 상완근육면적, 표준에 대한 상완근육면적 비율

(4) 생화학적 검사와 의학적 검사와 처치

① 내장단백상태 : 혈청알부민, 혈청트랜스페린, 프리알부민

② 체단백상태 : 혈청크레아티닌, 크레아티닌 - 신장지수CHI

③ 면역기능 : 총 임파구 수TLC

④ 단백질 섭취 평가 : 24시간 요 요소질소BUN

(5) 영양 관련 신체 검사자료

혈압과 체온 등의 활력증후, 근육이나 피하지방 손실, 구강 건강상태, 빨고 삼키고 호흡하는 능력 등임

(6) 환자의 영양소 필요량 산정

① 에너지 필요량 산정 : 일반적으로 에너지 필요량은 체격, 연령, 성별 및 활동량에 의해 결정됨

ㄱ 기초소비량열량basal energy expenditure, BEE 산정, **Harris-Benedict** 공식 이용

- 남자 : 66.5 + 13.7 × 실제체중kg + 5.0 × 신장cm − 6.8 × 연령
- 여자 : 655 + 9.6 × 실제체중kg + 1.8 × 신장cm − 4.7 × 연령

ㄴ 1일 에너지 필요량 산정

- 스트레스가 없는 경우 : BEE × 활동계수
- 스트레스가 있는 환자 : BEE × 활동계수 × 상해계수

ⓒ 활동계수와 상해계수

■ 표 4. 활동계수와 상해계수

활동 정도	활동계수	상해 정도	상해계수
거의 누워 있는 정도	1.2	가벼운 수술	1.0~1.1
낮은 활동	1.3	큰 수술	1.1~1.3
보통 활동	1.5~1.75	약간의 감염	1.0~1.2
많은 활동	2.0	중 정도의 감염	1.2~1.4
		심한 감염	1.4~1.8
		화상 정도 < 20% 체표면적	1.2~1.5
		화상 정도 < 20~40% 체표면적	1.5~1.8
		화상 정도 > 40% 체표면적	1.8~2.0

 ⓔ 환자가 심한 저체중표준체중의 80% 미만이거나 최근에 갑자기 현저한 체중 감소 10% 이상가 있었다면 200~500kcal을 추가해줌

 ⓜ 환자가 비만인 경우표준체중의 120% 이상에는 조정체중을 사용함

  ■ 조정체중 = 표준체중 + (현재체중 – 표준체중) × 0.25

② 단백질 필요량 산정

 ㉠ 단백질 필요량은 임상적인 질환에 따라 현재체중 혹은 조정체중에 일정한 계수를 적용하여 산출

 ㉡ 건강한 성인은 체중 kg당 0.8g이나 외상이나 화상 환자는 단백질의 분해와 요중 질소 배설이 증가하여 단백질 손실이 많으므로 환자의 대사스트레스에 따라 단백질 요구량 산출

■ 표 5. 스트레스 정도에 따라 단백질 분해속도가 최고일 때 체중 kg당 권장하는 단백질 양

스트레스 강도	건강 및 질병상태	단백질(g/체중kg/day)
없음	건강	0.8
약함	가벼운 수술, 약간의 감염	0.8~1.2
중정도	어려운 수술, 중 정도 감염이나 외상	1.2~1.8
심함	심한 감염, 심한 외상이나 화상	1.6~2.2

05 입원환자 대상 영양스크리닝

영양스크리닝(nutrition screening, 영양선별)을 통하여 일차적으로 영양문제나 영양불량의 위험이 있는 환자를 가려내는 것이 효율적이며, 영양스크리닝의 목적은 영양불량이 있거나 위험이 있는 환자들을 정확하게 가려내기 위함이다.

(1) 효과적인 영양스크리닝을 위한 도구 작성 시의 필수요건

① 입원 시 일상적으로 행해지는 검사와 자료만으로도 충분하도록 계획되어야 함

② 비용이 저렴해야 함

③ 최소한의 전문 지식을 가지고도 쉽게 관리할 수 있어야 함

④ 대상에 적합해야 함

⑤ 보다 심도 있는 영양판정의 필요 여부를 결정할 수 있어야 함

■ 표 6. 국내 병원의 영양스크리닝 평가 지표의 예

항목	심한 영양불량 (위험요인)	중정도 영양불량 (위험요인)	양호
알부민(g/dL)	≤2.7	2.8~3.3	>3.3
총 임파구 수(mm³)	<800	800~1,500	>1,500
혈청콜레스테롤(mg/dL)	≥240	220~240	<220
이상체중비(PIBW)	<70 또는≥130	70~89 또는 110~129	90~100
식품섭취량(%)	<50	50~70	≥70

※위험요인이 2가지 이상인 경우 영양불량으로 판정

06 SGA와 PG-SGA

(1) SGA

SGAsubjective global assessment, 주관적 종합 판정는 환자력과 신체 진단에 기초한 영양상태 평가를 위한 임상적 기법으로 환자력의 5가지 요소와 신체 검사의 4가지 요소를 평가함

① 환자력요소

㉠ 검사 전 6개월 내 체중 손실의 비율 및 패턴

㉡ 식사 섭취 상황

㉢ 2주 이상 지속되는 위장증상

㉣ 일상적인 활동능력의 기능장애 여부

㉤ 질병상태에 따른 스트레스에 의한 대사량의 변화

② 신체 진단요소

㉠ 피하지방 손실

㉡ 근육 손실

㉢ 발목 또는 천골 부위의 부종

㉣ 복수 유무

③ 등급 판정

㉠ A 등급양호 : 지난 6개월간 체중 손실이 5~10%일지라도 최근 체중이 증가하고 있는 경우

㉡ B 등급중 정도의 영양불량 : 5%의 체중 감소, 식사 섭취량 감소, 약하거나 보통 정도의 피하지방 손실과 근육 소모 시에는 보통 정도의 영양불량군으로 판정함

㉢ C 등급심한 영양불량 : 지속적으로 체중 감소율이 10% 이상이고 식사 섭취가 빈약하고 피하지방과 근육 소모가 심한 환자는 심한 영양불량군으로 판정

(2) PG-SGA

① SGA는 영양상태를 진단하는 데는 도움이 되나 영양중재 후 미세한 영양상태의 변화를 평가하는 데 있어서는 제한점이 있음

② SGA를 점수화할 수 있도록 변형시킨 PG-SGAscored patient-generated subjec -tive global sssessment가 개발되어 사용함

③ PG-SGA는 최근 다양한 질환의 환자에게 적용되어 그 정확도 및 유용성을 인정받고 있음

임상 조사

임상 조사는 판정 대상자에 대한 자세한 병력 조사와 철저한 신체 진단을 통해 영양불량과 관련된 징후와 증상을 알아내고 해석하는 방법이다. 징후란 보통 판정 대상자가 인식하고 있지 못하나 조사자에 의해 수행된 관찰이며, 증상은 판정 대상자에 의해 보고된 임상적 조짐이다.

01 의의

- 임상 조사는 각 개인이나 지역사회의 영양상태를 판정하기 위해 광범위하게 사용되어 실질적이며 직접적인 방법
- 최근에는 입원환자에게서 영양불량이 인지됨에 따라 병원환자의 영양판정에도 이용
- 영양상황이 심각하게 비정상적인 지역사회의 연구에서 임상징후는 매우 유용한 평가자료
- 영양이 불량하거나 여러 치료약제를 복용 중인 현대의 위험집단(특히 노인들)들을 인지하는 데에도 필요

02 장단점

(1) 장점
정교한 기계나 비싼 실험실을 요구하지 않고 비교적 저렴한 비용으로 조사할 수 있음

(2) 단점
① 판정자의 주관에 의해 결정되며 진단의 확실성이 제한됨

② 잘 훈련된 조사요원이 필요

③ 많은 징후들이 영양불량이 심한 경우에만 나타남

03 임상 조사의 제한점

- 신체징후의 비특이성 : 일부 신체징후들은 하나 이상의 영양소 결핍에 의해 나타남
- 여러 가지 영양소가 함께 결핍될 경우 다양한 신체징후가 나타나 진단을 어렵게 함
- 신체징후는 결핍시기뿐 아니라 회복기에도 나타남
- 조사자 간의 영양장애에 대한 기록이 일치하지 않을 수 있음
- 특정 영양소의 결핍과 관련된 신체징후의 패턴은 성별, 활동 수준, 환경, 식사형태, 연령, 영양불량 정도의 기간 등에 따라 변동됨

04 임상 조사 시 고려해야 할 사항

(1) 임상력

① 과거 및 현재의 건강과 관련된 진단명

② 수술경력

③ 복용약

④ 조사 대상자 및 그 가족들에 관한 정보

⑤ 씹고 삼키는 능력, 식욕상태

⑥ 구토, 설사, 변비, 소화 불량의 여부

(2) 식사력

① 식사 및 간식시간과 장소

② 평상시 식생활패턴

③ 좋아하는 식품과 싫어하는 식품

④ 불내증과 식품 알레르기

⑤ 식품 구매를 위한 경제력

⑥ 식사의 준비 능력

⑦ 비타민과 무기질 기타 보충제 섭취 여부

05 신체 진단 : 영양상태별 신체징후

신체징후	결핍 영양소	과잉으로 여겨지는 영양소	발생 빈도
머리카락/손톱			
띠 모양의 머리카락탈색 깃발징후(flag sign)	단백질	–	드묾
쉽게 빠지는 머리카락	단백질	–	흔함
머리카락 숱이 적음	단백질, 비오틴, 아연	비타민 A	가끔
나사 모양의 머리카락과 감긴 머리	비타민 C	–	흔함
손톱을 가로지르는 융기	단백질	–	가끔
피부			
비늘 모양	비타민 A, 아연, 필수지방산	비타민 A	가끔
셀로판처럼 반질한 피부	단백질	–	가끔
갈라짐	단백질	–	드묾
모낭각화증	비타민 A, C	–	가끔
정상출혈	비타민 C	–	가끔
자반증	비타민 C, K	–	흔함
색소 침착, 태양에 노출된 부위의 박리	나이아신	–	드묾
황색색소 침착	–	카로틴	흔함
눈			
시신경원판의 울혈유두	–	비타민 A	드묾
야맹증	비타민 A	–	드묾
비도반점	비타민 A	–	–
안구건조증	비타민 A	–	–
입 주위			
구각염	비타민 B_2, B_6, 나이아신	–	가끔
구각증(입술의 점막과 구각의 균열)	비타민 B_2, B_6, 나이아신	–	드묾
구강			
위축성 설유두 (혀유두의 위축으로 매끈한 혀)	비타민 B_2, 나이아신, 엽산, 비타민 B_{12}, 단백질, 철분	–	흔함

(표 계속)

설염 (주홍색, 겉피부가 벗겨진 혀)	비타민 B₂, 나이아신, 엽산, 비타민 B₆, 비타민 B₁₂	–	가끔
미각감퇴증, 후각감퇴증	아연	–	가끔
잇몸이 붓고 출혈	비타민 C	–	가끔
뼈, 관절			
늑골주상형상, 골단팽윤, 휘어진 다리	비타민 D	–	드묾
연화(어린이의 골막하 출혈)	비타민 C	–	드묾
신경			
두통	–	비타민 A	드묾
졸음, 기면, 구토	–	비타민 A, D	드묾
치매현상	나이아신, 비타민 B₁₂	–	드묾
작화감, 부위감각 상실	비타민 B₁	–	가끔
안면근육 마비	비타민 B₁, 인	–	가끔
말초신경증	비타민 B₁, 비타민 B₆, 비타민 B₁₂	비타민 B₆	가끔
테타니(tetany)	칼슘, 마그네슘	–	가끔
기타			
이하선 비대	단백질	–	가끔
심부전	비타민 B₁(습성각기), 인	–	가끔
급성 심부전	비타민 C	–	드묾
간 비대	단백질	비타민 A	드묾
부종	단백질, 비타민 B₁	–	흔함
상처 회복이 더딤	단백질, 비타민 C, 아연	–	흔함

※ 자료 : Weinsier RL, Morgan SL, Perrin VG, Fundamentals of clinical nutrition. 1993

참고문헌

1. 영양판정. 김유리 외 5인. 파워북. 2016
2. 영양판정. 김화영 외 3인. 교문사. 2016
3. 영양판정. 이미숙 외 5인. 교문사. 2016
4. 영양판정 및 실습. 서정숙 외 4인. 파워북. 2014

제 **4** 과목

식사요법 및 실습

제 1 장 식품교환표와 식단 작성

01 · 식품교환표

01 식품교환표

식품교환표란 영양소의 구성이 비슷한 식품끼리 묶어 곡류군, 어육류군, 채소군, 지방군, 우유군, 과일군 여섯 가지 식품군으로 나누어 각 식품군별로 해당 식품들을 제시하고 1교환단위의 중량과 열량, 당질, 단백질, 지질의 함량을 설정하여 각 군내에서 쉽게 서로 대치할 수 있거나 교환될 수 있도록 만든 표이다. 우리나라의 식품교환표는 1988년 대한당뇨학회, 대한영양사회, 한국영양학회가 공동 개발한 이후 재차 개정하여 이용하고 있다.

(1) 식품교환표를 이용한 식단 작성의 장점

① 식품성분표를 사용하지 않더라도 에너지 및 3대 영양소의 함량을 계산할 수 있음

② 총 에너지를 조절하여 알맞은 에너지 섭취를 할 수 있음

③ 3대 영양소의 균형 있는 분배가 용이함

④ 대치식품을 효과적으로 이용할 수 있음

(2) 식품교환단위당 영양성분

■ 표 1. 각 식품군의 1교환단위당 영양성분

구분		에너지(kcal)	당질(g)	단백질(g)	지방(g)
곡류군		100	23	2	–
어육류군	저지방	50	–	8	2
	중지방	75	–	8	5
	고지방	100	–	8	8

(표 계속)

		20	3	2	–
채소군		20	3	2	–
지방군		45	–	–	5
우유군	일반우유	125	10	6	7
	저지방우유	80	10	6	2
과일군		50	12	–	–

※ 자료 : (사)대한영양사협회, 식품교환표, 2010

① 곡류군

　ㄱ 주로 당질이 많이 들어 있으며 쌀, 보리 등의 곡식류, 밀가루, 전분, 감자류와 곡류를 이용한 식품

　ㄴ 1교환단위당 당질 23g, 단백질 2g, 에너지 100kcal

② 어육류군 : 어류, 육류, 난류, 콩류 등으로 주로 단백질을 공급하는 식품군 지방의 함유량에 따라 저지방, 중지방, 고지방 등으로 나눔

　ㄱ 저지방군 : 단백질 8g, 지방 2g, 에너지 50kcal

　ㄴ 중지방군 : 단백질 8g, 지방 5g, 에너지 75kcal

　ㄷ 고지방군 : 단백질 8g, 지방 8g, 에너지 100kcal

③ 채소군

　ㄱ 비타민, 무기질과 식이섬유소 함유 식품

　ㄴ 1교환단위당 당질 3g, 단백질 2g, 에너지 20kcal

④ 지방군

　ㄱ 지방이 들어있는 식품

　ㄴ 동·식물성 기름, 버터, 마가린, 견과류, 샐러드드레싱

　ㄷ 1교환단위당 지방 5g, 에너지 45kcal

⑤ 우유군

　ㄱ 단백질과 무기질 공급 식품

　ㄴ 일반우유 1교환단위당 당질 10g, 단백질 6g, 지방 7g, 에너지 125kcal,

　ㄷ 저지방우유 1교환단위당 당질 10g, 단백질 6g, 지방 2g, 에너지 80kcal,

⑥ 과일군

　ㄱ 당질과 식이섬유 함유 식품

　ㄴ 1교환단위당 당질 12g, 에너지 50kcal

■ 표 2. 곡류군 식품과 1교환단위량

구분	식품명	무게(g)	목측량
밥	쌀밥	70	1/3공기(소)
	보리	70	1/3공기(소)
	현미밥	70	1/3공기(소)
	쌀죽	140	2/3공기(소)
알곡류 및 가루제품	기장	30	–
	녹두	70	–
	녹말가루	30	5큰술
	미숫가루	30	1/4컵(소)
	밀가루	30	5큰술
	백미	30	3큰술(=1/5쌀컵)
	보리(쌀보리)	30	3큰술
	완두콩	70	1/2컵(소)
	율무	30	3큰술
	차수수	30	3큰술
	차조	30	3큰술
	찹쌀	30	3큰술
	팥(붉은 것)	30	3큰술
	현미	30	3큰술
떡류	가래떡	50	썬 것 11~12개
	백설기	50	–
	송편(깨)	50	–
	시루떡	50	–
	인절미	50	3개
	절편	50	1개(5.5×5×1.5cm)
	증편	50	–
빵류	식빵	35	1쪽(11×10×1.5cm)
	모닝빵	35	1개(중)
	바게트빵	35	2쪽(중)

(표 계속)

국수류	냉면(건조)	30	–
	당면	30	–
	마른 국수	30	–
	메밀국수(건조)	30	–
	메밀국수(생것)	40	–
	삶은 국수	90	1/2공기
	스파게티(건조)	30	–
	스파게티(삶은 것)	90	–
	쌀국수(건조)	30	–
	쌀국수(조리된 것)	90	–
	우동(생면)	70	–
	쫄면(건조)	30	–
	칼국수류(건조)	30	–
감자류 및 전분류	감자	140	1개(중)
	고구마	70	1/2개(중)
	돼지감자	140	–
	찰옥수수(생것)	70	1/2개
	토란	140	
묵류	도토리묵	200	1/2모(6 × 7 × 4.5cm)
	녹두묵	200	–
	메밀묵	200	–
기타	강냉이(옥수수)	30	1.5공기(소)
	누룽지(건조)	30	지름 11.5cm
	마	100	–
	밤	60	3개(대)
	오트밀	30	–
	은행	60	1/3컵(소)
	콘플레이크	30	3/4컵(소)
	크래커	20	5개

■ 표 3. 저지방 어육류군 식품과 1교환단위량

구분	식품명	무게(g)	목측량
고기류	닭고기(껍질, 기름 제거한 살코기)	40	1토막(소)(탁구공 크기)
	닭부산물(모래주머니)	40	–
	돼지고기(기름기 전혀 없는 살코기)[1]	40	로스용 1장(12 × 10.3cm)
	소간	–	–
	쇠고기 (사태, 홍두깨 등)	–	로스용 1장(12 × 10.3cm)
	오리고기	–	–
	육포	–	1장(9 × 6cm)
	칠면조	–	–
생선류	가자미	50	1토막(소)
	광어	50	1토막(소)
	대구	50	1토막(소)
	동태	50	1토막(소)
	미꾸라지(생것)	50	1토막(소)
	병어	50	1토막(소)
	복어	50	1토막(소)
	아귀	50	1토막(소)
	연어	50	1토막(소)
	옥돔(반건조)	50	1토막(소)
	적어	50	1토막(소)
	조기	50	1토막(소)
	참도미	50	1토막(소)
	참치	50	1토막(소)
	코다리	50	1토막(소)
	한치	50	1토막(소)
	홍어	50	1토막(소)

(표 계속)

	식품명	무게(g)	목측량
건어물류 및 가공품	건오징어채[1]	15	–
	게맛살	50	1⅔개
	굴비	15	1/2토막
	멸치	15	잔 것 1/4컵(소)
	뱅어포	15	1장
	북어	15	1/2토막
	어묵(찐 것)	50	1/3개(5.5cm)
	쥐치포	15	1/2개(1.2×7cm)
젓갈류	명란젓[1]	40	–
	어리굴젓	40	–
	창란젓[1]	40	–
기타 해산물	개불	70	
	굴	70	1/3컵(소)
	꼬막	70	–
	꽃게	70	1마리(소)
	낙지	100	1/2컵(소)
	날치알	50	–
	대하(생것)	50	–
	멍게	70	1/3컵(소)
	문어[1]	70	1/3컵(소)
	물오징어[1]	50	몸통 1/3등분
	미더덕	100	3/4컵(소)
	새우(깐 새우)[1]	50	1/4컵(소)
	새우(중하)[1]	50	3마리
	전복[1]	70	2개(소)
	조갯살	70	1/3컵(소)
	해삼	200	1⅓컵(소)
	홍합	70	1/3컵(소)

1) 콜레스테롤이 많은 식품

■ 표 4. 중지방 어육류군 식품과 1교환단위량

구분	식품명	무게(g)	목측량
고기류	돼지고기(안심)	40	–
	샐러드햄	40	–
	소곱창[1]	40	–
	쇠고기(등심, 안심)	40	로스용 1장(12 × 10.3cm)
	쇠고기(양지)	40	–
	햄(로스)	40	2장(8 × 6 × 0.8cm)
콩류 및 가공품	검정콩	20	2큰술
	낫또	40	1개(작은 포장단위)
	대두(노란콩)	20	–
	두부	80	1/5모(420g 포장두부)
	순두부	200	1/2봉(지름 5 × 10cm)
	연두부	150	1/2개
	콩비지	150	1/2봉, 2/3공기(소)
생선류	갈치	50	1토막(소)
	고등어	50	1토막(소)
	과메기(꽁치)	50	–
	꽁치	50	1토막(소)
	도루묵	50	–
	메로	50	–
	민어	50	1토막(소)
	삼치	50	1토막(소)
	임연수어	50	1토막(소)
	장어[1]	50	1토막(소)
	전갱이	50	1토막(소)
	준치	50	1토막(소)
	청어	50	1토막(소)
	훈제연어	50	–
가공품	어묵(튀긴 것)	50	1장(15.5 × 10cm)

(표 계속)

알류	달걀[1]	55	1개(중)
	메추리알[1]	40	5개

1) 콜레스테롤이 많은 식품

■ 표 5. 고지방 어육류군 식품과 1교환단위량

구분	식품명	무게(g)	목측량
고기류 및 가공품	개고기	40	–
	닭고기(껍질 포함)[1]	40	닭다리 1개
	돼지갈비	40	–
	돼지족, 돼지머리[1]	40	–
	런천미트[1]	40	5.5 × 4 × 1.8cm
	베이컨	40	1¼장
	비엔나소시지[1]	40	5대
	삼겹살[1]	40	–
	소갈비[1]	40	1토막(소)
	소꼬리[1]	40	–
	프랑크소시지[1]	40	1⅓개
생선류 및 가공품	고등어통조림	50	1/3컵(소)
	꽁치통조림	50	1/3컵(소)
	뱀장어[2]	50	1토막(소)
	유부	30	5장(초밥용)
	참치통조림	50	1/3컵(소)
	치즈	30	1/5장

1) 포화지방산이 많은 식품, 2) 콜레스테롤이 많은 식품

■ 표 6. 채소군 식품과 1교환단위량

구분	식품명	무게(g)	목측량
채소류	가지	70	지름 3cm × 길이 10cm
	고구마줄기	70	익혀서 1/3컵
	고비	70	–
	고사리(삶은 것)	70	1/3컵

(표 계속)

고춧잎	70	–
곰취	70	익혀서 1/3컵
근대	70	20장
깻잎	40	–
냉이	70	–
더덕	40	–
도라지	40	–
돌나물	70	–
돌미나리	70	–
두릅	70	–
마늘	7	–
마늘종	40	3개(6.5~7cm)
머위	70	–
무	70	지름 8cm × 길이 1.5cm
무말랭이	70	불려서 1/3컵
무청(삶은 것)	70	–
미나리	70	익혀서 1/3컵
배추	70	알배기배추15 × 6cm, 3잎(중)
부추	70	익혀서 1/3컵
붉은 양배추	70	1/5개(9 × 4 × 6cm)
브로콜리	70	–
상추	70	12장(소)
셀러리	70	길이 6cm 6개
숙주	70	익혀서 1/3컵
시금치	70	익혀서 1/3컵
쑥	40	–
쑥갓	70	익혀서 1/3컵
아욱	70	잎 넓이 20cm 5장(익혀서 1/3컵)
애호박	70	지름 6.5cm × 두께 2.5cm, 1/3개(중)

채소류

(표 계속)

양배추	70	–
양상추	70	–
양파	70	–
연근	40	썬 것 5쪽
열무	70	–
오이	70	1/3개(중)
우엉	70	–
원추리	70	–
자운영(박)	70	–
늙은 호박(생것)	70	4×4×6cm
늙은 호박, 호박고지	7	–
단무지	70	–
단호박	40	1/10개(지름 10cm)
달래	70	–
당근	70	4×5cm 또는 1/3개(대)
대파	40	–
죽순(생것)	70	–
죽순(통조림)	70	–
참나물	70	–
청경채	70	–
취나물(건조)	7	–
치커리	70	–
케일	70	잎 넓이 30cm 1½장
콜리플라워, 꽃양배추	70	–
콩나물	70	익혀서 2/5컵
파프리카(녹색)	70	1개(대)
파프리카(적색)	70	–
파프리카(주황색)	70	–
풋고추	70	7~8개(중)
풋마늘	70	–

채소류

(표 계속)

채소류	피망	70	2개(중)
	곤약	70	–
	김	2	1장
해조류	매생이	20	–
	미역(생것)	70	–
	우뭇가사리, 우무	70	–
	톳(생것)	70	–
	파래(생것)	70	–
버섯류	느타리버섯(생것)	50	7개(8cm)
	만가닥버섯(건조)	50	–
	송이버섯(생것)	50	2개(소)
	양송이버섯(생것)	50	3개(지름 4.5cm)
	팽이버섯(생것)	70	–
	표고버섯(건조)	7	–
	표고버섯(생것)	50	3개
김치류	갓김치	50	–
	깍두기	50	사방 1.5cm 크기, 10개
	나박김치	70	–
	동치미	70	–
	배추김치	50	6~7개(4.5cm)
	총각김치	50	2개
채소주스	당근주스	50	1/4컵(소)

■ 표 7. 지방군 식품과 1교환단위량

구분	식품명	무게(g)	목측량
견과류	검정깨(건조)	8	–
	참깨(건조)	8	1큰술
	땅콩	8	8개(1큰술)
	아몬드	8	7개
	잣	8	50알(1큰술)

(표 계속)

	캐슈너트(조미한 것)	8	–
	피스타치오	8	10개
	해바라기씨	8	1큰술
견과류	호두	8	1.5개(중)
	호박씨(건조, 조미한 것)	8	–
	흰깨(건조, 볶은 것)	8	–
	마요네즈, 라이트마요네즈	5	1작은술
드레싱	사우전드, 이탈리안드레싱	10	2작은술
	프렌치드레싱	10	2작은술
	들기름	5	1작은술
	미강유	5	1작은술
	옥수수기름	5	1작은술
	올리브유	5	–
식물성 기름	홍화씨기름	5	1작은술
	참기름	5	1작은술
	카놀라유	5	1작은술
	콩기름	5	1작은술
	포도씨유	5	–
	해바라기유	5	–
	땅콩버터	8	–
고체성 기름	마가린	5	1작은술
	버터	5	1작은술
	쇼트닝	5	1작은술

■ 표 8. 우유군 식품과 1교환단위량

구분	식품명	무게(g)	목측량
	두유(무가당)	200	1컵(1팩)
	락토우유	200	1컵(1팩)
일반우유	일반우유	200	1컵(1팩)
	전지분유	25	5큰술

(표 계속)

일반우유	조제분유	25	5큰술
저지방우유	저지방우유(2%)	200	1컵(1팩)

■ 표 9. 과일군 식품과 1교환단위량

구분	식품명	무게(g)	목측량
감	단감	50	1/3개(중)
	연시, 홍시	80	1개(중), 1/2개(대)
	곶감	15	1/2개(소)
감귤류	귤	120	–
	금귤	60	7개
	오렌지	100	1/2개(대)
	유자	100	–
	자몽	150	1/2개(소)
	한라봉	100	–
	귤(통조림)	70	–
대추	대추(생것)	50	–
	대추(건조)	15	5개
두리안	두리안	40	–
딸기	딸기	150	7개(중)
	산딸기	150	–
리치	리치	70	–
망고	망고	70	–
매실	매실	150	–
무화과	무화과(생것)	80	–
	무화과(건조)	15	–
키위	키위	80	1개(중)
토마토	방울토마토	300	–
	토마토	350	2개(소)

(표 계속)

파인애플	파인애플	200	–
	파인애플(통조림)	70	–
파파야	파파야	200	–
포도	청포도	80	–
	포도	80	19알(소)
	포도(거봉)	80	11알
	포도(건조)	15	–
멜론	멜론(머스크)	120	–
바나나	바나나(생것)	50	1/2개(중)
	바나나(건조)	10	–
배	배	110	1/4개(대)
복숭아	복숭아(백도)	150	1개(소)
	복숭아(천도)	150	2개(소)
	복숭아(황도)	15	1/2개(중)
	백도(통조림), 황도(통조림)	60	반절 1쪽
사과	사과(후지)	80	1/3개(중)
살구	살구	150	–
석류	석류	80	–
블루베리	블루베리	80	–
	블루베리(통조림)	50	–
수박	수박	150	1쪽(중)
앵두	앵두	150	–
올리브	올리브(생것)	60	–
	올리브(건조)	15	–
자두	자두	150	1개(특대)
참외	참외	150	1/2개(중)
체리	체리	80	–
프루트칵테일	프루트칵테일(통조림)	60	–

(표 계속)

주스	배주스	80	–
	사과주스	100	1/2컵(소)
	오렌지주스(무가당)	100	1/2컵(소)
	토마토주스	100	1/2컵(소)
	포도주스	80	–
	파인애플주스	100	1/2컵(소)

2014년 기출문제 A형

다음 식단으로 제공되는 단백질과 지방의 양을 식품교환표를 이용하여 계산하고 순서대로 쓰시오(식사 계획을 위한 식품교환표 2010 적용). 【2점】

식단	재료 및 분량
보리밥	백미 80g, 보리 10g
미역국	미역(생것) 70g, 참기름 2.5g
제육볶음	삼겹살 40g, 양파 15g, 양배추 20g
호박나물	애호박 35g, 들기름 2.5g
배추김치	배추김치 50g

(3) 식품교환법을 이용한 1일 식단 작성

① 영양소 기준량의 결정 : 1일 에너지 필요추정량은 연령, 성별, 활동량, 체중의 증감, 질병의 종류와 정도를 고려하여 결정

② 영양소 비율의 결정

　㉠ 식사력, 질병상태 등을 고려하여 1일 에너지 필요추정량에서 당질, 단백질, 지방의 에너지 비율을 산정함

　㉡ 에너지의 구성비는 55~65%, 단백질 7~20%, 지방 15~30%의 비율에 따름

　㉢ 에너지 1,800kcal, 당질 : 단백질 : 지방=60 : 20 : 20의 비율로 식사를 제공하는 경우

　　▪ 당질의 양 : 1,800 × 0.6 / 4 = 270g

　　▪ 단백질의 양 : 1,800 × 0.2 / 4 = 90g

　　▪ 지방의 양 : 1,800 × 0.2 / 9 = 40g

③ 각 식품군별 교환단위수를 결정

  ㉠ 우유군, 채소군, 과일군의 단위수 결정

    ■ 우유군 : 2교환단위 일반우유 1교환, 저지방우유 1교환

    ■ 채소군 : 8교환단위

    ■ 과일군 : 2교환단위

  ㉡ 곡류의 교환단위수 결정. 우유군, 채소군, 과일군의 당질 함량을 합한 다음 이 양을 처방된 당질 함량에서 뺌. 이렇게 계산된 당질량을 곡류 1교환단위의 당질함량 23g으로 나누어 곡류의 필요 교환단위수를 결정

  ㉢ 어육류군의 교환단위수 결정. 우유군, 채소군, 과일군, 곡류군의 단백질 함량을 합하여 처방된 단백질 함량에서 뺀 뒤 어육류 1교환단위의 단백질량 8g으로 나누어 어육류의 교환단위수를 결정

  ㉣ 지방의 교환단위수 결정. 우유군과 어육류군의 지방 함량을 합하여 처방된 지방 함량에서 뺀 뒤 지방 1교환단위의 지방량 5g으로 나누어 지방의 교환단위수를 결정한

■ 표 10. 식품교환표를 이용한 계산의 예

식품교환군		교환단위수	당질(g)	단백질(g)	지방(g)	에너지 (kcal)
우유군	일반우유	1	10	6	7	125
	저지방우유	1	10	6	2	80
채소군		8	24	16	–	160
과일군		2	24	–		100
당질 합			68(270－68＝202)			
곡류군		9	207	18	–	900
단백질 합				46(90－46＝44)		
어육류군	저지방	3	–	24	6	150
	중지방	2	–	16	10	150
지방합					25(40－25＝15)	
지방군		3	–	–	15	135
계		–	275	86	40	1,800

④ 식사별로 교환단위수를 분배

■ 표 11. 1,800kcal의 끼니별 교환단위수 배분의 예

구분	곡류군	어육류군		채소군	지방군	우유군		과일군
		저지방	중지방			일반 우유	저지방 우유	
아침	2	1	–	2.5	1	1	–	–
점심	3	1	1	3	1	–	–	–
간식	1	–	–	–	–	–	1	1
저녁	3	1	1	2.5	1	–	–	1
총 교환 단위수	9	3	2	8	3	1	1	2

⑤ 식품 선택 : 질병의 종류와 기호에 따라 각 식품군별로 식품을 선택하여 1교환 단위량을 확인

⑥ 실제 섭취량 계산

　㉠ 섭취해야 할 교환 수와 1교환단위량을 곱하여 실제 섭취량을 계산

　㉡ 식품의 종류와 허용되는 기름의 양에 맞게 조리법을 결정하여 식단을 완성함

제 2 장 병원식과 영양지원

01 · 병원식
02 · 영양지원

식사요법은 영양소의 부족이나 과잉으로 유발되는 질병을 예방하고 치료하며 질병에 따른 대사적 문제점을 개선하는 데 있다.

01 병원식

병원식이란 병원에 입원한 환자에게 제공하는 식사를 말하며, 일반식(general diet), 치료식(therapeutic diet) 및 검사식(test diet)으로 분류한다.

(1) 일반식

특정한 영양소의 조정 없이 환자의 영양상태를 유지하기 위하여 공급하는 식사를 말함. 한국인 영양소 섭취기준, 식품구성안 및 식품교환표를 기초로 구성함

① 정상식 regular diet, normal diet

ㄱ 특별한 식사 조정이 필요치 않은 일반 입원환자 대상

ㄴ 영양소 섭취기준에 근거하여 모든 영양소들을 충분히 갖춘 균형식

ㄷ 식품의 종류, 내용, 양에 있어서 일반 가정식과 비슷함

② 회복식 light diet

ㄱ 연식에서 병의 회복에 따라 일반식을 제공하기 전에 환자에게 공급하는 식사

ㄴ 소화하기 쉽고 위장에 부담을 주지 않아야 함

ㄷ 주식은 진밥, 섬유소가 많은 생과일과 생채소, 지방이 많은 육류와 생선 및 단단한 음식을 제한하고 튀기거나 양념을 많이 사용하는 조리법은 피함

③ 연식 soft diet

ㄱ 유동식에서 회복식, 일반식으로 옮겨가는 중간단계의 죽 형태 식사

ⓒ 소화기능이 저하된 환자, 치아상태가 불량하여 씹기 어려운 환자, 입안이나 식도에 염증이 있는 환자, 신경계 장애로 인해 연하곤란이 있는 환자 등에게 제공

ⓒ 섬유소나 결체조직이 적은 식품으로 구성. 강한 향신료의 사용이 제한됨

ⓔ 너무 뜨겁거나 찬 음식, 입천장에 붙는 끈적끈적한 음식, 튀김, 대부분의 생과일이나 채소 등은 제외

ⓜ 보통 1일 에너지 1,600~1,800kcal, 단백질 65~90g, 지방 30~45g, 당질 250~270g

> **Key Point** 저작보조식
>
> ✓ 씹지 않고도 음식을 섭취할 수 있도록 다져 촉촉하고 부드러운 형태로 구성된 식사이다. 치아 상태가 좋지 않아서 저작기능이 원활하지 못한 환자, 씹을 수 없을 만큼 심하게 쇠약한 환자, 신경장애, 식도나 구강인두의 장애, 수술로 인해 연하곤란이 있는 환자에게 적용된다. 섬유소 가 적은 식품을 선택하고 모든 음식을 다져서 촉촉하고 부드러운 상태로 제공한다.

■ 표 1. 연식의 허용식품과 제한식품

종류	허용식품	제한식품
국물	맑은 국물, 크림수프, 가볍게 양념한 된장국	–
죽류	흰죽, 감자죽, 우유죽, 잣죽, 호박죽	종피섬유가 많은 잡곡죽
곡류	흰빵, 면류(국수장국, 칼국수), 오트밀, 삶아서 으깬 감자, 카스텔라, 토스트(가장자리 제거)	된밥, 잡곡밥, 비스킷, 감자튀김, 옥수수, 고구마, 라면, 자장면
육류	다진 쇠고기 요리(장산적, 섭산적), 연한 닭고기	질기거나 기름기가 많은 육류
어류	기름기가 적은 흰살생선	기름기 많은 생선, 생선튀김
난류	수란, 달걀찜, 반숙	달걀프라이
두류	두유, 두부, 순두부	유부, 콩조림
유제품류	우유, 요구르트, 연유, 아이스크림, 연질치즈	경질치즈, 피자치즈, 견과류나 씨가 함유된 유제품
채소류	모든 익힌 채소	모든 생채소, 향이 강한 채소, 가스생성 채소(브로콜리, 콜리플라워)
과일류	과일주스, 익힌 과일, 바나나, 메론, 복숭아	건조과일(건포도, 대추, 곶감), 생과일

(표 계속)

유지류	버터, 마가린, 소량의 기름	강한 향의 샐러드드레싱, 땅콩류, 코코넛
당류	설탕, 꿀, 물엿, 시럽	잼, 마멀레이드, 캔디, 코코넛
향신료	계피가루, 약간의 후추	고춧가루, 겨자, 카레가루

④ 유동식

　㉠ 전유동식 full liquid diet

　　■ 수분 공급을 위한 식사로 위장관 자극을 줄이고 쉽게 소화·흡수되도록 액체 또는 상온에서 반액체상태의 식품을 공급하는 식사

　　■ 연식으로 이행하기 전 단계의 식사

　　■ 수분, 비타민 C와 칼슘을 제외한 영양소가 부족하므로 단시일간 사용

　　■ 당질식품을 주로 선택하되 소화하기 쉬운 단백질 식품을 첨가하고 지방식품은 가급적 피함

　㉡ 맑은 유동식 clear liquid diet

　　■ 장 검사, 수술, 급성 위장장애, 심하게 쇠약한 환자, 정맥영양에서 구강급식을 처음 시작하는 환자에게 적용

　　■ 위장관의 자극을 최소화하면서 탈수 방지와 갈증 해소를 위한 수분 공급이 목적임

　　■ 대부분 물과 당질로만 구성된 맑은 음료로 에너지와 영양소 부족이 흔함

　　■ 단기간 1~3일 이용하나 수분 보충이 목적이므로 정맥주사에 의존하는 경우가 많음

　　■ 끓여서 식힌 물, 맑은 과일주스, 보리차, 연한 홍차, 녹차, 기름기 없는 맑은 국, 묽은 미음

　㉢ 농축 유동식

　　■ 유동식을 1주일 이상 사용할 때 영양 결핍이 흔하므로 전 유동식에 균질육, 난황, 탈지유, 영양제 등을 첨가하여 고에너지, 고단백질, 고비타민식을 공급

　　■ 치아가 없을 때, 구강 내 염증이나 궤양이 생겼을 때, 식도나 구강의 수술, 방사선 치료 후, 뇌혈관 사고로 삼키기 어려움이 있는 경우로 장기간 유동식을 섭취해야 하는 환자에게 제공

■ 표 2. 전유동식의 허용식품과 제한식품

종류	허용식품	제한식품
미음	미음	
수프	육즙, 크림수프	
육류	고기국물, 균질육	
어류	어류로 만든 국물	
달걀	달걀가루, 커스터드	
두류	두류 및 두유음료	알코올, 고춧가루, 고추, 마늘, 생강과 같은 자극성이 강한 향신료와 조미료
채소류	채소즙, 으깬 채소, 채소 삶은 국물	
과일류	과즙	
우유류	우유 및 유제품	
유지류	버터, 마가린, 크림	
음료	꿀차, 유자차, 영양보충음료	
기타	설탕, 캔디, 젤라틴	

■ 표 3. 맑은 유동식의 허용식품과 제한식품

종류	허용식품	제한식품
음료	끓여서 식힌 물 또는 얼음, 보리차, 옥수수차, 연한 홍차, 녹차, 레모네이드 등	■ 지방질이 함유된 모든 식품류 ■ 자극성 식품 : 김치국물, 파, 마늘, 기타 강한 맛과 냄새로 위나 장의 점막을 자극하는 조미료를 넣은 국물류
수프	맑은 미음, 육즙, 맑은 장국	
과일류	과즙, 오렌지주스, 사과주스	
후식	과즙으로 만든 얼음류	
당류	설탕, 아무것도 넣지 않은 알사탕	
기타	소금 약간, 젤라틴으로 만든 묵	

(2) 치료식(therapeutic diet)

질병의 치료와 관리를 목적으로 제공되며 환자의 소화·흡수능력, 질병에 따른 증상 변화, 특정 영양소의 필요량 변화 등을 고려하여 식사의 양적인 면이나 질적인 면을 조정하여 개발함

① 열량 조절식 energy modified diet

   ㉠ 체중 조절이나 체중 유지를 위한 치료식

   ㉡ 비만, 고혈압, 고지혈증, 당뇨병, 화상 환자 등에게 제공됨

   ㉢ 고열량식, 저열량식

   ㉣ 1,200kcal 이하의 열량이 제공될 때에는 비타민 및 무기질 보충제의 이용을 권장함

② 당질 조절식 carbohydrate modified diet

   ㉠ 총 당질이나 단당류 등을 제한하는 식사

   ㉡ 위 절제를 한 덤핑증후군 환자, 이당류나 단당류의 소화 및 대사에 어려움이 있는 환자

   ㉢ 저당질 식사 : 보통 식사의 당질 함량에서 당질을 약 20~30% 정도 줄이는 식사, 케톤증이 발생하지 않도록 주의

   ㉣ 유당 제한식, 갈락토오스 제한식

③ 단백질 조절식

   ㉠ 고단백식 high protein diet : 1일 100~250g의 단백질을 공급하는 식사로 만성 간질환이나 만성 소모성질환 등에 처방

   ㉡ 저단백식 low protein diet : 1일 40~60g의 단백질을 공급하는 식사로 간성뇌증이나 신장질환 등에 이용

④ 지방 조절식

   ㉠ 저지방식 low fat diet : 췌장질환, 담낭질환, 급성 간질환 등에 처방

   ㉡ 저콜레스테롤식 low cholesterol diet

     ■ 1일 200mg 미만의 콜레스테롤을 함유한 식사를 제공하는 것

     ■ 심혈관계 질환, 폐쇄성 장질환, 갑상선기능 저하증 등에 이용

⑤ 무기질 조절식

   ㉠ 고칼슘식 high calcium diet : 골다공증 치료식으로 이용됨

   ㉡ 저나트륨식 low sodium diet, 저염식 : 1일 나트륨 함량을 2g 소금 5g 이하로 제한하여 공급하며 고혈압, 심장병, 간부전, 신부전의 환자에게 제공됨

⑥ 섬유소 조절식

   ㉠ 고섬유소식 high fiber diet

     ■ 섬유소의 양을 25g 이상으로 증가시킨 식사

     ■ 변비, 게실염, 장질환, 당뇨병 환자 등에게 이용됨

ⓛ 저섬유소식 low fiber diet
- 섬유소의 양을 10~15g 5.5g/1,000kcal 으로 제한한 식사
- 장을 자극하거나 팽창시키지 않는 것을 목표로 함
- 급성 설사나 장 누공, 장 출혈이 있는 환자에게 처방됨

(3) 검사식(test diet)

특정 질환을 진단하기 위하여 한끼 혹은 며칠간 제공되는 식사임

① 지방변 검사식
- ㉠ 위장관의 소화 불량, 흡수 불량의 원인을 확인하기 위해 지방변증의 유무 검사 시 이용됨
- ㉡ 1일 100g의 지방을 함유한 식사를 검사 전 2~3일간 공급함

② 5-HIAA 검사식
- ㉠ 소변 내의 5-HIAA 5-hydroxy indole acetic acid 함량을 측정하여 카르시노이드 종양을 진단하기 위한 검사식
- ㉡ 세로토닌 혹은 5-HIAA이 다량 함유된 식품 및 약제 타이레놀, 파나세틴 등의 섭취를 검사 전 24시간 내지 48시간 동안 제한한 후 요 검사를 실시
- ㉢ 위장관의 악성종양이 의심되는 경우 사용

③ 레닌 검사식
- ㉠ 고혈압 환자의 레닌 활성도를 평가하기 위하여 나트륨 섭취를 제한하여 레닌의 생성을 자극하도록 계획된 식사
- ㉡ 1일 나트륨 20mEq 약 500mg, 칼륨 90mEq 약 3,500mg 이하로 제한하고 3일간 실시한 후 4일째 혈액을 채취하여 검사

④ 400mg 칼슘 검사식
- ㉠ 칼슘 섭취량을 증가시킴으로써 고칼슘뇨증을 진단하기 위한 검사식
- ㉡ 식사를 통해서 칼슘 공급을 400mg으로 제한하고 나머지 600mg을 칼슘글루코네이트로 섭취시킨 후 검사를 실시
- ㉢ 결석 환자에게 적용

02 영양지원

질병이나 수술 등으로 인하여 일반 식사로는 적절한 영양소를 충분히 공급할 수 없거나 구강으로 섭취가 불가능한 환자들의 영양상태를 회복하거나 유지하기 위하여 에너지와 각종 영

양소를 관(tube)이나 카테터(catheter)를 통하여 공급하는 것을 말하며, 영양지원 방법의 선택은 위장관이 기능을 하는가, 위장관에 급식관을 삽입할 수 있는가, 얼마 동안 영양지원을 해야 하는가 등을 고려하여 정한다.

(1) 경장영양지원

① 경구 보충 : 충분한 양의 식사를 하지 못하거나 질환 등으로 인해 대사적으로 필요량이 증가하여 영양요구량을 충족할 수 없을 경우에 분만달걀, 분말우유, 특수 조제용액 등을 경구 보충으로 섭취

② 경관급식

　ㄱ 특징

　　▪ 위장관에 관을 삽입하여 미음과 같은 유동식을 제공하는 방법

　　▪ 관의 삽입 위치는 환자의 위장관상태, 영양지원 기간, 흡인 위험 여부에 따라 달라짐

　ㄴ 적용대상

　　▪ 위장관기능은 정상이지만 구강으로 음식을 섭취할 수 없는 경우 구강 내 수술, 위장관 일부 수술, 연하곤란, 의식불명, 식도질환 등

　　▪ 화상, 외상, 패혈증, 스트레스 등으로 인해 경구 영양이 충분하지 않은 경우

　ㄷ 종류

　　▪ 비장관 급식

　　　- 영양지원이 한 달 이내로 단기간 필요할 때, 수술을 하지 않고 코로 관을 삽입하여 영양액을 주입하는 방법

　　　- 비강점막의 궤양, 관의 막힘, 식도천공, 위장관 출혈, 중이염, 비 출혈, 흡인폐렴 등의 위험이 있음

　　　- 관 삽입 위치에 따라 비위관, 비십이지장관, 비공장관

　　　- 주입 영양액이 위, 식도에서 쉽게 역류하거나 심한 구토와 혼수 위험이 있을 때 위의 유문을 통과하여 십이지장이나 공장으로 관 삽입

　　▪ 조루술enterostomy

　　　- 영양지원이 한 달 이상 장기간4~8주 이상 필요하거나 식도가 막혔을 경우 식도나 위, 공장을 절개하고 외부관을 직접 삽입, 영양액을 주입하는 방법

　　　- 위조루술gastrostomy : 식도 사용이 전혀 불가능한 환자는 위를 절개하고 관 삽입

- 공장조루술jejunostomy : 영양액이 폐로 역류하는 흡인의 위험이 있거나 위, 췌장, 담낭 질환의 경우에는 공장을 절개하고 관 삽입

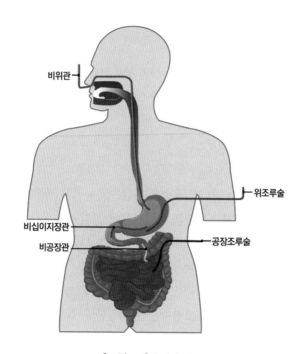

[그림 01] 급식관 경로

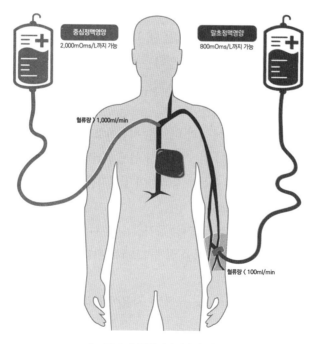

[그림 02] 중심정맥영양의 경로

■ 표 4. 경관급식 공급경로에 따른 적용대상과 장단점

공급경로	적용	장점	단점/합병증
비위관	■ 위장기능과 구역반사가 정상인 환자 ■ 식도로의 역류 위험이 없고 위장관기능이 정상적인 경우	■ 투입이 용이하고 위를 사용하므로 저장용량이 큼	■ 폐흡인의 위험이 높고 환자가 관을 의식하게 함
비십이지장 또는 비공장관	■ 흡인의 위험이 높은 환자 ■ 식도역류나 위무력증이 있는 경우	■ 흡인의 위험이 적음 ■ 비공장관은 수술 후 또는 외상 후 조기의 영양공급을 가능하게 해줌	■ 영양액의 주입속도에 따라 위장관의 부적응이 초래될 수 있음 ■ 환자가 관을 의식하게 됨 ■ 관의 위치가 변함에 따라 흡인의 위험이 있음 ■ 관의 위치 확인을 위한 X-선 촬영이 필요함
위조루술	■ 위장관기능이 정상인 장기 경관급식 환자 ■ 비강으로의 관 삽입이 어려운 환자 ■ 구역반사가 정상이고 식도로의 역류가 없는 환자	■ 위장관 수술 시 병행 가능 ■ 관의 지름이 커서 막힐 위험이 적음 ■ 환자가 관을 덜 의식하게 됨	■ 수술이 필요함 ■ 흡인의 위험 ■ 관 주위의 감염 방지를 위한 관리가 필요함 ■ 소화액의 유출로 인한 피부의 찰상이 생길 수 있음 ■ 관 제거 후 누공이 생길 수 있음
공장조루술	■ 장기 경관급식 환자 ■ 흡인 위험이 높은 환자 ■ 식도역류 환자 ■ 상부 위장관으로의 관 삽입이 어려운 환자 ■ 위무력증 환자	■ 위장관 수술 시 병행 가능 ■ 수술 후나 외상 후의 조기 영양공급을 가능하게 해 줌 ■ 환자가 관을 덜 의식하게 됨	■ 목표 수준의 주입속도로 투여 시 위장관의 불내성이 나타날 수 있음 ■ 관 주위의 감염 방지를 위한 관리가 필요 ■ 소화액의 유출로 인한 피부의 찰상이 생길 수 있음 ■ 관 제거 후 누공이 우려됨 ■ 수술이 필요함 ■ 관의 지름이 작아 관이 막힐 위험이 있음

ⓔ 경관급식의 투여방법

- 지속적 주입continuous feeding : 24시간 동안 계속적으로 투여하는 방법
- 간헐적 주입intermittent feeding : 매 4~6시간 간격으로 매번 20~60분 정도에 걸쳐서 200~500mL의 경관영양액을 주입하는 방법
- 볼루스 주입bolus feeding : 5~10분 동안에 400~500mL의 용액을 한꺼번에 투여하는 방법

■ 표 5. 경관영양액의 주입방법에 따른 적용대상과 장단점

주입방법	적용	장점	단점
지속적 주입	■ 경관급식의 초기 ■ 중환자 ■ 소장으로의 주입 ■ 간헐적 주입에 부적응 시 사용	■ 흡인의 위험과 위 내 잔여물을 최소화함 ■ 혈당 상승과 같은 대사적 합병증의 위험을 최소화함	■ 행동의 제약 ■ 24시간에 걸친 주입 ■ 퇴원 후 가정에서 사용 시 비용 증가
간헐적 주입	■ 중환자가 아닌 일반 환자 ■ 가정에서의 경관급식 ■ 회복기 환자	■ 급식시간 이외에는 자유로움	■ 흡인과 위장관 부적응(설사, 복통, 구토 등)의 위험 증가 ■ 주입속도 증가에 따른 위장관의 부적응 초래
볼루스 주입	■ 재택환자 중 위로 주입하는 경우에만 사용	■ 주입이 용이함 ■ 저렴함 ■ 단시간 주입(15분 미만)	■ 흡인과 위장관 부적응의 위험이 매우 높음

ⓜ 경관영양액의 성분

- 에너지
  - 대부분 경관영양액은 1kcal/mL이나 1.5~2.0kcal/mL의 농축영양액도 있음
  - 총 공급 에너지에 대한 환자의 적응도와 수분 요구량에 따라 영양액을 농축시키거나 희석하여 공급
- 당질
  - 말토덱스트린 이외에 과당, 설탕, 올리고당 등
  - 상업용 제품에서는 유당이 제외됨
  - 총 에너지의 40~90% 정도
- 지방
  - 옥수수유, 대두유, 채종유, 해바라기유, 카놀라유 등 식물성 기름을 주로 사용

　　　　- MCT 오일이 포함된 제품도 있음
　　　　- 상업용 제품의 경우 총열량 중 지방이 차지하는 비율은 20~50% 정도로 다양함
　　■ 단백질
　　　　- 원형단백질 카제인염, 대두단백 추출물, 부분 가수분해 단백질, 유리아미노산
　　　　- 총 에너지 중 단백질 에너지의 비율은 6~26%로 다양함
　　■ 비타민과 무기질
　　　　- 대부분의 경관영양액은 1,000~2,000mL 공급 시 비타민과 무기질 권장량의 영양소 섭취기준을 충족시킬 수 있도록 구성
　　■ 섬유소
　　　　- 불용성 섬유소인 대두다당류
　　　　- 섬유소 함량은 0~30g/L로 다양함
　　　　- 섬유소가 포함된 경관영양액을 사용할 경우에는 복부팽만, 가스, 복통 등 위장관 이상증상에 대한 관찰이 요구
　　■ 수분
　　　　- 경관영양액의 수분 함량에 따라 에너지 농도가 영향을 받고, 정상성인의 수분 요구량은 체중 kg당 30~35mL임
　　　　- 경관영양액은 1kcal/mL이며 75~85%의 수분을 함유하고 있고, 2kcal/mL의 농축영양액은 65~70%의 수분을 함유하고 있음
　　　　- 볼루스 주입 또는 간헐적 주입 시 영양액 공급 전후로 물을 25~50mL씩 공급함
　　　　- 지속 주입의 경우 최소 6시간당 30mL 이상 공급함
　ⓑ 경관급식의 실행 및 관찰
　　■ 비위장관 또는 위조루술 관으로 공급받는 경우에는 흡인을 예방하고 적응도를 알아보기 위해 위 잔여물을 자주 주기적으로 측정하도록 함. 매 4시간 또는 간헐적 주입의 경우 공급 전, 공장 혹은 회장으로 경관영양액을 공급할 경우에는 위 잔여물은 측정하지 않고 적응도는 복부팽만이나 설사 등과 같은 증상으로 판단함
　　■ 흡인의 위험을 줄이기 위해 상체를 30° 이상 올리도록 함
　　■ 지속 주입의 경우 4시간마다, 간헐적 주입의 경우 급식 및 약물 공급 전후에 20~30mL 이상의 따뜻한 물을 공급함으로써 관이 막히는 것을 예방하고 경관영양액의 공급만으로는 부족한 수분을 공급
　　■ 경관영양액은 상온에서 8시간 이상 두지 않음

- 부종이나 탈수의 흔적 및 증후, 수분 섭취량 및 배설량, 대변 배설량 및 점도를 매일 관찰. 체중은 주 1~2회, 혈청전해질, 혈중 요소질소BUN, 크레아티닌은 주 2~3회 정도, 간기능 검사, 혈당, 칼슘, 마그네슘, 인의 농도는 매주 관찰

④ 경관급식의 합병증 및 치료방안

- 설사
    - 등장성 용액300mOsm/kg을 사용하고 천천히 주입하기 시작하여 점진적으로 증가시킴
    - 간헐적 주입 대신 24시간 동안 지속적으로 주입
    - 경관영양액을 자주 교체하여 상온에서 경관영양액이 오래 방치되지 않도록 함
- 변비
    - 수분 필요량을 보충하며 섬유소가 함유된 용액을 사용
    - 가벼운 운동을 시킴
- 위 잔여물 과다 및 흡인폐렴
    - 급식을 시작하기 전에 튜브의 위치를 확인
    - 영양액 투여 시와 투여 후에 침대의 머리 부분을 30° 정도 올린 상태에서 유지
    - 가능하면 보행을 시킴
- 관의 막힘 : 액체 약물을 사용하고 약물 투여 전후와 급식 전후에 따뜻한 물을 공급하여 관을 세척
- 구토, 메스꺼움, 복통 : 용액을 지속적으로 서서히 주입하며 주입용량을 조금씩 증가시키고 등장용액의 사용을 고려함
- 인후염 : 삽입한 튜브에 의해 지속적인 자극이나 인두나 후두에 의해 가해졌을 때 염증이 생길 수 있으므로 주의

(2) 정맥영양

정맥영양은 위장을 거치지 않고 직접 말초혈관이나 대정맥을 통한 영양소 공급을 하며, 경장영양을 할 수 없는 경우, 심한 영양 불량이나 과대사상태인 경우에 정맥영양으로 공급함. 공급경로에 따라서 중심정맥영양total parenteral nutrition, TPN과 말초정맥영양peripheral parenteral nutrition, PPN으로 분류함

① 중심정맥영양
  ㉠ 특징
  - 쇄골하정맥이나 내경정맥을 통해 상대정맥으로 카테터catheter를 수술로 삽입하여 영양소를 공급하는 방법

- 중심정맥은 혈류가 빨라 영양소 농도가 높아도 쉽게 희석되어 고삼투압성 용액 900mOsm/L 이상에서도 내성이 있으므로 영양 요구량 충분히 공급
  - ⓒ 적용대상
    - 에너지 공급량이 1일 2,000kcal 이상이고 10일 이상 실시하고자 할 때
    - 위장관기능이 불가능하거나 말초정맥영양으로 영양 공급이 불충분할 때
    - 중증의 급성 췌장염, 심한 화상과 외상, 계속적인 수술, 패혈증 등일 때
- ② 말초정맥영양
  - ㉠ 특징
    - 손이나 팔 앞쪽에 있는 말초정맥을 통해서 영양소를 공급하는 것
    - 10~14일 정도의 단기간 동안만 사용하여야 하며 주입 부위는 2~3일마다 교체함
  - ⓒ 적용대상
    - 수분 제한이 필요 없고 영양액 농도가 600~900mOsm/L 이하인 경우
    - 영양소의 농도가 제한되어 에너지보다는 단백질 요구량의 100% 공급을 목적으로 함
- ③ 정맥영양의 영양적 고려사항
  - ㉠ 단백질
    - 1g당 4kcal를 지니고 있는 결정형 아미노산의 형태로 제공
    - 요구량 : 일반 성인 환자는 0.8~1.0g/kg, 중환자는 1.5~2.5g/kg까지 필요함
  - ⓒ 당질
    - 덱스트로오스의 형태로 공급하며 1g당 3.4kcal를 냄
    - 체내 단백질의 적절한 이용을 위해서 최소 1mg/kg/분의 양이 필요하며 최대 5mg/kg/분 이상 공급하지 않도록 함
    - 당질의 최대 공급량은 1분에 체중 kg당 4~7mg으로 함
  - ⓒ 지방
    - 유화된 지방으로 총 에너지의 20~60%까지 공급
    - 10% 유화액은 1.1kcal/mL, 20% 유화액은 2kcal/mL의 에너지를 지님
    - 필수지방산의 결핍을 막기 위해 총 에너지의 2~4% 정도를 리놀레산으로 공급
  - ㉣ 전해질, 비타민, 미량원소 : 소화·흡수과정을 거치지 않기 때문에 요구량은 영양소 섭취기준량보다 낮음
    - 비타민
      - 비타민 A, D, E, B_1, B_2, B_6, B_{12}, 니아신, 엽산, 판토텐산, 비오틴, 비타민 C
      - 중심정맥영양을 공급받는 환자 중 항응고제를 공급받으면 비타민 K는 정맥용액에 포함되지 않으며 필요시 주 1회 근육이나 피하주사로 공급

- ■ 전해질
  - 칼슘, 마그네슘, 인, 나트륨, 칼륨, 염소, 수분 등
  - 수분 및 전해질 균형을 유지하기 위하여 매일 환자의 상태에 따라서 전해질 공급량을 적절하게 조정
- ■ 미량원소
  - 크롬, 망간, 구리, 아연 등
  - 철분은 근육주사로 제공함
- ■ 수분
  - 정맥용액은 1.5~3L/day
  - 심폐질환, 신장질환, 간부전 등의 환자들은 정맥으로 주입되는 약물이나 혈액으로 공급하는 수액제 등 기타 수분 공급량을 주의 깊게 관찰

④ 실시방법

　㉠ 24시간 동안 지속적으로 주입

　㉡ 첫날은 단백질 1g/kg, 당질 150~200g으로 시작하여 2~3일에 목표량 공급에 도달함

　㉢ 혈당이 180mg/dL 이하를 유지하도록 함

　㉣ 지방유화액은 혈청중성지방 수치가 400mg/dL 이하일 경우 공급을 시작할 수 있음

⑤ 정맥영양의 합병증

　㉠ 대사적 합병증 : 감염, 패혈증, 탈수, 저혈당, 고혈당, 각종 전해질 및 산·염기 불균형 등

　㉡ 소화기관의 합병증 : 담즙 울체, 간기능 이상, 위장융모의 퇴화 등

Key Point 재급식증후군 refeeding syndrome

✓ 장기간 금식이었고 영양 불량상태였던 환자에게 영양 공급이 시작되었을 때 처음 며칠 동안 수분과 전해질의 불균형이 일어나는 증상으로 저인산증, 저마그네슘혈증, 저칼륨혈증이 나타나고 수분 배출이 저하되면서 수분 과다가 되기도 한다.

✓ 주된 증상은 부정맥, 호흡 곤란, 감각 이상 등이 나타날 수 있으며 빠른 속도의 영양 공급과 과도한 당질 공급을 하였을 때 특히 발생하기 쉬우므로 예방을 위해서는 영양지원 초기에 공급을 소량으로 시작하도록 하고, 인, 마그네슘, 칼륨의 혈액 내 수치를 관찰하여 적절히 보충해 주도록 한다.

다음은 경장영양의 공급경로 선택 흐름도이다. 〈작성 방법〉에 따라 서술하시오. 【4점】

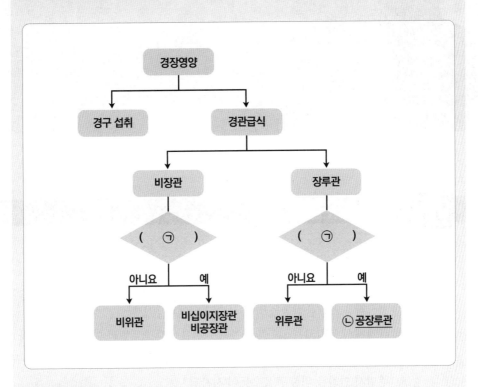

작성 방법

- 괄호 안의 ㉠에 공통으로 들어갈 영양위험요소를 질문 형태로 제시할 것
- 밑줄 친 ㉡으로 주입하는 영양액 성분 중 탄수화물이 가수분해된 형태로 공급되어야 하는 이유 1가지를 제시할 것
- 경장영양 경로를 확보할 수 없는 심한 영양불량 환자에게 사용하는 영양공급방법을 쓰고, 영양액 공급 시 재급식증후군(refeeding syndrome)을 예방하기 위한 방법 1가지를 제시할 것

제3장 소화기질환

01 구강과 식도질환

(1) 구조와 기능

① 구강

ⓐ 저작작용으로 음식물을 잘게 부수고 타액과 혼합함

ⓑ 타액에서 분비되는 α-아밀라아제는 전분을 덱스트린과 이당류로 분해함

ⓒ 수의적 운동으로 음식물을 인두 쪽으로 이동하면서 연하중추에 신경자극을 주면서 연하를 위한 근육운동이 시작됨

② 식도

ⓐ 식도는 길이 25cm, 직경 2cm 정도인 일직선상의 관 모양임

ⓑ 음식물을 인두에서 시작하여 식도열공esophageal hiatus이라 불리는 열려 있는 횡격막을 지나 위로 연하작용에 의해 이동시키는 작용을 하지만 소화·흡수작용은 일어나지 않음

ⓒ 식도의 양쪽 끝에 두 개의 괄약근sphincter이 있어 음식물 덩어리가 입에서 인두로 이동할 때 상부식도 괄약근upper esophageal sphincter, UES이 이완되어 음식물이 식도로 들어가게 하고, 음식물 덩어리가 식도하부에 도달하면 하부식도 괄약근lower esophageal sphincter, LES이 이완되어 위로 들어가게 한 후 하부식도 괄약근을 닫아 위 내용물의 역류를 방지함

(2) 위식도 역류질환(Gastroesphageal Reflux Disease, GERD)

① 원인

ⓐ 하부식도 괄약근의 결함으로 위 내용물이 식도 쪽으로 역류하는 현상

ⓛ 흡연, 알코올, 기름진 음식, 초콜릿, 가스 발생 식품마늘, 양파, 계피, 민트, 과식, 과다한 위산 분비, 약물과 노화에 의한 근력 저하 등으로 수축력이 떨어져 역류가 일어남

ⓒ 임신, 비만, 몸에 꼭 끼는 옷은 복부 내의 압력을 증가시켜 위식도 역류를 유발함

ⓔ 식도열공 헤르니아나 과민성 장질환 환자 및 위나 식도 수술을 한 환자에서 발생함

② 증상

　ㄱ 속쓰림heart burn, 식도염, 궤양과 출혈

　ㄴ 식도점막의 세포가 전암상태로 변형Barrett's esophagus, 바렛식도되어 식도암의 원인이 되기도 함

③ 치료 및 영양 관리

　ㄱ 정상체중 유지

　ㄴ 과식과 자극성 있는 음식의 섭취를 피하고 복압을 증가시킬 수 있는 꼭 조이는 옷도 피함

　ㄷ 담배, 술, 고지방식, 초콜릿, 박하, 마늘, 양파, 계피 등은 식도하부 괄약근의 압력을 저하시켜 식도역류를 악화시킬 수 있으므로 섭취를 제한

　ㄹ 저지방 단백질식품이나 저지방 당질식품 위주로 제공하며 비타민 C가 부족하지 않게 함

■ 표 1. 위식도 역류질환의 영양 치료 원리와 요령

원리	음식 또는 식행동 지침
하부식도 괄약근을 이완시키는 음식 제한	■ 고지방식, 알코올, 커피(디카페인 포함), 초콜릿, 박하류 섭취 및 흡연 제한
위산 분비 억제	■ 커피(디카페인 포함), 알코올, 후추 섭취 제한 ■ 과식을 피함
위 배출을 지연시키는 음식이나 행동을 피함	■ 과식을 피하고 식사는 소량씩 여러 번으로 나눠 먹음 ■ 수면 중에는 위 배출이 지연되므로 취침 3~4시간 이전에 식사를 마치도록 함 ■ 식사 후 바로 눕거나 격한 활동을 하지 않도록 함
염증이 있는 경우 점막을 자극하는 음식을 피함	■ 산성음식(감귤류, 토마토, 탄산음료), 향신료가 강한 음식을 피함 ■ 증상이 악화된다고 확인된 음식은 개별적으로 제한 ■ 증상이 심할 때는 무자극 연식을 함
복압을 증가시키지 않도록 함	■ 과체중인 경우 체중 조절 ■ 식후 꼭 끼는 옷을 입지 않도록 함

(3) 식도염(esophagitis)

① 원인

   ㉠ 급성 식도염은 자극성 음식물의 섭취 및 바이러스 감염이, 만성 식도염은 위산의 역류가 주원인

   ㉡ 위산의 역류는 식도열공 헤르니아, 식도하부 괄약근의 압력 감소, 복부압력 증가, 빈번한 구토, 약물이나 경관급식용 비위관 삽관 등이 원인

② 증상

   ㉠ 식후 30~60분 후에 속쓰림 통증이 일어남

   ㉡ 식도역류, 연하곤란

③ 치료 및 영양 관리

   ㉠ 치료는 위식도 역류질환과 같음

   ㉡ 저지방 유동식

   ㉢ 탄산음료, 커피, 후추가루, 토마토, 오렌지, 매우 뜨겁거나 찬 음식, 거친 음식 같은 자극성 음식은 피함

   ㉣ 단백질은 충분히 섭취함

(4) 연하곤란증(dysphagia)

① 원인

   ㉠ 외과적 수술이나 종양, 폐색 혹은 암 등의 기계적 손상과 뇌졸중, 두부 손상, 뇌종양, 신경계질환으로 인한 마비현상으로 발생

   ㉡ 노화에 의한 치아 손실, 잘 맞지 않는 의치 착용, 타액 감소, 인두와 식도의 연동운동 감소

② 증상

   ㉠ 침 흘림, 구강 내 정체, 목안에 덩어리가 있는 느낌

   ㉡ 체중 감소, 탈수, 영양 결핍 등을 초래

③ 치료 및 영양 관리

   ㉠ 흡인 위험을 줄이는 음식을 제공

   ㉡ 너무 뜨겁거나 차가운 음식을 피하고 부드럽고 크기가 작은 음식을 체온 정도의 온도로 규칙적으로 공급

   ㉢ 끈끈한 음식이나 단 음식, 신맛의 감귤류는 타액의 분비를 증가시키므로 피함

   ㉣ 식도에 폐쇄가 있는 경우에는 유동식으로 공급하고 식사 중에는 자세를 바르게 하여 음식이 잘 내려가게 함

   ㉤ 신경계 이상인 환자의 경우 유동식이 기관지로 흡인될 위험이 있으므로 맑은 음식보다는 걸쭉한 형태로 제공하며 농후제thickener를 사용하기도 함

02 위장질환

1 위의 구조와 기능

(1) 위의 구조

분문부, 위저부, 유문부로 이루어져 있음

(2) 위의 운동

위 내로 음식물이 들어오면 위산, 펩신, 점액 등을 분비하고 연동운동을 통해 유미즙chyme을 형성하여 유문괄약근pyloric sphincter을 열고 위 내용물을 소장으로 배출gastric emptying시킴

(3) 위액 분비

① 위의 선세포 : 위의 선은 관상선으로 벽세포, 주세포, 경세포로 구성

　㉠ 벽세포 : 염산과 내적인자intrinsic factor 분비

　㉡ 주세포 : 펩시노겐pepsinogen 분비, 유아에서 약간의 소화작용을 하는 지방분해효소gastric lipase를 분비

　㉢ 경세포 : 점액mucin 분비

　㉣ 유문부에서는 ECLenterochromaffin세포에서 히스타민, G세포에서 가스트린, D세포에서 소마토스타딘을 분비

② 위액 분비 조절 호르몬

　㉠ 가스트린

　　▪ 위산 및 펩신 분비 촉진, 위 운동과 위점막 성장 촉진

　　▪ 콜레시스토키닌cholecystokinin, CCK : 십이지장점막의 I세포에서 분비되는 호르몬으로 위배출을 억제하고, 담낭을 수축시켜 담즙 분비를 촉진함

　㉡ 세크레틴

　　▪ 십이지장점막의 S세포에서 분비

　　▪ CCK의 작용을 증대시키고 위산 분비 감소, 위 운동과 위 배출 억제

　　▪ GIP가스트린 억제 펩티드 : 십이지장 및 공장의 K세포에서 분비, 위운동과 위 배출 억제

2 위염 gastritis

(1) 급성 위염

① 원인

    ㉠ 갑작스런 위점막의 염증

    ㉡ 폭음, 폭식, 위벽을 자극하는 난소화성 식품, 식중독 등의 식사성 요인 및 알코올 남용, 헬리코박터 파이로리 등의 감염, 아스피린이나 비스테로이드 항염증제 등의 약제 복용

② 증상

    ㉠ 트림이 잦고 구토, 복통, 메스꺼움, 복부팽만감, 식욕 부진, 소화 불량 등의 복부증상

    ㉡ 심한 경우 설사를 동반한 혈변, 토혈증상도 나타남

③ 치료 및 영양 관리

    ㉠ 1~2일 정도 금식하여 위를 쉬게 하면서 수분과 전해질만 보충

    ㉡ 증상이 완화되면 당질식품을 위주로 한 유동식부터 시작하여 이행식 실시

    ㉢ 소화하기 쉽고 자극이 적은 음식을 규칙적으로 소량씩 여러 번 나누어 공급

    ㉣ 양질의 단백질, 비타민 C

(2) 만성 위염

① 원인

    ㉠ 헬리코박터 파이로리 등의 감염, 스트레스, 위산과다증 또는 위산감소증에 의해서도 발생

    ㉡ 연령이 높을수록 발생률이 높음

② 종류 : 과산성 위염과 저산성 무산성 위염

③ 증상

    ㉠ 급성 위염에서 보이는 증상 중 일부가 나타나기도 하나 전혀 증상이 없는 경우도 있음

    ㉡ 위산 분비가 감소 무산증 되며 내적인자의 분비도 감소

    ㉢ 단백질 소화능력과 철, 칼슘 등의 무기질 흡수능력 저하, 비타민 B_{12} 흡수 저하로 악성빈혈이 동반되거나 혈중 호모시스틴 수준이 증가할 수 있음

④ 영양 관리

㉠ 과산성 위염 청·장년기에 나타남

- 당질 위주의 충분한 에너지
- 자극에 매우 예민하므로 진한 육즙, 자극성이 강한 조미료, 커피, 술, 신 음식, 탄산음료 제한
- 염증 회복을 위해 단백질을 적절히 섭취
- 적당량의 유화지방

㉡ 무산성 위염 중·노년층에 나타남

- 고기수프, 과일과 과즙, 향신료, 알코올 등을 적당히 사용하여 위산 분비를 촉진함
- 적당량의 단백질 : 위산 분비 촉진과 염증세포 재생을 위해 달걀, 우유, 유제품, 흰살생선, 저지방 육류 등 섭취
- 비타민 C를 비롯한 여러 비타민의 공급 필요
- 위산 분비 부족으로 인해 환원형 철분 ferrous iron, Fe^{2+} 으로 전환되지 못해 빈혈이 발생하므로 흡수가 잘 되는 햄형태 간, 육류, 굴의 고철분식 공급

3 소화성 궤양

(1) 종류

발생 부위에 따라 위궤양, 십이지장궤양으로 나누고 십이지장궤양의 발생빈도가 더 높음

(2) 원인

① 헬리코박터 파이로리 등의 감염

② 위염, 아스피린과 비스테로이드 항염증제 NSAIDs 의 빈번한 사용, 스트레스 등은 점막을 약화시켜 발생

③ 흡연, 알코올의 과용, 자극성이 강한 음식의 잦은 섭취, 위액 내 가스트린 또는 히스타민의 분비 증가 등

(3) 증상

① 상복부 통증

② 식욕 부진, 체중 감소, 메스꺼움, 구토, 속쓰림

③ 천공에 의한 복막염, 유문협착

④ 궤양에 의한 많은 출혈로 토혈, 검은 혈변, 빈혈

(4) 영양 관리

① 점막에 손상을 주거나 위산 분비와 위 운동을 촉진하는 음식을 피함

　　㉠ 흡연, 과량의 알코올 : 점막을 손상시키고 치유를 지연

　　㉡ 과식, 카페인, 자극성이 있는 양념 예 고추, 후추

② 생선이나 식물성 기름에 함유되어 있는 다가불포화지방산은 프로스타글란딘 PG 생성을 통해 위점막 보호에 도움이 됨

③ 우유와 크림은 일시적으로 위산을 중화하고 점막을 코팅하여 궤양 부위를 보호하므로 과거에는 치료식인 시피식 sippy diet 으로 이용되었으나 우유의 단백질이 오히려 위산 분비량을 증가시키므로 하루 1컵 정도로 제한

④ 섬유소는 위산을 중화시키는 완충제로 작용할 수 있으므로 위 운동이 저하된 경우를 제외하고 과일, 채소 등을 충분히 섭취하는 것이 좋음

⑤ 궤양으로 인해 빈혈이 생길 수 있으므로 단백질, 철, 비타민 C를 충분히 섭취

Key Point 소화성 궤양 환자의 합병증

✓ **에너지와 단백질 결핍증** 궤양의 치료 초기에 에너지와 단백질 결핍이 흔히 나타날 수 있어 이로 인하여 상처의 치료가 지연된다.

✓ **비타민 결핍증** 무자극성 연질식을 장기간 이용하면 특히 비타민 C의 결핍증이 일어나기 쉽다.

✓ **빈혈** 위산 분비가 감소되면 철의 흡수가 떨어져 빈혈이 발생한다.

✓ **알칼로시스** 다량의 제산제 사용 등으로 인하여 발생한다.

■ 표 2. 위궤양과 십이지장궤양의 차이

구분	위궤양	십이지장궤양
통증이 나타나는 부위	명치를 중심으로 넓은 부위	명치의 약간 오른쪽 국수 부위
통증이 나타나는 시기	식후 30~60분	식후 2~3시간
통증의 양상	쓰리거나 뒤틀리게 아픔	찌르듯이 아픔
증상	식후 복부팽만감, 오심, 구토	공복감이 있으면서 통증을 느낌
식욕	저하됨	증가함
출혈의 양상	토혈	혈변
생활환경	많은 스트레스	작은 스트레스

4 위절제수술 및 수술에 따른 합병증

(1) 위절제수술 후 합병증

① 덤핑증후군dumping syndrome

ㄱ 원인

- 위 절제 후 위액 분비 저하로 유미즙 형성이 제대로 되지 않아 음식물이 덩어리째 급속히 십이지장이나 공장으로 유입됨
- 위산과 펩신의 분비 감소로 단백질 소화와 철 흡수 장애
- 내적인자의 분비 감소로 비타민 B_{12} 흡수 저하
- 십이지장의 팽창으로 췌액, 담즙 분비가 억제되어 단백질, 지방의 소화·흡수가 어렵고 대신 장내 박테리아의 작용이 활발해짐
- 단당류는 매우 신속히 흡수

ㄴ 증상

- 초기증상
  - 식후 30분 이내에 나타남
  - 고혈당 발생, 구역질, 발한, 복부팽만감
  - 순환혈액량과 심박출량이 감소되어 맥박 수 증가
- 후기증상
  - 식후 2~3시간
  - 저혈당, 오한, 경련, 무력감, 불안, 배고픔

ㄷ 식사요법

- 1회의 식사량을 줄이고 하루 5~6회 소량씩 천천히 잘 씹어 섭취함
- 식사 중에는 물이나 국을 가능하면 적게 먹고 식사 전후 1~2시간에 먹도록 함
- 단순당보다는 복합당질이나 전분을 섭취
- 고단백질 식사로 위점막 강화, 지질은 유화된 형태로 소량씩 자주 제공하고 총 에너지의 30~40% 정도로 공급하다가 회복되면 20~25%로 공급함
- 식후에는 음식물이 십이지장으로 넘어가는 속도를 늦추기 위해 비스듬히 기대어 앉아 있음
- 일시적인 유당불내증이 있으므로 초기 환자에게는 우유와 유제품을 제한하지만 점차 양을 증가시키도록 함
- 빈혈이 있는 경우 고철분 식사를 공급

- 섬유소는 혈당 상승을 억제하므로 섬유소가 많은 곡류, 채소, 과일 등을 충분히 공급함

② 체중 감소 : 음식 섭취량 감소 및 소화·흡수 불량으로 인함

③ 빈혈

   ⊙ 철 섭취량 부족 및 수술로 인한 혈액 손실, 위산 부족에 의한 철 흡수 감소로 인함

   ⓒ 내적인자 부족으로 인한 비타민 B_{12} 결핍

④ 골다공증 : 칼슘 섭취량 부족 및 위산 부족에 의한 흡수 불량으로 인함

⑤ 지방변 : 위공장 문합수술을 한 환자에게 췌장액 분비 감소와 지방 소화 불량에 의함

(2) 위절제수술 후의 영양 관리

① 수술 직후에는 정맥영양을 실시하고 유동식, 연식으로 이행함

② 자극성이 없고 소화되기 쉬운 음식을 소량씩 자주 섭취하도록 하는데, 환자의 적응성을 보면서 증량함

③ 에너지, 단백질 및 비타민을 충분히 공급하여 환자의 회복을 도모함

④ 단순당질의 섭취를 제한하고 복합당질을 섭취하도록 함

⑤ 지방은 음식물의 위통과 속도를 늦추고 칼로리가 높으므로 소화 가능한 범위에서 적절히 포함시키도록 함

⑥ 수분은 식사 중에는 섭취량을 줄이고 식간을 이용하여 섭취함

⑦ 유당불내증이 있는 경우 우유나 유당 함유 식품을 제한함

5 위하수증 gastroptosis

(1) 원인과 증상

① 위의 긴장도가 떨어져서 배꼽 아래까지 길게 늘어진 상태

② 식사 후 배가 더부룩하고 팽만감이 옴

③ 식욕이 없고 혈액순환이 좋지 않고 얼굴도 창백하고 수족이 차가움

④ 식사 후 바로 오른쪽으로 누워 있으면 증상이 나아짐

(2) 영양 관리

① 영양가가 높고 소화가 잘 되며 위 안에서 장시간 머무르지 않는 음식을 선택

② 식사 이외에 간식, 중간식 형태로 식사 횟수를 늘려 위의 부담을 덜게 함

③ 주식으로 수분이 많은 죽 종류는 피하고 진밥이나 토스토 등을 제공

④ 양질의 단백질을 충분히 공급

⑤ 지질은 유화된 형태로 크림이나 버터 등으로 공급 튀김음식 제한

⑥ 섬유질이 많거나 질긴 채소, 장내에서 발효되거나 가스를 발생시키는 식품 등은 피함

2019년 기출문제 A형

위하수증을 가진 A씨는 〈보기〉와 같이 식단 및 식습관을 변경하였다. (가)~(다)는 영양성분과 관련짓고, (라)는 식행동과 관련지어 그 이유를 각각 서술하시오.【4점】

〈보 기〉

(가) 흰죽을 진밥으로 변경

(나) 소갈비 구이를 닭가슴살 구이로 변경

(다) 취나물을 애호박나물로 변경

(라) 식사 중에 물 마시던 습관을 식간으로 변경

03 장질환

1 장의 구조와 기능

(1) 소장

① 소장의 구조

㉠ 십이지장, 공장, 회장으로 구성

㉡ 소장 벽은 점막층, 근육층, 장막층 세 층으로 이루어져 있는데, 점막층에는 융모villi가 덮여 있으며 내강 쪽으로 미세융모가 발달

㉢ 융모 내에 유미관과 모세혈관이 분포되어 영양소의 흡수를 담당함

㉣ 장세포의 교체율은 매우 빠르기 때문에 저영양 또는 질병상태에서는 세포 재생이 원활하지 않으므로 영양소의 소화·흡수능력이 감소함

② 소장운동의 조절

㉠ 신경성 조절 : 부교감신경은 소장운동을 촉진하고 교감신경은 억제함

     ⓒ 호르몬 조절 : 가스트린과 CCK는 소장운동을 촉진하고 글루카곤과 세크레틴은 억제함

   ③ 소장의 소화액

     ㉠ 소화액 분비선

      ▪ 브루너선Brunner's gland, 십이지장에 주로 분포

      ▪ 장선 : 장 전역에 분포

     ㉡ 장액

      ▪ 알칼리성pH8.0~8.2까지 증가, 1일 3L 분비

      ▪ 탄수화물 가수분해효소 : 이당류 분해효소인 sucrase, maltase, lactase에 의해 각각의 단당류까지 분해됨

      ▪ 지방 가수분해효소 : 리파아제lipase

      ▪ 단백질 가수분해효소 : 펩티데이즈peptidase, 엔테로키네이즈enterokinase

      ▪ 기타 : 핵산 가수분해효소nucleosidase

Key Point 십이지장과 공장에서의 영양소 흡수

✓ 철, 칼슘 등의 무기질은 십이지장에서 흡수된다.

✓ 아미노산과 단당류는 십이지장과 공장 전반부에서 흡수된다.

✓ 지방은 공장에서, 비타민 B_{12}는 회장에서 흡수된다.

(2) 대장

 ① 대장의 구조

  ㉠ 회장 끝부분에서 항문에 이르는 약 1.5m 길이의 관으로 결장상행결장, 횡행결장, 하행결장, S자형 결장, 직장으로 구성

  ㉡ 소장과 달리 거의 곧은 관 모양을 하고 있고 융모와 소화효소의 분비가 없어 소화작용이 일어나지 않음

 ② 대장에서의 소화

  ㉠ 소화효소가 없는 알칼리성 점액 분비

  ㉡ 수분과 전해질의 흡수

  ㉢ 대장 미생물의 작용

   ▪ 대장 내용물을 분해시켜 지방산, 인돌, 페놀, 암모니아, 메탄, 탄산가스, 탄화수소 등이 발생함

   ▪ 식이섬유를 분해함

   ▪ 비타민 B군과 비타민 K를 합성함

2 염증성 장질환Inflammatory Bowel Disease, IBD

소장이나 대장에 만성적으로 염증이 생겨 설사나 통증 등이 유발되는 질환을 말한다. 염증 부위와 장관 내 상태에 따라 만성 궤양성 대장염과 크론병으로 분류한다. 두 질병은 임상증상과 치료방법이 비슷하다.

(1) 원인

① 유전적인 소인을 지니고 있는 사람에게 여러 가지 환경적인 요인이 작용하여 염증반응이 과다해져서 발생

② 전염성은 없으나 영양 불량의 위험이 크고 대장암의 발생 위험이 높음

(2) 임상증상

① 만성 궤양성 대장염의 주요 증상 : 점액이 섞인 혈변, 식욕 부진, 메스꺼움, 복통, 발열, 구토 등임

② 크론병의 증상 : 궤양성 대장염과 비슷하나 장협착이나 폐색, 누공을 초래함. 장 절제수술을 받는 경우가 많으나 재발되기 쉽고 단장증후군short bowel syndrome, SBS의 발생 위험이 높음

③ 영양 불량이 나타남

　　㉠ 영양 불량의 원인 : 식욕 부진과 복부통증에 의한 식사 섭취량의 감소, 출혈 및 설사로 인한 영양소의 손실 증가, 흡수 불량으로 인한 영양 요구량의 증가 등을 들 수 있음

　　㉡ 철, 엽산, 비타민 B_{12} 결핍으로 인한 빈혈, 간에서 알부민 합성 저하로 인한 저알부민혈증, 비타민 A, E, C의 결핍으로 인한 치유의 지연, 단백질·에너지 영양 결핍에 의한 면역기능의 저하 등이 나타남

■ 표 3. 궤양성 대장염과 크론병의 비교

구분	궤양성 대장염	크론병
발생 부위	■ 직장을 포함한 대장에서 주로 발생 (직장에서부터 연속적으로 진행) ■ 점막 표면에 주로 발생	■ 장관 어디서나 발생 가능하나 회장과 대장에 주로 발생함(비연속적인 상해 발생) ■ 점막 깊숙이 발생하여 상처가 깊음
역학	■ 연령 : 20~40세에 가장 많이 발생 ■ 크론병보다 발생빈도는 높으나 사망률은 낮음	■ 어려서 나타나고 주로 15~25세에 가장 많이 발병

(표 계속)

임상증상	■ 혈변성 설사, 점액질 변, 복부통증, 구토 ■ 고열, 빈혈, 저알부민혈증, 체중 감소, 부종	■ 복부통증, 구토, 메스꺼움, 고열 ■ 만성 설사로 인한 심한 체중 감소, 빈혈 ■ 성장기 환자의 성장 지연
진행 및 예후	■ 점차 진행하여 전 대장을 침범함 ■ 장벽이 얇아짐 ■ 육아종성이 없음 ■ 국지적인 염증은 예후가 좋아 수술 불필요	■ 장벽으로 진행되고 회장말단과 결장의 누공으로 발전 ■ 점막하조직의 비후와 섬유화로 장벽이 두꺼워지고 특징적인 조약돌 모양의 조직을 보임 ■ 육아종성 : 치료가 어려움 ■ 약 70%가 수술을 요하며 재발이 흔함
합병증	■ 심한 출혈, 대장 내 천공 ■ 대장암 발생빈도의 증가	■ 장관의 협착, 폐색, 누관형성, 농양 ■ 소장이나 대장암 발생빈도가 높음

(3) 영양 관리

① 상처 치유기간 동안 영양지원을 실시함

② 저잔사식, 저섬유소식을 거쳐 일반식으로 이행함

③ 유당, 과당, 당알코올 등은 복부통증과 가스 및 설사를 일으킬 수 있고 수산이 많은 식품은 신결석의 위험을 높일 수 있으며 지방의 다량 섭취는 지방변을 일으킬 수 있으므로 제한함

④ 단백질, 철, 칼슘, 마그네슘, 아연, 비타민 B_{12}, 엽산 등의 손실이 증가하므로 환자의 상태에 따라 보충제 사용을 고려함

> **Key Point** 만성 염증성 장질환의 식사지침 경구 섭취가 가능한 경우
>
> ✔ 저섬유소식을 공급하여 대변량을 줄인다.
> ✔ 육류 중 결체조직이 많은 부위의 섭취를 제한한다.
> ✔ 고단백(1.5~2.5g/kg)과 고에너지식(30~35kcal/kg)으로 염증을 치료하고 영양상태를 개선한다.
> ✔ 1일 6회 이상의 식사로 장에 자극을 줄이면서 영양소 흡수가 최대한이 되도록 한다.
> ✔ 수분을 충분히 섭취하여 설사로 인한 탈수를 막는다.
> ✔ 유당불내성이 있으면 우유나 유제품을 제한한다.
> ✔ 과일과 채소주스는 연동작용을 자극할 수 있으므로 제한한다.
> ✔ 지방변이 있으면 식사 내의 지방을 제한한다.
> ✔ 중쇄중성지방(MCT)과 상업용 영양 보충제를 이용하여 부족한 에너지를 보충한다.
> ✔ 회복기에는 개인의 적응도에 따라 식사를 조정하도록 한다.

> **Key Point** 단장증후군 short bowel syndrome, SBS
>
> ✔ **원인** 암, 크론병, 장염, 게실염 등의 치료를 목적으로 소장의 광범위한 절제수술 후 유발되는 복합적인 대사 변화와 영양문제로 인한다.
>
> ✔ **증상** 흡수 불량, 설사, 지방변, 탈수, 전해질 불균형, 체중 감소 등의 영양적 문제가 발생하며 수산 신결석, 콜레스테롤 담석 등이 발견된다.
>
> ✔ **식사지침**
> - 수술 직후에는 정맥영양과 경장영양을 공급하고 회복되어 경구 섭취가 가능해지면 영양과 수분 공급 유지에 목표를 두고 소량씩 여러 번에 나누어 공급한다.
> - 저지방, 저잔사식을 기본으로 유당, 수산, 당알코올을 제한하고 필요에 따라 지용성 비타민을 보충한다.
> - 환자의 적응도에 따라 섬유소와 지방을 조정한다.

3 과민성 대장증후군

(1) 원인

식품, 항생제와 하제 등 약물의 남용, 장질환, 정신적 스트레스와 관련됨

(2) 증상

대장의 운동이 비정상적으로 항진되어 복부불편감, 장운동 이상, 반복적인 설사나 변비, 식후팽만감 등이 만성적으로 나타남

(3) 영양 관리

① 변비와 설사를 예방하고 적절한 영양상태를 유지하기 위하여 수분과 전해질 균형 유지
② 균형적인 고영양식
③ 소량의 규칙적인 식사
④ 과식, 지방, 카페인, 당류 유당, 과당, 당 알코올의 과량 섭취 및 알코올은 피함
⑤ 식이섬유소는 장기능을 정상화하는 데 도움이 되므로 적절히 섭취하도록 하나 지속적으로 설사가 발생할 때에는 저섬유소식을 함

4 변비

대변을 보기가 힘들거나 배변 횟수가 적은 경우, 또는 변이 지나치게 굳어 배출되기 힘들거나 배변 후에도 변이 남아있는 느낌이 드는 상태이다.

(1) 이완성 변비

① 원인
  ㉠ 완화제의 과다 사용, 불규칙한 배변습관, 운동 부족, 섬유질 섭취 부족
  ㉡ 임신 후반기의 여성, 고령자, 오랫동안 병상에 누워있는 환자
② 증상 : 복부팽만감과 압박감, 두통, 식욕 감퇴, 구역질, 피로감, 불면, 불쾌감
③ 영양 관리
  ㉠ 고섬유소식 25~50g/일
  ㉡ 고지방식 : 배변 시 윤활작용으로 변이 장벽을 매끄럽게 통과, 흡수되지 않은 지방은 박테리아에 의해 단쇄지방산으로 분해되어 장벽 자극
  ㉢ 고수분식 : 하루 8~10컵의 수분 섭취로 대장 벽으로 빼앗긴 수분을 보충하여 변을 부드럽게 함
  ㉣ 약간의 자극성식, 저탄닌식

(2) 경련성 변비(과민성 변비)

① 원인 : 장기간의 스트레스·긴장·불안 등의 신경성 요인, 카페인 과잉 섭취, 과음, 지나친 흡연, 수면과 휴식 부족, 수분 섭취 부족 등
② 증상 : 리본 모양의 변 또는 토끼똥 모양의 변, 복통, 가스가 차고 경련이 일어남
③ 영양 관리
  ㉠ 저잔사식 : 섬유소 8~10g/일와 함께 우유, 육류의 결체조직, 견과류 등도 제한
  ㉡ 저섬유질 식사 : 섬유소를 너무 줄이면 변량이 줄어서 배변이 너무 어려우므로 부드러운 수용성 섬유소인 펙틴이 많은 연한 채소나 너무 시지 않은 과일 제공
  ㉢ 우유는 유당불내증이 있으면 제한
  ㉣ 지방은 소화가 잘 되는 유화지방으로 공급
  ㉤ 적당한 식품 : 우유, 달걀, 정제된 곡류, 흰 빵, 버터, 곱게 간 쇠고기, 흰살생선, 닭고기살, 기타 섬유질이 적은 채소와 과일

(3) 폐쇄성 변비

① 항문협착이나 직장 탈장 등 직접배변이 이루어지는 기관의 폐쇄로 인해 생기는 변비이며 심하면 수술적 치료가 필요
② 경련성 변비와 같은 식사요법 실시
③ 증세가 심할 경우에는 유동식이 필요. 액체로 영양 공급이 가능하도록 크림, 우유, 과일주스, 설탕, 기름과 같은 식품을 사용하며 비타민을 보충

5 설사

(1) 원인과 유형

① 장관의 염증과 궤양, 장 내용물의 자극에 의한 경우, 알레르기성 변화 및 소화 불량과 흡수 불량은 설사를 유발함

② 발효성 설사와 부패성 설사가 있음

(2) 증상

① 식욕 부진, 복통, 복부의 불쾌감, 권태감, 발열

② 소장보다 대장에 병변이 있는 경우는 설사가 심하여 탈수현상이 초래됨

(3) 영양 관리

① 수분과 전해질 보충

② 무자극성 저잔사식

③ 흰살생선이나 닭고기 등을 이용하여 최소한의 단백질을 공급

④ 발효성 설사의 원인과 식사요법

　㉠ 원인 : 당질이 박테리아에 의해 이상발효가 일어나 유기산과 탄산가스가 생성되어 장점막을 자극하여 설사를 유발함

　㉡ 식사요법 : 당질, 특히 농축당을 제한하고 수분을 보충, 섬유소나 잔사가 많은 식품 제한, 지방도 가능한 한 적게 섭취

⑤ 부패성 설사의 원인과 식사요법

　㉠ 원인 : 단백질이 박테리아에 의해 이상발효가 일어나 인돌, 스캐톨 등의 가스를 생성하여 장점막을 자극시켜 설사를 유발함

　㉡ 식사요법 : 단백질을 제한하고 당질 위주로 제공

6 게실염

(1) 원인과 증상

① 저섬유소 식사와 만성적인 변비가 게실증과 관련이 깊고 노화에 따라 게실증빈도가 증가함

② 증상 : 복부팽만, 아랫배의 통증, 발열, 장관 내 출혈 경련 등

③ 합병증 : 장폐색, 누관, 천공으로 인한 복강 내 농양, 패혈증이 발생

(2) 영양 관리

① 급성기에는 금식하고 정맥영양을 공급함

② 맑은 유동식, 저잔사식, 저지방식, 단백질을 적절히 공급

③ 노년기의 게실염 예방을 위해서는 고섬유소 식사와 함께 물을 충분히 섭취함

7 실리악 스푸루 글루텐 과민성 장질환, 비열대성 스푸루

(1) 원인

① 밀, 귀리, 오트밀, 보리 등에 함유된 글루텐단백질에 의한 알레르기반응으로 일어나는 자가면역질환

② 글루텐단백질 내에 있는 글리아딘 부분이 소장점막을 손상시켜 융모가 위축되고 납작해져서 영양소 흡수에 장애가 생김

(2) 증상

① 설사, 지방변, 복부팽만, 체중 감소, 쇠약감

② 단백질, 당질, 지질, 칼슘, 철, 마그네슘, 아연 및 비타민, 특히 지용성 비타민 등 각종 영양소의 흡수 불량

③ 빈혈, 비타민 결핍, 골다공증, 골연화증

(3) 영양 관리

① 글루텐이 함유된 음식을 제거함

② 체중 감소가 있을 경우 고에너지, 고단백 식사를 제공하고 조리 시에는 중간사슬지방MCT을 사용함

③ 유당불내증이 있을 경우 유제품을 제한함

④ 질병이 심한 경우 영양소의 보충이 필요함

⑤ 빈혈이 있으면 철, 엽산, 비타민 B_{12}, 출혈이 있으면 비타민 K, 골다공증이 있으면 칼슘과 비타민 D를 보충함

⑥ 심한 설사로 탈수를 보이면 수분과 전해질의 보충이 필요함

⑦ 설사나 지방변으로 손실된 칼슘, 마그네슘, 지용성 비타민을 보충함

■ 표 4. 글루텐 제한식의 허용식품과 제한식품

식품군	허용식품	제한식품
곡류	쌀, 밀전분, 감자, 고구마, 콩, 옥수수, 떡	밀, 보리, 맥아, 귀리, 호밀, 빵, 크래커, 쿠키, 케이크, 국수, 수프 등
어육류	쇠고기, 돼지고기, 닭고기, 달걀, 치즈	상업용 햄버거, 냉동육류제품, 소시지
채소류	신선한 채소	채소통조림
유제품	전유, 저지방우유, 탈지우유, 요구르트	초콜릿우유, 아이스크림, 셔벗
과일류	신선한 과일, 과일통조림	–
지질류	식물성 기름, 버터, 마가린, 경과류, 집에서 만든 드레싱	상업용 크림소스, 시판 샐러드드레싱, 마요네즈
기타	소금, 후추, 향신료, 효모, 커피, 홍차, 꿀, 탄산음료, 포도주, 젤라틴, 설탕, 알사탕	초콜릿, 케첩, 겨자, 간장, 피클, 식초, 시럽, 코코아믹스

제4장 간, 담낭, 췌장질환

간, 담낭 및 췌장은 인체의 상복부에 위치한 소화기계 부속기관으로 영양소의 소화, 흡수 및 대사에 관련된 역할을 수행한다. 따라서 질병으로 인한 이 기관들의 기능적 손상은 영양상태 및 건강에 심각한 영향을 준다.

01 간질환

1 간기능 검사

(1) 혈청효소 활성 검사

① 아미노산 전이효소인 AST aspartate amino transferase, SGOT, ALT alanine amino transferase, SGPT 의 혈청 내 활성도를 사용함

② 혈청 ALP alkaline phosphatase 는 담즙분비소관 막에 붙어있어 담도 폐쇄, 간질환이 있을 때 수치가 증가함

(2) 빌리루빈 대사

① 혈색소는 간에서 파괴되어 빌리루빈이 되어 담즙을 형성하여 십이지장으로 배출된 후 대변으로 배설됨

② 적혈구의 파괴가 증가하여 빌리루빈의 생성이 많아지거나 간에서 담즙의 전환 및 분비에 장애가 생겨 생성된 빌리루빈이 잘 배출되지 않을 때 빌리루빈의 수치가 증가하여 황달이 생김

(3) 혈청단백질 농도

① 간질환 시 알부민의 합성은 감소하고 면역항체인 글로불린의 합성은 증가하므로 혈청알부민 수치와 알부민/글로불린 비율A/G이 감소함

② 혈액 응고시간이 길어짐

■ 표 1. 주요 간기능 검사

검사항목	정상치	임상적 의의
혈청효소 활성		
AST(SGOT)	30~40U/L 이하	■ 간세포질과 미토콘드리아에 존재하며 심장, 근육, 뇌, 췌장, 신장, 백혈구에도 존재함 ■ 간세포 손상 시 증가되나 심장과 근육 손상 시에도 증가되므로 비특이적임
ALT(SGPT)	7~40U/L 이하	■ 주로 간세포질에 존재하여 간세포 손상 시 혈청에 300 이상으로 증가됨 ■ 감염성 간염에 의한 간 손상에 민감한 지표로 AST보다 비특이적임
ALP(alkaline phosphatase)	30~95U/L	■ 간, 뼈, 태반, 장, 신장에 존재함 ■ 간질환, 간암, 담도 폐쇄 등에서 활성이 증가하나 뼈질환, 임신, 성장 시에도 증가될 수 있어 특이성은 떨어짐
빌리루빈 대사		
혈청빌리루빈	0.2~0.9mg/dL	■ 빌리루빈의 과잉 생산이나 간에서의 담즙 생성 및 배설장애에 의해 증가됨
요빌리루빈	0	■ 혈청빌리루빈보다 더 예민한 방법으로 검출 시 황달이 간질환에 의한 것임을 나타냄
혈청단백질 농도		
알부민	3.5~4.5g/dL	■ 간에서 합성되는 단백질로 혈장삼투압 유지에 중요 ■ 간, 갑상선, 글루코코르티코이드 호르몬 기능부전 시 합성 저하 ■ 장질환, 신증후군, 화상, 소화관 출혈, 박리성 피부염에서 손실 증가
글로불린	1.5~3.8g/dL	■ α1, α2-글로불린이 간에서 합성됨 ■ 감염 시 증가되는 경우가 많음 ■ 만성 간질환에서 증가되어 진단 목적으로는 제한이 있음

(표 계속)

프로트롬빈 시간	9~11초	■ 대부분의 혈액 응고인자가 간에서 합성됨 ■ 간질환과 비타민 K 결핍으로 인한 응고인자 합성 감소는 프로트롬빈 시간을 증가시키고 출혈 위험이 커짐
암모니아	19~60μg/dL	■ 간에서 암모니아가 요소로 전환됨 : 간경화, 간질환에서 증가됨

2 간염 hepatitis

(1) 급성 간염

바이러스, 약물, 알코올 등으로 인하여 발병되며 대부분 3개월 이내에 회복됨

① 종류
  ㉠ A형간염
   ■ 감염경로 : 소화기를 통한 경구감염음료, 음식 및 환자의 분변으로 집단에 발생함
   ■ 주요 발생연령 : 청소년기
   ■ 잠복기 : 15~50일평균 28일
   ■ 치료방법 : 면역 글로불린 사용
  ㉡ B형간염
   ■ 감염경로 : 혈액, 성적 접촉을 통하여 감염
   ■ 주요 발생연령 : 전 연령
   ■ 잠복기 : 1~6개월
   ■ 치료방법 : B형간염의 회복률이 성인은 90%, 영아는 10%이며 예방백신을 미리 접종할 것을 권장
  ㉢ C형간염
   ■ 감염경로 : 혈액, 타액, 눈물 접촉, 성적 접촉은 적음
   ■ 주요 발생연령 : 전 연령
   ■ 잠복기 : 2주~6개월
   ■ 치료방법 : 예방백신이 없음
   ■ 만성 간염으로 진행되는 주원인이 됨
  ㉣ D형간염
   ■ 감염경로 : B형간염 바이러스에 의존적임
   ■ 주요 발생연령 : 전 연령

- 만성 진행률이 높으나 발병은 드묾
- 치료방법 : 예방백신이 없음
ⓤ E형간염
- A형과 유사하며 5~15세에서 발병률이 높음
- 황달과 가려운 증상이 나타나고 만성화되는 경우는 거의 없음
- 치료방법 : 예방백신이 없음
② 증상
　㉠ 황달, 흑갈색 소변이 나타나고 식욕 부진, 피로, 두통, 메스꺼움, 구토, 발열
　㉡ 식사 섭취가 불량해져서 체중 감소와 영양 불량상태를 초래함
③ 영양 관리
　㉠ 발병 초기에 당질 위주의 유동식으로 간을 보호하고 충분한 음료수를 공급하여 탈수를 예방
　㉡ 고열량, 고단백질, 고비타민식, 중간 정도의 지방, 저섬유, 저염식사로 하루 5~6회 급식
　㉢ 알코올과 흡연은 금함

(2) 만성 간염

6개월 이상 간장애가 계속됨

① 원인 : 간염 바이러스B형, C형, D형, 약물, 알코올, 자가면역성 간염, 대사질환에 의해 발생
② 증상
　㉠ 피로, 식욕 부진, 구역질, 복부팽만감 등이 간헐적으로 나타남
　㉡ 심해지면 황달, 근육 소모, 복수, 손바닥 피부홍조, 거미 모양 혈관종, 소변색이 진함
　㉢ AST aspartate aminotransferase와 ALT alanine aminotransferase가 증가함
　㉣ 알부민 합성이 저하되어 A/G비 albumin/globulin비가 감소함
③ 영양 관리
　㉠ 충분한 에너지, 고단백질, 중등 정도의 지방, 충분한 당질을 공급함
　㉡ 표준체중 유지
　㉢ 간성뇌증이 있는 경우에는 저단백식이
　㉣ 복수가 나타날 때에는 1일 소금 섭취량을 5g 이하로 줄이는 저염식을 병행함

> **Key Point** 간염의 영양 관리
>
> ✓ **알코올 제한** 간 손상을 막기 위해 알코올은 절대 금지한다.
> ✓ **에너지** 급성 간염 시에는 표준체중 kg당 35~40kcal의 충분한 에너지 섭취를 권장하나 만성 간염은 적정 체중을 유지하는 정도로 공급한다.
> ✓ **단백질** 손상된 간세포의 빠른 재생을 위해 양질의 단백질을 충분히 섭취하도록 한다. 체중 kg 당 급성 간염의 경우 1.5~2.0g, 만성 간염은 1.0~1.5g을 권장한다.
> ✓ **당질** 하루 350~400g 정도의 당질 공급을 권장하지만 총 필요 에너지에 따라 조절한다.
> ✓ **비타민 및 무기질** 간염으로 인해 비타민의 저장 및 활성화가 장애를 받으므로 충분한 비타민 공급을 위해 신선한 채소와 과일류를 충분히 섭취한다. 식사를 통한 섭취가 불충분한 경우 비 타민 보충제가 필요할 수 있다. 또한 무기질의 저장 감소로 인한 부족 해소와 염증 치유를 위 해 아연, 칼슘, 칼륨을 중심으로 무기질 섭취에 대한 적절한 관리가 필요하다.
> ✓ **수분** 수분 손실을 막기 위해 충분한 수분 섭취를 권장한다.

> **Key Point** 황달 jaundice
>
> ✓ 혈중에 빌리루빈 농도가 증가하여 눈의 결막이나 피부가 노랗게 변하는 증상이다.
> ✓ 혈청빌리루빈 농도가 2.4~3.0mg/dL 이상이 되면 피부에 황달징후가 나타나기 시작한다.
> ✓ **발생원인**
>   - 용혈성 : 빈혈 적혈구의 분해가 증가되면서 빌리루빈이 과잉 생산되어 혈액으로 방출되어 혈중 빌리루빈의 수치가 높아 황달이 온다.
>   - 간질환 : 간염이나 간경변증 시 간에서 빌리루빈을 대사하지 못하여 빌리루빈이 간으로 유 입되지 못하고 혈액으로 역류되면서 혈중 빌리루빈의 수치가 상승하여 황달이 온다.
>   - 담낭질환 : 담석증, 담낭염 등으로 담관의 폐쇄가 일어나 담즙이 정상적으로 배출되지 못하 면서 담즙의 구성성분인 빌리루빈의 혈중 농도가 증가하여 황달이 온다.
> ✓ **영양 관리** 지방은 유화지방 위주로 제공하고 하루에 10~20g으로 제한하며 유동식이나 연식 형태로 공급한다.

3 지방간 fatty liver

정상인 간의 지방은 총 중량의 3~5% 정도로 간 100g당 5g 정도이다. 지방간은 간 총 중량의 5% 이상 중성지방이 초과되는 경우로, 심하면 40%까지 증가하기도 한다.

(1) 원인

① 간에 중성지방이 축적되는 기전

　㉠ 미토콘드리아 내 지방산 합성이 증가하거나 산화율이 감소되면서 중성지방 생성이 증가함

　㉡ 간세포에서 중성지방의 방출이 감소하면서 간 내 축적량이 증가함

　㉢ 당질의 과잉 섭취로 인해 지방산 합성이 증가되어 간 내 중성지방이 증가함

② 지방간의 주원인 : 만성적인 음주, 고지방식, 양질의 단백질 부족, 비만, 당뇨병, 고지혈증, 장기적인 정맥영양, 약물, 폐결핵 등

(2) 증상

① 간 비대 이외에 특별한 증상은 나타나지 않는 경우가 흔함

② 피로감, 메스꺼움, 허약감, 체중 감소

(3) 영양 관리

① 에너지

ㄱ 과체중 또는 비만인 경우에는 현재체중의 10% 이상을 감량했을 때 지방간이 개선될 수 있으므로 정상체중 유지에 필요한 양을 개별적으로 처방함

ㄴ 급격한 체중 감량은 오히려 간의 염증성 괴사와 섬유화를 악화시키므로 주의함

② 단백질 : 영양소 섭취기준을 충족하는 정도로 구성함

③ 당질

ㄱ 하루 총 섭취 에너지의 60%를 넘지 않도록 하고 단순당의 섭취는 가능한 한 줄이도록 함

ㄴ 당질의 과잉 섭취는 중성지방의 합성을 증가시킴

④ 지방

ㄱ 총 에너지의 20~25% 정도로 구성

ㄴ 고콜레스테롤, 고중성지방 등의 이상지질혈증의 경우 지방, 포화지방산, 콜레스테롤을 제한

⑤ 비타민, 무기질 : 간 대사를 촉진하기 위하여 충분히 공급

⑥ 알코올 제한 : 간 내 중성지방의 생성을 증가시키고 간세포 파괴를 초래하므로 금함

⑦ 식습관 교정 : 폭식, 불규칙한 식습관에 의해 지방간이 발생할 수 있으므로 좋은 식습관을 형성함

4 간경변증 liver cirrhosis

(1) 원인

① B형과 C형 바이러스 감염, 알코올성 간질환, 담도 폐쇄, 약물, 선천성 대사 이상, 만성 영양 불량

② 우리나라는 주로 B형 간염 바이러스에 의한 만성 간염이 진행된 경우가 가장 흔함

(2) 증상

① 초기 : 전신 피로, 무기력, 구토, 소화 불량

② 황달, 소변색이 진함, 체중 감소, 복수, 문맥성 고혈압, 식도정맥류, 간-신증후군, 간성혼수 등

③ 지방변, 빈혈, 신경증, 야맹증, 출혈과 타박상이 잘 생김

(3) 영양소 대사

① 당질

  ㉠ 글리코겐의 합성 분해 능력과 당신생이 감소되어 포도당 의존도가 낮아짐

  ㉡ 당불내성으로 공복 시 저혈당이 발생하고 식후에는 혈당이 증가하며 혈당 유지를 위해 포도당 신생과정이 활발해짐

  ㉢ 인슐린 부족보다는 저항성 때문에 나타나며 이는 당 대사를 위한 간기능의 절대적 감소에 기인

② 단백질

  ㉠ 혈장단백질 합성 감소로 저단백혈증이 나타나고 근육단백질의 소모가 증가하여 근육량이 감소함

  ㉡ 혈액 내 분지아미노산이 감소되고 방향족아미노산이 증가함

③ 지방

  ㉠ 유리지방산의 증가 : 간경변 시 장기간의 기아상태처럼 에너지원의 60% 이상을 지방으로부터 충족시키므로 혈액 내 유리지방산이 증가함

  ㉡ 디호모감마리놀레산, 알파리놀레산, 아라키돈산, EPA 및 DHA가 감소함

④ 비타민

  ㉠ 비타민의 흡수, 수송에 문제가 생기고 활성형으로 전환이 감소하며 간 내 저장이 감소함

  ㉡ 수용성 비타민은 치료 초기 1~2주 동안 또는 환자가 음식 섭취를 제대로 할 때까지는 권장량의 2~3배 정도로 보충을 권함

  ㉢ 알코올성 간경변 환자는 엽산, 비타민 B_6, B_{12} 등의 요구량 증가

⑤ 무기질 : 아연, 구리, 셀레늄의 저장이 감소

(4) 영양 관리

① 에너지

  ㉠ 이상체중 kg당 25~35kcal, 또는 기초에너지 소비량의 1.2~1.4배의 충분한 에너지 섭취가 필요

  ㉡ 감염, 패혈증 등의 스트레스가 있는 경우에는 체중 kg당 40kcal 이상으로 증가됨

② 당질

    ㉠ 단백질 절약작용을 위해 1일 300~400g의 당질 섭취 권장

    ㉡ 당뇨가 흔히 나타나므로 저혈당, 고혈당을 최소화하기 위해 당질 섭취는 여러 번으로 적절히 배분

③ 단백질

    ㉠ 일반적으로 체중 kg당 1.0~1.5g 권장

    ㉡ 감염, 패혈증, 소화관 출혈 등의 스트레스가 있을 때 체중 kg당 1.5g 이상

    ㉢ 간성뇌증이 있을 때는 1일 35~50g 정도로 공급함

④ 지방

    ㉠ 총 에너지의 20% 내외

    ㉡ MCT나 유화지방 권장

⑤ 비타민과 무기질

    ㉠ 비타민과 무기질의 보충이 필요

    ㉡ 복수와 부종이 있을 때 소금 섭취량을 하루 5g 이하로 제한하며 증세가 심할 경우에는 하루 1~2g 이하로 제한

⑥ 수분 : 1일 1~1.5L 정도로 조절함

⑦ 기타 : 식도 정맥류가 있을 때는 부드러운 식사를 하도록 함

5 간성뇌증 hepatic encephalopathy

간경변증이나 바이러스, 약물로 인한 간 손상으로 간기능이 심하게 저하되었을 때 발생되는 합병증이다. 중추신경계의 기능에 장애가 나타나는 경우로 간성혼수(hepatic coma)라고도 한다.

(1) 원인

① 혈중 암모니아 농도 상승

② 소화기 출혈, 장내 박테리아에 의한 암모니아 생성 증가, 고단백식, 변비, 신장질환에 의해 암모니아 농도가 상승될 수 있음

(2) 증상

① 초기 : 집중력 저하, 불안, 과수면

② 행동장애, 혼수, 착란

③ 혈청메티오닌과 방향족아미노산의 농도는 증가하는 반면 분지아미노산 농도는 감소함

④ 혈액 내 분지아미노산과 방향족아미노산의 정상범위는 3.5~4 정도이나 간성혼
수 시 대개 그 이하1 이하로 감소됨

(3) 영양 관리

① 에너지
  ㉠ 체중 kg당 25~35kcal 정도를 권장하나 개별 고려가 필요함
  ㉡ 체단백이 에너지원으로 이용되는 것을 막기 위해 충분히 섭취

② 단백질
  ㉠ 질소평형을 유지할 만큼의 충분한 단백질과 에너지 섭취는 필수적임
  ㉡ 초기단계에서 건조체중 kg당 0.25g, 0.50g, 0.75g으로 제한할 수 있으나 근육
  조직의 이화를 막기 위해서는 식사 내의 총 단백질량을 1일 35~50g보다 적
  게 주어서는 안 됨
  ㉢ 단백질 급원으로 우유가 육류보다 유용할 수 있으며 식물성 단백질 식사는 환
  자의 적응 정도에 따라 사용함

③ 섬유소 : 대장에서 세균에 의해 분해되어 락툴로스와 비슷하게 대변의 질소산물
배출을 증가시킴

④ 나트륨 및 수분
  ㉠ 복수가 있을 경우 나트륨 섭취는 20mEq460mg 이하로 제한
  ㉡ 수분 섭취는 소변량, 체중 변화, 혈중 전해질 농도에 따라 조절

⑤ 비타민 및 무기질 : 1일 50g 이하의 단백질 제한 식사는 칼슘, 철, 인, 티아민, 리
보플라빈, 니아신, 엽산이 부족해지기 쉬우므로 보충이 필요함

Key Point 분지형 아미노산

✓ 발린, 루신, 이소루이신으로 다른 필수아미노산과는 달리 간에는 거의 대사되지 않고 골격근
에서 주로 대사가 된다. 특히 당신생과 케톤체 합성이 저하된 경우 골격근, 심장, 뇌에서 필요
한 에너지의 약 30%를 제공한다.

✓ 간기능이 심하게 저하된 말기 간질환 환자는 분지형 아미노산을 주 에너지원으로 사용하므로
혈액 내 농도가 감소한다.

✓ **BCAA/AAA의 비가 높은 식품** 대두, 된장, 완두, 밤, 연근, 수수, 율무, 옥수수, 우유, 발효
유, 굴, 연어, 붕어 등

✓ **혈청암모니아 함량을 높이는 식품** 치즈류, 닭고기, 버터밀크, 젤라틴, 햄버거, 햄, 양파, 땅콩
버터, 살라미소시지 등

6 알코올성 간질환

(1) 원인

알코올이 원인임

(2) 증상

① 식욕 부진, 입맛의 변화, 오심, 구토, 소화와 흡수 불량

② 위염, 췌장염, 알코올성 간경변증, 부종, 복수, 위장관 내 출혈, 문맥성 고혈압, 간성혼수 등

(3) 영양 관리

① 금주

② 에너지

ⓐ 1일 체중 kg당 30~35kcal로 개개인의 이상체중을 유지하기 위해 섭취량을 개별화함

ⓑ 주로 당질로 구성하되 지방은 환자가 수용 가능한 범위 내에서 공급함

③ 단백질 : 1일 체중 kg당 1~1.5g 정도

④ 비타민과 무기질 : 비타민 A, D, B_1, B_2, B_6, 니아신, 엽산, 비타민 C, 아연, 셀레늄, 마그네슘 등의 결핍을 유발하므로 비타민과 무기질을 충분히 공급

Key Point 알코올 섭취와 대사적 중요성

✓ 섭취한 알코올은 주로 간에서 알코올 분해효소(alcohol dehydrogenase, ADH)에 의해 대사되어 아세트알데히드로 전환되는데, 이 물질은 세포막에 손상을 주고 세포의 괴사를 초래하는 독성이 있으며 두통을 유발한다. 아세트알데히드는 연속해서 산화되어 아세트산으로 전환되어 혈중으로 방출된다. 이 반응에서 알코올의 산화로 정상적인 산화환원상태를 초과하는 과량의 NADH가 생성된다. 따라서 TCA 회로는 억제되어 지방산 산화는 감소하는 반면 지방산합성과 중성지방이 축적된다.

✓ 만성적으로 알코올을 섭취하는 경우는 마이크로좀에 의한 에탄올 산화(microsomol ethanol oxidizing system, MEOS)가 활성화되어 NADPH가 소모되므로 에너지를 생성하는 대신 소모하게 된다.

02 담도계질환

1 담석증 cholelithiasis

(1) 원인 및 위험요인

여성, 임신, 비만, 연령40대, 담낭염, 지방과 콜레스테롤의 과잉 섭취, 완전정맥영양, 기타 질환 등

(2) 증상

① 무증상, 상복부 통증, 황달, 간 손상

② 담즙이 십이지장으로 들어가지 못하면 담낭염이 발생하고 지방의 소화 불량이 나타남

(3) 영양 관리

① 통증이 있거나 급작스런 발작이 있는 경우 금식하면서 정맥영양 실시

② 통증이 사라진 후 유동식, 연식, 정상식으로 이행하며 저에너지식으로 공급함

③ 기름이 많은 어육류, 햄, 소시지, 베이컨 등 지방이 많은 식품은 금함

④ 탄수화물은 적당량 공급하고 지용성 비타민은 보충함

⑤ 자극성이 적은 식품을 공급하고 식이섬유는 증가시킴

⑥ 유화지방과 MCT를 이용함

2 담낭염 cholecystitis

(1) 원인

세균감염, 담즙성분의 변화, 췌액의 역류, 담석증 등

(2) 증상

통증, 고열, 황달, 구토, 복부팽만감, 식욕 부진, 변비 혹은 설사 등

(3) 영양 관리

급성기에는 금식하고 정맥으로 수분과 전해질을 보충하고 당질 위주의 식사로 유동식, 연식, 회복식, 정상식으로 공급함

① 에너지 : 이상체중을 유지할 수 있도록 에너지를 공급. 지방을 철저히 제한하거나 급성기인 경우 필요한 에너지는 지방 대신 당질을 통해 공급함

② 지방

　㉠ 만성 담낭염 환자의 경우 장기간 동안 저지방식을 해야 하므로 필수지방산, 지용성 비타민의 공급을 고려함

　㉡ 우유는 저지방 우유를 하루 1컵 미만으로 제한하고 음식은 찜, 조림, 구이 등의 조리법을 택함

③ 단백질 : 급성기 때는 단백질을 제한하나 차차 증가시켜 담낭조직의 회복 및 저항력을 증진시키는 데 도움을 줌

④ 알코올, 향신료, 커피, 탄산음료, 가스를 형성하는 식품콩, 양배추, 무, 김치류, 옥수수, 참외 및 사과 등은 담낭을 수축시키므로 제한

03 췌장질환

췌장은 왼쪽 상복부의 위 뒤쪽으로 위치하고 있는 기관으로 외분비조직과 내분비조직으로 이루어져 있다.

1 췌장기능 검사

검사항목	정상치	진단의 의의
혈청아밀라아제	60~180U/mL	췌장염의 경우 혈청 농도 증가
혈청리파아제	1.5U/mL	췌장염의 경우 혈청 농도 증가
요아밀라제	35~260U/mL	췌장염의 경우 혈청 농도 증가
세크레틴 검사	1.8mL/kg/hr	췌장염의 경우 혈청 농도 감소
분변 지방 함량	2~5g/일	췌장질환의 경우 분변의 지방 및 지방산 함량 증가

2 급성 췌장염 acute pancreatitis

(1) 원인

① 주원인 : 담석증, 알코올 남용

② 지방음식의 과식 또는 특정 약물의 과다 복용

(2) 증상

① 심한 상복부 통증, 구토, 식욕 부진, 장 폐쇄

② 당뇨증세, 백혈구 증가, 혈청아밀라아제 상승, 혈중 요소질소의 증가

(3) 영양 관리

췌액의 분비를 억제하는 것이 목적

① 3~5일간 금식하고 정맥영양으로 수분과 전해질평형을 맞춤

② 통증이 가라앉으면 당질 위주의 맑은 유동식을 공급하고 단계적으로 농도를 높임

③ 지질은 엄중히 제한하되 췌액이 없어도 소화하기 쉬운 중쇄지방을 이용함

④ 단백질은 초기에는 제한하고 증세가 호전되면 점차 증가시킴

⑤ 자극이 적은 식품으로 식사를 하루에 6회 정도로 나누어 공급하고 알코올은 절대 금함

3 만성 췌장염

(1) 원인

알코올 남용이 원인임

(2) 증상

① 복통, 허리통증, 식욕 부진, 메스꺼움, 구토, 설사

② 지방변, 영양결핍증, 당뇨

(3) 영양 관리

① 저지방식을 사용하고 소화가 잘 되는 식품을 선택하여 부드럽게 조리함

② 중탄산염의 분비 감소로 인해 장의 pH가 감소하므로 pH 조절을 위하여 제산제를 복용함

③ 자극성이 강한 향신료와 알코올은 금함

④ 내당능력이 감소할 경우 당뇨병에 준한 식사요법을 실시함

4 췌장암

(1) 원인

흡연, 육식, 커피, 음주, 스트레스 등

(2) 증상

　복통, 체중 감소, 폐쇄성 황달과 격렬한 통증이 등쪽으로 퍼짐

(3) 영양 관리

① 고에너지식, 고비타민식

② 식욕 부진인 경우 비경구적으로 영양지원 실시

2015년 기출문제 B형

중쇄중성지방(MCT : medium chain triglycerides)의 소화, 흡수, 이동에 관하여 서술하시오. 그리고 지방을 중쇄중성지방으로 섭취하여야 하는 질병의 예를 2가지만 쓰시오. 【5점】

제5장 심혈관계질환

심혈관계의 기능은 심장으로부터 나온 혈액이 혈관을 통해 온몸에 공급됨으로써 산소, 수분, 영양소를 세포에 전달하고 세포 내 대사에 의해 생성된 이산화탄소 및 노폐물을 배설하도록 이동시키며 혈액을 통해 호르몬과 여러 대사물질을 운반한다.

01 심장의 순환경로

(1) 체순환(대순환)

① 혈액 O_2 포화은 좌심실의 수축으로 대동맥으로 나간 후 세동맥을 거쳐 말초조직의 모세혈관을 통해 세포에 산소와 영양소를 공급

② 이산화탄소와 여러 노폐물을 싣고 세포의 모세혈관을 통해 세정맥으로 나온 혈액 CO_2 포화은 대정맥을 거쳐 심장의 이완으로 우심방으로 들어감

(2) 폐순환(소순환)

우심방 혈액은 우심실을 거쳐 폐동맥을 통해 폐로 들어가 CO_2를 처리하고 O_2로 충만된 후 폐정맥을 통해 좌심방으로 들어감

02 고혈압

세계보건기구(WHO)의 분류에 의하면 안정 시 수축기 혈압이 140mmHg 또는 이완기 혈압이 90mmHg를 초과하는 경우를 고혈압이라 한다.

(1) 고혈압의 분류 및 진단

혈압의 분류	수축기 혈압 (mmHg)	이완기 혈압 (mmHg)	생활습관 수정	초기약물요법	
				강제적 선택인자(무)	강제적 선택인자(유)
정상	<120 그리고	<80	권장	권장 안 함	인자에 따른 약물 치료[1]
고혈압 전 단계	120~139 또는	80~89	실시		
1단계	140~159 또는	90~99	실시	약물요법 개시	인자에 따른 약물 치료[2]
2단계	≥160 또는	≥100	실시	2개 약물 병용[3]	필요에 따라 기타 약물 치료

1) 심부전, 심근경색 후 관상동맥질환의 높은 위험범위, 당뇨병, 만성 신장질환, 뇌졸중 재발 방지
2) 기립성 저혈압 발생 위험이 있는 경우 주의해서 사용
3) 당뇨병 또는 만성 신장질환 환자의 경우 목표 혈압이 <130/80mmHg

(2) 고혈압의 분류

① 본태성1차성 고혈압

　㉠ 명확한 원인 없이 혈압이 상승되어 있는 상태, 전체 고혈압의 90% 이상

　㉡ 높은 연령층에서 발병하며 원인 없이 무증상으로 나타남

② 속발성2차성 고혈압

　㉠ 젊은 연령층에서 발병

　㉡ 질병에 의하여 발생하는 고혈압, 전체 고혈압의 5~10% 정도이며 이 중 80% 가 콩팥질환에서 기인함

　㉢ 부신피질 호르몬알도스테론, 글루코코르티코이드의 분비가 증가하는 쿠싱증후군과 부신수질 호르몬에피네프린, 노르에피네프린의 분비가 증가되는 갈색세포증크롬친화성세포증, 갑상선기능이 항진되는 바세도우병이 있음

(3) 고혈압의 발생기전

① 신경성 요인 : 스트레스를 받거나 긴장이나 심리적 불안 등으로 인해 교감신경이 자극되면 에피네프린이 분비되어 심장 박동 수와 박출량을 증가시키고 혈관을 수축시켜 혈압이 상승됨

② 체액성 요인 : 신장으로 오는 혈류량이 감소하면 레닌이 분비되어 안지오텐신 I 을 안지오텐신 II로 전환시켜 혈관을 수축하고 혈압을 상승시키며, 부신피질 호르몬인 알도스테론은 신장의 세뇨관에서 나트륨의 재흡수를 증가시켜 체액 을 보유시킴으로써 혈압을 상승시킴

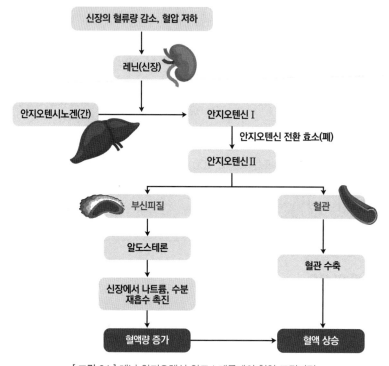

[그림 01] 레닌-안지오텐신-알도스테론계의 혈압 조절기전

③ 노화에 의한 영향 : 연령이 증가하면 대동맥의 탄력성이 저하되어 혈압 상승

④ 기타 : 유전, 흡연, 비만, 이상지질혈증, 당뇨병 등의 질병, 식사성 요인, 약물

(4) 고혈압의 위험인자

① 조절할 수 없는 인자 : 유전종족, 가족력, 연령65세 초과

② 조절할 수 있는 인자 : 비만, 운동 부족, 흡연, 스트레스, 음주, 식생활

(5) 고혈압의 증상 및 합병증

① 본태성 고혈압은 후두통이나 후두골 아래의 강한 맥박을 느끼는 경미한 증상 외 에 자각증상이 거의 없고 점진적인 혈관 손상으로 인한 합병증을 유발함

② 심부전, 협심증, 심근경색

③ 신부전, 신경화, 요독증

④ 후두통, 이명 귀울림, 현기증, 손발 저림과 어깨 결림, 시력 감소, 뇌졸중

(6) 고혈압의 치료

① 체중 감량

② 규칙적인 운동 : 체중 감소, 말초혈관 저항 감소, 체지방 연소, HDL 증가를 통해 혈압을 감소시킴

③ 금연 : 니코틴은 혈관 손상, 혈관 수축, 에피네프린 분비를 증가시켜 혈압을 상승시킴

④ 스트레스 조절 : 스트레스는 혈압 상승물질인 에피네프린과 부신피질 호르몬을 분비하므로 가능한 한 줄이도록 함

⑤ 음주 제한 및 식사요법

(7) 영양 관리

① 에너지

　㉠ 과체중이나 비만 환자의 경우 저열량식으로 체중을 감량하여 심혈관계 위험인자를 줄이고 약물요법의 효과를 증가시키는 것이 필요

　㉡ 체중을 1kg 감량하면 수축기 혈압과 이완기 혈압이 각각 1.6mmHg, 1.3mmHg 감소함

② 당질 : 총 에너지 섭취량의 55 ~ 60% 수준으로 권장

③ 단백질 : 신장기능이 정상이면 체중 kg당 1 ~ 1.5g으로 총 에너지 섭취량의 15 ~ 20%를 권장함

④ 지질

　㉠ 총 지방의 섭취를 줄이고 에너지의 20 ~ 25% 정도 공급

　㉡ 다가불포화지방산, 단일불포화지방산, 포화지방산의 비 P/M/S를 1/1.0 ~ 1.5/1로 제공함

　㉢ 오메가-6/오메가-3 지방산 비를 4 ~ 10/1로 함

⑤ 나트륨

　㉠ 1단계 고혈압 140 ~ 159/90 ~ 99mmHg

　　▪ 나트륨 90mEq/일 나트륨 2,000mg/일, 소금 5g/일

　　▪ 가공식품과 나트륨 함량이 높은 음료를 제한하고 식탁에서의 소금 사용을 제한함

　　▪ 조리 시에 정해진 양의 소금만 사용함

　　▪ 우유 및 유제품을 하루에 500mL 이상 섭취하지 않도록 하며 가능한 한 저나트륨 제품을 이용함

ⓒ 2단계 고혈압 160mmHg 이상/100mmHg 이상

- 나트륨 60~90mEq/일 나트륨 1,400~2,000mg/일, 소금 3.5~5g 이하/일
- 통조림식품, 치즈, 마가린, 샐러드드레싱 등을 사용할 때 저염제품임을 확인해야 함
- 냉동식품과 즉석식품 등은 사용하지 않도록 하고 빵 종류는 하루에 2회 섭취량 이하로 제한

⑥ 칼륨, 칼슘, 마그네슘

ㄱ 칼륨

- 나트륨의 배설을 촉진시키고 레닌, 안지오텐신의 분비를 억제하며 안드레날린성 긴장을 감소
- 나트륨과 칼륨의 비 Na/K를 1 이하로 유지함

ㄴ 마그네슘 : 혈관 평활근의 수축을 억제하고 혈관확장제 역할을 하여 혈압을 조절

ㄷ 칼슘 : 수축기 혈압을 감소시키고 나트륨의 배설을 촉진함

⑦ 알코올 : 혈압 상승

⑧ 식이섬유 : 콜레스테롤의 흡수율을 낮추어 고지혈증이나 동맥경화증을 예방함

Key Point DASH 식단 dietary approaches to stop hypertension

✓ DASH 식사란 1997년 NHLB(National Heart, Lung and Blood Institute)에서 제시한 것으로 풍부한 섬유소와 항산화 영양소를 많이 섭취할 수 있어 혈압을 낮추고, 총 지방량과 포화지방, 콜레스테롤의 섭취를 줄이며 나트륨의 배설을 돕고 칼슘, 칼륨, 마그네슘의 섭취를 높이기 위한 식사요법이다.

- 신선한 과일, 채소, 저지방 유제품을 충분히 섭취한다.
- 도정하지 않은 전곡류, 생선, 기름기가 없는 가금류를 적당히 먹는다.
- 적색육류, 지방이 많은 식품, 단순당류제품은 적게 섭취하도록 권장한다.

■ DASH의 식사구성

식품군	종류	영양소	권장섭취
곡류군	도정하지 않은 곡류	복합탄수화물, 섬유소	적당히
채소군	모든 신선한 채소	칼륨, 마그네슘, 섬유소	충분히
과일군	모든 신선한 과일	칼륨, 마그네슘, 섬유소	충분히
유제품	저지방, 무지방우유	칼슘, 단백질	충분히
어육류군	껍질을 제거한 닭고기, 생선류	단백질, 마그네슘	적당히
	붉은 살코기(쇠고기, 돼지고기)	단백질, 마그네슘, 포화지방, 콜레스테롤	적게

견과류, 종실류	땅콩, 호두, 잣, 아몬드	불포화지방, 마그네슘, 칼륨, 단백질, 에너지	적당히
지방군	식물성 기름, 마요네즈	불포화 또는 포화지방	적게
당류	설탕, 꿀, 젤리	단순당류	적게

※ 자료 : 국민고혈압사업단, 고혈압을 다스리는 식사요법 DASH, 2008

■ DASH 식단 작성 시 식품교환수 배분(섭취 횟수/일)

에너지 (kcal)	곡류군	채소군	과일군	저지방 또는 무지방 유제품	어육류 군	견과류, 종실류 및 말린 콩류	지방과 기름	당류
1,600	6	3~4	4	2~3	1~2	이틀에 1회	2	0
2,000	7~8	4~5	4~5	2~3	2	일주일 4~5회	2~3	0
2,600	10	5~6	4~5	3	2	1	2	0

03 이상지질혈증

지질 대사의 이상으로 혈액 속의 중성지방이나 콜레스테롤의 농도가 비정상적으로 높거나 HDL-콜레스테롤의 농도가 낮은 상태를 말한다.

(1) 이상지질혈증의 분류

① 제Ⅰ형 고카일로마이크론혈증
   ㉠ 혈액 내 카일로마이크론이 증가한 상태로 고중성지방혈증을 나타냄
   ㉡ 지단백 분해효소가 선천적으로 결핍
   ㉢ 고지방 식사 후에 생기기 때문에 외인성 이상지질혈증이라고 함
   ㉣ 식사요법 : 지방과 알코올 섭취 제한

② 제Ⅱa형 고LDL혈증
   ㉠ 혈액 내 LDL의 증가로 인해 혈중 콜레스테롤이 높은 혈증
   ㉡ LDL 수용체 아포지단백질 C-Ⅱ의 선천적인 결핍으로 간이나 말초조직에서 LDL의 제거가 불충분하게 일어나거나, 간에서 콜레스테롤 합성이 증가되어 LDL의 생성이 증가함
   ㉢ 관상동맥경화가 발생할 위험이 큼

ⓔ 식사요법 : 포화지방산과 콜레스테롤이 높은 식사를 제한. 비만일 때는 열량도 제한

③ 제IIb형 고LDL, 고VLDL혈증

ⓐ 혈액 중 LDL과 VLDL이 함께 증가한 상태로 콜레스테롤과 중성지방이 둘다 높은 경우

ⓑ LDL 수용체 이상과 간에서 아포단백질 B 합성 항진으로 VLDL의 합성도함께 증가하는 복합형 이상지질혈증

ⓒ 비만, 동맥경화증, 고요산혈증 등이 함께 나타나기도 하고 허혈성 심장질환이 발생하기 쉬움

ⓓ 식사요법 : 열량, 단순당, 포화지방, 콜레스테롤, 알코올의 섭취를 제한

④ 제III형 고IDL혈증

ⓐ IDL의 농도가 상승함에 따라 혈청콜레스테롤과 중성지방 농도가 모두 높음

ⓑ 고지방, 고당질 식사에 의해 나타나며 죽상동맥경화증과 고요산혈증을 유발하기 쉬움

ⓒ 식사요법 : 제IIb형과 같이 열량, 지방, 당질, 알코올을 제한

⑤ 제IV형 고VLDL혈증

ⓐ VLDL의 농도가 상승함에 따라 혈중 중성지방이 증가하는 경우

ⓑ 이상지질혈증 중 가장 흔히 나타나고 당뇨병, 동맥경화와 관련이 있음

ⓒ 고당질 식사나 비만, 당뇨병, 알코올의 과잉 섭취로 인해 나타남

ⓓ 식사요법 : 열량, 당질, 알코올 제한

⑥ 제V형 고카일로마이크론혈증, 고VLDL혈증

ⓐ 혈중 지단백 분해효소의 결핍이나 부족으로 카일로마이크론 및 VLDL이 대사되지 못하여 나타남

ⓑ 유전과 관련성이 높으며 당뇨병, 심장질환, 췌장염, 알코올 중독에 의해 수반되는 이차적인 경우가 많음

ⓒ 식사요법 : 열량, 지방, 알코올 제한

■ 표 1. 이상지질혈증의 분류(WHO)

형태	증가되는 단백질	지질 농도			유도조건	원인
		cholesterol	TG	C/TG		
I	chylomicro	↑	↑↑↑	<0.2	고지방식	지단백 분해효소 결핍

(표 계속)

II a	LDL	↑↑↑	↑	1.5 <	고콜레스테롤식, 고포화지방식	LDL 수용체 이상, LDL 합성 증진
II b	LDL, VLDL	↑↑	↑↑	>0.5	고콜레스테롤식, 고지방식	LDL 수용체 이상, VLDL, LDL 합성 증진
III	IDL	↑↑	↑↑	≒1.0	고지방 및 고당질식	아포단백질 E 이상으로 간에서의 IDL 결합 저하
IV	VLDL	↑	↑↑	<0.2	고당질식	VLDL 합성 증진, VLDL 처리장애
V	chylomicro, VLDL	↑	↑↑↑	0.15 ~0.6	고지방 및 고당질식	VLDL 합성 증진, chylomicro, VLDL 처리장애

(2) 영양 관리

① 고콜레스테롤혈증

　㉠ 콜레스테롤 · 포화지방지수cholesterol-saturated index, CSI

　　▪ 각종 식품이 혈중 콜레스테롤 농도에 미치는 영향을 쉽게 비교할 수 있도록 고안된 지수

　　▪ CSI = 콜레스테롤mg/100g 식품 × 0.05 + 포화지방산g/100g 식품

　　▪ CSI 수치가 높을수록 혈중 콜레스테롤을 증가시킬 것이라고 예측할 수 있음

　㉡ 단일불포화지방산은 콜레스테롤 상승 효과가 없고 LDL 산화를 억제함

　　▪ n-6계 다가불포화지방산은 콜레스테롤 감소 효과가 있으나 혈전이 생성될 수 있고, n-3계 다가불포화지방산은 콜레스테롤 감소 효과가 있고 혈전 생성을 억제하여 심장병 예방에 효과적임

　　▪ 수용성 식이섬유인 펙틴, 검, 카라기난 등을 섭취하면 장에서 섬유소와 콜레스테롤이 결합하여 배설됨

② 고중성지방혈증

    ㉠ 고중성지방혈증은 비만 및 고혈당과 관련이 있으므로 체중 감량을 위해 과다한 열량 섭취를 제한함

    ㉡ 중성지방의 혈중 농도를 감소시키려면 총열량과 당질의 섭취를 줄이고, 특히 단순당과 알코올을 제한함

    ㉢ 생선에 다량 함유된 n-3계 불포화지방산은 혈중 중성지방 농도를 낮출 뿐 아니라 혈소판 응집과 혈전 생성을 감소시키므로 자주 섭취함

■ 표 2. 고콜레스테롤혈증에 대한 식사요법의 원칙

식이성분	고콜레스테롤혈증	고중성지방혈증
에너지	정상체중을 유지하는 범위 과체중이거나 비만상태이면 체중 조절이 필요함	
총 지방량 포화지방산 다불포화지방산 단일불포화지방산	총 에너지의 15~20% 총 에너지의 6% 이하 총 에너지의 6% 이하 총 에너지의 10% 이하	총 에너지의 20~25%
당질	총 에너지의 60~65%	50~55%
단백질	총 에너지의 15~20%	–
콜레스테롤	100mg/1,000kcal 미만 (200mg 미만/일)	–

※ 자료 : 대한영양사협회, 임상영양관리 지침서, 2008

■ 표 3. 고콜레스테롤혈증의 식품 선택

식품명	허용식품	제한식품
고기 및 생선류	모든 생선, 닭(껍질 제거), 쇠고기, 돼지고기 살코기 부분	고기의 기름 부분, 내장, 닭껍질, 소시지, 핫도그, 베이컨, 생선알(명란, 창란 등), 오징어류
우유 및 유제품류	지방 1% 이하의 탈지우유, 저지방치즈	보통 우유, 보통 치즈
난류	난백	난황
과일 및 채소류	신선한 과일 및 채소	버터, 크림 및 지방을 많이 사용하여 조리한 과일 및 채소
곡류 및 두류	밥, 빵, 감자 등의 모든 곡류 및 콩, 두유 등의 두류는 제한식품 외 모두 허용	상업적인 제과식품(파이, 케이크, 도넛, 페이스트리, 크루아상, 비스킷, 쿠키)
기름류	식물성 기름(옥수수유, 올리브유, 참기름, 대두유 등), 마가린, 쇼트닝, 마요네즈	초콜릿, 사탕, 버터, 코코넛기름, 야자유

04 동맥경화증

(1) 분류

① 죽상동맥경화증

 ㉠ 대동맥, 관상동맥, 뇌동맥에 발생하여 심근경색과 뇌경색을 일으킴

 ㉡ 유발시키는 인자는 고질혈증특히 LDL, 고혈압, 흡연, 당뇨병 등

② 중막동맥경화증

 ㉠ 대퇴동맥, 경골동맥 등의 말초동맥의 중막에 칼슘이 침착되어 석회화가 일어난 것

 ㉡ 50세 이후의 노년층에서 많이 일어남

③ 세동맥경화증

 ㉠ 소동맥, 특히 신장, 비장, 췌장, 간장 등의 내장의 세동맥에 경화가 일어난 것

 ㉡ 내강이 좁아져 혈류가 나쁘며 고혈압을 일으킴

(2) 원인

① 동맥경화증의 3대 위험요소 : 고혈압, 이상지질혈증, 흡연

② 과식, 과도한 지방질 및 염분 섭취, 운동 부족, 스트레스, 당뇨병 등

(3) 증상

① 가슴, 등, 어깨, 팔에 심한 통증을 느낌

② 허혈성 심장병, 심근경색

③ 뇌동맥에 동맥경화가 발생하면 건망증, 정신 불안, 기억력 감퇴, 지능 저하

④ 뇌동맥이 파열되어 뇌출혈을 일으켜 뇌졸중 및 중풍의 원인이됨

⑤ 신성고혈압 및 신부전증

⑥ 손발 끝이 저림, 피부 건조

(4) 영양 관리

① 에너지

 ㉠ 표준체중을 유지할 정도로 에너지 섭취량을 조절

 ㉡ 과잉의 당질 섭취는 비만을 일으키고 혈중 중성지방과 콜레스테롤을 증가시켜 동맥경화증을 촉진하므로 주의

 ㉢ 당질의 섭취량은 총 에너지 섭취량의 50~60%

② 지질

    ㉠ 동맥경화증의 주원인은 고지혈증이므로 지질 섭취 시에는 각별한 주의가 필요

    ㉡ 지질 섭취량은 총열량의 20% 이하로 공급

    ㉢ 다가불포화지방산, 단일불포화지방산, 포화지방산의 비 P/M/S는 1/1.0~1.5/1

    ㉣ 콜레스테롤은 1,000kcal당 100mg 이하로 공급하며 하루 200mg 이하로 제한

    ㉤ ω-3계 필수지방산인 EPA와 DHA는 중성지방을 감소시키는 효과와 함께 프로스타사이클린의 생성을 증가시켜 혈소판 응집작용을 억제하는 역할을 함

③ 단백질 : 체중 kg당 1.0~1.5g정도로 총열량의 15%가 되도록 공급, 저지방 어육류군의 식품을 선택함

④ 식이섬유는 하루에 25~35g의 섭취 권장

⑤ 무기질 : 소금은 하루에 5g 이하

⑥ 비타민

    ㉠ 항산화 비타민C, E, β-카로틴 충분히 공급

    ㉡ 호모시스테인 대사에 관여하는 비타민 B_{12}와 B_6, 엽산의 적절한 섭취가 권장됨

    ㉢ 니아신은 혈청콜레스테롤 저하 효과가 있으므로 충분히 섭취

05 심장질환

(1) 허혈성 심장질환

① 원인

    ㉠ 심근허혈이라고도 하며 관상동맥경화증으로 인한 동맥의 심장근육에 산소 공급이 부족하여 발생

    ㉡ 위험요인 : 고령, 가족력, 흡연, 고혈압, HDL-콜레스테롤 감소, 당뇨병 등

② 종류 및 증상

    ㉠ 협심증

        ▪ 관상동맥 경화로 협착이 생겨 일시적으로 갑작스런 통증 발생

        ▪ 안정형 협심증 : 휴식상태에서는 아무런 증상이 없으나 과도한 신체활동, 정신적 흥분, 혈압 상승, 왼쪽 가슴에 통증, 호흡 곤란이 나타나는 경우로 안정을 취하면 3~5분 정도 후에 통증이 사라짐

        ▪ 불안정형 협심증 : 안정 시에도 증세가 발생하고 증상이 오래 지속되거나 통증 횟수가 잦아지는 경우

ⓒ 심근경색증 : 관상동맥이 막혀서 심근이 괴사, 협심증 증세와 비슷하나 강하게 조이는 것 같은 흉통이 30분 이상 지속

③ 영양 관리

㉠ 에너지 : 표준체중의 90% 정도로 에너지를 공급하고 당질은 주로 복합당질로 함

㉡ 식이섬유는 충분히 공급

㉢ 단백질 : 닭고기나 어류 등을 이용하여 충분한 단백질을 공급함

㉣ 지질

- P/S비가 1~1.5가 되도록 불포화지방산을 충분히 공급
- 혈청콜레스테롤 수치가 높은 경우에는 다가불포화지방산을 주로 공급함
- 중성지방이 높을 때는 당질이나 알코올의 섭취를 제한함
- 콜레스테롤은 1일 200mg 이하로 제한

㉤ 카페인, 나트륨은 제한

Key Point　나트륨 제한 정도

✓ **무염식** 하루에 나트륨 400mg(소금 1g) 이하로 엄격히 제한한다. 자연식품 중 나트륨 함량이 많은 우유, 어육류, 근대, 쑥갓, 시금치 등의 사용도 제한하며 조미료, 소금, 간장 등을 전혀 사용하지 못한다.

✓ **저염식** 하루에 나트륨 2,000mg(소금 5g)을 공급한다.

✓ **중염식** 가벼운 나트륨 제한 식사로 하루 3,000~4,000mg(소금 8~10g)을 제공하고 식탁염의 사용을 금지한다.

2019년 기출문제 B형

다음은 협심증에 대한 내용이다. 〈작성 방법〉에 따라 서술하시오. 【4점】

> 세포에서 에너지를 생산하기 위해서 심장은 필요한 영양소와 (㉠)을/를 혈액을 통해 전신에 공급해야 한다. 협심증은 관상동맥의 경화 또는 협착이 있는 경우 여러 가지 요인으로 심근의 (㉠) 요구량이 증대되어 일시적으로 부족할 때 통증이 나타날 수 있다. 따라서 협심증 환자의 경우 알코올과 카페인 섭취를 제외한 식행동요인 중 특히 (㉡)을/를 피해야 하는 이유는 심장의 부담을 줄여 통증 발작을 예방하기 위함이다.

✏ **작성 방법**

- ㉠에 해당하는 용어와 ㉡에 해당하는 요인을 순서대로 제시할 것
- ㉡을 피해야 하는 이유를 영양학적 관점에서 ㉠과 관련하여 서술할 것

(2) 울혈성 심부전

① 원인 : 심장판막증, 부정맥, 관상동맥경화증, 심근경색, 심근내막염, 고혈압 등으로 심박출량 저하와 울혈 발생

② 증상

　㉠ 좌심부전

　　▪ 폐순환계의 울혈을 유발

　　▪ 심박출량이 감소하면 혈압이 저하, 신장으로 가는 혈류량 감소, 레닌-안지오텐신계가 활성되어 나트륨과 수분이 보유되어 말초부종이 옴

　　▪ 호흡곤란, 기침, 천식, 간비대, 복수

　㉡ 우심부전 : 정맥울혈을 유발하여 말초부종

③ 영양 관리

　㉠ 에너지

　　▪ 비만의 경우 체중을 감소시켜 정상체중 이하의 체중을 유지하도록 필요한 경우 저에너지식을 함

　　▪ 영양상태가 좋지 않은 심한 울혈성 심부전 환자의 경우 기초 에너지 요구량의 30~50%를 추가로 공급 35kcal/kg

　　▪ 중증일 때 1,500kcal/일, 악화기 1,000kcal/일 정도의 저에너지식으로 가능한 한 심장에 부담이 되지 않도록 함

　㉡ 나트륨 : 3g의 나트륨 제한식을 권장하고 중 정도 또는 심한 경우 1일 1~2g까지 제한

　㉢ 단백질

　　▪ 울혈은 단백질의 흡수장애와 간에서의 알부민 합성 저하를 초래하므로 단백질을 충분히 공급

　　▪ 경증 1~1.5g/kg, 중증과 악화기 1일 1g/kg 이상

　㉣ 지방

　　▪ 다가불포화지방산 : 단일불포화지방산 : 포화지방산의 비를 1 : 1.0~1.5 : 1로 하고 오메가-6계/오메가-3계 지방산의 섭취 비율을 4~10/1로 유지하도록 함

　　▪ 콩기름과 들기름 같은 식물성유와 등푸른생선의 섭취를 늘리도록 권장함

　　▪ 경증일 때 30~35g/일

　　▪ 중증일 때 20~30g을 공급하며 불포화지방산이 많은 식물성 기름을 사용함

　　▪ 악화기 : 15~20g/일 정도의 저지방식을 함

　㉤ 섬유소 : 장내에서 가스를 형성하여 심장에 부담을 주므로 제한함

　㉥ 무자극성 : 카페인, 탄산음료, 다량의 양념을 사용한 음식의 섭취는 제한

(3) 뇌졸중

① 원인 : 뇌혈관 순환장애로 뇌의 일부 영역에서 허혈이나 출혈이 나타나 언어와 의식 및 운동장애가 나타나는 질환

② 증상

  ㉠ 뇌출혈

  - 뇌혈관이 파열되어 출혈이 일어남반신불수, 언어장애, 혼수상태
  - 지주막 출혈 : 뇌를 싸고 있는 지주막 밑에서 동맥류선천적으로 혈관벽이 약해 꽈리같이 부푼 부위가 터져 출혈. 뇌조직 밖에 피가 고이므로 대개 반신마비 없음

  ㉡ 뇌경색

  - 뇌혈전증 : 혈전으로 뇌동맥이 막힘
  - 뇌전색증 : 심장이나 목의 큰 혈관에서 혈관이 떨어져 나와 혈류를 타고 흐르다가 뇌혈관을 막음. 비활동 시보다는 운동이나 활동 시에 잘 나타남
  - 기타 : 일과성 허혈증, 윌리스동맥륜 폐색증, 고혈압 뇌증

③ 영양 관리

  ㉠ 에너지 : 환자의 체중상태, 활동 정도에 따라 25~45kcal/kg 권장

  ㉡ 단백질

  - 1.2~1.5g/kg
  - 움직임이 없이 침대에 누워있는 환자에게 양의 질소평형을 유지하기 위해 추가의 단백질이 필요할 수 있음

  ㉢ 혈전 용해제로 와파린을 사용하고 있는 경우 비타민 K의 섭취 조절 필요

  ㉣ 변비를 막기 위해 신선한 채소류 및 해초류를 충분히 섭취하고 염분 함량이 많은 가공식품은 피하도록 함

  ㉤ 혈중 콜레스테롤을 100~200mg/dL 유지

  ㉥ 식이섬유 : 하루에 30g 이상의 식이섬유를 공급

6 제 장 비만과 체중 조절

01 • 비만
02 • 저체중

01 비만

(1) 비만의 정의

① 과체중 : 성인의 표준체중에서 10% 초과한 경우

② 비만

  ㉠ 성인의 표준체중에서 20% 초과한 경우

  ㉡ 체지방량이 남자는 25%, 여자는 30% 이상인 경우

③ 지방축적증 : 지방이 과잉 축적된 증상으로 비만의 실질적인 의미

(2) 비만의 원인

① 유전

② 기초 대사의 저하

③ 열 발생의 저하

  ㉠ 교감신경이 둔화되어 에너지 소모가 잘 일어나지 않음

  ㉡ 갈색지방세포의 기능 저하로 소모에너지가 감소함

④ 식사행동 : 불규칙한 식사, 과식, 폭식, 야식, 칼로리가 높은 외식 및 패스트푸드 섭취 등

⑤ 활동량 감소

⑥ 내분비 대사장애 : 쿠싱증후군, 폐경기 여성의 폐경기로 인한 에스트로겐의 분비가 감소함

⑦ 정신적, 심리적 요인 : 보상심리로 과식

⑧ 기타 : 사회적, 인종적, 약물 사용 등

(3) 분류

① 원인에 의한 분류

   ⊙ 단순성 비만 : 과식, 운동 부족이 원인

   ⓒ 증후성 비만 : 대사장애 등 원인으로 비만 유발

② 지방조직의 형태에 의한 분류

   ⊙ 지방세포 증식형 비만 : 소아비만으로 고도비만이 되기 쉬움

   ⓒ 지방세포 비대형 비만

     ■ 성인비만으로 복부비만과 관련 있음

     ■ 고혈압, 당뇨, 고지혈증, 관상동맥질환과 같은 대사성 질환의 원인이 됨

     ■ 식사요법과 운동으로 조절이 가능함

③ 지방조직의 분포에 의한 분류

   ⊙ 상체비만

     ■ W/H 비율이 0.9 이상으로 내장지방형으로 복부비만형

     ■ 과식, 스트레스, 노화, 운동 부족 및 흡연 등이 원인임

     ■ 당 대사이상, 고지혈증, 고혈압 등의 합병증이 발생함

   ⓒ 하체비만

     ■ W/H 비율이 0.9 이하로 여성형이며 여성 호르몬이 엉덩이와 허벅지에 지방을 축적시킴

     ■ 미용상의 문제 외에도 정맥류의 위험이 높음

(4) 치료법

① 식사요법

   ⊙ 에너지

     ■ 하루에 최소한 1,000kcal 이상의 에너지가 공급되도록 식사 계획을 세움

     ■ 1일 800kcal 이하의 초저열량식은 탈수, 현기증, 탈모, 두통, 피로, 변비, 근육 경련, 부정맥 등의 의학적 문제를 초래함

> **Key Point** 저열량식과 초저열량식
>
> ✓ **저열량식(low calorie diet, LCD)** 자신의 바람직한 체중에 대한 열량 필요량의 20% 혹은 300~500kcal를 뺀 열량을 공급한다. 각종 영양소 섭취를 확보하기 위해 1,000~1,500kcal 정도가 바람직하다.
>
> ✓ **초저열량식(very low calorie diet, VLCD)** 800kcal/일 이하, 체질량지수가 30 이상이고 이상체중백분율이 130%인 난치성 고도비만에게 적용한다. 케톤혈증이나 산독증이 우려되므로 의사와 영양사의 면밀한 감독이 필요하다.

ⓒ 체중 감량을 위한 에너지 섭취 계산법

- 표준체중을 이용하는 방법

  - 빠른 체중 감량을 원할 때 이용하는 것으로 아주 엄격한 방법임
  - 표준체중을 구함
  - 표준체중의 활동도에 따른 에너지양을 곱함
  - 감량하고 싶은 체중만큼 에너지를 감해 줌. 이상적인 감량은 1주일에 0.5kg 정도임
  - 체중 0.5kg은 3,500kcal에 해당하므로 일주일에 0.5kg을 줄이려면 에너지 필요량보다 하루에 500kcal를 적게 먹으면 됨
  - 지방조직 1kg은 약 7,000kcal의 열량이 필요함

■ 표 1. 활동도에 따른 에너지 요구량

생활활동 정도	직종	체중당 필요 에너지 양(kcal/kg)
가벼운 활동	일반 사무직, 관리직, 기술자, 어린 자녀가 없는 주부	25~30
중등도 활동	제조업, 가공업, 서비스업, 판매직 외 어린 자녀가 있는 주부	30~35
강한 활동	농업, 어업, 건설작업원	35~40
아주 강한 활동	농번기의 농사, 임업, 운동선수	40~

- 조절체중을 이용하는 방법

  - 비만도가 20~30% 이상인 사람에게 적합
  - 현재의 체중이 표준체중에 비해 많이 초과할 때 조절체중을 이용하는 것이 효과적임

- 현재체중을 이용하는 방법 : 체중은 약간 더디게 빠지나 다이어트 하기가 쉬워 오랫동안 할 수 있고 기초 대사 저하가 별로 일어나지 않아 요요현상이 잘 일어나지 않음

- 현재 섭취하고 있는 열량에서 감하는 방법 : 총 섭취열량에서 하루에 500kcal 정도 감해주는 방법

ⓒ 영양소의 배분

- 탄수화물

  - 1일 에너지의 50~60% 정도
  - 적당량의 당질 섭취100g/일 이상가 체단백질의 보존과 지질의 완전연소를 위해 필요함
  - 저 GI당지수 식품을 제공함

- 단백질
  - 체단백질 손실 방지를 위해 섭취를 증가시킴
  - 1일 에너지의 20~25%
  - 표준체중 kg당 1.0~1.5g 권장함
- 지질 : 1일 에너지의 15~25%, 포화지방을 총열량의 6% 이내로 하며 콜레스테롤을 1일 200mg 이내로 섭취함
- 비타민과 무기질
  - 항산화 영양소인 비타민 A, C, E 등이 부족하지 않도록 주의함
  - 1일 1,200kcal 이하의 저에너지식을 하는 경우에는 비타민과 무기질칼슘과 철분의 보충제 사용을 권장함
- 수분 : 1일 1L 이상 혹은 1kcal당 1mL 이상의 수분 섭취를 권장함
- 알코올 : 비만인 경우, 특히 지방간, 고중성지방혈증, 고요산혈증 등을 유발하고 악화시킬 수 있으므로 금주를 하는 것이 바람직함

② 운동요법
  ㉠ 종류 : 유산소운동
  ㉡ 운동강도 : 등에 땀이 날 정도로 최대 심박수의 60~80% 수준
  ㉢ 운동빈도 : 주 3~5회, 1회 30분 이상
  ㉣ 운동 지속시간 : 최소 30분 이상

③ 행동수정
  ㉠ 자기 감시관찰 : 식사일기 쓰기, 비만 식습관과 식행동 평가, 체중 변화 기록
  ㉡ 문제점 목록 작성
  ㉢ 자극 조절
  ㉣ 보상

④ 약물요법
  ㉠ 비만으로 인한 합병증이 심각한 경우에만 의사의 처방에 따라 복용
  ㉡ 작용기전
    - 섭취한 지방의 분해 혹은 배설을 촉진함
    - 포만감을 주어 에너지 섭취를 감소함

⑤ 외과적 수술 : 위절제술, 위풍선술, 턱고정술

02 저체중

(1) 정의

① 표준체중의 90% 이하

② BMI body mass index 18.5 이하

③ 저체중이 심하면 사망률이 높아짐

(2) 원인

① 식사의 양과 질이 부족하며 영양소의 소화, 흡수장애 및 배설 증가

② 대사항진, 소모성 질환, 만성 질병, 정서적 스트레스

(3) 증상

갑상선, 부신 등 기능 저하, 감염성 질병, 저체온, 피로감, 골다공증, 생리불순, 불임, 유산 증가

(4) 영양 관리

① 에너지

㉠ 1일 500~1,000kcal 추가 책정

㉡ 한 번의 식사에서 보다 많은 에너지를 공급하려면 농축된 형태로 공급함

② 단백질 : 체중 kg당 1.5g 정도로 충분히 섭취함

③ 당질과 지질

㉠ 소화가 용이한 당질을 이용하고 농축된 열량원인 지질을 이용함

㉡ 밤참으로 죽 등을 공급하여 200~300kcal 정도 섭취함

④ 무기질과 비타민 : 무기질과 비타민의 적절한 이용. 특히 비타민 B군은 식욕을 증가시키고 에너지 증가에 따라 필요량도 증가되므로 보충이 필요함

제 7 장 당뇨병

01 당뇨병의 정의

인슐린이 분비되지 않거나 인슐린의 작용이 정상적으로 이루어지지 않으면 포도당이 세포로 들어가지 못하고 혈액에 남아 혈중 수치가 정상범위(70~100mg/dL)보다 높아지고 결국 소변으로 빠져나가게 되어 생기는 만성 내분비질환이다.

02 당뇨병 진단을 위한 검사

(1) 공복 시 혈당 측정

① 보통 8시간 공복 후의 혈당을 측정

② 공복 시 정상인의 혈당은 100mg/dL 미만이고, 100~125mg/dL를 공복혈당장애, 126mg/dL 이상은 당뇨병으로 진단함

(2) 경구 당부하 검사

① 공복 혈당치가 100~125mg/dL이거나 식후 혈당치가 140mg/dL 이상이면 12시간 금식 후 경구 당부하 검사를 실시함

② 정상인은 포도당 투여 후 30~60분에서 최고 혈당치를 나타내고, 그 후 점차 감소하여 2시간 경과 후에는 처음 수준으로 되돌아오나 당뇨병 환자는 2시간 후에도 정상으로 떨어지지 않고 혈당치가 계속 높게 유지됨

③ 당부하 2시간 후 측정한 혈당이 140~199mg/dL일 때 내당능장애, 200mg/dL 이상이면 당뇨병으로 진단함

(3) 당화헤모글로빈(glycosylated hemoglobin, HbA1c)

① 적혈구 내에 존재하는 생분자로 적혈구의 헤모글로빈이 포도당과 결합하여 생긴 분자임

② 혈당이 높아지면 헤모글로빈 중 A1c 분자구조 끝에 포도당이 비효소적으로 결합하여 당화헤모글로빈이 증가함

③ 비교적 장기간에 걸친 혈당 수준을 반영하며, 특히 고위험군에서 선별 검사가 용이하고 환자가 방문했을 경우 바로 검사가 가능함

④ 당뇨병 : 6.5% 이상으로 증가, 당뇨병 발병 위험군 5.7~6.4%

(4) 요당

① 신장의 포도당 재흡수 역치가 180mg 이상인 경우 신세뇨관에서 포도당 재흡수가 불가능하여 당뇨로 나타남

② 소변 중 포도당 유무, 케톤체 유무, 요단백, 요비중, 침강되는 잔사를 검사함

③ 정상범위 : 소변의 비중 1.008~1.030, 요량 1.2~2L/일, 요당 5~10g/일, 케톤체 3~15mg/일

(5) 인슐린과 C-펩타이드 농도 측정

① 인슐린 의존형 당뇨병의 진단을 위하여 혈청인슐린과 C-펩타이드 농도를 공복 시에 측정함

② C-펩타이드 농도를 연속적으로 측정함으로써 당을 섭취한 후에 일어나는 인슐린의 분비 시각과 양을 예측, 인슐린 투여를 받고 있는 환자의 인슐린 투여량이 적정한지를 아는 데 이용함

③ C-펩타이드 정상치 : 공복 시 1~2ng/mL, 당부하 시 4~6ng/mL

03 당뇨병의 분류와 진단기준

■ 표 1. 당뇨병의 진단기준

구분		공복 시 혈당[1]	당부하 후 2시간 혈당[2]	당화 헤모글로빈
정상		<100mg/dL	<140mg/dL	–
당뇨병의 고위험군	공복혈당장애	100~125mg/dL	–	–
	내당능장애	–	140~199mg/dL	5.7~6.4%

(표 계속)

| 당뇨병[3] | ≥126mg/dL | ≥200mg/dL | ≥6.5% |

1) 공복혈당 : 8시간 이상 금식 후 측정한 혈당
2) 75g 경구 포도당부하 2시간 후 측정한 방법
3) 공복혈당과 당부하 후 2시간 혈당조건 외에 고혈당증상(다뇨, 다음, 원인을 알 수 없는 체중 감소 등)이 있고 임의 혈당(식사시간과 무관하게 낮에 측정한 혈당) ≥ 200mg/dL인 경우도 당뇨병으로 진단함

(1) 당뇨병의 고위험군

① 혈당 유지의 항상성이 손상된 단계를 말함
② 공복혈당장애, 내당능장애와 같은 중간단계를 미리 진단하면 당뇨병으로 진행되는 것을 예방할 수 있음

(2) 제1형 당뇨병

① 당뇨병 환자의 5~10%
② 췌장의 베타세포의 손상으로 인해 인슐린을 합성하여 분비시키는 능력이 손상되어 나타나는 당뇨병. 인슐린 절대량이 부족하여 발생하는 것이므로 반드시 인슐린 치료가 필요함
③ 주로 30세 이전에 발생
④ 초기에는 어느 정도 베타세포가 남아있어 인슐린 합성, 분비가 가능하나 시간이 경과하여 말기에 갈수록 베타세포의 파괴가 진행되어 결국 인슐린 합성, 분비가 전혀 안 됨

(3) 제2형 당뇨병

① 인슐린 비의존성 당뇨병, 성인기 당뇨병 환자의 90~95%, 환자의 90%가 비만과 관련함
② 췌장에서 인슐린이 어느 정도 분비되나 세포가 인슐린의 작용에 정상적으로 반응하지 못하는 인슐린 저항성의 증가로 인해 발생함
③ 발병위험도는 나이, 비만도, 운동 부족에 비례하여 증가함
④ 제2형 당뇨병에서 글루카곤이 상승되어 있어도 케톤산증이 잘 유발되지 않는 이유는 혈장인슐린이 지방분해를 억제하기에 충분한 농도로 존재하기 때문임

(4) 임신성 당뇨병

① 인슐린 길항 호르몬이 증가하는 기간인 임신 24주에서 28주 사이에 임신부의 약 7%에서 나타남

② 임신 초기에 혈당이 상승하면 기형아 발생률이 증가하고 임신 말기에 혈당이 상승하면 거대아 출산율이 증가함

③ 임신성 당뇨병 환자는 출산 후 정상으로 회복되지만, 약 40%는 15년 이내에 당뇨병이 발병함

■ 표 2. 임신성 당뇨병의 선별 검사와 진단기준

선별 검사	
1단계 접근법	임신 24~28주에 2시간 75g 경구 당부하 검사
2단계 접근법	50g 당부하 1시간 후 혈당 140mg/dL 이상(고위험 산모의 경우, 130mg/dL)이면, 선별 검사 양성으로 판정하여 100g 경구 당부하 검사 시행을 고려함
임신 24~28주 사이	
75g 경구 당부하 검사 후 (1)~(3) 중 한 가지 이상	(1) 공복 혈장 혈당 ≥92mg/dL
	(2) 당부하 1시간 후 혈장 혈당 ≥180mg/dL
	(3) 당부하 2시간 후 혈장 혈당 ≥153mg/dL
100g 경구 당부하 검사 후 (1)~(4) 중 두 가지 이상	(1) 공복 혈장 혈당 ≥95mg/dL
	(2) 당부하 1시간 후 혈장 혈당 ≥180mg/dL
	(3) 당부하 2시간 후 혈장 혈당 ≥155mg/dL
	(4) 당부하 3시간 후 혈장 혈당 ≥140mg/dL

(5) 기타 특이성 당뇨병

① 췌장질환인슐린 분비 부족, 간질환, 갑상선, 부신, 뇌하수체 등 내분비계 이상인슐린에 길항작용 및 작용 방해으로 발생

② 약물에 의한 영향인슐린 분비 방해-phytoin, 작용 저해-glucocorticoid, estrogen 등

③ 이차적 요인에 의해서 발생

다음은 2가지 질환을 진단받은 51세 성인 남성의 검진자료의 일부이다.〈작성 방법〉에 따라 서술하시오.【4점】

〈검진자료〉

(가) 신체 계측 결과

- BMI 27kg/m²

(나) 생화학적 검사 결과

- 혈중 중성지방 145mg/dL

- 혈중 총 콜레스테롤 195mg/dL

- 혈중 LDL-콜레스테롤 121mg/dL

- 혈중 HDL-콜레스테롤 45mg/dL

- 당화혈색소 6.7%

🖉 **작성 방법**

- 자료 (가)와 (나)의 요인 중에서 이 남성이 진단받은 2가지 질환의 근거요인을 각각 제시할 것
- 각 요인과 관련된 질환명을 진단 기준치를 포함하여 서술할 것

04 당뇨병의 증상

- 당뇨 신장역치170~180mg/dL 이상이면 모든 당이 재흡수되지 못하고 소변으로 배설됨

- 다뇨 : 당과 케톤체가 소변으로 배설될 때 다량의 수분을 동반함

- 다음 : 당과 함께 다량의 수분이 배설되면 상대적으로 체내 수분이 부족하여 갈증이 오고 다량의 물을 섭취함

- 다식 : 인슐린 부족 및 저항성으로 혈당은 상승하나 세포 내로 당 공급이 안 되므로 세포 내 에너지 부족과 조직의 영양소 부족으로 심한 공복감이 나타남

- 체중 감소 : 근육단백질로부터 당신생합성이 활발히 일어나 체근육이 손실됨

- 피로감 : 세포의 활동 부족으로 인해 심한 피로감

- 케톤증 : 지방이 산화될 때 불완전 연소하게 되어 케톤체를 과잉 형성함

05 당뇨병의 영양소 대사

(1) 당질 대사

① 인슐린이 절대적으로 부족하거나 양은 정상이라도 말초조직세포들의 예민도가 감소하면 세포 내로 포도당이 유입되지 못하고 글리코겐의 합성이 저하됨

② 혈액으로 유입된 포도당이 고혈당을 초래하여 세포 내에서는 포도당이 부족하고 해당과정과 TCA 회로의 효소 활성이 저하되어 에너지 생성이 부족함으로써 당신생합성을 유도함

③ 고혈당은 신장의 재흡수 역치를 넘어서면 요당으로 배설함

(2) 지질 대사

① 인슐린의 기능 부족으로 지방합성이 저하되고 지방산의 산화가 증가

② 케톤체를 생성함

③ 케톤증, 케톤산혈증을 초래함

④ 당 대사 이상으로 중성지방 합성에 필요한 글리세롤 인산이 부족하게 되어 중성지방의 합성이 감소하게 되므로 체지방이 감소함

⑤ 체지방 분해로 인해 아세틸 CoA가 증가하여 간에서 콜레스테롤 합성이 증가하고, 혈액 콜레스테롤 수치가 상승하므로 당뇨병 환자는 정상인에 비해 동맥경화 발생 위험이 높음

(3) 단백질 대사

① 인슐린작용이 부족해지면 체단백의 분해가 항진되고 생성된 아미노산은 포도당 신생작용에 의해 고혈당이 됨

② 알라닌은 포도당으로 전환되나 분지아미노산인 발린, 루신, 이소루신 등은 혈액으로 방출됨

③ 아미노산이 에너지원으로 사용하면 아미노기가 간으로 운반되면서 요소 합성작용이 촉진되어 요중 질소 배설량이 증가함

④ 근육에서 체단백 분해 증가로 인한 체단백의 감소는 몸을 쇠약하게 하여 성장을 저하시키고 병에 대한 저항력이 감소함

(4) 수분 및 전해질 대사

① 혈당이 상승되면 혈액의 삼투압이 증가되므로 세포내액에서 혈액으로 수분이 이동함

② 포도당의 케톤이 소변으로 배설될 때 수분이 함께 배설되므로 당뇨가 약화되면 탈수를 초래함

③ 수분과 함께 Na^+, K^+ 등 전해질이 배설되므로 전해질 대사도 불균형이 발생함

06 당뇨병의 합병증

(1) 급성 합병증

① 당뇨병성 케톤산증당뇨병 혼수

　㉠ 제1형 당뇨병에서 인슐린 주사를 중단했을 때나 처방된 식사량 및 내용을 지키지 않았을 때 인슐린 부족이 심해지면서 나타나는 증상임

　㉡ 포도당이 에너지원으로 쓰이지 못하고 지방이 분해되어 케톤체를 생성함

　㉢ 증상 : 무기력함, 구토, 탈수, 식욕 부진, 다뇨, 호흡 곤란, 아세톤 냄새, 혼수

　㉣ 처방 : 인슐린 투여, 전해질과 수분 공급함

　㉤ 진단 : 250mg/dL 이상의 고혈당, 케톤뇨증이나 혈액 내 케톤의 존재, 혈액의 산성화정맥 pH<7.35 여부

② 고삼투압성 고혈당 비케톤성 증후군

　㉠ 주로 고령의 제2형 당뇨병 환자에게서 흔함

　㉡ 길항 호르몬의 과분비로 간에서 포도당 생성량이 증가하여 혈당이 증가하고 중추신경계장애가 나타남

　㉢ 혈당과 나트륨 농도 상승으로 혈액의 삼투압이 증가하여 탈수가 옴

　㉣ 증상 : 탈수, 기립성 저혈압, 의식 혼탁 및 혼수 등의 중추신경계 증세가 나타남

　㉤ 수분 공급, 적정량의 인슐린 공급

　㉥ 진단 : 400mg/dL 이상의 고혈당 및 혈액 내 삼투압의 상승>315mOsm/kg 여부

③ 저혈당

　㉠ 인슐린이나 혈당강하제의 과다 사용, 극심한 운동, 결식, 불규칙한 식사, 식사량의 감소, 구토, 설사 등의 경우에 나타남

　㉡ 혈당이 70mg/dL 이하로 낮아진 상태임

　㉢ 증상 : 구토, 전신무력, 발한, 의식장애와 경련, 혼수

　㉣ 환자가 의식이 있는 경우 : 과즙, 꿀물 등의 흡수가 빠른 당질을 10~20g 섭취시킴

ⓤ 환자가 정신을 잃었거나 경구투여가 불가능한 경우 포도당 정맥주사를 줌

ⓥ 심각한 저혈당이 주로 밤에 자주 나타나면 저녁시간의 인슐린 투여량을 줄이
거나 저녁 간식량을 증가시켜 저혈당을 예방하도록 함

(2) 만성 합병증

① 당뇨병성 신경병증

㉠ 고혈당으로 오래되면 신경세포 내에 솔비톨이 쌓여 신경세포가 정상으로 기
능을 하지 못함

㉡ 말초신경의 손상은 팔, 다리로의 신경자극의 전달이 저하되어 감각이 없고
발, 다리가 부패하는 괴저현상을 보이며 심하면 다리를 절단함

㉢ 말초신경병증 : 발가락, 발, 다리에 진행됨. 저린 느낌, 짜릿짜릿한 느낌, 화끈
거리는 느낌, 둔통, 따끔따끔한 통증을 말함

㉣ 자율신경병증 : 혈관, 땀샘, 위장, 소장, 대장, 방광, 심장을 관장하는 자율신
경계에 손상이 일어남

② 당뇨병성 신장질환

㉠ 신장의 모세혈관 손상으로 생기는 질환단백뇨, 고혈압, 부종

㉡ 단백뇨는 사구체 경화를 초래하여 요독증과 만성 신부전을 발생함

㉢ 단백질은 1일 체중당 0.6~0.8g로 제한함

③ 당뇨병성 망막병증 : 망막 모세혈관에 생기는 병변임

④ 심혈관계 합병증 : 혈중 중성지방과 총 콜레스테롤 농도 증가, HDL 수준은 감소
하여 죽상경화성 혈관질병과 관상동맥질환의 발생이 증가함

07 당뇨병의 영양 관리

(1) 에너지

1일에 필요한 에너지kcal = 표준체중kg × 활동별 에너지kcal/kg

> **Key Point** 하루 총 필요에너지 계산
>
> ✔ **육체활동이 거의 없는 환자** 표준체중(kg) × 25~30(kcal/kg)
> ✔ **보통의 활동을 하는 환자** 표준체중(kg) × 30~35(kcal/kg)
> ✔ **심한 육체활동을 하는 환자** 표준체중(kg) × 35~40(kcal/kg)

(2) 당질

① 총 에너지 섭취의 50~60%, 복합당질식품 권장

② 단순당은 총열량의 5% 이내로 제한

③ 당지수GI가 낮은 식품 선택

④ 당부하지수GL = 식품의 1회 분량에 함유된 당질 함량g × 당지수GI / 100

> **Key Point** 당지수glycemic index, GI와 당부하지수glycemic load, GL
>
> ✔ 당지수란 포도당을 섭취하였을 때 나타나는 혈당상승수치를 100으로 하여 각각의 식품 섭취 후 나타나는 혈당치를 비교하여 수치로 표시한 것이다. 일반적으로 55 이하인 경우 당지수가 낮은 식품, 70 이상인 경우 당지수가 높은 식품으로 분류한다.
>
> ✔ 당부하지수는 당지수에 식품의 1회 섭취량을 반영한 것으로 당지수에 식품의 1회 섭취량에 포함된 당질의 양을 곱한 다음 100으로 나누어 계산한다.
>
> ✔ 당뇨병 환자에게 탄수화물의 양뿐 아니라 당지수, 당부하지수를 고려하면 혈당 조절에 도움을 받을 수 있다. 그러나 당지수는 개인차뿐 아니라 조리방법, 식이섬유소 함량, 소화·흡수속도, 총 지방량 등의 여러 요인과 어떤 음식과 같이 섭취하느냐에 따라 달라질 수 있으므로 음식 선택의 유일한 기준이 되어서는 안 된다.

■ 표 3. 식품의 당지수 예

높은 당지수의 식품 (70 이상)		중간 당지수의 식품 (56~69)		낮은 당지수 식품 (55 이하)	
떡	91	환타	68	현미밥	55
흰밥	86	고구마	61	호밀빵	50
구운 감자	85	아이스크림	61	사과	38
시리얼 (콘플레이크)	81	파인애플	59	우유	27
수박	72	페이스트리	59	대두콩	18

(3) 단백질

① 총 에너지의 20~25%, 표준체중 kg당 1~1.2g

② 신장 합병증이 동반된 경우 : 0.8g/kg

(4) 지방

① 총 에너지의 20~25%

② 포화지방산과 콜레스테롤 함량이 낮은 식사를 권장함

③ 포화지방은 총 에너지의 7% 이내, 콜레스테롤은 1일 200mg 미만 섭취하며 트랜스지방 섭취를 주의함

④ 오메가-3계 지방산과 불포화지방산의 섭취를 증가시킴

(5) 섬유소

1일 1,000kcal 당 14g 이상의 섭취 권장

(6) 나트륨

① 고혈압 유무에 관계없이 1일 2,300mg 이하로 유지함

② 심부전이 동반된 경우 2,000mg 이하로 제한함

(7) 알코올

① 7kcal/g의 에너지를 함유하고 있고 케톤체 합성 증가, 저혈당증, 혈중 중성지방 상승 등을 유발할 수 있으므로 제한함

② 간에서 포도당 신생작용을 억제하여 저혈당의 위험을 증가시킬 수 있음

③ 남자의 경우 2알코올 당량알코 15g 기준인 1알코올 당량 : 맥주 200mL, 소주 50mL, 포도주 150mL, 여자 또는 체격이 작은 남자의 경우 1알코올 당량 정도로 섭취량을 조절함

Key Point 당뇨병 환자의 식사지침 요약

✓ **정해진 양만큼, 규칙적으로, 골고루**

- 매일 일정한 시간에 알맞은 양의 음식을 규칙적으로 먹는다.
- 설탕이나 꿀 등 단순당의 섭취를 피한다.
- 섬유소를 적절히 섭취한다.
- 지방을 적정량 섭취하며 콜레스테롤의 섭취를 제한한다.
- 소금 섭취를 줄인다.
- 술을 피한다.

2016년 기출문제 B형

다음은 과일의 당지수(GI, Glycemic Index) 관련 자료이다. 이 자료를 이용하여 당부하지수(GL, Glycemic Load)의 개념을 설명하고, 각 과일의 당부하지수를 산출한 후 혈당이 높아 조절이 필요한 A학생이 섭취하기에 가장 적합한 과일을 1가지 쓰시오(단, 산출과정을 쓰고, 당부하지수는 소수점 둘째 자리에서 반올림하여 소수점 첫째 자리까지 구할 것).【4점】

과일	1회 섭취량(g)	당질 함량(g) / 1회 섭취량	GI
사과	120	15	38
배	120	11	38
포도	120	18	46
파인애플	120	13	59

자료 : 대한당뇨병학회, 「당뇨병 식품교환표 활용지침 제3판」, 2010

08 소아청소년기의 당뇨병

(1) 소아청소년기 제1형 당뇨병

① 소아청소년기는 저혈당을 인지하고 반응하는 능력이 부족함

② 영양 요구량은 일반 아동과 같으나 식사나 간식의 섭취시간, 섭취량을 일정하게 함

③ 속효성 인슐린이나 중간형 인슐린을 주사하는 경우 인슐린의 최대 작용시간에 맞추어 식사나 간식을 계획함

(2) 소아청소년기 제2형 당뇨병

① 위험인자 : 가족력, 과체중, 다낭성 난소증후군, 태아기에 고혈당에 노출된 경우 고혈압 및 이상지질혈증임

② 당뇨 진단과 동시에 혈압, 지질 농도, 미세단백뇨 측정 및 안과 검사 등을 실시함

■ 표 4. 소아청소년기 제1형 당뇨병 환자의 연령대별 혈당 및 당화헤모글로빈 조절목표

연령대	혈당 (mg/dL)		당화 헤모글로빈 (%)	근거
	식전	취침 전		
유아기 (0~6세)	100~180	110~200	<8.5% (단 7.5% 이상)	■ 저혈당으로 인한 위험이 매우 높음
학동기 (6~12세)	90~180	100~180	<8%	■ 저혈당으로 인한 위험이 높음 ■ 사춘기 이전에는 합병증 발생 위험이 낮음
사춘기 및 청소년기 (13~19세)	90~130	90~150	<7.5%	■ 심한 저혈당 시 위험 ■ 발달 및 심리적 문제 ■ 과도한 저혈당 위험이 없다면 낮게(<7.0%) 목표를 정하는 것이 타당함

(3) 영양 관리

① 에너지 : 소아의 성장에 따라 정상아동의 필요량에 준하여 결정

② 단백질 : 총 에너지의 15~20%

③ 지방

　㉠ 일반 아동보다 동맥경화증 위험이 높으므로 총 에너지의 30% 이하

　㉡ 콜레스테롤은 1,000kcal당 100mg 이하 1일 300mg 이하로 제한함

④ 1일 3회의 식사와 2~3회의 간식으로 식사를 구성하고 아동의 평소 섭취량, 활동량, 인슐린 치료의 유무 등을 고려함

⑤ 당질은 매끼 식사를 25~30%, 간식으로 8~10% 정도로 배분하되 당분이 많이 함유된 음료를 피함

⑥ 인슐린 치료를 받는 아동은 1일 2~3회의 간식을 제공함

09 약물요법

(1) 경구혈당 강하제

① 설폰요소제 : 췌장 베타세포를 자극하여 인슐린 분비 증가, 간에서의 포도당 신생을 억제하여 말초조직의 인슐린 저항성을 감소시키는 효과가 있음

② 비구아나이드제 : 인슐린 분비를 자극하지는 않으나 간에서 당 신생과 장내 당흡수를 억제하여 인슐린 감수성을 증가시켜 혈당을 저하시킴

③ 알파글루코시다아제 억제제 : 알파글루코시다제 활성을 저해하여 장내 당질소화와 당 흡수를 지연시킴

(2) 인슐린 치료

① 구강으로 섭취할 수 없고 정맥이나 피하 내로 주사함

② 인슐린은 작용시간에 따라 속효성, 중간형, 장시간형 지속형, 혼합형으로 구분

③ 식사와 크게 상관없는 기본적인 인슐린 기저 인슐린과 식사할 때 많은 양이 일시적으로 필요한 인슐린 식사 인슐린으로 나눔

④ 기저 인슐린은 24시간 피크 없이 작용하는 지속형 인슐린으로 공복혈당이 80~110mg/dL가 나올 정도로 인슐린양을 결정

⑤ 식사 인슐린은 3~4시간 작용하는 속효성 인슐린으로 식후 2시간 혈당이 100~160mg/dL가 나올 정도로 인슐린양을 결정

10 운동요법

(1) 제1형 당뇨병 환자를 위한 운동요법

① 운동은 인슐린 필요량을 감소

② 혈당이 250mg/dL 이상일 때는 혈당, 유리지방산, 케톤체를 증가시킬 수 있으니 주의

③ 인슐린 투여 후 1시간 이후나 식사 후 1~2시간 후에 운동하는 것이 좋음

(2) 제2형 당뇨병 환자를 위한 운동요법

■ 표 5. 운동 시 당질 섭취의 지침

운동형태	운동의 예	운동 전 혈당 (mg/100mL)	추가로 필요한 당질량	이용식품 (교환단위)
가벼운 단시간 운동	걷기(1km), 천천히 자전거 타기(30분 이하)	100	시간당 10~15g	과일 1단위 (또는 곡류 0.5단위)
		>100	추가 당질 필요 없음	–
보통 정도의 운동	1시간 정도의 청소, 테니스, 수영, 골프, 자전거, 정원 손질	100	운동 전 25~50g, 후에 운동시간당 10~15g	우유 1단위 (또는 과일 1단위)에 곡류 0.5단위 추가 가능
		100~180	시간당 10~15g	과일 1단위 (또는 곡류 0.5단위)
		180~300	추가 당질 필요 없음	–
		>300	운동은 위험	–
심한 운동	1~2시간 이상의 축구, 농구, 자전거, 수영, 라켓볼	<100	운동 전 50g 정도, 혈당을 자주 측정	우유 1단위 (또는 과일 1단위)와 곡류 1단위
		100~180	운동 정도와 시간에 따라 25~50g 정도	우유 1단위 (또는 과일 1단위)와 곡류 0.5단위 추가 가능
		180~300	운동시간당 10~15g 정도	곡류 0.5단위
		>300	운동은 위험	–

제8장 콩팥질환

콩팥은 소변을 만드는 기관으로서 그 주된 역할은 체내의 불필요한 성분을 체외로 배설하고 세포외액의 성분을 일정하게 유지하는 일이다. 또한 콩팥은 혈류량과 전해질, 산·염기평형 및 혈압을 유지하고, 적혈구 조혈인자인 에리트로포이에틴을 생성하며 비타민 D를 활성화시킨다.

01 콩팥의 기능

(1) 소변 생성과 배설

① 사구체 여과 : 심박출량의 25%가 신장으로 유입 매분 약 1,250mL, 이 중 약 10%인 125mL 정도가 매분 200만 개의 사구체에서 보우만주머니를 거쳐 여과되어 세뇨관으로 이동됨

② 세뇨관 재흡수와 분비 : 수분, 포도당, 알부민, 전해질의 유용한 물질은 재흡수하고 노폐물인 요소, 요산, 크레아틴 및 기타 물질은 배설됨

③ 호르몬에 의한 소변 생성 조절 : 재흡수와 분비는 주로 알도스테론 aldosterone과 항이뇨 호르몬 antidiuretic hormone, ADH에 의해 조절됨

(2) 혈압 조절

① 혈압이나 혈액량이 저하되어 신장동맥의 압력이 떨어지면 신장에서 레닌이 분비되어 간에서 분비된 안지오텐시노겐을 안지오텐신 I으로 전환시키고 안지오텐신 I은 안지오텐신 II로 전환됨

② 활성화된 안지오텐신 II는 부신피질에서 알도스테론 분비를, 뇌하수체 후엽에서 항이뇨 호르몬의 분비를 촉진함

③ 안지오텐신은 자체가 혈관 수축작용을 하고 알도스테론은 세뇨관에서 나트륨의 재흡수를, 항이뇨 호르몬은 수분의 재흡수를 촉진하여 혈액량이 증가하게 하여 혈압을 정상화시킴

(3) 산·염기평형 조절

콩팥은 호흡기와 함께 pH를 7.4로 유지함. 혈액의 수소이온 농도가 낮아져서 체액이 알칼리화되면 신장은 중탄산염$_{HCO_3}$을 배출하여 혈액의 산성도를 높임

(4) 조혈작용

에리트로포이에틴을 합성하여 골수에서의 적혈구 생성을 촉진함

(5) 혈액 칼슘 조절

① 비타민 D는 간에서 25-하이드록시 콜레칼시페롤$_{25-OH-D}$로 전환된 후, 콩팥에서 1,25-디하이드록시 콜레칼시페롤$_{1,25-(OH)_2-D}$로 전환되어 활성형 비타민 D가 됨
② 활성형 비타민 D는 소장에서 칼슘 흡수와 원위세뇨관에서 칼슘 재흡수를 촉진하여 혈액 칼슘 농도를 높임. 부갑상선 호르몬은 비타민 D의 활성화를 촉진하여 혈액 칼슘 농도를 높임

02 콩팥질환의 진단

콩팥질환은 소변 검사와 혈액성분 검사, 직접적인 신기능 검사 및 조직 검사를 통해 진단한다. 이 중 혈액성분 검사로 혈청크레아틴과 혈중 요소질소(BUN)가 가장 널리 사용된다. 혈액성분은 신장기능이 50% 정도 유지될 때까지는 변화가 나타나지 않으나, 그 이하로 신기능이 감소되면 혈청크레아틴, 혈중 요소질소, 요산 등의 농도가 증가한다. 또한 혈액 나트륨과 칼슘의 저하, 칼륨과 인의 증가가 동반되는데, 신증후군의 경우에는 혈청알부민과 총 단백질 양의 감소가 특징적으로 나타난다.

■ 표 1. 콩팥질환자의 혈액 분석 결과의 해석

혈액 검사	정상범위	비정상 수치의 원인	식사 조정
나트륨	136~145 mEq/L	▲ 탈수, 요붕증, 스테로이드 투여 ▼ 과수화, 이뇨제의 부적절한 사용, 화상, 기아, 신장염, 고혈당증, 당뇨성 산증	▲ 소금과 염분이 많은 음식을 절제 ▼ 너무 많은 수분 섭취로 나타날 수 있음. 투석 전후 1.5kg까지 체중의 증가를 제한

(표 계속)

칼륨	3.5~5.5 mEq/L	▲ 신부전, 영양 섭취 과다, 변비, 감염, 소화관 출혈, 조직분해, 산증, 부적절한 투석, 탈수, 고혈당 ▼ 이뇨제, 알코올 남용, 구토, 설사, 흡수 불량, 저 마그네슘혈증, 관장제 과다 사용	▲ 고칼륨식품을 피함, 총 2,000mg/일 까지 제한
염소	97~108 mEq/L	▲ 과다한 식염 섭취, 탈수, 산혈증 ▼ 당뇨병성 산혈증, K^+의 결핍, 구토, 기아, 알칼리증, 이뇨제의 과다 사용	■ 식사 조정 필요 없음
이산화 탄소	23~30 mEq/L	▲ 대사적 알칼리증 ▼ 대사적 산혈증	■ 식사 조정 필요 없음
크레아 티닌	0.7~1.5 mg/dL	▲ 급성 만성 신부전, 근육 손상, 심근경색 ▼ 체근육의 과다 손실	■ 식사 조정 필요 없음 ■ 정상적인 투석으로 조절이 가능
포도당	70~100 mg/dL	▲ 당뇨병, 부갑상선기능항진증, 화상, 스테로이드제 사용 ▼ 고인슐린 혈증, 알코올 남용, 췌장 종양, 간질환 영양 불량	■ 에너지를 공급하기 위해 탄수화물식품이 필요
칼슘	8.5~10.5 mg/dL	▲ 비타민 D 과잉, 골연화성질환, 부갑상선기능저하증 ▼ 인수치 증가, 지방변증, 비타민 D 결핍, 흡수 불량, 부갑상선기능저하증	▲ 유제품의 섭취 제한, 비타민 D 보충제 섭취 여부 확인 ▼ 유제품의 섭취 증가, 칼슘 보충제 사용 시 주의할 것
인	2.5~4.7 mg/dL	▲ 비타민 D 과잉, 신부전, 부갑상선기능항진증, 마그네슘 결핍, 골질환 ▼ 비타민 D 결핍, 인슐린 과잉증, 초기의 부갑상선기능항진증, 인 결합 과잉, 심한 식이 제한, 골연화증	▲ 우유와 유제품을 하루에 1잔으로 제한, 인 결합체 사용 ▼ 유제품, 고인산식품을 매일 섭취
혈중 요소질소 (BUN)	4~21 mg/dL	▲ 생물가가 낮은 단백질과 총 단백질의 과도한 섭취, 위장관 출혈, 악성종양, 열 이화작용의 증가(화상, 수술, 감염) ▼ 단백질 섭취의 부족, 설사, 작은 투석, 흡수 불량	▲ 고기, 생선, 달걀, 유제품 제한 ▼ 절식을 하는 경우 수치는 줄어드나 체중 감량과 근육 손실이 커짐

(표 계속)

요산	4.0~8.5 mg/dL	▲ 통풍, 신기능 부전, 관절염, 고단백질 식사, 백혈병, 부갑상선기능저하증, 알코올의 남용, 기아, 빈혈 ▼ 간부전, 동맥경화증	■ 식사 조정 필요 없음 ■ 통풍이 있을 경우 퓨린 섭취를 제한
알칼리성 포스파타아제(ALP)	30~115 U/L	▲ 골질병, 골절, 악성 질병 ▼ 콰시오커, 빈혈, 신증후군	■ 칼슘과 인을 정상범위로 유지
총 콜레스테롤	150~200 mg/dL	▲ 고콜레스테롤/고포화지방산 식사, 지질대사질환 ▼ 급성 감염, 기아	■ 일반적으로 식사 조정 필요 없음
알부민	3.5~5.0 g/dL	▲ 탈수 ▼ 만성 간질환, 영양 불량, 신증후군, 스트레스, 급·만성 감염, 간질환, 화상	▼ 양질의 단백질식품 충분히 섭취
총단백	6.0~8.2 g/dL	▲ 탈수, 감염성 질환, 백혈병, 다발성 골수증 ▼ 영양 불량, 흡수 불량, 지방변증, 부종, 신증후군, 만성 질환	▼ 고기, 생선, 달걀과 같은 단백질이 풍부한 식품 충분히 섭취
헤마토크리트	35~45%	▲ 탈수 ▼ 빈혈, 혈액 손실, 만성 신부전	■ 철 섭취 증가
혈청 페리틴	15~220 μL/L(남) 12~150 μL/L(여)	▲ 철분 과부하, 탈수, 간질환 ▼ 철분 결핍	■ 철 보충, 인 결합제와는 함께 복용하지 않음

03 신장질환의 종류와 영양 관리

(1) 신증후군

사구체 모세혈관의 투과성이 증가하게 되어 단백질이 사구체에서 세뇨관으로 여과되고 여과된 단백질의 대부분이 배설되는 신장질환을 말함

① 원인

㉠ 간염이나 결핵, 말라리아 등의 감염으로 인한 신장염, 당뇨병, 약물이나 독소로 인한 신장의 사구체 손상으로 사구체 모세혈관의 투과성이 증가되어 생김

ⓒ 하루 3.5g 이상의 단백질이 소변으로 배출되는 상태임

ⓒ 신증후군 환자의 80%는 15세 미만이며, 특히 18~48개월의 유아에게 흔히 발생함

② 증상

ㄱ 면역글로불린, 트랜스페린, 비타민 D 결합단백질 등이 소변 내로 손실됨

ㄴ 심한 단백뇨4~30g/dL, 저단백질혈증5g/dL 이하과 저알부민혈증1g/kg 이하

ㄷ 심한 부종은 있으나 고혈압은 없음

ㄹ 고지혈증, 고콜레스테롤혈증

ㅁ 기초대사율이 저하되고 오심, 구토, 복통이 생김

③ 영양 관리

ㄱ 에너지

- 표준체중을 유지하는 데 적절한 에너지 공급 : 35kcal/kg
- 효율적인 단백질 이용을 위해 에너지를 충분히 공급함

ㄴ 단백질

- 크레아티닌과 요소 농도가 정상일 경우 : 0.8~1.0g/kg
- 사구체여과율 감소 시 : 0.8g/kg 이하

ㄷ 콜레스테롤, 지방

- 총 에너지의 20~25%로 지방 공급
- 포화지방산 : 단일불포화지방산 : 다가불포화지방산 = 1:1:1
- 콜레스테롤은 1일 300mg 이하 제공

ㄹ 나트륨 : 하루 1,000~2,000mg/일 정도로 제한

ㅁ 칼륨 : 이뇨제 처방에 따라 고칼륨, 저칼륨혈증이 생길 수 있으므로 환자의 혈중 칼륨 농도를 관찰하여 섭취량 결정

ㅂ 칼슘

- 저알부민혈증 환자에서 흔히 저칼슘혈증이 발생함
- 혈중 칼슘 농도를 관찰하여 환자의 칼슘 농도와 저알부민혈증을 함께 교정

ㅅ 비타민

- 알부민과 결합하는 비타민의 결핍이 나타날 수 있음
- 단백질 제한식의 경우 티아민, 리보플라빈, 니아신 등 비타민 B군을 보충함

ㅇ 수분 : 부종이 나타나면 수분을 제한하여 부종을 완화함

(2) 사구체신염

① 급성 사구체신염

ⓐ 원인

- 편도선염, 인두염, 감기, 폐렴 등을 앓고 난 후 1~3주 후에 발생함
- 가을과 겨울에 많이 발생, 과로가 원인이 되는 경우가 많음
- 연쇄상구균이나 포도상구균이 사구체에 염증을 일으켜 발병함

ⓑ 증상 : 혈뇨, 얼굴과 눈 주위의 부종, 핍뇨, 단백뇨, 고혈압

ⓒ 영양 관리

- 절대 안정과 보온을 유지함
- 에너지 : 1일 2,000kcal 이상의 고에너지식
- 단백질 : BUN이 증가하고 소변의 양이 감소하는 경우는 체중 kg당 0.5g 이하로 제한
- 나트륨 : 1일 1,000~2,000mg
- 수분 : 소변 배설기능에 따라 제한 정도 조절. 부종이나 핍뇨가 있을 때는 1일 소변 배설량에 500mL를 더해 줌
- 칼륨 : 핍뇨기에는 칼륨 배설이 저하되고 혈액 칼륨이 증가하므로 섭취를 제한함

② 만성 사구체신염

ⓐ 원인

- 주로 급성 사구체신염에서 이행하거나 처음부터 급성기를 거치지 않고 만성으로 진행하는 경우85%도 많음
- 어릴 적 앓았던 급성 사구체신염이 성인이 된 후 재발하는 경우도 있음

ⓑ 증상 : 혈뇨, 단백뇨, 부종, 사구체여과율 저하, 고혈압, 요독증

ⓒ 영양 관리

- 에너지 : 체중 kg당 35~40 kcal로 충분히 공급하고 신장에 부담이 적은 당질 위주로 제공함
- 단백질 : 체중 kg당 0.8~1g 정도가 적당하나 단백뇨가 심하면 고단백식을 제공함
- 지질 : 적당히 공급함
- 만성 신염으로 다뇨를 보일 때는 나트륨과 수분 섭취량을 크게 제한하지 않고, 고혈압이 심할 때는 나트륨의 양을 하루 1,000~2,000mg으로 제한하고, 부종이 심하면 무염식을 제공함

(3) 급성 신부전

① 원인

　㉠ 신전성 신부전 : 신장으로 들어오는 혈류가 대량의 출혈, 화상, 심한 탈수, 쇼크 및 혈압 강하제 복용 등으로 순환혈액량이 감소하여 발생함

　㉡ 신성 신부전 : 급성 사구체신염이나 독성물질에 의해 신장 자체의 손상에 의한 사구체 여과율이 감소됨

　㉢ 신후성 신부전 : 신장의 혈류는 충분해서 신장기능은 정상이나 신장을 지나는 요로의 폐색, 신결석 및 전립선 종양 등으로 신혈관이 압박되어 발생함

■ 표 2. 급성 신부전의 원인 구분

신전성 요인(70%)	신성 요인(25%)	신후성 요인(5%)
■ 혈류량과 혈압 저하 : 수술로 인한 혈액 손실, 심한 탈수, 심부전, 부정맥, 신증후군 ■ 신동맥장애 : 혈전증, 동맥류	■ 혈관장애 : 당뇨병 ■ 신장폐색 : 신결석, 염증, 종양, 신조직 상해 ■ 신장 손상 : 감염, 약물, 중금속 등 독성물질, 식중독	■ 종양 : 전립선종, 방광염 ■ 요관폐색 : 신결석, 협착, 종양 ■ 신정맥 혈전증 ■ 방광 파열

② 증상

　㉠ 핍뇨기 : 보통 1~2주 동안 나타나는데, 사구체 여과율과 소변량의 감소와 함께 혈중 요소질소 증가, 크레아티닌, 고칼륨혈증 및 고인산혈증, 산독증, 저나트륨혈증, 부종 및 고혈압, 요독증이 발생함

　㉡ 이뇨기 : 세뇨관의 재흡수 저하로 인하여 하루에 3L 이상의 수분을 1주일 정도 계속 소변으로 배출하여 다량의 수분과 전해질을 잃게 되는 시기임

　㉢ 회복기 : 신장기능의 회복은 서서히 이루어짐

③ 영양 관리

　㉠ 에너지

　　■ 체중 kg당 35~50kcal

　　■ 기초 에너지 소모량 × 1.5

　　■ 핍뇨기에는 고질소혈증의 개선을 위하여 1일 1,800kcal 이상의 고에너지식

　㉡ 단백질

　　■ 산독증이 있으면서 혈액 칼륨 수치가 높고 혈중 요소질소가 100mg/dL 이상이 되면 투석을 시작하여야 함. 단백질 권장량은 투석의 시행 여부에 따라 달라짐

　　■ 투석을 하지 않을 경우 : 현재체중 kg당 0.6~0.8g

　　■ 투석을 할 경우 : 현재체중 kg당 1.0~1.5g

ⓒ 나트륨

- 하루 1,000~2,000mg
- 단, 이뇨시기에는 나트륨 배설량, 부종, 투석빈도수에 따라 보충이 필요함

ⓔ 칼륨

- 고칼륨혈증이 있는 경우 하루에 2,000mg 이하
- 단, 이뇨시기에는 소변량, 칼륨 배설량, 혈중 칼륨 수치, 투석빈도수, 사용하는 액체의 종류에 따라 보충이 필요함

ⓜ 수분

- 핍뇨기에는 수분과 질소 대사산물의 배설이 저하되므로 엄격한 수분 제한이 필요하므로 1일 소변 배설량+500mL
- 단, 이뇨시기에는 충분한 물 섭취가 필요함

(4) 만성 신부전

① 원인

㉠ 고혈압, 당뇨병, 사구체신염 등이 주된 원인

㉡ 동맥경화, 류마티스질환, 감염성 질환, 약물이나 방사선 조영제 등의 독성물질에 의해 유발되기도 함

㉢ 크레아티닌과 요소 제거율의 감소로 혈청 내 크레아티닌 농도와 요소질소 농도가 증가

② 진행단계

㉠ 제1단계 : 신장 손상 시작

- 네프론 기능의 손상되었으나 환자가 아무런 증상을 느끼지 못하는 시기
- 사구체 여과율GFR은 90mL/분 이상으로 정상의 80% 정도

㉡ 제2단계 : 신장 예비력 감소

- 네프론 기능이 60% 이상 손실되었으나 환자가 증상을 느끼지 못하는 시기
- 사구체 여과율은 60~89mL/분으로 정상의 50% 정도
- 혈중 요소질소나 크레아틴은 정상

㉢ 제3단계 : 신기능 저하

- 네프론 기능이 80% 이상 손실
- 사구체 여과율이 30~59mL/분으로 정상의 20~25% 정도로 감소
- 고질소혈증이 나타나며 혈액요소와 크레아틴은 정상보다 약간 높음
- 빈혈이나 고혈압이 나타나며 소변 농축능력의 저하로 다뇨 및 야뇨가 나타남

    ② 제4단계 : 신부전
- 네프론 기능의 90%가 상실
- 사구체 여과율은 15~29mL/분으로 정상의 20~25% 미만
- 신장의 수분 조절 및 산·염기 조절능력이 저하되므로 부종, 대사성 산혈증 및 저칼슘혈증이 나타나고 핍뇨와 함께 요독증 증상이 나타남

    ⑩ 제5단계 : 말기 신부전
- 요독증 단계로서 신기능의 90~100%를 상실함
- 사구체 여과율은 15mL/분 미만
- 심한 핍뇨 또는 무뇨증상을 나타나고 중추신경계, 소화기계, 순환기계, 혈관계 등에 요독증이 나타남

③ 증상

    ㉠ 혈액조성의 변화
- 수분, 질소화합물, 전해질들이 과도하게 축적되어 부종을 일으킴
- 혈액 내 칼륨의 농도가 증가하여 부정맥이나 심부전을 일으킴
- 체내에서 생성한 산성물질의 배출기능이 저하되어 쉽게 혈액이 산성화됨
- 요독증은 호르몬의 활성을 저하시키고 신체의 항상성에 변화를 주어 고혈압과 고혈당을 유발

    ㉡ 지질 대사 이상으로 인한 심혈관계 합병증
- HDL-콜레스테롤 농도는 감소되나 LDL과 VLDL-콜레스테롤, 중성지방의 농도는 증가함
- 당뇨병이 있는 신부전 환자는 혈중 중성지방의 농도가 증가되므로 동맥경화와 심장질환이 더욱 악화됨

    ㉢ 골격계질환
- 혈액 내 인산의 농도가 상승되어 칼슘·인산염을 생성하여 혈액 칼슘 농도를 감소시켜 뼈에서 칼슘이 용출됨
- 비타민 D를 활성화시킬 수 없어 혈액 칼슘 농도가 저하되어 뼈의 통증, 골질량의 감소, 골연화, 골절 등이 나타남

    ㉣ 빈혈
- 조혈인자인 에리트로포이에틴의 합성이 감소하기 때문임
- 식사를 통한 철섭취 부족, 위장관에서의 철분 흡수장애, 혈액 투석, 위장관의 출혈 등으로 철결핍성 빈혈이 나타남

    ㉤ 영양 불량

④ 영양 관리

　㉠ 에너지

　　▪ 표준체중을 유지하는 데 적절한 에너지_{35kcal/kg 표준체중}

　　▪ 체단백의 이화작용을 막기 위해 에너지를 충분히 섭취함

　㉡ 단백질

　　▪ 사구체 여과율에 따라 체중 kg당 0.6g으로, 단백질의 75% 이상을 생물가가 높은 단백질_{달걀, 우유, 가금류, 생선류 등}로 하고 필수아미노산 섭취량을 늘림

　　▪ 사구체 여과율이 60mL/분 이상으로 유지되면 단백질을 제한하지 않음

　　▪ 단백뇨가 있으면 24시간 동안 소변으로 배설되는 단백질량을 1일 단백질 허용량에 추가시킴

　　▪ 영양 불량 환자인 경우 체중 kg당 0.8g

　㉢ 콜레스테롤, 지방

　　▪ 엄격히 제한할 필요 없음

　　▪ 혈액 총 콜레스테롤과 LDL-콜레스테롤 농도를 정상치로 유지함

　㉣ 나트륨 : 부종, 고혈압, 심부전 방지를 위해 중정도 제한_{500~2,000mg}

　㉤ 칼륨 : 소변량이 줄면 칼륨조절식 시작(혈중 칼륨을 정상 수준으로 유지_{1,500mg}. 단, 안지오텐신 전환효소 억제제로 혈압을 조절하는 환자의 경우는 소변량에 관계없이 칼륨 제한이 필요함)

　㉥ 칼슘과 인

　　▪ 1,200~1,600mg의 칼슘 권장_{보충제 사용}

　　▪ 인은 8~12mg/kg 정도로 제한함

　㉦ 비타민

　　▪ 단백질 제한식사를 하는 경우 비타민의 결핍을 초래함

　　▪ 종합비타민으로 티아민, 리보플라빈, 니아신, 엽산, 피리독신 등

　　▪ 비타민 B군과 비타민 C를 보충함

　　▪ 골격계질환의 경우 활성 비타민 D를 공급함

　㉧ 수분

　　▪ 환자의 수분 제거능력에 따라 조절함

　　▪ 말기에는 부종 방지를 위해 소변배설량+500mL 정도로 제한함

Key Point 소금 대용 염화칼륨

✓ 고혈압 치료 등을 위한 나트륨 제한 시 소금 대신 짠맛을 내기 위해 소금(NaCl) 대용품인 염화 칼륨(KCl)을 사용하는 경우가 있다. 신부전 환자의 경우에 소변으로 칼륨의 배출이 제대로 일 어나지 않아 혈액 칼륨 농도가 증가하는 고칼륨혈증이 생기면 부정맥 및 심부전이 생길 수 있 다. 그러므로 신장질환에서는 염화칼륨이 저칼륨혈증을 교정하기 위한 약제로 처방되는 경우 를 제외하고는 사용하지 않도록 한다.

2020년 기출문제 A형

다음은 신성골이영양증의 원인에 관한 내용이다. 괄호 안의 ㉠에 공통으로 해당하는 무기질과 괄호 안의 ㉡에 해당하는 호르몬의 명칭을 순서대로 쓰시오. 【2점】

신성골이영양증은 만성 신부전 환자에게 나타나기 쉽다. 그 이유는 만성 신부전 일 때 (㉠)의 소변 배설이 저하되어 혈중 농도가 상승하면 (㉡)의 분비가 촉 진되기 때문이다. 따라서 만성 신부전 환자는 (㉠)의 섭취량을 제한해야 한다.

04 투석

투석은 고칼륨혈증, 수분 축적, 요독증 등이 심해져서 달리 치료할 방법이 없을 때 선택하는 방법이다. 투석에는 혈액 투석과 복막 투석이 있는데, 만성 신부전 환자의 사구체 여과율이 5~10mL/분, 신기능이 5% 미만인 경우에는 투석이 필수적이다.

(1) 투석의 원리

① 혈액 투석 : 단시간 내에 혈액 요소질소 등 분자량이 작은 물질을 잘 처리할 수 있 으나 혈압 조절, 에리트로포이에틴 생성, 비타민 D 활성화 등에는 관여하지 못 하므로 빈혈이나 골격계 이상 등을 조절하지는 못함

② 복막 투석

㉠ 노폐물 제거가 용이하고 전해질, 수분, 혈압을 조절할 수 있으며 일상생활에 지장이 없고 식사 제한이 비교적 적음

㉡ 단백질, 수용성 비타민 등이 배출되어 손실되고 투석액으로부터 당이 흡수되 기 때문에 비만과 고중성지방혈증 등을 초래할 수 있음

㉢ 자가치료이므로 복막염이 발생할 수 있음

(2) 투석 환자의 영양 관리

① 혈액 투석

　㉠ 에너지

- 투석 전과 같이 표준체중 kg당 30~35kcal를 섭취하도록 충분히 공급
- 비단백 열량지방, 당질의 섭취를 권장함

　㉡ 단백질 : 표준체중 kg당 1.2~1.4g/일로 충분히 주며 섭취량의 60%는 양질의 단백질을 공급함

　㉢ 지방 : 고지혈증이 있는 경우 불포화지방산과 저콜레스테롤식품을 사용하며 단백질과 에너지 섭취량에는 영향을 주지 않으면서 혈청중성지방과 총 콜레스테롤의 농도를 조절함

　㉣ 나트륨 : 혈압을 조절하고 갈증과 부종을 막기 위하여 나트륨은 하루 섭취량을 2,000~3,000mg소금 5~8g이하로 제한함

　㉤ 칼륨 : 고칼륨혈증을 예방하기 위하여 하루 1,500~2,000mg 또는 40mg/kg을 공급함

　㉥ 인 : 800~1,000mg/일 또는 17mg/kg 표준체중 이하로 제한함

　㉦ 칼슘 : 의사의 처방에 따라 보충함

　㉧ 수분

- 1일 소변 배설량+500~750mg 또는 750~1,500mg/일 이하로 제한함
- 음료 및 액체식품 제한함

　㉨ 비타민 : 투석에 의한 손실 보충을 위해 복합 수용성 비타민제티아민, 리보플라빈, 니아신를 섭취함

② 복막 투석

　㉠ 에너지

- 에너지 섭취량=총 에너지 요구량-투석액에서 흡수된 에너지
- 총 에너지 요구량=표준체중 kg당 30~35kcal
- 투석액에서 흡수된 에너지=포도당 농도g/L × 3.4kcal × 0.8흡수율 × 투석액 부피L
- 고중성지방혈증일 경우 단순당과 알코올 제한함

　㉡ 단백질

- 표준체중 kg당 1.3~1.5g으로 높여 보충함
- 복막염 시 단백질량을 증가함

ⓒ 지방 : 고콜레스테롤혈증이 있을 경우 불포화지방을 이용하고 콜레스테롤이 적게 함유된 단백질 급원을 이용함

ⓔ 나트륨 : 투석에 의해 1일 3~4g의 나트륨이 제거되므로 비교적 자유로움. 단, 부종 방지를 위해 2,000~4,000mg/일로 제한함

ⓜ 칼륨

- 칼륨 함량이 높은 식품은 중 정도로 사용함
- 혈청칼륨 농도 증가 시에만 2,000~3,000 mg/일으로 제한함

ⓗ 인

- 1,200mg/일 또는 표준체중 kg당 17mg 이하로 제한함
- 우유는 하루 1컵 이하로 제한함

ⓢ 칼슘 : 의사의 처방에 따라 보충함

ⓞ 수분

- 일반적으로 제한하지 않음
- 2,000mL 이상/일, 또는 24시간 투석배액 + 24시간 소변량

ⓩ 비타민 : 투석에 의한 손실 보충을 위해 엽산과 철분을 포함한 종합비타민의 보충이 권장됨

만성 콩팥병(만성 신부전) 환자 A군(19세, 신장 170cm, 체중 63kg)이 투석방법을 바꾼 후 식사요법도 바뀌었다. 다음에 제시된 A군의 '이전 식단(예)'과 '현재 식단(예)'을 바탕으로 식사요법에서 섭취량이 가장 크게 변화된 무기질을 쓰고, A군의 현재 투석 방법을 유추하여 쓰시오.【2점】

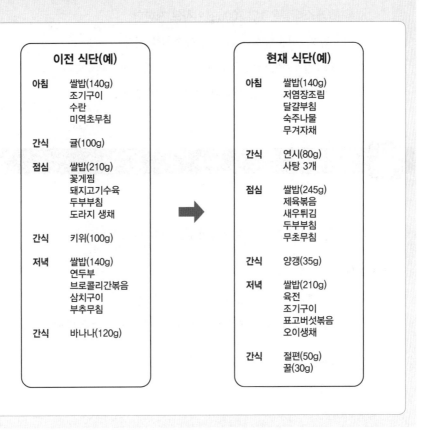

이전 식단(예)	현재 식단(예)
아침 쌀밥(140g) 조기구이 수란 미역초무침	**아침** 쌀밥(140g) 저염장조림 달걀부침 숙주나물 무겨자채
간식 귤(100g)	**간식** 연시(80g) 사탕 3개
점심 쌀밥(210g) 꽃게찜 돼지고기수육 두부부침 도라지 생채	**점심** 쌀밥(245g) 제육볶음 새우튀김 두부부침 무초무침
간식 키위(100g)	**간식** 양갱(35g)
저녁 쌀밥(140g) 연두부 브로콜리간볶음 삼치구이 부추무침	**저녁** 쌀밥(210g) 육전 조기구이 표고버섯볶음 오이생채
간식 바나나(120g)	**간식** 절편(50g) 꿀(30g)

05 신장이식

(1) 증세

① 고콜레스테롤혈증과 고중성지방혈증이 나타남

② 신장이식 후의 식사는 고지혈증이 있는 환자와 동일한 식사 관리가 이루어져야 함

(2) 영양 관리

① 에너지 : 표준체중을 유지하도록 체중 kg당 30~35kcal을 제공함

② 단백질 : 정상적인 섭취량 이상을 권장하며 체중 kg당 1.5~2.0g을 제공함

③ 지방

㉠ 지방은 불포화지방산 위주로 섭취

㉡ 콜레스테롤은 1일 300mg 이하로 제한함

④ 탄수화물 : 단순당질 제한, 고섬유소식품 권장

⑤ 염분 : 1일 5~7g 내외로 섭취

⑥ 기타 : 골다공증 예방을 위해 칼슘 보충이 필요함

06 신장결석

(1) 원인

결석 형성의 주요 원인은 요량의 감소에 따른 요성분의 농축

(2) 증상

① 소변의 횟수가 늘어나고 배뇨 시 통증이 있음

② 여자보다 남자에서, 청장년기인 20~50세 사이에 주로 발생

(3) 신장결석의 종류

① 칼슘결석

㉠ 원인

- 주로 중년 남자에게 발생

- 칼슘과 비타민 D의 과잉 섭취

- 오랜 기간 움직이지 않을 때 : 뼈로부터 칼슘이 용출하여 요중 칼슘 농도 증가

- 부갑상선기능항진증 : 혈액 칼슘 농도가 높아져 소변으로 배출되는 칼슘이 증가됨

- 고칼슘뇨증 : 1일 소변으로 배설되는 칼슘이 남자의 경우 300mg 이상, 여자의 경우 250mg 이상일 때를 말함

㉡ 식사요법

- 고수분식 : 하루에 적어도 2L의 요를 생산할 정도로 많은 양의 수분을 섭취하여 요를 희석하고 결석을 형성하는 무기질의 결정화를 막음

- 저칼슘식 : 하루 칼슘 섭취를 600mg 정도로 섭취 우유와 제품을 다소 제한
- 저수산식 : 시금치, 초콜릿, 콩과 견과류, 녹차와 맥주, 밀 배아 등의 섭취를 제한
- 동물성 단백질을 많이 섭취하면 칼슘의 배설이 증가하므로 과량의 생선, 육류, 가금류, 달걀 등은 피하는 것이 좋음
- 인산칼슘결석인 경우에는 인이 함유된 식품을 제한하고 인결합 약제를 사용하여 인산결석의 형성을 방지함

② 요산결석

㉠ 원인
- 퓨린 대사산물인 요산 생성의 증가로 유발되므로 통풍이나 소모성 질환과 같이 체조직 이화율이 높은 경우에 흔함
- 아스피린 등의 약물이 요산 배설을 증가시켜 결석을 형성함

㉡ 식사요법
- 요산 생성을 줄이기 위하여 저퓨린식
- 알칼리성식으로 요의 pH를 올려서 요를 중화, 고수분식으로 요를 희석시킴

③ 시스틴결석

㉠ 원인
- 세뇨관에서 시스틴의 재흡수가 안 되는 경우 시스틴이 소변으로 배설되어 결석을 형성함
- 사춘기 이전에 발병하는 경우가 많으며 가족 병력이 있는 경우 발생빈도가 높음

㉡ 식사요법
- 황 함량이 적은 아미노산으로 구성된 식사
- 하루 4L 이상의 수분 섭취 권장

07 요도감염

(1) 원인

① 대장균

② 여성은 남성보다 발병이 많음

(2) 영양 관리

비타민 C를 주어 산성화시키고 수분 공급을 충분히 하여 소변을 희석시킴

08 신장병 식사의 식품교환표 활용

신장질환 환자를 위해서는 단백질, 나트륨, 칼륨의 조절이 필요하다. 따라서 이러한 영양소에 따라 식품교환표를 이용한다.

(1) 단백질, 나트륨, 칼륨 조절을 위한 식품교환표

대한영양사회 병원분과와 대한신장학회가 공동으로 1997년에 제정함

(2) 식품교환군

① 곡류군, 어육류군, 채소군, 지방군, 우유군, 과일군, 열량보충군 등 7군으로 나누었음

② 식품의 칼륨 함량을 고려하여 다시 세 개의 채소군으로 분류하고 다량의 나트륨이나 칼륨을 함유한 식품을 별도로 표시함

■ 표 3. 단백질, 나트륨, 칼륨 조절을 위한 식품교환표

식품교환군	단백질(g)	열량(kcal)	인(mg)	나트륨(mg)	칼륨(mg)
곡류	2	100	30	2	30
어육류	8	75	90	50	120
채소1	1	20	20	미량	100
채소2	1	20	20	미량	200
채소3	1	20	20	미량	400
지방	0	45	0	0	0
우유	6	125	180	100	300
과일1	미량	50	20	미량	100
과일2	미량	50	20	미량	200
과일3	미량	50	20	미량	400
열량 보충	미량	100	5	3	20

■ 표 4. 신장질환 환자를 위한 식품교환표 식품군별 1교환량

(단위 : g)

식품군		해당 식품의 1교환량
곡류		쌀밥 70, 백미 30, 가래떡 50, 백설기 40, 인절미 50, 절편(흰떡) 50, 카스텔라 30, 밀가루 30, 식빵[1] 35, 크래커[1] 20, 국수(삶은 것)[1] 90
곡류		보리밥[2],[3] 70, 현미밥[2],[3] 70, 감자[2],[3] 180, 고구마[2] 100, 옥수수[2],[3] 50, 보리미숫가루[3] 30, 밤(생것)[3] 60
어육류		고기류 40, 생선류 40, 새우 40, 물오징어[1] 50, 꽃게[1] 50, 굴[1] 70, 두부 80, 연두부 150, 검은콩 20, 달걀[3] 60, 메추리알[3] 60, 햄[1],[3] 50, 치즈[1],[3] 40, 잔멸치[1],[3] 15
채소	1군	김 2, 깻잎 20, 당근 30, 생표고 30, 치커리 30, 마늘종 40, 팽이버섯 40, 양파 50, 양배추 50, 배추 70, 가지 70, 무 70, 고사리(삶은 것) 70, 숙주 70, 오이 70, 콩나물 70, 피망 70, 녹두묵 100, 도토리묵 100
채소	2군	도라지 50, 연근 50, 우엉 50, 상추 70, 브로콜리[3] 75, 열무 70, 애호박 70, 중국부추(호부추) 70, 느타리[3] 70
채소	3군	아욱 50, 물미역 70, 근대 70, 미나리 70, 조선부추 70, 쑥갓 70, 시금치 70, 취 70, 양송이[3] 70, 단호박 100
지방		참기름 5, 들기름 5, 콩기름 5, 올리브유 5, 버터 6, 마요네즈 6
우유		우유 200, 두유 200, 요구르트(호상) 100, 요구르트(액상) 100
과일	1군	단감 80, 연시 80, 사과 100, 자두 80, 파인애플 100, 포도 100, 사과주스 100
과일	2군	귤 100, 대추(생것) 60, 배 100, 딸기 150, 황도 150, 수박 200, 오렌지 150, 오렌지주스 150, 자몽 150
과일	3군	키위 100, 바나나 120, 참외 120, 토마토 250
열량 보충		설탕 25, 꿀 20, 녹말가루 30, 당면 30, 사탕 25, 잼 35, 물엿 30

1) 염분 주의식품, 2) 칼륨 주의식품, 3) 인 주의식품

제9장 알레르기질환

01 · 식품 알레르기

01 식품 알레르기

(1) 정의

식품에 대해 이상반응이 면역적인 이유로 나타나는 것

(2) 원인

① 성인 : 견과류, 생선, 갑각류, 땅콩

② 아동

㉠ 우유, 계란, 땅콩, 밀, 콩, 견과류 등

㉡ 80~90%가 3세까지 과민성 알레르기을 극복하게 되는데, 주로 계란, 우유 알레르기반응이 극복되고 생선, 갑각류, 견과류 알레르기는 성인까지 진행되는 경우가 많음

(3) 기전(유전적 소인)

① 위장관계를 통과하는 단백질조리, 위산 또는 효소에 의해 파괴되지 않고 혈액으로 유입에 반응하는 항체 IgE를 생성함

② IgE가 비만세포에 결합하면 동일식품에 재노출되었을 때 결합된 IgE와 알레르겐이 반응을 일으키게 되고 화학물질 히스타민을 분비하게 됨

(4) 증상

히스타민이 분비되는 장소에 의해 영향을 받음

① 귀, 코, 목구멍 : 입안이 간지럽고 숨쉬기나 연하곤란이 옴

② 위장관계 : 복통, 구토, 설사

③ 피부 : 두드러기 피부의 비만세포에서 히스타민이 분비되어 나타날 수 있음

④ 아나필락시스

　　㉠ 신체 전부가 관여되는 심각한 알레르기반응

　　㉡ 히스타민은 기도 수축 → 호흡이 어려움, 혈관 확장 → 혈압 낮춤, 혈류에서 조직으로 수분 이동 → 쇼크나 두드러기를 나게 할 뿐 아니라 복통, 경련, 구토, 설사 등을 일으킴

(5) 진단

① 과거력 조사 : 식품일지 등을 통해 증상의 원인식품 파악

② 혈청 검사

　　㉠ IgE 수준을 측정

　　㉡ 장점 : 알레르겐 노출이 필요 없고 혈액을 사용하므로 환자나 의사 모두에게 편리한 검사법

　　㉢ 단점 : 일정하지 않은 결과로 신뢰도가 높지 않음

③ 피부단자 검사

　　㉠ 의심되는 알레르기 원인물질 소량을 피부에 놓고 긁어 표면 내 침투하도록 함

　　㉡ 노출 20분 이내 표면 부종, 홍반 등 반응 → 알레르기반응 진단

　　㉢ 식품단자 검사 : 의심 식품 수를 줄이기 위해 사용되는 예비 검사

　　㉣ 장점 : 경제적, 안전하고 쉬운 시행

　　㉤ 단점 : 검사 대상자의 불편함

　　㉥ 문제가 아닌 식품을 골라낼 때에는 95%의 적중률을 가지나 실제 문제가 있는 식품을 골라내는 데는 50% 적중률을 가지므로 문제식품을 진단하는 데 충분하지 않음

④ 제거식 및 식품챌린지 검사

　　㉠ 의심 식품을 2주간 섭취 제한 → 증상이 사라지면 한 가지 식품씩 추가하여 정상 섭취량까지 증가시키거나 또는 증상 발현 시까지 양을 증가시켜 검사

　　㉡ 이중맹검 위약조절 식품챌린지 검사법 : 심리적 효과 상쇄

　　㉢ 검사식품과 위약 : 식품/캡슐에 넣어 섭취 피검자와 검사자 구별 불가능

　　㉣ 훈련받은 의료전문가, 에피네프린, 항히스타민, 스테로이드, 흡입 베타 아고니스트, 심장, 폐 소생기구 등 갖춰진 기관에서 시행

⑤ 영양 관리

㉠ 식품 알레르겐을 완전히 피하는 것

㉡ 원인식품을 피할 때 주의할 점

- 원재료 형태와 다른 형태로 포함되어 있는 경우
- 동일 조리도구 사용으로 인한 교차오염
- 부족한 영양소의 대체영양 공급 필요 : 유제품 제거 시 칼슘, 비타민 D, 단백질, 비타민 B_2, 에너지 제공이 가능한 식품
- 환자 식품기록, 영양상태, 성장 등 주기적으로 모니터링 monitoring
- 부적절한 또는 과도한 식이 제한을 하는 경우 : 영양 불량과 성장 저해가 나타날 수 있으므로 여러 식품을 한꺼번에 제한하는 경우 비타민과 무기질 결핍

㉢ 식품 제거를 통해 증세가 완화되면 의심되는 식품을 섭취시킨 후 반응을 주의깊게 관찰하고 기록함

㉣ 약물 치료와 병행하여 영양 강화를 통하여 저항력을 길러주고 비타민 C 및 B_6를 충분히 섭취

Key Point 식품 알레르기의 식품 선택요령

✓ 모든 식품은 신선한 것을 선택한다. 특히 어육류 및 알류 등 부패하기 쉬운 단백질식품은 신선한 것을 선택한다.

✓ 가공식품은 향신료와 조미료 사용을 많이 하기 때문에 가급적 가공식품 사용을 피한다.

✓ 채소는 생것보다는 소금을 넣고 살짝 삶아서 사용한다. 전반적으로 생것보다는 가열해 먹는 것이 알레르기를 예방할 수 있다.

✓ 기름류는 신선한 것으로 한다. 뚜껑을 개봉한 지 오래된 것이나 햇볕에 있는 곳에서 오래 보관한 것 등은 피해야 한다.

✓ 과음이나 과식은 알레르기를 유발하거나 증상을 악화시키기 때문에 피해야 한다. 특히 술이나 단백질과 지방이 많은 음식을 과식하지 않도록 한다.

✓ 칼슘, 비타민 C, 비타민 B 복합체 등은 알레르기에 좋은 효과를 보이기 때문에 평소에 충분히 섭취하도록 한다.

■ 표 1. 식품 알레르기와 대체식품

식품 알레르기	피해야 할 식품	주요 영양소	대체식품
우유	우유, 치즈, 버터, 아이스 크림, 요구르트, 우유, 분유가 들어간 제품	단백질, 칼슘, 인, 비타민 A, 비타민 B, 비타민 D	4개월 미만 : 단백가수 분해 분유 4~6개월 : 단백가수분해 분유, 아미노산 분유 외의 두유, 곡류제품, 과일 6~24개월 : 특수 분유, 고기, 채소, 과일 등
달걀	달걀, 달걀가루, 도넛, 케이크, 쿠키, 마요네즈 등 달걀이 들어간 식품 (전, 튀김, 샐러드 등)	단백질, 지방, 비타민 B_{12}, 비타민 B_1, 셀레늄	고기, 생선 등
밀	밀가루가 포함된 조리식 품(튀김옷 포함), 밀가루 제품, 과자 크래커, 마카로니, 국수, 그레비소스, 간장, 핫도그, 소시지	비타민 B_1, 비타민 B_2, 니아신	보리, 쌀, 오트밀, 옥수수, 당면, 쌀떡 등
대두	간장, 데리야끼소스, 우스터소스, 참치통조림, 대두로 만든 시리얼이나 제품, 대두, 두유, 두유제품, 마가린	단백질, 비타민 B_1, 비타민 B_2, 엽산, 칼슘, 아연, 인, 마그네슘	고기, 생선 등
어패류	생선, 갑각류(새우, 게, 가재 등), 통조림생선, 조개류(조개, 굴, 가리비 등), 가공해산물	단백질	고기
견과류	땅콩, 호두, 아몬드의 견과류, 견과류가 들어간 사탕, 과자 등	지방, 크롬, 마그네슘, 망간, 비타민 E	견과류 외의 식물성 기름
쇠고기	쇠고기수프, 쇠고기소스	–	–
돼지고기	베이컨, 소시지, 핫도그, 돼지고기로 만든 소스	–	쇠고기 핫도그

빈혈

01 · 빈혈의 원인과 종류

빈혈은 혈액 중 적혈구의 수의 크기, 또는 헤모글로빈의 함량이 낮아져 혈액의 산소운반능력이 떨어진 상태를 의미한다.

01 빈혈의 원인과 종류

(1) 영양성 빈혈

적혈구의 성숙, 분화에 관련된 철, 단백질, 엽산, 비타민 B_{12}, 비타민 B_6, 비타민 C, 구리, 망간 등의 영양 섭취 부족에 의해 주로 일어남

① 소구성 빈혈

㉠ 철 결핍성 빈혈

■ 원인

- 섭취 부족 : 식사로부터의 철 섭취량 부족

- 흡수 불량 : 위 절제, 무산증, 흡수불량증에 의한 흡수장애

- 필요량 증가 : 유아기, 사춘기, 임신, 수유기의 철 필요량 증가

- 손실량 증가 : 출혈성 궤양, 출혈성 치질, 기생충, 악성종양에 의한 만성적 혈액 손실

- 기타 : 만성 염증 및 질환

■ 진단

■ 표 1. 철 결핍 빈혈의 판단 기준치(WHO)

대상	헤모글로빈 농도(g/dL)	헤마토크릿(%)	적혈구 수(만 개/mm³)
성인 남자	13	39	470
성인 여자	12	36	450
임신부	11	33	410

- 증상
  - 피로, 허약, 식욕 감퇴, 이식증이 생김
  - 손톱은 얇고 편평해지며 스푼 모양으로 휘어짐
  - 위축성 설염, 구각염, 연하곤란, 위염이 자주 발생
  - 치료하지 않을 경우 심혈관과 호흡기에 이상이 생겨 심장마비가 발생함
- 식사요법
  - 고단백, 고에너지, 고비타민 식사
  - 철 함량이 높은 식품 : 간, 살코기, 내장, 난황, 굴, 말린 과일실구, 복숭아, 자두, 건포도 등, 말린 완두콩, 강낭콩, 땅콩, 녹색채소, 당밀 등
  - 육류, 가금류, 어류에 들어있는 헴철은 달걀, 곡류, 과일, 채소 중의 비헴철에 비해 흡수가 잘됨
  - 비타민 C는 비헴철을 환원시켜 십이지장에서의 철 흡수를 도우므로 신선한 과일과 채소를 충분히 공급
  - 커피, 녹차, 홍차 등에 함유된 타닌은 철과 결합하여 철 흡수를 방해하므로 식사 중이나 식사 전후에는 마시지 않도록 함

ⓒ 엽산 결핍 빈혈
- 원인 : 엽산 섭취 부족과 흡수 불량, 임신에 의한 필요량 증가로 인해 발생
- 증상
  - 거대적아구성 빈혈
  - 피로, 운동지구력 감소, 어지럼증, 입과 혀가 쓰리며 설사와 부종이 나타남
- 식사요법
  - 엽산 급원식품의 충분한 섭취 : 시금치, 아스파라거스 등의 녹황색 채소류와 간, 육류, 어류, 말린 콩 등
  - 엽산은 체내 저장량이 적으므로 매일 섭취하도록 함
  - 엽산은 수용성 비타민이고 열에 약하므로 채소를 조리할 때 물과 열로 손실되지 않게 주의
  - 과일과 채소는 가능한 한 신선한 상태에서 섭취하도록 함

ⓒ 비타민 B12 결핍 빈혈
- 원인 : 완전 채식주의자, 위 절제나 저산증, 무산증인 경우와 회장에 질환이 있는 경우 흡수 불량에 의해 결핍
- 증상
  - 악성빈혈 거대적아구성 빈혈증세와 함께 말초 및 중추신경계장애가 나타남
  - 피로, 허약, 어지럼증, 식욕 저하, 체중 감소, 손과 발의 신경장애와 기억력 감퇴, 환각증세
- 식사요법
  - 비타민 B_{12}와 함께 단백질, 철, 엽산과 비타민 C를 충분히 공급
  - 비타민 B_{12}의 급원식품 : 육류, 조개류, 어류, 가금류, 달걀, 우유와 유제품
  - 동물의 간은 단백질 외에 철, 비타민 B_{12}와 엽산의 좋은 급원식품
  - 녹황색 채소에는 철, 엽산, 비타민 C가 풍부

ⓔ 구리 결핍 빈혈 : 구리가 결핍된 조제유를 먹는 유아나 흡수불량증, 구리가 결핍된 정맥영양 공급 시 발생

ⓜ 단백질-에너지 영양 불량 빈혈
- 철, 기타 영양소의 결핍, 감염, 기생충감염, 흡수 불량 등에 의해 복합적으로 나타남
- 식사에 단백질이 부족할 경우 철, 엽산, 비타민 B12도 부족하기 쉬우므로 균형 잡힌 식사와 함께 이들 영양소를 보충

(2) 비영양성 빈혈

① 출혈성 빈혈
ⓐ 급성 출혈
- 외상이나 장 출혈에 의해 일시에 많은 혈액을 잃음
- 적혈구의 수는 감소하지만 크기에는 변동이 없음
- 저색소성, 정상혈구성 빈혈
- 수분, 단백질, 철과 비타민 C를 충분히 섭취
ⓑ 만성 출혈
- 장기간에 걸쳐 혈액을 손실함
- 적혈구의 수와 크기가 모두 감소
- 위궤양, 대장염, 치질 등에 의한 만성 출혈로 빈혈이 발생

② 재생불량성 빈혈

　㉠ 골수의 기능 저하로 적혈구의 수가 부족하거나 적혈구의 성숙 부진으로 오는 빈혈

　㉡ 헤마토크리트는 낮으나 적혈구 세포 크기와 헤모글로빈 농도는 정상이므로 정상적 적혈구성 빈혈이라고도 함

　㉢ 증상 : 무기력, 피로, 두통과 활동 시 호흡 곤란, 혈소판 감소에 의한 출혈, 백혈구 감소에 의한 감염증이 나타남

　㉣ 에너지와 양질의 단백질육류와 생선, 두부, 달걀 및 우유 등을 충분히 공급

③ 용혈성 빈혈

　㉠ 적혈구가 어떠한 원인에 의해 과도하게 파괴되어 발생

　㉡ 적혈구가 파괴되면서 헴의 대사물질인 빌리루빈이 정상치보다 증가하여 황달이 생김

　㉢ 증상 : 어지럽고 운동 시 숨이 차며 황달, 오심, 구토

　㉣ 식사는 철 함량이 적은 식품으로 계획

　㉤ 적혈구 합성을 위한 엽산과 적혈구막의 안정화를 위한 비타민 E 보충

제11장 골격계질환

골격계질환이 유발되는 부위로는 관절, 관절 주변, 관절 외 부위 등이 있으며 감염에 의한 관절염, 통풍, 기계적 손상으로 인한 골관절염, 골다공증 등 다양한 질환이 있다.

01 골다공증

(1) 원인

① 칼슘 흡수 저하, $1,25-(OH)_2D_3$의 생성 저하, 부갑상선 비대, 갑상선기능 저하, 칼시토닌과 에스트로겐 분비 저하, 기타 내분비계질환

② 노화에 따라 $1,25-(OH)_2D_3$의 생산능력 감소로 소장에서의 칼슘 흡수율이 저하되고 칼슘 섭취량도 적어서 노인의 경우 칼슘 결핍이 골다공증의 원인

■ 표 1. 골다공증 발병에 영향을 미치는 위험요인

구분	내용
유전	가족력
종족	백인 > 아시아인 > 흑인
연령과 성	60세 이상 노령, 여성
여성 호르몬 결핍	폐경, 난소 절제, 성 호르몬 부족
신체활동	운동 부족, 부동상태
체중	저체중 또는 저체지방
만성 질환과 약물 복용	당뇨병, 만성 질환, 갑상선기능항진증
식사요인	칼슘과 비타민 D의 부적절한 섭취, 동물성 단백질의 과잉 섭취, 섬유소의 과잉 섭취
기타요인	흡연, 알코올, 카페인 과다 섭취

(2) 증상

① 뼈의 손실은 척추에서 가장 먼저 시작되며 허리 아랫부분이 심하게 아프고 구부러지거나 키가 줄어들며 쉽게 골절현상이 나타남

② 뼈조직이 너무 물러 체중을 감당하기 힘든 상태의 노인에게서는 뼈의 기형, 부분적인 통증, 골절, 고칼슘뇨증에 의한 신결석이 나타남

(3) 영양 관리

① 단백질 : 골격 건강을 위해서는 적당량의 단백질이 필요

② 칼슘

    ㉠ 폐경 후 여성, 골다공증 환자 : 1일 1,000~1,500mg 권장

    ㉡ 칼슘급원 : 우유 및 유제품

    ㉢ 칼슘 보충제 : 탄산칼슘_{가장 자주 사용됨}, 유산칼슘, 칼슘글루코네이트

    ㉣ 칼슘제재는 한 번 복용하는 용량이 600mg을 초과하면 흡수율이 떨어지므로 500mg 정도를 복용하는 것이 좋음

    ㉤ 장기간 칼슘 보충제를 사용하면 고칼슘혈증, 고칼슘뇨증, 요석증 및 칼슘의 섭취로 인한 위산 분비 증가 등의 부작용이 나타남

③ 인과 마그네슘

    ㉠ 과량의 인 섭취는 칼슘 흡수 억제

    ㉡ 칼슘과 인은 1 : 1 동량으로 섭취 권장

    ㉢ 골격의 형성에 필요한 마그네슘은 해조류, 참깨, 가루녹차, 콩, 조개, 생선에 많이 들어 있음

④ 불소 : 탈무기질화를 방지하나 과량 복용 시에는 위장의 경련, 출혈성 위궤양, 관절통, 치아부식 등의 부작용을 동반함

⑤ 비타민 D

    ㉠ 비타민 D가 풍부한 정어리, 방어, 꽁치 등의 생선과 육류의 간, 버터, 난황, 표고버섯 등을 충분히 공급

    ㉡ 칼슘 흡수를 높이지만 골용해도를 증가시켜 고칼슘혈증, 고칼슘뇨증을 동반하므로 칼슘 흡수에 장애가 있는 경우에만 사용

⑥ 식이섬유 : 식이섬유를 1일 35g 이상 섭취하지 않도록 주의

⑦ 카페인 : 섭취량이 증가하면 요 및 분변 중 칼슘 배설량이 증가하고 골절률이 커짐

⑧ 흡연 : 흡연으로 인해 난소의 기능이 퇴화되어 에스트로겐 농도가 낮아짐

⑨ 지방과 나트륨

　㉠ 과잉의 지방 섭취는 장관 내에서 칼슘과 결합하여 칼슘 흡수를 저하

　㉡ 과잉의 나트륨은 신장에서 칼슘 배설을 증가

02 골연화증

비타민 D 부족으로 뼈의 무기질화 과정에 이상을 초래하여 뼈가 얇아지고 쉽게 구부러지며 골밀도가 감소한다.

(1) 원인

① 비타민 D 섭취량의 부족

② 자외선 노출 차단

③ 장에서의 흡수장애

④ 비타민 D 대사의 유전적 결함

⑤ 신장장애로 인한 인의 흡수 손상

⑥ 비타민 D 활성화 불능 칼슘 섭취 부족과 배설 증가

⑦ 만성적인 산중독증

⑧ 항경련성 진정제의 장기 복용

(2) 증상

① 뼈의 통증, 유연화, 근육 약화

② 신체가 구부러지고 기형 유발

③ 뼈의 골절이 물러짐

(3) 식사요법

① 질 좋은 단백질, 우유 등의 칼슘 공급원의 충분한 섭취

② 상태가 심각한 경우 비타민 D와 칼슘 보충제 공급

03 구루병

(1) 원인

① 비타민 D 섭취 부족

② 자외선 차단

③ 장내 소화 및 흡수 불량

④ 대사장애

⑤ 식이 내 칼슘, 인이 부족한 경우

⑥ 만성 산독증

⑦ 신장기능장애

(2) 증상

① 무릎, 다리, 팔이 휘어짐

② 영구치의 생성 지연, 약한 치아 형성

③ 유아 : 걸음걸이 시작 지연, 골단 마모, 전체적인 허약증세

(3) 식사요법

① 비타민 D 공급 : 하루에 비타민 D가 강화된 우유 2컵 이상

② 계란, 간 등으로 충분한 단백질과 비타민 공급

04 관절염

(1) 골관절염

퇴행성 관절질환이라고 하는 매우 흔한 질병 중의 하나로 관절 주위나 내부의 연조직, 관절연골이 손실됨

① 원인

㉠ 관절 부위의 외상과 관절의 과다 사용

㉡ 유전적인 요인

㉢ 체중 초과 및 과잉 영양

② 증상

㉠ 관절 부위가 뻣뻣해지고 활동의 제약

㉡ 저녁과 잠자기 전 심한 통증

㉢ 진행이 서서히 이루어지고 증세가 심해졌다 호전되었다 반복

㉣ 몇 개의 관절에 국한, 전신증상은 나타나지 않음

③ 치료와 영양 관리

　㉠ 과체중인 골관절염 환자 : 식사 관리를 통한 체중 감량이 중요함

　㉡ 칼슘 및 비타민 D의 충분한 섭취

(2) 류머티즘성 관절염

① 원인 : 만성 염증성질환으로 관절의 활막이 감염되어 다른 관절에까지 퍼지며 골과 연골조직에까지 심한 손상

② 증상

　㉠ 초기증상은 피로, 식욕 부진, 일반적인 허약증세의 지속

　㉡ 체중 감소와 고열, 오한이 동반

　㉢ 만성적으로 진행되면 소화기의 이상과 영양 불량

③ 치료와 식사요법

　㉠ 이상체중 유지

　㉡ 양질의 단백질, 충분한 비타민 A와 B복합체, 무기질 공급

　㉢ 비타민 C를 충분히 공급

　㉣ 적당한 양의 비타민 D와 칼슘의 섭취는 합병증인 골연화증을 예방함

05 통풍

체내 퓨린체(purine)의 대사 이상으로 혈액의 요산 농도(정상 3~6mg/dL) 증가와 배설량 감소로 요산이 체내 축적되고 요산이 연골관절 주위 조직에 요산일나트륨 결정으로 침착하여 염증유발과 극심한 통증을 동반한다.

(1) 원인

① 요산 생성 증가의 원인

　㉠ 백혈병, 악성임파종, 골수암, 용혈성 빈혈, 감염 등 세포의 이화 촉진

　㉡ 퓨린의 생합성 증가

　㉢ 식사 중 퓨린 섭취 증가

② 요산 배설 감소의 원인

　㉠ 당뇨병, 알코올 과음으로 인한 케토시스로 요의 산성화

　㉡ 신장질환으로 인한 세뇨관에서의 요산 분비 장애

(2) 증상

① 귓바퀴, 팔꿈치 관절 후면, 손가락 관절, 엄지발가락에 통풍결절이 생성되어 만성 관절염 유발과 골절을 초래함

② 발열, 오한, 두통, 위장장애

③ 급성 통풍발작으로 시작이 되고 관절의 연골이나 관절상 주위의 연부조직에 요산이 침착됨

(3) 영양 관리

① 에너지

　㉠ 이상체중 유지와 10%의 체중 감량이 필요함

　㉡ 단식요법은 절대 금지함

　㉢ 하루 남자 30~35kcal/kg, 여자 25~30kcal/kg 정도의 에너지 권장

　㉣ 주로 전분류 형태의 당질로 공급

② 단백질

　㉠ 체중 1kg당 단백질 1~1.2g으로 하루 60~75g 정도 공급함

　㉡ 우유와 계란

③ 지질

　㉠ 하루에 50g 이하로 제한함

　㉡ 고혈압, 심장병, 고지혈증, 비만 등과 관련하여 과량 섭취는 피함

　㉢ 포화지방산보다는 불포화지방산의 섭취를 권장함

④ 수분 : 혈중 요산 농도 희석과 요산 배설 촉진을 위해 하루에 3L 정도의 수분을 공급함

⑤ 퓨린

　㉠ 식사 중의 퓨린 함량을 100~150mg 정도로 제한함

　㉡ 퓨린 함량이 높은 멸치, 고등어, 연어, 청어, 간, 콩팥 등을 제한함

　㉢ 식사 조절은 치료식보다 예방식의 의미가 더 강함

　㉣ 요산염 배설은 지방에 의해 감소되고 당질에 의해 증가되는 경향이 있기 때문에 고당질, 중등단백질, 저지방 식사가 도움이 됨

⑥ 알코올 : 과량의 알코올 섭취를 피함

⑦ 통풍 환자를 위한 식단의 작성요령

　㉠ 단백질의 급원은 육식에 치우치지 말고 두부, 달걀, 생선, 우유 등으로 다양하게 선택함

ⓒ 곡류, 감자류가 좋으며 채소, 과일류는 적극 권장함

ⓒ 소변의 알칼리도는 식품에 따라 변하기 어렵지만 가능한 한 채소, 과일 등 알칼리성 식품을 선택함

ⓔ 수분의 충분한 섭취를 위해 죽이나 수프, 차 등을 자주 섭취하도록 함. 육류 조리 시 굽는 것보다는 삶아서 먹고 기름이 함유된 국물육수은 섭취하지 않는 것이 좋음

ⓜ 콩에는 퓨린 함량이 많으나 두부에는 적음

ⓗ 소금의 양은 하루 10g 이내로 하고 염장식품은 피함

■ 표 2. 퓨린 함량에 따른 식품군 분류

식품군	고함유 식품 (150~800mg)	중등함유 식품 (50~150mg)	미량함유 식품 (미량)
곡류군	–	–	밥, 국수, 감자, 고구마, 빵 등 대부분의 곡류(오트밀, 전곡 제외)
어육류군	내장육(간, 콩팥, 뇌 등), 생선류(청어, 고등어, 정어리, 연어), 기타(육즙, 멸치, 효모, 베이컨, 가리비)	육류, 가금류, 생선류, 조개류, 콩류(강낭콩, 잠두류, 완두콩, 편두류)	달걀
우유군	–	–	우유, 치즈, 유제품
지방군	–	–	버터, 식용유
과일군	–	–	모든 과일류
채소군	–	시금치, 버섯, 아스파라거스	나머지 채소류
기호군	–	–	탄산음료, 잼, 코코아, 설탕, 커피, 차류
적용	급성기에 섭취 제한	회복기에 소량 섭취 가능	제한 없이 섭취 가능

2014년 기출문제 B형

회사원 A씨(남, 45세)는 최근 발가락 관절이 붓고 심하게 아파서 병원에서 혈액 검사를 받았다. 다음의 검사 결과에서 정상범위를 벗어난 분석 항목 2가지를 쓰고, 각각에 대하여 적절한 영양 관리 방안을 2가지씩 서술하시오(단, A씨는 검사 전까지 질병 치료 목적으로 약을 복용하지는 않았음).【4점】

〈혈액 검사 결과〉

공복혈당	96mg/dL
당화혈색소	5.4%
혈청알부민	4.0g/dL
헤모글로빈	14.3g/dL
헤마토크릿	42%
요산	18mg/dL
총 콜레스테롤	190mg/dL
LDL-콜레스테롤	94mg/dL
HDL-콜레스테롤	50mg/dL
중성지방	230mg/dL

참고문헌

1. 식사요법. 구재옥 외 5인. 교문사. 2017
2. 임상영양학. 손숙미 외 5인. 교문사. 2018
3. 임상영양학. 이미숙 외 5인. 파워북. 2018
4. 임상영양학. 임경숙 외 5인. 교문사. 2019
5. 포인트 식사요법. 윤옥현 외 4인. 교문사. 2016

제4과목

식사요법 및 실습

제 **5** 과목

영양교육 및
상담 실습

영양교육의 개념

영양교육의 요소는 인간의 행동과학 원리와 영양과 건강의 정보 및 내용을 교육과정을 통하여 교육 대상자의 목표와 발달단계의 능력에 적절하게 학습경험을 제공하는 것을 포함한다.

01 영양교육의 정의

(1) 정의

개인이나 집단을 대상으로 영양상태의 개선과 건강 증진 향상에 도움이 되는 지식, 태도, 기술, 행동 습득을 목표로 하며 다양한 학습경험을 통해 스스로 건전한 식행동dietary behavior을 습득·실천하도록 고안, 계획된 교육과정임

(2) 기존의 영양교육(KAB 모델)

개인이나 집단에서 영양 지식이 증가하면 식태도가 변화되고 이에 따라 행동의 변화가 일어난다는 가정을 전제로, 영양 지식이나 정보의 전달에 중점을 둔 교육을 실시함

① Kknowledge : 올바른 식생활을 위한 지식과 기술을 말함

② Aattitude : 현재의 식생활 개선의 흥미 유발과 개선의욕을 말함

③ Bbehavior : 식생활 개선의 실천에 대한 지속적인 습관화를 말함

(3) 영양 지식은 행동 변화를 유발하는 데 필요한 요소이지만 지식의 습득이 행동 변화를 의미하는 것은 아님

> **Key Point**
>
> ✓ 균형식이나 지방·나트륨·당 섭취 줄이기 등의 식행동은 영양 지식 외에 개인의 신념(belief), 태도(attitude), 행동수행에 대한 자신감(self-efficacy), 주변인의 생각, 태도, 행동, 물리적, 사회적 등 다양한 요인의 영향을 받는다.

02 영양교육의 목적과 목표

(1) 목적(goal)

영양 지식의 증진과 식행동의 변화를 유도하여 일상생활에서 올바른 식생활을 영위하고 개인이나 국민의 영양상태을 개선하고 건강 증진을 도모하는 것임

(2) 목표(objective)

① 식품, 영양, 건강과 관련된 지식과 정보를 습득함

② 식생활의 문제점을 이해하고 관심을 갖는 등 긍정적인 식태도를 형성함

③ 식생활과 관련된 기술과 방법을 습득함

④ 건전한 식행동을 습득하고 유지함

⑤ 개인이나 집단의 영양상태 개선에 기여함

⑥ 질병을 예방하고 치료하여 건강 증진에 기여함

⑦ 의료비 절감과 국민복지에 기여함

03 식생활 환경의 변화와 영양교육의 필요성

영양은 최적의 건강상태인 건강 증진, 질병 예방의 1단계뿐 아니라 질병의 조기 발견과 치료 2단계에서, 질병의 악화 방지나 재활의 3단계에서 중요하다.

(1) 인구 및 질병 구조의 변화

① 2000년에 7.2%339만 명로, UN에서 분류한 65세 이상 인구 비율 7%를 초과하여 고령화사회aging society로 진입

② 2017년에는 14%를 초과하면서 고령사회aged-society로 진입

③ 2030년에는 노인 인구 비율이 21%를 초과하는 초고령사회super aged-society를 바라볼 것으로 전망

④ 유병률이 높은 만성 질환고혈압, 당뇨병, 심장병 등은 생활습관, 특히 영양과 관련된 질환

⑤ 평균수명이 증가하고 만성 퇴행성질환의 발병과 이로 인한 사망이 늘어나면서 발병 전 예방과 건강 증진에 초점을 두는 인구구조나 가족형태의 변화를 고려한 영양교육이 필요함

(2) 식품산업과 식환경의 변화

식품산업의 발달과 함께 가공식품, 인스턴트식품 등이 증가하고 외식산업이 발달하여 먹을거리가 풍부해지고 다양해지면서 에너지, 지방, 나트륨의 과잉 섭취와 비타민과 무기질의 섭취 부족이 나타남

(3) 정책적 변화

관련 법에 의거하여 여러 가지 식생활 및 영양과 관련된 사업과 프로그램을 운영함

① 1995년 국민건강증진법

  ㉠ 국가나 지방단체에서 영양개선사업을 위해 영양교육사업, 조사 연구 등을 하도록 규정함

  ㉡ 국가 차원의 건강증진계획인 국민건강증진종합계획 수립

  ㉢ 국민건강증진법 제4조에 따라 국민 건강 증진과 질병 예방을 위해 5년마다 수립하는 국가 차원의 건강 증진 로드맵

  ㉣ 2002년에 제1차 계획Health plan 2010, 2002~2005이 수립

  ㉤ 2015년에 제4차 계획HP 2020, 2016~2020이 수립되어 시행

② 보건복지부 2020 국민건강증진종합계획 : 국민의 건강수명 연장과 건강형평성 확보를 위해 노력함

■ 표 1. 생애주기별 영양 관리 강화를 위한 생애주기별 건강프로그램

지표명	2005년(%)*	2008년(%)*	2009년(%)*	사업명
건강 식생활 실천 인구 비율을 증가시킨다.				
지방을 적정 수준으로 섭취하는 인구 비율	47.0	44.1	50.0	
나트륨을 1일 2,000mg 이하로 섭취하는 인구 비율(만 6세 이상)	7.7	13.4	15.0	
당을 적정 수준으로 섭취하는 인구 비율(만 6세 이상)	–	86.5 (2007년)	90.0	

(표 계속)

과일과 채소를 1일 500g 이상 섭취하는 인구 비율(만 6세 이상)	29.9	35.7	50.0
식품 선택에 영양 표시를 활용하는 인구 비율	21.4	22.7	30.0
건강 식생활 실천 인구 비율(만 6세 이상)	–	28.9	35.0
건강 체중 유지/관리 인구 비율을 증가시킨다.			
적정 체중(18.5 < BMI < 25) 성인 인구 비율 증가	63.5	64.0	67.0
저체중 성인 인구 비율 감소	4.7	5.0	3.0
생애주기별 영양 관리를 강화한다.			
완전 모유수유 영아(생후 6개월) 인구 비율 증가	36.0	50.2	60.0
잘못된 식습관에 의한 아침 결식률 감소	21.4	21.5	15.0
영양소 섭취 부족인 노인 인구 비율 감소	14.7	22.6	15.0
빈혈인 가임기 여성(10~49세) 인구 비율 감소	14.5	13.7	10.0
영양 관리(교육 및 상담)를 받는 인구 비율 증가	9.6	8.3	20.0
미량영양소 적정 섭취 인구 비율을 증가시킨다.			
칼슘을 적정 수준으로 섭취하는 인구 비율	21.9	16.2	30.0
철을 적정 수준으로 섭취하는 인구 비율	49.1	46.8	50.0
비타민 A를 적정 수준으로 섭취하는 인구 비율	42.2	37.0	50.0
리보플라빈을 적정 수준으로 섭취하는 인구 비율	37.6	31.0	50.0
식품안정성 확보 및 영양서비스 수혜 인구 비율을 증가시킨다.			
식품안정성이 확보된 가구 비율	88.7	88.1	95.0
식생활 지원/관리프로그램(영양플러스) 수혜 인구 비율(2008년까지는 운영 보건소 수)	3개 보건소	153개 보건소. 2010년 까지 250개 보건소	15.0

가. 식생활지침의 주기적 개정 및 다양한 교육자료 개발·보급

나. 가공식품 및 외식음식 중 나트륨 함량 감량 사업

다. 영양 표시 적용범위 확대 및 인식 제고 : 점진적 자율 표시 확대 및 의무화

라. 건강체중 인식 확산을 위한 교육 및 홍보사업

마. 노인급식의 질 관리 및 제고사업

바. 영양관리서비스의 산업 기반 정비 및 건강/질환 관리 상품으로 육성

사. 취약계층을 위한 영양관리사업 개발 및 확대

* 2005과 2008년은 실제값, 2020년은 목표값임

※ 자료 : 보건복지부(2015), 제4차 국민건강증진종합계획(Health plan 2020)

③ 보건소의 건강증진사업

 ㉠ 2013년부터 지역사회 통합 건강증진사업으로 실시되고 있음

 ㉡ 금연, 절주, 신체활동, 영양, 비만, 구강보건, 심뇌혈관질환 예방 관리, 여성어린이특화모자보건, 치매 관리, 지역사회 중심 재활, 방문 건강 관리 등, 이 중 필수사업은 영양사업을 포함하여 금연, 절주, 신체활동, 건강위험군에 대한 만성질환 예방·관리사업, 치매검진사업임

④ 2005년 임신부 및 영·유아를 위한 보충영양관리사업

 ㉠ 영양플러스사업, 2009년에 전국의 보건소로 확대 실시됨

 ㉡ 대상 : 임신부, 모유수유부, 만 6세 미만의 영·유아

⑤ 영양사 배치 법적 기준 : 영·유아보육법, 아동복지법, 노인복지법 등에 근거하여 영양사를 배치함

⑥ 2006년 초중등교육법

　㉠ 영양교사 관련 법안을 마련하여 2007년부터 영양교사가 임용·배치됨

　㉡ 학교에서의 영양교육이 강화되고 있음

⑦ 2008년 어린이 식생활안전관리 특별법

　㉠ 목적 : 어린이들에게 바른 영양, 안전한 식품을 제공하여 어린이의 건강 증진을 목적으로 함

　㉡ 내용

　　■ 학교에서 반경 200m 내의 구역을 어린이 식품안전 보호구역으로 지정함

　　■ 고열량·저영양식품을 학교에서 판매 금지하여 어린이의 기호식품을 관리함

　　■ 어린이 기호식품의 영양 표시, 품질 인증 등 올바른 식생활정보를 제공함

　　■ 어린이 급식 관리 지원 센터의 설치 및 운영

　　■ 식생활 안전관리 체계의 구축

⑧ 2009년 식생활교육지원법 : 식생활교육의 기본 계획을 수립하고 식생활 조사와 연구, 식생활 교육 추진의 기틀을 마련함

⑨ 2010년 국민영양관리법

　㉠ 목적 : 국민의 식생활에 관한 과학적인 조사 연구를 바탕으로 체계적인 국가 영양정책을 수립 및 시행함으로써 국민의 영양 및 건강 증진을 도모하고 삶의 질 향상에 이바지함

　㉡ 내용

　　■ 국민영양관리 기본 계획의 수립 매 5년

　　■ 국가 및 지방자치단체에서 영양관리사업 실시 : 영양·식생활교육사업, 영양취약계층 등의 영양관리사업, 영양 관리를 위한 영양 및 식생활 조사, 영양소 섭취기준 및 식생활지침의 제정과 보급 등

　　■ 영양사의 면허 및 교육 등 : 영양사 면허에 관한 규정, 영양사 업무와 보수교육 등 명시, 영양사 업무에 영양·식생활교육 및 상담, 식품영양정보의 제공 등 명시

　　■ 임상영양사 자격제도 도입 : 임상영양사의 업무, 자격기준, 자격증 교부 등

영양교육의 이론

영양교육에서 이론은 행동을 설명하거나 예측하는 개념, 즉 변수들이 서로 어떻게 관련되어 있는지 제시해주며 영양교육의 목표, 내용과 방법을 어떻게 교육할지 알려주는 안내자 역할을 하므로, 사회과학, 행동과학, 커뮤니케이션 분야에서 유래된 행동설명이론을 적용하면 영양교육을 보다 효과적으로 할 수 있다.

01 영양교육의 이론

(1) 건강신념모델(health belief model)

① 개인의 건강행동 실천 여부는 질병 위협에 대한 인식 정도에 따라 권장행동을 했을 때의 이득이나 장애요인을 따져보고 권장행동에 참여할지 결정함

② 한 개인이 느끼는 질병에 대한 위협성, 인지된 이득, 인지된 장애는 연령, 성별, 인종, 성격, 사회경제적 요인, 지식과 같은 수정요인에 따라 달라질 수 있음

③ 추천된 행동을 실천할 가능성은 교육, 질병증상, 대중매체 등과 같은 행동계기와 자아효능감에 의해 달라질 수 있음

■ 표 1. 건강신념모델의 주요 개념과 적용방법

개념	정의	적용방법
인지된 민감성 (perceived susceptibility)	개인이 생각하는 질병에 걸릴 가능성의 정도	■ 다루고자 하는 질병에 대해 취약집단을 파악하여 그 가능성에 대한 정보를 제공함 예 주변인, 유명인의 사례를 들어 특정 질병에 걸릴 가능성에 대한 인식을 갖도록 함

(표 계속)

인지된 심각성 (perceived severity)	질병이 가져올 수 있는 결과의 심각성, 즉 신 체적, 정신적, 사회적 기능의 장애 및 어려움 등에 대한 개인의 인식 정도	■ 질병과 그 질병으로 인해 일어날 수 있는 결 과를 자세히 설명함 예 심혈관계질환으로 인한 신체적, 정신적, 사회 적 어려움의 사례를 제시하여 심각성을 인식 하게 함
행동 변화에 대한 인지된 이득 (perceived benefits)	추천된 행동을 실천한 후 얻을 수 있는 이익 에 대한 개인의 인식	■ 어떤 긍정적 변화를 기대할 수 있는지 명확하 게 설명함 예 심혈관계질환 예방을 위한 식생활을 하였을 때 나타나는 건강상의 이점, 실제적인 이점이 무엇인지 구체적으로 제시함
행동 변화에 대한 인지된 장애 (perceived barriers)	추천된 행동을 수행 할 때 지불해야 하는 물질적, 심리적 비용 에 대한 개인의 인식	■ 건강행동을 할 때 장애요인(시간, 금전적, 주 변인의 지지 등)을 줄이는 방법을 교육함 ■ 직장에서 회식 시 심혈관계질환 예방 식생활 을 할 때 실천이 어려움을 공감하고 대처법을 제시함
행동 계기 (cues to action)	추천된 행동을 수행하 게 하는 전략이며 변 화를 촉발시키는 계기	■ 방법에 대한 정보 제공, 인식 촉진, 독려편지 를 이용함 ■ 인식 전환을 위한 캠페인이나 행동 변화를 유 발할 수 있는 제도를 마련함 예 직장에서 건강한 회식 캠페인을 전개함
자아효능감(self- efficacy)	행동 수행에 대한 자 신감	■ 행동 수정의 점진적 목표를 정하고 단계별로 변화를 실천해 볼 수 있는 훈련을 제공 ■ 직장에서 회식할 때 건강메뉴를 선택할 수 있 도록 지도 ■ 목표를 달성할 경우 강화를 제공

(2) 계획적 행동이론(theory of planned behavior)

① 합리적 행동이론theory of reasoned action에서는 행동에 대한 개인의 태도, 주관적
   규범에 따라 행동 의향의도이나 행동이 결정된다고 함

② 계획적 행동이론에서는 행동 의향, 즉 행동을 결정짓는 요인은 행동에 대한 태
   도개인적 요인, 주관적 규범사회적 요인, 인지된 통제력통제적 요인 세 요인으로 구분

■ 표 2. 계획적 행동이론의 구성요소 및 정의

구성요소	정의
행동 의향(의도) (behavioral intention)	■ 행동 수행의 의도
ⓐ 행동에 대한 태도 (개인적 요인) (attitude toward behavior)	■ 행동에 대한 개인적 평가로 행동에 대한 긍정적, 부정적 느낌 ■ 저나트륨식에 대해 긍정적인 태도를 갖도록 저나트륨식의 이로운 점에 대한 정보 제공
● 행동 결과에 대한 신념 (behavioral beliefs)	■ 행동을 수행할 때 나타나는 결과(장점, 단점)에 대한 신념 예 저나트륨식을 할 때 건강상의 이점, 실제적 이점과 단점을 가능한 한 적게 느끼도록 함. 즉, 간단하게, 싼 비용으로 맛있게 먹을 수 있다는 것을 강조함
● 행동 결과에 대한 평가 (outcome evaluation)	■ 행동 수행 시의 결과에 대한 평가로 각각의 행동 결과에 두는 중요성(가치)을 말함
ⓑ 주관적 규범 (사회적 요인) (subjective norm)	■ 준거인이 자신의 행동을 인정할 것인가에 대한 신념
● 규범적 신념 (normative belief)	■ 개인의 행동 수행에 대한 주변인 예 부모, 배우자, 형제, 친구, 영양교사 등의 의견을 나타내며 주변인이 자신의 행동을 얼마나 인정(동의)할 것인가에 대한 신념
● 순응 동기 (motivation to comply)	■ 각 주변인의 의견에 얼마나 따를 것인지 그 정도를 나타냄
ⓒ 인지된 행동 통제력 (통제적 요인) (perceived behavioral control)	■ 행동을 저해하는 요인이나 상황에서 얼마나 행동을 통제할 수 있는가에 대한 인식
● 통제신념 (control belief)	■ 행동 수행의 촉진요인이나 장애요인의 유무에 관련된 신념 ■ 개인의 내적요인(개인의 지식, 기술, 능력), 외적요인(자원, 시간, 기회, 다른 사람의 도움 등)에 따라 달라짐
● 인지된 영향력 (perceived power)	■ 행동 수행을 어렵거나 쉽게 만드는 각 상황에 대한 인지된 영향력, 즉 행동 수행에 있어서 각 요인이나 상황의 중요도를 의미함

2019년 기출문제 A형

다음은 계획적 행동이론을 적용한 영양교육 사례이다. 밑줄 친 ㉠, ㉡에 해당하는 행동 의도(의향)를 결정하는 요인의 명칭을 순서대로 쓰시오. 【2점】

> 중학교 2학년 지우는 평소에 변비로 고생하고 있다. 영양교사는 영양상담을 하면서 지우가 평소 채소를 거의 섭취하지 않는다는 것을 알았고, 지우의 채소 섭취에 대한 의도를 높이고자 영양교육을 하였다. 한 학기 동안 영양교육을 한 결과, 지우는 ㉠ 이전과 달리 좋아하지 않는 채소가 급식에 나올 때도 쉽게 먹을 수 있게 되었다고 했다. 또한 ㉡ 한 학기 동안 채소를 섭취하게 되면서 변비증상이 사라졌다는 확신을 갖게 됨으로써 앞으로도 채소 먹기를 실천하고 싶다는 마음이 들었다고 영양교사에게 말했다.

(3) 사회인지론(social cognitive theory)

① 사회학습론에서 발전하였으며 인간의 행동은 인지적 개인적 요인, 행동, 환경이 서로 상호작용하여 결정됨

② 개인의 인지적 요인으로는 행동 결과에 대한 기대, 행동 결과의 가치, 자아효능감, 집단효능감을 제시함

③ 행동적 요인으로는 행동수행력과 자기통제력으로 행동 수행 능력을 분석함

④ 환경적 요인으로는 환경, 관찰학습, 강화, 촉진 등으로 물리적, 사회적 환경, 왜곡된 인식 등을 파악함

■ 표 3. 사회인지론의 주요 개념과 영양교육에서의 적용

개념	정의	적용
상호결정론 (reciprocal determinism)	개인의 인지적 요인, 행동, 환경적 요인이 서로 상호작용하며 영향을 미치는 것	■ 행동 변화를 계획할 때 개인의 인식 변화, 행동, 환경적 변화를 유도하도록 구성
행동 결과에 대한 기대 (expectation)	행동 실천 후에 예측되는 결과, 즉 행동 후 기대하는 결과	■ 건강에 이로운 행동을 함으로써 얻을 수 있는 긍정적 결과를 제시함 예 저염식을 하면 혈압 조절뿐만 아니라 부기를 빼줌으로써 체중 조절에도 도움이 될 수 있음을 제시

(표 계속)

행동 결과의 가치 (expec tancies)	행동 수행 시의 결과에 대해 개인이 부여하는 가치(중요성)	■ 긍정적 가치(건강지향적인 방향)를 부여할 수 있는 결과를 제공함
자아효능감 (self-efficacy)	특정한 행동을 수행하거나 장애를 극복하는 데에 대한 자신감	■ 자신감을 주기 위해 성취할 수 있는 여러 가지 작은 행동 변화를 유도함 예 식탁에서 소금 사용 안 하기와 같은 실천하기 쉬운 구체적인 행동 변화부터 시도함
집단효능감 (collective efficacy)	행동을 할 수 있다는 집단의 효능감, 자신감을 말함	■ 특정 집단에서 식환경, 건강환경 변화를 위해 노력, 옹호, 활동을 함
행동수행력 (behavioral capability)	특정 행동을 실천하는 데 필요한 지식과 기술	■ 영양 지식을 알려줌, 식품 선택, 메뉴 선택을 현명하게 하고 조리능력 배양 등 건전한 식행동을 실천하는 방법을 습득하게 함 예 염도를 낮추는 조리법 실습을 제공하여 저염식을 할 수 있는 기술 습득을 도움
자기통제력 (자기조절) (self-control)	목표행동을 위한 자기규칙	■ 문제점 분석(식사일지 기록, 식사행동과 운동량 모니터링), 계약서 작성, 목표 설정, 행동 실천, 평가 등을 통해 자신의 영양 관리를 스스로 하게 함
환경 (environment)	식행동에 영향을 미치는 물리적 환경(공간, 시설), 사회적 환경(가족, 친구, 영양교사 등)	■ 학교의 급식시간에 칼로리를 조절하여 배식하고 학교 매점에서 바람직한 간식 판매, 학교 내 탄산음료 판매 금지, 프로그램에 학부모 참여, 운동시설을 설치함
관찰학습 (observational learning)	다른 사람의 식행동이나 그 결과를 관찰하면서 배우는 것	■ 대상자가 동질감을 느낄 수 있는 긍정적인 역할모델을 제공함 ■ 모델링(주변인, 친구, 유명인 등) 이용 예 드라마 중 식사하는 장면에서 또래의 연기자가 국에 소금을 더 넣는 것을 거절
강화 (reinforcement)	습득한 행동의 유지를 위한 것으로 직접보상, 간접보상, 자기보상 등의 방법으로 행동을 강화함	■ 칭찬, 격려, 작은 선물, 내적보상(행동 자체의 즐거움) 활용 ■ 스스로가 주는 상이나 인센티브를 설정 ■ 행동 변화를 하나씩 성공할 때마다 대상자가 정하는 상을 스스로에게 주기로 결정
촉진 (facilitation)	행동 습득이 쉽도록 도구나 자료, 환경적 변화를 제공하는 것	■ 간식활동에 채소와 과일 제공, 신체활동 증가를 위한 운동시설 제공

(4) 행동변화단계모델(stages of change)

행동의 변화가 일순간에 일어나는 것이 아니라 일련의 과정을 거쳐 일어난다고 봄. 개인마다 행동 변화의 단계에 차이가 있으므로 그 단계에 따라 행동수정방법이나 전략을 다르게 사용함. 행동변화단계, 전략변화과정, 행동변화단계별 적절한 변화방법, 의사결정균형, 자아효능감으로 구성됨

① 행동변화단계 : 사람의 행동이 바뀌고 변화되는 데 5단계를 거침

　㉠ 고려전단계 precontemplation stage
　　■ 6개월 이내 행동 변화를 고려하지 않는 단계
　　■ 주변인들이 건강문제를 인식하고 걱정을 하나 자신의 식행동 등 행동에 문제가 있다고 인식하지 못하는 단계
　　■ 중재 : 문제점에 대한 정보를 제공하고 바람직하지 못한 행동의 문제점을 인식하며 건강행동을 할 때의 장점을 더 인식하게 함

　㉡ 고려단계 contemplation stage
　　■ 6개월 이내 행동 변화의 의지가 있는 시기
　　■ 문제행동을 인식하고 행동을 바꿀 때 장점에 대해 인식하는 반면, 행동 변화에 대한 장애요인도 느끼고 있어 의사결정을 하지 못하는 단계
　　■ 중재 : 구체적인 계획을 세우도록 촉진하고 동기를 부여함

　㉢ 준비단계 preparation stage
　　■ 가까운 장래 1개월 이내에 행동을 바꾸려는 의향이 있는 단계
　　■ 영양교육 프로그램에 등록하거나 일부 행동을 시도해봄
　　■ 중재 : 건강행동을 하겠다는 약속을 받는 전략을 사용하고 행동을 위한 구체적 계획 설계 및 단기목적 설정을 도우며 기술을 제공함

　㉣ 행동단계 action stage
　　■ 행동을 바꾸기 위해 적극적으로 노력하는 단계
　　■ 행동 변화는 6개월 미만 정도 실시해 본 상태
　　■ 목표 설정, 식품대치기술, 식단 짜기, 저지방 음식, 저나트륨 음식 조리하기 등 실제로 행동 변화를 실천함
　　■ 중재 : 피드백, 문제해결 도움, 사회적 지지 및 강화 제공, 재발에 대한 대처 행동 수정을 위한 방법과 기술을 익히고 실천하게 함
　　■ 건강행동을 유발하는 자극을 늘리고 건강행동이 보다 잘 일어나게 주위 환경을 바꾸거나 주변인의 도움을 구하는 방법, 보상 등을 활용함

　　◎ 유지단계 maintenance stage

　　　　■ 장기간 행동 변화를 유지하는 단계로 6개월 이상 행동을 유지했는지 여부로 판정함

　　　　■ 예전 습관으로의 유혹에 대처할 수 있고 행동 변화에 대한 자신감이 높으며 계속 행동 변화를 유지하는 단계

　　　　■ 중재 : 추후 관리 제공, 유혹 조절

② 의사결정균형 decisional balance : 건강행동을 결정할 때 인지하는 행동 변화 효과에 대한 긍정적 믿음인 장점과 부담 또는 대가인 단점에 대한 개인적 평가

■ 표 4. 행동변화모델의 개념 중 의사결정균형

개념	설명 및 적용
장점(pros)	■ 권장 행동, 건강에 좋은 행동으로 변화할 때의 장점 ■ 권장 행동 시의 장점(건강, 실제적 장점 등)을 강조함
단점(cons)	■ 권장 행동, 건강에 좋은 행동으로 변화할 때의 단점, 장애요인 ■ 권장 행동 시의 단점, 장애요인을 덜 느끼게 도움

③ 변화과정 processes of change : 행동 변화의 단계뿐만 아니라 각 단계에 적용될 수 있는 행동 수정의 방법, 전략을 말함

　　㉠ 행동 결과 인지적 측면에 대한 의식 증가, 자신 재평가, 환경 재평가, 극적인 안심, 자신 방면, 사회적 방면과 행동수정방법 행동적 측면으로 많이 활용되는 대체 조절, 자극 조절, 보상 관리, 조력관계 등이 있음

　　㉡ 고려전단계에서 고려단계로 행동 변화를 할 때는 행동변화에 대한 동기를 갖도록 의식 증가, 극적인 안심, 환경 재평가를, 고려단계에서 준비단계로 행동 변화를 할 때는 자신 재평가의 방법을 사용함. 고려전단계와 고려단계에서는 바람직하지 못한 행동의 문제점을 인식하고 건강행동을 할 때의 장점을 더 인식하게 교육함

　　㉢ 준비단계에서는 행동 변화에 대한 의사결정이 필요하므로 자신 방면의 전략을 이용하여 건강행동을 하겠다는 약속을 받는 전략을 사용함

　　㉣ 행동단계에서는 구체적인 행동을 실천하고 이를 지속하는 것이 중요하므로 행동 변화의 ABC Antecedents, Behavior, Consequences라고 할 수 있는 자극 조절A, 대체 조절B, 보상 관리C 등의 전략과 조력관계 사회적 지지를 사용함. 즉, 행동 수정을 위한 방법과 기술을 익히고 실천하게 하며, 건강행동을 유발하는 자극을 늘리고 건강행동이 보다 잘 일어나게 주위 환경을 바꾸거나 주변인의 도움을 구하는 방법, 보상 등을 활용함

ⓜ 유지단계에서는 예전 습관으로 돌아가기 쉬운 상황에 대처하는 방법에 대해 교육함

■ 표 5. 행동변화모델의 개념 중 변화과정(processes of change)

개념	설명 및 적용
의식증가 (consciousness raising)	■ 문제행동, 새로운 행동에 대한 원인, 결과(장점, 단점)에 대한 정보를 구하고 인식하게 함 ■ 영양 및 건강정보 제공, 행동 평가, 피드백, 캠페인 등으로 문제를 인식하게 함
자신 재평가 (self-reevaluation)	■ 행동 변화 시 자신의 이미지에 대해 이성적, 감정적 측면에서 평가함(예 긍정적 자아상, 건강한 모습 등) ■ 행동 수정 시(예 체중 감소) 개인의 이미지에 대해 평가하는 방법을 이용
환경 재평가 (environmental-reevaluation)	■ 행동 변화 시 주변인, 환경에 미치는 영향을 인지적, 감정적 측면에서 평가함(예 부모로서 아이에게 좋은 모델이 됨) ■ 자료 수집(예 건강행동으로의 변화 시 의료비 감소), 역할모델, 가족중재 등의 방법 이용
극적인 안심 (dramatic relief)	■ 문제행동, 건전한 행동을 할 때 어떤 결과(예 걱정, 즐거움)가 있는지 느끼게 함 ■ 역할극, 심리극, 캠페인 등 이용
자신 방면 (self-liberation)	■ 행동 변화를 결심하고 약속을 하는 것 ■ 의사결정, 계약서 작성 등 약속을 구하는 방법 활용
사회적 방면 (social-liberation)	■ 건강행동을 지지하는 방향으로 사회적 규범이 달라짐을 인식하는 것 ■ 급식메뉴의 변화, 금연구역 설정 등 사회분위기 조성, 정책 마련 등의 방법 이용
자극 조절 (stimulus control)	■ 건강행동에 대한 자극을 늘리고(예 냉장고에 채소/과일 많이 두기), 바람직하지 못한 행동에 대한 자극을 줄임
대체 조절 (counter conditioning)	■ 바람직하지 못한 행동을 건전한 행동으로 대치함 ■ 행동 수정 전략, 휴식, 거절, 유혹 대처방법, self-talk 등 활용
보상 관리 (reinforcement management)	■ 건강행동에 대한 보상을 늘리고 바람직하지 못한 행동에 대한 보상을 줄임 ■ 칭찬, 선물 등 건강행동에 대한 보상 실시
조력관계 (helping relationships)	■ 건강행동을 위한 사회적 지지를 유도 ■ 동호회, 인터넷 모임, 전화상담, buddy 시스템 활용

④ 자아효능감self-efficacy : 여러 장애요인에도 불구하고 행동을 할 수 있다는 자신감을 말함

■ 표 6. 행동변화모델의 개념 중 자아효능감(self-efficacy)

개념	설명 및 적용
자신감 (confidence)	■ 여러 다른 상황에서 권장 행동을 할 수 있다는 자신감 ■ 실천 가능한 목표 설정, 점진적 변화, 칭찬 등 방법으로 행동 수행에 관한 자신감 높이기
유혹 (temptation)	■ 여러 다른 상황에서 건강에 좋지 않은 행동(예 과식)을 하려는 마음 ■ 불건전한 행동의 노출 줄이기, 고위험상황에 대처하는 방법 습득

2020년 기출문제 A형

다음은 ○○중학교 영양교사가 사용한 영양교육 수업 교수·학습 지도안의 일부이다. 〈작성 방법〉에 따라 서술하시오. 【4점】

〈교수·학습 지도안〉

2019년 ○월 ○일 ○교시		학년	1	지도 교사 : 김○○	
단원	청소년기 영양	학습 방법	강의식, 토의식	차시	1/4
주제	채소 섭취의 중요성	대상	남학생 150명	장소	1-1~1-5 각 학급 교실
학습 목표	• ㉠ 다양한 채소 섭취의 이로운 점을 설명할 수 있다.				
학습 과정	교수·학습 활동				
	교사		학생		
탐구 활동	• 다양한 잡지, 책에 나와 있는 채소 섭취의 이로운 점 탐색 • 모둠별 탐구 토의		• 탐구 주제를 확인하고 모둠별로 탐구 내용을 충분히 토의 • 충분히 토의한 내용과 결과를 탐구활동지에 기록		
탐구 결과 발표	• 모둠별 탐구 결과를 칠판에 붙여 정보를 공유하도록 지도		• 각 모둠별로 탐구 결과를 발표 • 다른 모둠의 발표를 주의 깊게 듣고 질의 응답		

- 본 수업에서 행동변화단계 모델 적용 시, 위 학습 목표 달성을 통해 도달하고자 하는 단계의 명칭을 쓰고, 그 단계에 도달하기 위해 사용할 수 있는 행동수정방법(전략) 2가지를 제시할 것(단, 교육 대상자들은 행동변화단계에서 동일한 단계에 있다고 가정함)
- 사회인지론 적용 시, 밑줄 친 ㉠에 해당하는 개인적(인지적) 요인의 명칭을 제시할 것

(5) PRECEDE-PROCEED 모델

Green & Kreuter 1999가 제시하였고 영양교육을 계획할 때 실제적으로 활용하며 이 모델은 두 부분으로 구성됨 PRECEDE, PROCEED

① PRECEDE : 정보수집과정. predisposing, reinforcing and enabling, construct in educational diagnosis and evaluation의 머리글자로 구성되며 1~4단계의 요구 진단에 근거하여 영양교육을 위한 중재 프로그램을 계획함

㉠ 1단계 : 사회적 진단
- 삶의 질에 관한 대상집단의 주관적인 관심사 교육, 건강, 주택문제를 알아보는 것
- 인터뷰, 초점그룹 인터뷰, 설문 조사 등의 방법으로 파악

㉡ 2단계 : 역학적 진단
- 어떤 건강문제가 중요한지 찾는 과정이며 질병의 사망률, 발생률, 유병률 등의 통계자료를 이용함
- 목표로 정한 건강문제에 영향을 미치는 요인을 유전, 행동 흡연, 고지방식사, 음주, 운동 부족, 환경 식품의 유용성, 급식환경, 의료시설, 운동시설 등의 관점에서 알아봄

㉢ 3단계 : 교육적·생태학적 진단
- 영양교육 요구 진단의 핵심이며 역학적 진단에서 정한 행동과 환경적 요인에 영향을 미치는 요인이 무엇인지 구체적으로 찾는 과정임
- 영양문제 관련하여 식행동에 영향을 주는 요인 분석 : 동기부여요인, 행동가능요인, 행동강화요인

㉣ 4단계 : 행정적·정책적 진단 및 중재 계획
- 프로그램을 수행하는 기관 보건소, 학교, 사업체 등의 정책, 자원, 환경 등을 진단하는 것
- 영양사업의 추진에 필요한 시간, 인적자원, 경비 분석

② PROCEED : 진단 후 실행 및 평가. policy, regulatory and organi zational constructs in educational and environmental development의 머리글자로 구성

　　㉠ 5단계 : 영양교육 실행

　　㉡ 6~8단계 : 평가하는 단계

　　　■ 과정 평가 : 계획했던 것들이 각 단계마다 적시에 제대로 실행되고 있는지
　　　　평가

　　　■ 효과 평가 : 지식, 태도, 식행동면에서의 교육 효과를 알아봄

　　　■ 결과 평가

　　　　- 장기간 결과 평가를 하여 프로그램의 전체적인 목적이 얼마나 효과적,
　　　　　효율적이었는지 알아봄

　　　　- 영양개선사업 수행 후 질병과 건강상태가 어떻게 변화하였는지 측정함

Key Point　식행동에 영향을 미치는 요인

✔ **동기부여요인** 식행동을 바꾸고자 하는 동기를 주는 요인이다. 영양 지식, 영양이나 건강 관련
신념, 식사를 바꾸려는 개인의 태도, 가치, 자신감 등 인지적 요인을 말한다.

✔ **행동가능요인** 건전한 식행동을 할 수 있는 능력과 기술, 자원을 말한다.

　① 기술 : 구체적인 식품 구매 및 선택, 영양 표시 읽기, 식사 계획, 조리기술 등 행동수행능력

　② 자원

　　㉠ 가정이나 직장에서의 저칼로리, 저나트륨, 저당류 음식 제공 여부

　　㉡ 보건소나 병원 등 영양정보 유용성, 인터넷 영양정보의 접근성이나 이용성, 식품의 가
　　　격 등 환경적 변화는 보건전문인의 능력, 집단이나 기관의 자원 등에 따라 달라지므로
　　　가능요인은 환경 변화를 유도하는 데 주요한 요인임

✔ **행동강화요인** 행동 변화가 지속되도록 강화하는 요인으로 주변인(부모, 가족, 친구, 영양사
등)의 지지나 영향을 의미한다.

　① 조리자의 도움으로 저칼로리, 저지방식, 저당류식 준비

　② 급식 등 식환경의 영향

　③ 함께 식사하는 사람의 식행동의 영향

제**3**장 영양교육의 실시과정

01 · 영양교육의 과정

01 영양교육의 과정

교육 대상자의 영양문제와 요구를 파악하고 계획과 목표를 수립한 후 영양교육을 실시한다.
영양교육 후에는 목표가 달성되었는지 평가한다.

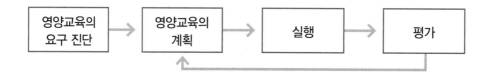

(1) 영양교육의 요구 진단

① 건강문제, 영양문제 알아보기

　㉠ 건강문제

　　■ 객관적 방법 : 질병 관련 통계, 역학자료 이용, 질병의 발생률, 유병률, 질병
　　　별 사망률 등 자료 이용

　　■ 주관적 방법 : 설문 조사, 인터뷰 실시

　㉡ 영양문제

　　■ 식사 섭취실태 조사 : 24시간 회상법, 식품섭취빈도조사법, 식사일지, 식행
　　　동 평가

　　■ 생화학적 분석 : 혈액, 소변의 영양소, 영양소 지표 조사

　　■ 신체 계측 : 신장, 체중, 허리둘레, 체지방률

　　■ 임상증상

② 영양문제에 영향을 미치는 요인 알아보기

㉠ 개인의 영양상태에 영향을 주는 요인

- 개인의 특성 : 유전적 요인, 성별, 연령, 체질 등
- 생활양식 : 식행동, 신체활동, 음주, 흡연 등
- 사회·환경적 요인 : 교육, 수입, 직업, 종교, 인종 등
- 기관이나 지역사회의 환경적 요인 : 식환경, 영양서비스, 의료서비스의 존재 여부, 이용가능성 등

㉡ 영양교육이 보다 효과적·체계적이려면 식행동과 관련된 요인을 구체적으로 파악해야 함

- PRECEDE-PROCEED 모델의 교육적·생태학적 진단에서 알아볼 수 있음
- 이 모델에서 식행동에 영향을 미치는 요인은 동기부여요인, 행동가능요인, 행동강화요인으로 구분됨

Key Point 식행동과 관련된 요인을 알아볼 때 고려할 점

✓ 브레인스토밍으로 문헌에 근거하여 식행동과 관련된 요인을 가능한 한 구체적으로 나열한다.

✓ 각 요인에 대해 중요성, 변화가능성을 생각해 보고 우선순위를 정하여 영양교육에서 다룰 요인을 선택한다.

✓ 영양교육에서 다룰 요인은 세 요인 중 어느 한 부분에 치우치지 않고 동기부여요인, 행동가능요인, 행동강화요인 중 일부를 고루 포함시킨다.

③ 대상자들이 원하는 영양교육의 요구도 알아보기

㉠ 대상자들이 원하는 영양교육의 주제나 내용, 방법 등을 포커스그룹 인터뷰 등 집단 인터뷰나 설문 조사 등으로 알아봄

㉡ 대상자가 교육의 필요성을 인식하지 못할 때는 교육의 필요성을 일깨워 주어야 함

Key Point 포커스그룹 인터뷰

✓ 특정 주제에 관한 참여자들의 생각을 알아보는 것이 목적이며, 인터뷰 진행자가 8~12명 정도를 한 집단으로 하여 인터뷰한다. 인터뷰 참여자 간의 상호작용을 통해 다양한 의견을 청취할 수 있는 장점이 있으며 한두 사람의 의견에 지배되지 않도록 진행자가 조절해야 한다.

✓ 미리 작성한 개방형 질문을 이용하여 인터뷰를 진행하며 다음과 같은 경우에 사용한다.

① 원하는 영양교육의 주제, 내용, 방법 등 요구 진단

② 사용할 영양교육 자료에 대한 평가

㉠ 영양교육 후 교육과정, 영양교육의 내용과 방법, 교육자료 등에서 좋은 점, 개선할 점 등 파악
㉡ 영양교육의 효과 평가

④ 기존의 영양서비스 평가 및 대상자의 학습준비 정도 확인

⊙ 기존의 영양서비스 : 타 기관의 영양교육 내용이나 방법·매체·도구 등이 무엇이며 성공적으로 수행되고 있는지, 장단점은 무엇인지 파악하고 다른 조직이나 기관과 연계하여 협력할 수 있는지 알아봄

ⓛ 대상자의 학습능력과 준비도 확인 : 교육 대상자의 학습능력, 연령, 교육 수준, 사회·경제적 수준, 신체 및 정서상태, 이전의 학습경험 등을 알아 봄

(2) 영양교육의 계획

① 영양문제의 선정 : 영양문제 중 가장 우선순위가 높은 것

⊙ 영양문제의 중요도 : 가능하면 긴급하거나 그냥 두었을 경우 심각한 문제가 되는 것

ⓛ 발생빈도가 높은 영양문제

ⓒ 교육 후 교육 효과가 높은 문제

ⓔ 정책적으로 관련 기관으로부터 인적·물적자원을 받을 수 있는 문제

ⓜ 대상자들이 관심을 갖고 있는 문제로 교육 요구도가 높은 문제

② 영양교육의 목적 및 목표 설정

⊙ '누가', '무엇을', '얼마나', '언제까지' 이룰 것인지 분명하게 서술함

ⓛ 영양교육의 효과를 평가할 수 있게 측정할 수 있는 형태로 서술함

ⓒ 대상자들이 영양교육 후 도달할 수 있는 실현 가능한 수준으로 서술함

ⓔ 영양교육의 세부적인 여러 목표를 달성했을 때 영양교육의 전체 목적에 달성할 수 있게 체계적으로 세움

③ 영양중재방법 선택하기

⊙ 영양교육의 대상집단임신, 수유부, 어린이, 청소년, 성인, 노인 등, 교육주제균형식, 비만, 고혈압 등, 교육장소학교, 보건, 병원, 산업체 등에 따라 적합한 영양중재방법을 선택함

ⓛ 영양중재방법 : 개인상담, 집단교육, 환경개선, 무상급식, 캠페인, 홍보, 경제 수준 향상 등

Key Point 영양교육의 목적 및 목표의 예

✓ **영양교육의 목적** 영양교육 후 6개월까지 교육에 참여한 50%는 소금 섭취를 1일 권장 수준 (5g 이하)으로 한다.

✓ **영양교육의 목표**

- 지식의 변화 : 영양교육 후 대상자의 80%는 나트륨이 많이 함유된 음식을 세 가지 이상 나열할 수 있음
- 기술 습득 : 영양교육 후 대상자의 70%는 가공식품을 선택할 때 영양 표시를 제대로 읽을 수 있음
- 식행동 실천 : 영양교육 후 대상자의 60%는 나트륨을 줄이는 방법을 두 가지 이상 실천함

④ 영양교육의 내용과 방법구성 : 교수·학습과정안을 구체적으로 구성

　㉠ 교육내용

　　■ 영양교육을 통해 영양교육의 목표, 최종 목적에 도달하도록 교육내용 구성

　　■ 문헌에 근거하여 내용의 타당성, 정확성, 최신성을 갖도록 구성

　　■ 교육내용은 간단한 것에서 복잡한 것, 일반적인 내용에서 전문적인 내용으로 전개되게 구성

　　■ 1회 교육에서 2~3개의 소주제만 다루도록 하며 너무 많은 양을 전달하지 않도록 구성

　　■ 교육내용은 영양 지식 증진, 식행동 변화를 위한 방법 습득, 주변인의 도움 구하기 등 요구 진단의 결과를 적극 반영하도록 구성

　㉡ 교육방법

　　■ 영양교육방법 : 강의, 토의, 시연, 실험형 지도방법, 게임 등

　　■ 질의응답, 토의, 게임, 식습관 평가, 역할극 등 대상자의 수준에 맞게, 흥미를 유발하는 방법으로 참여를 유도함

　㉢ 교육자료의 선택·개발 : 대상별·주제별로 기존의 교육자료를 활용하며 그렇지 못할 경우 자원과 인력이 허용하는 범위에서 교육자료를 개발함

　㉣ 사전 평가 : 영양교육 실시 전 교육방법이나 매체가 대상자에게 적합한지, 시간배정이 적당한지 등을 미리 평가하고 수정함

　㉤ 그 밖의 고려사항

　　■ 대상자 : 예상인원, 연령분포, 교육 수준 등을 파악하여 교육내용, 방법, 장소, 교육자료 선택

　　■ 교육시간 : 1회 교육할 때 40~50분이 적당. 초등학생, 노인의 경우 30~40분 정도 실시함. 시간은 교육내용의 도입 10%, 주 내용 전개 80%, 요약 및 마무리 10% 정도로 배분

　　■ 대상자의 참여를 높일 수 있는 시간, 장소 활용

　　■ 교육에 필요한 인적자원영양사, 의사 등 전문가, 보조인원, 물적자원재료비, 기자재 구입 및 대여비, 장소 임대료, 기타 소요비, 홍보비 등

⑤ 영양교육의 홍보

　㉠ 대상자의 특성과 시기, 장소, 교육방법 등에 따라 차이가 있지만 초청장 발송, 영양스크리닝이나 검진, 식습관 진단, 식사 분석 등의 특별 이벤트, 식단 전시회, 지역방송, 대중매체, 각종 홍보물을 통해 홍보함

　㉡ 홍보 시 교육프로그램의 내용과 목표, 실시장소, 시간, 참석방법, 참석 시 좋은 점영양 개선, 건강 향상, 기념품 증정, 행사 마련 등을 알림

⑥ 영양교육의 평가에 대한 계획

㉠ 투입자원에 대한 평가 : 투입한 자원이나 비용은 얼마나 들었는지, 효과 대비 경비는 어느 정도였는지 평가함

㉡ 과정에 대한 평가 : 영양교육이 대상자에 맞게 구성되었는지, 목표는 적절했는지, 계획한 대로 시행되었는지를 평가

㉢ 영양교육 효과에 대한 평가 : 영양교육이 효과적이었는지, 전체 목적이나 목표를 얼마나 달성했는지 평가

(3) 영양교육의 실행

영양교육 과정을 계획하고 교육자료나 방법에 대해 사전 평가를 한 후 영양교육을 실시함

Key Point 효과적인 영양교육을 위한 고려사항

✓ 대상자의 참여를 유도하는 방법(시간, 서약서, 친해지는 시간 갖기)을 적용한다.

✓ 강의 외에 비디오 시청, 토의, 실습, 게임 등 대상자의 수준에 맞고 흥미를 느낄 수 있는 방법을 다양하게 적용한다.

✓ 집단교육 외에 개인상담을 실시하여 개인의 영양문제, 식행동 개선방법을 같이 찾고 제시한다.

✓ 매회 교육의 참여 정도 등 과정 평가에 관한 자료를 수집하고 이를 토대로 프로그램을 수정한다.

(4) 영양교육의 평가

① 과정 평가process evaluation : 영양교육이 계획대로 진행되고 있는지, 시행과정에서 교육목적이나 대상자의 요구에 따라 교육내용이나 교육방법이 적절하였는지, 혹시 수정하여 시행되어야 하는 것은 아닌지 등을 알아보는 평가임

② 효과 평가 및 결과 평가

㉠ 효과 평가 및 결과 평가의 내용

- 영양 지식균형식, 영양소의 역할, 급원, 영양과 건강 관련 지식 등
- 건강, 영양 관련 인식, 자아효능감
- 식태도, 식행동식품군별 섭취실태, 건강 관련 식행동 등, 영양소 섭취실태
- 신체계측치 : 체중, 체지방의 변화 등
- 생화학적 수치 : 혈당, 혈중 콜레스테롤 등
- 건강상태 : 비만율, 질병의 유병률 등

㉡ 효과 평가 및 결과 평가의 방법 : 영양교육의 목적, 목표와 교육 전후 여러 요인영양 지식, 식태도, 식행동 등의 변화 정도를 비교하여 교육목적과 목표의 달성 여부, 달성 정도를 평가함

■ 표 1. 영양교육 효과 평가 측정항목

평가항목	평가내용	예
영양 지식	■ 교육내용, 영양 지식 등	당뇨병 환자에게 각 분량 음식의 열량을 질문
식태도	■ 영양과 관련된 인식, 태도, 가치관 등	당뇨병 환자가 식사 조절을 하려는 의도가 있는지 등 태도의 변화를 평가
식행동	■ 식품군별 섭취실태, 건강 관련 식행동 등	당뇨병 환자가 실제 식행동을 바꾸었는지 평가
건강 상태	■ 신체계측치의 변화(체중, 키 등) ■ 생화학적 수치의 변화(혈압, 혈중 콜레스테롤, 혈당 등) ■ 건강상태(질병의 유병률 등)의 변화	당뇨병 환자가 식사 조절을 통하여 혈당이 변화하였는지 알아봄

■ 표 2. 영양교육의 효과 평가 및 결과 평가 방법

연구방법	내용	예
교육 전후 비교	■ 흔히 사용하는 평가 방법 ■ 교육군만 있고 교육 전후의 영양 지식, 식행동, 신체계측치 등을 비교 ■ 대조군이 없어서 교육 전후의 차이를 교육 효과 때문이라고 결론 내리기 어려운 면이 있음 ■ 대조군을 구하기 어려울 때, 교육 기간이 짧을 때 이용	학생들의 영양교육 전 영양 지식, 태도, 행동을 평가한 자료와 영양교육 후 학생들의 영양 지식, 태도, 행동 등을 평가한 후 비교
대조군 연구	■ 교육군과 대조군을 비교하여 평가 ■ 대조군은 임의 할당이 아닌 편의에 의한 것으로, 교육 효과에 의한 편견이 개입될 수 있음 ■ 교육군, 대조군 간 교육 외 요인(인구통계학적, 영양교육에 대한 동기부여 정도, 중간탈락자 비율 등)에 차이가 없어야 두 군 간 차이를 교육 효과라 할 수 있음	유방암수술 후 환자를 대상으로 영양교육을 받은 군(대상자군)과 영양교육을 받지 않은 군(대조군)을 나누어 대상자군에게 영양교육을 실시한 후 두 군 사이에 유방암의 재발 정도를 비교 관찰함
실험군 연구	■ 교육군, 대조군을 임의 할당 ■ 두 군 차이는 교육 때문이라 할 수 있음. 그러나 동물실험과 달리 교육군, 대조군의 실험환경을 통제하기 어려운 점이 단점임	조건(나이, 성별, 질병, 환경, 비만 정도 등)이 유사한 비만 환자를 대상으로 무작위로 두 군으로 나누어 한 군은 영양교육을 실시하고, 다른 한 군은 영양교육을 하지 않았을 경우 그 결과를 비교 연구

(표 계속)

사례 연구 (시계열 연구)	■ 특정 사례를 대상으로 변화과정을 분석·관찰·연구하는 방법 ■ 주기적으로 평가자료를 수집할 수 있는 경우에 사용(예 학교, 병원) ■ 비만도, 혈당, 혈압 등의 변화 파악	보건소에서 영양교육에 따른 월별 당뇨병 환자의 혈당 변화 평가

2017년 기출문제 A형

다음은 영양교사가 준비 중인 영양교육 결과 보고서의 일부이다. 이 자료를 이용하여 〈작성 방법〉에 따라 순서대로 서술하시오. 【4점】

〈영양교육 결과 보고서〉

o 교육대상 : ○○여자고등학교 1학년 120명

o 교육목표 : 지방의 이해와 올바른 섭취

o 교육기간 : 주 1회(50분/차시), 4차시

o 결   과 :

[교육 전과 교육 후의 변화 정도]

측정내용	평균값	
	교육 전	교육 후
① 혈중 중성지방(mg/dL)	85.5	82.4
② 지방의 종류 및 기능(10점 만점)	6.8	7.0
③ 체중(kg)	56.0	55.6
④ 고지방식품 대신 저지방식품 선택빈도(회/주)	1.5	2.1
⑤ 체지방률(%)	22.5	21.5
⑥ 지방 섭취와 건강관리법(10점 만점)	6.4	6.7
⑦ 패스트푸드 섭취 횟수(회/주)	3.5	3.3

작성 방법

• 이 보고서의 영양교육 평가방법을 제시하고, 왜 그 평가방법에 해당하는지 이유를 서술할 것

• 표의 측정내용을 3가지 항목으로 분류하여 그 항목의 명칭과 각 항목에 해당하는 측정내용의 번호를 제시할 것

다음은 영양교사가 설계한 영양교육 평가계획이다. 〈작성 방법〉에 따라 서술하시오. 【4점】

〈가당 음료 섭취 줄이기 교육 평가계획〉

- 교육주제 : 청소년의 가당 음료 섭취 줄이기
- 교육대상 : ○○중학교 2학년 전원 200명
- 교육목표 : 가당 음료 섭취를 줄일 수 있다.
- 교육기간 : 2020년 1학기 3월~6월(매월 2주차에 1회(50분/차시)씩 총 4회 실시)
- 평가계획

대상	평가방법	평가시기
학생	가당 음료 섭취 관련 체크리스트 문항에 응답	1차시 수업 직전 1회, 4차시 수업 직후 1회, 총 2회 실시
교사	매회 수업에 대한 체크리스트 문항에 응답	매 수업 시, 총 4회 실시

평가 유형	평가 목적	도구/질문
결과 평가	⊙ 가당 음료 섭취 줄이기 교육이 실제로 학생들의 가당 음료 섭취량을 줄였는지 조사함으로써 교육의 효과를 파악한다.	• 학생 체크리스트 - 지난 일주일 동안 마신 가당 음료의 섭취 횟수와 섭취량을 각각 표시하시오. 구분/음료 종류 — 섭취 횟수[1주(회): 0, 1, 2~4, 5~6 / 1일(회): 1, 2, 3] — 1회 평균 섭취량[1컵(200mL): 0.5, 1, 2] 1. 과일 음료 : ① ② ③ ④ ⑤ ⑥ ⑦ ① ② ③ 2. 탄산 음료 : ① ② ③ ④ ⑤ ⑥ ⑦ ① ② ③ 3. 스포츠 음료 : ① ② ③ ④ ⑤ ⑥ ⑦ ① ② ③ 4. 가당 우유 : ① ② ③ ④ ⑤ ⑥ ⑦ ① ② ③ 5. 기타 가당 음료 : ① ② ③ ④ ⑤ ⑥ ⑦ ① ② ③
(ⓒ) 평가	수업이 계획한 대로 순조롭게 진행되고 있는지를 파악한다.	• 교사 체크리스트 - 계획한 수업 내용을 오늘 수업에서 충분히 다루었는가? (1점) 전혀 그렇지 않다 ① / (2점) 그렇지 않다 ② / (3점) 보통이다 ③ / (4점) 그렇다 ④ / (5점) 매우 그렇다 ⑤ - (ⓒ)? (1점) 전혀 그렇지 않다 ① / (2점) 그렇지 않다 ② / (3점) 보통이다 ③ / (4점) 그렇다 ④ / (5점) 매우 그렇다 ⑤

※ 필요시 ⓔ 교육 종료 1달 후 학습자들에게 결과 평가를 재실시한다.

✎ 작성 방법

- 밑줄 친 ⊙의 평가목적을 달성하기 위한 평가계획 설계방법의 명칭을 제시할 것(단, ○○ 중학교 영양교육은 의무교육이고 학생 체크리스트의 가당 음료 섭취량을 1주당 섭취량으로 환산하여 활용함)
- 괄호 안의 ⓒ에 해당하는 평가유형의 명칭을 쓰고, 영양교사가 ⓒ 평가를 위해 괄호 안의 ⓒ에 추가할 수 있는 질문 1가지를 제시할 것
- 밑줄 친 ⓔ의 평가를 실시하는 목적을 제시할 것

영양교육의 방법

01 · 개인교육
02 · 집단교육

영양교육을 실시할 때 교육자는 교육 대상자의 교육목적에 맞는 적절한 교육방법을 선택하여야 한다.

01 개인교육

개인교육에서 교육자는 대상자가 자신감을 가지고 자력으로 문제를 해결해 나갈 수 있도록 조력자 역할만 하는 것이 바람직하다. 또한 개인교육에서 대상자는 교육자의 인성이나 태도, 말에 영향을 많이 받게 되므로 교육자는 세심한 배려를 해야 한다.

(1) 개인교육의 종류

① 임상방문교육 : 환자나 임신부 등 교육 대상자가 병원이나 보건소 등을 직접 방문하여 영양교육과 상담을 받는 것

② 가정방문교육 : 사전에 방문 예약을 해야 함
  ㉠ 장점 : 가정의 식생활을 포함한 전반적인 환경을 파악할 수 있음
  ㉡ 단점 : 시간, 경비, 노력이 많이 요구됨

③ 상담소 방문
  ㉠ 가정 방문보다 시간, 경비, 노력이 적게 듦
  ㉡ 교육 대상자가 상담소를 방문하는 적극성이 있어야 함
  ㉢ 임신과 영양, 육아, 식이요법 등 영양교육의 필요성을 느끼는 계층의 지도가 대부분임

④ 전화상담교육 : 교통이나 시간적 제약으로 면 대 면 교육이 힘들 때 전화상담이 이루어짐
  ㉠ 장점 : 편리하고 능률적임
  ㉡ 단점 : 간단한 정보 교환만 가능하기 때문에 교육 효과가 다소 제한됨

⑤ 인터넷상담교육

　　㉠ 장점 : 다양한 정보가 제공되며 시간, 경비, 노력이 적게 듬

　　㉡ 단점 : 인터넷 설치 등 기술 지원이 필요함

(2) 개인교육의 과정

① 대상자의 영양문제 파악

② 목표 설정

③ 교육내용 계획

④ 계획에 맞게 교육내용과 방법, 매체 등을 결정

⑤ 영양교육 실시 : 개인교육은 1회 30분 분량이 적당

⑥ 효과 평가 및 반복 지도

02 집단교육

집단지도의 주요 대상은 생활을 중심으로 하는 집단(시설아동, 학교, 회사, 공장, 기숙사 등), 조직된 집단(청년회, 부녀회, 노인회, 지역집단 등), 임시집단(강연회, 조리강습회 등)으로 분류한다.

(1) 집단교육의 유형

① 강연 혹은 강의 : 다수인을 대상으로 단시간에 일정량의 영양정보나 지식을 일방적으로 전달하는 고전적인 교육방법으로, 강의 대상 수는 70~200명이 적당하고 강의시간은 약 2시간으로 하되 25~40분 정도 지난 후에는 휴식시간을 갖는 것이 좋음

　㉠ 장점

　　▪ 빠른 시간에 많은 사람에게 전달하므로 경제적임

　　▪ 반복 교육이 쉽고 군중심리를 이용함

　　▪ 계통적으로 교육할 수 있음

　㉡ 단점

　　▪ 주의집중이 어려움

　　▪ 대상자 개인의 수준을 고려하지 않은 일방적인 방식으로 자세한 내용보다는 개략적으로 설명하게 되므로 내용의 수준이 낮아짐

　　▪ 교육 대상자의 자발적 참여가 부족하고 교육 대상자의 행동 개선 효과는 낮음

　　▪ 교육 효과가 교육자의 정보 전달력, 자질, 품성에 의존

② 집단토의 : 참가자들 간에 다양한 의견교환과 상호작용을 통해 협동적으로 결론에 도달함으로써 해결책을 찾는 민주적인 과정. 5~10명이 적정 인원

> **Key Point** **토의 시 사회자의 유의사항**
>
> ✔ 토의주제와 내용은 교육 대상자의 공통된 흥미와 요구를 반영해야 하며 교육 대상자에게 명확히 인식시켜 주어야 한다.
> ✔ 교육 대상자의 의견은 최대한 존중해 주어야 한다.
> ✔ 토의 시 자신의 의견을 간단명료하게 발표하도록 한다.
> ✔ 타인의 의견을 존중하고 잘 듣는 태도를 지니도록 한다.
> ✔ 자유롭고 활발하면서도 질서 있게 운영한다.
> ✔ 토의 결과에 대해서 실행에 옮기도록 한다.

㉠ 강의식 토의 lecture forum
- 연사 1인이 특정 주제에 대하여 강연 후 청중들과 질의응답 및 토론을 하며 지도하는 학습방법
- 강연시간은 30분 정도로 하며 파워포인트 자료, 영화, 인터뷰했던 자료 테이프, 실물 등을 이용해 흥미를 유발함
- 좌장은 청중에게서 질문을 받아 연사에게 전달하며 결론은 연사가 내림

> **예** **당뇨병의 식사요법**
> 교육자 강연 → 참가자와 질의응답 반복 → 좌장의 토의내용 정리

㉡ 강단식 토의 symposium : 한 가지 논제를 가지고 강사는 서로 다른 관점에서 주제를 발표한 후 청중과 토의
- 전문가인 강사 4~5명이 동일주제에 대해 각기 다른 관점에서 견해를 발표한 후 청중들과 질의응답하는 방법
- 15~20분씩 발표
- 교육자들 상호 간에 토의하지 않음. 교육자 간의 중복발언 피하기
- 참가자의 질문이 특정 교육자에게만 집중되지 않도록 유도
- 참가자들도 주제에 대한 사전 지식 필요

> **예** **어린이 영양교육 어떻게 할 것인가?**
> - 연사 1 : 급식을 통한 어린이 영양교육
> - 연사 2 : 어린이 영양교육에서의 다양한 매체 활용
> - 연사 3 : 체험활동을 통한 어린이 영양교육
> 교육자는 주제에 관한 각자의 경험과 의견을 발표 → 교육자와 참가자 사이에 질의응답 및 토의 반복 → 좌장의 토의내용 정리

© 배석식 토의 panel discussion

- 전문가 혹은 청중 중에서 뽑힌 4~8명의 패널이 특정 주제에 대해 20~30분간 서로 토론한 후, 토론했던 내용을 중심으로 청중들과 질의응답 및 토론을 10~15분간 함
- 장점 : 청중이 함께 참여하는 전원 토의방식에 의해 결론에 도달하게 되므로 어느 개인의 주장에 치우치지 않음
- 심포지엄과 다른 점 : 패널들 간의 토의가 활발히 진행됨
- 심야토론, 100분 토론
- 좌장은 배심원을 소개하고 문제와 논점을 제시해줌. 패널토의가 끝난 후 청중을 토의에 참여시키며 종합 정리함

> **예** 학생들의 당 섭취를 줄이기 위한 방안은?
>
> 패널토의 → 참가자 질문 → 패널 응답 후 토의 반복 → 좌장의 토의내용 정리

② 공론식 토의 debate forum

- 공청회와 같은 토론형식으로 법, 시행규칙, 조례 등을 신설 혹은 개정하거나 새로운 기구의 창설, 조직 개편 등을 위해 쓰임
- 한 가지 주제에 대하여 서로 의견이 다른 3~4명의 전문가들이 먼저 의견을 발표한 다음 상대방의 의견을 논리적으로 반박하며 토론을 진행한 후 청중의 질문을 받고 강사가 이에 대하여 다시 간추린 토의임
- 단점 : 서로 의견이 달라서 일정한 결론을 내리기가 어려움
- 사회자는 의견이 서로 다른 전문가들의 발표내용을 요약해서 최종 결론 도출

> **예** 교내 탄산음료 자판기 철거가 필요한가?
>
> 서로 다른 의견을 가진 전문가(교육자)들이 각자의 의견을 발표하고 청중(교육 대상자)들은 이것을 듣고 토론에 참여하면서 교육이 이루어짐

⑩ 원탁토의 round table discussion, 좌담회

- 10~20명의 인원이 적절
- 토의자들은 좌장의 통제하에 동등한 발표 기회를 얻게 되므로 민주적인 토의방식임
- 좌장은 의장이 되며 참가자들에게 토의의 목적과 내용에 대하여 간단히 소개를 하면서 토의를 시작하는 것이 좋고, 토의 후에 전체적으로 의견을 종합하게 됨
- 서기 : 참가자의 발언요점 기록

> **예** 아침밥을 먹지 않은 이유와 해결책
>
> 토의 → 좌장은 참가자 모두가 발표하도록 유도하고 토의 후 내용 정리

ⓗ 6·6식 토의 six-six method, buzz-session : 분단별 토의 후 조장의 발표, 전체토의

- 교육에 참가하는 인원이 많고 다루고자 하는 문제가 크고 다양한 경우에 사용하는 방법
- 6명이 한 분단이 되어 1명당 1분씩 토의해 모두 6분간 하게 되므로 6·6식 토의 또는 분단토의라고 함
- 참가자 전체의 의견을 통합하여 문제 해결책을 찾는 방법
- 장점 : 제한된 시간에 전체 의견을 통합하기가 용이함
- 단점 : 소란스러운 분위기에서 토의가 진행될 수 있고 분단토의를 한두 사람이 끌어나갈 수 있음
- 사회자 전략 : 큰 주제에 관해 각 분단들이 단시간에 토의할 수 있도록 미리 작은 토의주제로 나누어 준비해야 함. 분단토의를 한 사람이 끌어나가기보다는 전원이 심사숙고하여 참여하도록 배려함

> **예** 청소년의 건강한 식생활 실천방법은?
>
> 참가자를 한 분단당 6명씩 나눔 → 분단주제 정함 → 분단토의 → 분단별 발표 → 전체토의 → 좌장

ⓐ 연구집회 workshop

- 특정 주제에 관한 연사의 강연을 들은 후 참가자들이 연구 토의하여 문제를 해결해 나가는 방법을 찾는 과정
- 전문가집단을 대상으로 공통적인 문제를 가진 사람들이 모여 서로 경험하고 연구하고 있는 것을 발표 및 토의 3일~1주
- 일반 대중 교육보다는 비교적 수준이 높은 특정 직종에 있는 지도자들 교육에 적합
- 참석 인원은 소규모
- 특별한 일을 수행하는 데 필요한 기술과 방법들을 배우고 활동이나 실천에 중점을 둔 집회
- 소그룹에서 분석 토의하거나 직접 실행해 보는 등의 활동을 한 후 그 결과를 전체 회의에서 발표하고 참가자 전원이 토의에 참여

> **예** 비만아동 영양상담의 사례와 기법
>
> 강연 후 참가자들이 상담과정을 연출해봄으로 상담자로서의 기술을 익힘

◎ 두뇌충격법 brain storming

- 제기된 문제에 대하여 참가자 전원이 자신들의 생각이나 의견을 제시한 다음 그 가운데서 가장 좋은 아이디어나 해결방안을 찾아내는 방법
- 목적 : 참가자들의 두뇌를 지극하고 모든 지식을 활용하여 다양하고 많은 아이디어를 창출
- 참가 인원수 : 10명 정도, 10~20분 정도 토의, 2~3회 반복, 전체 30분 정도
- 장점 : 단시간에 많은 아이디어가 나오며 참여도가 높아지고 단결과 실천이 잘됨
- 주의점 : 좌장은 편안하고 자유스러운 분위기 안에서도 참가자들의 흥미를 유발시켜야 하므로 제시된 의견에 대해서는 평가를 하지 않으며 좋은 아이디어나 착상이 나올 수 있게 참가자들을 격려해주고 북돋아주는 것이 좋음
- 의욕이 넘쳐 단시간에 새로운 아이디어나 해결방안을 많이 제시할 수 있음

> **예** 채소 섭취 시 장애가 되는 요인을 찾아보고 문제점 해결하기
>
> 토의내용 → 참가자 모두가 자유롭게 의견을 제시 → 여러 의견들 중 가장 좋은 아이디어를 선정 → 좌장이 토의내용 정리

ⓩ 시범교수법 demonstration : 방법, 실물, 경험담 등을 사용하여 직접 보여주면서 교육하는 법

- 방법시범교수법 method demonstration
  - 참가자의 이해 정도를 확인하며 방법을 천천히 단계적으로 보여주면서 교육하는 방법
  - 식단을 짜는 과정, 조리하는 과정 혹은 조리하는 동안 일어나는 변화를 단계적으로 보여줌
- 결과시범교수법 result demonstration, 사례연구
  - 활동을 하나의 결과로 놓고 그들이 문제를 해결해 나가는 과정이나 경험 등을 보여주면서 교육하는 방법
  - 결과물을 보면서 참가자들과 같이 토의하며 행동 변화를 유도함
  - 직접 보고 들으면서 교육이 진행되므로 흥미롭고 집중이 잘 되어 이해도와 참여의지가 높음
  - 성공사례를 소개할 때는 지나치게 과장하는 일은 없어야 하며 그림이나 파워포인트 자료, 영화 등 시청각자료를 사용하면 좋음
  - 결과시범교수법이 방법시범교수법보다 시간, 노력, 비용면에서 경제적임

> **예**
>
> 체중 감량에 성공한 사람의 사례, 푸드브릿지를 이용한 편식 교정 성공사례, 나트륨 저감화사업에 성공한 학교의 사례

ⓒ 영화토론회 film forum
- 영화슬라이드나 파워포인트 자료, 동영상 등를 보면서 1~2명의 강사 혹은 좌장이 문제를 제기하고 청중과 질의 토론하는 방식
- 영화 상영은 15~30분 정도가 적당

> 예
> 육식의 종말이라는 영화를 본 후 육식이 과연 해로운가에 대해 토론 혹은 채식이 대안인가에 대해 토론

③ 실험형 교육 : 교육 대상자가 스스로 학습을 하면서 터득하는 방식. 단순한 흥미거리로 끝날 수도 있으므로 참가자들끼리 실험형 지도의 결과를 토대로 충분한 토의를 거쳐 영양원리를 깨닫게 하는 것이 좋음. 교육자는 실험 자체에 개입하지는 않고 조력자로서 실험에 관한 풍부한 정보를 제공해주고 참가자들의 토의에 직접 참여하여 좌장으로서의 역할을 하기도 함

㉠ 역할연기법 role playing : 연습우발극, 인간관계 훈련에 적합
- 공통의 문제를 가지고 고민하거나 관심 있는 사람들이 모여 어떤 상황을 연기하고 청중들은 연기자의 입장에서 토의함으로써 문제의 해결방안을 찾는 방법
- 특별한 상황에서 어떤 감정이나 행위의 결과로 일어난 상황을 실감하고 이해하게 되어 식행동을 교정하는 데 좋은 반응을 가져올 수 있음
- 극중 상황을 자기화하므로 관심, 의욕 형성, 참여도가 높아짐
- 강의나 강연과 병행하면 효과적

> 예
> 혈당은 왜 올라갈까? 혈당이 상승하게 되는 상황을 재현해봄

Key Point 역할연기법의 진행순서
✓ 교육주제에 맞추어 상황을 설정한다.
✓ 교육 대상자 중 연기자를 선정하여 역할을 배정한다.
✓ 연기상황과 내용에 대해 토의한다.
✓ 무대장면을 설정하고 도구를 배치한다.
✓ 연기자들은 의상이나 소품 등을 활용하여 특정 상황을 연기한다.
✓ 역할극 후 연기자들과 교육 대상자들은 무대상황을 토의하고 분석한다.
✓ 문제상황에 대한 종합적인 해결방안이 제시되고 이를 교육 대상자 개개인의 일상에 적용한다.

㉡ 인형극 pupper play
- 어린이들을 대상으로 인형극의 독특한 동작과 대화기법을 사용하여 행하는 연극

- 15분 이하의 단막극이 지루하지 않고 전달 효과도 좋음
- 인형극이 끝난 후에는 준비상황, 진행상황, 결과에 대해 토의하여 영양교육으로 연결시켜야 원래의 취지를 잘 살릴 수 있음
- 상상력과 창의력 개발에 효과가 큼
- 직접 참여 시 더욱 효과적
- 종류 : 손가락인형, 손인형, 막대인형, 줄인형

> **예 골고루 먹자!**
>
> 그림자극 반투명 종이에 그림이나 소품 등을 붙이고 빛을 비추어 그림자가 나타나게 하면서 이야기를 엮어가는 형태이며 아시아지역에서 어린이를 대상으로 많이 쓰임

ⓒ 그림극 picture play
- 이야기 줄거리를 몇 장의 그림으로 나타낸 다음 그림을 넘기면서 연극을 하는 방법
- 인물 특징, 목소리 등을 익살스럽게 묘사하면서 진행하면 흥미로움
- 움직이지 않으므로 지루해질 수 있고 사실감이 떨어짐
- 10 ~ 20분 정도가 적당, 유아원이나 유치원, 초등학교 저학년 대상으로 소규모 20~25명 로도 실행

ⓔ 실험 experiment : 동물사육실험, 식품안전실험
- 조별로 급여식이를 만들고 동물에게 직접 주어 사육하면서 실험 성장과정이나 결핍증 등을 알게 되어 필수영양소의 중요성을 알게 됨
- 동물사육일지 작성 과학을 실행하는 방법 터득
- 협동성, 책임감

ⓜ 조리실습 cooking class
- 실습을 통해 다양한 맛과 질감을 가진 요리를 만들었을 때 맛있게 먹게 되는 경우가 많아 식습관을 바꾸는 데 도움을 줌
- 새로운 음식에 대한 호기심도 생겨 음식을 맛보게 됨으로써 음식의 선택폭도 넓어짐
- 음식을 만든 후 각 음식에 대한 평가를 함으로써 맛으로 먹는 음식, 영양가 있는 음식을 구분할 수 있게 되고 균형 잡힌 식사에 대해서도 확실한 개념을 정립할 수 있어서 교육 효과가 큼
- 조리실습은 교육 효과가 큰 방법 중의 하나임

ⓑ 견학 field trip

- 교육장소를 실제 현장으로 옮겨 직접관찰을 통해 교육시키는 방법
- 스스로 관찰하고 확인하며 정보를 얻어서 영양 지식의 축적과 더불어 식태도의 변화를 유도함
- 견학 현장이 속한 지역사회에 대한 유대감을 증진시킴

Key Point 견학 후 사후지도

✓ 견학의 목적, 관찰내용, 성과 등을 기록하여 보고서를 제출하게 한다.

✓ 교육자는 견학한 내용을 체계적으로 종합, 정리해준다.

✓ 해당 업체의 담당자를 초청하여 견학하는 곳 혹은 생산제품에 대해 정보를 얻으면 견학 효과가 커진다.

④ 조사활동 survey : 조사를 통하여 교육하는 방법

예 지역사회 조사

지역사회 주민들로 하여금 자신이 속한 지역사회에 참여시켜 조사하는 법
☞ 조사과정에서 주민들은 자신들의 문제점을 더욱 확실히 알게 되고 조사 분석을 통하여 해결방안을 모색하게 됨

⑤ 캠페인 campaign

㉠ 건강이나 영양에 관련된 슬로건을 정하여 단기간 내에 집중적으로 반복 강조함으로써 많은 사람들에게 교육내용을 알리고 실천하도록 유도하는 방법

㉡ 포스터나 소책자 등의 유인물, 배지, 스티커 등을 쓰기도 하고 TV나 라디오 등 대중매체를 통해 전파하기도 함

예

- 한국남자(하루에 한 번은 국물을 남기자) → 소금섭취감량캠페인
- 수다날(수요일은 다 먹는 날) → 음식물쓰레기감량캠페인

다음은 '건강한 학교 만들기' 관련 토의 사례이다. (가)와 (나)에 해당하는 집단토의 방법의 명칭을 순서대로 쓰시오. 【2점】

(가)

주제 : 중학교 건강매점 도입 여부

※ 건강매점 : 고열량 저영양 식품 대신 제철 과일과 건강에 유익한 식품을 판매하고 올바른 식생활 실천 캠페인의 공간이 되는 학교 매점

[참석자]
- 사회자
- 찬성 측 : 영양교사, 학부모, 학생대표
- 반대 측 : 현 매점 운영자, 학생대표
- 청중 : 학부모, 학생

[주제 발표]
- 찬성 측 발제 : 중학생 영양불균형의 원인과 결과, 건강매점 도입의 필요성과 이로운 점
- 반대 측 발제 : 건강매점 도입의 부담과 향후 발생 가능한 문제점
- 반론 : 찬성 측 대표와 반대 측 대표의 반론 제기 및 논박

[질의응답]
- 청중의 질의에 대한 토론자의 응답과 이에 대한 토의를 반복함

[결론]
- 사회자가 대립된 토의 내용을 요약하고 정리함

(나)

주제 : 학교 영양교육 활성화 방안

[참석자]
- 지역 영양교사 대표(좌장)를 포함한 영양교사 10명

[토의]
- 참석자 전원이 아이디어를 자유롭게 제시하며, 이때 좌장은 제시된 아이디어에 대해 평가하지 않음
- 참석자들이 최선의 해결책이나 참신한 아이디어를 발굴하여 발전시킴

[정리]
- 영양교육 활성화를 위한 다양한 아이디어를 조합하여 정리함

다음은 영양건강 관련자 교육프로그램 사례이다. (가)와 (나)에 해당하는 교육방법의 유형을 순서대로 쓰시오. 【2점】

(가)

주제 : 아동의 영양 관리와 상담

[참석자]
- 사회자 : ○○○
- 연사 : 식품영양학 교수, 교육학 교수, 전문상담사
- 대상자 : 영양교사 30명

[주제 발표]
- 식품영양학 교수 : 아동의 영양문제와 맞춤형 영양 관리
- 교육학 교수 : 아동의 특성과 상담기법
- 전문상담사 : 아동 대상 영양상담 사례

[실습 및 토의]
- 영양교사들을 소그룹으로 나누어 내담자와 상담자로 짝을 지음
- 상담기법을 활용하여 상담실습을 수행함
- 그룹별 토의 후 결과를 분석함

[발표 및 결론]
- 실습 및 토의한 결과를 발표하고 연사들과 토의하여 최종 결론을 내림

(나)

주제 : 청소년의 체중 관리

[참석자]
- 좌장 : ○○○
- 청중 : 200명(영양교사, 임상영양사, 식품 관련 연구원, 생활체육사)

[주제 발표]
- 가정의학 전문의 : 청소년 비만 및 저체중의 원인과 위험성
- 한의학 박사 : 체질에 따른 체중 관리법
- 식품영양학 교수 : 청소년의 체중 관리를 위한 영양 관리 및 사례 발표
- 임상심리사 : 행동 수정을 활용한 청소년 체중 관리 방안
- 체육학 교수 : 비만 및 저체중 청소년의 운동 처방법

[질의응답]
- 각계 연사와 청중 사이에 질의응답 및 토의를 반복함

[결론]
- 좌장이 토의내용을 정리함

5 장 영양교육의 매체

01 • 매체의 개념과 역할
02 • 교육매체의 개발단계
03 • 교육매체의 종류와 활용

영양교육의 내용을 전달하기에 적합한 매체를 활용하면 학습목표를 효과적으로 달성할 수 있다.

01 매체의 개념과 역할

(1) 매체의 개념

① 어떤 것들의 사이를 연결하는 역할을 하는 것으로 의사소통에 있어서 송신자 sender와 수신자receiver 사이를 연결하는 매개체 혹은 전달체

② 교육자와 교육 대상자 사이에서 교육의 효과를 증대시키기 위해 사용하는 자료나 기구

③ 넓은 의미로는 교육자료를 포함하는 일체의 교육환경을 의미하지만 좁은 의미로는 시청각교육을 말함

> **Key Point** 통신과정의 SMCR 모형
>
> 송신자로부터 수신자에게로 정보가 통로인 감각기관을 거쳐 전달되는 통신과정을 분석해 놓은 것이다.
> ✓ **S**(sender, 송신자) 통신기술, 태도, 지식수준, 사화체계, 문화양식
> ✓ **M**(message, 정보) 전달내용(조직적이고 체계화)
> ✓ **C**(channel, 통로) 통신수단(시각, 청각, 촉각, 후각, 미각)
> ✓ **R**(receiver, 수신자) 통신기술, 태도, 지식수준, 사화체계, 문화양식

(2) 매체의 역할

① 매개적 보조기능 : 수업의 보조수단으로 매체를 사용하는 것

　㉠ 수업시간의 단축

        ⓛ 주의력 집중

        ⓒ 동기 유발

        ⓔ 흥미 유발

② 정보전달기능 : 내용을 전달하기 위하여 매체를 사용하는 것

        ㉠ 시공간을 초월하여 정보를 전달

        ⓛ 다감각적으로 정보를 전달

        ⓒ 내용 특성에 적합한 상징으로 내용을 전달

③ 경험구성기능 : 매체 그 자체가 학습내용을 포함하고 있으므로 매체의 활용을 통하여 그 매체에 관한 학습이 가능함

④ 교수기능 : 매체를 효과적으로 구성, 활용하여 학습자의 지적기능을 개발하는 것

(3) 교육매체 선정의 이론적 근거

① 데일Dale의 경험원추이론

        ㉠ 학습자가 목적의식을 가지고 실제로 직접 경험해보는 단계, 시청각매체를 통하여 간접경험을 해보는 단계, 언어와 시각기호의 관찰과 사용을 통한 학습의 3단계로 나누어 설명

        ⓛ 직접적인 경험이 가장 구체적이고, 언어는 가장 추상적이며, 원추의 면적이 위로 올라갈수록 좁아지는 것은 추상적인 것일수록 적게 활용되고, 구체적인 경험을 주는 것일수록 많이 활용됨을 의미

        ⓒ 학습 효과 : 구체적인 경험을 제공하는 매체와 추상적인 경험을 제공하는 매체를 적절히 통합하여 사용함으로써 경험의 일반화를 유도해야 함

        ⓔ 데일은 경험의 원추이론에 브루너1966년의 행동적, 영상적, 상징적 세 가지 인지적 학습단계가 결합

② 브루너Bruner

        ㉠ 학생이 이해하기 어려운 내용도 행동적-영상적-추상적 단계를 거쳐 설명하면 이해함

        ⓛ 교수매체도 구체성이 높은 매체를 먼저 사용한 다음, 조금 더 추상적인 매체를 사용하면 수업 효과가 높아짐

        ⓒ 인지 발달이 충분하지 않은 학생은 구체적인 매체 사용이 바람직하고, 성숙도에 따라 조금 더 추상적인 매체를 제시하는 것이 바람직함을 암시함

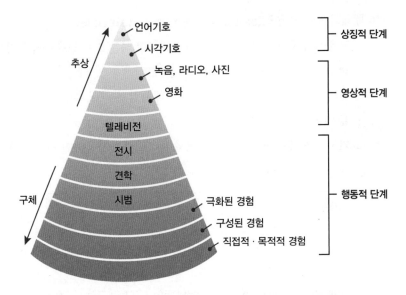

[**그림 01**] 데일의 경험원추모형(왼쪽)과 브루너의 인지적 학습단계(오른쪽)

02 교육매체의 개발단계

교육매체를 효과적이고 체계적으로 개발 및 활용하기 위해서 하이니히(Heinich) 등이 제시하고 있는 ASSURE 모형을 적용하며, 이 모형은 효과적인 매체를 개발할 때 고려해야 하는 요소들을 6단계로 구성한다.

(1) 학습자 분석(analyze learners)

① 교육자는 교육 대상자의 연령, 학력, 직업, 기호, 경제적 수준, 사회문화적 환경 등의 일반적 특성과 그들의 문제점, 요구와 지적 수준을 파악해야 함

② 영양교육의 주제에 대한 대상자들의 지식, 태도, 행동 수준이나 잘못된 지식, 대상자의 행동 변화에 대한 장애요인 등을 사전에 인지

③ 공개된 정부나 단체 등의 각종 통계자료 활용

(2) 매체를 이용한 교육의 목표 진술(state objectives)

① 학습목표를 제시하는 것으로 교육내용, 교수·학습전략 및 매체를 선정하는 지침이 됨

② 목표는 가능한 한 명확하고 구체적이어야 하며 목표가 지적기술과 능력 개발을 위한 인지적 영역인지, 흥미 또는 태도와 관련되는 정의적 영역인지 우선순위 영역을 정함

(3) 매체와 자료의 선정(select media and materials)

① 교육매체 선정 시 가장 중요하게 고려해야 하는 점은 교육목적에 적합한 정보를 충분히 전달할 수 있어야 함

② 매체는 대상자의 특성, 매체의 목표, 매체의 종류 및 특성, 교육자와 적절한 조화를 이룰 수 있어야함

③ 기존 매체의 특성과 장점을 이해하여 적절하게 사용하면 시간과 경비가 절약됨

■ 표 1. 교육매체의 선정기준

기준	내용
적절성	영양교육의 목적과 목표에 매체가 적합하여야 하며, 매체의 내용은 대상자가 쉽게 이해할 수 있도록 간단명료하고 논리적이며 대상자의 특성에 맞아야 함
구성과 균형	매체에 삽입된 그림, 음악 등이 전체적인 구성과 균형을 유지하는지의 여부
신뢰성	제공되는 정보가 과학적 근거를 가지고 있어야 함
경제성	매입·구입비용과 제작비용에 적합한 가격 책정
효율성	매체 사용 시 교육의 효과가 높아야 함
편리성	사용이 용이하며 대상자에게 편안하고 안락한 활용
기술적인 질	매체의 색상, 음질, 크기와 안전성, 견고성 등이 양호한지 검토하고 제작연도를 확인
흥미	대상자의 흥미와 호기심을 충족시켜 교육에 관심을 보이며 동기 유발이 가능한지 고려함

(4) 매체와 자료의 활용(utilize media and materials)

① 교재인 경우 실제 교육에 들어가기에 앞서 면밀히 검토함

② 쾌적하고 조용한 환경과 교재의 활용에 필요한 시설이나 장비 등이 잘 준비되어 있는지 확인함

③ 교육매체를 계획된 사용방법에 따라 시험적으로 사용해봄

④ 교육내용에 따라 개발된 매체를 소요시간에 맞게 활용함

(5) 학습자 참여 유도(require learner participation)

① 매체를 통하여 교육을 실시한 후 대상자의 반응을 확인

② 피드백이 빠를수록 교육 효과는 커짐

③ 대상자들의 주의집중, 표정 관찰 후 스스로 중간 평가한 후 적절히 대처함

④ 휴식시간을 이용하여 대상자들의 이야기를 듣고 서로 의견을 교환하거나 관찰하여 반응 평가

⑤ 대상자에게 질문하여 이해도를 점검

(6) 평가와 수정(evaluate and revise)

① 형성 평가formative evaluation : 교육이 진행되는 동안에 매체 사용이 대상자에게 어느 정도 도움이 되고 있는지 적절한 피드백을 제공함으로서 효과적인 교육이 진행되도록 하는 것

② 총괄 평가summative evaluation : 성취도 측면과 효율성, 매체 활용방법의 적합성, 교육활동에 관련된 모든 요인에 대해 전반적으로 검토

Key Point 교육매체 활용 시 유의사항

✔ 교육자 대용으로 사용하지 말아야 한다.

✔ 기능에 대한 적절한 사전 검사 없이 사용하지 말아야 한다.

✔ 교육 대상자들이 사용 매체에 적응하지 못하는 경우에는 사용하지 말아야 한다.

✔ 내용보다 시청각 테크닉에 중점을 두지 말아야 한다.

✔ 질적으로 불량한 매체를 사용하지 말아야 한다.

2019년 기출문제 B형

다음은 영양교육 매체의 효과적인 개발과 활용을 위한 ASSURE 모형의 각 단계에서 해야 할 활동의 일부이다. (가)~(바)를 모형단계에 맞게 순서대로 배열하고, (가)단계에서 분석해야 하는 내용 2가지를 서술하시오. 【4점】

〈ASSURE 모형의 단계별 활동내용〉

단계	활동내용
(가)	교육 대상자를 분석한다.
(나)	매체를 선정하고 제작한다.
(다)	교육 대상자의 반응을 확인한다.
(라)	준비한 동영상자료를 사전에 검토한다.
(마)	교육목표 달성에 대한 매체 사용의 기여도 및 학습 효과를 평가한다.
(바)	교육이 끝났을 때 학습자가 보여줄 수행을 중심으로 영양교육의 목표를 설정하다.

03 교육매체의 종류와 활용

(1) 인쇄매체

① 팸플릿 parnphlet, 소책자

ㄱ 대상과 내용을 이해하기 쉽게 7~8장 정도로 만든 것 강습교재용, 영양상담용 등의 양식

ㄴ 작성방법

- 대상자의 연령에 맞는 쉬운 단어와 문장으로 구성하여 이해하기 쉽도록 함
- 문자나 문체는 한눈에 알아볼 수 있도록 읽기 쉬운 것을 선택함
- 글자만으로 편성되면 흥미를 잃기 쉬우므로 그림 또는 도표 등을 삽입
- 모양이나 배색 등 시각적으로 아름답게, 그림의 색은 자연색으로 구성하며 세 가지 정도의 색을 적당히 배색하여 구성함
- 크기는 보통 15 × 21cm로 하여 20쪽 이상을 초과하지 않는 것이 좋으며 분량이 많으면 내용을 세분화해서 한 책자의 분량을 감소시킴

② 리플릿 leaflet, 유인물

ㄱ 종이 한 장 A4, B4을 두 번 내지 세 번 접어서 만든 인쇄물로 펴보면 한 장이 되는 형태이며 얇음

ㄴ 작성방법

- 보통 10 × 21cm 혹은 12 × 26cm 정도 크기의 종이 한 장을 접어서 몇 번 접어서 만든 것
- 사진이나 그림을 넣어서 시선을 끌도록 고안하여 내용을 집약해서 꼭 알아야 하는 5~6개의 주안점을 간단히 설명하는 형태로 제작하여 요점을 기억하는 데 도움이 되도록 작성함
- 개인지도나 식사요법, 생활주기별 영양 관리 교육에 사용, 주제별로 세트를 개발하는 경우가 많음

③ 전단지

ㄱ 한 장의 종이에 간단히 인쇄한 것이며 신문 속에 끼워 신문과 함께 배부하거나 전시회장 또는 지도차원에서 대중 및 집단에 배부함

ㄴ 한 번만 사용하고 장기간 보존할 수 없으므로 고급종이를 사용할 필요는 없음

ㄷ 첫 문장이 대중의 관심을 모으는 내용이어야 함

ㄹ 영양주간 행사, 보건소의 영양교육 일정, 학교나 어린이집 등에서 보내는 학부모 대상 영양 및 위생교육 가정통신문, 식단표, 행사안내장, 모집문 등

④ 포스터

ㄱ 간단한 영양정보를 함축적인 그림이나 글자로 전달할 수 있는 매체

ㄴ 대상자에게 전하고 싶은 내용을 간단하고 빠르게 기억하도록 하기 위해 사용하는 보조매체

ㄷ 건강검진표어, 안전사고 예방 등 행동 변화를 목표로 인상적으로 제작

ㄹ 대중의 눈에 띄게 만들고 색체와 글씨, 그림의 비율에 유의하며 가능한 한 글씨를 적게 사용하고 그림이 커야 함. 명도 차이가 큰 색을 사용하고 보색은 피함

⑤ 스티커

ㄱ 간단한 슬로건이나 그림, 도안 등을 인쇄한 것

ㄴ 식품 스티커를 식품 분류별로 나누어 붙이게 하면 식품의 종류를 익히는 데 도움이 됨

ㄷ 싱겁게 먹기 캠페인 시 스스로 싱겁게 먹기에 대한 약속을 하는 스티커를 행사장의 '싱겁게 먹기 약속' 보드와 가정의 냉장고에 붙이게 함으로써 캠페인의 효과를 높일 수 있음

⑥ 만화

ㄱ 이야기나 전달하고자 하는 메시지를 간결하고 익살스럽게 그린 그림으로 대화를 삽입하여 나타낸 것

ㄴ 어린이 영양교육에서 좋은 매체가 됨

⑦ 기타 인쇄매체 : 영양 및 식품정보, 식단 등을 담은 영양 달력, 부채, 지역통신문, 벽신문 등

(2) 전시·게시매체

① 패널panel

ㄱ 그래프, 지도, 사진, 그림, 문장 등을 한 장의 종이에 들어가게 하며 판에 발라 가장자리를 붙여서 튼튼하게 만든 것

ㄴ 전시적 지도의 효과가 크며 식단 전시회, 캠페인 및 보건소의 대기실 등에 많이 이용

② 게시판bulletin borad material

ㄱ 전달하고자 하는 내용을 간결하고 명확하게 제시하여 전달내용에 대한 지식과 정보를 풍부하게 해주는 매체

ㄴ 단일주제로 교육목적에 맞게 정하고 디자인을 단순화하며 각 자료의 배열이 통일감과 균형을 갖도록 함

ㄷ 전체적인 색의 조화가 이루어지도록 하며 특정 부분에 주의를 집중시키기 위해 색의 대비를 뚜렷이 함

③ 탈부착자료 : 융판이나 자석판에 사진, 그림 등의 자료를 자유로이 붙였다 떼었다 하거나 이동시키면서 영양교육 내용에 맞추어 설명하고 토의하는 데 활용되는 자료

④ 괘도flipbook, flipchart
    ㉠ 복잡한 내용의 요점이나 개념 간의 상호관계를 이해시키기 위해 도표나 그래프 또는 그림이나 사진 등을 이용하여 조직적으로 시각화한 교재
    ㉡ 학교급식, 직장급식 등에서는 급식의 영양정보를 차트에 담을 수 있음

(3) 입체매체

① 실물realia
    ㉠ 입체적이고 직접 봄으로써 교육이 가능하므로 교육 효과가 가장 큼
    ㉡ 휴대하기가 불편하고 계절적으로 구하기 어려운 단점이 있으며 파손 및 보관 등의 어려움으로 경제성이 떨어짐

② 모형model
    ㉠ 실물의 크기가 너무 크거나 구하기 어려울 때, 또한 보존이 어려울 때는 실물의 직접적인 경험을 대신해 줄 수 있는 대용물을 사용
    ㉡ 필요한 부분만 강조하여 놓거나 단면모형 등은 내부구조를 관찰할 수 있어 교육의 이해를 쉽게 하도록 돕는 역할

③ 인형
    ㉠ 어린이를 상대로 교육할 경우 흥미를 유발시키고 교육적 활용에 용이하며 다양한 주제로 다룰 수 있음. 또한 어린이가 직접 참여하여 역할연기를 할 수 있어 효과가 큼
    ㉡ 조작방법에 따라 손가락인형, 손인형, 막대인형, 줄인형, 그림자인형, 탈인형, 직접 가지고 놀 수 있는 입체적인 인형과 융판을 이용하는 평면적인 인형

④ 표본 : 실물이 어려운 것을 수집하여 가공

(4) 전자매체

① 녹음자료
    ㉠ 청각적인 교육매체로서 순간적으로 지나칠 수 있는 내용을 녹음하여 기록을 보존하는 것
    ㉡ 자료 복사가 쉽고 교육 시 반복 청취를 통하여 이해도를 높일 수 있음
    ㉢ 슬라이드, 영화 또는 인형극 등의 진행에 맞추어서 해설이나 대사 및 배경음악 등을 녹음해서 같이 제시하면 효과적임

② CD-ROM과 동영상 : 이용 시 호기심과 흥미를 주고 주의집중 효과가 있음. 교육자와 대상자 사이의 상호작용을 통하여 교육 효과를 강화할 수 있음

③ 텔레비전

④ 컴퓨터와 인터넷

⑤ 방송

(5) 영상매체

① 슬라이드 slide

ㄱ 확대된 영상을 제공하므로 주의집중에 효과적

ㄴ 대상자의 이해 정도에 따라 화면의 영사속도를 임의로 조정할 수 있으며 반복 설명 가능

ㄷ 다양한 주제로 구성할 수 있으며 자세한 관찰이 가능하며 대상자들의 경험이나 의견을 서로 나누고 토의

② 투시환등기 OHP 및 실물환등기

ㄱ OHP는 투명한 아세테이트에 제작된 TP transparency 투시자료를 확대 영사할 수 있는 기기

ㄴ 암막시설이 없는 밝은 장소에서도 사용이 가능하며 다른 투사매체에 비해 내구성이 강하며 투명 아세테이트는 재생하여 반복 사용 가능하므로 경제적

ㄷ 다양한 주제를 다룰 수 있으며 교육자와 대상자들이 대면하여 교육이 진행되므로 반응을 관찰하면서 교육 가능

③ 영화 film : 집단토의와 병행하면 효과적임

ㄱ 시청각 기능으로 청중을 끌어들임

ㄴ 암막장치가 된 어두운 곳에서 시청하므로 주의집중에 가장 효과적이며 실물 크기의 확대 및 축소, 반복 재생이 가능

ㄷ 대규모의 청중에 정서적인 접근이 가능함

④ 파워포인트 PPT

ㄱ 강연, 연구 발표 시 프레젠테이션용 프로그램으로 제시하는 자료

ㄴ 반응를 보면서 교육진행속도 조절 가능

ㄷ 다양한 주제, 연령에 이용 가능

(6) 게임

퍼즐 게임, 색칠하기, 식품구성 알기, 주사위 놀이, 시장 놀이

제 6 장 영양교육의 교수설계

교수설계란 최적의 학습이 이루어질 수 있도록 교사의 수업 준비, 계획, 실행, 평가 등을 포함하는 교수활동을 설계하는 것이다.

01 교수설계의 개념

(1) 거시적 수준의 교수설계(macro-level)

'무엇을 가르칠 것인가', 즉 가르칠 내용의 선정에 관심을 갖고 교육과 학습문제를 해결하기 위하여 체계적인 방법을 통하여 교육 혹은 교수체제를 개발하는 것을 목적으로 하는 교수체제 개발을 지칭함

(2) 미시적 수준(micro-level)

단위수업시간에 가르치는 데 필요한 아이디어를 모아 놓은 것. 학습자의 변화를 일으킬 수 있는 최적의 교수방법이 무엇인가를 결정하는 과정으로 수업의 청사진을 의미함

> **Key Point** 교수설계
>
> ✓ 특정 학습자와 학습내용이 주어졌을 때 기대하는 학습자의 변화를 일으킬 수 있는 최적의 교수방법을 고안해 나가는 과정이다.
>
> ✓ 교수의 목적을 성취시키기 위한 최적의 교수활동을 처방해 주도록 인도하는 지식체계이다.
>
> ✓ 교수의 질을 개선하고 이해하는 데 필수적인 학문분야이다.
>
> ✓ 최적의 학습이 이루어질 수 있도록 교수방법, 교수매체 및 학습환경을 구성하는 것이다.

02 체계적 교수설계모형

교수설계모형이란 교수설계를 하는 데 있어서 필요한 과정이나 절차 또는 과제를 수행해야 할 순서에 따라 행위별로 묶어 놓은 것이다.

(1) 글레이저의 교수설계모형(1962년)

수업이 진행되는 4단계를 제시함

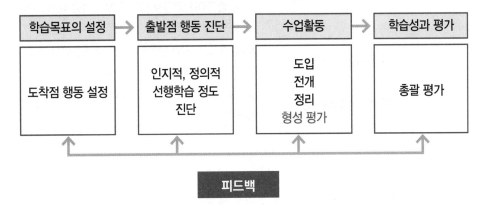

① 학습목표 설정terminal behavior

　　㉠ 수업을 통해서 학습자가 달성해야 하는 성취행동

　　㉡ 수업의 방향을 정해주고 수업내용과 절차의 선정, 조직, 계열을 정하는 지침
　　　이 되며 학습자에게 학습을 촉진시키고 학습성과 평가기준의 역할을 함

② 출발점 행동 진단 : 글레이저가 처음 사용. 인지적, 정의적 선행학습의 정도를 진단

■ 표 1. 교육목표 분류학

영역		내용
인지적 영역 (이해)	지식	지식이란 이미 배운 내용, 즉 사실, 개념, 원리, 방법, 유형, 구조 등의 기억을 의미
	이해	이해력은 이미 배운 내용에 관한 의미를 파악하는 능력을 뜻하며, 단순히 자료를 기억하는 수준을 넘어 자료의 내용이 다소 바뀌어도 그 의미를 파악하고 해석하고 또 추론하는 능력
	적용	적응력은 이미 배운 내용, 즉 개념, 규칙, 원리, 이론, 기술, 방법 등을 구체적인 또는 새로운 장면에 활용하는 능력

(표 계속)

인지적 영역 (이해)	분석	분석력은 조직, 구조 및 구성요소의 상호관계를 이해하기 위하여 주어진 자료의 구성 및 내용을 분석하는 능력을 의미
	종합	종합력은 비교적 새롭고 독창적인 형태, 원리, 관계구조 등을 만들어 내기 위하여 주어진 자료의 내용 및 요소를 정리하고 조직하는 능력
	평가	평가력은 어떤 특정한 목적과 의도를 근거로 하여 주어진 자료 또는 방법이 가지고 있는 가치를 판단하는 능력, 평가력은 인지적 영역 중에서 가장 상위단계에 있는 목표임
정의적 영역(태도)		흥미, 태도, 가치의 변화와 감상력과 적응력의 개발을 포함하는 목표를 말함
운동기능적 영역(기능)		손으로 다루는, 그리고 근육운동이라고 할 수 있는 기능을 발전시키고자 하는 목표를 다루고 있음

③ 수업활동
  ㉠ 수업활동이 본격적으로 전개되는 학습지도단계
  ㉡ 학습지도에는 도입, 전개, 정리의 과정을 포함
  ㉢ 정리단계에서 형성 평가를 실시함
④ 학습성과 평가
  ㉠ 총괄 평가 : 최초에 설정한 학습목표의 도달 정도를 평가하는 단계로 교수·학습활동 전과정의 마지막에 실시함
  ㉡ 총괄 평가에서 획득한 정보는 설정된 목표 수준의 도달 정도를 판단하는 데 활용하고 다음 단위의 교수설계를 위한 기초자료로 사용됨

(2) 한국교육개발원의 교수설계모형(1973년)

글레이저의 교수설계모형을 수정, 발전시킨 것으로 5단계를 제시함

① 계획단계 : 교사가 한 단원 또는 본시수업을 위해 교재 연구 또는 수업 계획을 수립하는 단계

② 진단단계 : 진단 평가를 실시하여 선수학습 결손학생이 발견되면 교정학습을 실시, 즉 교정조치단계

③ 지도단계

　　㉠ 본수업단계 : 도입, 전개, 정착 세 단계로 구분

　　㉡ 전개단계에서 배당된 시간의 70~80%를 사용

　　㉢ 도입단계 : 구체적 학습목표를 제시하고 동기를 유발하며 선행학습과 관련지어 줌

　　㉣ 전개단계 : 과제의 내용을 제시하고 다양한 교수·학습기술을 이용하여 지도함

　　㉤ 정착단계 : 학습내용을 정리하고 통합하여 적용시키는 단계

④ 발전단계

　　㉠ 본 수업의 마무리단계에서 형성 평가를 실시하여 학습 정도에 따라 학생을 분류함

　　㉡ 학습이 완성된 학생에게는 심화 또는 촉진학습을 위한 프로그램 주며 미완성 학생에게는 보충학습 프로그램을 제공하거나 소집단 특별지도를 실시함

⑤ 평가단계

　　㉠ 학생들이 성취한 학습의 정도를 최종적으로 평가하는 단계

　　㉡ 인지적, 정의적, 기능적 학습목표가 어느 정도 달성되었는지 알아봄

(3) 가네와 브릭스(Gagne and Briggs)의 단위수업을 위한 교수설계모형(1979년)

체계적 설계의 관점에서 학습자의 내적 인지과정에 맞추어 9가지 수업사태를 계열화해서 제시함

① 주의집중

　　㉠ 학습자로 하여금 수업에 집중하도록 만들어 수업이 원만히 진행되도록 하는 것

　　㉡ 주의를 환기시키는 가장 좋은 방법은 흥미에 호소하는 일, 자극의 형태와 제시방법을 바꾸는 일, 대상의 특성을 부각시킴으로써 지각을 촉진시키는 일

② 학습목표 제시

　　㉠ 학습목표는 수업을 마친 후 학생들이 획득하게 되는 지식이나 기능 등을 간결하게 표현한 진술문

　　㉡ 학습의 방향을 제시해줄 뿐 아니라 평가의 기준으로 활용

　　㉢ 목표는 가능한 한 구체적이고 명확하게 진술하는 것이 바람직함

③ 선수학습 상기
  ㉠ 이미 학습한 지식이나 기능들 중에서 새로운 목표를 학습하는 데 도움이 되거나 필요한 사항들을 재생해 내도록 자극하는 단계
  ㉡ 선수학습 내용의 재생은 새로운 학습을 촉진시켜 줌
④ 자극자료 제시
  ㉠ 자극자료란 학습목표와 관련된 교재내용 및 교재를 보조해주는 정보나 자료를 말함
  ㉡ 교재내용을 제시할 때 고려해야 할 점은 학습자의 정보처리능력, 과제의 양, 과제의 난이도 수준 등
⑤ 학습 안내 및 지도
  ㉠ 학습자의 사고와 탐구를 자극하기 위한 질문, 단서나 암시 등이 달리 구성되고 활용되고 제공될 때 학습자들은 보다 적극적으로 학습에 참여하게 됨
  ㉡ 학습 안내를 위하여 관심을 두어야 할 사항은 학습자료들 중 본질적이고도 중요한 부분에 학습자들이 선택적으로 주의를 쏟도록 하여야 함
⑥ 수행 유도연습
  ㉠ 학습자들은 배운 것 또는 할 줄 알게 된 것에 대한 실행이나 표현욕구가 생김 → 실행이나 표현욕구를 충족시켜줌으로써 자신의 성취 결과를 확신하게 됨
  ㉡ 성취행동은 학생들이 질문에 대답하거나 배운 내용을 실험·실습하거나 연습할 기회를 가짐으로써 유발될 수 있음
⑦ 피드백 제공
  ㉠ 학습자의 성취 수행은 주어진 질문에 대한 반응에 피드백을 제공할 때 강화됨
  ㉡ 학습내용과 관련하여 정답 여부 피드백, 설명적 피드백, 교정적 피드백 등을 제공할 수 있음
  ㉢ 제시방식면에서는 음성적 피드백, 문자, 도형 등의 피드백도 활용될 수 있음
⑧ 평가
  ㉠ 학습 결과로서의 성취 수준을 평가함으로써 학습 결손 부분을 확인하고 보완함
  ㉡ 형성 평가의 목적으로 실시함
⑨ 파지와 전이
  ㉠ 파지란 학습한 내용을 기억하는 것, 전이는 학습한 내용을 다른 문제상황에 적용하는 것
  ㉡ 파지와 전이를 높이기 위해서는 학습자가 잘못 반응한 문항을 다시 해결해 보도록 하거나, 복습을 시키거나, 학습한 개념이나 원리를 검토해 보도록 예시를 제공해 주거나, 문제해결 상황을 제공해주는 방법 등을 사용할 수 있음

2015년 기출문제 B형

다음은 가네(R. Gagne)와 브리그스(L. Briggs)의 '단위수업을 위한 9가지 수업사태'에 근거하여 설계한 '나트륨 줄이기'의 교수·학습활동이다. ㉠, ㉡, ㉢에 해당하는 단계를 순서대로 쓰고, ㉡ 단계에 해당하는 교수·학습활동을 1가지만 쓰시오.【5점】

수업사태	교수·학습활동
주의집중	• '나트륨 줄이기' 관련 동영상자료를 보여준다.
학습목표 제시	• '식품의 나트륨 함량을 알고, 나트륨 함량이 적은 식품을 선택할 수 있다.'로 학습목표를 제시한다.
㉠	• '나트륨 줄이기' 학습을 위해 필요한 지식을 상기시킨다.
자극자료 제시	• 여러 가지 식품을 보여 주며 식품의 나트륨 함량을 알려 준다.
학습안내 제공	• 식품의 '영양 표시'에서 나트륨 함량을 찾도록 안내한다. • 여러 가지 식품을 나트륨 함량이 적은 식품과 많은 식품으로 나누어 보도록 안내한다.
수행 유도	• 여러 가지 식품 중에서 나트륨 함량이 적은 식품을 선택하도록 한다.
㉡	•
수행 평가	• 학습목표 성취도를 확인하기 위하여 학생들에게 식품의 나트륨 함량 관련 퀴즈를 풀게 한다.
㉢	• 식품의 나트륨 함량에 대해 다시 알려 준다. • 배운 내용을 토대로 식사일지에서 나트륨 함량이 많은 식품을 적은 식품으로 바꿔 보는 활동을 수행하게 한다.

03 영양교육 교수설계모형

글레이저(Glaser)와 한국교육개발원에서 제시한 거시적이고 전반적인 교수설계모형과 단위수업을 위한 가네의 모형을 기초로 한다.

(1) 계획단계

① 교수·학습 계획을 수립하는 단계_{교수·학습과정안 작성단계}: 학습목표 설정, 학습내용 선정, 교수·학습방법 선정, 교육매체 선택, 평가 계획 설정 등

② 교육매체를 개발하는 단계를 포함함

(2) 진단단계

① 영양교육을 실시하기 전 출발점 행동을 진단하는 사전평가단계

② 영양교육 주제에 따른 영양 지식, 식태도, 식행동 등에 관하여 현재상태를 평가하는 것

(3) 지도단계

영양교육이 이루어지는 단계

① 도입단계

 ㉠ 동기 유발로 주의력을 집중시킴

 ㉡ 학습목표를 제시

 ㉢ 선행학습 내용을 상기시키거나 과제로 부여한 사전학습 결과를 확인함

② 전개단계

 ㉠ 학습자료 제시, 학습활동 내용을 안내

 ㉡ 다양한 교수기법을 활용하여 지도하고 배운 내용을 스스로 연습하고 실행해
  볼 수 있는 기회를 줌

 ㉢ 피드백을 제공함

③ 정리단계

 ㉠ 형성 평가 실시

 ㉡ 학습내용 요약 및 정리

 ㉢ 바른 식생활을 실천할 것을 다짐

 ㉣ 차시 예고

(4) 평가단계

① 수업과정을 통해서 학생들이 성취한 학습의 정도를 최종 평가하는 단계

② 인지적, 정의적, 기능적 학습목표의 달성 정도를 알아봄

③ 진단단계의 영양 지식, 식태도, 식행동 등의 사전 평가 결과와의 비교를 통하여
영양교육의 효과를 평가함

■ 표 2. 영양교육의 지도단계

단계	수업사태	방법 및 매체	예시
도입	1. 주의집중	■ 학습자 동기 유발, 관심 끌기	■ 「뽀드득 뽀드득」 손 씻기 동영상 시청 ■ 「초등학생 편식 심각」 뉴스 시청
	2. 학습목표 제시	■ 파워포인트/판서 ■ 학생들과 함께 읽거나 제시	■ '언제 손을 씻어야 하는지와 올바른 손 씻는 방법을 알아봅시다.'
	3. 학습안내 및 지도	■ 학습자 수준에 맞게 전개 ■ 교육매체 활용	■ 활동 1 : 올바른 손 씻기 방법 시연 ■ 활동 1 : 식품구성자전거 식품군 찾기

(표 계속)

전개	4. 연습	■ 활동, 게임, 퀴즈 ■ 활동지나 게임판 등 활용	■ 활동 2 : 올바른 손 씻기 체험 ■ 활동 2 : 식품나라 탐험
	5. 피드백	■ 칭찬, 오류 수정	■ 칭찬하거나 스티커 등 작은 선물, 정정
정리	6. 형성 평가	■ 학습목표 달성 여부 확인 ■ 질의응답	■ 올바른 손 씻는 방법 질문 ■ 식품구성자전거의 식품군 질문
	7. 정리 및 다짐	■ 핵심내용 정리 ■ 바른 식행동 실천 다짐	■ '뽀드득! 뽀드득! 손을 깨끗이 씻겠습니다.' ■ '골고루! 골고루! 먹겠습니다.'

04 영양교육 교수·학습과정안

(1) 교수·학습과정안의 요소

① 세부 교수·학습과정안세안, 細案 : 단원명, 단원의 개관, 단원의 목표, 교재 연구, 학급의 실태, 차시별 지도 계획, 지도상의 유의점, 단원의 평가 계획, 본시 활동의 실제를 포함

② 약식 교수·학습과정안약안, 略案 : 본시 활동의 실제

(2) 교수·학습과정안(세안) 작성방법

① 단원명

㉠ 가능한 한 간단명료하면서 참신한 표현이어야 함

㉡ 진술방식 : 명사형의 구를 쓰거나 의문문의 형식 또는 일인칭의 명령문 등

② 단원의 개관 : 단원의 설정 이유 및 주요 내용을 참고자료의 내용을 중심으로 기술함

③ 단원의 목표 : 해당 단원의 학습이 끝날 때 달성 가능한 목표를 제시함

④ 교재 연구 : 본시 수업을 중심으로 실시하며 본시에서 어떻게 활동할 것인지에 대한 구체적인 방법을 연구함

⑤ 학급의 실태 : 본시 수업을 하기 전에 도달해야 할 선수학습 능력과 본시 학습을 하기 전 학생들의 준비도를 측정함

⑥ 차시별 지도 계획

　⑦ 지도상의 유의점

　⑧ 단원의 평가 계획

　⑨ 본시 활동의 실제 : 제재, 학습목표, 학습 계획, 교수·학습활동, 형성 평가, 평가
　　계획 등이 포함됨

(3) 본시 교수·학습과정안(약안)의 작성방법

　단원의 전개 계획에 따라 한 시간 단위수업을 어떤 과정을 통하여 전개시킬 것인
가에 관한 보다 구체적이고 상세한 지도 계획

① 제재

　㉠ 단원의 학습 계획에 밝혀진 본시에 해당하는 학습주제를 기재함

　㉡ 진술방식 : 명사형의 구를 쓰거나 의문문의 형식 또는 "~에 관하여 알아보자."
　　라는 식으로 하면 됨

　㉢ 간단명료하면서 참신한 표현이어야 함

② 학습목표

　㉠ 학습 후에 기대되는 학생의 행동 또는 학습 결과로 진술함

　㉡ 학습목표 진술방식

　　▪ 구체적인 내용과 행동을 진술 '~한다' 혹은 '~할 수 있다'

　　　예 식품구성자전거에 포함된 식품군의 이름을 열거할 수 있다.

　　▪ 학습자 입장에서 진술

　　　예 학습자가 자신의 비만도를 판정할 수 있다.

　　▪ 학습 결과에 초점을 맞추어 행동을 기술

　　　예 자신의 열량에 맞는 식단을 작성할 수 있다.

　　▪ 하나의 학습목표에는 한 가지 성과만을 진술

　　　예 칼슘의 체내 역할을 설명할 수 있다.

　　▪ 단위수업시간에 달성할 수 있는 분량의 목표를 진술. 단위시간당 학습목표
　　　를 1~2가지로 제한

　㉢ 학습목표 진술에 사용되는 행동 동사

③ 학습 계획

　㉠ 학습내용 : 본 차시의 학습내용을 간단히 기술함

　㉡ 학습집단 : 학습을 효과적으로 수행하기 위한 집단조직을 기술함

　㉢ 학습활동 : 학습목표 달성을 위해서 시도하는 활동을 차례로 열거함

　㉣ 학습자료 : 교사 및 학생이 준비할 학습자료를 열거함

④ 교수·학습활동

　㉠ 단계 : 교과 특수성에 따른 단계를 선정, 제시하며 과정을 열거함

　㉡ 교수·학습활동 : 예상 가능한 것을 상세히 쓰도록 함

　㉢ 시간 : 단계별 소요시간을 예상하여 분으로 표시함

　㉣ 자료 및 유의점 : 자료가 어떤 단계에서 활용되는지를 기재하고 교수·학습과 정에서 교사가 명심해야 할 점을 예상하여 기록함

⑤ 형성 평가

⑥ 평가 계획

05 영양교육 수업 평가

교육영역의 평가에서 가장 핵심적인 평가영역 중 하나로 수업과 관련된 여러 요소(교사, 학생, 교과내용, 환경 등)들의 상호작용 과정에서 벌어지는 일련의 행위를 판단하는 것이다.

(1) 교수·학습과정안 평가

학습목표 설정, 내용 선정, 수업절차 및 수업전략을 평가

(2) 수업실행 평가

교사의 전문지식, 교수방법, 학습활동, 기본태도

영양상담

영양상담은 내담자와 상담자의 상호작용을 통하여 내담자가 식행동이나 영양문제를 해결하도록 개별화된 지도를 하고 도와주는 과정이다. 영양상담은 궁극적으로 자신의 영양 관리를 스스로 할 수 있는 능력 배양을 목표로 한다.

01 영양상담의 이론

(1) 내담자중심요법(person(client)-centered therapy)

① 상담의 중심은 내담자이며 상담자는 내담자에게 정보 제공, 정서적 지지 등을 하는 역할을 함
② 내담자 스스로 자신의 영양문제 인식, 목표 설정, 해결방안 탐구 등의 과정에 참여하여 문제해결능력을 키우도록 함
③ 내담자는 자신에 대해 보다 더 긍정적이고 자신감을 갖게 되며 상담의 주체가 자신임을 인식하고 영양문제 해결에 보다 적극적으로 노력하게 됨

(2) 합리적 정서요법(rational-emotive therapy)

① 비합리성에 근거한 부정적인 사고를 긍정적으로 바꾸어 개인의 인식, 감정, 행동 변화를 유도
② 식행동을 제대로 실천하지 못했을 때 부정적인 독백self-talk, 어쩔 수 없어, 난 안 돼을 긍정적인 독백여태까지 잘 해 왔어, 이번에 실수했지만 다음에 잘 해야지으로 바꿈

(3) 행동요법(behavioral therapy)

① 내담자의 행동 수정에 초점을 두며 개인의 행동은 학습되는 것으로 환경이나 주위 사람들의 영향에 따라 달라짐

② 상담의 목표 : 건전하지 못한 학습요소나 환경을 바꾸고 문제행동을 건전한 행동으로 수정함

③ 행동요법에 쓰이는 기본적인 학습원리

    ㉠ Operant conditioning : 식행동을 했을 때 그 결과가 긍정적, 부정적인지 여부에 따라 행동이 더 일어날 수도 있고 줄어들기도 함

    ㉡ 모방 : 다른 사람의 행동을 보고 따라 하는 것

    ㉢ 모델링 : 단순한 모방뿐 아니라 행동에 대한 구체적 지침, 방법을 포함하여 건전한 행동까지도 습득하는 것

(4) 가족요법(family therapy)

① 개인과 가족의 행동, 이들의 사회적, 물리적 환경을 건강 지향적인 방향으로 바꾸는 데 초점을 둠

② 내담자 외에 내담자의 가족을 영양문제 진단이나 영양상담에 포함시킴

(5) 자기관리접근법(self-management approach)

① 내담자에게 자기관리능력을 가질 수 있도록 하는 방법으로 특히 내담자가 자신의 변화된 식행동을 유지하는 데 필요

② 자기 관리는 영양 관리의 최종 목표

③ 자기 관리를 위한 방법

    ㉠ 목표 설정

    ㉡ 식사일기 작성 등 자기 감시

    ㉢ 행동 대치, 자극 조절, 보상, 자아효능감 증진 등 행동수정방법 적용능력

    ㉣ 목표와 행동 수행 정도를 비교하여 평가

    ㉤ 예전 습관으로 돌아가기 쉬운 상황high-risk situation에서의 대처능력

02 영양상담의 기술

(1) 상담자의 자질

① 자신감을 가지고 있어야 함

② 상담자는 내담자에게 지나치게 권위적이지 않아야 함

③ 내담자와 사적인 관계 조절을 잘 해야 함

④ 상담자는 내담자에게 수용하는 자세를 가져야 함

⑤ 상담자는 편안하고 밝으면서 단정한 옷차림이 좋음

(2) 상담실의 환경

① 온화한 불빛

② 쾌적하고 조용하고 사생활이 보장되는 곳이어야 함

③ 원탁

④ 지나치게 많은 측정기기는 가리거나 옆방으로 이용

(3) 내담자의 비언어적 행동을 관찰

내담자의 비언어적 행동의 의미를 잘 파악해서 내담자가 무슨 말을 하고 싶어 하는지, 어떤 감정상태에 있는지를 잘 이해해야 함

■ 표 1. 비언어적 행동과 의미

	행동	의미
눈	직접적으로 눈을 마주침	상호교류할 자세가 되어 있음, 주의집중
	눈 마주치는 것을 피함	상호교류하는 것을 피함
	아래를 내려다 봄	존경 혹은 생각에 잠김
	눈을 지나치게 깜빡임	답을 찾기가 어려움, 흥분, 불안
	눈동자가 커짐	놀람 혹은 흥미가 있음
입	미소	긍정적인 생각과 느낌
	꽉 다문 입	스트레스, 적의감, 분노
	입술을 씹음	불안, 슬픔, 분노
머리	끄덕임	확신, 동의
	좌우로 흔듦	동의하지 않음
	머리와 턱을 가슴으로 떨어뜨림	슬픔, 걱정

(표 계속)

팔과 손	팔짱을 낌	회피 혹은 좋아하지 않음
	손이 떨림, 손깍지를 낌	불안, 분노
발과 다리	다리를 꼬았다 폈다를 반복함	불안, 우울
	발로 바닥을 두드림	불안, 인내심 없음
몸 전체	앞으로 기울어짐	상호 간의 의사 전달에 마음이 열려있음
	정면을 보지 않고 몸이 다른 쪽으로 향하고 있음	마음이 잘 열려있지 않음
	가까이 앉을 때	보다 더 가까운 관계를 원함
	상담자 옆에 가까이 앉을 때	편안하게 느끼는 것 표시

(4) 언어로 하는 의사소통의 이해

① 평가보다는 자신을 기준으로 서술적으로 이야기함 : 내담자에 대해서 있는 그대로를 이야기해야 하며 평가하는 것은 삼가

② 다그치기보다는 문제 중심으로 이야기함 : 내담자에게 원했던 결과가 나타나지 않을 때

> **예　다이어트 중에 오히려 체중이 늘어난 내담자를 상담할 때**
>
> 상담자 : 1,200㎉ 다이어트를 했던 지난 3주 동안 체중이 오히려 1주일에 0.5㎏씩 증가했습니다. 원래 1,200㎉를 실시하면 일주일에 0.5㎏씩 줄어들어야 하는데요. 어떤 다른 방법이 있을지 함께 의논해 볼까요?

③ 독단적으로 이야기하기보다는 잠정적인 것으로 이야기함 : 내담자에게 충고를 할 때는 항상 여러 선택 중에서 한 가지인 것으로 이야기하는 것이 거부감을 덜 느낌

④ 우월한 입장보다는 내담자와 동등한 입장에서 이야기함 : 내담자가 맞지 않는 것을 제시했을 때

> **예　좋은 예와 좋지 않은 예**
>
> 좋은 예　　상담자 : 지금 이야기한 것을 충분히 이해합니다. 그렇지만 나도 옛날에 똑같은 것을 시행해 보았지만 성공하지 못했습니다.
>
> 좋지 않은 예 상담자 : 지금은 이해가 잘 안 되겠지만 아마 경험이 좀 많아지면 그것이 왜 효과가 없는지 알게 될 것입니다.

(5) 듣는 기술

① 명료화 clarification

㉠ 내담자가 모호한 말을 했을 때 상담자가 그 안에 담겨있는 의미나 관계를 질문을 통해서 명확하게 해주는 과정임

ⓛ 명료화함으로써 내담자의 핵심적인 욕구나 갈등을 분명하게 제시해줄 수 있고, 이 과정을 통해 자기가 이해받고 있으며 상담이 잘 진행되고 있다는 느낌을 받게 됨

ⓒ 명확하게 해주는 과정은 내담자가 방금 한 말에만 근거를 두고 있어야 하며 상담자가 어떤 가정을 한다거나 확인되지 않은 사항에 대해 뛰어넘어 추론하는 것은 좋지 않음

② 부연설명 paraphrase

ⓗ 내담자의 메시지를 상담자의 언어로 다시 한 번 말해주거나 문장으로 나타내 보이는 것

ⓛ 내담자는 자신이 한 말을 상담자를 통해 다시 들을 수 있게 됨으로써 자신의 현재 문제와 감정에 대해 객관적인 입장에서 생각하게 됨

③ 반영 reflection

ⓗ 내담자가 말하는 메시지 중에서 감정적인 부분을 상담자가 다시 언급해주는 것, 즉 내담자의 말과 자세, 몸짓, 목소리의 어조, 눈빛 등 행동에서 표현된 기본적인 감정, 생각 및 태도를 상담자가 참신한 말로 부연해주는 것

ⓛ 목적
- 내담자가 더욱 많은 감정을 표현하도록 북돋아주기 위해
- 내담자로 하여금 더 강렬한 감정을 겪도록 해서 풀리지 않은 문제들이 무엇인지 알도록 하기 위해
- 내담자로 하여금 지금 현재 그를 지배하고 있는 감정이 무엇인지 알도록 하기 위해

④ 요약 summarization

ⓗ 부연설명과 반영을 좀 더 넓게 하는 과정임

ⓛ 상담자는 내담자가 말한 내용을 요약해 보면 자신이 얼마나 이해하였는가를 알 수 있으며 책임감을 느끼게 됨

ⓒ 요약을 하기 위해서는 다음을 따라야 함
- 내담자가 이야기하는 주제와 감정상태를 파악하고 핵심 아이디어가 무엇인지 요약함
- 새로운 아이디어는 더하지 말고 광범위한 주제와 계획들을 요약하는 것이 도움이 된다고 생각할 때 해야 함
- 매회 상담을 종결하면서 이루어짐
- 생각과 감정을 통합해 표현해 줌으로써 내담자 자신의 문제에 대한 해결책을 찾는 데 도움을 줌

⑤ 수용

   ⑦ 내담자에게 주의를 기울이고 있으며 내담자의 말을 받아들이고 있다는 상담자의 태도를 나타내는 것

   ⓒ '이해가 갑니다.', '그렇군요.'와 같은 말들은 내담자로 하여금 자기 이야기를 계속해 나갈 수 있도록 강화하는 효과가 있음

   ⓒ 내담자에게 시선을 주는 주목행동이나 상담자의 안면표정과 고개를 끄덕이는 행동, 상담자의 어조와 억양도 중요한 행동 단서가 됨

(6) 행동기술

① 심층질문 probing

   ⑦ 내담자가 표현한 생각이나 감정에 대해 더욱 폭 넓은 탐색을 하거나 내담자를 충분히 이해하기 위해 더 많은 정보를 필요로 할 때 질문을 함

   ⓒ 내담자의 식사패턴에 대한 정보를 얻기 위한 중요한 부분

   ⓒ '예', '아니오'가 나오는 질문보다는 개방형 질문을 써서 가능한 한 모든 답이 나올 수 있도록 한 후 폐쇄형 질문으로 감

   ⓔ 한 번에 한 가지만 질문 : '왜'보다는 '어떻게', '무엇을'로 시작

   ⓜ 너무 많은 질문이나 답을 빨리 얻기 위해 다그치는 듯한 질문은 역효과

② 어트리뷰팅 attributing

   ⑦ 내담자가 주어진 행동을 하기에 성공적인 자질을 가지고 있다고 말해주는 것

   ⓒ 확신이나 동기가 없는 내담자를 격려하기 위해 쓰임

> **예 어트리뷰팅의 예**
>
> **내담자** 전 그동안 다이어트를 여러 번 시도했고요. 지금은 살을 빼려고 노력할 의욕조차 생기지 않아요.
> **상담자** 지금은 의욕이 없지만 지난번 살을 뺐을 때 그때 장점들을 지금도 가지고 있잖아요.

③ 직면 confronting

   ⑦ 내담자가 혼동된 메시지를 가지고 있거나 왜곡된 견해를 가지고 있을 때 상담자가 그것을 드러내어 인지하도록 하는 기술

   ⓒ 자신의 상황에 대해 다른 방식으로 대응하는 법을 배움

   ⓒ 매우 강한 효과

   ⓔ 시기가 중요 : 내담자가 협박당하고 있는 것처럼 느끼거나 전혀 예상하지 못하고 있을 때 시행해서는 안 됨

④ 해석interpreting

    ⊙ 내담자가 이야기하는 메시지에 근거하여 상담자가 자신의 이해나 새로운 개
념을 추론을 통해 더해 주는 것

    ⓒ 내담자에게 나타나는 다양한 활동들 사이의 상관관계를 말할 수 있음

    ⓒ '아마도', '~생각한다' 등을 써서 말하는 것이 좋음

(7) 가르치는 기술

① 조언

    ⊙ 상담의 초기단계와 종결 전 면접에서 중요한 역할

    ⓒ 내담자가 조언을 요구할 때 하는 것이 좋음

    ⓒ 내담자에게 타당한 정보를 제공하되 상담자 자신의 주관적인 판단에 따른 조
언은 가능한 한 제한함

    ⓔ 조언하더라도 암시적으로 해야 함

② 정보 제공

    ⊙ 내담자에게 필요한 정보뿐만 아니라 현재 내담자가 가지고 있는 정보도 평가
하여 올바른 정보를 갖게 하는 것도 포함

    ⓒ 내담자의 정보욕구 충족, 상담을 생산적으로 만들어 행동 개선을 시도하는
데 도움

    ⓒ 정보 제공 시 유의점

        ▪ 정보는 단순하면서 명료하고 구체적이면서 자세한 내용

        ▪ 한 번에 너무 많은 양을 주지 않아야 함

        ▪ 중요한 정보는 제일 앞에 이야기함

        ▪ 정보를 제공할 때는 예나 일화를 섞어 이야기하며 슬라이드, 오디오, 비디
오자료, 모형, 차트 등을 다양하게 활용

③ 지시

    ⊙ 상담자가 내담자에게 식행동은 어떻게 변화시켜야 하는지, 어떤 새로운 식행
동이 필요한지 또는 해야 할 것, 하지 말아야 할 것들을 이야기하는 것

    ⓒ 내담자가 무엇을 해야 하는지what to do, 어떻게 해야 하는지how to do, 어디
까지 허용되는지allowable limit 등을 포함하게 됨

    ⓒ 내담자로 하여금 반복해서 이야기하도록 해서 상담자가 이야기한 내용을 확
인시키는 것이 좋음

2017년 기출문제 B형

다음은 여고생 영희와 영양교사의 영양상담 내용이다. 밑줄 친 부분에서 활용한 영양 상담 기법의 명칭을 쓰고, 이 기법의 유의사항 3가지를 서술하시오. 【4점】

[질문]

선생님, 혹시 제 고민을 들어주실 수 있으세요? 저는 요즘 변비 때문에 너무 고민이 돼요. 밥을 많이 먹으면 살이 찔까 봐 조금만 먹기 때문인지, 어떨 땐 일주일 이상 힘들 때도 있어요. 음식을 적게 먹어서 살이 빠지는 것보단 배변을 못 하기 때문에 체중이 느는 것 같은 생각도 들어요. 채소가 좋다고 하지만 저는 씹는 느낌이 싫고 쓴맛이 나서 채소를 잘 먹지 않아요. 요즘은 하루 종일 배가 불편하고 가스가 나올 것 같아서 공부에 집중도 잘 되지 않아요. 영양 선생님, 도와주세요.

[답변]

상담을 신청해주어서 반갑고 고마워. 변비를 개선하려면 섬유소 섭취를 증가시킬 필요가 있어. 채소를 먹고 싶지 않다면 과일이나 견과류, 잡곡, 콩류에도 섬유소가 들어있으니 대신 섭취할 수 있어. 하지만 땅콩이나 옥수수 등은 가스를 많이 생성시키기 때문에 가스가 고민된다면 주의해야 해. 그리고 신체활동을 하면 배변뿐 아니라 체중 조절에도 도움이 되니까 일상생활에서 활동량을 늘리도록 노력해 보면 좋겠어. 선생님이 알려준 것을 실천해보고 앞으로도 고민이 있으면 편안하게 연락하길 바란다.

03 영양상담의 실시과정

영양상담은 유대(친밀)관계 형성, 문제 진단 및 영양판정, 목표 설정, 실행(본 상담 실시), 효과 평가의 과정으로 이루어진다.

(1) 유대(친밀)관계 형성

① 편안한 상담환경과 시간

㉠ 편안하고 쾌적한 분위기, 적절한 조명, 온도

㉡ 조용한 장소, 대화의 기밀성 보장

㉢ 상담자와 내담자 사이의 거리는 너무 가깝거나 멀지 않게 마주 앉음

② 처음 내담자를 만날 때

㉠ 웃으며 인사하고 상담자 자신을 간단히 소개

㉡ 내담자의 상담에 대한 기대, 동기, 원하는 결과 등을 파악

㉢ 상담과정을 개략적으로 설명하고 상담에 대한 기대를 갖게 함

③ 비언어적 행동

㉠ 얼굴 표정은 가벼운 미소를 띤 밝은 얼굴 표정

㉡ 자세는 편안하게 하고 팔짱을 끼거나 다리를 꼬지 않음

㉢ 음성의 높이는 너무 높지 않게 하고 부드러운 목소리로 함

④ 경청 listening

㉠ 내담자의 말에 관심을 보이고 중간에 끼어들지 않음

㉡ 경청 중에는 내담자의 말을 존중하고 비판하지 않음

⑤ 상담기술의 활용

㉠ 경청, 수용, 반영, 개방형 질문을 적절히 사용

㉡ 수용 : 내담자에게 주의를 기울이고 있으며 내담자의 말을 받아들이고 있다는 상담자의 태도를 나타내는 것 이해가 갑니다, 그렇군요

(2) 문제 진단(자료 수집) 및 영양판정

① 의무기록, 건강검진자료

㉠ 병력, 가족력, 투약내용

㉡ 생화학적 검사 결과혈액, 소변 검사: 혈당, 혈청콜레스테롤, 기타 영양소의 지표 등

㉢ 신체 계측 : 신장, 체중, 체중 변화, 비만도, 혈압 등

② 면접, 설문 조사

㉠ 식사 섭취실태, 식행동 진단 : 24시간 회상법, 식사일지, 간이식품섭취빈도지, 영양스크리닝 도구 등 이용

㉡ 식행동에 영향을 미치는 물리적 환경식사장소, 사회적 환경가족, 친구, 주변인의 지지, 인지적 요인, 개인의 인식식행동 변화의 장점, 장애요인 등, 영양 지식, 식태도 등

㉢ 신체활동

㉣ 경제 수준, 학력, 부모의 직업

㉤ 정서상태, 스트레스 요인 등 조사

㉥ 행동 변화의 단계 : 내담자가 고려전단계, 고려단계, 준비단계, 행동단계, 유지단계 중 어디에 속하는지 조사

③ 영양판정 실시 : 명료화 단계

㉠ 혈액, 소변 검사, 신체계측치로부터 영양판정

㉡ 면접, 설문 조사와 검사 결과에서 나온 자료를 분석하고 평가하여 문제 진단을 하게 됨

④ 문제 제시 및 상담 필요성 확인함

(3) 목표 설정

① 목표를 찾고 정하는 과정에 내담자의 의사를 반영 내담자가 결정하는 것이 동기 부여가 되고 목표 달성 가능성이 높아짐

② 목표는 구체적으로, 현실적으로 도달 가능한 수준으로 추후 평가할 수 있게 세움

③ 부정적인 내용보다는 긍정적인 내용으로 설정

④ 세부목표를 정함

㉠ 목표 체중, 체위 설정

㉡ 영양 요구량 설정

㉢ 대사 목표 설정 : 혈당, 헤모글로빈, 콜레스테롤 등의 범위에 대해서 실현 가능한 현실적인 목표

㉣ 식행동 변화 설정

(4) 실행 : 영양상담 목표 달성 → 필요한 학습을 수행하는 과정

① 정보를 제공할 때

㉠ 대상자의 수준에 맞는 용어, 언어를 사용

㉡ 설명은 간단하게, 자세하게, 중요 부분은 반복하여 주지시킴

㉢ 예를 들어 설명

㉣ 너무 많은 정보보다는 실제적으로 적용할 수 있는 방법, 기술을 알려줌

㉤ 영양상담 도구를 이용하여 효과적으로 정보를 전달함

② 행동수정방법 적용하기

㉠ 자기 감시 : 자신의 식행동에 관해 기록하게 하여 문제점을 찾음

㉡ 행동 대치 : 나쁜 식행동을 건전한 식행동으로 바꾸기

㉢ 자극 조절 : 문제 식행동을 유발하는 요인이나 상황을 줄이고 건전한 식행동을 유발하는 요인이나 상황을 늘리는 방법

㉣ 보상 : 건전한 식행동에 대한 칭찬, 격려, 작은 선물 등으로 보상하여 행동 변화가 계속 일어나게 하는 방법

(5) 효과 평가

① 내담자와 같이 평가하여 목표 달성 여부를 알게 하고 단기 목표가 달성되면 그 다음의 목표를 정하고 내담자가 실천할 수 있게 계획하여 최종적으로 자기 관리를 할 수 있게 추후 관리. 영양 지식, 건강 및 영양 관련 인식, 식태도, 식행동, 영양소 섭취실태, 변화 정도, 생화학적 수치, 신체계측치 등의 변화를 봄

② 목표가 도달되지 못한 경우 : 이유를 살펴보고 영양상담을 다시 시도

③ 평가 결과는 기록으로 보관하여 추후 상담의 자료로 활용

④ 영양상담기록지

    ㉠ 주관적 정보subjective data : 내담자나 가족과 면접을 통해 얻은 정보로 내담자의 일반사항, 운동과 활동 정도, 식행동 및 생활습관 등을 참고하여 주관적으로 판단하는 정보

    ㉡ 객관적 정보objective data : 과학적 혹은 수치로 계측 가능한 객관적인 정보로 24시간 회상법을 통한 1일 섭취량 조사, 신체계측치, 생화학적 검사치 등을 토대로 얻은 정보

O(Objective data, 객관적인 자료)

1) 신체 계측 결과 및 혈압

    키__cm, 현재체중__kg, 평소체중__kg

    표준체중__kg, 조정체중__kg, PIBW__%

2) 검사 결과(Laboratory data)

    Total protein/ total albumin__ / __, FBS/ PP2hr__ / __

    HbAlc__ / __, total cholesterol/ TG__ / __, LDL/ HDL__ / __

    BUN/ Cr__ / __, Na/ K__ / __, Ca/ P__ / __

    GOT/ GPT__ / __, Ccr__ / __, micro ab__ / __

3) 평소 섭취량

    (1) 식사량__kcal, (CHO :__%, protein :__%, Fat :__%)

    (2) 총 섭취량__kcal, (식사량+알코올__kcal)

    ㉢ 영양판정assessment : 주관적, 객관적 자료로 얻은 새로운 정보에 근거한 평가 혹은 판정

A(Assessment, 영양판정)

1) 영양상대평가

    현재체중 : 적절함____, 저체중____, 과체중____, 비만____

    체중변화 : ____kg/ ____주____개월   체중의 ____%

    변화이유 : _____

    양호____, Kwashiorkor____, Marasmus____

    Mixed(____mild, ____moderate, ____severe)

---

2) 영양요구량

  (1) 에너지 : 체중×30kcal(신부전)

  (2) 단백질 : 체중×1.2~1.25(신부전)

3) 식습관 평가

  장점 : ＿＿＿＿＿＿＿＿＿＿＿＿＿＿＿＿＿＿＿

  단점 : ＿＿＿＿＿＿＿＿＿＿＿＿＿＿＿＿＿＿＿

4) 대사적 이상

  (1) 고지혈증 : 콜레스테롤 이상＿＿＿, TG 이상＿＿＿, HDL-C 저하＿＿＿, LDL-C 이상＿＿

  (2) 전해질 불균형 : (Ca/ P/ Na/ K)

  (3) 공복/식전혈당 : 적절함(80~140)＿＿＿, 불량함(<80 혹은 >140)＿＿＿

  (4) 식후혈당 : 적절함(100~180)＿＿＿, 불량함(>180)＿＿＿

  (5) HbAlc : 적절함(6~8)＿＿＿, 불량함(> 8)＿＿＿

  (6) 혈압 조절 : 양호함(≤130/90)＿＿＿, 불량함(>130/90)＿＿＿

ㄹ 목표 및 계획plan : 판정에 근거한 새로운 계획

P(Plan, 목표 및 계획)

1) 장기목표

  (1) 신체 계측 및 검사 결과에 대한 목표

    체중(증가/감소/유지) : ＿＿＿kg/month   목표체중＿＿＿kg in month

    알부민(증가＿＿＿g/dL/ 유지＿＿＿), 콜레스테롤(감소＿＿＿mg/dL/ 유지＿＿＿),

    TG(감소＿＿＿mg/dL/ 유지＿＿＿), 혈압(감소＿＿＿mmHg/ 유지＿＿＿),

    혈당(감소 FPG＿＿＿mg/dL/ 유지＿＿＿), PP_2(감소＿＿＿mg/dL/ 유지＿＿＿),

    HbAlc(감소＿＿＿%/ 유지＿＿＿)

  (2) 식사목표(변화＿＿＿＿＿, 유지＿＿＿＿＿)

    Kcal＿＿＿kcal,   Na＿＿＿mg,   K＿＿＿mg,   protein＿＿＿g

    (증가＿/ 감소＿) (증가＿/ 감소＿) (증가＿/ 감소＿) (증가＿/ 감소＿)

2) 세부목표 정함(본격적인 영양상담을 실시하여 내담자와 상의해서 정함)

  동기 유발

  (1) 식사요법 시의 이점 설명＿＿＿＿＿＿＿＿＿＿＿＿

  (2) 식사요법을 지키지 않을 때에 생길 수 있는 합병증 설명＿＿＿＿＿＿＿

---

(6) 재상담 시

① 식사요법을 따르는 데 있어서 어려웠던 점이 있었는지 기록해 온 식사일지의 재평가나 일정 기간 후의 생화학 검사 및 신체 계측 검사 결과를 통하여 식사요법의 실천 여부를 평가하며, 보충적인 정보를 제공하면서 긍정적인 강화를 통하여 지속해서 식사요법을 따를 수 있도록 도움

② 식행동 개선의 장애요인을 분석하고 해결책을 모색하며 필요시에는 영양목표를 재설정함

③ 식생활을 잘 실천하지 못하였을 경우도 계속적으로 격려와 용기를 주고 더불어 적절한 제재를 가하면서 계속적인 동기 부여가 필요함

④ 내담자가 계획을 이행하지 않더라도 쉽게 포기하지 않도록 도와줌

(7) 상담의 끝맺음 준비

① 상담의 마감이 옴을 알리고 요약하며 의논하고 배운 점에 대해 확인하고 싶은 점이 있는지, 상담이나 약속한 사항에 대해 어떻게 느끼는지 다음 상담 계획에 대해 의논함

② 여러 번 상담 후에 상담을 더 이상 지속하지 않으려고 할 때는 내담자가 준비할 수 있도록 끝맺음에 즈음하여 미리 알려주어 스스로 관리할 수 있도록 함이 중요함

③ 상담을 끝맺음 할 때는 내담자가 습득한 지식에 관한 것뿐만 아니라 태도나 기분의 변화에 대하여도 설명해줌

04 영양상담의 도구

(1) 각종 조사지

현재의 식습관이나 식품섭취량, 식품 지식, 운동량, 생활습관 등을 알아보기 위해 조사지를 이용하여 조사함

(2) 영양소 섭취기준

① 국민영양상태 판정기준, 개인일 경우 장기간의 평균 영양섭취량의 영양판정기준

② 영양교육 및 급식 관리의 기초자료로 활용, 식단 작성 시 영양공급량의 기준으로 활용

(3) 식품교환표

① 식단 작성 활용

② 식품이나 식사의 에너지원이 되는 영양소들을 중심으로 영양소량을 계산하는 데 유용

③ 영양상담 시 내담자에게 스스로 영양 관리를 할 수 있도록 지도하는 데 편리

(4) 영양상담기록지(SOAP 방식)

① 영양상담기록표를 이용하여 식생활을 조사하고 기초자료 수집에 효율적으로 이용

② 상담과정을 지속적으로 관리하는 데 유용

③ 식습관자료, 질병, 처방, 생화학적 자료, 신체적 자료, 영양평가, 식사처방, 영양상담 내용 등 포함

(5) 식사구성안

① 일반 건강인을 대상으로 전반적인 건강을 염두에 두고 한국인의 식생활지침과 부합되도록 하였고, 사용자 편이를 위해 과거의 식품군 분류를 원칙으로 함. 일반인이 이해하기 쉽게 그림을 제시

② 여러 가지 식품이 적절하게 함유된 균형 잡힌 식사를 하는 데 도움을 줌

③ 각 식품군에서 하루에 섭취해야 할 횟수를 1인 단위수로 제시

(6) 식사지침

① 한국인의 건강을 지키기 위한 식사지침을 제정 및 보급

② 임신수유부, 영유아, 어린이, 청소년, 성인을 구분하여 식생활지침을 제정

(7) 식품모형

① 식품의 형상을 본뜬 플라스틱 제품이나 판지를 이용한 형태 등 다양한 모양

② 1인분 분량이나 1교환단위 분량을 알기 쉬움

③ 영양상담 시 유용

(8) 기타

① 식사기록지, 식사일기

② 컴퓨터, 소책자, 리플릿 등 시청각자료

③ 식품성분표

참고문헌

1. 영양교육. 이경애 외 5인. 교문사. 2018
2. 영양교육과 상담. 서정숙 외 3인. 교문사. 2018
3. 영양교육 및 상담의 실제. 이경예 외 4인. 라이프사이언스. 2016
4. 영양교육의 이론과 실제. 구재옥 외 5인. 파워북. 2017

기출문제 정답

제1과목 영양학

2018년 기출문제 A형   P.28

1. 45g 이내로 섭취하여야 한다. 1일 총 당류 섭취량은 총 에너지 섭취량의 10~20%로 제한하도록 하며, 특히 첨가당(설탕, 액상과당, 물엿, 당밀, 꿀, 시럽, 농축과일주스 등)은 총 에너지 섭취량의 10% 이내로 섭취하도록 권고하므로 $1{,}800kcal \times 0.1 / 4 = 45g$ 이내이다.

2. 당류가 입안에서 박테리아(스트렙토코쿠스무탕)에 의해 발효되면서 산을 생성하여 pH를 낮추어 치아의 에나멜층을 녹여 하부구조를 파괴한다. pH5.5 이하에서 충치가 발생한다.

3. 불소

2019년 기출문제 A형   P.36

1. ⓒ 글리코겐
   ② 글리세롤

2. 근육에는 글루코오스 6-인산(glucose-6-phosphatase)이 없어 포도당을 생성할 수 없으며, 그로 인해 혈당을 조절하지 못하고 글루코오스 6-인산을 근육세포의 에너지원으로 사용한다.

3. 글리세롤은 글리세롤 인산을 거쳐 다이하이드록시아세톤 인산(dihydroxyacetone phosphate, DHAP)을 생성하여 당 신생경로의 기질이 되며, 해당과정의 역반응인 과당 1,6-이인산, 과당 6-인산, 포도당 6-인산을 거쳐 포도당을 생성한다.

2020년 기출문제 A형   P.39

㉠ phosphoglucose isomerase
㉡ PFK-1(phosphofructokinase)

2018년 기출문제 B형   P.52

1. 1~2세 20~35%, 3~18세 15~30%, 19세 이상 15~30%

2. 유아 1~2세는 신경계의 발달과 소량의 식품으로 성장에 필요한 에너지를 충분히 공급하기 위해 농축된 에너지 공급원으로서 지방의 섭취가 매우 중요하고, 지방 섭취 제한은 필수지방산 섭취 부족을 초래하며 지용성 비타민의 흡수 저해를 초래할 수 있기 때문이다.

2020년 기출문제 B형   P.57

1. HMG CoA 환원효소, 3개의 아세틸 CoA로부터 생성된 HMG CoA를 HMG CoA 환원효소에 의해 두 분자의 NADPH가 이용되면서 메발론산으로 환원된다.

2. LDL은 간이나 간 외 조직에 아포 B에 대한 수용체가 있는 경우 세포 내로 함입된다. 세포 내에서 LDL에 의해 운반된 콜레스테롤 에스테르는 가수분해되어 콜레스테롤을 방출하여 혈액으로 이동하고, 이 콜레스테롤은 HDL에 부착되어 최종적으로 간으로 보내져 담즙 생성에 쓰인다.

3. 레시틴 콜레스테롤 아실 전이효소(LCAT)

2020년 기출문제 A형   P.66

1. 라이신과 트레오닌

2. 혈관 내 단백질 함량이 낮아지고 삼투압이 저하됨에 따라 조직으로 많은 양의 수분이 이동하여 부종이 발생한다.

3. ⓒ 요소, 탈아미노반응 결과 생성된 세포 내의 유독한 암모니아는 혈액을 통해 간으로 운반된 후, 간세포에서 이산화탄소와 결합하여 무해한 수용성의 요소로 전환되어 신장을 통해 배설된다. 암모니아가 요소로 전환

될 때 수분이 필요하기 때문에 단백질의 과잉 섭취는 탈수 현상이 일어날 수 있다.

2015년 기출문제 A형 P.75

㉠ 곁가지아미노산
㉡ 알라닌

2019년 기출문제 A형 P.79

㉠ ATP
㉡ 골격근(근육량, 제지방량)

2017년 기출문제 B형 P.84

1. 운동 시작 시 RQ가 증가하므로 ㉠ 탄수화물을 에너지원으로 사용하지만, 운동시간이 지나면서 RQ는 점차 감소하므로 ㉡ 지방을 에너지원으로 사용한다.
2. 활성화된 지방산은 카르니틴과 결합하여 미토콘드리아 내로 이동되어 카르니틴을 떼어내고 다시 지방산 아실 CoA로 전환된 후 β-산화가 이루어진다. β-산화는 지방산 분해 시 β 위치에 있는 탄소에서 탈수소반응, 수화반응, 티올분해반응에 의해 처음의 아실 CoA보다 탄소 수가 2개 적은 지방산 아실 CoA와 아세틸 CoA가 생성되며, 이 과정의 반복에 의해 여러 개의 아세틸 CoA가 생성된다.

2015년 기출문제 A형 P.92

1. 산화환원반응
2. ㉠ 비타민 E
   ㉡ 비타민 C

2018년 기출문제 A형 P.100

㉠ 리보플라빈
㉡ 니아신

2017년 기출문제 A형 P.105

㉠ 엽산
㉡ 비타민 B_{12}

2020년 기출문제 B형 P.105

1. ㉠ 코발트(Co)
2. 위에 들어가면 위산과 펩신에 의해 분리된다.
3. 비타민 B_{12}-R 단백질의 복합체가 소장으로 들어오면 소장에서 췌액의 트립신에 의해 R-단백질이 제거된다. R-단백질이 제거된 비타민 B_{12}는 내적인자와 결합하여 비타민 B_{12} 내적인자 결합체의 형태로 소장하부인 회장에서 흡수된다. 흡수된 비타민 B_{12} 내적인자는 혈류에서 트랜스코발라민Ⅱ와 결합하여 혈액을 따라 순환하면서 간, 골수 등의 조직으로 운반된다.

2019년 기출문제 B형 P.108

1. 히드록시프롤린[프롤린(proline)], 히드록시리신[리신(lysine)]
2. 비타민 C는 3가의 철이온(ferric iron)이 흡수되기 좋은 형태인 2가의 철이온(ferrous iron)으로 환원시키는 환원제 역할을 하여 철의 흡수율을 높이는 효과가 있다.

2019년 기출문제 A형 P.114

㉠ 인
㉡ 비타민 D

제2과목 생애주기영양학

2019년 기출문제 A형   P.194

㉠ 유청단백질
㉡ 페닐알라닌

2017년 기출문제 A형   P.228

1. A : 연령, C : 신장(m), B : 체중(kg)
2. PA는 신체활동단계별 계수이다. 신체활동단계는 4가지(비활동적, 저활동적, 활동적, 매우 활동적)로 구분하였고, 한국인영양섭취기준(2015)의 에너지 필요추정량 산출 시 모든 연령대에서 '저활동적'에 해당하는 신체활동단계별 계수값을 추정공식에 적용하였다.

2020년 기출문제 A형   P.235

1. ㉠ 비타민 D, 15μg
2. ① 피부에서 비타민 D 전구체의 합성 능력이 감소하고 활동의 제약으로 자외선에 노출될 기회가 적다.
   ② 신장에서 1, 25-(OH)$_2$-D의 합성 능력이 감소한다.

제3과목 영양판정 및 실습

2014년 기출문제 A형   P.254

1. 연수의 체질량지수(BMI)는 21.3kg/m²이다.
2. 연령별 체질량지수 성장도표로 비만을 판정한 결과, 90백분위수로 과체중에 해당한다. 근거는 「2007년 한국 소아·청소년 성장도표」 기준 성별·연령별 체질량지수의 5백분위수 미만은 저체중, 5~85백분위수 미만은 정상, 85~95백분위수 미만은 과체중, 95백분위수 이상은 비만이다.

2017년 기출문제 B형   P.263

1. ㉠ 상완둘레
   ㉡ 삼두근피부두겹두께
2. 크레아티닌(creatinine) 배설량, 체내 크레아틴(creatin)의 98%가 근육에 존재한다. 매일 약 2%의 크레아티닌인산이 크레아티닌으로 전환되어 소변을 통해 배설되기 때문이다.

2014년 기출문제 A형   P.267

24시간 회상법

2016년 기출문제 B형   P.272

1. 영양공급량(1인 1일당 영양공급량)은 식품공급량에 영양성분가를 적용하여 계산하고, 영양섭취량(1인 1일당 영양섭취량)은 모든 섭취내용을 각각의 식품별 섭취중량으로 전환한 후에 영양성분 DB를 이용하여 에너지 및 영양소 섭취량을 산출한다.

2. 국가 차원에서의 활용은 첫째, 식품수급정책의 기술자료, 식품 소비형태 변화에 대한 예측, 국민영양 및 식생활 개선을 위한 연구자료로 이용할 수 있다. 둘째, 식품공급량의 국제 비교가 가능하고 국민영양조사를 실시하지 못한 경우 식품수급표를 이용하여 간접적으로 영양상태를 평가할 수 있다.

2020년 기출문제 B형　　　　　　P.278

1. 24시간 회상법
2. 조리자, 가구 내에서 조리한 음식에 대한 음식별 식품 재료량을 파악할 수 있다.
3. 식품안정성조사

2018년 기출문제 B형　　　　　　P.284

1. 비타민 A의 영양 섭취 부족 위험률은 2~3% 이상 ~50% 미만(2~50%)이다.
2. 개인의 평소 영양소 섭취 수준을 파악하기 위해서는 적어도 비연속 2일이나 3일 동안의 식품섭취량을 조사하여 영양소 섭취량을 계산하는 것이 바람직하다. 이를 보완하기 위해서는 ① 식사기록법, 정량적 식품섭취빈도법으로 보완할 것을 제안한다.

2018년 기출문제 A형　　　　　　P.299

1. 총철결합력(Total Iron Binding Capacity, TIBC)
2. 2단계 철 결핍
3. 비타민 B_{12}, 엽산 결핍에 의해 조혈작용이 감소하면 혈청철은 정상 혹은 그 이상이 되고 트랜스페린 포화도가 높아질 수 있기 때문이다.

2020년 기출문제 A형　　　　　　P.300

1. 장점은 머리카락은 천천히 성장하므로 장기간의 아연 영양상태를 판정할 수 있다. 주의할 점은 외부물질에 의한 오염 가능성이 크므로 측정 시에 세심한 주의가 필요하다.
2. 혈청아연 농도는 일정한 수준을 유지하는 항상성기전이 있으므로 아연의 초기 결핍 정도를 판정하기에 좋은 지표는 아니다. 즉, 혈청아연 농도는 심한 아연 결핍상태에서만 그 농도가 감소한다.
3. 감소한다.

2017년 기출문제 A형　　　　　　P.302

㉠ 비타민 D
㉡ 혈청 25-hydroxy vitamin D(25-OH-D)

2019년 기출문제 A형　　　　　　P.305

㉠ 적혈구 엽산 농도
㉡ 비타민 B_{12}

2017년 기출문제 A형　　　　　　P.311

1. NCP 모델
2. PES문

제4과목　식사요법 및 실습

2014년 기출문제 A형　　　　　P.336

단백질 20g, 지방 13g

2020년 기출문제 B형　　　　　P.353

1. 흡인 폐렴의 위험이 있는가?
2. 위장관 기능이 저하되어 소화 흡수가 어렵기 때문이다.
3. 정맥영양, 재급식증후군의 예방법은 영양지원 초기에 영양액 공급을 소량으로 시작한다.

2019년 기출문제 A형　　　　　P.363

(가) 주식으로 수분이 많은 죽 종류는 피하고 진밥을 제공한다.
(나) 위의 근육을 튼튼하게 하기 위해 단백질은 필수적이므로 소화가 잘 되는 연한 살코기인 닭 가슴살을 제공한다.
(다) 섬유질이 많거나 질긴 채소를 피하고 향신료를 적당히 사용하여 식욕을 촉진시키고 부드러운 채소를 공급한다.
(라) 위의 부담을 줄이기 위하여 식사 전이나 식사 시에는 물, 주스, 차 등의 섭취를 피한다.

2015년 기출문제 B형　　　　　P.385

1. MCT는 물과 잘 섞이므로 담즙을 필요로 하지 않고 지방산으로 분해되어 모세혈관을 통해 문맥으로 흡수되어 간으로 운반된다(중간 사슬지방산은 체내에 저장되지 않고 거의 에너지원(8.3kcal/g)으로 쓰임).

2. 간과 췌장에 질환이 있는 경우 MCT를 식사요법에 이용한다. 즉, 췌장질환이 있거나 담즙염을 형성하지 못하는 경우 및 지단백질 형성에 문제가 있는 경우에는 MCT를 이용하여 지방 흡수 장애를 극복할 수 있다.

2019년 기출문제 B형　　　　　P.397

1. ㉠ 산소
　 ㉡ 흡연
2. 담배의 유해물질인 첫째, 일산화탄소는 혈액의 산소운반능력을 감퇴시켜 만성 저산소증을 일으킨다. 둘째, 니코틴은 말초혈관을 수축하여 맥박을 빠르게 하고 혈압을 높이며 콜레스테롤을 증가시켜 동맥경화증을 악화시킨다.

2019년 기출문제 A형　　　　　P.409

(가) 비만, 대한비만학회(2000)의 체질량지수 판정기준에서 25 이상을 비만으로 판정한다.
(나) 당뇨병, 대한당뇨학회에서 당화혈색소는 6.5% 이상이면 당뇨병으로 진단한다.

2016년 기출문제 B형　　　　　P.414

당부하지수 = 당지수×식품의 1회 섭취량에 포함된 당질의 양 / 100
① 사과 : 38×15 / 100 = 5.7
② 배 : 38×11 / 100 = 4.18 ≒ 4.2
③ 포도 : 46×18 / 100 = 8.28 ≒ 8.3
④ 파인애플 : 59×13 / 100 = 7.67 ≒ 7.7

2020년 기출문제 A형　　　　　P.428

㉠ 인
㉡ PTH(부갑상선호르몬)

2015년 기출문제 A형

K, 혈액투석

2014년 기출문제 B형

1. 통풍과 고중성지방
2. 통풍 식사요법
   ① 에너지는 전분류형태의 당질로 공급하며, 단백질은 체중 kg당 1~1.2g으로 고단백이면서 퓨린 함량이 적은 우유와 달걀을 이용한다.
   ② 수분은 요산 배설 촉진을 위해 하루 3L 정도, 퓨린 함량이 높은 내장육과 생선류(청어, 고등어, 정어리, 연어, 멸치, 육즙, 효모, 베이컨, 가리비, 조기 등은 제한하여 퓨린 100~150mg 정도로 공급)
   고중성지방 식사요법
   ① 에너지는 정상체중 유지범위로 제공하며, 당질은 총 에너지의 50~55%, 단백질은 총 에너지의 15~20%, 총 지방량은 총 에너지의 20~25%로 제공한다.

제5과목 영양교육 및 상담 실습

2019년 기출문제 A형

㉠ 행동에 대한 태도
㉡ 인지된 행동 통제력

2020년 기출문제 A형

1. 고려단계, 의식 증가와 극적인 안심이나 환경 재평가
2. ㉠ 행동 결과에 대한 기대

2017년 기출문제 A형

1. 교육 전후 비교연구, 영양교육 전후의 영양지식, 식행동(식습관), 건강상태를 비교하였다.
2. ㉠ 영양지식 : ②, ⑥
   ㉡ 식행동(식습관) : ④, ⑦
   ㉢ 건강상태 : ①, ③, ⑤

2020년 기출문제 A형

1. 교육전후비교연구
2. ㉡ 과정평가
   ㉢ 교육자료 및 평가도구가 적절한가?
3. 영양교육이 끝난 후 일정 기간이 지난 후에 영양교육 내용을 실생활에 실천하고 있는지 최종적으로 평가하기 위함이다.

2020년 기출문제 B형

(가) 공론식 토의
(나) 브레인스토밍(두뇌충격법)

2017년 기출문제 A형　　　　　P.488

(가) 연구집회(workshop)
(나) 강단식 토의(symposium)

2019년 기출문제 B형　　　　　P.493

1. (가), (바), (나), (라), (다), (마)
2. 학습자 분석(analyze learners)
    ① 교육 대상자의 일반적 특성(연령, 학력, 직업, 경제적 수준, 사회문화, 환경 등)을 파악해야 한다.
    ② 문제점, 요구와 지적 수준 등을 파악해야 한다.

2015년 기출문제 B형　　　　　P.503

1. ㉠ 선수학습 상기
    ㉡ 피드백 제공
    ㉢ 파지와 전이
2. 자연식품과 가공식품의 나트륨 함량을 비교 제시하며, 학생들의 정답은 칭찬하거나 스티커 등 작은 선물로 강화하고, 오답은 설명적 피드백으로 정정한다.

2017년 기출문제 B형　　　　　P.515

1. 조언
2. ① 내담자에게 타당한 정보를 제공한다.
    ② 상담자 자신의 주관적인 판단에 따른 조언은 가능한 한 제한한다.
    ③ 조언하더라도 암시적으로 해야 한다.

합격이 보인다!

전공영양
핵심이론

영양교사 임용시험 대비

합격이 보인다!
**전공영양
핵심이론**

영양교사 임용시험 대비

합격이 보인다!

**전공영양
핵심이론**

영양교사 임용시험 대비

합격이 보인다!
전공영양
핵심이론

영양교사 임용시험 대비

합격이 보인다!
전공영양 핵심이론
영양교사 임용시험 대비

1. 시험 대비 **실전 감각**을 익히고 훈련하도록 **최신 기출문제**를 수록했습니다.

2. 각 과목별 **핵심이론**부터 **세부개념**까지 체계적으로 분석하고 정리했습니다.

3. 학습 내용을 한눈에 알아보기 쉽게 **다양한 표와 그림**을 다수 수록했습니다.

4. **시험 전** 꼭 암기해야 할 내용은 Key Point로 정리했습니다.

▶서윤석 교수님
★동영상 강의 http://www.gosiro-q.co.kr/　★카페 http://cafe.daum.net/firstop3

정가:48,000원(1·2권 포함)

BM Book Media Group
성안당은 선진화된 출판 및 영상교육 시스템을 구축하고
항상 연구하는 자세로 고객 앞에 다가갑니다.

13590
ISBN 978-89-315-8895-8
http://www.cyber.co.kr

NUTRITION
TEACHER

영양교사 임용시험 1차 필수 기본서

2권

합격이 보인다!

전공영양 핵심이론

영양교사 임용시험 대비

서윤석 지음

최신 출제 경향 반영 + 영역별 이론 완벽 분석 + 체계적인 핵심 개념 정리

BM 주식회사 성안당
도서출판
www.cyber.co.kr

이 책의 구성

1 한눈에 살펴보는 중등교사 임용시험

한국교육과정평가원에서 제시한 중등교사 임용시험의 최신 개요와 시험 관련 기타 내용을 수록하였습니다. 영양교사 임용시험에 대한 정확한 파악을 통해 보다 철저하게 대비할 수 있습니다.

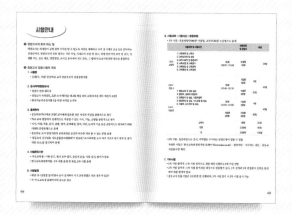

2 핵심이론의 체계적인 분석 및 정리

1차 시험을 위해 각 과목별로 익혀야 할 핵심이론을 체계적으로 분석·정리하였습니다. 나아가 과목별 시험 전 꼭 암기해야 할 내용은 Key Point로 별도 구성하여 학습의 편의를 높였습니다.

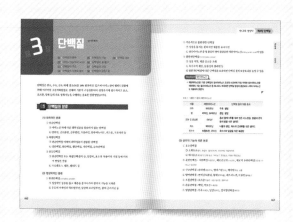

3 학습의 이해를 돕는 다양한 표와 그림

방대한 양의 학습 내용을 한눈에 알아보기 쉽게 표로 정리하고, 학습자의 이해를 돕고 효율을 높이기 위해 관련 내용의 도표와 그림을 다수 수록하였습니다.

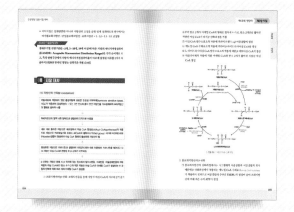

4 기출문제를 통한 실전 훈련

각 단원별 학습 내용이 반영된 기출문제를 수록하였습니다. 최종 목표인 실제 시험 대비 실전 감각을 익힐 수 있습니다. 기출문제의 정답은 별도 수록하였습니다.

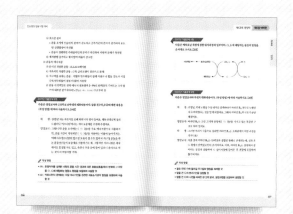

NUTRITION
TEACHER

영양교사
임용시험 1차
필수 기본서

2권

합격이 보인다!

전공영양
핵심이론

영양교사 임용시험 대비

서윤석 지음

BM 주식회사 성안당
도서출판
www.cyber.co.kr

제 **6** 과목

식품학

식품과 수분

식품의 중요 구성성분인 수분은 고체, 액체, 기체 등 세 가지 형태로 존재하며 다양한 물질을 녹이는 용매뿐만 아니라 반응물이나 반응매개체로서 작용한다. 수분은 식품의 외관, 향미, 텍스처 등에 영향을 미치며 식품의 조리, 가공, 저장 중에서 일어나는 물리·화학적 변화 및 미생물학적 변화 등에도 영향을 준다.

01 식품 내 수분의 형태

식품 내의 수분은 물리적으로 자유롭게 이동이 가능한 물과 식품의 물리적 미세구조에 갇히거나 모세관에 들어 있는 수분이 있다.

(1) 결합수(bound water)
　① 정의 : 식품성분과 결합한 물로 운동성이 고정되어 이동할 수 없는 물
　② 특징
　　㉠ 용질에 대하여 용매로 작용할 수 없음
　　㉡ 100℃ 이상에서도 건조가 어려움
　　㉢ 0℃ 이하에서도 얼지 않음
　　㉣ 자유수보다 밀도가 큼
　　㉤ 식품성분에 침전, 점도, 확산 등이 일어날 때 함께 이동
　　㉥ 미생물의 번식과 성장에 이용 불가능
　　㉦ 식품성분과 이온결합 또는 수소결합을 하고 있음
　　㉧ 압착에 의해 제거되지 않음

(2) 자유수(free water)

① 정의 : 식품 중에서 자유롭게 움직이는 물

② 특징

  ㉠ 극성이 커서 전해질을 잘 녹이므로 용매로 작용

  ㉡ 건조시키면 제거되고 0℃ 이하로 냉각시키면 동결됨

  ㉢ 끓는점100℃, 녹는점0℃이 높고 증발열540kcal이 큼

  ㉣ 비열1.0kcal/g℃이 다른 용매에 비하여 커서 데우거나 식히기 어려움

  ㉤ 4℃에서 부피가 가장 작아 밀도가 가장 큼

  ㉥ 표면장력이 액체 중에서 가장 큼

  ㉦ 점성이 큼

  ㉧ 화학반응에 관여

  ㉨ 동결에 의해 부피가 팽창함

02 수분 활성

식품 중의 수분은 주위의 환경조건에 따라 항상 변동하고 있으므로 식품의 함수량을 %로 표시하지 않고 수분 함량과 대기 중의 상대습도까지 고려한 수분활성도 water activity, Aw로 표시한다.

(1) 수분활성도(water activity, Aw)

① 정의 : 같은 온도에서 식품이 나타내는 수증기압P에 대한 순수한 물의 수증기압Po 비율

$$Aw = P/Po$$

② 특징

  ㉠ 순수한 물의 수분활성도는 1임

  ㉡ 식품 중에 존재하는 물에는 무기질, 단순당 등이 용해되어 있어 순수한 물보다 수증기압이 낮으므로 식품의 수분활성도는 1보다 작음

  ㉢ 용질의 농도가 높을수록 수분활성도는 감소함

  ㉣ 수분활성도 범위는 0 < Aw < 1임

  ㉤ 채소, 과일, 생선류 등의 Aw는 0.98~0.99임

  ㉥ 곡류, 두류 등의 Aw는 0.60~0.64임

③ 상대습도가 식품의 수분활성도에 미치는 영향

    ㉠ 식품의 수분활성도는 저장하는 동안 저장조건의 상대습도에 따라 증가 또는 감소함

    ㉡ 식품을 보관할 경우 수분활성도가 변하지 않기를 원한다면 그 식품의 수분활성도와 상대습도를 같게 유지시켜야 함

    ㉢ 밀폐용기에 저장해야 하며 냉장고에는 습도가 어느 정도 유지되도록 따로 채소 칸이 마련되어 있음

(2) 평형상대습도(Equilibrium Relative Humidity, ERH)

수분활성도를 %로 나타낸 것이며, 포화상태의 상대습도는 100이 됨

$$ERH = P/Po \times 100 = Aw \times 100$$

2020년 기출문제 A형

다음은 식품의 수분과 수분활성도에 관한 내용이다. 〈작성 방법〉에 따라 서술하시오. 【4점】

> 식품 중의 수분은 자유수와 결합수 형태로 존재하는데 ㉠ 식품 중에 결합수의 양이 증가하면 식품의 저장성이 향상된다. 식품의 저장성은 수분 함량보다는 수분활성도의 영향을 더 많이 받는다. 일반적으로 ㉡ 식품의 수분활성도는 순수한 물의 수분활성도보다 작다.

✏️ **작성 방법**

- 결합수의 성질을 고려하여 밑줄 친 ㉠의 이유 2가지를 제시할 것
- 순수한 물의 수분활성도 값을 쓰고, 밑줄 친 ㉡의 이유를 제시할 것

---

03 평형수분함량과 등온흡습·탈습곡선(moisture sorption isotherm)

(1) 평형수분함량

식품을 일정한 온도에 두면 식품의 수분 함량은 상대습도와 평형에 이르는데, 이때의 수분 함량을 평형수분함량이라고 함

(2) 등온흡습 · 탈습곡선

① 특징
- ㉠ 상대습도와 평형수분함량 사이의 관계를 표시한 곡선
- ㉡ 식품의 저장 및 포장조건을 설계하는 데에도 중요한 요소로 작용함
- ㉢ 식품을 변패시키지 않고 안전하게 저장할 수 있는 최대의 수분 함량 결정 등에 널리 이용됨

② 등온흡습곡선
- ㉠ 역 S자형으로 식품이 대기 중의 수분을 흡수할 때 얻어지는 곡선
- ㉡ 식품의 흡습성을 관찰할 때 필요함

③ 등온탈습곡선
- ㉠ 식품이 수분을 방출할 때 얻어지는 곡선
- ㉡ 건조과정을 연구하는 데 유용함

④ 이력현상hysteresis, 히스테레시스
- ㉠ 흡습과정과 탈습과정에서 식품의 수분 함량에 차이가 있는 것
- ㉡ 곡선상에는 2개의 굴곡점이 있는데, 히스테리시스 효과는 곡선의 2굴곡점에서 가장 큼

⑤ 식품의 등온흡습곡선의 각 영역별 특징
- ㉠ I 영역 : 단분자층 흡착수결합수
  - 식품성분 중의 카복시기나 아미노기와 같은 이온그룹과 강한 이온결합을 하는 영역으로 식품 속의 물분자가 결합수로 존재함
  - 식품의 수분 함량이 5~10%에 해당
  - II 영역에 해당하는 수분 함량을 가진 식품보다 안정성이나 저장성이 낮음
- ㉡ II 영역 : 다분자층 흡착수준결합수
  - 식품 중의 물은 다분자층의 물을 형성한 준결합수에 해당하고 단분자층을 이룬 물분자와 다른 물분자들이 수소결합을 하고 있으며, 상대습도가 30~80% 정도
  - 식품의 안정성과 저장성이 가장 좋은 최적의 수분 함량 영역
- ㉢ III 영역 : 모세관 응고영역자유수
  - 식품의 모세관에 수분이 자유로이 응결되며 식품성분에 대해 용매로 작용하며 자유수로 존재함
  - 화학반응, 효소반응들이 촉진되고 미생물의 증식과 식품의 품질 저하가 일어남
  - 상대습도 80% 이상에서 많이 나타나며 식품 중 수분의 95% 이상을 차지함

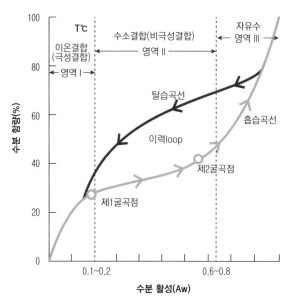

[**그림 01**] 식품의 전형적인 등온흡습·탈습곡선과 이력현상

04 수분 활성과 식품의 안전성

(1) 식품의 수분활성도와 저장성

① 미생물 번식과 수분 활성

㉠ 수분활성도를 0.6 미만으로 낮추면 미생물이 성장 및 번식하기가 어려움

㉡ 주요 미생물의 수분활성도

	박테리아	효모	곰팡이	내건성 곰팡이	내삼투압성 곰팡이
수분활성도 (Aw)	0.90~0.94	0.88~0.90	0.7~0.75	0.65	0.6

② 효소작용과 수분 활성

㉠ 대부분의 효소는 단분자층에서 불활성임

㉡ 리파아제는 수분활성도가 0.3에서도 활성을 나타냄

㉢ 효소적 갈변반응은 수분활성도가 0.3에서 반응속도가 증가하기 시작해 수분 활성도가 0.9에서 최고치를 나타냄

③ 화학반응과 수분활성도

　　㉠ 가수분해와 비효소적 갈변반응은 0.25 이하의 수분활성도에서는 일어나지 않고 그 이상에서 일어남

　　㉡ 비효소적 갈변반응은 수분활성도의 영향을 크게 받으며 그 속도는 수분활성도 0.6~0.7에서 최대에 도달하며 0.8~1.0이 되면 반응속도가 다시 떨어짐

　　㉢ 유지의 산화

　　　▪ 단분자층의 수분활성도인 0.2~0.3에서 반응속도가 가장 낮고 안정적임

　　　▪ 수분활성도가 낮거나 높은 부분에서는 유지의 산패가 촉진됨

④ 삼투압과 수분활성도 : 삼투압이 증가하면 수분활성도가 감소하여 세포가 탈수 현상을 일으킴

(2) 수분활성도를 낮춘 저장법

① 건조법 : 건조시켜 수분 함량을 낮춰 식품 내 수분활성도를 낮춤

② 냉동법 : 수분을 얼려 식품 내 수분활성도를 낮춤

③ 당장법 : 설탕을 넣어 설탕 용질의 농도를 높여 식품 내 수분활성도를 낮춤

④ 염장법 : 소금을 넣어 용질의 농도를 높여 식품 내 수분활성도를 낮춤

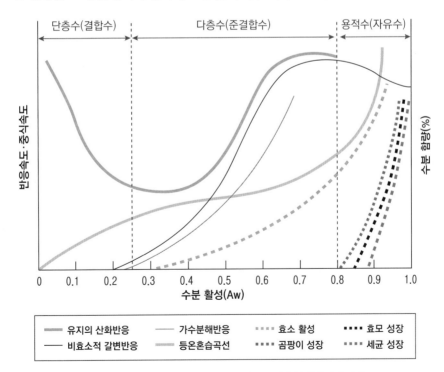

[그림 02] 식품의 각종 변성요인의 반응속도와 수분 활성과의 관계

다음은 수분활성도(water activity)와 식품안정성(stability)의 관계를 보여주는 그래프이다. A 반응곡선은 영역 I(단분자층 형성영역)에서 수분활성도가 낮을수록 오히려 상대속도가 증가하는 현상을 보인다. 이러한 현상이 나타나는 이유를 설명하고 A 곡선의 반응 명칭을 쓰시오. 【4점】

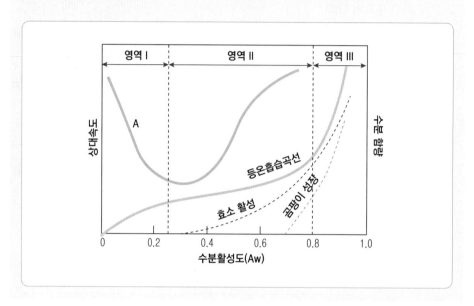

제2장 탄수화물

탄수화물은 가장 중요한 에너지원으로 단당류, 이당류, 올리고당 소당류, 다당류로 분류된다. 식품의 주요 단당류는 분자의 탄소 수에 따라 5탄당 pentose 인 리보오스, 데옥시리보오스, 자일로오스, 아라비노오스와 6탄당 hexose 인 포도당, 과당, 갈락토오스, 만노오스 등이 있다. 단당류는 쇄상구조와 환상구조로 식품 중에 존재하면서 단맛을 부여하고 용해성과 보습성 부여 등의 역할을 한다.

01 단당류와 이당류의 화학적 구조

(1) 알도오스와 케토오스

① 알도오스 aldose : 알데히드기 -CHO 를 가짐, 과당을 제외한 모든 단당류

② 케토오스 ketose : 케톤기 =CO 를 가짐. 과당

(2) 당의 쇄상구조와 환상구조

① 쇄상구조 : 부제탄소에 결합된 -OH와 -H가 좌우로 배치되고 탄소들이 쇄상으로 연결

② 환상구조

ㄱ 알데히드기 또는 케톤기와 C_4 또는 C_6가 환상으로 연결

ㄴ 푸라노오스 furanose, 5각환 와 피라노오스 pyranose, 6각환 가 있음

(3) 글리코시드결합

① 하나의 단당류의 글리코시드성 -OH가 다른 하나의 단당류의 OH기와의 결합

013

② 글리코시드성 OH는 쇄상구조에서 환상구조로 바뀌면서 새롭게 생성된 -OH기

③ 다른 탄소에 붙어있는 -OH보다 반응성이 높으며 환원성이 강함

(4) 부제탄소와 이성체

① 부제탄소

ㄱ 탄소 4개의 결합손에 서로 다른 4개의 원자 또는 원자단이 결합된 탄소

ㄴ 부제탄소와 결합한 -OH기가 오른쪽이면 D-형, 왼쪽이면 L-형

ㄷ 부재탄소가 여러 개인 경우 1번 탄소에서 가장 멀리 있는 탄소와 결합한 -OH
의 위치에 따라 D-형과 L-형이 결정

ㄹ 부제탄소가 n개이면 이성체의 수는 2n개 Vant Hoff의 법칙

② 이성체

ㄱ 분자식은 같지만 성질이 다른 물질

ㄴ 단당류는 부제탄소를 가지므로 분자식이 같아도 입체구조는 다르므로 여러
개의 이성체 isomer를 가짐

> **Key Point** 사슬구조의 포도당과 과당의 입체이성질체 수는?
>
> ✓ 포도당은 4개의 부제탄소가 있으므로 $2^4 = 16$개
> ✓ 과당은 3개의 부제탄소가 있으므로 $2^3 = 8$개

(5) 환원당

① 글리코시드성 -OH기를 지닌 반응성이 매우 강한 당으로, 알칼리상태에서 자신
은 산화하고 다른 물질은 환원시키려는 성질을 나타내게 됨

② 환원당은 펠링 Fehling 실험에서 산화되어 붉은색 침전을 나타내며 베네딕트
Benedict 실험에서는 환원당의 종류 및 농도에 따라 초록색, 주황색, 붉은색을 띰

③ 모든 단당류, 맥아당, 유당

(6) 변선광

① α형이나 β형인 당을 물에 녹이면 선광도가 변하는 성질

② 결정성 환원당을 수용액상태로 방치시키면 천천히 이성체들 사이에 평형을 이
루게 되어 일정한 값의 선광도를 나타내는 현상

02 단당류의 유도체

(1) 당알코올(sugar alcohol)

① 특징

㉠ 단당류의 알데하이드기 -CHO 가 환원되어 알코올 CH_2OH 이 된 구조를 갖는 환원형의 당으로 알디트 aldit 또는 알디톨 alditol 이라고도 함

㉡ 식물체에 존재하며 감미료나 보습제로 이용

② 종류

㉠ 솔비톨 sorbitol : 포도당이 환원된 것으로 과실 중에 존재하고 비타민 C의 합성원료임

㉡ 만니톨 mannitol : 만노오스가 환원된 것으로 곶감, 미역, 고구마의 흰 가루성분임

㉢ 리비톨 ribitol : 리보오스가 환원된 것으로 비타민 B_2의 구성성분임

㉣ 이노시톨 inositol : 환상구조를 갖는 당알코올임. 두류와 과일 등 식물체에도 존재하나 동물의 근육, 뇌, 내장 등에 유리상태로 존재하여 근육당이라고 함

㉤ 자일리톨 xylitol : 자일로스가 환원된 것으로 충치 예방에 효과적이며 주로 채소류에 존재함

(2) 아미노당(amino sugar)

① 특징

㉠ 당의 수산기 -OH 가 아미노기 -NH₂로 치환된 당으로, 아미노당을 함유한 다당류를 뮤코다당 muco polysaccharide 이라고 함

㉡ 주로 동물의 결합조직에서 그 함량이 높고 생리활성물질의 구성성분이 되기도 함

② 종류

㉠ 글루코사민 glucosamine 또는 키토산 chitosan : 포도당의 아미노당이며 새우, 게 등의 갑각류 껍질의 주성분임

㉡ 갈락토사민 galactosamine : 갈락토오스의 아미노당이며 연골이나 힘줄 등에 존재하고 점액다당의 구성성분임

(3) 티오당(thio sugar, 유황당)

당의 수산기 -OH가 싸이올기 -SH로 치환된 당으로, 주로 매운맛을 내는 무, 마늘, 고추냉이 등의 구성성분임

(4) 데옥시당(deoxy sugar)

① 당의 수산기 -OH가 수소원자H로 치환된 환원형의 당

② DNA를 구성하는 데옥시리보스deoxyribose가 가장 대표적인 데옥시당deoxy sugar으로 탄소의 수보다 산소의 수가 1개 적은 특징을 가지고 있음

(5) 당의 산화생성물

① 알돈산 : 단당류 C_1의 알데하이드기가 카복실기로 산화된 것으로, 포도당 D-glucose이 산화되면 글루콘산 D-gluconic acid이 되며 환원성이 없음

② 우론산uronic acid : 단당류 C_6의 수산기가 산화되어 카복실기가 된 것으로, 포도당이 산화된 글루쿠론산 D-glucuronic acid은 식물검질의 주요 성분이며 환원성이 있음

③ 당산 : 단당류 C_1의 알데하이드기와 C_6의 수산기 -OH 양쪽이 다 같이 산화되어 카복실기가 된 것으로, 포도당이 산화된 포도당산 D-glucosaccharic acid이 있으며 환원성이 없음

(6) 배당체(glycoside)

① 단당류의 하이드록시기와 비당류의 하이드록시기가 축합반응에 의하여 형성된 것

배당체 glycoside = **당류** sugar + **비당류** aglycone

② 식물에는 주로 색소물질, 동물에는 뇌지질에 포함되어 있는 세레브로시드 cerebroside가 주된 배당체임

③ 인체 내에서 당의 저장수단, 해독, 삼투압 조절, 대사에 필요한 물질 공급 등의 역할을 하며 식품 중에서 색, 맛 등을 나타내는 기능성 식품 소재로도 사용되고 있음

03 이당류와 소당류

(1) 이당류

자당, 맥아당, 유당

(2) 전화당(invert sugar)

① 자당을 산이나 효소로 가수분해하면 포도당과 과당의 혼합물이 되기 때문에 선
광도는 -20°가 되므로 비선광도 우선성 +66.5°에서 좌선성 -20°으로 변함. 이러한
현상을 전화, 이때 생긴 당을 전화당 포도당과 과당의 1:1 혼합물 이라 함
② 자당보다 단맛이 강하고 환원력과 용해도가 큼

(3) 소당류

① 3당류 : 라피노오스
② 4당류 : 스타키오스

04 다당류

(1) 전분(녹말)

전분분자의 구조식은 $(C_6H_{10}O_5)n$이며, 아밀로스와 아밀로펙틴으로 구성되어 있음
① 전분의 특성
ㄱ 포도당이 수백수천 개가 중합된 식물의 대표적인 저장 탄수화물로 맛과 냄
새가 없음
ㄴ 흰색 입자형태로 물에 녹지 않고 물보다 비중이 커 1.65 물에서 백색 침전으
로 가라앉음
ㄷ 전분입자는 원형, 타원형, 다각형 등 모양과 크기가 다양함
ㄹ 전분입자는 분자 상호 간에 수소결합에 의해서 결정성의 미셀 micelle 을 형성함

쌀   보리   밀   옥수수   감자

[그림 01] 전분의 입자

■ 표 1. 아밀로오스와 아밀로펙틴의 비교

구분	아밀로오스	아밀로펙틴
결합방식 및 구조	■ 포도당 α-1,4 글루코시드결합의 직쇄상 구조 ■ 6~8개의 글루코오스단위로 된 나선구조 ■ 200~3,000개의 포도당	■ 포도당의 α-1,4 글루코시드결합 96% 및 α-1,6 글루코시드결합 4% ■ 직쇄상의 기본구조에 포도당 20~25개 단위마다 α-1,6 결합으로 연결된 짧은 사슬(평균 15~30개의 포도당)의 가지가 쳐지는 가지상 구조 ■ 6,000~3만 7,000개의 포도당
아이오딘반응	■ 0.8~1.2(청색)	■ 0.15~0.22(적자색)
가열 시	■ 불투명, 풀같이 엉김	■ 투명해지면서 끈기가 남
호화, 노화	■ 쉬움	■ 어려움
X-선 분석	■ 고도의 결정성	■ 무정형

② 전분의 호화gelatinization, α-전분 : 생전분에 물을 넣고 가열하면 온도가 상승하여 60~65℃ 부근에서 수화 팽윤하고, 미셀이 붕괴되어 점성과 투명도가 증가하면서 반투명의 콜로이드colloid용액을 형성하는 물리적 변화

  ㉠ 호화의 단계

    ■ 제1단계 : 수화hydration 단계

      - 생전분은 냉수에 분산시켜 가열하면 수화와 흡수의 가역적 팽윤이 일어남

      - α-1,6 결합이 밀집된 비결정성 영역에만 물이 침투되어 무게의 20~30%의 수분을 흡수함

    ■ 제2단계 : 팽윤swelling 단계

      - 호화 개시온도 60℃ 이상이 되면 결정성 영역의 수소결합이 끊어져 무게의 3~25배 수분을 흡수하여 전분입자가 팽윤하고 복굴절성이 소실되는 비가역적 변화가 일어남

    ■ 제3단계 : 교질colloid 형성단계

      - 점도가 급증하면서 최대 점도에 도달하고 반투명한 콜로이드용액을 형성함

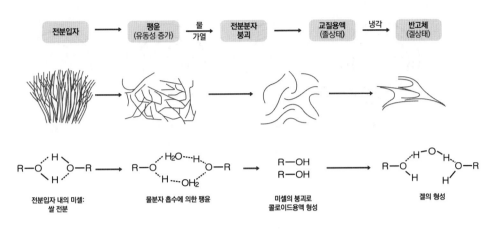

R—OH : 아밀로오스 또는 아밀로펙틴의 분자

[그림 02] 전분의 호화과정

   ⓒ 전분의 호화에 영향을 미치는 요인

     ■ 전분의 종류

      - 전분의 입자가 클수록, 아밀로오스amylose 함량이 많을수록 빨리 호화됨

      - 전분입자의 크기가 작고 단단한 구조를 가지고 있는 곡류전분은 호화온
도가 높고, 감자, 고구마, 서류 등의 전분은 낮은 온도에서 호화되고 밀전
분은 단백질 함량 때문에 호화가 가장 낮음

     ■ 수분 : 수분 함량이 많을수록 호화가 빠름

     ■ 수침시간과 가열온도

      - 가열 전에 수침하면 호화되기 쉽고 균질한 질감을 얻음

      - 가열온도가 높을수록 단시간에 쉽게 호화됨

     ■ pH : pH가 알칼리성일수록 호화는 촉진되고 산성에서는 노화가 촉진됨

     ■ 지방/단백질 : 전분입자의 수화를 지연시키고 점도의 정도를 더 낮게 함

     ■ 염류 : 염류는 일반적으로 호화를 촉진시키나 황산염은 호화를 억제함

   ⓒ 호화에 따른 변화

     ■ 팽윤에 의한 부피 팽창

     ■ 결정성 소실과 복굴절성의 소실

     ■ 점도의 증가

     ■ 용해현상의 증가

     ■ 수소결합 절단

     ■ 전분의 X-선 회절도를 조사하면 β-전분생전분은 A형 곡류전분(쌀, 옥수수), B형
감자, 밤, C형고구마, 완두, 칡으로 나타나는 반면에 α-전분은 모두 V형임

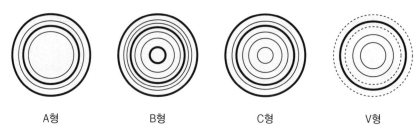

| A형 | B형 | C형 | V형 |

[그림 03] 전분의 X-선 회절도

2020년 기출문제 B형

다음은 전분의 호화에 관한 내용이다. 〈작성 방법〉에 따라 서술하시오.【4점】

> 생전분은 전분의 종류에 따라 특징적인 X-선 회절도를 나타내는데, 고구마 전분
> 의 경우 (㉠)형이다. 전분이 호화되면 ㉡ 전분의 종류에 관계없이 X-선 회절도
> 는 V형을 나타낸다. 전분의 호화는 수분 함량, pH, 온도, 염류, 당 등에 의해 영향
> 을 받으며, ㉢ 알칼리성 염류는 전분의 호화를 촉진시키고, ㉣ 고농도의 당은 전분
> 의 호화를 억제시킨다.

✎ **작성 방법**

- 괄호 안의 ㉠에 들어갈 유형의 명칭을 제시할 것
- 밑줄 친 ㉡, ㉢, ㉣의 이유를 각각 1가지씩 제시할 것
----

③ 전분의 노화retrogradation : 호화된 α-전분을 낮은 온도에서 장시간 방치하면 아
밀로스 분자들이 다시 규칙적으로 정렬되어 결정성을 가지면서 β-녹말이 되는
현상
㉠ 전분의 노화에 영향을 미치는 요인
  ▪ 전분의 종류
    - 전분입자의 크기가 작으면 노화되기 쉬움
    - 아밀로펙틴의 가지구조가 분자 간 수소결합을 입체적으로 방해하여 노화
      되기 어려움
  ▪ 수분 함량
    - 전분의 수분 함량이 30~60%에서 노화가 잘 일어남
    - 수분이 10% 이하이거나 60% 이상이면 노화가 억제됨
    - 설탕을 첨가하면 자당이 탈수제로 작용하기 때문에 노화가 억제됨

- pH : 일반적으로 산성에서는 노화가 촉진되나 강산성일 때는 전분분자들의 가수분해를 촉진시키므로 노화가 지연됨
- 온도
  - 0~5℃의 냉장온도에서 노화가 잘 일어남
  - 60℃ 이상이거나 자유수가 얼음이 되는 -2℃ 이하에서는 아밀로오스 분자들의 회합, 침전 등이 억제되므로 노화가 잘 일어나지 않음
- 염류
  - 황산염을 제외한 무기염류는 노화를 억제함
  - 음이온은 $CNS^- > PO_3^- > CO_3^{2-} > I^- > NO_3^-$순으로, 양이온은 $Ba^{2+} > Sr^{2+} > Ca^{2+} > K^+ > Na^+$순으로 호화를 촉진하고 노화를 억제함

ⓒ 전분의 노화 억제
- 수분15% 이하
  - 고온건조80℃ 이상 : 라면, 비스킷, 건빵, 과자, α화미
  - 냉동 또는 동결건조0℃ 이하 : 냉동쌀밥, 냉동빵, 냉동떡
- 온도 : 60℃ 이상으로 보온
- 첨가물
  - 당 첨가에 의한 수분활성도 저하 : 양갱, 화과자 등
  - 유화제 첨가 : 전분 콜로이드용액의 안정도를 증가시켜 전분분자의 침전이나 부분적인 결정 형성을 억제함

④ 전분의 호정화dextrinizatin : 전분에 물을 가하지 않고 150~190℃ 정도로 가열하면 전분분자의 부분적인 가수분해 또는 열분해가 일어나 가용성 전분을 거쳐 덱스트린dextrin이 되고, 이러한 과정을 덱스트린화라고 함. 건열로 생성된 덱스트린을 파이로덱스트린pyrodextrin이라고 함

ㄱ 특징
- 덱스트린은 황갈색으로 물에 잘 용해되고 점성은 약하고 소화가 쉬움
- 색과 풍미가 바뀜
- 호화와의 차이점은 호화는 물리적 변화만, 호정화는 화학적 분해가 일어남

⑤ 당화saccharification : 전분을 당화효소나 산을 이용하여 가수분해하여 단당류, 이당류 또는 올리고당으로 만들어 감미를 얻는 과정

ㄱ 전분 가수분해효소
- α-amylase
  - 전분의 α-1,4 결합을 무작위로 가수분해하는 내부 효소로 덱스트린을 형성하며 계속해서 맥아당과 포도당으로 분해함

- 타액, 췌장액, 발아종자, 미생물 등에 존재함
- 아밀로펙틴에서 α-amylase가 작용하지 못하고 α-1,6 결합에는 작용하지 못하므로 남은 부분은 α-amylase 한계 덱스트린임
- 전분을 가수분해하여 용액상태로 만드므로 액화효소임
- 최적 온도 50℃, 최적 pH4.7~6.9이며, 주로 양조용, 물엿과 결정포도당 제조에 사용됨

■ β-amylase
- 전분의 α-1,4 결합을 비환원성 말단에서부터 맥아당단위로 가수분해함
- 감자, 곡류, 두류, 엿기름, 타액에 존재함
- 아밀로펙틴에서 β-amylase가 작용하지 못하고 남은 부분은 β-amylase 한계 덱스트린임
- 전분을 가수분해하여 맥아당과 포도당의 함량을 증가시켜 단맛을 높이므로 당화효소임
- 최적 온도 65℃, 최적 pH4.0~6.0이며, 주로 물엿이나 식혜 제조에 사용됨

■ glucoamylase γ-amylase
- 전분의 α-1,4 결합, α-1,6 결합, α-1,3 결합까지도 포도당단위로 말단에서부터 순서대로 가수분해하여 직접 포도당을 생성함
- 동물의 간조직과 미생물에 존재함
- 전분의 α-1, 4 결합만으로 구성된 아밀로오스는 모두 분해하며 아밀로펙틴은 80~90% 분해함
- 고순도의 결정포도당을 생산하는 데 이용함

⑥ 젤화 gelation
㉠ 전분을 냉수에 풀어서 열을 가하면 호화가 일어나는데, 호화된 전분이 급속히 식어서 굳어지는 현상
㉡ 아밀로오스가 부분적으로 결정을 만들어 젤화가 됨
㉢ 젤화와 젤의 강도에 영향을 미치는 인자
■ 전분의 종류 : 아밀로오스는 젤 형성이 되고 아밀로펙틴만으로 이루어진 찰전분은 젤화가 거의 일어나지 않음
■ 가열 정도와 젓기 : 지나치게 젓거나 가열시간이 길면 묽은 젤 형성
■ 젤 강도를 감소시키는 첨가제
- 산 : 가수분해가 일어나 아밀로오스 사슬의 길이가 짧아져 젤 강도가 약해지거나 젤화가 잘 되지 않음

　　　　- 설탕 : 전분입자의 붕괴를 억제하여 젤 강도를 감소시킴

　　　　- 유화제 : 아밀로오스와 복합체를 형성하여 젤 강도를 감소시킴

(2) 그 외의 다당류

① 덱스트린dextrin : 전분을 산, 효소, 열 등의 작용으로 분해하여 생긴 중간생성물

② 이눌린inulin

　　㉠ 과당의 β-1,2 결합

　　㉡ 돼지감자, 다알리아뿌리, 백합뿌리 등

③ 만난

　　㉠ 포도당과 만노오스가 약 1 : 2로 결합

　　㉡ 고구마, 곤약 등

④ 한천

　　㉠ 우뭇가사리 홍조류에서 추출

　　㉡ 겔형성력이 좋은 아가로오스와 아가로펙틴의 두 성분으로 구성

　　㉢ 빵, 과자류의 안정제, 젤리의 원료, 미생물 배지 등으로 이용

⑤ 펙틴pectin : 식물의 뿌리, 과일, 해조류 등에 함유되어 세포벽 또는 세포막 사이를 결착시키는 물질이며 채소류나 과실류의 가공, 저장 중의 조직이나 신선도를 유지하는 역할을 함. 잼, 젤리 제조에 이용

　　㉠ 펙틴물질의 구조

　　　■ 기본 구성단위는 α-D-갈락투론산galacturonic acid이 α-1,4 결합하여 직선 형태의 나선구조를 하고 있고, 갈락투론산의 카복실기 -COOH의 일부가 메탄올과 에스터화esterfication 되거나 나트륨sodium이나 칼슘 등과 결합하여 염을 형성할 수 있음

　　　■ 펙틴을 구성하는 카복실기에 메탄올이 결합한 메톡실기 -OCH₃, methoxyl group의 함량을 기준으로 7% 이상이면 고메톡실펙틴high-methoxyl pectin, HMP, 7% 이하이면 저메톡실펙틴low-methoxyl pectin, LMP으로 분류함

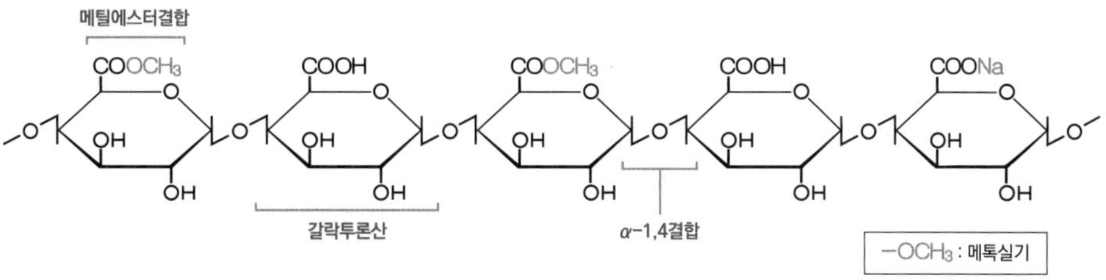

[그림 04] 펙틴의 구조

ⓛ 펙틴의 젤화

- 고메톡실펙틴은 당과 산을 첨가하면 당분자에 의해 펙틴의 물분자가 탈수
  되면서 분자 간의 가교결합을 형성하여 젤화됨
- 펙틴은 1~1.5% 농도에서 pH3.0~3.5 및 65% 이상의 당과 함께 가열하면
  젤화됨
- 저메톡실펙틴은 메톡실기보다는 펙틴물질 내의 칼슘이온과 같은 2가의 양
  이온과 COO-이온 간의 이온결합을 형성하여 망상구조를 이루어 젤화됨
- 저메톡실 펙틴은 젤 형성 당시 당이 필요하지 않으므로 저당도의 잼을 만
  드는 데 이용됨

ⓒ 펙틴의 변화 및 분해효소

- 펙틴물질의 종류 : 펙틴은 과일의 숙성과정에서 변화되는 성분으로 과일의
  경도와 밀접한 연관성이 있으며, 일반적으로 미숙과일에 많은 펙틴물질은
  프로토펙틴이며 적숙과일에는 펙틴이나 펙틴산, 과숙과일에는 펙트산이 주
  로 함유되어 있음

- 표 2. 펙틴물질의 종류 및 특성

종류	특징
프로토펙틴 (protopectin)	■ 불용성으로 겔 형성능력이 없음 ■ 펙틴의 전구체로 덜 익은 과일에 존재하며, 익어감에 따라 프로토 펙티나제(protopectinase)에 의하여 가용성 펙틴과 펙틴산으로 분해됨
펙틴산 (pectinic acid)	■ 성숙한 과일에 존재하며 수용성으로 겔 형성능력을 지님 ■ 분자 속에서 메틸에스터(-COOCH₃) 형태로 존재하지 않는 카복 실기(-COOH)가 중성염이나 산성염 혹은 그들의 혼합물로 존재함
펙틴 (pectin)	■ 성숙한 과일에 존재 ■ 분자 속 카복실기(-COOH)의 일부가 메틸에스터(-COOCH₃)로 되어 있는 폴리갈락투론산(polygalacturonic acid)임 ■ 가수분해하면 갈락투론산이 가장 많이 생성되고 xylose, galactose, arabinose, acetic acid 등이 생성됨
펙트산 (pectic acid)	■ 과숙한 과일에 존재 ■ 수용성이나 찬물에 녹지 않으며 겔 형성능력이 없음 ■ 카복실기(-COOH)에 메톡실기(-OCH₃)가 전혀 없는 폴리갈락투 론산임

- 펙틴 분해효소 : 펙틴 분해효소는 메톡실기를 분해하여 메탄올을 생성하는
  것과 펙틴의 기본사슬인 갈락투론산사슬을 절단하여 분자량을 저분자화시
  키는 두 가지 효소로 구분됨

■ 표 3. 펙틴 분해효소

종류	특징
프로토펙티나제 (protopectinase)	■ 식물조직 내 세포막 사이에 존재하며 불용성인 프로토펙틴을 가수분해하여 수용성인 펙틴으로 만들어줌
펙틴에스터나제 (pectinesterase) 또는 펙틴나제(pectase)	■ 펙틴의 메틸에스터결합을 가수분해하는 효소로 감귤의 껍질, 곰팡이 등에 존재함 ■ 과실이나 채소의 조직이 더 단단해질 수 있으며 포도주 등의 발효과정에서는 메탄올이 형성되기도 함
폴리갈락투로나제 (polygalacturonase)	■ 갈락투론산분자를 가수분해시켜 분자의 크기를 감소시키는 효소 ■ 미생물 또는 고등식품에 존재하며 절임식품의 연부현상을 일으킴

⑥ 키틴chitin

　　㉠ N-아세틸글루코사민N-actyl glucosamine이 β-1,4 결합으로 연결된 다당류

　　㉡ 갑각류게, 새우 등의 껍질에 존재하는 다당류, 키토산을 만들어 건강보조식품에 이용

⑦ 섬유소cellulose

　　㉠ 포도당이 β-1,4 결합으로 직쇄상으로 연결된 고분자물질

　　㉡ 곡류, 채소류, 과일류 세포벽의 구성성분

　　㉢ 소화, 대사되지 않지만 인체에서 장운동을 촉진함

⑧ 헤미셀룰로오스 : 식품의 세포벽 구성, 섬유소보다 산에 쉽게 가수분해됨

⑨ 글리코겐 : 동물의 간과 근육에 있는 동물성 저장다당류로 포도당α-glucose의 α-1,4에 α-1,6이 결합

⑩ 알긴산

　　㉠ 갈조류미역이나 다시마 세포막의 구성성분

　　㉡ 아이스크림이나 냉동과자의 안정제로 사용

⑪ 아라비아검

　　㉠ 아카시아과의 수액에 들어있는 다당류

　　㉡ 과자류의 겔화, 아이스크림 등의 유화 안정제, 당결정 성장 억제제 등으로 사용

⑫ 카라기난

　　㉠ 홍조류에 들어있는 다당류 겔 형성

　　㉡ 잼, 젤리, 아이스크림, 기름의 유화, 안정제로 사용

⑬ 덱스트란 : 미생물에서 만들어진 다당류

⑭ 구아검

   ㉠ 콩과 식물의 종자에서 얻어짐

   ㉡ 아이스크림 증점제, 샐러드드레싱 및 소스의 안정제, 증점제로 사용

⑮ 잔탄검

   ㉠ 미생물에 의해 생성됨

   ㉡ 오렌지주스의 현탁액 안정제, 과일파이 필링 안정제로 사용

⑯ 리그닌 : 식물조직 내에 셀룰로스cellulose, 섬유소, 헤미셀룰로스hemicellulose 등
   과 함께 존재

3장 단백질

01 · 아미노산
02 · 단백질

단백질은 일반적으로 탄소 50~52%, 수소 6~7%, 산소 20~23%, 질소 12~19%, 황 0.2~3.0%로 구성되어 있다. 단백질은 탄소, 수소, 산소만으로 구성된 다른 거대분자인 탄수화물, 지질과 달리 분자 내에 약 16% 정도의 질소를 포함하고 있다. 따라서 식품의 질소량을 측정하고 그 값에 100/16=6.25를 곱하면 단백질량을 계산할 수 있다. 이때 사용된 6.25를 단백질의 질소계수 nitrogen coefficient 또는 N-factor 라고 한다.

01 아미노산

(1) 정의
① 한 분자 내에 한 개 또는 그 이상의 아미노기 -NH₂와 한 개 또는 그 이상의 카르복실기 -COOH를 가지는 화합물
② 카르복실기가 결합되어 있는 탄소 위치를 기점으로 하여 아미노기가 결합한 탄소의 위치에 따라 α-, β-, γ-아미노산이라고 함

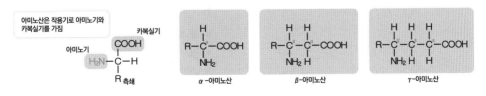

[그림 01] 아미노산의 구조

(2) 아미노산의 구조
① 천연단백질을 구성하는 아미노산은 프롤린과 하이드록시프롤린을 제외하고는 모두 α 위치의 탄소에 아미노기를 가진 카르복실산임

② 측쇄인 R이 수소인 글리신을 제외하고는 모든 아미노산이 α-탄소에 4개의 각각 다른 원자나 기R, NH₂, COOH, H가 결합되어 있는 비대칭 탄소원자asymmetric carbon atom로 되어 있으므로 L-형과 D-형의 두 입체 이성체가 생김

③ 천연의 단백질은 보통 20여 종의 α, L형 아미노산으로 이루어져 있음

(3) 아미노산의 종류와 분류

① 단백질을 구성하는 아미노산

　㉠ 산성아미노산 : COOH가 NH₂의 수보다 많음

　㉡ 염기성아미노산 : NH₂의 수가 COOH의 수보다 많음

　㉢ 중성아미노산 : COOH외 NH₂의 수가 같음

　㉣ 방향족아미노산 : 벤젠핵을 가짐

　㉤ 함황아미노산

　㉥ 곁가지아미노산

■ 표 1. 단백질을 구성하는 아미노산

종류	구조	특성
	$\begin{array}{c} COOH \\ | \\ H_2N-C-H \\ | \\ R \end{array}$	아미노산의 공통부분
중성아미노산 — 글리신 (Gly, G)	$\begin{array}{c} | \\ H \end{array}$	■ 분자량이 가장 적은 아미노산 ■ D, L 이성체가 없음 ■ 젤라틴(gelatin), 피브로인(fibroin) ■ 동물성 단백질에 존재 ■ 새우, 게, 조개의 감칠맛성분
알라닌 (Ala, A)	$\begin{array}{c} | \\ CH_3 \end{array}$	■ 체내에서 합성 ■ 대부분 단백질에 함유 ■ 3대 영양소의 상호 대사작용에 관여
발린 (Val, V)	$\begin{array}{c} | \\ CH \\ \diagup \diagdown \\ CH_3 \quad CH_3 \end{array}$	■ 체내에서 합성 안 됨 ■ 필수아미노산 ■ 대부분 단백질에 존재 ■ 우유단백질에 8% 정도 함유
류신 (Leu, L)	$\begin{array}{c} | \\ CH_2 \\ | \\ CH \\ \diagup \diagdown \\ CH_3 \quad CH_3 \end{array}$	■ 체내에서 함성 안 됨 ■ 필수아미노산 ■ 대부분 단백질에 존재 ■ 우유, 치즈에 함유

(표 계속)

중성아미노산	아이소류신 (Ile, ZI)	$\overset{\mid}{CH}$ $\underset{\mid}{CH_2}\ CH_3$ CH_3	■ 필수아미노산 ■ 효모작용에 아살알코올로 변하여 퓨젤유 (fusel oil)의 주성분이 됨
	세린 (Ser, S)	$\overset{\mid}{CH_2}OH$	■ 체내 합성 가능 ■ 세리신(sericine)에 70%, 카세안, 난황단 백질에 함유
	트레오닌 (Thr, T)	$H-\overset{\mid}{\underset{\mid}{C}}-OH$ CH_3	■ 필수아미노산 ■ 혈액의 피브리노젠(fibrinogen)에 많이 함유
산성아미노산	아스파르산 (Asp, N)	$\overset{\mid}{CH_2}$ $COOH$	■ 대부분 단백질에 존재 ■ 글로불린, 아스파라거스, 카세인에 분포
	글루탐산 (Glu, E)	$\overset{\mid}{CH_2}$ $\overset{\mid}{CH_2}$ $COOH$	■ 식품성 단백질에 많음 ■ 채소 중 존재하는 Na^+글루탐산(MSG)은 조미료의 주성분
	아스파라진 (Asn, D)	$\overset{\mid}{CH_2}$ $CONH_2$	■ 가수분해되면 아스파트산과 NH_9가 생성 ■ 단맛이 있음 ■ 아스파라거스, 감자, 두류, 사탕무 등이 발아할 때 특히 많음
	글루타민 (Gln, Q)	$\overset{\mid}{CH_2}$ $\overset{\mid}{CH_2}$ $CONH_2$	■ 식물성 식품에 존재 ■ 사탕무의 즙, 포유동물의 혈액에 함유
염기성아미노산	라이신 (Lys, K)	$\overset{\mid}{CH_2}$ $\overset{\mid}{CH_2}$ $\overset{\mid}{CH_2}$ $\overset{\mid}{CH_2}$ NH_2	■ 필수아미노산 ■ 동물의 성장에 관여 ■ 동물성 단백질에 함유 ■ 식물성 단백질에는 부족 ■ 곡류를 주식으로 하는 경우 결핍 우려
	아르지닌 (Arg, R)	$\overset{\mid}{CH_2}$ $\overset{\mid}{CH_2}$ $\overset{\mid}{CH_2}$ $\overset{\mid}{NH}$ $\overset{\mid}{C}$ $NH\ \ NH_2$	■ 생선단백질에 함유 ■ 분해효소인 아르지네이스에 의해 요소와 오니틴이 생성

(표 계속)

분류	아미노산	구조	설명
염기성아미노산	히스티딘 (His, H)		■ 필수아미노산 ■ 이미다졸핵을 가진 환상아미노산 ■ 혈색소와 프로타민에 많이 함유 ■ 부폐성 세균에 의해 히스타민 생성
방향족아미노산	페닐알라닌 (Phe, F)		■ 필수아미노산 ■ 환상아미노산의 일종 ■ 대부분 단백질에 존재 ■ 헤모글로빈이나 오보알부민에 함유 ■ 체내에서 타이로신의 합성에 모체가 됨
	타이로신 (Tyr, Y)		■ 대부분 단백질에 존재 ■ 체내에서 페닐알라닌의 산화로 생성 ■ 타이로시네이스의 작용으로 갈색색소인 멜라닌 생성
함황아미노산	시스테인 (Cys, C)		■ 체내 산화·환원작용에 중요한 작용 ■ -SH기가 2개 연결되어 시스틴이 됨 ■ 체내에서 메싸이오닌으로부터 생성
	메싸이오닌 (Met, M)		■ 필수아미노산 ■ 체내에서 부족한 경우 시스틴으로 대응할 수 있음 ■ 혈청알부민이나 우유의 카세인에 많음 ■ 간의 기능에 관여
기타아미노산	트립토판 (Trp, W)		■ 필수아미노산 ■ 인돌핵 ■ 체내에서 나이아신으로 전환될 수 있어 결핍증상인 펠라그라 예방 ■ 효모, 견과류, 어류, 종자, 가금류 등에 함유
	프롤린 (Pro, P)		■ 아미노기(amino group)를 가지고 있음 ■ 콜라겐과 같은 연골조직이나 프롤라민, 젤라틴, 카세인에 함유

② 단백질을 구성하지 않는 아미노산 : 아미노산 중에는 단백질을 구성하지는 않지만 유리상태 또는 비타민 등 특수한 화합물의 구성성분으로 존재하는 20여 종이 있음

■ 표 2. 단백질을 구성하지 않는 아미노산

일반명	구조	소재 및 역할
베타-알라닌 (β-alanine)	$H_2N - CH_2 - CH_2 - COOH$	■ 자연계에 존재하는 유일한 베타-아미노산(β-amino acid)으로 판도텐산(pantothenic acid), 코엔자임 A(coenzyme A)의 구성성분 ■ 근육 속에 유리상태 또는 다이펩타이드로 존재
시트눌린 (citrulline)	$H_2N - \overset{O}{\overset{\|}{C}} - (CH_2)_3 - \underset{NH_2}{CH} - COOH$	■ 수박의 과즙에 존재 ■ 아르지닌의 가수분해에 의해 생성 ■ 요소사이클 중에서 요소 생성에 관여
오니틴 (ornithine)	$H_2N - (CH_2)_3 - \underset{NH_2}{CH} - COOH$	■ 동·식물조직에 존재하며 요소사이클 중에서 요소 생성에 관여
다이하이드록시페닐알라닌 (dihydroxyphenyl alanine, DOPA)	HO—⟨⟩—$CH_2 \underset{NH_2}{CH} - COOH$ HO	■ 타이로신 산화로 생성된 멜라닌색소의 전구체
감마-아미노뷰티르산 (γ-aminobytyric acid, GABA)	$CH_2(NH_2)CH_2CH_2COOH$	■ 감자, 사과 속에서 발견 ■ 뇌 속에 존재 ■ 혈압 강하작용
알린 (alline)	$CH_2 = CH - CH_2 - S - \underset{NH_2}{CH} - COOH$	■ 마늘에 존재 ■ 마늘의 냄새성분인 알라신의 전구체
타우린 (taurine)	$H_2N - CH_2 - CH_2 - SO_3H$	■ 오징어, 문어, 담즙에 존재 ■ 말린 오징어의 표면을 하얗게 만듦
테아닌 (theanine)	$CH_2 = CH - CH_2 - S - \underset{NH_2}{CH} - COOH$	■ 녹차, 차의 감칠맛성분

(4) 아미노산의 성질

① 용해성

ㄱ 아미노산은 일반적으로 물과 같은 극성용매에 잘 녹으나 에테르, 클로로폼, 아세톤 같은 비극성 유기용매에는 녹지 않음

ㄴ cystine과 tyrosine은 물에 잘 녹지 않으며 proline과 hydroxyproline은 알코올에 잘 녹음

② 양성전해질

⊙ 아미노산은 대부분의 수용액에서 아미노기 -NH₂는 암모늄이온 -NH₃⁺이 되며, 카르복실기 -COOH는 카르복실 음이온 -COO⁻으로 된 쌍극성이온 dipolar ion 으로 존재

ⓛ 아미노산은 pH에 따라 서로 다른 전하를 갖게 되는데, 아미노산용액을 산성 -H⁺으로 하면 카복실기의 해리가 억제되고 암모늄이온만 있어 전체적으로 (+)로 하전되어 전류를 통하면 (−)극으로 이동함

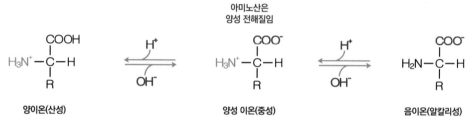

[**그림 02**] 양성 전해질로서의 아미노산

③ 등전점 isoelectrric point, PI

⊙ 아미노산은 어떤 특정한 pH에서 양전하의 합과 음전하의 합이 같게 되어 그 분자의 전하가 0이 되므로 전기장 내에서 어느 전극으로도 이동하지 않는 pH 값을 말함

ⓛ 등전점에서 아미노산은 양전하와 음전하의 크기가 같아 침전되기 쉬우며 용해도, 점도 및 삼투압은 최소가 되고 흡착성과 기포성은 최대가 됨

④ 자외선 흡수성

⊙ 단백질을 구성하는 아미노산 중 방향족아미노산인 타이로신, 트립토판, 페닐알라닌은 자외선을 흡수하며 이들의 최대흡수파장 λmax은 각각 274.5, 278, 260nm임

ⓛ 거의 모든 단백질에는 이들 방향족아미노산이 함유되어 있으므로 분광광도계를 이용하여 280nm 파장에서 흡광도를 측정하여 수용액 중의 단백질 함량을 알아낼 수 있음

⑤ 맛

⊙ 단백질은 대부분 맛이 없지만 아미노산은 각각 특유한 맛을 지님

ⓛ 글루탐산의 Na염은 감칠맛이 있어서 조미료 MSG로 이용됨

(5) 아미노산의 화학적 반응

  ① 카르복실기 제거 반응_{탈탄산반응}

    ㉠ 아미노산은 $Ba(OH)_2$와 같이 가열하면 카르복실기가 제거되어 아민이 생성됨. 이 반응은 미생물, 특히 부패세균에 의해서도 일어남

    ㉡ 히스티딘은 카복실기가 제거되면 히스타민이 되어 알레르기반응에 관여함

  ② 알데히드와의 반응 : 아미노산의 α-아미노기는 알데히드와 축합하여 시프_{Schiff} 염기를 만드는데, 이 반응은 비효소적 갈변반응인 마이야르_{Maillard} 반응의 첫 번째 단계임

  ③ 닌하이드린_{ninhydrin}과의 반응

    ㉠ 아미노산은 닌하이드린용액과 반응하여 청자색의 색소를 형성함

    ㉡ 아미노산의 정성·정량반응에 사용하는 것을 닌하이드린반응_{ninhydrin reaction} 이라고 함

  ④ 아질산과의 반응_{탈아미노반응}

    ㉠ α-아미노산의 아미노기는 아질산_{HNO₂}과 반응하여 질소가스를 발생함. 이 반응은 정량적이므로 아미노산, 펩타이드, 단백질 중의 α-아미노기 측정에 이용되는 반 슬라이크_{Van Slyke} 법의 원리임

    ㉡ 프롤린과 하이드록시프롤린에서는 일어나지 않고 일반적으로 아미노기에서 일어남

02 단백질

(1) 단백질의 분류

  ① 단순단백질 : 단순단백질은 아미노산으로만 구성된 단백질로, 물, 염용액, 산, 알칼리, 유기용매 등 특정한 용매에 대한 용해 특성에 따라 분류함

■ 표 3. 단순단백질의 종류

종류	특성	예
알부민	물, 묽은 염류, 산, 염기에 녹음	알부민(달걀, 혈청), 류코신(밀), 레구멜린(완두콩)

(표 계속)

글로불린	물에 녹지 않으며 묽은 염류, 산, 염기에 녹음	오보글로불린(난백), 락토글로불린(유즙), 혈청글로불린(혈액), 글리시닌(콩), 레구민(완두콩), 투베린(감자), 아라킨(땅콩)
글로텔린	묽은 산, 염기에 녹음	오리제닌(쌀), 글루테닌(밀)
프롤라민	묽은 산, 염기, 70% 알코올에 녹음	글리아딘(밀), 제인(옥수수), 호르데인(보리)
알부미노이드	강산, 강알칼리에 녹으나 변질됨	콜라겐(뼈), 케라틴(모발), 엘라스틴(힘줄)
프로타민	핵산과 결합	살민(연어 정액), 클루페인(정어리 정액)
히스톤	핵산과 결합	히스톤(흉선), 글로빈(혈액)

2014년 기출문제 A형

단순단백질은 용매에 대한 용해성에 따라 7가지 종류로 분류된다. 이 중 수용성 단백질 2가지를 쓰고 각각의 단백질이 가열에 의해 응고하는지에 대하여 쓰시오. 【2점】

② 복합단백질 : 단순단백질 이외의 화학성분이 결합된 단백질

■ 표 4. 복합단백질의 종류

종류	비단백질성분	예
핵단백질	핵산	뉴클레오히스톤(흉선), 뉴클레오프로타민(어류의 정액), DNA, RNA
당단백질	당질 또는 그 유도체	뮤신(점액), 오보뮤코이드(난백)
인단백질	핵산 및 레시틴 이외의 인산	카세인(우유), 오보비텔린(난황)
지단백질	지질	킬로미크론, VLDL, LDL, HDL, 리포비텔린과 리포비텔레닌(난황)
색소단백질	헴, 클로로필(엽록소), 카로티노이드, 플래빈	헤모글로빈(혈액), 미오글로빈(근육), 로돕신, 플래빈단백질
금속단백질	철, 구리, 아연 등	페리틴(Fe), 헤모시아닌(Cu), 인슐린(Zn), 클로로필(Mg)

③ 유도단백질 : 단순단백질 또는 복합단백질이 산, 알칼리, 효소의 작용이나 가열 등에 의하여 변성된 것임

■ 표 5. 유도단백질의 종류

종류	예
제1차 유도단백질	젤라틴, 파라카세인(우유), 응고단백질
제2차 유도단백질	제1차 유도단백질의 가수분해산물(프로테오스, 펩톤, 펩티드)

(2) 단백질의 구조

여러 종류의 아미노산들이 아미노기NH₂와 카르복실기COOH 간에 펩티드결합 HN-CO을 한 고분자화합물임

① 1차 구조primary structure

　㉠ 폴리펩타이드 중의 아미노산 배열순서를 말함. 단백질 사슬의 길이와 아미노 산결합 순서는 단백질의 이화학적·구조적·생물학적 성질 및 기능을 결정함

　㉡ 대부분의 단백질은 100~500개의 아미노산으로 구성되어 있음

　㉢ 단백질의 종류에 따라 아미노산과 배열순서가 달라짐

② 2차 구조 secondary structure

　㉠ 구성아미노산끼리 상호작용주로 수소결합 등에 의해 입체구조를 형성하는 것임

　㉡ 곁사슬 상호 간의 작용에 의해서 생긴 α-나선α-helix구조, β-병풍구조, β-턴 및 불규칙 코일random coil로 이루어져 있음

③ 3차 구조tertiary structure

　㉠ 폴리펩타이드 사슬의 3차원적 구조

　㉡ 긴 폴리펩타이드 사슬이 수소결합, 이황화결합, 이온결합, 소수성결합 등에 의하여 휘어지고 구부러져서 구상 및 섬유상의 복잡한 공간배열을 이룬 것을 말함

④ 4차 구조quarternary structure

　㉠ 3차 구조의 단백질이 다시 회합association에 의하여 뭉쳐져 하나의 생리기능을 가지는 단백질의 집합체임

　㉡ 회합의 기초가 되는 하나의 단백질을 소단위subunit 또는 단량체monomer라고 하며, 이들 기본단위 단독으로는 불활성을 나타내지만 이들이 회합하면 생리기능을 나타냄

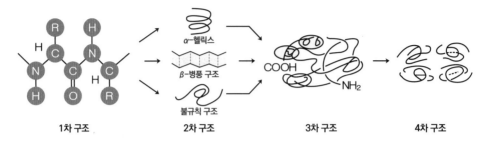

1차 구조   2차 구조   3차 구조   4차 구조

[그림 03] 단백질의 구조

(3) 단백질의 성질

① 분자량 : 단백질은 일반적으로 분자량이 수만에서 수백만 개에 이르는 거대분자로, 용액상태에서 친수성 콜로이드의 성질을 띰

② 용해성

   ㉠ 단백질은 분자 중에 카르복실기 -COOH, 아미노기 -NH₂, 이미노기 -NH-, 케톤기 =CO 등과 같은 친수성기를 함유하고 있어 용매 중에 분산되어 점조성의 콜로이드 용액을 만듦

   ㉡ 등전점에서 용해도가 가장 낮으며 산이나 알칼리 쪽으로 pH가 변함에 따라 용해도가 증가함

   ㉢ 염용 효과 salting-in

      ▪ 단백질은 염의 농도가 낮을 때 묽은 중성 염류용액 용해도가 증가되는 현상

      ▪ 이유 : 중성염의 해리로 생성된 이온이 단백질 분자의 이온화된 기능기와 작용함으로써 단백질 분자 사이의 인력을 감소시키기 때문

   ㉣ 염석 효과 salting-out

      ▪ 단백질용액에 고농도의 무기염류를 넣으면 단백질의 용해도가 감소하여 응고 침전 되는 현상

      ▪ 염석현상은 단백질의 정제방법으로 이용됨

③ 등전점

   ㉠ 단백질은 산성에서 양이온으로 해리되어 음극으로 이동하고 알칼리성에서는 음이온으로 해리되어 양극으로 이동함. 그러나 양이온과 음이온이 같을 때는 어느 쪽으로도 이동하지 않은 상태가 되어 이때의 pH를 등전점이라고 함

   ㉡ 용액의 pH를 살펴보면 산성에서는 양전하인 -NH₃+기의 수가 증가하고 알칼리성에서는 음전하인 -COO-기의 수가 증가함

   ㉢ 단백질은 등전점에서 점도, 삼투압, 팽윤, 용해도 등은 최소가 되고 흡착성, 기포력, 탁도, 침전 응고 등은 최대가 됨

ⓔ 대부분 식품단백질의 등전점은 pH4~6의 범위
④ 단백질의 침전성
　ⓐ 단백질은 음이온과 양이온을 가진 양성화합물이므로 트라이클로로아세트산 trichloroacetic acid, 피크르산 picric acid, 설포살리실산 sulfosalicylic acid, 타닌산 tannic acid 등의 유기침전제나 Hg^{2+}, Cd^{2+}, Pb^{2+} 등의 중금속 염류, 알코올, 아세톤 등의 유기용매에 의해 불용성의 염을 형성하여 침전함
　ⓑ 식품성분에서 비단백질 질소화합물과 혼재하는 단백질의 분리정제에 이용됨
⑤ 정색반응
　ⓐ 뷰렛 biuret 반응
　　▪ 단백질용액에 NaOH 용액을 가하여 알칼리성으로 하고 여기에 $CuSO_4$ 용액 1~2방울을 가하면 적자색 또는 청자색을 나타냄
　　▪ 2개 이상의 펩타이드결합이 있는 단백질 또는 펩타이드에서만 일어나는 반응임
　ⓑ 잔토프로테인 xanthoprotein
　　▪ 단백질용액에 진한 질산 몇 방울을 떨어뜨리면 흰색의 침전이 생기고 이것을 다시 가열하면 황색 침전이 생기거나 용해되어 황색의 용액이 됨. 이것을 냉각시켜 암모니아를 가해 알칼리성으로 만들면 등황색이 됨
　　▪ 벤젠고리 때문에 일어나는 반응으로 단백질 내에 벤젠고리를 가지고 있는 타이로신, 페닐알라닌, 트립토판이 존재할 때 일어남
　ⓒ 닌하이드린 ninhydrin 반응
　　▪ 단백질 및 α-아미노산용액에 1% 닌하이드린용액을 가하여 가열하면 청자색 또는 적자색을 나타냄
　　▪ 이 반응은 α-아미노산뿐만 아니라 아민과 암모니아와도 반응함
　ⓓ 밀론 Millon 반응
　　▪ 단백질용액에 밀론 시약을 가하면 흰색 침전이 생기고 이것을 가열하면 적색이 됨
　　▪ 페놀기 때문에 일어나는 반응으로 단백질 내에 페놀기를 가지고 있는 타이로신이 존재할 때 일어남
　ⓔ 황S반응
　　▪ 단백질에 40%의 NaOH 용액을 넣고 가열한 다음 초산납 수용액을 가하면 검은 침전이 생김
　　▪ 황 황화수소 잔기 때문에 일어나는 반응으로 단백질 내에 시스틴, 시스테인이 존재할 때 일어남. 그러나 메싸이오닌과는 반응하지 않음

ⓗ 홉킨스-콜반응
- 단백질용액에 글리옥실산glyoxylic acid을 넣고 잘 혼합한 후 서서히 진한 황산을 가하면 그 경계면에 보라색의 고리가 생김
- 인돌기 때문에 일어나는 반응으로 단백질 내에 트립토판이 존재할 때 일어남

(4) 단백질의 변성

단백질의 변성은 펩티드결합이 분해되는 1차 구조의 변화가 아니라 수소결합이나 소수성결합 등을 하고 있는 단백질의 2차와 3차 구조가 파괴되어 천연단백질이 가지고 있는 원래의 성질이 변화하는 것을 말함

① 변성의 요인
ⓘ 물리적인 요인에 의한 변성
- 가열에 의한 변성
  - 가용성 단백질을 가열하면 변성되어 응고되며 이와 반대로 불용성 단백질을 가열하면 변성되어 가용성이 됨
  - 육류와 어패류 및 달걀 등에 있는 알부민과 글로불린은 60~70℃로 가열하면 응고하는 열응고heat coagulation 현상에 의하여 불용화되고, 콜라겐은 가열에 의하여 젤라틴 가용성이 되며 냉각하면 젤화됨
  - 단백질의 열변성은 온도, 수분, pH, 전해질의 존재, 당의 존재 등에 의해서 영향을 받음

■ 표 6. 단백질의 열변성에 영향을 주는 요인

요인	특징
온도	■ 단백질의 종류에 따라 다르나 보통 60~70℃ 부근에서 변성. 온도가 높아지면 열변성 속도가 빨라짐(일반적으로 알부민의 열변성은 10℃ 높아짐에 따라 20배 정도 빨라짐)
수분	■ 수분이 많으면 낮은 온도에서 열변성이 일어나지만 수분이 적으면 높은 온도에서 응고
전해질	■ 염화물, 황산염, 인산염, 젖산염 등의 전해질이 들어 있으면 변성온도가 낮아지고 변성속도가 빨라짐 ■ 두부 제조 시 두유 중의 글로불린단백질인 글리시닌은 가열만으로 응고되지 않고, $MgCl_2$, $CaSO_4$을 첨가하면 70℃에서 응고
pH	■ 등전점에서 가장 잘 응고됨 ■ 난백에 산을 가하여 등전점인 4.8로 pH를 조절하면 응고온도가 내려감. 그러나 pH를 4.8 이하로 낮추면 응고온도가 높아지므로 응고가 어려움

(표 계속)

설탕	■ 당이 존재하면 응고온도가 높아지며 당의 양이 많아지면 응고온도는 점점 상승함 ■ 당이 응고단백질을 다소 용해시키기 때문이며 이와 같은 현상을 단백질의 해교작용(peptization)이라고 함

■ 동결에 의한 변성

- 단백질은 0~-5℃ 최대빙결정생성대에서 변성이 잘 일어남

- 어육에서는 -5~-1℃, 육류에서는 -3~-1.5℃에서 가장 현저하게 일어남

- 식품에서는 얼음결정을 최소화하고 변성의 시간을 최소로 줄이기 위해서는 최대빙결정대를 되도록 빨리 통과시키기 위한 급속동결이 필요함

- 냉동고기를 해동하면 보수성이 저하되고 수분이 유출되는 드립 drip 현상이 나타나게 됨

■ 건조에 의한 변성

- 단백질은 건조에 의해 변성되면 딱딱해짐

- 건조한 어육은 염석, 응집 등에 의한 육단백질의 변성이 일어나 물에 침지시켜 수분을 흡수시켜도 흡수성이 나쁘고 생육처럼 되지 않음

■ 표면장력에 의한 변성

- 단백질이 단일분자막의 상태로 얇은 막을 형성하게 되면 표면장력에 의하여 불용성이 되는데, 이와 같은 현상을 단백질의 계면변성이라고 함

- 달걀 흰자를 세게 저어서 거품을 내면 변성이 일어나며 빵반죽을 발효시키는 동안에 생성된 이산화탄소의 기포표면에 밀가루 단백질인 글루텐이 얇게 분산되면 표면장력으로 변성되어 강한 막이 형성됨

■ 광선, 압력, 초음파에 의한 변성

- 단백질은 광선에 의해 3차 구조의 결합이 절단되어 변성이 일어남. 특히 α-선, β-선, γ-선 및 X-선 조사에 의해 변성되는 것은 물론 상온에서 자외선을 조사할 경우 단백질은 등전점에서 변성이 현저히 일어남

- 단백질은 5,000~10,000 기압의 압력과 초음파 등에 의해서도 변성이 일어남

© 화학적인 요인에 의한 변성

■ pH에 의한 변성

- 단백질용액에 산이나 알칼리를 가하면 단백질의 전하가 변하기 때문에 이온결합에 변화가 일어나 단백질이 변성됨

- 산이나 알칼리에 의한 단백질의 변성은 단백질을 등전점에 이르게 하여 응고시키는 것

- 우유에 젖산균이 자라면 pH가 낮아져서 카세인의 등전점에 도달하게 되고 카세인이 변성되어 침전됨. 요구르트, 치즈 등의 제조는 pH에 의한 단백질의 응고원리를 이용한 것
- 생선회에 레몬즙이나 식초를 조금 넣으면 단백질이 응고되어 생선의 육질이 단단해짐
- 신선한 달걀의 난백은 pH6.0~7.7인데, 오브알부민의 등전점은 pH4.8이므로 달걀에 구연산, 초산, 주석산 등을 가하여 pH를 저하시키면 거품이 잘 생성됨
  - 염류에 의한 변성
    - 단백질에 2가나 3가의 이온을 첨가하면 변성됨
    - 이 원리를 이용하여 두유에 칼슘이나 마그네슘의 간수를 넣으면 응고되어 두부가 만들어짐
    - 어육은 염장에 의해 어육단백질 중의 액토미오신이 액틴과 미오신으로 해리되어 미오신이 응집, 변성함
  - 효소에 의한 변성
    - 우유를 pH4.6에서 레닌을 첨가하면 수용성의 카세인이 레닌에 의하여 파라카세인이 됨
    - 우유의 칼슘이온과 결합하여 불용성의 칼슘파라카세인염을 형성하여 치즈를 만들 수 있음

② 변성단백질의 성질

ㄱ 용해도의 변화 : 단백질이 변성되면 구조가 풀려 소수성기가 분자 표면에 나타나므로 친수성이 감소하여 용해도도 감소하게 됨

ㄴ 점도 : 분자 부피가 커지므로 점도가 증가함

ㄷ 소화율
  - 단백질이 열에 응고되면 소화율이 높아짐
  - 지나친 가열은 소화를 나쁘게 하는데, 응고물의 구조가 빽빽해져서 효소의 장소가 다시 구조 내부로 묻히기 때문임

ㄹ 생물학적 활성의 소실 : 단백질이 변성되면 효소 활성, 독성, 면역력 등 생물학적 특성을 상실하게 됨

ㅁ 결정성의 소실 : 펩신, 트립신 등과 같은 결정성 효소단백질은 변성되면 결정성을 상실함

ⓑ 반응성의 증가 : 단백질이 변성되면 본래의 단백질 표면에서는 잘 보이지 않던 -OH기, -SH기, -COOH기, -NH₂기 등과 같은 활성기가 표면에 나타나 반응성이 증가함

ⓐ 변성청색이동 : 단백질용액의 자외선 흡수 스펙트럼은 단파장 쪽으로 이동하게 되는데, 이것을 변성청색이동이라고 함

제 4 장 **지질**

지질은 주로 탄소, 수소, 산소로 이루어져 있고 물에는 녹지 않으며 에테르, 클로로포름, 아세톤, 벤젠 등과 같은 유기용매에 잘 녹는 소수성이 강한 물질이다.

01 지질의 분류와 구조

(1) 단순지질(simple lipids)

지방산에 여러 가지 알코올alcohol류가 에스터결합을 한 것임. 중성지질, 왁스, 스테롤에스터 등으로 분류됨

① 중성지방neutral fat, triacylglycerol, triglyceride

㉠ 고급지방산과 글리세롤이 에스터결합을 한 것

㉡ 상온에서 액체인 것을 유oil, 고체인 것을 지fat라고 함

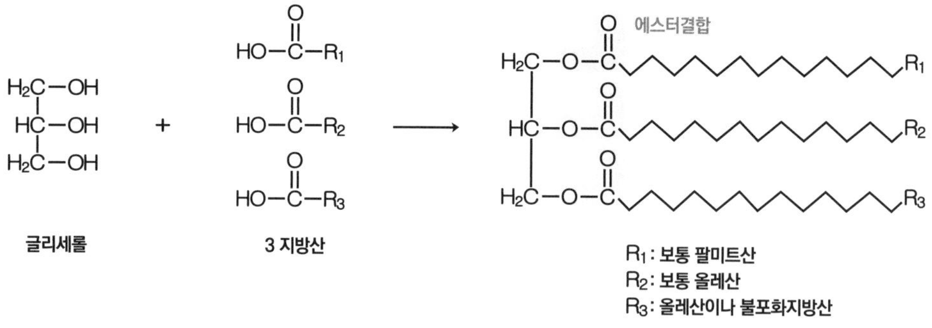

글리세롤 + 3 지방산 → 에스터결합

R₁ : 보통 팔미트산
R₂ : 보통 올레산
R₃ : 올레산이나 불포화지방산

[그림 01] 중성지질(triglyceride)의 생성

② 왁스
　　㉠ 고급지방산과 고급 1가 알코올alcohol이 에스터결합을 한 것
　　㉡ 식물성 왁스로는 제팬왁스japan wax와 카나우바왁스canauba wax 등이 있고, 동
　　　물성 왁스로는 벌집의 밀랍beeswax, 고래기름인 경납spermaceti wax 등이 있음
③ 스테롤에스터 : 지방산과 스테롤이 에스터결합을 한 것으로, 콜레스테롤에스터
　가 있음

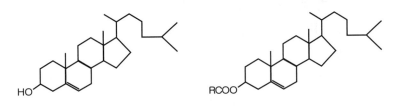

[그림 02] 콜레스테롤(왼쪽)과 콜레스테롤에스터(오른쪽)

(2) 복합지질(compound lipids)

① 정의 및 특징
　　㉠ 단순지질에 다른 원자단이 결합한 화합물
　　㉡ 인지질, 당지질, 단백지질, 황지질이 있음
　　㉢ 분자 내에 친수성기와 소수성기를 모두 가지고 있기 때문에 유화제로 이용
② 인지질 : 글리세롤에 지방산과 인산이 결합한 글리세로인지질glycerophospholipid
　과 스핑고신, 지방산, 인산이 결합한 스핑고인지질sphingophospholipid로 구분

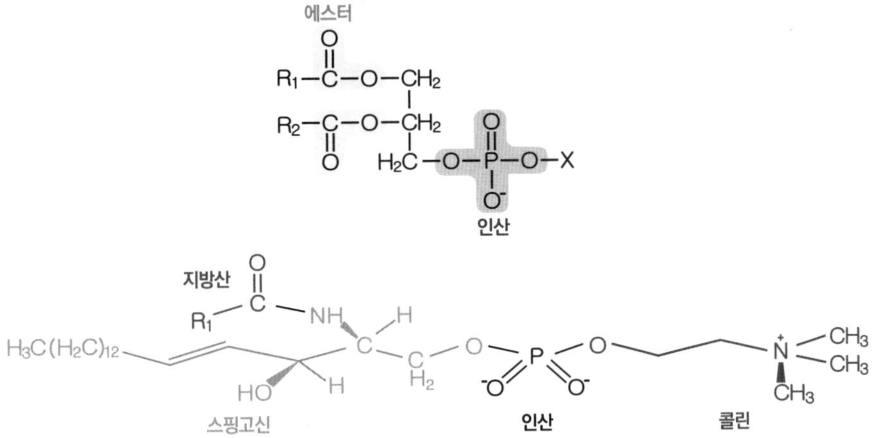

[그림 03] 글리세롤인지질(위)과 스핑고미엘린(아래)

㉠ 글리세로인지질

■ 포스파티드산 : 글리세롤의 2개의 OH기가 지방산과 에스터화되고 3번째
의 인산이 결합한 것

■ 레시틴

- 포스파티드산의 인산기에 콜린이 결합한 것

- 마가린, 초콜릿, 아이스크림, 마요네즈 등에 유화제로 널리 이용됨

- 난황, 대두에 많이 함유되어 있음

■ 포스파티딜세린 : 포스파티드산의 인산기에 세린이 결합한 것

■ 세팔린

- 포스파티딜세린에 에탄올아민이 결합한 것으로 포스파티딜에탄올아민
phosphatidylethanolamine이라고 함

- 유화력이 있으나 레시틴보다는 약함

- 난황, 뇌, 신경, 콩팥에 존재

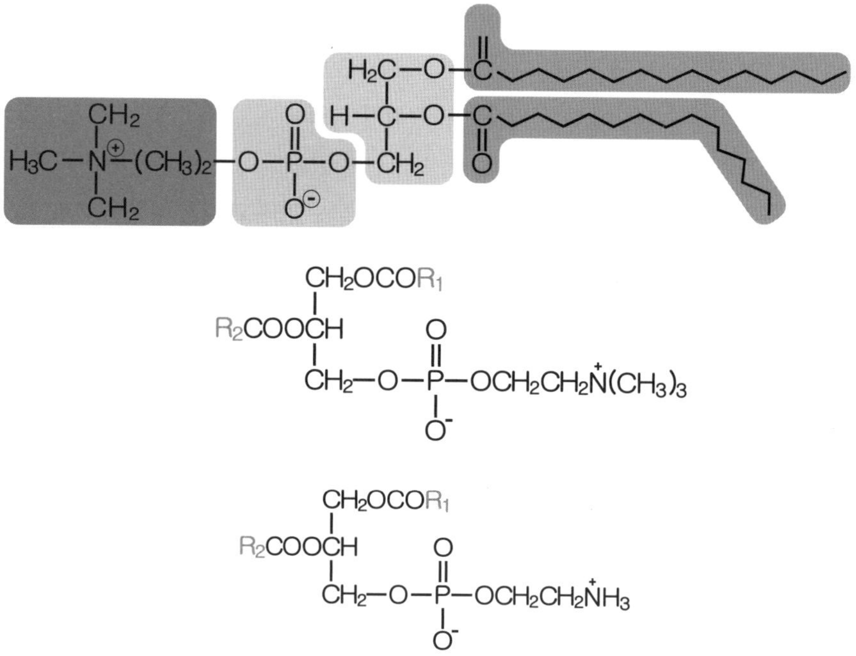

[**그림 04**] 레시틴(lecthin, phosphatidylethanolamine)(위)과 세파린(cephalin,
phosphatidylethanolamine)(아래)

㉡ 스핑고인지질 : 스핑고신과 지방산, 인산, 콜린이 결합한 스핑고미엘린이 대
표적

③ 당지질

    ㉠ 글리세롤이나 스핑고신에 지방산과 당이 결합한 지질

    ㉡ 세레브로사이드cerebroside는 분자 중에 스핑고신sphingosine을 함유하고 있어 스핑고지질sphingolipid에 속하나 인산은 함유하지 않으므로 인지질에는 속하지 않음

    ㉢ 세레브로사이드cerebroside와 강글리오사이드ganglioside가 대표적

    ㉣ 뇌, 신경조직에 많이 존재

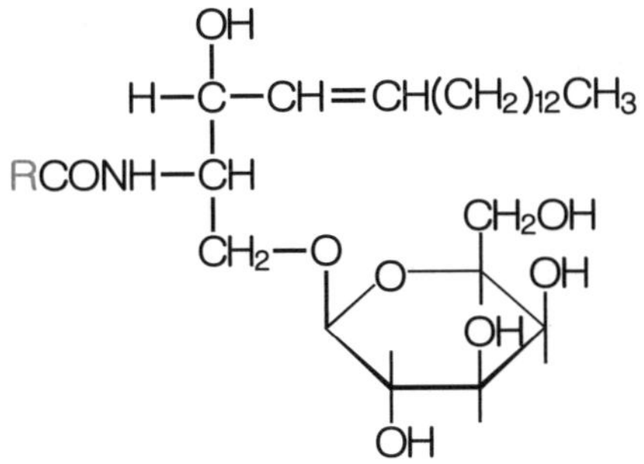

[그림 05] 세레브로사이드(cerebroside)

④ 단백지질

    ㉠ 지질과 단백질이 결합한 것

    ㉡ 킬로미크론chylomicron, 초저밀도지단백VLDL, 저밀도지단백LDL, 고밀도지단백HDL 등이 있음

⑤ 황지질 : 지방질에 유황S이 결합한 지질로 간, 뇌, 비장 등에 존재

(3) 유도지질(derived lipids)

① 정의 : 단순지질이나 복합지질의 가수분해로 얻어지는 지질로 지방산, 알코올, 탄화수소와 지용성 색소 및 지용성 비타민이 있고 스테롤과 탄화수소가 대표적임

② 대표적 탄화수소

    ㉠ 스테롤

        ▪ 동물이나 식물의 조직에 있는 스테로이드 핵을 가진 고리 모양의 알코올

        ▪ 천연지질 중 대표적인 불검화물임

        ▪ 동물성 스테롤에는 콜레스테롤, 라노스테롤이 있음

        ▪ 식물성 스테롤에는 베타-시토스테롤, 에고스테롤, 스티그마스테롤이 있음

        ▪ 동물성인 콜레스테롤 중 7-데하이드로콜레스테롤7-dehydrocholesterol은 자외선을 받으면 비타민 D_3로 전환

- 식물성인 에고스테롤은 비타민 D_2로 전환되므로 프로비타민 D라고 함
- 콜레스테롤 : 난황, 뇌, 생선알, 간, 오징어, 버터, 새우 등
- 에고스테롤 : 곰팡이, 효모, 버섯, 밀의 배아유, 옥수수 등
- 스티그마스테롤 : 쌀의 배아유, 옥수수기름, 콩기름, 팜유 등

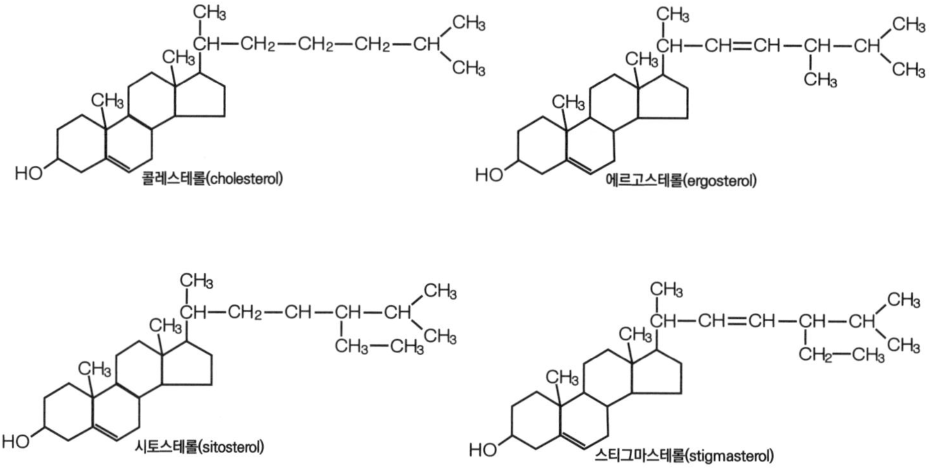

[그림 06] 대표적 탄화수소

ⓒ 탄화수소
- 스쿠알렌, 지용성 비타민 A, E, K, 카로틴 색소가 포함됨
- 스쿠알렌squalene은 불검화물의 일종으로 상어의 간, 올리브유, 미강유 등에 존재

02 지질의 구성성분

(1) 지방산

① 정의 및 종류

㉠ 분자 중에 카복실기를 가지고 있는 화합물로서 지방질의 주요 구성성분

㉡ 천연에 존재하는 지방산은 대부분 짝수 개의 탄소원자로 이루어진 직쇄상의 일염기산RCOOH

㉢ 탄소 수가 6개 이하인 것은 저급지방산, 8~12개로 이루어진 지방산은 중급지방산, 14개 이상인 것은 고급지방산이라고 부름

② 포화지방산

   ⊙ 포화지방산은 분자 중에 이중결합이 없는 지방산

   ⓒ $CnHnO_2$ 또는 $CnHn_{+1}COOH$의 일반식

   ⓒ 포화지방산 중 저급지방산은 일반적으로 휘발성이며 고급지방산은 비휘발성

   ⓔ 포화지방산은 탄소 수가 증가하면 물에 녹기 어렵고 녹는점이 상승하여 상온
      에서 고체로 존재

   ⓜ 식품에 가장 많이 함유된 것은 팔미트산$_{C16:0}$과 스테아르산$_{C18:0}$ 임

   ⓗ 동물성 유지에 비교적 많이 함유. 팜유와 버터에는 탄소 수가 적은 지방산이
      많고 왁스에는 탄소 수가 26개 이상인 지방산이 많음

■ 표 1. 주요 포화지방산의 구조와 녹는점

포화지방산	구조	탄소 수	표기법	녹는점(℃)	소재
카프르산 (capric acid)	$CH_3(CH_2)_8COOH$	10	$C_{10:0}$	32	버터, 코코넛
라우르산 (lauric acid)	$CH_3(CH_2)_{10}COOH$	12	$C_{12:0}$	43	버터, 코코넛
미리스트산 (myristic acid)	$CH_3(CH_2)_{12}COOH$	14	$C_{14:0}$	54	팜유, 코코넛
팔미트산 (palmitic acid)	$CH_3(CH_2)_{14}COOH$	16	$C_{16:0}$	62	일반 동식물성 유지
스테아르산 (stearic acid)	$CH_3(CH_2)_{16}COOH$	18	$C_{18:0}$	69	일반 동식물성 유지
아라키돈산 (arachidic acid)	$CH_3(CH_2)_{18}COOH$	20	$C_{20:0}$	76	땅콩기름, 돼지기름

③ 불포화지방산

   ⊙ 분자 내 이중결합이 있는 지방산을 불포화지방산이라고 함

   ⓒ 이중결합이 하나인 것을 단일불포화지방산$_{monoenoic\ acid,\ oleic\ acid,\ 올레산\ 계}$
      $_{열,\ CnH2n-2O_2,\ MUFA}$이라고 함

   ⓒ 이중결합이 2개$_{리놀레산\ 계열}$, 3개$_{리놀렌산\ 계열}$이거나 다수 함유하고 있는 것은
      다가불포화지방산$_{poly\ unsaturated\ fatty\ acid,\ CnH2n-2pO_2,\ PUFA}$으로 구분

   ⓔ 동일한 지방산에서 이중결합의 수가 많을수록 지방산의 녹는점이 낮음

   ⓜ 불포화지방산은 일반적으로 상온에서는 액체이며, 특히 이중결합을 많이 가
      지고 있는 지질은 중합을 잘 일으켜 산패되기 쉬움

ⓑ 불포화지방산의 이중결합은 시스형cis과 트랜스형trans이 있으며, 자연계에
　　서는 대부분 불안정한 시스형을 이루고 있음

ⓢ 수산동물의 유지에는 에이코사펜타에노산EPA(C20:5)과 도코사헥사에노산
　　DHA(C22:6) 등의 다가불포화지방산이 많이 함유되어 있기 때문에 동물성 기름
　　이지만 상온에서 액체상태임

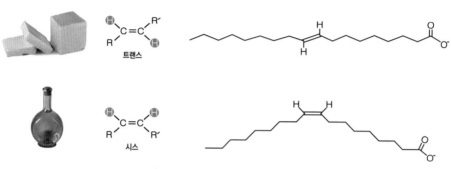

[그림 07] 불포화지방산의 이중결합

■ 표 2. 주요 불포화지방산의 녹는점

불포화지방산	구조	탄소 수	표기법	녹는점(℃)	소재	비고
palmitoleic acid	$CH_3(CH_2)_5CH$ $=CH(CH_2)_7COOH$	16	$C_{16:1}$	0	–	–
oleic acid	$CH_3(CH_2)_7CH$ $=CH(CH_2)_7COOH$	18	$C_{18:1}$	13	올리브유	ω-9 지방산
linoleic acid	$CH_3(CH_2)_4(CH$ $=CHCH_2)_2(CH_2)_6COOH$	18	$C_{18:2}$	-9	일반 동식물성 유지	ω-6 지방산
linolenic acid	$CH_3(CH_2)_4(CH$ $=CHCH_2)_3(CH_2)_6COOH$	18	$C_{18:3}$	-17	아마인유, 들기름, 등푸른 생선기름	ω-3 지방산
arachidonic acid	$CH_3(CH_2)_4(CH$ $=CHCH_2)_4(CH_2)_2COOH$	20	$C_{20:4}$	-50	인지질, 간유	ω-6 지방산
EPA	$CH_3(CH_2)(CH$ $=CHCH_2)_5(CH_2)_2COOH$	20	$C_{20:5}$	-79	간유, 등푸른생선	ω-3 지방산
DHA	$CH_3(CH_2)_4(CH$ $=CHCH_2)_6(CH_2)_2COOH$	22	$C_{22:6}$	–	간유, 등푸른생선	ω-3 지방산

> **Key Point** 트랜스지방
>
> ✓ 불포화지방산의 이중결합을 이루는 수소가 엇갈려 결합되어 있는 형태를 트랜스지방(trans-fat)이라고 하며, 대부분의 동물성 유지가 이에 속한다. 식물성 유지라고 하더라도 가열하거나 경화시키면 트랜스지방산을 형성할 수 있는데, 이러한 트랜스지방은 체내 저밀도 콜레스테롤(LDL-cholesterol) 농도를 상승시키는 요인이 되므로 트랜스지방의 섭취를 줄이는 것이 좋다.

④ 필수지방산
- ㉠ 체내에서 생·합성할 수 없어 식사로 섭취해야만 하는 지방산
- ㉡ 리놀레산$C_{18:2}$, 리놀렌산$C_{18:3}$, 아라키돈산$C_{20:4}$이 있음

⑤ 식품 중 지방산의 조성
- ㉠ 우지와 라드는 포화지방산인 팔미트산과 스테아르산의 함량이 식물성 유지보다 높음
- ㉡ 시판 유지 중 코코넛유와 팜유야자유는 식물성이지만 포화지방산을 많이 함유하고 있기 때문에 상온에서 반고체상태임
- ㉢ 올리브유의 경우 이중결합이 하나인 지방산의 함량이 80%나 되었는데, 이는 대부분 올레산이고 리놀레산이 가장 많이 함유된 지방은 해바라기유임
- ㉣ 아마인유는 다른 유지에 비해 α-리놀렌산의 함량이 가장 높음
- ㉤ 참기름은 불포화지방산인 올레산과 리놀레산을 40% 정도씩 함유

03 유지의 물리·화학적 성질

(1) 물리적 성질

① 용해성
- ㉠ 유지는 물 같은 극성용매에는 잘 녹지 않고 에테르, 벤젠, 클로로포름 등의 비극성 유기용매에 녹는 등 다양한 용해성solubility을 지님
- ㉡ 탄소 수가 많고 불포화도가 높을수록 용해도는 감소함

② 비중specific gravity
- ㉠ 유지의 평균 비중은 0.92~0.94임
- ㉡ 지방산의 길이가 길수록, 불포화지방산이 많을수록 비중은 커짐
- ㉢ 적용 : 기름과 식초를 이용한 프렌치드레싱

③ 비열 : 0.47cal/g℃로 작아 온도가 쉽게 변함

④ 점도
- ㉠ 유지에 존재하는 지방산의 분자량이 커지면 점도가 증가하고 포화지방산의 함량이 많을수록 점도가 높음
- ㉡ 유지가 고온 가열에 의해 중합되면 점도가 증가함
- ㉢ 저급지방산, 불포화지방산이 증가할수록 점도는 감소함

⑤ 융점 melting point
- ㉠ 자연 중에 존재하는 유지류는 여러 종류의 지방이 혼합되어 있으므로 구성지질의 결정구조에 따라 몇 개의 녹는점을 가질 수 있음
- ㉡ 포화지방산의 경우 탄소 수가 증가할수록 융점이 높아짐. 불포화지방산의 경우는 이중결합이 증가할수록 융점이 낮아짐
- ㉢ 같은 불포화지방산이더라도 트랜스지방산이 시스지방산보다 직선상 구조를 하여 분자 간의 인력이 커 융점이 높음
- ㉣ 동물성 유지는 고급포화지방산이 많으므로 녹는점이 높아 상온에서 고체이고, 식물성 유지는 불포화지방산이 많아 상온에서 액체임
- ㉤ 어유는 동물성 지방이지만 다가불포화지방산을 많이 함유하고 있어 액체이며, 코코아버터는 식물성이지만 포화지방산을 많이 함유하고 있어 상온에서 고체로 존재함

⑥ 결정구조
- ㉠ 유지는 3가지 결정형 α, β′, β으로 존재하며 결정의 크기는 α < β′ < β 순으로 큰 결정으로 거친 질감을 줌
- ㉡ 밀도는 α형이 가장 낮고 β형이 가장 높음
- ㉢ 녹는점은 밀도에 비례해서 α54℃ < β′64℃ < β73℃ 순으로 높아짐
- ㉣ β′ 결정형은 안정적이면서도 결정의 크기가 비교적 작아 부드러운 질감을 주므로 쇼트닝, 마가린, 빵제품의 제조 시 바람직함
- ㉤ 중성지방을 구성하는 지방산의 종류가 다양할수록 β′형을 이룸

Key Point 동질이상현상 polymorphism, 동질다형현상

✓ 동일 화합물이 2개 이상의 결정형을 갖는 현상을 말하며 이런 현상은 중성지질뿐만 아니라 지방산분자에서도 발견된다. 이런 이유로 유지를 구성하는 중성지질분자가 같다고 하여도 결정형에 따라 녹는점이 달라지기 때문에 유지의 녹는점은 순수한 화합물과 달리 불명확하게 나타난다.

Key Point 템퍼링과 초콜릿 블룸

✓ 동질이상현상은 초콜릿을 제조할 때의 템퍼링(tempering)과 보관 중에 발생하는 초콜릿 블룸(chocolate fat bloom)과 관련이 깊다. 초콜릿은 온도를 조절하여 지방을 녹이고 다시 고체화시키는 과정을 반복하여 상온에서 가장 안정한 결정형인 β형으로 가공되는데, 이를 템퍼링이라고 한다. 하지만 템퍼링이 불충분하거나, 저장온도가 적당하지 않거나, 온도 변화의 폭이 커지면 동질이상현상이 일어나 결정형이 바뀌면서 초콜릿의 표면에 광택이 사라지고 하얀색의 유지결정이 보이게 되는 것을 초콜릿 블룸이라고 한다.

⑦ 발연점smoke point

㉠ 유지를 가열할 때 기름 표면에서 자극성 있는 푸른색의 연기가 나는 온도

㉡ 푸른 연기의 주요 성분은 유지가 고온에서 분해되면서 생성된 글리세롤에서 물분자가 빠져 나가면서 발생되는 휘발성의 아크롤레인acrolein

㉢ 유지는 발연점이 되면 푸른 연기와 함께 자극성 있는 냄새와 맛으로 몸에 해로운 성분임

㉣ 가열용기의 표면적이 넓거나, 유지 중 유리지방산free fatty acid, FFA이 많거나, 가열시간이 길어질수록 이물질이 많을 때 낮아짐

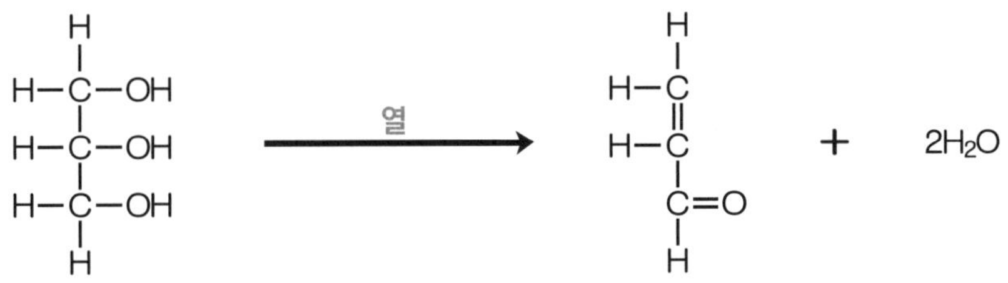

[그림 08] 글리세롤(왼쪽)과 아크롤레인(오른쪽)

⑧ 굴절률refractive index

㉠ 일정 온도에서 유지에 들어가는 광선의 입사각과 굴절각의 비를 말함

㉡ 유지의 굴절률은 1.45~1.47 정도임

㉢ 탄소 수 및 불포화지방산이 증가하거나 유지의 가열산화에 의하여 굴절률이 커짐

㉣ 식용유지의 품질 평가에 사용됨

⑨ 가소성

㉠ 고체에 가해지는 압력이 어느 한계를 넘으면 변형이 일어나고 압력이 제거된 후에도 원래의 형태로 되돌아오지 않는 성질

㉡ 버터, 마가린, 쇼트닝, 라드 등은 가소성이 있고 제과공업에서 중요하게 사용되는 성질

⑩ 쇼트닝성 shortening power

 ㉠ 가소성 있는 유지가 밀가루반죽의 글루텐 표면을 둘러싸서 글루텐 망상구조를 형성하지 못하도록 서로 분리시켜 층을 형성함으로써 글루텐의 길이를 짧게 하는 성질

 ㉡ 쿠키, 페이스트리, 파이크러스트, 케이크, 비스킷, 약과 등에 사용

 ㉢ 유지의 쇼트닝성에 영향을 미치는 요인 : 유지의 종류, 유지의 양, 온도, 달걀 등의 첨가물

⑪ 크리밍성 creaming property : 버터, 마가린, 쇼트닝 등의 고체나 반고체의 지방을 빠르게 저어주면 지방 안에 공기가 들어가 부피가 증가하여 부드럽고 하얗게 되는 성질

⑫ 거품성 foarming property : 고체지방에 설탕을 넣고 저으면 공기를 함유하여 거품이 형성되는 것

⑬ 유화성

 ㉠ 유지는 물에 녹지 않으나 레시틴 등은 분자 내에 친수기와 소수기를 함께 가지고 있어 유지와 물 사이에 넣으면 비극성기는 유지와, 극성기는 물과 결합하여 유지가 물에 분산된 에멀션 emulsion, 유탁액 을 만드는데, 이와 같은 물질을 유화제 emulsifier 라고 함

 ㉡ 유화제에는 물속에 유지가 분산된 수중유적형 oil in water, O/W 이 있으며 마요네즈, 우유, 아이스크림 등이 이에 해당함

 ㉢ 유지 속에 물이 분산되어 있는 유중수적형 water in oil, W/O 이 있으며 버터와 마가린이 이에 해당

(2) 화학적 성질

① 검화가 saponification value, 비누화값

 ㉠ 유지 1g을 검화하는 데 필요한 수산화칼륨 KOH 의 mg 수

 ㉡ 보통 유지의 비누화값은 180~200 정도

 ㉢ 구성지방산의 평균 분자량에 반비례하므로 저급지방산이 많으면 크고 고급지방산이 많은 유지일수록 작음

 ㉣ 유지를 구성하는 지방산의 탄소길이를 추정하는 척도가 됨

[그림 09] 유지의 검화

② 산가acid value

　　㉠ 유지 1g 중에 함유된 유리지방산을 중화하는 데 필요한 수산화칼륨의 mg 수

　　㉡ 산값은 유지의 품질 저하를 나타냄

　　㉢ 정제 식용유의 산값은 일반적으로 1.0 이하를 보이지만 유지의 종류에 따라 다를 수 있음

　　㉣ 정제과정을 거친 대두유0.3~1.8, 목화씨기름0.6~0.9, 올리브유0.3~1.0는 산가가 낮고, 참기름9.8, 야자유10, 코코넛유2.5~10 등으로 정제하지 않은 참기름이나 올리브유 등은 높은 산가를 보임

③ 요오드가와 로단값

　　㉠ 요오드가

　　　■ 유지 100g에 첨가되는 요오드의 g 수

　　　■ 유지분자 내의 이중결합 수, 즉 구성지방산의 불포화도 정도를 나타내는 척도임

　　　■ 식용유는 요오드가에 따라 건성유, 반건성유, 불건성유로 구분함

　　　■ 건성유요오드가 130 이상 : 아마인유, 들기름, 겨자유

　　　■ 반건성유요오드가 100~130 : 콩기름, 대두유, 면실유, 미강유, 참기름, 옥수수유, 해바라기유

　　　■ 불건성유요오드가 100 이하 : 올리브유, 낙화생유, 피마자유

　　　■ 요오드가가 높은 기름은 이중결합이 많기 때문에 산화되기 쉬움

　　　■ 유지는 고온에서 장시간 가열하거나 자동산화가 진행되면 불포화지방산이 산화되기 때문에 요오드가가 낮아지고, 유지가 수소화반응을 거치면 요오드가가 낮아짐

　　㉡ 로단값

　　　■ 유지 100g 중 불포화결합에 첨가되는 로단의 양을 당량의 요오드가로 표시한 것

　　　■ 유지의 불포화도를 측정하는 데 사용됨

④ 아세틸가
  ⊙ 유지 중의 유리하이드록시기 -OH의 함량을 나타내는 척도
  ⓛ 무수초산으로 아세틸화한 유지 1g을 검화하여 생성된 아세트산을 중화하는 데 필요한 수산화칼륨의 mg 수
  ⓒ 신선한 식용유지에서는 값이 작지만 유지가 변패되면 커짐

⑤ 폴렌스케가
  ⊙ 유지 5g에 함유된 불용성 휘발성 지방산을 중화하는 데 필요한 0.1N 수산화칼륨용액의 mL 수
  ⓛ 팜유와 같은 카프르산C10의 함유량이 높은 지방과 우유지방을 구분하는 데 이용됨

⑥ 라이헤르트-마이슬가
  ⊙ 유지 5g을 검화한 후 산성에서 증류하여 얻은 수용성 휘발성 지방산을 중화하는 데 필요한 0.1N 수산화칼륨의 mL 수로 나타냄
  ⓛ 일반적인 유지에서는 1.0 이하
  ⓒ 버터는 26~32, 마가린은 0.55~5.5로 버터의 유사품으로 사용되는 유지는 모두 이 수치가 작기 때문에 이 값은 버터의 순도나 위조 검정에 사용됨

(3) 유지의 가공 처리

① 수소화경화 처리
  ⊙ 불포화지방산액체유의 이중결합에 수소를 첨가하는 과정
  ⓛ 수소화시키면 포화도가 증가하게 되어 융점이 높아져 상온에서 고체로 존재
  ⓒ 경화과정 중 일부가 시스형태의 불포화지방산이 트랜스형으로 전환

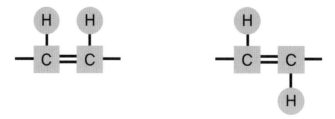

[그림 10] 시스형(왼쪽)과 트랜스형(오른쪽)

② 에스테르 교환반응interesterification
  ⊙ 유지의 물리적 성질을 변화시켜 사용목적에 알맞은 물성을 부여하는 반응임
  ⓛ 유지류에 금속염이나 리파아제를 반응시키면 글리세롤에 결합된 지방산들을 분자간 또는 분자 내 반응에 의해 재배열함

  ⓒ 융점이 높은 유지의 포화도를 줄여 고체와 액체의 중간 점도로 물성을 개선함

  ⓔ 이 반응은 융점을 높이고 다양한 지방산을 함유하게 되어 다양한 융점을 가지므로 퍼짐성이 좋고 안정적이며 부드러운 질감을 갖는 β′ 결정형의 마가린이나 쇼트닝을 만드는 데 이용됨

  ⓜ 돈지의 creaming성, 쇼트닝의 유화성이 향상됨

 ③ 동유 처리 winterization

  ⓖ 식물성 기름 면실유, 옥수수유, 콩기름을 7.2℃까지 냉각시켜서 고체화한 지방 왁스을 여과하는 것임

  ⓛ 식물성 기름 속에 왁스와 같은 물질이 있으면 낮은 온도에서 결정이 생기므로 미리 원료류를 1~6℃에서 18시간 정도 두어 석출된 결정을 여과 또는 원심분리하여 제거하는 방법

  ⓒ 동유 처리를 한 식물성 기름은 냉장고에서도 맑게 유지됨

  ⓔ 면실유나 샐러드유에 필요

04 유지의 산패

식용유지 또는 지방질식품을 장시간 저장할 때 산소, 광선, 효소, 미생물 등의 작용을 받아 이취 off flavor가 발생하고 착색되거나 맛이 나빠지는 등 유지의 품질이 저하되는 현상을 산패 rancidity라고 한다.

(1) 산패의 종류

 ① 가수분해에 의한 산패

  ⓖ 유지가 물, 산, 알칼리와 가수분해효소에 의해서 가수분해되어 유리지방산이 발생하는 산패임

  ⓛ 동식물에는 다양한 리파아제가 존재하고 이 효소는 유지의 가수분해를 유도하여 유리지방산의 생성을 촉진. 맛의 변화와 불쾌취의 생성 등을 유도함

  ⓒ 식품 저장에는 저온 저장을 하거나 열을 처리하여 변성시켜 효소를 억제시키는 것이 바람직함

 ② 가열에 의한 산패

  ⓖ 유지를 산소 존재하에서 150~200℃로 가열할 때 일어나는 산패이며, 이는 튀김공정 등에서 일어남

ⓛ 가열산화는 고온으로 처리되기 때문에 자동산화가 가속화되고 중합반응에 의한 점도 상승, C-C 결합의 분해에 따른 카보닐화합물의 생성, 이취 생성, 유리지방산 증가 등의 현상이 나타남

ⓒ 과산화물이 분해되어 카보닐화합물알데히드, 케톤, 알코올의 생성은 불쾌한 냄새를 만들 뿐만 아니라 갈변반응을 일으켜 유지를 어두운 갈색으로 변화시킴

- 유리지방산의 생성 : 가열에 의해 triglyceride는 열분해를 받아 유리지방산이 형성됨. 유리지방산의 형성속도는 저급지방산이나 불포화도가 높은 유지일수록 잘 일어남

- 카보닐화합물의 형성 : 유지를 고온 가열하면 산화되어 복잡한 분해산물을 형성함. 이때 형성되는 물질로는 탄화수소, 카보닐화합물, epoxide, acrolein 등이 형성됨

- 중합반응 : 유지의 가열변화 중 가장 중요한 반응이 중합반응으로 이량체, 삼량체, 중합체가 형성됨. 이 중합반응은 가열뿐만 아니라 자동산화의 후반부에서도 일어남. 가열에 의해 형성된 중합체는 점도가 증가함

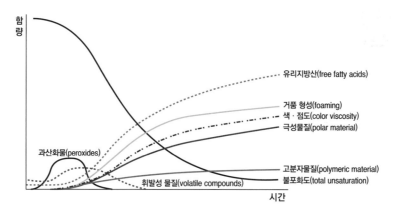

[그림 11] 가열시간에 따른 유지의 물리·화학적 특성 변화

③ 자동산화에 의한 산패 : 불포화지방산을 함유한 유지는 공기와 접촉하면 자연발생적으로 산소를 흡수하고, 흡수된 산소는 유지를 산화시켜 산화생성물을 형성함

ⓐ 유도기간 : 산소를 급격히 흡수하기 직전까지의 기간을 유도기간이라고 함

ⓑ 자동산화autoxidation

- 개시단계유리라디칼free radical 생성

- 산소, 열, 빛, 금속이온, 리폭시게네이즈lipoxygenase 등에 의해 불포화지방산의 이중결합 옆 탄소에서 수소라디칼H·이 떨어져 나가고 유리라디칼 R·을 형성하는 단계RH → R·+H·

- 유리라디칼은 공기 중의 산소와 결합하여 퍼옥시라디칼peroxy radical; ROO·을 생성 R·+O₂ → ROO·
- 라디칼 생성은 올레산과 리놀레산, 리놀렌산, 아라키돈산과 같은 불포화 지방산의 이중결합 부분에서 잘 일어남
- 이중결합에 인접한 메틸렌기methylene에서 수소가 제거되어 유리라디칼 이 생성

■ 전파단계연쇄단계

- 라디칼 생성단계로 초기 반응단계에서 만들어진 유리라디칼과 과산화라 디칼peroxy radical에 의해 공기 중의 산소가 유지의 이중결합 부분에 결합 하여 과산화물ROOH을 계속적으로 만들어가는 과정
- 불포화지방산의 경우 수소원자H가 제거되어 유리라디칼이 되면 이중결 합의 전위가 일어나고 시스형에서 트랜스형으로의 변화도 동시에 진행
- 리놀레산18:2의 경우 생성되는 과산화물의 90% 이상은 공액 형태 conjugated-form로 이중결합이 배치되어 있고, 이중결합이 주로 시스-트 랜스 혹은 트랜스-트랜스형으로 존재
- 지방산의 대부분의 이중결합이 거의 없어질 때까지 계속됨
- 과산화물은 분해되어 카복실산, 알코올, 알데히드, 케톤 등이 됨

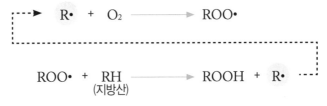

[그림 12] 전파반응의 주요 반응

■ 종결단계

- 전파단계에서 생성된 중간화합물들이 서로 결합하여 새로운 물질중합체, polymer을 생성하고, 중합체는 다른 지방산을 공격하지 않기 때문에 자동 산화반응은 종결됨
- 각종 복잡한 물질들이 생성되는 단계로 이때 일어나는 반응은 크게 중합 반응과 분해반응으로 나눌 수 있음
- 중합반응에서 만들어진 고분자 중합체는 유지의 점도를 증가시키고 색을 짙게 하는 성분임
- 분해반응에 의해 이전에는 없었던 알데하이드aldehyde, 케톤ketone, 알코 올alcohol, 카복실산carboxylic acid 등의 저분자성분들이 생성되며, 이런 분 자들을 카보닐화합물carbonyl compound이라 함

- 분해반응에 의해 생성된 저분자성분은 분자량이 작아 쉽게 휘발이 되어 공기 중으로 확산되며, 이취off flavor를 갖고 있어 산패에 의한 산패취의 주요 성분이 됨
- 분해반응에 의해 전파단계에서 만들어진 과산화물은 분해되기 때문에 종결단계에서는 과산화물가가 오히려 감소
- 단, 카보닐화합물들은 증가하고 이 성분들의 양을 측정하는 카보닐가 carbonyl value 역시 증가

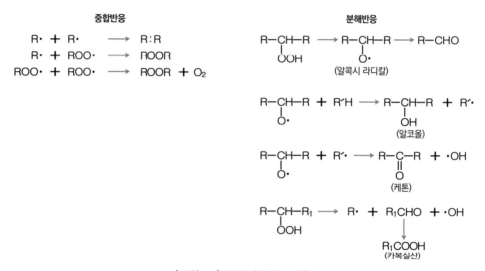

[그림 13] 종결반응의 주요 반응

(2) 산화에 영향을 주는 인자

① 지방산의 종류

㉠ 지방산의 불포화도가 증가할수록 라디칼의 생성은 촉진되어 자동산화는 급격히 빨라짐

㉡ 18:0, 18:1, 18:2와 18:3의 산패속도를 비교한 결과, 이중결합의 수가 0에서 3개로 증가할수록 자동산화의 속도는 1:11:114:179로 급격히 빨라지는 것으로 나타남

② 광선

㉠ 여러 파장의 광선 중 특히 청색, 보라색을 갖는 자외선 조사에 의해 산패는 더 촉진됨

㉡ 갈색병이나 파장을 막아주는 포장재를 사용하여 유지를 저장하여야 광선에 의한 산패를 막을 수 있음

③ 온도

　㉠ 온도의 증가온도가 10℃씩 증가하면 산화속도는 2~3배 증가함는 유리라디칼 생성을 촉진시켜 자동산화의 초기반응을 빨리 일어나게 하여 전체적으로 자동산화의 반응속도를 증가시킴

　㉡ 0℃ 이하에서는 온도가 떨어질수록 유지 속의 수분이 동결되어 산패를 촉진시킴

④ 산소의 분압

　㉠ 산패는 산소를 소비하는 반응으로 산소가 없을 경우 반응은 억제됨

　㉡ 유지의 산패에 산소는 필수요소이므로 산소의 분압이 아주 적어도 산패가 일어남

　㉢ 산소분압을 증가시킬 경우 산소분압이 낮은 영역에서는 산소압에 비례하여 산패가 촉진되나, 약 150mmHg 이상에서는 산소압의 증가에 영향을 받지 않음

　→ 이런 이유에서 통조림 제품의 저장에 있어서 탈기를 충분히 하여 통조림 내부의 산소분압이 낮을 경우는 지방의 산패는 억제되고, 산소분압이 일정값 이상이 되면 산화 억제 효과가 나타나지 않음

⑤ 중금속

　㉠ 금속의 표면은 유리라디칼과 연쇄반응의 촉매로 작용되기 때문에 유지 중의 금속은 미량으로도 산패를 크게 촉진시킴

　㉡ 일반적으로 사용하는 금속 중철, 구리, 코발트, 망간, 니켈, 주석, 납 등 구리Cu의 촉진 정도가 가장 큼

　㉢ 대두유에서는 구리Cu > 철Fe > 납Pb > 니켈Ni > 주석Sn 등의 순으로 촉진함

⑥ 수분

　㉠ 유지 중에 함유된 미량의 수분은 금속의 촉매작용에 영향을 주어 자동산화를 촉진시킴

　㉡ 유지의 산화는 식품에 함유된 수분 함량이 단분자층영역ㅣ일 때 가장 안정적임

　㉢ 단분자층 수분 함량보다 적거나 많을 때는 유지의 산화가 촉진됨

　→ 이유는 식품에 단분자층을 형성할 수 있을 정도의 소량의 수분수분 활성이 0.2~0.3이 존재하면 유지와 산소의 접촉이 차단되므로 산화가 억제됨

　㉣ 다분자층을 형성하면영역ㅣㅣ 수분이 많아질수록 지방과 산화촉진인자의 움직임이 증가되어 산화가 촉진됨

　㉤ 유지의 산패속도는 단분자층 수분 함량에서 가장 낮음

　㉥ 단분자층 수분 함량보다 수분 함량이 적을 경우는 단분자층이 파괴되어 식품 중 지질이 공기 중 산소와 직접 접촉하게 되므로 산패가 빨라짐

⑦ 색소

　　㉠ 식품 중에 존재하는 헤모글로빈, 시토크롬 C 등의 헴화합물, 클로로필 혹은
　　　아조azo계 식용색소는 광감성 물질photosensitizer로서 작용함

　　㉡ 색소는 가시광선에 의해 예민하게 반응하여 들뜬 상태로 변하게 되고 들뜬 상
　　　태의 색소가 지방산에 작용하여 유리라디칼의 생성을 도움

2018년 기출문제 B형

다음은 엄마와 딸의 대화이다. 〈작성 방법〉에 따라 서술하시오. 【5점】

> 엄마 : 오늘은 튀김을 만들어 볼까? 기름을 넣었으니 온도를 160℃로 맞춰 봐.
>
> 딸　 : 네. 기름이 남았는데 왜 새 기름을 사용했어요?
>
> 엄마 : 남은 기름은 ㉠ <u>유통기한이 지난 기름</u>이야. 그래서 어제 새로 사 온 기름을
> 　　　사용한 거야.
>
> 딸　 : 엄마! 벌써 온도가 180℃가 넘었어요.
>
> 엄마 : 그래? 뜨거우니까 기름이 튀지 않게 가장자리에 살짝 넣어 가며 해 보자.
>
> 　　　　　　　… (중략) …
>
> 딸　 : 엄마. 이제 다 끝났으니 정리할까요?
>
> 엄마 : 그래. ㉡ <u>튀김에 사용한 기름은 다른 병에 옮겨서 보관하자.</u>
>
> 딸　 : 제가 기름은 바람이 잘 통하는 곳에서 뚜껑을 열고 식힌 후 병에 옮겨 담아
> 　　　둘께요.

✎ **작성 방법**

- 밑줄 친 ㉠, ㉡의 기름에서 일어날 수 있는 산화의 차이를 서술할 것(단, 이 두 기름은 지
  방산 조성이 동일하다고 가정함)
- 밑줄 친 ㉡에 영향을 미친 요인 2가지를 대화에서 찾아 제시할 것
- 밑줄 친 ㉡에서 나타난 변화 2가지를 서술할 것

(3) 변향

　① 정의 : 리놀렌산이나 아이소리놀레산이 많이 든 정제한 대두유를 잘못 저장하여
　　　산패가 시작되기 전에 원래의 풀냄새 또는 콩 비린내가 나는 현상

② 리놀렌산을 함유하는 대표적인 유지인 대두유의 경우 콩 비린내가 날 수 있으므로 탈취공정을 통하여 비린내를 모두 제거하지만, 저장하는 중 원래 콩 비린내가 다시 나기 시작하며 시간이 지나면서 더욱 불쾌한 비린내로 변하게 됨

③ 대두유, 아마인유, 어유에서 주로 발생하며 옥수수유에서는 거의 일어나지 않음

(4) 항산화제

유지의 산화속도를 억제하는 물질로 유지의 유도기간을 연장함. 항산화제AH는 연쇄반응에 참여하고 있는 각종 지방산의 유리라디칼에 자신의 수소라디칼을 내주어 유지를 안정한 상태로 바꾸어 산화를 지연시킴. 항산화제라디칼A·이 되지만 지방산의 유리라디칼과 비교하여 반응성이 거의 없는 상태이기 때문에 산화반응은 종결. 항산화제라디칼A·은 지방산이 산화되어 생성된 중간산물들과 중합체를 형성하기도 함

$$ROO \cdot + AH \dashrightarrow ROOH + A \cdot$$
$$A \cdot + BH \dashrightarrow AH + B \cdot$$

[그림 14] 항산화제의 작용반응식

① 천연항산화제

ㄱ 대표적인 천연항산화제로는 세사몰sesamol, 토코페롤tocopherol, 아스코브산 ascorbic acid, 고시폴gossypol, 로즈마리 엑기스 등이 있음

ㄴ 세사몰

- 참기름 중에 존재하며 자연계에 존재하는 항산화제 중 항산화력이 매우 높음
- 참기름의 강한 산화 안정성의 주요 원인임
- 참기름 배당체인 세사몰린sesamolin의 형태로 존재함

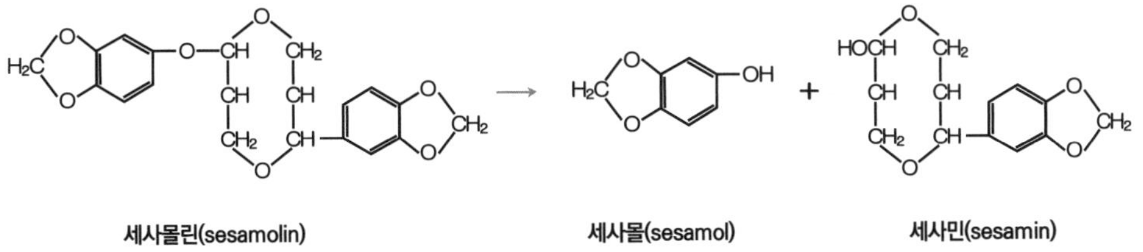

세사몰린(sesamolin)   세사몰(sesamol)   세사민(sesamin)

[그림 15] 참기름의 항산화제 구조

ⓒ 토코페롤

- 각종 식물성 종자유에 광범위하게 함유되어 있어 널리 사용되고 있는 항산화제

- 항산화력은 비교적 약하나 비타민 E로서 영양적 가치는 높음

- 항산화력은 δ > γ > β > α 순으로 나타남

ⓔ 상승제 synegist

- 스스로는 항산화 능력이 없는 물질이지만 항산화제와 같이 사용할 경우 항산화제의 항산화 효과를 크게 증가시키는 물질임

- 대표적인 예로 구연산 citric acid, 피트산 phytic acid, 중인산염, 비타민 C 등이 있음

- 이들 물질은 식품 중의 중금속과 킬레이트결합을 하여 금속이 산패의 촉매로 작용하는 것을 방해하므로 항산화력을 증가시키는 역할도 함

② 합성항산화제 : 합성 항산화제로는 butyl hydroxy toluene BHT, butyl hydroxy anisole BHA, propyl gallate PG, ethyl protocatechuate EP 등이 있음

■ 표 3. 산화방지제의 종류

구분	명칭	특징
천연 산화방지제	토코페롤	■ 항산화력 : δ > γ > β > α
	세사몰	■ 참기름에 함유
	고시폴	■ 면실에 함유
	레시틴	■ 식물종자유에 함유
	폴리페놀, 플라보노이드	–
합성 산화방지제	BHT(butylated hydroxy toluene)	■ 유지에 녹기 쉬울 것 ■ 이미, 이취가 없을 것 ■ 저농도로 사용할 것 ■ 독성이 없거나 적을 것
	BHA(butylated hydroxy anisol)	
	PG(propyl gallate, 갈산프로필)	
	TBHQ(tertiary butyl hydroxyquinone)	

(5) 유지의 산패도 측정방법

유지의 산패 측정은 식품위생적으로 중요하고 식품의 안정성·안전성·가공성 등을 연구하는 데도 매우 중요함. 유지의 산패 정도를 측정하는 방법은 유지의 산패를 촉진하는 부분과 산패가 진행된 정도를 측정하는 부분으로 나눌 수 있음

① 과산화물값peroxide value

　　㉠ 정의 : 유지에서 생성된 과산화물을 측정하는 방법으로 유지 1kg 중에 함유된 과산화물의 mL 당량 수로 유지의 산패 정도를 측정함

　　㉡ 과산화물은 산화 중 증가하다가 감소되므로 과산화물값은 유지의 초기 산패 측정에 사용함

　　㉢ 유도기간 : 식물성 기름의 경우 과산화물값이 60~100meq/kg, 동물성 지방의 경우 20~40meq/kg 정도에 도달하는 시간

② 카보닐값carbonyl value

　　㉠ 유지의 산패가 진행되어 최종단계가 되면 카보닐화합물이 생성되며, 이때 생성된 카보닐화합물의 함량을 측정하면 산패의 정도를 알 수 있음

　　㉡ 카보닐화합물은 과산화물과 달리 산패가 진행되는 과정 중 분해되어 줄어들지 않음

③ TBA가

　　㉠ TBA가thiobarbituric acid value는 과산화물가와 마찬가지로 유지의 산패 측정에 사용됨. TBA가는 유지 1kg 중에 함유된 말론알데하이드malonaldehyde의 mg 수로 나타내며 같은 종류의 유지를 비교하는 데 사용함

　　㉡ TBA가 측정 시 시료와 시약을 반응시켜 붉은색의 착색물질을 만들고 비색정량법으로 측정하여 산패 정도를 알 수 있음

　　㉢ 단점 : 단백질 등의 다른 물질도 정량되어 과대 평가될 수 있음

④ 활성산소법

　　㉠ 시료 유지를 97.8℃에서 2.33mL/sec의 일정한 속도로 공기를 주입하면서 자동산화를 촉진하여 시간에 따른 과산화물값을 측정하는 것으로 유도기간을 조사하는 방법

　　㉡ 주로 서로 다른 유지 산패에 대한 안정성이나 항산화효율을 비교할 때 사용함

⑤ 렌시매트법

　　㉠ 활성산소법을 쉽게 진행할 수 있도록 고안된 대표적 측정기기

　　㉡ 특수 제작된 용기에 소량의 유지를 넣고 가온 처리를 하면서 반응을 시키는 구조

　　㉢ 측정방법 : 실험 시 산패가 진행될수록 유지 속에서 휘발성 이취성분들이 발생하고, 이 성분을 증류수에 포집하게 됨. 이 경우 증류수의 전기전도도가 증가하게 되고 이 증가 정도를 전극으로 측정하여 그래프에 표시, 유도기간을 측정하게 됨

⑥ 오븐법

　㉠ 유지나 유지식품을 접시에 담아 실온이나 실온보다 높은 온도에서 보관하여 산패 진행을 가속화시킨 후 일정 시간마다 관능 검사를 통해 산패를 확인하는 방법

　㉡ 장점 : 실험방법이 매우 쉽고 비교적 정확하게 측정 가능

　㉢ 단점 : 관능 검사 시 측정하는 사람마다 개인차가 존재하기 때문에 산패의 진행 정도를 객관화시키기 어려움

　㉣ 제과제품과 같이 부수지 않고는 유지를 추출하기 어렵거나 관능 검사 외에는 유지의 산패를 측정하기 곤란한 식품의 산패 측정에 자주 사용됨

5장 식품의 색과 갈변

01 발색이론과 천연색소의 분류

(1) 발색이론

① 발색단

⑦ 발색의 기본이 되는 물질

ⓛ 카보닐기 $=CO$, 에틸렌기 $-C=C-$, 아조기 $-N=N-$, 나이트로기 $-NO_2$, 나이트로소기 $-NO$, 티오카보닐기 $=CS$ 등으로 발색단을 반드시 하나 이상 가진 원자단을 의미

② 조색단 : 수산기 $-OH$, 아미노기 $-NH_2$, 카복실기 $-COOH$ 등을 말함

③ 식품의 색 : 발색단을 갖는 물질을 색소원chromogen이라 하고, 발색단 하나만으로 색을 나타내지만 보통은 다양한 발색단이 합쳐져 색을 내거나 색소원에 수산기 $-OH$, 아미노기 $-NH_2$, 카복실기 $-COOH$ 등의 조색단이 결합하여 식품의 색이 표현되기도 함

(2) 화학구조에 따른 색의 분류

식품의 색소는 그 화학구조에 따라 아이소프레노이드, 테트라사이클릭화합물, 테트라피롤 유도체, 벤조피렌 유도체로 크게 분류함

■ 표 1. 화학구조에 따른 색의 분류

분류	화학구조	색소
아이소프레노이드 유도체	$CH_2=C(CH_3)-CH=CH_2$	잔토필, 카로티노이드

(표 계속)

065

테트라피롤 유도체		클로로필, 헤모글로빈, 미오글로빈
벤조피렌 유도체		안토사이아닌, 안토잔틴

(3) 천연색소의 분류

① 식물성 색소

    ㉠ 지용성 색소는 주로 세포의 엽록체 chloroplast에 존재하는 클로로필 chlorophyll 과 카로티노이드 carotenoid임

    ㉡ 수용성 색소는 플라보노이드 flavonoid계 색소로 안토사이아닌 anthocyanin과 안토잔틴 anthoxanthin이 있음

② 동물성 색소 : 헴류로는 동물의 혈액에 존재하는 헤모글로빈과 근육조직에 존재하는 미오글로빈이 있으며 난황이나 우유, 게, 새우 등에 존재하는 카로티노이드 색소들이 있음

■ 표 2. 천연색소의 분류

급원	특성	색소		존재식품
식물성 색소	불용성	클로로필류		녹색채소와 과일류
		카로티노이드계		등황색, 녹색채소와 과일
	수용성	플라보노이드	안토잔틴	백색채소, 과일, 곡류
			안토시아닌	적자색채소, 과일류
			탄닌류	채소, 과일, 곡류
동물성 색소	헴류	헤모글로빈		동물의 혈액
		미오글로빈		동물의 근육조직
	카로티노이드류	루테인		난황, 고추
		아스타잔틴		새우, 게, 연어
	기타	멜라닌(melanins)		피부
		리보플래빈(riboflavin)		생선

02 식물성 식품의 색

(1) 클로로필(chlorophy ll)

① 클로로필chlorophy ll의 구조

ⓖ 엽록체 속에 단백질 또는 지단백질과 결합한 형태로 존재하며 광합성작용을 함

ⓛ 클로로필은 가운데 마그네슘 한 분자에 4개의 피롤pyrrole기가 결합되어 있는 구조로, 피톨phytol, $C_{20}H_{39}OH$과 메탄올CH_3OH이 각각 에스테르결합을 하고 있어서 지용성을 나타내며 피톨기를 잃으면 수용성으로 변함

ⓒ 클로로필은 기능기의 종류에 따라 클로로필 a, b, c, d 등이 있음. 우리가 채소나 과일로 섭취하는 고등식물에서의 청록색을 띠는 클로로필 a와 황록색을 띠는 클로로필 b는 a와 b가 3 : 1의 비율로 존재함

ⓔ 클로로필 b는 3번 탄소에 있는 methyl기가 aldehyde로 치환되어 있는 점이 클로로필 a와 다름. 즉, a는 b보다 2개의 수소원자를 더 함유하고 있고 b는 a보다 산소원자를 하나 더 가지고 있음

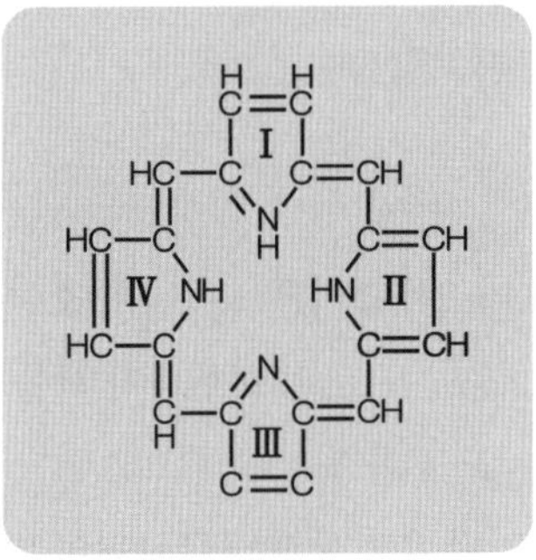

포르피린 고리

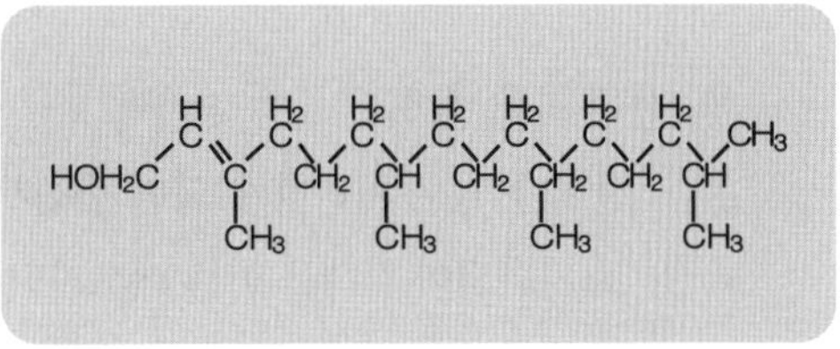

피톨

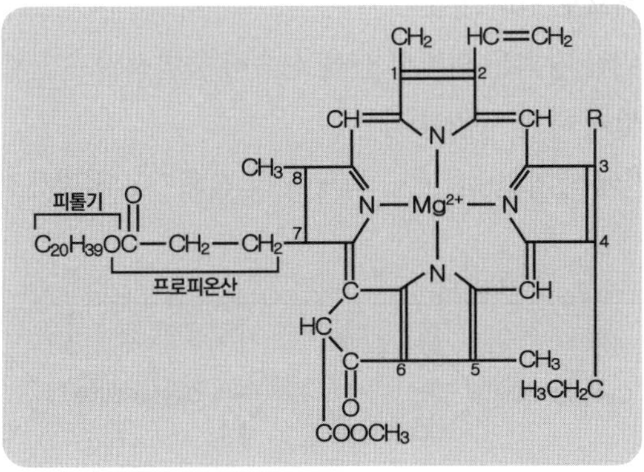

클로로필

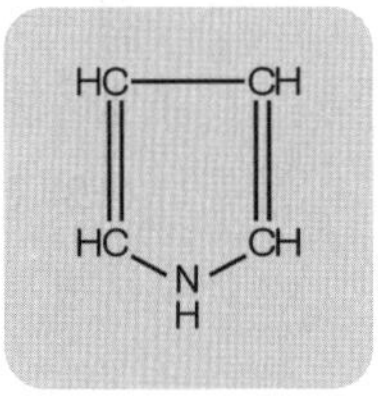

피톨

R=CH₃ : 클로로필 a
R=CHO : 클로로필 b

[그림 01] 클로로필의 구조

② 클로로필의 변화

㉠ 클로로필라아제에 의한 변화

- 녹색채소는 데치기blanching나 가열 등으로 식물세포가 손상되면 세포 내에 함유되어 있던 클로로필라아제chlorophyllase가 작용하여 클로로필과 작용하면서 녹색의 수용성 색소인 클로로필리드chlorophyllide를 형성함
- 클로로필은 피톨기로 인해 지용성을 나타내지만 클로로필라아제에 의해 피톨기가 떨어져 나간 클로로필리드는 수용성을 나타냄
- 녹차를 만들 때 녹색을 유지하기 위해 찻잎을 덖거나 찌개 되는데, 이 과정은 찻잎의 효소를 불활성화시켜 녹색을 유지하는 전형적인 예라고 할 수 있음

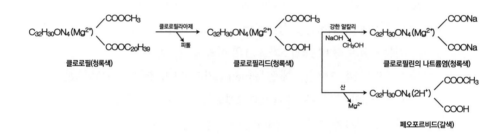

[그림 02] 클로로필의 클로로필라아제에 의한 변화

㉡ 산에 의한 변화

- 산이나 열로 처리하게 되면 중심부의 마그네슘이온Mg^{2+}이 수소이온H^+으로 치환되어 갈색을 띠는 페오피틴pheophytin으로 변화했다가 피톨기가 떨어져 나가 갈색의 페오포바이드pheophorbide가 됨
- 녹색채소를 삶을 때 채소에 함유되어 있던 유기산과 클로로필이 반응하여 채소의 색이 녹갈색으로 변하는 것
- 변색을 억제하기 위한 방법은 휘발성 산을 신속히 증발시키고 클로로필과 산의 접촉시간을 짧게 하면 도움이 됨
- 녹색채소를 단시간에 데치면blanching 녹색이 더 진해지고 선명해짐

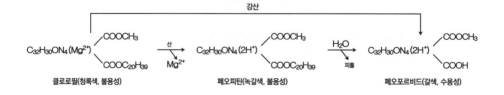

[그림 03] 클로로필의 산에 의한 변화

ⓒ 알칼리에 의한 변화

- 클로로필이 알칼리용액과 반응하면 피톨기가 떨어져 나가 수용성인 녹색의 클로로필리드chlorophyllide로 되고, 계속하여 메틸에스터결합이 가수분해되어 수용성의 진한 녹색의 클로로필린chlorophylline이 형성됨
- 중탄산나트륨중조, 식소다을 넣고 녹색채소를 데치면 녹색은 유지되지만 데친 물이 알칼리성이므로 수용성 비타민B_1, B_2, C의 파괴가 크고 섬유소가 연화되어 채소가 물러짐
- 조리에서는 일반적으로 소금은 페오피틴으로의 변화를 억제하는 작용이 있어 녹색이 잘 유지됨
- 한편 소금은 비타민 C 등의 수용성 성분의 용출을 억제하지만 무기질의 용출을 촉진함

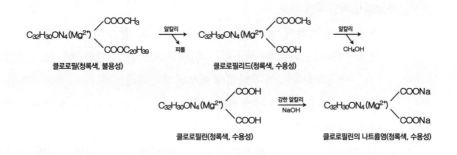

$C_{32}H_{30}ON_4 (Mg^{2+})$ ⟨COOCH$_3$ / COOC$_{20}$H$_{39}$ →(알칼리, 피톨)→ $C_{32}H_{30}ON_4 (Mg^{2+})$ ⟨COOCH$_3$ / COOH →(알칼리, CH$_4$OH)→

클로로필(청록색, 불용성)　　클로로필리드(청록색, 수용성)

$C_{32}H_{30}ON_4 (Mg^{2+})$ ⟨COOH / COOH →(강한 알칼리, NaOH)→ $C_{32}H_{30}ON_4 (Mg^{2+})$ ⟨COONa / COONa

클로로필린(청록색, 수용성)　　클로로필린의 나트륨염(청록색, 수용성)

[그림 04] 클로로필의 알칼리에 의한 변화

ⓔ 금속에 의한 변화

- 클로로필이 구리Cu, 철Fe, 아연Zn 등의 이온과 반응하면 클로로필의 마그네슘이온이 금속이온과 치환되어 구리-클로로필청록색, 갈색의 철-클로로필갈색을 형성함
- 산에 의하여 녹색채소가 녹갈색의 페오피틴으로 전환된 경우에도 구리를 첨가하면 수소이온이 구리이온으로 치환되어 구리-클로로필이 되므로 진한 녹색을 유지할 수 있음
- 금속-클로로필은 물에 녹지 않으므로 진한 알칼리로 가수분해한 후 수용성의 나트륨염을 만들어 식품 착색제로 사용함

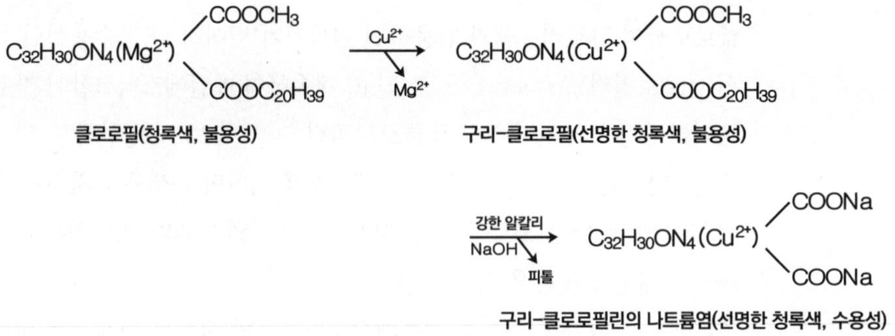

$$C_{32}H_{30}ON_4(Mg^{2+}) \begin{array}{c} COOCH_3 \\ COOC_{20}H_{39} \end{array} \xrightarrow[Mg^{2+}]{Cu^{2+}} C_{32}H_{30}ON_4(Cu^{2+}) \begin{array}{c} COOCH_3 \\ COOC_{20}H_{39} \end{array}$$

클로로필(청록색, 불용성)　　　　　　　구리-클로로필(선명한 청록색, 불용성)

$$\xrightarrow[\text{피톨}]{\substack{\text{강한 알칼리}\\ \text{NaOH}}} C_{32}H_{30}ON_4(Cu^{2+}) \begin{array}{c} COONa \\ COONa \end{array}$$

구리-클로로필린의 나트륨염(선명한 청록색, 수용성)

[그림 05] 클로로필이 금속에 의한 변화

(2) 카로티노이드계 색소

① 카로티노이드계의 구조

㉠ 동·식물성 식품에 존재하는 노란색, 주황색, 빨간색 등의 색소가 대표적인 카로티노이드계 색소로, 카로티노이드는 8개의 아이소프렌단위 $CH_2=CCH_2-CH=CH_2$가 결합하여 형성된 테트라터르펜tetraterpene 구조임

㉡ 분자 내에 7개 이상의 공액 이중결합conjugated double bonds을 가지고 있어 빛깔의 원인이 됨

㉢ 카로티노이드는 크게 카로틴carotene과 잔토필xanthophyll로 나뉘며, 이오논 α-, β-, γ-, 슈도-ionone 핵과 여러 개의 이중결합을 가진 탄화수소로 이루어져 있음

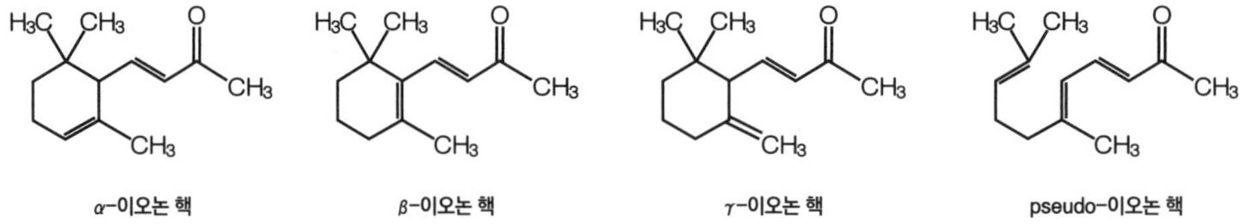

α-이오논 핵　　　β-이오논 핵　　　γ-이오논 핵　　　pseudo-이오논 핵

[그림 06] 카로티노이드의 기본구조

② 분류

㉠ 카로틴carotene계

■ α-이오논 핵 또는 β-이오논 핵과 같이 고리 모양으로 되어 있는 경우와 사슬 모양으로 되어 있는 경우가 있으며, 이러한 양끝의 구조에 따라 분류되고 α-, β-, γ-카로틴, 라이코펜이 있음

- α-, β-, γ-카로틴은 분자 내에 β-이오논 핵을 가지고 있어 체내에서 산화 분해되면 비타민 A로 전환되기 때문에 프로비타민 A임
- 라이코펜은 두 개의 pseudo슈도-ionone이오논 핵만을 가지고 있어 비타민 A로 전환되지 않음

■ 표 3. 식품 중의 중요한 카로틴

색깔	명칭 및 구조		소재 및 특성
황등색	α-카로틴	α-이오논 β-이오논	■ 당근,찻잎 ■ β-카로틴과 공존 ■ 체내에서 한 분자의 비타민 A를 생성
	β-카로틴	β-이오논 β-이오논	■ 당근, 고구마, 녹색잎, 오렌지, 호박, 감귤류 ■ 체내에서 두 분자의 비타민 A를 생성 ■ 색깔과 높은 영양 때문에 식품첨가물로 이용
적색	γ-카로틴	HO β-이오논 OH	■ 당근, 살구 ■ β-카로틴과 공존 ■ 체내에서 한 분자의 비타민 A를 생성
	라이코펜		■ 수박, 토마토, 감, 앵두 ■ 비타민 A의 효력은 없음

ⓒ 잔토필계
- 황등색인 크립토잔틴, 루테인, 제아잔틴, 비올라잔틴이 있고 적색인 아스타잔틴, 캡산틴이 있음
- 크립토잔틴cryptoxanthin은 β-이오논 핵을 가지고 있어 비타민 A로 전환되므로 프로비타민 A임
- 새우, 게 등의 갑각류에는 적색의 아스타잔틴이 함유되어 있으며 이 아스타잔틴은 단백질과 결합되어 청록색을 띠는데, 가열에 의해 산화되면 적색의 아스타신이 됨

■ 표 4. 식품 중의 중요한 잔토필

색깔	명칭 및 구조		소재 및 특성
황등색	크립토잔틴	β-이오논	■ 옥수수, 감, 오렌지 ■ 비타민 A의 효력이 있음
	루테인		■ 난황, 녹색잎, 오렌지, 호박 ■ 비타민 A의 효력은 없음
	제아잔틴		■ 난황, 간, 옥수수, 오렌지 ■ 비타민 A의 효력은 없음
	비올라잔틴		■ 자두, 고추, 감, 파파야
	아스타잔틴		■ 게, 새우, 연어, 송어 ■ 결합형 아스타잔틴(청록색) ↓ 가열 유리형의 아스타잔틴(적색) 아스타신(적색)
적색	캡산틴		■ 고추, 파프리카
	칸타잔틴		■ 양송이, 송어, 새우
	푸코잔틴		■ 해조류(미역, 다시마)

③ 카로티노이드의 변색

　㉠ 카로티노이드는 조리과정 중 손실이 거의 없는 색소로 지용성이며 열, 약산, 약알칼리에 비교적 안정함

　㉡ 분자구조에 이중결합이 많아 산화에는 약한데, 공기 중의 산소나 산화효소, 햇빛 등에 의해 산화되어 변색되기 쉬움

(3) 플라보노이드계 색소

탄소 6개로 구성된 고리구조인 벤젠benzene 핵이 탄소로 연결된 C_6-C_3-C_6의 기본구조를 갖는 플라반flavane이 기본이 됨. 플라보노이드는 안토잔틴anthoxanthin, 안토사이아닌anthocyanins으로 크게 분류되나 넓은 의미로는 저분자의 타닌tannin인 카테킨catechin 및 루코잔틴leucoxanthin등도 포함됨. 수용성 색소로서 세포 내의 액포 중에 유리상태 또는 배당체로 존재함

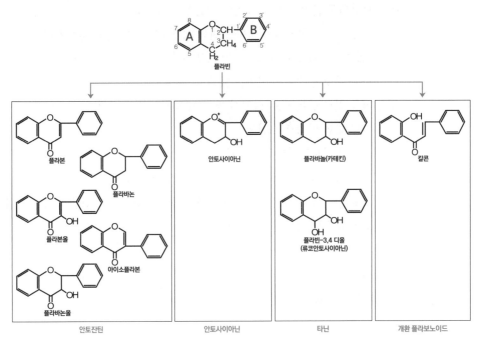

[그림 07] 플라보노이드의 구조에 따른 분류

① 안토잔틴anthoxanthin

　　㉠ 특징

　　　　■ 채소 및 과일에 널리 분포되어 있으며 색은 주로 담황색과 황색을 나타내고, 주로 당과 결합된 배당체로 존재하며 가열하면 당이 분리되어 색깔이 더욱 진해짐

　　　　■ 예로 감자나 고구마, 옥수수를 가열 조리하면 생으로 있을 때보다 담황색이 더욱 진해짐

　　㉡ 구조에 따른 분류 : 플라본flavone, 플라본올flavonol, 플라바논flavanone, 플라바논올flavanonol, 아이소플라본isoflavone 5가지로 분류

ⓒ 변색

- 안토잔틴은 물에 잘 녹고 산에는 안정하여 무색을 띠고 알칼리에서는 황색, 갈색을 띠거나 배당체들이 가수분해되어 짙은 황색을 띰
- 밀가루로 반죽을 만들 때 탄산수소소듐을 첨가하여 빵이나 국수를 만들면 황색을 띠게 됨. 양배추, 흰 양파, 흰 감자, 고구마, 콩 등을 경수로 끓일 때 황색이 짙어지는 것은 안토잔틴화합물에 기인함
- 안토잔틴은 분자 내에 여러 개의 페놀성 수산기를 갖고 있어 금속과 반응하여 불용성 착화합물을 생성하여 변색함. 철과 결합하면 녹색을 거쳐 갈색으로, 알루미늄과 결합하면 황색으로 변하고 주석과는 결합하여 복합체를 형성하나 뚜렷한 색깔의 변화는 없음
- 양파를 철로 만든 칼로 다져서 방치 시 적갈색으로 변색 → 알루미늄 팬에서 조리하면 황색으로 변색
- 대표적인 안토잔틴류인 헤스페리딘은 감귤류의 과즙에 많이 존재하며 분해되면 아글리콘인 헤스페리틴과 루티노오스가 생성됨
- 헤스페리딘, 루틴, 퀘르세틴은 정상적인 모세혈관의 투과성을 유지하는 데 필요한 물질로 비타민 P로 부름메밀에 많이 함유된 것으로 알려짐

ⓔ 변색 방지법 : 식초, 레몬주스, 주석영 등을 소량1L당 1/8작은술 첨가하면 안토잔틴 색소가 함유된 감자, 양파, 쌀, 우엉, 연근 등의 황변을 예방하고 더욱 희게 유지할 수 있음

■ 표 5. 플라보노이드계 색소의 분류 및 구조

분류	색소명	아글리콘		함유식품
		아글리콘명	구조	
플라본 (flavone)	아핀 (apiin)	아피제닌 (apigenin)		파슬리, 셀러리
	트리신 (tricin)	트리틴 (tritin)		미강

(표 계속)

플라본올 (flavonol)	퀘르시트린 (quercitrin)	퀘르세틴 (quercetin)	양파, 허브티, 사과
	루틴 (rutin)	퀘르세틴 (quercetin)	오트밀, 메밀
	미르시트린 (myricitrin)	미리세틴 (myricetin)	와인, 포도
플라바논 (flavanone)	헤스페리딘 (hesperidin)	헤스페레틴 (hesperetin)	감귤껍질
	나린진 (naringin)	나린제닌 (naringenin)	오렌지, 귤
	에리오딕틴 (eriodictin)	에리오딕티올 (eriodictyol)	오렌지, 귤
아이소플라본 (isoflavone)	디아진 (daizin)	다이제인 (daizein)	콩, 두부
	제니스틴 (genistin)	제니스테인 (genistein)	콩, 두부

② 안토시아닌 anthocyanin

ㄱ 정의 및 특징 : 식품의 빨간색, 자주색 또는 청색을 나타내는 수용성 색소로 매
우 불안정하여 가공이나 저장 중 색깔이 쉽게 변색됨

ⓒ 구조에 따른 분류

- 안토시아닌은 당과 결합한 배당체로 존재하며, 당이 아닌 aglycone, 아글리콘 부분을 안토시아니딘 anthocyanidin 이라 함. 안토시아닌 anthocyanin 과 안토시아니딘을 합하여 안토시안이라고 부름

- 안토시아니딘은 benzopyrylium 벤조피릴리움 핵과 phenyl기가 결합한 flavylium 화합물로 2-phenyl-3,5,7-trihydroxy-flavylium chloride의 기본 구조를 가짐

- 안토시아니딘은 벤젠고리의 치환기의 수에 따라 펠라고니딘 pelargonidin, 사이아니딘계 cyanidin, 델피니딘계 delphinidin, 페오니딘계 peonidin, 페투니딘계 petunidin, 말비딘계 malvidin 로 나뉘며 이들은 다시 일부 수산기가 메톡실기 -OCH₃에 따라 여러 가지 안토시아닌이 됨

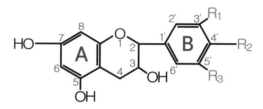

[그림 08] 안토시아니딘의 기본구조

■ 표 6. 안토시아니딘의 분류와 특징

분류	색소명	색	함유식품
펠라고니딘계 (pelargonidin)	칼리스테핀 (callistephin)	빨간색	양딸기
사이아니딘계 (cyanidin)	케라사이아닌 (keracyanin)	빨간색	베리, 자두
델피니딘계 (delphinidin)	나수닌(nasunin), 히아신(hyasin)	보라색	가지
페오니딘계 (peonidin)	페오닌(peonin)	보라색	자색양파
페투니딘계 (petunidin)	페투닌(petunin)	보라색	포도, 자두
말비딘계 (malvidin)	말빈(malvin)	보라색	자두, 베리

　　　　ⓒ 변색

　　　　　　▪ pH에 따른 변화 : 산성에서 적색의 플라빌리움염의 형태이며 적색을 띠고 중성에서는 자색, 알칼리성에서는 청색으로 변함. 이런 변화는 가역적으로 다시 산을 가하면 청색이 적색으로 변함

　　　　　　▪ 금속에 따른 변화

　　　　　　　- 안토시아닌은 철Fe과 반응 시 청색, 아연Zn과 반응 시 녹색, 주석Sn과 반응하면 회색이나 자색을 형성함

　　　　　　　- 가지를 염장할 때 그 속에 쇳조각을 넣어두면 가지가 고운 청색을 띰

　　　　　　▪ 효소에 의한 변화 : 안토시아니나제anthcyaninase의 작용에 의해 퇴색 또는 암갈색

　　　　　　▪ 가열에 의한 변화

　　　　　　　- 열에 불안정하여 열처리 시 색이 변함

　　　　　　　- 고온 처리 시 변색되지 않음

　　　　ⓔ 변색 방지법 : 식초, 레몬주스 등을 첨가하면 안토시아닌 색소가 함유된 채소의 변색을 막을 수 있음. 그 예로 자색양배추 조리 시 사과와 함께 조리하면 아름다운 색을 유지할 수 있음

　③ 탄닌tannin

　　ⓐ 정의 및 종류

　　　　▪ 물의 줄기, 잎, 뿌리, 미숙과일 등에 널리 함유된 폴리페놀화합물

　　　　▪ 갈변을 일으키는 무색으로 식품에 갈색과 떫은맛을 줌

　　　　▪ 종류 : 카테킨류, 루코안토시안류, 클로로젠산 등이 있음

　　ⓑ 구조에 따른 분류

　　　　▪ 카테킨류catechin

　　　　　- 카테킨catechin, C, 갈로카테킨gallocatechin, GC, 카테킨갈레이트catechingallate, CG, 갈로카테킨갈레이트gallocatechin-gallate, GCG의 이성체가 있음

　　　　　- 과일, 채소에는 카테킨이 대부분이고 갈로카테킨은 적음

　　　　　- 찻잎에는 카테킨갈레이트와 갈로카테킨갈레이트가 존재하며, 특히 에피갈로카테킨갈레이트 함량이 높음

　　　　　- 카테킨과 갈로카테킨은 쓴맛이 강하며 카테킨갈레이트와 갈로카테킨갈레이트는 떫은맛을 냄

　　　　　- 홍차는 발효과정에서 카테킨과 갈로카테킨이 폴리페놀옥시다아제의 작용으로 결합하여 테아플라빈색소가 생성된 것임

- 루코안토시안류 : 플라반-3,4-디올의 구조를 가지는 루코안토시아니딘을 함유하는 과일의 통조림 등에서 적변현상이 나타남
- 클로로젠산chlorogenic acid : 감자, 사과, 포도 등에 존재하는 효소적 갈변의 기질이 되는 물질이지만 수용성이므로 물에 담가 놓아 갈변을 억제할 수 있음

© 탄닌의 성질
- 산화
  - 미숙한 과일에 함유되어 있는 수용성 타닌은 떫은맛을 나타내지만 과일이 익으면서 불용성 타닌으로 중합되어 떫은맛이 점차 없어짐
  - 공기와 접촉할 수 있게 방치하면 산소와 결합하여 쉽게 산화, 중합되어 흑갈색의 불용성 중합체를 형성하면서 떫은맛이 없어지며 테아플래빈 theaflavin이라는 적색의 불용성 색소를 형성하게 됨
- 단백질과 반응 : 타닌은 단백질과 결합하여 침전함. 예를 들면, 맥주의 원료인 홉이나 보리 속의 류코안토사이아닌leucoanthocyanin은 보리의 글로불린 단백질과 결합하여 금속이온을 흡착하면 불용성의 침전물을 만들어 맥주 혼탁의 원인이 됨
- 금속과 반응 : 타닌은 금속과 복합염을 형성하여 회색, 갈색, 적색, 청록색을 나타냄. 예를 들면, 떫은 감을 철제 칼로 깎으면 탄닌이 철과 결합하여 암갈색으로 변하고, 차를 끓일 때 경수를 쓰면 경수 중의 칼슘이온과 마그네슘이온이 탄닌과 결합하여 적갈색의 침전을 형성함

03 동물성 색소

동물성 식품의 색소로는 헴류인 헤모글로빈(hemoglobin)과 미오글로빈(myoglobin), 카로티노이드계의 루테인(lutein), 아스타잔틴(astaxanthin)이 있다.

(1) 미오글로빈과 헤모글로빈

미오글로빈myoglobin은 고기색의 주체로, 주로 근육 내의 산소를 저장하는 역할을 하며 근육 속에 존재하는 일부 혈액의 헤모글로빈hemoglobin도 10% 정도 기여함
① 구조
  ㉠ 미오글로빈은 적색색소체인 헴heme, ferriprotoporphyrin, Fe^{2+}과 단백질인 글로

빈globin이 결합한 복합단백질임. 즉, 헴heme의 중심부에 있는 철이온이 글로
빈 분자 중의 히스티딘histidine 잔기의 이미다졸 고리imidazole ring 질소원자와
직접 결합되어 있으며 철이온에 산소가 결합할 수 있음
　ⓛ 헤모글로빈은 헴 4분자와 폴리펩타이드 사슬 4개가 결합한 것임

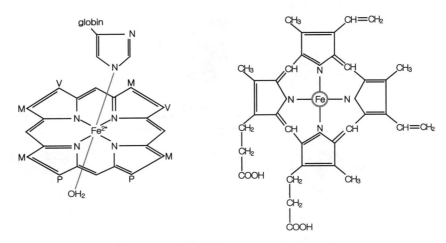

[그림 09] 미오글로빈(왼쪽)과 헤모글로빈(오른쪽)의 구조

② 변화
　㉠ 산화에 의한 변화
　　■ 육류는 Fe^{2+}를 함유하는 환원형 미오글로빈Mb에 의해 적자색을 띠지만, 고
기의 표면이 공기와 접촉하면 산소와 결합하여 선홍색의 옥시미오글로빈
oxymyoglobin, Mb·O₂이 됨
　　■ 옥시미오글로빈으로 변화하는 것은 제1철이온은 2가의 형태로 철의 이온
가의 변화 없이 산소가 결합하는 형식임
　㉡ 가열에 의한 변화
　　■ 육류를 가열하면 적색을 나타내던 미오글로빈은 밝은 적색선홍색의 옥시미
오글로빈을 거쳐 적갈색의 메트미오글로빈으로 변하게 됨
　　■ 메트미오글로빈을 계속해서 가열하면 단백질 부분인 글로빈이 변성된 형
태인 변성된 글로빈과 갈색의 헤마틴hematin으로 분리되고, 헤마틴은 다시
헴 부분이 유리되거나 이것이 염소이온과 결합한 형태인 헤민hemin을 형성
　　■ 헤마틴의 일부는 헤민을 형성하고 나머지는 산화된 포피린류oxidized
prophyrins를 형성
　㉢ 육류 가공 중의 변화
　　■ 햄, 소시지, 베이컨 등의 육류 가공품은 육류를 가공하는 과정에서 사용되
는 아질산염에 의해 가열 조리 중에도 육류의 선홍색이 유지

■ 육류 가공품을 만들 때 염지공정 중에 사용하는 질산염$_{KNO_3}$이나 질산나트륨$_{NaNO_3}$이 절임용액 속에 존재하는 비병원성 세균의 작용으로 아질산염이 되고, 이것이 육류 중의 젖산에 의하여 다시 아질산$_{HNO_2}$을 거쳐 니트로기$_{-NO}$를 형성

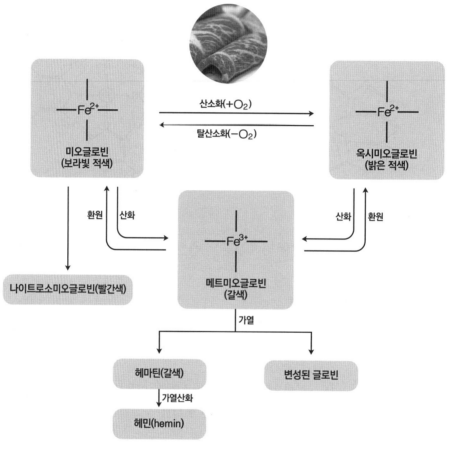

[그림 10] 육류의 색 변화

04 식품의 갈변반응

갈변반응이란 식품을 가공, 조리하는 과정에서 식품성분, 효소나 산소 등이 관여하여 식품이 갈색으로 변하는 과정을 말한다. 사과, 배, 우엉 등의 껍질을 벗겨 공기 중에 방치하면 표면이 갈색으로 변하며 사과잼의 경우 조리과정에서 갈변이 발생되면 사과의 원래 색깔과는 다른 색의 잼이 된다.

(1) 효소적 갈변반응(enzymatic browning)

① 갈변반응의 원리

ㄱ 사과, 배, 복숭아, 바나나, 감자, 우엉 등의 과일과 채소의 껍질을 벗기거나 조직을 파괴했을 때 폴리페놀산화효소polyphenol oxidase에 의한 갈변반응이 일어나는데, 이 효소는 기질을 산화시켜 멜라닌melanin이라는 갈색물질을 만들어 변색을 일으킴

ㄴ 이 효소는 카테킨catechin, 또는 카테콜 유도체, 갈릭산gallic acid, 클로로젠산chlorogenic acid, 타이로신tyrosine 등의 페놀phenol을 함유한 화합물을 기질로 하여 작용함페놀화합물이나 폴리페놀화합물은 주로 탄닌류의 물질로 알려져 있으며 카테킨, 타이로신, 갈릭산, 클로로젠산 등. 대부분의 효소적 갈변반응은 채소나 과일의 기호도를 떨어뜨리지만, 차의 향미성분을 만들거나 건포도 같은 건조과일의 색과 향미성분 생성에 기여하는 바람직한 결과를 내기도 함

ㄷ 폴리페놀 산화효소polyphenol oxidase에 의한 갈변

- 구리를 함유하는 금속효소
- 폴리페놀류를 산소의 존재하에서 퀴논화합물로 산화시키고 생성된 퀴논은 계속해서 산화되고 중합 또는 축합되어 갈색의 멜라닌을 형성
- 우롱차와 홍차를 제조할 때는 의도적으로 이 반응을 일으킴. 즉, 녹색의 찻잎을 시들게 하여 흠집을 낸 후 둥글게 말아 발효시키면 페놀라아제의 작용으로 차의 카테킨, 갈로카테킨이 산화되어 홍차 특유의 오렌지색을 띠는 테아플라빈이 형성됨
- 홍차를 끓이면 어두운 주황색을 띠는 것은 테아플라빈이 다시 테아루비겐으로 산화되었기 때문임

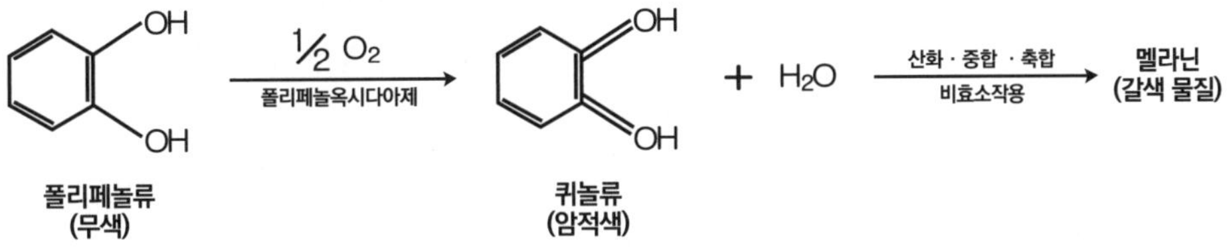

[그림 11] 폴리페놀옥시다아제에 의한 갈변반응

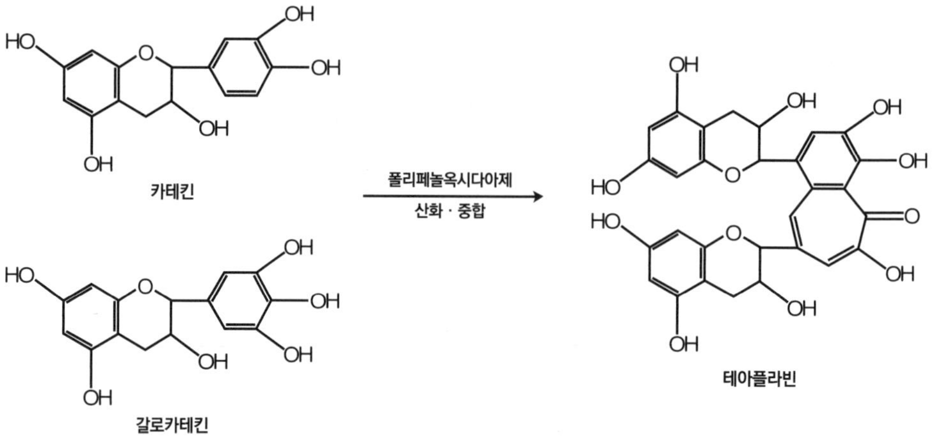

[그림 12] 홍차의 테아플라빈의 생성

2017년 기출문제 B형

다음은 여고생 주현이와 영양교사의 대화내용이다. 〈작성 방법〉에 따라 각각 서술하시오.【5점】

> 주　　현 : 선생님, 녹차가 건강에 좋다고는 하는데, 저는 (가) 녹차가 쓰고 떫어서 마시기 싫어요.
>
> 영양교사 : 그러니? 하지만 그 쓰고 떫은맛은 강한 항산화기능을 가진 대표적인 성분에서 나온 거야. 그 성분은 피부 노화를 늦춰 주고 체지방 감소에 도움을 줄 수 있어.
>
> 주　　현 : 그렇군요. 제가 어디서 들었는데 홍차나 녹차를 만드는 찻잎은 크기만 다를 뿐 같은 거라던데요? 그런데 왜 (나) 홍차 잎은 적갈색이고, (다) 녹차 잎은 적갈색이 아닌가요?

작성 방법

- (가) : 쓰고 떫은맛의 원인이 되는 대표적인 성분의 명칭을 쓸 것
- (나) : 홍차 제조과정에서 일어난 ㉠ 색소 변화반응의 명칭, ㉡ 생성된 색소의 명칭 1가지, ㉢ 색소 변화반응이 일어난 이유를 쓸 것
- (다) : 녹차 잎은 적갈색이 아닌 이유를 녹차 제조과정과 관련지어 쓸 것

ㄹ 티로시나아제tyrosinase에 의한 갈변

- 모노페놀옥시다아제
- 티로시나아제는 넓은 의미로는 폴리페놀 산화효소에 속하지만 아미노산인 타이로신에 작용하여 산화되어 DOPAdihydroxyphenylalanine를 거쳐 DOPA 퀴논o-quinone phenylalanine이 되고, 다시 산화, 계속적인 축합, 중합 반응을 통하여 흑갈색의 멜라닌 색소를 형성함
- 타이로시네이스는 분자 내에 구리Cu를 함유하고 있는 산화효소로 감자 갈변의 원인이 됨. 타이로시네이스는 수용성이므로 감자를 깎아서 물에 담가 두면 갈변이 잘 일어나지 않음

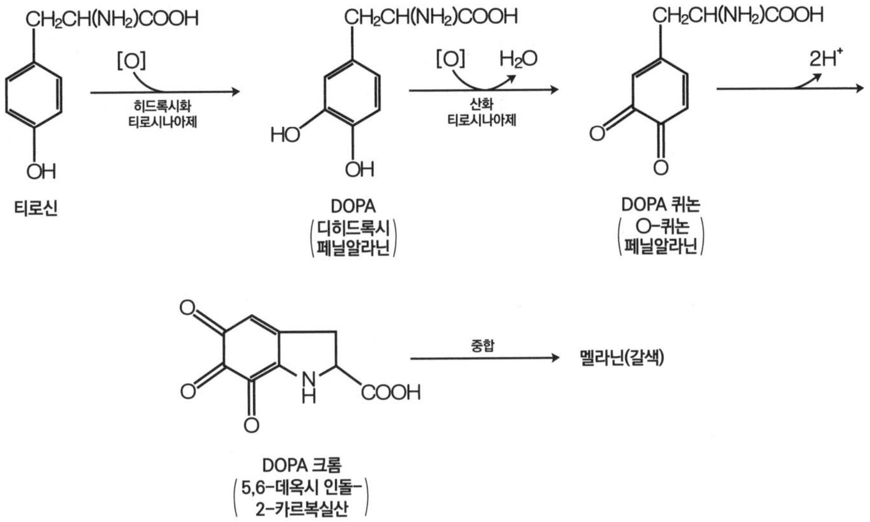

[그림 13] 티로시나아제에 의한 갈변반응

② 효소적 갈변반응의 억제 : 일반적으로 갈변반응은 식품의 품질과 식욕을 떨어뜨리므로 갈변을 억제하기 위해 여러 가지 방법이 사용되고 있음. 효소적 갈변은 효소와 기질, 산소 세 가지 요소가 있어야만 일어나는 반응이므로 이들 중 한 가지를 조절함으로써 갈변을 제어할 수 있음

㉠ 기질의 제거

- 폴리페놀 산화효소가 작용하는 기질은 클로로젠산, 카테킨류, 카테콜 등의 폴리페놀류로 이들 기질의 함량 및 분포는 식품에 따라 다르고 이에 따라 갈변의 정도도 달라짐
- 효소반응에서 기질을 제거한다는 것은 매우 어려우나 사과와 같이 기질이 대부분 껍질에 존재할 때는 껍질을 벗기고 물에 담그면 폴리페놀화합물에 의한 갈변을 억제할 수 있음

ⓒ 산소의 제거

- 효소의 불활성화

  - 효소에 의한 갈변반응을 억제하는 가장 효과적인 방법은 폴리페놀 산화효소를 불활성화하는 것임. 대부분의 효소는 단백질이므로 가열에 의하여 효소를 불활성화시킬 수 있음. 채소류나 과실류를 가공할 때 데치게 되는데, 이 가공과정으로 산화효소들을 불활성화시킬 수 있음
  - 낮은 온도에서 저장하는 냉장 등으로 효소의 갈변을 일시적으로 저하시킬 수 있음
  - 냉동저장은 갈변은 억제되나 해동할 때 갈변이 다시 일어나기도 함

- 아스코브산의 첨가 : 아스코브산은 데하이드로아스코브산DHA으로 전환될 때 갈변반응을 억제할 수 있음

- 소금의 첨가 : 폴리페놀 산화효소와 타이로시네이스는 염소이온Cl-에 의해 활성이 억제되므로 묽은 소금물에 담그면 갈변반응을 억제할 수 있음

- 환원성 물질의 첨가 : 아황산가스와 아황산염들은 갈변반응, 특히 효소에 의한 갈변반응을 효과적으로 억제할 수 있는 환원성 물질임. 감자, 사과, 복숭아 등의 가공과정에서 갈변반응을 억제하기 위하여 아황산가스 처리법과 아황산염용액 침지법sulfating이 이용되기도 함

■ 표 7. 효소적 갈변반응의 억제법

요인	방법		기작
효소	pH		PPO(polyphenol oxidase)의 최적 pH인 5.8~6.8의 범위를 벗어나게 보관
	가열		효소는 단백질이므로 가열에 의해 변성되어 작용 손실
	온도	냉장	효소의 최적 작용온도를 벗어나 냉동이나 냉장저장함
		냉동	
	기타		염소이온이나 아황산가스 등도 효소의 작용을 제어함
산소	공기 차단		물에 담그기, 설탕물이나 소금물에 담그기
	산소 대체		탄산가스나 질소로 가스를 대체하여 산소의 반응을 차단
기질	아황산가스, 아황산염 사용		PPO의 반응은 산화반응이므로 기질을 미리 환원시켜 산화를 방지
	-SH 화합물 사용		시스테인, 글루타티온 등을 사용하여 환원시킴
	비타민 C, 주석이온 사용		기질을 환원시켜 산화를 미리 방지

(2) 비효소적 갈변반응(non-enzymatic browning)

효소의 작용을 받지 않고 식품성분의 상호작용에 의해 갈변이 되는 것을 비효소적 갈변반응이라 하며, 마이야르반응maillard reaction, 캐러멜화 반응caramelization, 아스코브산 산화반응ascorbic acid oxidation이 있음

① 마이야르 반응

　㉠ 아미노산, 펩타이드 및 단백질과 같이 아미노기-NH₂, amino기를 가진 화합물과 환원당의 포도당 및 과당과 같이 카르보닐carbonyl, =CO기를 가진 화합물이 함께 있을 때 상호반응하여 궁극적으로 갈색색소인 멜라노이딘melanoidin이 생성되는 반응임. 이 반응의 특징은 상온에서 자연발생적으로 일어남

　㉡ 유리알데하이드aldehyde나 케톤ketone기를 가진 환원당이나 가수분해되어 환원당을 만들 수 있는 당류는 아미노기를 가진 질소화합물과 상호반응하여 멜라노이딘melanoidine이라는 갈색물질을 형성하는데, 이 반응을 마이야르반응아미노-카보닐반응, 멜라노이딘 반응이라고 함

　㉢ 대부분의 식품이 아미노산과 당류를 함유하므로 식품의 조리나 가공 중에 많이 발생하는 반응임

　㉣ 이 반응은 식품의 색, 맛, 냄새 등을 향상시키나 라이신lysine과 같은 필수아미노산의 파괴를 가져오기도 함

　㉤ 예로 빵껍질, 토스트한 식빵, 감자튀김, 간장, 된장, 커피 등이 있음

② 마이야르 반응순서

　㉠ 초기단계

　　■ 환원당과 아미노화합물이 축합반응condensation reaction에 의해 질소배당체를 형성하고, 형성된 질소배당체가 아마도리 전위amadori를 일으켜 아마도리 전위 생성물을 형성

　　■ 환원당류와 아미노화합물의 축합반응에 의해 질소배당체인 글리코실아민glycosylamine을 형성하고 아마도리 전위를 일으켜 아마도리 전위 생성물을 만듦

　㉡ 중간단계

　　■ 아마도리 전위 생성물들의 산화, 탈수, 분해가 일어나 오손, 데옥시오손, 불포화된 3,4-디데옥시오손, 리덕톤 및 환상의 히드록시메틸푸르푸랄 등의 화합물들이 생성

　　■ 중간단계에서는 아마도리 전위 생성물들의 산화와 탈수, 분해가 일어나 고리화합물을 형성하고 다시 산화 생성물을 분해fragmentation하는 단계임

- 아마도리 전위에 의하여 형성된 프럭토실아민은 계속 분해하여 3-데옥시오존 3-deoxyosone, 3,4-디데옥시오존, 리덕톤류, 히드록시메틸푸르푸랄이 생성됨
- 당 분해 생성물로 글리코알데히드, 디아세틸, 글리옥살, 아세트알데히드 등이 형성되어 갈변에 관여함

ⓒ 최종단계
- 스트레커형 반응 strecker reaction
  - α-디카보닐 α-dicarbonyl 화합물과 α-아미노산 α-amino acid과의 산화적 분해반응임
  - 이때 아미노산은 탈탄산 및 탈아미노반응이 일어나 본래의 아미노산보다 탄소 수가 하나 적은 알데하이드 aldehyde와 이산화탄소가 생성됨
- 알돌형 축합반응 aldol condenstation
  - 중간 생성물들이 계속 중합, 축합반응하여 분자량이 큰 물질을 만듦
  - 질소를 가진 중합체인 갈색의 형광성 물질인 멜라노이딘 색소가 형성됨

③ 마이야르 반응에 영향을 주는 요인

㉠ 온도
- 온도가 높아질수록 반응속도는 급속도로 증가함
- 가장 큰 영향을 주는 요인으로 반응속도뿐 아니라 반응과정, 반응기구에 영향을 주어 반응 생성물과 조성에 영향을 줄 수 있는 요인

㉡ pH
- pH가 높아질수록 갈변이 현저하게 되고 갈색화 반응속도뿐 아니라 반응과정에도 영향을 주는 요인
- pH10까지 마이야르 반응속도는 계속 상승한다고 알려짐

㉢ 당의 종류
- 설탕보다는 오탄당, 육탄당의 환원당의 경우 갈변속도가 빠르고 리보스 ribose, 자일로스 xylose, 아라비노스 arabinose의 오탄당이 육탄당에 비하여 갈색화 속도가 빠름
- 오탄당 중에서 리보오스의 갈색화 반응속도가 가장 빠름. 마이야르반응은 당과 아미노산의 몰 농도가 1 : 1일 때 가장 빠르다고 알려져 있고, 이때 갈색화 강도는 자일로스＞아라비노스＞프럭토스순으로 나타남

㉣ 수분 : 액체, 고체식품의 경우도 그 속의 수분 함량에 따라 메일라드반응에 영향을 주는데, 고체식품의 경우 수분 함량이 1% 이하에도 메일라드반응이 진행되고 수분활성도가 높아질수록 반응속도가 올라가 Aw0.6~0.7 범위에서 최대에 이른 후 다시 감소

ⓜ 화학적 저해물질

　■ 마이야르반응에서 갈변을 저해하는 물질로 아황산염, 칼슘염염화칼슘 등이
　　있음. 아황산염은 갈색화가 되기 전에 환원당의 알데하이드기와 반응하여
　　카보닐기와 같은 중간 생성물과 비가역적으로 결합하여 반응을 억제하며
　　멜라닌 색소를 일부 탈색

　■ 칼슘염은 아미노산과 반응하여 마이야르반응의 진행속도 방향을 억제

ⓑ 질소화합물의 종류 : 마이야르반응 속도에 영향을 주는 질소화합물의 종류는
　아직 자세히 알려진 것이 없으나, 알라닌의 경우는 β-알라닌이 반응속도가
　더 빠른 것으로 알려짐

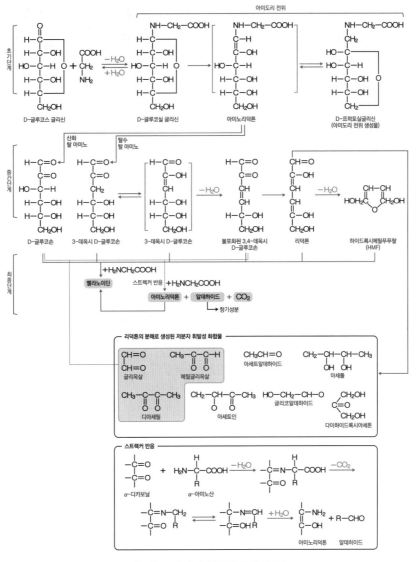

[그림 14] 마이야르반응의 메커니즘

④ 캐러멜화 반응

  ㉠ 당류만을 160℃ 이상의 고온으로 가열했을 때 산화·탈수 및 분해산물들이 중합, 축합하여 흑갈색의 캐러멜 색소를 형성하는 열분해반응임

  ㉡ 캐러멜화 반응에서 생성된 분해산물들은 식품의 향기나 맛, 색에 기여하며 약식, 소스, 과자 등의 착색을 위해 착색제로 이용됨

  ㉢ 캔디류의 갈색, 잼과 젤리의 어두운 색

  ㉣ 캐러멜화에 적합한 조건은 pH6.5~8.2이며 자연발생적으로 일어나지는 않음

  ㉤ 당에 따른 캐러멜화 온도는 다르며 프럭토스는 캐러멜화가 쉽게 일어남

■ 표 8. 당의 종류에 따른 캐러멜의 온도

당	온도(℃)	당	온도(℃)
프럭토스	110	수크로스	160
갈락토스	160	말토스	180
글루코스	160		

⑤ 아스코르브산 산화ascorbic acid oxidation에 의한 갈변

  ㉠ 아스코르브산이 중성과 알칼리조건에서 중합 또는 축합반응을 일으키거나 질소화합물과 반응하여 갈색물질을 형성함

  ㉡ 오렌지주스, 분말오렌지, 가공과일의 변색

  ㉢ 아스코르브산의 산화에 의한 갈변은 pH가 낮을수록 쉽게 발생되며 아스코르브산의 함량이 높은 감귤류나 그 가공품들은 갈색화가 쉽게 발생

  ㉣ 아미노화합물과 반응하여 그 자체가 새로운 갈색물질을 형성하기도 함

  ㉤ 아스코르브산은 다양한 식품과 일반 가공식품에 함유되어 있는 강한 환원력을 가지고 있는 항산화제antioxidant로, 인체 내의 지방질성분의 산화를 억제하는 중요한 항산화제이기도 함

  ㉥ 건조식품, 과일, 채소, 통조림, 감자튀김의 효소적 갈변반응 방지제로 활용

6장 식품의 맛

01 미각

(1) 맛

① 맛은 헤닝Henning, 1924년이 단맛, 짠맛, 신맛, 쓴맛을 4가지 기본 맛4원미이라고 하고, 이 4원미의 배합에 의해서 모든 맛이 구성될 수 있다고 정의함

② 현재는 기본적인 맛에 감칠맛을 더하여 5가지 기본 맛으로 분류함

③ 맛을 내는 원자나 원자단을 발미단이라고 하는데, 수소이온H+은 신맛을 내는 산미기, α-아미노기 -NH₂는 단맛을 내는 감미기, 설폰산기-SO₂(OH) , 나이트로기-NO₂ 등은 쓴맛을 내는 고미기로 작용함. 또한 수소-H, 메틸기 -CH₃, 에틸기 -C₂H₅, 프로필기-C₃H₇, 메틸알코올기-CH₂OH, 프로필알코올기-CH₂CH₂OH등은 맛을 도와주는 조미단으로 작용함

(2) 맛의 역가(threshold value, 맛의 역치)

① 어떤 맛성분에 대하여 그 맛을 뚜렷이 인식할 수 있는 최소의 농도를 말함

② 맛이 처음으로 느껴지는 정미물질의 최저 농도를 절대역치absolute threshold라 부르며, 정미물질이 지닌 특정한 맛을 제대로 인식할 수 있는 최저 농도는 상대역치recongnition threshold라 부름

③ 역가는 몰mole 농도나 백분율%로 표시함

④ 맛의 역가는 쓴맛이 가장 낮아 예민하고, 그 다음이 신맛, 짠맛, 그리고 단맛의 역가가 가장 높음

■ 표 1. 기본 정미물질의 역가

맛의 종류	표준 정미물질	역가(%, g/100mL)
단맛	설탕	0.4108
짠맛	소금	0.229
신맛	염산	0.0056
쓴맛	퀴닌	0.00038

(3) 미각에 영향을 주는 요인

① 온도

㉠ 맛은 음식의 온도에 따라 상이함

㉡ 혀의 미각은 10~40℃일 때, 특히 30℃ 전후에서 가장 예민하게 느낌

㉢ 온도가 상승하면 단맛은 증가하고 짠맛과 쓴맛은 감소함

㉣ 신맛은 거의 온도의 영향을 받지 않음

㉤ 단맛은 30~40℃, 쓴맛은 40~50℃, 신맛은 35~40℃, 짠맛은 30~40℃에서 가장 잘 느껴짐

㉥ 통각으로 느껴지는 매운맛은 50~60℃에서 가장 잘 느껴짐

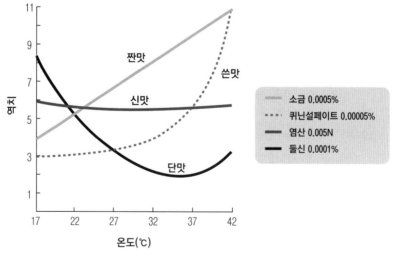

[그림 01] 온도에 따른 미각의 반응

② 용매와 기질

㉠ 동일한 정미성분이라도 농도에 따라 맛이 달라질 수 있음

ⓛ 벤조산소듐sodium benzoate도 0.03% 이하에서는 쓴맛이 강하나 그 이상의 농도에서는 단맛이 남

ⓒ 맛성분이 전분젤묵이나 한천젤리 같은 젤, 그리고 유지 중에 존재할 때는 역가가 매우 높아서 맛을 예민하게 느끼지 못함

③ 나이와 성별

㉠ 미각에 대한 예민도의 감퇴는 50대 후반기 또는 60대 이후부터 현저하게 나타남

ⓛ 여자가 단맛과 짠맛에서 남자보다 감도가 높고 신맛에서는 감도가 떨어지지만 쓴맛은 성별에 차이가 없다고 함

④ 혀의 부위

㉠ 단맛 : 혀끝

ⓛ 신맛 : 혀 양쪽

ⓒ 쓴맛 : 혀 뒤

ⓔ 짠맛 : 혀 가장자리 또는 혀 전체

(4) 미각의 생리현상

① 맛의 대비 효과contrast effect, 강화현상

㉠ 서로 다른 정미성분이 혼합되었을 때 주된 정미성분의 맛이 증가하는 현상을 말함

ⓛ 설탕용액에 소금용액을 소량 가하면 단맛이 증가하고 소금용액에 소량의 구연산, 식초산, 주석산 등의 유기산을 가하면 짠맛이 증가하는 현상을 말함

ⓒ 예로는 15% 설탕용액에 0.01% 소금 또는 0.001% quinine sulfate를 넣으면 설탕만인 경우보다 단맛이 강해짐

② 맛의 억제 효과inhibitory effect

㉠ 서로 다른 정미성분을 혼합할 때 주된 성분의 맛이 약해지는 현상을 말함

ⓛ 쓴맛에 소량의 설탕을 넣으면 쓴맛 감소

ⓒ 신맛에 소량의 꿀을 넣으면 신맛 감소

③ 맛의 상승 효과synergistic effect

㉠ 서로 같은 맛성분을 혼합할 때 각각의 맛보다 강해지는 현상

ⓛ 조미료에 핵산5'-IMP, 5'-GMP을 넣으면 감칠맛이 증가

ⓒ 설탕에 사카린을 넣으면 단맛 증가

④ 맛의 상쇄 효과 compensating effect
- ㉠ 2가지 맛성분을 혼합함으로써 각각의 고유한 맛을 나타내지 못하고 약해지거나 없어지는 현상을 말함
- ㉡ 간장이나 된장의 소금 함량이 높지만 감칠맛과 상쇄되어 짠맛이 강하지 않음
- ㉢ 김치맛은 짠맛과 신맛이 상쇄되어 조화로운 맛이 남
- ㉣ 청량음료의 맛은 단맛과 신맛이 상쇄되어 조화로운 맛이 남

⑤ 맛의 변조 효과 modulation effect
- ㉠ 한 맛을 느낀 직후 다른 맛을 정상적으로 느끼지 못하는 현상
- ㉡ 오징어를 먹은 후에 식초나 밀감을 먹으면 쓴맛을 느끼고, 쓴 약을 먹은 직후에 물을 마시면 달게 느낌
- ㉢ 설탕을 맛본 직후 물을 마시면 순수한 물일지라도 쓴맛이나 신맛을 느끼고, 신 귤을 먹은 후 사과를 먹으면 사과가 더 달게 느껴짐

⑥ 맛의 피로 효과 fatigue effect, 맛의 순응
- ㉠ 특정한 맛성분을 장시간 맛볼 때 미각이 차츰 약해져서 역치가 상승하고 감수성이 점차 약해지는 현상
- ㉡ 정미물질의 농도가 높으면 순응기간이 길어짐
- ㉢ 짠맛, 단맛, 쓴맛, 신맛순으로 순응에 걸리는 시간이 길어짐
- ㉣ 한 종류의 맛에 순응하면 다른 맛에는 더 예민해짐

⑦ 맛의 상실
- ㉠ 열대의 김네마 실베스터라 gymnema sylvestre는 식물의 잎을 씹은 후 1~2시간 동안 단맛과 쓴맛을 느끼지 못하는 현상
- ㉡ 김넴산 gymnemic acid이 단맛, 쓴맛을 인지하는 신경 부위를 길항적으로 억제하기 때문이며 짠맛이나 신맛은 정상으로 인지함
- ㉢ 단맛 없이 모래알 같은 감촉만 느껴지거나설탕, 단맛 없이 신맛만 느껴지고오렌지주스 쓴맛이 느껴지지 않음퀴닌 설페이트

⑧ 미맹 taste blindness
- ㉠ 정상인이 느낄 수 있는 쓴맛을 전혀 느끼지 못하거나 다른 맛으로 느끼는 일부 미각능력의 결여현상을 말함
- ㉡ 페닐티오카바미드 phenylthiocarbamide, PTC 또는 페닐티오유레아 phenylthiourea의 쓴맛을 느끼지 못하여 무미로 느끼는 사람을 말함

다음 내용은 중학교 조리실에서 쇠고기 버섯전골을 실습하면서 영양교사와 학생이 나눈 대화이다. 〈작성 방법〉에 따라 순서대로 서술하시오. 【5점】

> 영양교사 : 오늘은 쇠고기 버섯전골을 실습하려고 해요. 우선 재료부터 알려줄게요. 재료는 쇠고기, 건표고버섯, 느타리버섯, 팽이버섯, 다시마 우린 물, 두부, 당근, 호박, 양파, 마늘, 국간장을 준비했어요.
>
> 학　　생 : 건표고버섯을 그대로 사용하면 되나요?
>
> 영양교사 : 물이나 설탕물에 살짝 불려 사용하세요.
>
> 학　　생 : 선생님! 건표고버섯에서 독특한 향이 나는데 이 향의 주된 성분이 무엇인가요?
>
> 영양교사 : (㉠)이에요.
>
> 학　　생 : 다시마 우린 물에 표고버섯을 넣어 끓이면 맛이 더 좋아지나요?
>
> 영양교사 : 그래요. (㉡) 때문이에요.
>
> 학　　생 : 선생님! 두부는 어떻게 할까요?
>
> 영양교사 : 전골 마지막 단계에 ㉢ 국간장으로 심심하게 간을 하여 적당한 크기로 썬 두부를 넣어서 살짝 끓이면 맹물에서 끓이는 것보다 더 부드러워져요.

✎ **작성 방법**

- ㉠에 해당하는 성분을 쓸 것
- ㉡에 해당하는 「맛의 상호작용」의 유형을 쓰고, 이 유형을 다시마와 표고버섯의 대표적인 감칠맛성분과 관련하여 서술할 것
- 밑줄 친 ㉢의 이유를 서술할 것(단, 두부는 일반 간수를 이용하여 제조하였음)

02 맛성분의 분류

(1) 단맛

① 단맛은 $-CHO$, $-OH$, $-NH_2$, $-NO_2$, $-SO_2NH_2$기 등의 감미발현단과 $-H$ 또는 $-CH_2OH$ 등과 같은 조미단이 결합됨으로써 단맛을 나타냄

② 단맛의 상대적 감미도란 설탕 10% 용액의 단맛을 100으로 하여 비교한 수치임

③ 단맛성분은 유기화합물인 당과 그 유도체당알코올 등, 일부의 아미노산, 방향족화합물, 황화합물과 합성감미료에 함유되어 있음

④ 단맛의 강도는 당의 종류에 따라 달라서 같은 당이라도 α나 β형의 입체구조에 따라 단맛 차이가 발생함. 즉, 같은 당이라도 글리코시드glycoside성 -OH와 인접한 탄소의 -OH가 cis형일 때 trans형으로 존재할 때보다 일반적으로 단맛이 강함

■ 표 2. 천연감미료의 종류와 성질

	종류	감미도	성질
당류	포도당	50~74(70)	■ α형이 β형보다 달음
	과당	100~173(150)	■ 천연당류 중 단맛이 가장 높고 상쾌한 단맛임 ■ β형이 α형보다 더 달음
	설탕	100	■ α, β 이성체가 없어서 단맛이 일정함(감미표준물질로 사용)
	맥아당	50~60(50)	■ α형이 β형보다 달음 ■ 용액상태에서 가열하면 감미도가 증가함
	유당	16~28(20)	■ β형이 α형보다 조금 더 달음 ■ 분유가 물을 흡수하면 β가 α형으로 되어 단맛이 감소함
당알코올	솔비톨	48~70(48)	■ 포도당을 환원하여 얻음 ■ 물에 잘 녹고 청량한 감미, 흡습성, 보수성, 보향성이 우수함
	만니톨	45	■ 만노오스를 환원하여 얻음 ■ 상쾌한 감미, 다시마와 곶감의 흰 가루성분임
	자일리톨	75	■ D-자일로오스를 환원하여 만든 당알코올임
아미노산	L-루신산	설탕의 2.5배	■ 고상한 맛을 가지고 있어 당뇨병 환자의 감미료로 사용함
	글리신, 알라닌, 프롤린, 세린	–	■ 일반적으로 분자량이 적은 아미노산들이 감미가 있음
방향족화합물	글리시리진 (glycymihizin)	설탕의 150배	■ 감초의 뿌리에 많음 ■ 비식품용 감미료로 담배의 향료로 이용함
	필로둘신 (phyllodulcin)	설탕의 200~300배	■ 감찻잎을 건조시켜 차를 끓일 때의 감미성분임 ■ 당뇨병 환자의 감미료로 사용함
	페릴라틴 (penilartin)	설탕의 200~500배	■ 차조기잎의 단맛성분임 ■ 비식품용 감미료로 담배의 향료로 이용
	스테비오사이드	설탕의 200~300배	■ 스테비아잎에 많이 들어 있음 ■ 비발효성, 무칼로리로 충치 예방과 다이어트에 효과적임

(표 계속)

황화합물	메틸메르캅탄(무), 프로필메르캅탄 (양파, 마늘)	설탕의 50~70배	■ 무, 양파, 마늘 등의 매운맛 황화합물이 가열에 의해 단맛 황 화합물로 변함

(2) 신맛(酸味, sour taste)

① 수용액 중에서 해리된 수소이온H^+, 산미기의 맛으로 향기를 동반하는 경우가 많
　으며, 식품의 청량감을 줌과 동시에 미각을 자극하고 식욕을 증진시킴

② 종류로는 무기산, 유기산 및 산성염 등이 있음

③ 산미는 -OH, -COOH의 수, -NH₂의 유무나 다소에 따라 맛이 다른데, 보
　통 -OH기가 있으면 온전한 산미, -NH₂기가 있으면 고미가 가해진 산미가 됨

④ 신맛의 강도는 pH와 반드시 정비례하지는 않으며 동일한 pH에서는 유기산이
　무기산에 비하여 신맛이 더 강함

⑤ 동일한 농도에서는 무기산이 유기산보다 신맛이 강함

⑥ 유기산에서 해리된 음이온은 상쾌한 맛과 특유한 감칠맛을 부여해 식욕을 증진
　시킴

⑦ 무기산에서 해리된 음이온은 쓴맛과 떫은맛을 부여해 불쾌한 신맛을 제공함

⑧ 신맛의 강도를 동일 농도에서 HCl을 100으로 하여 비교하면 HCl100 > HNO₃
　> H₂SO₄ > formic acid84 > citric acid78 > malic acid72 > lactic acid65 > acetic
　acid45 > butyric acid32의 순임

■ 표 3. 식품의 신맛성분

분류	신맛성분	함유식품	특성	구조
무기산	인산 (phosphoric acid)	청량음료	■ 수용액이 강한 산미 보유	H_3PO_4
	탄산 (carbonic acid)	맥주, 청량음료, 발포성 와인	■ 강하고 톡 쏘는 자극적인 신맛 성분	H_2CO_3
유기산	아세트산 (acetic acid, 초산)	식초, 김치류	■ 식초에 3~5% 함유된 자극성 의 신맛 ■ 살균작용이 있어 음식물의 부 패 방지에 이용	CH_3COOH

(표 계속)

	젖산 (lactic acid, 유산)	김치, 요구르트	■장내 유해균의 발육 억제 효과 ■청량음료의 산미료, pH 조절제로 이용 ■주류의 발효 초기의 부패 방지에 이용	$CH_3-CH-COOH$ 　　　OH
	석신산 (succinic acid, 호박산)	청주, 조개류	■호박(화석화된 수지)에서 처음 분리한 유기산 ■신맛과 함께 감칠맛의 함유 ■MSG와 혼합하여 조미료로 이용	CH_2-COOH CH_2-COOH
	말산 (malic acid, 사과산)	사과, 복숭아, 포도	■융점이 낮아 구연산보다 산미가 오래 지속됨 ■흡습성이 낮아 장기 보관 용이	$HO-CH-COOH$ 　　　CH_2-COOH
유 기 산	타타르산 (tartaric acid, 주석산)	포도, 와인	■포도의 K, Ca과 결합해 주석산염을 형성하여 포도주의 침전을 일으킴	$OH-CH-COOH$ $OH-CH-COOH$
	시트르산 (citric acid, 구연산)	레몬, 파인애플, 귤	■상쾌한 신맛과 청량감 보유 ■과즙, 청량음료에 이용 ■몸 안의 젖산을 분해하여 피로 회복 효과 보유	CH_2-COOH $HO-C-COOH$ CH_2-COOH
	글루콘산 (gluconic acid)	곶감, 양조식품	■부드럽고 청량한 산미 보유 ■주류, 식초, 청량음료의 산미료로 이용	$HOOC-(CHOH)_4-CH_2OH$
	아스코브산 (ascorbic acid)	신선한 과일, 채소	■상쾌한 신맛을 지니며 항산화제로 이용 ■식품의 변색 방지에 이용	$OC-C-C-C-C-CH_2OH$
	옥살산 (oxalic acid, 수산)	시금치, 근대	■아세트산보다 3,000배 정도 강한 산도 보유 ■칼슘의 흡수를 저해함	$COOH$ $COOH$

(3) 짠맛

① 짠맛은 4원미 가운데서 가장 생리적으로 중요한 맛성분이며 조리의 가장 기본적인 맛임

② 무기 및 유기의 알칼리염이 해리하여 생긴 이온의 맛

③ 짠맛은 주로 음이온의 맛으로 $Cl^- > Br^- > I^- > HCO_3^- > NO_3^-$ 순으로 강하게 나타남

④ 무기염 중에서도 $NaCl$, KCl, NH_4Cl, $NaBr$, NaI와 같은 염은 주로 짠맛을 주고, KBr, NH_4I는 짠맛과 쓴맛을 주며, KI, $MgCl_2$, $MgSO_4$는 쓴맛이 강하고, $CaCl_2$는 불쾌한 맛을 나타냄

⑤ $NaCl$은 Cl^- 이온이 가지는 짠맛에 비하여 Na^+의 쓴맛이 매우 적어 가장 순수한 짠맛을 주므로 각 무기염들의 짠맛을 비교하는 기준물질로 삼음

(4) 쓴맛

쓴맛성분은 $N\equiv$, $=N\equiv$, $-SH$, $-S-S-$, $-S-$, $=CS$, $-SO_2$, $-NO_2$ 등의 원자단을 가지고 있으며, 무기염류 중에는 Ca^{2+}, Mg^{2+}, NH_3^+ 등의 양이온이 쓴맛을 냄. 식품 중의 쓴맛성분으로는 알칼로이드alkaloid, 배당체, 케톤류ketone류, 무기염류, 아미노산, peptide 등이 있음

① 알칼로이드alkaloids
　㉠ 식물체에 존재하는 함질소 염기성물질의 총칭으로, 쓴맛과 함께 특수한 약리작용을 함
　㉡ 차나 커피의 카페인caffeine, 코코아나 초콜릿의 테오브로민theobromine, 키나무의 퀴닌quinine 등이 있으며, 이 중 퀴닌은 쓴맛의 표준물질로 이용됨

② 배당체
　㉠ 식물계에 널리 분포하고 있는 과실, 채소의 쓴맛성분임
　㉡ 감귤류 과피의 나린진naringin과 헤스페리딘hesperidin, 오이, 참외꼭지의 큐커비타신cucurbitacin, 양파껍질의 쿼르세틴quercertin

③ 케톤ketone류 : hop 암꽃의 후물론humulon과 루풀론lupulone, 쑥의 투존

④ 무기염류 : 염화칼슘과 염화마그네슘

⑤ 아미노산
　㉠ L-트립토판, L-류신, L-페닐알라닌 등
　㉡ 단백질의 가수분해물인 다이펩타이드arginine-leucine, glycineleucine, 타이로신에서 생성된 티라민tyramine도 쓴맛을 나타냄

⑥ 기타
　㉠ 흑반병에 걸린 고구마의 이포메아마론, 콩이나 도토리의 사포닌, 리모닌limonin 등
　㉡ 리모넨limonen은 신선한 과즙에서는 쓴맛이 없으나 저장하거나 가공하면 쓴맛을 나타내는 지연성 쓴맛성분임

■ 표 4. 식품의 쓴맛성분

구분		식품	특징
알칼로이드	카페인 (caffeine)	차, 커피	■ 녹차, 홍차, 커피의 쓴맛 ■ 중추신경계 흥분작용
	테오브로민 (theobromine)	코코아, 초콜릿	■ 퓨린유도체 ■ 이뇨제
	퀴닌 (quinine)	키나무	■ 쓴맛의 표준물질로 염기성 식물추출물 ■ 해열제, 진통제
배당체	나린진 (naringin)	밀감, 자몽	■ 플라본인 나린제닌(naringenine)의 배당체 ■ 효소 나린지나아제(naringinase)에 의해 분해 되어 당이 제거되면 쓴맛이 없어짐
	큐커비타신 (cucurbitacin)	오이, 참외꼭지 부분	■ A, B, C, D, E 등 약 20종 ■ 오이가 미숙할 때는 함량이 많으나 익어감에 따라 감소함
	쿼르세틴 (quercertin)	양파껍질	■ 루틴의 아글리콘
케톤류	후물론 (humulon)	호프 (맥주원료)	■ 후물론은 암꽃에 많이 존재 ■ 항균력 ■ 기포성을 부여
	루풀론 (lupulon)		
	투존 (thujone)	쑥	■ 독성이 없고 분자 안에 질소가 없음
무기염류	염화칼슘, 염화마그네슘	간수	■ 두부응고제(쓴맛을 제거하기 위해 두부는 응고 후 3~4시간 물에 담가 둠)
아미노산	L-트립토판	단백질 분해물	■ 치즈, 된장, 젓갈, 막걸리 등 발효식품에서 단 백질의 가수분해과정 중에 생성
	L-류신		
	L-페닐알라닌		
기타	이포메아마론 (ipomeamarone)	흑반병 고구마	■ 저장 고구마의 쓴맛성분 ■ 유독성분
	리모넨 (limonen)	레몬, 오렌지	■ 지연성 쓴맛 ■ 과즙이 신선할 때는 쓴맛이 없지만 저장하거나 가공 처리하면 쓴맛을 나타냄
기타	사포닌 (saponin)	콩, 도토리	■ 약한 유독성분

(5) 감칠맛

감칠맛은 단맛, 신맛, 쓴맛, 짠맛의 4가지 4원미와 향과 텍스처가 조화되어 나는 맛임. 아미노산, 펩타이드, 아마이드, 뉴클레오타이드nucleotide, 유기염기, 유기산염 등이 감칠맛성분으로 작용함

① 식물성 식품

　㉠ L-글루탐산나트륨monosodium glutamate, MSG

　　▪ L-형만 맛이 남

　　▪ 간장, 된장, 다시마 등에 존재함

　㉡ guanylic acid : 표고버섯의 감칠맛성분이며 뉴클레오타이드에 속함

　㉢ qsparagine 및 glutamine : 채소류의 감칠맛과 물고기류와 육류의 감찰맛을 냄

　㉣ sodium succinate : 청주, 조개류의 감칠맛을 냄

② 동물성 식품

　㉠ nucleotides

　　▪ 염기-당-인산의 3성분으로 구성되어 있으며 핵산DNA, RNA의 구성단위가 됨

　　▪ 감칠맛을 내는 핵산성분으로는 5′-GMP, 5′-IMP, 5′-XMP 등의 5′-ribonu-cleotides이며, 이들 감칠맛의 강도는 5′-GMP > 5′-IMP > 5′-XMP 순임

　　▪ 5′-GMP는 표고버섯과 송이버섯에, 5′-IMP는 쇠고기, 돼지고기, 생선에 함유된 맛난맛지미 성분임

　㉡ peptide류 : dipeptide에 속하는 carnosine, anserinemethyl carnosine은 육류와 물고기류에, tripeptide에 속하는 glutathione은 동물성 식품에 널리 분포되어 있음

③ 기타 식품

　㉠ 타우린taurine : 오징어, 문어의 감칠맛성분임

　㉡ arginine purine : 죽순의 감칠맛성분임

　㉢ glycine : 김의 감칠맛성분임

■ 표 5. 식품의 아미노산계 감칠맛성분

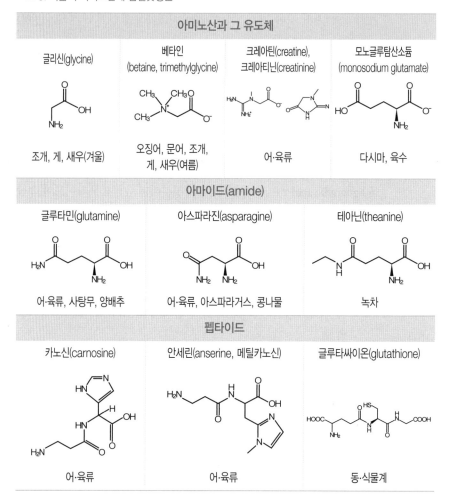

아미노산과 그 유도체			
글리신(glycine)	베타인 (betaine, trimethylglycine)	크레아틴(creatine), 크레아티닌(creatinine)	모노글루탐산소듐 (monosodium glutamate)
조개, 게, 새우(겨울)	오징어, 문어, 조개, 게, 새우(여름)	어·육류	다시마, 육수
아마이드(amide)			
글루타민(glutamine)	아스파라진(asparagine)	테아닌(theanine)	
어·육류, 사탕무, 양배추	어·육류, 아스파라거스, 콩나물	녹차	
펩타이드			
카노신(carnosine)	안세린(anserine, 메틸카노신)	글루타싸이온(glutathione)	
어·육류	어·육류	동·식물계	

■ 표 6. 식품의 핵산계 감칠맛성분

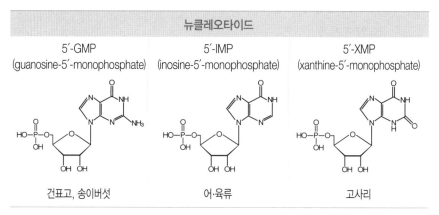

뉴클레오타이드		
5′-GMP (guanosine-5′-monophosphate)	5′-IMP (inosine-5′-monophosphate)	5′-XMP (xanthine-5′-monophosphate)
건표고, 송이버섯	어·육류	고사리

■ 표 7. 그 외의 감칠맛성분

콜린과 그 유도체		퓨린염기와 산화물
콜린(choline)	카니틴(carnitine)	아데닌, 구아닌, 히포크산틴, 크산틴, 구아니딘, 메틸구아니딘
맥아, 대두유, 난황	육류, 견과류	어·육류
유기산	기타	
석신산이소듐 (disodium succinate)	트라이메틸아민 옥사이드 (trimethylamine oxide)	타우린(taurine, aminoethanesulfonic acid)
조개류, 청주	해산어류	오징어, 낙지, 문어(흰 가루)

(6) 매운맛

미뢰만이 아니라 입안 전체에서 느끼는 통감임. 적당량을 음식에 첨가하면 고유의 자극적인 향과 맛에 긴장감을 주어 식욕을 촉진하고 살균작용과 항산화작용까지 하는 향신료가 됨. 매운맛성분에는 방향족알데하이드aldehyde 및 케톤류, 산아마이드, 황화합물, 아민류가 포함됨

① 방향족알데히드 및 케톤류

　㉠ 시남알데하이드cinnamic aldehyde : 육계의 매운맛성분임

　㉡ 진저올zingerol, 진제론zingerone, 쇼가올shogaol

　　▪ 진저올 : 생강의 매운맛성분

　　▪ 조리나 건조에 의해 매운맛은 다소 약하나 달콤한 향기를 지닌 진제론으로 변하거나, 반대로 매운맛이 2배 강한 쇼가올로 변함

　㉢ 쿠쿠민curcumin : 울금의 매운맛성분임

　㉣ 바닐린vanillin : 바닐라콩의 매운맛성분임

② 산 아마이드amide류

    ㉠ 캡사이신capsaicine : 고추의 매운맛성분으로 dihydrocapsaicine과 2 : 1 비율로 함유되어 있으며 격렬한 발열감을 일으키는 지용성의 자극적인 매운맛성분임

    ㉡ 채비신chavicine : 후추의 매운맛성분으로 후추에 0.8% 정도 함유되어 있고 cis형 이성체만 매운맛을 가짐

    ㉢ 산쇼올sanshool : 산초열매의 매운맛성분으로 환원되면 hydrosanshool이 됨

③ 유황화합물

    ㉠ 겨자류

        ■ 알릴아이소싸이오시아네이트allylisothiocyanate : 흑겨자, 고추냉이, 무 등의 매운맛성분임

        ■ ρ-하이드록시벤질 아이소싸이오시아네이트ρ-hydroxybenzyl isothiocyanate : 백겨자의 매운맛성분임

    ㉡ 황화 allyl류

        ■ 알리신allicine : 마늘, 양파, 부추 등의 매운맛성분임

        ■ 다이메틸설파이드dimethylsulfide : 파래, 고사리, 아스파라거스, 파슬리 등의 매운맛성분임

        ■ 다이비닐설파이드divinylsulfide, 프로필알릴설파이드propylallylsulfide : 부추, 파, 양파 등의 매운맛성분임

④ 아민amine류 : histamine, tyramine은 썩은 생선, 변패 간장 등의 불쾌한 매운맛성분임

(7) 떫은맛

① 떫은맛은 혀 표면에 있는 점성단백질이 일시적으로 변성, 응고되어 미각신경이 마비됨으로써 일어나는 수렴성의 불쾌한 맛임

② 단백질의 응고를 가져오는 철, 알루미늄 등의 금속류, 일부의 fatty acid, aldehyde와 tannin이 떫은맛의 원인임

③ 떫은맛은 강하면 불쾌하나 약하면 쓴맛과 비슷하게 느껴지며, 다른 맛성분과 혼합되어 독특한 풍미를 형성함

④ 차나 와인은 탄닌에 의한 떫은맛이 풍미를 살리는 중요한 요소가 됨

⑤ 다류 떫은맛은 gallic acid와 카테킨catechin류에 의해 나타나며, 커피의 떫은맛은 caffeic acid와 quinic acid가 축합한 클로로젠산chlorogenic acid에 기인함

⑥ 밤 속껍질의 떫은맛은 gallic acid 2분자가 축합한 엘라그산ellagic acid에 의한 것임

⑦ 감의 떫은맛은 시부올shibuol과 gallic acid에 기인함

⑧ 지방질도 산패하면 떫은맛을 나타나며, 이는 지방질이 분해하여 생성된 유리 지방산과 알데하이드에 기인하고 어류 건제품이나 훈제품 저장 중 볼 수 있음

■ 표 8. 식품의 떫은맛성분

구분	식품	특징
시부올 (shibuol)	감	■ 감이 익을수록 떫은맛이 감소하는 것은 성숙됨에 따라 과일 내에 생긴 알코올이나 알데하이드가 시부올과 중합하여 불용성물질로 되기 때문임
엘라그산 (ellagic acid)	밤	■ 2분자의 갈산(gallic acid)이 축합한 구조
클로로젠산 (chlorogenic acid)	커피	■ 폴리페놀화합물 ■ 폴리페놀 산화효소에 의해 갈변됨 ■ 감자, 고구마, 사과 등의 갈변 기질물질
카테킨 (catechin)류	차	■ 찻잎의 떫은맛 ■ 홍차 제조 중의 발효과정에서 대부분이 불용성임

(8) 아린 맛

① 떫은맛과 쓴맛이 혼합되어 나타나는 불쾌한 맛

② 죽순, 고사리, 우엉, 토란, 가지에서 느낄 수 있는 맛으로, 대개 물에 담그거나 또는 데친 후 물에 담그면 제거됨

③ 아린 맛성분에는 알칼로이드, 타닌, 알데하이드, 무기염류Ca^{2+}, Mg^{2+}, K^+, 유기산 등이 있음

④ 페닐알라닌, 타이로신의 대사물질인 호모젠티스산에 의함

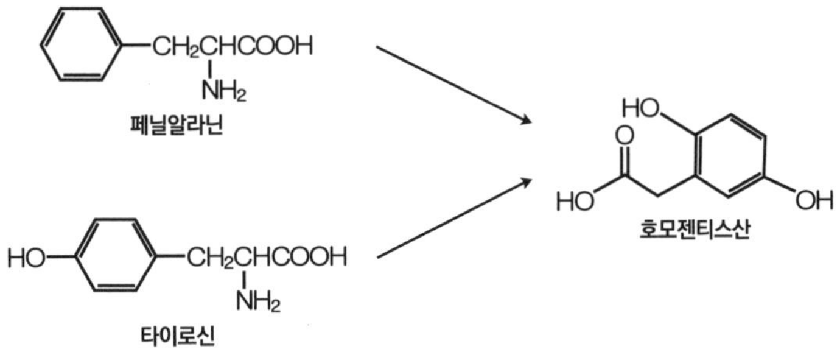

[그림 02] 호모젠티스산의 생성

(9) 금속맛

숟가락, 포크나 칼 등이 입에 닿을 때 느껴지는 금속이온의 맛이며, 알칼리맛alkali taste은 초목을 태운 재나 중조$NaHCO_3$의 맛으로 수산기 -OH로부터 기인함

(10) 교질맛

① 식품에 함유된 다당류나 단백질이 교질상태로 입안의 점막에 물리적으로 접촉 될 때 느껴지는 맛

② 밥이나 떡의 아밀로펙틴, 과일잼의 펙틴질, 해조류의 알진산이나 한천과 같은 다 당류, 밀가루의 글루텐, 동물성 식품의 뮤신·뮤코이드·젤라틴 같은 단백질이 콜 로이드상태가 될 때 형성됨

식품의 냄새

01 · 냄새성분의 분류

식품의 냄새 또는 향기는 맛이나 색깔과 마찬가지로 식품의 가치와 기호성을 평가하는 중요한 요소이다. 식물성 식품의 냄새는 주로 알코올류, 알데하이드와 케톤류, 에스테르류, 정유류와 황화합물에 의하며 동물성 식품의 냄새는 육류와 어류의 아민을 비롯한 질소화합물, 우유와 유제품의 지방산이나 카보닐화합물이 주성분으로 관여한다.

01 냄새성분의 분류

(1) 식물성 식품의 냄새성분

① 에스테르ester류
  ㉠ 과일향기의 주성분이며 종류가 다양하여 양조식품, 낙농제품, 기호식품에도 함유됨
  ㉡ 분자량이 크고 향이 강한 에스테르는 꽃향기를 구성함
  ㉢ 향기성분에는 amyl formate사과, 복숭아, isoamyl formate배, ethyl acetate파인애플, methyl butyrate사과, isoamyl acetate배, 사과, isoamyl valerate바나나, amyl butyrate살구 등이 있음

② 알코올alcohol류
  ㉠ 단순알코올류는 알데히드보다 역치가 높아서 식품의 향미에 미치는 영향은 적음
  ㉡ 과일잼 저장 시 향미가 약해지는 것은 카르보닐화합물이 알코올로 변화되어 카르보닐화합물의 함량이 낮아지기 때문임
  ㉢ 이중결합을 지닌 알코올은 향기가 강해지고 방향족알코올은 꽃향기에 많음

　　　② 향기성분에는 ethyl alcohol주류, propanol양파, pentanol감자, β-γ-hexenol 채소의 푸른잎, 다엽, α, β-hexenal다엽, 풋내의 주성분, linalool찻잎, 복숭아, 2,6-nonadienol오이, 수박, furfuryl alcohol커피, eugenol계피, 정향, 올스파이스 등이 있음

③ 정유terpene류

　　㉠ 식물의 수증기 증류로 얻는 방향성 유상물질로 기름진 느낌이 없고 향기를 지니므로 기름에과 구별됨

　　㉡ 이소프렌의 중합체 구조를 지니며 모노테르펜과 세스퀴테르펜이 식품의 향기성분으로 작용함

　　㉢ 자극적인 매운맛을 지닌 것이 많음

　　㉣ 향기성분에는 myrcene미나리, limonene오렌지, 레몬, 박하, α-phellandrene후추, camphene레몬, 생강, geraniol녹차, menthol박하, β-citral오렌지, 레몬 등이 있음

④ 유황화합물

　　㉠ 채소, 향신료의 매운 향기성분임

　　㉡ 효소반응에 의해 분해산물이 향기를 생성함

　　㉢ 미량의 휘발성 황은 식품에 좋은 향을 제공하고 다량의 휘발성 황화합물은 악취의 원인임

　　㉣ 향기성분에는 methylmercaptan무, propylmercaptan양파, 마늘, dimethylmercaptan단무지, S-methylcysteine sulfoxide양배추, methyl-β-mercaptopropionate파인애플, β-methylmercaptopropyl alcohol간장, furfurylmercaptan커피, alkylsulfide고추냉이, 아스파라거스 등이 있음

⑤ 피라진 유도체pyrazine derivatives

　　㉠ 방향식품인 커피, 볶은 땅콩, 보리차, 볶은 참깨, 누룽지 등 향기의 주성분임

　　㉡ 밥에 소량 존재하는 황화수소H_2S는 구수한 냄새를 내는 물질이며, 쌀밥의 특유한 향성분은 acetaldehyde, n-caproaldehyde, methyl ethyl ketone, n-valeraldehyde 등임

　　㉢ 묵은쌀로 밥을 지을 때나 밥이 쉴 때 나는 이취성분은 n-caproaldehyde임

■ 표 1. 가열 중 생성되는 식품의 향기

분류	냄새성분
마이야르반응의 향기	■ 아미노산과 당 함유식품을 볶거나 가열할 때 휘발성 향기 생성 ■ 마이야르반응의 스트레커반응에 의한 향기 : 알데하이드, CO_2, 파라진 ■ 볶은 땅콩·참깨 : 피라진 ■ 볶은 커피 : 피라진, 퓨란, 피롤, 싸이오펜, 푸푸릴 알코올 ■ 볶은 코코아, 초콜릿 : 아이소발레르알데하이드, 아이소뷰틸알데하이드, 프로피온알데하이드 ■ 볶은 녹차 : 피라진, 피롤(가열로 풋내가 강한 청엽알코올은 감소)
캐러멜화반응의 향기	■ 당을 함유한 식품을 160℃ 이상의 고온에서 가열할 때 향기 생성 ■ 빵, 비스킷 : 푸푸랄, 5-하이드록시메틸 푸푸랄, 아이소아밀 알코올
밥과 숭늉의 향기	■ 갓 지은 밥, 눌은 밥에서는 좋은 향기, 쉰밥에서는 이취 발생 ■ 숭늉에서도 밥이 눌 때 열분해된 산물이나 그 중합체에 의해 향기 생성 ■ 따뜻한 밥 : 극미량의 황화수소, 암모니아, 아세트알데하이드, 아세톤 및 C_3·C_4·C_6의 저급 알데하이드 ■ 숭늉 : 피라진, 아이소발레르알데하이드 ■ 쉰밥 : 뷰티르산 ■ 묵은쌀 : n-카프로알데하이드

(2) 동물성 식품의 냄새성분

① 어육류의 냄새성분 암모니아 및 아민류

ㄱ 트리메틸아민 trimethylamine, TMA : 해수어 체표면에 존재하는 무취의 트리메틸아민옥시드 trimethylamine oxide 가 세균의 환원작용에 의해 비린내성분인 트리메틸아민으로 변화됨

ㄴ 피페리딘 piperidine

■ 민물고기 담수어 의 비린내성분은 피페리딘과 아세트알데하이드가 축합되어 생성된 것임

■ 비린내 생성과정은 세균에 의해 염기성 아미노산인 라이신 lysine 이 탈탄산되어 생성된 피페리딘과 이들이 더욱 산화되거나 아르지닌 arginine 으로부터 생성된 δ-아미노발레르산 δ-aminovaleric acid 과 δ-아미노발레르알데하이드 δ-aminovaler aldehyde 에 기인함

ㄷ 암모니아 ammonia : 상어나 홍어는 선도가 감소하면 요소 urea 가 세균에 의해 암모니아로 분해되어 자극적인 냄새를 발생함

ㄹ 피룰린 1-pyrroline : 오징어나 대합의 생선냄새 성분임

ㅁ 아세트알데하이드 acetaldehyde : 육류의 피냄새 성분임

ⓑ 다이메틸 설파이드dimethyl sulfide : 김냄새의 주성분이자 가리비 조개의 향기 성분임

ⓢ 어·육류의 단백질이나 아미노산이 분해되어 메틸 머캅탄, 암모니아, 황화수소, 인돌, 스카톨, CO_2의 부패산물을 생성하여 부패취가 됨

② 우유 및 유제품의 냄새성분카보닐화합물 및 지방산류

　ⓐ 신선한 우유 : 생우유의 향기는 아세톤acetone, 아세트알데하이드acetaldehyde, 펜탄알pentanal, 2-헥산알2-hexanal, 뷰티르산butyric acid, 카프로산caproic acid, 프로피온산propionic acid, 메틸 설파이드methyl sulfide가 주성분임

　ⓛ 오래된 우유 : o-아미노아세토펜o-aminoacetophene 등에 의한 불쾌취 함유

　ⓒ 연유, 분유 : 가공 유제품은 지방산의 가수분해에 의한 δ-데카락톤δ-decalactone을 함유함

　ⓔ 버터 : 신선한 버터는 아세토인acetoin과 다이아세틸diacetyl이 주성분이며, 각종 휘발성 지방산인 뷰티르산, 카프로산, 프로피온산에도 관여함

　ⓜ 치즈 : 메티오닌methionine에서 생성된 에틸-β-메틸-머캅토프로피오네이트ethyl-β-methyl mercaptopropionate가 고유의 향이나 발효에 의한 다양한 향을 보유함

③ 훈연·발효·부패 중 생성되는 식품의 냄새

　ⓐ 훈연향

　　■ 어·육류 훈제품햄, 베이컨, 소시지, 훈제청어, 연어, 오징어 : 카보닐화합물, 유기산류, 페놀류

　　■ 가쓰오부시 : 배건에 의해 생성된 페놀류

　ⓛ 발효향

　　■ 발효차 : 리나로울linalool, 제라니올geraniol, 다마세논damascenone, 이오논ionone, 테아스피란theaspirane 등이 있음

　　■ 간장 : 메티오놀methionol, γ-머캅토프로필 알코올γ-mercaptopropyl alcohol, 메티오날methional

　　■ 식초 : 아세트산acetic acid

　　■ 납두 : 아이소뷰티르산isobutyric acid, 2-메틸뷰티르산2-methyl butyric acid, 테트라메틸 피라진tetramethyl pyrazine

　　■ 된장, 치즈 : 에틸-β-메틸-머캅토프로피오네이트ethyl-β-methyl mercapto-propionat

참고문헌

1. 식품과학. 김철재 외 2인. 교문사. 2015
2. 식품학. 신해헌. 효일. 2019
3. 식품화학. 송태희 외 1인. 효일. 2015
4. 식품화학. 이서래 외 1인. 신광출판사. 2013
5. 식품화학. 조신호 외 6인. 교문사. 2014
6. 이해하기 쉬운 식품학. 이경애 외 4인. 파워북. 2014

제 **7** 과목

조리원리 및 실습

제 **1** 장 **조리의 기초**

01 식품의 일반적 구조

모든 식품의 구성단위는 세포이며 식품을 이루는 세포는 물이 가장 많은 부분을 차지한다.

(1) 세포의 구조

① 세포 내에는 세포의 생명을 유지하는 데 필요한 핵, 세포질과 여러 가지 영양소, 색소, 효소 등이 용해된 액포가 존재함

② 원형질막은 세포질을 둘러싸고 있고 세포 내외의 구성성분의 함량을 조절하지만 진한 소금용액 또는 설탕용액에 담그거나 가열하면 원형질막의 분리가 일어나서 균형이 깨짐

③ 식물세포는 원형질막 바깥쪽에 섬유소로 구성된 세포벽을 가지고 있음

(2) 분산의 유형

일반적으로 식품은 여러 가지 분산계를 이루고 있는데, 식품 내에서 작은 단위로 쪼개져서 다른 연속된 물질 중에 흩어져 있는 것이 분산상이고 흩어져 있을 수 있는 연속된 물질이 분산매임

① 진용액

　㉠ 분산질의 크기

　　▪ 1nm 미만, 분자운동

　　▪ 소금, 설탕, 비타민, 무기질 같은 분자나 이온이 용해된 형태

　　▪ 분산질의 크기가 작아 전투막은 통과하나 반투막은 통과하지 못함

　㉡ 진용액의 안정성 : 분산질의 크기가 가장 작아 제일 안정적임

■ 표 1. 용액의 종류

종류	특징
불포화용액	일정 온도에서 용매가 용해시킬 수 있는 양보다 적은 용질이 녹아 있는 용액
포화용액	일정 온도에서 용매에 더 이상의 용질이 녹을 수 없는 상태의 용액
과포화용액	일정 온도에서 용매에 용해할 수 있는 용질의 양 이상으로 녹아 있는 불안정한 상태로 용질과 용매가 분리하려는 경향이 큰 용액

② 교질용액 콜로이드

   ㉠ 분산질의 크기

   ■ 1~100nm, 브라운운동

   ■ 단백질용액

   ㉡ 교질용액의 안정성 : 분산질의 크기가 진용액보다 커서 안정성은 진용액보다 낮음

   ㉢ 분산질의 성질 : 이물질을 흡착하는 성질이 있음

   ㉣ 교질용액의 상태

   ■ 졸 sol : 분산매인 액체에 콜로이드입자가 분산된 교질용액으로, 유동성이 있는 액체상태를 이루고 있는 것

   ■ 젤 gel

   - 졸이 어떤 요인에 의해 굳어진 상태가 젤

   - 분산질이 연결되어 결합하여 망상구조를 이룸

   - 질감이 스펀지 같기도 하고 후들후들한 형태를 유지함

   - 가역적 젤 : 젤이 형성된 후 다시 졸로 되돌아갈 수 있는 젤

   - 비가역적 젤 : 다시 졸로 돌아갈 수 없는 젤

   - 이액현상 synersis, 이장현상 : 젤에서 시간이 지남에 따라 망상구조 내 수분과의 결합이 약해져 내부의 액체를 방출하는 현상을 말하며 액체 방출로 부피가 감소됨

   ■ 유화액 emulsion

   - 한 액체에 섞이지 않는 다른 액체가 분산된 콜로이드 분산계. 섞이지 않는 액체

   - 수중유적형 oil in water o/w : 마요네즈, 우유, 크림 등

   - 유중수적형 water in oil w/o : 버터, 마가린 등

- 유화제_{단백질, 젤라틴, 레시틴} : 분자 중에 물과 비슷한 성질을 가진 친수기 -OH, -COOH, -SO₃H, -NH₂와 기름에 잘 섞이는 친유기 -CH₃, -CH₂, C₆H₅가 포함되어 친수기는 물의 분자, 친유기는 기름의 분자와 결합해서 유화를 일으킴

Key Point 유화제의 필요조건

✓ 표면장력을 저하시키는 것(표면장력이 큰 액체가 또 다른 액체에 의해 둘러싸여진 많은 작은 방울들을 형성하도록 필요한 에너지를 공급하기 위한 것)
✓ 유액을 안정화시키는 것
✓ 화학적으로 안정한 것
✓ 필요에 따라서 O/W형 또는 W/O형의 유액을 선택할 수 있는 것
✓ 식품용 유화제에 대해서는 인체에 무해한 식용이며 무색무취로 값이 저렴한 것

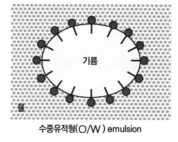
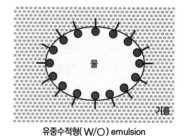

[그림 01] 유화액의 종류

- 거품
  - 분산상이 기체이고 연속상이 액체인 콜로이드용액
  - 거품은 조리된 음식의 조직감과 부피를 좋게 함

③ 현탁액_{suspension}

  ㉠ 분산질의 크기

  - 1㎛ 이상_{100nm 이상}, 중력운동
  - 냉수에 전분이나 밀가루를 풀어 둔 상태

  ㉡ 분산질의 성질

  - 입자가 매우 크거나 복잡해서 물속에 용해되거나 콜로이드 형태로 분산될 수 없는 상태
  - 균일하게 분산되기 위해서는 계속 저어야 함
  - 가열하면 농후한 상태임

02　조리와 물

(1) 경수와 연수

① 경수 : 칼슘염이나 마그네슘염 등을 많이 함유한 물

　㉠ 일시적 경수

　　▪ 중탄산칼슘$Ca(HCO_3)_2$이나 중탄산마그네슘$Mg(HCO_3)_2$이 함유되어 있는 물

　　▪ 가열하면 중탄산염의 일부가 침전되어 연수가 됨

　㉡ 영구적 경수

　　▪ 황산칼슘$CaSO_4$과 황산마그네슘이 함유되어 있으며, 이들 무기염은 가열을 하여도 침전되지 않으므로 연수가 되지 않는 물

　　▪ 경수연화제를 이용하거나 이온교환수지를 이용하여 연수로 만듦

② 조리 시 경수를 사용하면

　㉠ 콩을 불릴 때 칼슘이나 마그네슘염에 의한 단백질 변성과 불용성 염인 칼슘펙테이트$Ca\ pectate$를 형성하여 쉽게 물러지지 않음

　㉡ 차나 커피에서는 탄닌과 작용하여 차가 혼탁해져서 맛과 색이 나빠짐

　㉢ 경수는 알칼리인 경우가 많아서 채소를 조리할 때 채소의 색에도 영향을 줌

③ 연수 : 칼슘이나 마그네슘을 함유하지 않은 물

(2) 조리에서의 물의 역할

① 식품재료나 조리기구의 오염물질을 제거함

② 수용성 영양소와 색소물질 등을 용해시킴

③ 열의 전도체 : 비열이 커서 조리 시 온도가 급격하게 올라가는 것을 방지하기 위해서나 냉각시키기 위해서 사용됨

④ 식품성분의 물성을 변화시킴

　㉠ 전분의 호화를 도움

　㉡ 섬유소의 연화

　㉢ 제과제빵 시 팽창제로 작용

　㉣ 건조식품을 팽윤시킴

　㉤ 동물성 식품에서 콜라겐을 젤라틴화함

⑤ 조미료를 균일한 농도로 확산시켜 빠른 속도로 침투시키므로써 식품에 맛이 들게 함

03 조리와 열

(1) 열의 전달

식품을 가열 조리 시 열원에서 에너지가 식품으로 전달되려면 복사radiation, 전도conduction, 대류convection 등의 방법 중 한 가지 이상의 방법으로 에너지가 전달되어야 함

① 복사radiation

  ㉠ 열원으로부터 중간매체 없이 직접 식품으로 열이 전달되어 가열됨

  ㉡ 복사열을 이용하는 조리방법

   ▪ 전기 또는 가스레인지나 숯불 또는 연탄불에 고기, 생선, 김 등을 직접 굽는 직화구이

   ▪ 토스트기

② 전도conduction

  ㉠ 열에너지가 높은 온도에서 낮은 온도로 이동하는 현상

  ㉡ 열전도율이 크면 클수록 열이 전달되는 속도가 빨라서 빨리 가열되지만 식는 속도도 빠름

  ㉢ 빨리 조리하려면 열전도율이 높은 금속용기를 사용하고, 뜨거운 음식을 보온하려면 열전도율이 낮은 것이 좋음

③ 대류convection

  ㉠ 액체나 기체가 온도에 따라 밀도차에 의해 이동하면서 열을 전달하는 현상

  ㉡ 공기나 액체를 가열하면 팽창하여 밀도가 낮아지면서 가벼워지므로 위로 올라가고, 위의 찬 공기나 액체는 밀도가 높아 무거우므로 아래쪽으로 이동함

  ㉢ 물이나 액체를 끓일 때 또는 식힐 때 일어나는 현상이며, 대류에 의해 열이 전달되는 속도는 전도와 복사의 중간 정도임

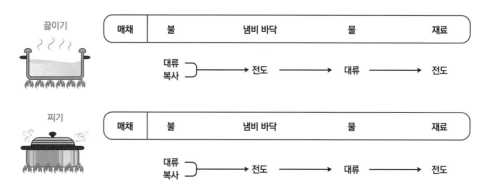

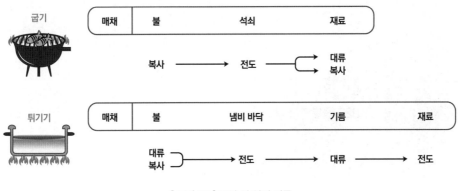

[그림 02] 조리 시 열의 이동

(2) 전자레인지를 이용한 가열

① 전자레인지의 가열원리
  ㉠ 식품 내부에서 열을 발생시켜 식품 자체를 열원으로 하므로 열효율이 높음
  ㉡ 마이크로웨이브의 주파수는 920~2,450MHz

② 전자레인지 조리의 특징
  ㉠ 조리시간이 짧음
  ㉡ 전자파가 경질유리파이렉스 등, 도자기, 종이, 합성수지 등을 투과하므로 용기
    에 식품을 담은 채로 조리할 수 있음
  ㉢ 갈변현상이 일어나지 않음
  ㉣ 수분 증발로 식품의 중량이 감소함
  ㉤ 조리실의 온도가 오르지 않음
  ㉥ 크기가 다른 식품을 함께 조리하면 익는 정도가 다르며, 한번에 다량의 식품
    을 조리할 수 없음

③ 사용 시 주의할 점
  ㉠ 액체식품은 깊이가 얕은 그릇을 사용하고 고체식품은 접시에 얇게 펴서 놓음
  ㉡ 식품은 반드시 뚜껑을 덮어 수분 증발을 방지함
  ㉢ 식품표면에 갈색을 내려면 먼저 오븐이나 그릴에서 조리하여 갈색이 된 후에
    전자레인지로 중심부를 익혀 감칠맛을 냄
  ㉣ 극초단파의 양을 고루 분산시키기 위해 회전접시를 이용함

제2장 곡류와 전분

01 곡류
02 전분의 조리

01 곡류

(1) 곡류의 특징

① 곡류의 분류

㉠ 미곡 : 쌀

㉡ 맥류 : 보리, 밀, 귀리, 호밀

㉢ 잡곡 : 옥수수, 조, 수수, 메밀, 기장, 피

② 곡류의 구조

㉠ 겨bran : 배유와 배아를 보호하는 부분. 식이섬유와 무기질이 풍부

㉡ 배유endosperm : 가식부분, 전분입자의 저장고

㉢ 배아germ : 지질불포화지방산이 풍부하고 약간의 단백질과 비타민, 무기질 함유

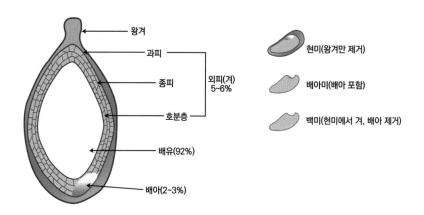

[그림 01] 곡류의 구조

③ 곡류의 성분과 영양

　㉠ 탄수화물 : 전분75%, 약간의 자당과 덱스트린 존재

　㉡ 단백질 : 10% 내외, 생물가가 낮고 필수아미노산인 리신lysine, 트레오닌 threonine, 트립토판tryotophan이 부족

　㉢ 지질 : 배아에 올레산oleic acid과 리놀레인산linoleic acid, 레시틴도 함유

　㉣ 비타민과 무기질

　　▪ 현미는 비타민 B 복합체와 비타민 E, 철, 인 등의 무기질을 함유하고 있으나 주로 겨와 배아에 존재하므로 도정과정에서 대부분 손실됨

　　▪ 무기질은 곡류의 피트산과 결합하여 효율적으로 흡수되지 못함

　㉤ 식이섬유 : 전곡류는 혈중 콜레스테롤과 혈당을 낮추어 주는 수용성 식이섬유와 대장암의 위험을 경감시키는 불용성 식이섬유의 좋은 급원

　㉥ 기타 성분

　　▪ 호밀, 밀, 귀리, 보리 등 곡류의 겨에 폴리페놀의 일종인 리그난이 다량 함유

　　▪ 리그난은 식물성 에스트로겐으로 작용하며 항산화성을 가져 일부 암에 대한 예방 효과가 있음

(2) 대표적인 곡류

① 쌀

　㉠ 쌀의 종류

　　▪ 형태에 따른 분류

　　　- 인도형Indica, 안남미, 일본형Japonica, 자바니카형Javanica이 있음

　　　- 자바니카형Javanica : 일본형과 인도형의 중간형으로, 자포니카형에 비해 가늘고 길쭉한 형태이고 끈기가 적고 푸슬푸슬함

▪ 표 1. 인디카형(Indica type)과 자포니카형(Japonica type)의 비교

구분	인디카형(Indica type)	자포니카형(Japonica type)
벼의 키	▪ 키가 큼	▪ 키가 작음
형태	▪ 쌀알이 길고 가늘며 부스러지기 쉬움	▪ 쌀알이 둥글고 굵으며 단단함
점성	▪ 세포막이 두꺼워 파괴되지 않아 전분립이 세포막 내에서 호화 ▪ 점성이 약함	▪ 세포막이 얇아 쉽게 파괴되어 전분립이 세포 외부로 호화 ▪ 점성이 강함
아밀로오스 함량(%)	27~31	17~27
호화온도(℃)	70~75	65~67

■ 멥쌀과 찹쌀

■ 표 2. 멥쌀과 찹쌀의 성분 및 성상 비교

성분 및 성상	멥쌀	찹쌀
생산량	96%	4%
아밀로오스 함량	20~25%	1~2%
단백질 함량	6.5%	7.4%
호화온도	65℃ 정도	70℃
비중	1.13(약간 무겁다)	1.08
유리지방산	적음	멥쌀보다 많음
성상	반투명하고 찹쌀에 비해 김	유백색이며 멥쌀보다 짧음
요오드반응	청자색	적갈색
점성	약함	강함

ⓛ 쌀의 성분과 영양
- 단백질6~10%
  - 쌀 단백질은 글루텔린glutelin에 속하는 오리제닌oryzenin이 80%를 차지함
  - 글루텐 형성을 못 하므로 제빵적성은 좋지 못함
  - 리신과 트립토판 부족
- 지질
  - 현미에 2% 정도 함유되어 있으며 주로 배아와 겨에 존재
  - 불포화지방산이 72.5% 차지, 특히 콜레스테롤 억제 효과를 가진 올레산 39%과 필수지방산인 리놀레산36.9%이 많음
  - 쌀겨기름미강유은 페놀성 항산화물질인 γ-오리자놀oryzanol을 함유
- 무기질 : 인, 칼륨, 마그네슘이 풍부한 반면 칼슘은 부족함
- 비타민 : 비타민 B군이 주로 외피와 배아부분에 함유됨
- 생리활성물질
  - 쌀겨에 토코페롤, γ-오리자놀, β-시토스테롤과 페룰산 등 항산화물질을 함유하여 콜레스테롤 저하 효과, 혈압 상승 억제 효과, 항산화 효과, 돌연변이 억제 효과 등이 있음
  - 현미는 β-글루칸, 펙틴과 검질과 같은 식이섬유가 풍부하여 당뇨병 예방에 효과적인 곡류로 인식됨

② 보리

　⊙ 보리의 분류

　　■ 열매껍질이 씨에 달라붙어 떨어지지 않느냐, 쉽게 떨어지느냐에 따라 : 겉
　　　보리피맥 또는 대맥, 쌀보리나맥

　　■ 이삭에 달린 씨알의 줄 수에 따라 : 두줄보리이조대맥, 여섯줄보리육조대맥

　　■ 파종시기 : 가을보리추파형, 봄보리춘파형

　　　- 우리나라 : 겉보리, 여섯줄보리, 가을보리

　⊙ 보리의 성분과 영양

　　■ 전분 함량 약 65%, 섬유소의 함량이 높아 소화가 안됨

　　　- 낮은 소화율을 개선하기 위하여 압맥과 할맥으로 가공함밥을 지을 때 물은 쌀
　　　　만으로 지을 때보다 5% 정도 많게 함

　　■ 단백질

　　　- 프롤라민에 속하는 hordein호르데인으로 약 10% 함유

　　　- 라이신, 메티오닌, 트립토판 등의 필수아미노산 함량이 적어 질적으로 우
　　　　수하지 않음

　　■ 비타민 및 무기질 : 칼슘, 인, 철 등의 무기질과 비타민 B 복합체가 풍부

　　■ 식이섬유

　　　- 고분자 수용성 식이섬유인 β-글루칸이 세포벽을 구성함2~8%차지

　　　- β-글루칸은 점성이 높아 혈관이나 간에 콜레스테롤 함량을 저하시키는 효
　　　　과가 매우 높음

　⊙ 보리의 이용

　　■ 여섯줄보리 : 보리차 또는 맥아엿기름의 β-아멜라아제는 당화효소로서 식혜,
　　　엿, 고추장 등을 만들 때와 미숫가루 제조에 이용

　　■ 두줄보리 : 맥주, 위스키, 제조 등 양조용으로 이용

　　■ 쌀보리 : 밥, 국수, 빵

③ 옥수수

　⊙ 옥수수의 종류

　　■ 마치종 : 사료나 전분, 기름 등의 공업용 원료로 이용

　　■ 경립종 : 전분, 포도당, 고급풀, 소주 등의 원료로 이용되며 맛이 좋아 식용
　　　으로 오래전부터 재배함

　　■ 감미종

　　　- 서양에서 생식용으로 또는 통조림이나 냉동 처리하여 수프, 조림, 크로켓
　　　　등에 이용되며 단맛이 있어 감미종이라 함

- 노란색 : 카로티노이드 색소인 제아잔틴_{zeaxanthin}은 눈의 황반변성을 막아 주어 노년기에 실명을 예방해줌
- 샐러드, 중화요리에 사용되는 영콘_{베이비콘}은 생식용으로 만든 감미종의 일종으로 쪄서 통조림으로 이용함
  - 나종_{찰옥수수} : 우리나라에서 간식용으로 많이 이용
  - 폭립종_{팝콘}
    - 종자의 크기가 작고 각질층이 딱딱함
    - 팝콘은 173~198℃의 온도와 수분 함량 11~14%, 껍질에 상처가 없는 상태에서 팝핑함
  ⓛ 옥수수의 성분과 영양
    - 다른 잡곡에 비해 탄수화물, 지방과 단백질을 다량 함유하고 있음
    - 주요 단백질은 zein_{제인}으로 필수아미노산인 트립토판이 부족하여 옥수수가 주식인 지역에서는 단백질영양결핍증이나 니아신 결핍으로 펠라그라에 걸리기 쉬움

④ 조
  ⓐ 종류
    - 메조_{노란색}
    - 차조_{녹색} : 메조에 비해 단백질과 지방이 풍부. 주로 밥, 죽, 떡, 엿, 소주의 원료로 이용
  ⓛ 조의 영양성분과 영양
    - 탄수화물 : 전분이 대부분임
    - 단백질 : 라이신이 제한아미노산이지만 로이신, 트립토판은 많음
    - 칼슘과 비타민 B 복합체 함량이 많고 소화율이 99.4%로 높아 이유식 또는 치료식에 이용

⑤ 수수
  ⓐ 종류 : 메수수와 차수수가 있으며 품종은 외피의 색에 따라 흰색, 갈색, 노란색 등이 있는데, 식용으로 주로 갈색이 이용됨
  ⓛ 수수의 영양성분과 영양
    - 탄닌을 함유하고 있어 다른 곡류에 비하여 소화율이 떨어짐
    - 단백질 : 글루텔린이며 차수수는 메수수보다 단백질 함량이 약간 많음
    - 이용 : 수수경단, 수수부꾸미

⑥ 메밀

 ㉠ 단백질이 다른 곡류보다 12~14% 많음

 ㉡ 철분, 니아신, 비타민 B_1, B_2, B 복합체가 많음

 ㉢ 루틴rutin 함유 : 모세혈관의 저항성을 강하게 하고 고혈압증으로 인한 뇌출혈 등의 혈관 손상을 예방하는 효과

 ㉣ 메밀은 본래 끈기가 있지만 열을 가하면 끊어져서 면상태로 하기 어려우므로 메밀가루 : 밀가루 = 7 : 3 비율로 섞고 그 밖에 콩가루, 녹말, 계란, 인산염, 물 등을 섞음

⑦ 기장

 ㉠ 종류 : 메기장, 찰기장

 ㉡ 성분

  ■ 탄수화물 : 전분

  ■ 단백질, 지방, 비타민 함량이 높음

  ■ 쌀과 섞어 밥을 지어 먹거나 떡, 엿, 소주의 원료로 사용

(3) 곡류의 조리

곡류를 조리하는 목적은 소화율과 맛을 좋게하기 위함

① 밥 : 밥이 된다는 것은 생쌀의 전분입자결합이 물을 부어 가열함으로써 결정상의 전분이 비결정상으로 되는 것. 쌀의 종류, 쌀의 양, 건조 정도에 따라 물의 양, 용기의 크기, 불의 조절, 밥 짓는 시간 등에 의하여 결정됨

 ㉠ 쌀 불리기

  ■ 쌀 입자에 수분이 고르게 분포되어 가열 시 열전도율을 높이고 호화를 도와 맛있는 밥이 되게 함

  ■ 전분을 호화하려면 30% 정도의 물이 필요 : 쌀 씻는 동안 10%의 수분 흡수, 담가 두는 동안 20~30%의 수분 흡수

  ■ 30~90분이 지나면 흡수는 포화상태 : 여름 30분, 겨울 90분 정도 물에 불림

  ■ 수분 흡수 속도는 현미 겨층의 존재유무, 겨층의 두께 및 조성, 온도 등에 의해 결정됨

 ㉡ 밥 짓기

  ■ 가수량

   - 밥을 지을 때 물의 양은 쌀의 품종, 건조상태, 쌀의 양, 열원과 취반용기에 따라 다름

- 쌀 중량의 1.4~1.5배, 쌀 부피의 1.2배, 묵은 쌀은 부피로 1.3~1.4배, 햅쌀은 쌀과 동량의 물을 가함
- 찹쌀은 충분히 불린 후 약 0.9배의 밥물이 필요

■ 불 조절
- 온도상승기 : 센불로 가열하여 최고 온도에 도달하게 하는 과정
- 비등유지기 : 98~100℃를 유지
- 뜸들이기 : 불을 끈 상태에서 고온이 10~15분 정도 유지되도록 함. 쌀알 중심부까지 완전히 호화되고 쌀알표면에 부착된 여분의 수분이 내부로 완전히 흡수되어 부드러운 밥이 됨

Key Point 밥 짓는 원리

✓ 물을 붓고 가열하면 60~65℃에서 호화되기 시작한다.
✓ 70℃에서 호화가 진행된다.
✓ 100℃에서 20분 후 완전히 호화된다.
✓ 이때 약한 불로 조절하여 밥물에 쌀이 완전히 흡수되면 불을 끄고 여열로 뜸을 들인다.

ⓒ 밥맛에 영향을 주는 요인
■ 쌀의 건조상태
■ 밥물과 pH
- 밥물은 중량의 1.5배, 부피의 1.2배 물을 붓고 가열 햅쌀의 경우 1.0배
- pH : 7~8 적당, 산성일수록 맛이 떨어짐
- 소금 : 0.03% 첨가하면 밥맛 상승
■ 밥 짓는 용구 : 재질이 두껍고 뚜껑이 꼭 맞으며 무거운 것, 용기의 크기는 쌀 부피의 3~4배 되는 크기가 좋음
■ 밥짓는 열원 : 장작, 숯, 연탄, 가스 등이 있으나 장작불이 맛있음
■ 구성성분
- 아밀로오스 : 아밀로오스 함량이 낮은 쌀일수록 밥의 끈기가 커지며 색도 좋음
- 단백질 : 단백질 함량이 높으면 밥맛이 저하됨
- 유리아미노산 : 글루탐산, 아스파르트산, 아르기닌 등 유리아미노산은 맛 좋은 쌀에 많고 트레오닌, 프롤린은 맛없는 쌀에 많다고 함
- 휘발성 향기성분 : 묵은쌀은 저장 중에 지방산이 분해하여 n-발레르알데히드, n-카프로알데히드가 좋지 않은 냄새를 유발하고, 분해된 지방산이 전분의 충분한 팽윤과 호화를 억제하여 단단한 밥을 만들어 맛이 없음

② 죽

ㄱ 곡류의 5~6배의 물을 첨가하여 끓인 반유동식

ㄴ 호화가 충분히 되어 점성을 유지하는 상태가 잘 끓여진 상태

ㄷ 지질 함량이 높은 견과류를 이용하여 끓인 죽은 쌀가루의 충분한 호화가 된 후 갈아놓은 견과류를 넣어야 하고, 곡류의 약 4배 정도의 물이 적당함

③ 떡

ㄱ 쌀을 8~12시간 정도 충분히 불려서 가루를 내야 입자가 부드러워짐

ㄴ 쌀가루의 수분 함량은 약 30%지만 떡의 수분 함량은 약 40~50%임

ㄷ 쌀가루가 충분히 호화될 수 있도록 적당량의 수분을 첨가하고 충분히 가열

ㄹ 익반죽 : 쌀단백질은 점성을 나타내는 글루텐이 없어 끓는 물로 쌀전분의 호화를 일으켜 반죽이 끈기를 갖도록 함

■ 표 3. 죽의 종류 및 특성

종류	특성
흰죽	■ 쌀분량의 5~6배의 물을 사용 ■ 옹근죽 : 쌀알을 그대로 쑤는 죽 ■ 원미죽 : 쌀알을 굵게 갈아서 쑤는 죽 ■ 무리죽 : 쌀알을 곱게 갈아서 쑤는 죽
암죽	■ 곡물을 말려 가루로 만들어 물을 넣고 끓인 것 ■ 떡암죽, 쌀암죽, 밤암죽
응이	■ 곡물을 갈아서 앙금을 얻어 이것으로 쑨 것. 의이라고도 함 ■ 율무, 연근, 수수, 갈분, 보리, 밀, 연실, 녹두 등의 앙금을 사용함
미음	■ 곡물분량의 10배가량의 물을 붓고 낟알이 푹 물러 퍼질 때까지 끓인 다음 미음 체에 밭쳐 국물만 마시는 음식 ■ 쌀, 차조, 메조 등을 사용함

■ 표 4. 떡의 종류 및 특성

종류	특성
찌는 떡	■ 곱게 빻은 쌀가루를 시루에 안쳐 김을 올려 찌는 떡 ■ 수증기를 이용하여 쌀가루를 호화시킴 ■ 시루에 안치는 방법에 따라 설기떡, 켜떡 ■ 켜떡은 재료에 따라 메떡, 찰떡 ■ 고물을 얹느냐, 얹지 않느냐에 따라 시루떡, 시루편으로 나뉨 ■ 백설기, 팥시루떡, 시루편, 두텁떡 등이 있음

(표 계속)

치는 떡	■ 멥쌀가루와 찹쌀가루를 찌거나 밥을 지어 안반에 쳐서 만드는 떡 ■ 호화된 쌀가루를 쳐서 점성을 높임 ■ 찹쌀도병 : 인절미 ■ 멥쌀도병 : 절편, 가래떡, 개피떡 등이 있음
지지는 떡	■ 찹쌀가루를 익반죽하여 모양을 만들고 기름에 지진 떡 ■ 화전, 부꾸미, 주악 등이 있음
빚는 떡	■ 쌀가루를 익반죽하여 둥글게 빚어 찌거나 삶는 떡 ■ 송편 : 멥쌀가루 ■ 경단(단자) : 찹쌀가루, 차수수가루
술로 부풀린 떡	■ 익반죽한 쌀가루에 막걸리를 넣고 발효시켜 고명을 얹어 찌는 떡 ■ 증편

④ 국수의 조리

⑦ 국수 무게의 6~7배의 물로 고온에서 단시간 내에 조리

ⓒ 끓는 물에 국수를 넣고 센 불에서 조리

ⓒ 삶는 중간에 찬물을 넣어 끓어넘침을 방지

ⓔ 국수를 삶은 후 바로 찬물에 넣어 표면의 끈기를 제거함

02 전분의 조리

(1) 식혜

쌀의 전분을 엿기름β-아밀라아제으로 부분적으로 당화시켜 만든 전통음료임

① 엿기름의 제조

⑦ 겉보리를 따뜻한 물에 2~3일 담갔다가 건져 시루에 담고 따뜻한 곳에서 싹의 길이를 겉보리의 1~1.5배로 발아시킨 후 건조하여 분쇄 후 엿기름가루를 이용

ⓒ α-amylase와 β-amylase가 존재하고 분해산물인 덱스트린, 맥아당, 포도당이 존재함

ⓒ 사용할 엿기름의 양

■ 물 10컵에 엿기름가루 1컵이 가장 적당한 농도임

■ 1컵의 쌀로 밥을 지어 이 물에 삭히면 당화속도도 알맞고 맛도 좋음

② 아밀라아제효소의 추출

    ㉠ 아밀라아제효소는 수용성이기 때문에 엿기름을 물에 담그면 녹아 나옴

    ㉡ 3시간 이상 가라앉히면 당과 아밀라아제가 충분히 용출되고 국물이 맑아짐

③ 전분의 호화

    ㉠ 밥알이 잘 익어 완전히 호화되어야 아밀라아제효소가 쉽게 밥알에 침투해서 분해가 빨리 일어남

    ㉡ 찹쌀밥은 식혜가 된 후 입안에서 느낌이 깔깔하고 멥쌀밥은 매끄러움

④ 전분의 당화

    ㉠ 온도 : 50~60℃

    ㉡ 식혜를 삭히는 그릇표면에 밥알이 가득 뜨면 꺼내서 밥은 체에 받아 냉수에 살짝 씻은 후 냉수에 담가 가수분해를 중단시키고, 국물은 따로 받아 물을 더 붓고 설탕을 타서 당도를 15~18%로 조정함

    ㉢ 밥알이 뜰 수 있는 것은 밥에 있던 전분이 당화되어 빠져나와 밥알이 가벼워졌기 때문임

(2) 묵

전분을 함유한 원료를 갈아 부수어 전분을 얻고, 이를 호화시키고 냉각하면 응고되는 물리적 성질을 이용하여 만든 우리나라 고유의 식품임. 메밀, 녹두, 도토리를 이용함

① 묵의 원료 : 녹두, 메밀, 동부, 도토리전분

② 묵이 될 수 있는 전분

    ㉠ 아밀로스분자 길이가 중간 정도인 전분이 입체적 망상구조를 형성함

    ㉡ 전분의 농도는 8~10% 정도가 적당함

    ㉢ 굳힐 때 냉장온도에서 저어주면 젤의 강도가 증가하여 맛있는 묵을 형성함

다음의 (가)는 A 중학교의 식단 게시판이고, (나)는 B 학생이 '식혜 만들기'에 대해 작성한 내용이다. 물음에 답하시오. 【10점】

(가)

〈식단 게시판〉

오늘의 점심 식단
(2014년 8월 29일 목요일)

보리밥
육개장
탕평채
메추리알장조림
김치
미숫가루/식혜

★ 함께 생각해 보아요 ★

식혜는
어떻게 만드는지
조사하고 정리해 보세요.

(나)

〈식혜 만들기〉

첫째 : 엿기름가루 준비하기

둘째 : 엿기름물 만들기

엿기름가루를 천 주머니에 넣어 찬물에 담갔다가 30분 정도 주물 럭거리면서 우린다. 엿기름가루의 물을 가만히 놓아 두어 가라앉 힌 후 맑은 물을 따라 모은다.

셋째 : 엿기름물과 밥 섞기

보온밥통에 밥과 맑은 엿기름물을 넣는다. 2~3시간 후 밥통 안의 밥알이 동동 뜨기 시작하면, 식혜밥을 채에 밭쳐 낸 후 바로 ㉠ 냉 수에 씻어서 냉장고에 넣어 둔다. 남아 있는 식혜물은 ㉡ 펄펄 끓 인 후 식혀 냉장고에 넣어 두었다가 먹을 때 식혜밥과 설탕을 조금 넣어 먹는다.

✏️ 작성 방법

- (가)의 점심 식단에 활용된 전분 특성을 모두 나열하시오.
- 전분성 식품이 인류의 주식으로 사용될 수 있는 이유를 3가지 들어 논하시오.
- 밥이 식혜가 되는 과정을 효소와 관련지어 설명하고, (나)과정에 나타난 효소의 활성화 조건을 서술하시오. 또한 밑줄 친 ㉠, ㉡의 공통된 목적을 쓰고, 이 과정이 필요한 이유를 식혜의 관능 특성 측면에서 2가지 서술하시오.

제3장 밀가루와 서류

01 · 밀가루
02 · 서류

---

01 밀가루

(1) 밀(소맥)의 구조

① 겨층 , 배유, 배아로 구성

② 비율

　㉠ 겨층 : 약 14%　　　㉡ 배유 : 약 83%　　　㉢ 배아 : 약 2~3%

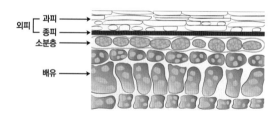

[그림 01] 밀의 구조

(2) 밀의 분류

① 파종시기에 따른 분류

　㉠ 겨울밀 winter wheat : 가을에 파종하여 이듬해 6~7월에 수확

　㉡ 봄밀 spring wheat : 봄에 파종하여 여름 또는 초가을에 수확

② 카로티노이드계 색소에 따른 분류

　㉠ 적맥 red wheat

　㉡ 백맥 white wheat

③ 단백질 함량 및 텍스처에 따른 분류

　㉠ 경질밀

　　■ 낟알이 단단하고 단백질 함량이 많음

　　■ 강력분의 원료로 제빵에 사용

　㉡ 연질밀 : 박력분의 원료로 과자, 파이, 케이크를 만드는 데 사용

④ 듀럼밀durum wheat

　㉠ 초경질밀로 단백질 함량이 13% 이상으로 높음

　㉡ 마카로니, 스파게티와 같은 파스타pasta와 인도의 납작한 빵인 난nann을 만드는 데 사용

(3) 밀가루의 종류

종류	단백질 함량	원료밀	용도	특성
박력분	8~9%	연질밀	제과용(과자, 파이, 케이크, 비스킷)	전분 함량이 높아 부드럽고 바삭함
중력분	10%	보통밀 경질밀과 연질밀의 혼합분	다목적용·가정용 (만두, 국수, 수제비, 부침가루, 중화면, 고급 우동면)	제면성이 좋고 퍼짐성이 우수함
강력분	11% 이상	경질밀	제빵용	흡수율이 높고 끈기와 탄력성이 좋음
세몰리나	13% 이상	듀럼밀	파스타용	단백질과 회분 함량이 높음

(4) 밀가루의 성분과 영양

① 탄수화물

　㉠ 전분이 75~80%로 가장 많고 그 외 셀룰로오스, 헤미셀룰로오스, 펜토산, 텍스트린 등 전분은 호화에 의해 점성과 부착성이 증가하고 냉각 시 젤화가 됨

　㉡ 밀가루 반죽 시 전분입자가 수분을 흡수, 팽윤하여 글루텐의 망상구조 사이를 메워 반죽 시 생성되는 공기방울의 벽을 형성함

　㉢ 빵을 구우면 전분이 호화로 인하여 조직을 고정하여 부피가 줄어드는 것을 방지하고, 이스트 발효 시 아밀라아제에 의해 전분이 분해되면 이스트의 먹이로 이용되어 팽창을 촉진함

② 단백질 : 글루텐gluten이 85%를 차지하고 글루테닌glutenin과 글리아딘gliadin으로 분류함

      ⊙ 글루텐 : 불용성단백질로 글리아딘과 글루테닌의 복합체이며 밀가루와 물 등
의 액체를 혼합하였을 때 만들어짐

      ⓛ 글루테닌 : 선형단백질로 물과 알코올에 불용이며 반죽의 탄성을 높임

      ⓒ 글루아딘 : 70%의 알코올에 용해되고 물에는 녹지 않고 구형으로 점성과 신
장성을 높이며 소금을 첨가하면 점성이 증가함

  ③ 지질 : 배아와 밀기울에는 인지질이, 배유에는 당지질이 더 많이 함유되어 있고
지방산은 불포화지방산의 비율이 높음

  ④ 비타민과 무기질 : 시판되는 다목적용 밀가루에는 비타민 B 복합체와 무기질이
대부분 손실됨

  ⑤ 효소

      ⊙ α-아밀라아제, β-아밀라아제는 빵을 반죽할 때 이스트가 이를 발효시켜 이산
화탄소가 발생하여 빵 반죽이 부풀게 됨

      ⓛ 리파아제 lipase는 밀가루 산패에 관여함

      ⓒ 프로테아제 protease, 펩티다아제 peptidase와 효소활성제인 시스테인 cysteine
과 글루타티온 glutathione이 존재하며, 글루텐을 가수분해하여 글루텐의 강도
를 약화시키고 지나치게 저으면 빵반죽이 단단하여 잘 부풀지 않음

      ⓔ 리폭시게네이즈 lipoxygenases는 밀가루에 함유된 카로티노이드를 산화시켜
노란색 색소를 제거하여 표백제로서의 기능을 함

      ⓜ 피테이즈 phytase : 무기질의 흡수를 방해하는 피트산의 일부를 이노시톨과
인으로 분해함

  ⑥ 색소 : 주로 카로티노이드 색소로 노란색을 띠게 됨

(5) 밀가루반죽

  ① 글루텐 형성 : 밀가루에 수분이나 액체를 첨가하면 단백질이 수화되어 망상구조
인 3차원 그물구조의 글루텐 복합체를 형성

  ② 글루텐 형성에 영향을 주는 요인

      ⊙ 밀가루의 종류

        ▪ 강력분은 반죽 시 박력분에 비해 더 많은 수분이 필요하고, 단단하고 질긴
반죽이 됨

        ▪ 단백질을 완전히 수화시키려면 글루텐 무게의 2배 정도의 물이 필요함

        ▪ 연질밀은 경질밀보다 글루텐 형성이 빠르나 신속하게 붕괴되기 시작함

      ⓛ 물을 첨가하는 방법 : 물을 소량씩 넣는 것이 한꺼번에 넣는 것보다 글루텐이
많이 형성됨

ⓒ 반죽을 치대는 정도 : 물을 넣고 치대면 글루텐이 차츰 형성되기 시작하여 촘촘한 입체적인 망상구조를 형성하고, 너무 많이 치대면 형성된 글루텐 섬유가 지나치게 늘어나 가늘어지고 끊어져 반죽이 다시 물러짐

ⓔ 밀가루 입자의 크기 : 입자의 크기가 작을수록 글루텐 형성이 쉬움

ⓜ 온도
- 온도 상승 시 단백질의 수화속도가 가속화되고 글루텐 생성속도가 향상됨
- 온도 저하 시 밀가루의 흡수량이 낮아져 글루텐 형성이 억제됨
- 바삭바삭한 튀김옷을 만들기 위해서는 냉수로 반죽함

ⓗ 첨가물
- 소금
  - 프로테아제 활성을 억제하여 글루텐의 입체적 망상구조를 치밀하게 만들어 반죽이 질기고 단단해짐
  - 빵의 향미 촉진
  - 부패미생물 생육 억제
- 달걀
  - 달걀단백질이 응고되면서 글루텐 구조가 팽창된 상태로 고정되도록 도와 제품 모양을 유지하며 색과 맛을 좋게 함
  - 난백 : 기포성으로 반죽에 공기를 주입하여 팽창제 역할을 함
  - 난황 : 레시틴의 유화성으로 지방이 반죽 내 골고루 섞이도록 도움
- 설탕
  - 단맛, 캐러멜화caramelization로 제품의 표면을 갈색화시킴
  - 효모의 영양원이며 발효를 촉진함
  - 흡습성이 있어 밀단백질의 수화를 감소시켜 글루텐 형성을 억제하고 달걀단백질의 열응고를 억제하여 빵의 텍스처를 부드럽고 연하게 함
  - 과량의 설탕 첨가 시 반죽이 묽게 되고, 가열 시 가스 팽창에 의한 압력을 견디지 못해 표면이 갈라지고, 소량의 설탕 첨가 시에는 결이 거칠고 제품이 질겨지기 쉬움
  - 사용량 : 식빵 4~6%, 과자빵 15~30% 정도인데, 4% 까지는 빵 팽창률이 증가하나 그 이상은 감소함
- 유지
  - 밀단백질의 수화를 방해하여 글루텐의 망상구조 형성을 억제하여 반죽을 부드럽고 연하게 함

- 고체지방 첨가 시 크리밍과정 중 공기 유입으로 제품의 부피가 증가되고 질감과 조직을 좋게 함
- 적당량의 지방이 함유되었을 때 표면이 골고루 갈색화됨
- 빵의 노화를 방지하여 보존성을 높임
- 사용량 : 쇼트닝을 3~5% 사용
    - ▪ 액체
        - 액체는 전분과 글루텐을 수화하여 전분의 호화와 글루텐을 형성함
        - 설탕, 소금, 베이킹파우더 등을 용해시켜 잘 섞이게 하고 팽창제의 작용을 촉진하며 탄산가스를 형성함
        - 지방을 고루 분산시키고 가열 시 증기를 형성하여 팽창제 역할을 함
- ③ 도우와 배터
    - ㉠ 도우 dough : 밀가루에 50~60%의 물을 넣어 단단한 상태의 반죽
    - ㉡ 배터 batter : 가수량을 100~400%로 하여 무르게 한 반죽
- ④ 팽창제
    - ㉠ 물리적 팽창제
        - ▪ 공기 : 밀가루를 체에 치거나 재료를 혼합하거나 크리밍하는 동안 혼입되어 굽는 동안 팽창하여 많은 기공을 형성함
        - ▪ 수증기 : 수분이 수증기로 변할 때 부피가 1,600배나 증가되기 때문에 공기보다 더 효과적인 팽창제임
    - ㉡ 생물학적 팽창제
        - ▪ 효모 이스트
            - 반죽 중의 당을 발효시켜 CO_2와 에탄올을 생성하게 하는 것
            - 사카로마이세스 세레비제 saccharomyces cerevisiae는 단당류 포도당를 발효시켜 알코올과 탄산가스를 형성함
            - 빵 반죽 시 적정 발효온도는 27~38℃이며, 특히 35℃가 최적 온도
            - 반죽에 설탕이나 소금을 다량 첨가하면 삼투현상을 유발하여 발효가 억제됨

$$C_6H_{12}O_6 \xrightarrow{\text{zymase}} 2C_2H_5OH + 2CO_2$$

포도당   에탄올   이산화탄소
                (빵의 풍미)   (반죽의 팽창)

■ 박테리아

- 사워도우를 사용하는 유럽식 빵, 특히 호밀빵을 만들 때 공기 중의 효모와 함께 박테리아에 의해 이산화탄소가 생성됨
- 젖산균과 초산균이 만드는 젖산과 초산에 의해 독특한 풍미를 가지며 약간 신맛이 남

ⓒ 화학적 팽창제

ⓐ 식소다 baking soda, 탄산수소나트륨

■ 단독으로 사용 시 강알칼리성의 탄산나트륨으로 인해 밀가루의 안토잔틴 색소가 황색으로 변하고 독특한 풍미를 지님

$$2NaHCO_3 \xrightarrow{\text{가열}} Na_2CO_3 + H_2O + CO_2$$

$$\text{탄산수소나트륨} \qquad \text{탄산나트륨} \quad \text{물} \quad \text{이산화탄소}$$

■ 식소다는 단독으로 사용하지 않고 중화시키기 위하여 반죽에 레몬즙, 식초, 버터밀크, 요구르트, 막걸리, 당밀, 황설탕, 코코아, 초콜릿 등의 산성 재료를 첨가하여 사용함

■ 탄산수소나트륨은 산과 작용하여 탄산을 형성하고 탄산은 물과 이산화탄소를 발생시키고, 이 반응은 바로 일어나기 때문에 반죽을 혼합한 즉시 오븐에 가열하여야 함

$$NaHCO_3 + HA \xrightarrow{\text{물}} NaA + H_2CO_3$$

$$\text{탄산수소나트륨} \quad \text{산} \qquad\qquad \text{염} \quad \text{탄산}$$

$$\downarrow$$

$$H_2O + CO_2$$

$$\text{물} \quad \text{이산화탄소}$$

ⓑ 베이킹파우더 : 탄산수소나트륨에 산염을 미리 섞어 놓은 것

■ 단일반응 베이킹파우더

- 반죽 초기에 이산화탄소가 전부 발생되며 주석산염과 인산염이 사용됨
- 이산화탄소 발생이 빠르면 굽는 동안 기체가 지나치게 빠져나가 부피가 작아지거나 가운데가 움푹 들어가 틈이 생기기 쉬움
- 밀가루 1컵당 $1_{1/2}$~2작은술의 단일반응 베이킹파우더가 필요함

$$NaHCO_3 + KHC_4H_4O_6 \xrightarrow{물} KNaC_4H_4O_6 + H_2O + CO_2$$

탄산수소나트륨　　주석산수소칼륨　　　　주석산나트륨칼륨염　물　이산화탄소

- 이중반응 베이킹파우더
  - 반죽 초기에 반응하는 산염과 굽는 동안에 이산화탄소가 방출되도록 늦게 반응하는 산염을 둘 다 포함하는 것
  - 충분한 부피와 형태를 가진 제품이 만들어지며 시판되는 것은 황산염-인산염 베이킹파우더의 복합형태임
  - 밀가루 1깁딩 1~1$\frac{1}{2}$작은술의 이중반응 베이킹파우더가 필요함

1단계 : $3CaH_4(PO_4)_2 + 8NaHCO_3 \xrightarrow{물} Ca_3(PO_4)_2 + 4Na_2HPO_4 + 8H_2O + 8CO_2$

　　　　　MCP　　　　　　탄산수소나트륨　　　　　인산칼슘　　인산수소나트륨　　물　　이산화탄소

2단계 : $Na_2SO_4Al_2(SO_4)_3 + 6H_2O \xrightarrow{가열} Na_2SO_4 + 2Al(OH)_3 + 3H_2SO_4$

　　　　　SAS　　　　　　　물　　　　　　황산나트륨　수산화알루미늄　　황산

$3H_2SO_4 + 6NaHCO_3 \xrightarrow{가열} 3Na_2SO_4 + 6H_2O + 6CO_2$

　　황산　　　　탄산수소나트륨　　　　황산나트륨　　물　　이산화탄소

⑤ 빵 제조법

　㉠ 직접반죽법 straight dough method, 직접법 : 가장 기본이 되는 방법. 모든 재료를 한꺼번에 혼합하여 반죽하는 방법

　　ⓐ 제조공정

　　　■ 원료 처리
　　　　- 밀가루를 체로 쳐서 협잡물 제거 및 공기를 충분히 함유시킴
　　　　- 효모는 약 5배 정도 양의 물에 넣고 설탕을 소량 가하여 25~30℃에서 예비 발효시킴
　　　　- 반죽온도는 27~28℃가 적당하며 지방은 반죽에 직접 넣고, 소금, 설탕, 기타 재료는 반죽하는 물의 일부에 녹여 사용함

　　　■ 섞기와 이기기 mixing and kneading
　　　　- 밀가루를 반죽통에 넣은 다음 물에 녹인 설탕, 포도당, 소금용액을 넣고 혼합시킴
　　　　- 어느 정도 섞였을 때 효모현탁액을 넣어 교반을 계속하여 가루 모양이 없어지면 쇼트닝을 조금씩 나누어 넣어 반죽을 고르게 함

- 이 조작의 목적은 원료의 전부를 고르게 분산시키고 글루텐을 발달시
  키기 위해서임
  - 발효와 가스 빼기
    - 반죽을 발효통에 옮겨 습도 95%, 온도 27~29℃에서 1~3시간 후에
      2~3배 부풀면 가스 빼기를 함. 강력분이 아니면 1회, 강력분은 2회 가
      스 빼기를 함
    - 가스 빼기의 목적은 반죽온도를 균일하게 유지하고 효모에 신선한 공
      기를 공급하며 효모에 당분을 공급하는 것임
  - 모양 만들기와 재우기 : 발효가 끝난 반죽은 일정한 크기로 만들어 빵틀
    에 넣고 38℃의 온도와 80~90%의 습도를 유지하는 보온기에 넣어 1시
    간 동안 재움
  - 굽기
    - 1단계 : 60℃에서 효모 사멸, 알코올 증발, 가스 팽창, 74℃에서 글루텐
      응고, 110℃에서 빵 골격 형성
    - 2단계 : 겉이 누런 갈색으로 착색됨
    - 3단계 : 굽기 완성, 굽는 조건은 200~240℃ 오븐에서 약 20분 정도 구움
    - 굽는 과정 중의 여러 반응 : 부피 증가, 껍질의 생성, 단백질 변성, 전분
      의 호화, 갈변반응 등
  - 식히기 : 실온으로 급냉. 특히 여름철에는 급랭하지 않으면 곰팡이가 발
    생함
- ⓒ 스펀지도우법 스폰지법, 중종법
  - ⓐ 반죽과정을 2번에 행하는 방법
  - ⓑ 스펀지 sponge 반죽 : 첫 번째 밀가루, 물, 이스트, 이스트푸드를 믹싱하여
    발효시킨 반죽
  - ⓒ 본반죽 dough : 나머지 재료를 섞어 믹싱한 반죽
  - ⓓ 제조공정
    - 원료 처리 : 직접반죽법과 같음
    - 섞기와 이기기
      - 스펀지반죽과 본반죽 2회로 함
      - 스펀지반죽은 밀가루 일부와 효모를 물과 함께 섞어 이기며 온도는 24~
        25℃가 좋음
      - 반죽의 발효시간을 4~5시간 정도 길게 한 다음 믹서에 넣어 나머지 물과
        쇼트닝 이외의 원료를 넣고서 본반죽용 밀가루의 약 반을 넣어 믹스함

- 스펀지반죽이 부서지면 나머지 가루를 넣고 저속으로 2~3분, 고속으로 5~7분간 이김. 본반죽의 발효온도는 27~28℃임
  - 발효 : 스펀지 발효는 발효실온도 27℃, 습도 75%에서 실시하여 pH4.5에서 완성됨. 본반죽 발효는 박스에 넣어 깨끗한 천을 덮어 놓아둠
  - 완성 이후의 공정은 모두 직접법과 같음
- ⓒ 직접반죽법과 스펀지법의 장단점 비교

구분	직접법(스트레이법)	스펀지법
장점	■ 한번에 믹싱하므로 노동력, 기계설비 절감 ■ 전체 발효시간이 짧아 발효 손실 감소 ■ 맛과 향미 향상 ■ 노동력, 전력, 시간 절감	■ 이스트 사용량 20% 절약 ■ 빵의 부피가 크고 속결 촉감이 부드러움 ■ 저장성 증가 ■ 잘못된 공정의 수정 가능 ■ 기계 내구성 좋음
단점	■ 노화가 빠름 ■ 잘못된 공정을 수정할 기회, 시간적 융통성 등이 없음 ■ 제품의 결이 나쁘고 두꺼움	■ 2번 믹싱으로 노동력, 전력, 시간이 많이 듦 ■ 발효 손실 큼 ■ 기계설비의 증가, 공간이 필요함

- ⓐ 제품
  - 부피 : 100g의 빵은 400mL의 부피를 가지는 것이 좋음
  - 겉껍질의 빛깔 : 고르게 황갈색을 띠며 윤이 나는 것이 좋음
  - 모양 : 좌우의 균형이 잘 짜여 있어야 함
- ⑩ 빵의 노화staling
  - 부패미생물에 의한 변화 이외에 빵의 속살에서 일어나는 물리 화학적인 변화에 의하여 빵에 대한 소비자의 기호성 감소현상
  - 요인 : 전분, 밀가루성분, 저장온도의 영향

02 서류

(1) 감자

① 감자의 종류

ㄱ 전분 함량에 따른 분류

■ 감자의 식용가 = 감자의 단백질량g / 감자의 전분량g × 100
  - 점성 또는 분성을 나타내는 정도이며 식용가가 클수록 점질을 나타냄
  - 단백질량이 많을수록 식용가가 높아서 점성을 나타내고 전분량이 많아질수록 식용가가 낮아져 분성을 나타냄
■ 점질감자, 분질감자
  - 점질감자 : 조리했을 때 육질이 약간 불투명하고 찰진 감자. 삶아도 모양이 변하지 않음
  - 분질감자 : 가열하면 불투명하고 건조한 흰색을 띠며 윤이 나지 않은 파삭한 질감을 갖는 감자

■ 표 1. 점질감자와 분질감자의 특성

종류	점질감자	분질감자
비중	1.07 ~ 1.08	1.09 ~ 1.12
전분 특성	단백질 함량이 많아 과육이 황색임 (전분입자의 크기가 작고 전분 함량이 낮음)	전분 함량이 높아 과육이 흰색이며 당분이 적음(전분입자의 크기가 큼)
조리 특성	찌거나 삶아도 부서지지 않고 육질이 반투명하고 찰진 질감임(수분이 많아 부드럽고 촉촉함)	찌거나 구웠을 때 포실포실한 흰색의 가루가 일고 파삭한 질감과 부서지기 쉬움(작은 입상조직이 보이고 불투명해짐)
용도	볶음요리, 샐러드, 조림, 수프	찐 감자, 오븐구이용, 매시드 포테이토, 프렌치프라이드 포테이토
품종	수미, 대지, 자주감자	러셋, 대서, 남작(중간)

Key Point 점질감자와 분질감자를 쉽게 구분하는 방법

✓ 점질감자와 분질감자의 비중이 다른 점을 이용한다. 즉, 소금과 물을 1:1.1의 비율(부피기준)로 소금물을 만들어 띄우면 비중이 무거운(큰) 분질감자는 가라앉고, 비중이 가벼운(낮은) 점질감자는 위로 떠오른다.

ⓒ 껍질 색에 따른 분류
  ■ 노란색 : 일반적인 감자수미, 골든 등
  ■ 보라색 : 항산화 활성도가 기존 감자 품종보다 4배나 높고 칼로리가 낮으며 생으로 먹기에 좋은 감자
  ■ 빨간색 : 전분 함량이 낮아 찌는 것보다 생으로 섭취하기에 좋으며 일반품종에 비해 단백질 함량은 높고 열량은 낮음

139

② 감자의 성분 및 영양

　　㉠ 수분 : 80%

　　㉡ 탄수화물 : 전분대부분, 펙틴, 식이섬유

　　　■ 감자전분은 곡류에 비해 입자가 커서 빨리 호화됨

　　　■ 감자는 숙성함에 따라 수분과 당분 함량이 감소하고 전분 함량은 현저하게 증가함

　　㉢ 단백질

　　　■ 튜버린tuberin : 감자의 주된 단백질

　　　■ 필수아미노산은 메티오닌만 부족한 좋은 단백질

　　　■ 감자 육질이 노란색일수록 단백질 함량이 많아짐

　　㉣ 비타민 : 감자의 전분이 호화되면서 비타민 C와 결착되어 열에 의하여 파괴되는 것을 막아주기 때문에 비타민 C가 사과보다 2.5배 많고 가열 조리에도 잘 파괴되지 않음

　　㉤ 무기질 : 칼륨과 인이 풍부, 칼슘과 나트륨은 거의 존재하지 않음

　　㉥ 솔라닌solanin

　　　■ 아린맛을 내고 알칼로이드계 화합물로 독성물질임

　　　■ 산이나 가열에 의해 쉽게 독성이 제거됨

　　　■ 소량의 솔라닌은 항염증작용, 조혈작용, 이뇨작용을 하나 20~30mg 이상 섭취하면 설사, 복통, 어지럼증 및 마비 등의 중독증상이 나타남

　　㉦ 셉신sepsin : 감자가 썩기 시작하면서 생성되는 독성물질

③ 감자의 저장과 당분의 변화

　　㉠ 실내온도에서 저장하면 감자의 호흡작용이 활발해져 당이 많이 소모되어 당의 함량이 낮아짐

　　㉡ 저온에서 저장하면 호흡작용은 느려지고 감자에 함유된 아밀라아제와 말타아제 등의 효소가 전분을 당화하여 환원당을 생성하여 단맛이 증가하면서 포실포실한 가루가 없어지며 투명해짐

　　㉢ 당 함량이 높은 감자로 포테이토칩을 만들면 색이 지나치게 진해질 뿐 아니라 씁쓸한 맛이 나기 때문에 실온에서 저장한 감자를 이용함

(2) 고구마

① 고구마의 성분 및 영양

　　㉠ 탄수화물

- 대부분 전분 외 맥아당, 자당, 포도당, 과당 등이 탄수화물의 20%를 함유하고 있어 감자보다 단맛이 강함
- 고구마를 가열한 후 건조 시 고구마 표면에 생기는 하얀 가루는 주로 맥아당임
- 섬유소의 함량이 많아 장의 연동운동을 촉진하여 변비에 좋고 혈청콜레스테롤을 감소시키며, 미생물에 의해 장내에서 이상 발효하여 뱃속에 가스가 차기 쉬움. 공복감을 덜 느껴 비만 예방에 효과적인 식품

ⓒ 단백질 : 이포메인ipomain

ⓒ 얄라핀jalapin
- 고구마를 잘랐을 때 나오는 유액성분
- 강한 점성을 가지고 있고 물에 녹지 않음
- 공기 중에 노출되면 흑색으로 변색
- 갈변 : 고구마의 클로로겐산과 폴리페놀화합물이 폴리페놀 산화효소에 의해 갈변물질 생성

② 고구마의 조리 특성

㉠ 고구마에는 β-아밀라아제가 있어 전분을 가수분해하여 맥아당을 만들어 단맛을 냄

ⓒ β-아밀라아제의 활성이 가장 활발하게 일어나는 온도가 65℃이므로 햇빛에 말린 고구마, 군고구마의 단맛이 강함

③ 관수현상

㉠ 홍수 등으로 인해 수중에 오래 방치됐거나 껍질을 벗겨 장시간 물에 담근 고구마 또는 고구마를 조리할 때 너무 낮은 온도에서 가열하거나 삶다가 중지한 상태에서 오래 방치하면 굽거나 삶아도 연화되지 않는 현상

ⓒ 세포액 중 무기질이 세포막 중의 펙틴과 결합하여 칼슘펙테이트calcium pectate를 형성하기 때문에 칼슘펙테이트는 아무리 열을 가하여도 세포의 결합이 연화되지 않음

④ 저장조건

㉠ 고구마는 저장기간 동안 리조푸스 니그리칸스phizopus nigricans에 의한 연부병, 흑반병으로 상하기 쉽고 냉해를 일으키는 등 저장성 떨어짐

ⓒ 13℃, 85~95%의 습도조건으로 저장하는 것이 좋음

ⓒ 흑반병에 걸린 고구마의 쓴맛성분은 이포메아메론ipomeamerone임

(3) 돼지감자(뚱딴지)

① 이눌린inulin : 주성분으로 과당의 중합체

② 이눌린은 인체 내에서 글루카곤이 분해되는 것을 억제하여 혈당을 안정화시키며 당뇨합병증의 원인인 당화혈색소의 수치를 낮출 수 있는 것으로 알려짐

③ 조림, 김치, 튀김, 찜, 무침 등으로 조리에 이용함

(4) 마

① 뮤신musin : 마의 점질물

② α-아밀라아제를 함유하고 있어 소화를 촉진시킴

(5) 토란

① 갈락탄galactan

　㉠ 토란의 미끈거리는 점성물질로 가열 조리 중 국물에 녹아서 거품이 일어나 끓어 넘치는 원인이 됨

　㉡ 전분과 함께 토란 고유의 맛을 내지만 국물의 점도를 높게 하여 열의 전도나 조미료의 침투를 방해하기도 함

　㉢ 뱃속의 열을 내리고 간장 및 신장의 노화 방지에 좋은 역할도 함

　㉣ 토란을 조리할 때 쌀뜨물이나 소금물에 데쳐서 점질물을 없앤 다음 조리

② 아린맛 : 호모겐티신산homogentisinic acid 때문으로 소금물에 데치거나 물에 미리 담가 놓으면 제거됨

(6) 구약감자(곤약)

① 글루코만난glucomannan

　㉠ 특유의 젤형성력이 있음. 물 또는 온수를 가하면 현저히 팽윤되어 점도가 높은 젤을 형성함

　㉡ 수산화칼륨 등의 알칼리를 가하여 가열하면 응고되어 반투명한 덩어리가 된 것이 곤약임

　㉢ 장내에서 이물질의 흡착배설작용도 하고 콜레스테롤을 낮추는 작용을 함

　㉣ 곤약은 특유의 향이 있어 조리 시 끓는 물에 반드시 데쳐 사용함

(7) 카사바

① 전분은 20~25% 함유되어 있으며 칼슘과 비타민 C가 풍부함

② 타피오카tapioca : 카사바 뿌리에서 채취한 전분

③ 과자, 알코올, 풀, 요리의 원료 등으로 사용함

④ 리나마린 linamarin : 겉껍질에 유독성분인 청산 배당체의 구성성분. 분쇄하여 물로 씻거나 가열하여 배당체를 가수분해시켜서 이용함

(8) 야콘(땅속의 과일)

① 고구마처럼 단맛이 나고 수분이 많으며 아삭한 질감임

② 속이 흰색보다 노란색일수록 단맛이 있음

③ 식이섬유와 칼슘, 칼륨, 나트륨, 마그네슘 등 무기질이 풍부한 알칼리성 식품

④ 이눌린, 폴리페놀, 프락토올리고당 등이 많이 들어있고 항산화 효과, 저칼로리 식품으로 당뇨병 환자에게 효과가 있음

두류와 두류제품

두류는 양질의 단백질과 지방의 중요한 급원이며, 인, 철, 칼슘, 비타민 B_1이 풍부하고 저장과 수송이 편리하며 우리나라에서는 예부터 두류의 조리법이 발달하였고 부식으로 많이 이용되어 왔다.

01 두류의 종류

(1) 단백질과 지방의 함량이 많고 탄수화물이 적은 것

① 대두, 땅콩

② 삶아서 밥을 짓거나 콩장, 두부, 된장

(2) 지질이 적고 단백질과 당질 함량이 높은 것

① 팥, 녹두, 완두, 강낭콩, 동부

② 전분을 추출하여 떡이나 과자의 속 또는 고물로 이용

(3) 수분 함량이 많고 비타민 C가 많아 채소류의 성질을 지닌 것

풋콩, 풋완두

1 │ 두류의 성분과 영양

(1) 대두

① 단백질

㉠ 글리시닌glycinin 84%, 레규멜린legumelin 5.4%, 프로테오스 4.4%, 비단백질 질소 6%로 구성되어 있음

　　　ⓒ 대두단백질은 필수아미노산을 골고루 함유하고 있어 단백가가 높으며, 곡류
　　　　에서 부족한 리신과 트립토판의 함량이 높으므로 혼식을 할 때에는 쌀의 영
　　　　양가를 높여 줄 수 있음

　　　ⓒ 메티오닌과 시스테인이 낮으므로 달걀과 함께 섭취하면 단백질의 질을 향상
　　　　시킬 수 있음

　② 지방

　　　㉠ 상온에서 황색의 액체로 리놀렌산 7%, 리놀레산 50% 이상, 올레산 25% 등으
　　　　로 구성지질의 88%가 불포화지방산인 양질의 식용유임

　　　ⓒ 콩가루나 콩제품은 공기에 접촉할 경우 지질의 산패에 의한 변질이 쉽게 일어남

　　　ⓒ 콩의 지질에는 유화에 중요한 레시틴이 0.1~0.2% 정도 함유되어 있음

　③ 탄수화물 : 전분은 거의 없고 종피에 펙틴, 헤미셀룰로오스 등이 많이 들어 있어
　　서 소화를 방해함

　④ 무기질과 비타민

　　　㉠ 칼륨이 가장 많고 인, 마그네슘, 칼슘, 나트륨 등이 함유되어 있고 인은 대부
　　　　분 피틴phytin의 형태로 존재함

　　　ⓒ 비타민 B 복합체를 곡류보다 다량 함유하고 있으나 비타민 C는 함유되어 있
　　　　지 않음

　⑤ 이소플라본isoflavone

　　　㉠ 이소플라본은 제니스테인genistein, 다이제인daidzein, 글리시테인glycitein 등
　　　　여러 가지 형태가 있음

　　　ⓒ 이소플라본은 배당체 형태로 존재하여 제니스테인 배당체glycoside가 약
　　　　50%, 다이제인 배당체가 약 40%를 차지함

　　　ⓒ 제니스테인, 다이제인 및 이들의 배당체는 대두의 떫은맛, 쓴맛 등의 원인 중
　　　　하나임

　⑥ 유해성분

　　　㉠ 트립신 저해물질trypsin inhibitor, antitrypsin : 단백질의 소화율 저하

　　　ⓒ 파이토헤마글루티닌phytohemagglutinin : 적혈구의 응고를 촉진

　　　ⓒ 사포닌 : 기포성을 지니며 대두를 삶으면 거품이 일게 함. 독성은 매우 약하나
　　　　과량 섭취 시 설사를 일으킬 수 있음

(2) 팥

　① 전 탄수화물의 35%가량이 전분임

　② 팥의 단백질은 파솔린으로 약 21% 함유

③ 지방 함량은 낮으나 리놀레산이 많음

④ 비타민 B_1의 함량이 높음

⑤ 사포닌 0.3% 함유

⑥ 전분 함량이 높아 소와 떡고물로 이용

⑦ 표피에는 청산 배당체가 들어있고 팥 앙금을 할 때 안토시안 등이 금속이온과 반응하여 색이 어두워지므로 식품 가공 시 용기에 주의함

⑧ 팥소 : 팥을 물에 불려 가열하면 팥의 생세포는 전분입자들이 물을 흡수하여 크게 팽윤하고 전분을 둘러싸고 있는 세포막이 응고하여 안정되게 되는데, 이때 전분입자들이 세포 밖으로 흩어져 나가지 않은 채 개개의 세포가 파괴된 가루. 팥고물이라고도 함

(3) 녹두

① 녹두의 주성분은 전분이며 펜토산, 덱스트린, 갈락탄, 헤미셀룰로오스가 많으며 녹두의 점성은 높음

② 단백질 함량 : 25% 정도

③ 청포묵, 빈대떡, 떡소, 떡고물, 녹두죽, 숙주나물 등을 만드는 데 이용

(4) 완두

① 탄수화물이 주성분이며 대부분은 전분이고 아밀로오스를 많이 함유

② 단백질은 글로불린인 레규민legumine이고 지질의 주된 구성지방산은 올레산임

③ 미숙한 완두청완두는 수분이 많고 단맛이 있어 통조림으로 이용

④ 꼬투리완두풋완두는 비타민 C가 60mg이나 되어 데쳐서 채소로 이용

(5) 강낭콩

① 주성분은 전분이며 단백질도 비교적 많고 지질은 적음

② 미숙한 강낭콩에는 인과 칼슘 함량이 비슷하나 성숙한 콩에는 인이 칼슘보다 3배나 많음

③ 완숙된 콩에는 파이토헤마글루티닌이 함유되어 있어 소화작용을 저해함

④ 밥에 섞거나 떡소, 떡고물, 양갱 등의 원료로 이용됨

(4) 동부

밥에 섞거나 떡소, 과자를 만드는 데 이용함

(7) 땅콩

① 단백질 함량은 20% 이상, 지방은 40% 이상, 티아민도 상당량 함유되어 있음

② 지방산은 아라키돈산이 많고 비타민 중에는 특히 니아신을 많이 함유하고 있음

③ 과자, 버터, 식용유, 마가린 제조에 이용

02 두류의 조리

(1) 흡습성

① 두류는 조직의 연화와 조리 시 가열시간의 단축을 위해 물에 담가 불려 사용

② 흡수속도는 콩의 저장시간, 보존상태, 수온 등에 따라 달라짐

③ 보통 대두는 침수 20℃ 내외에서 5~6시간 후에 본래 콩 무게의 90~100%의 물 흡수

④ 팥은 표피가 단단하여 물에 담그기보다 직접 가열하는 경우가 많음

⑤ 식소다를 너무 많이 넣으면 맛이 나빠지고 비타민 B_1이 파괴되므로 주의함

> **Key Point** 콩의 흡습성 증가요인
>
> ✓ 물의 온도가 높을수록 증가한다.
> ✓ 0.3%의 식소다를 첨가한다.
> ✓ 0.2%의 탄산칼륨을 첨가한다.
> ✓ 1%의 소금을 첨가한다.
> ☞ 이유 : 알칼리성인 식소다나 탄산칼륨이 콩의 헤미셀룰로오스와 펙틴질을 연화하고 팽윤시키는 작용을 하여 껍질 내부를 한층 더 연하게 하기 때문이다.

(2) 용해성과 응고성

① 대두단백질인 글리시닌과 레규멜린은 물에 약 90%가 용출됨

② 단백질의 등전점인 pH4~5로 맞추거나, 칼슘염 $CaSO_4$, $CaCl_2$ 이나 마그네슘염 $MgCl_2$ 용액에서 응고가 일어남

(3) 기포성

① 콩에 함유되어 있는 사포닌이 원인

② 두류를 끓일 때 거품이 나면 약간의 기름을 첨가하거나 된장 1큰술 정도 넣으면 좋음

> **Key Point** 두류 가열 조리 시의 변화
>
> ✓ 트립신 저해제 활성을 파괴한다.
> ✓ 소화성이 증가한다.
> ✓ 헤마글루티닌 변성으로 적혈구 응집효력이 상실된다.

(4) 두유의 산화

① 불포화지방산인 리놀레산이 많고 지방산화효소인 리폭시게나아제lipoxygenase가 있어 공기 중의 산소와 접하면 산화되어 콩 비린내를 냄

② 비린내의 주 물질은 헥산알hexanal 임

③ 뚜껑을 닫으면 산소의 접촉을 방지하고 조리수의 온도를 빨리 증가시켜 효소를 불활성화시킴으로써 방지할 수 있음

(5) 두류의 발아

① 대두와 녹두를 물에 담가 원래 부피의 2배 정도가 팽윤되면 발아 시작

② 22~23℃ 유지, 하루 4~5회 정도 계속 물을 주면 5~6일 후 약 10cm 정도 성장

③ 성장한 싹에는 대두 중의 갈락토오스가 변하여 생성된 비타민 C 함량이 높아지고 아스파라긴asparagine과 글루탐산 함량이 증가함

④ 올리고당과 피트산은 발아하는 동안 분해됨

⑤ 콩나물, 숙주나물 조리 시는 수분이 많고 조직이 연하므로 표면조직을 연화시킬 만큼의 고온에서 단시간에 가열함

(6) 두류전분의 호화와 겔화

① 호화된 팥소의 전분은 식어도 잘 노화하지 않고 호화된 상태로 있음

② 겔화 : 녹두나 동부의 전분 겔은 다른 전분 겔보다 탄력성이 우수함

> **Key Point** 콩장
>
> ✓ 콩을 먼저 0.5~1% 소금물에 담근 후 가열하면 콩단백질(glycinin)이 염용액에서 가용성이므로 연화가 촉진된다.
> ✓ 삶은 콩에 맛을 들일 때 설탕을 넣어 끓이면 삼투압이 높아져 껍질은 팽창하지만 콩의 내부는 수축하기 때문에 껍질에 주름이 생긴다.
> ✓ 콩의 내부가 수축하는 것은 설탕 농도가 높을수록(60%) 심하다.
> ✓ 설탕, 간장 등의 조미료를 첨가한 물에 처음부터 넣고 끓이면 삼투압의 영향으로 흡수 및 팽윤이 억제되고 가열해도 연화가 잘 안 된다.
> ✓ 검정콩의 껍질 색은 안토시안계의 색소인 크리산세민(chrysanthemin)이다. 이 색소는 철이나 주석이온과 결합해서 아름다운 검은색이 된다(무쇠솥이나 철냄비에 조리함). 알칼리성에서는 적자색으로 변한다.

03 두류제품

(1) 두유

콩을 침지시킨 뒤 갈아서 콩단백질을 추출한 후 여과하여 비지를 제거하고 살균하여 제조함

(2) 두부

불린 콩을 갈아서 가용성 단백질인 글리시닌을 추출하고 응고제를 넣어 응고시킨 후 압착 성형시켜 제조함

① 원료

　㉠ 콩

　㉡ 응고제 : 염화마그네슘 $MgCl_2$, 황산칼슘 $CaSO_4$, 염화칼슘 $CaCl_2$, glucono-δ-lactone

　㉢ 소포제 : silicon, monoglyceride

② 두부의 제조공정

　㉠ 콩을 여름에는 5~6시간, 봄과 가을에는 12시간, 겨울에는 24시간 수침한 후 마쇄하여 두미를 만들고 증자시킨 다음 가열하여 응고시킴

　㉡ 두유의 응고온도는 70~80℃가 적당하며 응고 적온이 되면 간수 또는 응고제를 가하여 응고시킴

　㉢ 응고제 사용량은 대두의 1~2%, 응고시간은 15분이 좋음 : 두유의 가열온도가 높을수록, 첨가하는 응고제의 양이 많을수록 응고가 완전하고 단단함

　㉣ 제조공정 : 콩 → 침지 → 마쇄 → 두미 → 증자 → 여과 → 두유 → 응고 응고제첨가 → 탈수 → 성형 → 수침 → 보통 두부

■ 표 1. 두부응고제의 종류

원리	종류	용해도	두유온도	장점	단점
염석	황산칼슘 ($CaSO_4$)	난용성	80~85℃	■ 사용이 편리하고 수율과 색깔이 좋음	■ 두부표면이 거칠고 맛이 덜함 ■ 잔류 황산칼슘이 많아서 회분 과다의 우려가 있음

(표 계속)

제7과목　조리원리 및 실습

염석	염화마그네슘 (MgCl₂)	수용성	75~80℃	■ 응고시간이 빠르고 압착 시 물이 잘 빠짐 ■ 두부의 풍미가 좋고 맛이 좋음	■ 순간적으로 응고하기 때문에 고도의 기술이 요구됨
	염화칼슘 (CaCl₂)	수용성	75~80℃	■ 물 빠짐이 좋아 튀김두부용으로 사용함 ■ 사용이 편리함	■ 풍미가 덜함
산응고	글루코노 델타락톤 (C₆H₁₀O₆)	수용성	85~90℃	■ 수율이 좋으며 순부두 제조에 이용됨 ■ 표면이 매끈하고 조직이 부드러움	■ 산응고로 인해 두부의 풍미가 덜함

③ 두부의 보존

　㉠ 수온이 5℃ 전후이면 세균의 증식을 억제하여 장시간 보존할 수 있음

　㉡ 두부를 가열하면 단백질이 응고되면서 수분이 추출되어 단단해지므로 단시간 가열해야 함

(3) 장류

① 된장

　㉠ 주원료 : 콩, 쌀 또는 보리, 소금, 물 사용비율은 콩 : 물 : 소금 = 1 : 4 : 0.8

　㉡ 재래된장 만드는 법

　　■ 콩을 삶아 으깨어 메주를 만든 뒤 볏짚에 매달아 고초균 bacillus subtilis이 접종되도록 함

　　■ 소금물에 담가 한 달 정도 발효시킨 후 메주덩어리를 걸러 내어 액체부분은 조선간장을 만들고 부산물인 고형분에 소금을 첨가하여 숙성시킴

　　■ 된장은 숙성과정 중에 대두단백질이 분해되어 아미노산을 생성하고 대두의 녹말은 발효되면서 젖산, 호박산, 초산, 말산, 구연산 등의 유기산을 생성하는데, 이렇게 생성된 아미노산과 유기산 등이 혼합하여 특유의 구수한 맛을 냄

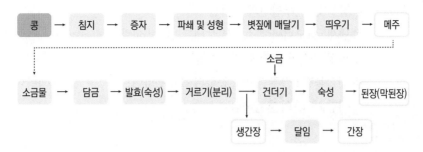

[**그림 01**] 재래식 된장과 간장의 제조공정

② 간장

    ㉠ 간장은 메주에 소금물을 넣어 발효시켜서 얻은 액상이고, 된장은 간장을 거르고 남은 메주로 만든 것임

    ㉡ 간장 양조에 관여하는 미생물은 국균, 효모, 젖산균, 고초균이며, 특히 곰팡이 *Asp. oryzae* 또는 *Asp. sojae*는 간장 양조에서 필수적인 미생물임

    ㉢ 간장을 장기간 저장했을 때 표면에 생기는 백색 피막은 강한 호기성 미생물인 산막효모 때문에 생성되는 것으로, 간장의 맛과 냄새를 저하시키는 원인이 됨

    ㉣ 오늘날 장 담그기의 염농도 표준은 Be19°임

> **Key Point** 간장을 달이는 이유
>
> ✓ 살균이 주된 목적이다.
> ✓ 효소를 불활성화시켜 더 이상의 발효가 진행되지 않도록 하기 위함이다.
> ✓ 가열에 의한 마이야르반응의 촉진으로 아름다운 갈색이 되도록 한다.
> ✓ 기타 분해되지 않은 단백질을 응고시켜 장을 맑게 하고 졸여서 농도를 높이기 위한 효과이다.

③ 고추장

    ㉠ 고추장은 간장, 된장과 함께 우리나라의 대표적인 발효식품으로 매운맛, 단맛, 구수한 맛, 짠맛이 조화되어 있어 전통조미료로 이용됨

    ㉡ 콩과 전분질원료를 이용하여 고추장용 메주를 만든 후 전분질원료 및 고춧가루, 소금 등을 혼합해서 발효시킨 식품

    ㉢ 숙성 중 탄수화물과 단백질 분해효소의 작용으로 당과 아미노산이 생성되고 효모와 유산균에 의한 발효가 일어나 맛과 향기, 풍미 등에 영향을 미침

④ 청국장

    ㉠ 물에 불린 대두를 삶은 후 60℃로 냉각하고, 나무상자 또는 대바구니에 볏짚과 함께 넣어 40~45℃로 2~3일간 저장하면 볏짚에 있던 고초균이 번식하여 콩표면에 실 모양의 끈적끈적한 점액을 생성시킨 후 소금, 고춧가루, 마늘을 넣어 숙성시켜 만든 것으로 독특한 향기와 맛을 지님

  © 감칠맛 : 글루탐산과 유기산

  © 냄새 : 암모니아 질소성분과 테트라메틸 피란진tetramethyl pyrazine 및 기타 휘

   발성 물질의 혼합에 의한 것임

  © 점질물질 : 글루탐산이 중합된 폴리펩타이드polypeptide와 과당이 중합된 프

   럭탄fructan의 혼합물임

2016년 기출문제 A형

다음은 재래식 간장을 만드는 과정을 간략히 도식화한 것이다. 밑줄 친 과정 ㉠, ㉡의 효과를 순서대로 쓰고, 그 효과가 나타나는 이유를 순서대로 1가지씩 서술하시오. 【4점】

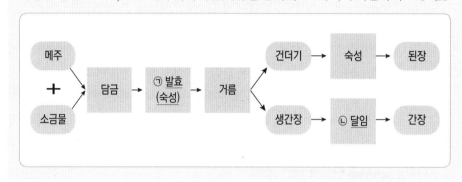

01 육류의 성분과 영양

(1) 육류의 조직

① 근육조직

ㄱ 근육조직은 동물조직의 약 30~40%를 차지. 골격근, 평활근, 심근 등 세 종류가 있음

ㄴ 식육 또는 고기라 불리는 가식 부위를 말하며 대부분 가로무늬가 있는 횡문근으로 구성됨

ㄷ 근육조직의 세부구조 : 근육미세섬유myofilament, 액틴과 미오신을 기본

- A대 : 두껍고 어두운 부분암대, I대 : 가늘고 밝은 부분명대
- I대의 중앙에는 어두운 색의 얇은 Z선이 있으며 A대의 중앙에는 밝은 색의 H역이 있음
- Z선과 Z선 사이는 근절이라 하며 근육 수축의 소단위임
- 근육이 수축할 때 A대의 양쪽에 있는 I대가 A대 사이로 미끄러져 들어가면서 근절의 길이가 짧아짐

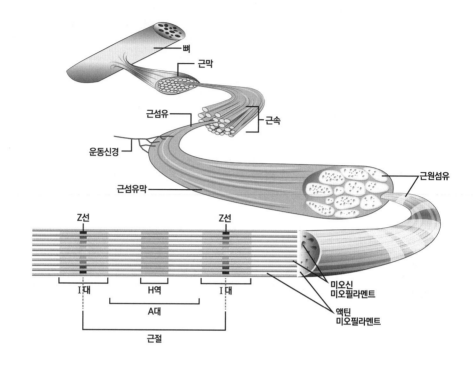

[그림 01] 근육조직의 세부구조

② 결합조직

　㉠ 근육이나 지방조직을 둘러싸고 있는 얇은 막

　㉡ 근육이나 내장기관 등의 위치를 고정하고 다른 조직과 결합하는 힘줄

　㉢ 종류 : 콜라겐, 엘라스틴, 레티큘린 등 이중 조리와 가장 관계가 깊은 것은 콜라겐으로 습열 조리 시 65℃ 가용성의 젤라틴으로 변화

　㉣ 운동을 많이 하거나 나이가 많을수록 결합조직이 발달하게 되며 암컷보다 수컷, 돼지고기와 닭고기보다 쇠고기에 많음

　㉤ 결합조직이 많을수록 질기며 습열조리에 적당

③ 지방조직

　㉠ 세포에 지방이 크게 침착되어 있는 것

　㉡ 마블링 marbling

　　▪ 근육 내에 미세한 지방조직이 고르게 분포된 상태. 마블링이 잘 이루어진 육류를 상강육이라 함

　　▪ 육질 연화, 입안에서의 촉감과 풍미 향상

　　▪ 갈비 주위의 살, 안심 또는 등심 등

　　▪ 건열조리법인 구이용으로 적합

④ 뼈

⊙ 사골, 도가니, 등뼈, 꼬리뼈, 반골뼈, 우족 등 뼈는 결합조직인 관절과 힘줄이 외부를 싸고 있어 이를 끓이면 콜라겐성분이 많이 우러남

ⓒ 성숙한 동물의 뼈나 앞다리 뼈가 운동량이 많고 골격의 조직이 치밀하며 인지질이 많아 진하고 맛있는 국물이 우러남

(2) 육류의 영양성분

① 단백질

⊙ 근원섬유단백질 : 근원섬유를 구성. 미오신 약 5%, 액틴 20~25%

ⓒ 결합조직단백질 : 콜라겐이 많음. 엘라스틴, 레티쿨린

ⓒ 근형단백질

- 미오겐, 미오글로빈, 헤모글로빈
- 고기의 사후 변화, 색의 변화, 고기의 조리 시 변화에 관여

② 탄수화물 : 글리코겐은 고기의 pH, 사후경직 및 숙성과 밀접한 관련이 있음

③ 지질

⊙ 5~30%의 지질을 함유하며 대부분 중성지방으로 이루어짐

ⓒ 포화지방산의 함량이 높음

ⓒ 불포화지방산의 함량은 쇠기름＜돼지기름＜닭기름＜오리기름 순서임

④ 무기질

⊙ 무기질 함량 1%

ⓒ Fe, Ca, Mg, Zn

⑤ 비타민 : 비타민 B 복합체, 비타민 A

02 육류의 추출물

- 근육에서 추출된 액체의 유기화합물을 육류추출물이라 함
- 핵산물질 : 근육의 숙성 시에 ATP의 분해로 인해 생성된 AMP, IMP, 이노신 등이 고기의 향미에 영향을 줌
- 비단백계 질소화합물 : 크레아틴creatine, 요소, 요산 등

03 육류의 사후강직과 숙성

(1) 사후강직

① 발생원리

⊙ 호흡을 통한 산소 공급의 중지, 혐기적 해당작용이 진행됨

ⓒ 근육 내에 젖산이 축적된 고기는 pH를 산성으로 기울게 하고 글리코겐과 CPcreatine phosphate가 완전히 고갈되면 액틴과 미오신 간의 상호결합액토미오신은 더욱 많아져서 근육의 신축성을 잃고 굳게 됨

ⓒ 동물이 도살된 후의 주된 화학적 변화는 해당작용glycolysis, pH의 저하, CP의 감소, ATP의 감소

② 사후경직 고기의 특성

⊙ 보수성이 감소하여 질기고 맛 저하

ⓒ 가열 시에 육즙이 다량 유출

③ 사후강직의 영향을 미치는 요인

⊙ 동물이 크면 사체가 서서히 식으므로 강직 개시, 시간도 늦고 강직도 오래 지속

ⓒ 사후강직의 속도는 동물의 종류, 영양 수준, 도축방법, 도살 후 환경, 온도에 따라 크게 달라짐 : 쇠고기 2~9시간, 돼지고기 30분~2시간, 닭고기 수분 1시간

ⓒ 근육온도가 높을수록 강직 개시 빠름

(2) 숙성

강직된 근육이 시간이 지남에 따라 점차 유연해지는 현상을 강직해소라고 함. 강직 중에 형성된 액토미오신의 결합이 pH 변화나 이온 조성의 변화 등에 의해 변형되거나 약화되고, 근육 내에 존재하는 단백질 분해효소cathepsin, 카뎁신에 의한 자기소화로 근원섬유단백질 및 결합조직단백질이 일부 분해되어 근육의 장력이 저하되고 연도가 증가된 결과

① 숙성과정 중의 변화

⊙ 근육 내의 단백질 분해효소인 프로테아제protease에 의해 자기소화autolysis가 일어남

ⓒ 근육의 길이가 짧아지고 연해짐

ⓒ 유리아미노산이 생성되어 맛과 풍미 향상 : ATP → ADP → AMP → IMP → 이노신inosine → 하이포잔틴hypoxanthine

ⓔ 보수성 다시 증가

② 숙성기간 : 도축 후 소고기의 경우 4~7℃에서 7~10일 또는 2℃에서 2주, 돼지고기는 2~4℃에서 3~5일, 닭고기는 2일이 적당함

04 연화법

(1) 기계적 방법
식육을 잘게 썰거나 다져 근섬유를 짧게 끊어줌

(2) 설탕의 첨가
설탕, 배즙, 꿀, 양파즙 첨가로 보수성이 증가하여 식육 연화

(3) 염의 첨가
① 근원섬유단백질 : 염용성
② MgCl, NaCI, KCI과 같은 염이 근섬유와 접촉되는 부분을 분해시켜 수분과 결합하는 능력이 커지면서 연해짐

(4) pH 조절
근육단백질의 등전점인 pH5~6보다 낮거나 높게 함

(5) 산첨가
레몬, 토마토 등을 가해 식육이 약간 산성이 되면서 수화력 증가로 식육 연화

(6) 단백질 가수분해효소 첨가
① 단백질 분해효소를 사용하여 근섬유 연화
② 배, 무 등의 프로테아제, 키위의 액티니딘, 무화과의 피신, 파파야의 파파인, 파인애플의 브로멜린 등

(7) 조리방법
식육을 부위에 따라 습열조리법 혹은 건열조리법 등 적절한 방법으로 조리하면 연하게 먹을 수 있음

(8) 기타
숙성, 동결 등

> **Key Point** | 불고기 조리 시 양념을 넣는 순서
>
> ✓ 설탕과 배즙 등을 먼저 넣어 고기를 연하게 한 후 간장과 양념을 넣어 잘 배게하고 마지막으로 참기름을 넣는다.
>
> ☞ 이유 : 분자량이 큰 설탕(342)은 분자량이 적은 소금(58.5) 또는 간장보다 먼저 넣는다. 참기름을 먼저 넣으면 연화효소의 작용이 억제되며 막을 형성해서 양념이 잘 스며들지 않는다.

제 6 장 **어패류**

01 어패류의 성분

(1) 영양성분

① 탄수화물

　㉠ 어류의 탄수화물 함량은 1%로 낮음

　㉡ 갑각류, 조개류에는 글리코겐 형태로 2~5% 함유

　㉢ 굴, 전복 등 조개류의 글리코겐이 효소에 의해 포도당으로 전환되므로 어획 직후 특히 달고 맛있음

　㉣ 어패류에는 호박산이 함유되어 감칠맛을 내며, 특히 조개류의 근육에 많음

② 단백질

　㉠ 어류 17~25%, 문어와 오징어 13~20%, 조개류 7~14%, 전복과 소라 20~23%

　㉡ 염용성 단백질인 미오신과 액틴은 약 3%의 소금용액에 용출되어 나와 서로 결합하여 액토미오신을 형성한 후 굳어진 젤을 형성함

　㉢ 필수아미노산 라이신을 다량 함유

③ 지질

　㉠ 0.5~22% 함유

　㉡ 종류, 부위, 서식지에 따라 차이가 많음

　㉢ 대부분 불포화지방산

　㉣ EPA, DHA 등은 등푸른생선에 특히 많음

　㉤ 제철의 생선과 산란 1~2개월 전이 가장 높음

④ 무기질

　㉠ 1~2% 정도 함유

ⓒ 굴을 비롯한 조개류에 철분과 아연 풍부

ⓒ 새우, 멸치 등에는 칼슘 풍부

⑤ 비타민

ⓐ 비타민 A, D 급원식품

ⓑ 비타민 B군의 좋은 급원식품 : 회에는 thiaminase의 작용을 받아 티아민이 파괴되어 효용성이 없어지나 가열하면 변성되어 불활성화됨

(2) 맛성분

① 맛 엑기스성분은 어류 1~5%, 연체류 7~10%, 갑각류 10~12% 함유

② 유리아미노산

ⓐ 글리신, 알라닌, 프롤린, 아르기닌, 글루탐산, 히스티딘 등

ⓑ 흰살 생선에 비해 붉은 살 생선의 히스티딘 함량은 750~1,200mg/100g으로 매우 많음

③ 베타인 : 오징어, 새우 같은 연체동물과 갑각류의 조직에 많음

④ 뉴클레오티드

ⓐ 어육에 들어 있는 뉴클레오티드의 90% 이상이 아데닌뉴클레오티드임

ⓑ 유리아미노산인 글루탐산과 함께 IMP가 존재하면 감칠맛이 상승됨

⑤ 유기산 : 호박산과 젖산 등

(3) 냄새성분

① 어류 근육 내에 트리메틸아민옥사이드TMAO, 약한 단맛가 세균에 의한 환원으로 트리메틸아민TMA이 되어 생선 비린내 증가 : TMA는 생선 100g 중 3mg에 달하면 냄새가 나고 30mg이 되면 강한 비린내가 남

② 홍어, 가오리, 상어 등 어류 내의 요소가 암모니아로 변하면서 냄새 증가

③ 선도 저하 시 인돌, 스캐톨, 메틸메르캅탄, 히스타민, 황화수소 등 증가

④ 담수어의 경우 라이신lysine으로부터 생성된 피페리딘과 아세트알데히드가 축합되어 비린내가 강하게 남

(4) 색소

① 연어, 송어는 카로티노이드 함유

② 새우나 게의 회록색의 아스타잔틴astaxanthin은 가열에 의해 붉은색의 아스타신astacin으로 변색

③ 가다랑어나 참치의 살은 미오글로빈과 헤모글로빈으로 인해 붉은색을 띠며 선도가 저하되면 미오글로빈이 산화되어 메트미오글로빈이 되므로 어육의 색이 변함

④ 헤모시아닌은 전복이나 조개류의 청색 색소로서 구리를 함유함

> **Key Point** 오징어와 낙지의 색소
>
> ✓ 싱싱한 오징어나 낙지 표피에는 갈색의 색소포가 존재하며 색소포에는 트립토판으로부터 생성되는 오모크롬(ommochrome)이 들어 있다. 오징어가 죽으면 색소포가 수축되어 백색으로 변하고 다시 선도가 떨어지면 붉은색이 되는데, 약알칼리성으로 변한 체액에 오모크롬이 용해되기 때문이다.

(5) 생리활성성분

① EPA, DHA

② 타우린 : 연체류문어, 오징어, 어류참치, 고등어, 도미, 갑각류새우, 게, 어패류소라, 바지락, 굴 등의 수산물에 함유됨

③ 키틴질 : 게, 새우 등의 갑각류의 외골격을 형성하는 다당류. 키토산항균, 종양 억제, 감염 방어작용은 키틴의 탈아세틸화물

(6) 독성물질

① 복어의 난소, 간, 내장에 테트로도톡신 함유

② 조개류의 삭시톡신

02 어패류의 사후변화

(1) 사후경직

① 죽은 뒤 1~7시간에 시작되어 5~22시간 동안 지속

② 붉은 살 생선은 흰살 생선보다 사후경직이 빨리 시작되며 지속시간도 짧음

③ 격렬하게 운동한 어류는 저장한 글리코겐을 사용하므로 사후경직이 빨리 시작되고 경직의 지속시간도 짧음

④ 회유성이고 운동량이 많은 어종과 포획 시에 힘을 많이 빼서 근육 속의 해당작용에 의해 젖산 생성이 빨라져 산화가 빠른 생선은 사후경직이 빠름

⑤ 어획 후에 바로 냉동하지 않고 실온에 오래 방치할수록 사후경직이 빠름

⑥ 어육의 pH는 죽은 직후에는 7.0~7.5이지만 경직이 일어나면 6.0~6.6으로 낮아짐

(2) 자기소화

① 어육은 수육에 비해 자기소화과정이 빠르며, 자기소화는 효소가 관여하는 반응이므로 냉장에 의하여 억제할 수는 있으나 완전히 정지시킬 수는 없음

② 어류를 잡은 즉시 얼음에 저장하거나 동결시키면 조직의 글리코겐이 보존되고 사후경직의 개시시점이 연장되므로 어류의 저장수명이 길어짐

(3) 부패

자기소화가 끝나면 pH가 중성으로 되어 세균이 번식하기에 알맞은 환경이 됨

03 어패류의 신선도 감별

관능적 판정법	탄력성	사후경직 중의 생선은 탄력이 있어 신선하지만 시간이 경과함에 따라 탄력성이 감소하여 눌러도 자국이 생기지 않음
	껍질 색과 광택	신선한 생선의 껍질은 색이 밝고 광택이 남
관능적 판정법	눈	눈이 맑고 외부로 약간 튀어나온 것이 신선한 것임
	비늘	비늘이 윤택이 나고 단단하게 붙어 있는 것이 신선함
	아가미	색이 선홍색이고 냄새가 나지 않는 것이 신선한 것이며 부패되면 갈색 또는 흑색이 되고 부패취가 나며 점액 분비가 많아 점착성이 생김
	복부	복부가 탄력이 있고 팽팽하고 내장이 나오지 않아야 신선한 것임
	냄새	어패류 본래의 독특한 냄새를 가진 것이 신선한 것이며 선도가 저하되면 트리메틸아민, 아민, 암모니아, 스캐톨 등이 생성되어 부패취를 나타냄
화학적 판정법	pH	신선한 생성의 pH는 7~8이며 pH가 6.2~6.5 이하로 저하되면 부패한 것임
	암모니아 형태의 질소	암모니아 형태의 질소 30mg% 이상이 되면 초기 부패로 봄
	휘발성 염기질소	휘발성 염기질소 30~40mg%를 부패의 시작으로 봄
미생물적 판정법	세균 수	1g의 근육 내에 세균 수가 10^3 이하면 신선하지만 10^7~10^8이면 초기 부패상태로 봄

04 어패류의 조리

(1) 어패류의 손질

① 어류의 전처리

㉠ 생선 비린내의 주원인 : 트리메틸아민TMA

㉡ 민물생선의 비린내성분 : 피페리딘piperidine, δ-아미노발레르알데히드 δ-aminovaler aldehyde

㉢ 주로 이 성분들은 표피부분에 많이 분포

㉣ 수용성이므로 표피, 아가미, 내장순으로 손질하여 흐르는 물에 문지르면서 씻음

② 조개류의 전처리 : 바닷물 염도 이하인 2~3%의 소금물, 어두운 곳에서 해감3~4 시간

③ 갑각류의 전처리

㉠ 새우

- 등쪽으로 내장을 제거하고 몸통의 껍질만 벗기고 조리
- 꼬리 쪽의 뾰족한 물주머니를 제거

㉡ 게

- 솔로 씻어서 게딱지와 몸통 분리
- 회색의 아가미는 제거

(2) 어패류의 비린내 제거방법

방법	효과
생선표피를 물로 씻음	수용성 트리메틸아민을 제거
우유에 담가 둠	콜로이드용액인 우유가 비린내를 흡착하여 어취 제거
레몬즙, 식초, 산 첨가	트리메틸아민과 결합하여 어취 감소, 음식에 향을 돋움
마늘, 파, 양파 첨가	황화알릴류의 황화합물을 함유하고 있어 어취 감소
무 사용	무의 메틸 메르캅탄(methyl mercarptan)이 어취를 억제하여 회나 조림, 찌개에 많이 사용
생강 사용	생각의 진저론(zingerone), 진저롤(zingerol), 쇼가올(shogaol)이 미뢰를 둔화시켜 어취를 감지하지 못하게 하며 트리메틸아민을 변화시켜 어취 감소

(표 계속)

셀러리, 파슬리, 깻잎, 미나리, 쑥갓 사용	강한 향을 함유하고 있으므로 어취를 약화시킴
고추냉이(와사비), 고추, 후추, 겨자 사용	고추냉이의 알릴이소티오시아네이트(allyl isothiocyanate), 고추의 캡사이신(capsaicin), 후추의 채비신(chavicine), 겨자의 겨자유(allyl mustard oil) 등의 매운맛이 미뢰를 마비시켜 어취 감지 둔화
간장, 된장, 고추장 사용	된장, 고추장의 콜로이드성이 어취성분을 흡착하여 어취 제거
술 사용	생선 어취가 술의 알코올성분과 같이 휘발하여 제거

2020년 기출문제 A형

다음은 영양교사와 학생의 대화내용이다. 〈작성 방법〉에 따라 서술하시오.【4점】

> 학　　생 : 선생님! 신선한 바다 생선은 비린내가 왜 안 나나요?
>
> 영양교사 : 신선한 바다 생선은 약간의 단맛과 무취의 (　㉠　)(이)라는 물질이 표피점액에 있는데, 그 물질은 비린내가 없기 때문이에요. 하지만 생선을 잘못 보관하거나 시간이 지날수록 (　㉠　)이/가 ㉡ 강한 비린내를 내게 되지요.
>
> 학　　생 : 그렇군요. 생선을 조리할 때 비린내를 제거하는 방법이 있나요?
>
> 영양교사 : 물론이죠. 비린내를 제거하는 방법이 몇 가지 있지만 오늘 급식으로 제공되는 고등어조림에는 ㉢ 청주와 ㉣ 된장을 첨가했어요.
>
> 학　　생 : 청주와 된장을요? 청주와 된장의 냄새 때문에 비린내가 안 나게 되는 건가요?
>
> 영양교사 : 음… 청주와 된장이 갖는 특유의 냄새가 비린내 제거에 영향을 미칠 수도 있지만 비린내를 제거하는 원리는 각각 따로 있어요.

✎ 작성 방법

- 괄호 안의 ㉠에 공통으로 해당하는 물질과 밑줄 친 ㉡의 냄새성분을 순서대로 제시할 것
- 밑줄 친 ㉢, ㉣에 의해 생선 비린내가 제거되는 원리를 각각 1가지씩 제시할 것

(3) 어패류의 조리

① 조림
  ㉠ 흰살 생선은 살이 무르고 담백하기 때문에 양념장이 끓기 시작할 때 생선을 넣고 최소한의 가열을 함
  ㉡ 오래 가열 시 수축하여 단단해지므로 맛이 저하됨

② 구이
  ㉠ 지방 함량이 많은 생선에 적합
  ㉡ 소금구이와 양념구이 등의 직화법과 오븐이나 프라이팬을 이용하는 간접법이 있음

③ 찌개
  ㉠ 비린내가 나지 않고 비교적 콜라겐 함량이 많아 살이 단단한 흰살 생선이 적합
  ㉡ 국물이 끓을 때 생선을 넣고 10분 정도 더 끓임

④ 전과 튀김
  ㉠ 지방 함량이 적은 흰살 생선이 적합
  ㉡ 오징어, 새우, 생선살 등의 수분을 충분히 제거하여 조리

⑤ 생선회
  ㉠ 육류와 달리 경직기간에 먹으면 근육이 단단하여 쫄깃거리는 식감이 좋으므로 기호에 따라 갓 잡은 활어회보다는 냉장고에 1~2시간 보관한 뒤 경직기에 회로 먹기도 함
  ㉡ 포획 후 8~10시간 정도 지난 선어회는 사후경직기를 지나면서 유리아미노산, 이노신산IMP 등의 맛성분이 10배 증가되어 감칠맛이 증가되며 질감도 연해짐

⑥ 생선초밥 : 생선회와 밥알의 부드러운 질감 조화를 위해 생선에 따라 8~12시간 숙성을 시킨 후 사용하면 생선살이 더욱 부드러워지고 이노신산이 증가하여 맛 향상

01 달걀의 성분과 영양

(1) 수분

전란의 수분 함량은 76%, 난백은 88%, 난황 51%임

(2) 단백질

① 달걀단백질은 필수아미노산을 모두 함유

② 단백가가 100으로 영양적으로 우수한 식품

③ 난황의 단백질은 인단백질인 비텔린vitelin과 비텔레닌vitelenin에 지방이 결합된 리포비텔린lipovitelin과 리포비텔레닌lipovitellenin, 리베틴, 포스비틴으로 구성

④ 난백의 단백질은 오브알부민이 대부분을 차지하며 콘알부민, 오보뮤코이드, 오보글로불린, 오보뮤신, 아비딘, 라이소자임 등이 함유되어 있음

   ⊙ 오브알부민ovalbumin

      ■ 난백의 대부분을 차지하는 당단백질로 소화가 용이함

      ■ 64~67℃의 열에 쉽게 응고됨

   ⓛ 콘알부민conalbumin

      ■ 약 12% 차지

      ■ 철, 구리와 같은 2가, 3가의 이온과 강하게 결합하는 수용성의 당단백질

      ■ 금속이온과 결합한 콘알부민은 안전화되므로 결정화가 되기 쉬우며 분해 효소나 그 외의 변성처리법에 대하여 저항력이 큼

      ■ 55~60℃에서 응고

      ■ 난백의 단백질 중 열에 가장 불안정하여 변성이 쉽게 일어나 난백의 기포성을 약화시킴

ⓒ 오보뮤코이드ovomucoid
- 당단백으로 만노오스, 글루코사민 등의 당을 함유하고 있으며 약 11% 차지
- 열에 응고되지 않으며 단백질 소화효소인 트립신의 작용을 억제시키는 트립신 저해물질임

ⓓ 오보뮤신ovomucin
- 물에 대한 용해도가 아주 낮은 당단백질로서 난백에 물을 넣어 희석하면 쉽게 침전함
- 리소자임과 함께 된 단백을 형성함
- 난백 기포의 안정화에 기여하고 내열성이 강하여 pH7.6에서 100℃로 30분간 가열해도 활성을 잃지 않음

ⓜ 아비딘avidin
- 비타민 B 복합체의 일종인 비오틴과 결합하여 비오틴을 불활성화시킴
- 열에 쉽게 변성되므로 달걀을 85℃에서 5분간 가열하면 완전히 소실됨
- 약 0.5%소량 존재

ⓗ 오보글로불린
- 난백의 거품 형성에 기여하는 단백질로 2종류G₁, G₂가 있음
- 열65℃에 의해 응고됨

ⓢ 리소자임 : 항균성을 지닌 열에 안정한 글로불린 단백질로 달걀의 신선도를 유지해줌

(3) 지질

① 난백에는 거의 없고 난황에 30% 정도 존재
② 인지질인 레시틴과 세팔린이 대부분을 차지
③ 난황의 유화성은 주로 레시틴에 의함

(4) 무기질

① 무기질은 달걀 전체에 1.0% 정도 함유
② 인 함량이 많음
③ 난황에 들어있는 철분은 생체 내 이용가치가 높음

(5) 비타민

① 난백에는 지용성 비타민은 거의 없으나 비타민 B, B, niacin, pantothenic acid 등이 있음
② 난황에는 비타민 A, B, B, D, E가 풍부

(6) 색소

난황의 황색소는 주로 잔토필인 루테인과 제아잔틴이라는 색소가 침착되어 노랗게 됨

02 달걀의 품질 평가

(1) 외관판정법

① 외관

  ㉠ 껍질이 꺼칠꺼칠하고 신선한 것

  ㉡ 흔들어 보아 소리가 나면 기실이 커진 것으로 오래된 것

② 크기

  ㉠ 달걀은 중량에 따라 분류하여 판매되고 있음

  ㉡ 왕란68g 이상, 특란60~67g, 대란52~59g, 중란44~51g, 소란44g 미만

③ 투시검란법candling

  ㉠ 달걀에 빛을 비추어 반대방향에서 관찰하면 기공의 크기, 난황의 위치, 혈액 반점, 이물질의 혼입, 곰팡이의 유무, 기형란, 이중란 등을 알 수 있음

  ㉡ 기실의 크기가 작고 난백부가 밝으며 난황은 중앙부근에서 둥글고 옅은 장미색을 띠는 것이 신선한 것

④ 비중법

  ㉠ 비중이 1.08~1.09, 시간 경과 시 수분의 증발로 가볍게 됨

  ㉡ 소금물3~4%에 담가 보는 방법

(2) 내용물에 의한 평가

① 난백계수albumin index

  ㉠ 난백계수 = 난백의 가장 높은 부분의 높이 / 난백의 평균 직경

  ㉡ 신선한 전란의 난백계수는 0.14~0.17임

② 호우Haugh, HU 단위

  ㉠ 농후난백의 형태변화에 무게 변화를 조합한 방법으로 국제적으로 이용되는 판정법

  ㉡ 신선란의 Haugh 값은 86~90임

  ㉢ 호우단위H.U = $100\log(H+7.75-1.7W^{0.37})$ H : 난백높이(mm), W : 달걀중량(g)

③ 난황계수

  ㉠ 난황이 얼마나 넓게 퍼졌는가를 판정하는 것

  ㉡ 신선한 달걀의 난황계수는 0.44~0.36임 시간이 경과함에 따라 값이 0.3 이하로 저하

  ㉢ 난황계수 = 난황의 가장 높은 부분의 높이 / 난황의 평균 직경

④ 농후난백의 비

  ㉠ 전체 난백의 무게에 대한 농후난백의 무게를 백분율로 표시한 것

  ㉡ 신선한 전란의 농후난백은 전 난백 무게의 약 60%임

  ㉢ 오래된 것일수록 농후난백의 비율이 감소되고 수양난백의 양이 증가

⑤ 된 난백의 직경과 묽은 난백의 직경비율 : 달걀을 평판 위에 깨어 농후난백의 퍼짐 정도, 수양난백의 부피를 측정

03 달걀의 저장 중 변화

(1) 외관상의 변화

① 된 난백의 묽은 난백화

  ㉠ 산란 직후 된 난백과 묽은 난백의 비율은 6 : 4임

  ㉡ 저장하면 된 난백의 점도가 저하되면서 묽어져 된 난백의 양이 감소

② 난황계수의 감소

  ㉠ 저장 중 수분이 난황막을 통해 난백에서 난황으로 이동하여 난황계수가 저하됨

  ㉡ 깨뜨릴 때 터지기 쉬움

③ 공기집의 확대 : 겉껍질에 있는 작은 구멍을 통하여 수분과 이산화탄소가 증발되기 때문에 공기집과 비중이 가벼워짐

④ 겉껍질 : 매끄럽고 힘

(2) 화학적 변화

① pH가 증가

② 성분

  ㉠ 단백질이 분해되어 유리아미노산과 비단백질소의 함량이 증가함

  ㉡ 난황의 지질이 난백으로 이동하고 중성지질이 대부분임

  ㉢ 비타민 감소

04 달걀의 조리 특성

(1) 열응고성

① 난백의 응고온도 : 약 55~57℃ 응고 시작, 65℃ 완전응고

② 난황의 응고온도 : 65℃ 응고 시작, 70℃ 응고

③ 열응고성에 영향을 미치는 요인

  ㉠ 달걀의 희석 정도 : 물에 넣어 희석하면 응고성이 감소하여 응고온도는 높아지고 질감은 부드러움

  ㉡ pH
  - 단백질의 등전점 부근으로 만들어 주면 열응고성이 최대
  - 산첨가 : 난백단백질인 오브알부민의 등전점pH4.8 부근이 되면 낮은 온도에서도 응고가 쉽게 일어남

  ㉢ 염
  - 염 첨가 : 염이 물속에서 해리되어 단백질의 (−)전하를 중화시켜 응고를 쉽게 해줌. 달걀용액에 소금이나 우유를 첨가하면 각각 Na^+, Ca^+에 의해 응고가 촉진되어 단단한 응고물을 얻을 수 있음
  - 원자가 클수록 단백질의 겔을 단단하게 하는 효과가 큼
  - 응고는 촉진되지만 응고물의 표면에 광택은 상실함

  ㉣ 설탕
  - 설탕의 첨가는 겔의 응고온도를 높여주며 부드럽고 탄력 있는 겔 형성
  - 응고물은 연하고 기공이 적으며 매끄러움

  ㉤ 가열온도와 시간 : 상승속도가 느리면 응고시간은 오래 걸리지만 부드러운 상태로 응고. 상승속도가 빠르면 응고시간은 단축되나 단단한 상태로 응고

(2) 가열에 의한 황화제1철의 형성

① 변색원리 : 달걀을 오래 가열하면100℃ 15분 이상 난백에서 생성된 황화수소H_2S가 난황 쪽으로 이동하여 난황의 철분과 반응하여 황화제1철FeS을 형성하고 암록색으로 변색

② 영향요인 : 달걀이 신선하지 않을수록, 즉 pH가 높고 가열온도가 높으며 가열시간이 길수록 황화제1철이 많이 생김

③ 방지법 : 15분 이내로 가열하고 삶은 즉시 냉수에 담금

(3) 난백의 기포성

① 음식을 팽창시켜 조직감을 가볍게 해줌

② 난백은 표면장력이 낮아 교반하면 공기가 포함되면서 거품을 형성

③ 난백의 기포 형성에 관여하는 단백질 : 오보글로불린, 오보뮤신, 콘알부민

    ㉠ 오보글로불린은 점성이 높고 표면장력을 낮추어 주므로 기포형성능력이 큼

    ㉡ 오보뮤신은 막을 형성하여 거품을 안정화시킴

    ㉢ 콘알부민은 난백의 단백질 중 열에 가장 불안정하여 변성이 쉽게 일어나 난백의 기포성을 약화시킴

④ 오리알이 거품이 일지 않는 이유 : 오보글로불린 함량이 낮기 때문

⑤ 난백의 기포성에 영향을 주는 요인

    ㉠ 난백상태

        ▪ 신선한 달걀보다는 산란 후 1~2주 지난 달걀이 점성이 낮아 기포성이 좋음

        ▪ 수양난백은 기포형성력이 우수하지만 안정성이 적음

        ▪ 오래된 달걀은 농후난백이 수양화되어 기포 형성이 좋아짐

    ㉡ pH

        ▪ pH4.8

        ▪ 주석산염이 초산이나 구연산보다 안정성이 더 좋으며 첨가시기는 2단계 기포형성단계가 좋음

    ㉢ 온도 : 난백의 온도가 30℃ 전후일 때 기포형성능력과 안정성이 가장 적당함

    ㉣ 설탕

        ▪ 설탕 첨가량이 많아질수록 기포형성력은 작으나 안정성은 증가

        ▪ 설탕은 어느 정도 거품을 낸 후 조금씩 첨가해야 함

    ㉤ 산 : 산 첨가 시 난백의 기포형성력이 향상되나 과량 첨가 시는 응고가 일어나 기포형성력 저하

    ㉥ 지방 : 지방의 사용량이 증가되면 기포형성력 저하. 지방 함량이 높은 난황이 첨가되면 기포형성능력이 현저히 저하

    ㉦ 소금 : 기포 형성을 저해하고 안정성을 저하시킴

    ㉧ 물 : 물을 40% 첨가해 주면 거품의 부피는 증가하나 안정성은 저하됨

    ㉨ 교반기의 종류

        ▪ 수동교반기는 칼날의 두께나 철사가 얇을수록 기포형성능력이 커짐

        ▪ 전동교반기는 힘이 강해 농후난백도 쉽게 수양화시킬 수 있어 기포 형성 용이

    ㉩ 그릇의 모양과 크기 : 입구가 좁고 깊숙하며 밑바닥이 둥근 용기가 좋음

(4) 유화성

　① 난백과 난황 모두 유화력을 지니나 난황의 유화력이 난백의 유화력에 비해 약 4
　　배임

　② 난황 자체가 수중유적형의 유화상태를 보이며 동시에 강한 유화력을 지닌 식품임

　③ 난황의 유화성은 주로 인지질인 레시틴에 의해 나타남

■ 표 1. 달걀의 기능성과 그 기능성을 이용한 음식

기능성	용도	음식의 예
열 응고성	결착제, 농후제, 청징제	삶은 달걀, 알찜, 커스터드, 전, 만두소, 크로켓, 햄버거패티, 어묵, 달걀찜, 푸딩, 콩소메, 맑은 국
알칼리 응고성	응고제	피단
난백의 기포성	팽창제	스폰지케이크, 머랭, 마시멜로
난황의 유화성	유화제	마요네즈, 케이크반죽
색	고명	지단
탄력성	글루텐 형성을 도움	면류

> **2019년 기출문제 A형**
>
> 다음은 카스텔라에 대한 내용이다. 괄호 안의 ㉠, ㉡에 해당하는 주된 단백질의 명칭을
> 순서대로 쓰시오. 【2점】
>
> 카스텔라는 난황에 설탕, 물엿, 물을 넣어 충분히 젓고, 여기에 거품을 낸 난백과
> 밀가루를 함께 넣어 가볍게 저은 후 오븐에서 구운 것이다. 카스텔라가 폭신폭신
> 하고 부드러운 이유는 거품 형성이 큰 (㉠)와/과 거품을 안정화시키는 (㉡), 그
> 리고 유화성이 있는 레시틴이 기여하기 때문이다.

제 8 장 우유와 유제품

01 우유의 성분

(1) 우유의 성분

우유는 수분 85~88%, 단백질 3~4%, 지질 3~4%, 당 4.0~5.5%, 무기질 0.5~1.1%, 그 외 소량의 지용성 비타민과 색소를 함유하고 있음

① 단백질

㉠ 카제인

- 우유단백질의 80%, pH는 약 6.6
- 칼슘 포스포카제이네이트calcium phosphocaseinate로서 안정한 콜로이드 형태
- 카제인은 α, β, κ, γ로 분류되며 약 54%가 α형태이며 약 25%가 β형태로 존재
- 열에 안정하고 산, 효소레닌, 폴리페놀화합물에 응고

Key Point 우유와 수면

✔ 우유의 카제인에는 트립토판(tryptophan)이 함유되어 있다. 트립토판은 뇌의 신경전달물질인 세로토닌(serotonin)을 생성하므로 우유를 마시면 수면에 도움이 된다.

㉡ 유청단백질 : 20% 차지, 가용성 단백질

- 우유단백질의 20%
- β-락토글로불린lactoglobulin, 50%, α-락트알부민lactalbumin, 25%, 혈청알부민, 면역글로불린, 효소, 프로테오스, 펩톤 등
- 산이나 레닌에 안정하고 열에 의해 응고65℃ 이상
- 가열 시 피막을 형성하고 냄비 밑바닥에 침전물이 생김

② 지질

    ㉠ 3~4% 함유

    ㉡ 우유의 지방은 인지질, 단백질, 스테롤이 중성지방을 얇은 막으로 둘러싼 지방구의 형태를 띠며 우유 수용액 중에 잘 분산되어 콜로이드상을 이룸

    ㉢ 저급지방산_{부티르산, 카프로산, 카프릴산}과 중급지방산이 비교적 많이 함유

    ㉣ 소화·흡수가 양호하고 독특한 풍미를 부여함

    ㉤ 우유를 오래 보관하면 우유의 리파아제_{lipase}의 작용으로 유리지방산이 생성하여 이취를 생성

③ 탄수화물 : 탄수화물 중 유당이 차지하는 비율 99%, 포도당, 갈락토오스 등

    ㉠ 유당의 감미도 : 과당의 약 1/5로 단맛이 적으며 유당은 용해도가 낮아 결정화가 쉬움

        ▪ 아이스크림 제조 시 모래와 같은 질감을 갖게 함

        ▪ 분유 저장 시 결정화하여 덩어리가 생기게 함

    ㉡ 유당의 캐러멜화 : 150~160℃에서 캐러멜화가 시작되어 갈변하므로 조리 시 주의

    ㉢ 유당의 역할

        ▪ 젖당은 우유 중의 칼슘 흡수에 좋은 조건 제공

        ▪ 유산균의 발육 왕성, 잡균의 번식을 억제하는 효과

④ 무기질, 비타민

    ㉠ 칼슘, 마그네슘, 칼륨, 나트륨은 풍부하지만 철, 구리 부족

    ㉡ 칼슘의 함량이 높고 칼슘과 인의 비율이 2 : 1로 뼈를 형성하는 데 가장 이상적이기 때문에 성장기 어린이의 골격 형성에 도움을 줌

    ㉢ 비타민 A, 비타민 D, 리보플라빈, 니아신 풍부, 비타민 C, E 부족

    ㉣ 리보플라빈은 옅은 황색을 띠며 자외선에 산화하므로 포장 시 빛을 차단시켜야 함

    ㉤ 저지방우유나 탈지우유에서는 비타민 D 강화가 필요

⑤ 우유의 색

    ㉠ 우유의 유백색 : 카세인과 인산칼슘이 콜로이드용액으로 분산된 것이 광선에 의해 반사되어 형성된 것

    ㉡ 우유의 황색 : 카로티노이드 색소

⑥ 우유의 질감과 향미성분

    ㉠ 질감 : 유지방이 많을수록 부드러운 질감을 줌

ⓒ 맛 : 유당에 의해 단맛과 염화염$_{Cl}$에 의한 짠맛이 있음

ⓒ 향 : 신선한 우유의 향은 아세톤, 아세트알데히드, 디메틸설파이드dimethyl sulfide, 저급지방산short chain fatty acid과 같은 저분자화합물

ⓔ 산패로 인한 불쾌취 : 유지방의 산패에 의한 것이 주요 원인임

- 가수분해적 산패 : 리파아제의 작용으로 유리지방산이 생성되어 냄새가 나게 되므로 리파아제는 살균 시 불활성화시켜야 함

- 산화적 산패 : 유지방의 인지질에는 불포화도가 높은 지방산이 많아 자동산화하여 산패취부티르산를 생성시킴. 햇빛이나 금속이 있다면 더욱 촉진시키므로 주의하고 또한 햇빛은 리보플라빈을 산화시켜 영양가를 저하시킴

02 우유의 가공

(1) 살균

① 저온장시간살균법low temperature long time pasteurization, LTLT

ⓐ 살균시간 : 62~65℃에서 30분

ⓑ 특징

- 가장 오래되고 비용이 적게 드는 간편한 방법
- 모든 병원성 미생물과 대장균군의 세균을 비롯하여 유산 발효에 중요한 연쇄상구균도 사멸
- 다른 방법보다 비병원성 세균이 가장 많이 남아 있음

② 고온순간살균법high temperature short time pasteurization, HTST

ⓐ 살균시간 : 72~75℃에서 15~20초

ⓑ 특징

- 저온장시간살균법보다 고온으로 시간을 단축하여 살균하는 방법
- 대량의 우유를 연속적으로 처리할 수 있음
- 저온살균법보다 생균 수가 상당히 감소하여 내열성 균도 거의 죽음

③ 초고온순간살균법ultra high temperature, UHT

ⓐ 살균시간 : 130~150℃에서 2~6초

ⓑ 특징

- 우유 중의 영양소 파괴와 화학적 변화를 최소화하고 살균 효과를 극대화시킨 방법
- 국내에서 가장 널리 사용되며 완전멸균도 가능함

④ 우유 살균 확인법

　　㉠ 알카린 포스파테이즈alkaline phosphatase를 측정

　　㉡ 이 효소는 우유의 살균조건에서 불활성화되므로 효소의 활성이 남아 있을 경우 살균이 제대로 되지 않았다는 것을 표시함

(2) 균질화

우유의 지방구는 수용액 중에 분산된 콜로이드상태를 유지하지만 정치한 상태로 오래 두면 상층부에 뜨게 됨. 이처럼 우유의 수용액부분과 지방부분이 분리되면 우유의 품질이 떨어질 수 있기 때문에 우유를 가공할 때에는 지방구가 수용액 속에 잘 분산되어 있도록 하는 균질화과정이 필수임

① 균질화과정 : 우유에 압력을 가해 작은 구멍으로 분출시켜 지방구를 3~5㎛에서 1㎛로 분쇄시킴. 이러한 과정을 거치면 우유의 지방이 수용액 속에 균질하게 분산됨

② 균질화의 장점

　　㉠ 지방층 분리 억제

　　㉡ 색, 향미, 질감 향상

　　　■ 우유의 색은 더욱 하얗고 촉감은 부드러워지고 고소해짐

　　　■ 아이스크림 제조 시 균질화시킨 우유를 사용하여야 관능적 품질 평가와 안정제, 유화제의 사용량을 줄일 수 있음

　　㉢ 응고선 향상

　　　■ 단백질복합체 형성으로 단백질이 미세하게 분산되어 부드러운 응고물을 형성하여 단백질의 소화와 흡수를 도움

　　　■ 균질화 우유는 쉽게 응고하므로 푸딩이나 소스를 만드는 데 유리함

　　㉣ 소화·흡수 증진 : 지방구가 작아져 지방의 소화와 흡수를 증진시킴

③ 균질화의 단점

　　㉠ 균질화시킨 우유의 지방구는 표면적이 증가하여 불포화지방산의 산화가 쉽게 일어나 산패취가 더 잘 발생할 수 있음

　　㉡ 균질화 전에 살균 처리를 하여 리파아제 등의 효소를 불활성화 시킴

03 우유의 조리

(1) 우유의 가열에 의한 변화

① 유청단백질의 응고

㉠ α-락트알부민, β-락토글로불린은 65℃ 이상에서 응고

㉡ 카세인은 열에 매우 안정하여 100℃ 미만의 일반적인 조리온도에서는 응고되지 않음

② 피막의 형성

㉠ 우유 가열 시 40℃ 이상 피막을 형성하는데, 피막은 지방이 70% 이상, 0~25%는 유청단백질

㉡ 피막이 형성되면 락트알부민과 유지방 등 영양소가 손실될 수 있기 때문에 가열 시에는 이러한 피막의 형성을 방지하는 방법을 이용해야 함

③ 거품 발생

㉠ 온도가 상승하면 표면장력이 저하되어 피막 생성과 함께 거품을 발생시킴

㉡ 피막 형성이 수분이 증발하는 것을 막아 우유가 끓어넘치게 됨

④ 갈변현상

㉠ 우유 가열 시 120℃에서 5분 이상 우유의 단백질 아미노기과 유당 카르보닐기 사이에 반응 아미노카르보닐반응(amino-carbonyl reaction), 메일라드반응(mailard reaction)이 일어나 멜라노이딘 melanoidin 갈색물질을 형성하는 비효소적 갈변반응임

㉡ 우유를 75℃ 이상의 고온으로 계속 가열하면 우유 중의 유당이 캐러멜화되면서 서서히 캐러멜향이 나게 됨

⑤ 향미 냄새의 변화

㉠ 우유를 75℃ 이상 가열하면 락토글로불린은 열에 의하여 단백질이 변성되어 3차 구조가 풀리면서 활성화된 SH기에서 생겨난 것

㉡ 휘발성 황화합물이나 황화수소 H₂S를 형성하기 때문에 가열한 우유에서 특유의 냄새 익은 맛가 나게 됨

(2) 카제인의 응고현상

① 산에 의한 응고

㉠ 신선한 우유의 pH는 6.4~6.6이지만 우유에 산을 첨가하여 pH를 등전점 부근 pH4.6으로 낮추면 우유에서 응고물을 얻을 수 있음

ⓛ 산을 첨가하면 수소이온에 의해 칼슘 포스포카제이네이트의 칼슘Ca^{2+}이온 대신에 수소이온이 카제인과 결합하여 전하를 띠지 않아 응유됨

ⓒ 칼슘은 유청에 남게 되어 이 원리를 이용하여 만든 코티지치즈와 크림치즈, 모짜렐라치즈는 칼슘의 함량이 낮음

ⓔ 요구르트, 토마토, 크림수프

ⓜ 토마토, 레몬 등 산을 가지고 있는 식품은 우유와 함께 조리할 때 응유되지 않도록 조심해야 하며 우유와 산을 섞은 후 고온을 피해야 함

② 효소에 의한 응고

　ⓐ 우유에 레닌을 첨가하면 카세인이 칼슘과 결합하여 카세인염으로 응고되는 것이 가능해짐

　ⓑ α-카세인, β-카세인은 내부에 위치하고 *k*-카세인은 물과 가까이에 있는 외부에 위치친수성하여 미셀을 안정화시킴

　ⓒ 레닌에 의한 응고는 산에 의한 응고와 달리 카제인과 결합되어 있는 칼슘을 제거하지 않으므로 응고물이 칼슘을 더 많이 함유하며 단단하고 질김체다치즈

　ⓓ 레닌효소는 약 40℃에서 잘 작용하며 15℃ 이하이거나 60℃ 이상에서는 잘 작용하지 못함

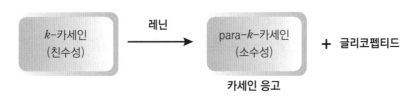

[그림 01] 효소에 의한 카세인 응고

③ 페놀화합물에 의한 응고

　ⓐ 카세인은 페놀화합물탄닌에 의한 응고

　ⓑ 우유에 탄닌이 많은 떫은 감을 혼합하게 되면 우유가 걸쭉하게 응고됨. 이는 탄닌과 같은 페놀화합물이 우유의 카세인과 결합하여 응고되기 때문임

④ 염에 의한 응고

　ⓐ 카세인과 알부민은 소금에 의해 응고되고 고온에서 촉진됨

　ⓑ 우유에 햄처럼 나트륨이 많은 식품을 첨가하면 우유가 응고되는데, 이는 우유 중의 카세인 및 알부민이 나트륨 등의 염에 의하여 응고되기 때문임

04 유제품

(1) 연유

① 연유에는 무당연유와 가당연유가 있음

② 우유의 수분을 증발시켜 농축시킨 것을 무당연유, 무당연유에 설탕을 첨가한 것을 가당연유라고 함

(2) 발효유

① 발효유는 우유에 유산균을 접종하여 발효시킨 깃으로서 요구르드와 버터밀크가 대표적임

② 유산균은 발효하는 도중 우유 중의 유당을 젖산으로 전환시키기 때문에 산도가 증가되어 해로운 미생물의 증식이 억제되고 따라서 발효유의 저장성이 향상됨

③ 이때 감소된 pH의 영향으로 우유 중의 카세인이 응고되기 때문에 발효유의 텍스처가 보통 우유보다 걸쭉함

(3) 크림

① 크림은 균질 처리를 하기 전의 우유로부터 유지방을 분리한 것임

② 크림은 지방 함량에 따라 몇 가지로 분류할 수 있음. 지방 함량이 80% 정도 되는 것은 플라스틱크림, 지방 함량이 40% 정도 되는 것은 휘핑크림, 지방 함량이 36%인 것은 진한 크림, 지방 함량이 30~36%인 것은 연한 크림, 지방 함량이 18%인 것은 커피크림coffee cream으로 분류

■표 1. 크림의 종류

종류	유지방 함량(%)	이용	유의사항
커피크림	18~20	커피의 온화한 풍미와 엷은 색을 위한 용도	뜨거운 물에 크림을 용해시키면 버터화되어 기름방울이 떠오르므로 80℃에서 크림을 첨가하여 균질화
휘핑크림	연한 크림 30~36, 진한 크림 36 이상	생크림케이크의 장식이나 과일과 함께 디저트	안정하고 두꺼운 거품을 형성하기 위해서는 진한 농도의 크림을 5℃에서 24~48시간 저장한 다음 거품을 냄
플라스틱 크림	79~81	아이스크림이나 연소버터의 원료	실온에서 고화상태로 크림을 재차 원심분리함

> **Key Point** 휘핑크림
>
> ✓ 휘핑크림(whipping)은 크림에 거품을 내어 부피를 2~3배 증가시킨 크림이다. 거품의 안정성에 영향을 주는 요인으로는 지방 함량, 크림온도, 설탕 첨가시기, 거품기의 종류, 젓는 시간 등이 있다. 지방 함량이 30% 이상일 때, 5~7℃의 냉장온도일 때, 점도와 견고성이 증가하여 거품이 잘 형성된다. 설탕은 거품안정성에 도움을 주지만 일찍 첨가하게 되면 거품의 부피를 작게 만들기 때문에 거품이 형성된 후에 넣는 것이 좋다. 전동거품기를 사용하는 것이 좋으며 너무 오래 젓지 않도록 주의하여야 한다.

(4) 치즈

① 치즈는 우유의 단백질을 응고하여 발효시킨 식품임

② 우유에 효소 또는 산을 첨가하면 우유단백질 중 카세인이 응고되어 커드를 형성함. 커드가 형성된 후 유청단백질, 크림, 수분 등을 제거하고 커드만 분리해낸 것이 바로 치즈임

③ 치즈는 제조방법, 원료유의 종류, 스타터의 종류, 수분 함량에 따라 다양한 풍미가 있으며 종류가 수천 가지에 달함

④ 수분 함량에 따라 텍스처가 달라지며 초경질치즈, 경질치즈, 반경질치즈, 연질치즈, 프레시치즈로 나누어짐

■ 표 2. 수분 함량에 따른 치즈의 분류 및 특성

구분	특성	이용 예
초경질치즈(30%)	1년 이상 숙성, 매우 단단함, 주로 가루로 이용	파마산치즈, 로마노치즈 등
경질치즈(30~40%)	2개월 이상 숙성, 단단함	체다치즈, 에멘탈치즈 등
반경질치즈 (40~50%)	4주~수개월 숙성, 보통 단단함	블루치즈, 고르곤졸라치즈, 고다치즈 등
연질치즈(5~75%)	짧은 기간 숙성, 부드러움	브리치즈, 까망베르치즈 등
프레시치즈(80%)	숙성하지 않음, 매우 부드러움	리코타치즈, 코티지치즈 등

(5) 버터

① 버터는 우유로부터 크림을 분리하고 잘 교반하여 유지방만 모아서 만듦

② 유지방을 반죽하듯이 이기면 수분이 유지방 속에 잘 분산되어 점차 고형의 버터가 만들어짐 유중수적형

③ 버터의 종류

    ㉠ 크림의 발효 여부에 따라

        ■ 발효버터 ripend, sour butter

        ■ 발효되지 않은 버터 sweet cream butter

    ㉡ 소금 첨가 유무에 따라

        ■ 가염버터 소금을 첨가하면 풍미와 보존성이 증가

        ■ 무염버터

④ 우리나라에서 주로 이용하는 버터는 발효시키지 않은 가염버터

⑤ 버터의 독특한 맛과 향기성분 : 다이아세틸-δ-락톤과 4-시스-헵타날 4-cis-heptanal 등 저온에 저장하며, 포장지를 버터표면에 밀착하고 밀폐용기를 사용하며 공기를 되도록 차단하고 빛을 피함 산패를 방지하기 위해

⑥ 다른 식품으로부터 향을 쉽게 흡수하여 변질되므로 밀폐용기를 이용

제9장 젤라틴과 한천

01 · 젤라틴
02 · 한천

01 젤라틴

(1) 젤라틴의 구조 및 성분

① 젤라틴은 동물성 단백질인 콜라겐으로부터 용출한 성분으로 가열하면 졸상태의 콜로이드용액을 형성하였다가 냉각하면 고체상태의 젤이 되는 특성이 있음

② 필수아미노산인 트립토판tryptophan, 아이소루신isoleucine, 라이신lysine의 함량이 적어서 생물학적 영양가가 낮은 불완전단백질

③ 젤라틴의 형태 : 분말상, 입상, 판상

(2) 젤라틴의 특성

① 젤화

㉠ 젤라틴이 젤을 형성하는 단계는 수화, 분산, 젤화의 3단계로 진행됨

㉡ 젤라틴을 물에 넣고 가열하면 젤라틴분자가 물 전체로 분산되며 10℃ 이하로 냉각시킬 경우 응고되어 젤을 형성함

② 기포성

㉠ 젤을 형성하기 시작한 젤라틴용액을 저어주면 공기가 함유되면서 부피가 2~3배 증가한 스펀지와 같은 조직을 형성하게 됨

㉡ 젤라틴이 너무 많이 굳었을 때 저어주면 젤이 갈라지고, 농도가 너무 묽은 젤을 저어주면 균일한 스펀지조직을 형성하기 어려움

㉢ 적당한 농도의 젤라틴 액체가 적당히 굳었을 때 잘 저어주어야 기포를 잘 함유시킬 수 있음

(3) 젤화에 영향을 미치는 요인

① 젤라틴의 농도
  - ㉠ 젤라틴은 2% 이상의 농도에서 젤을 형성할 수 있음
  - ㉡ 젤라틴의 농도가 짙을수록 젤이 빨리 형성되지만 지나치게 짙은 농도에서는 끈적끈적한 젤이 형성되어 품질이 저하됨
  - ㉢ 온도가 높은 경우에는 젤라틴의 젤 형성능력이 약해지기 때문에 더운 여름에는 젤라틴의 농도를 2배, 즉 4% 정도로 높여주어야 젤을 형성할 수 있음

② 온도
  - ㉠ 젤라틴용액은 일반적으로 3~10℃로 냉각되어야 젤이 형성됨
  - ㉡ 젤라틴의 농도가 짙으면 젤 형성능력이 크기 때문에 10℃ 이상에서도 젤화가 일어남
  - ㉢ 여름에 실온이 높을 때는 젤화되는 도중 다시 졸상태가 되기 쉽기 때문에 충분히 냉각될 수 있도록 주의하여야 함

■ 표 1. 젤라틴 농도에 따른 응고온도와 융해온도

젤라틴의 농도(%)	응고온도(℃)	융해온도(℃)
2	3.2	20.0
3	8.0	23.5
4	10.5	25.0

③ 산
  - ㉠ 젤라틴은 단백질이기 때문에 등전점 부근에서 가장 잘 응고됨
  - ㉡ 젤라틴의 등전점은 pH4.7 부근이므로 젤 형성을 위해서는 산을 조금 첨가하여 pH를 4.7 정도로 조정해주어야 분자 간의 응집력이 커져 젤 형성이 잘 일어남
  - ㉢ 너무 많은 산을 첨가하여 pH가 4.7 이하가 되면 오히려 응고력이 약화되어 젤의 품질이 저하됨

④ 설탕과 염류
  - ㉠ 설탕은 젤의 강도를 약화시키기 때문에 설탕을 첨가할 경우에는 젤라틴의 농도도 증가시켜야 적당한 강도의 젤을 형성할 수 있음
  - ㉡ 류는 젤의 강도를 강화시키기 때문에 염류가 많은 우유$_{Ca^{2+}}$를 넣으면 젤라틴의 농도가 묽어도 젤을 형성하게 할 수 있고, 소금을 첨가하면 단단한 강도의 젤을 형성할 수 있음

⑤ 효소

　㉠ 젤라틴에 단백질 가수분해효소를 첨가하면 단백질인 젤라틴이 분해되기 때문에 단백질 가수분해효소가 들어 있는 생과일을 젤라틴용액에 첨가하면 젤이 형성되지 않음

　㉡ 단백질 가수분해효소로는 파인애플의 브로멜린, 무화과의 피신, 키위의 액티니딘, 파파야의 파파인, 배의 단백질 가수분해효소 등이 있음

　㉢ 생과일을 젤라틴에 첨가할 때는 미리 가열하여 효소를 불활성시킨 다음 첨가하여야 젤을 형성할 수 있음

02 한천

(1) 한천의 구조 및 성분

한천은 해조류인 우뭇가사리에서 추출한 복합다당류galactan로, 젤 형성능력이 큰 아가로스와 젤 형성능력은 약하지만 점탄성이 있는 아가로펙틴으로 구성되어 있음아가로스 : 아가로펙틴 = 7:3

(2) 한천의 특성

① 한천은 물에 넣고 가열하면 콜로이드용액을 형성하고 25℃ 정도로 냉각하면 투명한 젤을 형성

② 과일젤리나 양갱의 제조에 한천이 주로 이용됨

(3) 한천의 응고력에 영향을 주는 요인

① 온도

　㉠ 한천을 물에 넣고 가열하여 온도가 90℃ 이상이 되면 용해되어 졸상태의 콜로이드용액이 되고 25~30℃로 냉각하면 단단한 젤을 형성함

　㉡ 한천을 응고시키는 온도가 높을수록 단단하고 투명한 젤이 만들어짐

② 한천의 농도

　㉠ 한천은 농도가 짙을수록 단기간에 강도가 높은 젤을 형성함

　㉡ 젤을 형성할 수 있는 한천의 최저 농도는 0.5~1%이며 2% 이상이 되면 단단한 젤이 형성됨

　㉢ 한천과 함께 설탕 또는 과즙을 넣으면 젤 형성이 잘 되지 않기 때문에 한천의 농도를 2% 이상으로 높여서 모두 녹인 다음 이러한 첨가물질을 넣는 것이 좋음

③ pH : 산성에서는 잘 응고되지 않으므로 유기산이 많은 과즙을 넣어 젤을 만들 때
는 한천을 60~80℃로 가열하여 모두 녹인 후 과즙을 첨가하여야 함

④ 염 : 한천은 알칼리성에서 잘 응고되고 소금을 3~5% 첨가하면 한천 젤의 강도가
증가하며 이액현상이 덜 일어남

⑤ 첨가물질

    ㉠ 설탕은 한천으로 생성한 젤의 점성, 탄성, 강도, 투명도 등을 증가시키기 때문
에 많이 첨가하는 물질이지만 한천이 녹는 것을 방지하므로 한천을 모두 녹
인 후 첨가하는 것이 좋음

    ㉡ 설탕을 60% 첨가하여 젤을 만들면 이액현상^{이장, synerersis}을 줄일 수 있음

    ㉢ 우유, 난백, 지방, 단백질, 유당 등은 젤화를 방해하기 때문에 이러한 물질을
첨가할 경우에는 한천의 농도를 높여야 젤을 형성할 수 있음

Key Point 이액현상 감소요인

✓ 한천의 농도가 1% 이상, 설탕의 농도가 60% 이상, 소금 사용(3~5%), 방치시간이 짧으면
이액현상을 감소시킬 수 있다.

✓ 한천 젤보다 젤라틴 젤의 투명도가 더 높다.

Key Point 한천에 과즙을 섞을 때 반드시 불에서 내어 섞는 까닭은?

✓ 한천은 갈락토오스로 구성된 분자량이 큰 다당류로 산성상태에서 오래 가열하면 가수분해가
일어나 그 결합이 끊어져 젤형성력이 현저히 저하된다. 따라서 한천을 충분히 졸인 후 불에서
내려 온도를 60℃까지 식힌 후에 과즙을 넣으면 한천 젤이 잘 굳는다.

채소류와 과일류

01 • 채소류
02 • 과일류
03 • 버섯류와 해조류

01 채소류

(1) 영양성분

① 채소는 수분 90% 이상, 탄수화물 2~10%, 단백질 1~3%, 지질 0.1~0.5%를 함유하고 있음

② 비타민은 비타민 A의 전구체인 카로틴과 비타민 C가 많이 함유되어 있음

③ 무기질은 특히 녹색채소에 많이 들어 있으며 칼륨, 철분 등이 함유되어 있음

④ 식이섬유0.5~2%가 풍부하여 정장작용을 하고 개미산, 호박산, 구연산, 수산, 푸마르산, 주석산 등의 유기산도 풍부함

(2) 채소의 향미성분

① 황화합물

㉠ 파마늘류파, 마늘, 양파 채소에는 황화합물이 함유되어 있어 독특하고 강한 향미를 가짐

㉡ 마늘에는 알린allin이 함유되어 있는데, 절단 등으로 인해 공기 중에 노출되면 조직 중에 함유된 효소 알리네이스의 작용으로 알리신이 형성됨. 이 알리신은 다이알릴다이설파이드라는 강한 향미성분을 형성하기 때문에 톡 쏘는 자극적인 향미를 나타냄

㉢ 양파의 향미성분인 S-프로페닐 시스테인설폭사이드는 썰거나 다질 때 효소의 작용을 받아 티오프로파날설폭사이드thiopropanal S-oxide를 형성하여 눈물이 날 정도의 강한 향미를 내게 됨. 또한 양파를 가열하면 향미성분인 n-프로필메캅탄이 형성되기 때문에 가열한 양파에서는 설탕의 50배 정도가 되는 단맛이 남

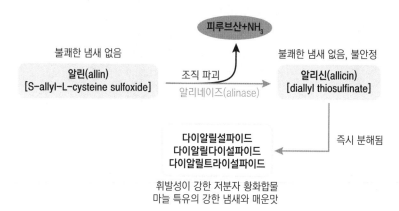

[그림 01] 마늘류 채소에서 냄새성분의 생성

Key Point 돼지고기를 먹을 때 마늘을 먹으면 좋은 이유

✓ 마늘에 함유된 알리신(allicin)은 돼지고기에 함유된 비타민 B_1과 결합하여 알리싸이아민 (allithiamin), 즉 활성비타민 B_1을 형성한다. 이 알리싸이아민은 비타민 B_1보다 흡수가 잘 되고 잘 분해되지 않기 때문에 돼지고기를 먹을 때는 마늘과 함께 먹는 것이 좋다.

[그림 02] 양파의 최루성 성분의 생성

Key Point 파, 마늘, 양파의 매운 냄새를 약화 또는 유지시키는 법

✓ 파, 마늘, 양파에 함유된 황화합물은 자극적인 냄새성분이지만 수용성이고 휘발성이 강하기 때문에 많은 양의 물에 넣어 뚜껑을 열고 가열하면 냄새를 약화시킬 수 있다. 하지만 물을 넣지 않고 뚜껑을 닫고 가열하면 강한 향미를 내며 기름을 넣고 조리하면 더 강한 냄새를 유지할 수 있다.

㉣ 겨자과 채소배추, 양배추, 브로콜리, 콜리플라워, 무, 겨자에는 시니그린이 함유되어 있음

- 절단 시 효소 미로시네이스myrosinase의 작용으로 겨자유성분인 알릴이소티오시아네이트를 형성함. 이는 배추를 썰 때 나는 냄새성분임
- 미로시네이스는 30~40℃가 최적온도이므로 겨잣가루의 매운맛을 강하게 내기 위해서는 따뜻한 물로 개어야 함

- 배추류를 가열 조리하면 겨자유가 분해되어 다이메틸다이설파이드와 황화수소H_2S 등이 생성되어 강한 불쾌취를 나타내므로 단시간 가열하는 것이 좋음
- 불쾌취를 줄이려면 조리수를 많이 사용하여 산을 희석시킴. 산성에서는 황화합물의 배당체가 분해되기 쉬워서 불쾌취가 생기기 쉬움
- 흑겨자에도 시니그린sinigrin 함유. 그 자체로는 향미가 없으나 물을 첨가하고 일정 온도에서 보관하면 미로시네이스myrosinase에 의해 알릴이소티오시아네이트allyl isothiocyanate가 생성되어 코를 톡 쏘는 매운맛이 남

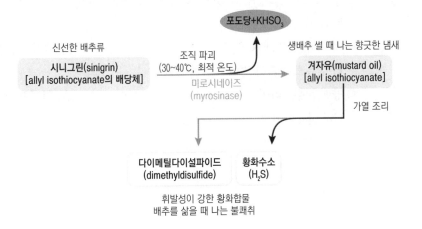

[그림 03] 배추류 채소에서 냄새성분의 생성

2015년 기출문제 A형

다음은 식품의 특성에 관한 설명이다. 괄호 안의 ㉠, ㉡에 해당하는 명칭을 순서대로 쓰시오.【4점】

○ 양배추의 글루코시놀레이트(glucosinolate)는 효소에 의해 가수분해되어 향미성분을 생성하는데, 이 향미성분 중의 (㉠)이/가 가열 조리에 의해 (㉡)을/를 생성하면 불쾌취의 원인이 된다.
○ 밀가루를 반죽하면 밀가루단백질 중 (㉠)을/를 함유하는 아미노산이 분자 내 교차결합을 하여 입체 망상구조가 형성된다.
○ 초고온살균한 우유에서 나는 가열취의 원인은 주로 유청 중의 베타 락토글로불린(β-lactoglobulin)이 분해될 때 발생하는 (㉡) 때문이다.

② 유기산

㉠ 유기산organic acids은 신맛을 내는 물질로 모든 과일과 채소의 향미성분 중 하나임

㉡ 채소 속에 많이 들어 있는 유기산은 구연산, 사과산, 주석산, 수산, 호박산 등임

(3) 채소의 종류

① 엽채류

㉠ 배추, 양배추, 시금치, 상추, 쑥갓, 깻잎, 부추와 같이 주로 잎을 먹는 채소를 말함

㉡ 배추에는 비타민 C와 칼륨, 칼슘, 나트륨 등이 많이 함유되어 있을 뿐만 아니라 섬유소가 많아 변비 예방에 좋음

㉢ 양배추에는 라이신과 염기성 아미노산, 비타민 C, 칼슘, 철이 많으며 비타민 U가 함유되어 있어 위궤양에 좋음

㉣ 시금치에는 카로틴과 비타민 C가 풍부하고 라이신, 트립토판, 칼슘, 철이 함유되어 있지만 수산이 많아 칼슘과 불용성 수산칼슘을 형성하기 때문에 신체 내에서 칼슘의 이용을 저해함

㉤ 상추는 주로 쌈으로 많이 섭취하는데, 줄기를 자르면 나오는 흰 유액은 락투신과 락투코피크린으로 쓴맛을 내며 신경안정작용수면 효과이 있음. 또한 상추의 퀘르세틴은 심장, 소장, 위를 보호하는 작용을 함

㉥ 깻잎에는 비타민 A와 C가 풍부함

② 경채류

㉠ 미나리, 셀러리, 두릅, 죽순, 아스파라거스 등 줄기를 먹는 채소를 말하고, 비늘줄기를 먹는 양파는 인경채류라 함

㉡ 미나리에는 비타민 A, B, C 및 철, 구리, 아연이 많아 빈혈 완화에 좋음. 미나리의 독특한 향미는 비린내를 제거할 수 있기 때문에 각종 찌개를 끓이거나 물김치를 담글 때 이용하고 해독작용을 하여 복어요리에도 이용함

㉢ 셀러리에는 세다놀리드, 세다놀과 비타민 B, C가 많음

③ 근채류 : 무, 당근, 우엉, 연근, 생강, 마늘, 마 등 뿌리를 이용하는 채소. 다른 채소에 비하여 수분이 적고 당질이 많은 특징이 있음

㉠ 무

▪ 비타민 C, 칼륨, 마그네슘을 많이 함유하고 있으며 무청에는 β-카로틴과 비타민 C, 칼슘, 철, 식이섬유가 많고 리신이 풍부함

- 무는 리신 함량이 매우 높아 곡류 단백질의 결점을 보충할 수 있고 아밀레이스amylase를 함유하고 있어 소화를 촉진함
- 무의 독특한 매운맛과 향기성분 : 겨자유와 메틸메르캅탄methyl mercaptan

ⓛ 당근
- β-카로틴을 많이 함유하고 있지만 흡수율이 낮기 때문에 이를 높이기 위해 기름을 넣어 조리하는 것이 좋음
- 비타민 C 분해효소아스코르비네이즈가 함유되어 있기 때문에 비타민 C가 많은 채소와 함께 조리하면 비타민 C가 파괴될 수 있음
- 비타민 C가 많은 무를 당근과 함께 조리하는 경우에는 익혀 조리하거나 식초를 넣어 당근의 아스코르비네이즈 활성을 억제하는 것이 좋음

ⓒ 우엉
- 우엉의 대표적인 성분은 이눌린inulin이라는 탄수화물임
- 칼륨, 칼슘의 무기질이 풍부하여 영양적으로 우수하며 섬유소가 많아 정장작용도 함
- 껍질을 벗긴 채로 공기 중에 오래 노출시키면 갈색으로 변함타닌tannin 때문임
- 가열 시 청색으로 변하는 것은 우엉의 안토사이아닌이 무기질과 반응하기 때문임

ⓡ 연근
- 연근은 구멍이 많은 연의 뿌리로, 당과 단백질이 결합한 끈끈한 백색 즙을 함유
- 연근에는 녹말과 폴리페놀성분이 풍부하며 껍질을 벗긴 채 공기 중에 방치하면 갈색으로 변하는데, 이는 효소에 의한 갈변현상임
- 연근의 갈변을 방지하기 위해서는 쌀뜨물, 소금물, 식초물 등에 담그거나 진공포장을 해야 함

ⓜ 생강 : 생강에는 진저론zingerone, 진저롤zingerol, 쇼가올shogaol 등의 매운맛성분이 있어 자극이 강한 매운맛이 남

④ 과채류 : 오이, 가지, 토마토, 고추, 호박, 수박, 참외 등과 같이 열매가 채소로 이용되는 것을 말함. 수분 함량이 높은 특징이 있음

㉠ 오이
- 오이의 수분 함량은 97% 정도로 매우 높음
- 오이 꼭지에서 나는 쓴맛은 쿠쿠비타신cucurbitacin 성분 때문임
- 오이 특유의 냄새는 2,6-노나디엔올이라는 오이알코올cucumber alcohol에 의한 것임

- 생오이에는 아스코르비나아제가 있어 비타민 C를 파괴하므로 다른 채소와 생오이를 섞어 샐러드를 할 때는 식초를 넣어 pH를 낮추어서 효소가 작용하는 것을 막아야 함

ⓛ 가지
- 가지는 수분을 많이 함유하고 있음
- 가지의 색은 안토사이아닌계의 나스닌 nasnin 색소에 의한 것이며 가열 및 산소 접촉에 의하여 산화되어 쉽게 변색됨
- 가지에는 프로토펙틴이 함유되어 있으나 가열에 의하여 쉽게 펙틴으로 변화하기 때문에 단시간에 조직을 연하게 조리할 수 있음

ⓒ 호박
- 호박은 품종에 따라 영양성분에 차이가 있음
- 늙은호박이나 단호박에는 당질이 많아 단맛을 내며 비타민 A와 C가 풍부함
- 호박의 황색은 베타카로틴, 잔토필 등이 있어 항산화, 항암 효과가 있음
- 호박씨에는 양질의 단백질과 리놀산이 많고 특히 레시틴과 메티오닌이 많아 간을 보호하여 술안주로 좋음

ⓔ 토마토와 풋고추
- 토마토와 풋고추는 비타민 C 함량이 매우 높은 채소로 비타민 C의 급원으로 널리 이용
- 토마토의 적색은 리코펜 lycopene과 카로텐 carotene에 의한 것
- 고추의 적색은 카로텐 carotene과 캡산틴 capsanthin에 의한 것
- 고추에는 캡사이신 capsaicin이 함유되어 있어 특유의 매운맛을 냄

⑤ 화채류
ⓐ 꽃을 먹는 채소를 말하며 브로콜리, 콜리플라워 등이 대표적임
ⓛ 브로콜리
- 비타민 C를 많이 함유하고 있는데, 이는 레몬의 2배 정도로 알려져 있음
- 식이섬유, 비타민 A 카로틴, B$_1$, B$_2$ 등이 풍부하고 칼슘, 칼륨, 철과 같은 무기질도 풍부
- 유황을 함유한 이소시아네이트의 일종인 설포라판 sulforaphane이 있어 해독, 항산화, 항염, 항암작용을 함. 특히 새싹에는 설포라판이 50~100배 정도 들어있음
ⓒ 콜리플라워에는 구연산, 사과산 등의 유기산이 함유되어 있으며 비타민 A, C, 칼슘 등도 풍부함

(4) 김치

① 조리과정

ㄱ 1단계 : 배추 절이기 삼투압의 원리 이용. 10~15%의 소금물에 절이는 것이 적당

ㄴ 2단계 : 소 넣기

ㄷ 3단계 : 숙성

- 혐기적인 상태에서 숙성. 탄수화물과 단백질 등이 효소에 의해 분해되고 이것이 미생물에 의해 발효되는 과정
- 최적온도 5℃, 최적숙성기간 20일

> **Key Point** | 절임 시 좋은 소금과 농도는?
>
> ✓ 절임 시 좋은 소금은 정제염보다 호렴으로 절이는 것이 좋다. 호렴에 마그네슘이나 칼슘이 함유되어 있어 펙틴질과 결합하여 채소의 조직을 단단하게 하기 때문이다.
>
> ✓ 절일 때 소금의 적당한 농도는 약 10~15% 소금물이 적당하며 배추의 최종 염농도는 3% 정도가 좋다. 3%의 염농도가 되게 하려면 20%의 소금물에 3시간, 15%의 소금물에 6시간, 3%의 소금물에 24시간 절이는 것이 좋다.

② 김치의 발효과정

ㄱ 1단계 : 숙성기간

- pH가 급격히 낮아지고 산도와 환원당이 증가하는 시기

ㄴ 2단계 : 익은 상태를 유지하는 기간 균일한 상태를 유지하는 기간

- pH가 완만하게 떨어지면서 산도가 점진적으로 증가하고 환원당이 감소하는 기간

ㄷ 3단계 : 산패와 연부현상이 일어나는 시기

- pH와 산도의 변화는 거의 없으나 표면에 산막이 형성되고 당의 함량이 점차 감소하는 시기로 산패 및 연부현상이 나타나는 시기

③ 맛성분의 변화 : 맛의 주성분은 유기산, 이산화탄소, 알코올류, 유리아미노산 등

ㄱ 유기산 김치의 상큼한 맛을 내는 성분은 유기산과 CO_2

- 김치의 숙성과정 중 생성되는 유기산에 의해 산도는 증가하고 pH는 감소
- 김치의 숙성 중 생성되는 유기산 : 젖산, 구연산, 주석산
- pH4.3이 가장 맛있는 상태

ㄴ 알코올 : 배추나 무에 들어있던 카보닐화합물, 함황물질, 아세트알데히드 등은 숙성되면서 점차 감소하고 에틸알코올을 생성하여 김치의 맛 향미 을 좋게 함

ⓒ 아미노산
- 김치에 젓갈을 넣은 경우 유리아미노산의 종류와 양이 많이 생성되어 김치의 맛을 좋게 함. 발효가 진행될수록 유리아미노산의 함량은 감소함
- 글루탐산, 아스파트산, 리신 등이 감칠맛을 냄

ⓔ 당류 : 김치에 단맛을 부여하는 당류로는 포도당, 과당, 만노즈, 만니톨이 있음. 당이 과잉으로 존재하면 발효 중에 유기산을 과다하게 생성시킴

ⓜ 염도 3.25% 김치를 2~7℃에서 35일간 발효시키면서 당, pH, 총 산의 변화를 관찰한 것으로, 각 성분 표시선의 교차점이 가장 맛이 좋은 시기임

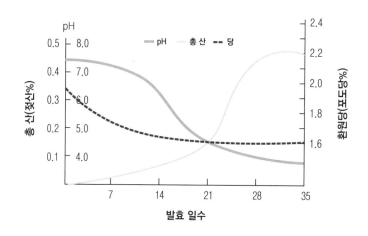

[**그림 04**] 김치 발효 중 당, pH 및 총 산의 변화

④ 영양성분의 변화

ⓐ 비타민 C 김치의 영양성분 중 가장 중요
- 발효초기에는 감소했다가 곧 증가하여 김치가 가장 맛있을 때 함량 역시 최대로 증가하다가 이 시기가 지나면 다시 감소
- 숙성적기에 최고의 비타민 C 함량을 보이는 것은 배추 속에 함유되어 있던 포도당과 갈락투론산으로부터 비타민 C가 생합성되기 때문
- 가장 맛있는 시기 이후에 비타민 C가 감소하는 것은 김치 발효에 관계하는 미생물들이 비타민 C를 이용하기 때문

ⓑ 비타민 B_1, 비타민 B, 니아신
- 발효초기에 감소했다가 숙성적기에 최대로 증가하였다가 다시 감소
- 김치숙성 중에 이들 비타민의 함량이 증가하는 것은 재료의 조직 속에 있는 비타민들이 효소에 의해 용출되거나 미생물에 의해 합성되기 때문

⑤ 숙성 중 바람직하지 않은 현상

　ⓐ 산패현상_{변패현상}

　　■ 일종의 과숙현상

　　■ 김치의 발효과정에서 젖산균에 의해 유기산이 생성되어 점차 pH가 낮아짐. 이것이 지나치면 과숙현상으로 산패현상 발생

　ⓑ 연부현상

　　■ 김치가 아삭한 맛을 유지하지 못하고 물러지는 것

　　■ 채소의 펙틴질이 호기성 산막효모에서 분비되는 효소인 폴리갈락투로나제polygalacturonase에 의해 분해되어 발생

　　■ 폴리갈락투로나제는 배추, 무 등의 채소에 존재할 뿐만 아니라 미생물로부터 분비됨. 이 효소를 분비하는 미생물은 바실러스bacillus, 플라보박테리움flavobacterium, 슈도모나스psedomonas 속 등의 호기성 세균과 페니실륨, 아스퍼질러스와 같은 곰팡이류, 칸디다 속 등의 산막효모 등이 알려져 있음

　　■ 김치를 담그거나 저장하는 과정에서 공기와의 접촉을 막으면 억제

　　■ 연화 억제 효소인 펙틴에스터라아제pectinesterase는 펙틴을 펙트산과 알코올로 분해시키며, 이때 생성된 펙트산은 칼슘과 염교salt bridge를 형성하여 채소 조직을 단단하게 함

　ⓒ 김치국물이 걸쭉해지는 현상

　　■ 김치가 발효되면서 덱스트란을 생성시키기 때문

　　■ 덱스트란 : 김치를 담글 때 첨가한 설탕이 가수분해되어 생기는 물질

　　■ 걸쭉한 물질은 포도당이 α-1,6 결합에 의하여 결합된 다당류의 하나로서, 루코노스톡 메센트로이드leuconostoc mesenteroids에 의하여 설탕이 가수분해된 후 형성됨. 루코노스톡 메센트로이드는 덱스트란 수크라아제를 분비하여 설탕을 덱스트란으로 바꿈

　　■ 김치를 담글 때 설탕의 양이 많을수록, 오래 버무릴수록 덱스트란이 많이 형성됨

(5) 오이지

① 길이가 짧고 육질이 단단한 것을 선택

② 항아리에 넣고 10% 소금물을 가열한 후 뜨거운 상태에서 오이에 부어 무거운 돌로 눌러줄 것

02 과일류

(1) 과일의 성분과 분류

① 과일의 성분 : 과일은 수분이 80~90% 정도 함유되어 있음. 단백질과 지질은 적지만 비타민 A, C 및 칼슘, 칼륨과 같은 무기질이 풍부하게 함유되어 영양적으로 가치가 높음

㉠ 당과 유기산

- 과일에는 당과 유기산이 풍부하여 과일의 맛을 좌우함
- 당성분은 주로 포도당, 과당, 설탕이며 약 10% 정도 함유되어 있어 과일의 단맛을 냄
- 사과, 배, 포도 등 대부분의 과일에는 포도당과 과당이 많이 함유되어 있으나 바나나, 복숭아, 감귤류에는 주로 설탕이 함유되어 있음
- 유기산은 과일에 신맛을 주는 성분으로 사과, 포도에는 사과산, 말산이 함유. 감귤, 레몬에는 구연산, 포도에는 주석산이 함유되어 있음

㉡ 펙틴

- 펙틴pectin은 과일의 껍질부분에 주로 함유되어 있는데, 세포와 세포 사이에 존재하기 때문에 세포를 결착시키는 역할을 함
- 펙틴은 과일의 성숙도에 따라 존재하는 형태가 다름. 덜 익은 과일에는 불용성의 프로토펙틴의 형태로 존재하고 잘 익은 과일에는 수용성의 펙틴산, 펙틴, 펙트산의 형태로 존재함
- 덜 익은 과일에 존재하는 프로토펙틴은 딱딱한 식감을 주지만 과일이 익어감에 따라 프로토펙티네이스에 의하여 펙틴과 펙틴산으로 분해되어 과일이 연화됨
- 펙틴은 수용액 중에서 교질상의 졸sol을 형성하게 됨
- 3차원의 입체적 망상구조를 형성할 수 있기 때문에 그 안에 수분을 가두어 젤을 형성

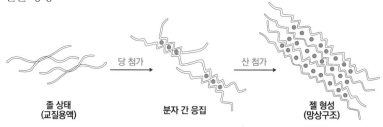

졸 상태
(교질용액)   당 첨가 →   **분자 간 응집**   산 첨가 →   **젤 형성**
(망상구조)

[그림 05] 젤의 형성과정

■ 펙틴 젤 형성에 영향을 주는 요인

ⓐ 펙틴의 함량

- 펙틴의 함량이 높을수록 단단한 젤을 형성 : 성숙도가 적당한 과일에 펙틴 함량이 높으며 과일껍질에 펙틴 함량이 높음

- 최소한의 물을 가하여 펙틴 추출 : 잘게 썬 과일에 최소량의 물을 가해야 펙틴이 희석되지 않음

- 잼 또는 젤리 만들기에 적당한 과일 : 사과, 포도, 딸기, 자두, 감귤류 등의 펙틴과 유기산 함량이 펙틴 젤 형성에 적당함

ⓑ 펙틴의 구조

- 펙틴물질의 기본 구성단위는 갈락투론산galacturonic acid α-1,4 결합으로 직선형태의 나선구조를 하고 있고, 갈락투론산의 카복실기-COOH 일부가 메탄올과 에스터화esterfication 되거나 소듐sodium 이나 칼슘 등과 결합하여 염을 형성할 수 있음

- 펙틴을 구성하는 카복실기에 메탄올이 결합한 메톡실기-OCH₃, methoxyl group의 함량을 기준으로 7% 이상이면 고메톡실펙틴high-methoxyl pectin, HMP, 7% 이하이면 저메톡실펙틴low-methoxyl pectin, LMP으로 분류함

- 고메톡실 펙틴이 젤을 형성하기 위해서는 당과 산이 필수적임. 메톡실기가 많을수록 당과 산이 소량 있어도 젤을 형성할 수 있음. 고메톡실 펙틴 젤은 저메톡실 펙틴 젤보다 탄력성이 강함

- 저메톡실 펙틴 : 당이나 산의 양에 관계없이 Ca^{2+}, 또는 Mg^{2+}이 존재할 때 젤을 형성하므로 당의 농도가 낮은 저열량 잼이나 젤리의 제조에 사용됨

- 이액현상syneresis : 펙틴 젤의 저장과정에서 펙틴 젤에 수화되었던 물 분자가 점차로 분리되는 현상

ⓒ 펙틴 젤 형성조건

- 펙틴 : 1~1.5%

- 산 : 0.3%과일의 유기산, pH2.8~3.4pH3.2 최적

- 당 : 60~65%

■ 젤리가 잘 형성되었는지를 판정하기 위해서는 스푼법, 컵법, 온도계법, 당도계법 등을 이용할 수 있음

■ 표 1. 젤리점

방법	부적당	적당	비고
스푼법			스푼에서 주르르 흐르면 부적당하고, 일부는 붙어있으면서 일부만 떨어지는 것이 적당함
컵법			물에 떨어뜨릴 때 풀어지면 부적당하고, 뭉쳐있으면 적당함
온도계법	97℃	104℃	끓는 과즙의 온도를 103~104℃까지 가열하는 것이 적당함
당도계법	55%	65%	당도계를 이용하여 당도를 65%까지 농축하는 것이 적당함

2019년 기출문제 B형

다음은 펙틴에 대해 설명한 내용이다. 〈작성 방법〉에 따라 순서대로 서술하시오. 【5점】

덜 익은 과일이나 채소에 들어있는 (㉠)은/는 숙성됨에 따라 펙틴(pectin)으로 전환된다. 펙틴은 (㉡)이/가 α-1,4 결합으로 연결된 직쇄상 다당류로 (㉢)에 따라 고메톡실 펙틴(high methoxyl pectin)과 저메톡실 펙틴(low methoxyl pectin)으로 분류된다. 고메톡실 펙틴의 겔(gel) 형성에는 유기산과 설탕이 필요하며, ㉣ 저메톡실 펙틴의 겔 형성을 위해서는 2가 양이온이 필요하다.

✎ **작성 방법**

- ㉠, ㉡, ㉢에 해당하는 명칭과 용어를 순서대로 쓸 것
- 밑줄 친 ㉣의 저메톡실 펙틴의 겔 형성기전에 대해 서술할 것

(2) 과일의 숙성 중 변화

　① 크기와 색의 변화

　　㉠ 숙성되면서 점점 커져서 숙성적기가 되면 과일이 가질 수 있는 최대의 크기가 됨

ⓒ 덜 익은 과일에 있던 녹색의 클로로필은 분해되고 카로테노이드, 플라보노이드 색소는 점점 증가하기 때문에 완전히 숙성된 과일은 적색, 주황색, 자주색을 띠게 됨

② 조직의 연화

　　㉠ 덜 익은 과일에는 불용성의 프로토펙틴이 존재하기 때문에 단단한 식감

　　ⓒ 성숙해지면 프로토펙틴이 수용성의 펙틴으로 변화되기 때문에 부드러워짐. 과일이 과숙되면 펙틴이 펙트산으로 전환되어 조직이 물러짐

③ 당도 증가

　　㉠ 덜 익은 과일에는 전분 함량이 많으나 숙성하면서 전분이 당으로 변하여 단맛이 증가함

　　ⓒ 바나나, 사과 등은 전분이 분해되어 당류 함량이 증가되어 당도 증가

　　ⓒ 전분 함량이 낮은 과일복숭아도 숙성 중에 당 함량이 꾸준히 증가하여 단맛이 증가함

　　② 성숙한 과일에 존재하는 당은 포도당, 과당, 설탕의 형태로 과육과 과즙에 많음

④ 산도 저하와 향기 증가 : 과일은 숙성되면서 유기산의 함량이 감소됨. 따라서 덜 익은 과일에서 느껴지던 신맛이 감소하여 숙성된 과일에서 상큼한 맛과 단맛이 나게 됨

⑤ 탄닌의 감소 : 감이나 바나나와 같은 과일에는 탄닌이 함유되어 있음. 탄닌은 덜 익은 과일에서 수용성을 나타내기 때문에 떫은맛을 내지만 숙성되면서 불용성으로 변화하기 때문에 완전히 숙성된 과일에서는 떫은맛이 없어짐

⑥ 비타민 함량의 증가 : 비타민 C, 카로티노이드의 함량이 증가함

03 버섯류와 해조류

1 버섯류

- 버섯은 균류가 형성한 자루와 갓 모양의 자실체로 이루어져 있으며, 엽록체가 없어 영양분을 생산할 수 없기 때문에 나무에 기생하여 영양분을 얻음
- 버섯에는 먹을 수 있는 버섯과 독이 있어 먹으면 안 되는 버섯이 있는데, 먹을 수 있는 버섯으로는 송이버섯, 양송이버섯, 표고버섯, 느타리버섯, 목이버섯, 팽이버섯, 싸리버섯, 석이버섯, 새송이버섯 등이 대표적임

- 영지버섯, 상황버섯, 노루궁뎅이버섯 등 약용으로 이용하는 버섯도 있음
- 독버섯에는 주로 무스카린muscarine, 뉴린neurine 등의 독성분이 함유되어 있어 뇌, 위, 내장기관 등에 치명적인 중독을 일으킴

(1) 버섯의 성분

① 수분 : 90% 정도 함유

② 영양성분

  ㉠ 탄수화물

    - 만니톨이 많아 건물 중 12%를 차지하며 그 외에 포도당, 트레할로오스trehalose 등이 있어 단맛을 냄
    - 덱스트린과 소량의 글리코겐이 있고 전분은 없음
    - 섬유소는 약 2~4%로 많이 함유하고 있어 식이섬유의 좋은 급원임

  ㉡ 지질 : 0.2%로 매우 적고 유리지방산과 불 검화물에르고스테롤, 각종 스테롤, 고급 포화알코올의 비율이 높음

  ㉢ 단백질 : 약 2~3% 함유

  ㉣ 비타민 및 무기질

    - 비타민 D_2에르고스테롤, B_1, B_2의 좋은 급원이나 비타민 A, C는 거의 없음
    - 칼륨과 인이 많음

③ 색소 : 안스라퀴논anthraquinone게가 많으며 티로시네이즈 등의 산화효소에 의해 갈변함

④ 향

  ㉠ 마츠타케올matsutakeol : 송이버섯에 함유되어 있는 특유의 향

  ㉡ 렌티오닌lentionin : 건표고버섯을 물에 불리면 나타나는 특유한 향. 생표고버섯보다 건표고버섯에 렌티오닌이 더 많으므로 향기가 좋음

⑤ 감칠맛

  ㉠ 핵산 : 구아닐산5'-guanylic acid, GMP : 표고버섯의 감칠맛성분으로, 가열해야 생성됨

  ㉡ 유리아미노산 : 글루탐산주된 감칠맛성분, 아스파라긴산, 트레오닌, 세린 등

  ㉢ 당류, 알코올류, 유기산 : 트레할로오스, 글리세롤, 만니톨, 사과산과 호박산 등이 맛에 기여함

⑥ 기능성분

  ㉠ 렌티난lentinan : 베타글루칸성분의 일종으로 표고버섯에 함유되어 있음. 면역기능 강화

   © 에리타데닌_{eritadenine} : 혈중 콜레스테롤 농도를 조절하는 작용이 있는 물질
    로 표고버섯에 함유되어 있음

   © 리보핵산 : 인플루엔자 바이러스의 증식을 억제하는 물질로 표고버섯에 함
    유됨

(2) 버섯의 종류와 이용

 ① 송이버섯

   ⊙ 살아 있는 소나무 뿌리에 기생하는 버섯으로 갓이 열리기 전에 채취된 것이
    품질이 좋음

   © 글루탐산, 아스파트산, 구아닐산, 5'-GMP를 함유하고 있어 감칠맛이 있고
    질감과 향이 우수함

   © 계피산 메틸과 마스터게올에 의하여 좋은 향기를 냄

   ② 비타민 B_1, B_2와 비타민 D_2의 전구체인 에고스테롤 등을 함유하고 있어 비타
    민의 좋은 급원

   ⑩ 9월 초순부터 10월 중순까지 채취. 향기가 진하고 색깔이 선명하여 갓의 피
    막이 터지지 않고 자루가 굵고 짧으면서 살이 두껍고 탄력성이 큰 것이 좋음

 ② 양송이버섯

   ⊙ 흰색의 갓이 열리기 전에 채취하는 버섯으로 향기는 송이버섯보다 약하지만
    값이 더 싸고, 글루탐산이 많아 감칠맛이 있으며 조직이 부드러운 특징이 있음

   © 양송이버섯은 수프, 피자, 구이 등 서양요리에 많이 이용됨

   © 타이로시네이스가 함유되어 있어 채취 후에 쉽게 갈변될 수 있기 때문에 통
    조림으로 많이 이용

 ③ 표고버섯

   ⊙ 떡갈나무 또는 밤나무 등에 기생하는 버섯으로 비타민 D_2의 전구체인 에고스
    테롤이 풍부하고 비타민 B_1, B_2가 많이 함유되어 있음

   © 구아닐산과 5'-GMP가 다량 함유되어 있어 감칠맛이 나며 렌티오닌에 의하
    여 독특한 향기를 냄

   © 표고버섯은 생것뿐만 아니라 말린 것으로도 이용하는데, 건표고는 비타민 함
    량이 높아짐과 동시에 구아닐산에 의하여 구수한 맛이 나기 때문에 조미료의
    원료로도 많이 이용함

   ② 건표고버섯을 급하게 불리려면 미지근한 물에 설탕을 약간 넣어 30~60분간
    불리면 됨

④ 느타리버섯
  ㉠ 참나무나 오리나무 등 활엽수에 기생하며 백색의 살이 부드러운 것이 특징
  ㉡ 메싸이오닌이 함유되어 있어 특유의 향기를 지님
  ㉢ 주로 물에 살짝 데친 후 찢은 형태로 잡채, 찌개, 나물 등에 이용됨
⑤ 목이버섯
  ㉠ 사람의 귀와 비슷하게 생긴 버섯으로 흑갈색을 띤 한천질로 되어 있고 말리면 딱딱하게 굳지만 물에 불리면 5배가량 부피 증가 부드럽고 탄력이 있음
  ㉡ 철, 칼슘, 각종 비타민이 풍부하고 씹는 식감이 좋기 때문에 탕수육, 잡채 등 중국요리에 많이 이용
⑥ 석이버섯
  ㉠ 균과 조류가 공생하는 지의류로 깊은 산의 바위에 붙어서 자라며 검은색을 띠고 있음
  ㉡ 칼륨, 칼슘, 인, 철 등의 무기질을 다량 함유하고 있으며 음식의 고명으로 이용됨

2 | 해조류

- 뿌리, 줄기, 잎의 구분이 확실하지 않은 해조류는 서식하는 바다의 깊이에 따라 광합성을 하는 능력이 다르고 녹조류, 갈조류, 홍조류로 구분함
- 해조류는 대표적인 저열량식품이며 비타민과 무기질이 풍부하고 생리활성물질도 다량 함유하고 있음

(1) 해조류의 성분

① 탄수화물
  ㉠ 해조류에는 20~50%의 탄수화물이 함유되어 있는데, 대부분이 식이섬유임
  ㉡ 녹조류 파래, 청각에는 헤미셀룰로오스, 갈조류 미역, 다시마에는 알긴산, 푸코이딘, 라미나린, 만니톨이 풍부, 홍조류 우뭇가사리, 김에는 갈락토스의 중합체인 갈락탄이 많이 함유되어 있음
② 단백질 : 해조류에는 단백질이 5~50%가량 함유되어 있는데, 특히 김, 미역, 파래, 클로렐라 등에 많음. 김에는 글리신, 다시마에는 글루탐산 등의 필수아미노산도 많이 함유되어 있어 영양적으로 우수함
③ 지질 : 해조류에는 지질이 2% 미만으로 미량 함유되어 있어 지질 급원으로서의 역할은 미약함

④ 비타민과 무기질 : 해조류는 비타민 A β-카로틴가 매우 풍부하고 비타민 B_1, B_2, B_{12}, C, 나이아신 등이 함유되어 있음. 요오드, 칼륨, 칼슘, 나트륨, 인, 철, 아연 등의 무기질도 풍부함

⑤ 색소 : 클로로필, 카로티노이드 등의 색소와 피코에리스린phycoerythrin이라는 붉은색 색소단백질이 함유되어 있음

⑥ 향
　㉠ 갈조류 : 테르펜terpene
　㉡ 녹조류와 홍조류 : 함황화합물이 방향을 나타내며 김의 향기성분은 다이메틸설파이드dimethyl sulfide임

⑦ 감칠맛
　㉠ 김 : 글리신, 알라닌 등의 유리아미노산, 솔비톨, 둘시톨 등의 당알코올이 함유되어 단맛을 내며 타우린, 글루탐산, 알라닌이 함유되어 구수하고 감칠맛을 냄
　㉡ 다시마 : 글루탐산과 아스파탐산이 풍부하여 감칠맛을 내므로 국물내기용으로 널리 사용됨

(2) 해조류의 종류

① 녹조류 : 녹조류는 셀룰로스로 싸여 있으며 바다의 가장 얕은 곳에 서식하고 있음. 클로로필, 잔토필, 카로테노이드를 함유하고 있어 녹색을 띠며 종류로는 파래, 청각, 매생이, 클로렐라 등이 있음
　㉠ 파래
　　■ 파래는 다이메틸설파이드를 함유하고 있어 특유의 향미를 가지며 선명한 녹색을 띰
　　■ 비타민 C와 칼륨, 칼슘, 철 등 무기질도 풍부함
　㉡ 매생이 : 매생이는 파래와 비슷하게 생겼으며 주로 굴국, 칼국수, 곰국 등을 끓일 때 이용함
　㉢ 클로렐라
　　■ 클로렐라는 단백질 함량이 50% 정도로 매우 풍부하고 성장촉진인자, CGFchlorella growth factor, 클로렐라 고유의 생리활성물질를 함유하고 있어 건강기능식품으로 많이 이용되고 있는 녹조류임
　　■ 특유의 비린 향미가 강하기 때문에 생식용으로는 많이 이용되지 않음

② 갈조류 : 갈조류는 차가운 바다에 서식하고 있으며 다른 해조류와 달리 뿌리, 줄기, 잎이 구별되어 있음. 카로테노이드인 푸코잔틴을 함유하고 있어 갈색을 띠며 라이신의 유도체인 라미닌을 함유하고 있어 혈압 강하에 효과가 있고 알긴산을 함유하고 있어 변비 예방 효과가 있음. 건조된 갈조류의 표면에는 백색의 가루가 도포되는데, 이는 만니톨성분으로 단맛을 줌. 미역, 다시마, 톳, 모자반 등이 이에 속함

　㉠ 미역
　　▪ 미역은 미끈거리는 점질물질로 둘러싸여 있는데, 이는 수용성 식이섬유소의 일종인 알긴산으로서 유해금속 제거, 변비 예방, 혈당 저하, 콜레스테롤 저하 효과가 있는 물질임
　　▪ 미역의 탄수화물은 대부분 갈락탄으로 이루어져 있으므로 칼로리를 거의 내지 않지만 요오드, 칼슘, 철분 등의 무기질을 함유하고 있어 임산부에게 매우 좋은 식품으로 추천됨
　　▪ 미역의 주요 색소는 푸코잔틴이며 그 외에 루테인, 베타카로틴 등이 있어 갈색을 띰
　　▪ 가열하면 엽록소의 비율이 많아져 녹색으로 변함

　㉡ 다시마
　　▪ 다시마는 아이오딘, 칼륨, 칼슘 등 무기질이 풍부하고 탄수화물도 50% 정도나 함유
　　▪ 탄수화물은 대부분이 수용성 식이섬유인 알긴산으로 되어 있기 때문에 열량은 적고 변비 예방, 혈중 콜레스테롤 저하 등의 효과가 우수한 식품임
　　▪ 글루탐산이 풍부하여 감칠맛이 있지만 오래 끓이면 쓴맛이 나기 때문에 국물을 우려낼 때는 5분 정도만 끓이는 것이 좋음

　㉢ 톳
　　▪ 톳은 칼륨, 칼슘, 인, 철 등의 무기질과 비타민 A, C 등이 풍부한 식품임
　　▪ 터펜계가 함유되어 있어 비린 맛이 강하기 때문에 데친 후 나물로 먹거나 말려서 이용함
　　▪ 최근에는 건강기능식품으로도 이용됨

③ 홍조류 : 홍조류는 깊은 바다에 서식하고 있으며 클로로필, 카로테노이드 이외에 피코시안, 피코에리트린 등을 함유하여 적색을 띰. 김, 우뭇가사리 등의 종류가 있으며 갈락토스로 이루어진 갈락탄을 함유

⊙ 김
- 김의 색소성분은 적색의 피코에리트린이 주성분이며 이외에 클로로필, 카로테노이드, 피코시안을 함유하고 있어 홍색을 띰
- 피코에리트린은 가열하면 청록색의 피코시안으로 변화하기 때문에 구운 김은 청록색을 띰
- 김에는 탄수화물과 단백질이 각각 40% 정도 함유되어 있고 비타민 A와 C가 풍부하여 영양적으로 매우 우수함. 글리신을 함유하고 있어 감칠맛을 내며 다이메틸설파이드에 의하여 특유의 향미를 냄
- 마른 김 보관법 : 습기를 막고 어둡고 서늘한 곳에 두어야 함

⊙ 우뭇가사리
- 우뭇가사리는 70% 정도의 풍부한 탄수화물을 함유하고 있는데, 대부분 갈락토스로 이루어짐
- 세포 내에 젤 형성능력이 뛰어난 한천이라는 다당류를 함유하고 있어 양갱 및 빵, 과자 제조 시 첨가물질로 이용됨

제11장 당류와 유지류

01 · 당류
02 · 유지류

01 당류

(1) 당류의 특성

① 감미도

ㄱ 당류는 단맛을 부여하는 물질로서 종류에 따라 단맛의 정도가 다름

ㄴ 감미의 기준은 α, β형의 이성질체가 없어 같은 농도에서는 일정한 단맛을 내므로 10% 설탕용액을 100으로 하여 감미도를 나타냄

ㄷ 일반적으로 과당이 가장 단맛이 강하고 전화당, 설탕, 포도당, 맥아당, 갈락토스, 젖당의 순으로 강도가 높음

② 흡습성

ㄱ 공기 중의 수분을 흡수하며 온도가 증가할수록 그 흡습량도 증가함

ㄴ 과당은 흡습성이 큼

③ 용해도

ㄱ 당류는 하이드록시기를 가지고 있어 물에 매우 잘 용해되는 성질을 가짐

ㄴ 당류의 용해도는 분자량이 적고 감미도가 강한 당류일수록 크고, 분자량이 크고 감미도가 약한 당류일수록 물에 잘 녹지 않음

ㄷ 당류의 용해도는 온도에 따라서 차이가 나며 온도가 높을수록 용해도가 커지며, 당류의 용해도는 같은 온도에서 과당 > 전화당 > 설탕 > 포도당 > 엿당 > 젖당 순으로 작아짐

ㄹ 과당은 용해도가 높아 청량음료 등 차게 마시는 음료에는 액상과당이 사용되며 캔디가 다른 당을 함유한 경우보다 더 부드러움

④ 가수분해

　㉠ 산에 의한 가수분해
- 이당류는 산에 의하여 가수분해되어 단당류가 됨
- 이당류 중 설탕은 산에 의하여 가수분해가 쉽게 일어나 단당류인 포도당과 과당을 생산하지만 엿당과 젖당은 천천히 가수분해 됨
- 당류의 산에 의한 가수분해는 열에 의하여 촉진되므로 이당류에 산을 첨가하고 가열하면 가수분해가 더 잘 일어남

　㉡ 효소에 의한 가수분해
- 설탕은 sucrase에 의하여 포도당과 과당으로 가수분해되고 invertase에 의하여 포도당과 과당이 같은 양으로 혼합된 전화당으로 가수분해 됨
- 전화당은 설탕보다 단맛이 강하며 꿀에 많이 함유되어 있음

　㉢ 알칼리에 의한 가수분해
- 이당류는 알칼리에 의하여 파괴되어 갈색의 쓴맛이 나는 물질을 생성함
- 설탕용액을 가열하고 알칼리물질인 소다를 넣으면 나타나는데, 오래 가열하면 쓴맛과 향미가 매우 강하게 생성됨

⑤ 당류의 갈색화반응

　㉠ 당류는 가열하면 캐러멜화와 메일라드반응에 의하여 갈변반응을 일으킴

　㉡ 당류의 대표적인 갈변반응은 캐러멜화인데, 무취의 백색설탕을 170℃ 이상의 고온으로 가열하면 초기 액체상태를 거쳐 캐러멜향이 나는 갈색의 캐러멜을 형성함

　㉢ 메일라드반응은 당류가 아미노산과 만나서 갈색의 물질인 멜라노이딘을 형성하는 반응으로, 간장, 된장에서 일어나는 갈변반응과 달걀을 바른 빵의 표면에서 일어나는 갈변반응 등을 들 수 있음

⑥ 결정 형성 : 100℃ 이상으로 가열하여 과포화 설탕용액을 만든 후 이를 냉각시키면 설탕용액 중에 핵이 형성되고 점차 결정이 만들어지는 현상을 결정화라고 함. 과포화용액 중에 결정을 빨리 생성시키기 위해 미리 고운 결정을 넣기도 하는데, 이러한 결정을 씨뿌리기seeding 라고 함

　㉠ 결정 형성에 영향을 주는 요인
- 당용액의 종류 : 포도당보다 설탕이 결정 형성속도가 빠름
- 설탕용액의 농도 : 설탕용액이 농축될수록 과포화도는 높아지고 과포화도가 높을수록 결정의 크기는 작아지고 숫자는 많아짐

■ 냉각온도
- 냉각온도가 높으면 과포화도가 낮기 때문에 결정의 수는 적고 크기가 큰 결정이 생겨 거칠어짐
- 40℃로 식혀서 저으면 많은 핵과 미세한 결정이 형성됨
■ 젓는 속도
- 과포화상태의 설탕용액을 저으면 핵이 쉽게 많이 형성됨
- 미세한 결정을 얻으려면 온도를 내린 후 빠른 속도로 저어 주어야 함
■ 결정 형성 방해물질 : 난백, 젤라틴, 시럽, 꿀, 우유, 크림, 초콜릿, 한천, 유기산, 전화당 등
ⓒ 캔디의 종류
■ 결정형 캔디 : 퍼지, 폰당, 디비니티
■ 비결정형 캔디 : 캐러멜, 브리틀, 태피, 토피, 마시멜로

Key Point 결정형 캔디

✓ **디비니티**(divinity) 일명 '누가'라고 부르는 캔디로, 시럽을 119~121℃까지 가열한 후 난백 거품이나 젤라틴 등에 조금씩 넣어가며 계속 저어 작은 크기의 수많은 결정을 형성한다. 지방을 넣고 식을 때까지 치댄다.
✓ **퍼지**(fudges) 설탕과 콘시럽을 114℃까지 서서히 끓이고 버터를 첨가한 후 냉각하여 모양을 갖출 때까지 치댄다. 버터팬을 펼쳐서 딱딱해지면 사각형으로 자른다.
✓ **폰당**(fondant) 시럽을 114℃까지 가열한 후 큰 접시에 부은 후 미지근하게 식히고 부드러워질 때까지 저으면서 혼합한다.

■ **폰당 만들기**
① 재료 및 분량 : 설탕 1컵, 물 1/2컵, 첨가물(레몬즙 1큰술, 물엿 1큰술, 우유 1/2컵 + 버터 1/2큰술)
② 실험방법
ⓐ 냄비에 기본재료를 넣고 뚜껑을 덮어 설탕이 녹을 때까지 가열한다. (그 후로는 저으면 안 됨)
ⓑ 냄비 가장자리에 흰 설탕결정은 깨끗한 행주로 닦아낸다. 시럽을 가열하여 114℃가 되면 불을 끄고 냉수 시험을 하여 소프트볼상태인가를 확인한다.
ⓒ 오목한 접시 또는 볼에 시럽을 붓고 70℃까지 식힌다. 이때 흔들리지 않게 주의하고 냄비 속에 남은 시럽은 긁어 넣지 않는다.
ⓓ 시럽이 식는 동안 나무주걱을 사용하여 냄비에 조금 남아있는 시럽을 결정이 형성될 때까지 저어주고 결정이 형성된 폰당은 기름종이 위에 놓는다.
ⓔ 한편, 접시에 식힌 시럽이 70℃가 되면 결정화가 될 때까지 주걱으로 저어준다. 또 같은 방법으로 하되 냉각온도가 45℃로 냉각되면 저어준다.
ⓕ 이들 결정화용액을 상온이 될 때까지 계속 저어준다.
ⓖ 둥글게 빚은 각각의 폰당을 기름종이 위에 놓아둔다.
ⓗ 기본재료에 첨가물들을 분량대로 각각 처음부터 넣고 가열하여 모든 방법은 ⓐ~ⓖ의 순서대로 같이한다.

Key Point 비결정형 캔디

✓ **캐러멜**(caramels) 설탕, 콘시럽, 우유, 크림, 버터를 재료로 하여 119℃로 가열한 후 버터를 바른 팬에 부어 냉각한 후 자른다.

✓ **태피**(taffy) 캐러멜과 비슷하나 더 농도가 진하다.

✓ **브리틀**(brittle) 시럽을 143℃까지 가열하여 팬 위에 넓게 펼쳐 쏟은 후 냉각하여 조각으로 깨뜨린다.

■ **브리틀 만들기**

① 재료 및 분량 : 황설탕 1컵, 중조 1/8작은술, 콘시럽 1/8컵, 버터 1큰술, 물 1/4컵

② 실험방법

㉠ 냄비에 황설탕, 콘시럽, 물을 넣고 불을 약하게 하여 설탕이 다 녹을 때까지 젓는다.

㉡ 끓기 시작하면 젓는 것을 중단하고 시럽이 143℃가 되도록 가열한다. 이때 설탕시럽은 끓을 때 차차 큰 거품이 생긴다. 계속 가열하면 거품이 작아지고 색은 갈색으로 변한다. 거품이 아주 미세해지면 이때 시럽의 온도를 재어본다.

㉢ 시럽을 불에서 내려놓고 버터, 중조를 넣고 최대한 천천히 저어 섞는다.

㉣ 버터를 칠한 팬에 한번에 다 쏟는다. 냄비에 묻은 것을 긁어 넣으면 결정이 생길 우려가 있으므로 긁어 넣지 않는다.

㉤ 손으로 만질 수 있을 정도로 식으면 가장자리를 들어 잡아당겨 두께가 약 5mm가 되게 늘린다.

㉥ 식은 후 칼등으로 툭툭 쳐서 조작으로 깨뜨리거나 사각형으로 자르기도 한다.

✓ **마시멜로**(marshmallows) 설탕, 콘시럽, 젤라틴, 난백 등을 넣고 휘핑하여 만든다. 가볍고 푹신푹신한 질감을 가져 그대로 이용하거나 부활절 달걀의 속재료로 사용한다.

2018년 기출문제 A형

다음은 캔디 제조과정을 간략히 도식화한 것이다. 괄호 안의 ㉠, ㉡에 해당하는 캔디를 순서대로 쓰시오.【2점】

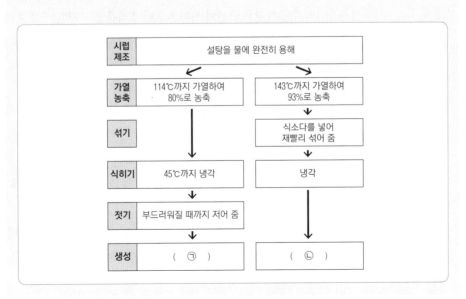

02 유지류

(1) 유지의 조리

① 향미 증가

    ㉠ 튀김과 볶음요리에서 기름은 음식물의 휘발성 성분과 지용성 성분을 녹여 내어 음식의 향미를 증진시킴

    ㉡ 기름 자체 특유의 향미를 이용하는 것 : 참기름, 들기름, 버터, 올리브유 등

    ㉢ 향기성분은 휘발성이므로 마지막 조리단계에서 넣는 것이 바람직함

② 부착 방지 : 윤활유 역할을 하여 식품이 부착되는 것을 방지함

③ 열 전달 매체 : 기름은 끓는점이 높아 대부분 180~200℃까지 올라가지만 비열이 낮아 음식이 빨리 익음. 이를 이용한 조리법이 튀김이나 볶음임

    ㉠ 튀김

       ■ 기름이 열의 전달매체기능 물보다 더 높은 온도까지 가열

       ■ 기름의 비열이 물보다 작아 온도 변화속도가 물보다 빠름

       ■ 짧은 시간에 조리가 가능하고 영양가의 손실이 가장 적은 조리법

       ■ 용기 : 열용량이 크고 두꺼운 금속으로 된 용기가 적당

    ㉡ 튀김과정

       ■ 제1단계 : 수분의 외부 이동과 함께 내부로 지방 이동

         - 식품표면의 수분이 수증기로 달아나고 식품 내부의 수분이 식품표면으로 이동함

         - 식품표면의 수증기면은 고온의 기름온도에서 식품을 타지 않게 보호하여 기름이 흡수되는 것을 막아 주지만 일부 기름은 흡수됨

       ■ 제2단계 : 껍질 형성

         - 마이야르반응이 일어나 식품의 표면이 갈색이 됨

         - 수분이 증발하므로 기공이 커지고 많아짐

       ■ 제3단계 : 내부가 익음

         - 직접적인 기름의 접촉보다 내부로 열이 전달되어 익게 됨

         - 탈수를 시켜야 하는 감자칩은 재료에 튀김옷을 씌우지 않거나 전분을 약간 입혀 튀김을 함

         - 수분의 증발을 원하지 않을 때는 수분이 많은 튀김옷을 입혀 튀김옷의 수분만을 증발되게 하면서 열이 내부로 전달되어 재료가 익도록 함

© 튀김옷

- 밀가루
  - 글루텐 함량이 적은 박력분 이용
  - 박력분이 없을 때는 중력분의 10~15%를 전분으로 대치시킴
- 반죽 : 밀가루에 물을 붓고 젓가락으로 저어 글루텐이 최소로 생기도록 함
- 달걀 : 사용하는 물의 1/4~1/3을 달걀로 대체하면 글루텐 형성이 덜 되며 달걀단백질이 열에 응고하면서 수분을 방출시켜 튀김이 단단하며 바삭해짐
- 설탕 : 마이야르반응이 일어나 갈색이 증진되며 글루텐을 연화시켜 수분의 증발이 쉬워져 튀김옷이 연해지고 바삭해짐
- 식소다 : 0.2% 정도 첨가하면 가열에 의해 탄산가스CO_2가 발생하면서 수분도 증발되어 바삭한 상태로 유지할 수 있으나 비타민 C와 비타민 B_1이 파괴됨
- 물의 온도 : 15℃ 정도가 적당하며 튀김옷을 반죽할 때 물의 양은 밀가루 중량의 1.5~2.0배가 좋음

② 튀김기름

- 발연점이 높고 향을 갖고 있지 않은 식물성 기름을 사용
- 정제가 잘 된 대두유, 옥수수기름, 면실유 등

■ 표 1. 유지의 발연점

유지 종류	발연점(℃)	유지 종류	발연점(℃)
정제 대두유	256	비정제 대두유	210
정제 면실유	233	사용한 라드	190
정제 낙화생유	230	유화제 함유 쇼트닝	177
정제 옥수수유	227	비정제 참기름	175
버진 올리브유	190	비정제 올리브유	175
코코넛유	175	비정제 낙화생유	162

◎ 튀김에 적당한 온도와 시간

- 180℃ 정도에서 2~3분
- 식품의 종류와 크기, 튀김옷의 수분 함량 및 두께에 따라 달라짐

⊕ 튀김기름의 적정 온도 유지를 위한 사항

- 튀김기름의 양과 재료의 양
  - 튀김재료의 10배 이상의 충분한 양
  - 재료의 양은 튀김냄비 기름 표면적의 1/3~1/2 이내이어야 온도 변화가 적어 맛있는 튀김이 됨
- 튀김냄비 : 두꺼운 금속용기로 직경이 작은 팬을 사용

> **Key Point** 튀김을 할 때는?
>
> ✓ 튀김은 두꺼운 팬에 기름을 많이 넣고 튀김용기 표면적의 1/3 정도 분량의 재료를 조금씩 넣어야 온도의 변화가 적어 맛있는 튀김이 된다.
> ✓ 냉동식품을 튀길 경우, 옷을 입힌 것은 냉동상태에서 가열하고 옷을 입히지 않은 것은 반해동 상태에서 튀기는 것이 좋다.
> ✓ 기름에 튀김재료를 넣은 다음 젓가락으로 집어 가볍게 흔들어 주면 예쁘게 튀겨진다.
> ✓ 재료에 물기가 많으면 빵가루가 많이 묻게 되어 튀김옷이 두꺼워지므로 튀김옷을 묻히기 전에 물기를 닦아내는 것이 좋다.

Ⓐ 튀김기름의 가열에 의한 변화
- 열로 인해 가수분해적 산패와 산화적 산패가 촉진됨
- 유리지방산과 이물질의 증가로 발연점이 점점 낮아짐
- 지방의 중합현상이 일어나 점도가 증가함
- 마이야르반응에 의한 갈색색소를 형성
- 거품 생성

◎ 흡유량이 많아지는 원인
- 낮은 온도에서 오랜 시간 튀김을 했을 때
- 튀기고자 하는 식품의 표면적이 클 때
- 기름의 발연점이 낮을 때
- 레시틴이 풍부한 난황을 반죽에 많이 사용할 때

■ 표 2. 유지의 기능과 예

기능	예
향미 부여	나물, 볶음, 튀김
가소성	페이스트리, 제과, 아이싱
크리밍성	버터케이크, 파운드케이크, 제과
쇼트닝성	케이크, 쿠키, 비스킷, 페이스트리
유화성	마요네즈, 샐러드드레싱, 푸딩, 크림수프
열전도	튀김, 전, 볶음
부착 방지	고기구이, 생선구이
조직감	부드러움, 부서짐
외관	기름짐

(2) 유지식품

① 식물성 유지

    ㉠ 대두유

        ▪ 세계적으로 가장 많이 이용

        ▪ 천연 항산화제인 비타민 E를 상당량 함유함

        ▪ 혈액 내 중성지방과 콜레스테롤 함량을 낮추는 효과가 있음

        ▪ 올레산, 리놀레산, 리놀렌산을 많이 함유하고 있어 지방 산화에 주의해야 함

        ▪ 샐러드, 조리용 등 다양한 용도로 사용 가능

        ▪ 정제된 대두유는 향미가 약하고 발연점이 높아 튀김용으로 좋음

    ㉡ 옥수수유

        ▪ 옥수수의 배아에서 채취한 원유를 동유 처리하여 샐러드유로 많이 사용함

        ▪ 보관성과 풍미가 좋고 산화와 가열에 대한 안정성이 뛰어남

        ▪ 튀김, 샐러드, 조리용으로 사용 가능

        ▪ 마요네즈, 마가린, 쇼트닝 제조에 많이 쓰임

    ㉢ 면실유

        ▪ 목화종실을 이용하여 튀김용과 동유 처리 후 샐러드용으로 사용함

        ▪ 쇼트닝, 마가린의 원료로 이용

        ▪ 항산화력이 있으나 독성이 강한 고시폴gossypol을 함유하므로 정제하여 사용함

    ㉣ 유채유

        ▪ 유채로부터 채취한 원유를 식용에 적합하도록 처리한 기름

        ▪ 품종을 개발하여 재래종 유채에 함유된 에루스산erucic acid, $C_{22:1}$을 제거한 것

        ▪ 샐러드유, 쇼트닝, 마가린 재료에 사용

    ㉤ 참기름

        ▪ 볶은 참깨를 압착하여 얻은 원유를 정제한 기름

        ▪ 항산화제인 세사몰과 토코페롤을 함유하여 산화 안정성이 높음

        ▪ 특유의 향이 강해 튀김용으로 부적당

        ▪ 음식에 향을 부여하기 위해 사용무침용

        ▪ 불포화지방산이 80%이며, 이 중 올레산과 리놀레산이 대부분을 차지함

    ㉥ 올리브유

        ▪ 올리브 과육을 압착·여과·정제한 기름

        ▪ 독특한 향을 갖고 있으며 클로로필 때문에 연한 녹색을 갖고 있음

- 올레산이 매우 풍부함80% 이상
- 이탈리아요리, 마요네즈, 샐러드드레싱, 볶음용으로 주로 이용
- 정제하지 않은 올리브유는 발연점이 낮아 튀김용으로 적당하지 않음

Ⓐ 들기름
- 들깨를 압착법을 이용하여 독특한 향이 살아 있는 유지
- 오메가-3 지방산인 리놀렌산linolenic acid이 약 50~60%로 많이 들어 있음
- 참기름과 달리 천연 항산화제 함량이 낮아 쉽게 산화되므로 저장성이 떨어져 냉장고에 보관

◎ 코코넛유·팜유
- 야자과육으로부터 채취한 원유를 식용에 적합하게 처리한 기름
- 식물성 유지이지만 포화지방산의 함량이 높아 상온에서 반고체임
- 산화에 안정하며 장기간 보존이 가능하므로 식품산업에서 많이 이용함
- 마가린, 제과용, 라면이나 스낵의 튀김유로 많이 이용

Ⓩ 코코아버터
- 카카오콩을 볶아 특이한 방향을 나게 한 다음 과육을 압착하여 얻은 지방
- 팔미트산과 스테아르산 등 포화지방산의 함량이 높아 녹는점이 30~36℃로 체온에 쉽게 용해
- 초콜릿의 원료로 이용됨

② 동물성 유지
ⓐ 버터
- 우유의 지방을 교반하여 뭉친 후 식염을 첨가하여 제조
- 비타민 A의 급원으로 유지 중에서 소화가 가장 빠름
- 산패되기 쉽고 냄새를 잘 흡수하므로 밀봉하여 냉장보관
- 버터 풍미 : 다이아세틸, 프로피온산, 초산 등 저급 지방산에 의한 것임

ⓑ 라드
- 돼지의 지방조직에서 얻은 백색의 고체지방
- 우지에 비해 녹는점이 낮아서 입안에서의 촉감이 좋음
- 크리밍성은 떨어지지만 쇼트닝성이 뛰어나 제과용으로 이용
- 독특한 맛과 향이 있어 중국요리에 많이 이용

ⓒ 어유
- DHA, EPA 등의 다가불포화지방산을 다량 함유
- 자동산화가 쉽게 일어나므로 저장에 주의해야 함

③ 가공유지

　㉠ 마가린

　　■ 버터와 비슷한 화학적 조성과 물성을 갖는 버터 대체품

　　■ 식물성 유지를 정제하고 수소화반응을 한 후 비타민 A와 D, 색소, 향미료,
　　　유화제를 첨가하여 제조

　　■ 수소화 처리의 강도를 조절하여 물성_{단단함}을 조절

　　■ 수분을 함유하는 유중수적형 유화액을 이룸

　　■ 튀김용으로 이용하지 못함

　　■ 소프트 마가린 : 리놀레산, 아라키돈산의 함량이 높은 옥수수, 해바라기씨
　　　유 등을 이용하여 다가불포화지방산 함량이 보통 마가린보다 많이 함유되
　　　도록 만들면 상온에서 액체상으로 있는 비율이 높음

　㉡ 쇼트닝

　　■ 라드의 대용품

　　■ 식용유지를 그대로 또는 식품첨가물을 넣어 가소성, 유화성 등을 부여한 유
　　　동성의 고체상태인 유지

　　■ 특징 : 무색, 무미, 무취

　　■ 쇼트닝성과 크리밍성이 마가린보다 뛰어나 제과, 제빵에 주로 이용

참고문헌

1. 과학으로 풀어 쓴 식품과 조리원리. 이주희 외 7인. 교문사. 2019
2. 이해하기 쉬운 조리과학. 송태희 외 4인. 교문사. 2017
3. 이해하기 쉬운 조리원리. 이경애 외 3인. 파워북. 2019
4. 조리원리 및 실험. 주나미 외 4인. 파워북. 2015
5. 한눈에 보이는 실험조리. 오세인 외 5인. 교문사. 2016
6. 핵심원리 이해를 위한 실험조리. 김미리 외 5인. 파워북. 2015

식품위생학

식품과 미생물

01 식품 관련 미생물의 종류와 특징

미생물의 종류에는 세균, 진균류, 바이러스, 원생동물, 조류가 있으며, 세포의 종류에 따라 원핵세포와 진핵세포로 구분할 수 있고, 미생물은 세균과 효모처럼 단세포 미생물과 곰팡이처럼 다세포 미생물로 나눌 수 있다.

(1) 세균(bacteria)

① 세균의 기본형태는 구균, 간균, 나선균의 3가지 종류가 있으며 크기는 0.2~10㎛임

② 세균은 수분과 단백질이 풍부한 조건과 중성 pH 부근에서 이분법에 의한 증식이 빠르게 일어나며 식품의 부패 및 식중독의 주요 원인이 됨

(2) 효모(yeast)

① 형태는 구형, 난형, 타원형, 소시지형 등 형태가 많으며 출아법에 의하여 개체 수를 늘리는 진균류에 해당함

② 약한 산성에서 잘 증식하며 생육 최적온도는 중온균임

③ 당분으로부터 발효하여 알코올과 이산화탄소를 생성함

④ 알코올 제조 및 제빵 생산에 이용

(3) 곰팡이(mold, mould)

① 진균류에 속하며 균사나 포자spore를 만들어 증식하는 다세포 미생물을 총칭함

② 건조한 조건과 넓은 범위의 pH최적 pH5.0~5.5에서 생육이 가능함

③ 효소 생성능력이 있어서 발효식품_{장류, 주류, 치즈} 등에 활용

④ 일부 곰팡이는 곰팡이독소를 생성함

(4) 바이러스(virus)

① 크기가 0.02~0.3㎛ 범위로 아주 작아서 전자현미경으로 관찰이 가능함

② 동·식물의 세포나 세균과 같은 미생물 숙주세포에 기생하여 증식함

③ 바이러스 구조는 DNA나 RNA 중 어느 하나의 핵산과 단백질구조로 구성되어 있음

④ 바이러스는 숙주특이성host specificity이 높으며 식품에서 직접 증식하지 않지만, 식품 및 환경에 오염된 바이러스를 섭취하였을 때 식중독을 발생시킬 수 있음

02 미생물의 생육곡선과 식품미생물의 성장에 영향을 주는 요인

(1) 미생물의 생육곡선

미생물 세포 수의 변화를 시간에 따라서 그래프를 그려 생육곡선을 얻으며, 특징적인 증식상을 구분하여 유도기, 대수기, 정지기, 사멸기 등으로 구분함

① 유도기lag phage

　㉠ 미생물이 새로운 환경에 세포가 적응하는 기간

　㉡ 세균의 수는 증가하지 않고 세포의 성장에 필요한 효소나 세포 구성성분의 재합성이 이루어지며 DNA량의 변화는 없으나 효소 및 RNA 합성과 세포의 크기가 증가

　㉢ 온도를 낮추거나 보존제 사용 등으로 이 시기를 연장시킬수 있음

② 대수기exponential or log phage

　㉠ 세포의 증식이 왕성하여 세균의 수가 기하급수적으로 증가하는 시기로 RNA량은 일정하나 DNA량은 증가함

　㉡ 물리·화학적 처리에 대한 감수성이 예민한 시기이며 세포의 생리적 활성이 가장 강한 시기로 세대시간과 세포크기가 일정한 시기

③ 정체기stationary phase

　㉠ 대수적으로 증가되던 세포가 영양물질의 고갈, 대사산물의 축적, pH의 변화, 용존산소량 부족 등의 영향으로 신생되는 세포 수와 사멸되는 세포 수가 같아져 정점에 머무르는 단계

ⓛ 포자형성균의 경우 이 시기에 포자를 형성하며 세포 수는 이 시기에 최대이고, 이 시기가 지나면 점차 감소함

④ 사멸기death phase : 효소에 의한 미생물의 자기소화가 발생하여 사멸균 수가 증가하여 전체적인 균체 수가 감소하는 시기

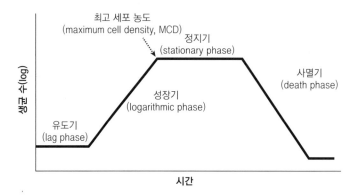

[그림 01] 미생물의 생육곡선

(2) 생육에 영향을 주는 요인

① 온도

ⓐ 온도는 세포의 증식속도, 대사산물 생산, 영양 요구도, 효소반응, 세포의 화학조성을 결정함

ⓑ 미생물은 생육이 가능한 온도의 범위에 따라 호냉균, 저온균, 중온균, 고온균으로 구분

ⓒ 식품위생학에서는 5~57℃를 위험 온도 범위라고 하며 미생물적 안전성을 위해 식품의 온도를 5℃ 이하로 낮추거나 57℃ 이상으로 유지하여야 함

ⓓ 대부분 식중독균은 5℃ 이하에서는 증식하지 않으나 리스테리아 모노사이토지니스Listeria monocytogenenes, 여시니아 엔테로콜리티카Yersinia enterocolitica, E형 클로스트리디움 보툴리눔Clostridium botulinum type E 등은 5℃ 이하에서도 증식하거나 독소를 생성하므로 주의

■ 표 1. 생육온도에 따른 미생물의 분류

미생물	최저	생육온도(℃)	
		최적	최고
호냉균	-5~5	12~15	15~20
저온균	<0	25~30	30~35
중온균	5~10	30~45	35~47
고온균	40	55~75	60~90

② 산소 : 곰팡이와 효모는 일반적으로 생육에 산소가 필요하지만 세균은 다양함

　　㉠ 편성호기성균 obligate aerobes

　　　　▪ 에너지 생산을 위해 반드시 산소를 요구함

　　　　▪ 대부분 곰팡이와 산막효모

　　　　▪ 세균 중에는 아세토박터 속, 슈도모나스 속, 마이크로코커스 속, 바실러스 속, 사시나 속, 아크로모박터 속, 플라보박테리움 속 등

　　㉡ 통성호기성균 facultative aerobes : 산소가 있어야 잘 성장하나 혐기적으로도 성장가능한 미생물

　　㉢ 미호기성 microaerophiles

　　　　▪ 1~10% 낮은 산소 농도에서만 생육이 가능

　　　　▪ Campylobacter 속, Helicobacter pylori

　　㉣ 편성혐기성균 obligate anaerobes

　　　　▪ 산소가 없어야 성장하는 미생물

　　　　▪ 클로스트리디움 보툴리스균, 비피도박테리움 등

　　㉤ 통성혐기성균 facultative anaerobes

　　　　▪ 산소가 없어야 잘 자라나 호기적 상태에서도 잘 자람

　　　　▪ 살모넬라, 포도상구균, 대장균 E. coli, 대부분의 효모가 해당함

③ pH : 미생물의 종류에 따라 생육할 수 있는 pH의 범위가 다름

　　㉠ 세균 : 최저생육 pH4.0~4.5, 최적생육 pH6.5~7.2

　　㉡ 효모 : 생육가능 pH4.0~8.5, 최적생육 pH4.0~4.5

　　㉢ 곰팡이 : 생육가능 pH2.0~9.0, 최적생육 pH3.0~3.5

　　㉣ 산 함량이 높은 과일이나 채소의 경우 세균보다는 곰팡이나 효모에 의해 부패되기 쉽고, pH가 중성인 육류나 수산물은 세균에 의해 부패가 쉬움

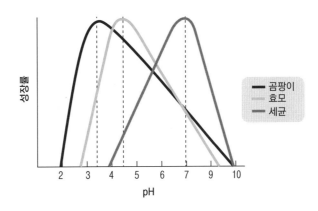

[그림 02] 미생물의 pH에 따른 성장률

④ 수분활성도

　㉠ 식품 중 미생물이 이용할 수 있는 물의 양을 수분 활성으로 나타냄

　㉡ Aw가 세균은 0.90 이상, 효모는 0.85~088 이상, 곰팡이는 0.80 이상을 요구

　㉢ 수분활성도에서 생육이 가능한 미생물의 종류

　　■ 호건성곰팡이 xerophiles or xerophilic mold : 최저생육 수분활성도 0.61, Xeromyces bisporus

　　■ 호염성균 halophiles

　　　- 중등호염성균 moderate halophiles : 1~10% 염분 요구

　　　- 고도호염성균 extreme halophiles : 10% 이상 염분 요구

　　■ 내염성균 halotolerant or haloduric organisms : 높은 소금 농도에서 생육이 가능 지만 소금이 없는 환경에서도 생육함

　　■ 호삼투압성 미생물 osmophilic microorganism

　　　- 당의 농도가 높은 경우에만 성장할 수 있는 미생물

　　　- 소금에도 내성을 가짐 발효간장

　　■ 내삼투압성 효모 osmotolerant yeast

　　　- 높은 수분활성도에서 최적으로 생육하지만 높은 당 농도 조건도 내성을 가지는 효모

　　　- 예로는 Saccharomyces cerevisiae 당 60%에서도 생육가능

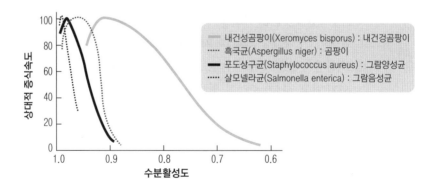

[그림 03] 수분활성도에 따른 미생물의 증식

⑤ 상대습도 : 주로 건조식품 등 매우 낮은 수분활성도를 가지는 식품이 외부의 습도 가 높을 때 습기를 흡수하여 곰팡이, 효모 등의 미생물 생육이 증가됨

⑥ 영양소

　㉠ 독립영양균 autotropha

- 광합성균 : 광합성 색소를 가지고 있으며 태양에너지를 이용한 ATP 에너지를 합성함
- 화학합성균 : 무기물을 산화하여 에너지를 얻어냄 황세균, 철세균, 수소세균, 질화세균
ⓒ 종속영양균 heterotroph
- 식품의 유기물을 이용하여 에너지를 생산하는 대부분의 식품미생물
- 질소고정균 : 공기 중 질소인 무기질소를 이용하여 생육할 수 있는 균

■ 표 2. 세균의 분류단계

구분		특징	예
독립영양균 (자력영양균)	광합성균	CO₂를 이용해 에너지 생산	광합성세균
	화학합성균	무기물을 산화할 때 생성한 에너지로 균체를 합성	황세균, 철세균, 수소세균, 질화(아질산, HNO₂)세균
종속영양균 (유기영양균)	질소고정균	무기질소(N₂) 이용	Azotobacter, Clostridium, Rhizobium
	영양요구성 무난한 균	비타민을 스스로 합성	대장균
종속영양균 (유기영양균)	영양요구성 까다로운 균	생육인자인 비타민, 아미노산을 요구	젖산균

제8과목

식품위생학

2016년 기출문제 A형

다음은 세균의 전형적인 성장곡선을 나타낸 그래프이다. (가) 구간의 온도를 측정해 보니 위험 온도 범위(temperature danger zone) 내에 있는 것을 확인할 수 있다. (가) 구간의 명칭을 쓰고 급식에서 열장 보관과 냉장 보관이 어떻게 이루어져야 하는지 위험 온도 범위의 온도를 제시하며 설명하시오.【4점】

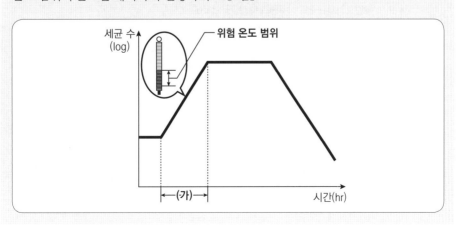

03 식품의 위생지표균

식품의 미생물 오염 정도와 안정성 여부를 평가하기 위한 위생지표균에는 일반 세균 수(총 균수), 대장균군, 대장균, 장내세균, 장구균 등이 있다. 지표미생물의 조건은 ① 온혈동물의 장관 내에 많은 수가 존재해야 하며, ② 병원성 미생물과 함께 존재해야 하고, ③ 검사방법이 간단하고 국제적으로 통일되어 있어야 한다.

(1) 대장균군(Coliform group)
① 그람음성 비포자형간균으로 유당을 발효시켜 산과 가스를 생성하는 호기성 또는 통성혐기성균
② 식품에서 대장균군이 검출된 것은 그 식품에 분변이 존재한다는 것을 뜻하며 식품의 환경위생 관리 면에서 오염가능성을 뜻함
③ 대장균 검출 시 살모넬라salmonella, 쉬겔라shigella와 같은 균의 존재가능성을 추정할 수 있음

(2) 대장균(Escherichia coli)
① 분변성 대장균의 가장 대표적인 균임
② 생식용 굴과 가열섭취용 냉동식품의 규격기준에 적용함

(3) 장구균(Enterococus)
① 대장장관 내에서 서식하는 그람양성구균군
② 냉동식품, 건조식품, 가열식품 등의 검사에서 생존율이 커서 오래 생존하여 대장균군보다 효과적임

■ 표 3. 분변오염지표균의 장구균과 대장균군의 비교

특성	장구균	대장균군
형태	구균	간균
그람염색성	양성	음성
각종 동물의 분변에서의 검출상황	대부분의 동물에서 검출	동물에 따라서는 불검출
장관 외에서의 검출상황	일반적으로 높음	일반적으로 낮음
분리, 고정의 난이도	비교적 어려움	비교적 쉬움
외계에서의 저항성	강함	약함

(표 계속)

동결에 대한 저항성	강함	약함
냉동식품에서의 생잔성	일반적으로 큼	일반적으로 적음
건조식품에서의 생잔성	큼	적음
생선, 채소에서의 검출률	일반적으로 높음	낮음
생육에서의 검출률	일반적으로 낮음	일반적으로 낮음
절인 고기에서의 검출률	일반적으로 높음	낮거나 없음
식품매개 장관계 병원균과의 관계	적음	일반적으로 큼
비장관계 식품매개 병원균과의 관계	적음	적음

04 식품의 변질과 위생 관리

(1) 식품의 변질

효소, 미생물, 화학물질 등에 의해 식품의 구성성분이 분해되어 모양, 색깔, 조직 감 등이 변하는 것을 말함

① 부패 : 단백질이 미생물에 의해 분해되어 암모니아 등이 생성되어 악취를 내고 인체에 유해한 물질을 생성

② 산패 : 지방이 분해되어 악취를 내는 것

③ 변패 : 탄수화물과 지방이 미생물에 의해 변질된 것

④ 발효 : 탄수화물이 미생물에 의해 인체에 유익한 알코올이나 유기산 등을 생성 하는 것 **예** 술, 간장, 치즈

(2) 식품의 부패 판정법 : 관능 검사, 물리적 검사, 생물학적 검사, 화학적 검사

① 관능 검사

㉠ 눈, 코, 입 등 감각기관을 이용하는 방법으로, 개인적인 차이가 있어 객관적 인 지표가 되기 어려움

㉡ 식품이 변질되면 암모니아, 알코올 등의 냄새가 나고 색깔이 변하고 쓴맛, 신 맛, 자극적인 맛이 나타남

② 물리적 검사 : 식품의 점성, 탄력성, 경도 등을 측정하는 방법으로 간단하고 단시 간에 결과를 얻을 수 있음

③ 생물학적 미생물학적 검사
　　㉠ 세균 수를 측정하여 신선도를 측정하는 방법
　　㉡ 식품의 신선도 판정에 유용한 지표
　　㉢ 단점 : 조작이 복잡하고 시간이 오래 걸림
　　㉣ 식품 1g 또는 1mL 당 107이면 초기부패
④ 화학적 검사 : 휘발성 염기질소 휘발성 아민류, 암모니아 등, 트리메틸아민, 히스타민, K값, pH로 측정하여 부패 정도를 측정하는 방법
　　㉠ 휘발성 염기질소 : 초기부패 어육은 30~40mg%
　　㉡ 트리메틸아민 : 초기부패기준 3~4mg%
　　㉢ 히스타민 : 알레르기 식중독 발생기준 4~10mg%
　　㉣ K값 : 초기부패기준 60~80mg%
　　㉤ 초기부패기준 pH6.0~6.2

05 식중독의 개념

(1) 식중독(food poisoning, 식품위생법)

식품의 섭취로 인하여 인체에 유해한 미생물 또는 유독물질에 의해 발생하였거나 발생한 것으로 판단되는 감염성 또는 독소형 질환임

(2) 집단식중독(foodborne disease outbreak, 세계보건기구)

역학 조사 결과, 식품 또는 물이 질병의 원인으로 확인되거나 의심되는 동일식품이나 물을 섭취함으로써 2인 이상이 유사한 질병을 경험하는 것임

(3) 식중독의 주요 증상

복통, 설사, 오심, 구토, 발열 등

(4) 식중독이 경구 전염병과 다른 점

① 경구 전염병은 2차 감염을 일으키고 적은 양으로도 발병할 수 있으며, 특정 병원체나 병원체의 독성물질로 인하여 발생하는 질병으로 사람으로부터 감수성이 있는 사람에게 감염되는 질환임
② 식중독은 바이러스성 식중독을 제외하고는 대부분 2차 감염을 일으키지 않으며, 일정 수준의 원인균을 섭취해야 발병하고 발병원인은 균 자체이거나 균의 대사산물임

(5) 식중독균의 성장에 영향을 미치는 인자

① 내적인자 : 식품의 pH, 수분 함량, 영양소 함량, 산소 등

② 외적인자 : 저장온도, 상대습도, 대기조성 등

③ 식품의 유해 미생물 성장 억제법 : 온도-시간 관리, pH·수분·산소 조절방법과 방사선조사법 및 화학물질 처리법 등

ㄱ 식중독균과 온도 관리

- 온도는 미생물의 성장에 영향을 미치는 가장 중요한 인자
- 적절한 온도 관리는 곧 미생물에 의한 식중독을 예방할 수 있는 최선책
- 위험 온도 범위 : 미생물은 대체로 5~70℃의 범위에서 잘 증식함
- 온도 조절 방법 : 냉장·냉동·열처리법이 있음
- 대부분의 식중독균은 74℃까지 가열하면 사멸하므로 적절한 가열 조리를 통하여 안전한 식품을 생산할 수 있음
- 배식 서빙 단계에서의 온도 관리를 위해서는 급식소나 외식업소에서는 보온고와 보냉고를 구비

ㄴ 식중독균과 시간 관리

- 미생물은 이분법 dividing 에 의해 기하급수적으로 증식함
- 부적절한 환경조건에서는 10~12시간 안에 1개의 균체가 백만 개로 증식하여 문제가 발생할 수 있음
- 세대시간이 10분 정도인 식중독균도 있으므로 온도 관리가 원활하게 수행되기 힘든 조건의 급식·외식업소에서는 식품 취급 시 위험 온도 범위에 노출되는 시간을 가급적 짧게 관리하는 것이 식중독균의 증식을 막는 최선의 방법임
- 조리된 음식이 실온에서 장시간 보관되는 일이 없도록 함
- 분산조리 batch cooking 방법을 이용하여 음식을 일정한 배식시간에 필요한 만큼만 생산
- 식품안전관리인증기준의 선행요건관리항목을 기준 : 실온에서 보관하면서 배식 서빙 시에는 조리 완료 후 2~3시간 이내에, 60℃ 이상으로 온도 유지가 가능한 경우는 5시간 이내에, 5℃ 이하로 온도 유지가 가능한 경우는 24시간 이내에 소비하는 것이 안전함

06 식중독 발생 보고와 원인 조사

(1) 식품위생법 제86조

① 다음 각 호의 어느 하나에 해당하는 자는 지체 없이 관할 특별자치시장·시장「제주특별자치도 설치 및 국제자유도시 조성을 위한 특별법」에 따른 행정시장을 포함한다. 이하 이 조에서 같다·군수·구청장에게 보고하여야 한다. 이 경우 의사나 한의사는 대통령령으로 정하는 바에 따라 식중독 환자나 식중독이 의심되는 자의 혈액 또는 배설물을 보관하는 데에 필요한 조치를 하여야 한다. 〈개정 2013. 5. 22., 2018. 12. 11.〉

1. 식중독 환자나 식중독이 의심되는 자를 진단하였거나 그 사체를 검안檢案한 의사 또는 한의사
2. 집단급식소에서 제공한 식품 등으로 인하여 식중독 환자나 식중독으로 의심되는 증세를 보이는 자를 발견한 집단급식소의 설치·운영자

② 특별자치시장·시장·군수·구청장은 제1항에 따른 보고를 받은 때에는 지체 없이 그 사실을 식품의약품안전처장 및 시·도지사특별자치시장은 제외한다에게 보고하고, 대통령령으로 정하는 바에 따라 원인을 조사하여 그 결과를 보고하여야 한다. 〈개정 2010. 1. 18., 2013. 3. 23., 2013. 5. 22., 2018. 12. 11.〉

③ 식품의약품안전처장은 제2항에 따른 보고의 내용이 국민보건상 중대하다고 인정하는 경우에는 해당 시·도지사 또는 시장·군수·구청장과 합동으로 원인을 조사할 수 있다. 〈신설 2013. 5. 22.〉

④ 식품의약품안전처장은 식중독 발생의 원인을 규명하기 위하여 식중독 의심환자가 발생한 원인시설 등에 대한 조사절차와 시험·검사 등에 필요한 사항을 정할 수 있다. 〈개정 2013. 3. 23., 2013. 5. 22.〉

> **Key Point** 식중독 보고시스템
>
> ✓ 의심환자 발생시설의 운영자, 이용자, 의심환자를 진료한 의사 및 한의사가 보건소에 발생 신고 → 보건소는 보고관리시스템에 입력함으로써 유관기관(시, 군·구·도, 식품의약품안전처 등)에 발생 사실을 동시에 전파하게 된다.

(2) 식품위생법 시행령 제59조(식중독 원인의 조사)

① 식중독 환자나 식중독이 의심되는 자를 진단한 의사나 한의사는 다음 각 호의 어느 하나에 해당하는 경우 법 제86조 제1항 각 호 외의 부분 후단에 따라 해당 식중독 환자나 식중독이 의심되는 자의 혈액 또는 배설물을 채취하여 법 제86조

제2항에 따라 특별자치시장·시장「제주특별자치도 설치 및 국제자유도시 조성을 위한 특별법」에 따른 행정시장을 포함한다. 이하 이 조에서 같다·군수·구청장이 조사하기 위하여 인수할 때까지 변질되거나 오염되지 아니하도록 보관하여야 한다. 이 경우 보관용기에는 채취일, 식중독 환자나 식중독이 의심되는 자의 성명 및 채취자의 성명을 표시하여야 한다. 〈개정 2014. 1. 28., 2019. 5. 21.〉

1. 구토·설사 등의 식중독 증세를 보여 의사 또는 한의사가 혈액 또는 배설물의 보관이 필요하다고 인정한 경우
2. 식중독 환자나 식중독이 의심되는 자 또는 그 보호자가 혈액 또는 배설물의 보관을 요청한 경우

② 법 제86조 제2항에 따라 특별자치시장·시장·군수·구청장이 하여야 할 조사는 다음 각 호와 같다. 〈개정 2014. 1. 28., 2019. 5. 21.〉

1. 식중독의 원인이 된 식품 등과 환자 간의 연관성을 확인하기 위해 실시하는 설문 조사, 섭취음식 위험도 조사 및 역학적疫學的 조사
2. 식중독 환자나 식중독이 의심되는 자의 혈액·배설물 또는 식중독의 원인이라고 생각되는 식품 등에 대한 미생물학적 또는 이화학적理化學的 시험에 의한 조사
3. 식중독의 원인이 된 식품 등의 오염경로를 찾기 위하여 실시하는 환경 조사

③ 특별자치시장·시장·군수·구청장은 제2항 제2호에 따른 조사를 할 때에는 「식품·의약품분야 시험·검사 등에 관한 법률」 제6조 제4항 단서에 따라 총리령으로 정하는 시험·검사기관에 협조를 요청할 수 있다. 〈신설 2011. 4. 22., 2014. 1. 28., 2014. 7. 28., 2019. 5. 21.〉

Key Point 역학적 조사 절차

✓ **준비단계** 원인조사반 구성, 반원 간 업무분장 조정, 검체 채취기구를 준비한다.

✓ **현장조사단계** 식품취급자 설문 조사 및 위생상태 확인, 현장시설 조사를 통한 오염원 추정, 검체 채취 및 의뢰, 데이터 분석 및 가설 설정 및 검증을 한다.

✓ **정리단계** 확보된 기본자료, 현장 확인 및 점검 결과, 검사현황, 의학 참고자료 등을 바탕으로 여러 발생원인인자에 대한 분석을 통하여 발생 오염원 및 경로 추정이 실시된다.

✓ **조치단계** 조사 결과 급식 및 식재료, 음용수 등의 식품매개로 인한 중독으로 의심이 되거나 추정되는 경우 급식 중단조치와 함께 관련 식품 및 식재료 등의 상용 금지 또는 폐기조치를 실시한다.

07 식중독지수

- 온도와 미생물 증식기간의 관계를 고려하여 식중독 발생 가능성을 백분율로 나타낸 값이며, 날씨와 환경 변화에 따른 식중독 발생 위험도 예측정보를 4단계(관심, 주의, 경고, 위험)로 나누어 제공
- 식중독지수 100의 의미는 초기균수가 1,000개인 식품을 3.5시간 방치 후 섭취했을 때 식중독에 걸릴 확률이 매우 높음을 의미
- 식중독지수 50은 초기균수 1,000개인 식품을 7시간 방치 후 섭취했을 때 식중독에 걸릴 확률이 매우 높음을 의미
- 식중독 예방을 위한 참고용으로 기상청이 연중 제공함

■ 표 4. 식중독지수의 단계별 대응요령

위험도단계	기준	대응요령
위험	86 이상	■ 식중독 발생 가능성이 매우 높으므로 식중독 예방에 각별한 경계가 요망됨 ■ 설사, 구토 등 식중독 의심증상이 있으면 의료기관을 방문하여 의사 지시에 따름 ■ 식중독 의심환자는 식품 조리 참여를 즉시 중단하여야 함
경고	71~86 미만	■ 식중독 발생 가능성이 높으므로 식중독 예방에 경계가 요망됨 ■ 조리도구는 세척, 소독 등을 거쳐 세균 오염을 방지하고 유통기한, 보관방법 등을 확인하여 음식물 조리, 보관에 각별히 주의하여야 함
주의	55~71 미만	■ 식중독 발생 가능성이 중간단계이므로 식중독 예방에 주의가 요망됨 ■ 조리음식은 중심부까지 75℃(어패류 85℃)로 1분 이상 완전히 익히고, 외부로 운반할 때에는 가급적 아이스박스 등을 이용하여 10℃ 이하에서 보관 및 운반함
관심	55 미만	■ 식중독 발생 가능성은 낮으나 식중독 예방에 지속적인 관심이 요망됨 ■ 화장실 사용 후, 귀가 후 조리 전에 손 씻기를 생활화함

세균성 식중독

세균성 식중독은 일정한 수 이상으로 증식한 세균이나 또는 그 대사산물인 독소를 함유하는 식품을 섭취하여 발병하는 경우를 말하며 감염형, 독소형, 중간형으로 분류한다.

01 세균성 식중독의 분류

1 감염형 식중독

다량의 식중독균을 식품과 함께 섭취하면 일어나는 식중독으로, 잠복기가 길고 위장염(구토, 복통, 설사)과 발열증상이 있으며 주요 증상은 2~3일에 나타나고 1주일 이내에 회복한다.

(1) 살모넬라(Salmonella) 식중독

① 특징

㉠ 원인균 : 살모넬라 티피뮤리움 S. typhimurium, 살모넬라 엔터리티디스 S. enteritidis, 돼지콜레라균 S. chloraesuis 등임

㉡ 포자를 형성하지 않는 그람음성간균으로 통성혐기성 세균이며, 발육 최적온도 37~43℃, 5℃ 이하의 냉장온도에서는 생존이 불가능함

㉢ 증식가능한 pH 범위는 4.1~9.0, Aw는 0.95 이상, 염도는 4% 이하임

㉣ 감염량 : 혈청형이 10^7~10^9CFU colony forming unit 정도이나 일부 혈청형은 1~10^4CFU인 것도 있음

② 원인식품

㉠ 식육과 알류 및 가공품, 부적절하게 가열한 동물성 단백질식품, 샐러드드레싱, 땅콩버터 등

229

　　　ⓒ 1차 오염은 살모넬라균에 의해 오염된 식육이나 달걀 등을 섭취함으로써 감
　　　　 염된 경우이고, 2차 오염은 보균동물이나 보균자의 배설물이 식품에 오염되
　　　　 어 발생하는 경우임

　　③ 잠복기 : 12~48시간

　　④ 증상

　　　　㉠ 복통, 설사, 발열, 구토, 현기증 등이 나타남

　　　　ⓒ 설사는 1일 수회 정도의 수양성이고 녹색을 띠는 경우가 많고 심하면 혈변이
　　　　　 나 점혈변을 배출함

　　　　ⓒ 발열은 38~40℃이지만 40℃ 이상의 고열인 경우도 있음

　　⑤ 예방

　　　　㉠ 62~65℃에서 20분 가열, 74℃ 이상에서 1분 이상 가열 조리함

　　　　ⓒ 남은 음식은 5℃ 이하에서 냉장보관함

　　　　ⓒ 냉장보관 후 74℃ 이상에서 1분 이상 재가열한 후 섭취함

　　　　㉣ 급식·외식업소에서 사용하는 난류는 위생란을 사용하고, 난류의 파각 시에는
　　　　　 위생장갑을 착용하고 파각 전후에는 반드시 손세척·소독을 실시함

　　　　㉤ 칼과 도마는 육류용, 가금류용, 채소 및 과일용으로 구분하여 사용함

　　　　㉥ 조리에 사용된 기구 등은 세척, 소독하여 2차 오염을 방지하고 쥐, 파리, 바퀴
　　　　　 등의 침입을 막기 위한 방충 및 방서시설을 함

2019년 기출문제 A형

다음은 세균성 식중독에 대한 설명이다. 괄호 안의 ㉠, ⓒ에 해당하는 식중독의 명칭과
예방법을 순서대로 쓰시오. 【2점】

> 최근 학교급식에서 제공된 달걀이 함유된 제품에서 발생하여 사회적으로 큰 관심
> 을 받은 감염형 식중독 중 하나인 (㉠)은/는 달걀뿐만 아니라 어패류, 생선류, 우
> 유 및 유제품 등과 그 가공품이 원인식품이며 5~10월에 많이 발생한다. 가장 효과
> 적인 예방법은 섭취 전에 (ⓒ) 처리하는 것이며, 처리 후에는 재오염이 되지 않
> 도록 주의해야 한다.

(2) 병원성 대장균 식중독

① 특징

 ㉠ Escherichia coli 중에서 설사를 주 증상으로 유발하는 대장균이며 건강한 사람이나 동물의 장에서 상존하는 세균임

 ㉡ 오염된 물이나 식품에서 분변 오염의 지표균

 ㉢ 그람음성간균, 무포자형성 통성혐기성 세균

 ㉣ 증식온도는 5~45℃이며 살균조건에서 쉽게 사멸하는 열에 민감한 균임

 ㉤ pH는 4.4~9.0, Aw는 0.96 이상임

 ㉥ 계절과 관계없이 발생하며 여름철에 많이 발생함

② 병원성 대장균의 분류 : 병원성 대장균은 독소 생성 여부 등에 따라 장출혈성 대장균EHEC, 장독소성 대장균ETEC, 장침입성 대장균EIEC, 장병원성 대장균EPEC, 장응집성 대장균EAEC 등으로 구분

 ㉠ 장관출혈성 대장균Enterohaemorrhagic E. coli, EHEC

  ▪ 특징

   - 출혈성 대장염과 용혈성 요독증상의 원인균이며, 주로 O157:H7에 의하여 발생함

   - 대장균 O157:H7은 산에 대해 내성이 커 증식 최적 pH는 4.0~4.5, 44.5℃ 이상에서는 증식하지 못함

   - 장출혈성 대장균 : 베로독소verotoxin를 생성하여 대장점막에 궤양을 유발하여 출혈을 유발

   - 감염량은 10^3 이하의 적은 균량으로도 발병함

  ▪ 증상 : 복통, 출혈성 설사, 용혈성 요독증, 두통, 환각 경련, 혼수 등

  ▪ 잠복기 : 12~72시간

  ▪ 원인식품 : 오염된 식품, 특히 갈아 만든 쇠고기햄버거, 육류제품, 생우유에 의해 경구감염이 일어나고 피부 접촉 등을 통해 사람에서 사람으로 직접감염과 식수 등을 통한 수인성 감염도 일어남

  ▪ 예방

   - O-157균은 75℃에서 1분간의 가열로도 사멸하므로 고기를 익힐 때 분쇄육은 중심부까지 충분히 가열하여 조리함

   - 조리한 식품은 바로 먹도록 하고 남은 식품은 냉장보관하거나 재섭취할 경우 74℃ 이상에서 충분히 재가열함

   - 육류 취급 시 다른 식품으로 교차오염이 일어나지 않도록 주의

- 신선채소류는 염소계소독제 100ppm으로 소독 후 3회 이상 세척하여 예방함
- 치료 시 항생제를 사용할 경우 장출혈성 대장균이 죽으면서 독소를 분비하여 요독증후군을 악화시킬 수 있으므로 주의함

ⓛ 장관독소성 대장균Enterotoxigenic E. coli, ETEC

- 특징
  - 별명 : 여행자 설사
  - 감염량이 많아 10^8 ~ 10^{10}CFU 이상의 균체가 섭취되면 장점막에 군락을 형성함
  - 세균이 생산하는 장독소enterotoxin가 설사를 유발함
- 증상 : 수양성 설사, 복부 경련, 미열, 오심, 권태감
- 잠복기 : 12~14시간
- 원인식품
  - 분변으로 오염된 물이 식품을 오염
  - 감염된 식품취급자에 의한 식품 오염
  - 연질치즈, 유제품
- 예방 : 생수를 사 먹거나 물을 끓여 먹음

ⓒ 장관침입성 대장균Enteroinvasive E. coli, EIEC

- 특징
  - 결장 상피세포에 침입하여 증식하고 상피세포를 파괴하여 Shigella에 의한 설사와 같은 세균성 설사를 유발함
  - 감염량은 10^3 이하의 적은 균량으로도 발병함
- 증상
  - 혈액이나 점액성 설사
  - 복통, 구토, 열, 오한
  - 장내 상피세포에 침입, 설사를 유발하여 세균성이질로 오진하는 경우가 많음
- 잠복기 : 12~72시간
- 원인식품
  - 환자의 분변에 오염된 식품이나 오염된 물로부터 직접 감염
  - 사고 유발 식품 : 햄버거, 생우유, 치즈, 유람선상의 샐러드
- 예방
  - 설사증상이 있는 사람의 식품 취급을 금지함
  - 두 번 손 씻기와 바로 먹을 수 있는 식품의 맨손 취급 금지 등

㉣ 장관병원성 대장균Enteropathogenic E. coli, EPEC

- 특징
  - 별명 : 유아 설사
  - 소장 상피세포 내로 침입함
  - 감염량은 10^6CFU/g 이상의 많은 양이 필요함
- 증상
  - 수양성 혹은 출혈성 설사
  - 유아에게 장기적으로 설사를 일으키면 탈수와 전해질 불균형으로 사망
- 잠복기 : 12~14시간
- 원인식품 : 오염된 신생아용 분유, 유아식품, 조리되지 않은 육류나 가금류, 오염된 물
- 예방
  - 생수를 사 먹거나 물을 끓여 먹음
  - 분유를 준비할 때 물을 끓여 식혀서 한 번에 먹을 양을 준비하고, 먹다 남은 것은 바로 냉장보관하거나 폐기함

(3) 장염비브리오 식중독

① 원인균

㉠ 비브리오 콜레라Vibrio cholera O1, O139, 비브리오 파라헤모리티커스Vibrio parahaemolyticus, 비브리오 벌니피커스Vibrio vulnificus인데, 이 중 장염비브리오균은 비브리오 파라헤모리티커스Vibrio parahaemolyticus임

㉡ 장염비브리오균은 해수세균으로 3~5%의 식염 농도에서 잘 발육하여 병원성 호염균 식중독임

㉢ 그람음성, 통성혐기성, 비아포형성 간균

㉣ 해수온도 15℃ 이상에서 증식하고 저온에서는 활동이 둔화되어 10℃ 이하에서는 잘 발육하지 않고 열에는 비교적 약함

㉤ 증식속도가 빠름

② 원인식품

㉠ 어패류와 생선류

㉡ 도시락 등의 복합조리식품, 생선회, 초밥

③ 잠복기 : 8~24시간

④ 증상 : 급성 위장염증상인 설사, 복통, 고열40℃ 이하이 나타남

⑤ 예방

　ⓐ 어패류를 생식하지 않는 것이 최선의 예방책임

　ⓑ 저온보관0~2℃하면 부착세균이 1~2일 만에 사멸되므로 냉동식품도 안전한 편임

　ⓒ 수돗물로 잘 씻어서 섭취함

　ⓓ 60℃에서 5분 이상 가열하면 쉽게 사멸함

Key Point 비브리오 벌니피커스 Vibrio vulnificus, 불니피쿠스

✓ 비브리오 패혈증으로 보고되는 식중독의 원인균으로 따뜻한 해수지역에서 채취된 수산물이 주요 오염원이다.

✓ **원인식품** 따뜻한 해수지역에서 채취한 해산물, 물, 굴, 조개, 게, 플랑크톤

✓ **감염경로** 바닷물에 피부가 직접 노출되거나 오염된 갑각류의 접촉 및 섭취에 의해 감염된다.

✓ **증상** 오한, 발열, 저혈압 등의 패혈증 특유의 증상, 창상감염과 유사한 피부병변이 출현한다.

✓ **예방** 피부에 상처가 난 사람은 바닷물에 상처를 노출시키지 않아야 하며 열처리되지 않은 수산물의 취급을 삼가야 한다. 간질환 등이 있는 사람은 생굴이나 덜 조리된 수산물의 섭취를 피한다.

Key Point 비브리오 콜레라 Vibrio cholerae

✓ 제1종 법정전염병으로 지정되어 있는 콜레라의 원인균이며 구토와 설사 등 급성 세균성 장내 감염증을 일으킨다.

✓ 위생시설 및 환경위생이 나쁜 곳에서 주로 발생하며 오염된 식수, 음식물, 어패류를 먹은 후 감염된다.

✓ **예방** 오염된 물에서 수확한 날 수산물 또는 덜 조리된 게나 갑각류의 섭취를 금한다. 물을 반드시 끓여 마셔야 한다.

---

(4) 캠필로박터 식중독

① 원인균

　ⓐ 캠필로백터 제주니Campylobacter jejuni, 캠필로백터 콜라이Campylobacter coli

　ⓑ 그람음성 나선형S자형의 무아포 간균, 편모를 갖고 있는 미호기성임

　ⓒ 5~15%의 산소분압이 필요하며 가축의 유산 원인균임

　ⓓ 최적온도는 42℃이며 48℃에서 사멸하므로 적절히 가열 조리된 식품에서는 생존할 수 없음

　ⓔ Aw0.98 이상에서 증식하며 pH5.0 이하의 낮은 pH, 건조, 2% 이상의 염도, 10~30℃의 장기보관에 민감하게 영향을 받음

　ⓕ 다른 식중독균에 비해 비교적 적은 수400~500개/g로 발병 가능하므로 위험함

② 잠복기 : 2~7일

③ 증상 : 심한 설사, 점혈변, 복부통증, 구토, 두통, 발열, 심한 경우 사망

④ 원인식품 : 제대로 조리되지 않은 닭고기, 햄버거, 조개, 비살균우유, 작업자의 손 등을 통해 다른 식품에 오염됨

⑤ 예방

　㉠ 25℃ 이하에서는 증식하지 않음

　㉡ 내부 중심온도 74℃ 이상에서 1분 이상으로 충분히 가열 조리

　㉢ 조리하지 않은 식품과 조리한 음식을 구분 보관하여 교차오염을 방지

(5) 리스테리아(Listeria monocytogenes)

① 원인균

　㉠ 리스테리아 모노사이토제네스 Listeria monocytogenes

　㉡ 그람양성간균, 통성혐기성이며 고염식품과 5℃ 이하의 냉장온도에서도 성장함

　㉢ 다른 식중독균보다 소금이나 수분 활성에 내성이 큼

　㉣ 염도는 10~12%에서도 증식했고, 증식최저 Aw는 0.97 이상이며 0.92 이하에서 증식이 억제됨

② 잠복기 : 1일~3주

③ 증상

　㉠ 감기와 유사한 초기증상, 발열, 오한, 구토

　㉡ 임신부의 유산 초래

　㉢ 노인, 면역 결핍자에게 수막염이나 패혈증 유발

④ 원인식품

　㉠ 냉장유통 육가공품, 생고기, 우유제품 치즈, 아이스크림, 생우유, 조리된 육류와 핫도그, 생채소, 수산물 등

　㉡ 교차감염이나 덜 익힌 식품에 존재

　㉢ 한 번 서식하면 생물막을 형성하여 세척, 청소와 소독으로 잘 제거되지 않아 반복적인 오염을 일으키는 특성이 있음

⑤ 예방

　㉠ 가열 조리온도 준수

　㉡ 교차오염 방지 필요

　㉢ 과일 : 깨끗하게 세척

ⓔ 식품취급자 : 손을 철저히 세척 및 소독

ⓜ 냉동이나 냉장보관했던 음식은 배식 전 74℃ 이상에서 1분 이상 재가열

ⓗ 식품 제조·가공 및 조리장 시설·설비는 항상 청결하고 건조하게 유지

ⓢ 바로 먹을 수 있는 식품ready-to-eat food의 취급 주의

(6) 여시니아 식중독

① 원인균

ⓖ 여시니아 엔테로코르티카Yersinia enterocolitica

ⓛ 돼지장염균으로 알려져 있었으나 최근 들어 식중독 발생 건수가 점차 증가하고 있음

ⓒ 그람음성간균, 비포자 통성혐기성균

ⓔ 증식 온도 범위는 -2~45℃로 저온성 세균임

ⓜ 냉동온도를 잘 견디고 반복 냉동과 해동한 식품 속에서도 장기간 생존함

ⓗ 열에 민감하여 60℃에서 사멸

ⓢ 감염량은 10^4 이상

② 잠복기 : 4~7일

③ 증상

ⓖ 발열, 구토, 설사 등

ⓛ 여시니아증Yersiniosis

④ 원인식품

ⓖ 생우유나 육류, 냉장된 해산물, 굴, 생새우, 익힌 게살에서도 증식

ⓛ 냉장된 진공포장육, 삶은 달걀, 익힌 생선, 살균액란, 살균우유, 코티즈치즈, 두부에 증식

ⓒ 덜 익은 돼지고기를 섭취하거나 돼지내장을 취급한 후 다른 식품을 오염

⑤ 예방

ⓖ 열에 약하므로 돼지고기를 포함한 식품 조리 시 75℃에서 3분 이상 충분히 조리함

ⓛ 장기간에 걸친 저온보관은 피하는 것이 좋음

ⓒ 개인위생에 유의해 균의 교차오염을 막도록 하고 음용수 수질기준에 적합한 물을 사용함

2 독소형 식중독

병원체가 증식할 때 생성되는 독소를 식품과 함께 섭취했을 때 나타나는 위장관 이상증세를 말한다.

(1) 보툴리누스 식중독(Clostridium botulinum)

① 원인균
　　㉠ Clostridium botulinum
　　㉡ 그람양성간균, 포자를 형성하는 편성혐기성균이며 맹독성의 신경독소ne-urotoxin를 분비하는 치사율이 높은 균임
　　㉢ pH4.6 이하, Aw0.94 이하, 염도 5.5% 이상에서는 증식하지 못하고, 일반적인 살균조건에서는 사멸하나 포자는 내열성이 커 115℃ 이상으로 가열해야 사멸함
　　㉣ 독소는 A~G형으로 분류되며 식중독을 일으키는 것은 주로 A, B, E, F형임

② 잠복기
　　㉠ 12~36시간이며 짧으면 2~4시간에도 신경증상이 나타나고 늦으면 2~3일 후에 발병
　　㉡ 지속기간은 며칠에서 1년임. 조기치료를 받지 않으면 사망률이 50%에 이름

③ 증상
　　㉠ 초기증상 : 구토, 변비, 탈력감, 권태감, 현기증
　　㉡ 신경계 주 증상 : 복시, 시력 저하, 동공 확대, 언어 장애, 연하 곤란, 호흡 곤란, 호흡기의 진행성 마비 등의 신경독임

④ 원인식품 : 햄, 소시지, 채소나 과일의 통·병조림식품

⑤ 예방
　　㉠ 통조림 제조 시 120℃로 4분간 가열하여 식품을 완전살균함
　　㉡ 균의 증식을 저지하는 방법 : pH4.6 이하, 수분 활성 0.94 이하, 4℃ 이하의 온도에 보존하거나 아질산나트륨 같은 항균제를 첨가함
　　㉢ 80℃에서 30분, 100℃에서 2~3분 가열하면 독소는 완전히 파괴됨

(2) 황색포도상구균(Staphylococcus aureus) 식중독

① 원인균
　　㉠ Staphylococcus aureus
　　㉡ 식중독의 원인독소인 엔테로톡신enterotoxin을 생산하는 균종
　　㉢ 그람양성구균, 비포자 통성혐기성균이나 호기성 조건에서 신속히 증식

ⓔ 포도상구균이 독소를 형성하기 위한 온도는 10~48℃ 범위, pH는 6.8~7.2이
고 Aw0.86 이상에서 증식하며 염도나 당도 15%에서도 증식이 가능함

ⓜ 감염량 : 10^5CFU/g 이상

ⓗ 엔테로톡신은 내열성이 있고 100℃에서 60분 동안 가열해도 파괴되지 않음

ⓢ 독소는 A~E형이 있는데, 식중독의 90% 이상이 A형 독소가 원인임

ⓞ 5~9월에 집중 발생

② 잠복기 : 1~6시간, 잠복기가 가장 짧은 세균성 식중독

③ 증상 : 급성 위장염 구토, 설사, 수양성 설사가 심하면 쇠약, 허탈, 의식장애, 혈압
강하를 보임

④ 원인식품

㉠ 육류 및 그 가공품, 우유 및 유제품, 김밥·샌드위치·도시락류 등의 즉석섭취
식품류와 크림이 든 제빵류, 소스류 등

㉡ 주로 비강이나 감염된 상처, 피부 손상 부위에 많이 분포하는 화농성 질환 원
인균임

㉢ 샌드위치나 김밥처럼 만들 때 손이 많이 가고 만든 후 냉장보관이 부적절한
식품

㉣ 오염원은 화농소, 손 등, 손과 조리기구를 통한 2차 오염에 의해 감염

⑤ 예방

㉠ 식품취급자의 개인위생 주의

㉡ 화농성 환자와 인두염 환자는 조리업무 금지

㉢ 상처를 잘 봉합하고 플라스틱 장갑을 사용하여 음식 취급

㉣ 조리사가 맛보는 데 사용한 스푼과 국자를 재사용하지 말고 음식의 보관온
도 주의

2020년 기출문제 A형

다음은 세균성 식중독 원인균의 특성에 관한 내용이다. 괄호 안의 ㉠, ㉡에 해당하는 용
어를 순서대로 쓰시오. 【2점】

> 세균성 식중독은 발병 메커니즘에 따라 감염형, 독소형, 중간형으로 나눌 수 있다. 황
> 색포도상구균(Staphylococcus aureus)과 클로스트리디움 보툴리눔균(Clostridium
> botulinum)은 대표적인 독소형 식중독을 일으키는 그람양성균이다. 그러나 산소
> 요구성은 서로 달라 황색포도상구균은 (㉠)(이)고, 클로스트리디움 보툴리눔균은
> (㉡)(이)다.

3 중간형 식중독

병원체가 식품과 함께 우리 몸에 들어와 장에서 증식하여 감염을 일으킴과 동시에 체내의 장관에 정착하여 독소를 생산하여 발생하는 식중독이다.

(1) 클로스트리디움 퍼프린젠스(Clostridium perfringens)

① 원인균

ㄱ Clostridium perfringens

ㄴ 웰치균 또는 가스괴저균이라고도 함

ㄷ 그람양성간균, 혐기성포자형성균

ㄹ 15~50℃에서 발육하며 6℃ 이하에서는 증식할 수 없음

ㅁ Aw0.93~0.97, pH는 6.0~7.0에서 최적 증식 가능함

ㅂ A~F형으로 분류되는데, A형이 대표적인 원인균

② 잠복기 : 6~24시간 평균 12시간

③ 증상 : 복통, 설사, 발열, 메스꺼움, 구토

④ 원인식품

ㄱ 고단백질 함유식품

ㄴ 가열 조리 후 하루 이상 방치된 식품

⑤ 예방

ㄱ 음식 조리 후 되도록 빨리 섭취, 상온에서 장시간 방치하지 않도록 함

ㄴ 조리한 육류는 신속하게 냉장온도로 식히고 재가열할 때는 내부온도가 70℃ 이상 되도록 가열함

ㄷ 따뜻한 음식을 급식하는 경우 음식의 온도가 60℃ 이상 되도록 유지하며 상온에서 장시간 방치하지 않도록 함

(2) 바실러스 세레우스(Bacillus cereus)

① 원인균

ㄱ Bacillus cereus

ㄴ 엔테로톡신을 원인독소로 하는 설사형과 구토형이 있음

ㄷ 포자형성균, 그람양성간균, 통성혐기성 세균

ㄹ 일반적인 조리온도에서는 살균이 불가능하고 121℃의 압력솥으로 20분 가열 시 살균이 가능

ㅁ 증식온도는 10~48℃ 최적온도 28~35℃

② 증상 : 구토, 설사, 복통, 메스꺼움

③ 잠복기 : 구토독소 30분~6시간, 설사독소 8~16시간

④ 원인식품

    ㉠ 구토형은 밥과 쌀제품, 감자, 국수, 시리얼, 파스타 등의 전분질식품, 건조 향신료, 된장, 고추장 등에서 발견

    ㉡ 설사형은 육류, 우유, 채소, 서류식품

⑤ 예방법

    ㉠ 식재료의 2차 오염 조심, 냉장 및 냉동하여 증식을 억제함

    ㉡ 밥의 경우 실온 방치시간을 최대한 단축시킨 후 섭취함

    ㉢ 가열 조리 후 60℃ 이상으로 보온하거나 신속하게 냉각한 후 저온보관하고 섭취 직전에 74℃ 이상으로 재가열함

02 바이러스에 의한 식중독

■ 미량의 개체(10~100마리)로도 발병이 가능하고 숙주(인간, 동물)를 필요로 함

■ 환경에 대한 저항력이 강하며 2차 감염으로 인해 대형 식중독을 유발할 가능성이 높은 점 등 수인성 전염병과 유사

■ 바이러스성 식중독은 오염원을 차단하는 것이 가장 좋은 예방대책

■ 바이러스성 식중독 예방을 위해서는 평상시 살균·소독은 유효 염소 농도 200ppm으로 살균, 발생 우려 시에는 유효 염소 농도 1,000ppm으로 살균, 사고 발생 후에는 구토물과 분비물 등으로 오염된 부위 및 시설 등을 유효 염소 농도 5,000ppm 이상으로 살균·소독

■ 바이러스성 식중독의 주요 원인 : 오염된 조개류, 오염된 물로 세척한 샐러드, 오염된 물 또는 얼음, 감염된 환자의 토사물과의 접촉, 공기 전파, 조리종사원의 비위생적 작업습관으로 인한 식품으로의 전이 등

■ 바이러스 식중독의 증상 : 메스꺼움, 구토, 설사, 위경련 등이며 때때로 미열, 오한, 두통, 근육통과 피로감을 동반, 감염되었을 경우에는 갑작스러운 설사 등이 발생하고 1~2일 정도 지속

■ 소아의 경우 성인보다 심한 구토증세

(1) 노로바이러스

① 특징

    ㉠ 노로바이러스Norovirus는 성질이 유사한 일군의 Small Round Structured Virus SRSV들을 총칭하는 이름으로, 2002년 국제 바이러스 분류학 위원회 International Committee on Taxonomy of Viruses에서 명명

ⓒ 병명 : 바이러스성 장염, 급성 비세균성 장염, 겨울 구토 바이러스질환 등으로 불림

ⓒ 60℃ 가열 시 노로바이러스 불활성화

ⓔ 감염량 : 미량

② 증상

㉠ 오심, 분사형 구토, 설사복통, 두통, 미열

ⓒ 소아와 성인 및 노령층도 잘 감염됨. 노로바이러스의 50% 이상에서 구토증상이 나타나고 있어 구토물과의 접촉이 중요한 감염경로. 감염된 자는 증상이 사라진 이후 3일까지도 바이러스를 전파시킬 수 있음. 특히 급식·외식업소의 조리종사원들의 감염 여부 확인이 필요

③ 잠복기 : 24~48시간

④ 원인식품

㉠ 물 지하수, 오염된 상수, 우물

ⓒ 생굴을 포함한 날어패류, 분변, 구강 오염경로에 의해 오염된 식품

ⓒ 공기에 의한 전파로 구토 시 발생한 공중 부유 바이러스입자에 의한 사람 대 사람의 2차 감염

⑤ 노로바이러스의 예방수칙 6가지 식품의약품안전처

㉠ 조리 전후에 손 씻기의 생활화

ⓒ 음식물은 가열 85℃, 1분 이상 하여 섭취

ⓒ 식품용수는 가급적 수돗물을 사용

ⓔ 이 식중독의 감염증상이 있는 사람은 완치 후 3일 이상 조리업무 종사 금지

ⓜ 노로바이러스 증상자는 즉시 치료하여 감염 확산 방지

ⓗ 환자가 발생한 시설은 반드시 살균·소독 차아염소산나트륨 실시하고 항생제 치료가 안 되므로 개인위생과 교차오염 예방

(2) 로타바이러스

① 특징

㉠ 11개의 이중 RNA가 2개 층의 단백질로 둘러싸인 구조

ⓒ 로타바이러스는 유아 설사, 겨울 설사 바이러스로 불림

ⓒ 그룹 A, B, C 3종류의 로타바이러스 식중독 사고가 파악됨

ⓔ A형 혈청형이 특히 유아와 어린이에게서 위장염을 유발

② 증세

    ㉠ 구토, 설사, 열

    ㉡ 로타바이러스는 급성 설사질환 원인의 약 40%를 차지, 로타바이러스의 경우 증상 지속기간이 2~7일로 노로바이러스보다 김

    ㉢ 5세 이하의 소아, 특히 2세 이하의 영유아를 잘 감염시킴

③ 잠복기 : 1~3일

④ 원인식품

    ㉠ 오염된 조리사가 다루는 음식

    ㉡ 비가열식품_{샐러드, 과일}

    ㉢ 오염된 손을 통한 사람 대 사람 사이의 전파는 가정에서 로타바이러스가 전파되는 가장 흔한 수단

⑤ 예방

    ㉠ 익혀서 섭취

    ㉡ 개인위생 철저

(3) 아데노바이러스

① 특징 : 어린이 설사증의 원인이 됨

② 증세 : 설사, 발열, 구토

③ 잠복기 : 7일, 바이러스가 배출되는 기간은 10~14일

④ 원인식품 : 분변이나 사람을 통해 전달되고 다양한 식품에 존재

⑤ 예방

    ㉠ 해산물 생식 금지

    ㉡ 가열 조리

자연독 식중독

자연에 존재하고 있는 동식물의 유독한 성분을 잘못해서 섭취하거나 정상적인 조리방법에 따르지 않아 일으키는 식중독을 말하며, 중독증상은 단순한 위장염과 신경증상 등 다양하게 나타난다.

01 식물성 식중독

(1) 독버섯

① 독버섯의 종류

㉠ 화경버섯
- 갓의 형태는 반원형 또는 콩팥형이며 자루조직은 짙은 자색 및 흑갈색이고 밤에는 발광하는 특성을 가짐
- 유독성분은 람테롤lamterol로 일루딘 에스illudin S와 동일성분임
- 주요 증상은 위장증세임

㉡ 알광대버섯
- 갓의 지름이 7~8cm 정도이며 키가 20cm로 대는 흰색이고, 위쪽으로 턱받이가 있으며 아래쪽에는 대주머니가 있음. 유독성분은 아마톡신amtoxin, 팔로톡신phallotonxin임
- 아마톡신은 간장, 신장 등의 세포 괴사, 조직 파괴를 일으킴
- 주요 증상은 식후 6~24시간에 설사, 구토, 복통을 일으키며 간과 신장의 조직 괴사가 나타남

㉢ 광대버섯

- 갓은 호빵 모양에서 편편하게 변하여 갓의 표면에 흰색 사마귀가 존재하며 유독성분은 무스카린 muscarine, 무시몰 muscimol, 이보텐산 ibotenic acid 으로 부교감신경 흥분작용을 유발함
- 주요 증상은 발한, 구토, 설사, 환각증상이 나타나고 다량 섭취할 경우 경련, 혼수상태가 옴
- ㄹ 미치광이버섯 : 표면, 주름, 대, 살이 모두 진한 황갈색을 띠며, 유독성분은 사일로시빈 psilocybin, 사일로신 psilocin 으로 환각과 흥분작용을 일으킴
- ㅁ 독깔대기버섯
  - 갓은 깔대기 모양이며 표면은 끈기가 없고 매끈하며 등갈색 또는 황갈색을 띠고 대는 세로로 잘 갈라지며 표면은 갓과 같은 색임. 유독성분은 클리티딘 clitidien, 아크로멜산 A, B acrometic acid A, B 임
  - 주요 증상은 손끝과 발끝이 붓고 붉어지며 심한 통증을 일으킴
- ② 독버섯에 의한 중독증상
  - ㄱ 위장장애형 : 화경버섯, 무당버섯, 큰붉은버섯
  - ㄴ 콜레라증상 : 알광대버섯, 독우산광대버섯, 마귀곰보버섯
  - ㄷ 신경장애 : 광대버섯, 마귀광대버섯, 땀버섯
  - ㄹ 혈액독형 : 마귀곰보버섯
  - ㅁ 뇌증형 : 미치광이버섯, 외대버섯, 광대버섯
- ③ 독버섯의 일반적인 감별법
  - ㄱ 버섯의 살이 세로로 쪼개지는 것은 무독함
  - ㄴ 버섯의 색이 아름답고 선명한 것은 유독함
  - ㄷ 악취가 나는 버섯은 유독함
  - ㄹ 쓴맛, 신맛을 내는 버섯은 유독함
  - ㅁ 점성의 유액이 분비되거나 공기 중에 변색되는 버섯은 유독함
  - ㅂ 버섯을 끓일 때 생성되는 수증기에 은수저를 넣었을 때 흑변되는 것은 유독함

(2) 감자

- ① 독성분
  - ㄱ 솔라닌 solanine 은 솔라니딘이라는 스테로이드계 알칼로이드에 포도당, 갈락토오스, 람노오스가 결합된 배당체
  - ㄴ 솔라닌은 콜린에스테라아제 cholinesterase 활성을 저해하는 물질이며 신경전달물질의 분해를 저해하여 마비증세를 유발함
  - ㄷ 신선한 감자의 솔라닌 함량 : 2~10mg/100g

　　　② 감자가 빛을 받아 녹색을 띠거나 발아 또는 상처를 입으면 솔라닌의 함량이 10배 이상 증가함 80~100mg/100g

　　　⑩ 식중독 : 200~400mg

　　　⑭ 물에 녹지 않고 열에 안정하여 보통의 가열 조리로는 쉽게 파괴되지 않음

　　　⊗ 조리 시 발아 부위나 녹색 부위를 제거하고 감자는 통풍이 잘 되고 그늘진 곳에 보관함

　② 증상

　　　㉠ 소화기장애, 신경전달 방해 등

　　　㉡ 복통, 설사, 구토, 발열, 두통, 언어장애, 현기증, 마비증

(3) 시안배당체

　① 특징

　　　㉠ 원래 식물세포의 액포 내에서 시안히드린과 청산 전구체가 결합된 이당류 형태로 존재함

　　　㉡ 시안배당체 자체는 무해하지만 식물 자체나 인체 장내세균의 효소에 의해 가수분해되어 청산 HCN 을 형성하는 화합물

　② 독성분 : 하이드로시안산 HCN, 청산

　　　㉠ 치사량 : 체중 kg당 0.5~3.5mg

　　　㉡ 청산에 중독되면 호흡효소인 시토크롬 옥시다아제의 작용이 억제되어 질식성 경련이 일어남

　③ 종류

　　　㉠ 아미그달린 amygdalin : 청매 미숙한 매실, 아몬드, 살구씨, 복숭아씨 등

　　　㉡ 듀린 dhurin : 수수

　　　㉢ 리나마린 : 카사바, 리마콩, 아마씨

　　　㉣ 택시필린 taxiphylin : 죽순

　　　㉤ 파세오루나틴 phaseolunatin : 오색두 버마콩

　④ 증상

　　　㉠ 중독증상 : 두통, 호흡 곤란, 시신경 위축, 경련 등

　　　㉡ 중증 : 호흡 마비

　⑤ 예방법

　　　㉠ 원료를 파쇄하여 물에 담가 시안배당체를 용출시켜 제거

　　　㉡ 충분한 가열로 휘발시킴

(4) 목화씨

① 독성분 : 고시폴gossypol

ㄱ 리신과 결합하여 리신의 이용도를 감소시키고 칼슘과 철과의 불용성 염을 형성하여 칼슘과 철의 흡수를 방해

ㄴ 정제되지 않은 면실유에 존재

② 증상 : 출혈성 신염, 신장염신부전, 황달, 간장애, 장기 출혈 등을 유발함

(5) 피마자씨

① 독성분 : 리신ricin, 리시닌ricinine, 리시놀레산ricinoleic acid

ㄱ 리신은 독성이 매우 강하지만 열에 쉽게 파괴됨

ㄴ 리신은 콩과 식물에도 존재하는 헤마글루티닌이라는 적혈구를 응집시키는 단백질이며, 피마자유 추출에 사용된 용매를 제거하는 과정에서 제거됨

ㄷ 리시닌은 리신보다 독성이 약하고 가열에 의해 쉽게 분해됨

ㄹ 리시놀레산은 설사제로 사용

② 증상 : 복통, 설사, 알레르기 등

2015년 기출문제 A형

다음 괄호 안의 ㉠, ㉡에 해당하는 명칭을 순서대로 쓰시오. 【2점】

많은 사람들이 가공식품에 거부감을 표시하는 데 반해 자연식품에 대해서는 선호 경향을 보이지만 자연식품을 섭취할 때에도 각별한 주의가 필요하다. 예를 들면, 피마자씨에는 독성물질로 리신(ricin)과 (㉠)이/가 있어 섭취를 자제해야 한다. 또한 야생 느타리와 비슷한 모양인 (㉡)은/는 독버섯으로 갓 표면이 처음에는 옅은 황갈색이지만 점차 자갈색으로 바뀌고 밤에 청백광을 내는 특징이 있다. 이 버섯을 섭취하면 심한 위장장애를 일으킬 수 있다.

---

(6) 고사리

① 독성분 : 프타킬로사이드ptaquitoside

ㄱ 프타킬로사이드는 티아미나아제thiaminase를 함유하여 비타민 B_1 결핍증을 유발함

ㄴ 위암, 방광암, 후두암, 식도암을 유발함

ⓒ 고사리의 프타퀼로사이드 양은 마른 고사리 중량의 0.1~0.6% 수준임

ⓔ 프타퀼로사이드는 물에 용해됨

② 예방법 : 고사리의 떫고 쓴맛을 물로 충분히 우려낸 후 조리하여 먹으면 안전함

　고사리를 건조시켜 삶고 물에 담구어 불리는 과정에서 제거됨

(7) 개쑥갓류

① 독성분 : 피롤리지딘 알칼로이드

ⓐ 간암 유발 가능성이 있는 물질임

ⓑ 쓴맛을 지님

ⓒ 약리작용을 가짐

ⓔ 고비, 고사리, 박쥐나물, 우산나물, 야백합 등에 있음

(8) 원추리

① 독성분 : 콜히친 colchicine

ⓐ 원추리는 성장할수록 독성분이 강해지므로 반드시 어린 순만을 섭취하여야 함

② 예방법 : 끓는 물에 충분히 데친 후 차가운 물에 2시간 이상 담근 후 조리함

(9) 독보리

① 독성분 : 테뮬린 temuline

② 증상 : 두통, 귀울림, 현기증, 위통, 설사, 변비 등을 나타냄

(10) 독미나리

① 독성분 : 시큐톡신 cicutoxin

② 증상 : 침흘림, 구토, 현기증, 경련, 호흡 곤란 등을 유발함

02 동물성 자연독

(1) 어류

① 복어중독

ⓐ 독성분 : 테트로도톡신 tetrodotoxin

- 난소, 알, 간, 소장에 많고 껍질에는 소량 함유되어 있으며 육질에는 거의 없음

■ 산란기 직전 4~6월에 많이 함유하고 수컷보다 암컷의 독성이 더 강함

■ 산에는 안정하고 물에 녹지 않으며 열에 안정하여 100℃ 이상의 고온에서 4시간 이상 가열해도 파괴되지 않지만, 4% NaOH 용액에서는 20분 정도면 무독화됨

■ 검복, 매리복, 졸복, 황복 등이 맹독성이며 다갈색이나 암록색계의 복어가 독력이 강함

ⓒ 독성기전

■ 신경독소이므로 운동장애에 의해 중추신경 마비, 말초신경 마비를 초래함

■ 섭취 후 20~30분이 지나면 신경에 일시적인 이온삼투성을 증가시켜서 얼얼한 감각, 손과 발의 저림현상, 입술, 혀의 마비증상이 나타남

■ 소량으로도 골격근육막의 작용 저지, 혈압 강하, 호흡 정지 유발, 출혈, 근육 마비, 청색증, 경련이 나타남

■ 사람에게 치명적 증세를 보이는 양은 8μg/kg으로 추정

ⓒ 중독 시 대책 : 토제, 하제 투여, 혈압상승제로 사용하여 혈압을 유지시키고 인공호흡을 실시함

ⓔ 예방법

■ 복어 전문 조리사가 요리하며 알, 난소, 간, 내장, 껍질 부위는 섭취하지 않음

■ 산란기인 5~6월에 섭취를 금지함

② 시구아톡신 ciguatoxin

㉠ 특징

■ 열대 및 아열대의 따뜻한 바다에 서식하는 유독 어류의 섭취에 의해 발생하는 식중독임

■ 시구아테라 어류는 와편모조류인 감비에르디스커스 톡시커스에 함유된 유독성분을 섭취하여 기관에 축적되어 독소를 함유한 생선 섭취로 인해 식중독 사고가 발생함

■ 내장, 알에 독소의 축척량이 높으며 독소물질은 수용성이고, 열에 안정, 가열, 냉동에 의해 파괴되지 않음

■ 원인물질 : 시구아톡신, 마이토톡신, 스카리톡신, 팔리톡신 등

■ 우리나라도 지구온난화의 영향으로 해수온도가 높아짐에 따라 남해 해역에서 시구아톡신독소를 함유한 독어 출현 가능성이 높아지고 있음

㉡ 분포 : 꼬치고기류 barracudes, 스내퍼 snpper, 쥐치무리 triggerfish 등에 있음

© 작용기전 : 신경계에서 시냅스에 소디움채널의 전위를 낮춰 탈분극이 유도하고 콜린에스테라아제 저해에 의한 아세틸콜린의 축척과 신경기능장애를 초래함

② 중독증세
- 중독 시 입술, 혀, 목의 얼얼함, 다른 기관의 마비가 옴
- 섭취 30분 후에 증세 발현이 나타나고 메스꺼움, 구토, 복통, 설사, 심하면 두통, 근육통, 시각장애, 피부염이 유발됨
- 100ng 정도로 식중독 발현이 나타남

③ 히스타민중독

⊙ 특징
- 히스티딘을 많이 함유한 고등어 섭취에 의해 나타나서 일명 고등어중독이라고 부름
- 자주 발생하는 식중독이지만 대부분 증상이 경미해 잘 보고되지 않음

○ 분포 : 참치, 가다랑어, 전갱이, 고등어 등과 같이 등푸른 생선을 실온에 장시간 보관했을 때 발생함

© 독성기전
- 등푸른 생선을 상온에 저장하면 세균에 의해 탈탄산효소decarboxylase enzyme가 생성되어 어류 근육에 있는 히스티딘을 분해하여 히스타민을 형성하여 알러지반응을 일으킴
- 사우린saurine, 푸트레산putrescine, 카다베린cadaverine 등 독소물질이 생성됨
- 식중독 유발 히스타민의 양은 200~500ppm 정도이고 사망사례는 없음

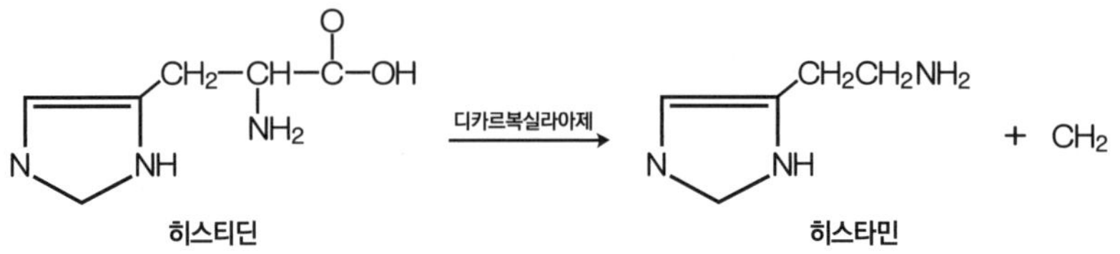

[그림 01] 변패 고등어의 히스타민 형성과정

② 증상
- 섭취 후 수분~3시간 이내에 중독증상이 나타남
- 증상은 매콤한 쓴맛, 메스꺼움, 구토, 설사, 목타는 듯한 느낌, 두통, 피부홍조, 두드러기 등

⑩ 예방법은 냉장보관함

(2) 조개류(홍합, 굴, 모시조개, 바지락)

조개류가 바다의 수온이 6~16℃가 되는 2~6월에 유독 플랑크톤을 섭취, 축적하여 독을 함유하게 되고 이 유독 조개류를 섭취하여 식중독이 발생

① 마비성 조개중독 paralytic shellfish poisoning, PSP

　㉠ 분포 : 홍합, 대합조개, 가리비, 굴 등의 조개류

　㉡ 특성

　　■ 조개류가 와편모조류 dinoflagellates를 섭취함으로써 삭시톡신을 생성

　　■ 수용성의 알칼로이드 신경독소, 열과 산성에 안정, 일반 가열조리법으로 파괴가 어렵고 세척, 냉동에도 제거되지 않음

　㉢ 독성증상 : 호흡 마비증세, 독소 섭취 후 30분 이내 증세 발현, 3~4시간 후에 사망함

　㉣ 중독 시 조치 : 응급조치 시 구토에 의한 독소물질 배출, 심폐보조장치 지원 및 수액을 공급함

　㉤ 예방법 : 적조현상 때 와편모조류 성장이 급속히 일어나므로 조개류 섭취를 삼감

② 설사성 조개중독 diarrhetic shellfish poisoning, DSP

　㉠ 특성

　　■ 오카다익산 okadaic acid을 함유한 펙테노톡신 pectenotoxin, 디노피시스톡신 dinophysistoxin, 에소톡신 yessotoxin 등

　　■ 내열성이어서 가열 조리에 의해 파괴되지 않음

　㉡ 분포

　　■ 플랑크톤에 의해 생산됨

　　■ 원인식품 : 섭조개, 가리비, 민들조개

　㉢ 특성

　　■ 독성은 강하지 않으나 독소량에 따라 30분에서 3시간 이내 증세를 보이며 경미한 위장관 질병, 구토, 복통, 오한을 동반함

　　■ 주요 특징은 심한 설사와 탈수현상이 나타남

③ 신경성 조개중독 neurotoxic shellfish poisoning, NSP

　㉠ 특성 : 독화된 굴을 잘못 섭취하면 신경성 패독증세를 보이며, 굴은 유독 플랑크톤인 프티크디스커스 브레비스가 생산하는 독소인 브레베톡신 brevetoxin을 체내에 축적하여 독화됨

　㉡ 원인식품 : 굴, 대합

ⓒ 독성증세

　　■ 섭취 후 1~3시간 이내에 구토, 설사, 지각 이상증상이 나타나며 얼굴, 입, 목 저림현상, 마비, 통증이 있고 온냉감각이 역전함

　　■ 증세는 24시간 이내에 회복됨

④ 기억상실성 조개중독

　ⓐ 특성

　　■ 신경독소인 도모산domoic acid의 섭취에 의해 나타남

　　■ 수용성의 비단백질물질임

　ⓑ 중독증세 : 사람이 섭취 시 기억상실이 발생하며 노인에게서 많음

　ⓒ 원인식품 : 홍합, 드물게 가리비, 오징어, 멸치

(3) 베네루핀(venerupin)중독

① 특성 : pH5~8에서는 열에 안정하여 100℃에서 1시간 이상 가열해도 파괴되지 않음

② 원인식품 : 바지락, 굴, 모시조개

③ 증상

　ⓐ 잠복기 : 1~2일

　ⓑ 변비, 구토, 두통, 권태, 암적색 출혈 반점이 나타나며 간장독의 일종으로 간장비대, 황달 등과 같은 간기능 저하증상을 일으키고 심하면 의식의 혼탁, 토혈, 혈변, 호흡 곤란, 사망

(4) 테트라민(tetramin)중독

① 특성

　ⓐ 테트라메틸암모늄tetramethylammonium salt이 원인물질임

　ⓑ 테트라민은 일종의 아민으로 육식성 권패류의 타액선에서 발견됨

② 원인식품 : 소라고둥, 조각매물고둥, 관절매물고둥 등

③ 증상 : 섭취 후 30분 정도 지나면 두통, 뱃멀미, 눈 밑의 통증, 두드러기 등이 나타나며 보통 2~3시간 후 회복됨

(5) 피로페오포르바이드-A(pyropheophorbide-a)

① 분포 : 전복 간, 소화샘에 있는 독소물질임

② 특성

　ⓐ 엽록소 유도체, 푸른색을 띠는 광과민성 물질임

© 햇빛에 과다 노출된 전복은 히스티딘, 트립토판, 티로진을 이용하여 아민과
같은 물질을 형성하여 염증과 유독반응을 일으킴

© 뮤렉신murexine, 엔터라민enteramine 같은 독성물질로 전환하여 무스카린, 니
코틴과 같은 유사한 증세를 보임

③ 중독증세

㉠ 얼굴홍조, 부종, 피부염

㉡ 중추신경계에 작용하여 도파민 수치가 증가되면 고혈압, 호흡 증가, 심혈관
대사의 변화를 유발함

03 곰팡이독소(mycotoxin)

곡류, 과일, 채소 등의 저장 또는 유통과정에서 곰팡이가 생성하는 유독물질로 사람이나 동
물에게 급성 또는 만성적인 장애를 일으킨다.

(1) 아플라톡신(Aflatoxin, 간장독)

① 원인곰팡이 : Aspegillus flavus, Asp. parasiticus 등

② 분포 : 땅콩에서 빈번하게 검출되며 탄수화물이 많은 견과류, 두류, 쌀, 보리, 옥
수수임

③ 최적 생성조건 : 16% 이상의 수분, 80~85% 이상의 상대습도, 25~35℃ 온도

④ 아플라톡신의 주요 종류

㉠ B1, B2, G1, G2, M1이며 이중 B1은 독성이 가장 강하고 강력한 발암물질
로 지용성임

㉡ 자외선에서 B1, B2는 청색 형광색, G1, G2는 녹색 형광색을 나타냄

㉢ M1은 유아, 어린이의 식이로 사용되는 원재료 우유의 곰팡이독소임

⑤ 중독증세

㉠ 간암의 원인물질임

㉡ 담낭의 부종, 면역체계와 비타민 K 기능 저하임

⑥ 특성

㉠ 물에 불용성, 유기용매에 가용성, 산에 안정, 알칼리에는 불안정함

㉡ 내열성이 강해 270~280℃의 가열에도 분해되지 않음

㉢ 오염되면 폐기해야 함

⑦ 예방

　㉠ 농산물은 수확 직후 바로 건조하여 습도 60% 이하, 온도 10~15℃ 이하에서 보관함

　㉡ 최근 발효식품인 고추장, 된장과 수입산 고춧가루에서 아플라톡신이 검출되어 B1을 10μg/kg 이하로 규제하고 있음

(2) 오크라톡신(Ochratoxin)

① 원인곰팡이 : Aspergillus ochraceus, Penicillium viridicatum, Penicillium cuclopium

② 분포 : 건조 저장식품, 건포도, 커피콩, 인스턴트 커피분말, 포도주스 등을 온도와 습도가 높은 곳에서 저장할 때 생성됨

③ 독성 : 새, 어류, 포유동물 실험에서 신장독성을 나타냄

(3) 맥각독(Ergot)

① 원인식품 : 맥각균인 Claviceps purpurea, Claviceps paspali가 호밀, 보리, 밀, 귀리에 증식하여 생성하는 독소물질임

② 독성물질

　㉠ 맥각 알칼로이드, 즉 ergotamine, ergotoxin, ergometrine은 혈관을 수축시킴

　㉡ 환각작용은 할루시노겐 리제리그산hallucinoge lysergic acid 때문임

③ 맥각 형성조건 : 10~30℃, 높은 습도이며 생육하기 어려운 조건에서는 균핵을 형성하였다가 호기적 조건에서 포자를 분산시켜 오염함

④ 중독증세

　㉠ 근육 경직, 말초동맥 수축, 신경질환을 유발함

　㉡ 사지의 얼얼함, 온냉감각 역전을 일으키며 신경계 증세는 가려움증, 구토, 두통, 마비, 근육 경련, 수축 등을 동반함

(4) 페니실린(Penicillium) 곰팡이독소

① 황변미독소

　㉠ 특성

　　▪ 일명 Yellow rice toxin

　　▪ 페니실륨이 쌀, 특히 도정미에 오염되었을 때 생성되는 독소물질임

　㉡ 원인물질 : 페니실린 곰팡이가 생성하는 독소 시트리닌citrinin, 시트레오비리딘citreovidin임

　㉢ 작용기전 : 쌀의 수분 함량이 14~15% 이상일 때 페니실륨 곰팡이가 오염됨

   ㉣ 황변미의 종류

    ▪ 톡시카리움toxicarium 황변미 : 신경독소

     - 원인균 : 페니실륨 시트레오비리드

     - 곰팡이독 : 시트레오비리딘citreoviridin

     - 중독증상 : 호흡장애, 신경장애, 경련, 혈액순환장애 등

     - 오염식품 : 동남아산 쌀에 많음대만, 이란

    ▪ 아일랜디아Islandia 황변미 : 간장독소

     - 원인균 : 페니실륨 아이슬란디쿰

     - 곰팡이독 : 루테오스카린luteoskyrin, 아일랜디톡스Islanditoxin라는 간장독
      소를 형성함

     - 중독증상 : 간경화, 간종양, 간암 등

     - 오염식품 : 쌀, 보리, 밀, 수수

    ▪ 태국 황변 : 신장독소

     - 원인균 : 페니실륨 시트리늄

     - 곰팡이독 : 시트리닌citriunin

     - 중독증상 : 급·만성의 신장증

     - 오염식품 : 쌀, 옥수수, 보리

  ② 파툴린Patulin

   ㉠ 페니실륨 익스팬슘Penicillium expansum이 생성하는 곰팡이독소임

   ㉡ 상한 과일에서 생성되는 독소물질이며 사과, 배, 포도 등의 주스 가공품에 함
    유됨

   ㉢ 독성이 강하며LD50 : 15~35mg/kg 종양을 형성함

   ㉣ 알칼리에 불안정, 산성에 안정, 비타민 C 첨가 시 곰팡이독소의 활성을 잃음

   ㉤ 우리나라의 경우 사과주스, 사과농축액, 과일주스에서 50μg/kg 이하, 어린
    이 사과제품 또는 영유아 곡류제품에 10μg/kg 이하로 기준을 정해 관리하
    고 있음

   ㉥ 증상 : 출혈성 폐부종, 초조, 불안, 경련, 호흡 곤란, 부종, 궤양 등

 (5) 푸모니신(Fumonisin)

  ① 원인곰팡이 : 푸사리움 메틸로이더스Fusarium vetillioides와 푸사리움 프로리피라
   튬F. proliferatum에 의해 생성되는 독소임

  ② 분포 : 옥수수에 오염됨

  ③ 독성 : 동물실험에 폐부종, 신장독소, 간암증세를 유발함

(6) 제랄레논(Zearalenone)

① 원인곰팡이 : 푸사리움 그레아미네아룸, 푸사리움 로세움, 푸사리움 컬모룸 등이
생성하는 독소물질이며 일명 F-2 톡신이라고 불림
② 분포 : 주로 수분이 많은 옥수수에서 발견되며 보리, 밀 등에 오염됨
③ 독성
㉠ 에스트로젠과 유사작용을 하는 내분비계 장애물질임
㉡ 생식기능장애, 체중 감소, 돌연변이 유발, 남녀 불임을 유발함

2020년 기출문제 B형

다음은 파툴린 독소에 관한 내용이다. 〈작성 방법〉에 따라 서술하시오.【4점】

> 우리나라를 비롯한 여러 나라에서 수출입 시 규제되고 있는 파툴린(patulin)은 과
> 일주스와 과일주스 농축액, 과일통조림이나 병조림 등의 가공품에서 검출되고 있
> 다. 그러나 알코올 음료에서는 알코올 발효에 의해 파괴되므로 파툴린이 검출되
> 지 않는다. 국내에서는 사과주스의 파툴린 허용기준치를 $50 \mu g/kg$으로 설정하여
> 규제하고 있다.

✎ **작성 방법**

- 파툴린 독소명이 유래된 대표적인 원인균의 명칭을 쓰고, 중독증상 1가지를 제시할 것
- 밑줄 친 내용의 이유 2가지를 제시할 것

제4장 화학적 식중독

01 · 원인

사람이 유해·유독한 화학물질에 오염이 된 식품을 섭취함으로써 중독증상을 일으키는 것을 말한다.

01 원인

- 식품의 제조, 가공, 유통과정 중에 불허용 식품첨가물, 독극물, 유해금속, 농약 등이 첨가되거나(외인성), 식품성분에서 변형·생성된 유독물질(유인성)을 사람이 섭취함으로써 발생하는 식중독임
- 증상으로는 구토, 설사, 복통, 경련이 나타나지만 고열은 일반적으로 없음

■ 표 1. 화학적 식중독의 영역과 독성물질의 예

원인			독성물질의 예
외인성	의도적 첨가	불허용 식품첨가물	유해보존료, 유해착색료, 유해감미료, 증량제, 유해표백제 등
		기타 유독물질	메탄올, 니트로화합물 등
	우연에 의한 혼입	제조과정 중 혼입	PCB와 같은 열매체(미강유), 비소(간장, 분유)
		기구, 용기, 포장제 용출	법랑제나 각종 식기류(중금속), 합성수지(포름알데히드, 가소제, 안정제)
		잔류농약	유기인제, 유기수은제, 유기염소제 등
			중금속(Cd, Hg), 유해유기염소물, 농약
		환경오염	방사성 동위원소물질(핵분열물질)
			내분비 교란물질(환경 호르몬-다이옥신, 비스페놀 A, 알킬페놀류, DDT 등)

(표 계속)

유인성	가공과정 중 생성	N-nitroso 화합물, 포름알데히드, 트랜스지방(산), 3-MCPD(1,3-DCP)
	조리과정 중 생성	벤조피렌, heterocyclic amine류, 아크릴아미드, 아크롤레인, 벤젠, 톨루엔
	저장(유통)과정 중 생성	과산화물, 에틸카바메이트

1 외인성 화학적 식중독

(1) 의도적 첨가

① 불허용 식품첨가물

　㉠ 유해보존료

　　■ 붕산H_3BO_3 또는 붕사$Na_2B_4O_7$

　　- 정균작용으로 어육연제품, 마가린, 버터 등에 보존 효과를 제공함

　　- 체내에 축적되면 독성 소화 불량, 체중 감소, 구토, 설사, 홍반 등이 생겨 사용 금지

　　- 결막염, 구내염, 비염 치료용 세척액으로는 사용함

　　■ 포름알데히드formaldehyde, HCHO

　　- 특유의 냄새가 있는 무색의 기체이고 그 수용액이 포르말린임

　　- 단백질 변성작용으로 강력한 살균 및 방부 효과를 가지므로 주류, 장류, 유제품 및 육제품에 부정 사용되었음

　　- 중독증상 : 소화장애, 두통, 구토, 현기증, 식도나 위에 염증을 유발함

　　- 대구, 명태, 표고버섯과 같은 일부의 식품에는 천연으로 함유되어 있고, 열강화성수지 중 요소수지나 페놀수지에서 포름알데히드가 용출되어 안전성에 문제를 일으킴

　　■ 유로트로핀urotropin, hexamine

　　- 화학명이 hexamethylene tetramine인 아민계 물질로 물에 잘 녹는 무색의 결정

　　- 포름알데히드와 암모니아가 결합하여 형성되고, 분해되면 방부 효과가 있는 포름알데히드가 생성됨

　　- 증상 : 피부발진, 단백뇨, 구토, 혈뇨 등의 독성작용을 나타내어 식품에는 사용 금지

　　- 의약용인 요도살균제로 사용함

　　■ 말라카이트그린 : 수용성의 밝은 청록색 결정으로 섬유의 염색, 모기향의 착색 및 관상어류의 물곰팡이성 치료목적에만 사용함

257

- ▪ 기타
  - 간장의 곰팡이 억제제로 허용했던 베타-나프톨β-naphthol과 로단초산에
    틸에스테르, 염화물인 승홍HgCl₂, 불소 함유 화합물 등은 사용을 금함
  - 증상 : β-나프톨은 단백뇨, 승홍은 갈증과 수양성 설사, 불소화합물은 반상
    치 유발
- ⓒ 유해착색료
  - ▪ 오우라민auramine
    - 황색의 염기성 타르색소
    - 과자, 국수, 카레가루, 단무지 등에 사용되었으나 독성으로 인해 사용이 금
      지됨
    - 증상 : 다량 섭취 후 20~30분이 지나면 피부에 흑자색의 반점, 두통, 구토,
      맥박 감소 및 심계항진, 심하면 의식불명을 야기함
  - ▪ 로다민 B rhodamine B
    - 공업용 색소, 염기성 타르색소
    - 적색이나 핑크색을 띤 음식, 일본식 매실장아찌, 과자류에 사용되었음
    - 증상 : 과다 섭취 시 온몸 착색, 핑크색 소변, 부종 등
  - ▪ 파라 니트로아닐린p-nitroaniline
    - 지용성 황색색소로 섭취 시 혈액독이나 신경독으로 작용함
    - 증상 : 안면홍조, 심계항진, 청색증의 발현 및 황색 소변 등이 나타남
  - ▪ 실크스카렛silk scarlet
    - 등적색의 산성 수용성 타르색소임
    - 증상 : 두통, 구토, 복통, 오한, 마비증상이 나타남

Key Point

✓ 우리나라에서는 타르색소 허용 식품과 사용 금지 식품이 법에 정해져 있는데, 식품공전에 따
르면 영유아식과 성장기용 조제식을 비롯하여 소비자의 눈을 속일 수 있는 식품과 다소비식
품인 면류, 단무지, 김치, 천연식품, 소스류, 일부 조미품 및 가공식품 46품목에는 타르색소의
사용을 금하고 있다.

- ⓒ 유해감미료
  - ▪ 둘신dulcin
    - 화학명 : 파라 에톡시페닐유리아요소유도체
    - 감미도는 설탕의 250배로 사카린나트륨과 함께 사용하면 감미도가 증가함
    - 냉수보다 더운물에서 쉽게 녹고 소화효소를 억제하며 분해되면 혈액독인
      파라-아미노페놀이 생성되어 중추신경을 자극함

- 싸이클라메이트cyclamate
  - 화학명 : 소듐 사이클로헥실 설파메이트
  - 사이클라민산나트륨sodium cyclamate과 사이클라민산칼슘calcium cyclamate이 대표적임
  - 감미도 : 설탕의 50배
  - 무색-백색의 결정성 분말로 열과 햇빛에 안정성이 있으며 물에 잘 녹고 청량감을 제공함
- 파라 니트로 오르토 톨루이딘p-nitro-o-toluidine
  - 화학, 물감의 원료
  - 맹독성이면서 속효성의 유해감미료
  - 감미도 : 설탕의 200배
  - 증상 : 위통, 식욕 부진, 권태감, 황달, 혼수간장독 및 사망
- 에틸렌글리콜ethylene glycol
  - 자동차 부동액으로 사용되는 무색의 액체로 약간의 단맛을 가짐
  - 수산이 유리되어 뇌나 신장기능에 이상을 일으킴
  - 증상 : 호흡 곤란, 구토, 신경장애, 사망
- 페릴라틴perillartine, 퍼릴라틴
  - 페릴알데히드로부터 제조되는 자소유 중의 한 성분으로 자소당이라고 함
  - 감미도 : 설탕의 2,000배
  - 나물, 김치, 우메보시의 재료나 한방에서 널리 사용하고 있음
  - 불용성이며 타액과 열에 의해 알데히드로 분해된 후 체내에 흡수되면 신장을 자극하여 염증을 유발함

ⓔ 유해표백제

- 롱가리트rongalite
  - 환원성 표백작용을 이용한 섬유발염제
  - 물엿, 우엉, 연근의 표백제로 사용하였음
- 삼염화질소nitrogen trichloride, NCl_3
  - 황색의 휘발성 액체임
  - 밀가루 개량제로 밀가루 표백과 숙성에 사용하였음
- 과산화수소H_2O_2
  - 표백제와 살균제로 어묵과 국수 등에 제한 없이 사용된 산화표백제로 과량 사용할 경우 독성을 나타냄
  - 증상 : 인후통, 메스꺼움

■ 아황산염 sulfite
- 식품에 허용되는 환원표백제로 사용기준이 규정되어 있음
- 과실가공품, 박고지와 같은 건조 채소류, 설탕, 곤약분 등
- 증상 : 구토, 설사, 발열

㉺ 유해증량제
■ 산성백토, 벤토나이트, 규조토, Kaolin 등은 전분, 향신료 등 분말식품의 증량제로 허용된 식품첨가물
■ 식품 제조가공상 꼭 필요한 경우에만 첨가하되 첨가물 단독 또는 합계된 잔존량이 0.5% 이하여야 함
■ 증상 : 소화 불량, 구토, 복통, 설사

(2) 우연에 의한 혼입

① 제조과정 중 혼입
㉠ PCB polychlorinated biphenyl, 폴리염화비페닐
■ PCB는 자연계에 방출될 경우 분해되지 않고 생물체 내에 농축되면 독성을 띠는 매우 유해한 물질임 환경 호르몬
■ 우리나라는 전량 수입하여 변압기나 전기제품에 사용하였던 PCB를 사용 금지함
■ 증상 : 여드름과 같은 피부발진, 눈 부위의 지방 증가, 다리부종, 성장 지연, 내분비장애, 말초신경장애, 간질환, 입술과 손톱의 착색, 손발 저림 및 무력감, 관절통 등
㉡ 톨루엔
■ 석유 정제나 페인트, 잉크, 시너 등을 생산하는 화학공장에서 생성되어 환경 대기으로 배출됨
■ 1995년에 인스턴트식품인 라면이나 과자봉지에서 톨루엔이 검출됨
■ 톨루엔 잔류기준치 합성수지 포장재의 경우 2mg/m² 이하를 규정함
■ 포장재 제조 시 톨루엔 대체용매를 개발하여 톨루엔의 사용을 줄이는 등 저감화 노력을 하고 있음
㉢ 비소 : 간장, 분유, 맥주의 제조과정 중 일부 성분의 불순물로 비소가 혼입됨
㉣ 농약과 살충제
② 기구, 용기, 포장재 용출
㉠ 합성수지제
㉡ 금속제 및 금속관 유해중금속

ⓐ 카드뮴Cd

- 특성 및 용도
  - 부드럽고 은백색 광택, 맛이나 향이 없음, 공기, 물, 토양 등 자연환경에 소량 존재
  - 주로 배터리 제조원료로 이용되며 금속판금, 페인트, 플라스틱, 금속 합금 제조에 사용
- 노출경로
  - 공장 폐기물, 광산의 폐수로 인한 유입으로 축적
  - 수도관을 통한 용출, 시멘트 분진, 원료로 사용한 도자기 등으로 사람에게 노출
- 독성증세
  - 치사율, 전신독성, 유전독설, 발암성
  - 급성 증세로 설사, 구토, 저농도 카드뮴에 장기간 노출 시 신장에 이상 초래, 간, 뼈에도 축적되어 뼈를 약하게 함
  - 인체 내 반감기는 26년 이상으로 길다는 점이 문제
  - 공기오염으로 장기간 노출 시 폐 손상, 피로, 심하면 사망
  - 이타이이타이병, 골연화증, 골다공증, 단백뇨를 보이는 골격계통 독성 질환으로 남성보다 여성 발생률 높음

■ 표 2. 카드뮴의 국내기준

구분	규격기준 및 규제
재질기준	100mg/kg(합성수지제/고무제/전분제)
용출기준	0.1μg/L(금속제), 유리제 등은 용량에 따라 다름
그 외	쌀/엽채류 0.2mg/kg, 콩류/근채 0.1mg/kg, 육류 0.05mg/kg

ⓑ 납

- 특성 및 용도
  - 청회색으로 배터리, 탄약, 금속제품, X-선 기기 제조에 사용
- 독성증세
  - 신경계통에서 독성 유발
  - 장기간 노출 시 작업수행능력 저하, 손발의 끝과 관절이 약해짐
  - 다량 노출 시 뇌, 신경 등 손상, 심하면 사망
  - 남성의 정자 활동능력 저하, 여성의 배란장애 유발, 임산부의 유산 초래

■ 노출경로

- 호흡기, 오염된 식수, 식품 섭취

- 납땜한 낡은 수도관에서 납이 유출되어 식수가 오염된 경우나 오염된 용수, 토양에서 재배된 농산물을 섭취하는 경우

■ 예방법 : 폐광촌 주변 농산물 재배 금지, 납 함유 재료 및 재질의 식기구 사용 금지

■ 표 3. 납의 국내기준

구분	규격기준 및 규제
재질기준	금속제나 금속관 모두 납 10% 이하
용출기준	금속재 1.0ppm 이하, 금속관 0.4ppm 이하
식품별 규격기준	당류 1.0ppm 이하, 어패류(해수어, 담수어) 2.0ppm 이하, 다류(액상캔류) 5.0ppm 이하, 탄산음료류, 인삼제품류나 통·병조림류(수산물 제외) 0.3ppm 이하

ⓒ 니켈

■ 특성 및 용도

- 단단한 은백색으로 스테인리스스틸 제조에 이용

- 철, 구리, 크롬, 아연 등의 금속과 결합하여 합금 형성

- 조리기구, 도자기 착색, 배터리 제조에 사용

■ 노출경로

- 식품 섭취, 호흡, 피부 접촉 등으로 분류

- 경구노출의 경우 식품보다는 음용수를 통해 약 40배 더 많이 흡수

■ 독성증세

- 인체에 노출될 경우 알레르기 부작용, 피부염 유발

- 식품 섭취보다는 니켈을 함유한 장신구를 착용한 경우 피부 접촉에 의해 알레르기반응이 보편적임

■ 예방법

- 니켈이 다량 함유된 식품 섭취 제한

- 산이 많은 식품이나 알루미늄 기구를 이용한 조리를 금하는 것

ⓓ 비소

■ 특성 및 용도

- 냄새와 맛이 없고 밀가루와 유사한 외관

- 토양, 물에 분포하며 산소, 염소, 황 등과 결합하여 무기비소화합물 형태로 존재

- 동식물에서는 탄소, 수소와 결합하여 유기비소화합물로 존재
- 비산염, 아비산염은 음식, 음용수를 통해 섭취됨

■ 노출경로
- 식품, 토양, 대기, 식수의 오염
- 살충, 살균제를 통해 섭취할 수 있음
- 해산물, 쌀·곡물, 버섯, 가금류 등에 오염된 비소를 통해 노출
- 어린이의 경우 먼지나 흙을 먹음으로써 소량의 비소에 노출될 수 있음
- 그 외에도 밀가루, 베이킹파우더와 외관이 유사하여 오인하고 식품에 사용하여 화학적 식중독을 일으킨 국내사례도 있음

■ 독성증세
- 독성은 주로 무기비소에 의한 것이고 식품 중 유기비소의 독성은 낮음
- 다량 흡입 시 목, 폐에 자극, 피부 접촉 시 피부가 붉게 변하고 습진성 피부염을 일으킴
- 과량 섭취 시 사망, 피부암, 방광암, 폐암 위험성 증가

■ 예방법
- 식품과 분리하여 보관, 담은 용기에 내용물을 명시
- 비소에 오염된 물의 사용을 줄이고 흙에 접촉 금지

ⓔ 수은
■ 특성 및 용도
- 지각의 구성성분으로 가성소다공업, 전기제품, 도료, 약품, 농약 제조 등에 이용
- 환경 중 배출되는 수은은 무기수은인 반면 어패류 등 동물성 식품에는 메틸수은 형태로 존재
- 메틸수은은 토양, 하천, 해저에 존재하는 여러 조류의 세균, 진균류에 의해서 무기수은이나 페닐수은으로부터 생성
- 무기수은의 메틸화반응은 코발아민이 메틸기가 전이되는 반응

■ 노출경로
- 인체 흡수경로는 대부분이 식품섭취
- 식품에는 미량의 수은이 함유되어 있지만 심해 어패류에 다량 함유
- 하천보다 심해로 갈수록 함유량이 높음

■ 독성증세
- 농약이나 방부제의 성분으로 식품에 오남용을 하게 되면 인체에 축적되어 독성을 나타냄

- 간과 신장에 축적되며 심하면 중추신경계에 이상을 초래
- 운동 불능, 보행 곤란 유발
▪ 식품규정 식품공전 : 심해어와 참치류를 제외한 해산 어패류 및 담수어에서 총 수은이 0.5ppm 이하로 잔류되어야 함

ⓕ 주석
▪ 식품제조기구, 통조림, 도기안료, 산성식품에서 용출
▪ 주석의 부식을 억제하기 위해 에나멜로 코팅한 내부도장관이나 tin-free can을 여러 용기의 뚜껑으로 사용하기도 함
▪ 증상 : 섭취 후 1시간 정도 되면 위장염과 식중독증상이 나타남
▪ 액상 캔제품이나 통조림식품은 150ppm 이하, 산성 통조림식품은 200 ppm 이하로 규정

③ 잔류농약
　㉠ 유기인제
　　▪ 현재 사용하고 있는 농약 중 가장 많은 종류가 있으며, 유기인계 농약의 구조는 인을 중심으로 각종 원자 또는 원자단으로 결합되어 있음
　　▪ 유기인제 농약은 잔류기간이 1~2주로 짧은 비잔류성 농약
　　▪ 종류 : 파라티온, 말라티온, 메틸말라티온, 다이아지논, DDVP, TEPP, 스미치온 등
　　▪ 유기염소계 농약에 비해 잔류성과 독성이 낮아서 오염문제가 적은 편임
　㉡ 유기염소제
　　▪ 화합물의 분자구조 내에 염소원자를 많이 함유하고 있는 농약으로, BHC나 알드린과 같이 환상구조를 가지는 것과 DDT와 같이 디페닐구조를 가지는 화합물로 나누어짐
　　▪ 유기염소계 농약은 매우 안정한 화합물이며 잔류기간이 2~5년 이상인 잔류성 농약
　　▪ 주로 살충제, 제초제로 이용, 유기인제에 비해 독성은 적음
　　▪ 부작용증세로 신경독성, 간질상의 발작
　㉢ 카바미이트계
　　▪ 유기염소제의 사용이 금지됨에 따라 그 대용으로 만들어졌으며 살충제 및 제초제로 많이 사용되며 항곰팡이제로 이용됨
　　▪ 체내에서 쉽게 분해되므로 중독 시 회복이 빠르고 만성 중독을 일으킬 염려가 없음

ⓔ 유기불소제

- 인체에 대한 독성이 강하며 침투성이어서 농작물에 잔류할 경우에는 특히 주의해야 함
- 유기불소제가 체내에 들어오면 모노플루오로시트르산monofluorocitricacid 으로 전환되어 에너지 생성을 저해
- 심장장애, 중추신경증상, 심하면 보행 및 언어장애 등 마비성 경련으로 사망함

④ 환경 호르몬 물질

㉠ 다이옥신류

- 특성
  - 고리가 3개인 방향족화합물에 여러 개의 염소가 붙어 있는 화합물
  - 잔류성 유기 오염물질이며 자연적으로 또는 인위적으로 생성되어 환경으로 유입되면 장기간 분해되지 않고 생체 내에 축적
  - 생체반감기가 약 7년
  - 물에 거의 녹지 않고 지방질에만 녹아 소변으로 잘 배설되지 않고 지방 조직에 축적
  - 대표적으로 독성이 강한 물질은 TCDD2,3,7,8-tetrachlorodibenzo-p-dioxin 으로, 주로 소각로에서 염소화합물이 탄화수소와 결합할 때 생성

- 노출경로
  - 체내에 들어오는 다이옥신류는 음식물이 97~98%, 공기호흡이 2~3%임
  - 식품 : 쇠고기, 닭고기, 돼지고기, 유제품과 같이 지방 함유 식품을 통해서 섭취됨
  - 물 : 펄프 및 제지공장 폐수
  - 공기 : 유해폐기물을 소각하는 연기, 자동차, 배기가스, 담배연기 등
  - 피부 또는 식품 : 염소제, 살충제, 제초제 등

- 독성 : 독성은 생식계 교란이며 D50은 1μg/kg

- 예방법
  - 동물성 단백질식품 내 지방의 섭취를 낮춤
  - 내장 부위를 제거한 어류나 육류를 섭취함
  - 버터나 라드를 적게 사용함
  - 가금류나 생선의 껍질을 제거하여 섭취함

ⓛ 프탈레이트phthalate
- 특성
  - 플라스틱을 유연하게 만드는 데 사용되는 가소제로, 의약품 코팅제, 장난 감, 향수, 화장품, 접착제, 병마개의 물샘방지용 패킹, 포장지 인쇄용 잉크 로 사용
  - 대표적인 프탈레이트는 디-프탈레이트di-phthalate, DEHP
- 독성증세
  - 동물이나 인체에서 호르몬의 작용을 방해하거나 혼란시키는 내분비계 장 애물질
  - 남성 생식기관의 기능 저하, 남성 호르몬 감소
  - 모유를 통해 유아의 생식 호르몬 변화를 유발
  - 간, 신장, 폐 혈액에 독성작용
- 노출경로
  - 경구 섭취, 환경을 통한 호흡기 흡입, 피부 흡수
  - 플라스틱을 유연하게 하는 가소제
  - 장난감, 향수, 화장품, 접착제 병마개의 물샘방지용 패킹, 포장지 인쇄용 잉크
  - 마가린, 치즈, 육류, 시리얼, 옥수수와 같은 식품
- 예방법
  - 해산물, 닭튀김과 같은 기름기가 많은 식품을 플라스틱류에 포장 금지, 어 린이가 플라스틱류 장난감을 핥지 않도록 주의함
  - 랩 제조 시 DEHA의 사용 금지, 기구 및 용기 포장 제조 시 DEHP 사용 금지

ⓒ 비스페놀 A
- 특성 : 유아용 젖병, 플라스틱 그릇, 안경렌즈 등의 재료인 폴리카보네이트 플라스틱polycarbonate plastic에 함유되며, 통조림 내부 코팅, 병마개, 식품 포장재, 치과용 수지 등에 주로 사용되는 에폭시 레진을 합성하는 기본원 료로 사용
- 노출경로
  - 식품 포장용지에 뜨거운 식품을 담을 때 포장지에서 용출되는 경우
  - 유아의 경우 젖병, 장난감 등에 비스페놀 A가 포함될 수 있는데, 뜨거운 물에 우유를 타는 과정, 전자레인지에 우유를 데우는 과정, 우유병을 끓는 물에서 오랫동안 소독하는 과정

- 식품의약품안전처의 기준 : 폴리카보네이트 젖병 비스페놀 A 0.6mg/L 이하
- 독성 : 인체에 흡수되었을 때 에스트로겐 호르몬과 유사역할을 하는 내분비계 교란물질
- 예방법
  - 폴리카보네이트 재질의 플라스틱 포장용기에 음식을 담아 전자렌인지에서 조리 금지
  - 캔 포장 음식의 사용을 줄이고 뜨거운 음식이나 액체는 가능한 한 유리, 도자기, 스테인리스 재질의 용기에 담아 사용

② 폴리염화비페닐류
- 특성 및 용도
  - 2개의 페닐기에 결합된 수소원자가 염소원자로 치환된 화합물이며 절연체, 윤활제, 무카본 복사용지, 방화재료, 가소제 등으로 사용
  - 음용수 소독 시 또는 유기화합물의 분해에 의해 발생
  - PCBs는 의도적인 자연방출보다는 공업용과 도시폐기물 처리과정에서 방출되어 공기, 물 등을 오염
  - 지용성으로 물에서 잘 분해되지 않기 때문에 토양과 지하수에 오랫동안 남아 유기체에 축적되고 먹이사슬을 통하여 인간에게 영향을 끼칠 수 있음
- 노출경로
  - 어류, 곡류, 육류 및 유제품순으로 높게 나타나며, 인체 노출은 식이, 호흡, 피부 접촉 등 다양한 경로로 이루어짐
  - 동물 및 수산물 등의 체내 지방조직에 축적되며 이들 식품을 섭취했을 때 인체에서 땀이나 소변으로 배출되지 않고 축적됨
- 독성증세 : 과다 노출 시 간기능 이상, 갑상선기능 저하, 갑상선 비대, 피부발진, 피부착색, 면역기능장애, 기억력, 학습, 지능장애, 반사신경 이상, 생리불순, 저체중아 출산 등 유발
- 예방법
  - 구이류 조리 시 그릴 위에 놓아 지방이 떨어지도록 하면 PCBs 섭취를 줄일 수 있음
  - 생선 조리 전 껍질, 등, 배, 지방 제거, 특히 내장을 제거하여 섭취하는 것도 좋음

　　　㉢ 알킬페놀류

　　　　■ 특성 및 용도

　　　　　- 페놀 벤젠고리에 알킬기가 결합된 형태

　　　　　- 합성세제와 세척용 제품, 플라스틱과 고무제품, 농약, 윤활유, 모발 염색
　　　　　　약이나 모발 관리 제품 등에 사용

　　　　■ 노출경로

　　　　　- 합성세제, 세척용 제품, 플라스틱, 머리 염색제, 세제, 페인트 작업과정

　　　　　- 식품용기, 포장재, PVC 랩에 뜨거운 음식을 담는 경우 용출

　　　　■ 독성증세 : 호르몬작용을 방해하여 생식과 발달을 저해함

　　　　■ 예방법

　　　　　- 어린이가 알킬페놀류 함유 제품을 만지지 못하도록 분리해서 보관

　　　　　- 설거지를 할 때 합성세제는 최소량만을 사용하고 반드시 고무장갑을 착용

　　　　　- 플라스틱 재질 그릇에 음식을 담아 전자레인지에서 조리하는 것을 삼가며
　　　　　　가능한 한 일회용품 사용을 자제함

　⑤ 방사능에 의한 식품 오염

　　㉠ 분포 : 식품 중에 방사성 핵종 요오드 131, 스트론듐 90, 세슘 137의 오염된
　　　　경우

　　㉡ 노출경로

　　　■ 환경 중의 우라늄, 라돈, 칼륨 40 등에 의한 자연적 노출과 우주 복사선, 지
　　　　구의 감마선에 의해 노출

　　　■ 환경 중 방사능물질에 의한 식품과 물이 오염되고 이를 사람이 섭취하는
　　　　경우

　　　■ 의료와 치료목적으로 방사능이 피부에 접촉되는 경우

　　㉢ 독성

　　　■ 조혈기관의 장애, 피부점막의 궤양, 암의 유발, 백혈병, 궤양의 암변성, 생식
　　　　불능, 염색체의 파괴, 돌연변이 유발 등

　　　■ 요오드 131의 침착 부위는 주로 갑상선이며, 유효반감기는 7.6일 정도로 짧
　　　　은 편이나 방사성 핵종의 생성률이 크기 때문에 문제가 됨

　　　■ 세슘 137Cs-137은 근육조직에 축적되며, 반감기는 세슘 134는 2.1년, 세슘
　　　　137은 30년에 달해 피해가 심각함

　　　■ 스트론듐 90은 뼈조직에 침착하여 β선만을 방출하는 핵종임. 배설이 느리
　　　　고 유효반감기가 길어서약 29년 유전적으로 영향이 큼. 백혈병, 조혈기능장
　　　　애, 골수암 등 연관

　　② 예방법
　　　　▪ 방사선물질 취급 시 방어벽 설치 및 일정 거리를 두고 작업
　　　　▪ 공기 중 오염된 방사능물질이 강하하는 낙진방사선 먼지에 피폭을 피해야 함
　　　　▪ 방사능 오염 가능성이 높은 지역에서 수입식품에 한해 국가의 지속적인 모니터링 요구

2 유인성 화학적 식중독

(1) 가공과정 중 생성

① N-니트로소화합물니트로자민과 니트로자미드
　　㉠ 아질산과 이급아민secondary amine이 산성조건에서 반응하면 생성되는 발암물질로, 이들 물질을 포함하는 식품이 있으면 가열 조리 때나 위장 내에서 생성될 수 있음
　　㉡ 식품위생법에서 식육가공품의 발색제로 아질산나트륨, 질산나트륨, 질산칼륨만을 허용하고 있음
　　㉢ 2급 아민은 곡류, 어류, 차류 등에 분포함
　　㉣ 니트로자민류는 주로 간암, 식도암, 방광암이, 니트로자미드류는 위암, 신장암, 폐암, 백혈병을 유발함
　　㉤ 아스코르브산, 폴리페놀류, 토코페놀, 기타 환원성 물질이 N-니트로소화합물 생성 억제에 효과가 인정되어 육가공과정 중 아스코르브산을 첨가하여 제조하고 있음

② 포름알데히드
　　㉠ 식품의 품질이나 색 보존을 위해 식품을 처리하는 침지액이나 식품첨가물과 식품의 일부 성분이 반응하여 유해한 포름알데히드가 생성됨
　　㉡ 식품 내 미생물 생장의 억제 또는 산화표백제로 사용하는 허용첨가물인 과산화수소는 글리신과 같은 아미노산과 반응하면 포름알데히드를 형성함
　　㉢ 증상 : 두통, 구토, 현기증, 식도나 위의 염증을 유발
　　㉣ 예방책 : 침지액의 농도, 침지시간 등의 침지조건, 식품첨가물의 농도를 제한하는 것이 필요함

③ 트랜스지방(산)

④ 3-MCPD

    ⊙ 대두를 염산으로 가수분해하여 아미노산으로 만드는 과정에서 함께 있던 지방이 지방산과 글리세롤로 가수분해되고 글리세롤이 염산과 반응하여 생성되는 물질

    ⓒ 염소기가 붙는 글리세롤의 탄소 위치에 따라 여러 이성질체가 형성되고 3-MCPD > 2- MCPD > 1,3-DCP > 2,3-DCP의 순으로 독성이 감소함

    ⓒ 발효간장인 재래간장과 양조간장 모두 에틸카바메이트가 검출되는 반면 산분해 간장에서는 또 다른 발암 의심물질인 3-MCPD3-monochloro-1,2-propandiol이 검출되어 논란의 대상이 되었던 일이 있음

    ⓔ 현재는 공정에 변화를 주어 그 생성량을 최소화하고 있음

(2) 조리과정 중 생성

① 다환 방향족탄화수소polycyclic aromatic hydrocarbones, PAH

    ⊙ 특성 : 여러 개의 벤젠고리가 있는 다환 방향족탄화수소는 유기물질이 350 ~400℃에서 불완전연소될 때 생성

    ⓒ 노출
- 고온에서 조리하여 검게 탄 부위, 고온에서 착유된 식품에 많이 함유
- 직화 조리하는 숯불구이 고기의 탄 부위에 다량 함유
- 올리브유, 참기름, 들기름 등 식용유지의 정제과정에 발생
- 볶은 견과류, 커피 제조과정에서 발생

    ⓒ 예방법
- 육류 조리 시 태우지 말고 탄 부분은 제거 후 섭취
- 고기를 불판에 구울 때는 불판을 충분히 가열한 후 고기를 올려 굽는 게 좋고, 고기를 구울 때 숯불 가까이에서 연기를 마시지 않도록 주의

② 헤테로고리 아민류heterocyclic amine, HCAs

    ⊙ 소고기, 돼지고기, 닭고기, 생선을 고온에서 조리할 때 이들 식품의 근육 부위에 있는 아미노산과 크레아틴이 반응하여 생성되는 화학물질로 암을 유발할 수 있음

    ⓒ 조리법과 조리조건에 따라 생성량이 다름. 즉, 오븐구이나 팬구이보다 튀김, 브로일링, 바비큐요리인 경우 HCAs 함량이 더 상승하였고, 조리온도를 200℃에서 250℃로 올린 경우 HCAs가 3배 더 생성되며, 100℃ 이하에서 조리하는 찜, 가열, 수란인 경우는 생성량이 매우 적었음

③ 아크릴아미드acrylamide

　　㉠ 특성

　　　　■ 식품 내에서는 아미노산과 당이 열에 의해 결합하는 마이야르반응을 통해 생성되는 물질

　　　　■ 전분 함량이 많은 식품을 160℃ 이상의 높은 온도에서 가열 조리할 경우 급격히 생성되며 120℃ 이하에서 찌거나 끓이면 생성되지 않음

　　　　■ 생성량은 가열 조리 시간이 길수록, 가열온도가 높을수록 증가됨

　　㉡ 예방법

　　　　■ 튀김을 조리할 때 기름온도는 160℃ 이상을 넘지 않도록 하며, 오븐 이용 시 200℃ 이상에서 조리하지 않도록 함

　　　　■ 빵, 시리얼 등의 제품은 지나치게 갈색화되지 않도록 조리하고 갈색부분은 제거하고 섭취하는 것이 좋음

④ 퓨란

　　㉠ 특성 : 무색의 휘발성 액체로 식품 제조나 조리과정에서 발생하는 갈색물질

　　㉡ 독성

　　　　■ 밀봉상태로 가열되는 수프, 소스, 통조림, 유아용 이유식 등에서 소량 검출

　　　　■ 간장절임 깻잎, 원두커피, 레토르트 카레, 짜장소스 등에서도 검출

　　　　■ 발암 가능성 물질로 분류되나 국내에 퓨란규격은 설정되지 않음

　　㉢ 예방법

　　　　■ 통조림, 밀봉 조리식품의 섭취를 줄이고 재가열 조리 후 5분간 휘발시킨 후 섭취

　　　　■ 음료나 통조림의 경우 냉장보관해 두면 퓨란 함량이 줄어듦

(3) 저장(유통)과정 중 생성

① 과산화물 : 유지의 산패로 인한 생성물

② 에틸카바메이트ethylcarbamate : 발효과정에서 생성된 에탄올과 카바밀기가 식품 내에서 화학반응을 일으켜 생성되는 화합물로 주류와 발효식품에서 천연발암제로 존재함

식품과 감염병

식품을 매개로 일어나는 감염병은 경구감염병과 인수공통감염병으로 나눌 수 있다.

01 감염병

감염병은 전염력이 강하여 소수의 병원체로도 쉽게 감염되고 많은 사람에게 쉽게 전염되는 질병이며, 사람과 사람 사이 또는 다른 동물 사이에 전파되는 것이다.

(1) 감염병 발생의 3대 요인

① 전염원병원체 및 병원소

　　㉠ 병원체를 내포하고 있어 숙주에게 병원체를 전파시킬 수 있는 근원이 되는 모든 것을 말함

　　㉡ 병원체가 증식하는 곳은 환경, 식품재료, 음식, 동물과 식물, 사람 등이 있으며, 인수공통감염병의 경우 동물이 병원소의 역할을 함

[그림 01] 감염원의 분류

② 감염경로

　㉠ 숙주에게 병원체가 운반되는 과정이며 직접전파와 간접전파 방법이 있음

　㉡ 발생의 요소는 병원소로부터 병원체 탈출 전파, 새로운 숙주로의 침입 및 전파임

　　■ 직접전파

　　　- 피부 접촉 : 성병, AIDS

　　　- 비말 접촉 : 결핵, 디프테리아, 사스, 유행성이하선염, 홍역

　　■ 간접전파

　　　- 활성 전파체 : 파리, 모기, 벼룩 등

　　　- 무생물 전파체 : 물, 식품, 공기, 완구, 생활용구 등

③ 감수성 숙주의 감수성 : 감수성이 높은 집단은 유행이 잘 되지만 면역성이 높은 집단에서는 유행이 잘 이루어지지 않음

(2) 감염병 발생조건에 따른 예방대책

발생조건	예방대책
감염원(병원체)	■ 전염원(병원체)의 발견과 격리 또는 제거시킴 ■ 오염 동물, 곤충을 구제함 ■ 환자, 보균자의 검색, 외래성 감염병의 검역 등을 잘 실행하여야 함 ■ 음식물의 오염을 방지하고 기구, 용기 등의 소독을 철저히 함
감염경로	■ 전염경로가 되는 전파체나 조건을 제가시킴 ■ 식품, 물, 우유 등의 오염을 방지시키고 가열 조리가 불충분한 음식의 섭취를 제한시킴 ■ 기구, 용기, 손 등의 위생을 철저히 하여 오염되는 것을 방지함
감수성이 있는 숙주	■ 면역력 또는 저항력을 증가시킴 ■ 예방접종을 실시하고 충분한 휴식과 수면 등으로 신체의 컨디션을 최상으로 유지함

(3) 우리나라 법정 감염병

① 법정 감염병의 정의 종류 : 제1군감염군 6종, 제2군감염군 10종, 제3군감염군 19종 및 제4군감염병 17종, 제5군감염병 6종, 지정감염병, 세계보건기구 감시대상 감염병, 생물테러감염병, 성매개감염병, 인수공통감염병 및 의료 관련 감염병을 말함. 법정 감염병은 질병으로 인한 사회적인 손실을 최소화하기 위하여 법률로 이의 예방 및 확산을 방지하는 감염병임

㉠ 제1군감염병

- 마시는 물 또는 식품을 매개로 발생하고 집단 발생의 우려가 커서 발생 또는 유행 즉시 방역대책을 수립하여야 하는 감염병을 말함
- 콜레라, 장티푸스, 파라티푸스, 세균성이질, 장출혈성대장균감염증, A형간염

㉡ 제2군감염병

- 예방접종을 통하여 예방 및 관리가 가능하여 국가예방접종사업의 대상이 되는 감염병을 말함
- 디프테리아, 백일해百日咳, 파상풍破傷風, 홍역紅疫, 유행성이하선염流行性耳下腺炎, 풍진風疹, 폴리오, B형간염, 일본뇌염, 수두水痘, b형헤모필루스인플루엔자, 폐렴구균

㉢ 제3군감염병

- 간헐적으로 유행할 가능성이 있어 계속 그 발생을 감시하고 방역대책의 수립이 필요한 감염병을 말함
- 말라리아, 결핵結核, 한센병, 성홍열猩紅熱, 수막구균성수막염髓膜球菌性髓膜炎, 레지오넬라증, 비브리오패혈증, 발진티푸스, 발진열發疹熱, 쯔쯔가무시증, 렙토스피라증, 브루셀라증, 탄저炭疽, 공수병恐水病, 신증후군출혈열腎症侯群出血熱, 인플루엔자, 후천성면역결핍증AIDS, 매독梅毒, 크로이츠펠트-야콥병CJD 및 변종크로이츠펠트-야콥병vCJD, C형간염, 반코마이신내성황색포도알균VRSA 감염증, 카바페넴내성장내세균속균종CRE 감염증

㉣ 제4군감염병

- 국내에서 새롭게 발생하였거나 발생할 우려가 있는 감염병 또는 국내 유입이 우려되는 해외 유행 감염병을 말함. 다만, 갑작스러운 국내 유입 또는 유행이 예견되어 긴급히 예방·관리가 필요하여 보건복지부장관이 지정하는 감염병을 포함함
- 페스트, 황열, 뎅기열, 바이러스성 출혈열, 두창, 보툴리눔독소증, 중증급성호흡기증후군SARS, 동물인플루엔자 인체감염증, 신종인플루엔자, 야토병, 큐열Q熱, 웨스트나일열, 신종감염병증후군, 라임병, 진드기매개뇌염, 유비저類鼻疽, 치쿤구니야열, 중증열성혈소판감소증후군SFTS, 중동호흡기증후군MERS

◎ 제5군감염병
- 기생충에 감염되어 발생하는 감염병으로서 정기적인 조사를 통한 감시가 필요하여 보건복지부령으로 정하는 감염병을 말함. 다만, 갑작스러운 국내 유입 또는 유행이 예견되어 긴급히 예방·관리가 필요하여 보건복지부장관이 지정하는 감염병을 포함함
- 회충증, 편충증, 요충증, 간흡충증, 폐흡충증, 장흡충증

ⓑ 지정감염병 : 제1군감염병부터 제5군감염병까지의 감염병 외에 유행 여부를 조사하기 위하여 감시활동이 필요하여 보건복지부장관이 지정하는 감염병을 말함

02 경구감염병

(1) 정의

병원체가 음식물, 손, 기구, 위생동물 등을 거쳐 경구적으로 체내에 침입하여 일으키는 질병을 말함

(2) 경구감염병의 분류

기준	분류	특징	종류
감염원	세균	세균이 원인	세균성이질, 장티푸스, 파라티푸스, 콜레라, 성홍열, 디프테리아
	바이러스	바이러스가 원인	전염성설사증, 유행성간염, 급성회백수염
	원생동물	원생동물	아메바성이질
감염경로	직접감염	환자-보균자의 직접 접촉이 원인	
	간접감염	식품이나 물을 통해 병원체가 구강으로 들어감	

(3) 경구감염병의 종류

① 장티푸스Typhoid fever

ⓐ 원인균
- 살모넬라 타이피Salmomella typhi
- 그람음성간균이며 협막과 아포는 없고 편모가 있음
- 토양, 물, 얼음, 분변에 대한 저항성이 강함

    ⓒ 감염원

        ■ 환자나 보균자의 배설물, 타액, 유즙이 감염원이 되며 오염된 물이나 음식물, 파리, 생과일, 채소 등의 매개물 또는 환자나 보균자와의 접촉에 의해 감염

        ■ 원인식품 : 얼음, 어패류, 두부

        ■ 외국 : 우유

    ⓒ 잠복기 및 증상

        ■ 잠복기 : 1~2주의 잠복기

        ■ 증상 : 발열, 권태감, 식욕 부진, 오한, 설사 및 40℃ 전후의 고열, 붉은색 피부발진

    ⓔ 예방법 : 보균자 격리, 물과 음식물 등의 위생 관리 철저, 백신에 의한 예방접종

② 파라티푸스 Paratyphoid fever

    ㉠ 원인균 : 파라티푸스균 Salmonella paratyphi

    ⓒ 감염원 : 환자나 보균자의 배설물

    ⓒ 잠복기 및 증상

        ■ 잠복기 : 3~6시간, 24시간일 경우도 있음

        ■ 증상 : 식중독과 같이 급성이고 짧고 경미하며 A형에 의한 감염은 장티푸스와 거의 같으나 사망률 낮음. B형에 의한 감염은 흔하지만 증세가 가벼움

    ⓔ 예방법 : 위생 관리, 백신 예방접종

③ 콜레라 Cholera

    ㉠ 원인균

        ■ 비브리오 콜레라 Vibrio cholera

        ■ 그람음성간균, 통성혐기성, 협막과 아포는 없고 편모가 있음

        ■ 콜레라균은 O항원 I군에 속하고, 혈청형에 따라 Asia형 콜레라균 Vibrio cholerae, EI Tor형 콜레라균 Vibrio cholerae biotype eltor 으로 구분

    ⓒ 감염원

        ■ 경구적 감염과 간접감염

        ■ 어패류의 생식

    ⓒ 잠복기 및 증상

        ■ 잠복기 : 수 시간~5일

        ■ 증상 : 심한 위장장애 및 전신증상과 함께 쌀뜨물 같은 설사, 갈증과 탈수가 심함

　　　ⓔ 예방법

　　　　　▪ 위생 관리, 백신 예방접종

　　　　　▪ 식품에 대한 위생 관리와 인분 처리, 청소와 파리구제 등 주위환경 청결

④ 세균성이질Bacillary dysentery; shigellosis

　　ⓐ 원인균

　　　　▪ 이질균Shigella

　　　　▪ 이질균의 분류 : A군S. dysenteriae, B군S. flexneri, C군S. boydii, D군S. sommei

　　ⓑ 감염원 : 환자와 보균자의 분변이나 파리 등의 매개체를 통하여 전염

　　ⓒ 잠복기 및 증상

　　　　▪ 잠복기 : 2~7일보통 2~3일

　　　　▪ 증상 : 점액이나 혈액을 수반하는 잦은 설사, 발열38℃가 보통, 40℃까지

　　ⓓ 예방법 : 식사 전 오염된 손과 식기류의 소독 철저, 식품의 가열 충분

⑤ 아메바성이질Amoebi dysentery; amebiasis

　　ⓐ 원인균

　　　　▪ 이질아메바Entamoeba histolytica

　　　　▪ 발육기에 따라 영양형, 포낭전기형, 포낭형으로 나누어짐

　　ⓑ 감염원 : 환자와 접촉, 음용수, 식품, 식품취급자, 곤충, 쥐 등에 의하여 감염

　　ⓒ 잠복기 및 증상

　　　　▪ 잠복기 : 수일에서 수 주

　　　　▪ 증상 : 궤양, 이질증상, 열은 없으나 분변에 점액이 많음

　　ⓓ 예방법 : 세균성이질과 같음, 음료수의 위생에 유의

⑥ 폴리오Poliomylitis

　　ⓐ 원인균 : 폴리오미엘리티스 바이러스Poliomyelitis virus

　　ⓑ 감염원 : 경구감염, 비말감염

　　ⓒ 잠복기 및 증상

　　　　▪ 잠복기 : 7~12일, 5~10세 어린이에게 잘 감염됨

　　　　▪ 증상 : 감기와 같은 증상 시작, 발열, 근육통, 피부지각 등

　　ⓓ 예방법 : 생 세이빈Sabin vaccine에 의한 예방접종

⑦ 바이러스성 간염Viral hepatitis : 바이러스성 간염은 1970년 이후 A, B, C, D, E형
이 발견되었으며, 경구감염에 의한 유행성 간염에 속하는 것은 A, E형이고 혈액
감염에 의한 것은 B, C, D형이 있음

■ 표 1. 바이러스성 간염의 특성

분류	A형	B형	C형
원인균	A형간염 바이러스 (Hepatitis A Virus, HAV)	B형간염 바이러스 (Hepatitis B Virus, HBV)	C형간염 바이러스 (Hepatitis C Virus, HCV)
특징	■ 직경이 27nm인 구형 단일사슬 RNA 바이러스	■ 여름철에 가장 많이 발생 ■ 청소년 감염 많음 ■ 60℃에서 30분간 가열해도 생존 ■ 1ppm의 염소용액에도 사멸되지 않음 ■ 건조에 내성	■ 발병률은 B형간염보다 조금 낮으나 만성화 가능성이 아주 높음 ■ 크기가 35~65nm인 소형 RNA 바이러스
감염원	■ 환자 혹은 불현성 감염자의 분변, 혈액 또는 이들에 의하여 오염된 음식물을 섭취하여 감염	■ 환자의 혈액, 침, 소변이나 점액이 피부나 점막의 상처를 통해 침입하여 감염 ■ 주사침 사고, 약물남용자의 불결한 침, 장기이식, 성 접촉, 산모와 태아의 수직감염	■ 수혈에 의한 감염이 90% 이상을 차지 ■ HCV를 함유한 혈액의 수혈이나 혈액제에 의해 전파 ■ 주사침 사고, 약물남용자의 불결한 침, 장기이식, 성 접촉, 산모와 태아의 수직감염
증상	■ 38℃ 이상의 발열증상 ■ 전신권태감, 오심, 구토, 황달, 복통, 설사, 두통, 인후통 ■ 예후가 좋고 1~2개월 후 간기능이 정상화	■ 잠복기는 약 1개월 정도 ■ 38℃ 정도의 발열 및 오한, 두통, 위장장애 등을 거쳐 황달이나 간경변증으로 발전 ■ 증세가 심하여 회복기까지 오래 걸림 ■ 간에 많은 상처를 남김	■ 발병은 잠행성 ■ 전신권태감, 식욕 부진, 복부 불쾌감, 오심, 구토 등의 증상
예방법	■ γ-글로불린의 근육주사로 잠정적인 면역	■ 백신을 통해 예방	■ 예방백신 없음

⑧ 성홍열 Scarlet fever

  ㉠ 원인균 : 발적독소를 생성하는 A군 용혈성 연쇄상구균

  ㉡ 감염원

    ■ 급성발진기·회복기 환자 또는 부전형의 환자, 보균자와의 직접 호흡 접촉에 의한 전염

    ■ 비말감염과 인후 분비물의 식품 오염을 통해서 전파

    ■ 오염된 우유나 식품을 매개체로 전파

  ㉢ 잠복기 및 증상

    ■ 잠복기 : 4~7일

- 증상 : 40℃ 내외의 발열, 편도선 종창, 붉은 발진
- 발진 : 독소에 의해 발열 후 즉시 또는 12시간 이내 신체에 빨갛게 생성, 혀가 딸기와 같이 증대딸기혀 → 24~36시간 얼굴 이외의 전신에 확산

ⓔ 예방법
- γ-글로불린에 의한 능동면역방법
- 치료에는 술폰아마이드, 항생제 투여방법

⑨ 디프테리아Diphtheria
ⓐ 원인균
- 코리네박테리움 디프테리아Corynebacterium diphtheriae
- 그람양성간균, 아포와 편모는 없고, 일광, 열, 화학약품에 대한 저항력이 약함
- 후두의 점막에 증식

ⓑ 감염원
- 비말감염
- 집단적 경구감염

ⓒ 잠복기 및 증상
- 잠복기 : 3~5일
- 증상 : 38℃ 내외의 고열, 편도선이 빨갛게 붓고 목젖 점막에 흰 점 모양의 위막이 생기고, 호흡 곤란이나 기도 폐쇄 등으로 질식성이 유발함

ⓓ 예방법 : 톡소이드toxoid에 의한 예방접종, 식품의 오염 방지와 환자 및 보균자의 접근 방지가 중요

⑩ 이즈미열Zumi fever, 천열
ⓐ 원인균 : 이즈미열 바이러스Izumi fever virus
ⓑ 감염원 : 음식물이나 물을 매개로 감염되고 접촉에 의한 감염도 생길 수 있음
ⓒ 잠복기 및 증상
- 잠복기 : 2~10일
- 증상 : 발열, 발진, 위장증상열은 일시에 또는 2~3회 반복해서 나타남

03 인수공통감염병

식품을 매개로 하는 감염병 가운데 사람과 동물을 공통숙주로 하는 병원체가 일으키는 감염병이다.

(1) 탄저병(Anthrox)

① 특성

    ⊙ 원인균 : Bacillus anthracis

    ⓒ 탄저의 병원체는 그람양성간균, 포자를 형성하는 호기성균

    ⓒ 탄저균감염에 의한 인수공통감염병, 오염된 목초지에서 탄저균의 포자에 의해 동물_{소, 양, 염소, 돼지 등}이 감염됨

    ⓔ 잠복기 : 1~4일

② 증상

    ⊙ 피부 탄저

    ⓒ 폐 탄저 : 기도를 통해 감염, 포자를 흡입하여 폐렴증상이 나타나고 심하면 폐혈증으로 사망

    ⓒ 장 탄저 : 감염된 수육을 충분히 가열하지 않고 섭취하여 경구감염, 구토와 설사

③ 예방대책

    ⊙ 탄저병이 의심되는 동물의 유즙을 먹어서는 안 되며 의심되는 동물의 부검에 사용한 모든 물품은 완전 소각하거나 생석회와 함께 땅속 깊이 묻어야 함

    ⓒ 환자 발생 시 환자병소에서 균이 소멸될 때까지 철저히 관리하고 병소 분비물이나 오염된 물건은 고압증기 멸균 또는 소각 처분하여 전파를 막음

2015년 기출문제 B형

다음은 탄저에 관한 내용이다. 괄호 안의 ⊙에 해당하는 명칭과 그 정의를 쓰시오. 또한 괄호 안의 ⓒ, ⓒ에 해당하는 명칭을 순서대로 쓰시오. 탄저균의 아포는 매우 저항력이 강하여 일반적인 살균법으로는 사멸되지 않는다. 이러한 아포 형성균을 사멸하는 가장 효과적인 멸균법의 명칭을 쓰고, 그 방법을 서술하시오.【5점】

○ 탄저는 결핵, 큐(Q)열과 함께 대표적인 (⊙)(으)로 감염경로에 따라 (ⓒ), 피부탄저 그리고 장탄저로 구분한다.

○ 장탄저는 오염된 초식동물이나 이를 먹은 육식동물의 고기 등을 섭취할 때 감염되며 구토, 복통, 설사, 토혈, 혈변 등의 위장증상이 나타난 후 (ⓒ)(으)로 진행되어 사망에 이르기도 한다.

(2) 브루셀라증(Brucellosis, 파상열)

① 특성

ㄱ 브루셀라속에 의한 세균감염증으로, 이에 의한 사람의 감염을 파상열이라고도 함

ㄴ 병원체원인균는 소에는 브루셀라 아보르투스B. abortus, 돼지에는 브루셀라 수이스B. suis, 양이나 염소에는 브루셀라 멜리텐시스B. melitensis의 3종이 있음

ㄷ 감염동물의 유즙, 유제품을 매개로 하거나 이환동물의 고기를 매개로 하는 경구감염이 많음

ㄹ 잠복기 : 7~14일

② 증상 : 오한, 발열, 발한, 관절이나 근육의 통증, 경련, 백혈구 수 감소, 변비, 패혈증

③ 예방대책

ㄱ 소, 돼지, 양, 염소 등의 예방접종, 이환된 가축의 조기 발견, 도살 또는 격리, 유산된 태아, 분뇨, 축사 등을 소독

ㄴ 젖, 고기 및 그 가공품에 대한 살균이 중요함

(3) 고병원성 조류인플루엔자

① 특성

ㄱ 전파가 빠르고 병원성이 다양하며 닭, 칠면조, 야생조류 등 여러 종류의 조류에 감염됨

ㄴ 닭과 칠면조에 피해를 주는 급성 바이러스성 감염병으로 오리는 감염되더라도 임상증상이 잘 나타나지 않음

② 증상 : 호흡기증상과 설사, 급격한 산란율 감소, 볏 등 머리 부위에 청색증이 나타나고 안면에 부종이 생기거나 깃털이 한곳으로 모이는 현상이 나타남

③ 예방대책

ㄱ 우리나라 질병관리본부에서는 조류인플루엔자 발생 시 발생농장뿐만 아니라 3km 이내의 닭이나 오리, 달걀을 전부 살처분 조치함

ㄴ 3~10km 사이의 조류 및 그 생산물도 이동을 통제함

ㄷ 가금류 최저 가열온도인 74℃에서 15초 이상 가열하면 사멸됨

(4) 소해면상뇌증(Bovine Spongiform Encephalopathy, BSE, 광우병)

① 특성

ㄱ 소해면상뇌증BSE은 지금까지 알려진 경로와는 전혀 다른 전염원에 의해 감염된 소에서 나타나는 감염성 퇴행성 신경증상Transmissible Spongeform Encephalopathy, TSE으로, 일명 광우병이라고도 불림

ⓒ 감염된 소의 뇌조직이 스폰지형으로 변형되어 BSE라는 이름이 붙었으며, BSE의 전염원에 대해서는 현재까지는 프리온prion이라는 세포표면단백질의 변형체로 추론되고 있음

ⓒ 변형되지 않은 정상단백질보다 수용성이 낮으며 가수분해효소에 대해서도 저항성이 큰 것이 특징임

② 증상

ㄱ 소의 뇌조직에 구멍이 생김

ⓒ 공격적, 신경질적인 반응, 뒷다리의 운동실조와 떨림, 미끄러지듯 주저앉음

(5) 결핵(Tuberculosis)

① 원인균

ㄱ Mycobacterium tuberculosis

ⓒ 사람에게 감염되는 인형균, 소에 감염되는 우형균Mycobacterium bovis, 조류에 감염되는 조형균Mycobacterium avium

ⓒ 우유 살균 시 파괴

② 감염원

ㄱ 사람의 결핵 : 사람형 결핵균은 병에 걸린 소의 우유나 유제품을 거쳐 우형결핵균이 사람에게 경구적으로 감염

ⓒ 유아의 결핵 : 우형결핵균에 의한 것이 상당히 많은 비중

③ 잠복기 및 증상

ㄱ 잠복기 : 4~6주

ⓒ 증상

- 소의 결핵균은 주로 뼈나 관절을 침범하여 경부 림프선에 결핵을 일으킴
- 폐의 석회화

④ 예방법

ㄱ 투베르쿨린tuberculin 반응 검사를 실시 : 결핵 감염 여부를 조기에 발견

ⓒ 오염된 식육과 우유의 식용을 금지

ⓒ 우유 살균 철저, 식품 충분히 가열

(6) 돈단독증(Swine erysipelas)

① 원인균

ㄱ 돈단독균Erysipelothrix rhusiopathiae

ⓒ 그람양성간균, 통성혐기성, 아포와 협막이 없어 운동이 없음

② 감염원

　㉠ 사람의 감염 : 돼지 등 가축의 고기, 장기 또는 이환동물 취급 시 피부상처나

　　경구감염이 일어남

　㉡ 돼지의 감염 : 소화기감염에 의하여 피부의 상처 부위나 코점막으로 침입

③ 잠복기 및 증상

　㉠ 사람 : 잠복기 10~20일

　㉡ 증상

　　▪ 병원균 침입 부위가 빨갛게 붓고 발열, 임파절에 염증, 중증의 경우 패혈증

　　　으로 사망

　　▪ 돼지 : 패혈증상, 관절염

④ 예방법

　㉠ 이환동물의 조기 발견, 격리 치료 및 소독 철저

　㉡ 예방접종에는 약독생균백신이 사용되며 치료제로 항생물질이 효과적임

(7) 야토병(Franeisella Tularensis)

① 원인균

　㉠ 야토병균Franeisella tularensis

　㉡ 호기성의 그람음성 구·간균, 세균 중에서 가장 작음

② 감염원

　㉠ 사람의 감염 : 감염된 산토끼의 혈액, 오줌, 침 등을 손으로 직접 만지거나 가

　　죽을 벗길 때, 고기 조리 시 경피감염이 되며 충분히 가열하지 않은 고기 섭

　　취로 경구감염

　㉡ 동물의 감염 : 전염된 산토끼나 동물에 기생하는 진드기, 벼룩, 이 등에 의해

　　전파되고 동물과 산토끼의 상호 간 접촉에 의해 감염

③ 잠복기 및 증상

　㉠ 잠복기 : 1~14일

　㉡ 증상 : 두통, 오한, 전열, 발열, 피부궤양

④ 예방법

　㉠ 토끼 조리 시 가열 충분, 유원지에서 생수 마시지 않기

　㉡ 예방접종, 항생물질 치료

(8) 렙토스피라증(Leptospirosis, Weil's disease)

① 원인균 : 황달출혈성 렙토스피라L. icterahaemorrhagiae, 개렙토스피라L. canicola

② 감염원

     ⊙ 소, 개, 돼지, 쥐

     ⓛ 사람의 감염 : 전염된 쥐의 오줌으로 오염된 물, 식품 등에 의해 경구적으로 감염

③ 잠복기 및 증상

     ⊙ 잠복기 : 5~7일

     ⓛ 증상

         ■ 39~40℃ 고열, 오한, 두통, 근육통, 간·신장장애

         ■ 1~5일간 계속, 발병 6일 무렵 황달기 → 심하면 점막 출혈, 간이 붓고 발진

④ 예방법 : 사균백신 예방과 손, 발의 소독 및 쥐의 구제가 필요

(9) 비저(Glanders)

① 원인균

     ⊙ 비저균 Pseudomonas mallei

     ⓛ 그람음성의 호기성 간균, 아포와 협막이 없고 편모가 없어 운동성이 없는 병원체

② 감염원 : 병든 동물에 접촉할 기회가 많은 사람이 경구감염, 경피감염, 경기도감염

③ 잠복기 및 증상 : 3~5일간 두통, 39~40℃ 발열, 권태가 시작되고 궤양, 림프선의 종창, 근육통, 관절통

④ 예방법

     ⊙ Mallei skin test로 진단

     ⓛ 사람 사이의 이환을 주의, 병에 걸린 동물 철저히 관리, 고기 섭취 시 충분한 가열이 필요

(10) 리스테리아증(Listeriosis)

① 원인균

     ⊙ 리스테리아균 Listeria monocytogenes

     ⓛ 그람음성간균, 운동성이 있으며 카탈라아제 catalase 양성의 혐기성균

② 감염원

     ⊙ 우유, 식육 등의 동물성 식품, 비살균우유로 만든 치즈

     ⓛ 샐러드, 생선회, 냉동만두, 냉동피자, 소시지

     ⓒ 가열이 불충분한 식육이나 닭고기, 즉석섭취식품 등

③ 잠복기 및 증상

　　㉠ 잠복기 : 3일

　　㉡ 증상

　　　▪ 뇌척수막염, 임산부의 자궁내막염, 태아 사망 유발

　　　▪ 신생아가 감염되면 높은 사망률

④ 예방법

　　㉠ 식육을 철저히 가열 조리, 채소류는 잘 세척, 손과 조리기구 청결

　　㉡ 사람의 경우에는 페니실린, 테트라사이클린으로 임상적 치유 가능

(11) Q열(fever, 열병)

① 원인균

　　㉠ Coxiella burnetti, rickettia성 질환

　　㉡ 구상, 간상으로 운동성이 없고 난황에서 잘 증식, 건조에 저항력이 강함

② 감염원 : 소, 면양, 염소 등에 감염 발병하여 사람에게 전염됨

③ 예방법 : 71.5℃에서 15분간 가열하면 사멸함

04 식품과 기생충

(1) 수산식품에 의한 기생충감염

① 간흡충 간디스토마증

　　㉠ 특성

　　　▪ 민물고기를 생식하는 생활습관을 가지고 있는 사람들이 많이 감염됨

　　　▪ 병원체 : 코로노키스 시넨시스 Clonorchis sinensis

　　　▪ 병원소 : 감염된 사람, 돼지, 개, 고양이

　　　▪ 제1중간숙주 : 왜우렁이

　　　▪ 제2중간숙주 : 민물고기 붕어, 잉어, 모래무지, 피라미, 향어

　　　▪ 제2중간숙주의 체내에서 피낭유충이 되어 감염된 민물고기를 날로 먹거나 덜 익혀 먹을 때 또는 조리과정 중에 조리기구를 통해서 다른 음식물을 오염시켜 감염됨

　　　▪ 종말숙주 : 사람, 개, 고양이

　　㉡ 증상 : 간 및 비장 비대, 복수, 소화기장애, 황달, 빈혈 및 야맹증

      ⓒ 예방
- 민물고기의 생식을 금함
- 민물고기 조리 후에는 2차 감염을 막기 위하여 조리기구의 세척, 소독을 철저히 함

② 폐흡충 폐디스토마증
- ㉠ 특성
  - 극동지역인 일본, 중국, 동남아에 주로 분포
  - 병원체 : 파라소니무 웨스터만 Paragonimus westermani
  - 제1중간숙주 : 다슬기
  - 제2중간숙주 : 갑각류
  - 종말숙주 : 사람, 개, 고양이
  - 사람은 가재, 게 등을 생식함으로써 감염됨
- ㉡ 증상 : 쇠녹색의 가래, 혈담, 복부통증, 흉막염, 각혈과 미열이 나고 복벽, 장간막의 임파절, 장벽에 낭포를 형성함
- ⓒ 예방
  - 민물 게나 가재의 생식을 금함
  - 환자 객담의 위생적 처리, 취급한 조리기구의 충분한 세척 및 소독을 철저히 함

③ 고래회충 아니사키스증
- ㉠ 특성
  - 고래회충은 고래, 돌고래, 물개 등의 위에 기생하는 선충류의 유충을 통칭함
  - 제1중간숙주 : 갑각류
  - 제2중간숙주 : 해산어류나 오징어, 문어, 아나고 등
  - 종말숙주 : 고래, 돌고래, 물개 등 해산포유동물
- ㉡ 증상 : 해산어류 취식 중 혹은 취식 직후에 상복부의 경련성 통증, 날것으로 먹은 후 24시간 이내 오심, 구토 등 식중독과 유사한 증상과 가끔 알레르기 반응과 같은 증상이 나타나기도 함
- ⓒ 예방
  - 고래고기, 오징어, 장어 등의 어류를 날로 먹지 않고 충분히 익혀 먹어야 함
  - 63℃에서 15초, 분쇄어육은 68℃ 이상에서 조리를 권유함
  - 상업적으로는 냉동을 통해 고래회충을 제거하기도 함

④ 광절열두조충 긴촌충
  ㉠ 특성
    - 담수어를 사용하는 지방에서 감염이 많음
    - 감염된 어류, 내장, 조리가 덜된 어류를 섭취하면 발생함
    - 섭취 후 유충은 빠르게 소장에 도달하며 빠르게 증식하고 15일 내에 산란함
    - 제1중간숙주 : 물벼룩
    - 제2중간숙주 : 담수어 송어, 연어, 농어
    - 종말숙주 : 사람, 개, 고양이, 여우
  ㉡ 증상 : 복통, 설사
  ㉢ 예방
    - 담수어나 송어, 연어, 농어 등의 생식을 금하며 충분히 가열하여 섭취함
    - 63℃에서 15초, 분쇄어육은 68℃ 이상에서 조리를 권유함

⑤ 요코가와흡충증 장흡충
  ㉠ 특성
    - 동양과 우리나라 섬진강 유역 등에 많이 분포
    - 병원체 : 메타고니무스 요코가와
    - 제1중간숙주 : 다슬기
    - 제2중간숙주 : 담수어 은어, 잉어, 붕어
    - 종말숙주 : 사람, 개, 고양이, 돼지
  ㉡ 증상 : 설사, 복통, 혈변
  ㉢ 예방
    - 담수어의 생식을 금함
    - 조리할 때 손을 통한 감염도 방지함

⑥ 유극악구충 Gnathostoma ipingerum
  ㉠ 특성
    - 제1중간숙주 : 물벼룩
    - 제2중간숙주 : 민물고기 가물치, 메기 등
  ㉡ 증상 : 피부종양, 복통, 구토, 발열
  ㉢ 예방
    - 가물치나 메기 등의 담수어 생식 금지
    - 섭취 시 가열

(2) 육류에 의한 기생충감염

① 무구조충 beef tape worm

ㄱ 특성

- 민촌충, 쇠고기촌충
- 기생충에 감염된 쇠고기를 통하여 인체에 감염
- 병원체 : 태니아 사지니타 Taenia saginata

ㄴ 증상 : 설사, 복통, 소화장애, 구토

ㄷ 예방

- 쇠고기를 날로 먹지 말아야 함
- 고기의 가장 두꺼운 부분을 63℃ 이상에서 15초 이상 조리하도록 권장함

② 유구조충 pork tapeworm

ㄱ 특성

- 돼지고기촌충, 갈고리촌충
- 돼지고기를 생식하는 지역에 많이 퍼져 있음
- 병원체 : 태니아 솔리움 Taenia solium

ㄴ 증상 : 두통, 구토, 경련, 간질증상, 안구통, 실명

ㄷ 예방

- 돼지고기를 생식하지 말며 충분히 익혀 먹음
- 돼지 사료에 사람 분변이 오염되지 않도록 하여야 함

③ 선모충

ㄱ 특성

- 감염률은 낮으나 세계적으로 널리 분포
- 육식을 하는 모든 동물이 종말숙주이자 다른 동물의 감염원이 되는 특이한 생활사를 가짐
- 병원체 : 트리치넬라 스피랄리스 Trichinella spiralis

ㄴ 증상

- 성충에 감염되면 설사, 구토, 오심
- 유충에 감염되면 부종, 고열, 근육통, 호흡장애 등

ㄷ 예방 : 돼지고기는 63℃ 이상에서 15초 이상, 세절된 돼지고기는 68℃ 이상에서 15초 이상 조리하도록 권장함

(3) 채소류에 의한 기생충감염

① 회충

ⓐ 특성

- 대표적인 토양 매개성 선충
- 병원체 : 아스카리스 룸브리코이드 Ascaris lumbricodes
- 충란에 오염된 채소, 김치, 먼지, 물, 토양, 손 등을 통해서 입으로 들어와 감염됨

ⓑ 증상 : 심하면 복통, 권태, 피로감, 두통, 발열, 어린이의 경우 이미증

- 유충이 폐나 기관지로 갈 경우 증상은 일과성 폐렴과 심한 기침
- 성충에 의한 증상은 복통, 식욕 부진, 체중 감소, 구토 및 구역질 등

ⓒ 예방

- 채소류를 생식할 경우 흐르는 물에 여러 번 씻어 먹음
- 위생적 분변 관리를 철저히 함
- 파리의 구제 등 위생적인 환경 개선과 환자의 정기적인 검사와 구충이 필요함

② **구충** hookworm disease, 십이지장충

ⓐ 특성

- 구충감염은 피낭자충으로 오염된 식품, 물을 섭취하거나 피낭자충이 피부를 뚫고 들어가 감염됨
- 사상유충은 피부감염 경피감염이 가능하므로 인분을 사용한 채소밭에서는 맨발로 다니지 말아야 함

ⓑ 증상 : 토식증, 채식증

ⓒ 예방

- 오염된 흙과 접촉하는 것, 특히 맨발로 다니는 것을 피함
- 채소를 충분히 세척, 가열하여 섭취함

③ 편충 whip worm

ⓐ 특성

- 우리나라에서도 감염률이 높음
- 병원체 : 트리큘리스 티리티우라 Trichuris trichiura

ⓑ 증상 : 빈혈, 신경증상, 맹장염

ⓒ 예방 : 회충과 같은 방법임

④ **요충**seat worm
  ㉠ 특성
  - 작은 백색 선충
  - 꼬리가 말려있으며 펴지면 핀 모양
  - 집단감염이 잘 되는 기생충
  - 성인보다 어린이에게, 열대지역보다 온대와 한대지역에서, 농촌보다 도시 지역에서 많이 발생함
  - 병원체 : 엔테로비우스 버미큘라리스
  - 충란이 불결한 손이나 음식물을 통해 경구적으로 침입
  ㉡ 증상 : 항문 근처의 가려움, 장점막의 염증, 맹장염
  ㉢ 예방
  - 가족 내 감염을 방지하기 위해 동시에 구충약을 복용함
  - 손, 항문 근처, 속옷을 깨끗이 유지함
  - 식사 전에 손을 깨끗이 씻음
⑤ 동양모양선충
  ㉠ 특성 : 털 모양의 형태로 아주 가늘고 작은 선충수컷 4~6mm, 암컷 5~7mm
  ㉡ 증상 : 대부분 자각하지 못하며 특별한 병변도 없음
  ㉢ 예방 : 회충 및 구충과 같이 채소의 세정, 손의 청결, 집단구충 등을 철저히 실천

(4) 원생동물 감염병

원생동물은 단세포동물의 총칭으로, 세균처럼 단세포 미생물이며 여러 물질을 분해하거나 자연환경에서 영양분을 섭취하며 살아감

① 이질아메바
  ㉠ 특성
  - 사람을 포함하여 다른 영장류와 일부 동물의 대장 내에 기생하는 가장 흔한 원생동물
  - 아메바증 : 아메바과에 속하는 원충의 감염증의 통칭
  - 건조에 대한 저항력은 약함
  - 수중에서는 9~30일간 생존하며 습한 환경의 대변 내에서는 약 12일간, 실온에서는 2주일 이상, 냉동상태에서는 2개월 이상의 생존이 가능함
  ㉡ 증상 : 열대지방에서는 이질현상을 일으키지 않고 열이 없이 만성이 되는 일이 많음

  ⓒ 예방

   ■ 분뇨의 적절한 처리, 인분 사용 금지

   ■ 위험지역에서는 식품과 물을 끓여서 마시고 샐러드 등 익히지 않은 채소나 과일의 섭취를 자제함

   ■ 조리나 유통과 관계되는 작업을 가진 사람에게 식품을 다루는 기본 원칙에 대한 교육과 감독이 요구됨

② 크립토스포리도움

  ㉠ 특성 : 사람이나 동물의 소화기, 호흡기에 기생하는 원생동물

  ㉡ 증상 : 구토, 설사, 식욕 저하, 체중 감소, 허약, 위장관 내막이 두꺼워짐

  ⓒ 예방

   ■ 원수 관리와 정수 처리를 철저히 함

   ■ 염소에 대한 저항성이 매우 커 크립토스포리도움의 제거를 위해서는 오존의 사용이나 용존공기 부상법, 정밀여과나 한외여과 등이 필요함

③ 지아디아

  ㉠ 특성 : 사람 및 동물에게 설사증상을 일으키는 편모를 가진 단세포 진핵미생물

  ㉡ 증상 : 설사, 복부 및 장내 가스팽만으로 인한 불쾌감

  ⓒ 예방 : 수영이나 물놀이 등의 레저활동을 통한 감염 위험이 있어 주의가 필요함

식품첨가물

식품첨가물이란 식품의 가공으로 품질을 개량하고 그 기호성이나 보존성을 향상시키며 상품의 가치 향상, 영양 강화를 비롯하여 전반적인 가치를 증진시킬 목적으로 식품의 조리, 가공, 제조 중에 첨가되는 물질이다.

01 식품첨가물의 정의와 조건

(1) 식품첨가물의 정의

① 우리나라 식품위생법 제2조 제2항 : 식품첨가물이란 식품을 제조·가공·조리 또는 보존하는 과정에서 감미 甘味, 착색 着色, 표백 漂白 또는 산화 방지 등을 목적으로 식품에 사용되는 물질을 말함. 이 경우 기구 器具·용기·포장을 살균·소독하는 데에 사용되어 간접적으로 식품으로 옮아갈 수 있는 물질을 포함함

② FAO 및 WHO의 합동전문위원회 : "식품첨가물이란 식품의 외관, 향미, 조직 또는 저장성을 향상시키기 위한 목적으로 소량으로 식품에 첨가되는 비영양물질"이라고 정의함

(2) 식품첨가물의 지정요건과 현황

① 식품첨가물 지정제도

㉠ 우리나라 식품위생법 제6조에 의하면 화학적 합성품의 경우 경험적으로 무해한 것이라도 식품위생법으로 지정된 것이 아니면 식품첨가물로 사용, 판매할 수 없음

㉡ 첨가물 지정제도 : 식품의약품안전처장은 식품심의위원회에 자문하여 화학적 합성품 중 사람의 건강을 해칠 위험이 없는 것을 식품첨가물로 지정하게 됨 지정 고시된 식품첨가물만이 사용기준에 따라 사용될 수 있음

　　　ⓒ 사용기준을 설정하여 식품첨가물을 사용할 수 있는 식품의 종류, 사용량, 사용목적 및 사용방법 등을 제한함으로써 여러 가지 식품을 섭취해도 식품첨가물의 합계가 1일 섭취 허용량을 초과하지 않도록 관리함

　② 국제적인 안전성 평가

　　　㉠ WHO와 FAO에서는 소비자의 건강을 지키고 식품의 공정한 무역을 확보하기 위해 Codex를 설립하여 국제적인 식품규격을 작성하고 식품과 식품첨가물의 규격기준이나 표시 등의 통일화를 도모하고 있음

　　　ⓛ Codex 위원회의 자문기관인 합동 식품첨가물 전문가위원회Joint Expert Committee on Food Additives, JECFA는 각종 독성 시험 데이터 등 안전성 평가를 바탕으로 1일 섭취허용량의 설정 등 식품첨가물의 규격을 제시하고 있음

　　　ⓒ Codex의 기준은 법적 효력이 없으므로 국제 교역 시 수입국가의 규정을 준수해야 함

　③ 식품첨가물의 구비조건

　　　㉠ 사용방법이 간편하고 사용목적에 따라 미량으로도 충분한 효과가 있어야 함

　　　ⓛ 독성이 적거나 없으며 인체에 유해한 영향을 미치지 않아야 함

　　　ⓒ 물리적, 화학적 변화에 안정적이어야 함

　　　㉣ 값이 저렴해야 함

02 식품첨가물의 안정성

식품의약품안전처에서 식품첨가물의 신규 지정 및 사용기준 개정을 위해서 안전성 평가를 수행한다.

1 식품첨가물의 안전성 평가

　　안전성 평가는 독성자료, 1일 섭취량 등을 평가한 후 기술적 효과, 사용목적 등의 기술적 정당성 평가와 전문가 의견 수렴을 거쳐 식품첨가물의 기준 및 규격을 설정하고, 지속적으로 설정된 식품첨가물의 안전성 관리를 위해 식품섭취량을 조사하여 섭취 수준과 ADI(acceptable daily intakes) 비교를 통해 기준규격의 적정성을 평가한다.

　(1) 독성 시험(toxicity testing)

　　① 단회투여 독성 시험

　　　㉠ 식품첨가물을 실험동물에게 1회만 투여하여 단기간 내에 나타나는 독성을 질적·양적으로 검사하는 시험방법

      ⓒ 반수치사량LD50을 통해 반복투여 독성 시험의 적정 용량 설정기준을 제공하는 것이 목적이며 LD_{50}의 수치가 낮을수록 독성이 강함

      ⓒ 산업현장이나 농촌에서 농약 등 독성물질에 노출과 관련된 독성 평가 시 많이 활용됨

  ② 반복투여 독성 시험

      ㉠ 식품첨가물을 실험동물에 반복적으로 투여하여 중·장기간 나타나는 독성을 질적·양적으로 검사하는 시험방법

      ㉡ 독성 기준값 설정의 주요 지표인 최대무독성용량no observed adverse effect level, NOAEL을 도출함

      ⓒ 최대무작용량no observed adverse effect level, NOAEL : 식품첨가물이 동물실험에서 독성을 나타내지 않는 양, 즉 어떤 영향도 주지 않는 최대 투여량임

        ■ 아급성 독성 시험

          - 실험동물에게 치사량 이하의 여러 용량으로 연속 경구투여하여 사망률 및 중독증상을 관찰하는 시험으로 1개월 이내에 종료함

          - 만성 독성 시험의 투여량을 결정하기 위하여 대부분 아급성 독성 시험을 예비 시험으로 실시함

        ■ 아만성 독성 시험

          - 식품첨가물의 투여를 3개월에서 1년 정도를 급여하고 관찰하는 시험임

          - 아만성 독성 시험의 주요 목적은 치사가 아닌 것이 아급성 독성과는 다름

        ■ 만성 독성 시험 : 식품첨가물을 실험동물에게 1년 이상 반복적으로 투여한 후 나타나는 독성을 밝히는 시험

  ③ 유전 독성 시험genotoxicity

      ㉠ 화학물질이 세포의 유전자에 돌연변이를 일으키는지 조사하는 시험으로 발암성 시험의 예비 시험으로 사용함

      ㉡ 시험물질의 돌연변이 유발성이나 발암 가능성 여부를 in vivo, in vitro 실험으로 정성적으로 표시함

      ⓒ 유전자 돌연변이, 염색체 이상, DNA 손상을 검사하는 방법으로 분류함

  ④ 최기 형성 시험teratogenicity test

      ㉠ 임신 중인 실험동물에게 식품첨가물을 투여하여 태아에게 나타난 비정상적인 영향을 조사하는 시험

      ㉡ 각종 기관이 형성되는 시기에 투여된 화합물이 기형 유발 여부 및 차세대의 신체 발달, 반사기능, 학습기능 발달 등의 이상 유무를 확인함

⑤ 번식 독성 시험reproductive toxicity test, 생식 독성 시험 : 식품첨가물을 암수 모두에게 투여한 후 교배시켜 생식능력, 임신, 분만, 보육과 차세대 번식과정에 미치는 영향을 평가하기 위한 방법임

⑥ 발암성 시험 : 식품첨가물의 발암성을 조사하는 시험으로 시험 결과 발암성이 확인된 경우에는 그 물질의 사용을 금지함

⑦ 면역 독성 시험 : 식품첨가물이 생물체의 면역체계에 이상을 일으키는지를 조사하는 시험임

Key Point　반수치사량과 반수효과량

✓ **반수치사량**(median lethal dose 50, LD_{50})
- 실험집단 내 동물의 50%가 사망하는 투여량이며, 체중 1kg당 mg 수 또는 g 수로 표시한다.
- 사용하고자 하는 첨가물의 LD_{50}의 값이 크다는 의미는 독성이 작다는 뜻이다.

✓ **반수효과량**(effective dose 50, EF_{50})
- 실험집단 내 동물의 50%에서 정해진 증세가 나타나는 용량이다.
- 최근 식품첨가물로 개발된 화학물질의 경우 안전도가 높으므로 LD_{50}, 개념도 적용하기 어려운 경우가 많아 반수효과량을 상대적 독성의 척도로 이용하기도 한다.

---

(2) 식품첨가물 1일 섭취허용량(Acceptable Daily Intakes, ADI)

① 인간이 어떤 식품첨가물을 일생 동안 매일 섭취해도 건강상 문제를 일으키지 않는 체중 1kg당 1일 섭취허용량

② 최대무작용량을 구한 다음 종간 차이동물과 사람, 인간 내 차이사람과 사람를 고려하여 100분의 1 수준으로 결정함. 또는 안전계수 100으로 나누어 결정함

③ 안전계수safety factor는 동물과 사람 간의 민감도 차이 10배와 사람과 사람 사이의 민감도 차이 10배 및 상승 효과를 고려하여 주로 100으로 정함

④ 1일 섭취허용량 = 최대무작용량NOAEL / 안전계수

2 | 식품첨가물의 섭취량 평가

식품첨가물의 1일 섭취량이 설정되고 첨가물의 사용이 허용되면 이후 지속적인 안전성 관리가 필요하므로 섭취량 평가를 진행한다.

(1) Budget 방법

① 식품첨가물 최대사용량에 계수를 적용하여 실제 소비되는 식품에 존재하는 식품첨가물의 수준을 산출하는 방법으로, 사용기준이 없는 신규 식품첨가물의 사용기준을 설정할 때 이용됨

② 장점 : 간단하고 경제적이며 다른 식습관패턴의 지역을 포괄적으로 수용함

③ 단점 : 결과가 과장될 수 있음

(2) Poundage 방법

① 식품첨가물의 생산량, 수출량, 수입량 등 통계자료에서 얻은 첨가물 생산량을 이용하여 1인당 평균섭취량을 추정하는 방법

② 장점 : 가장 간단하고 경제적임

③ 단점 : 공급량에 의한 평가이므로 정확한 섭취량을 파악하기 힘듦

(3) 단순 평가

① 식품 중 첨가물의 농도와 식품소비량에 의해서 섭취량을 산출하는 방법

② 식품첨가물의 분석자료가 부족하거나 섭취량자료가 부족할 때 초기 검색으로만 이용함

(4) 정밀 평가

① 개별 식이섭취량의 자료와 식품첨가물 사용량을 이용하여 사용기준 또는 식품 첨가물 농도를 직접 분석하여 섭취량을 산출하는 벙법

② 비용, 시간, 노력이 많이 드는 단점이 있음

03 식품첨가물의 종류

우리나라는 식품첨가물의 사용목적을 명확히 하기 위해 고시 제2016-32호에 따라 2018년 1월 1일부터 식품첨가물 분류체계가 화학적 합성품, 천연첨가물의 '제조방법 중심'에서 보존료, 산화방지제 등의 '용도 중심'으로 개편되었으며, '식품첨가물의 기준 및 규격'에 제시된 식품첨가물의 종류는 용도별 분류에 따라 총 31가지로 분류한다.

(1) 보존료

① 식품 저장 중 미생물의 증식으로 일어나는 식품의 부패나 변질을 방지하여 식품의 보존기간을 연장함

② 허용 보존료의 종류

　㉠ 데히드로초산 및 데히드로초산나트륨

　　▪ 허용된 보존료 중에서 가장 독성이 높고 열에는 극히 안정하며 중성 부근에서 효력이 있음

- 모든 미생물에 유효
- 자연치즈, 가공치즈, 버터류, 마가린류는 0.5g/kg 이하

ⓛ 소르빈산 및 소르빈산칼륨
- 미생물의 발육 억제작용이 강하지 않고 살균작용이 약함
- 산형보존료임
- 체내에서 대사되므로 안전성이 매우 높으며, 세균, 효모, 곰팡이에 모두 유효하지만, 젖산균과 클로스트리디움속의 세균에는 효과가 없음
- 젖산균음료, 된장, 고추장, 과채류의 된장절임, 소금절임, 식초절임 등

ⓒ 안식향산, 안식향산나트륨, 안식향산칼륨, 안식향산칼슘
- 인체에서 소변을 통하여 체외로 배출되므로 안전성이 높고 pH4 이하에서 효력이 높으며 중성 부근에서는 효력이 없음
- 살균작용과 발육 저지작용이 있으며, 온수에 녹여서 사용해야 하고 흡습성이 있어 밀폐용기에 보존해야 함
- 과일·채소류음료, 탄산음료류, 기타 음료, 간장류는 0.6g/kg 이하

ⓔ 프로피온산 및 프로피온산칼슘, 프로피온산나트륨
- 체내에서 대사되므로 안전성이 높으며 효모에는 효력이 거의 없으나 세균에는 유효함
- 빵류는 2.5g/kg 이하, 자연치즈와 가공치즈는 3g/kg 이하, 잼류는 1.0g/kg 이하

ⓜ 파라옥시안식향산메틸 및 파라옥시안식향산에틸 : 잼류 1.0g/kg, 간장류 0.25g/L 이하, 식초 0.1g/L 이하, 인삼·홍삼음료 0.1g/kg 이하, 소스류 0.2g/kg 이하

(2) 살균제

① 역할 : 식품 중의 부패 미생물 및 감염병 등의 병원균을 단시간 내에 사멸시키는 작용을 함

② 구비조건 : 살균력이 강하고 인체에 무해하며 값이 저렴해야 함

③ 종류 : 차아염소산나트륨, 차아염소수, 고도표백분은 과실류, 채소류 등

④ 식품의 살균목적 이외에 사용해서는 안 되며 최종 식품의 완성 전에 제거하여야 함

(3) 산화방지제

① 공기 중 산소에 의해 식품의 유지산패 및 식품의 변색이나 이미, 이취, 퇴색 방지를 위해 사용하는 첨가물로 항산화제라고도 함

② 종류

ⓐ 수용성 : L-아스코르빈산 ascorbic acid, 에리소르브산 erythorbic acid

- L-아스코르빈산 : 열, 햇빛, 공기에 의해 분해되나 건조상태에서는 비교적 안정적. 식육제품의 변색 방지, 과일통조림의 갈변 방지, 기타 식품의 풍미 유지에 사용
- 에리소르브산 : 산화 방지 이외의 목적으로 사용해서는 안 됨

ⓑ 지용성 : 몰식자산프로필 propyl gallate, 부틸히드록시아니솔 butylhydroxy anisole, BHA, 디부틸히드록시톨루엔 dibutyl hydroxy toluene, BHT

(4) 착색료

① 식품에 색을 부여하거나 인공적으로 착색시켜 색을 복원하기 위하여 사용하는 첨가물임

② 종류

ⓐ 천연착색료

- 장점은 안전성이 높고 색조가 자연스러움
- 단점은 가격이 비싸고 품질이 균일하지 못하며 변색이 쉽고 다양한 색을 내지 못함
- 베타카로틴 치즈, 버터, 마가린, 클로로필, 치자, 홍화, 코치닐, 감초 등

ⓑ 현재 허가된 합성착색료 : 타르계 색소 12종, 타르색소의 알루미늄 레이트 8종, 비타르계 9종, 모두 29종. 타르계 색소는 분말식품, 유지식품, 당의식품, 알사탕, 검, 도축잉크, 용기, 포장의 착색 등에 이용

(5) 발색제

① 식품 중의 색소와 작용하여 색을 강조하던가 색을 촉진하는 식품첨가물임

② 종류

ⓐ 아질산나트륨

- 미오글로빈이나 헤모글로빈과 반응하여 공기, 열, 세균 등에 안정한 니트로소미오글로빈 nitrosomyoglobin 이나 니트로소헤모글로빈 nitrosohemoglobin 을 생성. 선홍색을 띰
- 식품 중의 2급 아민과 반응하여 발암물질인 N-nitrosamine을 생성하기도 하지만 보툴리누스균 억제작용이 있어 보존료와 식중독의 방지제로서의 역할도 함

ⓛ 질산나트륨sodium nitrate, 질산칼륨potassium nitrate : 식품 중에서 세균에 의하여 아질산염으로 환원되어 발색제로 작용하며, 어육소세지, 식육햄, 식육소시지에 사용, 청주의 발효 조정제로도 이용함

(6) 산도조절제

① 식품의 산도 또는 알칼리도를 조절함

② 종류

  ㉠ 구연산 : 부드럽고 상쾌한 맛과 신맛이 있으며 청량음료, 치즈, 잼, 젤리 등에 이용

  ㉡ 빙초산 : 물로 희석하여 초산으로 만든 다음 식초, 절임 등에 사용

  ㉢ L-주석산 : 구연산보다 흡습성이 적으며, 신맛의 강도는 구연산의 1.2~1.3배 정도로 강하고 다소 떫은맛이 있으나 상쾌함

  ㉣ 글루코노델타락톤glucono-δ-lactone : pH 강하제로 식육·어육연제품에 사용되며 두부응고제로 이용됨

(7) 향료

① 식품에 특유한 향을 부여하거나 제조공정 중 손실된 식품 본래의 향을 보강함

② 종류

  ㉠ 천연향료 : 레몬오일, 오렌지오일, 천연과즙

  ㉡ 합성향료 : 지방산, 알코올 에스테르, 계피알데히드, 바닐린 등

(8) 피막제

① 식품의 표면에 광택을 내거나 보호막을 형성하여 과실, 채소 등을 저장 중 외관을 좋게 하고 신선도를 유지시킴

② 몰호린지방산염, 초산비닐수지

(9) 껌기초제

① 적당한 점성과 탄력성을 갖는 비영양성의 씹는 물질로서, 껌 제조의 기초원료임

② 초산비닐수지, 에스테르검, 폴리부텐 등

(10) 거품제거제

① 식품의 거품 생성을 방지하거나 감소하기 위하여 사용되는 첨가물

② 규소수지, 올레인산, 라우린산, 팔미트산

(11) 이형제

① 식품의 형태를 유지하기 위해 원료가 용기에 붙는 것을 방지하여 분리하기 쉽
도록 함

② 유동파라핀, 피마자유 등

(12) 추출용제

① 유용한 성분 등을 추출하거나 용해하기 위하여 사용하는 첨가물

② 메틸알코올, 부탄, 아세톤 등

(13) 팽창제

① 빵이나 과자 등을 제조할 때 제품을 부풀게 하여 연하고 맛이 좋으며 소화가 잘
되도록 하기 위해 첨가되는 물질

② 효모, 탄산나트륨, 산성피로인산나트륨 등

(14) 유화제

① 물과 기름처럼 잘 혼합되지 않는 두 종류의 액체를 혼합·분산시켜 분리되지 않
도록 하는 것

② 글리세린지방산에스테르, 소르비탄지방산에스테르, 스테아릴젖산나트륨 등

(15) 증점제

① 식품의 점도를 향상시키는 식품첨가물

② 가티검, 구아검, 아라비아검 등

(16) 표백제

① 일반 색소 및 발색성 물질을 탈색시켜 무색의 화합물로 변화시키거나 식품의 보
존 중에 일어나는 갈변, 착색 등의 변화를 억제하기 위하여 사용되는 첨가물임

② 종류

ⓐ 환원표백제

▪ 색소 중의 산소를 제거하는 환원작용에 의해 색소를 표백하는 것으로, 식
품 중에 이 표백제가 잔존하지 않으면 공기 중의 산소에 의해 색이 복원되
는 경우가 많음

▪ 메타중아황산칼륨, 무수아황산, 아황산나트륨_{결정}, 아황산나트륨_{무수}, 산성
아황산나트륨, 차아황산나트륨 등

- 아황산나트륨의 1일 섭취허용량ADI을 이산화황SO₂으로 환산하여 0.7mg/kg 이내로만 섭취하면 안전

ⓒ 산화표백제

- 산화작용에 의해 색소를 파괴하여 무색 또는 백색으로 변화시킴
- 과산화수소, 과산화벤조일, 차아염소산나트륨 등

(17 감미료

① 식품에 단맛을 부여하는 설탕 이외의 식품첨가물

② 사카린나트륨, 자일리톨, 감초추출물 등

(18) 밀가루개량제

① 제빵의 품질이나 색을 증진시키기 위해 밀가루나 반죽에 추가되는 식품첨가물

② 과황산암모늄, 염소, 아조디카르본아미드

■ 표 1. 용도에 따른 식품첨가물의 종류

종류	정의	종류
고결방지제	분말제품 등 식품의 구성성분이 서로 엉켜 고형화되는 것을 방지하는 식품첨가물	규산마그네슘, 이산화규소, 실리코알루민산나트륨 등
분사제	용기에서 식품을 방출시키는 가스	산소, 이산화탄소 등
젤형성제	젤을 형성하여 식품에 조직감을 부여하는 식품첨가물	젤라틴, 염화칼륨
습윤제	식품이 건조되는 것을 방지하는 식품첨가물	글리세린, 프로필렌글리콜, 폴리덱스트로스 등
안정제	두 가지 또는 그 이상의 성분을 일정한 분산형태로 유지하는 식품첨가물	시클로덱스트린, 시클로덱스트린시럽, 옥시스테아린 등
여과보조제	불순물 또는 미세한 입자를 흡착하여 제거시키는 식품첨가물	규조토, 백도토, 산성백토 등
영양강화제	식품의 영양학적 품질을 유지하기 위해 제조공정 중 손실된 영양소를 복원하거나 영양소를 강화시키는 식품첨가물	비타민류, 아미노산류, 무기염류 등
응고제	식품성분을 결착 또는 응고시키거나 과일 및 채소류의 조직을 단단하거나 바삭하게 유지	염화마그네슘, 조제해수염화마그네슘, 황산칼슘 등

〔표 계속〕

제조용제	식품의 제조·가공 시 촉매, 침전, 분해, 청징 등의 역할을 하는 보조제	메톡사이드나트륨, 스테아린산, 염산 등
효소제	반응속도를 높여 주는 촉매작용을 하는 식품첨가물	종국 등
향미증진제	식품의 맛 또는 향미를 증진시키는 식품첨가물	L-글루탐산, 카페인, 효모추출물
충전제	산화나 부패로부터 식품을 보호하기 위해 식품의 제조 시 포장용기에 의도적으로 주입시키는 가스	산소, 수소, 아산화질소 등
표면처리제	식품의 표면을 매끄럽게 하거나 정돈하기 위해 사용하는 식품첨가물	탤크 등

2019년 기출문제 B형

다음은 식품첨가물인 표백제에 대한 설명이다. 괄호 안의 ㉠, ㉡에 해당하는 명칭을 순서대로 쓰고, ㉡의 사용기준과 밑줄 친 부분에 대한 이유를 서술하시오. 【4점】

> 식품의 색소와 발색물질을 파괴하여 무색으로 변화시키기 위해 사용되는 표백제는 산화표백제와 환원표백제로 분류된다. 현재 식품에 사용이 허가된 산화표백제인 (㉠)은/는 살균제로도 사용되며 최종 식품의 완성 전에 분해 또는 제거되어야 한다. 한편 환원표백제인 (㉡)은/는 산화표백제와는 달리 색이 복원되는 단점이 있다.

위생 관리

01 HACCP(식품안전관리인증기준)의 개요

- 우리나라는 1995년 식품위생법을 개정하여 식품제조에 HACCP(Hazard Analysis and Critical Control Points) 시스템 적용을 규정한 이후 현재는 '식품안전관리인증기준'(개정 2014년 5월 28일)이라고 명칭을 변경하였음

- 식품위생법 제48조 제1항 '식품의 원료 관리 및 제조·가공·조리·소분·유통의 모든 과정에서 위해한 물질이 식품에 섞이거나 식품이 오염되는 것을 방지하기 위하여 각 과정의 위해요소를 확인·평가하여 중점적으로 관리하는 기준임

- HA : 식품안전에 영향을 줄 수 있는 생물학적, 화학적, 물리적 위해요소와 이를 유발할 수 있는 조건이 존재하는지 여부를 판별하기 위하여 필요한 정보를 수집하고 평가함

- CCP : 식품의 위해를 방지·제거하거나 허용 수준 이하로 감소시켜서 당해 식품의 안전성을 확보할 수 있는 단계 또는 공정임

- 교육부에서는 HACCP 방식에 근거한 '학교급식 위생관리 지침서'를 2001년에 개발하였고, 이에 준해 직영급식학교에서는 2001년부터, 위탁급식학교에서는 2002년부터 적용하도록 뒷받침하였고 '학교급식 위생관리 지침서'는 2002년 1차, 2004년 2차, 2010년 3차, 2016년 4차 개정판을 발간하였음

(1) 식품안전관리인증 대상 식품

① 수산가공식품류의 어육가공품류 중 어묵·어육소시지
② 기타 수산물가공품 중 냉동어류·연체류·조미가공품
③ 냉동식품 중 피자류·만두류·면류
④ 과자류, 빵류 또는 떡류 중 과자·캔디류·빵류·떡류

⑤ 빙과류 중 빙과

⑥ 음료류_{다류茶類} 및 커피류는 제외

⑦ 레토르트식품

⑧ 절임류 또는 조림류의 김치류 중 김치

⑨ 코코아가공품 또는 초콜릿류 중 초콜릿류

⑩ 면류 중 유탕면 또는 곡분, 전분, 전분질원료 등을 주원료로 반죽하여 손이나 기계 따위로 면을 뽑아내거나 자른 국수로서 생면·숙면·건면

⑪ 특수용도식품

⑫ 즉석섭취·편의식품류 중 즉석섭취식품

⑬ 식품제조·가공업의 영업소 중 전년도 총 매출액이 100억 원 이상인 영업소에서 제조·가공하는 식품

(2) 식품안전관리인증기준(HACCP) 적용 업소

① 식품_{식품첨가물 포함}제조·가공업

② 건강기능식품제조업

③ 집단급식소

④ 식품접객업

⑤ 도시락제조·가공업_{운반급식 포함}

⑥ 집단급식소식품판매업

⑦ 즉석식품판매제조가공업

⑧ 식품소분업

⑨ 축산물작업장·업소·농장

02 HACCP 시스템 적용원리

HACCP 관리체계 구축절차는 사전준비단계인 5절차와 HACCP 7원칙을 포함하여 총 12절차로 구성된다.

[그림 01] HACCP 7원칙 12절차

(1) HACCP 계획의 개발(준비 5단계)

① 절차 1. HACCP 팀 구성 : 효과적인 HACCP 계획의 개발을 위하여 해당 제품
   에 대한 특별 지식과 전문성을 가진 팀을 구성

■ 표 1. HACCP 팀의 역할

종류	역할	비고
HACCP 팀장	■ HACCP 팀의 총괄책임자로서 HACCP의 운영 사항을 주관 ■ HACCP 관리 및 선행요건 관리 기준서의 제정 및 개정 승인 ■ 한계기준 이탈 시 조치 및 개선사항에 대한 승인 ■ HACCP 교육 및 훈련을 위한 계획 수립 및 실시 ■ 협력업체의 정기적인 지도 감독과 식품위생 관련 기록 확인 ■ HACCP 시스템 실행 및 개선의 전반적인 책임	HACCP 교육을 이수하여 일정 수준의 전문성이 확보되어야 함
HACCP 팀원	■ HACCP 팀 활동을 통해 HACCP 시스템 구축을 위한 자료 수집 및 의견 개진 ■ CCP 모니터링, 개선조치, 기록 유지 실행	
HACCP 위원회	■ 식품안정성에 대한 방향 설정 ■ HACCP에 필요한 자원 제공 ■ HACCP 계획 검토	-

② 절차 2. 제품설명서 작성
  ㉠ 제품설명서를 작성하는 목적은 해당 제품에 안전성 관련 특성을 알려주는 데 있음
  ㉡ Codex 원칙에 의하면 pH, 수분활성도Aw, 보존료 유무, 사용된 보존료의 종류와 함량을 포함하도록 함

③ 절차 3. 용도 확인
  ㉠ 공급되는 식품의 위해성을 평가하고 한계기준을 결정하는 데 반영함
  ㉡ 병원 급식, 노인시설 급식, 영·유아 급식 등 소비하는 대상집단 중에 피해를 받기 쉬운 특수층이 있는 경우 더욱 주의할 필요가 있음
  ㉢ 가열 조리 후 섭취하는지, 그대로 섭취하는지, 다른 식품의 원재료로 사용되는지 등을 파악하며 제품설명서에 제품용도를 기재함

④ 절차 4. 공정흐름도 작성
  ㉠ 공정흐름도 작성의 목적은 원재료의 입고에서부터 완제품 출하에 이르기까지 전체 공정을 파악함으로써 제품의 생산시스템을 정확히 이해하는 데 있음
  ㉡ 교육부에서 학교급식 HACCP 모델을 개발할 때 모든 음식을 조리공정별로 비가열 조리공정, 가열 조리 후 처리공정, 가열 조리공정의 세 가지로 구분하여 작업공정의 흐름도를 작성함

- 비가열 조리공정 : 가열공정이 전혀 없는 조리공정
- 가열 조리 후 처리공정 : 식재료를 가열 조리한 후 수작업을 거치는 조리공정
- 가열 조리공정 : 가열 조리 후 바로 배식하는 조리공정

⑤ 절차 5. 공정흐름도 현장 확인
  ㉠ 작성한 공정흐름도가 실제 현장에서의 작업공정과 일치하는지를 확인하는 과정이 반드시 필요함
  ㉡ HACCP 팀은 작성한 공정흐름도를 지참하고 작업현장에 나가 공정순서에 따라 이동하면서 정확성을 직접 눈으로 확인함
  ㉢ 공정이 변경되면 그때마다 공정흐름도를 재작성하고 현장 확인을 거쳐야 함

(2) HACCP 체계의 7원칙

① 위해요소 분석 hazard analysis
  ㉠ 식품안전에 영향을 줄 수 있는 위해요소와 이를 유발할 수 있는 조건이 존재하는지 여부를 판별하기 위하여 필요한 정보를 수집하고 평가하는 일련의 과정
  ㉡ 생물학적 위해요소, 화학적 위해요소, 물리적 위해요소로 구분
    - 생물학적 위해요소 biological hazards : 병원성 세균, 바이러스, 기생충, 진균류 등
    - 화학적 위해요소 chemical hazards : 중금속 수은, 납, 카드뮴, 비소 등, 천연독소 곰팡이독소, 패류독, 버섯독, 복어독 등, 잔류농약, 남용되거나 오용된 식품첨가물, 환경호르몬, 알레르기 유발물질, 기타 생산공정에서 혼입될 수 있는 세척제·소독제나 조리과정에서 생성될 수 있는 아크릴아마이드 등
    - 물리적 위해요소 physical hazards : 인체에 상처를 줄 수 있는 뼛조각, 유리파편, 금속조각, 플라스틱조각, 돌, 녹, 모발, 종사원 장신구, 스테이플러 심, 클립, 고무밴드, 기생충 알, 곤충 생체 혹은 파편, 설치류 분변 등의 이물질
  ㉢ 원·부재료의 검수에서부터 전처리·조리·배식 서빙 혹은 일정 시간 보관 후 유통되어 최종적으로 급식 대상자 고객 가 섭취하기까지 각 공정단계에서 발생할 가능성이 있는 잠재적인 위해를 도출
  ㉣ 위해요소분석은 HACCP 관리기준의 과학적 근거를 제공해 줄 수 있음

② 중요관리점 critical control point, CCP 결정 : 식품 위해요소를 예방, 허용 수준으로 감소될 수 있는 지점이나 단계 또는 절차과정. 원재료의 생산 및 제조에 해당하는 모든 장소, 공정, 작업과정을 중요관리점으로 결정함

       ⊙ 식중독 발생원인의 각 단계별 검토

          ▪ 교차오염의 가능성 검토

          ▪ 기타 위해요소

       ⓛ 각 생산단계별 특정 온도 검토

          ▪ 소요시간, 가열, 재가열, 보관단계 검토

          ▪ 생산과 급식까지의 시간차, 교차오염, 종업원의 개인위생 검토

       ⓒ 중요관리점의 규명 : CCP 결정도 참조

③ 각 CCP에 대한 한계기준critical limit, CL 설정

       ⊙ CCP에서의 위해요소에 대한 관리가 허용범위 이내로 이루어지고 있는지 여부를 판단할 수 있는 기준이나 기준치 설정

       ⓛ 보관온도, 조리온도, 열장온도, 해동조건, 각종 소독액의 적정 농도, 사용방법에 대한 기준을 정하는 것

       ⓒ 예를 들어 검수단계의 한계기준으로는 PHF는 5℃ 이하, 냉동식품은 -18℃ 이하, 승인된 공급처로부터 공급받을 것 등이 될 수 있음

④ 각 CCP에 대한 모니터링방법 설정

       ⊙ 중요관리점이 한계기준에 적합하게 관리되는지를 보장하기 위해서 현장에서 식품을 제조·가공·조리하는 현장 담당자가 주기적으로 CCP 관리의 운영상태를 측정 또는 관찰하는 사전에 계획된 활동

       ⓛ 모니터링자료는 문제 발생 시 즉각적 개선조치를 취할 수 있는 지식과 권한을 가진 사람이 평가

       ⓒ HACCP 적용 급식소의 경우 CCP에서 주로 온도계나 테스트 페이퍼 등을 이용하여 모니터링을 실시

       ⓔ 모니터링 결과의 기록은 HACCP 제도가 올바르게 운영되고 있음을 평가하는 중요한 자료

       ⓜ 모니터링 결과는 위생 관리에 반영하여 문제가 발생했을 경우 원인 규명 및 책임소재 구분의 근거를 확보하는 데 활용됨

▪표 2. CCP 모니터링방법 설정과정

감시 또는 측정방법	감시 또는 측정	기록
▪ 관리기준 일치여부 확인 ▪ 적합성 확인단계의 근거 제공	▪ 온도 : 소요시간 ▪ 육안 감시 : 종업원 관찰, 원재료 검수	▪ 온도, 소요시간 기록표 ▪ 식품온도 모니터링 기록표

⑤ 개선조치의 설정

　　㉠ 개선조치는 CCP에서의 작업내용이 한계기준을 이탈 시 최종 조리음식의 안전성 확보를 위해서 모니터링과 마찬가지로 현장에서 이루어 짐

　　㉡ 모니터링 결과 한계기준 이탈 시 즉시 시행

　　㉢ 개선조치에 대한 기록은 HACCP 제도가 올바르게 운영되고 있음을 평가하는 중요한 근거자료

　　㉣ CCP를 조정하고자 할 때 공정분석자료로 활용

　　㉤ 개선조치 전후 사진 등을 첨부하여 개선조치 이행의 신뢰도를 높이도록 관리

⑥ 검증verification 절차 및 방법 설정

　　㉠ 계획에 대한 유효성 평가 : HACCP 계획이 올바르게 수립되어 있는지 확인

　　㉡ 계획의 실행성 검증 : HACCP 계획이 설계된 대로 이행되고 있는지 확인

　　　ⓐ HACCP 관리 계획의 유효성validation과 실행implementation 여부를 정기적으로 평가하는 일련의 활동

　　　ⓑ 체계적으로 검증을 수행하기 위해서는 연간, 월간 정기검증 계획 또는 부정기적인 특별검증 계획 등을 작성

　　　　▪ 검증주체에 따른 분류

　　　　　- 내부검증 : 사내에서 자체적으로 검증원을 구성하여 실시

　　　　　- 외부검증 : 정부 또는 적격한 제3자가 검증을 실시하는 경우

　　　　▪ 검증주기에 따른 분류

　　　　　- 최초검증 : HACCP 계획을 수립하여 최초로 현장에 적용할 때 실시하는 계획의 유효성 평가validation

　　　　　- 일상검증 : 일상적으로 발생되는 기록문서 등 검토 확인

　　　　　- 특별검증 : 새로운 위해정보 발생 시, 해당 식품의 특성 변경 시, 원료 제조공정 등의 변동 시, HACCP 계획의 문제점 발생 시

　　　　　- 정기검증 : 정기적으로 HACCP 시스템의 적절성 재평가

⑦ 문서화 및 기록 유지방법 설정

　　㉠ HACCP 시스템을 문서화하기 위한 효과적인 기록 유지 절차를 설정하는 단계

　　㉡ CCP 일지는 최종 조리음식의 안전성 확보를 위한 노력의 실제 수행 여부를 증빙할 수 있는 중요한 근거자료

ⓒ 검수일지, 냉장·냉동고 온도 관리일지, 해동이나 세척·소독과정을 포함한 전처리 공정일지, 조리공정일지, 배식일지, 식기류 세척·소독일지, 창고 저장·보관일지, 개인위생 점검일지 등

ⓔ CCP 일지를 포함한 각종 일지는 매일 해당 작업이 진행될 때 실시간으로 작성함

ⓜ 위생사고 발생 시 원인 규명 및 책임소재 판명을 위한 근거자료가 되며 법적 근거를 확보하는 차원에서도 중요

ⓗ HACCP 각 단계별 기록 유지 내용

- HACCP 관련 부서 및 책임자
- 생산공정표
- 온도기록표
- HACCP 관리 기준서
- CCP에 대한 모니터링 기록
- 개선조치 기록
- 조리원 위생교육 계획서

(3) 위생교육과 훈련

① 식품의 위생 규제를 위해서는 HACCP 제도에 따른 교육과 훈련프로그램을 계획

② 교육과 훈련이 필요한 사람과 그들에게 제공될 HACCP의 교육내용 문서화 필수

■ 표 3. 중요관리점별 위생교육의 내용

중요관리점	위생교육의 내용
식단구성	■ 생산 시 주의를 요하는 식품 ■ HACCP을 기초로 한 표준 레시피 ■ 1일 생산계획표
잠재적으로 위험한 식단의 공정 관리	■ 잠재적으로 위험한 식단 ■ 실온 방치 시 시간 지체에 의한 미생물 증식 가능성 ■ 생산계획표에 의한 조리시간기준 ■ 온도 관리

(표 계속)

식재료의 구매와 검수	■ 식재 운반차량의 위생 관리 ■ 식품별 검수항목 및 기준 ■ 식품별 검수온도 ■ 온도 측정법 및 온도계 소독법
냉장 및 냉동온도	■ 온도 관리기준의 원리 ■ 온도 통계 및 교차오염 방지
해동	■ 해동기준의 원리 ■ 적정 행동방법
준비과정	■ 식재의 장시간 실온 방치 금지 ■ 교차오염 방지
생채소, 과일의 세척 및 소독	■ 세척 후 청결상태 확인법 ■ 소독제 제조방법 및 사용방법 ■ 소독제 농도 확인법
조리온도	■ 온도 측정방법 ■ 온도 측정 대상 식품 ■ 조리온도 기준
냉각	■ 위험온도 범주 ■ 올바른 냉각방법
식품 접촉 표면의 세척 및 소독	■ 세척 및 소독수의 온도기준 ■ 소독제 제조 및 사용방법 ■ 소독제 농도 확인법 ■ 세척 후 청결상태 확인법 ■ 열탕 소독방법 ■ 식시세척기의 온도 확인
개인위생	■ 감염성 질환 시 보고 ■ 청결한 복장 유지 ■ 청결한 개인위생 습관 유지 ■ 손 씻는 시점 및 손 세척방법
배송과 배식	■ 운반기구 및 배식기구의 청결 ■ 배식자의 위생상태 ■ 운반차량의 온도 유지 및 청결 ■ 적절한 배식온도

다음은 HACCP 시스템을 적용하여 학교급식을 운영하는 영양교사가 CCP(Critical Control Point)와 CP(Control Point)의 한계기준 일부를 문서화한 것이다. CCP와 CP를 결정하는 단계 이전에 진행하여야 할 원칙의 명칭과 그 내용을 쓰고, 괄호 안의 ㉠, ㉡ 한계기준 중 시간 관리 측면에서의 관리기준을 설명하시오. [5점]

공정	한계기준
CCP 1. 식단의 구성	위해도가 높은 식단 제한
CCP 2. 잠재적으로 위험한 식단의 공정 관리	(㉠)
CCP 3. 검수	냉장·냉동식품 온도 측정
CCP 4. 냉장·냉동고 관리	냉장실, 냉동실 온도 확인
CP 5. 생채소, 과일의 세척 및 소독	흐르는 물 세척, 소독제에 소독
CCP 6. 식품 취급 및 조리과정	조리기구의 구분 사용 가열 조리 식품의 중심온도 확인
CCP 7. 운반 및 배식	(㉡)
CP 8. 식품 접촉 표면 세척 및 소독	세척 시 헹굼 온도 확인 기구 소독 시 소독액 농도 확인

자료 : 교육과학기술부, 「학교급식 위생관리 지침서」, 2010.

03 급식종사자의 위생 관리

(1) 건강 진단 : 1년 1회(학교급식 조리종사원은 6개월 1회) 정기 건강 진단

① 조리업무 종사를 금지해야 하는 경우
㉠ 제1군감염병 : 콜레라, 장티푸스, 파라티푸스, 세균성이질, 장출혈성대장균감염증, A형간염
㉡ 제3군감염병 중 결핵 비감염성 제외
㉢ 피부병 및 화농성 질환자
② 조리작업에서 배제해야 하는 경우
㉠ 발열, 복통, 구토, 설사, 인후염 등의 증상이 있는 경우
㉡ 본인 및 가족 중에 법정 감염병 보균자가 있거나 발병한 경우
㉢ 손, 얼굴 등에 화농성 상처나 종기 발생 시

(2) 손 위생

① 조리장 입구, 전처리실, 식기세척실에 손 세척용 전용 싱크대 설치

② 손 세척 → 손 소독70% 에틸알코올 또는 살균소독액을 충분히 분무 → 자연 건조

③ 소독제가 함유된 역성비누양성비누를 사용해 손을 세척 한 경우 별도의 손 소독 과정 생략 가능

④ 손에 상처가 발생한 경우 조리작업에서 제외

> **Key Point** **역성비누**양성비누**의 특징**
>
> ✓ 조리종사원의 손 또는 조리기구 소독제로 사용된다.
> ✓ 4급 암모늄염으로 무색, 무취, 무자극성이다.
> ✓ 세정력은 약하나 살균력이 강하다.
> ✓ 보통 비누와 반대로 물에 해리하여 계면 활성 부분이 양성을 나타낸다.
> ✓ 일반비누와 병용하면 살균력이 없어진다.

04 급식기기의 위생 관리

(1) 세척

① 급식기구 및 용기 표면의 음식찌꺼기, 기름기 등을 세제를 사용하여 제거하기 위한 작업

② 세제는 용도에 따라 1종, 2종, 3종 3가지 종류로 분류

③ 세척제에 함유된 성분에 따라 알칼리성세제, 산성세제, 용해성세제, 연마성세제 등으로 분류, 용도에 적합한 세척제를 선택해 사용

④ 식기세척기 이용 시 세척기를 통과한 식판의 표면온도가 71℃ 이상인지 라벨형 온도계로 확인

■ 표 4. 세척제의 용도별 분류 및 사용

세척의 종류		내용
1종 세척기	채소용 또는 과일용 세척기	사람이 그대로 먹을 수 있는 채소 또는 과일 등에 사용. 채소, 과일을 5분 이상 담가서는 안 되며 씻은 후에는 반드시 먹는 물로 세척 ■ 흐르는 물 : 과일·채소 30초 이상, 식기류 5초 이상 ■ 흐르지 않는 물 : 물을 교환하여 2회 이상 세척

(표 계속)

2종 세척제	식기류용 세척제(자동세척기 용 또는 산업용 식기류 포함)	NaOH(수산화나트륨) 함유량 5% 미만의 제품 사용
3종 세척제	식품의 가공기구용, 조리기구용 세척제	2, 3종 세척제 사용 후에는 잔류하지 않도록 음 용에 적합한 물로 씻어야 함. 사용용도 이외로 사 용하거나 규정량 이상 사용하여서는 안 됨

※1종은 2종 및 3종(또는 2종을 3종으로)으로 사용 가능하나, 3종은 2종으로(또는 2종을 1종으로) 사용 불가
※자료 : 식품의약안전처(2016) 식중독 예방진단 컨설팅매뉴얼 재구성

(2) 소독

① 급식기구, 용기 및 음식이 접촉되는 표면에 존재하는 미생물을 안전한 수준으로 감소시키는 것

② 소독방법 : 자비소독열탕소독, 건열소독, 자외선소독, 화학소독 등

③ 칼, 도마 : 작업 변경 시 세척하여 차아염소산용액으로 소독 후 사용, 작업 종료 후에는 소독액조에 침지해 소독 후 자외선소독기에 보관

④ 행주 : 세척하고 열탕소독 후 일광건조

■표 5. 살균소독의 종류 및 방법

소독 종류	대상	방법
자비소독 (열탕소독)	식기, 행주	■ 열탕소독 : 100℃에서 5분 이상 가열 ■ 증기소독기 : 100~120℃에서 10분 이상 가열
건열소독	식기	■ 160~180℃의 식기소독기 또는 식기세척기 내에서 30분 소독 ■ 식기세척기를 통과한 식기의 표면온도는 71℃ 이상이 어야 함
자외선 소독	칼, 도마, 컵, 기타 식기구	■ 살균력이 가장 강한 2,537Å 파장의 자외선램프가 부착 된 자외선 소독기 이용 ■ 살균력은 램프출력, 사용기간 등에 따라 차이가 있으므 로 제품설명서에 표시된 권장 살균시간(예 출력 10w 램 프 사용 시 40분 이상) 동안 살균 ■ 자외선은 살균력은 강하지만 물질을 투과하지 못해 컵이 나 기구 등을 포개거나 엎어두면 살균 효과가 없기에 컵 등의 내면이 자외선램프 쪽을 향하고 겹치지 않게 1단씩 만 배치 ■ 살균력은 습도가 높으면 감소하므로 식기류를 세척하여 건조시킨 후 자외선 소독기에 넣도록 함 ■ 자외선램프의 표면을 주기적으로 청소하여 자외선 방사 효율을 최적상태로 유지

(표 계속)

| 화학소독 | 작업대, 기기, 칼, 도마, 고무장갑 | ■ 용도에 맞는 살균소독제를 용법과 용량에 맞게 사용
■ 염소용액(주로 차아염소산나트륨 사용)
　- 식품 접촉 기구 및 용기표면 소독 : 200ppm 1분 이상
　- 발판소독조 : 100ppm
■ 요오드용액 : pH5 이하, 24℃ 이상, 25ppm 1분 이상
■ 70% 에틸알코올 : 손 용기 등에 분무 후 건조 |

학교급식법 시행규칙 [별표 4] 〈개정 2013. 11. 22.〉

학교급식의 위생·안전관리기준 제6조 제1항 관련

1. 시설관리

가. 급식시설·설비, 기구 등에 대한 청소 및 소독 계획을 수립·시행하여 항상 청결하게 관리하여야 한다.

나. 냉장·냉동고의 온도, 식기세척기의 최종 헹굼수 온도 또는 식기소독보관고의 온도를 기록·관리하여야 한다.

다. 급식용수로 수돗물이 아닌 지하수를 사용하는 경우 소독 또는 살균하여 사용하여야 한다.

2. 개인위생

가. 식품취급 및 조리작업자는 6개월에 1회 건강진단을 실시하고, 그 기록을 2년간 보관하여야 한다. 다만, 폐결핵 검사는 연 1회 실시할 수 있다.

나. 손을 잘 씻어 손에 의한 오염이 일어나지 않도록 하여야 한다. 다만, 손 소독은 필요시 실시할 수 있다.

3. 식재료관리

가. 잠재적으로 위험한 식품 여부를 고려하여 식단을 계획하고, 공정관리를 철저히 하여야 한다.

나. 식재료 검수 시 「학교급식 식재료의 품질관리기준」에 적합한 품질 및 신선도와 수량, 위생상태 등을 확인하여 기록하여야 한다.

4. 작업위생

가. 칼과 도마, 고무장갑 등 조리기구 및 용기는 원료나 조리과정에서 교차오염을 방지하기 위하여 용도별로 구분하여 사용하고 수시로 세척·소독하여야 한다.

나. 식품취급 등의 작업은 바닥으로부터 60cm 이상의 높이에서 실시하여 식품의 오염이 방지되어야 한다.

다. 조리가 완료된 식품과 세척·소독된 배식기구·용기 등은 교차오염의 우려가 있는 기구·용기 또는 원재료 등과 접촉에 의해 오염되지 않도록 관리하여야 한다.

라. 해동은 냉장해동(10℃ 이하), 전자레인지 해동 또는 흐르는 물(21℃ 이하)에서 실시하여야 한다.

마. 해동된 식품은 즉시 사용하여야 한다.

바. 날로 먹는 채소류, 과일류는 충분히 세척·소독하여야 한다.

사. 가열 조리 식품은 중심부가 75℃(패류는 85℃) 이상에서 1분 이상으로 가열되고 있는지 온도계로 확인하고, 그 온도를 기록·유지하여야 한다.

아. 조리가 완료된 식품은 온도와 시간관리를 통하여 미생물 증식이나 독소 생성을 억제하여야 한다.

5. 배식 및 검식

가. 조리된 음식은 안전한 급식을 위하여 운반 및 배식기구 등을 청결히 관리하여야 하며, 배식 중에 운반 및 배식기구 등으로 인하여 오염이 일어나지 않도록 조치하여야 한다.

나. 급식실 외의 장소로 운반하여 배식하는 경우 배식용 운반기구 및 운송차량 등을 청결히 관리하여 배식 시까지 식품이 오염되지 않도록 하여야 한다.

다. 조리된 식품에 대하여 배식하기 직전에 음식의 맛, 온도, 조화(영양적인 균형, 재료의 균형), 이물(異物), 불쾌한 냄새, 조리상태 등을 확인하기 위한 검식을 실시하여야 한다.

라. 급식시설에서 조리한 식품은 온도관리를 하지 아니하는 경우에는 조리 후 2시간 이내에 배식을 마쳐야 한다.

6. 세척 및 소독 등

가. 식기구는 세척·소독 후 배식 전까지 위생적으로 보관·관리하여야 한다.

나. 「감염병의 예방 및 관리에 관한 법률 시행령」 제24조에 따라 급식시설에 대하여 소독을 실시하고 소독필증을 비치하여야 한다.

7. 안전관리

가. 관계규정에 따른 정기안전검사{가스·소방·전기안전, 보일러·압력용기·덤웨이터(dumbwaiter) 검사 등}를 실시하여야 한다.

나. 조리기계·기구의 안전사고 예방을 위하여 안전작동방법을 게시하고 교육을 실시하며, 관리책임자를 지정, 그 표시를 부착하고 철저히 관리하여야 한다.

다. 조리장 바닥은 안전사고 방지를 위하여 미끄럽지 않게 관리하여야 한다.

8. 기타 : 이 기준에서 정하지 않은 사항에 대해서는 식품위생법령의 위생·안전관련 기준에 따른다.

참고문헌

1. 식품위생 원리와 실제. 곽동경 외 6인. 교문사. 2014

2. 식품위생학. 구난숙 외 3인. 파워북. 2015

3. 식품위생학. 권훈정 외 3인. 교문사. 2011

4. 식품위생학. 윤기선 외 5인. 파워북. 2018

5. 식품위생학 및 법규. 최해연 외 5인. 파워북. 2017

6. 이해하기 쉬운 HACCP 이론과 실제. 어금희 외 5인. 파워북. 2019

7. 학교급식 위생관리 지침서(제4판). 교육부. 2016

단체급식 및 실습

단체급식 관리 개요

급식산업은 환대산업(hospitality industry)의 한 분야이다. 환대산업이란 고객을 맞이하여 봉사함으로써 가치를 창출하는 숙박, 급식, 관광, 레저 등의 서비스산업이다.

01 급식산업의 분류

(1) 비상업성 급식(institutional/noncommercial food service)

① 영리보다는 구성원의 편익 복리후생을 위해 음식을 제공하는 교육기관, 산업체, 의료기관, 공공기관 및 단체에서의 급식임

② 집단급식소 대통령령으로 정하는 시설[식품위생법 제2조 제12호] : "집단급식소"란 영리를 목적으로 하지 아니하면서 특정 다수인에게 계속하여 음식물을 공급하는 다음 어느 하나에 해당하는 곳의 급식시설로서 대통령령으로 정하는 시설을 말함

　㉠ 기숙사

　㉡ 학교

　㉢ 병원

　㉣「사회복지사업법」제2조 제4호의 사회복지시설

　㉤ 산업체

　㉥ 국가, 지방자치단체 및 「공공기관의 운영에 관한 법률」 제4조 제1항에 따른 공공기관

　㉦ 그 밖의 후생기관 등

③ 집단급식소의 범위 식품위생법 시행령 제2조 : 「식품위생법」 제2조 제12호에 따른 집단급식소는 1회 50명 이상에게 식사를 제공하는 급식소를 말함

(2) 상업성 급식(commercial food service) : 외식업

① 일반 대중을 대상으로 영리를 주요 목적으로 식사를 판매함

② 일반 및 휴게 음식점, 출장음식 및 도시락업, 호텔 및 숙박시설, 스포츠시설 및 휴양지, 교통기관, 제과점, 커피숍, 편의점 등의 식당 영업

02 단체급식의 유형

(1) 급식체계별 유형

① 전통적 급식체계 conventional food service system

　　㉠ 특징

　　　　■ 현재까지 대부분의 단체급식소에서 사용된 재래방식의 급식형태임

　　　　■ 음식의 생산, 분배, 서비스가 모두 같은 장소에서 연속적으로 이루어지는 급식형태임

　　　　■ 적온 배식이 가능함

　　　　■ 식재료는 원재료상태 또는 전처리식품을 대부분 사용하지만 인건비 상승 및 식품기술 발전으로 인해 조리가공식품 사용이 늘고 있음

　　　　　식재료　　→　**조리 생산**　→　**온장 또는 냉장 유지**　→　**배식**
　　　　(주로 원재료, 반제품 구입)

　　㉡ 장점 : 다양한 고객의 요구나 식재료의 가격 변동에 따라 탄력적으로 식단 작성을 할 수 있고 식재료나 음식의 저장공간이 덜 필요함

　　㉢ 단점

　　　　■ 종사원의 작업 스트레스가 크고 다른 급식체계에 비해 노동생산성이 낮은 편임

　　　　■ 숙련된 조리종사원이 필요하므로 다른 급식체계에 비해 인건비가 높음

② 중앙공급식 급식체계 commissary food service system

　　㉠ 특징

　　　　■ 공동조리장 central kitchen 에서 대량 생산한 음식을 운송하여 인접한 단위급식소 satellite kitchen 에서 재가열 후 배식

　　　　■ 주방시설이 없는 상태에서도 가능한 급식시스템임

　　　　■ 학교급식의 공동조리교 운영방식

　　　　■ 음식의 생산과 소비장소가 분리됨

식재료 → **조리** → **운송** → **배식**
(주로 원재료, 반제품 구입)

Key Point 공동조리장과 단위급식소

✓ **공동조리장**(central kitchen / CPU, central production units / 중앙급식생산소)
- 각 메뉴의 표준화된 레시피 사용이 가능하고 일정하게 음식의 품질을 유지할 수 있다.
- 효율적인 재고 관리, 생산 관리, 위생안전 관리가 가능하다.
- 조리기구의 사용을 극대화할 수 있다.
- 공동조리장 선정 시 인근 단위급식소까지의 운송거리와 시간, 급식을 요구하는 곳이 추가로 생길 가능성 등을 고려해야 한다.

✓ **단위급식소**(satellite kitchen, end kitchen) 작은 공간만 필요하고 음식 생산을 위한 시설과 기기가 필요 없어 생산에 필요한 시설 투자비와 에너지의 비용이 절감된다.

ⓛ 장점
- 식재료의 대량 구입과 생산이 공동조리장에 집중되어 식재료의 구입비를 절감함
- 단위급식소에서는 생산, 인력, 조리시설의 설치비를 절약할 수 있고 조리기기도 제한적으로 설치하기 때문에 공간도 절약할 수 있음 급식경비 절감
- 중앙 관리로 음식의 질과 양을 표준화 할 수 있으며 식재료 검수, 저장, 재고 관리 등의 급식 관리의 효율성이 높음 효과적인 관리 감독이 가능

ⓒ 단점
- 공동조리장 시설에 초기 투자비용이 많이 들고 음식의 생산과 운송에 특수한 기기와 운반차량이 필요함
- 급식 전까지 안전한 품질 유지을 위한 보온·보냉기구와 특수설비차량이 필요
- 날씨 변동이나 운반차 고장 등으로 배달 지연 사고로 인한 차질이 우려됨
- 운반거리가 멀 경우 운반비의 상승으로 음식단가가 상승함

2014년 기출문제 A형

학생 수가 100명인 A 초등학교는 공동조리장을 가지고 있으며 음식을 대량 생산하여 인근의 3개 학교(학생 수 : 50명, 50명, 100명)로 운송해 주는 급식시스템으로 급식을 운영하고 있다. 또한 A 초등학교에서는 ㉠ 한 번에 많은 분량을 조리하면 품질이 저하될 수 있는 메뉴의 경우 100인분씩 3번을 조리하고 있다. A 초등학교에서 운영하고 있는 급식시스템과 밑줄 친 ㉠의 조리방식은 무엇인지 각각 쓰시오. 【2점】

③ 조리저장식 급식체계 ready-prepared food service system

　㉠ 특징

　　▪ 음식을 조리한 직후 급속냉각을 거쳐 냉장 또는 냉동으로 저장한 후, 급식이 필요한 시점에서 음식을 재가열하여 급식하는 방법임

　　▪ 생산과 소비가 시간적·공간적으로 완전히 분리됨

　㉡ 종류

　　▪ 조리-냉장 cook-chill 방식

　　　- 음식을 조리한 후 중심온도 74℃ 급속냉각하여 90분 내에 중심온도 0~3℃ 냉장, 0~3℃에서 수일~1주 이내로 음식을 저장, 급식 전 재가열 74℃ 수 분간하여 배식하는 방법 예 기내식

　　　- 조리-냉동방식에 비하여 다양한 메뉴에 이용 가능함

　　　- 품질의 저하가 적으나 저장기간이 짧음

　　　- 편의점, 대형마켓 등의 유통시설, 병원·학교 등의 단체급식시설, 호텔, 레스토랑, 식당체인점 등의 급식시설에서 광범위하게 이용하고 있음

　　▪ 조리-냉동 cook-freeze 방식

　　　- 음식을 조리한 후 급속냉각하여 -18℃ 이하의 온도로 2주~3개월간 냉동보관을 한 후 급식 전 해동 및 재가열하여 배식하는 방법

　　　- 조리-냉장방식에 비하여 저장기간이 김 수 주에서 3개월까지 가능

　　　- 급식소에서 더 많은 저장공간이 필요

　　▪ 수비드 souvide 방식

　　　- 식품원료를 플라스틱 파우치에 음식을 개별 진공포장하여 완전조리 혹은 반조리하여 급속냉각한 후 0~2℃ 냉장상태로 저장하여 파우치상태로 끓는 물에 넣어 재가열한 후 배식하는 방법

　　　- 조리-냉장방식의 변형된 형태

　　　- 1960년대 이후 활발하게 이용

　㉢ 장점

　　▪ 음식의 생산과 배식이 시간적으로 분리되어 있기 때문에 여유시간에 수요에 맞춰 생산을 계획적으로 할 수 있기에 효율적인 인력 관리와 식재료의 대량 구매로 식재료비를 절감할 수 있음

　　▪ 소비자의 기호에 부응하는 다양한 선택메뉴 제공이 가능함

　㉣ 단점

　　▪ 급식의 품질과 안전을 위해 거대한 냉동고·냉장고 및 저장을 위한 공간을 확보해야 함

- 초기 투자비용이 큼
- 운영기술이 필요함
- 저장온도, 시간, 포장기술, 안정제 첨가 등 특별한 레시피가 필요함
- 음식의 장기 보존과 품질 유지를 위한 교육, 훈련, 통제 프로그램이 필수적임

④ 조합식 급식체계 assembly food service system

  ㉠ 특성

- 편의식 급식체계 convenience food service system 라고도 함
- 전처리과정이 필요치 않은 가공 및 편의식품, 완전히 조리된 음식을 구입하여 배식 시에 음식을 녹이거나 데워 분량을 조정하여 공급함
- 조리를 최소화하므로 저장, 조합, 가열, 배식의 기능만 필요하고 식품 조리와 배식과정을 분리시켜 급식하므로 조리 생산에 필요한 노동비를 절감함

식재료   →   **저장** → **가열** → **배식**
(주로 원재료, 반제품 구입)

  ㉡ 장점

- 숙련된 노동력이 필요하지 않아 인건비 절감과 시설 투자비 감소로 생산성이 증가함 조리기기 및 기구의 최소화
- 품질이 일정하게 유지되며 최소한의 조리로 빠른 급식 서비스가 가능함
- 분량 통제를 정확히 할 수 있고 식재료의 낭비가 거의 없음

  ㉢ 단점

- 메뉴품목의 수가 한정되어 소비자의 기호와 요구를 만족시키기 어려움
- 가공·편의식품에 함유된 첨가제나 보존제의 사용 여부 등을 확인하기 어려움
- 식재료를 가공 또는 반가공, 냉동상태 등으로 구입하게 되어 단가가 높음

(2) 운영형태별 유형

① 직영

  ㉠ 산업체, 학교, 복지시설 등에서 소속 구성원들을 위해 영양 및 복지 차원에서 급식소를 직접 운영하는 형태

  ㉡ 자본, 인원, 시설을 기관이나 기업에서 급식비의 일부 또는 전부를 보조

  ㉢ 식품 재료비를 충실히 사용하나 인건비 증가와 시설투자 부담

② 임대

　㉠ 산업체, 학교 등의 기관에서 요구하는 조건에 부합하는 경영을 원칙

　㉡ 급식 관련 시설 일체를 임대업자에게 빌려주고 기관 또는 기업은 계약된 임대료를 받는 형태

　㉢ 급식 운영은 기업과 임대업자 간의 계약된 조건 내에서 이루어지며 손익은 임대업자의 운영성과에 달려 있음

③ 위탁

　㉠ 특징

　　■ 기업 또는 기관 내의 급식 운영 및 관리업무를 외부 위탁급식업체에 의뢰하는 형태

　　■ 위탁의뢰기관과의 계약에 의해 급식업무의 일부 또는 전부를 대행

　㉡ 급식업무 위탁 시 기대 효과

　　■ 재정적인 측면 : 대량 구매로 식품원가 절감, 자본투자 유치

　　■ 인적자원 관리 측면 : 유능한 관리자 활용, 인건비 절감, 노사문제로부터의 해방, 직원들의 훈련 및 개발 프로그램의 선진화

　　■ 급식 운영 측면 : 서비스 불평 감소, 위생 관리 통제 강화

　　■ 감독 측면 : 경영진의 급식업무 관리 부담 감소, 급식관리자의 업무 수행 개선

　　■ 설비 측면 : 낙후된 시설·설비 개선, 보수 및 수리를 위한 자본금 부족 해결

　㉢ 단점

　　■ 계약기간이 짧을 경우 안정적인 급식 경영이 어려움

　　■ 투자자본 회수를 위해 급식품질 저하 우려

　　■ 급식시설 보수 시 책임소재 불분명

　　■ 업무를 위탁한 후 위탁사가 급식품질 통제가 어려움

03 단체급식의 식사형태

(1) 정식 식단

① 단일식단 : 1인분 식사의 상차림을 제공함

② 복수식단 : 두 종류 이상의 식단을 동시에 제공함

(2) 카페테리아 식단

① 특징

⊙ 자신의 기호에 따라 음식을 자유로이 선택 가능

ⓒ 단일식단보다 급식단가가 높음

ⓒ 식사구성에 관한 영양 지식이 불충분하면 영양 불균형을 초래할 수 있음

ⓒ 시설·설비 투자비가 증가

ⓜ 급식 운영에 관한 시간과 노력이 더 많이 필요함

ⓗ 메뉴 인기도에 따라 잔식 발생량이 증가될 우려가 있음

04 배식방법

(1) 셀프 서비스(self service)

① 대면배식 : 직선형, 평행형, 지그재그형

② 프리 플로free flow, hollow square, scramble system cafeteria : 여러 곳에 차려진 음식 선택자유배식형, 1분에 25명까지 배식

③ 쿡 잇 유어셀프cook it yourself electronic cafeteria : 냉동된 음식을 전자레인지나 오븐에 넣어 가열하여 식사

④ 자동판매기vending machine

⊙ 하루 종일 이용 가능하여 병원의 방문객, 야간 근무자 등 이용이 편리

ⓒ 잘 팔리지 않는 곳에서는 부패 가능성이 있어 식품위생에 대한 각별한 주의가 필요

⑤ 뷔페 식사smorgasbord

⊙ 큰 상 위에 많은 양의 음식을 정교한 짜임새로 제공

ⓒ 음식이 제공되는 동안 소형 가열도구를 사용하여 적정 온도 유지 가능

ⓒ 오염되지 않도록 투명한 보호막sneeze guard을 설치

(2) 트레이 서비스(tray service)

① 중앙배선centralized tray service

⊙ 중앙조리실에서 개별 상차림을 준비하여 배선차로 운반, 회수하여 세정, 소독, 보관함

ⓒ 조리실의 면적이 커야 함

ⓒ 1인 배식량의 조절이 용이

ⓔ 식품비 절약과 인력 관리가 효율적

② 병동배선분산배식, decentralized tray service

ⓐ 주 조리장에서 조리 후 운반차나 컨베이어로 각 병동의 간이취사실로 운반

ⓑ 간이취사실 : 상차림, 배선 관리, 급식 후 식기 세정

ⓒ 병동이 멀리 산재되어 있는 경우에 유리

ⓔ 식기 보관, 배선공간을 위한 시설·설비의 설치비용과 인력이 필요

ⓜ 1인분 배식 관리가 잘 안 되면 전체 배식량에 차질 발생 우려

(3) 종업원에 의한 서비스(waiter-waitress service)

① 카운터 서비스counter service

ⓐ 조리사가 요리를 만들어서 테이블에서 바로 식사 제공

ⓑ 조리대와 급식대의 거리가 짧고 많은 사람에게 단시간에 배식

② 테이블 서비스table service : 배식원이 음식을 주문받아 배식, 식사가 끝난 후 그릇 회수

③ 드라이브인 서비스drive-in service

ⓐ 차를 몰고 와서 차 안에서 주문을 하고 종업원이 음식을 배식

ⓑ 주차된 차 안에서 식사를 하거나 포장하여 가져감

급식메뉴 관리

메뉴 관리는 급식 대상자가 필요로 하는 영양소량을 섭취할 수 있도록 균형 잡힌 메뉴를 제공하기 위하여 실시하는 일련의 활동, 즉 영양계획 수립, 메뉴 계획 및 실행, 메뉴 평가이다.

01 메뉴의 개념

(1) 메뉴의 정의
① 급식소에서 제공하는 음식의 목차
② 고객과 급식소 사이에 이루어지는 최초의 대화로 고객에게 제공하는 음식의 정보

(2) 메뉴의 역할
① 급식 운영에 있어서 가장 핵심적인 역할을 담당하는 관리 및 통제도구
② 내부 통제의 도구, 홍보, 마케팅, 영양교육의 도구로 활용

02 메뉴의 유형

(1) 메뉴 변화 및 주기 여부에 의한 분류
① 고정메뉴 fixed or static menu
　ㄱ 정해진 메뉴를 변동 없이 지속적으로 공급하는 형태로 외식업체에서 주로 이용
　ㄴ 전문 식당이나 레스토랑의 경우 메뉴의 품질을 표준화하여 상품과 업소의 인지도를 높이고 고객을 확보하는 전략을 세우게 됨

　　　　ⓒ 장점 : 종사원의 교육이 수월하고 생산 및 재고 관리가 용이함

　　　　ⓔ 단점 : 메뉴가 단조로워 고객의 불만족이 발생할 수 있음

　　② 순환메뉴cycle menu : 주기메뉴

　　　　㉠ 일정 주기에 따라 메뉴가 반복되는 형태

　　　　㉡ 병원, 연수원, 청소년 수련원 등에서 이용

　　　　ⓒ 장점 : 메뉴 생산량 예측이 가능함

　　　　ⓔ 단점 : 숙련된 종사원이 필요하며 이로 인한 인건비 상승

　　　　ⓜ 계절별로는 10일 주기 순환메뉴가 많이 사용됨

　　③ 변동메뉴changing menu

　　　　㉠ 반복 없이 매번 새로운 메뉴가 제공되는 형태

　　　　㉡ 학교급식, 산업체급식에서 이용

　　　　ⓒ 장점 : 고객의 만족도가 높음

　　　　ⓔ 단점 : 식재료 관리와 작업 통제 등에 어려움이 있음

(2) 선택성에 따른 분류

　　① 단일메뉴nonselective menu

　　　　㉠ 한 가지의 메뉴가 제공되어 급식 대상자가 선택할 여지가 없는 형태

　　　　㉡ 학교급식, 군대급식 등에 이용

　　　　ⓒ 고객 불만의 소지가 있음

　　② 부분선택식 메뉴partially selective menu : 주찬이나 부찬, 후식 등의 일부 메뉴를
　　　선택하는 형태

　　③ 선택식 메뉴selective menu : 복수메뉴

　　　　㉠ 두 가지 이상의 메뉴가 제공되어 급식 대상자가 원하는 메뉴를 선택하는 형태

　　　　㉡ 카페테리아나 푸드코트와 같은 서비스방법을 도입하여 선택식 메뉴를 제공함

　　　　ⓒ 의료기관 평가 시 영양부문 평가항목에 선택식 메뉴의 도입 여부가 포함된 이
　　　　　후로 병원급식에서 선택식 메뉴를 적극적으로 도입하고 있음

(3) 메뉴 구성과 가격 책정에 따른 분류

　　① 알라 까르떼 메뉴a la carte menu

　　　　㉠ 개별 음식에 대한 가격이 책정되어 있는 메뉴

　　　　㉡ 주 메뉴뿐만 아니라 샐러드, 수프, 에피타이저 등으로 고객이 원하는 대로 개
　　　　　별 주문할 수 있음

　　　　ⓒ 카페테리아방식의 서비스를 실시하는 급식소에서 이용

② 따블 도우떼 메뉴table d'hote menu : 세트메뉴

　　㉠ 주 메뉴에 몇 가지 단일메뉴 품목을 합한 코스형태의 메뉴

　　㉡ 호텔이나 대규모 레스토랑에서 이용

　　㉢ 위탁급식업체의 경우 연회용 메뉴를 계획할 시에 사용함

(4) 기타 유형 메뉴

① 이벤트 메뉴

② 저나트륨 메뉴

③ 웰빙 메뉴

④ 할인 메뉴 등

03 　메뉴의 계획

(1) 메뉴 계획 시 고려사항

① 급식 대상자 측면

　　㉠ 영양필요량 : 각 급식소의 특성에 맞는 영양소 섭취기준을 충족할 수 있도록 식단을 계획함

　　㉡ 식습관 및 기호도 : 성별, 연령별 특성이나 지역적, 사회·문화적, 경제적, 종교적 요인들에 의해 식습관과 기호도는 차이가 있으므로 급식 대상자의 특성을 파악함

　　㉢ 음식의 관능적 특성 : 메뉴의 맛, 질감, 색깔, 형태, 조리방법, 소스, 곁들여지는 음식 등이 서로 조화와 균형을 이루도록 함

② 급식 경영 관리 측면 : 급식소 조직의 목적 및 목표, 예산, 급식체계, 식재료 위생 및 안전, 조리기기 및 설비, 조리원의 숙련도, 배식방법 등을 고려하여 메뉴를 계획함

(2) 영양소 섭취기준에 의한 메뉴 계획

① 한국인 영양소 섭취기준Dietary Reference Intakes, DRIs

　　㉠ 한국인 영양소 섭취기준의 개념 : 건강한 개인 및 집단이 건강 증진 및 생활습관 관련 질환을 예방하고 최적의 건강상태를 유지하기 위해 권장하는 에너지 및 각 영양소 섭취량에 대한 기준임

ⓒ 영양소 섭취기준의 활용 : 보건복지부와 한국영양학회2015년에서 제시한 '영양소 섭취기준을 활용한 집단의 식사계획'을 활용하여 계획함

> **Key Point** 영양 계획 시 한국인 영양소 섭취기준의 활용
>
> ✓ 식사 계획은 개인이나 집단에게 적절한 영양소를 제공하여 영양소의 부족 또는 과잉문제를 최소화하는 식사를 공급하고자 하는 것이다.
> ✓ 개인의 식사 계획은 권장섭취량 또는 충분섭취량과 비슷한 수준으로 섭취하고 상한섭취량 미만으로 섭취하는 것을 영양목표로 설정한다.
> ✓ 집단의 식사 계획은 평균섭취량 미만으로 섭취하는 사람의 비율을 최소화하고, 상한섭취량 이상으로 섭취하는 사람의 비율을 최소화하고, 집단의 섭취량 중앙값이 충분섭취량이 되도록 영양목표를 설정한다.

② 영양소 섭취기준을 활용한 메뉴 계획 절차

　ⓒ 영양소 섭취기준량 산출

　　■ 대상자의 특성을 고려하여 필요한 영양소 섭취기준량 산출

　　■ 일반급식소 : 한국인 영양소 섭취기준을 토대로 산출함

　　■ 학교급식소 : 학교급식법의 영양관리기준학교급식법 시행규칙 제5조 제1항을 토대로 산출함

> **Key Point** 영양목표 설정
>
> ✓ **에너지** 급식 대상의 활동적 수준을 고려하여 에너지량을 변화시켜야 하며 연령별, 성별 에너지 필요추정량 산출공식을 활용한다.
> ✓ **탄수화물, 단백질, 지방** 2015 한국인 영양소 섭취기준에서 권장하는 에너지 적정 비율은 19세 이상을 기준으로 탄수화물 55~65%, 단백질 7~20%, 지방 15~30%(1~2세는 20~35%, 3~18세는 15~30%) 정도로 계획하는 것을 권장한다.
> ✓ **식이섬유** 급식 대상집단의 식이섬유 섭취량의 중앙값이 충분섭취량이 되도록 한다. 식이섬유의 1일 충분섭취량은 1세 이상 어린이와 청소년은 10~25g, 성인 남자 25g, 성인 여자 20g 수준이다.
> ✓ **비타민 및 무기질**
> • 문제가 되는 영양소 : 칼슘과 나트륨
> • 칼슘 : 단체급식에서 단가나 소화, 식습관 등의 문제로 유제품을 제공하기 어려움
> • 나트륨 : 고혈압 등 성인병의 주요 원인이다.

학교급식법 시행규칙 [별표 3]

학교급식의 영양관리기준 제5조 제1항 관련

구분	학년	에너지 (kcal)	단백질 (g)	비타민A (R.E.)		티아민 (비타민 B₁) (mg)		리보플라빈 (비타민 B₂) (mg)		비타민C (mg)		칼슘 (mg)		철 (mg)	
				평균필요량	권장섭취량	평균필요량	권장섭취량	평균필요량	권장섭취량	평균필요량	권장섭취량	평균필요량	권장섭취량	평균필요량	권장섭취량
남자	초등 1~3학년	534	8.4	97	134	0.20	0.24	0.24	0.30	13.4	20.0	184	234	2.4	3.0
	초등 4~6학년	634	11.7	127	184	0.27	0.30	0.30	0.37	18.4	23.4	184	267	3.0	4.0
	중학생	800	16.7	167	234	0.34	0.40	0.44	0.50	25.0	33.4	267	334	3.0	4.0
	고등학생	900	20.0	200	284	0.37	0.47	0.50	0.60	28.4	36.7	267	334	4.0	5.4
여자	초등 1~3학년	500	8.4	90	134	0.17	0.20	0.20	0.24	13.4	20.0	184	234	2.4	3.0
	초등 4~6학년	567	11.7	117	167	0.24	0.27	0.27	0.30	18.4	23.4	184	267	3.0	4.0
	중학생	667	15.0	154	217	0.27	0.34	0.34	0.40	23.4	30.0	250	300	3.0	4.0
	고등학생	667	15.0	167	234	0.27	0.34	0.34	0.40	25.0	33.4	250	300	4.0	5.4

비고 : R.E.는 레티놀 당량(Retinol Equivalent)임

1. 학교급식의 영양관리기준은 한끼의 기준량을 제시한 것으로 학생 집단의 성장 및 건강상태, 활동정도, 지역적 상황 등을 고려하여 탄력적으로 적용할 수 있다.
2. 영양관리기준은 계절별로 연속 5일씩 1인당 평균영양공급량을 평가하되 준수범위는 다음과 같다.
   가. 에너지는 학교급식의 영양관리기준 에너지의 ±10%로 하되, 탄수화물 : 단백질 : 지방의 에너지 비율이 각각 55~70% : 7~20% : 15~30%가 되도록 한다.
   나. 단백질은 학교급식 영양관리기준의 단백질량 이상으로 공급하되 총 공급에너지 중 단백질 에너지가 차지하는 비율이 20%를 넘지 않도록 한다.

다. 비타민 A, 티아민, 리보플라빈, 비타민 C, 칼슘, 철은 학교급식 영양관리기준의 권장섭취량 이상으로 공급하는 것을 원칙으로 하되 최소한 평균필요량 이상이어야 한다.

ⓒ 식품섭취량 산출

ⓒ 세끼의 영양필요량의 배분
  - 일반 성인은 아침 : 점심 : 저녁 = 1 : 1 : 1이나 1 : 1.5 : 1.5
  - 육체적 노동이 심할 경우에는 아침 : 점심 : 저녁 = 1 : 1.5 : 1.2
  - 전체 열량에 대한 주식 대 부식의 비율은 6 : 4로 함
  - 1일 3식의 배분은 주식의 경우 0.9 : 1 : 1 또는 1 : 1 : 1로 배분하고, 부식은 1 : 1.5 : 1.5로 배분함
  - 간식 제공 비율 : 하루 영양필요량의 10~15%

ⓔ 음식 수의 계획
  - 주식의 종류 선택밥, 빵, 면
  - 국이나 찌개 결정된장국, 맑은 국, 찌개, 탕
  - 주찬 단백질식품을 선택육류, 생선류, 난류 등 : 1~2종류
  - 부찬인 채소식품을 결정 : 2~3종류
  - 김치를 결정
  - 후식을 결정경우에 따라 변동

ⓜ 식품구성의 결정
  - 주식의 결정 : 총 에너지의 60%를 주식에서 얻도록 양을 정함
  - 부식의 결정 : 부식에서 동물성 단백질은 전체 단백질의 45%로 공급하도록 조정함

ⓗ 미량영양소의 보급방법 : 부족 영양소에 대해서는 식품 자체를 고려하여 강화식품을 이용하거나 강화제 첨가에 의해 보충할 수도 있음

ⓢ 조리 시의 배합 및 식단표 작성
  - 조리의 배합 시 고려사항
    - 기호를 존중하여 작성된 표준레시피를 참고함
    - 조리의 재료와 그 분량의 적량을 알아야 함
    - 재료가 가진 맛을 살리는 조리법뿐만 아니라 품질이나 선도에 적합한 조리법으로 조리하고, 동식물성 식품의 적절한 배합, 배색, 맛의 배합 등을 고려함
    - 일정한 부피가 있도록 하고 유지를 적당량 이용함

- 식단표 작성

  - 음식명, 재료명, 중량을 기입하고 대치식품을 만들어 계절별로 많이 나오는 식품 등을 이용하여 식단에 변화를 줄 수 있음
  - 주식을 먼저 표기하고 다음에 부식 표기
  - 원산지 표시
  - 알레르기 유발식품 표시제

◎ 식단 평가 : 영양면, 기호면, 경제면, 능률면, 위생면, 환경보존면으로 평가

Key Point 학교급식 식재료 원산지 표시제 준수

✓ **표시대상** 쇠고기, 돼지고기, 닭고기, 오리고기, 양(염소 등 산양 포함) 및 그 가공품, 배추김치(배추김치가공품 포함)의 원료인 배추와 고춧가루, 수산물(넙치, 조피볼락, 참돔, 미꾸라지, 뱀장어, 낙지, 명태(황태, 북어 등 건조한 것은 제외), 고등어, 갈치, 오징어, 꽃게, 참조기) 및 그 가공품, 밥·죽·누룽지에 들어가는 쌀, 두부류(가공두부, 유바는 제외)·콩비지·콩국수에 사용하는 콩이다.

✓ 추가된 품목(콩, 오징어, 꽃게, 참조기)은 2017년 1월부터 의무 적용한다.

✓ **표시방법** NEIS 급식시스템 출력기능 활용, 원산지가 표시된 월간 식단표는 가정에 통보하고 홈페이지에 공개, 주간 식단표는 교실 또는 식당 입구 등에 게시한다.

Key Point

✓ **알레르기 유발 식재료의 종류와 공지 및 표시방법(학교급식법 시행규칙 제7조)**
- 종류 : ① 난류, ② 우유, ③ 메밀, ④ 땅콩, ⑤ 대두, ⑥ 밀, ⑦ 고등어, ⑧ 게, ⑨ 새우, ⑩ 돼지고기, ⑪ 복숭아, ⑫ 토마토, ⑬ 아황산류(권장), ⑭ 호두, ⑮ 닭고기, ⑯ 쇠고기, ⑰ 오징어, ⑱ 조개류(굴, 전복, 홍합 포함)

✓ **식약처장이 고시한 18가지 중 식품 원재료는 의무 적용, 기타 식재료와 성분은 권장사항, 알레르기 유발물질 의무 표시 대상에 '잣' 추가(2020년부터 의무 적용)**
- 공지방법 : 알레르기를 유발할 수 있는 식재료가 표시된 월간 식단표를 가정통신문으로 안내함과 동시에 학교 인터넷 홈페이지에 게재한다.
  ※ 교육행정정보시스템(NEIS)에서 제공하는 알레르기 정보와 학교별 제공 식단의 알레르기 정보를 확인 후 안내한다.
- 표시방법 : 알레르기를 유발할 수 있는 식재료가 표시된 주간 식단표를 식당 및 교실에 게시한다.

✓ **식품알레르기 유병학생 응급대책 마련**
- 식품알레르기 유병학생 조사 및 특별 관리 실시 : 가정통신문 등을 활용하여 보호자의 확인을 통해 특정 식품별 알레르기 유병학생 조사, 해당 학생에 대한 상담 및 건강교육 등 특별 관리를 실시한다.
- 식품알레르기 유병학생 응급대책 마련 : 식품알레르기 유병학생의 보호자와 상담을 실시하고, 의료기관 진료 여부 및 가정에서의 관리실태 등을 파악한다. 보호자의 요구사항, 학교에서의 관리방안 등을 협의, 기록을 유지한다.
  ※ 2013년 4월, 인천지역 A 초등학교 4학년(10세) 남학생이 급식으로 나온 우유가 섞인 카레를 먹고 축구를 하다 호흡 곤란으로 쓰러져 응급 후송하였으나 뇌사했다.

- 학교에서 식품알레르기로 인한 아나필락시스(anaphylaxis) 쇼크 환자 발생 시를 대비하여 신속 대응이 가능하도록 실천 가능한 응급대책을 구비한다.

  ※ 갑자기 발생하는 심각한 알레르기반응(목이 부어 호흡이 어렵고 혈압 저하 및 불규칙한 심박동, 의식 불명 등의 증상이 나타남)

  ※ 아나필락시스 예방대책* : 주의(의료기관 진료, 원인물질 파악, 응급대처법 숙지) → 회피(원인물질 회피, 만지거나 섭취 금지) → 조치(119 연락, 도움 요청, 에피네프린 응급주사)

  * 대한천식알레르기학회 제공(홈페이지)

2020년 기출문제 B형

다음은 ○○고등학교에서 이루어진 영양교사 실습생(이하 교생)과 영양교사의 대화 내용이다. 괄호 안의 ㉠에 해당하는 값을 쓰고, ㉡에 해당하는 값의 범위를 쓰시오(소수점 첫째 자리까지 표기).【2점】

영양교사 : 교생선생님, 우리 학교 12월 식단을 구성해 보세요. 모든 영양소의 양은 2015 한국인 영양소 섭취기준에 근거해서 계획해 보세요.

교   생 : 네, 제일 먼저 무엇을 하는 것이 좋을까요?

영양교사 : 학교에서 점심 식사로 제공할 에너지량을 계산해 보세요. 15~18세 남성의 에너지 필요추정량을 사용하고 간식은 고려하지 마세요.

교   생 : (㉠)kcal입니다. 맞게 계산했는지 검토 부탁드려요.

영양교사 : 네, 맞았어요. 그리고 요즘 당류 섭취가 증가하고 있기 때문에 학교에서는 '당 섭취 줄이기 사업'을 실시하고 있어요. 15~18세 남성의 1일 총당류 섭취량 범위를 구해 보세요.

교   생 : 총당류 섭취량 범위는 하루 (㉡)g으로 해야겠네요.

영양교사 : 네, 맞아요.

---

③ 식사구성안

㉠ 개념

- 일반인이 복잡하게 영양가 계산을 하지 않고도 한국인 영양소 섭취기준을 충족할 수 있도록 식품군별 대표식품과 섭취 횟수를 이용하여 식사의 기본 구성 개념을 설명한 것임

- 1인 1회 분량 : 에너지를 기준으로 하여 일반인이 쉽게 이해할 수 있도록 식품의 분량을 고려하여 제시함. 한국인이 즐겨 먹고 자주 먹는 식품을 고려하여 식품군별 대표식품 선정

■ 권장식사패턴 : 영양가를 계산하지 않아도 한국인 영양소 섭취기준을 충족할 수 있는 식단을 작성할 수 있도록 생애주기별로 각 식품군의 권장 섭취 횟수를 제시함. 우유 및 유제품의 제공패턴에 따라 A타입과 B타입으로 구분

■ 영양 계획 시 식사구성안을 활용하면 영양소 섭취기준을 충족하기 용이함

ⓒ 식사구성안을 활용한 급식 계획 절차

■ 구성원의 1일 에너지 필요량을 산출 : 에너지 필요량은 저활동도 기준으로 계산되었으므로 신체조건, 활동량 등에 따라 연령별 에너지 필요추정량

■ 식품군별 권장 섭취 횟수를 결정

- 식사패턴 A : 소아와 청소년의 권장식사패턴, 우유 2컵을 기준으로 식품군 섭취 횟수를 배분

- 식사패턴 B : 성인의 권장식사패턴, 우유 1컵을 기준으로 식품군 섭취 횟수를 배분

- 각 열량에 양념 간장, 된장, 고추장, 미림, 식초, 케첩, 돈가스소스 등의 조미료 사용량 포함

■ 패턴 A : 40~60kcal, 패턴 B : 70~90kcal 포함

ⓒ 식품군별 권장 섭취 횟수를 세끼 식사와 간식에 배분

■ 연령에 따른 에너지 필요량과 식사패턴이 결정되면 식품군별 권장 섭취 횟수를 하루 세끼 식사와 간식으로 적정 배분

■ 가족 식단의 경우 개인별 에너지 필요추정량을 산출하고, 그 양을 합하여 식품군별 권장 섭취 횟수 결정 후 배분

■ 권장 섭취 횟수 배분 시 개인의 활동양상이나 식습관 등 고려

■ 주식 곡류·전분류, 부식 고기·생선·계란·콩류와 채소류을 세끼로 나누어 각기 배분, 과일과 우유는 간식으로 정함

■ 표 2. 권장식사패턴(식품군별 1일 권장 섭취 횟수)의 예

구분	A타입					B타입			
	1,400A	1,700A	1,900A	2,000A	2,600A	1,600B	1,900B	2,000B	2,400B
적용대상 / 식품군	3~5세 유아	6~11세 여	6~11세 남	12~18세 여	12~18세 남	65세 이상 여	19~64세 여	65세 이상 남	19~64세 남
곡류	2	2.5	3	3	3.5	3	3	3.5	4
고기·생선·달걀·콩류	2	3	3.5	3.5	3.5	2.5	4	4	5

(표 계속)

채소류	6	6	7	7	8	6	8	8	8
과일류	1	1	1	2	4	1	2	2	3
우유· 유제품류	2	2	2	2	2	1	1	1	1
유지·당류	4	5	5	6	8	4	4	4	6

1) 곡류 : 식이섬유 섭취를 늘리기 위해서 잡곡류 사용을 권장함
2) 고기·생선·달걀·콩류 : 고기의 경우 살코기 기준이며, 지방 함량이 높은 식품을 이용할 경우에는 유지류를 추가 사용하는 것으로
　간주해야 함
3) 채소류 : 소금 5g 이하의 영양목표를 달성하기 위해 가능한 한 싱겁게 조리하도록 함
4) 나트륨 : 국, 찌개류의 경우 건더기 위주로 섭취하도록 함
5) 과일류 : 식이섬유 섭취를 늘리기 위해 주스보다는 생과일 섭취를 권장함
6) 우유·유제품류 : 단순당질이 적게 함유된 제품을 권장함
7) 유지·당류 : 조리 시 사용되는 양도 섭취 횟수 범위 내에서 사용하도록 함
8) 양념류 : 각 권장섭취패턴에 이미 양념 사용량이 포함되어 있음. 여기서 양념이란 간장, 고추장, 된장, 소금 등의 조미료류를 말하며
　50~85kcal 사용된 것으로 계산함

※ 자료 : 보건복지부·한국영양학회, 한국인 영양소 섭취기준, 2015

ⓔ 음식명과 식재료분량을 정함
　▪ 주식을 정함 : 주식은 곡류 및 전분류에 해당, 매끼 반드시 포함, 밥 중심의
　　식단에 국수나 빵으로 변화를 줌, 주식의 형태에 따라 부식의 구성을 결정
　▪ 부식을 정함
　　- 국, 찌개, 전골 등 조리법을 달리하여 정함
　　- 고기·생선·계란·콩류에서 단백질 급원이 되는 반찬을 1~2가지, 채소류
　　　에서 2~3가지 선택, 녹황색 채소는 1일 2~3회 포함
　▪ 음식명, 식재료와 분량을 정함
　　- 주식, 국, 반찬 등의 구체적인 음식명, 식재료와 분량을 정하고 오전과 오
　　　후 간식에는 과일류와 우유 및 유제품류를 적절하게 배분
　　- 식재료와 분량을 결정할 때는 식품의 폐기율, 조리에 수반된 중량 및 영양
　　　소 변화 등을 미리 파악
　　- 식품분량에 대한 개략적인 목측량을 익혀둠
ⓜ 식단표를 작성함
　▪ 식단을 표기하는 방법
　　- 음식명만을 적는 방법
　　- 음식별로 식재료의 분량을 적는 방법
　　- 음식별로 재료와 분량 및 영양소량까지 상세하게 적는 방법
　▪ 밥, 국, 반찬류순으로 적으며 반찬류는 어육류, 채소류순으로 적고 김치류
　　를 맨 마지막에 적음
　▪ 식단표가 완성되면 주간 또는 월간 식단표를 작성

④ 식품구성자전거

- 각 식품군에 권장식사패턴의 섭취 횟수와 분량을 반영하여 제작된 것으로, 균형 잡힌 식사와 규칙적인 운동, 적당한 수분의 섭취 강조
- 2015년 개발된 식품구성자전거에는 유지 및 당류의 식품군 제외

2019년 기출문제 B형

다음은 권장식사패턴을 활용하여 학생 스스로 식사를 평가하고 계획할 수 있도록 영양교사가 중학교 1학년 남학생과 영양상담을 하는 상황이다. 〈작성 방법〉에 따라 논술하시오. 【10점】

학   생 : 선생님! 주말에 먹은 음식을 적어 오라고 하셔서 토요일 하루 식단을 써 가지고 왔는데요. 한번 봐 주세요.

학생의 하루 식단

( )는 섭취 횟수

식품군 \ 메뉴	섭취 횟수	아침 페스트리 햄 구이 달걀프라이	점심 햄버거 감자튀김 아이스크림	저녁 쌀밥 돈가스(소스 포함) 양배추샐러드 단무지	간식 크림빵 팝콘 바나나 우유
곡류	3.5회	패스트리 40g(0.5)	햄버거 빵 40g(0.5) 감자 140g(0.3)	백미 45g(0.5) 밀가루 + 빵가루 20g(0.2)	크림빵 80g(1) 팝콘 28g(0.5)
고기·생선· 달걀·콩류	5.5회	햄 30g(1) 달걀 60g(1)	햄버거 패티 120g(2) 베이컨 15g(0.5)	돼지고기 60g(1)	
채소류	2.5회		양상추+토마토 35g(0.5)	양배추 70g(1) 단무지 40g(1)	
과일류	1회				바나나 100g(1)
우유·유제품류	2회		아이스크림 100g(1)		우유 200mL(1)

유지·당류는 조리 및 가공에 5회 포함됨
버터 10g(2), 마가린 15g(3), 콩기름 25g(5), 케첩 20g(0.5), 마요네즈 12.5g(2.5), 설탕 20g(2)

영양교사 : 식사내용을 보니 ㉠ 포화지방산의 섭취가 높고 마가린이나 팝콘 같은 트랜스지방산이 포함된 음식을 먹었네요. 반면에 식이섬유의 섭취는 부족하네요. 이런 식사를 계속하면 혈중 지질 농도를 변화시켜 질병을 일으킬 수 있어요. 또한 필수지방산의 섭취도 혈중 지질 농도와 관련이 있어서 ㉡ 식사에서 필수지방산 섭취비율을 적절하게 유지해야 해요.

… (중략) …

이번에 ⓒ 권장식사패턴과 비교해 볼까요? 섭취가 부족한 식품군이 있
네요. 균형 잡힌 식사를 위해서는 권장식사패턴에 맞추어 모든 식품군
을 골고루 섭취하는 것이 중요해요. 건강한 식사로 어떻게 바꿀 수 있을
지 우리 한번 살펴볼까요?

… (하략) …

작성 방법

- 밑줄 친 ㉠에 해당하는 3가지 영양성분의 섭취가 혈중 콜레스테롤 농도에 미치는 영향
  에 대해 서술할 것(단, 포화지방산과 트랜스지방산의 경우 혈중 지단백질 종류에 따라 서
  술할 것)
- 영양교사는 학생에게 밑줄 친 ㉡을 위해 햄 대신 고등어를 선택하도록 제안했다. 그 이유
  를 서술할 것
- 밑줄 친 ㉢의 구체적인 평가내용을 건강한 청소년기 남자 권장식사패턴과 비교하여 식품
  군을 기반으로 서술할 것
- 균형 잡힌 식사를 위하여 점심메뉴 3가지를 모두 바꾸어 새로운 식단을 계획하고 그 이
  유를 서술할 것(단, 권장식사패턴 섭취 횟수를 근거로 하여 과잉 또는 부족 식품군을 위주
  로 서술할 것)
- 위의 내용을 짜임새 있게 구성하여 서술할 것

04 메뉴의 평가

(1) 수요자 측면의 평가

기호도 평가기호도 설문 조사, 잔반량 조사, 잔반량 측정, 만족도 평가만족도 설문 조사, 스티커
및 구술 조사

① 기호도 조사

㉠ 음식에 대한 기호도 조사는 주로 기호척도를 이용하며 3점, 5점, 7점, 9점 척
도를 사용하여 평가

㉡ 어린이를 대상으로 조사할 경우에는 숫자나 용어보다는 어린이가 이해하기
쉽도록 묘사한 '얼굴 모양 척도'를 이용

② 고객만족도 검사 : 제공되는 메뉴에 대한 고객의 의견을 종합 평가하여 메뉴 운영에 반영하기 위해서 설문 조사를 실시

③ 잔반량 조사

  ㉠ 음식에 대한 수용도를 측정하기 위해 잔반량을 측정

  ㉡ 각 개인별 잔반량을 측정하려면 제공된 각 음식의 배식량과 잔반 중량을 직접 계량

(2) 수요자 및 공급자 측면의 평가

① 메뉴엔지니어링 : 소비자 측면과 위탁급식 전문업체의 경영 측면에서 운영되고 있는 메뉴를 분석하여 각 메뉴의 이윤 창출 기여도를 인기도와 수익성을 근거로 판정하는 방법임. 분석 결과는 차기 메뉴 정책 수립에 활용되고 메뉴엔지니어링은 보통 1개월을 기준으로 선정

✓ **메뉴 구성 품목별 1인분에 대한 평균 잔반율(%)**

$$= \frac{\text{메뉴 구성 품목별 잔반량 집합 총량}}{\text{메뉴 구성 품목별 평균 배식량}} \times \frac{1}{\text{참여 인원수}} \times 100$$

✓ **1인 1식에 대한 평균 잔반율(%)**

$$= \frac{\text{메뉴 구성 품목별 잔반량 집합 총량의 합계}}{\text{1식에 대한 평균 배식량}} \times \frac{1}{\text{참여 인원수}} \times 100$$

  ㉠ 두 가지 자료를 근거로 메뉴를 판정하여 의사 결정

    ■ 인기도는 각 메뉴품목이 판매된 비율Menu Mix 비율, MM%을 근거로 판정함

    ■ 수익성은 각 메뉴품목이 수익에 공헌하는 마진, 즉 공헌마진contribution margin, CM을 근거로 판정함

  ㉡ 메뉴엔지니어링 결과 각 메뉴품목의 판매비율과 공헌마진에 따라 크게 4가지 범주, 즉 Stars, Plowhorses, Puzzles, Dogs로 분류함

    ■ Stars

      - 메뉴 인기도와 수익성 모두 높은 품목

      - 급식소의 대표적인 메뉴로 현재와 같이 유지하도록 관리

      - 식재료 및 1인 분량을 표준화하고 품질 관리를 철저하게 하며 메뉴판에서 눈에 잘 띄는 곳에 메뉴를 배치하여 선택이 쉽게 함

    ■ Plowhorses

      - 다소 인기는 있지만 수익이 낮은 메뉴

- 가격을 인상하거나 저렴한 식재료로 변경 또는 배식량을 약간 줄이는 방안을 모색
- Plowhorses 아이템이 노동력이나 숙련도가 많이 요구된다면 가격을 상향 조정하거나 다른 메뉴로 대체시킴

■ Puzzles
- 수익은 높지만 인기가 낮은 메뉴
- 메뉴표에서 위치를 눈에 잘 띄도록 하거나 가격을 약간 낮추어 고객 수요를 늘리거나 메뉴 이름을 친숙한 이름이나 문구로 바꾸어 봄
- 품질이나 조리재고 등의 문제를 일으킬 수도 있기 때문에 전체 메뉴 중 Puzzles 아이템의 수가 너무 많은 것은 바람직하지 않음

■ Dogs
- 인기도 없고 수익성도 별로 없는 메뉴
- 제거하거나 해당 메뉴를 남기고 싶을 때에는 인기도가 높은 플로호스 메뉴나 스타 메뉴와 묶어서 판매

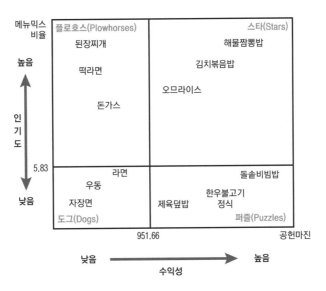

[그림 01] 메뉴엔지니어링 매트릭스

② 허스트 메뉴평가법
　㉠ 원가, 인기도, 이익공헌도, 가격정책 등이 판매량에 미치는 영향을 계산하기 위하여 개발된 평가방법
　㉡ 급식소에서 메뉴 가격이나 메뉴를 변경한 후 이에 대한 영향을 분석할 때 활용할 수 있는 방법

제 3 장 구매 관리

01 구매의 개요

(1) 구매의 개념

① 원하는 적정한 품질 및 수량의 물품을 적정한 시기에, 적정한 가격으로, 적정한 공급원으로부터 구입하여 필요로 하는 장소에 공급하는 것

② 급식산업에서 급식조직의 구매활동은 음식의 생산, 조리 및 배식, 판매업무와 함께 급식활동의 기초

③ 효율적인 구매 관리를 통한 기대 효과
  ㉠ 물품의 원활한 공급
  ㉡ 식품의 원가를 최소화
  ㉢ 공급하는 음식의 품질을 유지할 수 있음

(2) 구매 관리의 목적

급식소에서 음식 생산에 필요한 최고 품질의 식자재를 적절한 시기에 최소의 비용으로 적절한 수량을 구입하기 위한 구매활동을 계획하고, 구입된 식자재를 최적의 품질을 유지하도록 관리하여 양질의 음식을 생산하는 것임

(3) 구매의 유형

① 독립구매 independent purchasing
  ㉠ 현장 구매 또는 분산 구매
  ㉡ 각각의 급식소에서 필요로 하는 식재료 및 물품을 독립적으로 단독 구매
  ㉢ 소규모 식당, 식재료의 가격차가 심하지 않을 때 유용함

■ 표 1. 독립구매의 장단점

장점	단점
■ 구매절차가 간단함 ■ 근거리 구매로 운임 등의 경비가 절감됨 ■ 긴급 수요가 발생했을 때 유리함	■ 소량 구매에 따른 경비 및 구입단가의 상승으로 비경제적임 ■ 공급처의 위치가 원거리인 경우 적합한 시기에 구매하기 어려움

② 중앙구매 centralized purchasing

　㉠ 집중 구매

　㉡ 본사나 조직 전체에서 필요한 대량의 물품을 특정 조직부문에 집중시켜 구매

　㉢ 규모가 큰 위탁급식업체, 대형 식당, 대규모 체인음식점에서 주로 사용

　㉣ 조직에서 공통적으로 사용하는 물품, 고가품목, 구매절차가 복잡한 물품에 적합

　㉤ 최고경영자가 직접 의사소통을 하게 되므로 통제가 원활

　㉥ 장점 : 일관된 구매방침 확립, 전문적인 구매활동으로 인한 효율성 증대, 비용 절감 기대

　㉦ 단점 : 구매절차가 복잡해지고 구매시간이 오래 걸림

③ 공동구매 group purchasing

　㉠ 각기 소속이 다른 여러 급식소들이 공동으로 협력하여 구매하는 형태

　㉡ 학교급식

■ 표 2. 공동구매의 장단점

장점	단점
■ 독립구매보다 구매량이 많아 원가 절감 효과 기대 ■ 대량 공급이 가능한 공신력 있는 공급업체와 거래 가능	■ 공동구매를 위해 각 구매품목에 대한 명세서에 참여 급식소들이 동의해야 함 ■ 사전에 물품의 운송에 대한 사항 등과 같은 세부사항을 결정하는 데 시간과 노력이 듦

④ 일괄위탁구매 one stop purchasing, single-sourcing

　㉠ 구매하고자 하는 물품의 양이 소량이면서 종류가 다양한 경우에 특정 공급업체에게 구입원가를 명백히 책정한 후 일괄 위탁하여 구매하는 방식

　㉡ 소규모 급식업체 또는 조직에서 필요한 식재료와 구입물품에 대해 정보를 다 파악하기 어려울 때, 가격 경쟁력이 낮다고 생각될 때 사용하는 구매방법

⑤ JIT 구매방법(just-in-time purchasing) : 무재고 구매

    ㉠ 급식 생산에 필요한 물품을 재고로 보유하지 않고 필요한 때 즉시 구입하여 사용하는 방법

    ㉡ 채소, 과일, 고기, 생선류 등 신선식품 구매에 많이 이용함

    ㉢ 최근 물류센터를 통한 식재료의 유통을 활성화하면서 많이 이용

    ㉣ 장점 : 재고량을 최소화하고 저장공간을 효율적으로 사용하므로 원가 절감에 도움이 됨

    ㉤ 단점 : 시장에서 필요할 때 공급이 가능할 경우 성공적으로 운영하기 어려움

■ 표 3. 독립구매, 중앙구매, 공동구매의 특징

구분	독립구매	중앙구매	공동구매
급식소 수	1개	1개 급식소 이상 (급식업체가 동일)	다수의 급식소 (급식업체가 다름)
구매물량 규모	소량	대량	대량
구매부서 및 구매담당자의 존재	없음	있음	급식업체의 상황에 따라 다름

02 구매계약방법

(1) 경쟁입찰계약

① 공식적 구매방법 formal purchasing

② 여러 공급업체 중 급식소가 원하는 품질의 물품을 가장 합당한 가격으로 제시한 업체와 계약을 체결하는 방법

③ 대규모의 급식소, 정부 지원 급식소, 저장성이 높은 식품의 대량 구매 시, 조달기간이 여유가 있을 경우, 새로운 공급업체를 찾는 경우 등

(2) 경쟁입찰계약의 종류

① 일반경쟁입찰

    ㉠ 계약에 관한 사항을 신문, 관보, 게시판 등에 공고하여 불특정 다수의 공급업체를 대상으로 입찰자를 모집하고 상호 경쟁을 통해 미리 정한 가격범위 내에서 타당성 있는 가격을 입찰서에 제시한 입찰자를 선정하여 계약을 체결하는 방법

     ⓛ 통상 10일, 긴급일 경우 5일 동안 공고

     ⓒ 입찰 공고, 응찰 개찰, 낙찰, 계약 체결의 순서로 이루어짐

     ⓔ 장점

- 공평하고 경제적
- 새로운 업자를 발견할 수 있음
- 구매 계약 시 생길 수 있는 의혹과 부조리를 미연에 방지할 수 있음

     ⓜ 단점

- 자본, 신용, 경험 등의 불충분한 업자가 응찰하기 쉬움
- 단계가 복잡하므로 긴급 시 조달시기를 놓치기 쉬움
- 업자 담합으로 낙찰이 어려울 때가 있음
- 공고부터 낙찰까지의 수속이 복잡함

② 지명경쟁입찰

     ㉠ 특별한 자격, 전문기술, 설비 등을 구비한 공급업체를 미리 지정·지명하여 입찰에 응하도록 유인하고 가장 유리한 상대방을 선정하고 계약을 체결하는 방법

     ⓛ 경쟁자가 소수인 경우, 일반경쟁입찰이 불리하다고 인정되는 경우

     ⓒ 장점

- 경비가 절약되고 절차가 간편함
- 책임소재가 명확함
- 계약 이행의 확실성이 보장됨
- 질문 등에 대한 해답이 간단히 처리됨

     ⓔ 단점

- 계약에 있어 독단적으로 처리됨
- 업자 간의 업무내용이 동일하므로 업자 간의 담합할 기회가 많음

③ 제한경쟁입찰 : 일정한 자격요건을 구비한 공급업체만 입찰에 참여하도록 제한하고 경쟁하게 하여 가장 유리한 조건을 제시한 입찰자를 선정한 후 계약을 체결하는 방법

(3) 수의계약

① 수의계약의 특징

     ㉠ 비공식적 구매방법 informal purchasing 임

     ⓛ 계약내용의 이행자격을 가진 특정인과 협의하여 계약을 체결하는 방법

ⓒ 특정 업체와 계약이 유리하다고 판단될 경우, 경쟁입찰계약에 실패한 경우, 계약의 목적과 성질이 경쟁에 적합하지 않은 경우, 계약가격이 소액인 경우

ⓔ 소규모 급식소, 소량 구매, 공급업체가 한두 곳으로 제한된 경우 이용

② 수의계약의 종류

ⓐ 복수수의 견적 : 두 개 이상의 공급업체에 견적 의뢰서를 보내 견적서를 요청한 후 최적 업체를 선정

ⓑ 단수수의 견적 : 한 공급업체에 견적 의뢰서를 보내 견적서를 요청하여 받는 것

Key Point 학교급식 식재료 구매 시 계약관계 법령 준수

✓ 지방계약법 및 행정자치부 예규 「지방자치단체 입찰 및 계약 집행기준」 제5장 "수의계약 운영요령"을 준수하여 계약업무를 처리한다.

✓ 적정한 가격에 안전하고 품질이 우수한 식재료 구매를 위해 5천만 원 이하 수의계약 적용 시 제한적 최저가(낙찰 하한율) 적용을 의무화(2012년 9월~)한다.

※ 2천만 원 이하는 예정가격 90% 이상, 2천~5천만 원 이하는 88% 이상이다.

✓ 공동구매 또는 분기단위 입찰 등으로 추정금액 5천만 원을 초과하는 경우에는 반드시 일반경쟁입찰방식으로 식재료 구매계약을 추진한다.

● 물품 구매 시 '최저가' 낙찰이 폐지되고 일정한 비율의 가격을 보장하는 '적격심사' 낙찰로 전환

※ 입찰 시 적격심사를 통해 낙찰자를 결정(「지방계약법 시행령」 개정, 2017년 8월)한다.

✓ 「식품위생법 시행령」에 따라 '집단급식소 식품판매업' 신고 등 적격 업체를 통해서 식재료를 구매한다.

Key Point 집단급식소 식품판매업 신고를 하지 아니하고 집단급식소에 식품 판매가 가능한 경우 국조실 현장점검 건의사항, 2014년 8월

✓ 「식품위생법」 또는 「축산물위생관리법」에 의한 식품(축산물)제조·가공영업자, 식육포장처리업자가 자기가 생산한 식품에 한해 집단급식소와 직접 계약하여 판매(대행하는 경우 제외)하는 경우

✓ 식품위생법령에 따라 식품소분·판매업(식품소분업, 기타식품판매업, 식품 등 수입판매업, 유통전문판매업) 신고를 하거나 축산물위생관리법령상 축산물 판매업(식육판매업, 식육부산물판매업, 우유류판매업, 축산물수입판매업) 신고를 한 경우

※ 식육은 위해요소중점관리기준 적용 작업장으로 지정받은 축산물가공장 또는 식육포장처리장에서 처리된 식육을 직접 납품받는 것이 바람직하나, 식육판매업으로 영업신고된 업소를 통해 소분, 분할, 재포장 등의 과정 없이 유통(배달)만 하여 납품하는 것도 가능하다.

✓ 「농업·농촌 및 식품산업 기본법」 등에 의한 '농업인'과 '어업인' 및 '영농조합법인'과 '영어조합법인'이 생산한 농·임·수산물을 집단급식소에 판매하는 경우

※ 다만, 다른 사람으로 하여금 생산 또는 판매하게 하는 경우는 제외한다.

※ 식품위생법 시행령 제25조 제2항 제7호 : 「농업·농촌 및 식품산업 기본법」 제3조 제2호(농업인), 「수산업·어촌 발전 기본법」 제3조 제3호(어업인), 「농어업경영체 육성 및 지원에 관한 법률」 제16조(영농조합법인, 영어조합법인)

다음은 학교급식에서 식재료를 구매하려고 할 때 공급업체 선정과 계약에 관한 내용이다. ( ) 안에 들어갈 계약방법을 쓰고 이 방법의 장점과 단점을 각각 **2**가지씩 서술하시오. **[5점]**

> 공급업체를 선정할 때는 업체의 위생 관리 능력, 운영 능력, 위생적인 운송 능력 등을 고려한다. 구매계약은 구매하려는 물품의 추정 가격에 따라 계약방법이 다르다. 즉, 일정 금액 이상의 물품은 반드시 ( )을/를 통해서 계약해야 한다.

　③ 구매계약기간
　　㉠ 단체급식소의 경우
　　　▪ 채소, 육류, 과일류, 난류, 어패류, 반가공 제품은 주단위
　　　▪ 설탕, 식용유, 밀가루는 월단위
　　　▪ 가격 변동이 적은 조미료, 고춧가루, 깨 등은 3개월단위로 계약
　　㉡ 학교급식의 경우
　　　▪ 농산물은 1개월단위, 수산물과 육류는 2개월
　　　▪ 쌀과 우유는 3개월, 공산품과 김치류는 6개월단위
　　㉢ 고려사항 : 사업장의 창고여건, 사용시기, 대금지불시기 등을 고려하여 설정

03 구매절차

급식소의 상황에 따라 다양한 방법으로 수행하거나 새로운 과정이 생길 수도 있다. 구매업무 수행 시 구매절차의 단계마다 필요한 서식을 정확하게 기재하여야 한다.

(1) 급식 구매절차의 단계

　① 필요성 인식 : 메뉴 작성으로부터 인식
　　㉠ 구매의 필요성을 인식하는 부서 : 주로 급식생산부서, 재고관리부서
　② 필요한 물품의 품질 및 수량 결정
　　㉠ 수요 예측을 한 후 작성된 메뉴를 기준으로 산출된 표준레시피standardized recipe의 1인 분량을 기준으로 결정
　　㉡ 물품의 품질 : 구매명세서specification를 통해 제시
　　㉢ 물품의 수량 : 식단과 표준레시피standardized recipe를 기준으로 수요 예측을 통해 결정

③ 구매청구서 작성

    ㉠ 구매의 필요성을 인식한 부서에서 구매청구서 purchase requisition 를 작성하여 구매부서에 제출하여 구매를 공식적으로 의뢰

    ㉡ 구매부서가 따로 존재하지 않는 경우는 구매절차에서 이 과정을 생략할 수 있음

    ㉢ 보통 2부씩 작성

    ㉣ 원본은 구매부서, 사본은 구매를 요구한 부서에서 보관

    ㉤ 청구번호, 필요한 물품의 간단한 설명, 배달날짜 등

④ 공급업체 선정

    ㉠ 구매계약의 방법에 따라 경쟁입찰계약 또는 수의계약으로 이루어짐

    ㉡ 여러 공급업체 중 가장 적합한 공급업체를 선택하기 위해서는 객관적인 평가 기준이 마련되어 있어야 함

    ㉢ 큰 규모의 학교급식의 경우 : 품목별 농산물, 축산물, 수산물, 공산품, 김치류 등로 구분 하여 경쟁입찰계약을 통해 전문업체에 분리, 구매

    ㉣ 소규모 학교급식 혹은 구매물량이 적은 경우 : 수의계약으로 업체를 선정

■ 표 4. 학교급식 공급업체 선정 및 관리기준

구분	공급업체 선정 및 관리기준	비고
업체의 위생 관리 능력	1. 공급업체는 체계적인 위생기준 및 품질기준을 구비 하고 이를 준수하고 있는가?	–
	2. 공급업체가 위치한 장소 및 보유시설, 설비의 위생상 태는 양호한가?	–
	3. 학교급식에서 요구하는 식재료 규격에 맞는 제품을 공급하는가?	–
업체의 운영능력	4. 반품 처리 및 각종 서비스를 신속하게 제공하는가?	–
	5. 납품절차가 표준화되어 있고 관련 문서가 구비되어 있는가?	–
	6. 신선하고 양질의 식재료를 공급하는가?	–
	7. 학교에서 정한 시각에 식재료가 납품되는가?	–
	8. 식재료의 포장상태가 완벽한 제품인가?	–
	9. 운송 및 배달 담당자의 식품 취급방법이 위생적인가?	–
운송위생	10. 냉장배송차량을 이용하여 식재료를 운반하고, 냉 장·냉동식품의 온도는 기준범위 이내인가?	냉장·냉동식품용 배송차량에 타코 메타 부착 권장

⑤ 발주

㉠ 최종 식단 및 예측식수를 확정하고 재고 조사를 통해 변화된 재고 수준을 고려하여 최종적으로 발주품목 및 발주량을 확정

㉡ 구매부서에서는 발주서 purchase order 를 작성하여 공급업체에 송부

㉢ 송부된 발주서는 즉시 법률적인 효력을 가짐

㉣ 보통 3부를 작성하여 원본은 공급업체, 사본 1부는 구매부서, 나머지 사본 1부는 물품 입고 후 대금 지불의 근거로 회계부서에서 보관함

⑥ 물품 배달 및 검수

㉠ 발주서에 따라 공급업체가 물품을 배달하면 검수담당자가 검수를 실시

㉡ 공급업체에서는 납품서 invoice 를 함께 제출

㉢ 검수과정에서 검수담당자는 납품된 물품의 품질, 선도, 위생, 수량, 규격이 주문내용과 일치하는지 확인하는 절차

㉣ 문제가 있는 경우 : 반환 조치 식재료반품확인서

㉤ 문제가 없는 경우 : 물품 인수 후 저장 검수일지

> **Key Point** 식재료 구매 시 원산지, 품질등급 등 품질기준 명시 및 검수 철저
>
> ✓ 식재료구매요구서에 반드시 원산지, 품질등급 등 품질기준을 명시토록 하고 영양교사 및 영양사가 학교 관계자와 학부모 등의 참여하에 복수 대면 검수를 실시한다.

⑦ 구매기록의 보관 및 대금 지불

㉠ 검수담당자는 검수 후 검수일지를 작성하여 검수에 관한 전반적인 내용을 기록

㉡ 배달된 물품이 적절하지 않아 반품할 경우는 식재료반품확인서도 함께 작성

(2) 구매 서식

① 물품구매명세서

㉠ 구매명세서 specifications, spec. : 구매하고자 하는 물품의 품질표준을 유지하기 위해 물품의 특성 및 품질에 대해 기록한 양식, 구매명세서는 간단명료하고 꼭 필요한 정보를 제공해야 함

㉡ 구입명세서, 물품명세서, 시방서

㉢ 효율적인 급식 운영을 위해 명확하게 작성된 구매명세서는 필수적임

㉣ 구매명세서의 요건

■ 구매자와 공급업체 모두가 쉽게 이해할 수 있도록 명확하고 구체적이어야 함

■ 등급, 무게기준, 당도, 크기, 냉장 및 냉동상태 등의 내용을 상세히 기재

- 현재 시장에서 유통되는 제품명과 등급을 사용
- 반품 여부를 결정할 수 있는 객관적이고 현실적인 품질기준을 제시
- 공급업체와 구매자 모두에게 타당하고 공정한 기준을 제시
- 공급업체가 서로 경쟁이 가능해야 함
- 특정 업체만 공급이 가능한 조건을 제시하는 것은 바람직하지 않음

ⓜ 구매명세서의 내용 : 물품명, 용도, 상표명 브랜드, 품질 및 등급, 크기, 형태, 숙성 정도, 산지명, 전처리 및 가공 정도, 보관온도, 폐기율, 제품규격, 포장단위, 포장재질, 재료의 함량 등

ⓗ 구매명세서의 작성자 : 급식관리자를 포함하여 영양사, 조리사, 구매부서장, 구매담당자, 재무담당자 등이 팀을 이루어 작성하는 것이 바람직

② 물품구매청구서

㉠ 구매청구서 purchase requisition : 급식생산부서에서 구매의 필요성을 인식한 후 구매를 의뢰하기 위해 필요한 물품목록 및 수량을 작성하여 구매부서로 제출하는 서식

㉡ 구매요구서

③ 발주서

㉠ 발주서 purchase order : 구매청구서를 바탕으로 구매부서에서 작성하여 공급업체에 보내는 문서

㉡ 주문서, 구매표, 발주전표

④ 납품서

㉠ 납품서 invoice : 급식소에 공급한 물품의 명세와 대금에 대해 공급업자가 작성하는 문서

㉡ 거래명세서, 송장

⑤ 반품서 credit memo

㉠ 검수과정에서 물품의 수량과 품질이 발주서의 내용과 일치하지 않아 반품할 때 검수담당자가 작성하는 문서

㉡ 작성내용 : 납품업체명, 납품일시, 품목 및 수량, 반품이유 등을 포함하여 2부 작성

⑥ 검수일지 receiving record

㉠ 검수 후 전반적인 검수 결과에 대해 검수담당자가 기록하는 서식

ⓒ 기록내용 : 물품명 및 수량, 납품일자, 공급업체명, 조치사항 등의 기본적인 내용과 단위, 수량, 원산지, 포장상태, 식품온도, 유통기한, 제조일, 품질상태 등의 검수 결과

■ 표 5. 구매서식별 특징

구분	작성자	특징	주요 기능
구매명세서	팀(급식관리자, 영양사, 조리사, 구매부서장, 구매담당자, 재무담당자 등으로 구성)	물품에 대한 특성을 자세하게 기술한 서식	급식생산부서, 구매부서, 공급업체, 검수담당자 간의 물품에 대한 정보를 공유함
구매청구서	급식생산부서	구매하고자 하는 물품과 수량에 대하여 기록한 문서	급식생산부서에서 구매부서에 공식적으로 구매를 의뢰함
발주서	구매부서(구매부서가 존재하지 않는 경우에는 급식생산부서)	주문하고자 하는 품목 및 수량에 대하여 기록한 문서	공급업체에 공식적으로 주문을 의뢰함
납품서	공급업체	납품된 물품명, 수량, 가격이 기록된 문서	공급업체로의 대금 지불의 근거가 됨
반품서	검수담당자	반품 시 반품품목 및 사유에 대하여 기록한 문서	입고된 물품에 대한 반품 요구 혹은 환불 요구에 대한 근거자료
검수일지	검수담당자	반품내용을 포함한 전반적인 검수 결과에 대하여 기록한 문서	현재 공급업체 평가 시에 근거자료로 활용

Key Point 학교급식 식재료 품질관리기준 준수

✔ 「학교급식법 시행규칙」 제4조 제1항 관련 별표 2에서 규정한 "학교급식 식재료의 품질관리기준"에 부합되는 식재료 선정 및 구매, 검수 후 사용한다.
✔ 특히, 김치 완제품은 HACCP 적용업소 생산제품 사용을 의무화(2013년 11월 23일~)한다.
✔ 병원성 대장균 오염이 우려되는 시기(8~9월)에는 숙성(pH4.3 정도)된 김치류 제공을 적극 권장한다.
✔ 학교에서 김치를 구매하는 경우 상수도 사용 업체 또는 지하수 살균·소독장치 등을 통해 살균·소독된 물을 사용하는 업체를 권장한다.

학교급식 식재료의 품질관리기준 제4조 제1항 관련

1. 농산물

    가. 「농수산물의 원산지 표시에 관한 법률」 제5조 및 「대외무역법」 제33조에 따라 원산지가 표시된 농산물을 사용한다. 다만, 원산지 표시 대상 식재료가 아닌 농산물은 그러하지 아니하다.

    나. 다음의 농산물에 해당하는 것 중 하나를 사용한다.

    1) 「친환경농어업 육성 및 유기식품 등의 관리·지원에 관한 법률」 제19조에 따라 인증받은 유기식품 등 및 같은 법 제34조에 따라 인증받은 무농약 농수산물 등

    2) 「농수산물 품질관리법」 제5조에 따른 표준규격품 중 농산물표준규격이 "상" 등급 이상인 농산물. 다만, 표준규격이 정해져 있지 아니한 농산물은 상품가치가 "상" 이상에 해당하는 것을 사용한다.

    3) 「농수산물 품질관리법」 제6조에 따른 우수관리인증농산물

    4) 「농수산물 품질관리법」 제24조에 따른 이력추적관리농산물

    5) 「농수산물 품질관리법」 제32조에 따라 지리적 표시의 등록을 받은 농산물

    다. 쌀은 수확연도부터 1년 이내의 것을 사용한다.

    라. 부득이하게 전처리(前處理)농산물(수확 후 세척, 선별, 박피 및 절단 등의 가공을 통하여 즉시 조리에 이용할 수 있는 형태로 처리된 식재료)을 사용할 경우에는 나목과 다목에 해당되는 품목으로 다음 사항이 표시된 것으로 한다.

    1) 제품명(내용물의 명칭 또는 품목)

    2) 업소명(생산자 또는 생산자단체명)

    3) 제조연월일(전처리작업일 및 포장일)

    4) 전처리 전 식재료의 품질(원산지, 품질등급, 생산연도)

    5) 내용량

    6) 보관 및 취급방법

    마. 수입농산물은 「대외무역법」, 「식품위생법」 등 관계 법령에 적합하고, 나목부터 라목까지의 규정에 상당하는 품질을 갖춘 것을 사용한다.

2. 축산물

    가. 공통기준은 다음과 같다. 다만, 「축산물위생관리법」 제2조 제6호에 따른 식용란(食用卵)은 공통기준을 적용하지 아니한다.

    1) 「축산물위생관리법」 제9조 제2항에 따라 위해요소중점관리기준을 적용하는 도축장에서 처리된 식육을 사용한다.

　　　2)「축산물위생관리법」제9조 제3항에 따라 위해요소중점관리기준 적용 작업장으로 지정받은 축산물가공장 또는 식육포장처리장에서 처리된 축산물(수입축산물을 국내에서 가공 또는 포장 처리하는 경우에도 동일하게 적용)을 사용한다.

　나. 개별기준은 다음과 같다. 다만, 닭고기, 계란 및 오리고기의 경우에는 등급제도 전면 시행 전까지는 권장사항으로 한다.

　　　1) 쇠고기 :「축산법」제35조에 따른 등급판정의 결과 3등급 이상인 한우 및 육우를 사용한다.

　　　2) 돼지고기 :「축산법」제35조에 따른 등급판정의 결과 2등급 이상을 사용한다.

　　　3) 닭고기 :「축산법」제35조에 따른 등급판정의 결과 1등급 이상을 사용한다.

　　　4) 계란 :「축산법」제35조에 따른 등급판정의 결과 2등급 이상을 사용한다.

　　　5) 오리고기 :「축산법」제35조에 따른 등급판정의 결과 1등급 이상을 사용한다.

　　　6) 수입축산물 :「대외무역법」,「식품위생법」,「축산물위생관리법」등 관련 법령에 적합하며, 1)부터 5)까지에 상당하는 품질을 갖춘 것을 사용한다.

3. 수산물

　가.「농수산물의 원산지 표시에 관한 법률」제5조 및「대외무역법」제33조에 따른 원산지가 표시된 수산물을 사용한다.

　나.「농수산물 품질관리법」제14조에 따른 품질인증품, 같은 법 제32조에 따라 지리적 표시의 등록을 받은 수산물 또는 상품가치가 "상" 이상에 해당하는 것을 사용한다.

　다. 전처리수산물

　　　1) 전처리수산물(세척, 선별, 절단 등의 가공을 통해 즉시 조리에 이용할 수 있는 형태로 처리된 식재료를 말한다. 이하 같다)을 사용할 경우 나목에 해당되는 품목으로서 다음 시설 또는 영업소에서 가공 처리(수입수산물을 국내에서 가공 처리하는 경우에도 동일하게 적용한다)된 것으로 한다.

　　　　가)「농수산물 품질관리법」제74조에 따라 위해요소중점관리기준을 이행하는 시설로서 해양수산부장관에게 등록한 생산·가공시설

　　　　나)「식품위생법」제48조에 따라 위해요소중점관리기준을 적용하는 업소로서「식품위생법 시행규칙」제62조 제1항 제2호에 따른 냉동수산식품 중 어류·연체류 식품제조·가공업소

　　　2) 전처리수산물을 사용할 경우 다음 사항이 표시된 것으로 한다.

　　　　가) 제품명(내용물의 명칭 또는 품목)

　　　　나) 업소명(생산자 또는 생산자 단체명)

　　　　다) 제조연월일(전처리작업일 및 포장일)

　　　　라) 전처리 전 식재료의 품질(원산지, 품질등급, 생산연도)

　　　　마) 내용량

　　　　바) 보관 및 취급방법

　　라. 수입수산물은 「대외무역법」, 「식품위생법」 등 관련 법령에 적합하고 나목 및 다목에 상당하는 품질을 갖춘 것을 사용한다.

4. 가공식품 및 기타

　　가. 다음에 해당하는 것 중 하나를 사용한다.

　　　　1) 「식품산업진흥법」 제22조에 따라 품질인증을 받은 전통식품

　　　　2) 「산업표준화법」 제15조에 따라 산업표준 적합 인증을 받은 농축수산물 가공품

　　　　3) 「농수산물 품질관리법」 제32조에 따라 지리적 표시의 등록을 받은 식품

　　　　4) 「농수산물 품질관리법」 제14조에 따른 품질인증품

　　　　5) 「식품위생법」 제48조에 따라 위해요소중점관리기준을 적용하는 업소에서 생산된 가공식품

　　　　6) 「식품위생법」 제37조에 따라 영업 등록된 식품제조·가공업소에서 생산된 가공식품

　　　　7) 「축산물위생관리법」 제9조에 따라 위해 요소중점관리기준을 적용하는 업소에서 가공 또는 처리된 축산물 가공품

　　　　8) 「축산물위생관리법」 제6조 제1항에 따른 표시기준에 따라 제조업소, 유통기한 등이 표시된 축산물 가공품

　　나. 김치 완제품은 「식품위생법」 제48조에 따라 위해요소중점관리기준을 적용하는 업소에서 생산된 제품을 사용한다.

　　다. 수입 가공식품은 「대외무역법」, 「식품위생법」 등 관련 법령에 적합하고 가목에 상당하는 품질을 갖춘 것을 사용한다.

　　라. 위에서 명시되지 아니한 식품 및 식품첨가물은 식품위생법령에 적합한 것을 사용한다.

5. 예외

　　가. 수해, 가뭄, 천재지변 등으로 식품수급이 원활하지 않은 경우에는 품질관리기준을 적용하지 않을 수 있다.

　　나. 이 표에서 정하지 않는 식재료, 도서(島嶼)·벽지(僻地) 및 소규모학교 또는 지역 여건상 학교급식 식재료의 품질관리기준 적용이 곤란하다고 인정되는 경우에는 교육감이 학교급식위원회의 심의를 거쳐 별도의 품질관리기준을 정하여 시행할 수 있다.

Key Point 학교급식의 식재료 구입

✓ 식재료의 규격기준을 정하여 이를 준수하고 집단급식소 식품판매업소 등 식재료를 공급하는 업체의 선정 및 관리기준을 마련, 위생 관리 능력과 운영 능력이 있는 업체를 선정함으로써 보다 신선하고 질이 좋으며 위생적으로 안전한 식재료를 구입하여야 한다. 식재료 규격과 납품업체 방문평가표는 〈표1〉과 〈표2〉에 제시하였다.

■ 표 1. 식재료 규격

구분	식재료 규격	비고
곡류 및 과채류	1. 원산지 표시 또는 친환경농산물인증품, 품질인증품, 우수관리인증농산물, 이력추적관리농산물, 지리적특산품 등을 표시한 제품	거래명세서에 표기
전처리 농산물	1. 제품명, 업소명, 제조연월일, 전처리하기 전 식재료의 품질(원산지, 품질등급, 생산연도), 내용량, 보관 및 취급방법 등을 표시한 제품	–
어·육류	1. 육류의 공급업체는 신뢰성 있는 인가된 업체	–
	2. 육류는 등급판정확인서가 있는 것	–
	3. 수입육인 경우 수출국에서 발행한 검역증명서, 수입신고필증이 있는 제품	–
	4. 어류는 원산지를 표시한 제품	–
	5. 냉장·냉동상태로 유통되는 제품	–
어·육류 가공품	1. 인가된 생산업체의 제품	–
	2. 원산지 표시 및 유통기한 이내의 제품	거래명세서에 표기
	3. 냉장·냉동상태로 유통되는 제품	–
난류	1. 세척·코팅과정을 거친 제품(등급판정란 권장) ※ 가능한 한 냉소(0~15℃)에서 보관·유통	축산법 제35조, 축산물의 가공기준 및 성분규격
김치류	1. 인가된 생산업체의 제품	–
	2. 포장상태가 완전한 제품	–
양념류	1. 표시기준을 준수한 제품	–
기타 가공품	1. 모든 가공품은 유통기한 이내의 제품, 포장이 훼손되지 않은 제품	거래명세서에 표기

※ 어육가공품 중 어묵·어육소시지, 냉동수산식품 중 어류·연체류·조미가공품, 냉동식품 중 피자류·만두류·면류, 김치류 중 배추김치는 식품안전관리인증 의무품목이며, 그 이외의 품목도 식품안전관리인증 제품 구매를 권장한다.
※ 김치류 업체 선정 시 상수도를 사용하는 생산업체 또는 지하수 살균·소독장치 등을 통해 살균·소독된 물을 사용하는 업체를 권장한다.

■ 표 2. 납품업체 방문평가표

- 점검업체명 :   ● 공급학교수 : (   ) 개교
- HACCP 업체 지정 여부(지정 ☐, 미지정 ☐)

구분	점검사항	평가		
		우수	보통	미흡
① 작업공정 및 환경위생	1. 원재료의 보존상태			
	2. 작업장 청결상태			
	3. 작업된 식품 보관상태			
	4. 작업장의 온도·습도 관리			
	5. 작업장의 방충설비 관리상태			
	6. 작업장의 위치, 조명, 환기 시설의 적절성			
	7. 작업장의 바닥, 벽, 천장 등 파손 여부			
	8. 작업용구(칼, 장갑, 기구류)의 세척, 소독상태			
	9. 냉장·냉동고의 식재료 보관 및 관리상태(위생 및 유통기한)			
	10. 냉장·냉동시설의 적정 용량 확보 및 온도 유지(냉장 5℃, 냉동 -18℃ 이하)			
	11. 작업장 주위시설 위생 관리(화장실 및 쓰레기 처리)			
	12. 사용용수의 적합성(상수도 또는 지하수 검사성적서)			
	13. 작업장 정기소독 실시 여부			
② 개인위생	14. 작업복, 작업모, 작업화 착용 및 청결상태			
	15. 정기 건강 진단 실시 여부(6개월에 1회 실시)			
	16. 작업장 내 수세시설 및 손소독기 비치 여부			
	17. 작업자 위생교육 실시여부(위생교육일지 열람)			
③ 수송위생	18. 제품 수송차량 청결 및 온도 유지			
	19. 제품 수송차량 내에 교차오염을 방지할 수 있는 설비 여부			
④ 기타	20. 배상물 책임보험 가입 여부			
	21. 급식품 제조 또는 운송 시 하청 여부(전체 납품 물량과 작업장 종사자 수 및 운반차량의 적정성)			
⑤ 서류비치 (축산물)	22. 축산물등급판정서, 도축확인증명서 비치 여부			
⑥ 종합의견 및 참고사항				

점검일자 : 2○○○년   월   일

점검자(학교) : 직   급식소위 위원   성명   (서명)

점검자(학교) : 직   급식소위 위원   성명   (서명)

확인자(납품업체) : 직   성명   (서명)

Key Point 식재료 공급업자 건강 진단

✓ 집단급식소 식품판매업소 등 식재료 공급업체 직원 중에서 완전 포장되지 않은 식재료를 운반하는 자(배송요원)는 6개월마다 건강 진단을 실시하고 그 사본을 납품하는 학교에 제출하여야 한다. 단, 응찰 시 건강진단서 제출이 의무화되어 있는 경우에는 불필요하다.

※ 배송요원 이외의 자는 「식품위생법 시행규칙」 제49조를 적용한다.

제 4 장 발주와 검수

01 구매시장 조사

(1) 정의 및 목적

① 구매시장의 실태 및 상황에 대한 자료를 수집, 분석 및 검토하여 결과를 구매활동에 적용하는 것

② 구매방침의 결정, 구매시기 및 구매 예정가격을 결정, 공급업체와 계약 체결 시 견적가가 적합한지를 파악할 때 근거자료로 활용

■ 표 1. 구매시장조사의 의의

구분	내용
새로운 식재료 발견 및 설계	식재료의 종류, 적합성, 구입처, 구입시기의 조사
제품의 품질 및 작업공정 개선	제품의 품질 및 공정 개선
원가 절감	공정 개선을 통한 원가 절감 및 대체 식재료의 활용
경제적 유리성	품질, 가격, 선도 등 경쟁적 우위 확보
예정가격의 결정	구입 및 판매가격 책정을 위한 기준 제시
효율적인 구매 계획의 수립	구매거래처, 구매시기, 가격, 구매수량 계획 수립

(2) 구매시장조사의 내용과 원칙

① 구매시장조사의 내용

㉠ 합리적인 구매 계획의 수립을 위해 시장 조사

㉡ 품목, 품질, 수량, 가격, 구매시기, 공급업체, 거래조건에 대해 조사

■ 표 2. 구매시장조사의 내용

구분	내용
품목	구매품목의 제조업체, 유사식품 및 대체품을 고려하여 구매리스트 확정
품질	가격과 가치의 관계를 고려하여 구매품목의 품질에 대하여 조사
수량	포장단위, 할인율, 보관 및 저장용량을 고려한 구매수량 조사
가격	물품의 가치와 거래조건 변경에 의한 가격 인하 효과를 고려한 가격 조사
구매시기	납품가격, 사용시기, 물가 등을 고려하여 구매시기 결정
공급업체	복수거래 및 상시 공급 가능한 업체 선정과 조사
거래조건	인수 및 지불조건, 구매비용의 절감을 기대할 수 있는 거래조건에 대하여 조사

② 구매시장조사의 원칙
　　㉠ 비용경제성의 원칙 : 시장 조사의 비용이 구매 후 발생하는 이익을 초과해서
　　　는 안 되며 상호경제성이 전제
　　㉡ 조사적시성의 원칙 : 필요한 시기에 실제적인 구매가 이루어지도록 정해진 시
　　　간 안에 꼭 이루어져야 함. 또한 조사기간이 길어지면 비용이 추가로 발생하
　　　여 손실을 가져올 수 있으며 구매시기를 놓칠 수도 있음
　　㉢ 조사탄력성의 원칙 : 시장상황 변동과 정책 변화에 능동적으로 대응할 수 있
　　　어야 함
　　㉣ 조사계획성의 원칙 : 시장 조사에 앞서 구체적인 계획 수립
　　㉤ 조사정확성의 원칙 : 구매시장의 실태에 대한 정확한 정보를 전달
③ 구매시장조사의 유형
　　㉠ 기초시장조사 : 가장 기본적인 시장 조사를 의미, 기업의 구매정책을 결정하
　　　기 위해 시행, 관련 업계의 동향, 가격현황, 관련 업체의 수급동향, 거래처의
　　　대금결제방법 등을 조사
　　㉡ 품목별 시장 조사 : 구매가 필요한 물품의 가격 변동과 수급현황을 조사, 구매
　　　물품의 가격 산정, 구매수량을 결정하기 위한 기초자료로 활용
　　㉢ 구매거래처별 시장 조사 : 특정 업체와 지속적으로 거래를 유지하기 위해 실
　　　시하는 조사, 주거래 업체의 일반적인 상황, 재무상태, 손익구조, 품질관리,
　　　생산상황, 제조원가, 성장성, 경영관리 등을 조사
　　㉣ 유통체계별 시장 조사 : 유통의 건전성을 알아보기 위해 실시하는 조사, 유통
　　　단계별 제품·가격·유통경로·촉진 등을 조사

(3) 시장 및 유통경로

① 시장 : 구매자와 공급업체, 가격 형성, 물품소유권의 이전과 같은 3요소를 구비하고 있는 유효구매자의 집합으로 상품과 소유권이 생산자에게서 소비자에게 인도되는 장소

  ⊙ 시장의 기능

    ■ 구매정보의 획득기능 : 판매자와 구매자 간의 정보 교환의 장소로 시장 변화 및 동향, 신제품 등에 관한 정보를 빠르게 얻을 수 있음

    ■ 교환기능 : 물품과 대금의 교환이 이루어지는 장소

    ■ 물품공급기능 : 생산자 및 판매자에게서 구매자에게로 물품이 이동·공급되는 실질적인 장소

    ■ 경영활동의 수행장소 : 장부 정리, 대금 지불, 연체대금의 수금, 문서 전달 등을 수행하는 장소

  ⓛ 시장의 종류

    ■ 식품의 종류에 따라 양곡시장, 수산물시장, 청과물시장, 축산물시장으로 분류함

    ■ 유통경로 및 시장의 위치에 따라 산지시장, 도매시장, 소매시장으로 분류함

      - 산지시장제1차 시장 : 식품의 산지 근처에 형성되는 생산지시장으로 해안가의 수산물시장, 과수단지의 청과물시장 등

      - 도매시장제2차 시장 : 거래상의 안전을 보장할 수 있으며 공개경매를 통한 균형가격을 형성하고 농수산물의 수급 조절을 담당함

      - 소매시장지역시장 : 소비자 근처에 형성되는 지역시장이며 최종 소비자에게 물품 및 각종 서비스를 제공함

② 유통경로

  ⊙ 식품유통의 개념

    ■ 물품과 소유권이 생산자로부터 최종 소비자에게 이동되는 과정에서 관련된 활동을 담당하는 중간 상인들의 상호연결과정

    ■ 중간 유통단계인 도매상, 소매상을 거치는 다양한 형태의 유통경로가 존재

  ⓛ 식품유통의 문제점

    ■ 생산 수급의 불안정 : 농수산물은 기후 변화와 천재지변, 지구온난화로 인한 기상이변에 따라 안정적인 생산과 공급이 불안정함

    ■ 계절에 따른 가격 변동 폭이 심함 : 농수산물은 성수기와 비수기가 뚜렷, 비수기에는 저장으로 인하여 품질이 떨어지고 가치와 가격 상승, 성수기에는 유통량이 증가하여 가격 하락 폭이 커지는 문제점이 있음

■ 품질 유지·관리의 어려움 : 농수산물은 저장수명이 짧아 쉽게 변질 및 부패됨

■ 규격화·표준화의 어려움 : 농수산물은 동일품종이라도 생산품의 품질 및 표준규격화가 어려움

■ 과다한 운송비 : 농수산물은 가격에 비해 상대적으로 무게와 부피가 크고 저장수명이 짧아 적절한 냉장·냉동시설이 필요, 운반 및 수송에 많은 비용이 듦

■ 생산농가의 영세성 : 농수산물의 생산농가는 전국적으로 분산되어 있고 생산규모가 영세하며, 소규모 분산출하가 주를 이루고 있으므로 유통시장의 교섭력이 약하고 경쟁력이 부족함

02 발주

(1) 발주업무의 절차

① 계획된 식단 및 저장창고의 재고기록 등을 토대로 식품의 폐기율, 저장비용, 저장시설 여건, 발주비용 등의 요소를 고려하여 실제 구매품목 및 구매량을 결정하는 과정

② 발주업무의 흐름 : 식단 작성 → 수요 예측 → 발주량 산출 저장품목, 비저장품목 → 발주서 작성 → 발주서 송부

③ 비저장품목

㉠ 채소 및 과일류, 난류, 두부류, 유제품 등

㉡ 레시피 1인 분량, 예측식수, 폐기율, 출고계수를 고려하여 발주량 산출

④ 저장품목

㉠ 곡류, 건어물, 통조림 등의 저장성 가공식품

㉡ 재고 수준을 고려하여 발주량 산출

(2) 수요 예측

① 급식 경영에서의 수요 예측기능

㉠ 과거 식수 분석과 외부환경변화를 감안한 수요 예측 forecasting은 구매 및 생산 계획에 영향을 미치며 급식 운영을 위한 핵심적인 요소임

㉡ 객관적인 수요 예측을 위해 날짜, 메뉴, 요일, 식사 제공 시간, 제공한 날의 특수한 사항, 날씨, 소비자의 반응 잔반량, 불만, 칭찬 등 등의 급식소 운영과 관련된 정확한 과거 기록을 구비

② 주관적 수요예측법 subjective forecasting method

⊙ 경험이 많은 전문가의 주관적 판단으로 수요를 예측하는 방법

⊙ 과거의 예측자료가 불확실하거나 시간 경과에 따른 예측에 일관성이 없고 자료가 충분하지 않을 때 이용함

⊙ 기술 예측, 신상품 개발 및 출시할 때 이용

⊙ 최고경영자기법, 외부의견조사법, 델파이기법

③ 시계열 분석법

⊙ 과거의 매출이나 수량자료로부터 시간적인 추이나 경향을 파악하여 미래의 수요를 예측하는 방법

⊙ 종류

- 단순이동평균법 simple moving average, SMA
  - 과거의 자료에 동일한 가중치를 적용하는 방법
  - 급식소의 식수인원 매출식수에 대한 과거 기록을 이용하여 일정한 단위기간의 기록을 중심으로 계속적으로 이동해가면서 평균치를 산출하여 미래의 수요를 예측
  - 일별, 주별, 월별 등 단위주기별 예측이 가능

- 가중이동평균법
  - 최근의 실적에 가장 높은 가중치를 적용하는 방법
  - 가중치의 배분은 급식소 운영자 또는 경영자의 판단에 의존함

- 지수평활법 exponential smoothing model, ESM
  - 현시점에서 가장 최근의 기록에 높은 가중치를 주고 수요를 예측하는 방법
  - 최근 기록이 미래의 수요 예측에 가장 큰 영향을 주도록 하는 방법
  - 단기 수요 예측과 정확한 예측을 하고자 할 때 사용
  - 계산이 쉽고 필요한 정보의 양이 최소화된다는 장점이 있음

✓ $F_t = \alpha \times D_{t-1} + (1-\alpha) \times F_{t-1}$

(예측식수 = α × 가장 최근의 제공식수 + (1-α) × 가장 최근의 예측식수)

F_t : 예측식수

D_{t-1} : 가장 최근의 제공식수

F_{t-1} : 가장 최근의 예측식수

α : 평준항수. $0 < \alpha < 1$

- 안정한 수용의 메뉴 : 0.1~0.3
- 불안정한 수용의 메뉴 : 0.4~0.6
- 신메뉴 : 0.7~0.9

> **Key Point** 단순이동평균법과 지수평활법의 차이점
>
> ✓ 지수평활법의 경우 실제식수와 예측식수를 모두 사용한다.
> ✓ 단순이동평균법은 가중치가 동일, 지수평활법의 지수평활계수($0 \leq \alpha \leq 1$)는 현시점에 가까울수록 크다.

④ 인과형 예측법(causal model)

　　㉠ 판매식수와 이에 영향을 미치는 요인 간의 수학적 인과모델을 개발하여 수요를 예측하는 방법

　　㉡ 회귀모형기법 이용

　　㉢ 예측식수에 영향을 줄 수 있는 요인 : 요일, 메뉴 선호도, 특별 행사, 날씨, 계절, 주변 식당 이용률, 식당의 좌석 회전율 등

　　㉣ 단점 : 다른 방법에 비해 복잡, 시간과 노력이 많이 소요

　　㉤ 장점 : 중·장기적 수요 예측에 효과적

　　㉥ 종류

　　　　■ 선형회귀분석 : 예측식수 Y와 이에 영향을 주는 요인 X이 한 개일 경우

　　　　■ 다중회귀분석 : 예측식수에 영향을 주는 요인 Xn이 두 개 이상일 경우

예제

다음 A 급식소의 제공된 식수자료이다.

① 3개월간의 단순이동평균법으로 7월의 식수를 예측하시오.

② 3개월간의 가중이동평균법을 이용하여 7월의 식수를 예측하시오(6월 가중치 α=0.7).

③ 지수평활법을 이용하여 4월의 식수를 예측하시오(α=0.3).

월	제공된 식수(식)	예측식수(식)
3	1,700	1,800
4	1,900	?
5	1,700	
6	2,100	
7		?

✏️ 풀이 및 정답

① (1,900 + 1,700 + 2,100) / 3 = 1,900

② (1,900 × 0.1 + 1,700 × 0.2 + 2,100 × 0.7) = 190 + 340 + 1,470 = 2,000

③ 0.3 × 1,700 + (1 − 0.3) × 1,800 = 1,770

⑤ 수요예측기법의 선택기준

　　㉠ 비용효율성 : 수요예측기법의 개발비, 도입비, 시스템 운영비_{자료 수집 및 분석} 등을 미리 비교·분석하여 비용 측면에서 효율적인 기법을 선택

　　㉡ 예측정확성 : 수요예측기법 중 예측 오류가 최소인 것을 선택

　　㉢ 사용의 편리성 : 예측기법을 급식운영시스템 내에서 쉽게 사용할 수 있는지, 이를 활용하는 데 필요한 기술 및 지식 등의 복잡성을 비교·분석하여 편리하게 활용할 수 있는 방법을 선택

(3) 발주량 산출

① 비저장품목의 발주량 산출 : 표준레시피의 1인 분량, 예측식수 및 식품별 폐기율을 근거로 발주량 산출

　㉠ 폐기율이 없는 식품 : 발주량 = 메뉴레시피 1인 분량 × 예측식수

　㉡ 폐기율이 있는 식품 : 발주량 = 메뉴레시피 1인 분량 × 예측식수 × 출고계수

　　■ 출고계수 = 100 / (100 − 폐기율)

2017년 기출문제 A형

학교에서 꽁치를 구입하여 조림을 하려고 한다. 다음 〈조건〉에 따라 계산과정을 포함하여 꽁치의 출고계수와 발주량(kg)을 구하시오. 그리고 식품 구매 시 잔반 감소를 위한 객관적 수요 예측 방법 중 가장 대표적인 시계열 분석예측법 2가지를 제시하고 설명하시오. 【4점】

> **〈조 건〉**
> ○ 급식인원 1,000명
> ○ 꽁치 1인분량 50g, 꽁치 폐기율 50%

② 저장품목의 발주량 산출

　㉠ 적정재고수준의 개념 및 의의

　　■ 저장품목의 발주량을 산출하기 위해 우선 재고품목별 적정재고수준에 대한 기준 및 지침을 설정해야 함

　　■ 적정재고수준

　　　- 조직에 최대의 경제적 효과를 주는 재고 수준

　　　- 조직의 유형과 규모, 저장시설 여건 등의 내부 환경적 요소, 가격 변동률, 수량 할인율 등의 외부 환경적 요소에 따라 달라질 수 있음

　　　■ 저장비용storage cost : 재고 유지 관리비, 창고 임대료, 보험료, 재고 투자비 은행이자, 재고 손실비 등
　　　■ 주문비용order cost : 발주업무와 관련된 구매 및 검수에 쓰인 인건비, 교통 통신비, 사무비, 소모품비 등
　ⓒ 경제적 발주량economic order quantity, EOQ
　　　■ 조직의 최대 경제적 효과를 주는 적정재고수준
　　　■ 저장비용과 주문비용의 합이 가장 적은 발주량
　　　■ 너무 적게 발주량을 잡으면 주문비용이 증가
　　　■ 너무 많은 발주량은 저장비용이 증가
　　　■ 경제적 발주량 산출공식은 연간 총 사용량을 알고 일정 수준을 유지할 때, 일정한 비율로 꾸준히 사용될 때, 대량 구매가 언제든지 가능할 때, 급식 생산의 필수품목일 때, 단위당 가격이 일정할 때 적용할 수 있음

$$\checkmark \text{ 경제적 발주량(EOQ)} = \sqrt{\frac{2 \times F \times S}{C \times P}}$$

C : 재고 유지 관리비용(총 재고액 대비 백분율)
P : 품목의 구매단가(구매가격)
F : 구매비용(구매에 소요되는 고정비)
S : 특정 품목의 연간 소요량

　ⓒ 발주량 결정요인
　　　■ 물품의 특성 : 물품에 따라 기간이 길어지면 품질이 급격히 저하되는 것이 있으므로, 식품의 경우에는 유통기한이 있으니 반드시 이를 고려해야 함
　　　■ 거래단위 : 거래단위를 밑도는 수량은 납품업자 측이 발주를 받지 않을 수 있으므로 기본 거래단위를 고려해야 함
　　　■ 계절적 요인 : 계절식품들은 성수기에는 저렴한 가격으로 쉽게 구매할 수 있지만 비수기의 경우에는 값이 비싸거나 구매가 어려운 경우가 많음
　　　■ 가격의 변화 : 장래에 가격이 오르거나 혹은 내려간다는 예측은 적정 재고량 결정공식에는 포함되지 않은 내용 중의 하나임
　　　■ 할인율 : 수량 재고유지비용보다 할인가격이 크다면 주문수량을 증가시키는 것이 이익임
　　　■ 자금 공급력 : 최종적인 발주량을 고려할 때 조직의 유동 자금력을 고려해야 함
　　　■ 저장공간 및 시설 여건

(4) 발주방식의 유형

① 정기발주방식(P system : fixed-order period system)

    ㉠ 정해진 시기가 되면 부정량을 발주하는 시스템

    ㉡ 해당 품목

- 가격이 비싸서 재고 부담이 큰 품목
- 사용률이 어느 정도 일정한 품목
- 공급기간이 오래 걸리는 품목, 수요 예측이 가능한 품목 등

    ㉢ 발주주기 : 주 1회, 월 1회, 분기별 1회 등 일정한 시간적 단위

    ㉣ 최대 재고량 : 급식소의 저장능력, 비용지불능력 등을 고려하여 결정

    ㉤ 안전 재고량 : 예측되지 않은 수요 변화에 대비하기 위해 설정해 놓은 재고량

    ㉥ 공급기간(lead time) : 발주 후 물품이 입고될 때까지의 기간

> ✓ **발주량 = 입고 후 발주시점까지 사용한 양 + 공급기간 동안 사용할 양**
> **= (최대 재고량 – 현재 재고량) + 공급기간 동안 사용할 양**

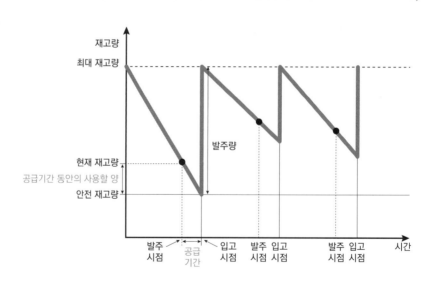

[그림 01] 정기발주방식

② 정량발주형식(Q system : fixed-order quantity system)

    ㉠ 정해진 양을 부정기적으로 발주하는 시스템

- 재고가 일정 수준 발주점에 도달하면 일정량을 발주하는 방식, 즉 경제적 발주량을 발주하는 것으로 발주점방식(order point system)이라고도 함
- 발주점은 발주해서 입고되기까지의 조달기간 중에 예측되는 소비량과 안전재고량의 합계가 재고로 남아있는 시점

ⓛ 해당 품목

- 재고 부담이 적은 저가품목
- 항상 수요가 있어 일정한 양의 재고를 보유해야 하는 품목
- 시장에서 충분한 수량을 언제든지 확보할 수 있는 품목 등

ⓒ 품목별 소비량에 따라 발주주기가 달라지므로 현재 재고 수준을 지속적으로 파악할 수 있도록 영구재고조사를 이용한 철저한 재고 관리가 전제되어야 함

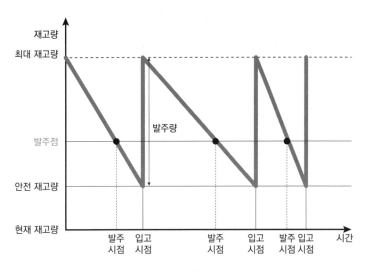

[그림 02] 정량발주방식

■ 표 3. 정기발주방식과 정량발주방식의 비교

구분	정기발주방식	정량발주방식
특징	정기적으로 비정량을 발주	재고가 발주점에 이르면 정량을 발주
발주시기	정기적(주기적)	비정기적(발주점 도달 시)
발주량	부정량(최대 재고량 – 현재 재고량)	정량(경제적 발주량 : EOQ)
재고조사법	실사재고	영구재고
안전재고	조달기간 및 발주주기 중의 수요 변화에 대비	조달기간 중의 수요 변화에 대비

(5) 발주서 작성

① 발주품목과 발주량이 정해지면 발주서 purchase order 를 작성함

② 최근 급식관리전산시스템이 도입되어 메뉴 계획 후 급식 수요가 결정되면 표준 레시피에 의해 식품 품목별 발주량이 자동적으로 계산되어 발주서를 바로 출력 할 수 있도록 지원되고 있음

03 검수

납품된 식재료와 물품의 품질, 선도, 위생, 수량, 규격이 주문내용과 일치하는지 검사하여 수령 여부를 판단하는 과정이다.

(1) 검수 관리의 개념

① 구매명세서와 발주서에 명시된 품질, 크기, 수량, 중량, 가격 등을 확인하고 냉장·냉동품의 경우 온도를 확인하는 것을 포함

② 부적절한 물품을 반품 조치하는 것도 검수업무의 일환

③ 일반적으로 검수절차는 배달된 물품의 인수accepting, 확인validating, 서명signing으로 이루어 짐

(2) 검수를 위한 구비조건

① 검수담당자

㉠ 품목의 품질명세서에 대한 지식

㉡ 물품의 품질평가능력

㉢ 검수절차에 대한 이해

㉣ 문제 발생 시 처리방법 및 절차에 대한 이해

㉤ 검수일지 작성 및 기록 보관절차에 대한 지식 등

㉥ 적절한 교육 및 훈련을 받아야 함

② 검수설비 및 기기

㉠ 검수장소 : 물품 공급업체의 물품이나 검수담당자 모두에게 접근이 용이한 곳

㉡ 물품의 이동

■ 검수 → 저장시설 혹은 전처리장 → 조리장으로 연결

■ 물품의 이동과 저장에 소요되는 시간 및 노력을 절감

■ 일반작업구역과 청결구역이 구분

- 일반작업구역은 생물학적, 화학적, 물리적 위해요소가 제거되지 않은 구역으로써 검수구역, 전처리구역, 식재료저장구역, 세척구역 등

- 청결작업구역 : 식품 조리과정상 오염되어서는 안 되는 장소 또는 오염에 대한 방어장치 및 기계가 설치된 장소나 구간, 즉 생물학적, 화학적, 물리적 위해요소가 관리되는 구역으로써 조리가열·비가열/가열·소독 후 식품 절단구역, 정량 및 배선구역, 식기보관구역

ⓒ 조리장의 구획 및 구분
- 작업과정의 미생물 오염 방지를 위하여 조리장을 식재료 전처리실, 조리실, 식기구세척실 등으로 구획하여 일반작업구역과 청결작업구역으로 분리함
- 이러한 구획이 여의치 않을 경우는 낮은 벽 설치 또는 작업구역 표지판을 이용하여 구분함

ⓔ 검수업무에 적합한 설비조건
- 물품이 배달되고 저장시설 혹은 전처리장으로 이동하기에 적합한 검수장소의 위치
- 물건과 사람이 이동하기에 충분한 넓이의 공간
- 위생 및 안전성이 확보될 수 있는 장소
- 청소하기 쉬우며 배수가 잘 되는 시설
- 물품을 검사하기에 적절한 밝기의 조명시설 540Lux 이상, 전처리실, 조리실 작업대 220Lux 이상
- 물품 검사를 위한 검수대 바닥에 물품을 놓지 않도록 주의

ⓜ 물품을 검수할 때 필요한 도구
- 저울, 온도계, 통조림 따개, 칼, 가위 등이 있으며 검수를 마친 물품들은 운반차를 이용하여 옮기도록 함
- 냉장이나 냉동상태로 배송된 식품 : 온도계를 이용하여 온도를 확인
  - 육류의 경우 탐침온도계를 이용하여 중심온도를 확인함. 그 외 식품은 펜타입 온도계나 비접촉식 온도계를 사용함

③ 검수시간 및 일정
  ㉠ 검수시간 및 일정은 사전에 계획하여 납품업자에게 통보함으로써 정확한 시간에 물품이 배달되고 검수되는 것이 바람직함
  ㉡ 육류, 농산물, 수산물, 공산품 등 품목에 따라 주기적인 배송일자요일 혹은 시간을 사전에 납품업체와 조율하여 배정
  ㉢ 학교급식의 경우 당일 입고 당일 소비의 원칙에 따라 쌀과 조미료 등의 일부 저장품을 제외한 당일 점심급식용 식재료 전품목이 매일 아침 8~9시경에 배달됨
④ 구매명세서 : 구매명세서에 기술된 품질기준 및 규격에 적합한 물품이 납품됐는지 확인
⑤ 구매청구서발주서 : 검수원은 배달된 품목과 구매청구서의 내역을 비교하여 품목과 수량, 가격, 납품일자 등이 일치하는지 확인

(3) 검수방법

① 전수검수법

㉠ 납품된 물품을 전부 검사하는 방법

㉡ 해당 품목 : 소량이거나 육류와 같은 비싼 식재료

㉢ 장점 : 우수한 품질의 물품이 입고

㉣ 단점 : 시간과 비용이 많이 소요

② 발췌검사법

㉠ 납품된 물품 중 몇 개만 무작위로 선택하여 검사하는 방법

㉡ 해당 품목 : 수량이 많은 경우, 검수항목이 많은 경우, 검수시간과 비용을 절약해야 할 경우

㉢ 장점 : 파괴성 검수에 효과적, 시간과 비용면에서 유리

㉣ 단점 : 낮은 품질의 물품이 섞여 있을 가능성

(4) 검수절차

① 납품물품과 주문한 내용, 납품서의 대조 및 품질 검사 : 검수담당자는 물품이 도착한 즉시 납품업자 입회하에 검수 실시

② 물품의 인수 또는 반품 : 검수담당자는 배달된 물품에 하자가 없는 경우 물품을 인도받음

③ 인수한 물품의 입고 : 검수가 끝난 식재료는 수령 즉시 냉장 및 냉동고, 실온창고, 조리장으로 입고

④ 검수에 관한 기록 및 문서 정리

㉠ 검수에 관한 내용은 검수일지에 기록으로 남김으로써 납품업체 및 물품에 대한 정보를 관리

㉡ 물품의 종류, 포장단위 및 수량 : 구매청구서 혹은 발주서와 비교

㉢ 물품의 품질 : 구매명세서와 비교

㉣ 검수순서 : 냉장식품, 냉동식품, 채소, 공산품의 순서

㉤ 검수물품 바닥 적재 금지 : 식품 취급은 바닥에서 60cm 이상

㉥ 냉동·냉장제품 : 온도 측정, 구매명세서에 기재된 허용 온도범위 내에 있는지 확인

■ 표 4. 학교급식법령 준수사항 평가항목(식재료 품질 관리 부분)

관련 법규	중점확인사항	평가점검 세부기준
학교급식법 제10조 규칙 제4조 (별표 2)	식재료 품질관리기준 준수 여부(검수일지, 거래명세표, 축산물등급판정확인서, 수입신고필증 등 확인)	구매계약서 식재료 품질관리기준, 학교 운영위원회 원산지 및 품질등급 심의(자문) 여부, 검수일지, 거래명세표, 축산물등급판정서, 축수산물 수입신고필증, 축산물 관련 HACCP 인증서, 구비 및 기록 관리 확인 ※ 참고사항 - 등급판정서 확인 후 축산물품질평가원(축산물유통정보서비스)에 등록 확인(소, 돼지, 닭, 오리, 달걀) - 수입산축수산물 사용(구매)에 관한 사항 등은 학운위 심의(자문) 실시

■ 표 5. 식재료 유형별 검수 시 온도 측정기준

구분	측정기준
냉장·냉동 식품	■ 냉장식품은 5℃ 이하 ■ 냉동식품은 -18℃ 이하이며 녹은 흔적이 없어야 함
채소류	■ 일반채소는 상온 ■ 전처리 식재료는 5℃ 이하이어야 함
달걀	■ 달걀은 깨서 온도를 확인함
포장식품	■ 진공포장식품은 두 팩 사이에 온도계를 넣고 측정 ■ 포장된 냉동식품은 상자나 용기 옆면을 개봉하여 온도계를 용기 안의 포장 사이에 넣어 측정
기타	■ 덩어리 형태의 것은 표면온도계(가장 두꺼운 부분을 기준)를 사용함

■ 표 6. 냉동식품 검수 시 주의사항

분류	검수 시 주의사항
배송상태	■ 배식차량 식재 하차 시 차량 내부온도가 -18℃ 이하인지 확인함
포장상태	■ 유통기한, 규격을 확인함 ■ 포장이 파손되어 있는 것은 취급이 불량해서 건조가 일어나 품질 저하가 생길 우려가 있고 내용물이 부스러져 있을 수 있으므로 포장이 제대로 있는지 확인함 ■ 포장 내측에 서리가 과다하게 끼어 있으면 유통과정 중 온도 관리가 불량한 것으로 품질이 저하되어 있을 우려가 있음

(표 계속)

개봉상태	■ 충분히 동결되어 있지 않은 제품은 만져보면 물컹거리므로 단단하게 얼어있는지 확인함 ■ 식품의 일부가 하얗게 되어 있는 것은 취급이 불량해서 건조가 일어나 품질 저하가 일어난 것임 ■ 제품이 뭉쳐져 있는 것은 유통과정 중 한 번 녹았을 때 나온 수분이 다시 동결된 것임. 특히, 제조과정 중 완전 비가열로 제조된 것이 보관온도가 불량하거나 유통과정 중 한 번 녹았다가 재동결되면 이 현상이 심하므로 손으로 살짝 잡아당겨도 떨어지지 않는 것이 있는지 확인함

⑤ 납품물품과 납품서의 대조
  ㉠ 납품된 모든 물품은 납품서와 비교
  ㉡ 납품서에 기록된 물품의 항목 및 수량과 실제로 배달된 품목과 수량이 일치하는지 확인
  ㉢ 식품표시사항 확인 : 농축수산물 및 김치류는 원산지를, 공산품은 제조업체명, 제조년월일 및 유통기한을 확인
  ㉣ 관련 증빙서류 확인
  ㉤ 축산물등급판정확인서는 축산물품질평가원 홈페이지 http://www.kormeat.com 에서 위조 여부 조회 가능
⑥ 물품의 인수 또는 반환
  ㉠ 배달된 물품에 문제가 없는 경우 : 물품을 인도받고 납품서에 검수 확인 서명이나 도장, 납품서는 물품대금 청구의 근거로 사용되므로 오류사항이 있다면 반드시 정정
  ㉡ 배달된 물품이 온도, 품질, 위생상태 등 정해진 검수기준에 미달되거나 주문하지 않은 물품, 가격이 일치하지 않은 물품, 배달시기가 잘못된 물품인 경우 : 인수하지 않고 반품서를 작성하여 반품 조치
⑦ 조리실로 운반 : 반입된 물품은 검수가 끝나는 즉시 지체하지 말고 전처리장 혹은 조리실 등 적절한 장소로 이동
⑧ 물품에 꼬리표 부착
  ㉠ 검수를 마친 물품은 창고로 이동하기 전 포장이나 케이스에 라벨이나 꼬리표 tag를 만들어 부착
  ㉡ 라벨이나 꼬리표의 내용 : 검수날짜, 납품업체, 무게나 수량, 보관방법, 가격 등의 명세를 기재
  ㉢ 육류, 가금류, 어류, 조개류 등은 반드시 꼬리표를 붙여 저장하도록 함
  ㉣ 꼬리표는 공급업체를 확인하는 데 용이하고 출고 시 물품의 중량을 일일이 확인하는 번거로움을 덜어주며 신속한 실사재고를 조사하는 데 용이함

⑨ 창고에 저장 : 인수된 물품 중 당일 사용하지 않는 물품 : 검수가 끝나는 즉시 건조창고나 냉장·냉동창고 등 적절한 저장창고로 이동

⑩ 반품서 작성

  ㉠ 검수한 물품 중 품목, 수량, 세부명세 크기, 신선도, 숙성도, 저장온도 등가 발주내용과 상이한 경우 반품 처리함

  ㉡ 납품업자가 반품사유를 함께 확인한 후 반품서 2부를 작성함

⑪ 검수에 관한 기록 기재 : 검수일지 작성 : 검수절차의 마지막 단계이자 향후 물품 대금 지급 등에도 필요한 자료이므로 가장 중요한 기능임

제5장 저장과 재고 관리

01 저장

(1) 식품저장관리의 의의

입고에서 출고까지의 관리로서 저장물품의 품질을 유지시키고 도난을 방지하는 것임

(2) 식재료저장관리의 원칙

① 품질 보존의 원칙

ⓐ 제품명과 관련 명세수량, 중량, 원산지 등, 유통기한을 표시한 라벨을 반드시 부착하고 식품과 비식품류는 공간적으로 분리하여 보관함

ⓑ 식품별 온도, 습도, 통풍 등을 관리하고 구충, 구서 등의 기능을 갖춘 시설에서 품질 변화를 최소화해야 함

② 선입선출의 원칙first-in first out, FIFO

ⓐ 저장시설에 먼저 입고된 물품이 먼저 출고되어야 한다는 원칙

ⓑ 식품의 낭비를 최소화하고 선도를 유지하여 양질의 음식 생산에 도움을 줌

③ 분류 저장 체계화의 원칙

ⓐ 품목별로 품질 특성, 규격, 사용빈도, 재고 회전율 등을 고려한 분류체계에 의하여 분류함

ⓑ 분류된 품목들은 가나다순, 알파벳순 또는 입출고빈도의 순으로 정렬하는 것이 바람직함

④ 저장품 위치 표시의 원칙

ⓐ 저장된 식재료는 재고조사표 순서대로 배열하는 것이 좋음

ⓑ 위치를 표식화하면 실사재고조사를 실시할 경우에 시간과 노력을 최소화할 수 있음

⑤ 공간 활용 극대화의 원칙

　　㉠ 저장 관리비를 최소화하기 위해 공간효율을 극대화시킨 다단식 선반 등의 시설을 활용함

　　㉡ 저장시설의 공간 분배 시에 물품 운반장비의 가동공간, 이동동선 및 적재공간 등을 고려하여야 함

(3) 식품 저장 방법

① 건조저장시설

　　㉠ 건조식품, 조미료, 통조림식품 등

　　㉡ 상온에서 저장 가능한 품목들을 보관

　　㉢ 방충·방서시설, 통풍, 환기시설, 온도계, 습도계 등을 갖춰야 함

　　㉣ 식품과 비식품은 별도의 창고에 보관

　　㉤ 바닥에 보관하지 않으며 15cm 이상의 선반에 보관, 환기를 위해 벽에서 약 15cm 떨어뜨려 설치

　　㉥ 직사광선을 피해 저장

② 냉장저장시설

　　㉠ 부패하기 쉬운 식품을 5℃ 이하의 냉장고에 보관

　　㉡ 냉기의 원활한 순환을 위해 냉장실 용량의 70% 이하로 적재

　　㉢ 보관식품은 표면을 덮어 보관하고, 조리식품은 위쪽에 보관하며 비조리식품은 아래쪽에 보관

　　㉣ 원칙적으로 전처리되지 않은 생식품, 전처리된 생식품, 조리된 식품은 별도의 냉장저장시설에 각각 분리하여 저장

　　㉤ 성애 제거를 주기적으로 실시하여 냉기 순환이 원활하도록 함

　　㉥ 유형

　　　　■ 창고식 대형냉장고 walk-in refrigerator

　　　　■ 편의형 소형냉장고 reach-in refrigerator

　　　　■ 양문형 냉장고 pass though refrigerator : 전처리장과 조리장 사이 또는 조리장과 배식실 사이에 설치하여 전처리된 식재나 조리된 음식을 임시보관

③ 냉동저장시설

　　㉠ 장기간 냉동 저장해도 품질의 변화가 없는 품목을 -18℃ 이하의 냉동고에 보관, 식품마다 보관기간을 고려함

　　㉡ 저장기간이 길어질수록 냉해 freezer burn, 탈수 dehydration로 인해 품질이 저하

　　㉢ 모든 냉동식품류는 밀봉하여 보관

④ 냉장, 냉동고의 온도 측정 횟수 : 1식 제공시설은 1일 2회, 2식 이상 제공시설은 1일 3회

Key Point 학교급식 식재료 보관

✓ 철저한 검수를 거쳐 양질의 식품을 구매하였더라도 적정하게 보관·관리하지 않으면 식재료에 오염이 일어날 수 있다. 품질을 최적으로 유지하며 위생적으로 보관하기 위해서는 신속하고 올바른 식재료 보관이 필수적이다.

✓ **공통사항**
- 식품을 보관할 경우에는 반드시 그 제품의 표시사항의 보관방법(상온, 냉장, 냉동)을 확인한 후 그에 맞게 보관하고 유통기한을 준수한다.
- 선입선출의 원칙을 지키고 선입선출이 용이하도록 보관·관리한다.
- 냉장고(실) 내에 급식외품을 보관해서는 안 된다. 급식외품 보관이 필요할 경우 급식관리실 이나 휴게실에 소형냉장고를 구비하여 사용하도록 한다.

✓ **냉장·냉동 보관방법**
- 적정량을 보관함으로써 냉기 순환이 원활하여 적정 온도가 유지되도록 한다(냉장·냉동고 용량의 70% 이하, 냉장실(walk-in cooler)의 경우 40% 이하).
- 오염 방지를 위해 식재료와 조리된 음식은 다른 냉장고를 사용하되 냉장고가 1개일 경우에 는 식재료는 냉장실의 하부에, 조리된 음식은 상부에 보관한다.
- 오염 방지를 위해 생(生)어·육류는 냉장고(실)의 하부에, 생(生)채소는 상부에 보관한다.
- 보관중인 재료는 덮개를 덮거나 포장하여 보관 중에 식재료 간의 오염이 일어나지 않도록 유의한다.
- 냉동·냉장고(실) 문의 개폐는 신속하게, 최소한으로 한다.
- 개봉하여 일부 사용한 캔제품, 소스류는 깨끗하게 소독된 용기에 옮겨 담아 개봉한 날짜와 유통기한, 원산지, 제조업체 등을 표시하여 냉장보관한다.
- 냉장제품은 냉장고(실)에, 냉동제품은 냉동고(실)에 보관되어야 한다.
- 식재료와 조리된 음식의 분리 보관 중 오염된 식품, 유통기한 경과 제품, 라벨이 없는 하루 이상 사용하는 내부 전처리 식재료는 폐기한다.

✓ **냉장·냉동고(실) 온도 관리** 냉장·냉동 보관 중인 식재료나 음식의 냉장·냉동온도가 잘 유지 되어 미생물 증식과 품질상의 변화를 예방한다. 따라서 냉장·냉동고(실)를 기준온도 이하로 유지되도록 관리해야 한다. ☞ 냉장·냉동고(실)의 온도 관리 기록지(CP 1)
- 냉장고(실)는 5℃ 이하, 냉동고(실)는 -18℃ 이하의 내부온도가 유지되는가를 확인·기록하 며 온도가 기준을 벗어난 경우 고장인지, 제상(성애 제거) 중인지 확인하고 정상상태에서 온 도가 높을 경우 온도조절기를 사용하여 온도를 조정해야 한다.
- 온도계를 부착할 경우 온도계의 온도 감지 부위를 냉장·냉동고(실) 내부에서 온도가 가장 높 은 곳에 고정시키고 온도계는 0.1℃단위로 읽을 수 있는 것으로 외부에 부착한다.
- 고장인 경우 보관된 냉장식품이 10℃ 이하이거나 냉동식품이 아직 얼어있으면 다른 냉 장·냉동고(실)에 옮겨 보관하고, 냉동식품이 녹았으나 10℃ 이하이면 즉시 사용하도록 하 며 냉장·냉동식품이 10℃이상이면 식품을 폐기토록 한다(이상이 있는 냉장·냉동고(실)는 고장 표시 후 바로 수리 의뢰).
- 고장인 경우 보관된 냉장식품이 10℃ 이하이거나 냉동식품이 아직 얼어있으면 다른 냉 장·냉동고(실)에 옮겨 보관하고, 냉동식품이 녹았으나 10℃ 이하이면 즉시 사용하도록 하 며 냉장·냉동식품이 10℃ 이상이면 식품을 폐기토록 한다(이상이 있는 냉장·냉동고(실)는 고장 표시 후 바로 수리 의뢰).
- 냉장·냉동고(실)의 응결수는 주기적으로 제거한다.

✓ **상온 보관방법**

- 정해진 곳에 정해진 물품을 구분하여 보관한다.
- 식품과 식품 이외의 것을 각각 분리하여 보관한다.
- 식품 보관 선반은 바닥으로부터 15cm 이상의 공간을 띄워 공기 순환이 원활하고 청소가 용이하도록 한다.
- 대용량의 제품을 나누어 보관할 때는 제품명과 유통기한을 반드시 표시한다.
- 장마철 등 높은 온·습도에 의하여 곰팡이 피해를 입지 않도록 한다.
- 유통기한이 있는 것은 유통기한순으로 사용할 수 있도록 유통기간이 짧은 것부터 라벨이 보이도록 진열한다.
- 식재료보관실에 세척제, 소독액 등의 유해물질을 함께 보관하지 않는다.

02 입출고 관리

물품의 입고 및 출고 시 이동하는 물품을 수량적으로 관리하고 통제하는 활동이며 당일 사용 품목은 전처리실로 이동하고, 저장이 필요한 품목은 저장시설로, 저장시설에 있던 물품은 필요에 따라 조리장이나 배식장으로 출고한다.

(1) 입고 관리

① 검수단계를 거친 후 저장고로 이동되는 물품들에 대한 정보를 관리

② 발주서, 납품서, 검수일지 등에 의해 수량적으로 통제

③ 기록체계는 철저히 통제되어야 하며 입고 시에 품목에 대한 충분한 설명이 포함되도록 기록

(2) 출고 관리

① 출고전표를 활용하여 기록을 체계화하는 것이 바람직함

② 사용부서에서 출고전표를 작성하여 출고담당자에게 청구하면 출고담당자의 확인을 거쳐 출고함

(3) 입출고 관리의 전산화

① 물품의 이동경로에 대한 기록체계가 전산상으로 계산되고 통합될 수 있도록 관리

② 구매부서, 생산부서, 판매부서, 창고부서, 회계부서 간에 랜 네트워킹 시스템lan networking system을 이용하여 중앙컴퓨터에 연결된 각 부서의 단말기에서 상호 정보 교환

03 재고 관리

물품의 수요가 발생했을 때 신속하고 경제적으로 대응할 수 있도록 재고를 최적의 상태로 유지하고 관리하는 과정이며 발주시기, 발주량, 적정재고수준을 결정하고 시행하는 제반과정을 포함한다.

(1) 재고 관리의 유형

① 영구재고조사perpetual inventory
- ㉠ 입출고되는 물품의 수량을 계속해서 기록하여 현재 남아 있는 물품의 목록과 수량을 확인할 수 있도록 관리하는 방식
- ㉡ 규모가 큰 급식업체에서 대량재고를 보유할 때, 건조식품 또는 냉동저장품, 고가의 품목에 많이 활용
- ㉢ 단점 : 수작업으로 기록할 경우 실수로 인해 자료가 부정확할 수 있음

② 실사재고조사physical inventory
- ㉠ 주기적으로 창고에 보유하고 있는 물품의 목록 및 수량을 직접 확인하여 기록하는 방법
- ㉡ 급식소의 규모에 따라 한 달에 한 번에서 두세 번 정도 실시
- ㉢ 실사재고조사를 실시할 때 두 명의 인원이 필요, 한 사람은 품목의 실제수량을 확인하고 다른 사람은 재고기록지에 그 정보를 기록함
- ㉣ 재고기록지에는 물품명, 보유량, 품목의 단위, 형태, 단가 등을 기록함
- ㉤ 정확도가 매우 높으나 노력이 많이 소요되는 단점이 있음

■ 표 1. 영구재고조사와 실사재고조사의 비교

유형	영구재고조사	실사재고조사
장점	■ 적정 재고량 유지에 필요한 정보를 지속적으로 제공함 ■ 특정 시점에서의 재고 수준과 재고자산을 파악할 수 있음 ■ 재고 관리의 통제가 용이함	■ 재고 수준을 직접 눈으로 확인하여 파악함으로써 신뢰성 있는 정보를 제공함
단점	■ 수작업의 경우 오류 발생 가능성 있음 ■ 많은 경비가 소요됨	■ 시간 소요와 노력이 많이 필요함 ■ 신속하지 못함

(2) 재고 관리의 기법

① ABC 관리기법 ABC inventory control methrood

　ⓐ 재고의 품목의 중요도 및 가치도에 따라 품목들을 A, B, C 세 등급으로 분류하여 재고 관리에 투여되는 시간, 노동력, 비용 등을 차별적으로 관리하는 방식

　ⓑ 재고가와 총 재고량을 기준으로 하는 파레토 분석에 의하여 품목들의 우선순위를 결정함

　　▪ A형 품목 : 전체 재고수량의 10~20%, 재고액으로는 70~80% 차지하는 육류, 주류, 생선류와 같은 고가의 품목

　　▪ B형 품목 : 전체 재고량의 20~40%, 재고액으로는 15~20% 정도 차지하는 유제품, 과일, 채소와 같은 중가의 품목

　　▪ C형 품목 : 전체 재고량의 40~60%를 차지하지만, 재고액으로는 5~10% 정도에 해당하는 밀가루, 설탕, 조미료, 세제 등 저가의 품목

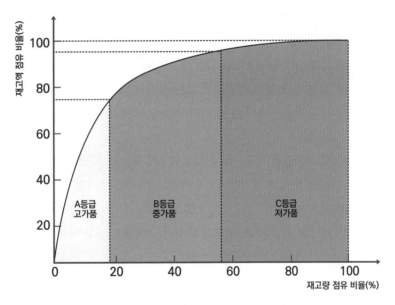

[그림 01] ABC 관리기법의 피레토 곡선

② 최소-최대 관리기법 minimum-maximum method

　ⓐ 안전재고수준을 유지하면서 재고량이 최소 mini 에 이르면 발주하고 납품되면 최대 max 의 재고량에 이르는 것

　ⓑ 단체급식소에서 많이 사용

　ⓒ 미니맥스 mini-max 관리방식

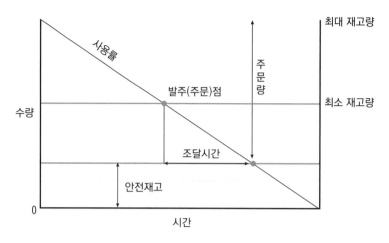

[그림 02] 최소-최대 관리기법

(3) 재고 회전율(inventory turnover)

① 재고 회전율

　㉠ 급식소의 재고가 평균 회전하는 속도

　㉡ 일정 기간 동안 저장고에 있는 물품이 몇 차례나 사용되고 판매되었는가에 대한 평균 사용 횟수를 의미, 자금이 재고자산으로 묶여 있는 정도를 평가하는 척도

　㉢ 재고 회전율이 표준보다 낮으면 과잉재고수준으로 인해 물품의 낭비나 부정 유출 발생, 저장기간이 길어져 물품의 손실이 커질 수 있음

　㉣ 재고 회전율이 표준치보다 높으면 재고 수준이 낮아 물품의 고갈로 인해 급식 생산이 지연, 비싼 가격으로 급히 구매하는 경우 식재료비 증가, 종업원들의 사기 저하, 고객만족도 저하

　✓ 식재료 재고 회전율 $= \dfrac{\text{당기 식재료비 총액}}{\text{평균 재고 총액}}$

　✓ 평균 재고 총액 $= \dfrac{\text{기초 재고가액 + 기발 재고가액}}{2}$

　✓ 당기 식재료비 총액(총 매출원가) = 기초 재고가액(초기 재고가액, 월초 재고가액, 이월 재고가액) + 당월 입고액 – 기말 재고가액(월말 재고가액)

예제 1

C 급식소의 2018년 1월 초 이월 재고가액이 **650,000원**이었고, **1**월 마감 재고가액이 **120,000원**, 한 달 동안 사용된 총 식재료비가 **3,400,000원**이었다. 2018년 1월 식재료의 재고 회전율을 구하시오.

✏️ **풀이 및 정답**

① 1월의 평균 재고 총액 = 650,000 + 120,000 / 2 = 385,000원
② 1월의 식재료 재고 회전율 = 3,400,000 / 385,000 = 8.8311 ≒ 8.8회

예제 2

2018년 A 급식소의 3월 1일 식용유 재고량이 **25통**이고, **3**월 **31**일 마감 재고량은 **15**통이었으며, **3**월 한 달 동안 **30통**의 식용유를 사용하였다. 식용유의 재고 회전율을 계산하시오.

✏️ **풀이 및 정답**

① 식용유의 평균 재고량 = 25 + 15 / 2 = 20
② 식용유의 재고 회전율 = 30통 / 20통 = 1.5 → 3월에 식용유의 재고가 1.5 회전됨

② 재고 회전율과 재고량 및 수요량의 관계
　㉠ 재고 회전율과 재고량은 반비례 관계
　　▪ 재고량이 많으면 재고량이 0이 되는 기간이 길어지고 재고 회전율은 감소함
　　▪ 재고량이 적으면 재고량이 0이 되는 기간이 짧아지고 재고 회전율은 증가함
　　▪ 재고 회전율이 높으면 재고의 고갈을 초래하고 재고 회전율이 낮으면 과잉의 재고 보유가 됨
　㉡ 재고 회전율과 수요량은 정비례 관계
　　▪ 수요량이 적으면 재고량이 0zero이 되는 기간이 길어지고 재고 회전율은 감소함
　　▪ 수요량이 많으면 재고량이 0zero이 되는 기간이 짧아지고 재고 회전율은 증가함
　　▪ 수요량이 적으면 재고량의 보충을 중단하고, 수요량이 많으면 재고의 보충 수준을 높임
③ 적정재고수준
　㉠ 수요를 가장 경제적으로 충족시킬 수 있는 재고량을 의미함
　㉡ 월 매출액의 10~15%가 적정 범위임

ⓒ 물품 공급이 원활한 상태에서 일정 기간 동안 소비량이나 소비액의 1.5배 수
준으로 적정 재고가 유지될 때 비용 절감에 도움이 됨

■ 표 2. 과잉재고와 과소재고의 문제점

구분	과잉재고	과소재고
문제점	■ 식재료의 변질과 손상 가능성 증가 ■ 유지와 관리비용의 낭비 증가 ■ 필요 이상의 과잉공간 확보 증가 ■ 종업원 부정의 기회 증가 ■ 현금 유동성(자본회전) 저하 ■ 기회이익의 상실 ■ 저장기간의 장기화로 물품가치 저하	■ 품질로 인한 판매기회의 상실 ■ 기업의 이미지와 고객만족도 저하

(4) 재고자산의 평가방법

① 실제구매가법

ⓐ 개별법

ⓑ 평가 대상 물품의 실제 구매가격을 바탕으로 재고가를 산출하는 방법

ⓒ 작은 규모의 급식소에서 주로 사용

② 총평균법

ⓐ 가중평균법

ⓑ 일정 기간 동안 구입한 물품의 평균단가를 이용하여 재고가를 산출하는 방법

ⓒ 대량으로 입출고되는 물품의 재고가 산출에 사용

③ 선입선출법 first-in first-out method, FIFO method

ⓐ 먼저 입고된 물품이 먼저 사용된다는 원칙이므로 남아 있는 재고는 가장 최근
에 구입한 것으로 간주하여 그들의 구입가격을 자산 평가 시 적용

ⓑ 물가가 인상되고 있을 때 재고자산을 높게 평가하기 위해 사용

④ 후입선출법 last-in first-out method, LIFO method

ⓐ 최근에 입고된 물품이 먼저 사용된다는 원칙이므로 남아 있는 재고는 가장 오
래된 것으로 간주하여 그들의 구입가격을 자산 평가 시 적용

ⓑ 물가가 인상되고 있을 때 재고자산을 낮추어 재무재표상의 이익을 최소화하
고자 할 때 사용

⑤ 최종구매가법

ⓐ 최종매입원가법

ⓑ 가장 최근에 구매한 단가를 적용하여 재고가를 산출하는 방법

ⓒ 단체급식소에서 많이 사용

예제 3

D 급식소의 9월 한 달 동안 김을 구입한 내역과 9월말 기준 재고현황은 다음과 같다. 재고자산평가법 5가지를 이용하여 아래 자료를 보고 재고자산을 평가하시오.

날짜	김 구입량(box)	단가(원)	김의 월말 재고(box)
5월 5일	13	15,000	0
5월 12일	15	16,000	3
5월 19일	15	15,500	4
5월 26일	13	16,500	7

✏️ **풀이 및 정답**

① 실제구매가법 : $(3 \times 16,000) + (4 \times 15,500) + (7 \times 16,500) = 225,500$원

② 총평균법 : $(13 \times 15,000) + (15 \times 16,000) + (15 \times 15,500) + (13 \times 16,500) = 882,000$원

　　　　　$882,000 / 56$(구입량) $= 15,750$/box → $15,750 \times 14$(재고량) $= 220,500$원

③ 선입선출법 : $(13 \times 16,500) + (1 \times 15,500) = 230,000$원

④ 후입산출법 : $(15,000 \times 13) + (1 \times 16,000) = 211,000$원

⑤ 최종구매법에 의한 재고자산 : $16,500 \times 14$(box) $= 231,000$원

2014년 기출문제 A형

다음 그림은 A 영양교사가 신규 조리원에게 급식소의 운영에 관하여 설명하는 장면이다. 밑줄 친 ㉠의 저장 원칙은 무엇인지 쓰시오. 그리고 밑줄 친 ㉡의 재고 관리 유형의 명칭과 그 장점을 2가지만 쓰시오. 【4점】

제6장 급식생산

01 · 표준레시피
02 · 대량 조리
03 · 보관과 배식
04 · 음식물 쓰레기 관리

급식생산체계, 표준레시피 확립, 대량 조리, 보관과 배식 및 음식물 쓰레기 등 전반적인 급식
생산과정을 말한다.

01 표준레시피(standardized recipe)

표준레시피는 질(quality), 양(quantity), 원가(cost), 시간(time)을 효율적으로 조절하기 위한 수단
이며 어느 누가 만들어도 같은 양, 같은 품질의 결과물이 나올 수 있도록 음식 생산의 과정과
재료 계량에 대한 공식을 문서화하여 급식소에서 의사소통의 도구로 사용한다(조리원의 숙련
도, 조리도구 및 기기 등에 알맞게 만들어진 레시피).

(1) 표준레시피의 구성요소

① 식재료명과 재료량
  ㉠ 식재료의 종류와 형태에 따라 조리법에 영향을 미치므로 규격화된 식재료명
    과 정해진 코드를 기재
  ㉡ 전처리된 식재료의 경우 전처리된 상태와 절단된 모양이나 크기를 함께 명시
  ㉢ 식재료의 양은 무게weight 또는 부피volume 단위로 표시하며 가식량과 구입
    량으로 나누어 기록
    ▪ 가식량edible portion, EP : 실제 섭취량으로, 표준레시피에서 식재료량은 가
      식량을 말함50인 또는 100인 기준
    ▪ 구입량as purchased, AP : 구입 시 전처리되기 전 양을 말함. 구매 시 전처리
      와 조리 시 손실될 분량을 모두 고려해서 계산

② 조리법

ⓐ 조리방법은 전처리를 포함한 전 과정에 걸쳐 조리순서에 따라 명확하고 구체적으로 서술

ⓑ 식재료의 절단 크기cutting size와 모양, 조리시간과 온도, 사용하는 기기와 도구, 조리 시 유의점과 중요한 점을 기록

ⓒ 대량 조리 시 동일한 조리법이라 할지라도 재료의 상태와 조리기기에 따라 조리온도와 시간이 다르므로 이 점에 유의

③ 총 생산량과 1인 분량

ⓐ 총 생산량은 레시피에 따라 조리를 했을 때 결과물로 얻게 되는 산출량으로, 급식소의 인력이나 조리기기의 조건에 따라 다양하게 표시할 수 있음

ⓑ 총 생산량은 중량 또는 부피 이외에 제공되는 팬pan 수 및 제공 인원수 등으로 표시할 수 있음

ⓒ 배식량의 표준화를 위해 1인 분량portion size으로 표기하는 것이 중요함

④ 배식방법과 기타 사항

ⓐ 음식의 종류에 따라 효율적으로 배식할 수 있는 배식도구, 식기의 종류 및 그릇에 담는 방법과 장식에 대한 설명 등을 표시함

ⓑ 필요에 따라 1인 분량의 영양가와 원가를 추가할 수 있음

(2) 표준레시피 개발과 대량 조리 산출량 조정

① 표준레시피 개발과정

ⓐ 식재료 및 조리과정의 기록 : 레시피에 포함될 세부내용메뉴명, 식재료명, 식재료량, 조리과정, 조리온도, 조리시간, 배식량, 산출량, 기기 및 도구을 검토함

ⓑ 대량 조리에 적합한 레시피 분량기준을 설정함

ⓒ 1차 실험 조리를 실시함

ⓓ 1차 관능 평가를 실시함

ⓔ 평가 결과에 따라 레시피 분량 수정 후 2차 실험 조리를 실시함

ⓕ 2차 관능 평가 후 만족스러운 결과가 나올 때까지 재조정하여 레시피 수정을 완료함

ⓖ 새로운 조리사가 수정 완료된 레시피로 조리함

ⓗ 관능 평가 후 새로운 조리사에 의해서도 같은 평가 결과가 나오면 표준레시피로 최종 확정함

ⓘ 표준레시피를 영구 파일로 보관함

② 대량 조리 산출량 조정

㉠ 변환계수방법

■ 1단계

- 산출해야 할 음식의 양을 표준레시피의 기준식수로 나누어 변환계수 factor를 결정 함

- 변환계수 = 산출해야 할 음식의 양 / 표준레시피의 산출량

■ 2단계

- 표준레시피에 나타나 있는 각 식재료의 양가식부량, EP에 변환계수를 곱해줌

- 표준레시피 식재료의 양 × 변환계수

■ 3단계 : 측정하기 편리한 단위로 식재료단위를 변경하고 반올림하여 각 재료의 필요량EP을 확정함

㉡ 백분율percentage방법 : 표준레시피의 모든 재료의 양을 같은 단위로 환산한 후 총 재료량에 대한 각 재료의 백분율을 구하여 계산

■ 1단계

- 식재료의 총량에서 각 식재료가 차지하는 양을 비율로 계산

- 식재료 비율(%) = (각 식재료의 중량 / 식재료의 총량) × 100

■ 2단계

- 산출해야 할 총량을 얼마로 할 것인지 결정

- 기준식수의 식재료 총량과 조리 후 총량 변화를 감안하여 총량을 산출

■ 3단계

- 식품을 전처리하거나 조리하는 과정에서 손실될 수 있는 양을 고려해서 총량을 조정하고, 손실률은 음식에 따라 1~30%까지 다양하며 각 급식소의 여건과 메뉴의 특성을 감안하여 결정함

- 조정된 총량 = 필요한 총량 / (100% − 손실률%)

■ 4단계 : 조정된 총량에 각 식재료의 비율을 곱해서 각 식재료의 필요량을 계산함

③ 식재료 총량 산출 및 조리계획표 작성 : 표준레시피의 1인량에 예상식수를 곱하여 식재료 사용량을 산출하게 되며, 이에 따라 조리계획표를 출력하여 사용함

(3) 표준레시피의 장점

① 음식의 일정한 품질과 균일한 생산량을 유지함

② 조리종사원의 작업 생산성과 만족도가 향상됨

③ 구매품목과 구매량을 정확하게 산출할 수 있음

④ 메뉴에 포함되는 재료를 정확히 알 수 있어 식이 알레르기가 있는 고객에 맞게 재료를 수정하여 조리할 수 있음

⑤ 정확한 음식원가와 판매가격을 산출할 수 있어 경제적 손실이 감소함

⑥ 사용된 식재료와 산출량을 정확하게 비교 가능함

⑦ 조리종사원을 더 빠르고 효율적으로 교육·훈련할 수 있음

(4) 표준레시피의 서식

① 표준형 standard form

㉠ 모든 식재료의 종류를 상단에 기록하고 조리순서는 번호를 매겨 하단에 쓰는 형식임

㉡ 단점 : 시선이 계속해서 식재료명과 조리순서 두 곳을 주시해야 하므로 조리 시 재료나 순서가 누락될 수 있음

② 블록형 block form

㉠ 조리과정과 재료들이 필요한 순서에 따라 함께 나열되어 있는 형식임

㉡ 조리과정에 대한 설명과 실제로 사용되는 양이 기술되어 있으며 단락 단락의 형태로 기록되어 있음

02 대량 조리

대량 조리는 시설·설비, 조리원, 조리시간 등의 많은 조건을 효율적으로 사용하여 급식의 품질을 일정하게 유지하기 위한 철저한 품질 관리가 선행되어야 하며, 계획적인 생산 관리를 위해 표준화된 레시피가 필요하다.

(1) 대량 조리의 기본

① 대량 조리 기기의 사용

㉠ 한정된 시간 안에 많은 양의 음식을 준비해야 하므로 수작업보다는 대량 조리 기기나 도구를 효율적으로 사용함

㉡ 대량 조리 기기의 특징과 기능, 사용법, 처리용량, 사용비용 등을 파악하고 고성능 기계나 기구 등을 활용하여 인건비 절감, 조리원의 피로 경감, 식품의 위생적 처리 등 생산성을 높일 수 있도록 함

㉢ 기기 사용을 위한 조리종사원의 교육·훈련 및 동선에 맞게 배치해야 함

② 조리종사자의 숙련도

 ㉠ 대량 조리를 위한 기기를 사용하기 위해 조리종사원들의 기술과 숙련도가 필요함

 ㉡ 대량 조리에 대한 기술과 높은 숙련도를 가진 조리종사원들의 참여를 통해 좋은 품질의 급식을 생산할 수 있도록 함

(2) 대량 조리의 생산 관리

① 온도-시간 관리

 ㉠ 표준레시피에는 정확한 생산온도와 시간이 기록되어 있어야 하며 음식의 재료에 맞는 적절한 온도와 시간을 관리해야 함

 ㉡ 잘못된 온도와 시간 관리는 식재료와 음식의 수분 증발, 음식표면의 색 변화, 전처리한 식재료의 건조 등에 따른 중량 변화, 경도 변화, 음식의 맛 변화를 가져오므로, 조리 시 온도를 체크할 수 있는 중심온도계와 적외선온도계, 시간 체크를 위한 타이머를 구비함

 ㉢ 육류의 경우 여열 carry-over cooking 이 오래 지속되므로 가열시간 관리에 주의해야 함

 ㉣ 배식시간이 긴 경우 조리된 음식의 품질 유지를 위해 분산 조리 시차 조리, batch cooking 를 시행함

② 산출량 조절

 ㉠ 구매부터 생산과 배식공정이 완료되었을 때 제품의 최종분량을 중량, 부피, 분량으로 표현함

 ㉡ 정확한 생산량을 산출하기 위해 전처리 및 대량 조리 공정 중에 일어난 중량 및 부피의 증감을 충분히 고려하여 식재료를 구매함

③ 배식량 조절

 ㉠ 생산량과 원가를 통제하는 필수적인 요소로 고객만족도에 큰 영향을 줌

 ㉡ 식단 작성에서 1인 분량에 대한 기준을 설정하고 식재료를 구매한 후 1인 분량이 명시되어 있는 표준레시피를 활용하여 대량 조리를 통한 생산을 하며, 1인 분량을 담을 수 있는 국자, 주걱, 집게, 스푼 등을 활용함

 ㉢ 배식 담당 종사원의 정확한 배식량을 인식하게 하고 배식 담당 종사원이 바뀌더라도 동일한 양을 배식할 수 있도록 해야 함

(3) 대량 조리의 방법

① 전처리

ⓐ 재료에 열을 가하기 전에 재료의 세척 및 썰기, 그리고 필요한 조리도구 및 기기를 준비하는 것으로 썰기, 육수 만들어 놓기, 고기 양념에 재워 두기, 오븐 예열 등을 말함

ⓑ 조미_{밑간}는 재료의 처리량, 조리조작, 조미순서, 조미시간을 통제하여 일정한 품질을 유지할 수 있도록 함

② 조리방법

ⓐ 물을 이용한 조리법

  ▪ 끓이기 boiling
   - 국물의 양이 적으면 식품이 수면 위로 올라와 내부까지 충분히 가열되지 않으므로 국물의 양을 충분히 함
   - 조리기구가 크거나 대량 조리일 경우에는 중심부까지 열이 닿지 않을 수 있으므로 중심까지 끓고 있는지 확인함
  ▪ 데치기 blanching : 100℃의 끓는 물에서 단시간 가열하는 방법
   - 조리해야 할 식품의 양이 많을 경우 여러 번 나누어 조리함
  ▪ 찌기 steaming : 100℃ 이상의 수증기 열로 가열함

ⓑ 기름을 이용한 조리

  ▪ 튀기기 deep-frying : 150~250℃로 가열. 두께가 두꺼운 식품을 가열할 때는 150~170℃로 먼저 익힌 후 서서히 기름온도를 높임
  ▪ 볶기 stir-frying or sauting : 조리해야 할 식품의 크기가 클 경우 단시간 내에 조리하면 식품의 내부가 가열되지 않으므로 주의함
  ▪ 부치기 전, pan-frying : 번철이나 프라이팬에 소량의 기름을 사용하여 조리하는 방법
   - 곡류 중심의 전은 기름을 넉넉히 두른 후 부쳐야 하고 채소류, 어패류, 육류 등에 밀가루와 달걀을 입혀 지져 낼 때는 기름을 적게 두른 후 지져야 함
   - 팬의 온도가 너무 높으면 겉이 타고 속이 안 익으며 온도가 낮으면 수분이 지나치게 유출되어 뻣뻣해지므로 온도 조절이 중요함

ⓒ 공기를 이용한 조리법

  ▪ 구이 : 150~250℃로 가열
   - 고온에서 가열할 때 식품의 표면은 타고 내부는 가열되지 않을 수 있으므로 주의함
   - 두께가 두꺼운 식품을 가열할 때는 조리 중에 물을 가하고 뚜껑을 덮어 가열함

③ 조미방법

㉠ 조림류의 경우 전체 식품 재료에 대한 조미료의 비율을 정함

㉡ 구이나 튀김의 경우 날 재료의 양에 대한 비율로 정하는데, 조리 후 감소되는 중량을 고려할 필요가 있음

(4) 분산 조리(batch cooking)의 활용

① 분산 조리는 일시에 대량으로 조리하지 않고 고객의 수, 기기의 용량과 배식시간에 맞게 일정량씩 나누어 조리하는 방법임

② 채소무침, 튀김요리, 조림 등에 많이 활용함

03 보관과 배식

(1) 고려사항

① 적온보관

㉠ 배식 전 보관부터 배식하는 동안에 음식의 품질 저하가 일어나지 않도록 적절하게 관리해야 할 필요가 있음

㉡ 적온보관을 위한 고려사항

▪ 조리가 완료된 음식은 배식용기에 담은 후 덮개를 덮어 이물질이 혼입되지 않도록 함

▪ 더운 음식은 57℃ 이상의 온도에서 보온

▪ 찬 음식은 5℃ 이하의 온도에서 보냉

▪ 분산 조리batch cooking 방법으로 배식 전까지의 보관시간을 줄임

② 정량배식 : 배식에서는 고객들에게 동일한 1인 분량을 제공하는 정량배식portion control이 필수적임

③ 검식

㉠ 영양사국민영양관리법 제17조 영양상의 업무와 식품위생법 제52조 영양사의 직무로 제시됨, 조리책임자, 조리종사자 등 최소 2인 이상이 참여하여 실시하며 배식 전 배식을 위한 1인 분량의 음식을 상차림한 후 배식량, 음식의 맛, 온도, 외관, 색상, 이물, 이취, 위생상태 등과 같은 음식의 품질을 확인한 후 평가하여 검식 일지에 기록

ⓛ 검식의 목적

- 관능적, 기호적, 영양적, 위생적인 관점에서 음식을 평가
- 그에 대한 개선 및 보완사항을 사전에 조치하여 고객의 식사에 대한 불만을 줄이고 고객 만족을 향상

ⓒ 검식방법 및 주의할 점

- 검식은 영양(교)사가 조리된 식품에 대하여 조리 완료 시 실시함
- 검식할 때는 한 번 사용한 검식용기와 검식기구는 재사용하지 않음
- 검식 시에는 음식의 맛, 조화영양적인 균형, 재료의 균형, 이물, 이취, 조리상태 등을 확인하고 기록지에 기록함
- 검식일지에 기록하고 보관함날짜, 검식시간, 검식 참여자, 식단명, 관능적·위생적·영양적 평가 및 조치사항 등

검식일지

200 년 월 일 요일 날짜 :	결 재	담당자	행정 실장	교장
			전결	

구분 ＼ 식단평				
검식담당자	직 :		성명 :	
평가(상, 중, 하)	상	중	하	비교
외관평가 1인분의 양				
외관평가 영양적인 균형				
외관평가 색과 형태				
관능평가 맛				
관능평가 질감				
관능평가 풍미				
위생평가 적온급식(배식)				
위생평가 청결도				
참고사항				

[그림 01] 검식일지

④ 보존식
  ㉠ 법적 의무사항으로 급식을 위생적으로 관리하고 식중독 발생 시 역학 조사를 통한 원인 규명을 위해 매회 제공되는 음식을 용기에 담아 냉동 보관해 두는 것을 말함
  ㉡ 식품위생법 시행규칙 제95조
    ▪ 조리·제공한 식품을 보관할 때는 매회 1인분 분량을 용기에 담아 영하 18℃ 이하에서 144시간(6일) 이상 보관하여야 함
    ▪ 식중독이 발생한 경우 보관 또는 사용 중인 보존식이나 식재료를 역학 조사가 완료될 때까지 폐기하거나 소독 등으로 현장을 훼손하여서는 아니 되고 원상태로 보존하여야 하며 원인 규명을 위한 행위를 방해하여서는 아니 됨
  ㉢ 50인 이상에게 급식을 제공하는 집단급식소에서 보존식을 보관하지 않거나 무단 폐기하는 경우, 보존식의 해당 품목을 누락했을 경우 과태료 50만 원이 부과 처분됨

Key Point 학교급식 보존식

✓ 보존식은 배식 직전에 소독된 보존식 전용용기 또는 멸균봉투(일반 지퍼백 허용)에 제공된 모든 음식을 종류별로 각각 1인분 분량을 담아 -18℃ 이하에서 144시간(6일) 냉동 보관한다.
  ※ 가볍거나 소량 제공하는 음식의 1인분 분량은 미생물 분석 시 요구되는 시료의 양(100g)을 충족시키지 못할 수 있으므로 모든 음식은 100g 이상 보존하는 것이 바람직하다.
✓ 납품받은 가공완제품 중 그대로 제공하는 식품은 개봉할 경우 식중독 원인균의 출처를 확인하기 어렵기 때문에 포장을 뜯지 않은 원상태로 보관해야 한다.
✓ 보존식을 용기에 담아 보관할 경우 용기는 소독이 용이해야 하고 각각의 음식물이 독립적으로 보존되어야 한다.
✓ 보존식 기록지(양식 2)에 날짜, 시간, 채취자 성명을 기록하여 관리한다. 또한 보존식 투입 시 냉동고(실)의 온도를 기록한다.

[양식 2]

보존식 기록지

	년	월	일	요일(조·중·석식)
식단명				
채취일시				
냉동고(실)온도				
폐기일시				
채취자				
비고(특이사항)				

⑤ 기타

㉠ 배식대는 청결하게 관리하며 배식 1시간 전 보온·보냉고를 사전에 예열함

㉡ 식판, 수저, 국그릇은 덮개를 사용하며 이물이 없이 건조가 잘 되었는지 확인함

㉢ 배식 전 제공음식이 배식대에 모두 세팅되었는지 확인함

㉣ 급식소 입구에 게시샘플케이스를 준비함

㉤ 테이블 및 의자, 식수대, 컵 보관고, 퇴식구 등 홀의 청결상태를 확인함

㉥ 게시용 식단표 내에 영양성분, 원산지, 알레르기 유발물질 등에 대한 정보가 기록되어 있는지 확인함

㉦ 배식담당자들의 용모, 복장 등 개인위생상태를 최종적으로 점검하고 배식을 위한 준비를 함

04 음식물 쓰레기 관리

단체급식소에서 발생하는 음식물 쓰레기는 크게 전처리 쓰레기, 잔반, 잔식으로 구분한다.

(1) 음식물 쓰레기 감량방법

① 식단계획단계

㉠ 급식 대상자의 만족도를 높일 수 있는 식단 작성에 주력함

㉡ 잔반량이 많은 음식은 원인을 분석하여 식단 계획에 반영함

㉢ 선택식단제 도입

② 식품발주_{수요예측}단계 : 정확한 식수인원 파악과 표준레시피를 활용하여 적정 식품재료량을 산출하고 식품규격과 품질, 구매시기와 구매형태를 명시하여 발주함

③ 식품구매단계

㉠ 식품의 선도가 좋고 쓰레기가 적게 발생하는 상태의 식품이나 포장제품을 구매함

㉡ 비가식부를 제거한 상태의 것을 구입하거나 업소용 대용량 포장 및 리필제품 또는 재활용 포장제품을 구입함

④ 식품검수단계

㉠ 구매하여야 할 식품내용이 정확하게 기술된 식품규격서에 따라 적합한지 확인

㉡ 실온에 방치되는 시간을 최소화함

⑤ 식품보관단계 : 선입선출에 의하여 식품을 보관하고 사용

⑥ 전처리단계

ㄱ 식품의 신선도와 위생을 고려한 전처리를 실시

ㄴ 전처리하지 않은 식품과 전처리된 식품은 분리하여 취급 식품별 분류작업과 적정 온도 관리

⑦ 조리단계

ㄱ 급식 대상자의 만족도를 높일 수 있는 조리방법을 연구함

ㄴ 급식품질이 계속적으로 유지되도록 급식소 특성에 맞는 표준조리법을 사용

ㄷ 불필요한 장식은 피하고 국물량을 너무 많이 잡지 않음

ㄹ 조리종사자의 지속적인 조리교육을 실시함

ㅁ 검식활동을 통하여 식단에 대한 평가를 실시함

⑧ 배식단계

ㄱ 정량배식보다는 잔반량을 줄일 수 있는 자율배식 또는 부분 자율배식을 실시함

ㄴ 대면배식의 경우 적량의 1인 분량 배식을 위한 훈련이 필요함

⑨ 퇴식단계

ㄱ 잔반 줄이기 운동의 지도 및 홍보를 실시함

ㄴ 잔반량을 매일 체크하여 1인당 잔반량 및 잔반비용을 환산하여 게시하고 급식 생산 계획에 참고함

⑩ 남은 음식물 처리 및 재사용단계

ㄱ 음식물 쓰레기를 줄일 수 있는 적절한 활용방안을 모색

ㄴ 재활용이 가능한 잔식은 위생적으로 처리하여 다음 식사 때 재활용

⑪ 음식물 쓰레기 배출단계 : 음식물 쓰레기는 가급적 수분을 줄이고 이물질을 제거하여 배출

⑫ 기타 : 식품접객업 및 집단급식소에서는 1회용품 사용 자제 및 줄이기 운동을 실시

(2) 음식물류 폐기물 감량화 및 자원활용

「폐기물관리법 시행규칙」 제9조에 의하면 1일 평균 총 급식인원이 100명 이상인 집단급식소는 '음식물류 폐기물 배출자'의 범위에 해당하므로 음식물 쓰레기 감량 또는 재활용하거나 적합한 업체에 위탁하여 수집·운반 또는 재활용하여야 함

Key Point | 음식물 쓰레기 처리

✓ 학교 자체 처리방법

- 학교 자체적으로 사육장의 동물사료 또는 실습지 퇴비 등으로 재활용한다.
- 감량화기기가 구비된 학교는 효율적 활용방안을 모색한다.
- ☞ 음식물 쓰레기 재활용기기를 조리장 내에 설치해서는 안 된다.

✓ 위탁 재활용방법

- 폐기물처리시설 설치 운영자에게 위탁하여 처리한다.
- 폐기물 수집·운반업의 허가를 받은 자에게 위탁하여 처리한다.
- 폐기물 재활용업의 허가를 받은 자에게 위탁하여 처리한다.
- 폐기물 처리 신고자(음식물류 폐기물을 재활용하기 위하여 신고한 자로 한정)에게 위탁하여 처리한다.
- ☞ 위탁 처리 시에는 반드시 합의하에 계약을 맺고 서류를 비치한다.

작업 관리

작업 관리는 작업을 능률적이고 효과적으로 수행하기 위한 제반 관리 업무로 작업의 생산성과 효율성을 높이는 데 목적이 있다.

01 급식의 생산성

(1) 생산성 지표의 개념

① 생산성productivity

㉠ 생산을 위해 필요한 자원의 투입량input에 대해 생산활동 결과 나타난 산출량output으로 정의

㉡ 생산성productivity = 산출량output / 투입량input

(2) 급식생산성 지표의 산출

① 투입요소와 산출요소

㉠ 투입요소 : 인력노동력, 기술, 식재료, 기기 및 설비 등

㉡ 산출요소 : 음식, 즉 식수meals, 식당량meal equivalents, 서빙수servings

■ 급식산업의 생산성 지표는 노동생산성labor productivity과 비용생산성cost pro-ductivity과 같이 주로 효율성을 평가하는 데 활용하고 있음

(3) 급식생산성 지표의 종류

① 노동생산성 지표

㉠ 규정 근로시간당 식수meals per paid hour

■ 일정 기간 동안 제공한 총 식수 ÷ 일정 기간 동안의 총 규정 근로시간

예제 1

1주간 총 **4,000**식(월~금)을 제공하는 **A** 학교에서 조리사를 포함하여 **9**명의 작업자가 근무할 경우 **A** 학교의 규정 근로시간(주당 **40**시간)당 식수를 계산하시오.

✏️ **풀이 및 정답**

4,000식 / (40시간 × 9명) = 11.11 ≒ 11식/시간

ⓛ 노동시간당 식수meals per worked labor
- 일정 기간 동안 제공한 총 식수 ÷ 일정 시간 동안의 총 노동시간

예제 2

1주간 총 **2,850**식을 제공하는 초등학교 급식소(주 **5**일 급식)에서 조리사를 포함하여 **7**명 중 **5**명은 **1**일 **8**시간, 나머지 **2**명은 **1**일 **6**시간을 근무할 경우, 이 학교급식에서의 노동시간당 식수를 계산하시오.

✏️ **풀이 및 정답**

3,200식 / {(5명 × 8시간 + 2명 × 6시간) × 5일} = 3,200 / 260 = 12.3 ≒ 12식/시간

ⓒ 1시간 노동시간minutes per meal
- 일정 기간 동안의 총 노동시간분 ÷ 일정 기간 동안 제공한 총 식수

예제 3

〈예제 2〉에서 이 학교 급식소의 **1**식당 노동시간을 계산하시오.

✏️ **풀이 및 정답**

{(5명 × 8시간 + 2명 × 6시간) × 5일 × 60분} / 3,200식 = 15,600 / 3,200 = 4.87 ≒ 5분/식

ⓔ 노동시간당 식당량meal equivalents per worked hour
- 일정 기간 동안 제공한 총 식당량 ÷ 일정 기간 동안의 총 노동시간

예제 4

1주간 판매한 면류의 식수가 **2,400식**, 식사류의 식수가 **2,800식**인 대학 급식소의 1주간 총 작업시간이 **800시간**이었다고 하자. 이때 면류의 1식은 1/2식당량에 해당된다고 가정하고 이 대학교 급식소의 노동시간당 식당량을 계산하시오.

✏️ **풀이 및 정답**

(2,400식 × 1/2 + 2,800식) / 800시간 = 5식당량/시간

ⓜ 노동시간당 서빙수servings per labor hour
- 일정 기간 동안 제공한 총 서빙수 ÷ 일정 기간 동안의 총 노동시간

예제 5

카페테리아 급식에서 1일 제공한 총 서빙수는 **1,800서빙**이었으며, 당일 총 작업시간이 **75시간**이었을 경우 이날의 노동시간당 서빙수를 계산하시오.

✏️ **풀이 및 정답**

1,800서빙 / 75시간 = 24서빙/시간

Key Point 노동생산성 지표의 관련 용어 설명

✓ **식당량** 스낵 또는 면류의 경우 일반 식사류에 비해 소요되는 시간을 1/2로 반영하여 1/2식당량으로 계산한다.
✓ **서빙수** 카페테리아와 같이 1식의 상차림이 고객의 선택에 따라 다양한 경우 식수보다는 서빙수를 사용하는 것이 바람직하며 주식 또는 반찬의 한 종류를 1서빙수로 계산한다.
✓ **노동시간** 급식소의 인력현황과 근무기록을 통해 산출할 수 있다.

② 비용생산성 지표
   ㉠ 1식당 인건비labor cost per meal
      - 일정 기간 동안의 인건비 ÷ 일정 기간 동안 제공한 총 식수

예제 6

A 급식소에서 한 달 동안의 총 인건비(복리후생비, 퇴직금 포함)가 **2,800만 원**이고, 한 달 동안 총 제공 식수가 **2만 식**이었다면 A 급식소의 1식당 인건비를 계산하시오.

풀이 및 정답

2,800만 원 / 2만 식 = 1,400원/식

ⓒ 1식당 총비용 total cost per meal

- 일정 기간 동안의 총비용 ÷ 일정 기간 동안 제공한 총 식수

예제 7

C 고등학교 급식소에서 한 달 동안의 총 식재료비가 **4,500만 원**, 총 인건비가 **2,180만 원**, 총 경비가 **720만 원**이고 한 달 총 제공 식수가 **19,000식**이었다고 할 때 C 고등학교 급식소의 **1식당 총비용**을 계산하시오.

풀이 및 정답

(4,500만 원 + 2,180만 원 + 720만 원) / 19,000식 = 3,894.7원/식

(4) 생산성 지표의 해석과 활용

① 생산성 지표의 해석 : 급식 생산과정은 매우 복잡한 과정으로, 단순히 수치만으로 해석하고 평가해서는 안 됨

Key Point 급식생산성 지표를 달라지게 하는 여건

- ✓ 급식생산체계(전통적 급식체계, 조리저장식 급식체계 등)나 급식소의 규모
- ✓ 제공하는 식단의 형태(단일식단, 복수식단 등)나 식단의 가짓수
- ✓ 배식의 유형(자율배식, 부분 자율배식, 카페테리아식, 테이블배식 등)
- ✓ 1일 배식 횟수와 배식시간 소요
- ✓ 구매한 식재료의 전처리상태(전혀 다듬지 않은 상태(1차), 절단된 상태(2차))와 가공식품 사용 정도
- ✓ 급식소의 시설설비 및 기기상태(설비의 효율적 배치, 자동화기기 유무 등)
- ✓ 급식종업원들의 기술과 숙련 수준

② 생산성 지표의 활용

ㄱ 노동생산성 지표는 급식소마다 식수와 노동시간을 상호 비교하고 필요한 인력을 산출하며 인력 채용의 기준으로 이용할 수 있음

ㄴ 비용생산성은 인건비 상승에 따른 급식단가 조절에 이용할 수 있으며 급식체계 변화에 따른 효과를 측정하는 데도 유용함

다음은 일정 기간 중 **1일** 평균치를 제시한 급식소의 현황자료이다. 〈작성 방법〉에 따라 순서대로 서술하시오. **[4점]**

○ 급식 제공 식수 : 560식

○ 급식 작업 인원수 : 4명

○ 작업시간 : 2명은 각각 8시간, 2명은 각각 6시간

○ 작업시간당 인건비 : 20,000원

✏️ **작성 방법**

- 제공된 자료로만 작성할 것
- 작업시간당 식수를 계산할 것
- 1식당 인건비를 계산할 것
- 산출된 결과들을 활용하는 방안 2가지를 서술할 것

----

(5) 급식생산성 증대방안

급식생산성 증가를 통하여 급식의 질과 고객만족도를 높이는 동시에 급식종사자의 사기를 높이며 경영진의 만족을 도모할 수 있음. 교육훈련의 실시, 작업 단순화, 작업표준시간의 설정, 자동화 기계의 이용, 가공식품, 전처리식품의 이용률 증가, 동기 부여 등이 있음

① 교육훈련 실시 : 직무에 필요한 지식과 기술을 갖출 수 있도록 정기적인 교육훈련을 실시함

② 작업의 단순화

　㉠ 불필요한 작업요소를 제거하기 위해 작업공정을 단순화함

　㉡ 개선이 요구되는 우선순위 작업에 대해 분석하고 개선점을 찾아내는 방법연구가 필요함

③ 작업의 표준화

　㉠ 작업 측정을 실시하여 작업의 표준시간을 설정함

　㉡ 작업자의 업무능력과 생산량에 맞추어 작업 일정을 계획하고 작업을 배치함

④ 자동화기기 설치 : 자동화기계를 도입하여 인건비 절감을 꾀할 수 있으며, 복합기능을 가진 기계를 사용하므로 시간과 에너지를 절약하여 생산성 증가를 도모할 수 있음

⑤ 가공식품 및 전처리식품의 이용률 증가 : 일부 가공식품과 전처리식품의 구매는 인건비 증가에 대한 방안이며, 대량 조리에서 적합한 가공 및 반가공식품의 개발이 증가하는 추세임

⑥ 동기 부여 : 생산성 증가에 대한 동기 부여를 위해 업무성과와 능력에 따른 인센티브제도를 도입함

02 작업 일정의 계획

생산성 지표를 이용하여 필요한 적정 인원을 산정한 후에는 기본적인 작업 일정을 계획한다.

(1) 업무분장표(division of works sheet)

직책과 기능에 따라 각자의 업무를 명시한 표를 말함

(2) 작업일정표(work schedule)

① 작업종사자별로 출퇴근시간과 근무시간대별 주요 담당업무 내용을 포함함

② 생산성 지표를 이용하여 필요한 인원을 산정한 후 작업 일정에 따라 담당자의 적정 업무 배분이 계획되어야 함

③ 작업의 강도와 작업자의 숙련 정도, 인력구성과 업무의 특성을 고려하여 시간대별 배치가 계획되어야 함

(3) 작업공정표(progress schedule)

① 작업내용을 시간상으로 배열한 것

② 메뉴별로 식재료의 전처리, 주 조리, 상차림까지 작업에 대한 요점과 순서, 조리 장소, 주요 조리기기 및 시간 배분을 제시함

(4) 작업계획서

① 작업계획서는 급식관리자와 종사자 간의 의사소통방법으로 생산작업을 효과적으로 수행하는 데 유용함

② 생산될 메뉴와 총 배식량, 필요한 배치batch 크기 및 개수, 작업 책임자, 준비시간, 필요한 기구 등을 포함함

03 작업 관리의 도구

(1) 작업 관리의 영역

① 방법연구method study : 작업 중에 포함되어 있는 불필요한 작업요소를 제거하기 위하여 세밀히 분석하고 필요한 작업요소로만 이루어진 가장 빠르고도 효과적인 방법을 발견하는 기법. 공정 분석, 작업 분석, 동작 분석 등을 통하여 방법, 설비, 작업조건의 개선 및 표준화, 표준시간의 설정 등에 유용하게 사용

ⓐ 공정 분석
- 생산공정이나 작업방법의 내용을 공정순서에 따라 몇 가지 종류의 기호와 표현방식을 이용해서 공정도process schedule를 작성하고 각 공정을 분석하여 개선방안을 찾아냄
- 각 공정의 조건을 조사·분석하여 개선방안을 모색하는 방법
- 공정 분석의 활용범위는 시설·설비의 레이아웃의 개선, 작업조건의 개선 및 표준화, 표준시간의 설정에 이용됨

ⓑ 작업 분석
- 생산품에 대한 공정 분석이 완료되면 작업자의 작업 분석operation analysis을 통해 작업의 비효율적인 요소를 찾아 개선안을 마련함
- 작업개선안은 다음과 같이 제시될 수 있음
  - 작업단위별 꼭 필요한 작업인지를 검토하고 필요에 따라 작업공정을 제거, 결합, 재배치, 단순화함
  - 생산품의 품질에 영향을 미치지 않는 범위 내에서 다루기 쉬운 재료를 사용하여 작업을 단순화함
  - 각 작업구역 간의 연결성, 시설·설비 간의 상호 연관성 등을 고려하여 작업동선을 단축하고 능률적인 작업이 이루어지도록 함
  - 수작업공정을 기능적이며 효율성이 높은 조리기기와 자동화기기를 사용하도록 함
  - 적절한 조리장의 온도, 환기, 조도, 및 안전장치 등 작업장의 환경 개선을 통해 작업의 효율성을 높임

■ 표 1. 효율적인 조리작업을 위한 설비

중점사항	내용
넓은 시야 확보	■ 각 작업대끼리 관찰을 잘 할 수 있도록 불필요한 기둥이나 벽은 없애고 대형 조리기기의 배치에 주의

(표 계속)

효율적 작업 동선	■ 동선은 일정한 방향으로 배치하며 각 작업공간이 다른 작업의 통로가 되거나 동선이 교차하지 않도록 함 ■ 조리작업대의 배치는 오른손잡이를 기준으로 볼 때 일의 순서에 따라 왼쪽에서 오른쪽으로 하는 것이 동선을 줄일 수 있음
다목적기기 선택과 배치	■ 조리공정상 공동으로 사용할 수 있는 기기를 선택하고 사용하기 편리한 장소에 배치 ■ 여러 작업에 공통으로 필요한 기기는 이동성 작업대를 배치하여 활용 ■ 작업공정상 연결성이 높은 기기나 설비는 가까운 위치에 배치 　예 스팀솥 주변에 급·배수시설을 갖추어 기능성을 높임 ■ 양문개폐형 냉장고나 보관시설을 설비하여 동선 단축과 기능성을 높임
적절한 작업범위와 작업대의 조건	■ 작업범위는 작업자를 기준으로 한곳에서 작업할 때 양손이 닿을 수 있는 길이를 1.8m 정도의 범위로 구성 ■ 작업대는 작업자의 팔꿈치 이상 팔을 올리지 않기 위해 높이는 85~90cm, 폭 55cm 정도 크기로 설치
수납공간의 활용	■ 조리작업대에 수납공간을 활용하여 필요한 소도구, 용기 및 식재료(주로 사용하는 양념류) 등을 수납하여 조리공간을 활용

■표 2. 작업 개선을 위한 작업단계별 조리기기의 배치

작업흐름	작업내용	주요 조리기기 및 장비
반입/검수	식재료 반입 및 품질 검사, 분류 및 정리	검수대, 계량기, 운반차, 온도계, 손소독기
저장	식품별·온도별 분류작업과 정리정돈	냉장·냉동시설, 건조창고, 보관용 용기, 온도계
전처리	선별, 세척, 다듬기, 썰기, 침지, 데치기, 해동하기	싱크대, 칼·도마소독고, 박피기, 절단기, 스팀솥, 제빙기, 장화·앞치마소독기
조리	밥 짓기, 가열 조리, 튀기기, 굽기, 무치기 등	저울, 세미기, 취반기, 가스솥, 스팀솥, 오븐, 브로일러, 튀김기, 그리들, 만능프라이팬
운반/배식	상차림, 일시 보관, 배식	식기류, 보온보냉 운반차 및 보관고, 냉·온식수기, 배식용 도구류
세척/소독	식기 회수, 세척, 소독, 음식물 쓰레기 처리	식기세척기, 식기소독고, 칼·도마소독고, 운반차, 잔반처리대, 손소독기, 장화·앞치마소독기 등
보관	소독된 식기 분류 및 정리정돈	선반, 식기보관고(소독보관고)

ⓒ 동작연구
- 작업자의 작업과정을 동작으로 분류한 후 세밀하게 분석하여 불필요한 행동이나 동작을 제거하고 가장 경제적이고 합리적인 표준동작으로 작업이 이루어질 수 있도록 작업방법을 표준화하는 연구
- 길브레스F. B. Gilbreth가 기초하고 바안즈Barnes가 제시한 동작경제의 원칙은 인체 사용에 관한 원칙뿐만 아니라 작업장의 배열에 관한 원칙, 공구 및 장비에 대한 디자인을 포함하고 있어 작업자의 피로도를 최소화할 수 있는 방법을 제시함

■ 표 3. 동작경제의 원칙

신체 사용에 관한 원칙
1. 양손은 동시에 동작을 시작하고 완료시킨다.
2. 양손은 휴식할 때 이외에는 동시에 쉬게 하지 않는다.
3. 양팔의 동작은 대칭적으로 동시에 행한다.
4. 주 동작은 가급적 빨리 동작할 수 있게 간단하게 한다. (손가락 → 손목 → 아래팔 → 위팔 → 어깨순으로 동작하기가 쉬움)
5. 중력과 관성을 최대한 이용한다.
6. 방향 전환을 할 때에는 연속적이고 서서히 한다.
7. 돌격동작은 고정동작보다 정확하고 용이하다.
8. 작업은 가능한 한 용이하고 율동적이도록 배열한다.
9. 눈을 주시하게 하는 동작 및 이동하는 동작은 가능한 한 적게 한다.

작업장 배치에 관한 원칙
10. 공구류나 재료는 정상 작업지역 내에 둔다.
11. 공구류, 재료 및 조작점은 될 수 있는 대로 사용하는 위치 가까이에 배치한다.
12. 재료를 가능한 한 사용하는 위치에 가깝게 공급할 수 있도록 중력 이동을 이용한 부품상자나 용기를 이용한다.
13. 중력을 최대한 이용한다.
14. 공구류나 재료는 동작하기에 가장 편리한 순서로 배치한다.
15. 조명은 적합한 밝기가 되도록 한다.
16. 작업대 및 의자의 높이는 앉거나 서는 동작에 모두 사용할 수 있도록 고안하여야 한다.
17. 작업자에게는 올바른 작업자세에 적합한 의자를 공급한다.

기기 및 설비의 설계에 관한 원칙
18. 페달장치를 활용하여 가능한 한 양손을 개방한다.
19. 공구류는 두 가지 이상의 기능을 조합한 것을 사용한다.
20. 공구류는 다음에 사용하기 쉽도록 위치를 정해둔다.
21. 자판을 칠 때와 같은 손가락 동작은 고유능력에 알맞은 작업량을 각 손가락에 분배한다.
22. 지렛대, 핸들, 제어장치는 작업자가 몸의 자세를 크게 바꾸지 않더라도 조작하기 쉽도록 배열한다.

② 작업측정 work measurement

　　㉠ 작업자의 활동시간을 매체로 하여 측정하는 것으로, 작업 및 관리의 과학화에
　　　필요한 정보를 획득할 수 있음

　　㉡ 주요 목적은 특정 작업에 관한 표준시간을 설정하는 데 있음

> **Key Point** 표준시간 설정의 목적
>
> ✓ 여러 작업방법을 비교·선택　　✓ 생산 계획을 위한 기초자료
> ✓ 필요한 시설·설비 산정기준　　✓ 작업자의 생산량을 예측
> ✓ 작업의 낭비시간을 발견　　　✓ 작업에 필요한 표준인원을 결정
> ✓ 작업자의 직무 평가 및 성과 측정

　　㉢ 시간연구법

　　　■ 작업을 기본요소로 분할한 후 스톱워치 등을 이용하여 작업에 소요되는 정
　　　　미시간을 측정하여 기록하는 방법

　　　■ 작업에 필요한 시간, 작업을 위한 대기시간, 낭비적인 시간들을 발견하고
　　　　개선하기 위해 사용함

　　㉣ 워크샘플링법 work sampling

　　　■ 작업요소가 1일 일과시간 동안 어느 정도의 비율로 발생되는지를 관측·기
　　　　록한 후 비율로 추정하여 시간을 설정하는 방법

　　　■ 급식소의 작업과 같이 순환주기가 긴 작업이나 집단으로 수행되는 동일한
　　　　작업의 평균시간을 산출하는 데 활용됨

　　　■ 적정 인력 산출과 급식관리자의 직무 분석, 향후 업무의 방향을 제시하는
　　　　근거자료로 활용함

　　㉤ 실적자료법

　　　■ 과거 경험이나 일정 기간의 실적자료를 이용하여 작업단위당 시간을 산출
　　　　하는 방법

　　　■ 과거자료를 그대로 이용하거나, 작업조건, 작업방법 및 수행도 등을 고려
　　　　하여 수정한 후 사용하는 법, 전문가의 경험에 의하여 추정하는 방법 등이
　　　　있음

　　　■ 장점 : 신속하고 비용이 절약되고 단기적 참고자료로 활용할 수 있음

　　　■ 단점 : 시간 경과에 따른 작업방법과 환경의 변화를 반영하지 못하므로 작업
　　　　자의 성과 평가를 위한 자료로 활용하기는 어려움이 있음

    ⓑ 표준자료법
     ■ 과거의 자료를 분석하여 작업동작에 영향을 미치는 요인들과 작업을 위한 정미시간 사이에 함수식을 도출한 후 표준시간을 구하는 방법 $y=ax+bx$ 는 식수
     ■ 식기세정작업의 표준작업시간
    ⓐ 기정시간표준 predetermined time standards, PTS
     ■ 작업동작을 기본요소의 동작으로 분류하고 그 동작이 어떤 조건하에서 수행되는지 확인한 다음, 이미 정해진 기준시간 중에서 유사한 것을 찾아 기본동작의 수행시간으로 간주하는 방법으로, 반복적으로 수행되는 배식동작의 작업시간을 결정함
     ■ 사람이 할 수 있는 모든 작업을 구성하는 기본동작으로 분해하고 그 동작이 수행되는 조건에 따라 이미 정해진 시간을 기준으로 하여 측정하고자 하는 작업의 동작시간을 산출하는 방법
     ■ 배식작업이나 세척작업과 같이 작업의 동작주기가 짧고 반복적으로 수행하는 작업을 신속하게 분석할 수 있음

(2) 조리작업 효율화를 위한 설비

  조리한 음식을 신속하게 배식하기 위하여 작업순서, 조리와 배식 간의 밀접한 관계를 우선 고려하여 설계함

 ① 조리작업 효율화를 위한 설비의 유의점
   ㉠ 넓은 시야를 확보함
   ㉡ 효율적인 작업동선으로 배치함
   ㉢ 다목적용 기기를 선택하고 배치함
   ㉣ 조리대의 수납설비 및 공간을 활용함

8장 시설과 설비 관리

01 · 시설과 설비의 설계
02 · 시설 계획과 관리
03 · 설비 계획과 관리
04 · 시설과 설비의 위생 관리

급식소에서의 시설(facilities)은 작업공간(space)과 여기에 설치된 기기(equipment)를 포함하고, 설비(utilities)는 급·배수, 환기, 열원, 조명, 냉·난방 등을 합한 것을 말하며, 단순히 기기나 공간의 배열만이 아닌 설계단계에서부터 위생, 안전성, 능률, 경제성이 확보될 수 있도록 계획한다.

01 시설과 설비의 설계

(1) 시설·설비의 설계 시 고려사항

① 급식소 운영형태

② 급식소의 시설·설비 예산규모

③ 급식대상

④ 제공메뉴, 식재료형태

⑤ 배식형태, 식당의 좌석 수와 좌석 회전률

⑥ 설비조건 : 급·배수, 열원가스, 전기, 스팀, 냉·난방, 환기 등 설비의 효율성을 계획

⑦ 관련 법규 : 소방, 급수, 하수, 쓰레기 처리 등 각종 법규 및 규제를 충족

⑧ 종업원 : 연령대, 근무시간, 노동조건 등에 맞는 작업공간을 확보

⑨ 복리후생시설 : 사무실, 탈의실, 화장실, 샤워실 및 기타 부대시설을 확보

(2) 조리장(급식소)의 설계 계획

조리장의 설계는 다양한 조건들을 고려하여 한정된 면적 안에서 작업의 동선에 따라 기기류를 배치하여 합리적이고 능률적인 작업이 될 수 있도록 계획해야 함

① 조리장 설계 진행단계 및 고려할 점
  ㉠ 조리장 위치 선정
    - 식재료 검수, 쓰레기 처리가 편리하고 음식의 운반 및 배식이 편리한 장소
    - 채광, 환기, 통풍이 좋고 오염이 없는 위생적인 장소
    - 급·배수가 잘되고 소음, 냄새가 적은 장소
  ㉡ 조리기기 선정 : 입고, 저장, 전처리, 조리, 배식, 세척 등의 각 구역별 필요기기를 선정하여야 함
  ㉢ 작업자 동선 고려 : 역동선이나 반복동선을 배제
  ㉣ 조리장면적 산출 : 저장공간, 작업공간, 기기 설치공간, 물품 운송 및 작업자 이동공간, 배식과 퇴식공간 등을 고려
  ㉤ 조리장 형태 결정 : 가로와 세로의 비가 3 : 2 또는 2 : 1이 유리하며 일반작업구역과 청결구역을 구분
  ㉥ 장래의 변화 고려 : 장래의 식수 변화나 확장 가능성을 고려
② 작업구역별 공간 구분
  ㉠ 일반작업구역 : 생물학적, 화학적, 물리적 위해요소가 제거되지 않은 구역으로써 검수구역, 전처리구역, 식재료 저장구역, 세정구역 등
  ㉡ 청결작업구역 : 식품 조리과정상 오염되어서는 안 되는 장소 또는 오염에 대한 방어장치 및 기계가 설치된 장소나 구간, 즉 생물학적, 화학적, 물리적 위해요소가 관리되는 구역으로써 조리구역, 정량 및 배선구역, 식기 보관구역 등

02 시설 계획과 관리

(1) 작업구역(공간)의 설계
  ① 검수구역
    ㉠ 면적은 급식시설의 규모, 식재 납품의 횟수와 형태, 한 번에 납품되는 식재의 양 등에 따라 달라지므로 식재료를 안전하고 신속하게 취급할 수 있도록 설계함
    ㉡ 검수대의 높이는 60cm 이상, 검수구역의 바닥은 청소가 용이하도록 설계함
  ② 저장구역
    ㉠ 건조창고와 냉장·냉동고로 나누어지며 가공식품 사용 증가로 냉장, 냉동저장공간의 필요성 증가

ⓛ 검수구역과 조리구역 사이에 배치하며 교차오염을 막기 위해 식재료 저장구역과 소모품 저장구역을 구분하여 설치하여야 함

ⓒ 냉장·냉동시설을 갖추어야 하며 환기가 잘 되는 구조이어야 함

ⓔ 바닥의 경우 미끄럽지 않은 재질로 마감되어야 하고 물청소 후 배수가 잘 되도록 설계되어야 함

③ 전처리구역

ⓐ 식재료의 세척과 조리를 위한 기초작업이 이루어지는 공간이므로 저장구역과 조리구역 사이에 배치되는 것이 이상적임

ⓑ 교차오염을 방지하기 위해 채소류, 육류, 어패류 세척시설을 각각 구분하여 설치하며 손 씻는 시설을 갖추어야 함

ⓒ 음식을 안전하고 신속하며 효율적으로 생산할 수 있고 조리인력의 작업동선이 최소가 되도록 작업대 및 기기를 배치함

ⓓ 면적은 여러 사람이 동시에 작업할 수 있고 식재료 등의 운반이 편리하도록 충분한 공간을 확보하여야 함

Key Point 전처리단계에서 교차오염cross-contamination 방지를 위한 준수사항

✓ 작업구역을 일반작업구역과 청결작업구역으로 구분해 작업을 분리한다.
✓ 식재료 전처리작업은 바닥에서 60cm 이상 떨어진 높이의 작업대에서 실시한다.
✓ 전처리되지 않은 식재료와 전처리된 식재료는 분리하여 취급한다.
✓ 칼, 도마 등의 조리기구나 용기는 가공식품용(노란색), 육류용(빨간색), 생선용(파란색), 채소용(초록색), 완제품용(흰색) 등 용도별로 색상을 구분해 사용한다.
✓ 고무장갑, 앞치마 등도 전처리용, 조리용, 배식용, 세척용 등 작업용도별로 색상을 구분하여 착용한다.
✓ 싱크대는 식재료용과 식기구용으로 구역별로 구분하여 사용하고, 식재료용 싱크대는 용도별로 구분하여 용도의 명칭을 표기한다(하나의 싱크대일 때 : 채소류 → 육류 → 어류 → 가금류순으로 사용).

Key Point 해동방법

✓ **냉장해동** 식재료에 '해동 중' 라벨을 부착하고 냉장고 하단의 해동 전용 칸에서 분리 해동하며, 냉동육은 사용하기 하루 전 서서히 해동한다.
✓ **흐르는 물에서 해동** 소독된 해동 전용 싱크대를 이용하여 밀봉상태로 실시한다.
✓ **전자레인지 이용 해동** 부피가 큰 식재료 해동에는 부적합하다.
✓ **조리과정 중 해동** 국거리용 고기 또는 생선에 적합하다.

✓ 흐르는 물에 3~4회 이상 충분히 세척하고 차아염소산나트륨, 차아염소산수, 이산화염소수, 오존수 등 소독액을 이용해 소독 후 흐르는 물에 여러 번 씻는다.

✓ test paper를 이용해 소독액 농도를 확인한다.

④ 조리구역

　㉠ 면적을 산출할 때는 식단, 급식 인원수, 조리기기, 조리원 수 등을 고려하고 기기 배치와 작업동선을 고려하여 적정한 면적이 확보되어야 함

　㉡ 조리장의 형태는 가로와 세로가 3 : 2 또는 2 : 1의 비율인 것이 적절함

　㉢ 내부 벽은 내구성, 내수성이 있는 표면이 매끈한 재질이어야 하고 바닥은 내구성, 내수성이 있는 미끄럽지 않은 재질이어야 함. 천장은 내수성, 내화성이 있는 청소가 용이한 재질이어야 함

　㉣ 물이 고이지 않도록 경사도를 고려하여 설계해야 함

⑤ 배식구역

　㉠ 배선구역과 식당으로 구분하며, 배선공간은 조리된 음식을 그릇이나 식판에 담는 곳으로 조리구역과 식당 사이에 위치하는 것이 바람직함

　㉡ 식당의 면적은 고객의 수를 고려하여 총 고객의 수에 고객 1인이 필요로 하는 면적을 곱하여 산정하고 급식소의 종류 및 특성에 따른 회전율을 적용하여 면적을 결정함

　㉢ 총 식수와 회전률 고려할 때 1좌석당 $1.2~1.7m^2$0.36~0.5평, 회전율은 시간당 2.5회전

　㉣ 하루에 한 끼니 이상을 제공하는 경우 가장 많은 인원이 이용하는 시간대를 기준으로 식당면적을 산정하며, 테이블은 기둥 사이가 뚫려 있는 것이 활용도가 높으며 주요 통로를 120cm 이상 확보하는 것이 중요함

　㉤ 식탁 배치방법은 변화형, 평행형, 유동형, 사각형으로 식당의 사용목적과 넓이를 충분히 고려하여 선택함

✓ 식당면적 = (총 고객 수 / 좌석 회전율) × 1좌석당 바닥면적
✓ 좌석 회전율 = 총 고객 수 / 좌석 수

⑥ 퇴식 및 세척구역

　㉠ 자동 컨베이어벨트를 통해 식기를 신속하게 회수

　㉡ 퇴식동선과 식당 이용객의 동선이 교차되지 않도록 공간을 분리 및 설계해야 함

ⓒ 퇴식구와 세척구역 사이 차단막 설치

ⓔ 바닥과 벽이 빨리 훼손되므로 잘 훼손되지 않는 재질로 설치되어야 하고 바닥의 배수가 용이해야 함

ⓜ 급·배수시설과 환기시설을 설치해야 함

ⓗ 식기소독보관고나 열탕소독시설, 또는 충분히 세척 및 소독할 수 있는 세정대를 설치하여야 함

ⓢ 잔반 등 음식물 쓰레기를 처리하기 위해 오물, 악취 등이 누출되지 않는 폐기물 용기를 구비하여야 함

⑦ 기타 구역 복리후생시설

　　㉠ 급식소 사무실, 직원 탈의실, 손 세정실, 조리원 전용 화장실 등

　　㉡ 탈의실은 조리구역과 식당을 통과하지 않게 배치

　　㉢ 직원 화장실은 작업장과 가까운 곳에 설치하되 이중 출입구와 식재료가 다루어지는 공간과는 분리

　　㉣ 작업 전 손 세척을 위해 별도의 손 세정실을 설치

03 설비 계획과 관리

(1) 급수·배수설비

① 급수설비

　　㉠ 사용되는 물은 모두 음용수기준에 적합한 물

　　㉡ 물의 총량은 조리용, 일반위생용, 세정대 용량과 물 채우는 횟수, 식기세척기 사용량, 바닥과 벽체 등 청소 사용량 등을 기준으로 산정

　　㉢ 수압은 적절해야 하며 수도전의 높이는 95~105cm 정도가 바람직하고 호스가 바닥면에 닿지 않도록 설치해야 함

　　㉣ 급수배관은 청소가 용이하고 동절기 응결수가 발생하지 않도록 단열재 등으로 보온 처리가 필수

② 배수설비

　　㉠ 배수와 바닥의 청결 유지를 목적으로 설치하며 배수관은 하수도로부터 악취 방지뿐만 아니라 방서·방충의 목적으로 트랩trap을 설치하는 것이 바람직함

　　㉡ 트랩의 형태는 하수관으로부터 냄새가 역류하는 것을 방지하기 위해 직선형 보다는 곡선형과 수조형을 많이 사용하며, 수조형에는 관 트랩, 드럼 트랩, 그리스 트랩, 벨 트랩이 해당되며 찌꺼기가 많을 경우에 적합함

(2) 환기설비

① 유증기와 냄새, 폐가스 배출을 위한 후드hood, 덕트duct 시공이 필수적임

② 배기후드는 열기구보다 사방이 15cm 이상 커야 하며 스테인리스스틸 재질로 제작하고 30° 정도의 각도를 유지해야 함

③ 조리구역의 열원상부, 즉 증기, 열 연기 등의 발생원 윗부분에는 0.25~0.5m/sec 20~30m³/hr의 흡인력을 가진 후드를 설치하고 식품저장고 1m³당 5m³/hr의 환기시설을 설치함

④ 배기용량m²/min = 주방용적m² × 0.8~1.0

(3) 냉·난방설비

실내온도는 18℃ 이하를 유지하며 구역별 냉·난방시스템을 구축함

① 천장 실내기

　㉠ 장점 : 에너지 절감이 우수

　㉡ 단점 : 수분 및 유지분에 의한 효율이 저하되고 고장이 잦음

② 닥트 연결 실내기

　㉠ 장점 : 에너지 절감이 우수하고 관리가 용이함

　㉡ 단점 : 초기 투자비가 천장형에 비해 높음

③ 패키지 에어컨난방, 전기 가열기

　㉠ 장점 : 초기 투자비가 저렴함

　㉡ 단점 : 실내온도 및 기류분포가 균일하지 않음

④ 공조형 덕트

　㉠ 장점 : 필터링 효과가 커서 국소 냉·난방에 적합

　㉡ 단점 : 초기 설치비용이 높음

(4) 열원설비

조리공간에서 사용하는 열원은 액화석유가스LPG, 액화천연가스LNG 등의 가스, 전기, 석유 등이며 사용목적, 안전성, 경제성 등을 고려하여 열원을 선택해야 하고 정기적 시설 점검이 필수임

① 가스시설

　㉠ LPG는 공기보다 무거워서 가스가 누출되면 바닥으로 가스가 쌓이므로 가스 누출감지기를 바닥면에서 30cm 이내 위치에 설치

　㉡ LNG는 공기보다 가벼워 가스 누출 시 천장상부에 모이므로 감지기는 천장면과 30cm 이내에 설치

ⓒ 주기적으로 작업 전 가스밸브와 배관 연결부 등을 비눗물이나 가스누설감지
기 등을 통해 점검

> **Key Point** 가스 누설 시 응급조치
>
> ✓ 가스가 새는 것을 발견하면 먼저 연소기 코크와 중간밸브를 잠가서 공급을 차단한다.
> ✓ 창문과 출입문을 열고 누설된 가스를 밖으로 환기한다(환기를 위해 선풍기나 배기팬 사용
> 금지).
> ✓ LPG를 사용하는 경우 신문지 등을 이용하여 연기를 쓸어내듯이 밖으로 몰아낸다.

② 전기공급시설

ⓐ 물에 의한 감전사고가 일어날 수 있으므로 주의

ⓑ 전기설비외함의 전기선 간의 접지상태를 정기적으로 점검하고 분전반 내에
스위치에는 위치를 표기하여 점검이 용이하도록 함

ⓒ 설비 증·개축 및 기기 교환을 대비하여 여분의 전기용량을 확보

> **Key Point** 전기 공급시설 설계 시 주요 고려사항
>
> ✓ 기기별 필요 전기용량을 확인한 후 충분히 확보해야 한다.
> ✓ 전기콘센트는 바닥면으로부터 1.2m 이상 높이에 설치해야 하며 방수 콘센트를 사용해야 한다.
> ✓ 전체 주방 설계 시 기기 사용의 적정한 위치를 고려하여 콘센트 설치해야 한다.
> ✓ 모든 부하용 차단기는 감전사고 예방을 위한 누전차단기를 설치해야 한다.

(5) 조명설비

① 오염물질을 제거하고 위생적으로 조리, 배식하기 위해 밝은 조명을 유지

② 검수구역은 540Lux, 전처리구역은 220Lux, 기타 구역은 110Lux 이상의 조도
를 유지

③ 모든 조명램프에는 보호장치를 구비

(6) 바닥, 벽, 창문, 천장설비

① 급식소 바닥

ⓐ 미끄러지지 않고 쉽게 균열이 생기지 않으며 내산·내방수성 재질인 콘크리트
나 인조대리석 등을 사용함

ⓑ 트랜치로 물이 모일 수 있도록 경사구배를 두고 바닥의 타일이나 바닥재는 잦
은 물 사용으로 인해 파손되지 않도록 견고한 재질을 사용함

ⓒ 장기간 사용으로 바닥재의 미끄럼 저항능력이 낮아질 경우 미끄럼 방지용 약
품 처리 혹은 테이프를 부착, 바닥재가 파손된 경우 즉시 교체하거나 보수해
서 미생물의 증식 및 오염을 방지

② 내벽
- ㉠ 오염 여부를 식별하기 쉽도록 밝은 색조를 사용함
- ㉡ 수분이 침투되지 않고 청소하기 쉬우며, 이물이나 먼지 등이 쌓이지 않도록 표면이 고르고 매끄러우며 마모나 부식에 저항성이 있어야 함
- ㉢ 내벽과 바닥의 경계면은 코노비드corner bead로 마감

③ 천장
- ㉠ 천장 내부의 높이는 바닥에서 3m 이상이 바람직함
- ㉡ 내수성, 내화성을 가진 알루미늄 재질이나 금속 재질이 적합함

④ 창문
- ㉠ 방충망을 설치하고 창문틀은 45° 이내의 경사 처리함
- ㉡ 창문은 바닥면적의 1/4 이상으로 함

2015년 기출문제 B형

LPG 가스를 사용하는 조리실에 배기구와 가스누출경보기를 설치하려고 한다. 이들의 설치 위치를 정할 때 고려해야 할 점을 LNG 가스와 비교하여 서술하시오. 그리고 「학교급식의 위생·안전관리기준」에 의거하여 작업 위생 관리에서 식품을 가열 조리할 때 지켜야 할 사항을 일반식품과 패류로 구분하여 서술하시오(「학교급식의 위생·안전관리기준, 교육부령 제14호, 2013. 11. 22., 일부개정」 적용). 【5점】

---

04 시설과 설비의 위생 관리 자료 : 교육부(2016) 학교급식 위생관리 지침서(제4판)

학교급식의 안전성 확보를 위해서는 대량의 식재료를 위생적이고 안전하게 조리·제공할 수 있는 급식시설과 설비가 갖추어져야 한다.

(1) 위치 및 구조
① 급식소의 위치
- ㉠ 급식소는 도로, 운동장, 쓰레기장 등의 오염원과 차단될 수 있는 곳에 위치하며 주변은 먼지가 나지 않도록 포장되어야 함
- ㉡ 급식소로의 이동이 용이하고 통로 포장, 비 가림 등 주변환경이 위생적이며 쾌적하여야 함
- ㉢ 급식소는 외부로부터의 보안 및 유지 관리가 용이하여야 함

ⓔ 급식소는 지상에 설치하는 것을 원칙으로 하되 부득이 지하 및 반지하에 위치할 경우 공조·환기시설, 배수, 조명 등이 원활한 구조로 설치되어야 함

② 급식소의 구조

　　ⓐ 급식소는 철근콘크리트 등의 충분한 내구성을 가진 구조이어야 하며 모든 건축자재는 식품의 안전 및 위생에 나쁜 영향을 미치지 아니하는 내구성, 내수성이 있는 재료를 사용하여야 함

　　ⓑ 급식소에는 전처리실, 조리실, 식기구세척실, 식재료상온보관실, 소모품보관실, 급식관리실, 탈의실 및 휴게실 등을 두며 쾌적한 급식환경을 위하여 식당을 갖추도록 함

　　ⓒ 여건상 부득이 교실 배식을 해야 할 경우에는 배식차 보관장소와 엘리베이터_{여건상 불가피할 경우 덤웨이터}를 설치하여야 함

(2) 급식소 시설과 설비

① 조리장 : 급식작업이 위생적으로 이루어지기 위해서는 조리장이 위생개념에 입각하여 설계되고 기구가 배치되어야 함. 위생적인 급식작업을 위해서는 작업의 흐름에 따라 공간을 구획하고 필요한 설비·기구를 능률적으로 배치하며 이에 소요되는 면적을 확보하고 온도 조절이 용이하도록 냉·난방시설도 갖추는 것이 바람직함. 또한, 시공 시 바닥과 배수로의 물 빠짐이 용이하도록 하는 등 세심한 주의가 필요함

　　ⓐ 조리장의 구획 및 구분

　　　　▪ 작업과정의 미생물 오염 방지를 위하여 조리장을 식재료 전처리실, 조리실, 식기구세척실 등으로 구획하여 일반작업구역과 청결작업구역으로 분리

　　　　▪ 이러한 구획이 여의치 않을 경우는 낮은 벽 설치 또는 작업구역_{일반, 청결} 표지판을 이용하여 구분

▪표 1. 작업구역별 작업내용 구분

작업구역	작업내용
일반작업구역	▪ 검수구역 ▪ 전처리(가열 전, 소독 전 식품 절단)구역 ▪ 식재료저장구역 ▪ 세정구역
청결작업구역	▪ 조리(가열·비가열/가열·소독 후 식품 절단)구역 ▪ 정량 및 배선구역 ▪ 식기보관구역

ⓒ 내벽
- 내벽은 틈이 없고 평활하며 청소가 용이한 구조이어야 하고 오염 여부를 쉽게 구별할 수 있도록 밝은 색조로 함
- 바닥에서 내벽 끝까지 전면을 타일로 시공하되 부득이한 경우 바닥에서 최소한 1.5m 높이까지는 내구성, 내수성이 있는 타일 또는 스테인리스스틸판 등으로 마감함
- 조리장 내의 전기 콘센트는 방수용 콘센트를 사용하고 바닥으로부터 1.2m 높이 이상으로 설치함
- 내벽과 바닥의 경계면인 모서리부분은 청소가 용이하도록 둥글게 곡면으로 처리함
- 벽면과 기둥의 모서리부분은 타일이 파손되지 않도록 보호대로 마감 처리함

ⓒ 바닥
- 바닥은 청소가 용이하고 내구성이 있으며 미끄러지지 않고 쉽게 균열이 가지 않는 재질로 하여야 함
- 바닥과 배수로는 물 흐름이 용이하도록 적당한 경사를 두어야 함

ⓔ 천장
- 천장의 높이는 바닥에서부터 3m 이상이 바람직함
- 천장의 재질은 내수성, 내화성을 가진 재질알루미늄판 등로 함
- 천장으로 통과하는 배기덕트, 전기설비 등은 위생적인 조리장의 환경을 위해 천장의 내부에 설치하는 것이 바람직함

ⓜ 출입구
- 조리종사자와 식재료 반입을 위한 출입구는 별도로 구분 설치하여야 함
- 조리장의 문은 평활하고 방습성이 있는 재질이어야 하며, 개·폐가 용이하고 꼭 맞게 닫혀야 함
- 외부로 통하는 출입문은 개·폐가 용이하며 청소가 용이한 재질로 설치하고, 위생 해충의 진입을 방지하기 위한 방충·방서시설과 외부로 통하는 출입문의 바깥쪽에는 에어커튼이 설치되어야 함
- 출입구에는 조리장 전용 신발로 갈아 신기 위한 신발장 및 발판 소독조와 손세정대를 갖추어야 함

ⓗ 창문
- 공조급·배기, 집진, 온도 조절설비를 갖추지 못하는 경우는 개폐식 창문을 설치하고 위생 해충의 침입을 방지할 수 있도록 방충망을 설치하여야 함

- 조리장의 창문은 먼지가 쌓이는 것을 방지하기 위하여 [그림 03]과 같이 창
  문틀과 내벽은 일직선이 유지되도록 하거나, [그림 04]와 같이 창문턱을
  60° 이하의 각도로 시설하는 것이 바람직함

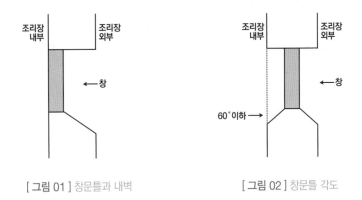

[그림 01] 창문틀과 내벽　　　　[그림 02] 창문틀 각도

Ⓐ 채광 및 조명
- 자연채광을 위하여 창문면적은 바닥면적의 1/4 이상이 되도록 함
- 인공조명시설은 효과적으로 실내를 점검 및 청소할 수 있고 작업에 적합한
  충분한 밝기이어야 함
  → 검수대 540Lux, 전처리실, 조리실 작업대 220Lux 이상
- 천장의 전등은 함몰형으로 하되 반드시 물이나 가스로부터 안전한 기구방
  수·방폭 등이어야 하며 유리 파손 시 식품 오염을 방지할 수 있는 보호장치
  를 갖추어야 함
◎ 냉·난방시설
- 조리장 내 적정 실내온도는 18℃ 이하를 유지하는 것이 이상적이나 실제적
  으로 이 조건을 충족하기 어려우므로 에어컨 등을 설치하여 가능한 한 낮
  은 온도를 유지하여야 함
- 학교를 신축할 경우 공조시스템의 설치를 권장함
  → 식당 및 조리장에 설치된 냉·난방기의 바람이 식품이나 조리된 음식에
  직접 쏘이지 않도록 하고, 실내온도 조절용으로만 사용하되 필터 세척 및
  소독을 주기적으로 실시하여야 함
② 식재료와 소모품보관실
  ㉠ 식재료보관실과 소모품보관실을 별도로 구분하여야 하며 부득이하게 함께
  보관할 경우 서로 혼입되지 않도록 분리하여 보관함
  ㉡ 조리실을 통하지 않고 반입이 가능하여야 하며 출입문은 항상 내부에서만 개
  폐할 수 있도록 함

ⓒ 환기시설과 충분한 보관선반 등이 설치되어야 하며 보관선반은 청소 및 통풍이 용이하도록 바닥으로부터 15cm 이상을 띄워야 함

ⓔ 식재료보관실의 바닥은 조리실로부터 물의 유입을 방지하기 위해 조리실 바닥 보다 약간 높게 시공되어 왔으나 식품운반차 등의 이동이 용이하도록 높이를 같게 시공하는 것이 바람직함

ⓜ 물청소가 용이하도록 하고 바닥은 미끄럽지 않은 재질로 하며 배수가 잘 되어야 함

ⓗ 직사광선을 피할 수 있는 위치에 설치하거나 차광설비를 갖추어야 함

③ 급식관리실

ⓐ 외부로부터 조리장을 통하지 않고 출입이 가능하여야 하며 외부로 통하는 환기 시설을 갖추어야 함

ⓑ 급식관리실에서 조리실의 내부를 잘 볼 수 있도록 바닥으로부터 1.2m 높이 윗면은 전면을 유리로 시공하여야 함

ⓒ 급식관리실에는 책상, 의자, 전화, 컴퓨터 등 사무장비와 냉·난방시설 또는 기구를 갖추도록 권장함

ⓓ 전기 배전반 등은 급식관리실 가까이에 배치하여 관리가 용이하도록 하여야 함

④ 탈의실 및 휴게실

ⓐ 외부로부터 조리장을 통하지 않고 출입이 가능하여야 함

ⓑ 조리종사자의 수를 고려한 위생복 및 외부 옷을 분리 보관할 수 있는 옷장과 필요한 설비를 갖추어야 함

ⓒ 외부로 통하는 환기시설동력배기을 갖추어야 함

ⓓ 조리종사자의 수를 고려한 적정한 면적을 확보하고 냉·난방시설 또는 기구를 갖추어야 함

⑤ 화장실 및 샤워장

ⓐ 조리장 내 전용 화장실을 설치할 경우에는 조리장이 오염되지 않도록 탈의실 안에 설치하되 화장실과 샤워실을 분리하여 설치하는 것이 바람직함

ⓑ 전용 화장실은 청소가 용이한 구조로 함

ⓒ 화장실에는 수세설비 및 손을 건조시킬 수 있는 시설종이타월 등을 설치하며 비누와 덮개가 있는 페달식 휴지통 등을 비치함

ⓓ 화장실은 배기가 잘 되도록 외부로 통하는 환기시설을 갖추며 창에는 방충망을 설치하여 위생 해충의 침입을 막을 수 있도록 함

ⓜ 화장실의 바닥은 타일 또는 기타 내수성 자재로 마감함

⑥ 식당^{식생활교육관}

　㉠ 안전하고 위생적인 공간에서 식사를 할 수 있도록 급식 인원수를 고려한 크기의 식당을 갖추어야 함

　㉡ 다만 공간이 부족한 경우 등 식당을 따로 갖추기 곤란한 학교는 교실 배식에 필요한 운반기구와 위생적인 배식도구를 갖추어야 함

(3) 급식설비와 기구

조리 및 급식에 필요한 설비와 기구는 그 처리능력, 유지 관리의 용이성 및 내구성, 경제성, 안전성 등을 고려하여 선택하고 사전에 장비의 신뢰성과 활용도에 대한 충분한 검증과 효율적 활용 계획 수립하에 구입하여야 하며 작업의 흐름에 따라 위생, 동선, 효율성 등을 고려하여 배치함. 근골격계 부담 작업과 유해 및 위험 작업을 최소화할 수 있도록 급식시설과 설비 및 현대적 급식기구 확충방안 강구

① 작업구역별 설비 및 기구

■표 2. 설비 및 기구 선정 시 확인사항

구분	품목	확인사항
전처리실	작업대	■ 재질은 스테인리스스틸로 하며 급식 인원을 고려한 충분한 크기로 함
	식품검수대	■ 이동식이며 바닥면에서의 높이가 60cm 이상인 검수에 알맞은 충분한 크기로 함
	채소세정대	■ 3조 세정대를 설치함 ■ 세정대의 배수구는 적절한 크기여야 하며 배수관과는 직선으로 연결되는 구조이어야 함
	어·육류세정대	■ 2조 세정대를 설치함 ■ 세정대의 배수구는 적절한 크기여야 하며 배수관과는 직선으로 연결되는 구조이어야 함
	냉장·냉동고	■ 검수 후 저장 가능한 충분한 용량이어야 함
	자동세미기	■ 적정한 수압이 유지되어야 함 ■ 배수관은 배수로와 연결되도록 설치함
	구근탈피기	■ 내부가 완전 분리되어 세척과 소독이 용이하여야 함 ■ 배수관은 배수로와 연결되도록 설치함
	채소절단기	■ 세척과 소독이 용이하여야 함 ■ 다양한 모양과 크기로 절단이 가능해야 함 ■ 분리 가능하며 전용 받침대를 설치하여야 함

(표 계속)

제9과목　단체급식 및 실습

전처리실	바구니운반대	■ 바닥으로부터 60cm 이상 간격을 유지하여야 함 ■ 바구니 크기별로 사용 가능하여야 함 ■ 이동이 용이하여야 하며 안전성을 고려하여 원형으로 제작된 것이어야 함
	손소독기	■ 자동식으로 소독액이 분무되거나 손을 담글 수 있는 소독조이어야 함
	손세정대	■ 전자감응식 또는 페달식으로서 손을 사용하지 않고 조작이 가능하여야 함 ■ 냉·온수가 공급되어야 함
	저울	■ 전자저울로 설치하되 1~150kg까지 측정 가능한 것으로 갖춤
	취반기	■ 고정시킬 경우는 바닥과 주변을 세척하기에 용이한 구조와 공간을 확보하여야 함
	국솥	■ 회전식이어야 하며 뚜껑이 부착되어야 함
	부침기	■ 부침판은 기름이 흐르도록 약간 경사가 있어야 하며 덮개가 있어야 함 ■ 안전을 고려하여 고정식이어야 함
	볶음솥	■ 바닥이 무쇠 등으로 두꺼워야 함 ■ 회전식이어야 하며 뚜껑이 부착되어야 함
조리실	가스테이블렌지 혹은 전기레인지	■ 화구가 2~3개 정도인 제품이 적당함 ■ 작업대의 높이와 같아야 함
	가스그리들 혹은 전기그리들	■ 가스 사용기기와 동일 구역에 위치하여야 함
	밥·반찬배식대	■ 보온·보냉기능이 있어야 함
	오븐	■ 조리기능이 다양하여야 함 ■ 급식수를 고려하여 크기를 정함 ■ 상·중·하단 온도분포가 균일하도록 작동되어야 함
	만능조리기	■ 튀김, 부침, 조리기능이 있어야 함
	냉장·냉동고	■ 냉장·냉동식재료 보관 및 조리식품 냉각에 충분한 용량이어야 함
	작업대	■ 재질은 스테인리스스틸로 하며 급식 인원수를 고려한 충분한 크기여야 함
	손세정대	■ 전자감응식 또는 페달식으로서 손을 사용하지 않고 조작이 가능하여야 함 ■ 냉·온수가 공급되어야 함

(표 계속)

식기 세척실	담금세정대	■ 세척과 소독이 용이하고 충분한 크기이어야 함
	세척기	■ 세척 및 헹굼기능이 자동적으로 이루어져야 함 ■ 최종 헹굼수의 온도가 살균에 적합한 온도(식판온도 71℃ 이상)를 유지하여야 함
	식기소독보관고	■ 내부선반은 물 빠짐을 위해 타공된 것이어야 함 ■ 적정 온도 관리를 위해 소독고 문에 설치된 고무패킹부분은 기밀성이 있어야 함
	다단식선반	■ 청소 시 물이 튀지 않도록 하며 맨 아래 선반은 바닥으로부터 60cm 이상 띄워야 함
	3조 세정대	■ 기물 세척·헹굼·소독이 가능하도록 3조로 함

② 설비 및 기구 선정 시 유의사항

■표 3. 설비 및 기구 선정 시 유의사항

구분	유의사항
처리능력	■ 급식 인원수를 고려하여 적정량을 처리할 수 있을 것 ■ 주어진 시간 내에 목적하는 작업을 완료할 수 있을 것
내구성 및 관리 용이성	■ 기구의 수명을 고려할 것 ■ 체위에 알맞게 사용이 편리하며 관리방법이 용이할 것 ■ 위생적으로 세척·소독이 용이한 구조일 것 ■ 재질은 녹이 슬지 않는 스테인리스스틸 27종으로 할 것
경제성	■ 작업목적에 부합되며 기본적으로 필요할 것 ■ 효용 가치와 사용빈도가 높을 것 ■ 인력 절감 또는 시간 단축 효과가 있을 것
안전성	■ 재질의 안전성(녹, 환경 호르몬 검출 등)을 고려할 것 ■ 압력용기, 가스용기 등은 안전성을 보증하는 허가를 득한 제품일 것

※ 나무주걱과 같은 연재목 재질의 조리용도 사용 금지(단풍나무, 참나무 등의 경질목 나무 사용 가능), 플라스틱 소쿠리의 조리용도 사용 금지(전처리용에는 사용 가능)

③ 설비 및 기구 설치 시 유의사항

　㉠ 작업흐름에 따라 동선을 단축시키며 능률적이고 위생적인 작업이 가능하도록 배치함

　㉡ 급수 및 가스배관은 바닥에 노출되어 기물의 이동을 방해하거나 작업 중 안전사고의 요인이 되지 않도록 함

　㉢ 고정식 설비는 하부 청소가 용이하도록 바닥에서 15cm 이상 띄워 설치함

　㉣ 열사용 및 가스배출 기구와 배기후드의 위치가 일치하도록 함

◎ 냉장·냉동고는 가스레인지, 오븐 등 열원 및 직사광선과 멀리 떨어진 위치에 설치함

◎ 작업대 등의 스테인리스스틸 제품은 절단된 면을 잘 마무리하여 손을 베는 등 안전사고가 일어나지 않도록 함

◎ 식기세척기는 세척·소독이 가능한 온도가 유지되는지를 확인하고 온수 공급이 원활히 되도록 설치함

◎ 급식기구 및 배식도구 등을 안전하고 위생적으로 세척할 수 있도록 온수공급설비를 갖추어야 함

(4) 급·배수시설

학교급식 조리장에서 사용하는 물은 환경부의 「먹는 물 수질기준 및 검사 등에 관한 규칙」 제2조의 먹는 물 수질기준에 적합해야 함. 오염된 물을 사용할 경우 식중독이나 세균성이질과 같은 질환이 집단 발병할 수 있으므로 수돗물을 사용토록하며, 수돗물이 공급되지 않아 부득이 지하수를 사용할 경우에는 소독 등 기타 위생상 필요한 조치를 하고 정기적으로 수질 검사를 실시하는 등 수질 관리와 저수조 등의 위생 관리에 철저를 기하여야 함

① 조리용수 관리

㉠ 지하수를 사용하는 경우 오염되지 않고 충분히 공급할 수 있는 보온 및 단열이 되는 저수조시설을 갖춤

㉡ 수돗물을 사용하지 않고 지하수, 생수, 정수기 통과수 등을 먹는 물 및 조리용수로 사용할 때에는 수질 검사 기준의 적합 여부를 확인하고 사용토록 함

㉢ 용수의 수질상태를 알기 위해 「먹는 물 수질기준 및 검사 등에 관한 규칙」에 의거한 수질 검사를 실시하고 그 결과를 3년간 보존하여야 함

㉣ 지하수를 사용하는 경우에는 지하수 살균장치를 반드시 설치하여야 함
→ 오존을 이용하여 지하수를 살균하는 경우 오존처리수의 브롬산염이 0.01mg/L을 초과하지 않도록 관리

② 저수조

㉠ 저수조의 윗부분은 건축물 등으로부터 100cm 이상 떨어져야 하며 그 밖의 부분은 60cm 이상 간격을 띄움

㉡ 건축물 또는 시설 외부의 땅 밑에 저수조를 설치하는 경우에는 분뇨, 쓰레기 등의 유해물질로부터 5m 이상 띄워서 설치함

㉢ 저수조 및 저수조에 설치하는 사다리 등의 재질은 섬유보강플라스틱FRP·스테인리스스틸, 콘크리트 등의 내부식성 재료를 사용함

ⓔ 저수조는 잠금장치 시건장치를 설치함

→ 저수조에 대한 청소 및 위생점검 「수도법」 시행규칙 제22조의3 제1항

③ 조리장 내 급·배수설비

㉠ 수도전栓의 높이는 바닥에서 95~105cm 정도가 바람직함

㉡ 수도전은 물을 필요로 하는 기구나 장소에 위치하도록 함

㉢ 부득이 고무호스를 수도전에 연결하여 사용할 경우는 꼭 필요한 만큼의 길이로 하며, 끝에 개폐형 노즐gun type nozzle을 달아 호스 끝이 바닥에 끌리지 않도록 사용 후 벽에 설치한 호스걸이에 잘 감아둠

㉣ 젖은 바닥에 놓여 있던 호스를 만져 손의 오염과 호스 외부의 젖은 물이 식품이나 물로 흘러 들어가지 않도록 하며 노즐은 반드시 소독하여 사용함

㉤ 세척수가 세정대의 배수관을 통해 배수로에 바로 연결되도록 하여 바닥을 오염시키지 않도록 함

㉥ 트렌치

- 배수로 트렌치의 폭과 깊이는 신속한 배수가 되도록 적합하게 하고 위생적 관리가 될 수 있도록 전체를 틈새가 없고 세척이 용이한 스테인리스스틸판 등으로 마감 처리함

- 바닥이 오염되는 것을 방지하기 위하여 국솥, 튀김솥 등으로부터 물이 쏟아지는 곳에는 그 물을 수용할 수 있는 적당한 규격의 배수구를 설치토록 함

- 배수구의 덮개는 청소할 때 쉽게 열 수 있는 구조로 하되 휘거나 이탈되지 않도록 견고한 재질 스테인리스스틸판 등로 설치함

㉦ 그리스트랩

- 그리스트랩이란 하수에 섞인 기름을 분리하는 장치로 다음과 같은 기능을 함
  - 기름이 하수관 내벽에 부착되어 관을 막아 역류하게 되는 현상 예방
  - 정화조에 유입된 조리실 하수의 기름성분으로 인한 환경오염 방지

- 기름이 섞인 하수가 발생하는 공정이 있어 필요한 경우 공정 다음의 배관에 연결 설치하는 것이 이상적이나 악취 발생의 우려가 있으므로 조리장과 정화조 사이에 위치하도록 외부에 설치하는 것이 바람직함. 그리스트랩에서 기름을 정치하여 기름과 물을 분리하여 처리함

- 부득이 조리장 내부에 설치할 경우 매일 청소를 실시하여 위생적으로 관리함

- 조리장 내부의 그리스트랩을 제거할 경우에는 배수로 끝에 찌꺼기 거름망을 설치해야 함

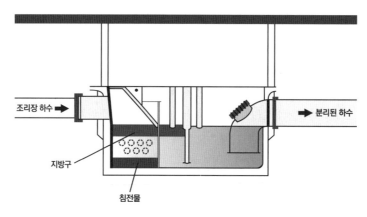

조리장 하수 →

→ 분리된 하수

지방구

침전물

[그림 03] 그리스트랩의 구조

(5) 환기시설

열을 사용하는 조리기구의 상부에 설치하여 작업 시 조리장 내에서 발생되는 가
스이산화탄소와 증기, 냄새, 연기 또는 먼지 등이 조리장 내부에 퍼지지 않고 외부로
잘 배출되도록 하여야 함. 조리장 내의 온도를 조절할 수 있는 충분한 환기시설 또
는 공조시설을 갖추도록 함. 또한 공기의 흐름은 청결작업구역에서 일반작업구역
방향으로 흘러가도록 함. 특히 조리실과 상온창고, 전처리실, 식기세척실에 적절한
흡인력 있는 환기시설을 설치하고 증기, 열, 연기 등이 많이 발생하는 조리기구 위
에 급·배기기능이 있는 후드를 설치하도록 함. 외부에 개방된 흡·배기구 등에는 위
생 해충 및 쥐의 침입을 방지하기 위해 방충·방서시설을 하여야 함

① 후드hood

㉠ 후드의 형태는 열기기보다 사방이 15cm 이상 크게 하며 스테인리스스틸 재
질로 제작하되 적정 각도30° 정도를 유지토록 함

㉡ 후드는 표면에 형성된 응축수, 기름 등의 이물질이 조리기구 내부로 떨어지지
않는 구조로 제작, 설치되어야 함

㉢ 후드의 몸체 및 테두리에 홈통을 만들어 흘러내린 물이 바닥 또는 조리기구
위에 바로 떨어지지 않도록 함

㉣ 튀김기, 부침기 등 기름을 많이 취급하는 조리기구 위에 설치하는 후드는 청
소가 용이한 구조로 하고 기름받이 및 기름입자 제거용 필터를 설치함

② 덕트duct

㉠ 덕트는 조리장 내의 증기 등 유해물질을 충분히 바깥으로 배송시킬 수 있는
크기와 흡인력을 갖추어야 함

　　　ⓛ 덕트와 배기후드의 연결 시 외부의 오염물질이 유입되지 않도록 자동개폐시
　　　　설을 설치토록 함
　　　ⓒ 덕트의 모양은 각형이나 신축형보다는 원통형이 배기 효율성에서는 더 효과
　　　　적임
　　　ⓔ 후드와 연결되는 덕트는 천장공사 시공 전에 설치하여 가급적 천장 아래로 노
　　　　출되는 일이 없도록 함
　　　ⓜ 덕트는 아연도금 강판이나 스테인리스스틸 재질로 하되 청소와 배기 및 배출
　　　　수 관리에 철저를 기함

(6) 손세정대

　　① 조리종사자들이 작업 변경 시마다 개인위생 관리 원칙에 충실하게 손을 깨끗이
　　　　관리할 수 있도록 조리장 내에 종사자 전용의 손세정대를 갖춤
　　② 조리장 내 손 세척을 위한 손세정대를 설치함
　　③ 40℃ 정도의 온수로 손을 씻을 수 있도록 냉·온수관이 연결되어야 함
　　④ 손세정대에는 비누, 손톱솔, 손소독시설 등을 비치하며 씻은 손을 닦을 수 있는
　　　　종이타월과 페달식 휴지통을 비치함
　　⑤ 수도꼭지는 페달식 또는 전자감응식 등 직접 손을 사용하지 않고 조작할 수 있
　　　　는 것이 바람직함
　　⑥ 수도꼭지의 높이는 팔꿈치까지 씻을 수 있도록 충분한 간격을 둠
　　⑦ 손세정대 근처에는 조리종사자가 쉽게 볼 수 있는 위치에 손 세척방법에 대한 안
　　　　내문이나 포스터를 게시함

원가 관리

제 9 장

01 · 원가의 개념
02 · 원가의 분류
03 · 재무제표 작성과 손익분기 분석

01 원가의 개념

(1) 원가(cost)의 정의

제품의 제조, 용역의 생산 및 판매를 위하여 소비된 유·무형의 경제적 가치를 계산한 가격

(2) 급식원가의 정의

음식을 생산하여 제공하기 위해 소비된 경제적 가치이며 식재료비, 인건비, 수도광열비, 통신비 등을 모두 포함한 개념

02 원가의 분류

(1) 원가의 분류

① 원가의 3요소에 따른 분류
  ㉠ 재료비 : 제품 생산에 들어가는 재료의 가치를 화폐단위로 환산한 것으로 급식에서는 식재료비가 해당
  ㉡ 인건비 : 제품 생산을 위해 직·간접적으로 소비되는 노동력의 가치를 화폐단위로 환산한 것으로 임금, 급료, 각종 수당, 퇴직금 등이 해당
  ㉢ 경비 : 원가 중 재료비와 인건비를 제외한 원가 요소로 시설사용료, 수도광열비, 소모품비, 관리비, 기타 경비 등이 해당

② 제품 생산과의 관련성에 따른 분류

　　㉠ 직접비 : 원가 중 특정 제품을 제조하는 데 직접적으로 쓰인 비용으로 직접재료비, 직접인건비, 직접경비가 해당

　　㉡ 간접비 : 원가 중 여러 제품에 공통으로 사용되어 특정 제품 제조를 위한 비용이 추적 가능하지 않을 때 이 비용을 간접비로 분류하며 간접재료비, 간접인건비, 간접경비가 해당

③ 생산량과 비용 관계에 따른 분류

　　㉠ 고정비 : 생산량의 증감에 관계없이 항상 일정하게 발생하는 원가이며 감가상각비, 보험료, 임차료 등이 있음

　　㉡ 변동비 : 생산량의 증감에 따라 비례적으로 변화하는 원가이며 직접재료비, 직접인건비 등이 있음

　　㉢ 반변동비 혼합원가, mixed costs : 고정비와 변동비의 성격을 동시에 갖고 있는 비용으로 대표적인 수도광열비가 있음

　　㉣ 반고정비 계단원가, step costs : 일정한 범위의 생산량 내에서는 일정한 금액이 발생하지만 범위를 벗어나면 발생액이 달라지는 비용으로, 생산량에 따라 시간제 종업원을 일시적으로 고용하는 경우에 해당

④ 비용 통제 가능성 여부에 따른 분류

　　㉠ 통제 가능 원가 : 식재료비, 인건비, 수도광열비 등이 해당

　　㉡ 통제 불가능 원가 : 임차료, 감가상각비 등이 해당

(2) 원가의 구조

① 직접원가 : 제품을 제조하기 위해 투입된 직접적 비용 직접비으로 직접재료비, 직접인건비, 직접경비로 구성

② 제조원가

　　㉠ 직접원가에 제품을 제조하기 위해 간접적 비용 간접비을 합한 원가

　　㉡ 간접비는 간접재료비, 간접인건비, 직접경비로 구성되며 감가상각비, 보험료, 수도광열비 등이 포함

③ 총원가

　　㉠ 제조원가에 제품을 판매하기 위한 비제조원가 직·간접판매비, 일반관리비를 합한 것

　　㉡ 판매비에는 광고비, 판매촉진비 등이 포함되며, 관리비에는 기업의 유지와 관리를 위한 연구 개발 활동, 자금 조달 및 운용 활동을 위해 발생한 비용으로 임원의 급료 등이 포함

④ 판매가격 : 총원가에 일정한 이익을 합한 것

(3) 원가의 계산

일정 기간 동안 소비된 모든 원가를 집계하여 그 기간 동안의 생산량으로 나누어 원가를 산출하는 절차이며, 판매가격은 직접원가, 제조원가, 총원가 순서의 원가 계산에 근거하여 결정

① 식재료비 food cost : 원가의 3요소 중 가장 높은 비율을 차지하는 것이 식재료비이며 전체 원가 구성에서 50 ~60%를 차지. 계산 근거는 구매 시 실거래 가격을 이용한 계산, 표준레시피를 이용한 계산, 재고 조사를 이용한 계산으로 산정

　㉠ 표준원가
　　- 과학적·통계적 분석을 통해 미리 목표가 될 만한 원가를 설정하여 실제 원가와의 비교를 통한 원가 관리를 위해 표준원가 계산
　　- 표준원가를 설정하기 위해 함께 표준화되어야 하는 것 : 표준레시피, 물품 구매명세서, 표준산출률

　㉡ 실제 원가 계산
　　- 재료 소비량의 계산 : 당기 재료 소비량 = (월초 재고량 + 구입량) - 월말 재고량
　　- 단가 계산 : 일반적으로 단가를 계산할 때 재고자산의 평가방법이 사용되며 총평균법, 선입선출법, 후입선출법, 최종구매가법, 이동평균법, 실제구매가법이 있음

② 인건비 labor cost : 제품 생산을 위해 소비되는 노동력의 가치를 화폐액으로 측정한 것이며 계산 목적에 따라 지급임금과 소비임금으로 구분

　㉠ 지급임금
　　- 기업이 노동력의 구입 대가로 지불하는 금액으로 종업원에게 지급되는 임금, 급료, 상여금 등을 합한 금액
　　- 개인의 학력, 경력, 직종 등에 따라 임률 wage rate 이 달라지므로 지급임금은 개인별로 다르게 계산되며, 임률은 시간당 임금 또는 생산량당 임금을 뜻함

> **Key Point** 지급임금 = 기본임금 + 할증임금 + 각종 수당
>
> ✔ **시간급제인 경우** 기본임금 = 작업시간 수 × 작업시간당 임률
> ✔ **성과급제인 경우** 기본임금 = 생산량 × 제품 1단위당 임률
> ✔ **할증임금** 초과시간, 야간, 휴일 등의 근로시간에 대한 임금

　㉡ 소비임금
　　- 구입한 특정 제품의 제조활동에 사용된 노동력에 지불하는 금액으로, 특정 제품을 만드는 데 소요된 작업시간 수에 소비임률을 곱하여 계산

- 소비임률은 개인임률이나 평균임률을 사용할 수 있으며, 개인임률은 개인의 시간당 임금이고 평균임률은 제품 생산에 참여한 모든 종사원의 개별 임률을 평균을 낸 것

Key Point

✓ 소비임금 = 특정 제품 제조에 소요된 작업시간 수 × 소비임률
✓ 소비임률 = 원가 계산 기간의 임금 총액 / 그 기간의 총 작업시간 수

③ 경비
　㉠ 지급경비 : 실제의 지급액 또는 지급청구액이 있을 때 계산되는 경비로 여비교통비, 보관료, 접대비, 운임비, 수선비, 통신비 등이 있음
　㉡ 월할경비 : 원가 계산이 발생한 경비를 월별로 분할해서 계산하는 경비로 감가상각비, 지급임차료, 조세공과금, 특허권 사용료, 보험료 등이 있음
　㉢ 측정경비 : 일정 기간의 소비액을 측정 계기에 의해 산정한 경비로 전력비, 가스비, 수도광열비 등이 있음
④ 감가상각비 : 고정자산 가치의 감소를 연도에 따라 할당하여 자산의 가치를 감소시켜 나가는 것을 감가상각이라 함. 감가상각비를 계산하는 방법은 정액법과 정률법이 있음
　㉠ 정액법 : 매년 감가상각비 = (구입가격 - 잔존가격) / 내용연수
　㉡ 정률법
　　- 감가상각비 = 미상각 잔액 × 상각률
　　- 미상각 잔액 = 구입가격 - 감가상각비 누계액
　　- 상각률 = $1 - n\sqrt{\dfrac{S}{C}}$　　n : 내용연수, S : 잔존가격, C : 구입가격

(4) 원가 분석(cost analysis)
① 식재료비 분석
　㉠ 식재료비 비율% = 식재료비 / 매출액 × 100
　㉡ 메뉴 품목별 비율% = 품목별 식재료비 / 품목별 메뉴 가격 × 100
② 인건비 분석
　㉠ 인건비 비율% = 인건비 / 매출액 × 100
　㉡ FTEs full time equivalent = 총 노동시간 / 필요 기간의 정규직 법정 근로시간

03 재무제표 작성과 손익분기 분석

(1) 재무제표 작성

일정 기간 기업의 경영상태를 보여 주는 회계보고서로 기업의 재무상태, 경영성과, 현금의 변동상황 등의 정보를 제공하기 위해 작성

① 재무상태표 balance sheet : 대차대조표

    ⑦ 가장 기초적인 재무보고서로 특정 시점에서 기업의 재무상태를 나타냄

    ⑥ 대차대조표는 자산 유동자산, 고정자산, 부채 유동부채, 고정부채, 자본의 항목으로 기록

■ 표 1. 대차대조표의 구조

자산		부채	
유동자산	현금	유동부채	미지급 급여
	외상매출		외상매입금
	재고		미지급 이자
고정자산	토지	고정자산	사채
	건물		장기차입금
	건물	자본	
	기계	투자자금	
		이익잉여금	

② 손익계산서 profit and loss statement, income statement : 일정 기간 동안의 기업의 경영성과를 보고하는 회계보고서로 수익 sales, 비용 cost, 순이익 profit의 관계를 보여 줌

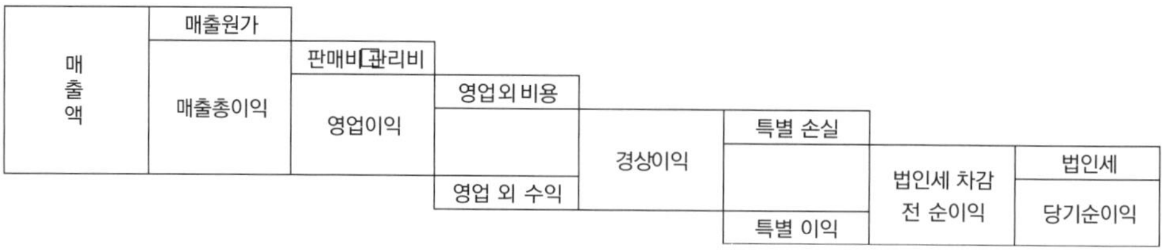

[그림 01] 손익계산서의 구조

다음은 ○○사업체 급식소에서 작성한 재무제표의 한 종류이다. 〈작성 방법〉 따라 서술하시오. 【4점】

(㉠) 2019. 10. 01. ~ 2019. 10. 31 (단위 : 천 원)		
항목		**금액**
총 매출액		80,000
급식원가	재료비(식재료비)	56,000
	인건비	12,000
	급여	10,000
	4대 보험	950
	퇴직 충당금	500
	일용직 잡금	550
	경비	8,000
	가스비	1,500
	수도광열비	3,000
	통신비	250
	소모품비	1,000
	수선비	1,500
	잡비	750
총 원가		76,000
경상 이익		4,000

• 월별 급식원가 지출 목표는 매출액 대비 재료비, 인건비, 경비의 비율을 각각 45%, 20%, 10%로 책정

✎ **작성 방법**

• 괄호 안의 ㉠에 들어갈 이 문서의 명칭을 쓰고, 작성 목적 1가지를 제시할 것
• 급식소의 월별 지출 목표와 일치시키기 위해 3가지 급식원가 항목 중 매출액 대비 비율을 조정해야 하는 항목 2가지를 찾고, 금액을 얼마나 조정해야 하는지 각각 제시할 것

③ 재무 분석

ⓐ 매출 분석 : 매출액의 증감 추세를 살펴서 그 원인을 파악하고 물리적인 시설의 가치나 좌석의 수 또는 투자의 규모에 적합한 판매인지를 파악하고자 할 때 필요

ⓛ 비교손익보고서 : 전년 또는 전 회계기간과 비교·분석하는 비교손익보고서의 경우 수지현황 비교를 통해 원가 관리에 도움을 줌

ⓒ 유동자산 비율 : 재무상태표의 유동자산과 유동부채의 비율을 계산한 것

ⓔ 공헌마진 contribution margin
  - 총 매출액에서 총 변동비를 뺀 값
  - 총 공헌마진 = 총 매출액 - 총 변동비 또는 단위당메뉴별 공헌마진 × 매출량 또는 식수으로 계산
  - 단위당 공헌마진 = 메뉴별 판매가 - 메뉴별 변동비

ⓜ 이익률
  - 손익계산서의 순이익과 판매액의 비율을 계산한 것으로 영업성과를 측정하는 지표로 사용
  - 이익률 = 순이익 / 매출액 × 100

ⓗ 메뉴별 판매 비율 menu mix %
  - 일정 기간의 총 판매식수 중 각 메뉴가 차지하는 비율을 의미
  - 메뉴별 판매 비율 = 메뉴별 판매량 / 총 판매식수 × 100

ⓢ 평균 객단가 : 평균 객단가 = 총 매출액 / 총 이용 고객 수

(2) 손익분기 분석

손익분기점 Break-Even Point, BEP은 매출액과 총비용이 일치하는 시점에서는 이익도 손실도 발생하지 않는 시점. 손익분기점을 파악하기 위해서는 총비용이 계산되어야 함. 총비용을 충당하기 위해 얼마만큼의 매출을 올려야 하는지 목표 매출액을 설정할 수 있어서 운영 목표 수립에 유용함

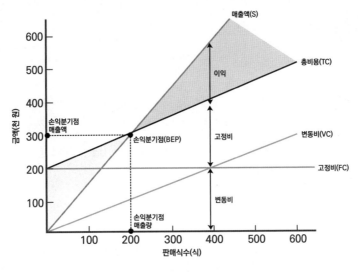

[그림 02] 손익분기

① 손익분기점의 매출량 : 고정비를 단위당 공헌마진으로 나눈 값

$$\text{손익분기점(BEP)의 매출량} = \frac{\text{고정비(FC)}}{\text{단위당 공헌마진(Contrib. Margin)}}$$

　㉠ 매출액S = 고정비FC + 변동비VC + 이익P

　㉡ 손익분기점 매출액 = 고정비FC + 변동비VC

　㉢ 총 공헌마진 = 매출액 - 변동비 = 고정비

　㉣ 총 공헌마진 = 단위당 공헌마진 × 매출량또는 식수

② 손익분기점 매출액

　㉠ 공헌마진 비율Contrib. Margin % = 1 - 변동 비율VC %

　㉡ 손익분기점BEP의 매출액 = 고정비FC / 공헌마진 비율Contrib. Margin %

제10장 급식경영 관리 : 지휘와 조정

01 동기 부여　　　　03 의사소통
02 리더십

01 동기 부여

리더십과 동기 부여는 서로 긴밀한 관계를 보이며 동기 부여 요인(motivating factor)은 목표를 향하여 행동이 이루어지도록 힘을 부여하고, 촉진하고, 움직이고, 지도하는 내적상태를 말한다.

(1) 동기 부여의 이론

① 매슬로우Maslow의 욕구계층이론
　　㉠ 인간의 욕구는 계층화된 구조를 가지고 있으며 하위단계에서 욕구가 채워지면 상위단계의 욕구를 충족시키기 위해 진행됨
　　㉡ 경영자는 조직과 작업단위의 목표를 달성하기 위하여 개인의 욕구를 만족시켜 줄 수 있는 방안을 제공하고, 욕구 충족을 방해하거나 좌절, 부정적 태도, 역기능적 행동을 유발하는 장애들을 제거해야 함

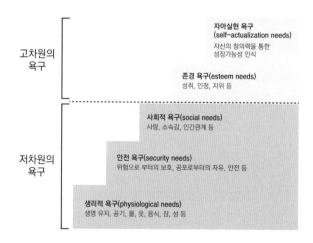

[그림 01] 매슬로우의 욕구계층이론

[그림 02] 직무 수행에서의 욕구 충족방안

② 알더퍼Alderfer의 ERG이론

 ㉠ 생존 욕구existence : 매슬로우의 생리적 욕구나 물리적 측면의 안전 욕구 등에 해당

 ㉡ 관계 욕구relatedness : 타인과 좋은 관계를 이루려는 욕구

 ㉢ 성장 욕구growth : 매슬로우의 자아실현 욕구나 존경 욕구가 이와 유사함

③ 허즈버그Herzberg의 이요인이론

 ㉠ 위생 요인hygiene factors : 작업조건, 임금, 동료, 감독자, 회사정책, 고용 안정성, 대인관계 등의 요인이 충족되지 않는다면 불만을 느끼게 됨

 ㉡ 동기 부여 요인motivators : 성취감, 인정, 승진, 직무 자체 성장 가능성, 책임감 등

 ㉢ 직무 만족과 불만족 상태의 결정 : 관리자들이 직무내용을 개선 및 향상시키기 위한 직무 충실화job enrichment에 관심을 가져야 함

④ 맥클리랜드McClelland의 성취동기이론 : 성취동기이론Acquired needs theory은 사람들 간에 정도의 차이는 있으나 성향에 따라 성취 욕구need for achievement, 권력 욕구need for power, 친화 욕구need for affiliation로 구분함

■ 표 1. 맥클리랜드의 욕구유형에 따른 성향과 동기 부여 방법

욕구	성향	동기 부여 방법
성취 욕구	■ 현실적이고 성취 가능한 목표를 설정하며 문제를 해결하려는 책임감을 지님 ■ 도전을 원하고 우월감을 추구하며 위험을 미리 예측하고 이를 최소화하려고 함 ■ 결과에 대한 피드백을 바람	■ 확실하게 달성할 수 있는 목표를 가진 도전적이면서도 일상적이지 않은 과업을 부여함 ■ 새로운 일을 주고 이에 대한 책임감을 증대시킴 ■ 업무성과에 대해 신속하게 피드백을 제공함
권력 욕구	■ 다른 사람과 기꺼이 정면 대응하고 다른 사람에게 영향을 주거나 통제하기를 원함 ■ 경쟁에 이기는 것을 즐기고 실패하는 것을 싫어함	■ 스스로 직무를 계획하고 평가하도록 하며, 자신과 관련된 의사결정이라면 특히 그 과정에 참여시킴 ■ 부분적인 업무보다는 전체를 맡길 수 있도록 함
친화 욕구	■ 일하는 사람과의 관계로부터 만족을 얻고자 하는 경향이 있으며, 소속감을 원하고 다른 사람들로부터 사랑받기를 원함 ■ 여러 가지 사회활동을 즐김	■ 팀의 일원으로 일할 수 있도록 하며 칭찬과 인정을 많이 해줌 ■ 신입 종업원의 오리엔테이션이나 훈련을 맡기면 훌륭한 지원자이자 동료가 되어 줌

(2) 직무 만족과 동기 부여

02 리더십(leadership)

집단이나 조직의 목표 달성을 위해 다양한 방법으로 집단이나 조직구성원에게 영향을 미치는 과정이다.

(1) 인간 본성에 관한 이론

① 맥그리거

㉠ 인간의 본성에 따라 달라지는 작업자의 태도나 동기 부여의 관계를 설명하기 위해 XY이론을 제시함

㉡ X이론은 인간 본성에 대해 부정적 견해를 갖고 있는 전통적 인간관에 입각한 것이며, Y이론은 정반대로 긍정적 견해를 갖는 현대적 인간관에 입각한 것임

㉢ X이론의 견해를 갖는 관리자는 전제적 리더가 되고, Y이론의 견해를 갖는 관리자는 참여적인 리더가 된다고 하였음

② 아지리스Agtris

㉠ 인간이 미성숙한 어린이에서 성숙한 어른으로 성장하는 과정에서 7가지 성격 상의 변화를 보인다고 주장함

㉡ 관리자들의 역할이 종업원들이 조직의 성공을 위해 일하는 동시에 개개인이 성장하고 성숙할 수 있는 기회가 되도록 하는 분위기를 제공해주는 것

(2) 리더십 이해를 위한 접근방법

① 리더십의 특성이론 : 리더의 개인적 자질에 의해 리더십의 성공이 좌우된다는 전 제하에 유능한 리더와 그렇지 않은 리더를 구분하는 리더의 개인적 특성이 존재 한다고 보는 입장

② 리더십의 행동이론

㉠ 미시간 대학 모형 : 미시간Michigan 대학의 학자들은 인터뷰와 설문 조사를 통 하여 과업중심적job-centered과 인간중심적employee-centered이라고 지칭되 는 두 가지 스타일의 리더십 유형이 있음을 확인

㉡ 오하이오 주립 대학 모형 : 오하이오Ohio 주립 대학의 플래쉬맨Fleishman을 비 롯한 학자들은 그들의 연구 결과에서 리더십을 결정하는 요소로 구조주도형 initiating structure과 인간배려형 consideration이 있다고 주장

㉢ 관리격자 모형

- 1.1형 - 무기력형impoverished management : 관리자나 리더로서의 의무를 포 기하고 단지 시간 때우기식이거나 정보를 전달하는 심부름꾼 역할자에 불 과하며 자기 직무에 대해서만 최소한의 관심만 있음

- 9.9형 - 팀형team management : 구성원들은 서로 간의 신뢰와 존경관계에서 공통의 이해관계를 위해 조직의 목적을 달성함

- 1.9형 - 친목형country-club management : 조직 분위기를 우호적으로 조성하 지만 기업 목표 달성을 위한 협조적인 노력에는 무관심함

- 9.1형 - 과업형authority-obedience : 관리자는 인간에 대한 관심은 매우 낮고 효율적인 과업이나 생산에만 관심을 가짐

- 5.5형 - 중도형middle-of-the-road management : 과업의 능률과 인간적인 요 소를 절충하여 어느 정도 성과는 달성할 수 있으나 우(탁)월한 성과는 달성 하지 못함

③ 리더십의 상황이론

㉠ 피들러의 상황적합이론의 개념

ⓒ 상황에 맞는 효과적인 리더십 유형 : 피들러는 상황 선호도가 나쁘거나 정반
대로 좋은 경우에는 과업지향적 리더가 효과적이지만 상황 선호도가 중간 정
도인 경우에는 관계지향적 리더가 효과적이라고 함

ⓒ 상황론적 접근의 관리적 의의 : 과업지향적 리더는 강력한 통제상황이나 매
우 약한 통제상황에서 가장 성공적이고, 관계지향적 리더는 중간 정도의 통
제상황에서 가장 성공적임

03 의사소통

의사소통은 조직 내 지휘활동에서 리더십과 동기 부여를 위한 중요한 수단으로서 구성원들
에게 미치는 영향이 크다.

(1) 의사소통의 과정

의사소통 경로의 주요소는 발신자sender, 메시지 전달 채널channel, 수신자
receiver의 세 측면에 기초를 둠

(2) 의사소통의 유형

① 공식적 의사소통과 비공식적 의사소통

㉠ 공식적 의사소통formal network은 체계적이고 계획적이며 권한구조에 따라 주
로 이루어지는 것임

㉡ 비공식적 의사소통informal network은 조직 내에서 자연스럽게 생겨난 비공
식적 조직향우회, 취미서클, 동아리 활동 등을 통해서 의사소통이 이루어지는 것임

② 수직적 의사소통과 교차적 의사소통

㉠ 수직적 의사소통

▪ 하향식 의사소통downward communication

- 상위부문으로부터 하위계층의 부문으로 전달되는 의사소통

- 회의, 공문 발송, 서면, 전화, 편지, 메모, 업무지침 시달, 정책에 대한 설명
회 등이 해당

▪ 상향식 의사소통upward communication

- 조직의 하위부문으로부터 상위계층으로 메시지가 전달되는 것

- 업무 보고, 제안제도 등

© 교차적 의사소통

- ■ 수평적 의사소통horizontal communication
  - 조직 내에 부서와 부서 간, 동일부서 내의 부문끼리의 의사소통을 증진시키기 위한 것
  - 부서 내의 문제 해결, 부서 간의 조정, 라인에 대한 스탭의 조정 등
- ■ 대각선 의사소통diagonal communication : 타 부문의 상위, 하위자와의 의사소통을 의미함 ᴇ 생산부서에서 필요한 물품을 구매하고자 할 때 부서관리자를 거치지 않고 직접 구매담당직원에게 청구하는 경우가 해당됨

2019년 기출문제 B형

다음은 영양교사가 급식소의 시설설비를 개선하기 위하여 인근의 다른 학교 급식시설을 벤치마킹한 내용이다. 〈작성 방법〉에 따라 순서대로 서술하시오. 【4점】

급식소의 문제점	(가) 실내에 위치한 ㉠ 검수공간 인공조명의 조도가 낮아서 어두움 (나) 조리장 바닥에 문제가 발생하여 교체할 필요성이 있음
영양교사의 활동사항	(가) 시설설비가 잘 갖추어진 급식시설을 둘러보고 시설 관련 예산 등에 관한 충분한 설명을 들었음 (나) 학교에 돌아온 후 교장에게 시설설비 개선방안을 보고하였음

✏ **작성 방법**

- 급식소의 시설설비 기준은 학교급식 위생관리 지침서(2016년 제4차 개정)를 적용할 것
- 밑줄 친 ㉠ 조도의 기준치를 제시할 것
- 영양교사의 활동사항 중 (나)에 해당하는 의사소통의 유형을 구체적으로 쓸 것
- 급식소 조리장의 바닥 재질 조건 2가지를 서술할 것

제11장 인적자원 관리

01 인적자원의 확보
02 인적자원의 개발
03 인적자원의 보상
04 인적자원의 유지

인적자원 관리는 조직의 목표 달성에 필요한 인적자원을 확보, 개발, 보상, 유지하여 조직 내 인적자원을 최대한 효과적으로 활용하고자 하는 관리활동이다.

01 인적자원의 확보

(1) 인적자원계획(human resources planning)

① 적정인원계획 : 세부 조직별로 필요한 전문기술을 가진 인적자원이 얼마나 필요한가를 파악하는 활동임

② 인원수급계획 : 세부 조직별로 현재의 종업원과 필요한 종업원 간의 수급 불균형을 어떻게 맞출 것인가를 계획하는 활동임

③ 구인 및 해고계획 : 필요한 인적자원을 채용하는 구인계획과 불필요한 인적자원을 줄이는 해고계획을 수립하는 활동임

④ 인적자원 개발계획 : 종업원의 능력을 개발하기 위한 인적자원 개발계획을 수립하는 활동임

(2) 직무 분석과 직무 설계

① 직무 분석

　㉠ 정의 : 직무 분석이란 각 직무의 내용, 특징, 자격요건을 분석하여 다른 직무와의 질적인 차이를 분명하게 하는 절차임

　㉡ 용도 : 일차적인 용도는 직무기술서와 직무명세서를 작성하기 위한 것임. 인적자원 관리의 기초자료

- 직무기술서job description
  - 특정 직무에서 수행하는 과업의 내용, 의무와 책임, 직무 수행에서 사용되는 장비 및 직무환경 등 종업원과 관리자에게 직무에 관한 개괄적인 정보를 제공하는 일정 양식의 표로서 일 중심으로 묘사
  - 대부분의 직무기술서는 3영역직무명, 직무구분, 직무내용으로 구성
- 직무명세서job specification : 특정 직무를 수행하는 데 있어서 직무담당자가 갖추어야 할 지식, 기술, 능력, 기타 신체적 특성과 인성 등의 인적요건을 기록한 양식

ⓒ 방법
- 질문지법
  - 질문지의 내용 및 구성방식, 응답자의 작성능력 및 태도 등이 중요
  - 여러 직무에 대한 정보를 비교적 빠른 시간 내에 얻을 수 있는 반면 질문지의 개발에 시간과 비용이 소요되고 진실하지 않은 응답을 할 수도 있다는 단점이 있음
- 관찰법
  - 정신적 활동이나 간혹 행해지는 활동으로 구성된 직무의 경우에는 적절하지 못함
  - 관찰법은 면담법이나 다른 조사방법과 병행하는 것이 바람직함
- 면담법 : 직무담당자와의 면담은 개별면담 혹은 집단면담 두 가지 유형이 있음

② 직무 설계job design
ⓐ 개인이 수행해야 할 과업과 책임의 범위를 정하는 과정
ⓑ 직무 설계 방법
- 직무 단순화job simplification : 작업절차를 표준화하여 전문화된 과업에 종업원을 배치
- 직무 순환job rotation : 여러 가지 직무에 대해서 주기적으로 종업원을 순환시켜 다양한 경험과 기회를 제공
- 직무 확대job enlargement : 종업원이 수행하는 과업의 수와 다양성을 부여함으로써 종업원의 직무성과와 만족을 증대시키고자 함
ⓒ 직무 충실화 : 직무의 수적 증가뿐만 아니라 종업원에게 관리기능상 계획과 통제까지 위임함으로써 직무의 질적인 측면에서 수직적 확대를 강조한 것

다음의 (가)는 대형 급식소의 영양사가 종사원의 직무 설계에 반영하고자 '종사원 제안함'을 운영하여 제안 건수를 조사한 후 나타낸 그래프이고 (나)는 영양사가 이를 반영하여 직무 설계의 전략을 세운 내용이다. (나)의 밑줄 친 ㉠, ㉡ 전략은 무엇인지 그 명칭을 순서대로 쓰고, 장점을 각각 1가지 서술하시오. 【4점】

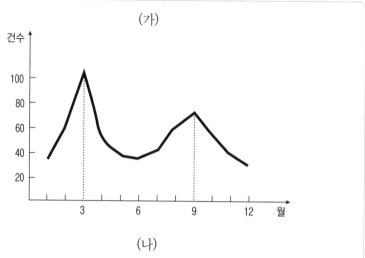

(가)

(나)

○ 제안 건수가 많아진 3월에 ㉠ <u>조리업무만 담당하던 조리종사원에게 배식업무를 하도록 하는 등 다른 직무를 추가시켰</u>더니 제안 건수가 줄어들고 안정적으로 급식 운영이 이루어짐

○ 다시 제안 건수가 증가한 9월에 동기 부여가 충분하지 않다고 판단하여 ㉡ <u>조리작업 이외에도 조리작업 계획, 평가의 일부를 관여하게 하는 등 책임과 권한을 주는</u> 직무 설계 전략을 세움

㉣ 직무특성에 의한 직무 설계 : 기술의 다양성, 업무의 정체성, 업무의 중요성, 자율성, 피드백 5가지 요소로 구성된 직무특성은 종업원의 직무 만족과 조직의 효율성 증진을 유도함

- 기술의 다양성 skill variety : 직무 수행에 있어서 여러 가지 기능과 개인의 재능이 요구되는 정도

- 업무의 정체성 task identity : 직무 수행에 있어서 전체적으로 다른 업무와 뚜렷이 구별될 수 있도록 작업이 완성되는 정도

- 업무의 중요성 task significance : 다른 사람이나 그들의 직무 또는 전체 작업에 영향을 미치는 정도

■ 자율성autonomy : 작업 일정이나 작업 수행 방법의 결정에 있어서 직무 담당자에게 실질적인 자유나 독립성, 재량권을 주는 정도

■ 피드백feedback : 직무 수행의 효율성에 대해 직무 담당자가 직접적이고 명백한 정보를 얻을 수 있는 정도

(3) 모집과 선발 및 배치

① 모집recruitment

　㉠ 내부모집 : 조직 내부에서 적합한 사람을 추천하여 채용하는 형태로 종업원의 승진, 전직, 재고용 등의 형태로 충원하는 방법

　㉡ 외부모집 : 조직 외부에서 새로운 경험과 능력을 가진 외부인을 고용하는 형태로 대부분의 조직에서 직원을 채용하는 방법

■ 표 1. 모집의 종류

구분	내부모집	외부모집
장점	■ 능력이 검증된 인력 채용 ■ 시간과 비용 절약 ■ 종업원의 동기 유발	■ 다양한 조건의 적합한 인재 확보 ■ 경력자 채용 시 인력개발비용 절감 ■ 조직 내 새로운 정보, 지식의 유입
단점	■ 모집범위 제한 ■ 전문직 기술을 요하는 직종의 직원 채용에는 적용될 수 없음 ■ 연고주의로 인한 불편한 인간관계 및 파벌 형성	■ 부적격자 채용의 위험성 ■ 적응기간 필요 ■ 인력 확보의 비용과 시간이 많이 필요 ■ 내부인력의 사기 저하

② 선발selection

　㉠ 설정된 인력기준에 가장 적합한 인력을 뽑아 직무에 배치하는 과정

　㉡ 선발과정은 서류전형 및 선발 시험, 면접, 신체 검사, 경력 조회, 최종 선발 및 배치의 순으로 진행됨

③ 배치placement : 채용한 종업원을 직무기술서에 명시된 수행직무와 요건에 맞게 연결시키는 과정

02 인적자원의 개발

(1) 인적자원개발의 의의

① 꾸준한 인재 육성과 개발은 급격한 경영환경 변화 대응에 필수적

② 조직구성원의 모집, 선발, 배치가 완료되면 직무에 적합하도록 교육훈련을 하고 개발하는 과정이 필요

③ 교육훈련은 조직구성원의 사고, 지식, 기능, 태도를 변화시키고 조직의 경쟁력 강화에 기여

(2) 교육훈련과 개발의 개념

교육훈련은 종업원의 직무와 관련된 지식, 기술, 능력 Knowledge, Skills and Abilities ; KSAs을 촉진시키기 위해 조직이 제공하는 일련의 계획화된 노력임

(3) 교육훈련의 분류

① 수행장소에 따른 분류

　㉠ 직장 내 훈련 on-the-job training, OJT
- 직무와 연관된 지식과 기술을 직속상관으로부터 직접적으로 습득하는 훈련방법
- 장점 : 학습자의 수준에 맞는 실제적인 교육훈련이 가능하고 비용이 적게 들며 상사와 동료 간의 상호 이해와 협력을 도모할 수 있음
- 단점 : 다수의 종업원을 대상으로 수행하기는 불가능하며 전문적 지식과 기능 지도의 어려움이 있음

　㉡ 직장 외 훈련 off-the-job training, Off-JT
- 직장 외부에서 일정 기간 동안 교육에만 전념할 수 있는 훈련
- 장점 : 다수의 종업원을 대상으로 수행이 가능하며 전문적 지도자 밑에서 훈련에 전념할 수 있어 훈련 효과가 큼
- 단점 : 직무 수행에 지장을 주고 비용이 부담됨

② 교육대상에 따른 분류

　㉠ 신입사원 교육훈련
- 기초직무훈련 orientation
  - 조직의 전반적인 정책, 규제, 목적 등을 설명하고 직무에 관한 요건, 근무태도 등을 훈련시키는 것
  - 회사에 대한 제반사항을 이해시키고 조직의 기구 및 동료를 소개함으로써 새로운 조직구성원들이 조직에 보다 빨리 적응할 수 있도록 도움을 줌
  - 효과 : 수습시간, 비용, 불안감, 이직률의 감소와 작업에 대한 성과 증대
- 실무훈련 : 담당직무를 중심으로 실제 직무 수행을 위해 받게 되는 교육훈련

　㉡ 현직자 교육훈련 : 현직 종업원이나 관리자를 대상으로 하는 직장 내 또는 직장 외 교육훈련

③ 교육훈련의 방법

　　㉠ 일반적 방법_{전통적인 교육방법} : 강의법, 세미나법, 프로그램 학습_{자기학습}, 컴퓨터 조력 학습, 사례법, 역할 연기 등

　　㉡ 관리자를 대상으로 하는 교육훈련방법 : 감수성 훈련, 경영 게임, 서류함 기법

　　㉢ JIT_{job instruction training} : 종업원을 단기간 내 훈련시킬 경우나 미숙련공을 훈련시킬 지도자 교육용으로 고안된 훈련방법

　　㉣ TWI_{training within industry} : 생산부문 일선 감독자의 훈련을 위해 고안된 것으로 작업 지시, 감독, 작업 개선 기능을 설정하고 있음

　　㉤ MTP_{management training plan} : 중간관리자의 직장 내 교육. 미국 공군에서 중급 관리자의 관리기술 지도를 위한 훈련방식으로 관리자 훈련 계획에 사용

　　㉥ 브레인스토밍_{brain storming} : 아이디어 기술개발훈련으로, 소집단 내에서 일정 시간 동안 주제에 대한 아이디어를 내게 한 후에 종합 검토함으로써 독창적인 아이디어를 얻는 훈련방법

2020년 기출문제 A형

다음은 ○○사업체 급식소에서 이루어진 영양사와 조리팀원의 대화내용이다. 〈작성 방법〉에 따라 서술하시오. 【4점】

> 영 양 사 : 현재 우리 급식소의 조리팀장이 공석이어서 신규채용을 하려고 합니다. 이번에는 ㉠ 우리 급식소에 재직 중인 조리팀원들을 대상으로 모집할 계획이니 팀장 자격 요건을 충족하는 분은 모두 지원하시기 바랍니다.
>
> 조리팀원 : 영양사님! 그럼 조리팀원 1명이 감소하게 되는데, 추가 확보 계획은 있나요?
>
> 영 양 사 : 물론입니다. 우리 급식소의 소재지인 ○○시청 게시판에 공고하여 조리팀원 1명을 채용한 후, ㉡ A 연수원에 위탁하여 직무교육훈련을 3일간 시행할 예정입니다. 주변 분들에게 조리팀원 신규채용 정보를 많이 홍보해 주시기 바랍니다.
>
> 조리팀원 전체 : 네, 알겠습니다.

🖉 **작성 방법**

- 밑줄 친 ㉠에 해당하는 모집 방법의 장점 2가지를 제시할 것
- 밑줄 친 ㉡에 해당하는 직무교육훈련 방법의 단점 2가지를 제시할 것

03 인적자원의 보상

(1) 직무 평가

① 정의 : 기업에 있어서 각 직무의 중요도, 곤란도, 위험도 등을 타 직무와 비교, 평가하여 직무의 상대적 가치의 중요성을 서열로 정하는 체계적 방법

② 용도

　㉠ 조직 내 직무의 기본 임금과 공정한 임금구조를 위한 기준을 마련

　㉡ 새로운 직무 또는 변경된 직무에 적용할 수 있는 임금 책정 방법을 제공

　㉢ 조직구성원이나 노동조합에게 단체교섭에 필요한 임금 결정에 대한 자료를 제공

③ 평가요소

　㉠ 기술skill

　㉡ 노력effort

　㉢ 책임responsibility

　㉣ 작업조건working condition

④ 직무 평가의 방법

　㉠ 서열법ranking method

　　▪ 두 개의 직무를 비교하여 서열을 매기는 방법을 반복하여 순위를 정하는 간편한 방법

　　▪ 장점 : 평가방법이 간단함

　　▪ 단점 : 평가방법이 주관적이어서 일관성 있는 기준이 없으며 직무의 수가 많을 때에는 이용하기가 불가능

　㉡ 분류법classification method : 사전에 직무의 등급기준표 혹은 등급분류표를 작성하고 평가자가 각 직무의 숙련도, 지식, 책임감 등에 대해 주관적으로 판정하여 해당 등급에 포함시키는 방법

　㉢ 점수법point rating method

　　▪ 직무를 각 평가요소별로 분류하여 중요성에 따라 점수를 부여

　　▪ 장점 : 정확한 평가, 임금비율을 쉽게 산정

　　▪ 단점 : 평가요소의 선정과 웃의 점수화가 용이하지 않음

　㉣ 요소비교법factor comparison method

　　▪ 직무를 평가요소별로 분류하고 점수 대신 임금비율로 기준직무를 평가한 후 타 직무를 기준직무에 비교하여 임률을 결정

- 장점 : 평가기준이 분명히 명시되고 평가의 결과가 금전단위로 나타남
- 단점 : 중심직무의 선정과 중심직무 기준요소별 임금률 배분이 어려움

(2) 보상 관리

① 보상체계의 구성

 ㉠ 경제적 보상

- 직접적 보상 : 기본급, 부가급, 상여금과 퇴직금
- 간접적 보상 : 의료 지원, 연금 보조 등

 ㉡ 비경제적 보상 : 교육훈련의 기회 및 승진기회 제공, 쾌적한 직무환경 제공, 탄력근무시간제 운영 등

② 임금 관리

 ㉠ 기본급

- 연공급 : 근속연수에 비례하여 임금을 산정 및 지급하는 방법
- 직무급 : 동일노동에 동일임금이라는 원칙에 따르는 임금 지급 방법
- 직능급 : 직무에 공헌할 수 있는 능력을 기초로 임금을 책정 및 지급하는 방법
- 성과급 : 근로자의 성과에 따라서 임금을 지불하는 방법

 ㉡ 부가급 : 기본적 임금에 부수적으로 이를 보충하는 형식으로 지급되는 것

 ㉢ 상여금 : 보너스, 인센티브 등으로 불리며 구성원에게 기본급과 수당 이외에 부정기적으로 지급되는 임금

 ㉣ 퇴직금 : 일정 기간 이상 근무한 후 퇴직한 사람에게 지불하는 부가급

③ 복리후생 관리

 ㉠ 법정 복리후생 : 의료보험, 연금보험, 산재보험, 고용보험

 ㉡ 비법정 복리후생 : 경제적 복리후생, 보건위생 복리후생, 문화, 체육, 여가 등

04 인적자원의 유지

(1) 인사고과

① 개념 : 조직구성원들의 현재 또는 미래의 능력과 업적을 비교, 평가함으로써 각종 인사관리활동에 필요한 정보를 획득 및 활용하는 체계적인 활동

② 목적

 ㉠ 상벌 결정

 ㉡ 적재적소 배치

© 인력 개발

② 피드백 feedback

(2) 인사고과의 방법

① 상대적 고과방법

㉠ 서열법

- 종업원의 성과 수준을 종합하거나 요소별 성과순위를 주어 종합한 결과에 따라 순위를 결정짓는 방법
- 장점 : 평가가 간단하고 비용이 적음
- 단점 : 대상이 많아지면 평가가 어렵고 각 부서 간의 비교는 불가능함

㉡ 강제할당법 force choice method : 정규분포나 상중하의 분포에 따라 강제로 인원을 할당하여 평가하는 방법

㉢ 상호서열법 : 성과가 가장 우수한 사람과 가장 나쁜 사람을 찾고 남은 사람 중에서 다시 가장 우수한 사람과 가장 나쁜 사람을 뽑아서 서열을 매기는 방법

㉣ 짝비교법 : 종업원들을 두 명씩 짝을 지어가며 평가항목별로 서로 순위를 비교하여 우수한 결과가 많이 나온 순서대로 순위를 결정하는 방법

② 절대적 고과방법

㉠ 체크리스트법 checklist method

- 직무상의 핵심적인 몇 가지 표준행동을 배열하고 해당 사항을 체크하여 평가하는 방법
- 장점 : 평가가 쉽고 현혹 효과가 적음
- 단점 : 종업원의 특성과 공헌도에 관해 계량화, 종합화가 어려움

㉡ 평정척도법

- 종업원의 특성을 각 항목별로 점수화하여 평가하는 방법
- 장점 : 분석적인 평가방식을 이용하며 평가 결과에 대한 타당성이 높고 평가 결과의 수량화 및 통계적 조정이 가능함
- 단점 : 주관적인 판단에 의한 오류 발생

㉢ 중요사건기록법 critical incident method : 주요 사건을 파악 및 분석하여 기록하는 방법

㉣ 자유서술법 essay method

- 종업원의 성과나 행동의 특성을 주어진 평가요소를 중심으로 피평가자에 대하여 자유로이 서술하는 방법
- 객관성이 부족, 비교가 어려움

ⓜ 자기신고법 self-description method : 피평가자가 자신의 업적, 능력, 특성 및 희망사항 등을 평가하거나 자유롭게 기술함

ⓗ 인적평정센터법 human assessment center, HAC : 몇 일간 합숙하면서 각종 의사결정 게임과 토의, 심리 검사를 실시하여 다수의 고과자들이 평가하는 방법

참고문헌

1. 급식경영학. 양일선 외 3인. 교문사. 2018
2. 단체급식. 강남이 외 6인. 파워북. 2017
3. 단체급식. 양일선 외 7인. 교문사. 2018
4. 단체급식관리. 전희정 외 4인. 파워북. 2018
5. 식품구매. 양일선 외 5인. 교문사. 2019
6. 학교급식 위생관리 지침서(제4판). 교육부. 2016

제9과목　단체급식 및 실습

기출문제 정답

제6과목 식품학

2020년 기출문제 A형　　　　　P.8

1. ① 미생물의 증식에 이용되지 못한다.
　② 식품의 변질에 관여하는 효소반응 또는 비효소적 반응에 이용되지 않는다.
2. 순수한 물의 수분활성도 값은 1, ⓒ 이유는 식품에는 탄수화물, 단백질, 지질 등 용질이 녹아 있으므로 수분활성도는 1보다 작다.

2016년 기출문제 B형　　　　　P.12

1. 유지의 산패속도는 단분자층 수분 함량에서 가장 낮다. 단분자층 수분 함량보다 수분 함량이 적을 경우에는 단분자층이 파괴되어 식품 중 지질이 공기 중 산소와 직접 접촉하게 되므로 산패가 빨라진다. 식품에 단분자층을 형성할 수 있을 정도의 소량의 수분(수분 활성이 0.2~0.3)이 존재하면 유지와 산소의 접촉이 차단되므로 산화가 억제된다.
2. A : 유지의 산화반응

2020년 기출문제 B형　　　　　P.20

1. ⊙ C형
2. ⓒ 전분의 호화가 일어나면 전분의 미셀(micelle) 구조가 붕괴되므로 전분분자 내에 있는 결정성 영역이 존재하지 않기 때문에 V형 X-선 간섭도를 나타낸다.
　ⓒ 염류는 팽윤을 촉진시켜 전분의 호화온도를 내려줌으로써 호화가 촉진된다.
　ⓔ 당은 물을 흡수하므로 팽윤이 늦어지고 호화온도가 높아진다.

2014년 기출문제 A형　　　　　P.34

1. 수용성 단백질은 알부민, 히스톤, 프로타민이 있다.
2. 일부민은 가열에 의하여 응고되고, 히스톤과 프로타민은 응고되지 않는다.

2018년 기출문제 B형　　　　　P.60

1. ⊙ 자동산화에 의한 산패
　ⓒ 가열에 의한 산패
2. ① 온도(180℃)
　② 튀김그릇[중금속(Cu, Fe, Mn, Ni, Sn)]
3. ① 유리지방산의 생성과 카보닐(carbonyl)화합물이 생성된다.
　② 중합반응에 의하여 점도 증가와 색이 짙어진다.

2017년 기출문제 B형　　　　　P.82

1. (가) 카테킨
2. (나)
　⊙ 홍차는 발효차로서 발효과정을 거치면 산화가 현저하게 진행되어 녹색이 적동색으로 변한다.
　ⓒ 카테킨은 홍차 발효에서는 테아플라빈(theaflavin)이나 그 외의 등적 색소물질로 변한다.
　ⓒ 저장 중에는 갈변반응을 일으켜 갈색물질로 되며, 수분이 많은 곳에 방치하면 더욱 현저하게 변한다.
3. (다) 녹차는 덖음차나 찐 차 모두 고온에서 단시간 처리하기 때문에 산화효소가 파괴되어 발효가 일어나지 않아 본래의 녹색이 남아 있다.

1. ㉠ 렌티오닌
2. ㉡ 맛의 상승 효과(서로 같은 맛성분을 혼합할 때 각각의 맛보다 강해지는 현상). 다시마(글루탐산)+표고버섯의 구아닐산과 5′-GMP가 다량 함유되어 있어 감칠맛이 증가한다.
3. ㉢ 이유는 조리수에 염분이 있으면 소금의 나트륨이온이 두부 속에 있는 미결합상태의 칼슘이온과 단백질이 결합하는 것을 방해하기 때문이다.

제7과목 조리원리 및 실습

2015년 기출문제 B형   P.128

1. (가) 호화(보리밥), 겔화(탕평채), 미숫가루(호정화), 식혜(당화)
2. 전분성 식품은 첫째, 전 세계적으로 많이 생산되어 쉽게 구할 수 있는 열량공급원이다. 둘째, 생산비가 적게 들어 가격이 싸다. 셋째, 오랜 기간 저장이 간편하여 곡류를 알갱이 자체로 먹기도 하지만 전분 가공품으로 이용하기도 하며 독성이 적은 편이다.
3. 밥알이 잘 익어 완전히 호화되어야 엿기름의 아밀라아제(β-아밀라아제)효소가 쉽게 밥알에 침투해 들어가서 당화가 빨리 일어나고, 이 효소의 활성화 조건은 최적 온도 65℃, 최적 pH는 4.0~6.0이므로 식혜 제조 시 60℃로 유지하며 당화시킨다. ㉠, ㉡의 공통된 목적은 전분의 당화작용을 중단시켜 식혜의 밥알이 뜨게 하고 식혜 고유의 색과 향미를 유지하기 위한 과정이다.

2016년 기출문제 A형   P.152

1. ㉠ 맛과 풍미를 준다. 그 이유는 숙성과정 중에 대두단백질이 분해되어 아미노산을 생성하고 대두의 녹말은 발효되면서 젖산, 호박산, 초산, 말산, 구연산 등이 유기산을 생성하여 특유의 구수한 맛을 내기 때문이다.
2. ㉡ 살균과 농축의 효과가 있다. 그 이유는 효소를 불활성화시켜 발효가 진행되지 않도록 하고, 마이야르반응으로 갈색이 촉진되고 기타 분해되지 않은 단백질을 응고시켜 장을 맑게 하고 졸여서 농도를 높이기 위한 효과가 있기 때문이다.

2020년 기출문제 A형 P.163

1. ㉠ 트리메틸아민옥사이드(trimethylamine oxide)

   ㉡ 트리메틸아민(trimethylamine)

2. ㉢ 알코올이 조리과정에서 휘발될 때 비린내 성분도 함께 휘발한다.

   ㉣ 된장의 단백질 입자는 강한 흡착력으로 비린내를 흡착하므로 비린내가 제거된다.

2019년 기출문제 A형 P.171

㉠ 오보글로불린

㉡ 오보뮤신

2015년 기출문제 A형 P.187

㉠ 황화합물

㉡ 황화수소(H_2S)

2019년 기출문제 B형 P.196

1. ㉠ 프로토펙틴(protopectin)

   ㉡ 갈락투론산(galacturonic acid)

   ㉢ 메톡실기(-OCH_3, methoxyl group)

2. ㉣ 저메톡실 펙틴(메톡실기가 7% 미만인 펙틴) : 당이나 산의 양에 관계없이 Ca^{2+}, 또는 Mg^{2+}이 존재할 때 젤을 형성하므로 당의 농도가 낮은 저열량 잼이나 젤리의 제조에 사용된다.

2018년 기출문제 A형 P.207

㉠ 폰당(결정형 캔디)

㉡ 브리틀(비결정형 캔디)

제8과목 식품위생학

2016년 기출문제 A형 P.221

1. (가) 대수기(지수기) : 왕성한 세포 분열로 세포의 수가 급격히 증가하는 단계(세포의 수가 대수적으로 증가하는 시기)이다.

2. 식품위생학에서 위험 온도 범위는 5~57℃로, 미생물적 안전성을 위해 식품의 온도를 5℃ 이하로 낮추거나 57℃ 이상으로 유지하여야 한다.

2019년 기출문제 A형 P.230

㉠ 살모넬라

㉡ 가열 처리한다.

2020년 기출문제 A형 P.238

㉠ 통성혐기성균

㉡ 편성혐기성

2015년 기출문제 A형 P.246

㉠ 리시닌(ricinine) : 리신보다 독성이 약하고 함량이 많지 않아 문제가 되지 않는다(리신은 열에 쉽게 파괴됨).

㉡ 화경버섯 : 독성분은 람테롤(lampterol), 주요 증상은 위장증세(구토, 설사, 복통)이다.

2020년 기출문제 B형 P.255

1. 페니실리움 익스펜슘(penicillium expansum), 중독증상은 신경독으로 출혈성 폐부종이 있다.

2. ① 산에 안정하여 각종 과일주스에서 발견된다.

   ② 내열성이 강해서 통조림이나 병조림 식품을 오염시킨다.

2015년 기출문제 B형   P.280

1. ㉠ 인축(인수)공통전염병, 식품을 매개로 하는 감염병 가운데 사람과 동물을 공통 숙주로 하는 병원체가 일으키는 감염병
   ㉡ 폐탄저, 피부탄저, 장탄저
   ㉢ 패혈증
2. 고압증기멸균법 : 고압멸균기를 사용하여 120℃에서 15~20분간 처리한다.

2019년 기출문제 B형   P.302

1. ㉠ 과산화수소
   ㉡ 아황산나트륨
2. 아황산나트륨의 1일 섭취허용량(ADI)을 이산화황(SO_2)으로 환산하여 0.7mg/kg 이내로만 섭취하면 안전하다.
3. 이산화황의 환원력이 작용하는 동안은 효과가 있으나 이산화황이 소실되어 환원력이 없어지면 공기 중의 산소에 의해 다시 변색이 일어난다.

2016년 기출문제 B형   P.312

1. 위해분석(hazard analysis), 식품 안전에 영향을 줄 수 있는 생물학적·화학적·물리적 위해요소와 이를 유발할 수 있는 조건이 존재하는지 여부를 판별하기 위하여 필요한 정보를 수집하고 평가하는 일련의 과정이다.
2. ㉠ 배식시간 1시간 30분 이내 혼합(배식 직전에 혼합하는 것이 바람직함) → TCS food : 안전을 위해 시간, 온도 관리가 필요한 식품
   ㉡ 열장음식 57℃ 이상 유지. 열장 불가 시 조리 후 2시간 이내에 배식 완료

제9과목 단체급식 및 실습

2014년 기출문제 A형   P.322

1. 중앙공급식 급식체계
2. ㉠ 분산조리(batch cooking)

2020년 기출문제 B형   P.335

㉠ 900kcal
㉡ 67.5~135g

2019년 기출문제 B형   P.338

1. 동물성 지방인 포화지방산은 콜레스테롤 함량이 높다. 트랜스지방산은 수소원자가 이중결합을 이루는 탄소들의 각기 반대 방향에 있는 지방산으로, 포화지방산의 성질을 갖는다. 유리콜레스테롤은 HDL과 LCAT의 도움을 받아 지방산과 결합해 CE로 전환된다. 따라서 VLDL의 중심은 점차 TG에서 CE로 바뀌고 표면에는 아포 B만 남게 되어 LDL로 전환된다. LDL은 콜레스테롤을 말초조직으로 운반한다. 수용성 식이섬유는 장에서 콜레스테롤과 결합하여 배설되어 혈청콜레스테롤의 양을 감소시킨다.
2. 등푸른생선에는 n-3 지방산인 리놀렌산이 함유되어 있으므로 필수지방산을 섭취할 수 있다. → α-리놀렌산($C_{18:3}$n-3 지방산)은 들기름, 콩과 콩기름 등으로부터 n-3 지방산인 리놀렌산이 섭취된다. 아이코사펜타에노산(EPA, $C_{20:5}$n-3)을 거쳐 도코사헥사에노산(DHA, $C_{22:6}$n-3)이 된다. EPA와 DHA는 리놀렌산으로부터 전환되어 공급될 수도 있지만 생선과 어유 등으로부터 직접 섭취할 수도 있다.

3. 채소류 8회, 과일류 4회, 유지, 당류는 8회이다. 청소년기 남자 권장식사패턴에서 채소류 8회, 과일류 4회이나, 이 학생은 채소류 2.5회, 과일류 1회로 부족하게 섭취하고 있는 반면에 유지 및 당류는 과잉으로 섭취하고 있다. 그러므로 점심식사는 채소와 과일을 많이 섭취할 수 있도록 식단을 작성하고 필수지방산을 보완할 수 있는 식품도 선택한다.

2015년 기출문제 A형 P.347

1. 일반경쟁입찰
2. 장점
   ① 공평하고 경제적이다.
   ② 구매 계약 시 생길 수 있는 의혹과 부조리를 미연에 방지한다.
   ③ 새로운 업자를 발견할 수 있다.
   단점
   ① 절차단계가 복잡하므로 긴급 시 조달시기를 놓치기 쉽다.
   ② 업자 담합으로 낙찰이 어려워질 때가 있다.

2017년 기출문제 A형 P.364

1. 꽁치는 폐기율이 있는 식품이므로 출고계수를 구한 후 발주량을 산출한다.
   ① 출고계수 : $100 / (100 - 50) = 2$
   ② 발주량 : $50(g) \times 1,000 \times 2 = 100kg$
2. 시계열 분석법은 과거의 실적이나 자료가 있는 경우 그 자료를 바탕으로 시간적인 추이나 경향을 파악하여 미래의 수요를 예측하는 통계적 방법으로 단순이동평균법, 가중이동평균법, 지수평활법이 있다. 첫째, 단순이동평균법은 급식소의 매출식수에 대한 과거 기록을 이용하여 일정한 단위기간의 기록들을 중심으로 계속적으로 이동해가면서 평균치를 산출하여 미래의 수요를 예측한다. 둘째, 지수평활법은 현시점에서 가장 최근의 기록에 높은 가중치를 주고 수요를 예측하는 방법으로, 최근 기록이 미래의 수요 예측에 가장 큰 영향을 주도록 하는 방법이다.

2014년 기출문제 A형 P.383

1. ㉠ 선입선출의 원칙
2. ㉡ 영구재고조사
   장점 : 특정 시점의 재고자산을 쉽게 파악하고, 효율적인 재고 관리에 도움이 된다.
   단점 : 경비와 노동력이 많이 소요되고, 수작업의 경우 오류 발생 가능성이 있다.

2019년 기출문제 A형 P.400

1. 작업시간당 식수 : 일정 기간 제공한 총 식수 / 일정 기간의 총 노동시간
   ① 일정 기간의 총 노동시간 : $(2 \times 8) + (2 \times 6)$ = 28시간
   ② 작업시간당 식수 : 560식 / 28시간 = 20식/시간
2. 1식당 인건비 : 일정 기간의 인건비 / 일정 기간 제공한 총 식수
   ① 일정 기간의 인건비 : 28시간 $\times$ 20,000원 = 560,000원
   ② 1식당 인건비 : 560,000원 / 560식 = 1,000원/식
3. 활용하는 방안 2가지로는 첫째, 노동생산성 지표인 작업시간당 식수는 인력 채용의 기준으로 이용할 수 있다. 둘째, 비용생산성인 1식당 인건비는 인건비 상승에 따른 급식단가 조절에 이용할 수 있으며 급식체계 변화에 따른 효과를 측정하는 데도 유용하다.

2015년 기출문제 B형　　　　P.414

1. LPG(액화석유가스)는 공기보다 무거워 가스가 누출되는 바닥으로 가스가 쌓이므로 가스누출감지기를 바닥면에서 30cm 이내 위치에 설치한다. LNG(액화천연가스)는 공기보다 가벼워 가스 누출 시 천장상부에 모이므로 가스누출감지기를 천장면과 30cm 이내에 설치한다.
2. 일반식품은 75℃ 이상에서 1분 이상 가열하고(식품중심온도), 패류는 85℃ 이상에서 1분 이상 가열한다.

2020년 기출문제 B형　　　　P.431

1. ㉠ 손익계산서, 작성 목적은 회계기간 동안의 급식소의 경영성과와 비용의 효율적인 관리 여부이다.
2. ① 재료비, 인건비
　② 재료비 : 3천 6백만 원(36,000,000)
　　인건비 : 1천 6백만 원(16,000,000)

2019년 기출문제 B형　　　　P.439

1. 검수공간 인공조명 조도의 기준치는 검수대는 540Lux, 전처리실과 조리실 작업대는 220Lux 이상이다.
2. 수직적 의사소통 중 상향식 의사소통이다.
3. ① 바닥은 청소가 용이하고 내구성이 있어야 한다.
　② 미끄러지지 않고 쉽게 균열이 가지 않는 재질로 하여야 한다.
　③ 바닥과 배수로는 물의 흐름이 용이하도록 적당한 경사를 두어야 한다.

2016년 기출문제 B형　　　　P.442

1. ㉠ 직무확대 : 종업원이 수행하는 과업의 수적 증가. 장점은 직무의 다양성 증가와 책임의 증가로 품질이 향상되고, 종업원의 직무성과와 만족도를 증대시킬 수 있다.
2. ㉡ 직무충실화 : 종업원에게 관리기능상 계획과 통제까지 위임하는 것, 즉 과업의 수적 증가뿐만 아니라(수평적 업무 추가) 수직적으로 책임을 부여하는 것. 장점은 종업원의 직무에 대한 책임감과 성위감이 상승되고, 직무의 자율성을 부여한다.

2020년 기출문제 A형　　　　P.445

1. ㉠ 내부 모집의 장점
　① 능력이 검증된 인력을 채용할 수 있어서 안정적이다.
　② 내부 승진에 의한 모집 시 구성원들의 동기를 유발할 수 있다.
2. ㉡ 직장 외 교육의 단점
　① 작업시간이 감소한다.
　② 교육훈련에 따른 경제적 부담이 증가한다.

합격이 보인다!

전공영양 핵심이론
영양교사 임용시험 대비

2020. 1. 8. 초 판 1쇄 인쇄
2020. 1. 16. 초 판 1쇄 발행

저자와의
협의하에
검인생략

지은이 | 서윤석
펴낸이 | 이종춘
펴낸곳 | [BM] (주)도서출판 성안당

주소 | 04032 서울시 마포구 양화로 127 첨단빌딩 3층(출판기획 R&D 센터)
10881 경기도 파주시 문발로 112 출판문화정보산업단지(제작 및 물류)

전화 | 02) 3142-0036
031) 950-6300

팩스 | 031) 955-0510
등록 | 1973. 2. 1. 제406-2005-000046호
출판사 홈페이지 | www.cyber.co.kr
ISBN | 978-89-315-8895-8 (13590)
정가 | 48,000원

이 책을 만든 사람들
책임 | 최옥현
기획·진행 | 박남균
교정·교열 | 디엔터
표지·본문 디자인 | 디엔터, 박원석
홍보 | 김계향
국제부 | 이선민, 조혜란, 김혜숙
마케팅 | 구본철, 차정욱, 나진호, 이동후, 강호묵
제작 | 김유석

■ 도서 A/S 안내

성안당에서 발행하는 모든 도서는 저자와 출판사, 그리고 독자가 함께 만들어 나갑니다.
좋은 책을 펴내기 위해 많은 노력을 기울이고 있습니다. 혹시라도 내용상의 오류나 오탈자 등이
발견되면 "좋은 책은 나라의 보배"로서 우리 모두가 함께 만들어 간다는 마음으로 연락주시기
바랍니다. 수정 보완하여 더 나은 책이 되도록 최선을 다하겠습니다.
성안당은 늘 독자 여러분들의 소중한 의견을 기다리고 있습니다. 좋은 의견을 보내주시는 분께는
성안당 쇼핑몰의 포인트(3,000포인트)를 적립해 드립니다.

잘못 만들어진 책이나 부록 등이 파손된 경우에는 교환해 드립니다.

합격이 보인다!

**전공영양
핵심이론**

영양교사 임용시험 대비

합격이 보인다!

전공영양
핵심이론

영양교사 임용시험 대비

합격이 보인다!

**전공영양
핵심이론**

영양교사 임용시험 대비